Máquinas eléctricas y transformadores

Máquinas eléctricas y transformadores

IRVING L. KOSOW, PH.D.

Staten Island Community College
City University of New York

EDITORIAL REVERTÉ, S. A

Barcelona-Bogotá-Buenos Aires-Caracas-México

Título de la obra original:
Electric Machinery and Transformers

Edición original en lengua inglesa publicada por
Prentice-Hall, Inc., Englewood Cliffs, New Jersey, U.S.A.

Versión española por
Dr. Jorge Casas Jorba
Doctor Ingeniero Industrial

Dr. Juan O'Callaghan Casas
Doctor Ingeniero Industrial

Dr. Valentín Sallarés Pujol
Doctor Ingeniero Industrial

Propiedad de:
EDITORIAL REVERTÉ, S. A.
Loreto, 13-15. Local B
08029 Barcelona. ESPAÑA
Tel: (34) 93 419 33 36
Fax: (34) 93 419 51 89
e-mail: reverte@reverte.com
www.reverte.com

Impresión digital a partir de octubre 2005

Edición en español:

ISBN: 84-291-3045-4
Depósito Legal: SE-4877-2005 European Union

Impreso en España - Printed in Spain

Printed by Publidisa

A mi esposa
RUTH
y a mis hijos
SONIA, MARTIN, y JULIA

Prólogo

Este trabajo es un desarrollo del primitivo Electric Machinery del mismo autor, publicado originalmente en 1964. Al revisar, complementar y poner al día este trabajo, se observó claramente que eran necesarios dos volúmenes para presentar el material adecuadamente y modernizarlo. Esta elección fue determinada por varias razones. El trabajo original ya era excesivamente extenso (más de 700 páginas) y el nuevo material recopilado determinaría inevitablemente un volumen demasiado grande y caro.
En la literatura ya existe una división lógica entre la teoría de las máquinas eléctricas y las aplicaciones de control de las mismas. Sobre estos temas ya existen numerosos trabajos en volúmenes distintos por lo que hay precedentes para esta separación. El estudiante que precisa un apoyo en la teoría de las máquinas eléctricas y sus características debe ser introducido en el tema de una forma que es diferente de la que requiere el ingeniero práctico y el técnico en la materia. Este último está interesado principalmente en el control y las aplicaciones comerciales de las máquinas eléctricas tratadas en el segundo volumen aunque ocasionalmente pueden precisarse referencias a este primer volumen.
Por consiguiente, este primer volumen refleja la información recogida de los profesores y estudiantes que emplearon el original Electric Machinery and Control. En respuesta a numerosas solicitudes, ha sido añadido un nuevo capítulo sobre Transformadores. Además, se han añadido cuestiones a cada capítulo para estimular la comprensión cualitativa del lector del material. El léxico del texto ha sido, en parte, escrito de nuevo a fin de poner en claro importantes distinciones teóricas, facilitar la comprensión y, lo que es más importante, hacer posible el estudio individual. Se han añadido nuevos problemas y ejemplos ilustrativos. Se han revisado las abreviaciones de las unidades de acuerdo con las normas IEEE.

La motivación para el estudio de las máquinas eléctricas citada en el prefacio de Electric Machinery and Control ha sido acentuada por dos problemas importantes de ámbito mundial: la contaminación (de nuestros campos, aguas y atmósfera) y el exceso de población. Este último ha determinado demandas tremendamente crecientes de potencia y transporte individualizado junto con bienes de consumo muy variados y con un creciente nivel de vida y esto ha conducido inevitablemente a la contaminación. En consecuencia, los ingenieros y científicos están tomando nuevas posiciones en lo que respecta a la generación de potencia eléctrica, conversión de la energía y el empleo de técnicas de tracción eléctrica (exenta de contaminación por completo o en gran medida) para transporte por ferrocarril o automóvil. El coche eléctrico, citado por el autor en el libro precedente con una posibilidad está llegando a ser rápidamente una realidad. Los paros y suspensiones de suministro del decenio de los sesenta son una consecuencia directa de la insaciable necesidad del hombre de energía eléctrica, en general de la dependencia cada vez mayor de las máquinas eléctricas específicamente. Inevitablemente, el decenio de los setenta será testigo de una intensificación del interés en la conversión de la energía eléctrica y en la maquinaria eléctrica por parte de los gobiernos, instituciones docentes y la industria en respuesta a estos apremiantes problemas globales. Se ha realizado un fuerte intento para unificar el tema tratado y su método de presentación como se inició en el trabajo primitivo. En el capítulo 1 se establece el principio unificante de que en todas las máquinas rotativas tienen lugar simultáneamente el efecto motor y el efecto generador. El capítulo 2 trata sobre devanados basándose en analogías en vez de diferencias entre máquinas de c.c. y c.a. Los capítulos 5 y 7 tratan de la reacción de inducido y el funcionamiento en paralelo, respectivamente, también en forma unificada que conduce a generalizaciones referentes a los efectos de la excitación y de la reacción de inducido sobre todas las máquinas. Los capítulos 8 y 9 acentúan las distinciones entre máquinas síncronas y asíncronas, dirigidas siempre a una mayor comprensión de las características de alternadores, motores síncronos, motores y generadores de inducción y diversos motores monofásicos. En el capítulo 11 sobre máquinas especiales se incluyen selsyns, servomotores y excitatrices de campos múltiples así como otras máquinas de campo transversal esenciales para el estudio de los servomecanismos. En el capítulo 12 se trata el rendimiento de las máquinas como tema unificado en la conversión electromecánica y en él que el rendimiento de la máquina de c.c. y de la de c.a. y la teoría consiguiente de los ensayos básicos están estrechamente relacionados. Este capítulo también dirige una atención particular a las características nominales, selección, control de la velocidad y mantenimiento de las máquinas eléctricas. El capítulo final sobre transformadores está estrechamente relacionado y referido a capítulos anteriores sobre alternadores y rendimiento para acentuar analogías y unificar la presentación. Este capítulo también incluye conversiones polifásicas de orden superior para aplicaciones de gran potencia de c.c.

Como se ha dicho antes, la intención del texto, basada en la experiencia docente de veinticinco años del autor, está dirigida hacia el estudio individual. Esto ha determinado un texto algo más detallado, ejemplo ilustrativo indicando la resolución de problemas y muchas cuestiones específicas proyectadas para motivar la lectura. Ello también presenta las ventajas de disminuir el trabajo del profesor y de responsabilizar al estudiante en el proceso de aprendizaje. En consecuencia, esto libera al profesor para poder esforzarse más en aquellos aspectos que juzga requieren más atención o estudio profundizado y en aquellos puntos concretos en los que los estudiantes precisan ayuda. Además, debido a este aspecto del estudio individualizado, el tema permite ser tratado en un curso de dos semestres o uno. En este último caso, el profesor puede asignar capítulos específicos y/o apartados de capítulos que representan las líneas generales del curso con la recomendación preliminar al estudiante de que lea todo el material explicativo relacionado que pueda precisar en otros apartados a fin de ampliar y afirmar su comprensión.

Las más expresivas gracias y consideraciones al equipo de Prentice-Hall, en general, y particularmente a Steven Bobker por la supervisión cuidadosa de la elaboración del manuscrito y por las muchas sugerencias provechosas que determinaron el actual formato del libro. El autor también agradece el apoyo y la ayuda de Mr. Matthew Fox, Editor ejecutivo, y Mr. Edward Francis, Editor, Tecnología Electrónica.

Como en el caso de mis otros libros y trabajos editoriales, mi esposa, Ruth, ha tenido una contribución significativa en la lectura de pruebas y confección del índice completo de este manuscrito e indirectamente por sus ánimos, paciencia y comprensión durante los muchos días de soledad y aislamiento requeridos para llevar a cabo este trabajo.

IRVING L. KOSOW

Índice analítico

Capítulo 1

Fundamentos de electromecánica

Durante varios años, la generación y conversión de la energía eléctrica ha ocupado un lugar secundario en la apreciación pública en comparación con las consecuciones más espectaculares de las válvulas electrónicas y los dispositivos a base de semiconductores. Los ingenieros eléctricos, los científicos, los profesores y sus alumnos han considerado a la energía eléctrica un campo de estudio más bien estéril, falto en general de interés y de oportunidades. No obstante, diversos estudios nacionales e internacionales, que han calculado las reservas de combustibles fósiles (carbón, gas y petróleo) que constituyen el 96 por ciento de las fuentes de energía en EE.UU., el crecimiento de la población y el nivel de vida en constante aumento, permiten predecir que, en el caso más favorable, las reservas de combustible bastan para 230 años aproximadamente, mientras que, cálculos más pesimistas, los estiman en sólo 23 años.* Ello aconseja la búsqueda de nuevas fuentes de energía así como el perfeccionamiento de métodos para la conversión de energía. El insaciable afán de exploración humana de las profundidades oceánicas y del espacio exterior han empezado a estimular la investigación de otros medios de conversión de energía (solar, bioquímica, química y nuclear). Pero cualquiera que sea el método de generación de energía, parece que, puesto que la electricidad es la única forma de la energía que es relativamente fácil de utilizar, controlar y convertir a otras formas de energía, probablemente continuará siendo la principal forma de la energía utilizada por el hombre. Por consiguiente, se desprende de ello que éste es un campo que debe continuar siendo investigado.

Este texto está dirigido principalmente al empleo, control y conversión de la energía electromecánica así como a su distribución y transporte. Por exóticos y complicados que puedan ser los procedimientos para generar energía eléctrica que

* J. A. Hutcheson, «Engineering for the Future», *Journal of Engineering Education* (abril 1960), págs. 602-607.

se descubran en el futuro, los principios para su conversión y utilización aún deben experimentar avances, análisis y desarrollo.

1-1. Conversión de energía electromecánica. La primera idea de la posibilidad de conversión de la energía eléctrica y mecánica fue predicha por Michael Faraday en 1831. Este descubrimiento fue presentado por algunos como el que más posibilidades de desarrollo ha ofrecido. Este es el germen del desarrollo del generador y motor eléctricos, el micrófono, el altavoz, el transformador, el galvanómetro y, de hecho, prácticamente todos los dispositivos cuyos principios y características se considerarán en este libro (véase el apartado 1-3).

La conversión electromagnética de la energía, tal como se conoce hoy en día, relaciona las fuerzas eléctricas y magnéticas del átomo con las fuerzas mecánicas aplicadas a la materia y con el movimiento. Como resultado de esta relación, la energía mecánica puede *convertirse* en energía eléctrica, y viceversa, mediante *dínamos*. Aunque esta conversión también puede producir otras formas de energía como calor y luz, en la mayoría de aplicaciones prácticas, la técnica se ha perfeccionado hasta un grado tal que estas pérdidas de energía se mantienen en su mínima expresión, con lo que se consigue una conversión casi total en ambos sentidos.

Así, la energía mecánica de un salto de agua se convierte fácilmente en energía eléctrica mediante un *alternador;* la energía eléctrica producida es *transformada* por procedimientos electromagnéticos a una tensión superior para su transporte a largas distancias y en algún punto terminal es *transformada* de nuevo para la distribución a subestaciones centrales de carga en las que la energía eléctrica es redistribuida a instalaciones rurales, factorías, residencias y establecimientos comerciales. En estos lugares, la energía eléctrica puede ser *convertida* una vez más en energía mecánica por medio de motores, en energía calorífica mediante hornos eléctricos, en energía luminosa mediante lámparas eléctricas y en energía química mediante técnicas y procesos electroquímicos o bien puede ser convertida en otras formas de energía eléctrica mediante convertidores rotatorios, rectificadores y cambiadores de frecuencia. La energía eléctrica producida mediante esta conversión de energía electromecánica puede ser reconvertida varias veces por los dispositivos que se consideran en este volumen antes de que esta energía se transforme finalmente en *trabajo útil* en otras formas de energía.

Este capítulo tratará únicamente de los principios fundamentales y las relaciones existentes entre la energía eléctrica y mecánica.

1-2. Relación entre inducción electromagnética y fuerza electromagnética. Se han descubierto varios fenómenos electromagnéticos naturales que relacionan la energía eléctrica y la energía mecánica. La relativa facilidad con la que se consigue esta conversión es debido, sin duda, al conocimiento de estas relaciones. Para la mayoría de finalidades prácticas, la conversión de energía eléctrica a mecánica y viceversa puede ser considerada como una reacción reversible. Ello no es cierto por completo ya que en el proceso se originan otras formas de energía que no son deseables (como calor, luz y energía química), las cuales determinan pérdidas de energía en el sistema electromecánico. En el capítulo 12 se comenta este aspecto de las pérdidas de energía y el rendimiento; la siguiente descripción de los fenómenos electromagnéticos presupone una conversión completa de la energía electromecánica.

Acaso los efectos electromagnéticos más importantes son los relacionados con una fuerza mecánica aplicada a un cuerpo en presencia de campos eléctricos y magnéticos (por ejemplo, una masa que consta de partículas cargadas, principalmente protones y electrones, en movimiento, que da lugar a un movimiento del cuerpo).*

Aquí se consideran 4 de estos efectos. Los dos primeros se mencionan brevemente. Los dos últimos son el objeto de este capítulo. Estos fenómenos implicados en la conversión de la energía electromecánica son:

1. La fuerza de atracción que existe entre las placas con carga opuesta de un condensador. Esta fuerza es de naturaleza mecánica; si se colocara una muestra de dieléctrico entre estas placas, tendería a moverse hacia la parte del campo eléctrico que presente mayor densidad. Por lo tanto, el campo eléctrico actúa de tal manera sobre una muestra de dieléctrico, que tiende a mantener un campo electrostático (eléctrico) de densidad máxima. Por esta razón, si la muestra de dieléctrico es de forma irregular, se dispone de por sí de modo que su eje más largo (o masa máxima) sea paralelo al campo. Así, unas partículas de mica dispersas sobre una superficie se alinean en presencia de un campo eléctrico.

2. Principio de reluctancia: sobre una muestra de material magnético situada en un campo magnético actúa una fuerza mecánica. La fuerza tiende a actuar sobre el material de tal manera que le sitúe en la parte del campo magnético que presenta la densidad mayor. Si el material tiene forma irregular, tenderá a disponerse de tal manera que produzca una reluctancia magnética mínima y, en consecuencia, una densidad de flujo máxima. Por lo tanto, las partículas de limaduras de hierro se disponen, en el seno de un campo magnético, paralelamente a la dirección del campo (apartados 8-17 y 8-27).

* Varios efectos termoeléctricos, galvanoplásticos y termomagnéticos (por ejemplo, los efectos Hall, Ettingshausen, Nernst o Righi-Leduc) no implican una fuerza aplicada a un cuerpo conductor o el movimiento relativo de este cuerpo, sino que sirven para relacionar los campos eléctricos y magnéticos con las propiedades de la materia. En el efecto Hall, por ejemplo, una corriente eléctrica longitudinal (producida por un campo eléctrico longitudinal) produce, en presencia de un campo magnético ortogonal, un campo eléctrico transversal. Ya que no hay implicado ningún movimiento, este efecto no se considera como un fenómeno electromecánico. Estos efectos, excepto el principio del transformador, están fuera de los límites de este libro y no se considerarán.

3. Inducción electromagnética (apartado 1-3).
4. Fuerza electromagnética (apartado 1-6).

1-3. Ley de Faraday de la inducción electromagnética. Antes del descubrimiento de Faraday, fue generada una tensión en un circuito por medio de un dispositivo de naturaleza química análogo a una pila seca o una batería de acumuladores. La contribución singular del descubrimiento de Faraday en 1831 fue la generación de una tensión debida al movimiento relativo entre un campo magnético y un conductor de electricidad. Faraday denominó a esta tensión, tensión «inducida» debido a que sólo se produce cuando existe un movimiento relativo entre el conductor y el campo magnético sin contacto «físico» real entre ellos. El dispositivo actual de Faraday se parece al indicado en la nota al pie de página en el apartado 1-11, pero el principio de inducción electromagnética quizás se comprende mejor en el diagrama que aparece en la figura 1-1.

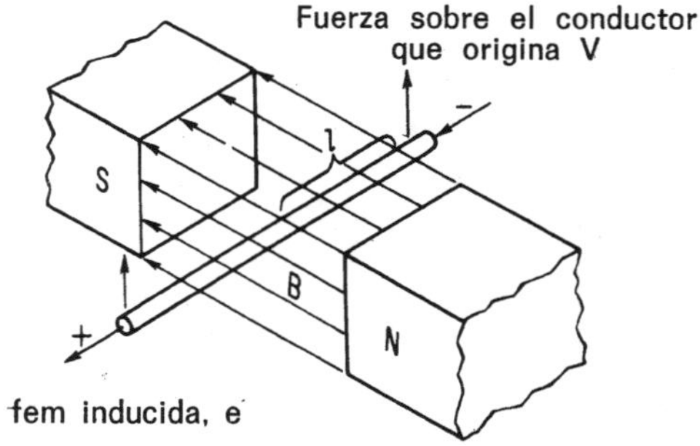

Figura 1.1. Conductor de longitud *l* que se mueve a través de un campo magnético *B* generando una fem.

[redacted]

Neumann, en 1845, expresó cuantitativamente lo anterior en una ecuación en la que la magnitud de la fuerza electromotriz inducida generada (fem) era directamente proporcional a la velocidad de variación del flujo concatenado:

$$E_{\text{med}} = \frac{\phi}{t} \text{ abvolts} = \frac{\phi}{t} \times 10^{-8} \quad \text{V} \tag{1-1}$$

en la que E_{med} es la tensión media generada en una sola espira (voltios/espira)
ϕ es el número de maxwells o líneas de fuerza magnética concatenadas con la espira durante
t el tiempo en segundos en que son «concatenadas» ϕ líneas
10^8 es el número de líneas que una sola espira debe concatenar cada segundo a fin de inducir una tensión de 1 voltio.

De la definición y ecuación anteriores, es evidente que la tensión inducida generada puede incrementarse aumentando la intensidad del campo magnético (o sea, el número de líneas de flujo en movimiento relativo respecto al conductor) o reduciendo el tiempo durante el que se produce la variación en la concatenación de flujo (o sea, aumentando la velocidad o el movimiento relativo entre el conductor y el campo magnético).

1-4. Factores que afectan la magnitud de la fem inducida. La expresión cuantitativa de Neumann de la ley de Faraday, como se establece en la ecuación (1-1), es cierta únicamente cuando el circuito magnético es físicamente idéntico tanto al final como al principio y durante el período de la variación de la concatenación de flujo. En las máquinas eléctricas rotatorias, sin embargo, la variación de concatenación de flujo no queda claramente definida o no es fácilmente medible en cada espira individual a causa de la rotación (tanto del inducido como de la excitación). Por consiguiente, es más conveniente expresar esta velocidad de variación en relación con la densidad de flujo media (supuesta constante) y la velocidad relativa entre este campo y un conductor único que se desplaza a través de él. En la figura 1-1, para el conductor de longitud *activa* l, la fem inducida instantánea puede expresarse como:

$$e = Blv\,10^{-8} \qquad \text{V} \tag{1-2}$$

en la que B es la densidad de flujo en gauss (líneas/cm^2) o en líneas/pulg^2, l es la longitud de la parte activa del conductor que concatena el flujo en cm o en pulgadas, v es la velocidad relativa entre el conductor y el campo en cm/s o pulg/s.

En unidades inglesas, la ecuación (1-2) puede expresarse:

$$e = \tfrac{1}{5}Blv\,10^{-8} \qquad \text{V} \tag{1-3}$$

* La (1-2) puede deducirse de la (1-1) de la siguiente forma: Si el conductor de la figura 1-1 recorre una distancia ds en un tiempo dt, la variación de la concatenación de flujo puede expresarse como $d\phi = -Bl\,ds$. Pero, puesto que $e = (d\phi/dt)10^{-8}$ V, sustituyendo, $e = Bl(ds/dt)10^{-8}$ V. Pero, ya que ds/dt es igual a la velocidad v del conductor con respecto el campo magnético, $e = (Blv)10^{-8}$ V.

en la que B es la densidad de flujo en líneas/pulg², l es la longitud en pulgadas de la parte activa del conductor que concatena el flujo, v es la velocidad en pies/min, 10^8 es el número de líneas que un solo conductor debe concatenar cada segundc a fin de inducir una tensión de 1 voltio.

Si tanto la densidad de flujo B, como la velocidad relativa ya sea del conductor o del campo son uniformes y constantes, entonces los valores instantáneos y medios de la fem inducida son *iguales*. Pueden utilizarse tanto la ecuación (1-1) como la (1-3) con los mismos resultados, como se indica en el ejemplo 1-1.

EJEMPLO 1-1: Un conductor único de 18 pulgadas de longitud se mueve mediante una fuerza mecánica perpendicularmente a un campo magnético uniforme de 50 000 líneas/pug², recorriendo una distancia de 720 pulgadas en un segundo. Calcular:

a. La fem inducida instantánea utilizando la ecuación (1-3).
b. La fem inducida media utilizando la ecuación (1-1).

Solución:

$$\text{a. } e_{\text{inst}} = \frac{1}{5} Blv \times 10^{-8}\ \text{V} \tag{1-3}$$

$$= \frac{1}{5}\left(50\,000\frac{\text{líneas}}{\text{pulg}}\right)(18\ \text{pulg})\left(720\frac{\text{pulg}}{\text{s}} \times 60\frac{\text{s}}{\text{min}} \times \frac{1}{12}\frac{\text{pies}}{\text{pulg}}\right)10^{-8}\ \text{V}$$

$$= \mathbf{6{,}48\ V}$$

$$\text{b. } \phi = BA = (50\,000\ \text{líneas/pulg}^2)(720\ \text{pulg} \times 18\ \text{pulg}) = 6{,}48 \times 10^8\ \text{líneas}$$

$$e_{\text{med}} = \frac{\phi}{t} \times 10^{-8}\ \text{V} = \frac{6{,}48 \times 10^8 \text{líneas}}{1\ \text{s}} \times 10^{-8}\ \text{V} = \mathbf{6{,}48\ V} \tag{1-1}$$

Las ecuaciones precedentes están sujetas a varios ajustes que no pueden despreciarse. En la figura 1-1, se supone que

1. El campo B es de densidad de flujo uniforme.
2. La fuerza aplicada para mover el campo o el conductor, o ambos, debe producir un movimiento relativo uniforme entre ellos.
3. El conductor, el campo y la dirección en la que se mueve el conductor con respecto al campo, son perpendiculares entre sí (ortogonales).

En la mayoría de casos, las dínamos comerciales se proyectan de tal forma que las dos primeras suposiciones pueden considerarse que se cumplen a todos los efectos prácticos. Incluso cuando tiene lugar un cambio en la condición de carga, una vez se ha producido la variación puede suponerse que las nuevas densidades de flujo y velocidad permanecerán constantes mientras la determinada condición de carga persista. La tercera suposición se discute brevemente más adelante. Antes de ello, no obstante, sería aconsejable llamar la atención acerca de ciertas consecuencias de la ecuación (1-3). Si, por ejemplo, cualquier término de esta ecuación se anula, como la densidad de flujo B, o la velocidad v, entonces la tensión inducida en un conductor dado l también es nula. A fin de inducir una fem en un conductor dado, es, por consiguiente, necesario que exista una *variación continua* de las concatenaciones de flujo, o sea, se precisa cierto movimiento de manera que «nuevas» líneas de fuerza concateren el conductor o viceversa.

Para una longitud activa determinada del conductor, el producto Bv en la ecuación (1-3) representa la velocidad de variación de la concatenación de flujo de la que depende el valor de la fem inducida en un conductor dado de longitud l. Aumentando ya sea la densidad de flujo o la velocidad relativa (o ambas) aumentará la velocidad de variación de las concatenaciones de flujo y la fem inducida en un conductor dado, a su vez. También es por demás evidente que aumentando la longitud global del conductor no aumentará la fem ya que la longitud *activa* del conductor no varía. La longitud activa l del conductor puede incrementarse (1) utilizando polos de excitación mayores o en mayor número, o (2) girando el conductor sobre sí de manera que aparecen conectadas en serie varias partes activas que se someten al campo magnético de tal forma que todas se mueven en la misma dirección. Se verá posteriormente que en las dínamos comerciales se emplean ambos métodos.

Se ha establecido que la ecuación (1-3) que representa la fem inducida en un solo conductor indicado en la figura 1-1 e ilustrado en el ejemplo anterior, es un caso especial o ideal de fem inducida (recuérdese la tercera suposición). La ecuación (1-3) no tiene en cuenta el hecho de que el conductor puede no ser perpendicular al campo magnético y que su movimiento puede no ser perpendicular al mismo. Ambas posibilidades se presentan en el funcionamiento de la dínamo comercial, por lo que se debe considerar su efecto sobre la magnitud de la fem inducida.

El caso especial de un conductor que se mueve perpendicularmente a un campo magnético se indica en la figura 1-1, representándose también esta perpendicularidad en la figura 1-2a. Para una intensidad del campo magnético, una longitud activa del conductor y una velocidad del mismo determinadas, la tensión inducida en el conductor indicado en la figura 1-2a se expresa mediante las ecuaciones (1-1) y (1-3).

Considérese, sin embargo, el conductor indicado en la figura 1-2b que se mueve a la misma velocidad en un campo de igual intensidad en dirección *paralela* al campo magnético. La tensión inducida en este conductor es cero debido a que la velocidad de variación de la concatenación de flujo es cero, o sea, el conductor no concatena nuevas líneas de fuerza cuando se mueve paralelamente al campo magnético. Puesto que el producto Bv de la ecuación (1-3) representa la velocidad de variación de la concatenación de flujo, es evidente que esta expresión debe ser igual a cero. Pero la densidad de flujo y la velocidad respectivamente, son las mismas en ambas figuras 1-2a y b, por lo que, en el primer caso,

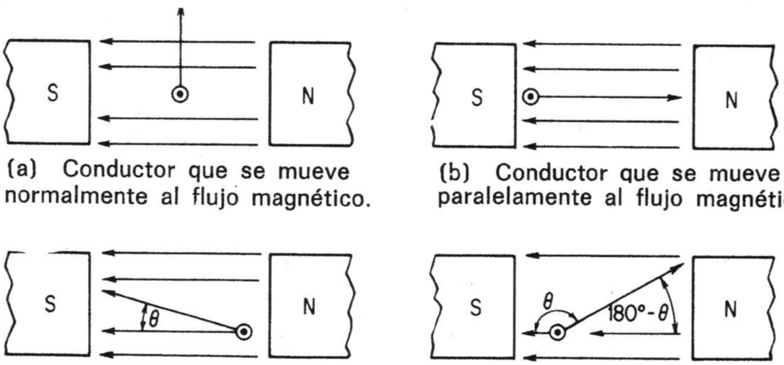

(a) Conductor que se mueve normalmente al flujo magnético.

(b) Conductor que se mueve paralelamente al flujo magnético.

(c) Conductor que se mueve formando un ángulo cualquiera con el flujo magnético.

(d) Conductor que se mueve formando un ángulo cualquiera con el flujo magnético.

Figura 1-2. Efecto de la variación de la concatenación de flujo sobre la fem inducida en un conductor.

la tensión es máxima, y en el segundo, la tensión es cero. Puesto que la longitud activa del conductor se supone invariable, es evidente que el producto Bv debe multiplicarse por algún factor que tenga en cuenta la diferencia en la velocidad de variación de la concatenación de flujo producida por un cambio de dirección del conductor. Se podría deducir casi intuitivamente que este factor es una función senoidal ya que es cero a cero grados y máximo a 90°. Para la fem de un conductor *cualquiera* moviéndose en *cualquier* dirección con respecto al campo magnético*(de referencia) como puede verse en la figura 1-2c,

$$e = \tfrac{1}{5}[Blv \operatorname{sen}(B, v)]10^{-8} \quad \text{o} \quad \tfrac{1}{5}(Blv \operatorname{sen}\theta)10^{-8} \qquad \text{V} \tag{1-4}$$

en la que todas las cantidades son las mismas que las de la ecuación (1-3) y en la que θ es el ángulo formado entre B y v, tomando B como referencia.

EJEMPLO 1-2: El conductor del ejemplo 1-1 se mueve con la misma velocidad pero con un ángulo de 75° (en lugar de 90°) con respecto al mismo campo. Calcular el valor instantáneo (y el medio) de la tensión inducida.

* Puede plantearse un problema en el que ninguno de los factores B, l y v sea perpendicular. La (1-3) puede multiplicarse por el seno del ángulo formado por los pares de magnitudes B, v y B, l, utilizando como referencia:

$$e = Blv \operatorname{sen}(B, v) \operatorname{sen}(B, l) = Blv \operatorname{sen}\theta \operatorname{sen}\phi$$

en la que θ es el ángulo formado por B y v, y ϕ es el ángulo formado por B y l.

Solución:

$$e = \tfrac{1}{8}Blv\,\text{sen}\,\theta \times 10^{-8}\ \text{V} \qquad (1\text{-}3)$$

$$= \tfrac{1}{8}(50\,000\ \text{líneas/pulg}^2)\ (18\ \text{pulg})\ (\tfrac{720}{12} \times 60\ \text{pies/min})\text{sen}\ 75° \times 10^{-8}\ \text{V}$$

$$= 6{,}48 \times \text{sen}\ 75°\ \text{V} = \mathbf{6{,}25\ V}$$

Conviene remarcar el hecho de que B se toma como referencia en la ecuación (1-4) y en la nota de pie de página correspondiente. Como se indica en la figura 1-2b, θ no es cero sino en realidad 180° (aunque Bv sen θ es cero puesto que el seno de 180° es cero). En la figura 1-2d, θ es mayor de 90° como puede verse, pero el seno tiene en realidad el mismo valor que sen $(180° - \theta)$.

El caso de un conductor que se mueve perpendicularmente al campo magnético pero desplazándose un cierto ángulo ϕ (distinto de 90°) con respecto al campo magnético, se trata de igual forma que en el ejemplo 1-2 anterior. Véase la ecuación (1-4) y la nota al pie de página al mismo respecto.

1-5. Sentido de la tensión inducida. Regla de Fleming. Debe notarse que cuando un conductor se desplaza hacia *arriba,* como se indica en la figura 1-2c, desde la parte inferior derecha hacia la superior izquierda, de modo que θ sea menor de 90°, la tensión inducida e tendrá el mismo sentido (y polaridad) que el indicado en la figura 1-2d en la que θ es mayor de 90°. Puesto que sen θ es positivo para ángulos comprendidos entre 0 y 180°, la e de la ecuación (1-4) es positiva para todas las direcciones que formen con B ángulos entre 0 y 180°, o sea, para, en general, todo movimiento del conductor hacia arriba. Análogamente, si la fuerza aplicada al conductor tiende a moverlo *hacia abajo,* como se indica en la figura 1-3b, el sentido de la tensión inducida será opuesto al indicado en la figura 1-2. Ya que sen θ es negativo para ángulos entre 180° y 360°, θ de la ecuación (1-4) es negativo para todas las direcciones, en general, hacia abajo. Si el campo magnético se invirtiese, sin embargo, las polaridades se invertirían. Por lo tanto, la referencia básica para la polaridad y para el ángulo θ en la ecuación (1-4) es la dirección del campo magnético.

La relación entre los sentidos de la fem inducida, el campo magnético y el movimiento del conductor, se representa mediante la regla nemotécnica de Fleming que puede verse en la figura 1-3a. Cuando se trata de corriente convencional (de sentido contrario al flujo de electrones)*, para determinar el sentido de la fem generada, puede denominarse regla de Fleming de la «mano derecha», indicada en la figura 1-3a.

* A lo largo de este texto, se utiliza corriente convencional. Por consiguiente, deben invertirse las reglas de la mano izquierda o de la mano derecha, si se desea utilizar el sentido de la circulación de electrones.

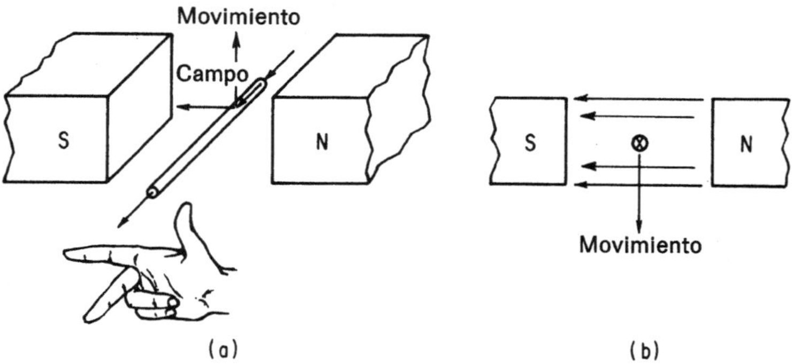

Figura 1.3. Regla de Fleming de la mano derecha para determinar el sentido de la fem inducida (corriente convencional).

La regla de Fleming de la mano derecha presupone que el campo es fijo y que el conductor se mueve con respecto al campo fijo (de referencia). Puesto que la tensión inducida depende del movimiento relativo entre el conductor y el campo, puede aplicarse en el caso de un conductor fijo y un campo móvil, pero suponiendo que el conductor se mueve en sentido opuesto. Puesto que el pulgar en la figura 1-3a indica la dirección del movimiento relativo hacia arriba sólo del conductor, el sentido de la fem inducida en la figura representaría el movimiento hacia abajo del campo respecto al conductor inmóvil. Utilizando el pulgar para representar el movimiento del conductor, el dedo índice para representar el sentido del campo magnético y el dedo medio para representar la fem inducida, se puede verificar el sentido de la fem inducida de la figura 1-3b que es opuesto al de la figura 1-3a a causa de que se ha invertido su sentido.

1-6. Ley de Lenz. Resumiendo, debe notarse que la ley de Faraday de la inducción electromagnética es uno de los efectos electromecánicos que relacionan la fuerza mecánica aplicada a un cuerpo con un campo electromagnético como se discute en el apartado 1-2. En tanto que en los párrafos anteriores se destacan el movimiento y la dirección del movimiento, debe remarcarse que el movimiento de un conductor en un campo magnético es el resultado de una fuerza mecánica (trabajo) aplicada al conductor. La energía eléctrica producida por inducción electromagnética exige, por consiguiente, un consumo de energía mecánica de acuerdo con el principio de conservación de la energía. La energía para la inducción electromagnética no la suministra el campo magnético, como podría suponerse, ya que el campo ni varía ni es destruido en el proceso.

Los sentidos de la tensión inducida y la corriente que circula por el conductor, representados en las figuras 1-2 y 1-3, establecen una relación definida con el cambio en la concatenación de flujo que las induce. Esta relación recibe el nombre de ley de Lenz: *

[redacted]

La anterior exposición de la ley de Lenz implica tanto (1) una causa como (2) un efecto que se opone a la causa. La causa implicada no es necesariamente el movimiento del conductor que resulta de una fuerza mecánica, sino más bien una *variación en la concatenación de flujo.* El efecto implicado es una corriente (debida a una tensión inducida) cuyo campo *se opone a la causa.* Por lo tanto, en todos los casos de inducción electromagnética, siempre que tiene lugar una variación en la concatenación de flujo, es inducida una tensión que tiende a establecer una corriente en un sentido tal que produzca un campo que se oponga a la variación del flujo que concatenan las espiras del circuito. Considerado desde este punto de vista, surge un concepto de la ley de Lenz que satisface todos los casos de fem inducida, incluso la acción de los transformadores y los motores de inducción así como la fem inducida en los motores de corriente continua y generadores.

También puede verse que la propiedad de la inductancia es un efecto y resultado de la ley de Lenz (que implica que la tensión generada en un conductor por la variación en la concatenación de flujo establecerá una corriente cuyo campo magnético tienda a oponerse a la variación del flujo que concatena el conductor). De hecho, cuando un circuito o componente posee la propiedad de oponerse a cualquier variación de la corriente que por él circula, esta propiedad recibe el nombre de *inductancia,* y la fem inducida se denomina *fem de autoinducción.* En el capítulo 2 esto se discute más detalladamente, ecuación (2-2) y en el capítulo 13.

Considérese el conductor indicado en la figura 1-4a como un generador elemental que está accionado por alguna máquina motriz primaria hacia arriba, como se indica. Si a este generador elemental se conecta alguna carga eléctrica, tenderá a circular corriente en el conductor, en el mismo sentido que la fem originando un campo magnético alrededor del conductor, como se indica en la figura 1-4b. El campo magnético en sentido contrario al de las agujas del reloj

* En 1833, Heinrich Lenz estableció que «el efecto electrodinámico de una corriente inducida se opone igualmente a la acción mecánica que la induce». Debe notarse que la ley de Lenz es, en realidad, una extensión del principio de Le Chatelier. Este principio establece que existen en un equilibrio tal las fuerzas naturales que se oponen a cualquier variación en el equilibrio. La tercera ley del movimiento de Newton también deriva de este principio: a cada acción se le opone una reacción igual. Además, en la ley de Lenz está implicado el principio de conservación de la energía ya que requiere energía mecánica para producir energía eléctrica mediante el efecto electromagnético. Por lo tanto, sólo se consume energía cuando una fuerza vence una resistencia.

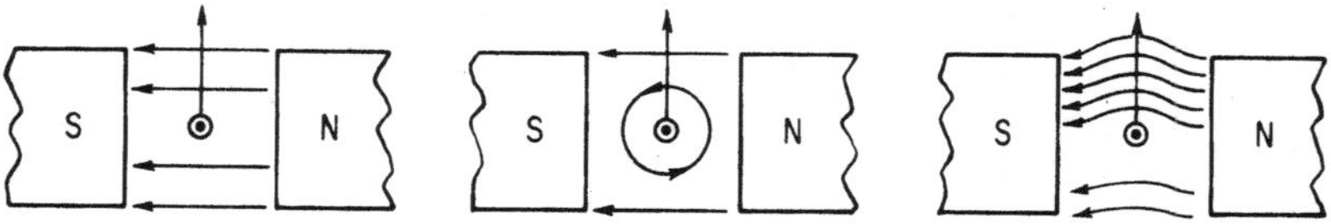

(a) Sentido de la fem inducida.

(b) Campo producido por la corriente inducida.

(c) Distorsión resultante del campo magnético.

Figura 1-4. Ilustración de la ley de Lenz.

que rodea al conductor, repele al campo magnético situado por encima de él y atrae al campo magnético situado por debajo de él (o sea, la corriente inducida produce un campo que se opone al movimiento que la origina). La tendencia del campo magnético es, por consiguiente, de tal naturaleza, según la ley de Lenz, que se opone al movimiento hacia arriba del conductor.

En el caso de un generador elemental, sólo se consume energía eléctrica cuando una carga completa el circuito de manera que circula una corriente que se debe a la fem inducida. Pero el campo producido por esta corriente de carga actúa de tal forma que reacciona con el campo magnético del generador y se opone, por tanto, a la fuerza motriz que acciona el generador. Cuanta más energía eléctrica es tomada por la carga, más intenso es el campo que produce la corriente del conductor y que se opone al movimiento de la fuerza motriz que acciona el generador. Cuanto mayor es la energía eléctrica extraída del generador, por consiguiente, mayor es la oposición producida por la interacción de los campos y mayor es la energía mecánica requerida para accionar el generador. Inversamente, si no se extrae corriente de carga del generador elemental, no se crea ningún campo alrededor del conductor ya que no existe corriente inducida y teóricamente no se solicita energía de la máquina motriz primaria. Nuevamente, de acuerdo con el principio de conservación de la energía sólo se desarrolla trabajo para vencer una resistencia.

1-7. Generadores elementales. Queda implícito que los generadores que pueden verse en las figuras 1-1 a 1-4 y que se han descrito en los apartados anteriores no son prácticos por varias razones. Una de ellas es que estos generadores exigirían una fuerza motriz que confiriera un movimiento lineal o alternativo al conductor. Las máquinas motrices prácticas proporcionan un movimiento rotatorio a los generadores eléctricos comerciales (incluyendo aquellos, que, como una máquina de vapor, producen un movimiento alternativo). Los conductores de la mayoría de generadores comerciales, por consiguiente, giran alrededor de un eje central. Puesto que en las máquinas eléctricas rotatorias está implicado, siempre, movimiento rotatorio, se hace necesario establecer una ecuación para la fem inducida en términos de movimiento rotatorio (en lugar de lineal). Esta ecuación se desarrolla en el apartado 1-14.

Aunque las dínamos comerciales tienen muchas bobinas, cada una de las cuales consta de muchos conductores individuales y espiras conectadas en serie, es conveniente extrapolar las consideraciones hechas para una bobina elemental de una sola espira (poseyendo dos conductores cada espira), que gira en el sentido de las agujas del reloj en un campo bipolar, indicado en la figura 1-5a. El sentido de la fem inducida en cada conductor o lado de la bobina puede determinarse mediante la regla de Fleming de la mano derecha o mediante la ley de Lenz como se describe en el apartado 1-8. La polaridad de la fem de un generador elemental se definirá en el apartado 1-9 y el tipo de la forma de onda de la fem se determinará en el apartado 1-10.

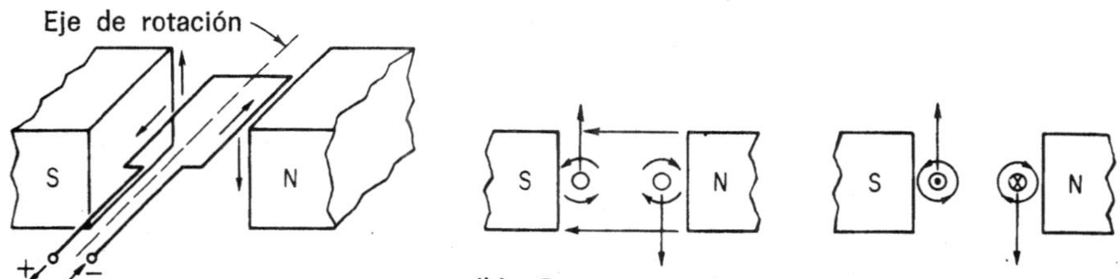

(a) Generador bipolar elemental

(b) Campo magnético requerido para oponerse al movimiento.

(c) Sentidos de la fem inducida.

Figura 1.5. Comprobación de la regla de Fleming de la mano derecha mediante la ley de Lenz.

1-8. Comprobación de la regla de Fleming de la mano derecha mediante la ley de Lenz. Es interesante notar que el sentido de la fem inducida para un conductor determinado que se mueve en un campo magnético dado, también puede determinarse mediante la ley de Lenz. Esta técnica exige el empleo de la «regla del sacacorchos de la mano derecha» para establecer el sentido del flujo alrededor de un conductor por el que circula corriente,* juntamente con la ley de Lenz. El movimiento hacia arriba del conductor situado a la *izquierda* en la figura 1-5b produciría una fem y una corriente cuyo campo magnético se opondría al movimiento hacia arriba del conductor. Este método de comprobación plantea: «¿Qué tipo de campo magnético se opondrá al movimiento del conductor?» El razonamiento indica que un campo magnético que gire en *sentido contrario al de las agujas del reloj* se opondrá al movimiento del conductor, debido a que un cam-

* H. W. Jackson, *Introduction to Electric Circuits,* 3.ª ed (Englewood Cliffs, N. J.: Prentice Hall, Inc., 1970), apartado 8-4.

po como éste origina una repulsión por encima del conductor, y una atracción por debajo de él. Las líneas de fuerza en el mismo sentido producen repulsión y en sentido opuesto, atracción.

En el caso del conductor que está a la *derecha* en la figura 1-5b, ya que se está moviendo hacia abajo, el campo que circunda el conductor requerirá atracción por encima y repulsión por debajo del conductor para oponerse a su movimiento según la ley de Lenz. Ello se consigue mediante un campo magnético en el sentido de las agujas del reloj alrededor del conductor situado a la derecha. Nótese que la figura 1-5c concuerda con la regla de Fleming de la mano derecha al determinar el sentido de la fem inducida. Nótese también que puesto que ambos conductores se encuentran en el *mismo* campo magnético pero desplazándose en sentidos *opuestos,* las fem y los campos magnéticos resultantes producidos por la corriente del conductor están invertidos.

1-9. Polaridad de un generador elemental. Debe notarse que la polaridad del generador bipolar elemental de la figura 1-5a indica que el conductor de la izquierda es positivo y el de la derecha es negativo. Esta designación de polaridad puede provocar cierta confusión, ya que en la circulación de corriente convencional se supone que la corriente circula del terminal positivo al negativo. Sin embargo, esta designación no es contradictoria si se comprende que el conductor se ha de tratar como una *füente* de fem, o sea, una batería. Si a los terminales se conectase una carga exterior, indicada en la figura 1-5a, circularía corriente desde el terminal positivo, a través de la carga, y regresaría al terminal negativo de la fuente. Ya que una bobina de generador, y evidentemente un generador completo, es una *fuente* de fem, su polaridad siempre estará determinada por el sentido de la corriente que producirá en una carga exterior.

1-10. Fem senoidal generada por una bobina que gira en un campo magnético uniforme a velocidad constante. Si la bobina de una sola espira de la figura 1-5 gira en un campo magnético uniforme a velocidad constante, como se indica en la figura 1-6a, la fem inducida en un lado determinado de la bobina variará al ocupar la bobina los posiciones de 0 a 7, como se indica en la figura.

Utilizando el lado *ab* de la bobina como referencia, nótese que cuando este lado de la bobina se encuentra en la posición 0 indicada en la figura 1-6a, la fem inducida en la bobina es cero, ya que el conductor *ab* (y el conductor *cd* lo mismo) se mueve *paralelamente* al campo magnético y por tanto no experimenta variación en la concatenación del flujo. Cuando el conductor *ab* se desplaza a la posición 1, girando en el *sentido de las agujas del reloj,* corta al campo magnético uniforme con un ángulo de 45°. La fem inducida en este conductor que

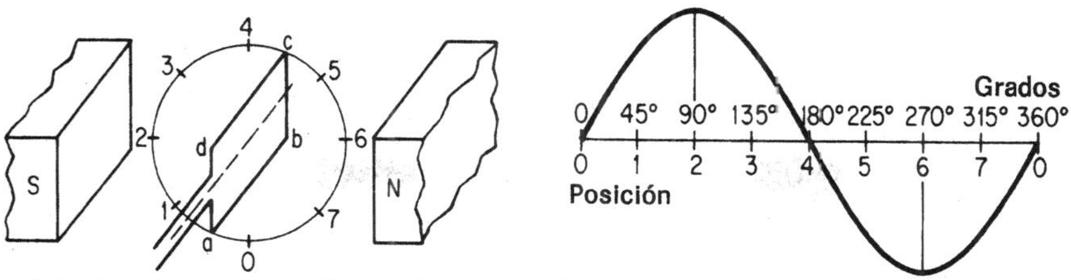

(a) Posiciones instantáneas de rotación a velocidad constante.

(b) Fem en las posiciones respectivas.

Figura 1-6. FEM generada por una bobina que se mueve en un campo uniforme.

se mueve hacia arriba con respecto a una carga extérna será positiva (según el método descrito en el apartado 1-9) y alcanzará el 70,7 % aproximadamente de la tensión inducida máxima [según la ecuación (1-4) en la que θ es 45°]. La variación de tensión puede verse gráficamente en la figura 1-6b, en la que la fem es positiva en la posición 1 y tiene el valor dado aproximadamente. Cuando la bobina alcanza los 90°, posición 2, el conductor *ab* presenta un máximo de concatenación de flujo, ya que está moviéndose perpendicularmente al campo magnético, por lo que presenta el máximo valor positivo indicado en la figura anterior, y en la figura 1-6b. La posición 3, que corresponde a 135° de rotación, establece una fem en el lado *ab* de la bobina idéntico al producido en la posición 1 [sen 135° = sen 45° en la ecuación (1-4)], con polaridad positiva, ya que el conductor aún se está moviendo hacia arriba pero la variación en la concatenación de flujo se produce a menor velocidad que en la posición 2. Cuando el conductor *ab* alcanza los 180°, posición 4, la fem inducida de nuevo es cero, ya que no varía la concatenación de flujo cuando el conductor se mueve paralelamente al campo magnético. En la posición 5, correspondiente a 225°, la fem inducida en el conductor *ab* se invierte, ya que el conductor *ab* se mueve ahora hacia abajo en el mismo campo magnético uniforme. La fem inducida aumenta hasta un máximo negativo a 270°, posición 6, y finalmente disminuye al pasar por la posición 7 hasta cero en la posición 0.

Debe notarse que la naturaleza de la fem inducida en un conductor que gira en un campo magnético es, *a la vez,* senoidal y alterna. Se verá posteriormente que en los conductores de todas las dínamos se engendra una fem alterna, tanto en las de corriente continua como alterna. Obsérvese que durante este proceso, en los lados *bc* o *ad* de la bobina no se induce fem, puestos que estos conductores no experimentan variación en la concatenación de flujo. Incluso si en estos lados de la bobina se originase una fem, no contribuiría a la fem de la bobina porque se están moviendo en la misma dirección a través del *mismo* campo y, por consiguiente, producirían iguales fem y opuestas. Los lados *ab* y *cd* de la bobina, no obstante, se *ayudan* mutuamente y la fem total producida por la bobina es el *doble* del valor representado en la figura 1-6b. Debe notarse que en las posiciones 0 y 4 no se engendra fem, por lo que estas posiciones se conocen como *zonas interpolares o neutras* de la dínamo.

Debe remarcarse que un conductor que gira en un campo *teóricamente uniforme* origina una *forma de onda senoidal*, representada en la figura 1-6, pero el entrehierro no es constante debido a que los extremos polares son rectos. Si éstos se curvan de manera que las caras polares produzcan un entrehierro y una densidad de flujo más uniforme (excepto en las regiones interpolares), la forma de onda de la fem inducida tenderá a ser aplanada en la parte superior, aproximándose más a una onda rectangular que a una senoide (véase figura 1-8).

1-11. Rectificación mediante un colector de anillos rozantes. Todas l máquinas eléctricas rotatorias, independientemente de su tipo o finalidad, gen ran corriente alterna (c.a.) con la única excepción de la *dínamo homopolar* La base para esta afirmación procede de considerar la figura 1-6 y del hecho (que las dínamos comerciales utilizan muchos conductores que se mueven (relación a los polos del campo de polaridad magnética alterna N-S-N-S-N, et

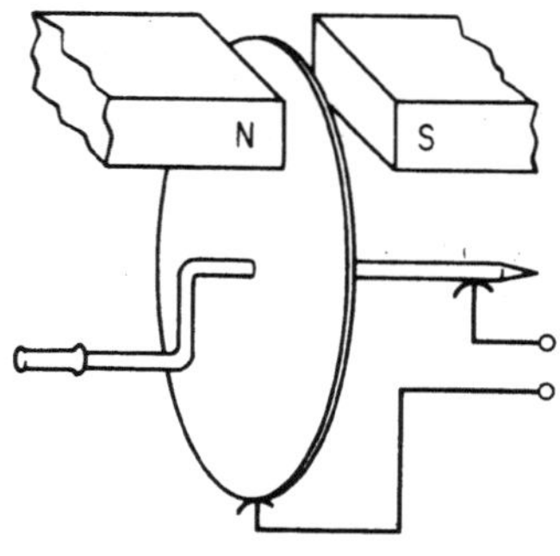

* Es más que irónico notar que el primer generador eléctrico descubierto por Michael Faraday y registrado en su diario del día 28 de octubre de 1831, fue de hecho, un *auténtico* generador de c.c., conocido como *disco de Faraday.* Esta máquina es la única excepción a todas las diversas máquinas rotatorias desarrolladas desde el primer descubrimiento de Faraday y del generador y motor homopolares. La dínamo consistía en un disco de cobre que giraba en un campo magnético (bipolar) permanente. Cuando el disco se accionó manualmente, se generó una fem de corriente continua pura entre el centro del disco y su borde exterior. Inversamente, si se aplica una tensión de c.c. a los mismos terminales, el disco gira como motor homopolar. En la experiencia personal del autor como profesor, varios de sus estudiantes han «descubierto» independientemente el principio homopolar. Finalmente, es de interés notar que el principio de la magnetohidrodinámica (MHD) es, en realidad, una generación homopolar en la que el conductor móvil es un plasma ionizado. Este tipo de generación parece conducir de por sí a la generación por fusión nuclear a temperaturas extremadamente elevadas. Por lo tanto, parece que, desde el primer descubrimiento de Faraday, el ciclo se ha completado y se vuelve al principio homopolar una vez más. Véase el apartado 11-4 para una descripción adicional de la máquina homopolar.

Cada vez que un conductor se mueve en el mismo sentido pero frente a un polo de polaridad opuesta, el sentido de la fem inducida se invierte. Por lo tanto, si los extremos de los lados de la bobina en la figura 1-6a se conectasen a algún circuito exterior mediante anillos rozantes, circularía una tensión alterna a través de este circuito, como se indica en la figura 1-6b.

A fin de convertir la tensión alterna (c.a.) en una corriente unidireccional (c.c.) es necesario utilizar un dispositivo mecánico de conmutación que es accionado por la rotación mecánica del eje de la dínamo. El simple *colector* de anillos rozantes indicado en la figura 1-7a es uno de estos dispositivos de conmutación.

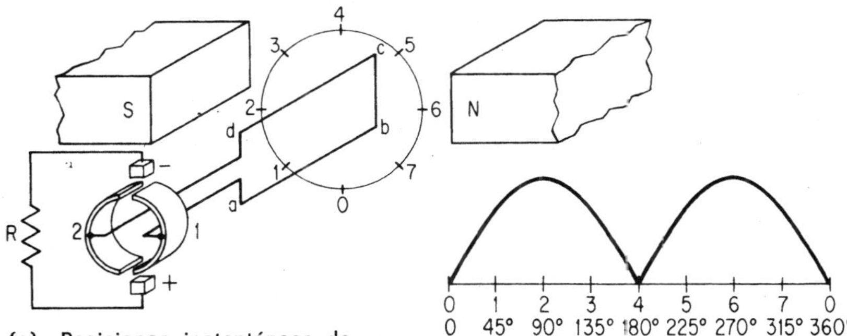

(a) Posiciones instantáneas de la bobina a velocidad de rotación constante.

(b) Fem en las escobillas y corriente de carga producida por la conmutación

Figura 1-7. Generador bipolar con un colector de dos delgas.

El colector indicado consta de dos segmentos fijados al eje del inducido pero aislados de él y también entre sí. Cada segmento conductor del colector se conecta, respectivamente, a un lado de la bobina. Puesto que tanto el lado de la bobina como el segmento del colector están sujetos mecánicamente al mismo eje, el efecto de la rotación mecánica es el de invertir la bobina del inducido y las conexiones al circuito exterior fijo en el mismo instante que la fem inducida se invierte en el lado de la bobina del inducido (o sea, cuando el lado de la bobina se desplaza hacia el polo opuesto).

Como puede verse tanto en la figura 1-6 como en la 1-7, la fem inducida en el lado *ab* de la bobina establece una polaridad positiva durante los primeros 180° de rotación (posiciones 0 a 4) y una polaridad negativa para los restantes 180° (posiciones 4 a 0), utilizando el método descrito en el apartado 1-8 para la determinación de la polaridad. Pero en la figura 1-7, el lado *ab* de la bobina está conectado al segmento del colector 1 y el lado *cd* de la bobina está conectado al segmento del colector 2. Durante los primeros 180° de rotación, por consiguiente, la fem positiva producida por el lado *ab* de la bobina está conectada a la escobilla fija positiva. Durante los segundos 180° de rotación, la fem negativa producida por el lado de bobina *ab* queda conectada a la escobilla fija negativa. El mismo efecto tiene lugar a la inversa para el lado *cd* de la bobina. En efecto, en consecuencia, el papel del colector es el de invertir las conexiones al circuito exterior simultáneamente y en el mismo instante en que se invierte el sentido de la fem en cada uno de los lados de la bobina. Cada escobilla, positiva o negativa, respectivamente, siempre se mantiene, por consiguiente a la *misma* polaridad. En la figura 1-7b puede verse la forma de onda de la fem (y la corriente) que se genera como resultado del proceso anterior para un ciclo completo de rotación.

El colector de anillos rozantes y los conductores indicados en la figura 1-7a se representan en *sección transversal* en la figura 1-8a. La posición ilustrada en la figura 1-8a está desplazada 90° en el sentido de rotación de la indicada en

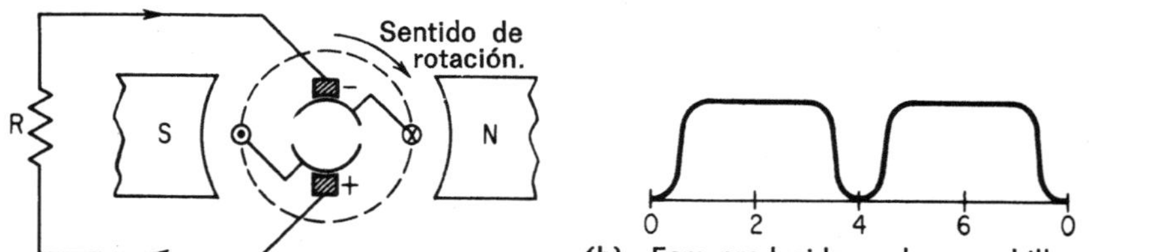

(a) Generador elemental

(b) Fem producida en las escobillas por rotación de una bobina en un campo magnético uniforme.

Figura 1-8. Generador de c.c. elemental.

la figura 1-7a. Nótese que, en ambas figuras, las escobillas son *perpendiculares* al eje polar, de modo que la *conmutación* del conductor tiene lugar cuando la bobina es *perpendicular* al campo magnético (en la denominada *zona neutra* o *espacio interpolar*) o está en la posición indicada en la figura 1-7a, en la que no se induce fem, como en los puntos 0 y 4 de la figura 1-7b. Por lo tanto, en la figura 1-7a no circula corriente en la resistencia de carga *R* en el instante que se señala, en tanto que en la figura 1-8a, por la carga externa *R* circula una corriente máxima. Nótese que las caras polares de la figura 1-8a están *curvadas* a fin de producir un campo magnético más uniforme y, por lo tanto, mejorar la forma de la onda, produciendo una tensión (y corriente) continua de un valor medio superior; en efecto, mantiene el valor máximo durante más tiempo dentro del ciclo.

La corriente unidireccional pulsante, que presenta un valor nulo dos veces cada ciclo, como puede verse en las figuras 1-7b y 1-8b, es muy poco apropiada para su empleo comercial como c.c. La fem de salida puede hacerse menos pulsante utilizando un gran número de bobinas y segmentos en el colector. El efecto de aumentar el número de segmentos y de lados de bobina se indica en la figura 1-9a y la forma de la onda resultante se indica en la figura 1-9b. Con sólo dos escobillas y cuatro segmentos, se producen ahora cuatro conmutaciones indicadas como *a, b, c, d* en la figura 1-9b en un ciclo completo de rotación (del tiempo *t* al *t'*). Aunque la fem resultante es menos pulsante, este tipo particular de devanado (media bobina, devanado abierto) no se utiliza por varias razones. La principal desventaja es que las fem generadas en cada bobina no son aditivas debido a que las bobinas no están conectadas en serie. Obsérvese que la bobina 2 queda fuera de contacto con las escobillas en *a* y que la bobina 1 queda fuera de contacto con las escobillas en *b*.

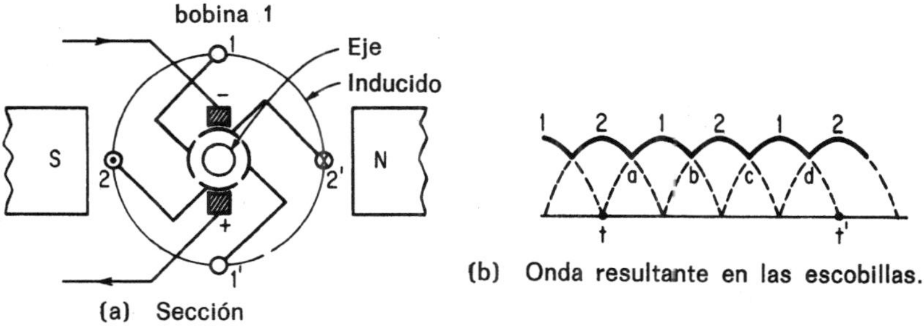

Figura 1-9. Efecto de cuatro conductores y delgas sobre la onda de salida.

1-12. Devanado de anillo de gramme. Uno de los tipos más antiguos de devanado de inducido proyectado para disponer de conductores conectados en serie es el devanado de *anillo de gramme.* Aunque obsoleto desde hace muchos años, se muestra aquí porque ilustra convenientemente los modernos devanados de inducido comerciales. El *inducido* es la estructura que soporta y protege a los conductores portadores de corriente, y ya que forma parte del circuito magnético, como puede verse en la figura 1-9a, se fabrica a base de hierro (laminado) para reducir la reluctancia magnética. Se emplea el tipo más simple de constitución de inducido y del método de «devanado» de los conductores, como puede verse en la figura 1-10a. El inducido es un cilindro de hierro laminado que proporciona dos ramas de baja reluctancia para el flujo que concatenan los conductores. El devanado del inducido se arrolla axialmente y en forma de espiral sobre el cilindro, que presenta unas tomas con los segmentos del colector distribuidas simétricamente en el devanado, como puede verse en la figura 1-10b. A diferencia del devanado abierto indicado en la figura 1-9a, el devanado de anillo de gramme es conocido como devanado *cerrado,* debido a que todas las bobinas conectadas entre las escobillas están en serie y el devanado es *reentrante,* es decir, se cierra sobre sí mismo, como se indica en la figura 1-10a. Para el sentido de rotación como las agujas del reloj indicado, las fem inducidas producirán las

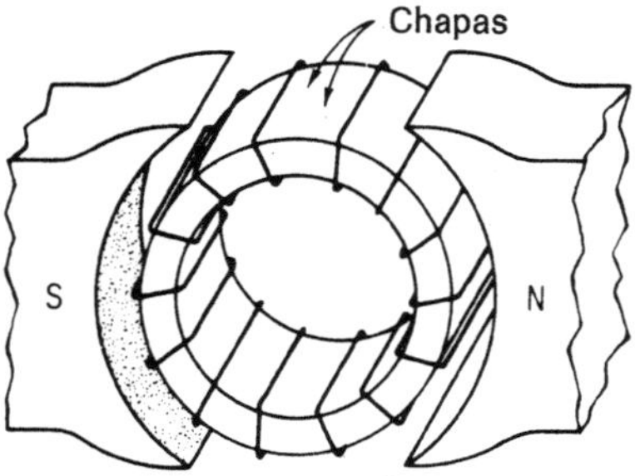

(a) Devanado en espiral bipolar y caminos de flujo.

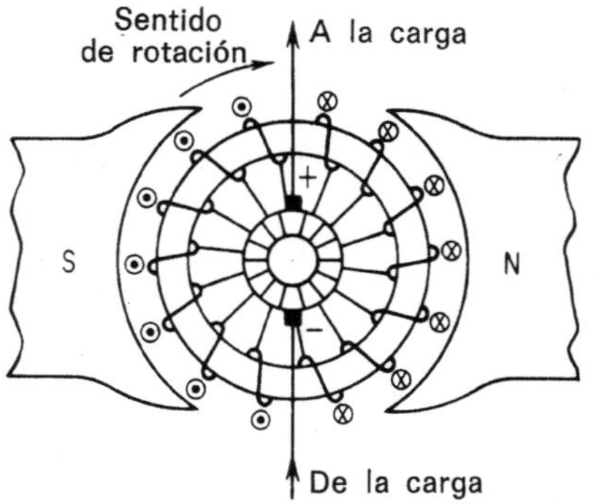

(b) Sección transversal en la que pueden verse los conductores, las tensiones inducidas (y las corrientes) y las conexiones del colector.

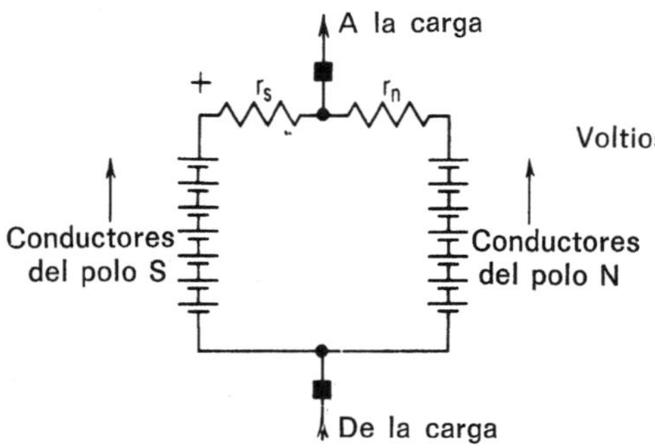

(c) Circuito equivalente de inducido.

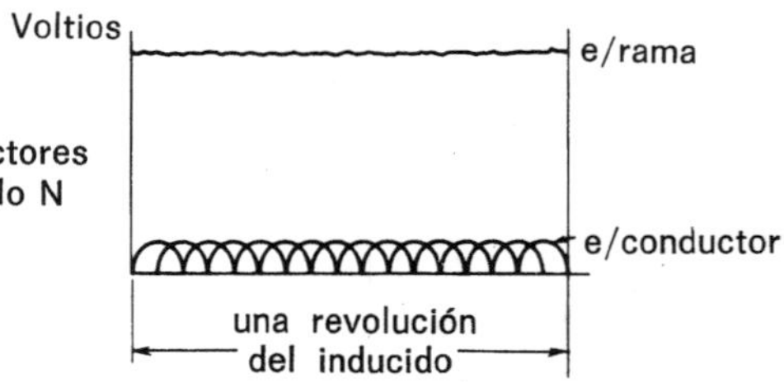

(d) Onda resultante.

Figura 1-10. Devanado de anillo de gramme.

polaridades de las escobillas indicadas en las figuras 1-10b utilizando el método descrito en el apartado 1-8.

Como en el generador elemental descrito en el apartado 1-10, todos los conductores situados bajo un polo determinado poseerán una fem del mismo sentido, que es opuesto al de los conductores situados bajo un polo de polaridad opuesta, como también puede verse en la figura 1-10b. Cada uno de los lados de bobina bajo un polo determinado presentará una cierta fem inducida en él, y ya que todos los conductores están en serie y los sentidos de las fem inducidas son los mismos, estas fem son aditivas. En la figura 1-10c puede verse el circuito de inducido equivalente que representa los sentidos de la fem inducida en los conductores situados bajo los dos polos respectivamente. Suponiendo que el inducido está perfectamente centrado entre los dos polos de manera que los entrehierros sean idénticos, la suma de las fem inducidas bajo cada polo serán iguales y opuestas, por lo que no se determina la circulación de corriente en las dos ramas de la batería equivalente indicada en la figura 1-10c. Esto es cierto incluso si las escobillas (situadas en el eje interpolar) se separan del colector. Obsérvese que las dos escobillas están situadas en los puntos de máxima polaridad positiva y negativa y, cuando están conectadas a una carga exterior, sirven para originar dos ramas conductoras paralelas. Aquellos conductores que están inmediatamente adyacentes a las escobillas pueden no presentar una tensión inducida tan elevada como aquellos situados directamente bajo el centro de cada polo; pero, puesto que la tensión total entre las escobillas es la suma de todas las tensiones inducidas y ya que ambas ramas poseen iguales fem totales, esto es de poca importancia. La forma de la onda resultante, obtenida sumando las ondas planas individuales en la parte superior, contiene un rizado muy pequeño (la componente de c.a. es prácticamente nula), como se indica en la figura 1-10d.

Puesto que el lugar ocupado por un conductor es inmediatamente ocupado por otro durante cada revolución del inducido, la sección transversal indicada en la figura 1-10b es una representación dinámica de un estado constante o estático. Se puede considerar que el número total de conductores que engendran tensión en cualquier instante es constante y que la fem resultante por rama, para una velocidad y densidad de flujo dadas, también es relativamente constante.

Si se conectase entre las escobillas una carga exterior, la corriente que circula por cada una de las ramas del generador estaría determinada por la fem por rama, la resistencia de la carga y la resistencia interna de las ramas del devanado del inducido, r_s y r_n, las resistencias del conductor polo sur y polo norte, respectivamente, como se indica en el siguiente ejemplo:

EJEMPLO 1-3. Un generador bipolar tiene un inducido que contiene un total de 40 conductores conectados en dos ramas paralelas El flujo por polo es $6{,}48 \times 10^8$ líneas y la velocidad de la máquina motriz es 30 rpm. La resistencia de cada conductor es 0,01 ohm y la capacidad de carga de cada conductor es 10 A Calcular:

a. La tensión media generada por rama y la tensión generada en el inducido.
b. La corriente de inducido suministrada a la carga exterior.
c. La resistencia de inducido.
d. La tensión en bornes del generador.

Solución:

a. ϕ total concatenado en una revolución$=P \times \phi/\text{polo}=2$ polos$\times 6{,}48 \times 10^8$ líneas/polo.

Tiempo de una revolución, $t/\text{rev}=\frac{1}{30}$ min/rev

$$=(60 \text{ s/min})\tfrac{1}{30} \text{ min/rev}=2 \text{ s/rev}$$

De la ecuación (1-1),

$$e_{\text{med}}/\text{cond} = \frac{\phi}{t} \times 10^{-8}\text{V}$$

$$= \frac{2 \times 6{,}48 \times 10^{8} \text{ líneas}}{2 \text{ s/rev}} \times 10^{-8} \text{ V}$$

$$= \mathbf{6{,}48\ V/conductor}$$

Tensión generada por rama

$$E_g = (\text{tensión/cond}) \times \text{n.° de cond/rama}$$
$$= (6{,}48 \text{ V/cond}) \times 40 \text{ cond/2 ramas}$$
$$= \mathbf{129{,}6\ V/rama}$$

Tensión generada en el inducido:

E_g = tensión generada/rama = **129,6 V**

b. $I_a = (I/\text{rama} \times 2 \text{ ramas} = (10 \text{ A/rama}) \times 2 \text{ ramas} = \mathbf{20\ A}$

c. $R_a = \dfrac{r \text{ por rama}}{\text{n.° de ramas}} = \dfrac{0{,}01 \text{ ohm/cond}}{2 \text{ ramas}} \times 20 \text{ cond} = \mathbf{0{,}1\ \Omega}$

d. $V_t = E_g - I_a R_a = 129{,}6 \text{ V} - [20 \text{ A} \times 0{,}1\ \Omega] = \mathbf{127{,}6\ V}$ (1-10)

El devanado de anillo de gramme ya no se utiliza debido a que los conductores de la parte interior del anillo son *inactivos,* o sea, en ellos no se produce variación en la concatenación de flujo debido a que están apantallados magnéticamente por el inducido. A fin de ahorrar cobre y de reducir el peso del devanado del inducido, se emplean inducidos de tambor en los que todos los conductores se disponen en la superficie exterior del inducido, situados en unas ranuras de tal forma que es activa una buena parte del conductor. Una ventaja teórica del devanado de anillo de gramme, no obstante, es que *cualquier* inducido determinado se adapta a cualquier número de polos. En la figura 1-11 puede verse el efecto del aumento del número de polos sobre el circuito equivalente y la fem.

El devanado de inducido tetrapolar de la figura 1-11 también es un devanado cerrado, y puesto que ahora hay cuatro zonas interpolares en las que puede producirse la conmutación, se precisan cuatro escobillas. Para mayor claridad, estas escobillas están dispuestas en el interior del colector en la figura 1-11a. Mediante la regla de Fleming de la mano derecha, pueden comprobarse el sentido de la fem inducida y la polaridad. Las dos escobillas de polaridad positiva y las dos de polaridad negativa, respectivamente, están conectadas interiormente como puede verse en las figuras 1-11a y b. En la figura 1-11c se muestra una forma simplificada, trazada de nuevo, del circuito equivalente. Nótese que el

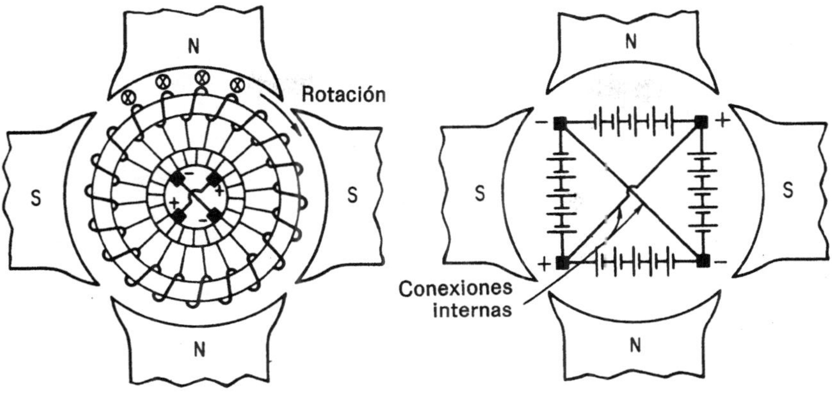

(a) Sección transversal. (b) Circuito equivalente de inducido

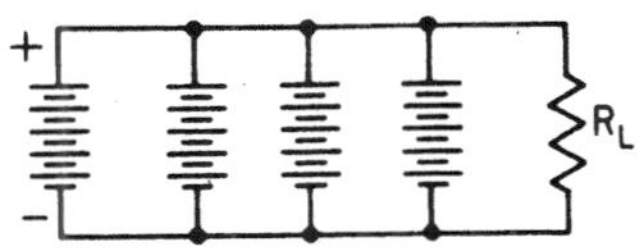

(c) Circuito equivalente de inducido simplificado.

Figura 1-11. Devanado tetrapolar de anillo de gramme.

devanado bipolar de la figura 1-10 requirió dos escobillas y originó dos ramas en el inducido. El devanado tetrapolar de la figura 1-11 exige cuatro escobillas y origina cuatro ramas en el inducido. El efecto de aumentar el número de polos sobre la tensión, corriente y potencia desarrolladas por la dínamo está ilustrado en el ejemplo 1-4 y en la tabla 1-1.

TABLA 1-1.
EFECTO DEL NÚMERO DE POLOS SOBRE LA TENSIÓN, CORRIENTE Y RELACIONES DE POTENCIA DE UNA MÁQUINA

PARÁMETRO	NÚMERO DE POLOS 2	4
Número de conductores de inducido	40	40
Número de ramas	2	4
Número de conductores por rama	0	10
FEM por rama	129,6 V	64,8 V
Corriente por rama	10 A	10 A
Tensión nominal en bornes de la máquina	127,6	63,8 V
Corriente nominal de inducido de la máquina	20 A	40 A
Potencia nominal	2552 W	2552 W

EJEMPLO 1-4: El mismo flujo total por revolución que en el ejemplo 1-3 está ahora igualmente distribuido entre *cuatro* polos. El mismo inducido es accionado a igual velocidad y se utilizan cuatro escobillas para conectar las cuatro ramas del inducido en paralelo. Repetir los cálculos del ejemplo 1-3.

Solución:

a. ϕ total$=2\times 6{,}48\times 10^8$ líneas, y $t=2$ s/rev. La fem media generada/conductor$=6{,}48$ V (del ejemplo 1-3).

$$E_g/\text{rama}=\text{tensión/cond}\times\text{cond/rama}=64{,}8\ \text{V/cond}\times\frac{40\ \text{cond}}{4\ \text{ramas}}$$

$$=\mathbf{64{,}8\ V/rama}$$

Tensión generada en el inducido, $E_g=$tensión/rama$=$**64,8 V**

b. $I_a=$I/rama$\times 4$ ramas$=10$ A/rama$\times 4$ ramas$=$**40 A**

c. $$\text{R}_a=\frac{\text{R/rama}}{\text{n.}^\circ\ \text{de ramas}}0{,}01\ \text{ohm/cond}\times 10\ \text{cond}/4\ \text{ramas}=\mathbf{0{,}025}\ \Omega$$

d. $V_t = E_g - I_aR_a = 64{,}8\ \text{V} - [40\ \text{A}\times 0{,}025\ \Omega]=\mathbf{63{,}8\ V}$ (1-10)

Nótese que la tensión en bornes y la tensión generada están reducidas a la mitad de sus valores originales, pero que la corriente de inducido se ha doblado. En la tabla 1-1 están resumidos los ejemplos 1-3 y 1-4.

1-13. Valores nominales de tensión, corriente y potencia de las máquinas eléctricas. La tabla 1-1 sirve para ilustrar una relación fundamental aplicable a todos los modernos devanados de inducido de las máquinas modernas. En el generador comercial se emplean muchos conductores para concatenar el flujo con uno o más pares de polos (el número de polos siempre es par). Como puede verse en los problemas anteriores y en la tabla 1-1, los inducidos comerciales pueden presentar dos o más ramas en paralelo (el número de ramas también siempre es par). Cada rama consta de un grupo de bobinas conectadas en serie, poseyendo cada bobina un valor nominal de tensión generada (para flujo y velocidad nominales, en el caso de un generador) o un valor nominal de la tensión admisible (en el caso de un motor). La tensión nominal de la máquina, por consiguiente, está determinada tan sólo por el número aproximadamente igual de bobinas conectadas en serie por rama y no por el número de ramas en paralelo.*

* Sin embargo, para un número determinado de conductores de inducido, al aumentar el número de ramas en paralelo, debe, desde luego, reducirse tanto el número de bobinas conectadas en serie por rama como la tensión.

El factor principal en la corriente nominal de la máquina es la *capacidad de carga* de cada bobina o conductor individual en cada rama o del grupo de bobinas conectadas en serie. Al aumentar el número de ramas, aumenta el valor nominal de la corriente en la máquina. Es de gran importancia constatar, sin embargo, que el número de ramas y el valor nominal de la corriente en una máquina determinada pueden incrementarse tan *sólo* a expensas de la tensión nominal puesto que, para un inducido dado, el número total de conductores o bobinas es fijo.

La trascendencia de esta última afirmación se apoya, sobre una relación fundamental que se aplica a pilas y baterías. Una batería puede consistir en un grupo de células en serie-paralelo. La potencia nominal de cada pila determina, en efecto, la potencia nominal de la batería, *independientemente del método de conexión*. Para un número determinado de pilas, por consiguiente, la potencia nominal de cualquier batería es fija, si bien su corriente y tensión nominales pueden variar según las conexiones serie-paralelo empleadas.

La situación existente con respecto a la tensión, corriente y potencia nominales de pilas y baterías es aplicable a los conductores y devanados de inducido de una máquina. La potencia nominal de un inducido determinado es fijada realmente por la corriente y tensión nominales de su bobina individual en una rama dada. La *única* forma de *aumentar* la potencia nominal de una máquina que se basa en la consideración anterior, es utilizar un inducido *mayor* que posea *más* conductores y bobinas. Por lo tanto, las dimensiones físicas constituyen una indicación aproximada de la potencia nominal de la maquinaria eléctrica.

La tabla 1-2 pone de relieve que la potencia nominal es independiente de la forma en que están conectados los conductores del inducido. Para simplificar, la corriente y tensión nominales de cada conductor de un inducido determinado son 10 A y 10 V respectivamente. El inducido contiene 120 conductores, conectados en varias ramas en paralelo. Obsérvese que la potencia nominal es fija (120 conductores × 100 W/conductor), pero que la tensión nominal disminuye en la misma proporción que aumenta la corriente nominal.

TABLA 1.2.
EFECTO DEL AUMENTO DEL NÚMERO DE RAMAS EN PARALELO EN UN INDUCIDO

RAMAS EN PARALELO	TENSIÓN NOMINAL *VOLTIOS*	CORRIENTE *AMPERIOS*	POTENCIAS NOMINALES *WATIOS*
2	600	20	12 000
4	300	40	12 000
6	200	60	12 000
8	150	80	12 000
10	120	100	12 000
20	60	200	12 000

1-14. Fem media generada en un cuarto de revolución. Los párrafos anteriores han establecido (repetidamente) que la fem entre escobillas de inducidos con bobinas múltiples es originada por muchas bobinas conectadas en serie, en las que cada bobina consta de varios conductores. A fin de calcular la fem resultante entre escobillas, primero es necesario determinar la fem media inducida en un solo conductor (véase ejemplo 1-3) en un cuarto de revolución (o sea, 90 grados eléctricos), en la que el conductor se mueve desde el centro de la zona interpolar hasta una posición situada directamente bajo el centro de un polo dado. Como se indica en las figuras 1-6b y 1-7b, una sola bobina gira desde la posición 0 hasta la posición 2 en un cuarto de vuelta (o sea, desde una posición de concatenación de flujo nula a una posición de concatenación de flujo máxima). La fem media inducida en cada conductor puede deducirse de la siguiente forma. Supóngase que el flujo total producido entre los polos de las figuras 1-6a y 1-7a consta de ϕ líneas y que t es el tiempo requerido para describir un cuarto de vuelta (o sea, 90 grados eléctricos). Puesto que la concatenación de flujo ha variado de nula a máxima en un cuarto de vuelta, la fem media inducida en una sola espira de dos lados de la bobina durante este período (véase apartado 1-3) es

$$E_{\text{med}} = \frac{\phi}{t} \times 10^{-8} \qquad \text{V} \tag{1-1}$$

Pero ya que el tiempo t requerido para completar un cuarto de revolución es $1/4\,s$, en donde s es el número de revoluciones de la bobina por segundo, la fem media inducida por espira es, sustituyendo

$$E_{\text{med}} = 4s\phi \times 10^{-8} \qquad \text{V}$$

Para una bobina de inducido que consta de N espiras, la fem media inducida por bobina es

$$E_{\text{med/bobina}} = 4\phi N s \times 10^{-8} \qquad \text{V} \tag{1-5}$$

en la que ϕ es el número de líneas o maxwells por polo; N es el número de espiras por bobina, s es la velocidad relativa en revoluciones por segundo (rps) entre la bobina de N espiras y el campo magnético.

Obsérvese que la deducción de la ecuación (1-5) sigue exactamente el procedimiento utilizado en la solución del ejemplo 1-3, excepto que se utilizan *espiras* en vez de conductores. Hay dos lados de bobina (o dos conductores) por cada bobina de una sola espira.

EJEMPLO 1-5: Calcular la fem media por bobina y por conductor (por lado de bobina) para una bobina de una sola espira del ejemplo 1-3, utilizando la ecuación (1.5).

Solución:

$$E_{med/bobina} = 4\phi Ns \times 10^{-8} \text{ V} \tag{1-5}$$
$$= 4(6{,}48) \times 10^{8} \text{ líneas/polo})(1 \text{ espira})(30 \text{ rev/min} \times \tfrac{1}{60} \text{ min/s} \times 10^{-8} \text{ V}$$
$$= \mathbf{12{,}96\ V}$$

$E_{av/lado\ de\ bobina} = 12{,}96$ V/bobina $\times \frac{1}{2}$bobina/lado de bobina $=$ **6,48 V/lado de bobina**

1-15. Fórmula fundamental de la tensión en un generador de c.c, para la fem entre escobillas. La ecuación (1-5) hace posible el cálculo de la tensión nominal media de una sola bobina (que posea una o más espiras) que gira con una velocidad dada (rps) bajo un polo determinado de intensidad de campo conocida. Pero la discusión del apartado 1-13 consideró la tensión entre escobillas en relación al número total de conductores y ramas de un inducido determinado en combinación con un número dado de polos. La fem media inducida entre escobillas puede deducirse del modo siguiente.

Si Z es el número total de conductores de inducido o lados de bobina y si a es el número de ramas de bobina en paralelo entre escobillas de polaridad opuesta, entonces el número total de espiras N por circuito de inducido es $Z/2a$. Además, si la velocidad S se expresa en rpm, entonces $s = S/60$. Finalmente, puesto que (1-5) se ha deducido para una máquina bipolar, si una máquina posee P polos, el resultado debe multiplicarse por $P/2$. La fem media total inducida entre escobillas, por consiguiente, es

$$E_g = 4\phi Ns \times 10^{-8} = 4\phi\left(\frac{P}{2}\right)\left(\frac{Z}{2a}\right)\left(\frac{S}{60}\right)10^{-8} = \left(\frac{\phi ZSP}{60a}\right)10^{-8} \quad \text{V} \tag{1-6}$$

en la que ϕ es el flujo por polo, P es el número de polos, Z es el número de conductores de inducido (el doble que el de espiras totales en el inducido), a es el número de ramas del inducido en paralelo y S es la velocidad en rpm.

EJEMPLO 1-6: Calcular: a) la fem media inducida entre escobillas con los datos del ejemplo 1-4 utilizando (1,6), y b) la tensión aplicada requerida para vencer la fuerza contraelectromotriz y la resistencia del inducido.

Solución:

a. $E_g = \frac{\phi ZSP}{60a} \times 10^{-8}$ V (1-6)

$$= \left(\frac{2 \times 6{,}48 \times 10^8 \text{ líneas}}{4 \text{ polos}}\right)\left(\frac{40 \text{ cond}}{4 \text{ ramas}}\right)\left(\frac{30 \text{ rpm}}{60 \text{ seg/min}}\right) \times 4 \text{ polos} \times 10^{-8} \text{ V}$$

$= \mathbf{64{,}8\ V}$

b. $V_t = E_g + I_a R_a = 64{,}8 \text{ V} + [40 \text{ A} \times 0{,}025\ \Omega] = \mathbf{65{,}8\ V}$ (1-9)

El ejemplo 1-6 ilustra la unidad fundamental de (1-1) a (1-6), todas las cuales se deducen de (1-1), expresión cuantitativa de Neumann de la ley de Faraday.

(1-6) es aplicable a un motor de cc como al generador de cc. En un motor, los conductores del inducido giran frente a un polo magnético, con lo que se inducirá una fem en estos conductores, de acuerdo con (1-6), denominada *fuerza contraelectromotriz.* El ejemplo siguiente servirá para ilustrar (1-6) y la relación entre la fuerza contraelectromotriz y la tensión aplicada a un motor (véase el ejemplo 1-4).

1-16. Fuerza electromagnética. Se ha dicho en el apartado 1-2 que la conversión de energía electromecánica de prácticamente toda la maquinaria eléctrica rotatoria depende de dos principios electromagnéticos básicos que están estrechamente relacionados, a saber, (1) inducción electromagnética, y (2) fuerza electromagnética. Los principios básicos de la inducción electromagnética se discutieron en apartados anteriores, y ahora se puede considerar la fuerza electromagnética y su relación con la inducción electromagnética.

En la figura 1-12a puede verse un conductor por el que circula corriente situado en un campo magnético uniforme. *Siempre que un conductor por el que circule corriente está situado en un campo magnético de manera que una componente de la longitud activa del conductor está dispuesta perpendicularmente al campo, aparecerá una fuerza electromagnética entre el conductor y el campo.* Por lo tanto, si un conductor se introduce en un campo magnético y al mismo se le aplica una tensión de forma que por el conductor circule una corriente, se desarrollará una fuerza y el conductor tenderá a desplazarse con respecto al campo o viceversa. Este principio se denomina a veces «acción motor».

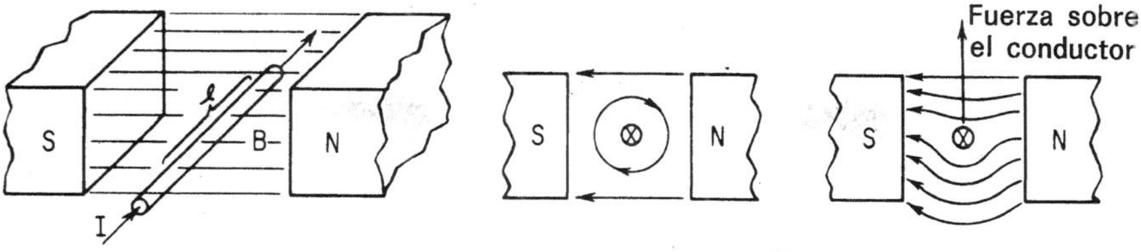

(a) Conductor por el que circula una corriente en un campo magnético.

(b) Flujo producido por el conductor con respecto al campo.

(c) Distorsión resultante del campo magnético.

Figura 1-12. Conductor de longitud *l*, por el que circula una corriente *I*, en un campo magnético *B*, que desarrolla una fuerza resultante *F*.

1-17. **Factores que afectan la magnitud de la fuerza electromagnética.** La definición anterior contiene implícitamente tres factores que afectan la magnitud de la fuerza electromagnética, a saber: un campo magnético (B), la longitud activa del conductor (l) y la intensidad de la corriente que circula por el conductor (I). Por lo tanto, si alguno o los tres factores varía, la fuerza electromagnética F variará directamente en la misma proporción. Si, como en el apartado 1-4, los factores B y l son perpendiculares, se establecerá una fuerza ortogonal.

$$F = \frac{BIl'}{10} \text{dinas} \qquad (1\text{-}7)$$

en la que B es la densidad de flujo en líneas por centímetro cuadrado, I es la intensidad en amperios (absolutos), l es la longitud activa del conductor en centímetros.

En unidades inglesas, la fuerza F en libras se expresa*

$$F = \frac{(B/6{,}45\ \text{cm}^2/\text{pulg}^2) \times (I)(l \times 2{,}54\ \text{cm/pulg})}{10 \times 980\ \text{dinas/g}\ \times 453{,}6\ \text{g /lb}} = \frac{BIl}{1{,}13} = 10^{-7}\ \text{lb} \qquad (1\text{-}8)$$

en la que B es la densidad de flujo en líneas por pulgada cuadrada, I es la intensidad en amperios, l es la longitud activa del conductor en pulgadas.

* Puesto que, por lo general, se supone que la circulación de corriente tiene lugar en el mismo sentido que la longitud axial del conductor, (1-8) no está sujeta a las mismas condiciones de ortogonalidad que la (1-4) (véase el apartado 1-4). Por consiguiente, si se plantea un problema en el que B y l *no* sean perpendiculares, (1-8) puede multiplicarse por el seno del ángulo formado por las magnitudes B y l, como en el ejemplo 1-8.

EJEMPLO 1-7: Por un conductor de 18 pulgadas de longitud circula una corriente de 10 A y es perpendicular a un campo magnético uniforme de 50 000 líneas/pulg². Calcular la fuerza electromagnética que aparece en el conductor en libras.

Solución:

$$F = \frac{BIl}{1{,}13} \times 10^{-7}\,\text{lb} = \frac{50\,000\ \text{líneas/pulg}^2 \times 10\ \text{A} \times 18\ \text{pulg})}{1{,}13}\ 10^{-7}\,\text{lb}$$

$$= \mathbf{0{,}797\ lb} \qquad (1\text{-}8)$$

EJEMPLO 1-8: Repetir el ejemplo 1-7 con el conductor colocado con un ángulo de 75° respecto al mismo campo (en vez de 90°).

Solución:

$$F = \frac{BIl}{1{,}13} \times \text{sen}\,(B, l) \times 10^{-7}\,\text{lb} = 0{,}797\,\text{lb} \times \text{sen}\,75° = \mathbf{0{,}77\ lb}$$

1-18. Dirección de la fuerza electromagnética y regla de la mano izquierda. Los apartados 1-16 y 1-17 precedentes describen la magnitud y la naturaleza de la fuerza desarrollada ortogonalmente al conductor por el que circula la corriente y el campo magnético perpendiculares entre sí, como se indica en la figura 1-12a. Es posible determinar de antemano el sentido de la fuerza electromagnética por el método indicado en las figuras 1-12b y c. En la figura 1-12b puede verse el campo magnético con el mismo sentido de las agujas del reloj originado por el conductor por el que circula la corriente. Obsérvese que el campo magnético producido por el conductor provoca la atracción del campo principal situado encima y la repulsión del conductor situado debajo, que puede verse en la figura 1-12b. La distorsión resultante del campo magnético principal creado por el campo del conductor por el que circula corriente, puede verse en la figura 1-12c. Por consiguiente, el efecto de la interacción de los dos campos es forzar al conductor hacia arriba, como se indica en la figura. Las relaciones entre el sentido de la corriente en el conductor, el sentido del campo magnético y el sentido de la fuerza que actúa sobre el conductor también puede memorizarse y determinarse convenientemente mediante la regla de la mano izquierda o regla del motor,*

* Un sistema nemotécnico conveniente es memorizar un grupo M-G (motor-generador) con el motor a la izquierda y el generador a la derecha. Por tanto, la regla de la mano izquierda se utiliza para el efecto motor y la de la mano derecha para el efecto generador. La denominación «grupo M-G» se utiliza ordinariamente y no se olvida fácilmente. Estas reglas presuponen el sentido de corriente convencional.

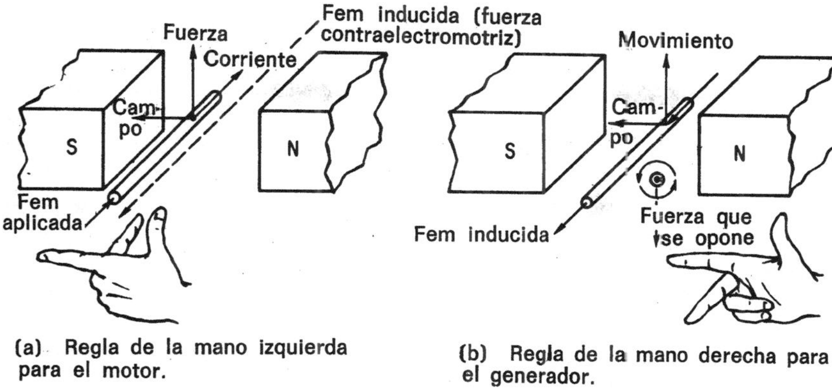

Figura 1-13. Comparación del efecto motor y del efecto generador.

como puede verse en la figura 1-13a, para los mismos sentidos indicados en la figura anterior. Como en el caso de la regla de Fleming de la mano derecha (véase figura 1-3) para la acción del generador, el dedo índice también indica el sentido del campo (N a S), el tercer dedo o medio indica el sentido de circulación de corriente (o fem aplicada) y el pulgar indica el sentido de la fuerza desarrollada sobre el conductor o del movimiento resultante.

1-19. Fuerza contraelectromotriz. En la figura 1-13 se presenta, por fin, la oportunidad de unificar algunas de las relaciones existentes en la conversión de la energía electromecánica. En la figura 1-13a puede verse la acción del motor tal como se ha descrito en el apartado anterior y la figura que le concierne. Para el sentido del campo y de la corriente en el inducido indicado, la fuerza desarrollada sobre el conductor está dirigida hacia arriba. Pero la fuerza desarrollada sobre el conductor provoca el desplazamiento del conductor a través del campo magnético, dando lugar a una variación de la concatenación de flujo alrededor de este conductor. En el conductor «motor» de la figura 1-13a se induce una fem. El sentido de esta fem inducida puede verse en la figura 1-13b, para el mismo sentido de movimiento y de campo. Aplicando esta fem inducida al conductor de la figura 1-13a, obsérvese que se opone o desarrolla contrariamente al sentido de circulación de corriente (y fem) que crea la fuerza o movimiento; por ello se denomina *fuerza contraelectromotriz*. Nótese que el desarrollo de una fuerza contraelectromotriz, indicado en la línea discontinua de la figura 1-13a, es una aplicación de la ley de Lenz y que concuerda con ella en que el sentido de la tensión inducida se opone a la fem aplicada que la engendra. Por lo tanto, *siempre que tiene lugar la acción del motor, simultáneamente se origina la acción de generador,* como se indica en la figura 1-13a.

1-20. Comparación de la acción de motor con la de generador. Si siempre que tiene lugar el funcionamiento como motor también está presente un efecto de generador, también podría proponerse lo contrario. En la figura 1-13b puede verse el funcionamiento como generador, en el que una fuerza mecánica desplaza un conductor hacia arriba induciendo una fem en el sentido indicado. Cuando una corriente circula como resultado de esta fem, hay un conductor portador de corriente presente en el campo magnético; por lo tanto, tiene lugar el efecto de motor. Como se indica en la línea discontinua de la figura 1-13b la fuerza desarrollada como resultado del efecto de motor se opone al movimiento que la produce. Por consiguiente, puede establecerse categóricamente que el *efecto de motor y de generador tiene lugar simultáneamente en las máquinas eléctricas rotativas.* En consecuencia, la misma máquina puede funcionar como motor o como generador, o como *ambos.**

En la figura 1-14 se representa de una manera más gráfica utilizando elementos rotatorios, con lo que se comparan el motor y el generador elementales para el mismo sentido de rotación e indica los circuitos eléctricos de ambos. El lector

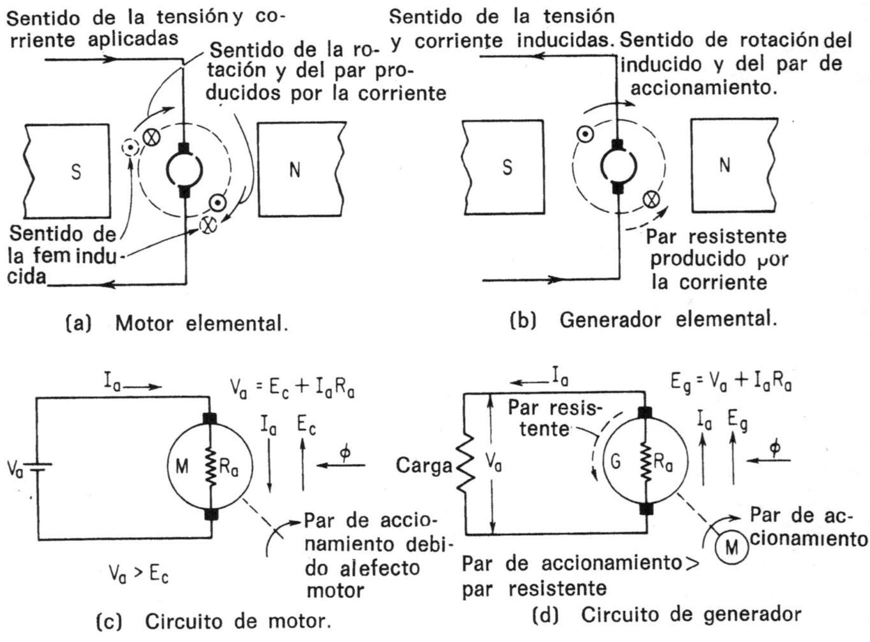

Figura 1-14. Efecto de motor elemental comparado con el efecto de generador.

* Como en el dinamotor o convertidor síncrono.

debe estudiar esta figura muy cuidadosamente ya que es la *clave* para comprender la conversión de la energía electromecánica. Para el sentido de la tensión aplicada y la corriente que se indica en la figura 1-14a, la acción de motor resultante produce una fuerza rotatoria en el sentido de las agujas del reloj sobre ambos conductores. También se muestra el sentido de la fuerza contraelectromotriz opuesta a la tensión aplicada. Las dos en la figura 1-14a, y en el circuito del motor de la figura 1-14c. Obsérvese que, a fin de que la corriente origine una rotación en el sentido de las agujas del reloj y tenga el sentido indicado en la figura 1-14c, es necesario que la tensión aplicada en bornes del inducido, V_a, sea mayor que la fuerza contraelectromotriz desarrollada E_c. Por lo tanto, *cuando una máquina funciona como motor,* la fuerza contraelectromotriz generada, siempre es *menor* que la tensión en bornes (que origina el funcionamiento como motor) y se *opone* a la corriente del inducido.

Suponiendo que los conductores del generador elemental de la figura 1-14b giran en el sentido de las agujas del reloj, se induce una fem en el sentido indicado en la figura. Cuando están conectados a una carga como se indica en la figura 1-14d, la corriente de inducido resultante que circula producirá el *par resistente* indicado mediante trazos discontinuos en los dos esquemas de generador. Obsérvese que, en el circuito de generador de la figura 1-14d, con el mismo sentido de rotación del conductor y del campo magnético, se invierte el sentido de la corriente. Nótese también que el par resistente desarrollado por la circulación de corriente se opone al par motor de la máquina motriz. Por lo tanto, *cuando una máquina funciona como generador,* la corriente de inducido tiene el *mismo* sentido que la fem generada y que ésta, E_g, *supera* a la tensión en bornes del inducido V_a que se aplica a la carga.

Esta distinción entre generador y motor en la que la tensión generada en el inducido ayuda o se opone a la corriente del inducido, respectivamente, da significado a las ecuaciones básicas del circuito del inducido indicado en la figura 1-14 y resumidas como sigue:

[redacted]

Debe notarse que, para una máquina determinada, E_c y E_g pueden calcularse exactamente en función de los factores expresados en la ecuación 1-6. Nótese también que cuando circula la corriente de inducido, I_a, V_a es una cantidad que puede medirse mediante un voltímetro, en tanto que E_c y E_g son cantidades deducidas que se determinan por cálculo mediante las ecuaciones (1-6), (1-9) o (1-10).

EJEMPLO 1-9: El inducido de un motor tiene una resistencia de 0,25 ohm y, cuando se conecta a unas barras de c.c. de 125 V, absorbe una corriente de 60 A. Calcular la fuerza contraelectromotriz generada en los conductores de inducido del motor.

Solución:

$$E_c = V_a - I_a R_a = 125 - (60\text{ A} \times 0{,}25\ \Omega) = \mathbf{110\ V} \tag{1.9}$$

El ejemplo anterior indica que es posible calcular la fem generada en un motor a partir de mediciones *externas*. El ejemplo siguiente indica cómo es posible también determinar el flujo por polo, de la misma forma, como una cantidad deducida en lugar de por mediación directa.

EJEMPLO 1-10: El inducido de un generador de c.c. de 110 V suministra una corriente de 60 A a una carga. La resistencia del circuito de inducido es de 0,25 ohm. El generador tiene 6 polos y 12 ramas y un total de 720 conductores en el inducido que giran a una velocidad de 1800 rpm. Calcular:

a. La fem generada en el inducido
b. El flujo por polo.

Solución:

$$\text{a. } E_g = V_a + I_a R_a = 110\text{ V} + (60\text{ A} \times 0{,}25\ \Omega) = \mathbf{125\ V} \tag{1-10}$$

$$\text{b. } \phi = \frac{E_g(60a)}{(ZSP)10^{-8}} = \left(\frac{125 \times 60 \times 12 \times 10^8}{720 \times 1800 \times 6}\right)$$

$$= \mathbf{1{,}16 \times 10^6\ líneas/polo} \tag{1-6}$$

Las relaciones electromecánicas fundamentales para una máquina que distinguen el funcionamiento de la máquina como motor del funcionamiento como generador, descritas anteriormente, pueden resumirse como sigue:

[redacted]

BIBLIOGRAFÍA

Alger, P. L. y E. Erdelyi. «Electromechanical Energy Conversion», *Electro-Technology,* Septiembre 1961.

Carr, C. C. *Electrical Machinery,* Nueva York: John Wiley & Sons, Inc., 1958.

Crosno, C. D. *Fundamentals of Electromechanical Conversion,* Nueva York: Harcourt, Brace, Jovanovich, Inc, 1968.

Daniels. *The Performance of Electrical Machines,* Nueva York: McGraw-Hill, 1968.

Fitzgerald, A. E. y Kingsley, C. *The Dynamics and Statics of Electromechanical Energy Conversion,* 2.ª ed., Nueva York: McGraw-Hill, 1961.

Fitzgerald, A. E., C. Kingsley, Jr. y Kusko, A. *Electric Machinery,* 3.ª ed., Nueva York: McGraw-Hill, Inc., 1971.

Gemlich, D. K. y Hammond, S. B. *Electromechanical Systems,* Nueva York: McGraw-Hill, 1967.

Hindmarsh, J. *Electrical Machines,* Elmsford, N. Y.: Pergamon Press, 1965.

Jones, C. V. *The Unified Theory of Electrical Machines,* Nueva York: Plenum Publishing Corp., 1968.

Koenig, H. E. y W. A. Blackwell. *Electromechanical System Theory,* Nueva York: McGraw-Hill, Inc., 1961.

Ku, Y. H. *Electrical Energy Conversion,* Nueva York: The Ronald Press Company, 1959.

Levi, E. y Panzer, M. *Electromechanical Power Conversion,* Nueva York: McGraw-Hill, 1966.

Majmudar, H. *Introduction to Electrical Machines,* Boston: Allyn and Bacon, 1969.

Meisel, J. *Principles of Electromechanical Energy Conversion,* Nueva York: McGraw-Hill, 1966.

Nasar, S. A. *Electromagnetic Energy Conversion Devices and Systems,* Englewood Cliffs, N. J.: Prentice-Hall, Inc., 1970.

O'Kelly y Simmons. *An Introduction to Generalized Electrical Machine Theory,* Nueva York: McGraw-Hill, 1968.

Robertson, B. L. y L. J. Black. *Electric Circuits and Machines.* 2.ª ed., Princeton, N. J.: D. Van Nostrand Co., Inc., 1957.

Rotating Machinery. (Group 10) (ASA C42.10.) Nueva York: American Standards Association.

Schmitz, N. L., y Novotny, D. W. *Introductory Electromechanics,* Nueva York: Ronald Press, 1965.

Seely, S. *Electromechanical Energy Conversion,* Nueva York: McGraw-Hill, 1962.

Selmon. *Magnetoelectric Devices: Transducers, Transformers and Machines,* Nueva York: Wiley/Interscience, 1966.

Siskind, C. S. *Direct-Current Machinery,* Nueva York: McGraw-Hill, 1952.

Skilling, H. H. *Electromechanics: A First Course in Electromechanical Energy Conversion,* Nueva York: Wiley/Interscience, 1962.

Thaler, G. J. y Wilcox, M. L. *Electric Machines: Dynamics and Steady State,* Nueva York: Wiley/Interscience, 1966.

Walsh, E. M. *Energy Conversion—Electromechanical, Direct, Nuclear,* Nueva York: Ronald Press, 1967.

White, D. C. y H. H. Woodson. *Electromechanical Energy Conversion,* Nueva York: John Wiley & Sons, Inc., 1959.

CUESTIONES

1-1. Describir cuatro efectos de la conversión electromecánica de la energía.

1-2. Establecer la ley de Faraday de la inducción electromagnética
   a. con sus propias palabras
   b. en forma de ecuación, identificando todos los factores de la misma.

1-3. a. ¿Cuál es el nombre del científico y su ley que aparecen en la cuestión 1-2b?
   b. ¿Es aplicable esta ley para condiciones de flujo instantáneo o medio? Explicar.

1-4. Proponer una ecuación que pueda utilizarse para calcular el valor instantáneo de la fem inducida cuando se conoce una densidad de flujo constante. Establecer todos los factores de la ecuación, incluyendo las unidades, expresados en el sistema cgs.

1-5. a. Repetir la cuestión 1-4 proponiendo la ecuación en el sistema de unidades inglesas.
   b. Repetirla en el sistema RMKS.

1-6. Exponer tres excepciones aplicables a las ecuaciones que aparecen en las cuestiones 1-4 y 1-5.

1-7. a. En la ecuación $e = Blv \operatorname{sen}(B, v) \operatorname{sen}(B, l)$ ¿qué factor se toma como referencia?
   b. Trazar un esquema que ponga de relieve las posiciones de l, B y v de manera que sean perpendiculares (ortogonales).
   c. Trazar otro esquema que ilustre la ecuación que aparece en 7a.

1-8. a. Trazar un esquema que ilustre la regla de Fleming.
   b. ¿Qué indica la regla de Fleming?
   c. ¿Qué se entiende por corriente «convencional» contraponiéndola con corriente «electrónica»?
   d. Trazar un esquema que muestre la regla de Fleming si se utiliza para determinar el sentido del flujo de electrones producido por inducción electromagnética.

1.9. a. Enunciar la ley de Lenz.
   b. Demostrar que tanto la ley de Lenz como la tercera ley de Newton del movimiento están relacionadas con el principio de Le Chatelier.
   c. Trazar un esquema que indique que la dirección de la fem inducida en un conductor que se mueve en un campo magnético produce una corriente que, a su vez, produce un flujo que se opone al movimiento.
   d. Describir la regla de Fleming a partir del esquema trazado en (c).

1-10. Trazar un esquema de una bobina de una sola espira que gira en un campo magnético uniforme. Indicar:
a. Sentido de la fem inducida en cada lado de bobina.
b. Sentido de la circulación de corriente si se conecta una carga en sus bornes.
c. Polaridad de los bornes con respecto a la carga.

1-11. En el esquema trazado en la cuestión 1-10 explicar, partiendo del borne positivo:
a. Sentido de la circulación de corriente en la bobina.
b. Sentido de la circulación de corriente en la carga.
c. Compararlos con la circulación de corriente por dentro y por fuera de una batería que alimenta una carga y explicar.

1-12. Explicar por qué.
a. Debe producirse c.a. en un conductor que gira en un campo magnético bipolar.
b. La forma de la onda producida es senoidal.

1-13. Explicar en la bobina de una sola espira de la figura 1-6a:
a. Por qué no se induce fem en las partes *ad* y *bc*.
b. Suponiendo que el flujo no es paralelo a los lados de la bobina en el punto anterior, ¿por qué puede despreciarse la tensión generada en estos lados de la bobina?
c. ¿Bajo qué condiciones la forma de la onda producida no es senoidal?

1-14. «Todas las máquinas eléctricas rotatorias tienden a generar c.c. independientemente del tipo o de la aplicación».
a. Describir una excepción a esta afirmación.
b. Explicar por qué no se genera c.c. en esta máquina rotatoria concreta.

1-15. Si «todas» las dínamos rotatorias son generadores de c.c., explicar:
a. Cómo puede originarse c.c. cuando una bobina de una sola espira gira en un campo bipolar.
b. Cómo es que siempre se mantiene una polaridad positiva en un terminal del circuito exterior.

1-16. Explicar:
a. Por qué en la figura 1-7 se produce una forma de media onda senoidal y en la figura 1-8 se produce una onda aplanada en la parte superior.
b. ¿Cuál es la causa que origina la diferencia entre las dos formas de onda?
c. Por qué las dos formas de onda se denominan «corriente pulsante unidireccional».
d. Bajo qué condiciones puede hacerse la salida menos «pulsante».

1-17. Comparar la forma de onda indicada en la figura 1-9b, con la indicada en la figura 1-10d y explicar:

a. Por qué la tensión inducida en las escobillas de la última es la suma de las tensiones por conductor en cada rama en paralelo.
b. Las ventajas de un devanado cerrado sobre un devanado abierto (señalar tres).

1-18. Para el esquema indicado en la figura 1-10c, explicar:
a. Por qué la tensión inducida en cada lado de bobina puede tratarse como una pila eléctrica individual.
b. El significado de los símbolos r_s y r_n.
c. Por qué no aparece corriente circulatoria entre las dos ramas, incluso si las escobillas se separan del colector.

1-19. Si se conecta una carga externa entre las escobillas de un generador de anillo de gramme.
a. Señalar cuatro factores que determinen la corriente que circula en la carga.
b. ¿Cuál es la relación entre la corriente por rama y la corriente de carga?

1-20. Señalar una ventaja teórica y tres desventajas del devanado de anillo de gramme en comparación con los modernos inducidos devanados en tambor.
a. ¿Por qué el devanado de anillo de gramme es conocido como devanado reentrante o cerrado?
b. ¿Por qué es posible utilizar un anillo (o tubo) en lugar de un cilindro macizo en la figura 1-10a?

1-21. ¿Por qué la forma de la onda de salida resultante indicada en la figura 1-10d contiene una pequeña componente de c.a., incluso si las bobinas individuales producen una onda cuadrada (rica en armónicos y c.a.) en cada vuelta?

1-22. a. Utilizando las Tablas 1-1 y 1-2, explicar por qué la potencia nominal de cada bobina determina la potencia nominal de la máquina, independientemente del método de conexión.
b. Explicar por qué las dimensiones físicas dan una indicación aproximada de la potencia nominal de la maquinaria eléctrica.

1-23. a. Escribir la ecuación 1-6 en forma algebraica para determinar el número de ramas.
b. Repetir el punto (a) anterior para el número de polos P.
c. Si en una máquina *dada* ya construida, el número de conductores Z, el número de polos P y el número de ramas a son fijos, escribir la ecuación 1-6 en función de las variables implicadas.

1-24. Establecer la ecuación que expresa la relación entre fuerza electromagnética sobre un conductor por el que circula corriente colocado en un campo magnético en
a. El sistema CGS
b. Unidades inglesas.

1-25. Utilizando la figura 1-13 como ilustración, mostrar que la ley de Lenz se aplica a
a. El efecto de motor.
b. El efecto de generador.
En cada uno de los casos anteriores, indicar tanto la causa como la oposición a ella.

1-26. Utilizando la figura 1-14 como ilustración, explicar la universalidad de la afirmación de que el efecto motor siempre va acompañado de un efecto de generador y viceversa.

1-27. a. Utilizando la ecuación 1-9, explicar por qué es imposible que la fuerza contraelectromotriz sea igual a la tensión aplicada al motor.
b. Utilizando la ecuación 1-10, explicar bajo qué condiciones la tensión generada, E_g y la tensión en bornes del inducido, V_a, son iguales en un generador.

PROBLEMAS

1-1. Un flujo de $6{,}5 \cdot 10^6$ líneas concatena una bobina de una espira. El flujo se anula en 0,125 s. La bobina cerrada tiene una resistencia de 0,05 Ω. Calcular:
a. El valor medio de la fem generada en la espira.
b. La corriente media que circula por la espira.

1-2. Un solo conductor de 1 m de longitud se mueve perpendicularmente a un campo magnético uniforme de 25 000 gauss (maxwells/cm²) a una velocidad uniforme de 25 m/s. Calcular:
a. La fem instantánea inducida en el conductor.
b. La fem media inducida en el conductor.

1.3. Un conductor de 24 pulgadas de longitud se mueve a una velocidad de 12 pulg/min a través del entrehierro de un imán permanente en forma de U que tiene un flujo de 50 000 líneas. La sección transversal de los polos del imán es la de un cuadrado de 4 pulgadas de lado. Suponiendo que el flujo no se dispersa, calcular:
a. La fem inducida en el conductor cuando se desplaza perpendicularmente al campo magnético (con un ángulo de 90°).
b. La fem inducida en el conductor cuando se desplaza con un ángulo de 75° con respecto al campo magnético.

1-4. El generador homopolar de Michael Faraday (véase la figura adjunta a la nota de pie de página, Apartado 1-11) es un disco de 12 pulgadas de diámetro en un campo de 80 000 líneas/pulg². El disco se hace girar manualmente a

60 rpm. El eje tiene un diámetro de 1 pulg. Calcular la tensión inducida entre el borde exterior del eje y el del disco. (Sugerencia: calcular la velocidad lineal *media*.)

1-5. La componente *vertical* del campo magnético terrestre es 0,645 gauss en las proximidades de una locomotora que viaja hacia el sur a una velocidad de 60 millas/h. Los raíles y el eje de la locomotora tienen una separación de 6 pies. Calcular:
a. La fem inducida en los ejes de cada juego de ruedas.
b. La fem media medida en los raíles producida en el problema 1-5a.
c. La polaridad de los raíles este y oeste, respectivamente.
d. Trazar la escala de un velocímetro eléctrico desde cero hasta una velocidad máxima de 80 millas/h utilizando un milivoltímetro.
e. Discutir la viabilidad de un dispositivo para medir la velocidad de un avión y su altura basado en este principio. Discutir los pros y contras.

1-6. Una bobina que mide 12×18 pulg está situada con su eje *paralelo* a un campo magnético uniforme de 5000 líneas/pul^2. La bobina tiene 20 espiras y su eje pasa por el centro de su menor dimensión. La bobina gira alrededor de su eje de modo que sea *perpendicular* al campo magnético uniforme (rotación de 90°) en 0,1 s. Calcular:
a. La fem media inducida durante un cuarto de vuelta (de 0 a 90°).
b. La fem instantánea inducida en la posición cero (original) en el instante en que la bobina se pone en movimiento.
c. La fem instantánea inducida en la posición 90° (eje perpendicular al campo magnético).
d. La fem media inducida si la bobina gira continuamente a una velocidad de 20 rps.

1-7. La tensión inducida en un conductor que se desplaza en un campo magnético uniforme es 25 V cuando la velocidad es 60 cm/s. Calcular la fem inducida cuando
a. El flujo se incrementa en un 15 %.
b. La velocidad se reduce en un 30 %.
c. La velocidad se incrementa en un 20 % y el flujo se reduce en un 10 %

1-8. El flujo por polo de un generador bipolar es $10 \cdot 10^6$ líneas. Se acciona a una velocidad de 1500 rpm. Para inducir una tensión de 20 V/bobina, calcular:
a. El tiempo necesario para completar una revolución y un cuarto de revolución. (El tiempo para que el flujo varíe de cero al máximo por polo.)
b. El número de espiras en serie por bobina, utilizando la ecuación (1-1).
c. Comprobar el problema 1-8b utilizando la ecuación (1-5).

1-9. El flujo por polo de un generador tetrapolar es $10 \cdot 10^6$ líneas. Es accionado a una velocidad de 1500 rpm. Para inducir una tensión de 20 V/bobina, calcular:

a. El tiempo necesario para completar un octavo de vuelta (tiempo preciso para que el flujo varíe de 0 a un máximo por polo).
b. El número de espiras en serie utilizando las ecuaciones (1-1) y (1-5) respectivamente.
c. Explicar la diferencia entre las espiras en serie requeridas en los problemas 1-8 y 1-9, respectivamente.
d. El número de *conductores* entre escobillas que se precisan para generar 120 V.

1-10. Dado un generador que posee una espira por bobina, cuatro polos, cuatro ramas, un flujo por polo de $10 \cdot 10^6$ líneas y una velocidad de 1500 rpm, calcular:
a. El número de conductores en serie en el inducido que se precisan para originar una tensión de 120 V entre escobillas.
b. El número de conductores por rama (comparar con el problema 1-9d).
c. Distinguir entre las ecuaciones (1-5) y (1-6) sobre la base de comparación del problema 1-10b).

1-11. Dada la siguiente información sobre un generador: longitud activa del conductor, 14 pulgadas, diámetro del inducido, 12 pulgadas, densidad de flujo, 66 000 líneas/pulg^2. Las caras polares cubren el 80 % de la superficie del inducido y la velocidad es 1600 rpm. Suponiendo una densidad de flujo uniforme de cada polo, calcular:
a. La fem instantánea inducida por conductor cuando se desplaza directamente bajo el centro de un polo.
b. La fem media inducida por conductor teniendo en cuenta la ausencia de flujo en la región interpolar.
c. La fem media entre escobillas suponiendo un total de 40 conductores/rama.

1-12. Un generador de ocho polos tiene en total 480 conductores agrupados en 16 ramas en paralelo. El flujo por polo es $1,6 \cdot 10^7$ líneas y la velocidad es 1200 rpm. Si las caras polares cubren el 75 % de la superficie del inducido, calcular la tensión generada entre escobillas.

1-13. El inducido del generador del problema 1-12 es sustituido por otro que tiene cuatro ramas en paralelo. Calcular:
a. La tensión desarrollada entre escobillas.
b. El porcentaje de variación bien en el flujo original, bien en la velocidad a fin de desarrollar la misma tensión que en el problema 1-12.

1-14. Por cada uno de los conductores del generador del problema 1-11 circula una corriente de 20 A cuando se conecta a una carga. Calcular:
a. La fuerza que aparece (oponiéndose al movimiento) en el conductor cuando está situado directamente bajo el centro de un polo.
b. La fuerza media que aparece en un conductor teniendo en cuenta la ausencia de flujo y de par en la región interpolar.

1-15. Si la densidad de flujo del generador del problema 1-14 aumenta en un 10 %

y la carga aumenta en un 15 %, calcular la fuerza media que aparece en cada conductor del generador.

1-16. La longitud axial del inducido de un motor de c.c. es de 9 pulgadas, los polos presentan una densidad de flujo de 72 000 líneas/pulg^2 y cubren el 72 % de la superficie del inducido. Calcular la fuerza desarrollada por cada conductor cuando circula una corriente de 25 A.

1.17. Una máquina gira a una velocidad de 1200 rpm. Su inducido tiene una resistencia total de 0,04 Ω, una longitud de 16 pulgadas, un total de 630 conductores y 6 ramas. El diámetro del inducido es de 18 pulgadas y el entrehierro de 0,100 pulgadas. Los seis polos cubren el 80 % de la circunferencia total del inducido. La intensidad nominal de la máquina (por rama) por conductor es 25 A. Cuando se acciona a la velocidad y flujo nominales, la tensión generada por rama es 120 V. Calcular:

a. El flujo por polo y la densidad de flujo.
b. La tensión en bornes del inducido cuando funciona como generador.
c. La fuerza por conductor desarrollada por el efecto de motor.
d. La tensión aplicada en bornes del inducido que se precisa para desarrollar una tensión generada de 120 V cuando funciona como motor.

RESPUESTAS

1-1(a) 0,52 V (b) 10,4 A 1-2(a) 62,5 V (b) 62,5 V 1-3(a) 0,25 μV (b) 24,2 μV 1-4 0,083 V 1-5(a) 3,16 mV (b) 3,16 mV (c) este(+), oeste(−) (d) 4,21 mV 1-6(a) 2,16 V (b) 3,392 V (c) 0 (d) 0,458 V 1-7(a) 28,75 V (b) 17,5 V (c) 27 V 1-8(a) 0,01 s (b) 2 espiras/bobina (c) 2 espiras/bobina 1-9(a) 5 ms (b) 1 espira (d) 12 conductores 1-10(a) 48 (b) 12 1-11(a) 9,3 V (b) 7,44 V (c) 297,6 V 1-12 577 V 1-13(a) 2308 V (b) 75 por ciento reducción 1-14(a) 1,635 lb (b) 1,308 lb 1-15 1,655 lb 1-16 1,03 lb 1-17(a) $7{,}82 \times 10^3$ líneas/pulg^2 (b) 114 V (c) 0,2765 lb (d) 126 V

Capítulo 2

Construcción y devanado de las máquinas

2-1. Posibilidades de las máquinas. En el capítulo anterior se estableció que las máquinas eléctricas rotatorias son capaces de convertir la energía mecánica en energía eléctrica (*generador*) o la energía eléctrica en energía mecánica (*motor*). En el generador, el movimiento rotatorio lo proporciona un motor primario (una fuente de energía mecánica) a fin de originar un movimiento relativo entre los conductores y el campo magnético de la dínamo para así generar energía eléctrica. En el motor, se suministra energía eléctrica a los conductores y al campo magnético de la dínamo a fin de producir un movimiento relativo entre ellos y producir, por lo tanto, energía mecánica. En *ambos* casos, se tiene un *movimiento relativo* entre un campo magnético y los conductores de la máquina. Esto da lugar a varias posibilidades y alternativas interesantes en el establecimiento de cuál será el *rotor* (la parte de la dínamo que gira) y cuál el *estátor* (la parte de la máquina fija). Para servir de rotor o estátor pueden utilizarse tanto el inductor como el inducido. La elección entre ambas alternativas depende en cada caso de razones técnicas específicas.

Los diversos tipos de posibilidades de las máquinas que se describirán son

1. La máquina de *corriente continua* (c.c.), que tiene un inducido móvil y un inductor fijo.
2. La máquina *síncrona* (c.a.), con un inducido móvil y un inductor fijo.
3. La máquina *síncrona* (c.a.), con un inductor móvil y un inducido fijo.
4. La máquina *asíncrona* (c.a.), en la que los devanados del inducido son tanto fijos como móviles.

2-2. Construcción de la máquina de corriente continua (c.c.). En la figura 2-1a puede verse una sección de una máquina de c.c. comercial característica, simplificada para destacar las partes más importantes. El rotor de la máquina consta de*

1. *El eje del inducido,* que proporciona rotación al núcleo de inducido, devanado y colector. Unidos mecánicamente al eje están
2. *El núcleo del inducido,* construido a base de capas laminadas de acero para máquinas eléctricas, que proporciona un camino magnético de baja reluctancia entre polos. Las chapas sirven para reducir las corrientes parásitas en el núcleo, y el acero para máquinas eléctricas utilizado es de tal calidad que determina pérdidas por histéresis reducidas. El núcleo contiene ranuras axiales periféricas para
3. *El devanado del inducido* que consiste en bobinas aisladas entre sí y del núcleo del inducido embebidas en las ranuras y conectadas eléctricamente a·
4. *El colector,* que debido a la rotación del eje proporciona las maniobras necesarias para el proceso de conmutación. El colector consiste en segmentos de cobre (delgas) aislados individualmente entre sí y del eje y conectados eléctricamente a las bobinas del devanado del inducido.

El inducido rotor de la máquina de c.c. realiza cuatro funciones principales: (1) permite la rotación que es necesaria para obtener el efecto de generador o de motor; (2) en virtud de la rotación, produce las maniobras necesarias para la conmutación; (3) contiene los conductores en los que se induce una tensión o que proporcionan un par de fuerzas electromagnético; y (4) proporciona un camino de baja reluctancia para el flujo magnético.

El estátor de la máquina consta de

1. Un *yugo* o carcasa cilíndrica de acero fundido o laminado. Este yugo no sirve sólo de soporte de las partes descritas anteriormente sino que también proporciona un camino de retorno para el flujo en el circuito magnético creado por
2. Los *devanados de excitación,* que constan de unas pocas espiras de hilo en el caso de excitación serie o muchas espiras de hilo de poca sección en el caso de excitación shunt. Esencialmente, las bobinas de excitación son electroimanes cuyos amperios-vuelta proporcionan una fuerza magnetomotriz adecuada para producir en el entrehierro el flujo que se precisa para generar una fuerza electromotriz (fem). Los devanados de excitación se colocan en
3. Los *polos de excitación,* construidos de chapa de acero y unidos mediante pernos o soldados a la carcasa tras haber introducido en ellos el conjunto de deva-

* Está más allá de los límites de este libro (como el autor ha establecido en el prefacio) el dar una descripción detallada de la construcción de las máquinas. Un lector interesado que desee más información que la contenida en este libro puede consultar G. C. Blalock, *Direct Current Machinery* (Nueva York; McGraw-Hill, Inc., 1947), capítulo 2, o Kloeffler, Kerchner y Brenneman, *Direct Current Machinery* (Nueva York: The Macmillan Company, 1948), capítulo 1. Véanse también las referencias al final de este capítulo.

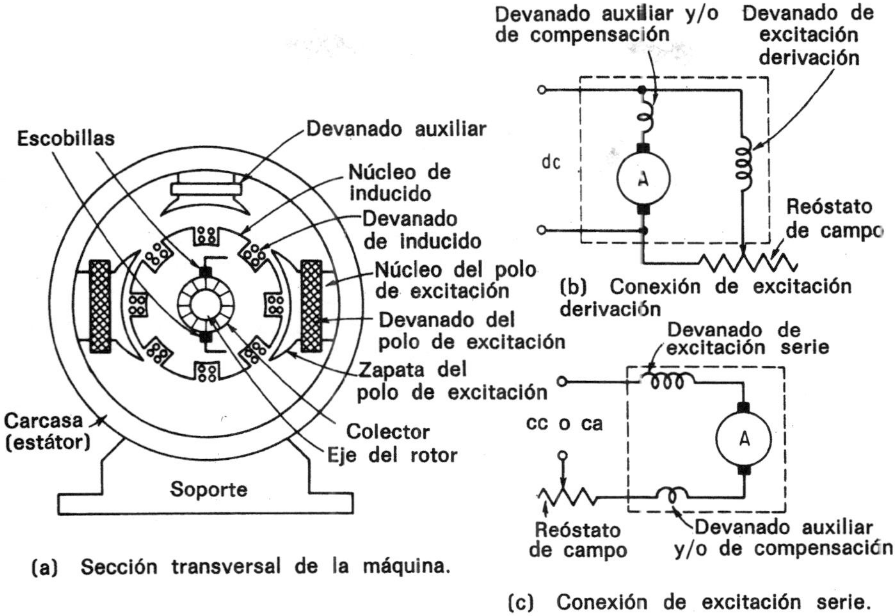

Figura 2-1. Construcción de la máquina de c.c. y circuitos eléctricos (derivación y serie).

nados de excitación. La zapata del polo es curva y más ancha que el núcleo del polo a fin de distribuir el flujo más uniformemente.

4. Los *polos auxiliares* (interpolos) y sus devanados también están montados sobre la carcasa de la máquina. Están situados en la región interpolar entre los polos principales y en general son de tamaño inferior. El devanado interpolar se compone de unas pocas espiras de hilo de gran sección, ya que está conectado en serie con el circuito del inducido. Su fuerza magnetomotriz (fmm) es proporcional a la corriente del inducido.

5. Los *devanados de compensación,* no indicados, son opcionales; están *conectados* de la *misma* forma que los devanados interpolares, pero están *colocados* en ranuras axiales de la zapata del polo de excitación (véase la figura 5-7).

6. Las *escobillas y portaescobillas,* como los devanados interpolar y de compensación, forman parte del circuito del inducido. Las escobillas están formadas de carbono y grafito, sujetas a la estructura del estator y en forma tal que mediante muelles se asegura que las escobillas mantengan un contacto firme con las delgas del colector. Las escobillas siempre están conectadas en cada instante a una delga en contacto con una bobina situada en la zona interpolar.

7. *Detalles mecánicos.* Unidos mecánicamente al yugo se encuentran los extremos de la carcasa que contienen los cojinetes sobre los que se apoya el eje del inducido así como los portaescobillas en algunas máquinas. Estos detalles no aparecen en las figuras 2-1 o 2-2.

En las figuras 2-1b y c pueden verse las conexiones eléctricas de la máquina de c.c. La primera muestra la conexión de excitación shunt en la que el devanado de excitación está en derivación con el circuito del inducido. La segunda muestra la conexión de excitación serie en la que en los polos de excitación principales está situado un devanado de pocas espiras de gran sección conectadas en serie con el circuito del inducido. Nótese que los devanados de compensación y auxiliares, si se utilizan, siempre forman parte del circuito del inducido lo mismo que las escobillas. Nótese también que la conexión de excitación shunt de la figura 2-1b utiliza el reóstato de campo en el circuito de excitación.

Es muy importante hacer notar que la máquina de c.c. de la figura 2-1c puede utilizarse universalmente y funcionará tanto como máquina de c.c. como de c.a., o ambas, como en el caso de un motor universal (apartado 10-16). En realidad, la denominación «máquina de c.c.» no es aceptada. La mayoría de generadores y motores de c.c. emplean la construcción indicada en la figura 2-1a y las conexiones eléctricas de las figuras 2-1b y c. Más adelante se verá que algunas máquinas combinan las conexiones de excitación que aparecen en estas figuras dando lugar a las *máquinas compound.*

2-3. Construcción de la máquina síncrona (inductor fijo). Tanto en la máquina síncrona (inductor fijo) como en la máquina de c.c. se utiliza precisamente el mismo tipo de estator, y el devanado de excitación es alimentado mediante una fuente de c.c. El devanado del inducido (rotor) se saca al exterior a través tanto de anillos rozantes como de un colector, como se indica en la sección transversal de la figura 2-2b. Una máquina como ésta funcionará o bien

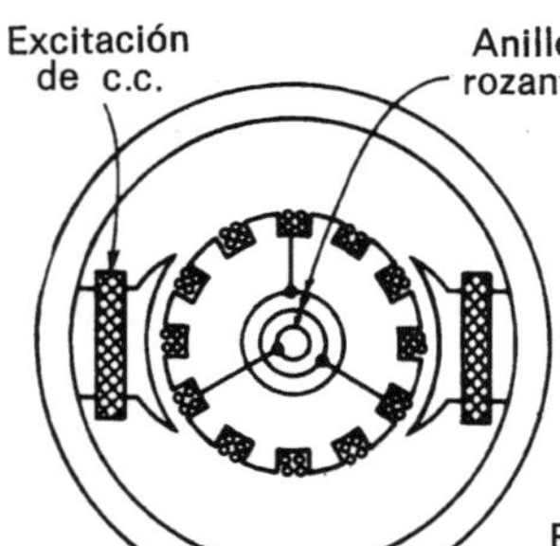

(a) Sección transversal de la máquina síncrona.

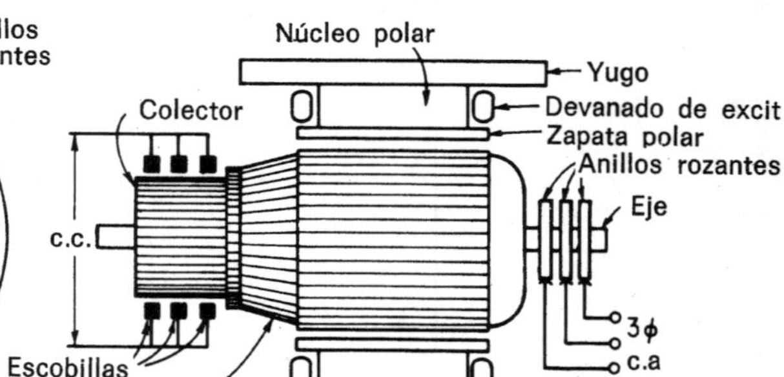

(b) Sección axial del convertidor síncrono.

Figura 2-2. Máquina síncrona, del tipo de inducido móvil y polos de excitación salientes.

como un generador síncrono de inducido móvil o como motor, según si la corriente de entrada es de c.c. en las escobillas, o corriente alterna polifásica o monofásica en los anillos rozantes del motor. Este tipo de máquina encuentra su aplicación más importante en el convertidor síncrono o rotatorio, indicado en la figura 2-2b, que se utiliza para convertir la corriente continua en corriente alterna o viceversa (véanse los apartados 11-6 y 11-7). Si se aplica corriente continua a las escobillas, la máquina funciona como motor de c.c. y alternador de c.a. simultáneamente. Si a los anillos rozantes se les aplica corriente alterna, la máquina funciona como motor de c.a. y generador de c.c. simultáneamente. Ya ha sido demostrado (apartado 1-20) que el efecto de generador y el efecto de motor siempre tienen lugar simultáneamente y los convertidores rotatorios son acaso el mejor ejemplo de la utilización simultánea de ambos. Este tipo de construcción también se utiliza en el generador trifilar Dobrowolsky (indicado en la figura 11-9d).

2-4. Construcción de la máquina síncrona de inductor móvil. La construcción de la máquina síncrona del apartado 2-3, en la que el inductor es fijo y el inducido móvil, es relativamente limitada (por razones descritas en el apartado 6-3) en comparación con la *máquina síncrona de inductor móvil* indicada en la figura 2-3. En esta máquina, el devanado de excitación es alimentado mediante una fuente de c.c. a través de dos anillos rozantes y el inducido se co-

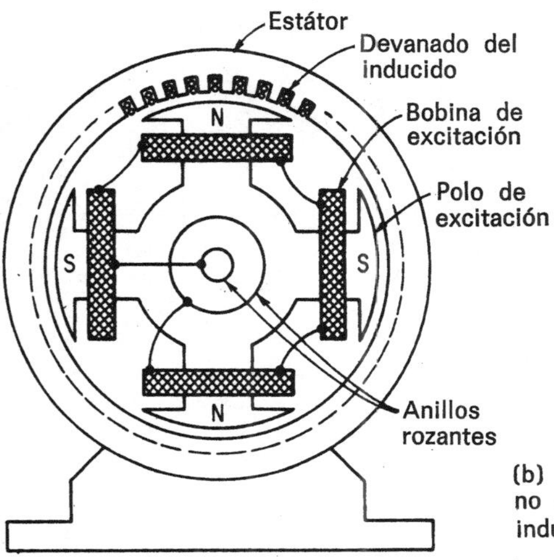

(a) Máquina síncrona de polos salientes.

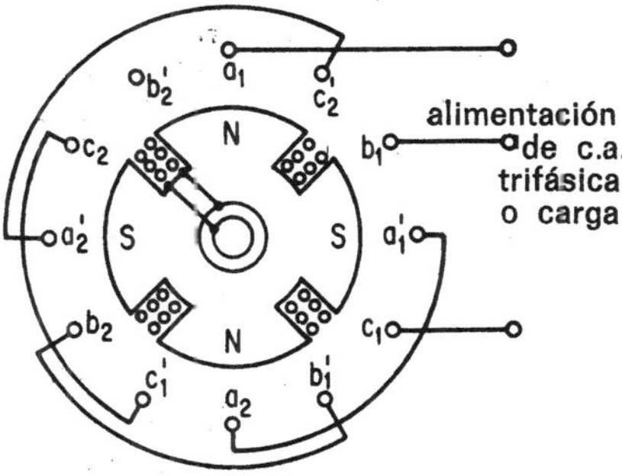

(b) Máquina síncrona tetrapolar de polos no salientes mostrando las conexiones del inducido estatórico.

Figura 2-3. Máquina síncrona de inductor móvil.

necta directamente a una fuente polifásica de c.a. o a una carga.

Si el inducido (estator) se conecta a una alimentación de c.a. monofásica o polifásica, la máquina funcionará como *motor síncrono* y el rotor girará a una velocidad síncrona en sincronismo con el campo giratorio que establece el devanado del estator determinado por el número de polos y la frecuencia de la alimentación. Si el rotor, ya sea *saliente* como se indica en la figura 2-3a o *liso*, como se indica en la figura 2-3b, se hace girar a una velocidad síncrona mediante un motor primario, la máquina funcionará como *alternador*, ya sea monofásico o polifásico, según las conexiones del inducido. Las conexiones del inducido estatórico indicadas en la figura 2-3b son las que se requieren para obtener una salida trifásica utilizando un rotor tetrapolar.

2-5. Construcción de la máquina asíncrona de inducción. La máquina asíncrona de inducción indicada en la figura 2-4a presenta una construcción del *estator* idéntica a la descrita en la máquina síncrona en el apartado 2-4. Por consiguiente, el devanado estatórico del inducido puede estar conectado a una alimentación de c.a. monofásica o polifásica. El rotor no está excitado independientemente (c.c.) como se ha descrito anteriormente. La máquina de inducción se convierte en un *generador asíncrono de inducción* (apartado 9-22) cuando el rotor se hace girar mediante un motor primario a una velocidad que supere la velocidad de sincronismo.

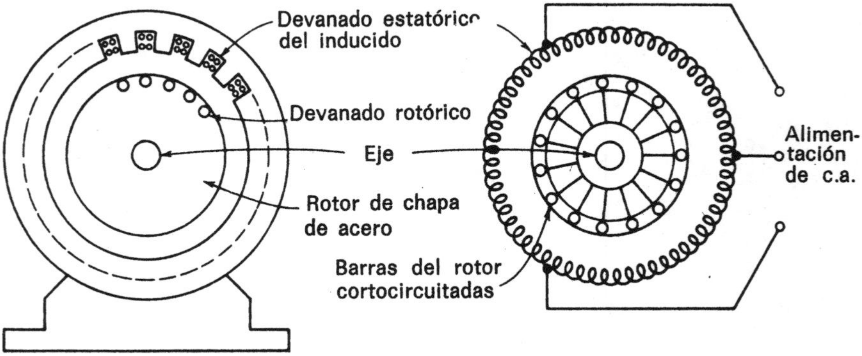

(a) Sección transversal de una máquina de inducción.

(b) Conexiones eléctricas.

Figura 2-4. Máquina de inducción (asíncrona).

Si el inducido del estator está conectado a una alimentación de c.a. monofásica o polifásica, la máquina funcionará normalmente como *motor de inducción*. Los motores de inducción monofásicos precisan de dispositivos de arranque auxiliares, pero los motores de inducción polifásicos son inherentemente autoarrancadores. Debe notarse que tanto si se hace funcionar como generador o como motor, la máquina de inducción asíncrona requiere que el inducido del estator esté conectado a una alimentación de c.a. Como la máquina de c.c. y la máquina síncrona de c.a., *está doblemente excitada* (véase apartado 9-1), pero *tanto* en los devanados estatóricos como rotóricos circula corriente alterna.

El devanado del rotor por el que circula corriente alterna producida por inducción procedente del devanado estatórico directamente conectado, consta de conductores de cobre o aluminio embutidos o fundidos en un rotor de chapa de acero. En el tipo jaula de ardilla se colocan en ambos extremos anillos terminales de cortocircuito y sólo en uno en el tipo de rotor bobinado.

La máquina asíncrona recibe su nombre debido al hecho de que funciona como generador o como motor a una velocidad distinta de la de sincronismo de su campo magnético giratorio.

2-6. Circuitos y campos magnéticos de la máquina de c.c. Como se ha demostrado en apartados anteriores, todas las máquinas, independientemente del tipo o de la finalidad, precisan: (1) un devanado cuya función es la de producir un campo magnético; (2) un devanado que consiste en conductores por los que circula corriente, y (3) un procedimiento para conseguir el movimiento relativo entre (1) y (2). La figura 2-5a muestra la distribución de flujo producida por un

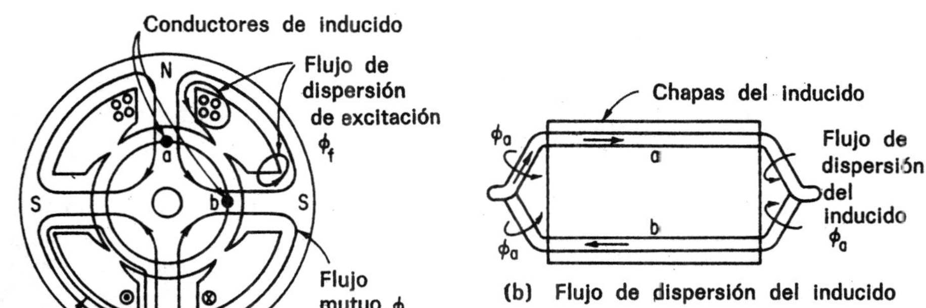

Figura 2-5. Flujo mutuo y flujo de dispersión en la máquina de c.c.

estator tetrapolar en el inducido rotatorio de una máquina de c.c. Tanto si la máquina funciona como motor o como generador, el único flujo útil, ya sea para el efecto de generador o el efecto de motor, es el que concatena tanto a los conductores de excitación como los del inducido *simultáneamente*. Este flujo, denominado flujo mutuo ϕ_m, puede verse en la figura 2-5a como producido por el devanado de excitación alrededor de los polos de excitación. Se forman anillos completos del circuito magnético que pasan desde un polo norte a través del entrehierro a concatenar los conductores del inducido, pasan a través del entrehierro al polo sur y regresan a través del yugo al polo norte original. Puesto que se presenta una reluctancia doble de la del entrehierro en el circuito de flujo mutuo (y el entrehierro de las máquinas comerciales varía entre $1/16$ hasta $1/4$ de pulgada), existe la posibilidad de un circuito magnético más corto (o flujo de dispersión no mutuo) que *no* concatena simultáneamente a la excitación y al inducido. Puede establecerse directamente un camino del flujo de dispersión entre el polo de excitación norte al polo de excitación sur, o desde un polo determinado al yugo, como se indica mediante el flujo de dispersión señalado como ϕ_f en la figura 2-5a.

Los conductores móviles por los que circula corriente, debido a la naturaleza del devanado del inducido tienden también a originar un flujo de dispersión en el inducido, ϕ_a, indicado en la figura 2-5b, en particular en aquella parte de la bobina que no está embebida en el hierro del inducido. Por consiguiente, tanto los devanados de excitación como los del inducido tienden a producir flujos de dispersión que son independientes del flujo mutuo o del entrehierro.

2-7. Reactancia del inducido. De los dos flujos de dispersión, el flujo de dispersión de excitación es menos significativo. La pérdida de flujo de excitación creada por la dispersión de la excitación puede compensarse *aumentando* la intensidad de excitación, como se describe en el apartado 2-9. Además de reducir el flujo mutuo ligeramente, el flujo de dispersión de la excitación sólo afecta el funcionamiento de la máquina durante períodos transitorios como los de arranque o variación en las condiciones de carga.

El flujo de dispersión del inducido es más importante ya que es responsable del efecto denominado *reactancia de dispersión del inducido* o, abreviadamente, *reactancia del inducido*. La reactancia del inducido varía en una máquina determinada sólo con la corriente de inducido, ya que es producida por la corriente de inducido y tan sólo concatena el conductor del inducido. La reactancia del inducido es simplemente un efecto debido a la *inductancia propia* del conductor del inducido y es observable, por definición, *sólo* cuando *varía* la corriente en el conductor. En la máquina de c.c., la corriente en el conductor del inducido (no teniendo en cuenta los fenómenos transitorios), varía sólo durante el período de conmutación cuando el sentido de la corriente en el conductor se invierte. La fem de autoinducción creada por la conmutación del conductor pone de relieve la necesidad de *polos de conmutación* denominados también polos auxiliares o interpolos en la máquina de c.c. En el apartado siguiente se discute la reactancia de dispersión en las máquinas de c.a.

2-8. Circuitos y campos magnéticos en la máquina de c.a. En las figuras 2-6a y b puede verse la distribución del flujo mutuo de una máquina síncrona tetrapolar de c.a. Como en el caso de la máquina de c.c. el flujo mutuo útil del entrehierro, ϕ_m, es el que concatena simultáneamente a los conductores de excitación y del inducido. Análogamente, se produce cierto flujo de dispersión de la excitación, ϕ_f, que concatena tan sólo a los conductores de excitación, pero el efecto de este flujo de dispersión de la excitación es idéntico al de la máquina de c.c. y puede subsanarse aumentando la corriente de excitación.

En el caso del flujo de dispersión del inducido, ϕ_a, indicado en la figura 2-6, producido por los conductores del inducido por los que circula corriente en los que la corriente es siempre alterna, se origina una *reactancia inductiva del inducido, X_a*. Esta reactancia del inducido, en combinación en cuadratura con la resistencia del inducido, es un factor en la *impedancia global del inducido* y, como se verá posteriormente, desempeña un papel importante en la determinación de la regulación de tensión de un alternador o en el ajuste del factor de potencia de un motor síncrono.

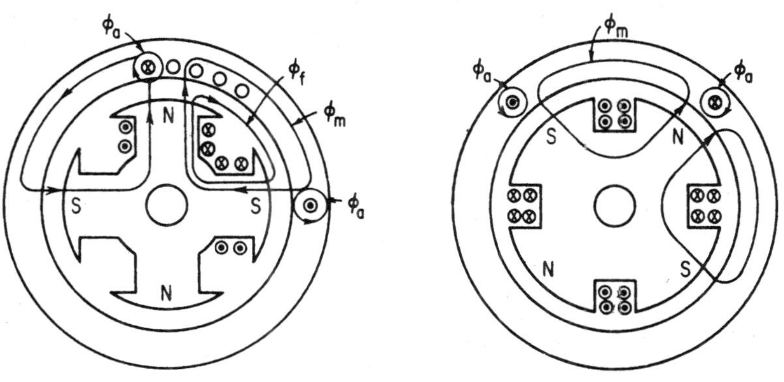

(a) Distribución del flujo en polos salientes.

(b) Distribución del flujo en polos lisos.

Figura 2-6. Flujo mutuo y flujo de dispersión en la máquina de c.a.

El lector no debe confundir la reactancia del inducido con la *reacción de inducido* siempre que se empleen uno u otro término. Los efectos del primero se han descrito anteriormente para las máquinas de c.c. y c.a. La reacción de inducido (capítulo 5) es el efecto de la fuerza magnetomotriz (fmm) producida por los amperios-vuelta (I_aN_a) del inducido, sobre la variación y distorsión del flujo mutuo, ϕ_m, de la excitación. En las máquinas de c.c. y de c.a., la reacción de inducido y sus efectos están siempre presentes, en tanto que la reactancia del inducido afecta a los conductores de la máquina de c.c. tan sólo cuando la corriente varía (como durante la conmutación que da lugar a chispeo entre el colector y las escobillas).

2-9. Cálculos de flujo magnético. El procedimiento detallado para el proyecto de las bobinas de excitación que se precisan para establecer una densidad de flujo determinada en una máquina, está fuera del alcance de este libro.* Resumido brevemente, consiste en dividir el circuito magnético, indicado en la figura 2-6a, en sus partes componentes: núcleo polar, zapata polar, entrehierros, yugo, dientes del inducido y núcleo del inducido. A continuación se confecciona una tabla que incluya las dimensiones (longitud media y sección transversal media), material, flujo total, densidad de flujo, fuerza magnetomotriz por parte y los amperios-vuelta totales por polo. Cada una de las partes componentes anteriores se trata como un elemento en serie en un circuito magnético basándose en una relación conocida como «ley del circuito del campo magnético»:**

La intensidad del campo magnético de un camino cerrado es la suma de los amperios-vuelta que este camino concatena.

En forma de ecuación matemática, la ley anterior se convierte en:

$$\phi = \frac{0{,}4\pi IN}{\mathscr{R}} = 0{,}4\pi\left(\frac{IN_1}{\mathscr{R}_1} + \frac{IN_2}{\mathscr{R}_2} + \frac{IN_3}{\mathscr{R}_3} + \cdots + \frac{IN_n}{\mathscr{R}_n}\right) \tag{2-1}$$

En la que ϕ es la intensidad de campo magnético deseado que se requiere para producir par o para generar una fem en una máquina, en líneas o maxwells, $\mathscr{R}$ es la reluctancia total del camino cerrado; $\mathscr{R}_1$, $\mathscr{R}_2$, etc., son las reluctancias individuales de las partes componentes citadas anteriormente; e IN son los amperios-vueltas totales o *fuerza magnetomotriz* que se debe producir mediante el devanado de excitación; IN_2, IN_1, etc., son las fmm individuales que se precisan para vencer las reluctancias $\mathscr{R}_1$, $\mathscr{R}_2$, etc., a fin de originar ϕ líneas de flujos totales.

Como se estableció en el apartado 2-6, se produce una cierta cantidad de flujo de dispersión que tiende a reducir el flujo mutuo útil o flujo en el entrehierro. En el cálculo anterior, se suele incrementar el valor de la ϕ deseada en un

* El procedimiento se describe en *Direct Current Machinery,* edición revisada (Nueva York: The Macmillan Company, 1948), págs. 25-29,

** Denominada a veces «Ley del circuito magnético de Kirchhoff», en la que la magnitud análoga de la tensión total aplicada son los amperios-vuelta totales requeridos para establecer un flujo magnético deseado en un circuito magnético en serie dado que contenga varias reluctancias.

coeficiente de dispersión. En las máquinas muy pequeñas y en máquinas antiguas este coeficiente puede llegar a ser de 1,,25; en las máquinas modernas que poseen núcleos polares más cortos y mejores proyectos de las zapatas polares, el coeficiente puede reducirse a 1,05, en particular para las máquinas de mayor potencia.

Las *bobinas de excitación* para máquinas determinadas, tanto si son fijas como en las dínamos de c.c. o móviles como en las de c.a., tienen el mismo número de espiras por polo y las bobinas siempre se conectan en serie para garantizar la misma fmm en el entrehierro ($I_f N_f$) y el mismo flujo bajo cada polo. Las bobinas de excitación se proyectan procurando conseguir un equilibrio apropiado entre las pérdidas en el cobre de excitación y la cantidad de cobre utilizada para las espiras. Un gran número de espiras de excitación con una resistencia relativamente elevada producirán la fmm referida y darán lugar a pérdidas reducidas en el cobre de excitación. Pero un proyecto como éste puede ser realizable tan sólo a expensas de superiores costes de construcción que impliquen más cobre, polos mayores y dimensiones físicas mayores. Por lo tanto, una bobina de excitación determinada en una máquina representa un *equilibrio óptimo* entre las pérdidas en el cobre de la excitación, el número de espiras y corriente admisible en el cobre que proporcione el tamaño más económico y los menores costes de material.

Los devanados de excitación, tanto si son autoexcitados o de excitación independiente, requieren corriente continua para su funcionamiento. Como que, en general, se construyen con muchas espiras y se sitúan en núcleos de hierro de reluctancia relativamente baja, originan un circuito *altamente inductivo.* Cuando se da tensión a un circuito de excitación, la corriente i en el circuito aumenta de acuerdo con la ecuación

$$V_{dc} = iR + L\left(\frac{di}{dt}\right) \tag{2-2}$$

en la que V_{dc} es la tensión aplicada entre terminales del circuito de excitación; i es la corriente instantánea en el circuito de excitación; L es la inductancia del circuito del devanado de excitación; R es la resistencia del circuito de excitación; di/dt es la velocidad de crecimiento de la corriente en el circuito de excitación.

Resolviendo la ecuación diferencial 2-2 se obtiene

$$i = \frac{V_{dc}}{R}(1 - \epsilon^{-tR/L}) \tag{2-3}$$

en la que ϵ es 2,718... (la base de los logaritmos naturales o neperianos) y todos los demás términos se han definido anteriormente.

Una vez que la corriente aumenta hasta alcanzar el valor de régimen permanente (al cabo de aproximadamente 5 veces el valor de L/R seg), la corriente en el devanado de excitación es constante y queda limitada tan sólo por la resistencia del circuito de excitación. El efecto inductivo del circuito de excitación tiene lugar sólo en condiciones transitorias como: (1) fluctuaciones en la potencia aplicada a la excitación; (2) variación en la corriente de excitación debida al reóstato de campo; o (3) la apertura (o eliminación) de la potencia de un circuito de excitación.

El fenómeno transitorio citado en último lugar es con mucho el más grave porque si el circuito de excitación se abre bruscamente, la velocidad de variación de la corriente es elevada y el término $L(di/dt)$ en la ecuación (2-2) actúa independientemente de la tensión de alimentación, puesto que ya no está conectada a ella. El resultado es una fem de autoinducción que puede ser varias veces mayor que la tensión de alimentación. Esta tensión puede dañar a los instrumentos conectados entre los terminales de la excitación, perforar el aislamiento de los devanados de excitación o provocar la producción de serios arcos en los contactos del interruptor que suministran potencia al circuito de excitación. A no ser que se proteja adecuadamente, el devanado de excitación de c.c. *no* debe abrirse mientras se alimenta la excitación.

Cuando llega a ser necesario abrir el circuito de excitación, para estudios en el laboratorio o por necesidades de servicio, se utilizan un *disyuntor de excitación especial y una resistencia de descarga* indicados en la figura 2-7a. Este disyuntor permite situar en paralelo con el circuito de excitación en el instante de la

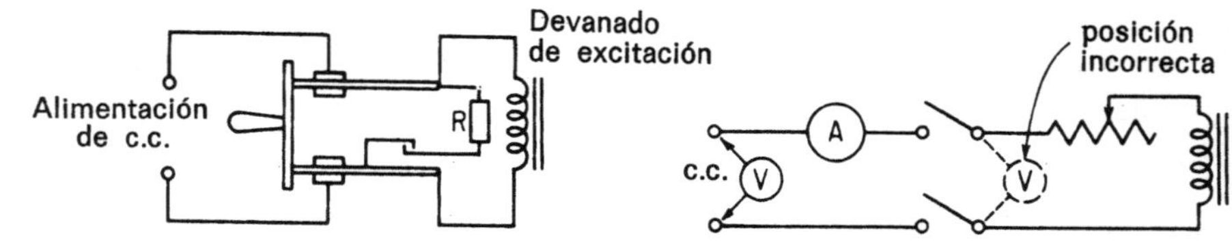

(a) Resistencia e interruptor de descarga de excitación.

(b) Posición correcta del voltímetro para medir la resistencia del circuito de excitación o la pérdida de potencia en el mismo.

Figura 2-7. Circuito de descarga de excitación y medidas de excitación.

apertura del circuito de excitación una *resistencia de descarga de excitación, R*. La energía del campo magnético ($\frac{1}{2} LI^2$) es disipada por lo tanto en la resistencia de descarga de la excitación en lugar de en los contactos del disyuntor o del voltímetro de excitación. En el laboratorio, si no se dispone de disyuntor de excitación y resistencia de descarga, puede utilizarse la conexión de la figura 2-7b, preferiblemente con interruptores automáticos en lugar de desconectadores de cuchilla simples. La conexión indicada no sólo protege al voltímetro, sino que también proporciona una mejor medición en relación a la sensibilidad del instrumento.

2-10. Devanados de inducido.* Como se indica en las figuras 2-1 hasta 2-4, que representan los 4 tipos básicos de máquina, los devanados del inducido tanto si están en el rotor como en el estator, siempre son del tipo *liso* y están distribuidos uniformemente en ranuras situadas en la periferia del inducido adyacentes al entrehierro. En esencia, hay dos tipos, según el tipo de cierre o reentrada del devanado: devanados de circuito cerrado, utilizados en las máquinas de c.c. y devanados de circuito abierto utilizados generalmente en las máquinas de c.a.

Independientemente del tipo o aplicación, la mayoría de devanados del inducido consisten en unas bobinas preformadas, como se indica en la figura 2-8a, que están alojadas en las ranuras del inducido y conectadas de manera que determinen un devanado completo. Cada bobina consta de muchas espiras de fino hilo recubierto de seda, algodón o esmalte, encintado individualmente, sumergido en laca y aislado de la ranura del inducido. El número de *conductores* [Z en la ecuación(1-6)] en una bobina determinada será el *doble* del número de *espiras* que constituyen la bobina, o sea, dos conductores por espira.

En general, las bobinas del inducido abarcan 180 grados eléctricos, o sea desde el centro de un polo determinado hasta el centro de un polo de polaridad *opuesta,* que, sin embargo, puede ser físicamente adyacente, como se indica en las figuras 2-8b y c. Si una bobina abarca 180 grados eléctricos, se denomina bobina de *paso diametral,* en tanto que una que abarque menos de 180 grados se denomina bobina de *paso fraccionado.* Un arrollamiento en el inducido con un paso fraccionado recibe el nombre de *devanado de cuerdas.* Los devanados de cuerdas precisan menor cantidad de cobre que las bobinas de paso diametral, pero presentan aproximadamente las mismas características debido a que las partes frontal y posterior más cortas, son inactivas. Una bobina que abarque 150 grados eléctricos tendría un *factor de paso p,* de $150°/180° = 0{,}833$, o sea 83,3 %. En general, se evitan factores de paso inferiores al 80 %.

La mayoría de devanados de inducido son devanados *de doble capa,* o sea dos lados de bobina alojados en cada ranura. En los devanados de doble capa, un lado de bobina *p* se sitúa en el fondo de una ranura, como se indica en la figura 2-8d para la bobina 1 en la que el lado derecho de la bobina está alojado y el otro no lo está. El segundo lado de la bobina no se introduce hasta que todas las demás bobinas del inducido se han alojado en las partes inferiores de las ranuras. Se introduce el lado 1 de la bobina cuando ya ha sido introducido el lado *x* de la bobina; se introduce el lado 2 de la bobina cuando el lado *y* de la bobina ya ha sido introducido en la parte inferior de una ranura, y así sucesivamente. El propósito de este procedimiento es el de asegurar tanto la resistencia contra

*** Aunque el aspecto de los devanados y de los cálculos de devanado está más allá de la finalidad de este texto, aquí se incluye este apartado para discutir los principios que se desarrollarán posteriormente. Si se precisa información completa acerca de este aspecto, el lector debe acudir a *Electrical Machinery,* Liwschitz-Garik y Whipple (Princeton, N. J.: D. Van Nostrand Company, Inc., 1946), vol. I, capítulo 6; vol. II, capítulo 4.**

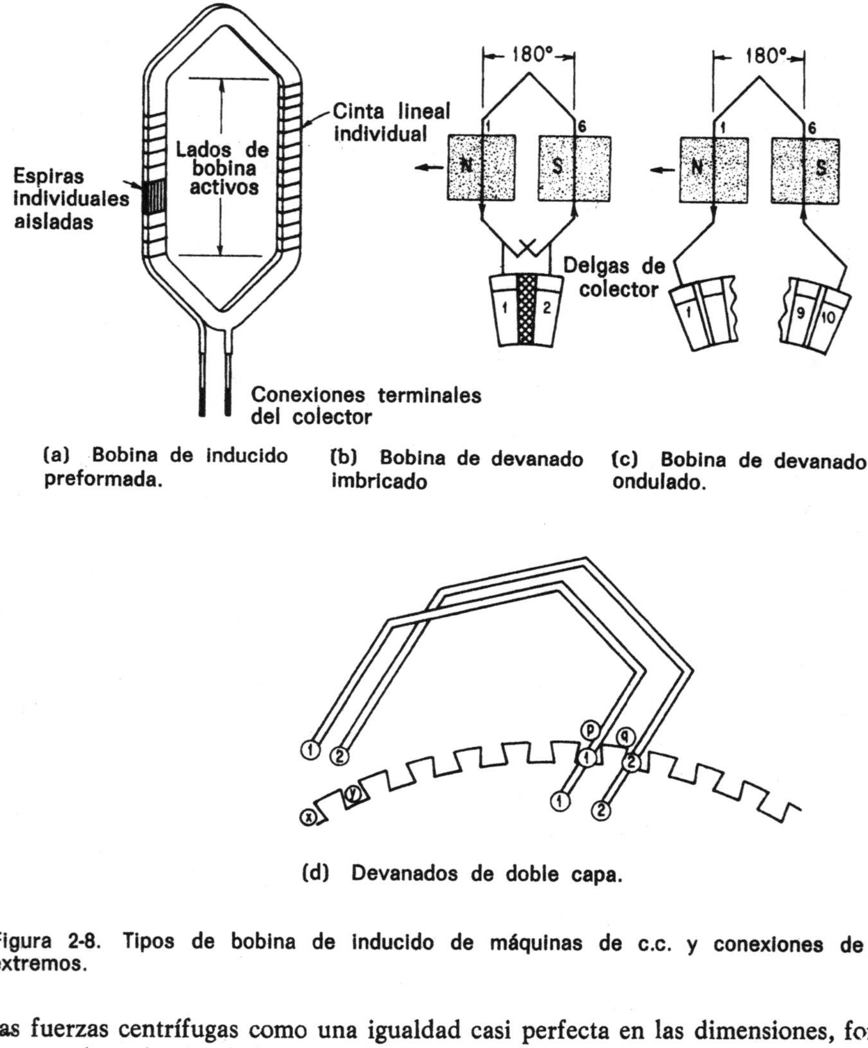

(a) Bobina de inducido preformada.

(b) Bobina de devanado imbricado

(c) Bobina de devanado ondulado.

(d) Devanados de doble capa.

Figura 2-8. Tipos de bobina de inducido de máquinas de c.c. y conexiones de los extremos.

las fuerzas centrífugas como una igualdad casi perfecta en las dimensiones, forma y peso de todas las bobinas.

2-11. Devanados imbricado y ondulado — Analogías y diferencias. En el apartado 1-13 se estableció que los inducidos consisten en bobinas conectadas en serie que tienen dos o más caminos para la corriente. Para garantizar que las fem inducidas en los lados de la bobina conectados en serie se adicionarán entre sí, se utilizan dos tipos de conexiones de los terminales, a saber, las conexiones de devanado ondulado y de devanado imbricado indicadas en las figuras 2-8c y b. Obsérvese que en los dos tipos de conexiones, un lado activo de la bobina se enfrenta a un polo norte y el otro a un polo sur; suponiendo que el campo se desplaza a la izquierda (movimiento del conductor hacia la derecha), la fem inducida en el lado de la bobina colocada en la ranura 1 tiene el mismo sentido que la colocada en la ranura 6, independientemente de la conexión de los extremos. Nótese que el terminal de la bobina de devanado imbricado adiciona las fem de tal manera que los terminales de la bobina deben conectarse en serie a las delgas adyacentes del colector. Puesto que el devanado de la máquina de c.c. tiene que cerrarse sobre sí mismo, el último terminal de la bobina en el devanado está conectado al primer lado de la bobina de una bobina adyacente en la primera delga del colector en donde se inicia el devanado. El devanado descrito, también puede verse en la figura 2-9a, en la que el lado *superior* de la

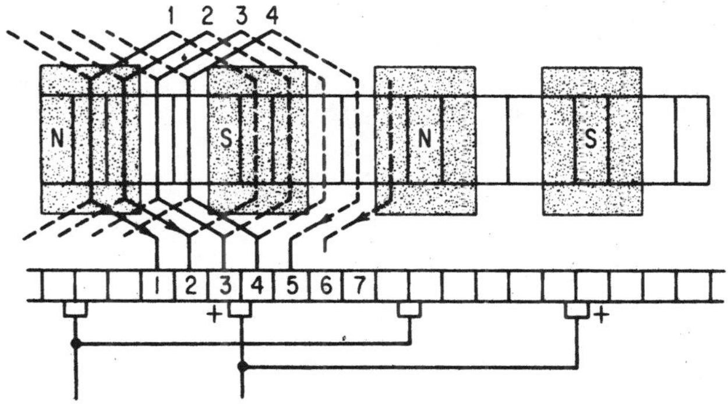

(a) Máquina de c.c. de devanado imbricado.

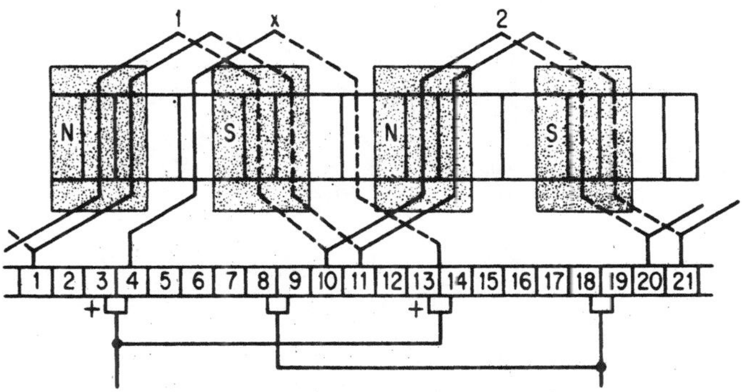

(b) Máquina de c.c. de devanado ondulado.

Figura 2-9. Esquemas desarrollados de inducidos de máquina de c.c bobina está representado mediante una línea *continua* y el lado *inferior* mediante una línea *discontinua.*

La figura 2-9a sirve también para indicar las conexiones de las escobillas con respecto a las bobinas. Obsérvese que la escobilla positiva está conectada a la delga 3 y en este instante se conecta a la bobina 3. Ya que las escobillas son fijas, para la posición concreta de cada una de las 4 escobillas, *siempre* están en contacto con una bobina que experimenta la conmutación, o sea una bobina situada en el espacio interpolar. Al mismo tiempo, la suma de las fem de los lados de la bobina situados a la izquierda y a la derecha de la escobilla positiva son tales que tienden a impulsar corriente hacia la escobilla desde los dos sentidos o ramas (a, en la ecuación 1-6). Por lo tanto, cada escobilla positiva en el devanado imbricado que se indica en la figura 2-9a recibe corriente de dos ramas, con lo que se totalizan cuatro ramas para la máquina tetrapolar indicada.

En la figura 2-8c se indica una bobina de devanado ondulado, y el devanado ondulado en la figura 2-9b. Como se ha establecido anteriormente, los devanados sólo se diferencian en la forma en que los extremos de la bobina se conectan al colector. En el devanado ondulado, las conexiones en serie de los lados de bobina entre escobillas se crean después de varias vueltas a lo largo del inducido hasta completar una rama entre escobillas. Por lo tanto, empezando en la delga 1, la bobina 1 entra en la ranura superior 1 bajo un polo norte, entonces se dirige a la ranura inferior 6 situada bajo el polo sur adyacente hasta la delga 10, a continuación a la bobina 2 en la ranura 11 enfrentada al polo norte siguiente y la ranura 16 enfrentada al polo sur que sigue a la delga 20 y así sucesivamente. Por lo tanto, la bobina 1 está en serie con la bobina 2 y, a diferencia del devanado imbricado, estas bobinas conectadas en serie se encuentran bajo pares de polos distintos. En una máquina tetrapolar, la bobina 3 estaría ahora debajo del primer grupo de polos y la bobina 4 debajo de la segunda serie y así sucesivamente hasta que se llenaran todas las ranuras.

Los devanados ondulados se diferencian también de los devanados imbricados en la forma en que se conectan entre sí las escobillas. En la figura 2-9b, la bobina X, situada en la zona interpolar, abarca las delgas del colector 4 y 14, conectando por tanto las escobillas positivas. De la misma forma, otras bobinas situadas en el espacio interpolar conectan las escobillas negativas a un punto común. Tan sólo es necesario disponer de dos escobillas, independientemente del número de polos en un devanado ondulado, debido a que las mismas bobinas sirven para completar los caminos de retorno a un punto común de escobillas. También puede verse que en un devanado ondulado que utiliza todas las bobinas del inducido para formar un camino cerrado, existen únicamente dos ramas, independientemente del número de polos.

Hay muchas variantes en el devanado, así como otros tipos de devanados que se utilizan en las máquinas de c.c. para proporcionar características de tensión o intensidad elevadas. En uno de estos tipos, denominado devanado múltiple, hay varios grupos de devanados completamente cerrados e independientes.

Si sólo hay un grupo de bobinas para formar el devanado cerrado, este devanado se denomina devanado *simple*. Si hay dos de estos devanados en el mismo inducido, se denomina *doble* y así sucesivamente. La multiplicidad afecta al número de ramas posibles en el inducido. Para un número de ranuras y de bobinas determinado, al aumentar la multiplicidad, también aumentan las ramas, elevando el valor nominal de la corriente pero disminuyendo el de la tensión, como se indica en el apartado 1-13 y en la tabla 1-2.

Al calcular la fem media generada entre escobillas mediante la ecuación (1.6), el número de ramas, *a*, para los devanados imbricado y ondulado puede determinarse mediante las simples relaciones que siguen.

Para un devanado imbricado: $a = mE \times P$ (2-4)

Para un devanado ondulado $a = 2m$ (2-5)

en las que a es el número de ramas en paralelo en el inducido; m es la multiplicidad del inducido; P es el número de polos.

EJEMPLO 2-1: a. En una máquina de 14 polos con 14 grupos de escobillas se utiliza un devanado imbricado triple; cada grupo de escobillas abarca tres delgas del colector. Calcular el número de ramas en paralelo en el inducido.

b. Repetir (a) para un devanado ondulado triple que tenga 2 de estos grupos de escobillas y 14 polos.

Solución:

a. $a = mP = 3 \times 14 = \mathbf{42}$ **ramas** (2-4)

b. $a = 2m = 2 \times 3 = \mathbf{6}$ **ramas** (2-5)

EJEMPLO 2-2: Calcular la fem generada en cada uno de los problemas anteriores si el flujo por polo es $4{,}2 \cdot 10^6$ líneas, la velocidad del generador es 60 rpm y hay 420 bobinas en el inducido poseyendo cada bobina 20 espiras.

Solución:

a. $Z = 420$ bobinas · 20 espiras/bobina · 2 conductores/espira = 16 800 conductores.

A partir de la ecuación (1-6):

$$E_g = \frac{\phi Z S P}{60a} \times 10^{-8}\ \text{V} = \frac{4{,}2 \times 10^6 \times 16\,800 \times 60 \times 14}{60 \times 42} \times 10^{-8} = \mathbf{235{,}2\ V}$$

b. $$E_g = \frac{4{,}2 \times 10^6 \times 16\,800 \times 60 \times 14}{60 \times 6 \times 10} = \mathbf{1646{,}4\ V}$$

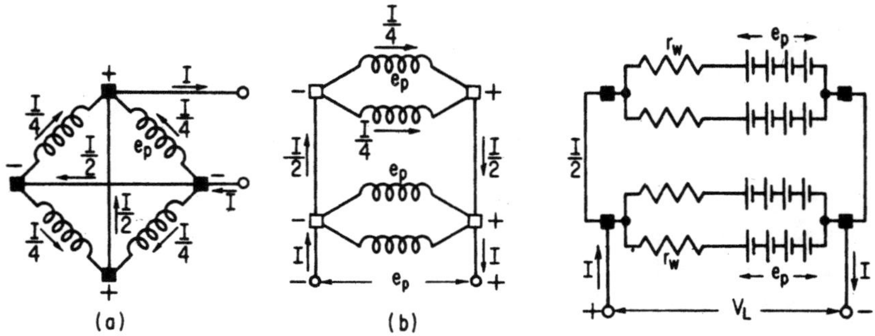

(a), (b) Ramas en una máquina con devanado imbricado (funcionando como generador).

(c) Circuito equivalente de una máquina con devanado imbricado (funcionando como motor).

Figura 2-10. Ramas de inducido y circuito equivalente de máquina tetrapolar con devanado imbricado simple.

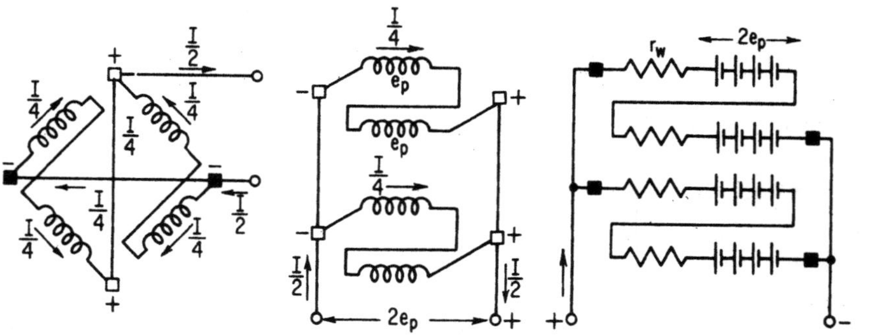

(a) Inducido con devanado ondulado.

(b) Ramas (funcionando como generador).

(c) Circuito equivalente de una máquina con devanado ondulado (funcionando como motor).

Figura 2-11. Máquina con devanado ondulado de capacidad equivalente mostrando las ramas y el circuito equivalente para un devanado ondulado simple tetrapolar.

Las ramas para la máquina tetrapolar con devanado imbricado simple, indicada en la figura 2-9a, se representan en la figura 2-10. Nótese que hay 4 polos y 4 ramas, circulando por cada rama la cuarta parte de la corriente total y generando una tensión por rama de e_p. La potencia total generada por la máquina funcionando como generador es e_pI. La figura 2-10c indica el circuito equivalente de este inducido funcionando como motor a la misma velocidad y densidad de flujo. La fuerza contraelectromotriz generada por rama es e_p, y la resistencia del devanado en cada rama es r_w. En el funcionamiento como motor, la tensión V_L aplicada excede a e_p en el valor de la caída de tensión en la resistencia de los devanados, $Ir_w/4$ (suponiendo que no se produce caída de tensión en las escobillas).

En la figura 2-11 se representan las ramas para la máquina tetrapolar con devanado ondulado simple indicada en la figura 2-9b. Nótese que hay cuatro polos y dos ramas, ya que las ramas son independientes del número de polos en un devanado ondulado como se estableció en la ecuación 2-5. Para conductores con igual corriente admisible que los del devanado imbricado anterior, o sea, $I/4$, la corriente por rama en el devanado ondulado es $I/4$. La corriente total, ya que sólo existen dos ramas, es $I/2$. Pero ahora que hay tan sólo dos ramas, el número total de conductores por rama se dobla y por tanto la fem por rama es $2e_p$. La potencia total generada por la máquina funcionando como generador es $2e_pI/2$ o de nuevo e_pI. Esto también concuerda con lo establecido en el apartado 1-13 y la tabla 1-2.

La máquina con devanado ondulado funcionando como motor se indica en la figura 2-11c. Nótese que la resistencia por rama y la tensión por rama son el doble de las del devanado imbricado equivalente, debido a que hay el doble de conductores en serie que producen una fuerza contraelectromotriz y una resistencia que se oponen a la tensión aplicada.

2-12. Devanados — Resumen. Basándose en lo expuesto, puede establecerse el resumen siguiente respecto a cada uno de los devanados estudiados.

2-12.1. *Devanado imbricado.* Siempre existen tantos caminos en paralelo como indica el producto de la multiplicidad y el número de polos (ecuación 2-4). Cada rama en cualquier instante contiene un grupo de bobinas en serie, N_c/a, en la que N_c, es el número total de bobinas del inducido. La corriente que circula por cada bobina de inducido es la corriente total del inducido (la corriente que entra o sale del inducido) dividida por el número de ramas, I/a. El devanado exige tantas escobillas como polos.

2-12.2. *Devanado ondulado.* El número de ramas en el inducido es el doble del grado de multiplicidad, $2m$, e independiente del número de polos (ecuación 2-5). Cada rama en un instante dado contiene un grupo de bobinas en serie, N_c/a, análogamente al devanado imbricado anterior. La corriente que circula por cada bobina del inducido es la corriente total del inducido dividida por el número de ramas, I/a, igual también que en el devanado imbricado anterior. El devanado ondulado sólo requiere dos escobillas, independientemente del número de polos, si bien, en las grandes máquinas, pueden utilizarse tantos grupos de escobillas como polos a fin de reducir la corriente que circula por cada escobilla.

Al comparar las cualidades relativas de los devanados imbricado y ondulado, es claramente evidente que el devanado imbricado se adapta bien a máquinas de c.c. de intensidad elevada y baja tensión. Para una corriente admisible determinada por bobina, por ejemplo de 100 amperios, un inducido con devanado imbricado triple de 12 polos podría suministrar una corriente nominal de 3600 amperios, o sea 36 veces la corriente por bobina. Por otra parte, la máquina con devanado ondulado se adapta bien a aplicaciones de alta tensión y baja intensidad en las que la máquina funciona a velocidades bastante elevadas. La tensión nominal de estas máquinas está limitada por la posibilidad de descarga* entre las delgas adyacentes del colector y la calidad del aislamiento de las bobinas del inducido. El devanado ondulado, debido a que es posible utilizar tan sólo dos grupos de escobillas, se adapta bien a aplicaciones tales como servicio de tracción de ferrocarriles, en las que toda la periferia del motor puede resultar inaccesible para el mantenimiento y sustitución de las escobillas.

2-13. Devanados del inducido de la máquina síncrona de c.a. A diferencia de la máquina de c.c. en la que se utilizan devanados cerrados (reentrantes), la máquina de c.a. puede utilizar devanados cerrados o abiertos, pero la mayoría de aplicaciones utilizan devanados abiertos. En los devanados de la máquina de c.a. de tipo abierto se utilizan bobinas preformadas con forma de diamante, bien del tipo ondulado bien del tipo imbricado. Como se estableció en el apartado 2-3 y la figura asociada a él, no se precisa colector para convertir la corriente alterna generada en la bobina individual en corriente continua. Ya que *no se precisa conmutación,* no es necesario utilizar devanados cerrados o girar el inducido. Como en el inducido de c.c., se conectan en serie grupos de bobinas con la finalidad de aumentar la tensión o par. Un grupo conectado en serie como éste,

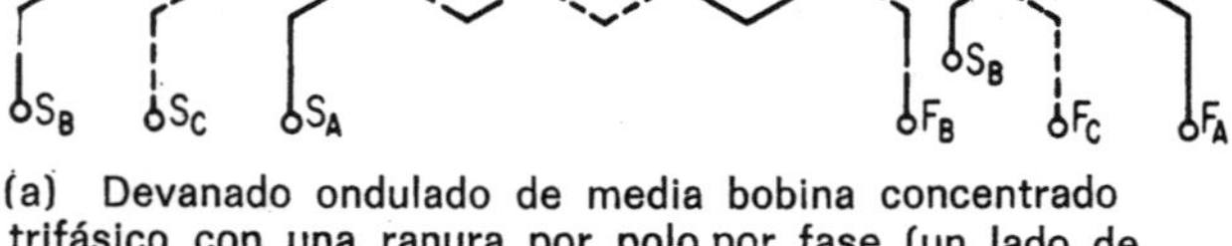

(a) Devanado ondulado de media bobina concentrado trifásico con una ranura por polo por fase (un lado de bobina por ranura).

(b) Polaridad instantánea y relación de fase de las bobinas.

Figura 2-12. Devanados abiertos utilizados en la máquina asíncrona de c.a.

* Una regla general de precaución es un valor máximo permisible de 15 V entre delgas adyacentes del colector. El chisporroteo puede ser evitado proyectando y haciendo funcionar la máquina a velocidades y tensiones francamente por debajo de este valor.

cuyos extremos se sacan fuera del inducido se denomina *fase.* Si todas las bobinas colocadas en todas las ranuras de un inducido estatórico se conectan en serie, el devanado de la máquina síncrona de c.a. es un *devanado monofásico.* Si en las ranuras del inducido estatórico se colocan dos devanados separados y aislados conectados en serie y mecánicamente desplazados entre sí, el devanado de la máquina síncrona de c.a. es un *devanado bifásico* y así sucesivamente.

En la figura 2-12a puede verse un *devanado trifásico* muy simplificado. El principio y final de todas las bobinas en la fase *A* se designa respectivamente S_A y F_A. La fase *A* se indica mediante una línea continua en la figura, la fase *B* mediante una línea discontinua y la fase *C* mediante una línea de puntos. Nótese que cada devanado no empieza o acaba bajo el mismo polo. Si se supone que los polos en el rotor se mueven hacia la izquierda como se indica, entonces el movimiento relativo de los conductores del inducido (véase apartado 1-5) tiene lugar hacia la derecha produciendo una *secuencia de fases* de *ACBACBA*, etc. Si la distancia entre dos puntos adyacentes correspondientes en los polos es de 180 grados eléctricos, puede observarse que la distancia entre el lado de la bobina al principio de *A* y al principio de *C* es aproximadamente de 120 grados eléctricos. Por lo tanto, el extremo polar primero en el sentido de marcha de un polo norte que se mueve hacia la izquierda en la figura 2-12a inducirá tensiones idénticas en los lados correspondientes de las bobinas *A, C* y *B*, respectivamente, defasadas en 120 grados eléctricos. Según la regla de Fleming de la mano derecah, dado el movimiento del conductor anterior con respecto al campo, un polo norte inducirá una tensión correspondiente desde el final hasta el principio de las bobinas, desplazada como se indica en la figura 2-12b. Nótese que la fase *B* está retrasada con respecto a la fase *A* en 240 grados eléctricos o adelantada con respecto a la fase *A* en 120.

El devanado utilizado en la figura 2-12 es un devanado *abierto,* ya que los dos extremos de los devanados se han sacado al exterior para poder efectuar conexiones apropiadas. Es un *devanado ondulado* ya que avanza de polo a polo. Es un devanado *concentrado* porque todas las bobinas de una fase están concentradas en la misma ranura bajo un polo. Es un devanado de media bobina porque en cada ranura sólo hay la mitad de una bobina (un lado de bobina).

2-14. Devanados de media bobina y de bobina completa. Los devanados de media bobina o de una sola capa se utilizan a veces en los estatores de pequeños motores de inducción y en los rotores de pequeños motores de inducción de rotor bobinado. A la izquierda de la figura 2-13b puede verse una sección transversal de un devanado de media bobina de una sola capa. Al igual que en las máquinas de c.c., los devanados de las máquinas síncronas de c.a. suelen ser del tipo de doble capa y bobina completa, indicada en sección transversal a la derecha de la figura 2-13b. El nombre del devanado de doble capa de bobina completa deriva del hecho de que hay dos lados de bobina (una bobina por ranura). La figura 2-13a muestra un devanado imbricado de una sola capa de media bobina y las figuras 2-13b y c muestran un devanado imbricado de doble capa de bobina completa.

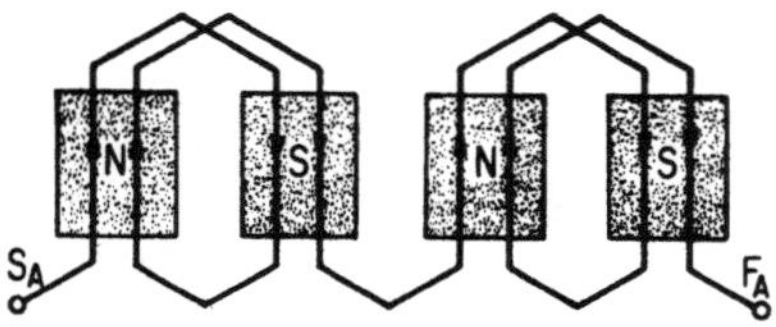

(a) Devanado imbricado de media bobina distribuido monofásico, dos ranuras por polo-fase (un lado de bobina por ranura).

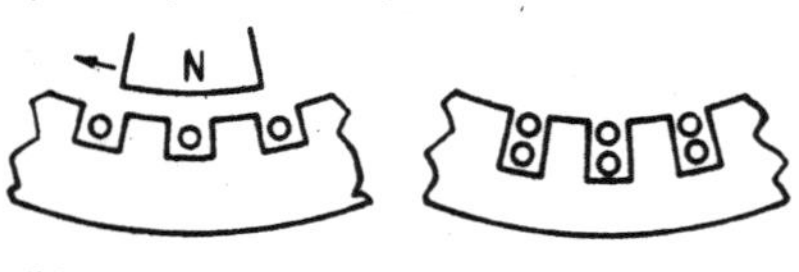

(b) Capa simple y capa doble.

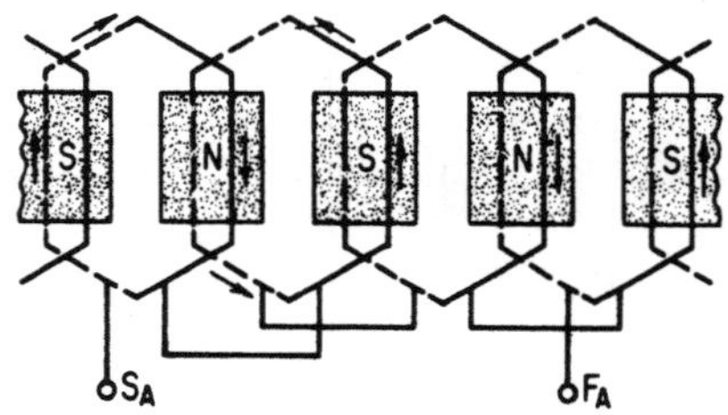

(c) Devanado imbricado de bobina completa, concentrado, de dos capas, monofásico, una ranura por polo-fase (dos lados de bobina por ranura).

Figura 2-13. Devanados de media bobina y de bobina completa distribuidos y concentrados.

2-15. Devanados de cuerdas o de paso fraccional. En tanto que la mayoría de devanados de una sola capa son devanados de paso diametral, el devanado de doble capa de bobina completa se proyecta en general en un inducido como devanado de cuerdas o de paso fraccional (véase apartado 2-10). Esta práctica ordinaria deriva del hecho de que la principal ventaja del devanado de bobina completa es que permite el empleo de bobinas de paso fraccional. En el apartado 2-10 se expuso que las máquinas de c.c. utilizaban paso fraccional a fin de ahorrar cobre. Como se verá posteriormente, los devanados de paso fraccional, cuando se utilizan en inducidos de máquinas síncronas y asíncronas de c.a., además de ahorrar cobre, (1) reducen los armónicos de fmm producidos por el devanado del inducido, y (2) reducen los armónicos de la fem inducidos en el devanado sin reducir la magnitud de la onda fundamental de la fem en absoluto. Por las tres razones citadas, los devanados de doble capa se utilizan casi universalmente en los inducidos de las máquinas síncronas de c.a. Aunque en las máquinas de c.c. se utiliza el paso fraccional, *no* es necesario aplicar un *factor de paso*, k_p, en el cálculo de la fem inducida entre escobillas de la ecuación 1-6. La fem media inducida en cada bobina de una máquina de c.c. puede suponerse que está en fase con todas las demás bobinas en cualquier rama determinada entre escobillas. En el caso de una máquina de c.a. que emplee una bobina de paso diametral, como la indicada en la figura 2-12a, los dos lados de bobina abarcan una distancia exactamente igual al paso polar de 180 grados eléctricos. Como resultado, las fem inducidas en una bobina de paso diametral son tales que las fem por lado de bobina están en fase como se indica en la figura 2-14a. El factor de paso, k_p, de una bobina de paso diametral es la unidad; y la tensión total en la bobina E_c, es $2E_1 \cdot k_p$ o $2E_1$.

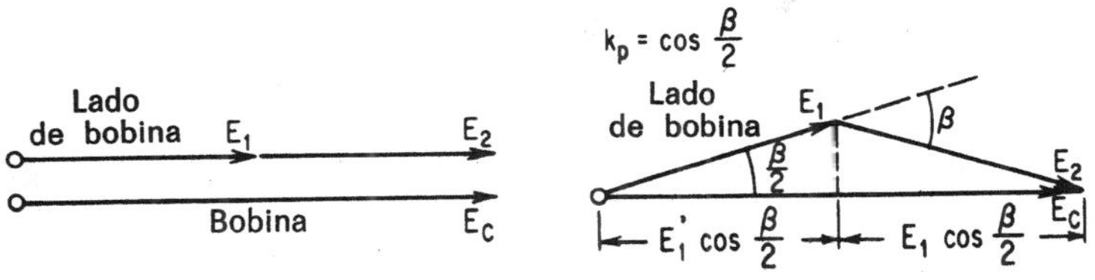

(a) Bobina de paso diametral. (b) Bobina de paso fraccional.

Figura 2-14. Fem de la bobina en función de las fem de los lados de bobina en bobinas de paso diametral y de paso fraccional.

En el caso del devanado de doble capa indicado en la figura 2-13c, puede observarse que el ancho de bobina de una sola bobina es *menor* que el ancho polar de 180 grados eléctricos. La fem inducida en cada lado de bobina *no* está en fase, por lo que la tensión resultante en la bobina E_c sería menor que la suma aritmética de cada lado de bobina, o sea inferior a $2E$. Es evidente que $2E_1$ debe multiplicarse por un factor que es menor que la unidad o $2E_1k_p$ para producir la tensión apropiada en la bobina, E_c. Para que esto sea válido, el factor de paso, k_p es

$$k_p = \frac{E_c}{2E_1} = \frac{\text{suma vectorial de los dos lados de bobina}}{\text{suma aritmética de los dos lados de bobina}} \qquad (2\text{-}6)$$

La relación anterior, en función de las tensiones, es de interés porque ayuda a comprender el concepto, pero no es demasiado útil ya que no hay forma de predecir qué cambio en la tensión se produciría si las bobinas se hicieran más estrechas. Si se supone que las fem inducidas de las dos bobinas, E_1 y E_2, están defasadas entre sí en cierto ángulo β, como se indica en la figura 2-14b, entonces el ángulo formado por E_1 y la tensión resultante en la bobina E_c es $\beta/2$. La tensión resultante en la bobina E_c es, según la ecuación (2-6) y la figura 2-14b:

$$E_c = 2E_1 \cos\frac{\beta}{2} = 2E_1 k_p$$

y por consiguiente

$$k_p = \cos\frac{\beta}{2} \qquad (2\text{-}7)$$

en las que β es 180° menos el número de grados eléctricos abarcados por la bobina.

Ya que β es el ángulo suplementario del abarcado por la bobina, el factor de paso, k_p, también puede expresarse como

$$k_p = \text{sen}\,\frac{p^\circ}{2} \tag{2-8}$$

en la que p° es el ancho de bobina, en grados eléctricos.

EJEMPLO 2-3: Un inducido estatórico con 72 ranuras que tiene 4 polos es devanado con bobinas que abarcan 14 ranuras (ranura 1 a ranura 15). Calcular:

a. El espacio abarcado por la bobina de paso diametral (espacio polar).
b. El espacio abarcado por la bobina en grados eléctricos.
c. El factor de paso, utilizando la ecuación 2-7.
d. El factor de paso, utilizando la ecuación 2-8.

Solución:

a. Espacio abarcado por la bobina de paso diametral = 72 ranuras/4 polos = **18 ranuras/polo,** o sea 18 ranuras/180° eléctricos

b. $p^\circ = \frac{14}{18} \times 180^\circ = \mathbf{140^\circ}$

c. $$k_p = \cos\frac{\beta}{2} = \cos\frac{180^\circ - 140^\circ}{2} = \cos 20^\circ = \mathbf{0{,}94} \tag{2-7}$$

d. $$k_p = \text{sen}\,\frac{p^\circ}{2} = \text{sen}\,\frac{140^\circ}{2} = \text{sen}\,70^\circ = \mathbf{0{,}94} \tag{2-8}$$

A veces es conveniente expresar el paso de bobina en forma fraccional, por ejemplo, un paso de $\frac{5}{6}$, $\frac{11}{12}$, etc. En este caso, los grados eléctricos abarcados, p, son $(\frac{5}{6}) \cdot 180^\circ$, o sea 150°; o $(\frac{11}{12}) \cdot 180^\circ$ o 165°, etc., y de nuevo el factor de paso, k_p, se calcula como en la ecuación (2-8) y el ejemplo 2-4 anteriores.

EJEMPLO 2-4: Un inducido de seis polos y 96 ranuras tiene un devanado cuyas bobinas tienen un paso fraccional de 13/16. Calcular el factor de paso.

Solución:

$$k_p = \text{sen}\left(\frac{p^\circ}{2}\right) = \text{sen}\left[\frac{(\frac{13}{16}) \times 180^\circ}{2}\right] = \text{sen}\,73{,}2^\circ = \mathbf{0{,}957} \tag{2-8}$$

2-16. Factor de distribución o de zona — Devanados distribuidos. Los devanados indicados en las figuras 2-12a y 2-13c se denominan *devanados concentrados* debido a que todos los lados de bobina de una fase dada se concentran en una sola ranura bajo un polo determinado. Para la figura 2-12a, al determinar la tensión de c.a. inducida por fase, sólo sería necesario multiplicar la tensión inducida en una bobina determinada por el número de bobinas conectadas en serie en cada fase. Esto es cierto para el devanado indicado en la figura 2-12a debido a que los conductores de cada bobina, respectivamente, ocupan la misma posición con respecto a los polos N y S que las demás bobinas en serie en la misma fase. Ya que estas tensiones individuales en la bobina se inducen en fase entre sí, pueden sumarse aritméticamente o una tensión de una bobina determinada puede multiplicarse por el número de bobinas conectadas en serie por fase a fin de obtener la tensión inducida por fase.

Los devanados concentrados en los que todos los conductores de una fase determinada por polo se concentran en una sola ranura no se utilizan comercialmente y presentan numerosas desventajas. No consiguen utilizar la periferia interior completa del hierro del estator eficientemente y hacen necesario utilizar ranuras muy profundas en las que los devanados se concentran, aumentando por lo tanto la dispersión y la reactancia del inducido (véase el apartado 2-7). Finalmente, determinan unas relaciones cobre-hierro reducidas (para un peso determinado de hierro de la máquina, cuanto mayor es el cobre concentrado en las ranuras, mayor es la capacidad y la salida de la máquina) ya que no utilizan eficientemente el flujo mutuo de entrehierro en el núcleo del inducido estatórico. Posteriormente también se verá que los *devanados distribuidos* (como las bobinas de paso fraccional) reducen los armónicos en la onda de salida. Es mucho más eficaz distribuir las ranuras del inducido alrededor de la periferia interior del estator, utilizando una separación uniforme entre ranuras en lugar de concentrar los devanados en unas pocas y profundas ranuras.

Cuando las ranuras se distribuyen alrededor del inducido de manera uniforme, el devanado que se introduce es un *devanado distribuido*. Un devanado imbricado distribuido es el que aparece en la figura 2-13a. Nótese que dos bobinas en la zona de la fase A están desplazadas entre sí. Las tensiones inducidas en cada una de estas bobinas estarán desplazadas en el mismo grado en que han sido distribuidas las ranuras, por lo que la tensión total inducida en cualquier fase será la suma vectorial de las tensiones de cada bobina individual. Las 4 tensiones de cada bobina individual, indicadas en la figura 2-13a, se representan vectorialmente, lo que aparece en la figura 2-15, desplazadas en un cierto ángulo, α, el número de grados eléctricos entre ranuras adyacentes. Las tensiones E_{c1}, E_{c2}, etc., son las tensiones de cada bobina individual y n el número de bobinas en una zona de fase determinada. El *factor de zona o de distribución* por el que debe multiplicarse la suma aritmética de las tensiones de cada bobina individual a fin de proporcionar el vector suma es $E\phi = nE_c \cdot k_d$

o

$$k_d = \frac{E_\phi}{nE_c} = \frac{\text{suma vectorial de las fem de bobina por fase}}{\text{suma aritmética de las fem de bobina por fase}} \tag{2-9}$$

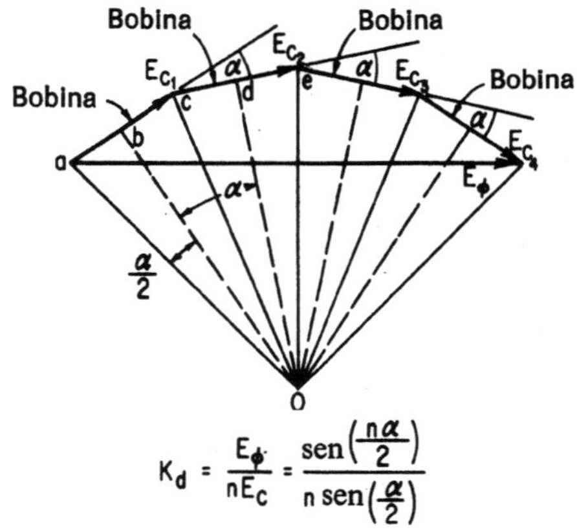

Figura 2-15. Determinación del factor de distribución.

Como en el caso de la ecuación (2-6), el cálculo de k_d en función de las tensiones (teóricas o reales) no es práctico. La construcción de la figura 2-15, en la que se han trazado perpendiculares al centro de cada una de las tensiones de las bobinas individuales hasta el centro común de radios, sirve para indicar que $\alpha/2$ es el ángulo *bOa*. La tensión en el lado de bobina *ab* es igual (*Oa*) sen $\alpha/2$ y la cuerda E_{c1} es 2(*Oa*) sen $\alpha/2$. Para *n* bobinas en serie por fase, la cuerda E_ϕ es también 2(*Oa*) sen $n\alpha/2$ y el factor de distribución o de zona es

$$k_d = \frac{E_\phi}{nE_c} = \frac{20a\,\text{sen}\,n\alpha/2}{n \times 20a\,\text{sen}\,\alpha/2} = \frac{\text{sen}\,(n\alpha/2)}{n\,\text{sen}(\alpha/2)} \tag{2-10}$$

en la que *n* es el número de ranuras por polo por fase (ranuras/polo-fase); α es el número de grados eléctricos entre ranuras adyacentes.

Ejemplo 2-5: Calcular el factor de distribución, k_d, para un inducido tetrapolar trifásico que tiene: 1, 12 ranuras; 2, 24 ranuras; 3, 48 ranuras; 4, 84 ranuras.
b. Tabular *n*, α y k_d para disponer de referencias y comparaciones.

Solución: 180°/polo, 4 polos=720° eléctricos.

a. 1. α=720° eléctricos/12 ranuras=60°/ranura

$n = 12$ ranuras/(4 polos · 3 fases) = 1 ranura/polo-fase

$$k_d = \frac{\text{sen}(1 \times \frac{60}{2})}{1 \times \text{sen}(\frac{60}{2})} = 1{,}0 \qquad (2\text{-}9)$$

2. $\alpha = 720°$ eléctricos/24 ranuras = 30°/ranura
$n = 24$ ranuras/12 polos-fase = 2 ranuras/polo-fase

$$k_d = \frac{\text{sen}[(2 \times 30)/2]}{2 \times \text{sen}(\frac{30}{2})} = 0{,}966 \qquad (2\text{-}9)$$

3. $\alpha = 720°$ eléctricos/48 ranuras = 15°/ranura
$n = 48$ ranuras/12 polos-fase = 4 ranuras/polo-fase

$$k_d = \frac{\text{sen}[(4 \times 15)/2]}{4 \times \text{sen}(\frac{15}{2})} = 0{,}958 \qquad (2\text{-}9)$$

4. $\alpha = 720°$ eléctricos/48 ranuras = $8\frac{4}{7}$ °/ranura
$n = 84$ ranuras/12 polos-fase = 7 ranuras/polo-fase

$$k_d = \frac{\text{sen}[7(\frac{60}{7})(\frac{1}{2})]}{7 \times \text{sen}\left(\frac{60}{7 \times 2}\right)} = 0{,}955 \qquad (2\text{-}9)$$

b.

n	α	k_d
1	60°	1,0
2	20°	0,966
3	15°	0,958
4	8°	0,955

Debe notarse en el ejemplo 2-5 que el factor de distribución, k_d, para un determinado número de fases, es solamente función del número de ranuras distribuidas bajo un polo dado. Al aumentar la distribución de las bobinas (ranuras/polo), el factor de distribución, k_d, *disminuye*. *No* es afectado por el tipo de devanado, imbricado u ondulado, ni por el número de espiras por bobina, etc.

2-17. Efecto del paso fraccional y de la distribución de las bobinas sobre la forma de la onda. En el apartado 2-15 se vio que con un devanado de paso fraccional, la fem en cada lado de bobina debe sumarse vectorialmente a fin de obtener la fem por bobina. En el apartado 2-16 se ha visto que las fem por bobina deben sumarse vectorialmente a fin de obtener la fem de la zona o fem por fase. Aunque los dos factores determinan una fem resultante por fase ligeramente inferior, el empleo de bobinas de paso fraccional y devanados distribuidos en los inducidos de las máquinas síncronas y asíncronas de c.a. es casi universal.

En el apartado 2-15, se afirmó que una de las ventajas de las bobinas de paso fraccional era la reducción de armónicos. La bobina de paso fraccional de la figura 2-14b aparece en la figura 2-16, en la que los lados de bobina E_1 y E_2 están defasados en cierto ángulo β y la tensión resultante de la bobina es E_c. Como se indicó en la figura 1-8, cuando los polos de excitación están curvados y la densidad de flujo se hace más uniforme, la onda resultante tiene más el aspecto de una onda rectangular que de una onda senoidal. Esta onda es muy rica en armónicos impares, en fase con la fundamental, y tiene una ecuación instantánea cuyo valor aproximado está representado por una serie de Fourier

$$e = E_m \operatorname{sen} \omega t + \frac{E_m}{3} \operatorname{sen} 3\omega t + \frac{E_m}{5} \operatorname{sen} 5\omega t + \cdots + \frac{E_m}{n} \operatorname{sen} n\omega t \qquad (2\text{-}11)$$

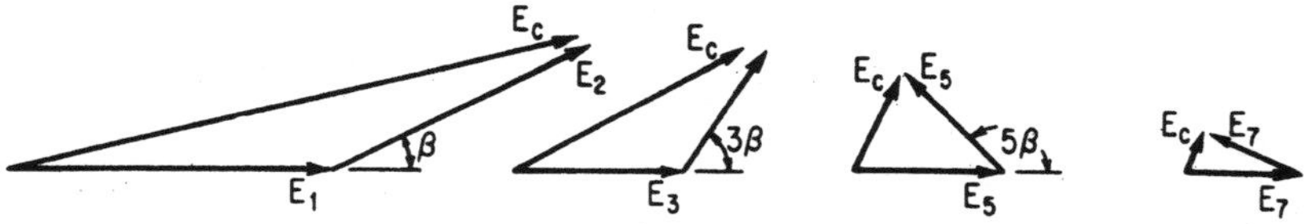

Figura 2-16. Efecto del paso fraccional sobre las tensiones armónicas generadas.

Como se indicó en la figura 2-16, si la tensión instantánea en la ecuación 2-11 es inducida en cada lado de bobina y si los lados de bobina están desplazados en un ángulo β, el tercer armónico debe estar defasado en 3β, y el quinto armónico en 5β y así sucesivamente. Nótese que en el caso del quinto armónico, una componente de la tensión armónica del lado de bobina se opone al fundamental reduciendo la tensión armónica resultante. Los séptimo, noveno, etc., armónicos resultantes originarán tensiones de bobina que reducirán el armónico aún más. *Cualquier armónico puede eliminarse por completo* eligiendo un paso fraccional que proporcione un factor de paso 0 para este armónico. Por ejemplo, un paso de $\frac{4}{5}$ (un ancho de bobina de 144° eléctricos) eliminará el quinto armónico, un paso de $\frac{5}{6}$ (un ancho de bobina de 150° eléctricos) reducirá mucho tanto el quinto como el séptimo armónicos, como se indica en las figuras 2-16c y d.

El efecto del empleo de devanados distribuidos sobre la forma de la onda (véase apartado 2-16) aparece en la figura 2-17. La distribución de flujo en la máquina de c.a. y la forma de la onda resultante de la fem inducida por lado de bobina aparecen en las figuras 2-17a y b, respectivamente. Para una longitud

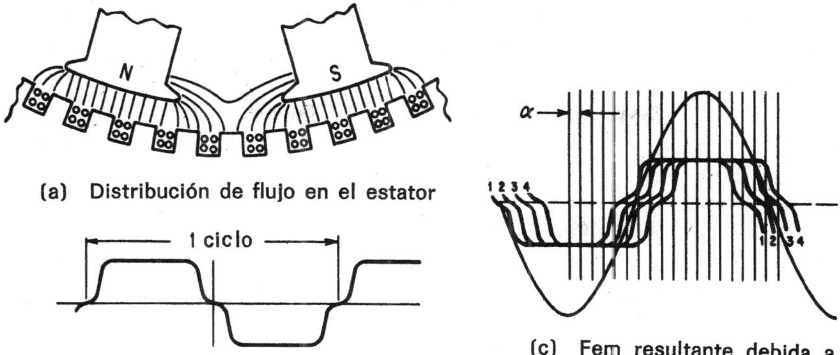

(a) Distribución de flujo en el estator

(b) Onda producida por la anterior distribución de flujo

(c) Fem resultante debida a la distribución del devanado.

Figura 2-17. Efecto del empleo de devanados distribuidos sobre la forma de onda.

determinada constante y una velocidad relativa de los conductores con respecto al campo, la onda de la fem tiene la misma forma que la curva de densidad de flujo, véase la ecuación (1-2), o sea, e es proporcional a B. Para bobinas conectadas en serie cuyas fem están desplazadas en cierto ángulo α en una zona de fase determinada, como se indica en las figuras 2-15 y 2-17c, la fem resultante es la suma vectorial o gráfica de las fem individuales (tanto el lado de bobina como la fem de la bobina). La suma gráfica o vectorial de las fem de la bobina individual se indica en la figura 2-17c. Nótese que si bien las fem de la bobina individual son casi ondas rectangulares, la fem de la fase resultante es una onda senoidal. Ya que una onda senoidal no contiene armónicos, es claramente evidente que los armónicos de la ecuación (2-11) han sido eliminados utilizando un devanado distribuido así como una bobina de paso fraccional.

Es clara, pues, la razón de que las máquinas síncronas de c.a. prácticas utilicen devanados distribuidos que tienen bobinas de paso fraccional. Se podría preguntar, ¿por qué es necesario que la tensión de salida de c.a. por fase de un alternador polifásico deba presentar una forma de onda que se aproxime muy exactamente a una onda senoidal? ¿Por qué no una onda rectangular, triangular, o en forma de dientes de sierra?

Las dos razones acaso más importantes son: (1) Puesto que una onda senoidal no contiene armónicos de frecuencia superior, las pérdidas que derivan de las corrientes parásitas y la histéresis se reducen originando un mayor rendimiento, y (2) todas las mááquinas eléctricas, transformadores y aplicaciones (relojes), etc., se proyectan con la suposición de que la forma de la onda suministrada por la red de distribución para accionarlas es senoidal. Esta suposición simplifica mucho todos los cálculos de proyecto para los aparatos eléctricos presentes y futuros.

2-18. Fem generada en una máquina síncrona de c.a. Ahora es posible establecer la fem por fase que se genera en una máquina síncrona de c.a. Se parte del supuesto de que esta máquina tiene un devanado de inducido que consta de un número total de bobinas, C, poseyendo cada bobina un número determinado de espiras, N_C. Entonces, el número total de espiras en una fase determinada del inducido de una máquina es

$$N_p = \frac{CN_C}{P} = \frac{\text{bobinas totales en el inducido} \times \text{espiras/bobina}}{\text{número de fases}} = \frac{\text{espiras totales}}{\text{fase}} \tag{2-12}$$

Pero la ley de Faraday, apartado 1-3, establece que la tensión media inducida en una sola espira de dos lados de bobina es

$$E_{\text{med}} = \frac{\phi}{t} \times 10^{-8}\ \text{V} \tag{1-1}$$

Más aún, cuando una bobina que consta de N espiras gira en un campo magnético uniforme a velocidad uniforme, se indicó (apartado 1-14) que la tensión media inducida en una bobina de inducido es

$$E_{\text{med/bobina}} = 4\phi N_c s \times 10^{-8}\ \text{V} \tag{1-5}$$

en la que ϕ es el número de líneas o maxwells por polo, N_c es el número de espiras por bobina, s es la velocidad relativa en revoluciones/seg (rps) entre la bobina de N_c espiras y el campo magnético, ϕ.

La ecuación 1-5, se estableció para una máquina bipolar, como se indicó en la figura 1-6a, que genera una onda senoidal en una vuelta completa de 360° eléctricos y geométricos. Por lo tanto, en la ecuación (1-5), una velocidad s de 1 rps producirá una frecuencia f de un Hz. Ya que f es directamente proporcional y equivalente a s, sustituyendo a esta última en la ecuación (1-5) para todas las espiras en serie en cualquier fase

$$E_{\text{med/fase}} = 4\phi N_p f \times 10^{-8}\ \text{V} \tag{2-13}$$

Pero en el apartado anterior se estableció que la tensión por fase se hace más completamente senoidal mediante la distribución intencional del devanado del inducido. El valor eficaz de una tensión senoidal de c.a. es 1,11 veces el valor medio. La tensión eficaz de c.a. por fase es

$$E_{\text{ef}} = 4{,}44\phi N_p f \times 10^{-8}\ \text{V} \tag{2-14}$$

Pero la ecuación (2-14) aún no es representativa del valor eficaz de la tensión de fase generada en un inducido en el que se emplean bobinas de paso fraccional y el devanado está distribuido. Teniendo en cuenta el factor de paso k_p y el factor de distribución k_d, ahora se puede escribir la ecuación del valor eficaz de la tensión generada en cada fase de una máquina síncrona de c.a. en la forma

$$E_{gp} = 4{,}44\phi N_p f k_p k_d \times 10^{-8}\ \text{V} \tag{2-15}$$

en la que ϕ es el flujo por polo en líneas o maxwells, N_p es el número total de espiras por fase (ecuación 2-12), f es la frecuencia en hertz (ecuación 2-16), k_p es el factor de paso (ecuación 2-8), k_d es el factor de distribución (ecuación 2-10).

EJEMPLO 2-6: Un inducido estatórico trifásico de 72 ranuras está devanado para 6 polos que emplean bobinas imbricadas de doble capa que tienen 20 espiras por bobina con un paso de $\frac{5}{6}$. El flujo por polo es $4{,}8 \cdot 10^6$ líneas y la velocidad del rotor es 1200 rpm. Calcular:

a. La tensión eficaz generada por bobina de una bobina de paso diametral.
b. El número total de espiras por fase.
c. El factor de distribución.
d. El factor de paso.
e. La tensión total generada por fase en (a), (c) y (d) anteriores y mediante la ecuación (2-15).

Solución:

a. $$E_{g\ \text{bobina}} = 4{,}44\phi N_c f \times 10^{-8}\ \text{V} \qquad (2\text{-}14)$$
$$= 4{,}44(4{,}8\times10^6)(20)\left(\frac{6\times1200}{120}\right)\times10^{-8}$$
$$= \mathbf{256\ V/\ bobina}$$

b. $N_p = 72$ bobinas/3 fases $\cdot$ 20 espiras $=$ **480 espiras/fase** (de la ecuación 2-12)

c. $$k_d = \frac{\text{sen}(n\alpha/2)}{n\ \text{sen}(\alpha/2)}, \text{ en la que } n = 72 \text{ ranuras/3 fases} \cdot 6 \text{ polos)} \qquad (2\text{-}9)$$

$= 4$ ranuras/polo fase

y $\alpha = (6$ polos $\cdot$ $180°$/polo$)/72$ ranuras $= 15°$/ranura

$$k_d = \frac{\text{sen}\,[(4\times15)/2]}{4\ \text{sen}\,(\frac{15}{2})} = \frac{\text{sen}\ 30°}{4\ \text{sen}\ 7{,}5°} = \mathbf{0{,}958}$$

d. $$k_p = \text{sen}\,\frac{p°}{2} = \text{sen}\left(\frac{5}{6}\times\frac{180}{2}\right) = \text{sen}\ 75° = \mathbf{0{,}966} \qquad (2\text{-}8)$$

e. $E_{gp} = 4{,}44 \,.\, 480$ espiras/fase . $4{,}8 \,.\, 10^6 \,.\, 60 \,.\, 0{,}966 \,.\, 0{,}958 \,.\, 10^{-8} = \mathbf{5680}$ **V** (de la ecuación 2-15)
$E_{gp} = 256$ V/bobina . 24 bobinas/fase . 0,966 . 0,958 = **5680 V/fase** [de (a), (c) y (d)].

2-19. Frecuencia de la máquina síncrona de c.a. Las máquinas síncronas de c.a. tienen muchos polos y pueden girar a distintas velocidades, ya sea como alternadores o como motores síncronos o de inducción. La ecuación 2-15 anterior se estableció para un dispositivo bipolar en el que la fem generada en el devanado fijo del inducido varía su sentido cada media revolución del rotor bipolar. Una revolución completa originará una oscilación completa positiva y negativa cada ciclo. La frecuencia en ciclos por segundo (Hz) dependerá, como se ha establecido previamente, directamente de la velocidad o número de revoluciones por segundo (rpm/60) del campo giratorio.

Si la máquina síncrona de c.a. es multipolar (poseyendo, digamos, 2, 4, 6 u 8 polos), entonces para una velocidad de una revolución por segundo (1 rpm/60), la frecuencia por revolución será 1, 2, 3 o 4 ciclos por revolución respectivamente. La frecuencia por revolución es, en consecuencia, igual al número de pares de polos. Ya que la frecuencia depende directamente de la velocidad (rpm/60) y también del número de pares de polos ($P/2$), se pueden combinar estos dos factores en una sola ecuación en la que

$$f = \frac{P}{2} \times \frac{\text{rpm}}{60} = \frac{PS}{120} \tag{2-16}$$

en la que P es el número de polos, S es la velocidad en rpm, f es la frecuencia en hertz.

La tabla 6-1 ilustra esta relación para tres frecuencias de las que se utilizan más frecuentemente.

EJEMPLO 2-7. Un generador de c.a. tiene 8 polos y funciona a una velocidad de 900 rpm. Calcular:

a. La frecuencia de la tensión generada.
b. La velocidad de la máquina motriz que se precisa para generar frecuencias de 50 Hz y 25 Hz.

Solución:

a. $f = \frac{PS}{120} = \frac{8 \times 900}{120} = \mathbf{60\ Hz}$

b. $S = \frac{120f}{P} = \frac{120 \times 50}{8} = \mathbf{750\ rpm}$ (para generar 50 Hz)

$= \frac{120 \times 25}{8} = \mathbf{375\ rpm}$ (para generar 25 Hz)

BIBLIOGRAFÍA

Alger, P. L. y Erdelyi, E. «Electromechanical Energy Conversion», *Electro-Technology*, septiembre 1961.

Bewley, L. V. *Alternating Current Machinery,* Nueva York: The Macmillan Company, 1949.

Carr, C. C. *Electrical Machinery,* Nueva York: John Wiley & Sons, Inc., 1958.

Crosno, C. D. *Fundamentals of Electromechanical Conversion,* Nueva York; Harcourt, Brace, Jovanovich, Inc, 1968.

Daniels. *The Performance of Electrical Machines,* Nueva York: McGraw-Hill, Inc., 1968.

Fitzgerald, A. E. y Kingsley, C. *The Dynamics and Statics of Electromechanical Energy Conversion,* 2.ª ed., Nueva York: McGraw-Hill, 1961.

Fitzgerald, A. E., Kingsley, Jr. C., y Kusko, A. *Electric Machinery* 3.ª ed., Nueva York: McGraw-Hill, Inc., 1971.

Gemlich, D. K. y Hammond, S. B. *Electromechanical Systems,* Nueva York: McGraw-Hill, 1967.

Hindmarsh, J. *Electrical Machines,* Elmsford, N. Y.: Pergamon Press, 1965.

Jones, C. V. *The Unified Theory of Electrical Machines,* Nueva York: Plenum Publishing Corp., 1968.

Kloeffler, S. M., Kerchner, R. M. y Brenneman, J. L. *Direct Current Machinery,* Rev. ed., Nueva York: The Macmillan Company, 1948.

Koenig, H. E. y Blackwell, W. A. *Electromechanical System Theory,* Nueva York: McGraw-Hill, 1961.

Liwschitz, M. M., Garik, M. y Whipple, C. C. *Alternating Current Machines,* Princeton, N. J.: D. Van Nostrand Co., Inc., 1946.

Selmon. *Magnetoelectric Devices: Transducers, Transformers and Machines,* Nueva York: Wiley/Interscience, 1966.

Siskind, C. S. *Direct-Current Machinery,* Nueva York: McGraw-Hill, 1952.

Skilling, H. H. *Electromechanics: A First Course in Electromechanical Energy Conversion,* Nueva York: Wiley/Interscience, 1962.

Thaler, G. J., y Wilcox, M. L. *Electric Machines: Dynamics and Steady State,* Nueva York: Wiley/Interscience, 1966.

White, D. C., y Woodson, H. H. *Electromechanical Energy Conversion,* Nueva York: Wiley/Interscience, 1959.

PREGUNTAS

2.1 Indicar 4 tipos posibles de construcción de máquinas, señalando para cada una
   a. El nombre del tipo en particular.
   b. Tipo de rotor (elemento giratorio).
   c. Tipo de estátor (elemento fijo).

2-2. Respecto a la máquina de c.c. comercial, señalar y definir
   a. 4 partes distintas del rotor.
   b. 4 *funciones* distintas del inducido.
   c. 7 partes distintas del estátor.

2-3. Indicar, mediante un diagrama, la relación entre los circuitos eléctricos de
   a. Una máquina de c.c. devanada en shunt.
   b. Una máquina de c.c. devanada en serie.

2-4. Indicar, mediante un diagrama esquemático, las partes principales de una máquina síncrona de inductor fijo e inducido móvil.

2-5. Repetir la pregunta 2-4 para una máquina síncrona que tenga un inductor móvil y un inducido fijo.

2-6. Repetir la cuestión 2-4 para una máquina *asíncrona.*

2.7. Indicar el circuito magnético de una máquina de c.c. práctica de 6 polos trazando los siguientes caminos de flujo:
   a. Caminos mutuos de flujo (6 en total)
   b. El flujo de dispersión entre polos adyacentes.
   c. Flujo de dispersión entre un polo determinado y el yugo.

2-8. Con referencia al diagrama trazado para la cuestión 2-7, explicar según la teoría del circuito magnético:
a. Por qué el flujo mutuo de excitación que concatena el inducido queda reducido principalmente a la superficie del inducido.
b. Por qué el flujo del inducido producido por la corriente en los conductores del inducido introducidos en las ranuras del mismo, concatenan principalmente las chapas del inducido.

2-9. Repetir la cuestión 2-8 para una máquina síncrona de c.a. de polos salientes.

2-10. Durante el período de conmutación en una máquina de c.c., la corriente en un conductor del inducido que experimenta la conmutación varía considerablemente. Estas variación en el flujo del conductor debe inducir una tensión de acuerdo con la ley de Neumann. Explicar para la bobina indicada en la figura 2-5b:
a. Dónde se induce la tensión de la parte de la bobina colocada en el hierro.
b. Dónde se induce la tensión de la parte de la bobina no colocada en el hierro.

2-11. Explicar:
a. Cuál de las tensiones inducidas de la cuestión 2-10 da lugar a la reactancia del inducido.
b. Cuál de las tensiones inducidas de la cuestión 2-10 contribuye a las pérdidas en el hierro.

2-12. Explicar:
a. Por qué todas las bobinas de excitación situadas en los polos de excitación tienen el mismo número de espiras/polo y siempre están conectadas en serie.
b. Por qué todas las bobinas de excitación shunt se proyectan para producir la fmm requerida utilizando un gran número de espiras y baja intensidad.
c. Por qué todas las bobinas de excitación precisan corriente continua para su funcionamiento incluso en las máquinas de c.a.

2-13. a. ¿Bajo qué condiciones se origina el efecto inductivo de una bobina de excitación?
b. Establecer la ecuación para la tensión producida por este efecto inductivo.

2-14. a. ¿Bajo qué condiciones puede la tensión inducida, $L\,di/dt$ en la ecuación 2-2 ser mayor que E_{dc}? Explicarlo.
b. ¿Qué método se utiliza ordinariamente para absorber la energía del campo magnético?

2-15. a. Suponiendo que la máquina indicada en la figura 2-1b es un motor alimentado por c.c., explicar qué sucede a la energía del campo magnético producida por el devanado de excitación en shunt cuando se desconecta el motor de la línea.

b. ¿Por qué no es necesario tener en cuenta la energía de excitación ($\frac{1}{2}LI^2$) de los devanados de excitación en serie o de los devanados interpolares y de compensación? (*Sugerencia:* comparar la inductancia de estos devanados con la de la excitación en shunt.)

2-16. a. Distinguir entre devanados de inducido abierto y cerrado y describir su aplicación a las máquinas de c.c. y c.a.
b. Nombrar dos tipos de devanado de inducido de c.c.
c. Explicar por qué sólo se precisan dos escobillas en los devanados ondulados independientemente del número de polos.

2-17. Definir los siguientes términos:
a. Ancho de bobina (en función del paso polar).
b. Bobina de paso diametral.
c. Bobina de paso fraccional (en función del factor de paso).
d. Devanado de cuerda.
e. Devanado de doble capa.
f. Lado de bobina.
g. Número de conductores/lado de bobina.
h. Multiplicidad.
i. Ramas en paralelo.
j. Grado de cierre.
k. Devanado de bobina completa.
l. Devanado de media bobina.
m. Devanado concentrado.
n. Devanado distribuido.
o. Fase.

2-18. a. Señalar la diferencia principal entre devanados de inducido de máquina de c.c. y de c.a. en lo que se refiere al cierre.
b. Señalar una buena razón para esta diferencia en el caso de máquinas de c.a.

2-19. a. Indicar una ventaja del empleo de devanados de paso fraccional en las máquinas de c.c.
b. Repetir el punto (a) indicando dos ventajas adicionales en las máquinas de c.a.

2-20. a. ¿Por qué no es necesario tomar la suma vectorial de las tensiones inducidas en las bobinas conectadas en serie de una máquina de c.c., que utiliza bobinas de paso fraccional, a fin de obtener la tensión por rama entre escobillas?
b. ¿Por qué es necesario utilizar un factor de paso para determinar la fem inducida de las máquinas de c.a. que utilizan bobinas de paso fraccional?

c. Definir el factor de paso según tres ecuaciones distintas.

2-21. a. ¿Cuál es el factor de distribución de un devanado concentrado?
b. Señalar tres ventajas de los devanados distribuidos sobre los concentrados.
c. Definir el factor de distribución según dos ecuaciones distintas.

2-22. Indicar dos razones que afecten la forma de la onda de salida a fin de explicar por qué las máquinas síncronas de c.a. prácticas utilizan devanados distribuidos y bobinas de paso fraccional.

2-23. Indicar la ecuación que expresa la tensión generada por fase de una máquina polifásica síncrona de c.a. que tiene en cuenta el factor de paso y el de distribución.

2-24. Indicar la ecuación de la frecuencia de una máquina síncrona polifásica de c.a.

PROBLEMAS

2-1. Un generador hexapolar posee bobinas de excitación cada una de las cuales tiene una inductancia de 25 H cada polo. Si la corriente de excitación varía de 3 A a 0 en 15 ms cuando se abre el circuito de excitación del generador, calcular:
a. La tensión media inducida por polo.
b. La tensión total inducida entre terminales del interruptor del circuito de excitación.

2-2. Una máquina posee un total de 8000 espiras de excitación. Cuando circulan 2,5 A, se origina un flujo total de $5{,}2 \cdot 10^6$ líneas. Calcular:
a. La autoinducción de las bobinas de excitación ($L = \phi\, N/I \cdot 10^8$).
b. La tensión media generada si la intensidad disminuye hasta 0 en 10 ms.

2-3. Las bobinas de excitación de una máquina tienen una inductancia de 8 H, una resistencia de 60 Ω y se conectan a una fuente de c.c. de 120 V. Calcular:
a. El valor de la resistencia de descarga que se tiene que conectar entre terminales de las bobinas de excitación si la tensión entre terminales del mismo no debe superar en ningún caso 150 V.
b. El tiempo requerido para descargar la energía almacenada en el campo magnético a través de la resistencia de descarga de excitación.
c. La energía total descargada cuando el circuito de excitación se desconecta de la alimentación.

2-4. Un motor de c.c. de 220 V tiene una resistencia del circuito de excitación de 220 Ω y una inductancia de 55 H. Calcular:
a. La corriente inicial de excitación en el instante en que el motor se conecta a su alimentación de c.c. nominal.
b. La velocidad instantánea de cambio de intensidad en el instante en que el circuito de excitación se conecta a la alimentación de 220 V.
c. La intensidad final en régimen permanente.
d. El tiempo requerido para alcanzar el 63,2 % de su valor en régimen permanente.
e. El tiempo requerido para alcanzar el valor de régimen permanente.
f. La corriente instantánea un segundo después de cerrar el interruptor.
g. El tiempo requerido para alcanzar una corriente de excitación de 0,75 A.
h. La energía almacenada en el campo magnético una vez la corriente alcanza el valor de régimen permanente.
i. El tiempo requerido para disipar la energía de excitación en una resistencia de descarga a una potencia nominal de 100 W.

2-5. Una máquina tiene una corriente nominal de inducido de 250 A y 12 polos. Calcular la corriente por rama si el inducido es
a. Devanado ondulado.
b. Devanado imbricado.
(Suponerla simple a no ser que se indique otra cosa.)

2-6. Calcular el número de ramas en paralelo en los inducidos siguientes cuando se introducen en una estructura de excitación de 18 polos.
a. Devanado ondulado triple.
b. Devanado imbricado triple.
c. Devanado imbricado doble.
d. Devanado ondulado cuádruple.

2-7. Un generador de c.c. de 12 polos y 120 V posee un inducido con devanado imbricado triple que posee 80 bobinas de 9 espiras/bobina y gira a una velocidad de 3600 rpm. Calcular:
a. El flujo por polo requerido para producir la tensión nominal generada.
b. La corriente por rama si la potencia nominal de salida es 60 kW (despreciar la corriente de excitación).
c. El número mínimo de escobillas requeridas y el de delgas de colector abarcadas.

2-8. Un devanado imbricado doble de doble capa está arrollado sobre un inducido que tiene 48 ranuras con una bobina/ranura; cada bobina tiene un total de 60 espiras. El inducido se ha de utilizar en un generador de 250 V, 1200 rpm, 4 polos, y 50 kW. Calcular:
a. La corriente por conductor cuando el generador suministra la carga nominal.
b. El flujo por polo requerido para producir la tensión generada.

2-9. Repetir el problema 2-8 empleando un inducido con devanado ondulado simple.

2-10. Un alternador de 16 polos es accionado a una velocidad de 3000 rpm. Calcular la frecuencia generada en el inducido estatórico.

2-11. El rotor de un alternador hexapolar de 60 Hz produce un flujo de excitación de $5 \cdot 10^6$ líneas por polo. Calcular
   a. La velocidad a la que debe accionarse el alternador para producir la frecuencia nominal.
   b. La tensión media generada inducida en cada bobina del estátor que tiene 200 espiras.
   c. La tensión eficaz por fase en un inducido estatórico monofásico que tenga 60 bobinas distribuidas uniformemente en el estátor.

2-12. Un estator que se ha de emplear para un devanado de inducido hexapolar trifásico de media bobina tiene 144 ranuras. Cada bobina abarca 20 ranuras. Calcular
   a. El factor de paso.
   b. Número de bobinas por fase.
   c. El factor de distribución.
   d. La tensión eficaz por fase si la tensión generada por bobina es 30 V eficaces.

2-13. Un inducido estatórico o de bobina completa trifásica de 72 ranuras tiene un ancho de bobina que abarca 10 ranuras, 10 espiras/bobina. El inducido se conecta en estrella. El rotor hexapolar tiene un flujo de $5{,}2 \cdot 10^6$ maxwells/polo y se acciona a una velocidad de 120 rpm. Calcular:
   a. La tensión eficaz por fase.
   b. La tensión de línea del alternador.

2-14. Repetir el problema 2-13 para un alternador bifásico (trifilar).

2-15. Un alternador trifásico de 24 polos, 60 Hz, conectado en estrella tiene 6 ranuras/polo y un devanado imbricado de doble capa de paso diametral en el que existen 8 conductores/ranura. El flujo en el entrehierro es $6 \cdot 10^6$ líneas por polo. Calcular:
   a. El número de conductores por fase.
   b. El factor de distribución.
   c. El factor de paso.
   d. Las revoluciones por minuto del polo de excitación.
   e. La fem inducida por fase y por línea.

2-16. Repetir el problema 2-15e para un ancho de bobina de la ranura 1 a la 6 (paso de 5/6).

RESPUESTAS

2-1(a) 5 kV (b) 30 kV 2-2(a) 166,5 H (b) 41,6 kV 2-3(a) 15 Ω (b) 533 ms (c) 16 W-s 2-4(a) 0 (b) 4 A/s (c) 1 A (d) 0,25 s (e) 1,25 s (f) 0,982 A (g) 0,346 s (h) 27,5 W (i) 0,275 s 2-5(a) 125 A (b) 20,8 A 2-6(a) 6 (b) 54 (c) 36 (d) 8. 2-7(a) $4{,}167 \times 10^5$ b) 13,88 A (c) 12. 2-8(a) 25 A/conductor (b) $4{,}33 \times 10^5$ líneas 2-9(a) 100 A/conductor (b) $1{,}08 \times 10^5$ líneas 2-10 400 Hz 2-11(a) 1200 rpm (b) 2400 V (c) 160 kV 2-12(a) 0,966 (b) 24 bobinas/fase (c) 0,954 (d) 664 V 2-13(a) 3080 V (b) 5330 V 2-14(a) 4360 V (b) 6170 V 2-15(a) 384 conductores/fase (b) 0,966 (c) 1 (d) 300 rpm (e) 2970 V, 5140 V 2-16 2870 V, 4970 V

Capítulo 3

Relaciones de tensión en las máquinas de c.c. y generadores de c.c.

3-1. Generalidades. Al comparar el funcionamiento como generador de la máquina de c.c. con el funcionamiento como motor, el apartado 1-20 terminaba con un resumen de las principales diferencias entre ellos. Este capítulo está dirigido a la máquina de c.c. utilizada como generador de c.c. y, por consiguiente trata principalmente de las relaciones de tensión en la máquina de c.c. ya que un generador es una fuente de tensión. El resumen del apartado 1-20 estableció para el funcionamiento como generador:

1. El par electromagnético (desarrollado en el conductor por el que circula corriente) se *opone* a la rotación del motor primario (ley de Lenz).
2. La tensión generada (inducida en el inducido) es la que origina corriente de inducido.
3. La tensión generada, $E_g = V_a + I_a R_a$ (1-10)

La constitución general de la máquina de c.c. se describía en el apartado 2-2 y se indicó en la figura 2-1. Para la finalidad de conmutación, se vio que el inducido que contiene los conductores por los que circula corriente en los que se inducían tensiones, *debe* necesariamente girar para llevar a cabo las funciones descritas en el apartado 2-2. En el apartado 2-9 se describió una discusión del estátor que comprendía el campo magnético de c.c. y algunas de las consideraciones de su proyecto. En los apartados 2-10, 2-11 y 2-12 se describieron algunas de las consideraciones de proyecto referentes al inducido de la máquina de c.c.

La tensión generada en el inducido, E_g, de la ecuación (1-10) para la fem total media inducida entre escobillas se estableció como

[redacted]

El lector debe revisar las ecuaciones y apartados citados anteriormente ya que son fundamentales y se aplican a todos los tipos de generador de c.c. prácticos y a todas las características que se describen a continuación.

3-2. Tipos de generador de c.c. Los 3 tipos básicos de generadores de c.c. que utilizan la constitución de la máquina de c.c. son los generadores *shunt, serie y compound.*

Las diferencias entre estos tipos derivan de la forma en que se produce la excitación de los devanados de c.c. del campo del estátor. La finalidad del generador es la de producir una tensión de c.c. por conversión de la energía mecánica en eléctrica, y una parte de esta tensión de c.c. se utiliza para *excitar* el devanado del campo magnético fijo.

3-3. Diagrama esquemático y circuito equivalente de un generador shunt. Cuando la excitación se produce mediante un devanado de excitación conectado a la plena tensión de la línea (o casi plena) producida entre las escobillas del inducido, la máquina de c.c. se denomina *generador shunt.* En la figura 3-1a puede verse el diagrama esquemático del circuito completo del generador shunt.

El inducido del rotor está representado (encerrado en un rectángulo de líneas discontinuas), consistiendo en: una fuente de fem, E_g, generada de acuerdo con la ecuación (1-6); una resistencia, R_w, del devanado del inducido; y una resistencia, R_b, de las escobillas de carbón y la resistencia de contacto de la escobilla con el inducido móvil. El *circuito del inducido* completo consta del inducido (encerrado en el rectángulo de líneas discontinuas, y dos devanados opcionales, el devanado de compensación, R_c, y el devanado auxiliar, R_i, situado en el estátor. Por lo tanto, la parte del circuito del inducido que gira se muestra encerrada en el rectángulo, y la parte del circuito de inducido que está fija sobre el estátor se encuentra fuera del rectángulo.

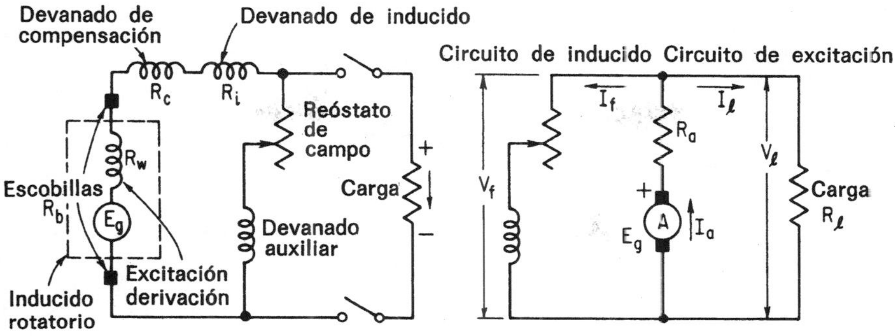

(a) Diagrama del circuito esquemático completo de un generador derivación.

(b) Circuito equivalente de un generador derivación.

Figura 3-1. Generador derivación; circuito esquemático y equivalente.

Para mayor simplicidad, todas las resistencias en serie en el circuito del inducido pueden sumarse y representarse conjuntamente como una sola resistencia, R_a, denominada resistencia del circuito del inducido. En el circuito equivalente de un generador shunt indicado en la figura 3-1b, el circuito del inducido consta de una fuente de fem, E_g, y una resistencia del circuito del inducido, R_a, designada, a partir de ahora, simplemente como resistencia del inducido.

El circuito de excitación de un generador shunt está en paralelo con el circuito del inducido, y como se indica en las figuras 3-1a y b, consta del devanado de excitación en shunt arrollado sobre los polos de excitación fijos y el reóstato de campo.

Nótese que el generador shunt, cuando está cargado, se compone de tres circuitos en paralelo: (1) el circuito del inducido, (2) el circuito de excitación y (3) el circuito de carga. Ya que la fuente básica de fem y de intensidad es el inducido, el circuito equivalente de la figura 3-1b proporciona las siguientes relaciones de corriente:

$$I_a = I_f + I_l \tag{3-1}$$

en la que I_a es la corriente del inducido que tiene el mismo sentido que la tensión generada E_g (ecuación 1-6), I_f es la corriente de excitación (V_f/R_f) en el circuito de excitación e I_l es la corriente de carga, V_l/R_l.

Por definición, al estar en paralelo, existe la misma tensión en los circuitos del inducido, excitación y carga, respectivamente, o

$$V_a = V_f = V_l \tag{3-2}$$

en la que V_a es la tensión en bornes del inducido, o sea

$$V_a = E_g - I_a R_a \quad (1\text{-}10)$$

y en la que V_f es la tensión en bornes del circuito de excitación y V_l es la tensión aplicada a la carga.

EJEMPLO 3-1: Un generador shunt de 250 V y 150 kW tiene una resistencia del circuito de excitación de 50 ohms y una resistencia del circuito del inducido de 0,05 ohm. Calcular:

a. La corriente de línea a plena carga que circula hacia la carga.
b. La corriente de excitación.
c. La corriente en el inducido.
d. La tensión generada a plena carga.

Solución:

a. $I_l = \frac{\text{kW} \times 1000}{V_l} = \frac{150 \times 1000\ \text{W}}{250\ \text{V}} = \mathbf{600\ A}$

b. $I_f = \frac{V_l}{R_f} = \frac{250\ \text{V}}{50\ \Omega} = \mathbf{5A}$

c. $I_a = I_f + I_l = 5 + 600 = \mathbf{605\ A}$ (3-1)

d. $E_g = V_a + I_a R_a = 250\ \text{V} + 605 \times 0{,}05 = \mathbf{280{,}25\ V}$ (1-10)

3-4. Diagrama esquemático y circuito equivalente de un generador serie. Cuando la excitación se produce mediante un devanado de excitación conectado en serie con el inducido de tal manera que el flujo producido por el devanado de

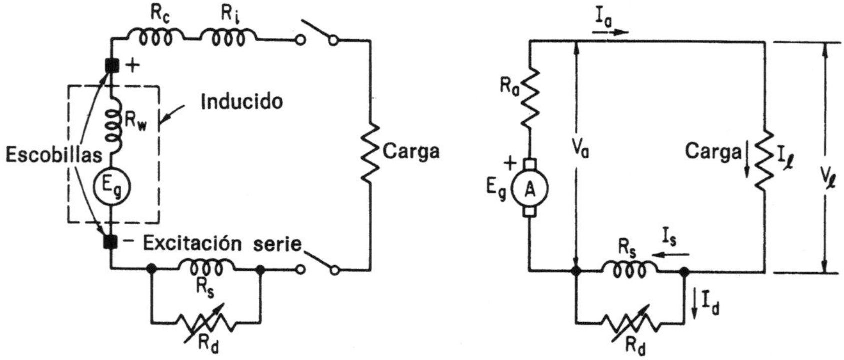

(a) Esquema completo. (b) Circuito equivalente.

Figura 3-2. Generador serie; circuito esquemático y circuito equivalente.

excitación conectado en serie es función de la corriente en el inducido y la carga, la máquina de c.c. se denomina *generador serie*. El diagrama esquemático completo de un generador serie aparece en la figura 3-2a. La excitación serie actúa únicamente cuando se conecta una carga para completar el circuito. Ya que por este devanado tiene que circular la corriente completa o nominal del inducido, se construye *con pocas espiras de hilo de gran sección*. Como en el caso anterior, el devanado de compensación R_c situado sobre los polos de excitación y el devanado auxiliar R_i, se incluyen en serie con el devanado del inducido; R_w, del inducido móvil que produce una fem generada, E_g, de acuerdo con la ecuación (1-6). El circuito equivalente (bajo carga) de un generador serie aparece en la figura 3-2b. Nótese que la corriente en el devanado de excitación serie, I_s, se controla mediante una resistencia variable en derivación, R_d, que sirve para proporcionar una cierta regulación a la excitación del campo en serie de un modo muy similar al del reóstato en el generador shunt. Debe notarse que, a diferencia del generador shunt, cuya excitación es virtualmente (a efectos de comparación) independiente de la carga, la excitación serie depende principalmente de la *magnitud* de la *resistencia* de la *carga*. Por lo tanto, la resistencia variable en derivación tan sólo sirve para proporcionar una pequeña regulación suplementaria de la excitación en serie en un generador serie.

Las relaciones de corriente de un generador serie son

$$I_a = I_l = I_s + I_d \tag{3-3}$$

Las relaciones de tensión de un generador serie, como se indica en el circuito equivalente de la figura 3-2b, pueden resumirse como

$$V_a = V_l + I_s R_s \tag{3-4}$$

en la que V_a es la tensión en bornes del inducido, o $E_g - I_a R_a$ [de la ecuación (1-10)], V_l es la tensión en bornes de la carga e $I_s R_s$ es la caída de tensión en el devanado de excitación serie.

3-5. Diagrama esquemático y circuito equivalente de un generador compound. Cuando la excitación se consigue mediante una combinación de los dos tipos de devanado descritos anteriormente, a saber (1) un devanado de excitación serie recorrido por la corriente del inducido o de línea, y (2) un devanado de excitación shunt al que se aplica la tensión en bornes del inducido, la máquina de c.c. se denomina *generador compound*. En la figura 3-3a puede verse el diagrama esquemático completo de un generador compound. Nótese que la estructura fija de la excitación está representada como consistente en un devanado de excitación shunt y un devanado de excitación serie arrollado sobre el devanado de excitación shunt (con la finalidad de obtener una mejor disipación del calor), además del devanado de compensación situado en la cara polar de los polos principales de excitación. Como en las figuras anteriores, el circuito ha sido simplificado a fin de producir dos posibles circuitos equivalentes: una *conexión en derivación larga*

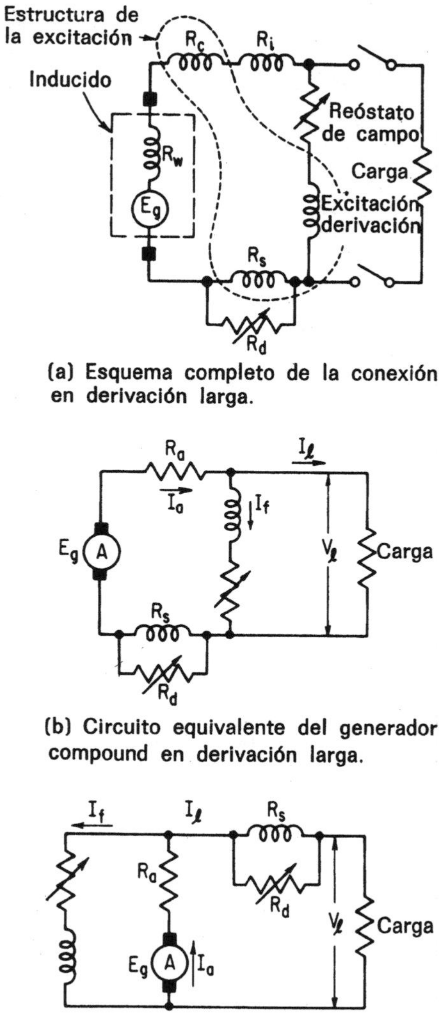

(a) Esquema completo de la conexión en derivación larga.

(b) Circuito equivalente del generador compound en derivación larga.

(c) Circuito equivalente del generador compound en derivación corta.

Figura 3-3. Generador compound; esquema de las conexiones en derivación larga y derivación corta y circuito equivalente.

y una *conexión en derivación corta.* La figura 3-3b muestra la conexión en derivación larga del generador compound y en ella el circuito de excitación shunt está en paralelo con los circuitos combinados del inducido y de la excitación serie, así como con el circuito de carga. La figura 3-3c muestra la conexión en derivación corta en la que el circuito de excitación shunt está en paralelo con el circuito del inducido, y el circuito de excitación serie está en serie con la carga.

Las relaciones de corriente de la conexión en *derivación larga* de un generador compound de c.c. son

$$I_a = I_f + I_l = I_s + I_d \tag{3-5}$$

Las relaciones de corriente de la conexión en *derivación corta* de un generador compound de c.c. son

$$I_a = I_f + I_l$$

y

$$I_l = I_s + I_d \tag{3-6}$$

A partir de las ecuaciones (3-5) y (3-6) puede observarse que la diferencia esencial entre las conexiones en derivación larga y en derivación corta es la de que en la conexión en derivación larga la corriente del *inducido* alimenta la excitación serie, en tanto que en la conexión en derivación corta la corriente de *carga* alimenta la excitación serie.

EJEMPLO 3-2: Un generador compound en derivación larga de potencia nominal 100kW y 500 V de c.c., posee una resistencia de inducido de 0,03 ohm, una resistencia de la excitación shunt de 125 ohm y una resistencia de la excitación serie de 0,01 ohm. Por la resistencia variable en derivación circulan 54 amperios. Calcular:

a. El valor de la resistencia variable en derivación a plena carga.
b. La tensión generada a plena carga.

Solución:

a. $$I_l = \frac{\text{kW} \times 1000}{V_l} = \frac{100 \times 1000}{500 \text{ V}} = 200 \text{ A}$$

$$I_f = \frac{V_f}{R_f} = \frac{500 \text{ V}}{125 \,\Omega} = 4 \text{ A}$$

$$I_a = I_f + I_l = 4 + 200 = 204 \text{ A} \tag{3-1}$$

$$I_s = I_a - I_d = 204 \text{ A} - 54 \text{ A} = 150 \text{ A} \tag{3-5}$$

Ya que la resistencia variable en derivación y el devanado de excitación serie están en paralelo, $I_dR_d = I_sR_s$ y

$$R_d = \frac{I_s R_s}{I_d} = \frac{150 \times 0{,}01}{54} = \mathbf{0{,}0278\ \Omega}$$

b. $$E_g = V_l + I_a R_a + I_s R_s = 500 + (204 \times 0{,}03) + (150 \times 0{,}01)$$
$$= \mathbf{507{,}62\ V} \qquad (3\text{-}11)$$

3-6. El generador con excitación independiente. Una forma de clasificar los generadores de c.c. se basa en la manera en que el devanado de excitación se alimenta a fin de producir los amperios-vuelta y la fmm necesaria por polo [ϕ en la ecuación (1-6)] que se requiere para generar una tensión [E_g en la ecuación (1-6)]. Por lo tanto, podría parecer posible para cualquier generador de c.c. producir una tensión e intensidad de c.c. de magnitud suficiente para producir su propia excitación, y esta excitación se denomina *autoexcitación*. Los generadores indicados en las figuras 3-1, 3-2 y 3-3 son *generadores autoexcitados shunt, serie* y *compound,* respectivamente. Sin embargo, cuando uno o más devanados de excitación se conectan a una alimentación de tensión de c.c. separada que sea independiente de la tensión del inducido del generador, el generador se denomina generador de *excitación independiente.*

En las figuras 3-4 a y b pueden verse dos generadores con excitación independiente. La disposición del circuito de la figura 3-4a muestra la excitación (shunt) conectada a un potenciómetro y a una fuente de c.c. que es independiente de la tensión del inducido, V_a. Puesto que el campo ya no es excitado por la tensión del inducido, la corriente del inducido, I_a, es igual que la corriente de carga I_l. De la misma forma, la tensión del inducido V_a es la misma que la tensión de carga, I_lR_l, suponiendo líneas de transmisión de resistencia nula.

Nótese que la conexión del potenciómetro de la figura 3-4a permite como mínimo una regulación hasta cero de la corriente de excitación (shunt), en tanto que la conexión del reóstato de la figura 3-4b permite una regulación de corriente mínima pero no nula. El generador con excitación independiente de la figura 3-4b combina la autoexcitación de la excitación serie y la excitación independiente de la excitación shunt, proporcionando las ventajas del funcionamiento compound con las ventajas de la excitación independiente. Las relaciones de corriente del inducido en este generador son las mismas que las del generador serie, dadas en la ecuación 3-3.

3-7. Características de la tensión en vacío de un generador de c.c. El circuito de la figura 3-4a se utiliza ordinariamente en laboratorios para investigar tanto las características en vacío como en carga de los generadores shunt. Con el

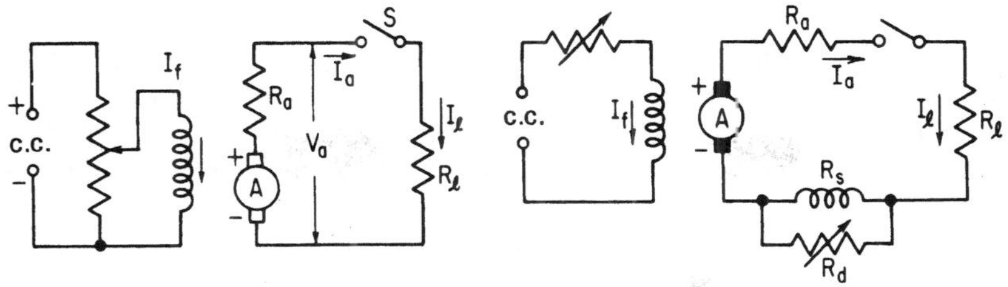

(a) Excitación independiente; excitación derivación que utiliza un reóstato de potenciómetro.

(b) Excitación incependiente; excitación derivación, con funcionamiento en compound.

Figura 3-4. Generadores con excitación independiente.

interruptor *S* abierto, el generador es accionado por un motor primario a una velocidad aproximadamente constante.

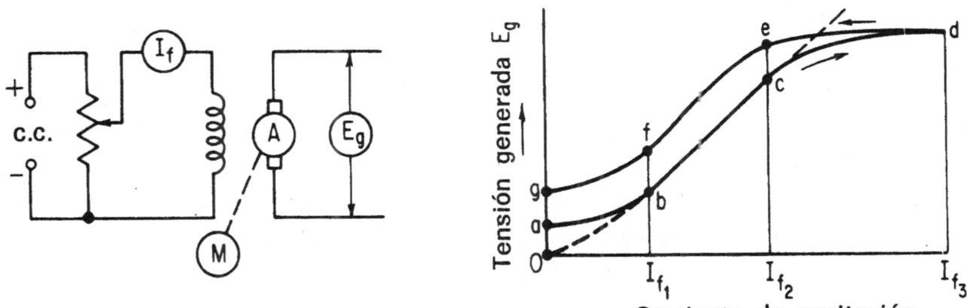

(a) Conexiones.

(b) Curva de magnetización.

Figura 3-5. Conexiones en vacío de la excitación independiente para obtener la curva de saturación.

En el circuito del potenciómetro está conectado un amperímetro para registrar la corriente absorbida por la excitación I_f, y un voltímetro muy sensible está conectado en bornes del inducido para registrar la tensión generada, E_g, como se indica en la figura 3-5a* y se expresa mediante la ecuación (1-6):

$$E_g = \frac{\phi ZSP}{60a} \times 10^{-8}\ \mathrm{V} \tag{1-6}$$

* Ordinariamente se utiliza un voltímetro muy sensible a causa de que absorbe del inducido una corriente despreciable. En estas circunstancias, V_a puede suponerse igual a E_g ya que I_aR_a, caída de tensión en el inducido, es despreciable. Si se utiliza un voltímetro electrónico o un electrómetro, el valor obtenido puede considerarse, para cualquier finalidad práctica, que es el valor de E_g en la ecuación (1-6).

Para un generador determinado, el número de polos, P, el número total de conductores del inducido, Z, y el número de ramas, a, puede determinarse a partir de los datos del devanado del inducido y utilizando las ecuaciones (2-4) o (2-5). Por lo tanto, para un inducido dado en un generador determinado, P, Z y a en la ecuación anterior son constantes. La ecuación (1-6) puede escribirse en la forma

$$E_g = K\phi S \tag{3-7}$$

en la que $K = \dfrac{PZ \times 10^{-8}}{60a}$ ϕ es el flujo por polo (flujo mutuo en el entrehierro) y S es la velocidad en rpm.

Ya que la máquina motriz de la figura 3-5a se mueve a una velocidad aproximadamente constante, la fem generada, E_g, de la ecuación (3-7) es

$$E_g = K'\phi \tag{3-8}$$

Parecería, basándonos en la ecuación (3-8), que la lectura en el voltímetro en la figura 3-5a es única y exclusivamente función del flujo mutuo en el entrehierro producido por el devanado de excitación. Si el potenciómetro indicado en la figura 3-5a se ajusta para una corriente de excitación 0, y si el generador es accionado a una velocidad constante, podría llegarse a suponer que E_g sería 0. Sin embargo, éste no es el caso, e incluso cuando la fmm de excitación ($I_f N_f$) es 0, el flujo en el entrehierro *no* es 0. El voltímetro registra entre los terminales del inducido una pequeña tensión cuando la corriente de excitación es nula. Esta tensión se indica como el punto a sobre la curva de la figura 3-5b, en la que la corriente de excitación es nula y la tensión generada, E_g, tiene un cierto valor, unos pocos voltios. La tensión en a se debe a la *retentividad* de los polos de excitación y es proporcional a la cantidad de *magnetismo residual* que quedó acumulado en el hierro de la máquina cuando el generador fue desconectado.

Si la corriente de excitación aumenta mediante el potenciómetro, de manera que se registra una corriente de excitación, I_{f1}, la tensión se elevará hasta el punto b en la figura 3-5b. Si la corriente aumenta en el mismo sentido de modo que el amperímetro registra una corriente de excitación de I_{f2}, la tensión generada se elevará hasta el punto c en la figura 3-5b. Por lo tanto, la tensión inducida generada aumenta proporcionalmente a la fmm del entrehierro producida por la corriente de excitación ($I_f N_f$). Debe notarse que el tramo de la curva *ab no es lineal* ya que está compuesto de una fmm residual *fija* y una fmm *variable* debida a la corriente de excitación. Sin embargo, el arco bc es lineal ya que la fmm residual es ahora despreciable en comparación con la fmm producida por la corriente de excitación, y la tensión generada varía directamente con la variación de la intensidad de excitación. Más allá del punto c (el codo de la curva), un aumento en la corriente de excitación *no* produce un aumento proporcional en la tensión generada. Aquí, el hierro de los polos de excitación y el núcleo circundante del circuito magnético se aproxima a la saturación. Más allá del punto *c*, por consiguiente, cualquier aumento de la fmm por encima del codo de la curva de saturación no llegará a producir un aumento proporcionado en el flujo, y la curva de magnetización desde *c* a *d* de nuevo no es lineal, esta vez a causa del efecto de la *saturación magnética.*

Si la corriente de excitación se reduce ahora mediante el potenciómetro en la figura 3-5a desde el valor I_{f3} al valor I_{f2}, la tensión generada disminuye de *d* a *e*. Nótese que la tensión en *e* es mayor que en *c* y que posteriores disminuciones de la corriente de excitación producen tensiones generadas superiores a las producidas cuando la corriente de excitación aumenta. Esta acción es idéntica a la producida en cualquier circuito magnético que contiene un material ferromagnético; es una propiedad del material denominada *histéresis.**

Puede observarse, entonces, que la forma de la curva de magnetización (E_g en función de I_f) no es distinta de la forma de la curva de saturación (*B* en función de *H*) obtenida para cualquier material ferromagnético. En la práctica, si la máquina no fuese rotatoria y se realizasen medidas del flujo del entrehierro en función de la fuerza magnetizante, la curva *B-H* sería idéntica a la indicada en la figura 3-5. Ya que $E_g = K\phi S$, la rotación de los conductores del inducido a velocidad constante produce una tensión directamente proporcional al flujo del entrehierro (en cada instante) y *no* necesariamente proporcional a la corriente de excitación.

Al obtener la curva de magnetización de un generador en el laboratorio, por consiguiente, debe tenerse cuidado de aumentar la corriente de excitación hasta el máximo y disminuir la corriente de excitación hasta un mínimo, desplazando en un sentido *únicamente* cuando se toman las medidas. Si no se hace así, se originan pequeños ciclos de histéresis, que proporcionan resultados erróneos. Además, se debe tener cuidado en mantener la velocidad absolutamente *constante* ya que la ecuación (3-8) se estableció en el supuesto de que la velocidad es, de hecho, constante. La curva de magnetización de la figura 3-5b es una representación gráfica de esta ecuación. Si la velocidad se registra en el mismo instante que se toman las lecturas de la corriente de excitación y de la tensión, entonces es fácil el *corregir las variaciones* de velocidad que puedan presentarse, como se indica en los ejemplos 3-3 y 3-4, utilizando el método de *proporcionalidad.*

EJEMPLO 3-3: Suponiendo constante la excitación, calcular la tensión en vacío de un generador con excitación independiente cuya tensión en el inducido es 150 V a una velocidad de 1800 rpm, cuando

a. La velocidad aumenta hasta 2000 rpm.
b. La velocidad disminuye hasta 1600 rpm.

* Véase la ecuación (12-3), apartado 12-2, de este libro; asimismo, para información adicional al respecto, véase H. W. Jackson, *Introduction to Electric Circuits,* 3.ª ed., Englewood Cliffs, N. J.; Prentice Hall, Inc., 1970, apartado 8-16.

Solución: Según la ecuación 3-7, $E_g = K''S$ a excitación constante, y por consiguiente

$$\frac{E_{\text{final}}}{E_{\text{orig}}} = \frac{S_{\text{final}}}{S_{\text{orig}}}$$

a. $E_{\text{final}} = (E_{\text{orig}})\dfrac{S_{\text{final}}}{S_{\text{orig}}} = (150\text{ V})\dfrac{2000}{1800} = \mathbf{166{,}7\ V}$

b. $E_{\text{final}} = (150\text{ V})\dfrac{1600}{1800} = \mathbf{133{,}3\ V}$

EJEMPLO 3-4: Al obtener la curva de magnetización a velocidad constante de 1200 rpm, se registran los siguientes valores de tensión cuando la velocidad varía simultáneamente desde 1200 rpm

a. 64,3 V a 1205 rpm.
b. 82,9 V a 1194 rpm.
c. 162,3 V a 1202 rpm.

¿Qué correcciones deben realizarse en los datos antes de trazar la curva?

Solución:

a. $E_1 = (64{,}3\text{ V})\dfrac{1200}{1205} = \mathbf{64{,}0\ V\ a\ 1200\ rpm}$

b. $E_2 = (82{,}9\text{ V})\dfrac{1200}{1194} = \mathbf{83{,}3\ V\ a\ 1200\ rpm}$

c. $E_3 = (162{,}3\text{ V})\dfrac{1200}{1202} = \mathbf{162{,}0\ V\ a\ 1200\ rpm}$

3-8. Líneas de resistencia de excitación del generador autoexcitado. En el generador con excitación independiente indicado en la figura 3-5a, el circuito de campo se excitó independientemente de la tensión existente en bornes del inducido. Por lo tanto, la corriente en el circuito de excitación, I_f, era independiente de la tensión generada, E_g, si bien el caso inverso *no* es cierto. Sin embargo, cuando el circuito de excitación (que consta del devanado de excitación y el reóstato de campo) se conecta en bornes del inducido, como se indica en la figura 3-6, la corriente de excitación, I_f, ya no es independiente de la tensión generada. Para la conexión de la figura 3-6, la corriente de excitación que aparece en la ecuación (3-1) depende de la relación V_f/R_f, en la que V_f es igual a la tensión existente en bornes del inducido, V_a. La corriente de excitación en cualquier instante, por consiguiente, es función de *dos* variables: (1) la tensión en el inducido, que varía con la fmm del entrehierro, y (2) la resistencia de excitación que varía con el ajuste del reóstato de campo indicado en la figura 3-6. A fin de expresar la corriente de excitación y del inducido que puede circular en cualquier instante en el circuito de la figura 3-6, es necesario representar gráficamente *una familia de líneas de*

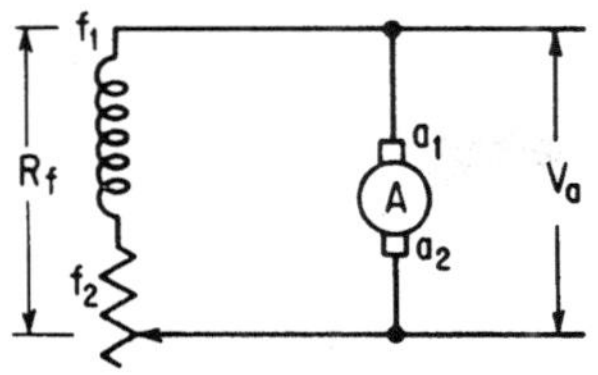

Figura 3-6. Generador derivación autoexcitado.

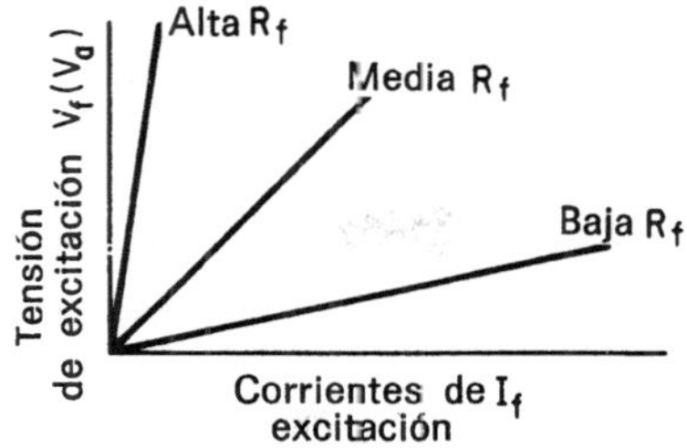

Figura 3-7. Líneas de resistencia de la excitación.

resistencia de excitación. Si se supone a la resistencia de excitación como lineal y constante, puede trazarse una familia determinada de resistencias de excitación como se indica en la figura 3-7. Por lo tanto, de acuerdo con la ley de Ohm, una resistencia de excitación elevada, o sea con una gran pendiente, producirá una pequeña corriente de excitación para un valor muy grande de la tensión de excitación, como se indica en la figura 3-7. Inversamente, como se indica en la figura,

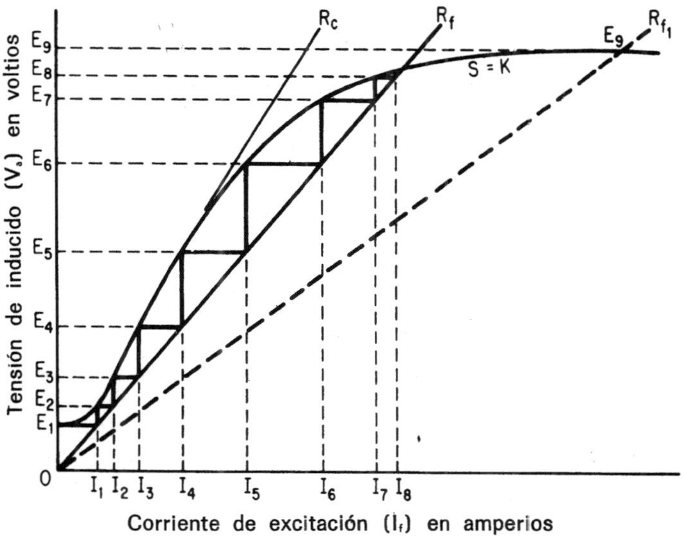

Figura 3-8. Producción de la excitación de un generador derivación autoexcitado.

una resistencia de excitación reducida(o sea una con poca pendiente) producirá una corriente de excitación muy grande para una tensión de excitación muy reducida. La pendiente de la línea de la resistencia de excitación es, por consiguiente, una indicación de la resistencia de excitación V_f/I_f.

Puesto que el generador de la figura 3-6 está suministrando corriente relativamente pequeña (en proporción a su corriente nominal a plena carga) para alimentar su propio circuito de excitación, puede suponerse (por el momento) que la caída interna I_aR_a es despreciable y que las ordenadas de las figuras 3-5b y 3-7 son las mismas, o sea $V_a=E_g$. Ahora es posible representar tanto las líneas de resistencia de excitación como la curva de magnetización de la máquina sobre ejes comunes. En la figura 3-8 puede verse una representación como ésta.

3-9. Producción de la autoexcitación en un generador shunt. La curva de magnetización de la máquina para el generador con excitación independiente de la figura 3-5 y una línea de resistencia de excitación shunt concreta, R_f, aparece en la figura 3-8, para el mismo generador conectado como generador shunt autoexcitado, indicado primitivamente en la figura 3-6. Como se indica en las figuras 3-6 y 3-8, ya que el circuito de la excitación está conectado directamente en bornes del inducido, la ordenada de la línea de resistencia de excitación, R_f, es la tensión en bornes del generador V_a. La forma en que un generador autoexcitado llega a producir su propia excitación y a desarrollar una tensión de c.c. en bornes de su inducido se describe en los siguientes puntos que hacen referencia a la figura 3-8:

1. Suponer que el generador arranca del reposo, o sea, la velocidad de la máquina motriz es nula. A pesar del magnetismo residual, la fem generada, E_g es 0.
2. Cuando la máquina motriz hace girar el inducido del generador y la velocidad se aproxima a su valor nominal, la tensión debida al magnetismo residual y a la velocidad ($E=K\phi S$) aumenta.
3. A la velocidad nominal, la tensión en bornes del inducido debida al magnetismo residual, es pequeña, E_1, como se indica en la figura. Pero esta tensión también se aplica al circuito de excitación cuya resistencia es R_f. Por lo tanto, la corriente que circula en el circuito de excitación, I_1, también es pequeña.
4. Cuando I_1 circula en el circuito de excitación del generador de la figura 3-6, tiene lugar un aumento de la fmm (debido a I_fN_f) que ayuda al magnetismo residual a aumentar la tensión inducida hasta E_2, como se indica en la figura 3-8.
5. La tensión E_2 se aplica ahora a la excitación provocando que por el circuito de excitación circule una corriente mayor I_2. I_2N_f es una fmm mayor que produce una tensión generada E_3.
6. E_3 establece a I_3 en el circuito de excitación produciendo E_4. Pero E_4 provoca la circulación de I_4 en la excitación produciendo E_5 y así sucesivamente hasta E_8, el valor máximo.
7. El proceso continúa hasta el punto en que la línea de resistencia de excitación corta a la curva de magnetización en la figura 3-8. En este momento cesa el proceso. La tensión inducida producida cuando se aplica al circuito de excitación produce una circulación de corriente que a su vez produce una tensión inducida de la misma magnitud, E_8, como se indica en la figura.

3-10. Resistencia de excitación crítica. En la descripción anterior de la producción de la autoexcitación en un generador shunt, indicado en la figura 3-8, se empleaba un valor concreto de la resistencia de la excitación, R_f. Si la resistencia de la excitación se redujese mediante el ajuste del reóstato de campo de la figura 3-6 hasta un valor menor, digamos R_{f1}, indicado en la figura 3-8, el proceso de autoexcitación tendría lugar a lo largo de la línea de resistencia de excitación R_{f1}, y establecería un valor ligeramente superior que E_8, o sea, el punto en que R_{f1} corta a la curva de magnetización, E_9. Ya que la curva está extremadamente saturada en las proximidades de E_9, la reducción de la resistencia de excitación (a su valor límite correspondiente a la resistencia del devanado de excitación) no aumentará la tensión apreciablemente. Inversamente, al aumentar la resistencia del reóstato de campo y la resistencia del circuito de excitación (hasta un valor que tenga una pendiente mayor que R_f en la figura) se provocará una reducción del valor máximo para el que pueda tener lugar la autoexcitación.

La resistencia del reóstato de campo puede aumentarse hasta que el circuito de excitación alcance el valor de resistencia de excitación crítica. Las resistencias del circuito de excitación superiores al valor de la resistencia de excitación crítica no producirán autoexcitación. La resistencia crítica del circuito de excitación, R_c, se indica como la tangente a la curva de saturación que pasa por el origen, *O*, de los ejes de la curva de la figura 3-8. Por lo tanto, una resistencia del circuito de excitación superior a R_c producirá una tensión en el inducido igual a E_1 aproximadamente y no aumentará.

3-11. Razones por las que un generador shunt autoexcitado puede no desarrollar tensión. Existen 4 razones específicas (eléctricas) por las que un generador shunt autoexcitado en vacío puede no desarrollar tensión. Éstas son:

1. Falta de magnetismo residual (o insuficiente). Ya que el proceso de autoexcitación descrito en el apartado 3-9 exige cierto magnetismo residual para su iniciación, es evidente que un valor muy pequeño o una completa ausencia de magnetismo residual lo impediría. El magnetismo residual puede perderse como resultado de condiciones que tenderían a desmagnetizar los polos de excitación: traqueteo mecánico durante el transporte, vibración excesiva, calor extremado, corriente alterna conectada inadvertidamente en bornes del devanado de excitación, inactividad durante largos períodos, etc., etc. Este fallo puede remediarse magnetizando los polos, o sea, aplicando corriente continua al devanado de campo altamente inductivo (véase la ecuación 2-2 y la discusión que la sigue) y entonces eliminarla, lo cual produce una chispa inductiva. El magnetismo residual puede entonces recuperarse y el generador autoexcitado puede desarrollar tensión.

2. Conexiones del circuito de excitación invertidas con respecto al circuito del inducido. En el apartado 3-9, punto 4, se estableció que la corriente que circula en el circuito de excitación debe producir una fmm que ayude al magnetismo residual, o sea, el flujo producido por la bobina de excitación debe tener la misma polaridad magnética que la fmm residual. Si las conexiones de la excitación se invierten con respecto al inducido, el flujo de excitación resultante tenderá a reducir o disminuir el flujo residual, disminuyendo por lo tanto el flujo neto y la fem generada, E_g, cuando se cierra el circuito de excitación. Un ensayo sencillo para esta condición es abrir el circuito de excitación del generador en marcha y observar el voltímetro en bornes del inducido. Si la tensión en bornes del inducido *aumenta* cuando el circuito de excitación se abre, entonces las conexiones del circuito de excitación están *invertidas* con respecto al inducido. Este defecto puede remediarse simplemente invirtiendo f_1-f_2 con respecto a a_1-a_2 como se indica en la figura 3-6. Debe notarse, además, que invirtiendo el sentido de rotación de la máquina motriz, cuando sea posible, se conseguirá el mismo resultado, ya que con ello se invierte la polaridad del inducido. Una posible y realmente idéntica causa de fallo es el uso de un sentido de rotación incorrecto que produce conexiones del inducido invertidas con respecto a la excitación.*

3. **Resistencia del circuito de excitación mayor que la resistencia de excitación crítica.** Un corte en los devanados del circuito de excitación, del reóstato o de las conexiones darán lugar a una resistencia mayor que la resistencia de excitación crítica. Esto impedirá que se produzca la autoexcitación en la forma descrita en el apartado 3-10. Este defecto puede comprobarse mediante un óhmetro o un voltímetro conectado en serie a una fuente de c.c.

4. **Corte o resistencia elevada en el circuito del inducido.** Un corte en el circuito del inducido, un colector sucio, una escobilla floja o la falta de escobillas tenderá a actuar de la misma forma que una resistencia elevada en el circuito de excitación, debido a que reducen la corriente de excitación y tienden a impedir una tensión superior a la correspondiente al magnetismo residual. La resistencia de conexiones a_1-a_2 al inducido también puede comprobarse mediante un óhmetro (para una resistencia comparativamente baja). Una resistencia del circuito del inducido elevada indica un corte en el circuito del inducido.

3-12. Efecto de la carga en impedir la autoexcitación de un generador shunt.

Puesto que la carga es una resistencia que en general es baja en comparación con

* La inversión de sentido de la máquina motriz es poco recomendable como medio para eliminar la falta de autoexcitación. La mayoría de máquinas motrices mecánicas, como las máquinas de vapor y las turbinas, se proyectan para funcionr tan sólo en un sentido. Un motor de c.c. se proyecta análogamente, ya que sus escobillas están dispuestas en un sentido particular. (Sólo los motores de inducción y síncronos, cuando se utilizan como máquina motriz, pueden invertirse sin daño.)

Análogamente, como causa de fallo de la autoexcitación, también se descarta una velocidad excesivamente baja. Se supone que la máquina motriz está girando a la velocidad apropiada en el sentido adecuado.

Hasta ahora sólo se han expuesto razones eléctricas. De no ser así, podría proponerse como causa del fallo en la autoexcitación, el hecho de que el generador no girase en absoluto.

la de la excitación shunt de un generador derivación, debe recordarse que si una carga demasiado grande se conecta en bornes de un generador shunt y la máquina motriz lo acciona hasta alcanzar la velocidad nominal, el generador puede no llegar a desarrollar tensión.* En este caso, la razón es que la mayor parte de la corriente del inducido es derivada hacia la carga en lugar de hacia la excitación y se dispone de una pequeña corriente de excitación adicional para producir la fmm adicional requerida para iniciar el proceso de autoexcitación. Por lo tanto, a fin de conseguir la autoexcitación, es necesario que el generador shunt no esté conectado a la carga hasta que su tensión alcance su valor nominal mediante el proceso de autoexcitación descrito.

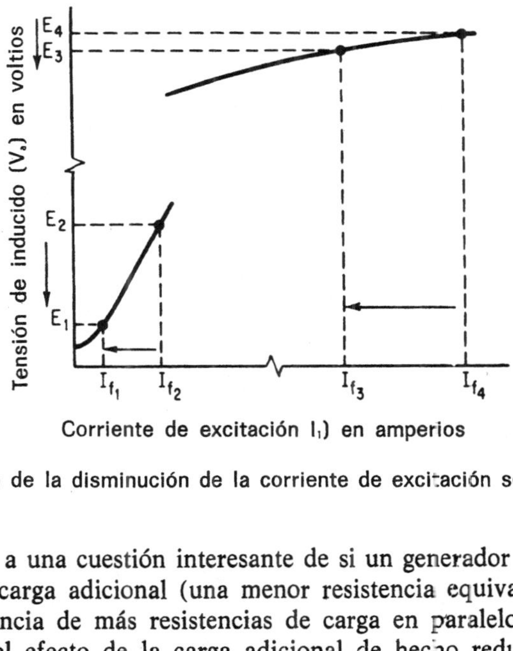

Figura 3-9. Efecto de la disminución de la corriente de excitación sobre la tensión de inducido.

Esto conduce a una cuestión interesante de si un generador puede desexcitarse al aplicar una carga adicional (una menor resistencia equivalente de la carga debido a la existencia de más resistencias de carga en paralelo). Se indicará en esta sección que el efecto de la carga adicional de hecho reduce la tensión del inducido y, en consecuencia, la corriente de excitación. El estudiante podría estar tentado de razonar, por consiguiente, que si la aplicación de la carga reduce la tensión del inducido, la reducción en la corriente de excitación debería a su vez reducir la tensión del inducido, que a su vez debe reducir la corriente de excitación aún más y así sucesivamente hasta que la máquina regrese a su tensión resi-

* Esta situación no se incluye ordinariamente entre las causas de fallo en la autoexcitación debido a que se supone que el generador no está sometido a carga durante el proceso de autoexcitación. En efecto, una carga elevada (baja resistencia) representa un cortocircuito en bornes del inducido.

dual. En la figura 3-9 se muestra la parte saturada de la curva de magnetización con más detalle. Nótese que en la parte saturada de la curva, la corriente de excitación puede reducirse de I_{f4} a I_{f3} (una reducción notable) con únicamente una pequeña variación de la tensión del inducido de E_4 hasta E_3.

Sin embargo, en la parte no saturada de la curva de magnetización, una reducción menor de la corriente de excitación de I_{f2} a I_{f1} producirá una gran disminución en la tensión del inducido de E_2 a E_1. Queda, pues, claro que, en lo que concierne a la carga, el generador shunt debe hacerse funcionar en la parte saturada de su curva de magnetización. Si se hace funcionar por debajo del codo de la curva de magnetización (en la parte lineal o no saturada), puede *desexcitarse* con la aplicación de carga, como se indica en la figura 3-10.

3-13. Características carga-tensión de un generador shunt. En un apartado anterior se estableció que el efecto de la aplicación de carga en bornes del inducido es el de reducir la tensión generada y la del inducido. Existen 3 razones para esta caída de tensión: (1) Una caída de tensión interna en el inducido producida por la resistencia del circuito de inducido, R_a, (2) el efecto de la reacción de inducido sobre el flujo en el entrehierro, y (3) la reducción en la corriente de excitación provocada por los dos factores precedentes. Pasemos a considerar cada uno de estos factores por separado.

1. Caída de tensión en el circuito del inducido. Las diversas componentes resistivas del circuito del inducido se describieron en el apartado 3-3 y se indicaron en la figura 3-1a. El circuito del inducido equivalente indicado en la figura 3-1b verificaba la ecuación que representa la tensión en bornes del inducido

$$V_a = E_g - I_a R_a \tag{1-10}$$

Para un generador con excitación independiente, indicado en la figura 3-5, que no suministra corriente de carga, I_a es nula y V_a es igual a E_g. Para un generador shunt autoexcitado en carga, indicado en la figura 3-1b, al aumentar la corriente de carga I_l, la corriente del inducido I_a también aumenta [ecuación (3-1)] al igual que la caída de tensión en el circuito del inducido, $I_a R_a$, en la ecuación (1-10). Por lo tanto, la tensión en bornes del inducido del generador shunt, V_a, *disminuye al aplicar la carga,* como se indica en la figura 3-10a.

2. Reacción de inducido. Los conductores individuales del inducido por los que circula corriente suministran una corriente de carga en el mismo sentido que la tensión inducida (apartado 3-1). Ya que estos conductores están colocados en un inducido de hierro, se produce una fmm de inducido proporcional a la corriente de carga. Se verá (capítulo 5) que el efecto de este flujo del inducido es el de distorsionar y reducir el flujo en el entrehierro producido por la excitación. La reducción en el flujo de excitación mutuo, ϕ_m, reduce las tensiones generadas y en bornes del

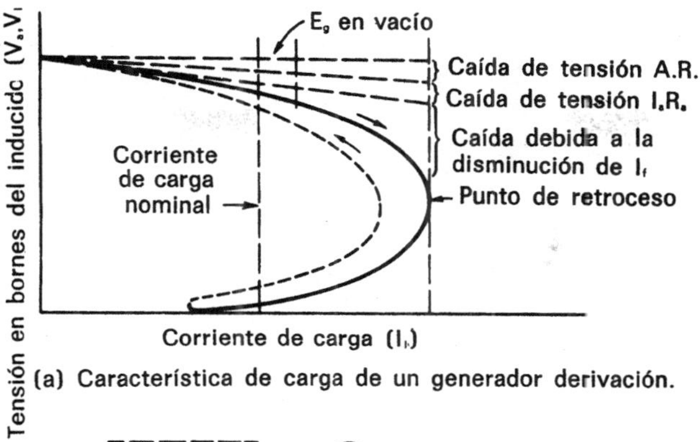

(a) Característica de carga de un generador derivación.

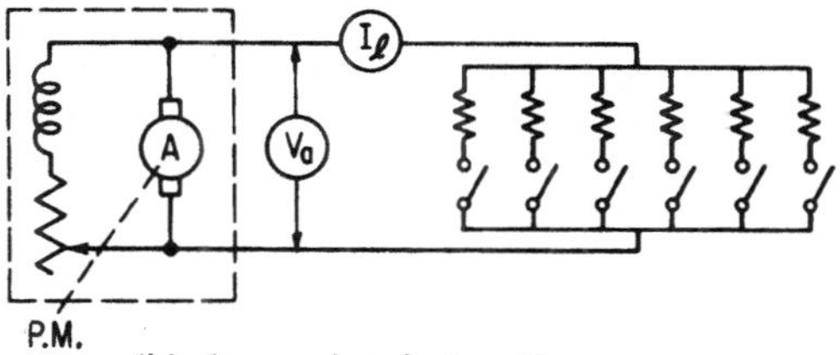

(b) Generador derivación en carga.

Figura 3-10. Característica externa carga-tensión de un generador derivación.

inducido, F_g y V_a respectivamente. Por lo tanto, al aumentar la corriente del inducido I_a, el efecto de la reacción de inducido es una reducción progresiva de ϕ_m, E_g y V_a como se indica en la figura 3-10a.

3. Reducción de la corriente de excitación. La tensión en bornes V_a disminuye en función de la corriente de carga como resultado de (1) la reacción de inducido y (2) la caída de tensión en el circuito interno del inducido. Esta disminución de V_a determina una disminución en la corriente de excitación y en consecuencia en el flujo producido por los polos de excitación. La disminución de la excitación ($I_f N_f$) da lugar a una disminución en el flujo en el entrehierro y en los valores de E_g y V_a. Si la corriente de excitación del generador y la velocidad son tales que los polos de excitación no están saturados, la máquina se desexcitará rápidamente (véase la figura 3-10a). Nótese que esta causa de caída de tensión no tiene lugar en un generador de c.c. con excitación independiente, y por esta razón, el mismo generador que funcione con excitación independiente siempre presenta una mejor regulación.

En la figura 3-10 puede verse el efecto de cada uno de los tres factores anteriores, y en ella se muestra la característica carga-tensión (externa) de un generador shunt. Para el circuito de la figura 3-10b, las lecturas de la tensión en bornes del inducido (y de la carga), V_a, se representan en función de la corriente de carga, I_l. La tensión, V_a, es igual, en vacío, que E_g (despreciando I_aR_a y la caída de tensión por reacción de inducido producidas por la corriente de excitación). Se indican también los efectos de la reacción de inducido (en la reducción del flujo mutuo en el entrehierro), la caída de tensión en el circuito del inducido y la disminución en la corriente de excitación con aumentos progresivos en la carga. Nótese que tanto la reacción de inducido como la caída I_aR_a se indican mediante líneas rectas discontinuas que representan teóricamente que la tensión lineal disminuye de forma directamente proporcional al aumento en la corriente de carga. La caída debida a la menor corriente de excitación es una línea curva ya que depende del grado de saturación existente en la excitación a aquel valor de la carga.

En general, la característica externa tensión-carga disminuye con la aplicación de la carga sólo ligeramente hasta su carga nominal (corriente). Por lo tanto, el generador shunt se considera que posee una tensión de salida prácticamente constante con la aplicación de la carga y, en la práctica, raramente funciona continuamente durante un tiempo apreciable con valores de la corriente superiores a la corriente nominal de carga. Como se indica en la figura 3-10a, la aplicación adicional de carga determina que el generador alcance un punto límite más allá del cual una carga adicional determina la desexcitación ya que funciona sobre la parte no saturada de su curva de magnetización (apartado 3-12, figura 3-9). Este proceso de desexcitación continúa hasta que la tensión en bornes es nula, en cuyo punto la corriente de carga es de magnitud tal que la caída de tensión interna en el circuito del inducido es igual a la fem generada sobre la parte no saturada o lineal de su curva de magnetización. Esto se ilustra en el siguiente ejemplo:

EJEMPLO 3-5: Un generador de c.c. de 125 V que tiene una resistencia del inducido de 0,15 ohm, se carga progresivamente hasta que la tensión en bornes de la carga es nula. Si la corriente de carga es 96 A, y la corriente de excitación 4 A, ¿cuál es la tensión generada en el inducido?

Solución:

$$I_a = I_f + I_l = 4 + 96 = \mathbf{100\ A} \qquad (3\text{-}1)$$

$$E_g = V_a + I_aR_a = 0 + (100 \times 0{,}15) = \mathbf{15\ V} \qquad (3\text{-}10)$$

El ejemplo anterior sirve para indicar el posible alcance de la desexcitación. También sirve para indicar que la fem generada en vacío *no* es la misma que la fem generada a cualquier carga determinada, ya que el generador no funciona sobre la misma parte de la curva de magnetización, *debido principalmente a la desexcitación del generador.*

Finalmente debe notarse que si se reduce la carga exterior (un aumento de la resistencia de carga externa), el generador tenderá a autoexcitarse gradualmente a lo largo de la línea discontinua indicada en la figura 3-10a. Nótese que para cualquier valor de la corriente de carga, la tensión en bornes o tensión del inducido es menor (cuando la tensión aumenta) comparada con las líneas continuas que proporcionan una tensión mayor (cuando la tensión disminuye). Esta diferencia es debida a la histéresis (apartado 3-7) y concuerda con la figura 3-5b en la que los valores *crecientes* de la tensión *son menores* que los valores decrecientes de la tensión para una *determinada excitación constante.*

3-14. Efecto de la velocidad sobre las características en vacío y en carga de un generador shunt. La discusión anterior se basa en la suposición de que la velocidad de la máquina motriz es constante con la aplicación de la carga. Pero ya que (apartado 3-1) el par electromagnético (desarrollado en los conductores del generador por los que circula corriente) se opone a la rotación (ley de Lenz), esta oposición presenta la tendencia a disminuir la velocidad de la máquina motriz con la aplicación de la carga.* ¿Qué efecto produce una variación de velocidad sobre la característica de carga de un generador shunt?

La ecuación (3-7) establece que la tensión generada, E_g, de un generador determinado es proporcional tanto al flujo como a la velocidad ($E_g = K\phi S$). Para un flujo mutuo en el entrehierro constante determinado, un aumento de la velocidad producirá un aumento de tensión y una velocidad infinita producirá una tensión infinita. Desafortunadamente, no se dispone de ningún sistema de mantener constante el flujo en el entrehierro (excepto en el caso de emplear un campo magnético permanente, en cuyo caso $E_g = K'S$, que es el principio del generador tacométrico), pero se *puede* mantener una corriente de excitación constante. El efecto de la corriente de excitación constante sobre la saturación aparece en la figura 3-11a para dos valores distintos de la velocidad, S_1 y S_2. Para la misma intensidad de excitación I_{f1}, la velocidad mayor produce menor saturación, ya que la pendiente en el punto 2 es más vertical que la pendiente en el punto 1. Pero cuanto menos saturado esté un generador shunt determinado, más rápidamente se desexcitará (apartado 3-12). Por lo tanto se puede esperar que una máquina de velocidad mayor se desexcite más rápidamente y presente una característica de carga más decreciente que una máquina más lenta. El efecto se comprueba e incluso más pronunciado en la figura 3-11b en la que, en vez de mantener la corriente de excitación a un valor constante, se comparan las dos velocidades de la máquina a la misma tensión nominal. A la velocidad menor S_1, se requiere una corriente de excitación mayor (I_{f2}) para producir la tensión nominal que a una

* La discusión de motores primarios tales como motores de gasolina, diesel y a vapor y turbinas hidráulicas o de vapor, está fuera del alcance de este libro. En general, en tanto que se supone que éstos están equipados con dispositivos de regulación de velocidad que mantienen una velocidad constante al aplicar una carga creciente, la posibilidad de una disminución de la velocidad de la máquina motriz debida a la carga es *inherente* a la naturaleza de cualquier máquina motriz decreciente con la carga. Se señalará (capítulo 7) que esta característica decreciente con la carga es, de hecho, esencial al funcionamiento en paralelo de generadores compound a los efectos de la estabilidad.

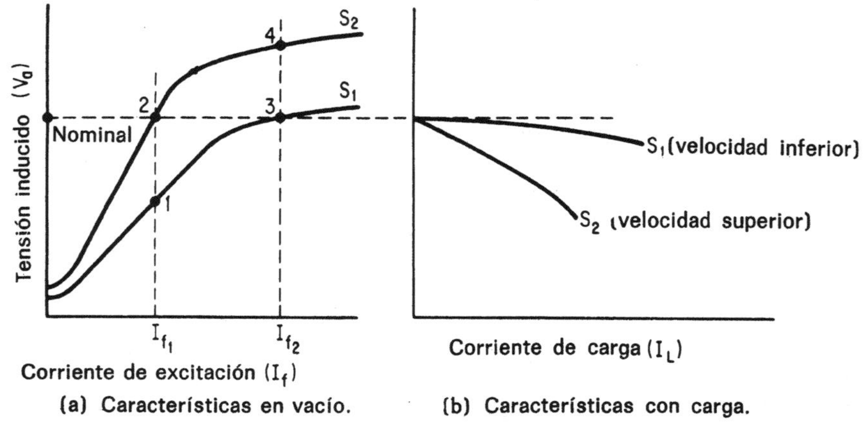

Figura 3-11. Efecto de la velocidad sobre la saturación y la tensión de un generador derivación.

velocidad mayor, S_2, requiere una intensidad de excitación I_{f1}. Por lo tanto, a velocidad inferior, se está trabajando sobre la parte más saturada (punto 3) de la curva de magnetización, en tanto que a velocidad mayor se está trabajando sobre la parte menos saturada (es el punto 2) de la curva de magnetzación. A la tensión nominal, por consiguiente, como se indica en la figura 3-11b, la velocidad menor producirá la característica tensión-carga más satisfactoria.

Si la velocidad de la máquina motriz *disminuye*, por consiguiente, tenderá a *mejorar* la regulación de tensión del generador shunt. Si además, debido a la disminución de velocidad y la reducción de la tensión en bornes, se restablece la tensión a su valor original aumentando la corriente de excitación, la regulación de tensión se mejora aún más como resultado del *aumento de saturación* de la excitación.

3-15. Regulación de tensión de un generador. En el último párrafo anterior, el término «regulación de tensión» se utiliza para indicar el grado de variación en la tensión en el inducido producida por la aplicación de la carga. Si el cambio desde vacío a plena carga es pequeño, el generador o dispositivo suministrador de tensión se dice que posee una buena regulación de tensión. Si la tensión varía apreciablemente con la carga, se considera que tiene una pobre regulación de tensión.

La *regulación de tensión* se define como la variación de la tensión desde vacío a plena carga, expresada en tanto por ciento de la tensión nominal en bornes (tensión del inducido a plena carga) o

$$\text{VR (regulación de tensión en tanto por ciento)} = \frac{V_{nl} - V_{fl}}{V_{fl}} \times 100 \qquad (3\text{-}9)$$

en la que V_{fl} es la tensión en bornes (nominal) a plena carga y V_{nl} es la tensión en bornes en vacío.

EJEMPLO 3-6: La tensión en vacío de un generador shunt es 135 V y la tensión a plena carga es 125 V. Calcular la regulación de tensión en tanto por ciento, VR.

Solución:

$$\text{VR (regulación de tensión)} = \frac{V_{nl} - V_{fl}}{V_{fl}} \times 100 \qquad (3\text{-}9)$$

$$= \frac{135 - 125}{125} \times 100 = \mathbf{8\ \%}$$

EJEMPLO 3-7: La regulación de tensión en % en un generador shunt de 250 voltios es del 10,5 %. Calcular la tensión en vacío del generador.

Solución:

$$V_{nl} = V_{fl} + (V_{fl} \times \text{VR}) = V_{fl}(1 + \text{VR}) \qquad (3\text{-}9)$$

$$= 250(1 + 0{,}105) = \mathbf{276{,}3\ V}$$

La ecuación 3-9 sirve para indicar que un generador «ideal» mantendría la misma tensión desde vacío hasta plena carga, y ya que la variación de tensión es 0, poseería una regulación del 0 %. El generador con la menor o mínima variación en la tensión en bornes tiene la menor regulación en % y por lo tanto está más próximo al generador ideal como fuente de fem constante, independiente de la carga. Si se añaden o quitan cargas adicionales, un generador ideal continuaría suministrando la misma tensión en bornes de la carga. Un examen de la curva de la figura 3-10a indica que el generador shunt presenta la tendencia a disminuir su tensión al aumentar la carga. Si la carga está situada en las proximidades del generador, la caída de tensión puede compensarse mediante reguladores automáticos de tensión que reduzcan la resistencia de excitación (aumentando la corriente de excitación) y restablezcan la tensión a su valor en vacío.

Si la carga está situada lejos del generador, sin embargo, el problema de mantener la tensión constante en la carga se agrava debido a la caída de tensión en las líneas de transmisión. La caída de tensión de línea varía en proporción directa a la corriente de carga absorbida del generador, al igual que cada una de las 3 causas de caída de tensión descritas en el apartado 3-13 y que pueden verse en la figura 3-10a. Debido a la posible gran distancia entre el generador y la carga, llega a ser impracticable reflejar (realimentar) las variaciones en la tensión de carga mediante cableado hasta un regulador de tensión situado en el generador shunt. Más aún, ya que todas las causas de caída de tensión, así como de caída de tensión en la línea de transmisión varían con la carga, es mejor utilizar algún tipo de generador cuya *magnetización se controle* o esté afectada en parte, por una *variación en la carga*. Tanto el generador serie como el compound poseen esta característica.

3-16. Generador serie. En la figura 3-2a puede verse el diagrama esquemático completo de un generador serie y en la figura 3-2b el circuito equivalente. El generador serie en vacío (o sea, sin conexión a la carga) es *incapaz* de autoexcitarse. Por lo tanto, cuando la corriente de carga es 0, las tensiones generadas y en bornes del inducido, E_g y V_a son idénticas y las dos son debidas al flujo magnético residual, indicado como E_1 en la figura 3-12. Si entre los terminales del

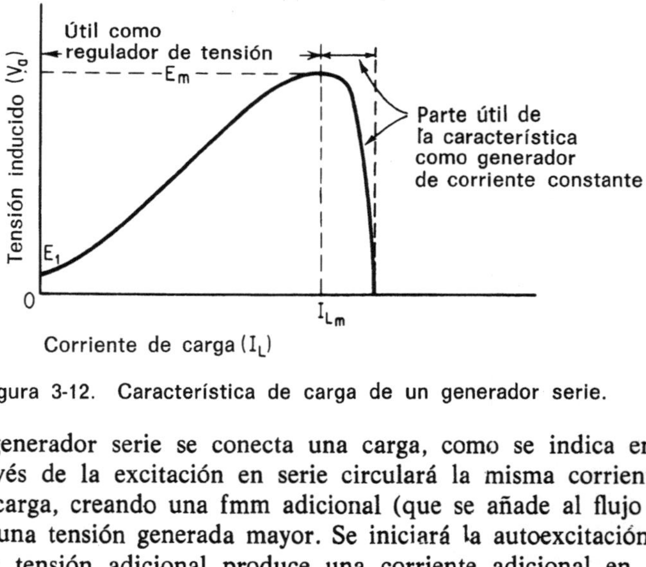

Figura 3-12. Característica de carga de un generador serie.

inducido del generador serie se conecta una carga, como se indica en la figura 3-2b, a través de la excitación en serie circulará la misma corriente por el inducido y la carga, creando una fmm adicional (que se añade al flujo residual) para producir una tensión generada mayor. Se iniciará la autoexcitación automática ya que la tensión adicional produce una corriente adicional en la carga; ésta a su vez, produce una fmm en la excitación serie adicional (I_sN_s). Pero la acción del generador serie es algo más completa que la del generador shunt. Existen ahora *dos* caídas de tensión que limitan la tensión, V_l, en bornes de la carga [véase la ecuación (3-4)], con lo que la ecuación (3-4) puede escribirse de nuevo en la forma

$$V_l = E_g - (I_sR_s + I_aR_a) \tag{3-4a}$$

Además de estas caídas de tensión, la tensión generada E_g también se reduce debido a los efectos de la reacción de inducido de modo que la tensión en bornes de la carga, V_l (que produce la corriente I_s) representa una *resultante* de dos fuerzas: (1) los factores que tienden a *reducir* la tensión, V_l, y (2) la corriente I_s que tiende a *aumentar* la tensión generada E_g. Como resultado, para una velocidad de la máquina motriz determinada se produce una tensión máxima E_m, como se indica en la figura 3-12, que representa aquel punto crítico en el que cesa la autoexcitación y automáticamente no se produce corriente adicional. A este valor de la corriente de carga, I_{Lm}, las caídas de tensión del inducido y de la excitación serie, así como la caída debida a la reacción de inducido, equilibran exactamente el aumento de fmm que se produce en la excitación serie; con ello la tensión en bornes V_l permanece constante.

La parte útil de la característica del generador serie como generador de *corriente constante* aparece en la figura 3-12, en la que la aplicación de carga adicional más allá del punto de la tensión crítica máxima produce una *caída brusca* en la tensión de carga. La disminución brusca de la tensión de carga se debe a los factores combinados del aumento de la reacción de inducido y el aumento de las caídas de tensión de la ecuación (3-4) que ahora reduce la tensión de carga a una velocidad mayor que aquélla, con la que la tensión generada, E_g, es incrementada por la corriente de carga. Esta característica bruscamente *decreciente* es adecuada para *generadores de soldadura* (en los que la corriente debe mantenerse relativamente constante para producir el mismo efecto calorífico, I^2R, dentro del amplio margen de caídas de tensión producido por el arco eléctrico). La parte *creciente* de la curva de magnetización, por otro lado, es adecuada para *reguladores de tensión* (boosters) en redes de c.c. de ferrocarriles o tranvías puestas a tierra para reducir la acción electrolítica entre los raíles de retorno a tierra y el conducto u otras estructuras subterráneas. También se ha utilizado extensamente en Europa para la regulación serie de líneas de transporte de c.c. de alta tensión con la finalidad de compensar la caída de tensión en la línea de transporte, como en el sistema Thury. La parte creciente o lineal de la característica del generador serie también se utiliza en una excitatriz de campos múltiples conocida como rototrol (apartado 11-17).

3-17. Generador compound. La regulación de tensión del generador serie es evidentemente muy deficiente como se desprende del examen de la característica combinada carga y magnetización que aparece en la figura 3-12. Pero la capacidad de la excitación serie para producir una magnetización adicional útil en respuesta al aumento en la carga no puede despreciarse. Esta característica útil de la excitación serie combinada con la relativamente constante característica de tensión del generador shunt conduce al generador compound cuya constitución y circuitos se describe en el apartado 3-5 y se indica en la figura 3-3. Las relaciones de corriente para la conexión en derivación larga vienen dadas por la ecuación (3-5) y para la conexión en derivación corta en la ecuación (3-6). Un examen de las figuras 3-3b y c pone de manifiesto que independientemente del método de conexión, la tensión en bornes V_l del generador compound en derivación larga o derivación corta es la misma que la que establece la ecuación (3-4a) (apartado 3-16) para un generador *serie* (!), que es

$$V_l = E_g - (I_s R_s + I_a R_a) \tag{3-4a}$$

La tensión generada, E_g, de un generador compound es el resultado de la combinación de las fmm producidas por los amperios vuelta serie ($I_s N_s$) y en shunt ($I_f N_f$) debidos a la corriente que circula en sus devanados de excitación. En un generador compound, la *excitación shunt predomina* y es con mucho la más intensa de las dos. Cuando la fmm de la excitación serie se *suma* a la fmm de la excitación shunt, se dice que el generador está *aditivamente* compoundado. Cuando la fmm de la excitación serie se *opone* a la fmm de la excitación shunt, se dice que el generador es compound *diferencial* o anticompound.

3-18. Características del generador compound aditivo. Existen tres tipos de características de carga posibles para el generador compound aditivo (tanto en derivación larga como en derivación corta) según la fmm relativa adicional producida por la excitación serie. Estos tipos se denominan (1) sobrecompound o hipercompound, (2) compound normal, y (3) hipocompound.

Un generador compound cuya tensión en bornes *aumenta* al aplicar la carga de modo que su tensión a plena carga es mayor que su tensión en vacío (regulación negativa) se denomina *generador hipercompound;* véase la figura 3-13.

Un *generador compound normal* tiene una característica tensión-carga en la que las tensiones en vacío y a plena carga son iguales (regulación del 0 %); véase también la figura 3-13.

Un *generador hipocompound* presenta una característica tensión-carga en la que la tensión a plena carga es ligeramente inferior a la tensión en vacío, pero cuyos amperios vuelta de la excitación hacen que su característica tenga una regulación mejor que la de un generador shunt equivalente: véase la figura 3-13.

La mayoría de máquinas de c.c. compound comerciales (tanto si se utilizan como generadores o como motores) *normalmente son suministradas en forma de máquinas hipercompound.* Como se indica en las figuras 3-3b y c, el grado de compoundaje (hiper, normal o hipo) puede regularse mediante una resistencia variable en derivación que shunta la excitación serie (véanse los ejemplos 3-2 y 3-8).

EJEMPLO 3-8: Un generador compound en derivación larga tiene un devanado en shunt de excitación de 1000 espiras por polo y un devanado de excitación en serie de 4 espiras por polo. A fin de obtener la misma tensión (nominal) a plena carga que en vacío, cuando se hace funcionar como generador shunt, es necesario aumentar

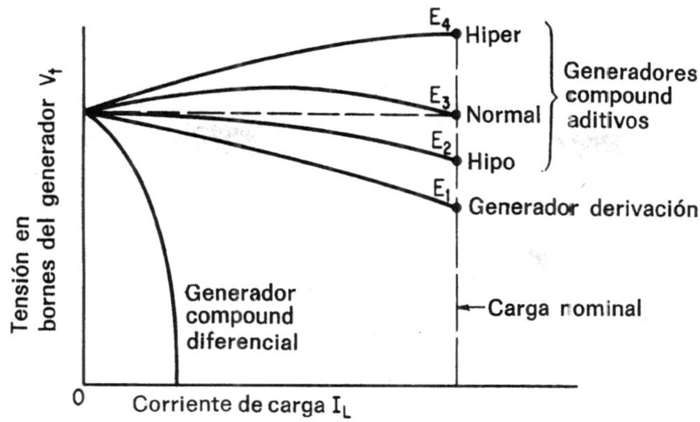

(a) Características de carga

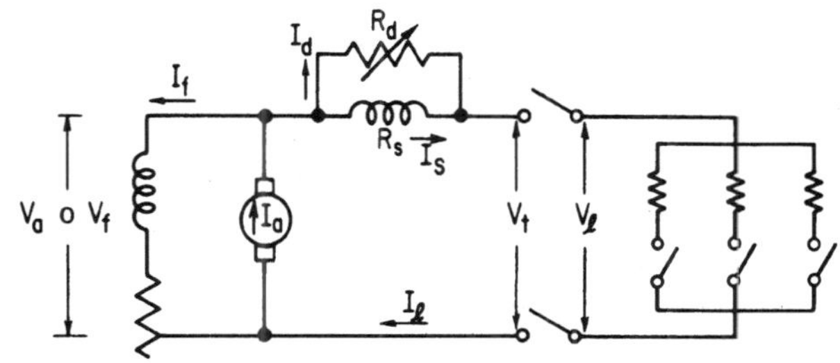

(b) Corrientes y tensiones en los generadores compound.

Figura 3-13. Característica externa tensión-carga de generadores compound aditivos y diferenciales

la corriente de excitación en 0,2 A. La corriente del inducido a plena carga del generador compound es 80 A y la resistencia de la excitación en serie es 0,05 ohm. Calcular:

a. El número de amperios-vuelta de la excitación serie (Av) requeridos para el funcionamiento con compoundaje normal.

b. La resistencia en derivación requerida para el funcionamiento con compoundaje normal.

Solución:

a. $\delta I_f N_f = 0{,}2\text{ A} \cdot 1000\text{ espiras} = 200\text{ Av} = I_s N_s$ para el funcionamiento en compoundaje normal (3-10)

b. $I_s = \dfrac{I_s N_s}{N_s} = \dfrac{200\text{ Av}}{4\text{ v}} = 50\text{ A}$ requeridos en el devanado de la excitación serie para el funcionamiento con compoundaje normal.

$$I_d = I_a - I_s = 80\text{ A} - 50\text{ A} = 30\text{ A}$$

$$R_d = \frac{I_s R_s}{I_d} = \frac{50\text{ A} \times 0{,}05\ \Omega}{30\text{ A}} = \mathbf{0{,}0833\ \Omega} \qquad (3\text{-}11)$$

Como se mencionó en el apartado 3-15, el generador hipercompound es el tipo más apropiado para la transmisión de energía eléctrica en forma de corriente continua en el caso de que la carga esté situada lejos del generador. La característica de tensión creciente de este generador es más que suficiente para compensar la caída en la línea de transmisión. Se utiliza una resistencia variable en derivación para controlar y producir un aumento suficiente en la tensión del generador a fin de compensar las caídas de tensión en las líneas a plena carga. Ya que la caída en la línea y el aumento regulado de tensión producido por la excitación serie son ambos proporcionales a la corriente de carga, la tensión en la carga lejana se mantendrá sustancialmente constante desde vacío hasta plena carga, evitando por lo tanto la necesidad de reguladores de tensión. Un generador hipercompound tiene *siempre* una regulación de tensión *negativa* (véase la ecuación 3-9).

El generador con compoundaje normal encuentra aplicación similar como generador de tensión constante cuando la caída en la línea es despreciable y la carga está situada en las proximidades del generador. Debe notarse, a partir de la figura 3-13, sin embargo, que la tensión de un generador con compoundaje normal no es necesariamente constante, sino que tiene una «regulación» negativa en el punto de media carga* y 0 % de regulación a plena carga.

El generador hipocompound indicado en la figura 3-13, presenta una característica ligeramente decreciente, similar al generador shunt pero con mejor regulación. Si los extremos de la excitación serie se ponen en cortocircuito ($R_d = 0$), el generador hipercompound aditivo actuará como generador shunt. Si la resistencia variable en derivación aumenta de modo que a través de la excitación serie circule una pequeña corriente, cualquier generador compound aditivo actuará como un generador hipocompound. Por esta razón es por lo que los fabricantes suministran tan sólo generadores hipercompound y son los usuarios los que deben regular el grado de compoundaje, utilizando una *resistencia variable en derivación.*

3-19. Regulación del grado de compoundaje de los generadores compound aditivos. La resistencia en derivación indicada en la figura 3-13 se representa como una resistencia variable. En la práctica real esta resistencia es ordinariamente constante de gran resistividad y no dependiente de la temperatura y se

* Puesto que la regulación es definida por la ASA tan sólo en condiciones de vacío y a plena carga, técnicamente no es apropiado hablar de regulación de un dispositivo generador de tensión bajo cualesquiera otras condiciones de carga que no sean las de vacío o plena carga.

fabrica con manganina o constantan. En generadores compound muy grandes de gran capacidad, la resistencia en derivación puede ser realmente un cable o conductor de cobre de una longitud determinada. Por consiguiente, es necesario calcular por adelantado la resistencia deseada de la derivación, para conseguir el grado de compoundaje deseado en vez de utilizar una resistencia variable que pueda regularse y dejarla luego con un ajuste determinado. El grado de compoundaje depende como se indica en la figura 3-13 del aumento de tensión requerido a la carga nominal desde E_1 a cualquier valor particular hasta E_4. El método utilizado es el que sigue:

Se hace funcionar el generador compound como generador shunt (excitación serie desconectada) a la velocidad y carga nominales. Se anotan la corriente de excitación, la corriente de carga y la tensión en bornes, E_1. A la carga nominal, si se desea un generador con compoundaje normal será necesario elevar la tensión desde E_1 a E_3. A fin de elevar la tensión a plena carga, es necesario aumentar la corriente de excitación. Por lo tanto, el aumento de amperios-vuelta de excitación también es una indicación de los amperios-vuelta en serie (así como del valor de la resistencia en derivación) precisados para producir un grado determinado de compoundaje

$$\delta I_f N_f = I_s N_s \tag{3-10}$$

y ya que la resistencia en derivación y la excitación serie están en paralelo

$$R_d = \frac{I_s R_s}{I_d} \tag{3-11}$$

en las que δI_f es la mayor corriente de excitación shunt a plena carga requerida para producir la deseada tensión en bornes del generador compound, N_f es el número total de espiras de la excitación shunt o el número de espiras por polo, N_s es el número total de espiras de la excitación serie o las espiras por polo, R_s es la resistencia de la excitación serie, I_s es la corriente deseada en la excitación serie que se requiere para producir la elevación de tensión, I_d es la corriente necesaria en la resistencia en derivación requerida para producir I_s, R_d es el valor de la resistencia en derivación requerida para la regulación deseada.

EJEMPLO 3-9: Un generador compound en derivación corta de 240 V y 60 kW, funcionando como generador shunt, requiere un aumento en la corriente de excitación de 3 A para proporcionar una tensión hipercompound de 275 V a la corriente de carga nominal de 250 A. La excitación shunt posee 200 espiras por polo y la excitación serie 5 espiras por polo con resistencias de 240 ohms y 0,005 ohms respectivamente. Calcular:

a. La resistencia que se requiere en la derivación.

b. Si la tensión en vacío del generador compound es también 240 V, calcular la fmm total en el entrehierro por polo en vacío y a plena carga.

Solución:

a. $\delta I_f N_f = 3\ \text{A} \cdot 200\ \text{espiras} = 600\ \text{Av} = I_s N_s$ (3-10)

$$I_s = \frac{I_s N_s}{N_s} = \frac{600\ \text{Av}}{5\ \text{espiras}} = 120\ \text{A}$$

$$I_d = 250 - 120 = 130\ \text{A}$$

$$R_d = \frac{I_s R_s}{I_d} = \frac{120 \times 0{,}005}{130} = \mathbf{0{,}00462\ \Omega} \qquad (3\text{-}11)$$

b. Fmm en vacío $= I_f N_f = \dfrac{240\ \text{V}}{240\ \Omega} \times 200$ espiras $=$ **200 Av/polo**

Fmm a plena carga $= I_f N_f + I_s N_s = 200\ \text{Av} + 600\ \text{Av} =$ **800 Av/polo**

3-20. Características del generador compound diferencial. El generador *compound diferencial* se define como aquel compoundaje producido cuando la fmm de la excitación serie *se opone* a la fmm de la excitación shunt. La diferencia en el sentido de la corriente de los dos devanados aparece en la figura 3-14a, en la que, para mayor simplicidad, el devanado de la excitación serie se dibuja encima (en lugar de superpuesto) del devanado de la excitación shunt. En la figura 3-14b puede verse la característica de carga del generador compound diferencial. Sin carga, el generador compound diferencial se autoexcita en su de-

(a) Fmm de excitación en serie y derivación. (b) Característica de carga diferencial.

Figura 3-14. Generador compound diferencial.

vanado shunt de la misma forma que el generador derivación. Cuando se aplica carga, sin embargo, la tensión generada, E_g, se reduce ahora debido a la reducción en el flujo de excitación principal creado por la fmm opuesta de la excitación serie. Esta reducción en E_g tiene lugar además de la caída de tensión en el inducido y en el circuito serie, la reacción de inducido y la reducción en la corriente de excitación producida por la reducción de la tensión del inducido, V_a, como se describió en el apartado 3-13. El resultado es una fuerte caída de la tensión en bornes con la carga como se indica en las figuras 3-13a y 3-14b, cuando la excitación está ya fuera de la saturación y se produce una rápida desexcitación. El generador compound diferencial se utiliza como generador de corriente constante para las mismas aplicaciones de corriente constante que el generador serie (apartado 3-16).

3-21. Comparación de las características tensión-carga de un generador. Si un generador compound se ensaya en un laboratorio a fin de determinar y comparar las diversas características discutidas, se suele regular el generador para la tensión nominal a la carga nominal y a la velocidad nominal. Si la carga se reduce por saltos y si se toman lecturas de la tensión en carga y de la intensidad en cada escalón, es posible comparar las características para diversas conexiones a la misma carga, tensión y velocidad nominales. En la figura 3-15 puede verse esta comparación utilizando la misma máquina de c.c.

Nótese que todas las características son decrecientes al aumentar la carga con la excepción del generador hipercompound. Sólo este último presenta una regulación de tensión negativa. Con la fmm de excitación shunt plena (o máxima) es imposible regular el generador compound diferencial de forma que proporcione la tensión nominal a la velocidad y carga nominales. ¿Sería posible aumentando la velocidad conseguir una tensión superior y obtener la tensión e intensidad nominales en el generador compound diferencial? ¿Cuál *es* el efecto

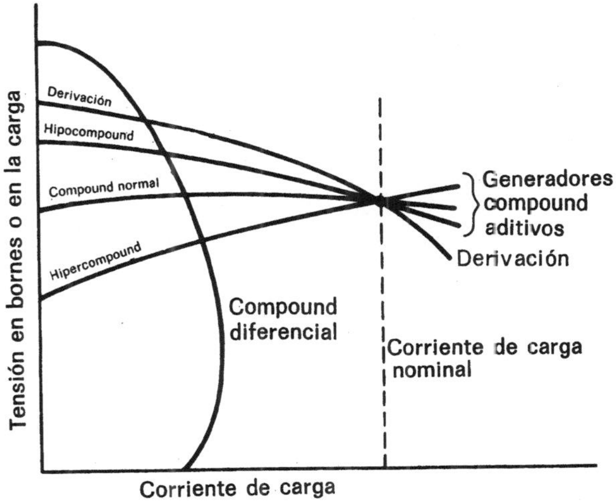

Figura 3-15. Comparación de las características tensión-carga de un generador de c.c. a velocidad constante.

de la velocidad sobre las características tensión-carga de los generadores compound?

3-22. Efecto de la velocidad sobre las características tensión-carga de los generadores compound. En la figura 3-16 puede verse el efecto de una variación de velocidad sobre las características del generador shunt y del generador aditivo, utilizando la misma máquina de c.c. en todos los ensayos a la tensión y a la carga nominales. Se ha visto anteriormente (figura 3-11) que el efecto de una reducción de velocidad es el de aumentar la saturación del circuito magnético. El aumento en la saturación a velocidades inferiores tiende a mejorar la regulación de tensión tanto de los generadores shunt como de los compound. En el caso del generador compound aditivo, indicado en la figura 3-16, ya que el circuito de excitación está más saturado a una velocidad inferior, el efecto resultante de

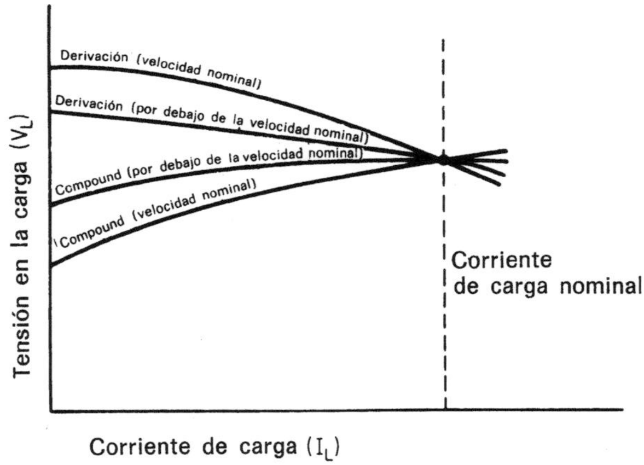

Figura 3-16. Efecto de la velocidad sobre las características tensión-carga.

la fmm adicional producida por la excitación serie es menos pronunciado. El *aumento de velocidad,* por consiguiente, tendría como consecuencia un estado de *menor saturación,* como se indica en la curva de magnetización de la figura 3-11a. Ahora se puede responder a la pregunta relacionada con el generador compound diferencial. Si el circuito magnético está menos saturado, el efecto de oposición de la excitación serie sería incluso más pronunciado y el flujo de excitación neto se aproximaría a cero incluso más rápidamente con la aplicación de la carga.

Se podría deducir de lo que precede que siempre es mejor procedimiento accionar los generadores a velocidades reducidas con elevadas excitaciones para producir más saturación y mejor regulación.

En tanto que las velocidades reducidas y las excitaciones fuertes son beneficiosas para la regulación de tensión, no lo son para el rendimiento. Una excitación fuerte determina mayores pérdidas en el cobre de la excitación y en el hierro en tanto que la velociad reducida determina sobrecalentamiento como resultado de una ventilación más deficiente de la máquina. Es mejor, por consiguiente, hacer funcionar los generadores a la velocidad nominal recomendada por el fabricante y grabada en la placa de características.

BIBLIOGRAFÍA

Alger, P. L. y Erdelyi, E. «Electromechanical Energy Conversion», *Electro-Technology* septiembre 1961.

Carr, C. C. *Electrical Machinery,* Nueva York: John Wiley & Sons, Inc., 1958.

Crosno, C. D. *Fundamentals of Electromechanical Conversion,* Nueva York, Harcourt, Brace, Jovanovich, Inc, 1968.

Daniels. *The Performance of Electrical Machines,* Nueva York: McGraw-Hill, Inc., 1968.

D-C Generators and Motors (ASA 050.4.) Nueva York: American Standards Association.

Emunson, B. M. y Ward, A. J. «An Evaluation of the New 'Industrial' d-c Motors and Generators», *Electrical Manufacturing,* junio 1958.

Fitzgerald, A. E. y Kingsley, C. *The Dynamics and Statics of Electromechanical Energy Conversion,* 2.ª ed., Nueva York: McGraw-Hill, 1961.

Fitzgerald, A. E., Kingsley, Jr. C. y Kusko, A. *Electric Machinery,* 3.ª ed. Nueva York: McGraw-Hill, Inc., 1971.

Gemlich, D. K. y Hammond, S. B. *Electrimechanical Systems,* Nueva York: McGraw-Hill, 1967.

Hindmarsh, J. *Electrical Machines,* Elmsford, N.Y.: Pergamon Press, 1965.

Jones, C. V. *The Unified Theory of Electrical Machines,* Nueva York: Plenum Publishing Corp., 1968.

Kloeffler, S. M., Kerchner, R. M., y Brenneman, J. L..*Direct Current Machinery,* Rev. ed., Nueva York: The Macmillan Company, 1948.

Liwschitz, M. M., Garik, M., y Whipple, C. C. *Direct Current Machines,* Princeton, N. J.: D. Van Nostrand Co., Inc., 1947.

Majmudar, H. *Introduction to Electrical Machines,* Boston: Allyn and Bacon, 1969.

Nasar, S. A. *Electromagnetic Energy Conversion and Systems,* Englewood Cliffs, N.J.: Prentice-Hall, Inc., 1970.

Robertson, B. L. y Black, L. J. *Electric Circuits and Machines,* 2.ª ed., Princeton, N.J.: D. Van Nostrand Co., Inc., 1957.

Seely, S. *Electromechanical Energy Conversion,* Nueva York: McGraw-Hill, 1962.

Selmon. *Magnetoelectric Devices: Transducers, Transformers and Machines,* Nueva York: Wiley/Interscience, 1966.

Siskind, C. S. *Direct-Current Machinery,* Nueva York: McGraw-Hill, 1952.

Skilling, H. H. *Electromechanics: A First Course in Electromechanical Energy Conversion,* Nueva York: Wiley/Interscience, 1962.

Thaler, G. J., y Wilcox, M. L. *Electric Machines: Dynamics and Steady State,* Nueva York: Wiley/Interscience, 1966.

White, D. C., y Woodson, H. H. *Electromechanical Energy Conversion,* Nueva York: Wiley/Interscience, 1959.

CUESTIONES

3-1. a. Nombrar tres tipos básicos de generadores de c.c. que utilicen la constitución de la máquina de c.c.
b. ¿A qué se debe la diferencia de construcción entre estos tipos?

3-2. Dibujar un circuito esquemático y el circuito equivalente para cada uo de los tipos de generadores de c.c. citados en la cuestión 3-1a, señalando todas las corrientes y tensiones. (Nota: deben indicarse un total de 4 series de circuitos debidos a las posibles conexiones.)

3-3. Debajo de cada circuito equivalente trazado en la cuestión 3-2, escribir las ecuaciones correspondientes a
a. La relación de corriente.
b. La relación de tensión.
c. La relación entre la tensión generada y la tensión en bornes de la carga.

3-4. Definir:
a. Autoexcitación.
b. Excitación independiente.

3-5. a. Trazar un esquema para obtener la curva de magnetización o saturación de un generador de c.c.
b. Trazar una curva de magnetización típica que muestre la variación de F_g en función de I_f tanto para valores crecientes como decrecientes de I_f.
c. ¿Si un devanado de excitación en serie se conectase en serie con el inducido (en el esquema trazado en respuesta a la cuestión 3-5a) afectaría ello la curva de magnetización obtenida? Explicarlo.

3-6. Con referencia a la curva de saturación trazada en la cuestión 3-5b, explicar:
a. Por qué la curva no se inicia normalmente en el origen.
b. Bajo qué circunstancias podría iniciarse en el origen.
c. Por qué la curva no es lineal a valores de tensión extremadamente pequeños.
d. Por qué la curva no es lineal a valores de la tensión extremadamente altos.
e. Por qué la curva es lineal a valores de la tensión moderados.
f. Por qué los valores decrecientes de la corriente de excitación producen valores de la tensión más elevados que los valores crecientes de la corriente de excitación.

3-7. Explicar:
a. Por qué la forma de la curva de saturación o magnetización es idéntica a la curva de B-H para la densidad de flujo mutuo en el entrehierro de la máquina.
b. Qué precauciones deben tomarse para obtener una curva de magnetización suave y por qué.

c. Por qué la ecuación $E_g = k\phi$ representa a la curva de magnetización mejor que $E_g = kI_f$.

3-8. a. Explicar, para un generador con excitación independiente, por qué la corriente de excitación es independiente de la tensión generada y en cambio la tensión generada depende de la corriente de excitación. Ilustrarlo mediante un diagrama esquemático.
b. Para un generador shunt autoexcitado, explicar por qué la corriente de excitación depende de la tensión generada. Ilustrarlo mediante un diagrama esquemático.
c. Además de la tensión generada, ¿qué otras variables determinan la corriente de excitación?
d. ¿Qué se quiere significar con la expresión «familia de líneas de resistencia de la excitación»?

3-9. Con referencia a la curva de producción de la excitación de un generador autoexcitado, explicar:
a. Resistencia de excitación crítica, R_c.
b. Resistencia de excitación mayor que R_c y su efecto sobre la producción de la excitación.
c. Resistencia de excitación menor que R_c y su efecto sobre la producción de la excitación.

3-10. a. Señalar 4 razones específicas por las que un generador shunt autoexcitado no llega a producir tensión.
b. Si una carga de baja resistencia se conecta entre los terminales del inducido, ¿llegará a excitarse un generador shunt autoexcitado? Explicarlo.
c. Repetir el punto (b) para un generador serie.

3-11. Explicar qué se quiere significar mediante la expresión «carga creciente del generador» en relación a:
a. Resistencia de carga.
b. Corriente de carga.

3-12. Si la aplicación de carga determina que la tensión en bornes de un generador disminuya, explicar bajo qué condiciones un generador derivación podría tender a desexcitarse, utilizando una curva de magnetización para ilustrar la explicación.

3-13. a. Señalar 3 razones por las que la tensión en bornes de un generador derivación autoexcitado disminuirá al aplicar cargas crecientes.
b. Repetir el punto (a) para un generador con excitación independiente (2 razones).
c. ¿Qué conclusiones pueden establecerse en relación con la regulación de tensión de un generador derivación autoexcitado comparada con el mismo generador que funciona en condiciones de excitación independiente.

3-14. Definir regulación de tensión
a. En forma de ecuación.
b. Con sus propias palabras.

3-15. Qué se quiere significar mediante
a. Buena regulación de tensión.
b. Regulación de tensión pobre.
c. Regulación de tensión negativa.
d. Regulación de tensión positiva.
e. Regulación de tensión nula.

3-16. Explicar, para un generador serie
a. Por qué es incapaz de excitarse sin carga.
b. Bajo qué condiciones la tensión en bornes aumenta con la carga.
c. Bajo qué condiciones la tensión en bornes disminuye bruscamente con la carga.
d. Qué es lo que impide que la tensión generada aumente indefinidamente con la carga.

3-17. Trazar la característica de la carga de un generador serie y explicar:
a. Qué parte es útil como regulador de tensión y por qué.
b. Qué parte es útil como generador de corriente constante y por qué.
c. Cuatro aplicaciones de los generadores serie de c.c. indicando qué parte de la característica carga-tensión se utiliza y por qué.

3-18. Para un generador compound explicar, utilizando ilustraciones cuando sea necesario.
a. Conexión en derivación larga.
b. Conexión de derivación corta.
c. Compound aditivo.
d. Compound diferencial.
e. Hipercompound.
f. Compound normal.
g. Hipocompound.
h. Cuál de los compoundajes anteriores produce regulación negativa.
i. Repetir el punto (h) para una regulación del 0 %.

3-19. Indicar una aplicación para cada uno de los generadores compound:
a. Hipercompound.
b. Compound normal.
c. Hipocompound.
d. Compound diferencial.

3-20. «La mayoría de máquinas de c.c. compound comerciales se suministran ordinariamente hipercompound». Explicar:
a. Por qué es así.

b. Cómo puede regularse el grado de compoundaje.
c. Cómo se determina el valor de la resistencia en derivación para producir el grado deseado de compoundaje.

3-21. Utilizando la figura 3-15, explicar:
a. Por qué ordinariamente es imposible que un generador compound diferencial suministre la corriente de carga *nominal.*
b. Cómo es posible que un generador compound diferencial suministre un valor de la corriente de carga cuando su tensión en bornes es nula.

3-22. Para un valor dado de la corriente de carga, cuál es el efecto del aumento de la velocidad de la máquina motriz sobre la tensión en bornes de
a. Un generador derivación.
b. Un generador compound aditivo.
c. Un generador hipocompound.
d. Un generador compound diferencial.
e. Un generador serie que funciona con característica de corriente constante.
f. Un generador serie que funciona con característica de regulador de tensión.

PROBLEMAS

3-1. Un generador de c.c. derivación de 50 kW y 250 V tiene una resistencia de circuito de excitación de 62,5 Ω, una caída de tensión en las escobillas de 3 V y una resistencia de inducido de 0,025 Ω. Calcular, cuando se suministra la corriente nominal a la velocidad y tensión nominales:
a. Las corrientes de carga, de excitación y de inducido.
b. La tensión generada en el inducido.

3-2. Un generador serie de c.c. de 10 kW y 125 V tiene una caída en las escobillas de 2 V, una resistencia del circuito de inducido de 0,1 Ω y una resistencia de la excitación serie de 0,05 Ω. Cuando suministra la corriente nominal a la velocidad nominal, calcular:
a. La corriente en el inducido.
b. La tensión generada en el inducido.

3-3. Un generador compound con derivación larga de 100 kW y 600 V presenta una caída de tensión en las escobillas de 5 V, una resistencia de la excitación serie de 0,02 Ω, una resistencia de la excitación derivación de 200 Ω y una resistencia de inducido de 0,04 Ω. Cuando suministra la corriente nominal a la velocidad nominal de 1200 rpm, calcular:

a. La corriente en el inducido.
b. La tensión generada en el inducido.

3-4. Un generador con excitación independiente presenta una tensión en vacío de 125 V con una corriente de excitación de 2,1 A cuando se acciona a la velocidad de 1600 rpm. Suponiendo que está funcionando sobre la parte recta de su curva de saturación, calcular:

a. La tensión generada cuando la corriente de excitación aumenta hasta 2,6 A.
b. La tensión generada cuando la velocidad se reduce a 1450 rpm y la corriente de excitación aumenta hasta 2,8 A.

3-5. Suponiendo que un aumento del 100 % en la corriente de excitación origina un aumento de flujo del 70 %, repetir los problemas 3-4a y 3-4b.

3-6. Un generador compound presenta una tensión en vacío de 125 V y una tensión a plena carga de 150 V. Calcular el % de regulación de tensión del generador.

3-7. Un generador derivación de 125 V presenta una regulación de tensión del 5 %. Calcular la tensión en vacío.

3-8. La corriente de excitación derivación de un generador de c.c. de 60 kW y 125 V ha de elevarse desde 3,5 a 4,0 A para producir un compoundaje normal desde el vacío hasta plena carga, respectivamente. Cada polo de excitación tiene 1500 espiras. Calcular:

a. El número de espiras de excitación serie por polo, suponiendo una conexión en derivación corta.
b. Repetir el punto (a) suponiendo una conexión en derivación larga.

3-9. Un generador de c.c. de 50 kW tiene 2000 espiras/polo en su devanado de excitación derivación. Se precisa de una corriente de excitación derivación de 1,20 A para generar 125 V en vacío y 1,75 A para generar 140 V a plena carga. Calcular:

a. El número mínimo de espiras de excitación en serie por polo requeridas para proporcionar las tensiones en vacío y a plena carga como generador compound (suponer una conexión en derivación corta).
b. Si la máquina está equipada con una excitación serie que tiene 5 espiras/polo y una resistencia de 0,02 Ω, calcular la resistencia de la resistencia en derivación requerida para producir el compoundaje deseado.
c. La regulación de tensión del generador compound.

3-10. Un generador compound (en derivación larga) de 250 V posee una potencia nominal de 25 kW. Las resistencias de los devanados de excitación derivación y serie son 125 Ω y 0,05 Ω, respectivamente, y están devanados con 100 y 10 espiras/polo respectivamente. Se ha visto que con la excitación serie cortocircuitada, la corriente de excitación debe incrementarse desde 2,0 a 2,3 A para producir un compoundaje normal. Calcular:

a. El valor de la resistencia en derivación requerida para producir el compoundaje normal.
b. El número de amperios-vuelta por polo producidos tanto por la excitación derivación como por la excitación serie a plena carga.
c. Los amperios vuelta por polo producidos tanto por la excitación derivación como serie en vacío.

3-11. Un generador derivación de 30 kW y 250 V produce una tensión generada en el inducido a fin de proporcionar la salida nominal cuando la corriente de excitación es de 1,5 A. Calcular:

a. La resistencia del circuito de excitación para producir la tensión en bornes nominal.
b. La resistencia del circuito de inducido (despréciese la caída de tensión en las escobillas).

3-12. Un generador derivación de 30 kW y 250 V se excita independientemente para determinar su caída de tensión de reacción de inducido. Su resistencia de inducido es 0,1235 Ω. Suponer una caída en las escobillas de 3 V. Calcular:

a. La caída de tensión en el circuito de inducido a plena carga a la tensión nominal y a la velocidad nominal.
b. La caída de tensión debida a la reacción de inducido si la tensión en vacío es de 275 V a la velocidad nominal.

3-13. Un generador compound de c.c. de 125 V funciona como generador compound normal a la velocidad nominal de 1200 rpm. Suponiendo que no hay variación en la velocidad de la máquina motriz, discutir el efecto sobre el compoundaje si

a. La tensión en vacío aumenta hasta 150 V.
b. La tensión en vacío se reduce a 100 V.

3-14. Un generador compound de c.c. de 125 V funciona como generador compound normal a la velocidad nominal de 1200 rpm. Suponiendo que no hay variación en la excitación, discutir el efecto sobre el compoundaje si

a. La velocidad aumenta hasta 1500 rpm.
b. La velocidad se reduce a 1000 rpm.

RESPUESTAS

3-1(a) 204 A (b) 258,1 3-2(a) 80 A (b) 139 V 3-3(a) 169,7 A (b) 615,2 V 3-4(a) 154,8 V (b) 151 V 3-5(a) 145,8 V (b) 140 V 3-6. −16,7 por ciento 3-7. 131,3 V 3-8(a) 1,56 espiras/polo (b) 1,545 espiras/polo 3-9(a) 3,08 espiras/polo (b) 0,0321 Ω (c) −10,7 por ciento 3-10(a) 0,0208 Ω (b) 300 Av/polo (c) 5,87 Av/polo 3-11(a) 166,7 Ω (b) 0,1235 Ω 3-12(a) 14,8 V (b) 7,2 V

Capítulo 4

Relaciones de par en máquinas de c.c. motores de c.c.

4-1. Generalidades. Al comparar el efecto motor de la máquina c.c. con el efecto generador, el apartado 1-20 incluía un resumen de las diferencias fundamentales entre ellos. Este capítulo está dedicado a la máquina de c.c. utilizada como motor de c.c. Se refiere, por consiguiente, a las relaciones de *par* en la máquina de c.c. y las características del motor de c.c. como medio de producir un par electromagnético. El resumen del apartado 1-20 estableció respecto al efecto motor:

[redacted]

La ecuación (1-9) puede escribirse de nuevo despejando la corriente del inducido, I_a, producida por una tensión y carga determinadas:

$$I_a = \frac{V_a - E_c}{R_a} \tag{1-9}$$

En el apartado 1-20 también se indicó que los 3 factores que determinan la magnitud y que se requieren para producir una fuerza electromagnética sobre un determinado conductor de inducido por el que circula corriente (una fuerza normal a B e I) puede expresarse mediante

$$F = \left(\frac{BIl}{1{,}13}\right)10^{-7}\ \text{lbs} \tag{1-8}$$

y finalmente el sentido de la fuerza electromagnética desarrollada por un tal conductor por el que circula corriente en un campo magnético determinado puede determinarse mediante la regla de la mano izquierda (apartado 1-18).

El lector debe revisar las relaciones anteriores y los apartados 1-16 hasta 1-20, ya que son fundamentales y aplicables a todos los tipos de motores reales y las características discutidas a continuación.

4-2. Par. Las expresiones *fuerza* electromagnética y *par* electromagnético se han utilizado en el resumen anterior de las relaciones del motor descritas en el capítulo 1. Estas expresiones no son sinónimas pero están relacionadas. La relación entre la fuerza sobre un conductor [desarrollada de acuerdo con la ecuación (1-8) anterior] y el par producido se indica en la figura 4-1.

Por una bobina de una sola espira (colocada sobre una estructura capaz de girar) situada en un campo magnético circula corriente, como se indica en la figura 4-1a. De acuerdo con la ecuación (1-8) y la regla de la mano izquierda, se desarrolla una fuerza ortogonal f_1 en el lado 1 de la bobina y una fuerza similar f_2 en el lado 2 de la bobina, como se indica en la figura 4-1b. Las fuerzas f_1 y f_2 se desarrollan en un sentido tal que tienden a producir una rotación en el sentido de las agujas del reloj de la estructura que soporta los conductores alrededor del centro de giro C.

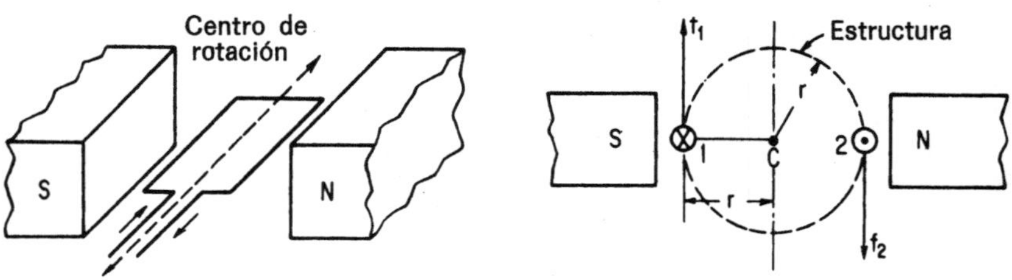

(a) Bobina de una sola espira por la que circula corriente situada en un campo magnético.

(b) Definición de par desarrollado.

Figura 4-1. Producción de par en una bobina de una sola espira.

El *par* se define como la tendencia de un acoplamiento mecánico (de una fuerza y su distancia radial al eje de rotación) para producir una rotación. Se expresa en unidades de fuerza y distancia tales como pie-libra, centímetro-gramo, pulgada-onza, etc.,* para distinguirlo del *trabajo,* que se expresa en libra-pie, gramo-cm, etc. El par que actúa sobre la estructura de la figura 4-1b es la suma de los productos f_1r y f_2r, o sea, la suma total de los pares que actúan sobre o son producidos por los conductores individuales que tienden a producir la rotación. Debe notarse que las fuerzas f_1 y f_2 son iguales ya que los conductores están situados en un campo de la misma intensidad magnética y por ellos circula la misma corriente. Esto es cierto para las fuerzas desarrolladas por todos los conductores por los que circula la misma corriente en un campo magnético uniforme; pero los pares desarrollados, por definición, no son los mismos para cada uno de estos conductores.

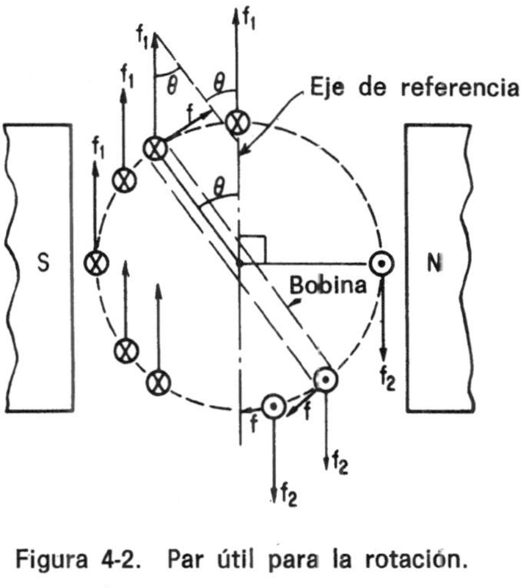

Figura 4-2. Par útil para la rotación.

La distinción entre la fuerza desarrollada sobre los diversos conductores del inducido y el par útil desarrollado por estos conductores para producir rotación, se indica en la figura 4-2. En los capítulos 1 y 2 se ha indicado que no existe una diferencia esencial en la construcción entre un inducido de generador y un inducido de motor. Una máquina de c.c. como se describe en el aparta-

* El par no debe confundirse con el trabajo. Éste se define como una fuerza, *f*, que actúa sobre un cuerpo, lo que provoca su movimiento a lo largo de una distancia *d*. El trabajo realizado es el producto de la componente de la fuerza *f* que actúa en el mismo sentido en que se mueve el cuerpo (para vencer la resistencia) durante cierta distancia *d*. Si se aplica una fuerza pero no se produce movimiento, no se realiza trabajo. Recíprocamente, sobre un cuerpo puede existir una fuerza que tienda a producir rotación (un par) e, incluso si el cuerpo no gira, existe par que es el producto de la fuerza y la distancia radial al centro del eje de rotación.

do 1-20, puede considerarse un motor cuando satisface las tres condiciones resumidas en el apartado 4-1.

En la figura 4-2 pueden verse el inducido y el inductor de un motor bipolar. Nótese que todos los conductores por los que circula corriente en el mismo sentido desarrollan la misma fuerza. Esto es cierto debido a que por ellos circula la misma corriente y están situados perpendicularmente al mismo campo. Pero ya que el par se define como el producto de una fuerza y su distancia perpendicular desde el eje, puede verse que la componente útil de la fuerza desarrollada en la ecuación (1-8) es

$$f = F \operatorname{sen} \theta \qquad \text{libras} \tag{4-1}$$

en la que F es la fuerza sobre cada conductor desarrollada de acuerdo con la ecuación (1-8) y θ es el ángulo complementario del ángulo formado por la fuerza desarrollada sobre el conductor y la fuerza útil f tangencial a la periferia del inducido, y por lo tanto el par desarrollado por *cualquier* conductor, T_c, sobre la superficie del inducido es

$$T_c = fr = (F \operatorname{sen} \theta) r \qquad \text{pies-libra} \tag{4-2a}$$

en la que f es la fuerza en libras (ecuación 4-1) perpendicular a r, y r es la distancia radial al eje de rotación en pies.

EJEMPLO 4-1: La bobina de una sola espira de la figura 4-2 está situada sobre un inducido de 18 pulgadas de diámetro que posee una longitud axial de 24 pulgadas en un campo de densidad de 24 000 líneas/pulgada^2. Cuando por la bobina circula una corriente de 26 A calcular:

a. La fuerza desarrollada sobre cada conductor.
b. La fuerza útil en el instante en que la bobina forma un ángulo de 60° con el eje de referencia interpolar.
c. El par desarrollado en pies-libra.

Solución:

a. $$F = \frac{BIl}{1{,}13} \times 10^{-7} \text{ lbs} = \frac{24{,}000 \times 26 \times 24}{1{,}13 \times 10^7} = \mathbf{1{,}325\ libras} \tag{1-8}$$

b. $$f = F \operatorname{sen} \theta = 1{,}325 \operatorname{sen} 60° = \mathbf{1{,}145\ libras} \tag{4-1}$$

c. $$T_c = fr = 1{,}145 \text{ libras} \times \left(9 \text{ pulgadas} \times \frac{1 \text{ pie}}{12 \text{ pulg}}\right) = \mathbf{0{,}858\ pies\text{-}libra} \tag{4-2}$$

Nótese que los conductores situados en la región interpolar de la figura 4-2 desarrollan (teóricamente) la misma fuerza que los situados directamente debajo del polo, pero que la componente de la fuerza *útil*, f, tangencial al inducido es nula. Más aún, si la bobina de la figura 4-2 puede girar en el sentido del par desarrollado *sin* experimentar conmutación, los sentidos de la corriente en los conductores permanecerían *invariables* pero la fuerza desarrollada sobre ellos *se invertiría,* como se indica en la figura 4-3.

La necesidad de la conmutación para *invertir* la corriente en un conductor cuando se mueve debajo de un polo de polaridad *invertida* es tan fundamental en un motor de c.c. como en un generador de c.c. Finalmente, ya que no se produce par *útil* en los conductores situados en la región interpolar, se pierde muy poco par en aquellos conductores que experimentan conmutación. Esto puede verse en la figura 4-4 en la que se indican los componentes de fuerza útil y sus magnitudes así como la inversión de corriente en el conductor requerida para producir una rotación uniforme y continua.

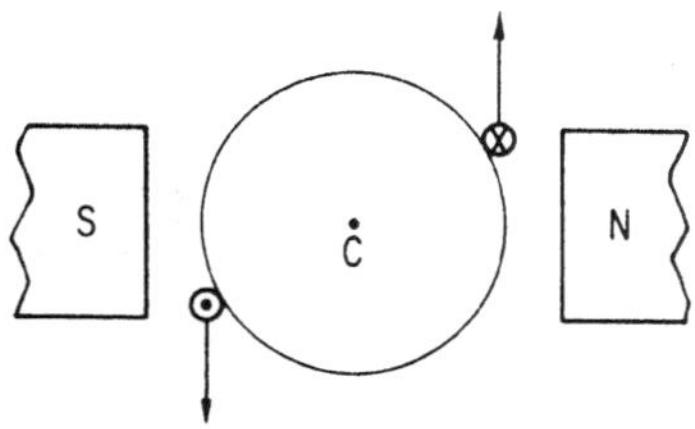

Figura 4-3. Necesidad de la conmutación en un motor de c.c.

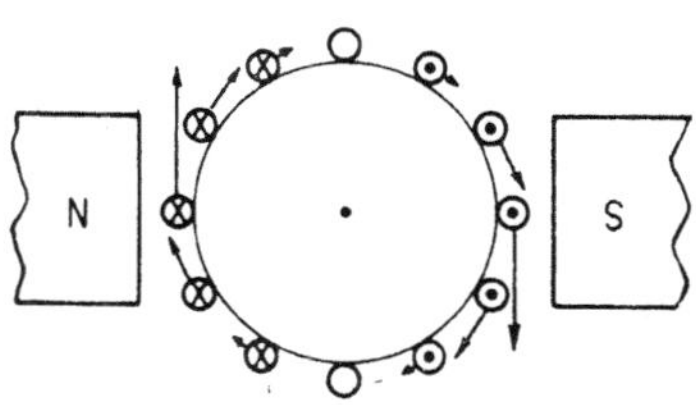

Figura 4-4. Inversión de la corriente en el conductor requerida para conseguir la rotación continua.

Las relaciones anteriores se han desarrollado para un inducido que posee polos de excitación planos y una zona interpolar neutra bastante apreciable. Como se indica en la figura 4-5 en un inducido real que tenga muchos polos, ranuras y conductores de inducido, la diferencia entre la fuerza útil desarrollada directamente debajo del polo y la desarrollada casi en el extremo del polo es relativamente pequeña. Se suele, no obstante, considerar que sólo los conductores situados *directamente debajo del polo* contribuyen al par útil y suponer que cada conductor produce un par de valor medio.

Estas suposiciones conducen a la relación simple

$$F_{av} = F_c \times Z_a \tag{4-2b}$$

en la que F_{av} es la fuerza media total que tiende a hacer girar el inducido, F_c es la fuerza media por conductor situado directamente debajo de un polo (ecuación 1-8) y Z_a es el número de conductores activos del inducido.

Esto simplifica el cálculo del par total desarrollado por el inducido, ya que

$$T_{av} = F_{av} \times r = F_c \times Z_a \times r \tag{4-2c}$$

en la que todos los términos se han definido antes.

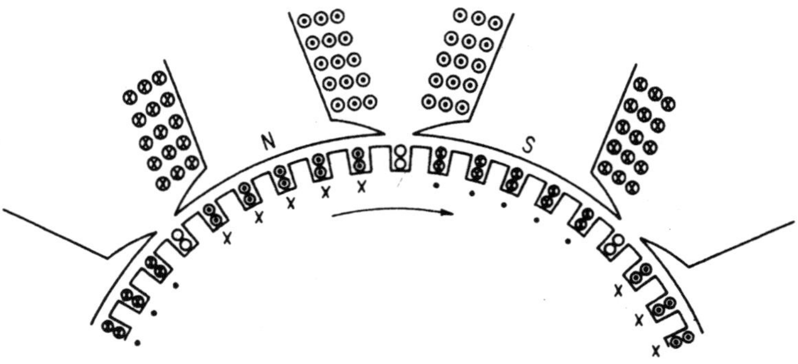

Figura 4-5. Sentido de la fuerza, de la intensidad y de la fuerza contraelectromotriz en un motor de c.c. práctico.

EJEMPLO 4-2: El inducido de un motor de c.c. contiene 700 conductores y tiene un diámetro de 24 pulgadas y una longitud axial de 34 pulgadas. Si el 70 % de los conductores están situados directamente debajo de los polos con una densidad de flujo de 50 000 líneas/pulg² y por ellos circula una corriente de 25 A, calcular

a. La fuerza total media que tiende a girar el inducido.
b. El par del inducido en libras-pie.

Solución: A partir de la ecuación (4-2b):

a. $F_{med} = F_c \times$ número de conductores activos

$$= \left(\frac{50\,000 \times 25 \times 34}{1{,}13 \times 10^{+7}}\right)(700 \times 0{,}7) = \mathbf{1860\ libras} \qquad (1\text{-}8)$$

b. $T_{med} = F_{med} \times r = 1860$ libras $\times$ 1 pie $=$ **1860 pies-libra** (4-2c)

EJEMPLO 4-3: Hallar la corriente total absorbida por el inducido de un motor que tiene las siguientes especificaciones: 120 ranuras en el inducido, 6 conductores por ranura, 60 000 líneas/pulg² de densidad de flujo, diámetro del inducido de 28 pulg, longitud axial del inducido 14 pulg, 4 ramas en paralelo en el inducido, las piezas polares abarcan el 72 % de la superficie del inducido y el par desarrollado por el inducido es 1500 pies-libra.

Solución:

$$F_{med} = \frac{T_{med}}{r} = \frac{1500\ \text{pies-lb}}{14\ \text{pulg}} \times 12\,\frac{\text{pulg}}{\text{pie}} = 1285\ \text{libras} \qquad (4\text{-}2c)$$

$$I_a/\text{conductor} = I_a/\text{rama} = \frac{F_{med} \times 1{,}13 \times 10^7}{BIZ_{activos}}$$

$$= \frac{1285 \times 1{,}13 \times 10^7}{60\,000 \times 14(120 \times 6 \times 0{,}72)} = 33{,}4\ \text{A/rama} \qquad (1\text{-}8)$$

$$I_a = I_a/\text{rama} \times a = 33{,}4\ \text{A/rama} \times 4\ \text{rama} = \mathbf{133{,}6\ A}$$

4-3. Ecuación fundamental del par de una máquina de c.c. La discusión y los problemas anteriores indican que el par desarrollado por el inducido de una máquina determinada puede calcularse en función del número de polos, ramas, conductores y flujo por polo que concatena el conductor del inducido, etc. Como ejercicio para el lector, el ejemplo 4-3 puede calcularse de nuevo según la siguiente ecuación*

$$T = 0{,}1173\left(\frac{P}{a}\right)ZI_a\phi \times 10^{-8} \text{ pies-lb} \tag{4-3}$$

en la que P es el número de polos, a es el número de ramas, Z es el número de conductores activos en la superficie del inducido, produciendo cada uno de ellos un par medio útil, I_a es lo corriente total que entra en el inducido, ϕ es el flujo por polo que concatenan los conductores.

Sin embargo, para una determinada máquina de c.c., el número de ramas, polos y conductores en el inducido es fijo o constante y, por consiguiente, la ecuación del par electromagnético desarrollado por un inducido determinado puede escribirse tan sólo en función de sus posibles variables en la forma

$$T = k\phi I_a \text{ pies-lb} \tag{4-4}$$

en la que ϕ e I_a son los mismos que en la ecuación (4-3) y $k = 0{,}1173\ (P/a)Z \cdot 10^{-8}$ para una máquina determinada.

Nótese que la ecuación (4-4) es, no obstante, otra forma de la ecuación (1-8) ($F = k'BIl$), en la que las variables B e I para una máquina dada determinan el valor de la fuerza electromagnética que produce el par motor.

Nótese también que este par electromagnético se opone a la rotación en un generador y ayuda (actúa en el mismo sentido) a la rotación en un motor. Ya que el par es función del flujo y de la corriente en el inducido, es *independiente de la velocidad* tanto en el caso de un generador como de un motor. Se verá posteriormente que la *velocidad* de un motor, de hecho, *depende del par* (pero no viceversa). Los términos par y velocidad, sin embargo, *no* deben utilizarse como sinónimos; ya que durante el arranque un motor puede tender a desarrollar un par apreciable pero no velocidad.

Una variación en el flujo puede producir una variación en la corriente del inducido y también una variación en el par, como se indica en el ejemplo siguiente.

EJEMPLO 4-4: Un motor desarrolla un par de 150 pies-libra y está sujeto a una reducción de 10 % en el flujo de excitación que produce un 50 % de incremento en la corriente del inducido. Hallar el nuevo par producido como resultado de esta variación.

* Véase el problema 4-3 al final del capítulo.

Solución:

	ϕ	I_a	T
Estado original	1,0	1,0	150 pies-libra
Nuevo estado	0,9	1,5	?

$$T = K\phi I_a \tag{4-4}$$

Teniendo en cuenta la proporcionalidad con el flujo y la corriente, el nuevo par es

$$T = 150\left(\frac{0{,}9\phi}{1{,}0\phi}\right) \times \left(\frac{1{,}5I_a}{1{,}0I_a}\right) = \mathbf{202{,}5\ pies\text{-}lb}$$

Finalmente debe notarse que el par electromagnético desarrollado por el inducido de acuerdo con las ecuaciones (4-3) y (4-4) se suele denominar *par desarrollado*. El par desarrollado en los conductores del inducido, es, en cierto modo, análogo a la fem generada, E_g, en el sentido de que se desarrolla *internamente* en el inducido. El *par disponible en la polea o eje* de un motor es algo *menor* que el par desarrollado debido a las pérdidas mecánicas que consumen parte del par interno durante el efecto motor (fig. 12-1, apartado 12-3).

4.4 Fuerza contraelectromotriz o tensión generada en un motor. Ya se ha expuesto que cuando una máquina de c.c. funciona como motor, simultáneamente tiene lugar un efecto de generador, ya que los conductores se mueven en un campo magnético. Los conductores por los que circula corriente, que producen un par en el sentido de las agujas del reloj, aparecen en las ranuras del inducido de la figura 4-5. El sentido opuesto de la fem inducida se indica debajo de los conductores (reglas de la mano izquierda y mano derecha, respectivamente) en la figura. La fuerza contraelectromotriz generada en los conductores del inducido se expresa en la ecuación (1-6) para un inducido dado. La corriente que circula a través del inducido está limitada por (1) la resistencia del inducido, y (2) la fuerza contraelectromotriz de acuerdo con la ecuación (1-9) que se reproduce en el apartado 4-1, o sea, $I_a=(V_a-E_c)/R_a$. Es claramente evidente que la fuerza contraelectromotriz nunca puede ser igual a la tensión aplicada en bornes del inducido debido a que, como se indica en la figura 4-5, el sentido en que circula la corriente *al principio* determina el sentido de rotación y a su vez crea la fuerza contraelectromotriz. En consecuencia, de un modo claro, la fuerza contraelectromotriz, como la resistencia del inducido, es un factor que limita la corriente. La naturaleza de la fuerza contraelectromotriz como factor *limitante* de la corriente puede comprenderse mejor en el ejemplo 4-5, que también incluye la caída de tensión en las escobillas, BD, como factor limitante.

EJEMPLO 4-5: Un motor derivación de c.c. que tiene una resistencia de inducido de 0,25 ohm y una caída de tensión por contacto en las escobillas de 3 V, recibe una tensión aplicada en bornes del inducido de 120 V. Calcular la corriente en el inducido cuando

a. La velocidad origina una fuerza contraelectromotriz de 110 V a una carga determinada.

b. La velocidad disminuye (debido a la aplicación de una carga adicional) y la fuerza contraelectromotriz es 105 V.

c. Calcular la variación porcentual de la fuerza contraelectromotriz y de la corriente en el inducido.

Solución:

a. $$I_a = \frac{V - (E_c + \text{BD})}{R_a} = \frac{120 - (110 + 3)}{0{,}25} = \mathbf{28\ A} \qquad (1\text{-}9)$$

b. Con aumento de carga, $$I_a = \frac{120 - (105 + 3)}{0{,}25} = \mathbf{48\ A}$$

c. $$\delta E_c = \frac{110 - 105}{110} \times 100 = \mathbf{4{,}53\%}; \quad \delta I_a = \frac{28 - 48}{28} \times 100 = \mathbf{71{,}5\%}$$

En el problema anterior debe notarse que una *pequeña* variación en la fuerza contraelectromotriz y en la velocidad (4,53 %), ha determinado una variación *sustancial* (71,5 %) en la corriente del inducido. En consecuencia, las variaciones en la velocidad del motor, aunque sean ligeras, determinan variaciones mucho mayores en la corriente del motor. Por esta razón, en algunos tipos de dispositivos de servomecanismos, se utiliza la corriente del motor como indicación de la carga y velocidad del motor.

4-5. Velocidad de un motor en función de la fuerza contraelectromotriz y del flujo. El valor de la fuerza contraelectromotriz dada en el ejemplo 4-5 puede calcularse fácilmente mediante la ecuación (1-6) (véase el ejemplo 1-6, apartado 1-15). Para una máquina de c.c. determinada, tanto la ecuación (1-5) como la (1-6) pueden volver a escribirse en función de sus variables, y la fuerza contraelectromotriz de un motor puede expresarse mediante

$$E_c = k\phi S \qquad (4\text{-}5)$$

en la que ϕ es el flujo por polo, k es $(ZP/60a)10^{-8}$ para una máquina determinada, S es la velocidad de rotación del motor en rpm.

Pero la fuerza contraelectromotriz del motor, incluyendo la caída de tensión en las escobillas, BD, es

$$E_c = V_a - (I_a R_a + \text{BD}) \qquad (1\text{-}9)$$

y sustituyendo $k\phi S$ en lugar de E_c según la ecuación (4-5) y despejando S, la velocidad del motor, resulta

$$S = \frac{V_a - (I_a R_a + \text{BD})}{k\phi} \tag{4-6}$$

en la que todos los términos se han definido anteriormente.

La ecuación (4-6) se ha denominado la *ecuación fundamental de la velocidad de un motor de c.c.*, ya que permite la predicción del comportamiento de un motor de c.c. muy fácilmente. Por ejemplo, si el flujo de excitación de un motor de c.c. se debilita considerablemente, el motor se *embalará*. Si el denominador de la ecuación (4-6) tiende a 0, la velocidad tiende a infinito. Análogamente, si la corriente y el flujo de carga se mantienen constantes y si se aumenta la tensión aplicada al inducido del motor, la velocidad aumentará en igual proporción. Finalmente, si el flujo de excitación y la tensión en bornes del inducido son constantes y la corriente del inducido aumenta debido a una mayor carga, la velocidad del motor disminuirá en la misma proporción que lo hace la fuerza contraelectromotriz (ecuación 4-5).

EJEMPLO 4-6: Un motor derivación de c.c. de 120 V que tiene una resistencia del circuito del inducido de 0,2 ohm y una resistencia del circuito de excitación de 60 ohm, absorbe una corriente de 40 A a plena carga. La caída de tensión en las escobillas es 3 V y la velocidad nominal a plena carga es 1800 rpm. Calcular:

a. La velocidad a media carga.
b. La velocidad a una sobrecarga del 125 %.

Solución:

a. A plena carga

$$I_a = I_l - I_f = 40\ \text{A} - \frac{120\ \text{V}}{60\ \Omega} = 38\ \text{A};$$

$$E_c = V_a - (I_a R_a + \text{BD}) = 120 - (38 \times 0{,}2 + 3) = 109{,}4\ \text{V} \tag{1-9}$$

a la velocidad nominal de 1800 rpm

$$E_c = 109{,}4\ \text{V} \quad \text{y} \quad I_a = 38\ \text{A (a plena carga)}$$

velocidad a media carga

$$I_a = \frac{38\ \text{A}}{2} = 19\ \text{A};$$

$$E_c = V_a - (I_a R_a + \text{BD}) = 120 - (19 \times 0{,}2 + 3) = 113{,}2\ \text{V}$$

Empleando el método de la relación, la velocidad a media carga

$$S = S_{\text{orig.}} \frac{E_{\text{final}}}{E_{\text{orig.}}} = 1800 \frac{113{,}2}{109{,}4} = \mathbf{1860\ rpm} \qquad (4\text{-}5)$$

b. $1\frac{1}{4}$ a una carga

$$I_a = \tfrac{5}{4} 38 \text{ A} = 47{,}5 \text{ A};$$

$$E_c = V_a - (I_a R_a + \text{BD}) = 120 - (47{,}5 \times 0{,}2 + 3) = 107{,}5 \text{ V}$$

$$S_{5/4} = 1800 \frac{107{,}5}{109{,}4} = \mathbf{1765\ rpm} \qquad (4\text{-}5)$$

Los resultados anteriores están tabulados en el ejemplo 4-8 que sigue.

EJEMPLO 4-7: El motor de c.c. del ejemplo 4-6 se carga hasta absorber 66 A (temporalmente) pero a fin de producir el par necesario, el flujo de excitación se eleva en un 12 % disminuyendo la resistencia del circuito de excitación a 50 ohm. Calcular la velocidad del motor.

Solución:

$$I_a = I_l - I_f = 66 - \frac{120}{50} = 63{,}6 \text{ A}$$

$$E_c = V_a - (I_a R_a + \text{BD}) = 120 - (63{,}6 \times 0{,}2 + 3) = 104{,}3 \text{ V}$$

A partir de la ecuación (4-6)

$$S = \frac{KE_c}{\phi} = 1800 \frac{104{,}3}{109{,}4} \times \frac{1{,}0}{1{,}12} = \mathbf{1535\ rpm} \qquad (4\text{-}5)$$

Nótese que en la solución anterior se ha utilizado el *método de los coeficientes*. La velocidad original a plena carga de 1800 rpm es afectada por dos factores, fuerza contraelectromotriz y flujo. La fuerza contraelectromotriz ha disminuido y ya que la velocidad varía en razón *directa* a la fuerza contraelectromotriz, la velocidad está multiplicada por un coeficiente inferior a la unidad. Análogamente, el flujo ha aumentado, pero un aumento de ϕ origina una *disminución* de velocidad. Por consiguiente, de nuevo la velocidad está multiplicada por un coeficiente inferior a la unidad. Esta técnica de cálculo, es más económica y útil que la de las proporciones. El lector comprobará esto resolviendo cuidadosamente los ejercicios 4-6 y 4-7 independientemente.

4-6. Fuerza contraelectromotriz y potencia mecánica desarrollada por el inducido de un motor. En general, puede notarse a partir de los problemas anteriores que la fuerza contraelectromotriz a plena carga es menor que la fuerza contraelectromotriz con valores pequeños de carga. En función de la tensión en bornes del inducido, la fuerza contraelectromotriz a *plena carga* variará desde aproximadamente el 80 % en las máquinas más pequeñas hasta aproximadamente el 95 % de la tensión aplicada al inducido en los motores de c.c. mayores. La fuerza contraelectromotriz, E_c, como porcentaje de la tensión en el inducido, V_a, es una relación importante en la determinacón del rendimiento relativo y la potencia mecánica desarrollada por un determinado inducido. La potencia mecánica desarrollada por el inducido puede deducirse de la forma siguiente.

La caída de tensión en el inducido, sin tener en cuenta la caída en las escobillas BD, es

$$I_a R_a = V_a - E_c \tag{1-9}$$

Y la potencia perdida en el inducido cuando se le aplica V_a y por él circula I_a, es [multiplicando los dos miembros de la ecuación (1-9) por I_a]

$$(I_a R_a) I_a = I_a (V_a - E_c)$$

o

$$I_a^2 R_a = V_a I_a - E_c I_a$$

Despejando $E_c I_a$, tenemos

$$E_c I_a = V_a I_a - I_a^2 R_a \tag{4-7}$$

El significado de la ecuación (4-7) es que cuando la potencia eléctrica, $V_a I_a$ es suministrada al inducido del motor para producir rotación, se disipa una cierta cantidad de potencia en los diversos componentes que constituyen la resistencia del circuito del inducido; esta disipación se denomina pérdida en el cobre del inducido, $I_a R_a$. La potencia restante, $E_c I_a$, la precisa el inducido para desarrollar el par interno (figura 12-1). La relación entre la *potencia desarrollada por* y *la potencia suministrada al* inducido, $E_c I_a / V_a I_a$, es la misma que la relación E_c / V_a. Por lo tanto, cuanto mayor sea la fuerza contraelectromotriz en porcentaje de la tensión aplicada, mayor será el rendimiento del motor. Además, para una corriente de carga dada, es claramente evidente que, cuando la fuerza contraelectromotriz sea máxima, el motor desarrollará la mayor potencia posible para aquel valor de la corriente del inducido, I_a.

La última afirmación exige cierta reflexión ya que, a partir de la ecuación (4-5), parecería ($E_c = K\phi S$) que, a fin de desarrollar la máxima fuerza contraelectromotriz posible, tan sólo es necesario aumentar la corriente de excitación y el flujo hasta un máximo (sin sobrecalentar el devanado de excitación) y al mismo tiempo «hacer funcionar» el motor a velocidades muy elevadas. Pero la ecuación (4-6) indica que cuando el flujo de excitación aumenta, la velocidad disminuye (ejemplo 4-7). Más aún, tanto la velocidad como la fuerza contraelectromotriz están, en parte, determinadas por la carga mecánica del motor. Pero es perfectamente cierto, que, para una carga mecánica, una corriente de línea resultante y una corriente de inducido determinadas, existe una velocidad concreta y un ajuste del reóstato de campo que deben producir una potencia máxima.

EJEMPLO 4-8: Calcular la potencia desarrollada en el inducido para cada una de las cargas de los ejemplos 4-6 y 4-7 y tabularlas a efectos de referencia y comparación.

Solución:

Ejemplo	I_a	E_c	Velocidad	$P_d(E_cI_a)$
4-6a	38	109,4	1800	4160 W a plena carga
	19	113,2	1860	2510 W a media carga
	47,5	107,5	1765	5110 W a 1 ¼ de carga
4-7	63,6	104,3	1535	6640 W con sobrecarga

Nótese, en el ejemplo 4-8, que una pequeña reducción de fuerza contraelectromotriz determina un aumento grande en la corriente del inducido con el resultado de que la potencia desarrollada aumenta al disminuir la fuerza contraelectromotriz debido a la carga.

4-7. Relación entre el par y la velocidad del motor. Supongamos que en la ecuación básica de la velocidad, ecuación (4-6), la caída de tensión en las escobillas, BD, es 0. En la deducción y discusión de la ecuación básica de la velocidad $S=(V_a-I_aR_a)k\phi$, el lector puede haber notado lo que parece una incongruencia entre esta ecuación y la ecuación (4-4), $T=k\phi I_a$. Ya que el par se define como una fuerza que tiende a producir rotación, de acuerdo con la ecuación (4-4), el aumento del flujo de excitación debería tender a aumentar el par y (posiblemente) la velocidad. Por otra parte, el aumento del flujo de excitación en la ecuación (4-6) debería reducir la velocidad. ¿Es esto una incongruencia o es posible reconciliar las dos ecuaciones?

Realmente, no hay incongruencia y con la ayuda de la ecuación (1-9), $I_a=(V_a-E_c)/R_a$, es posible dar una explicación cualitativa y cuantitativa de lo que sucede cuando el flujo de excitación disminuye. Cualitativamente, las etapas son:

1. El flujo de excitación de un motor derivación disminuye al disminuir la corriente de excitación.

2. La fuerza contraelectromotriz, $E_c = k\phi S$, disminuye instantáneamente (la velocidad permanece constante como resultado de la inercia del inducido grande y pesado).

3. La disminución de E_c determina un aumento de la corriente en el inducido, I_a; véase la ecuación (1-9) citada anteriormente.

4. Pero el ejemplo 4-4 indicó que una pequeña reducción del flujo de excitación origina un gran aumento en la corriente del inducido.

5. Por consiguiente, en la ecuación (4-4), en la que $T = k\phi I_a$, la *ligera disminución* de flujo es contrarrestada sobradamente por un *gran aumento* en la corriente en el inducido. ¡Nótese que *el par ha aumentado más de lo que ha disminuido el flujo!*

6. Este aumento en el par produce un *aumento de velocidad.*

Ya que la velocidad de una máquina en marcha está determinada por el par desarrollado, entonces se plantea la cuestión, ¿es posible aumentar el flujo de excitación y al mismo tiempo aumentar la velocidad? La respuesta es que *es* posible pero *sólo* si la corriente del inducido se mantiene *constante* ($T = K\phi I_a$). Esto es lo que realmente se hace en el servomotor de c.c. indicado en la figura 4-6,

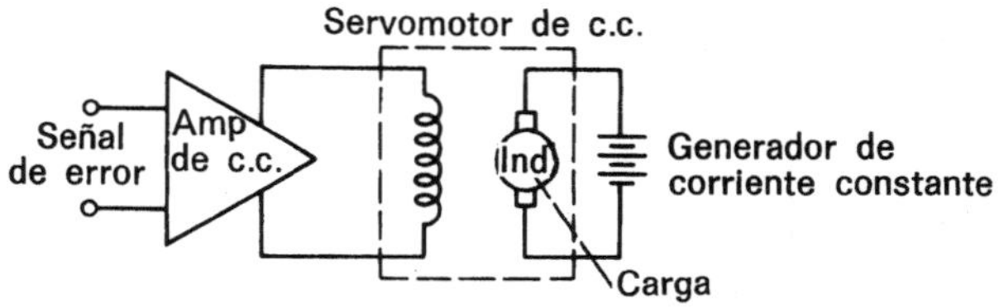

Figura 4-6. Motor de c.c. con excitación independiente.

en la que I_a es constante debido a que el inducido se conecta a una fuente de corriente constante (un generador serie o compound diferencial); (véase el apartado 3-20). Sin tensión de c.c. aplicada al devanado de excitación independiente, no hay par (ecuación 4-4). Cuando a la excitación se aplica una pequeña tensión de c.c., se desarrolla un pequeño par y el inducido gira lentamente de acuerdo con la ecuación (4-4). Ya que la corriente en el inducido es constante en todo momento, en consecuencia el par y la velocidad son proporcionales tan sólo al flujo de excitación. Un flujo de excitación nulo produce una velocidad nula, *no infinita.* El servomotor de c.c. con excitación independiente (apartado 11-13) no viola las ecuaciones básicas de los motores. Por el contrario, las confirma.

Una cuestión final que se plantea frecuentemente (y atractiva para los estudiantes en el laboratorio) es: ¿Qué sucedería si el circuito de excitación de un motor derivación cargado se abriese súbitamente? ¿Se embalaría el motor, si no estuviese protegido mediante fusibles, hasta un punto en que se destruyese? Ya sabemos que una pequeña disminución de flujo produce un gran aumento en la corriente del inducido y en el par. Un motor cargado con una excitación abierta consume una corriente en el inducido anormalmente elevada cuando alcanza velocidades mayores y a su vez produce cargas mecánicas y fuerzas centrífugas mayores sobre los conductores del inducido.

La respuesta a la cuestión descansa en la naturaleza de la fuente y de las líneas que alimentan el inducido. Dada una fuente capaz de suministrar una corriente infinita, y dadas unas líneas de alimentación de resistencia nula, una excitación abierta determinaría mayor velocidad, más carga, más corriente en el inducido, mayor par, y a su vez mayor velocidad. La velocidad del motor será casi infinita (finalmente) y el motor desde luego será destruido por las fuerzas centrífugas que actúan sobre los conductores del inducido. Pero, felizmente para la mayoría de estudiantes en el laboratorio, las líneas de alimentación tienen resistencia, la alimentación está limitada en lo que respecta a la corriente que puede suministrar y afortunadamente un interruptor automático o fusible abre el circuito antes de que el motor reciba demasiado daño debido a la excesiva corriente en el inducido y excesiva velocidad.

En consecuencia, resumiendo, al tratar de predecir el efecto de las variaciones en la corriente y flujo del inducido, o bien el par o la velocidad, no existe contradicción entre las ecuaciones (4-4) y (4-6). El lector debe recordar que cuando la corriente del inducido (I_a) *no* se mantiene constante, una disminución de flujo produce aumentos correspondientemente mayores en la corriente del inducido, el par y la velocidad.

4-8. Arrancadores para los motores de c.c. En el momento de aplicar una tensión, V_a, a los bornes del inducido a fin de provocar la rotación del motor, el inducido del motor no produce ninguna fuerza contraelectromotriz ya que la velocidad es nula (4-5). Los únicos factores que limitan la corriente son la caída de tensión en las escobillas y la resistencia del circuito del inducido, R_a. Ya que ninguna de ellas, en condiciones normales, alcanza a más del 10 o 15 % de la tensión aplicada, V_a, al inducido (apartado 4-6), la sobrecarga equivale a muchas veces la corriente nominal de inducido, como se indica en el siguiente ejemplo.

EJEMPLO 4-9: Un motor derivación de c.c. de 120 V tiene una resistencia de inducido de 0,2 ohm y una caída de tensión en las escobillas de 2 V. La corriente nominal a plena carga del inducido es 75 A. Calcular la corriente en el momento del arranque y el porcentaje de plena carga.

Solución:

$$I_{st} = \frac{V_a - \mathrm{BD}}{R_a} = \frac{120 - 2}{0{,}2} = 590\ \mathrm{A}$$ **(la fuerza contraelectromotriz es nula)**

$$\text{Porcentaje de plena carga} = \frac{590\ \mathrm{A}}{75\ \mathrm{A}} \times 100 = 786\ \%$$

El ejemplo 4-9 sirve para poner de manifiesto que un motor puede sufrir daños a menos que se limite la corriente de arranque mediante un *arrancador.**

La corriente en el problema anterior es excesiva debido a la falta de fuerza contraelectromotriz en el momento del arranque. Una vez iniciada la rotación, se establece una fuerza contraelectromotriz proporcional a la velocidad. Por lo tanto, lo que se precisa es un dispositivo, por lo general una resistencia variable o con tomas, cuya finalidad es la de limitar la corriente durante el período de arranque y cuya resistencia puede reducirse gradualmente a medida que el motor adquiere velocidad. Suponiendo una resistencia exterior, R_s, en serie con el inducido (1-9), debe modificarse para calcular la corriente del inducido

$$I_a = \frac{V_a - (E_c + \text{BD})}{R_a + R_s} \tag{4-8}$$

en la que todos los términos se han definido anteriormente.

El valor de la resistencia de arranque a velocidad nula o en un determinado momento del período de arranque, puede calcularse a partir de (4-8), como se ilustra mediante el siguiente ejemplo:

EJEMPLO 4-10: Calcular los diversos valores (tomas) de la resistencia de arranque a fin de limitar la corriente en el motor del ejemplo 4-9a

a. El 150 % de la carga nominal en el momento de arranque.
b. Una fuerza contraelectromotriz que es el 25 % de la tensión aplicada al inducido, V_a, al 150 % de la carga nominal.
c. Una fuerza contraelectromotriz que es el 50 % de la tensión aplicada al inducido al 150 % de la carga nominal.
d. Hallar la fuerza contraelectromotriz a plena carga sin resistencia de arranque.

Solución:

$$R_s = \frac{V_a - (E_c + \text{BD})}{I_a} - R_a \quad \text{[a partir de (4-8)]}$$

a. En el arranque, E_c es nula; $R_s = \dfrac{V_a - \text{BD}}{I_a} - R_a = \dfrac{120 - 2}{1{,}5 \times 75} - 0{,}2 =$

$1{,}05 - 0{,}2 =$ **0,85 Ω**

b. $R_s = \dfrac{V_a - (E_c + \text{BD})}{I_a} - R_a = \dfrac{120 - 30 - 2}{1{,}5 \times 75} - 0{,}2 = 0{,}782 - 0{,}2$

$=$ **0,582 Ω**

c. $R_s = \dfrac{120 - (60 + 2)}{1{,}5 \times 75} - 0{,}2 = 0{,}516 - 0{,}2 =$ **0,316 Ω**

d. $E_c = V_a - (I_a R_a + \text{BD}) = 120 - [(75 \times 0{,}2) + 2] =$ **103 V**

* El aspecto de los arrancadores prácticos de motores, tanto manuales como automáticos, puede estudiarse con detalle en *Control de máquinas eléctricas,* de Kosow, Editorial Reverté, S. A., y en *Electric Machinery and Control,* de Kosow, Prentice Hall, 1964, cap. 14.

Nótese que, en el ejemplo 4-10, se precisa un valor gradualmente decreciente de la resistencia de arranque a medida que el motor desarrolla una fuerza contraelectromotriz en aumento debida a la aceleración. Éste es el principio del arrancador del motor de resistencia de inducido.

En la figura 4-7 puede verse la forma en que se utiliza un arrancador junto con los 3 tipos básicos de máquina de c.c. utilizadas como motores. Las técnicas utilizadas aquí para el arranque del motor son tan sólo diagramas *esquemáticos;* como se ha establecido previamente, las formas prácticas de los arrancadores y controladores manuales y automáticos se diferencian ligeramente de éstos.

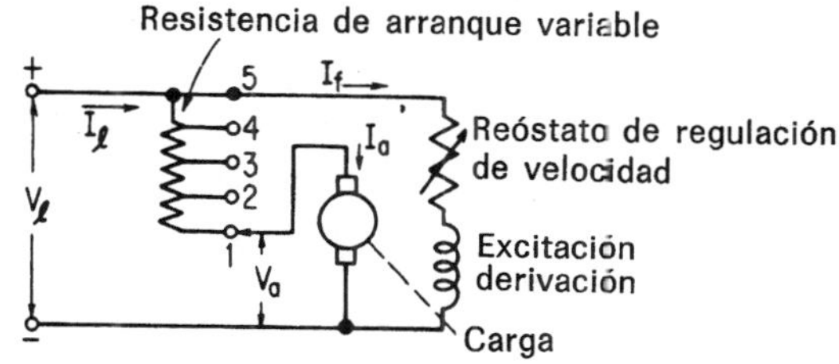

(a) Arrancador de motor derivación (forma esquemática)

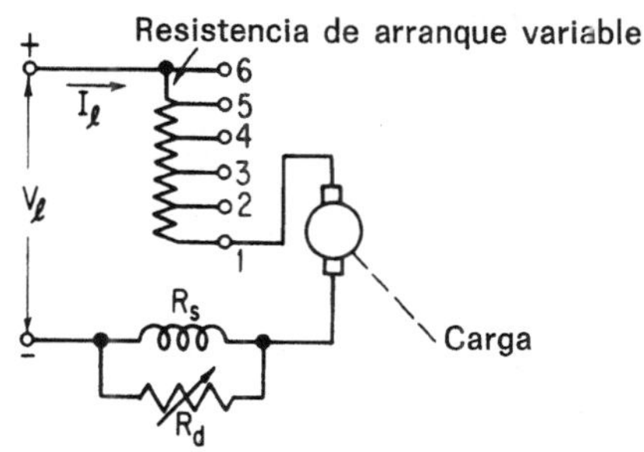

(b) Arrancador de motor serie (forma esquemática)

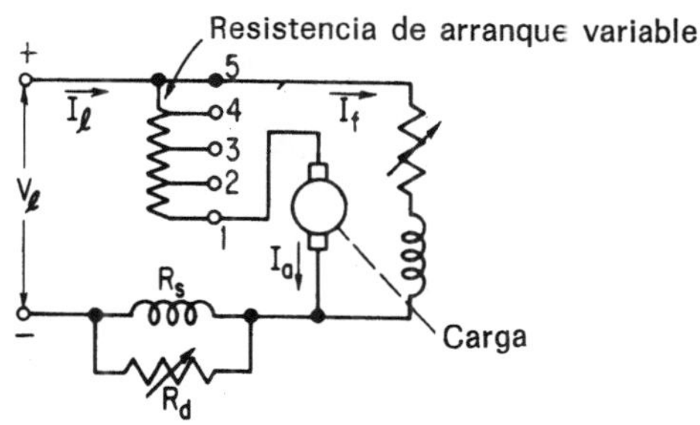

(c) Arrancador de motor compound (forma esquemática).

Figura 4-7. Conexiones esquemáticas del arrancador para motores derivación, serie y compound.

Los motores derivación y compound se arrancan con *excitación plena* (o sea al circuito de excitación se aplica la plena tensión de línea) a fin de desarrollar un par de arranque máximo ($T=k\phi I_a$). En los tres tipos de máquinas, la corriente de arranque de inducido está limitada por una resistencia de arranque variable de gran potencia conectada en serie. En la práctica, el golpe de corriente inicial de inducido está limitado generalmente a un valor superior al correspondiente a la plena carga, como se indica en el ejemplo 4-10, nuevamente con el fin de desarrollar un par de arranque mayor, particularmente en el caso de grandes motores que tengan gran inercia y que adquieran velocidad lentamente.

Con el reóstato de arranque en la posición 1 en la figura 4-7a, la resistencia máxima en serie limitará la corriente de inducido en el arranque a alrededor del 150 % de su valor nominal. A medida que el motor aumenta lentamente su velocidad, el inducido desarrolla fuerza contraelectromotriz y la corriente de inducido disminuye hasta aproximadamente el valor de plena carga. Si el reóstato de arranque se dejara en la posición 1, la corriente de inducido disminuiría ligeramente y la velocidad se estabilizaría en algún valor por debajo de la velocidad nominal. A fin de acelerar el inducido del motor una vez más, es necesario colocar el reóstato en la posición 2. Nuevamente se produce una sobrecorriente de inducido y el motor eleva su velocidad. Este proceso continúa hasta que el inducido del motor alcanza su velocidad nominal, en la que la fuerza contraelectromotriz a esta velocidad y flujo es suficiente para limitar la corriente de inducido sin necesitar una resistencia en serie con él.

Debe notarse que los tres tipos (motor serie, derivación y compound) si se arrancan con una carga mecánica acoplada a los inducidos, como se indica en la figura 4-7, se acelerarán más lentamente que si se arrancasen sin carga. El motor serie, sin embargo, *nunca* debe ser arrancado ni acelerado sin tener una carga acoplada a su inducido (véase el apartado 4-10), si bien los motores derivación y compound pueden arrancarse con o sin carga mecánica.

4-9. Características del par electromagnético de los motores de c.c. La ecuación fundamental del par (4-4), en la que $T=k\phi I_a$, proporciona un medio de predecir cómo variará el par en cada uno de los tres tipos de motores indicados en la figura 4-7 con la aplicación de la carga (o sea, con la corriente de inducido). Se estudiará sucesivamente la característica par-carga de cada tipo de motor. Ahora se supone que cada motor ha sido arrancado y acelerado adecuadamente de manera que su inducido está conectado directamente a la red, V_l, en la figura 4-7. ¿Cuál es el efecto del aumento de carga sobre el par de los motores de c.c.?

4-9.1. *Motor derivación.* Durante los períodos de arranque y de marcha, la corriente en el circuito de excitación en derivación, como se indica en la figura 4-7a, es esencialmente constante para un ajuste determinado del reóstato de campo y en consecuencia el flujo (por el momento) es también esencialmente constante. Al aumentar la carga mecánica, el motor disminuye ligeramente su velocidad, originando una disminución en la fuerza contraelectromotriz y un aumento en la corriente de inducido.* En la ecuación básica del par, por consiguiente, si el flujo es esencialmente constante y si la corriente de inducido aumenta directamente con la aplicación de carga mecánica, la ecuación del par para el motor derivación puede expresarse como una relación perfectamente lineal $T=k'I_a$, indicada en la figura 4-8 (para el motor derivación).

4-9.2. *Motor serie.* Si las bobinas de la excitación derivación se quitasen de la máquina de c.c. anterior y se sustituyesen por todo un devanado de excitación serie, el mismo motor produciría la curva de par indicada en la figura 4-8 para el motor serie. En un motor serie, las corrientes de inducido y de excitación serie son iguales (sin tener en cuenta los efectos de la resistencia en derivación), y el flujo producido por la excitación serie, ϕ, es en todo momento proporcional a la corriente de inducido, I_a. La ecuación básica del par para el funcionamiento del motor serie se convierte, por consiguiente, en $T=k''I_a^2$. Hasta que el circuito magnético de la excitación está no saturado (o sea, sobre la parte lineal de su curva de magnetización), la relación entre el par del motor serie y la corriente de carga es exponencial, como se indica en la figura 4-8. Debe notarse que el par del motor serie a cargas muy pequeñas (valores reducidos de I_a) es menor que el del motor derivación debido a que desarrollan menos flujo. Sin embargo, para la misma corriente de inducido a plena carga, su par es mayor, como se pone de relieve comparando las dos ecuaciones, respectivamente, indicadas en la figura 4-8.

4-9.3. *Motores compound.* Cuando en los polos de la misma máquina de c.c. utilizada anteriormente se instalan un devanado de excitación derivación y otro en serie, la excitación en serie puede ser compoundada aditiva o diferencialmente. Sin embargo, independientemente del compoundaje, la corriente en el circuito de excitación en derivación y el flujo de excitación, ϕ_f, durante el arranque o la marcha es esencialmente constante. La corriente en la excitación serie es función de la corriente de carga absorbida por el inducido.

La ecuación básica del par para el funcionamiento del motor compound aditivo es $T=k(\phi_f+\phi_s)I_a$, en la que el flujo de excitación serie ϕ_s es función de la corriente de inducido I_a. Arrancando con un flujo igual al flujo de excitación derivación en vacío y con uno que aumenta con la corriente de inducido, el motor compound aditivo produce una curva par que *siempre* es mayor que la del motor derivación para la *misma* corriente de inducido como se indica en la figura 4-8.

* El efecto del aumento de la corriente de inducido produce una fmm de inducido denominada «reacción de inducido» que, según el grado de saturación de la excitación, tenderá a desmagnetizar y reducir algo el flujo de excitación. La reacción de inducido se estudiará con detalle en el capítulo 5.

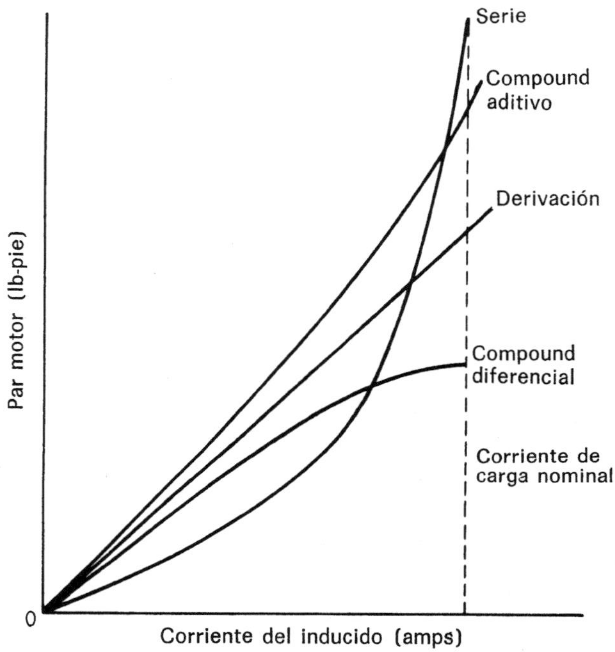

Figura 4-8. Comparación de las características par-carga para una máquina de c.c. determinada

Sin embargo, para el motor *compound diferencial,* la ecuación anterior del par puede escribirse $T=k(\phi_f-\phi_s)I_a$, en la que ϕ_s es aún función de I_a, y ϕ_f es (probablemente) constante. Arrancando con un flujo igual al flujo de excitación en derivación en vacío, cualquier valor de la corriente de inducido producirá una fmm de excitación en serie que reduce el flujo total en el entrehierro y en consecuencia el par. Por lo tanto, el motor compound diferencial produce una curva de par que es siempre menor que la del motor derivación.

EJEMPLO 4-11: Un motor compound aditivo se hace funcionar como motor derivación (excitación en serie desconectada) y desarrolla un par de 160 libras-pie cuando la corriente de inducido es 140 A y el flujo de excitación es $1{,}6 \cdot 10^6$ líneas. Cuando se reconecta como motor compound aditivo a la misma corriente, desarrolla un par de 190 libras-pie. Hallar

a. El aumento de flujo debido a la excitación serie en %.

b. El par cuando la carga del motor compound aumenta en un 10 % (suponer un funcionamiento sobre la parte *lineal* de la curva de saturación).

Solución: Los datos que aparecen en el ejemplo 4-11 se disponen en forma de tabla para referencia conveniente.

	Par en pies-libra	Corriente de inducido I_a en amp.	Flujo de excitación ϕ_f en líneas
Original	160	140	$1{,}6 \times 10^6$
Flujo adicionado	190	140	$\phi_{f'}$
Par final	$T_{f'}$	154	$1{,}1 \times 1{,}9 \times 10^6$

A partir de los datos que se dan, se realizan los siguientes:

a. $$\phi_{f'} = \phi_{\text{orig}}\left(\frac{T_{\text{final}}}{T_{\text{orig}}}\right) = 1{,}6 \times 10^6 \times \left(\frac{190}{160}\right) = 1{,}9 \times 10^6 \text{ líneas}$$

$$\text{Porcentaje de aumento de flujo} = \frac{1{,}9 \times 10^6}{1{,}6 \times 10^6} \times 100 - 100 = 118{,}8 - 100$$

$$= \mathbf{18{,}8\ \%}$$

b. El flujo final de excitación es $1{,}1 \times 1{,}9 \times 10^6$ líneas (debido al 10 % de aumento en la carga).

$$\text{El par final, } T_{f'} = 190 \text{ pies-libra} \left(\frac{154 \text{ A}}{140 \text{ A}}\right) \times \left(\frac{1{,}1 \times 1{,}9 \times 10^6}{1{,}0 \times 1{,}9 \times 10^6}\right) \quad (4\text{-}4)$$

$$= \mathbf{230 \text{ pies-libra}}$$

EJEMPLO 4-12: Un motor serie absorbe una corriente de 25 A y desarrolla un par de 90 pies-libra. Calcular:

a. El par cuando la corriente se eleva a 30 A si la excitación *no está saturada.*

b. El par cuando la corriente se eleva a 50 A y el aumento de corriente produce un aumento de flujo de 60 %.

Solución:

a. $$T = kI_a^2 = 90 \text{ pies-lb} \left(\frac{30}{25}\right)^2 = \mathbf{129{,}5 \text{ pies-lb}}$$

b. $$T = k\phi I_a = 90 \text{ pies-lb} \left(\frac{50}{25}\right)\left(\frac{1{,}6}{1{,}0}\right) = \mathbf{288 \text{ pies-lb}} \quad (4\text{-}4)$$

4-10. Características de velocidad de los motores de c.c. La ecuación fundamental de la velocidad (4-6), en la que $S = (V_a - I_aR_a)/k\phi$, proporciona un medio de predecir cómo variará la velocidad de cada uno de los motores indicados en la figura 4-7 con la aplicación de carga. Se estudiará sucesivamente la característica velocidad-carga de cada motor. Para simplificar la discusión, se supone que la caída de tensión en las escobillas, BD, es 0.

4-10.1. *Motor derivación.* Supongamos que el motor derivación de la figura 4-7a ha sido llevado hasta la velocidad nominal y funciona en vacío. Puesto que el flujo de excitación del motor (sin tener en cuenta la reacción de inducido) puede considerarse *constante*, la velocidad del motor puede expresarse según la ecuación básica de la velocidad

$$S = \frac{E}{k'\phi_f} = k\frac{V_a - I_a R_a}{\phi_f} \qquad (4\text{-}6)$$

Cuando al eje del inducido se aplica carga mecánica, la fuerza contraelectromotriz disminuye y la velocidad lo hace proporcionalmente. Pero ya que la fuerza contraelectromotriz desde vacío hasta plena carga presenta una variación de aproximadamente el 20 % (o sea, desde 0,75 V_a a plena carga hasta aproximadamente 0,95 V_a en vacío), la velocidad del motor se mantiene esencialmente constante como se indica en la figura 4-9.

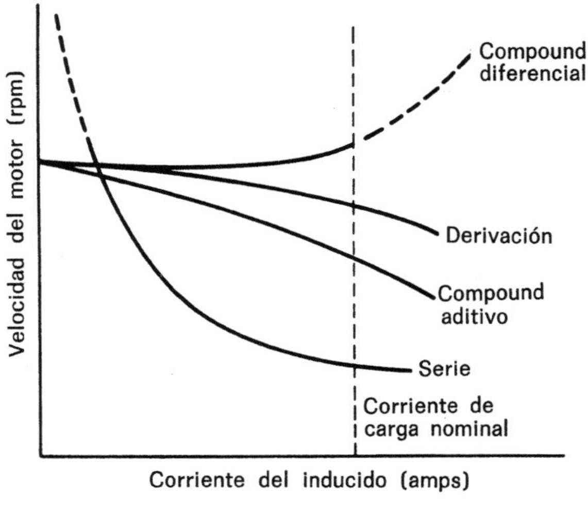

Figura 4-9. Comparación de las características velocidad-carga para una máquina de c.c. determinada.

4-10.2. *Motor serie.* La ecuación básica de la velocidad (4-6), modificada para el circuito del motor serie, es evidentemente

$$S = \frac{V_a - I_a(R_a + R_s)}{k\phi} \qquad (4\text{-}9)$$

en la que V_a es la tensión aplicada a los bornes del motor y puesto que el flujo en el entrehierro producido por la excitación serie es proporcional a la corriente del inducido solamente, la velocidad puede escribirse en la forma

$$S = K' \frac{V_a - I_a(R_a + R_s)}{I_a} \tag{4-10}$$

La ecuación (4-10) nos proporciona una indicación de la característica velocidad-carga de un motor serie. Si se aplica una carga mecánica relativamente pequeña al eje del inducido de un motor serie, la corriente de inducido I_a es pequeña, lo que hace que el numerador de la fracción en la ecuación (4-10) sea grande y su denominador pequeño, determinando una velocidad anormalmente elevada. Por consiguiente, en vacío, con un flujo de excitación y una corriente de inducido pequeñas, la velocidad es realmente excesiva. Por esta razón, los motores serie siempre se accionan acoplados o engranados con una carga, como en ascensores, grúas o servicio de tracción de c.c. (ferrocarriles). Sin embargo, al aumentar la carga, el numerador de la fracción en (4-10) disminuye más rápidamente que lo que aumenta el denominador (el numerador disminuye según el producto de I_a, en comparación con el denominador que aumenta en proporción directa con I_a) y la velocidad disminuye rápidamente, como se indica en la figura 4-9. La línea discontinua representa la parte de carga ligera de la característica en la que no se hacen funcionar los motores serie.

Como se indica en la figura 4-9, la velocidad excesiva en un motor serie *no* determina una corriente de inducido elevada (como en los motores de inducción y compound) que provocaría la fusión de un fusible o el disparo de un interruptor automático y separando el inducido de la red. Debe utilizarse algún otro método de protección contra el embalamiento. En general los motores serie están equipados con interruptores centrífugos, normalmente cerrados en la zona de funcionamiento y que se abren a velocidades de aproximadamente el 150 % de la velocidad nominal.

4-10.3. *Motor compound aditivo.* La ecuación básica de la velocidad para el motor compound aditivo puede escribirse en la forma

$$S = K\left[\frac{V_a - I_a(R_a + R_s)}{\phi_f + \phi_s}\right] \tag{4-11}$$

y simplificarse más en la forma

$$S = K\left(\frac{E}{\phi_f + \phi_s}\right) \tag{4-12}$$

Al comparar (4-12) para el motor compound aditivo con $S = KE/\phi_f$ para el motor derivación, es evidente que, al aumentar la carga y la corriente de inducido, el flujo producido por la excitación serie también aumenta en tanto que la fuerza contraelectromotriz disminuye. Por consiguiente, el denominador aumenta mientras que el numerador disminuye proporcionalmente más que para un motor derivación. El resultado es que la velocidad del motor compound aditivo disminuirá más rápidamente que la del motor shunt con la aplicación de carga, como se indica en la figura 4-9.

4-10.4. *Motor compound diferencial.* (4-12) para el motor compound aditivo puede modificarse ligeramente para indicar el efecto de la fmm de excitación *opuesta,* con lo que la velocidad se expresa

$$S = \frac{KE}{\phi_f - \phi_s} = k\frac{V_a - I_a(R_a + R_s)}{\phi_f - \phi_s} \tag{4-13}$$

Al aumentar la carga e I_a, el numerador de la fracción de (4-13) disminuye ligeramente pero el denominador disminuye más rápidamente. La velocidad puede disminuir ligeramente con pequeñas cargas, pero al aumentar la carga la velocidad aumenta. Esta condición es causa de una inestabilidad dinámica. Al aumentar la velocidad, la mayoría de cargas mecánicas aumentan automáticamente (ya que *se realiza más trabajo a una velocidad mayor*) determinando un aumento de corriente, una disminución de flujo total y una velocidad mayor, originando aún más carga. Debido a esta inestabilidad inherente, los motores diferenciales se usan en raras ocasiones. En un laboratorio de maquinaria en que se ensayan estos motores, el estudiante puede ocasionalmente observar una condición en la que un motor diferencial empieza a embalarse y súbitamente disminuye su velocidad e invierte su sentido. Esto puede explicarse utilizando (4-13) y la figura 4-9. Al disminuir la fuerza contraelectromotriz debido a la disminu-

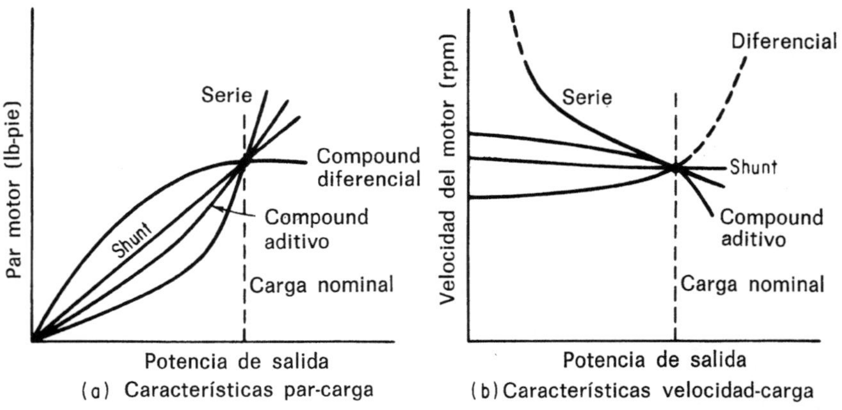

Figura 4-10. Comparación de las características de par y velocidad-carga a la carga nominal.

ción del flujo mutuo, la corriente de inducido y el par aumentan de forma tal que el flujo de excitación serie *supera* al flujo de excitación derivación, con lo que el motor invierte su sentido (de acuerdo con la regla de la mano izquierda). Es por esta razón que, cuando se arranca un motor diferencial, para finalidades de ensayo en el laboratorio, debe tenerse cuidado de eliminar la excitación serie de modo que la elevada corriente de arranque y de inducido no ocasione el arranque del motor en sentido opuesto.

Las curvas de las figuras 4-8 y 4-9 se desarrollaron para la misma máquina de c.c. funcionando a partir del mismo punto en vacío. Pero ya que toda la maquinaria eléctrica se especifica en función de sus valores nominales (a plena carga), la comparación entre las características par-carga y velocidad-carga debe realizarse a la carga nominal. Si se comparasen motores de c.c. de la misma tensión, potencia y velocidad nominales, se obtendrían las curvas de la figura 4-10. El lector debe comparar las curvas de la figura 4-10 con las de las figuras 4-8 y 4-9 para comprobar las características.

EJEMPLO 4-13: Un motor compound de 230 V, 10 hp y 1250 rpm tiene una resistencia de inducido de 0,25 ohm, una resistencia combinada del devanado de compensación y del devanado auxiliar de 0,25 ohm y una caída de tensión en las escobillas de 5 V. La resistencia de la excitación serie es 0,15 ohm y la resistencia de la excitación derivación es 230 ohm. Cuando se conecta como motor derivación la corriente absorbida con carga nominal es 55 A y la corriente absorbida en vacío es 4 A. La velocidad en vacío es 1810 rpm. Despreciando la reacción de inducido a la tensión nominal, calcular

a. La velocidad a la carga nominal.
b. La potencia interna en watios y en hp.

Solución:

a. $I_a = I_l - I_f = 4\text{ A} - 1\text{ A} = 3\text{ A}$

E_c en vacío $= V_a - (I_a R_a + \text{BD}) = 230 - (3 \times 0{,}5 + 5) = 223{,}5\text{ V}$

a una velocidad de 1810 rpm

E_c a plena carga $= V_a - (I_a R_a + \text{BD}) = 230 - (54 \times 0{,}5 + 5) = 198\text{ V}$;

$$S_{\text{fl}} = 1810 \frac{198}{223{,}5} = \mathbf{1600\ rpm} \qquad (4$$

b. $P_d = E_c I_a = 198\text{ V} \times 54\text{ A} = \mathbf{10\,700\ W}$

$$\text{hp} = \frac{10\,700\text{ W}}{746\text{ W/hp}} = \mathbf{14{,}35\ hp} \qquad (4\text{-}15)$$

EJEMPLO 4-14: El motor del ejemplo 4-13 se reconecta como motor compound aditivo en derivación larga. A la carga nominal (55 A), el devanado compound aumenta el flujo por polo en un 25 %. Calcular:

a. La velocidad en vacío (corriente de línea de 4 A)

b. La velocidad a plena carga (corriente de línea de 55 A)
c. Los pares internos a plena carga con y sin la excitación serie. Utilizar la ecuación (4-15)
d. La potencia interna del motor compound basada en el aumento de flujo interior
e. Explicar la diferencia entre potencia interna y nominal

Solución:

a. E_c en vacío $= V_a - (I_a R_a + I_a R_s + \text{BD})$ (4-8)
$= 230 - [(3 \times 0{,}5) + (3 \times 0{,}15) + 5]$
$= \mathbf{223{,}05\ V}$

$$S_{\text{nl}} = 1810\left(\frac{223{,}05}{223{,}5}\right) = 1805 \text{ rpm} \qquad (4\text{-}5)$$

b. E_c a plena carga $= 230 - [(54 \times 0{,}5) + (54 \times 0{,}15) + 5]$ (4-8)
$= 190$ V

$$S_{\text{fl}} = K\left(\frac{\delta E}{\delta \phi}\right) = 1805 \text{ rpm}\left(\frac{190}{223{,}05}\right) \times \left(\frac{1.0}{1{,}25}\right) \qquad (4\text{-}5)$$
$$= \mathbf{1231\ rpm}$$

c. Par interno del motor derivación (4-15), a plena carga:

$$T_{\text{derivación}} = \frac{\text{hp} \times 5252}{S} = \frac{14{,}35 \times 5252}{1600} = 47{,}2 \text{ pies-lb} \qquad (4\text{-}15)$$

$$T_{\text{comp}} = T_{\text{derivación}}\left(\frac{\phi_2}{\phi_1}\right) \times \left(\frac{I_{a2}}{I_{a1}}\right) = 47{,}2\left(\frac{1{,}25}{1{,}0}\right) \times \left(\frac{54}{54}\right)$$
$$= \mathbf{59{,}1\ pies\text{-}lb}$$

d. Potencia $= \dfrac{E_c I_a}{746} = \dfrac{190 \times 54}{746} = \mathbf{13{,}8\ hp}$

e. La potencia interna supera a la potencia nominal debido a que la potencia desarrollada en el motor también debe compensar las pérdidas mecánicas internas por rotación (véase la figura 12-1).

Nótese que el motor derivación desarrolla una potencia ligeramente superior que el motor compound debido a que gira a una velocidad superior a la nominal (4-15). Nótese también que el par del motor compound es mayor que el par del motor shunt debido a la adición del flujo de excitación serie. Es precisamente a causa de este flujo adicional que la velocidad del motor compound disminuye, ecuación (4-12).

EJEMPLO 4-15: La resistencia del circuito de inducido de un motor serie de 25 hp, 250 V es 0,1 ohm, la caída de tensión en las escobillas es 3 V y la resistencia de la excitación serie es 0,05 ohm. Cuando el motor serie absorbe 85 A, la velocidad es 600 rpm. Calcular:

a. La velocidad cuando la corriente es de 100 A.
b. La velocidad cuando la corriente es de 40 A.
   Despreciar la reacción de inducido y suponer que la máquina está funcionando en la parte lineal de su curva de saturación en todo momento.
c. Calcular de nuevo las velocidades de (a) y (b) utilizando una resistencia en derivación de 0,05 ohm a estas velocidades.

Solución:

a. $E_{c2} = V_a - I_a(R_a + R_s) - \text{BD} = 250 - 100(0{,}15) - 3$
$= 232 \text{ V}$ cuando $I_a = 100 \text{ A}$ (4-8)

$E_{c1} = 250 - 85(0{,}15) - 3 = 234{,}3 \text{ V}$ a una velocidad de 600 rpm cuando $I_a = 85 \text{ A}$

$S = K\dfrac{E}{\phi}$, suponiendo que ϕ es proporcional a I_a (sobre la parte lineal de la curva de saturación)

$$S_2 = S_1\frac{E_2}{E_1} \times \frac{\phi_1}{\phi_2} = 600\frac{232}{234{,}3} \times \frac{85}{100} = \mathbf{506\ rpm}$$

b. $E_{c3} = V_a - I_a(R_a + R_s) - \text{BD} = 250 - 40(0{,}15) - 3 = 241 \text{ V}$ a 40 A

$$S_3 = S_1\left(\frac{E_{c3}}{E_{c1}}\right) \times \frac{\phi_1}{\phi_3} = 600\left(\frac{241}{234{,}3}\right) \times \left(\frac{85}{40}\right) = \mathbf{1260\ rpm}$$

c. El efecto de la resistencia en derivación es reducir la corriente de excitación serie (y el flujo) a la mitad de sus valores anteriores

$$E_{c2} = V_a - I_a(R_a + R_{sd}) - \text{BD} = 250 - 100(0{,}125) - 3$$
$$= 234{,}5 \text{ V a } 100 \text{ A}$$
$$E_{c3} = V_a - I_a(R_a + R_{sd}) - \text{BD} = 250 - 40(0{,}125) - 3$$
$$= 242 \text{ V a } 40 \text{ A}$$
$$S_2 = S_1\left(\frac{E_{c2}}{E_{c1}}\right) \times \frac{\phi_1}{\phi_2} = \frac{234{,}5}{234{,}3} \times \frac{85 \text{ A}}{(\frac{100}{2}) \text{ A}} = \mathbf{1022\ rpm}$$
$$S_3 = S_1\left(\frac{E_{c3}}{E_{c1}}\right) \times \frac{\phi_1}{\phi_3} = 600\left(\frac{242}{234{,}3}\right) \times \frac{85 \text{ A}}{(\frac{40}{2}) \text{ A}} = \mathbf{2630\ rpm}$$

Obsérvese que el 50 % de la reducción de la corriente de excitación serie, debido a la corriente que circula por la resistencia en derivación sin pasar por el devanado de excitación, ha determinado una brusca elevación de velocidad del orden del 200 % de los valores originales (calculados sin la resistencia en derivación).

4-11. Regulación de velocidad. La regulación de velocidad de un motor se define como* *la variación de velocidad desde la carga nominal a carga nula, expresada en tanto por ciento de la velocidad a la carga nominal.* En forma de ecuación, la regulación de velocidad se convierte en

$$\text{Regulación de velocidad en } \% = \frac{S_{nl} - S_{fl}}{S_{fl}} \times 100 \tag{4.14}$$

A través del examen de las curvas de la figura 4-10b, es evidente que los motores derivación pueden clasificarse como motores de velocidad bastante constante, cuya regulación de velocidad es buena (un tanto por ciento pequeño). La regulación de velocidad del motor compound aditivo es más pobre que la del motor derivación; su regulación de velocidad tiene un valor más alto. La regulación de velocidad del motor serie es muy pobre (puesto que tiene una velocidad en vacío infinita). Tanto el motor aditivo como el motor serie se consideran como motores de velocidad variable (véase el apartado 12-20). El motor compound diferencial tiene una regulación de velocidad negativa, que siempre puede asociarse a inestabilidad en carga.

EJEMPLO 4-16: Calcular la regulación de velocidad en tanto por ciento para los motores de:

a. El ejemplo 4-13.
b. El ejemplo 4-14.
c. El ejemplo 4-15 (suponer que la corriente de 40 A corresponde al funcionamiento en vacío y la de 100 A a la de plena carga).

Solución:

a. $$\text{SR (derivación) por ciento} = \frac{S_{nl} - S_{fl}}{S_{fl}} \times 100 = \frac{1810 - 1600}{1600} \times 100 = \mathbf{13{,}13\ \%} \tag{4-14}$$

b. $$\text{SR (compound) por ciento} = \frac{1805 - 1231}{1231} \times 100 = \mathbf{46{,}6\ \%}$$

c. $$\text{SR (serie) por ciento} = \frac{1260 - 506}{506} \times 100 = \mathbf{149\ \%}$$

* ASA Standard C50, *Rotating Electrical Machinery*. Nótese la similitud entre esta definición y la definición de regulación de tensión, ecuación (3-9).

4-12. Par externo, potencia nominal y velocidad. Debe notarse que, al comparar los motores de la figura 4-10, la comparación se hizo en función de los valores de la potencia de salida (es decir, 1 hp=33 000 pie-lb/min) como medida de la capacidad del motor para efectuar trabajo mecánico. Los valores de la potencia de salida nominal para un motor son más significativos que la potencia interna ($E_c I_a/746$ vatios por hp) desarrollado por el inducido en la (4-7), por las razones descritas en el apartado 4-6. Por consiguiente, al especificar y seleccionar motores, puede plantearse la cuestión de la cantidad de par externo disponible en la polea o el eje del motor para realizar trabajo útil a una determinada velocidad nominal. La ecuación que expresa la relación entre el par externo, la potencia y la velocidad se deduce como sigue:

Sea F la fuerza útil desarrollada por todos los conductores de inducido que producen par electromagnético, r el radio del inducido, en pies, n el número de revoluciones del inducido y t el tiempo (1 min) necesario para que el inducido gire n veces.

El trabajo realizado por revolución del inducido es, pues

$$W = F \cdot 2\pi r \text{ pie-lb/revolución}$$

y la potencia o ritmo de realización de trabajo de un inducido giratorio es, en pie-lb/min,

$$P = \frac{W}{t} = (2F\pi r \text{ pies-lb/rev}) \times \frac{n}{t} \text{ rpm}$$

Pero ya que el par $T = Fr$ (4-2) y la velocidad $S = n/t$ por definición, entonces

$$P = \frac{W}{t} = 2\pi TS \text{ pies-lb/min}$$

y

$$\text{hp} = \frac{2\pi TS \text{ pies-lb/min}}{33\,000 \text{ pies-lb/min/hp}}$$

o

$$\text{hp} = \frac{TS}{5252} \qquad (4\text{-}15)$$

La relación anterior permite el cálculo del par electromagnético interno [determinado mediante (4-3)] a una velocidad determinada a partir de (4-7) en combinación con (4-15). También permite el cálculo del par disponible en la polea, dadas la velocidad y potencia nominales de un motor. Ambos cálculos se ilustran mediante el ejemplo siguiente:

EJEMPLO 4-17: A partir de los valores calculados para la velocidad nominal y potencia interna calculadas en el ejemplo 4-13, calcular

a. El par interno.
b. El par externo correspondiente a la potencia nominal y a la velocidad dadas en el ejemplo 4-13.
c. Explicación de diferencias.

Solución:

a. $$T_{\text{int.}} = \frac{\text{hp} \times 5252}{S} = \frac{14{,}35 \times 5252}{1595} = \mathbf{47{,}25\ \text{pies-libra}} \qquad (4\text{-}15)$$

b. $$T_{\text{ext.}} = \frac{\text{hp} \times 5252}{S} = \frac{10 \times 5252}{1250} = \mathbf{42{,}0\ \text{pies-libra}} \qquad (4\text{-}15)$$

c. La potencia interna se desarrolla a consecuencia del par electromagnético producido por la conversión de energía. Parte de la energía mecánica se utiliza internamente para vencer las pérdidas mecánicas del motor, lo que reduce el par disponible en su eje para realizar trabajo.

4-13. Inversión del sentido de giro. A fin de invertir el sentido de giro de cualquier motor de c.c., es necesario invertir el sentido de la corriente que circula a través del inducido con respecto al sentido del campo magnético. Tanto para el motor derivación como para el motor serie, esto se realiza simplemente invirtiendo o bien el circuito de inducido con respecto al circuito de excitación o viceversa. La inversión de *ambos* circuitos producirá el *mismo* sentido de giro.

Podría parecer que ya que por el circuito de excitación circula menos corriente que por el de inducido, el primero sería el elegido para la inversión. Sin embargo, al proyectar arrancadores y equipo de control automático, el circuito de *inducido* se elige generalmente para la inversión debido a: (1) la excitación es un circuito altamente inductivo (véase la figura 2-7) y las inversiones frecuentes producen fem inducida elevada y picado de los contactos del interruptor que se utiliza para conseguir la inversión del circuito de excitación, (2) si la excitación derivación se invierte, la excitación serie también debe invertirse ya que de otra manera un generador compound aditivo quedaría conectado diferencialmente, (3) las conexiones del circuito de inducido están normalmente abiertas a fin de hacer posible el frenado dinámico o regenerativo y como estas conexiones existen pueden utilizarse para la inversión, y (4) si el interruptor de inversión falla y el circuito de excitación no se cierra, el motor puede *embalarse.*

En el caso del motor compound, por consiguiente, con la inversión de sólo las conexiones de inducido, se consigue una inversión del sentido de giro tanto para las conexiones en derivación larga como en derivación corta como se indica en la figura 4-11, sin variación del sentido de la corriente en los devanados de excitación.

Por las razones anteriores, por consiguiente, la inversión del sentido de giro impone la inversión de las conexiones del inducido *únicamente,* como se indica en las figuras 4-11a y b.

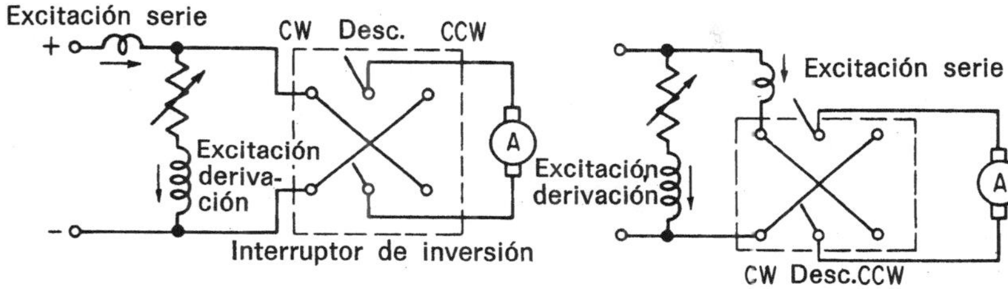

(a) Conexión en derivación corta. (b) Conexión en derivación larga

Figura 4-11. Inversión del sentido de un motor compound con derivación larga o corta.

4-14. Efecto de la reacción de inducido sobre la regulación de velocidad de todos los motores de c.c. La reacción de inducido (como se ha definido en el apartado 2-8 y en el capítulo 5) es el efecto de la fmm producida por los conductores del inducido (I_aN_a) al reducir y distorsionar el flujo mutuo en el entrehierro ϕm producido por el devanado de excitación (excitaciones serie y derivación). La ecuación fundamental de la velocidad (4-6), indica que una reducción del flujo de excitación en el denominador de esta ecuación provocará un aumento de velocidad. En el próximo capítulo se indicará que la extensión y efecto de la reacción de inducido varía en proporción directa con la carga o con la corriente de inducido, I_a. Cuando *cualquier* motor de c.c. (independientemente del tipo) se carga, el efecto de la reacción de inducido es el de reducir el flujo en el entrehierro y (dependiendo del grado de saturación) tender a *aumentar la velocidad del motor.* Un examen de las curvas velocidad-carga indicadas en la figura 4-9 pone de relieve que la regulación de velocidad de *cada* uno de los tipos comerciales de motor (derivación, serie y compound aditivo) *mejorarían* ligeramente debido a este efecto (si no llegase a ser tan pronunciado como para causar una regulación de velocidad negativa). En el caso del motor derivación, por ejemplo, como la reacción de inducido aumenta con la carga, la disminución de flujo y el aumento de velocidad con la carga podrían aumentar la velocidad en una extensión tal que su característica podría tender a ser la misma que la del motor compound diferencial indicado en la figura 4-9. Un motor derivación que funcione con una excitación débil y sin ningún medio de compensar la reacción de inducido (como se discute en el capítulo 5) es particularmente susceptible a la inestabilidad en carga y al embalamiento.

BIBLIOGRAFÍA

Ahlquist, R. W. «Equations Depicting the Operation of the dc Motor», *Electrical Engineering,* abril 1955.

Alger, P. L. y Erdelyi, E. «Electromechanical Energy Conversion», *Electro-Technology,* septiembre 1961.

Carr, C. C. *Electrical Machinery,* Nueva York: John Wiley & Sons, Inc., 1958.

Crosno, C. D. *Fundamentals of Electromechanical Conversion,* Nueva York, Harcourt, Brace, Jovanovich, Inc, 1968.

Daniels. *The Performance of Electrical Machines,* Nueva York: McGraw-Hill Inc., 1968.

D-C Generators and Motors (ASA 050.4) Nueva York: American Standards Association.

Emunson, B. M. y Ward, A. J. «An Evaluation of the New 'Industrial' dc Motors and Generators», *Electrical Manufacturing,* junio 1958.

Fitzgerald, A. E. y Kingsley, C. *The Dynamics and Statics of Electromechanical Energy Conversion,* 2.ª ed., Nueva York: McGraw-Hill, 1961.

Fitzgerald, A. E., Kingsley, Jr. C. y Kusko, A. *Electric Machinery,* 3.ª ed., Nueva York: McGraw-Hill, Inc., 1971.

Gemlich, D. K. y Hammond, S. B. *Electromechanical Systems,* Nueva York: McGraw-Hill, 1967.

Hindmarsh, J. *Electrical Machines,* Elmsford, N. Y.: Pergamon Press, 1965.

Jones, C. V. *The Unified Theory of Electrical Machines,* Nueva York: Plenum Publishing Corp., 1968.

Kloeffler, S. M., Kerchner, R. M. y Brenneman, J. L. *Direct Current Machinery,* Rev. ed., Nueva York: TheMacmillan Company, 1948.

Liwschitz, M. M., Garik M. y Whipple, C. C. *Direct Current Machines,* 2.ª ed., Princeton, N. J.: D. Van Nostrand Co., Inc., 1947.

Majmudar, H. *Introduction to Electrical Machines,* Boston: Allyn y Bacon, 1969.

Millermaster, R. A. *Harwood's Control of Electric Motors,* 4.ª ed., Nueva York: Wiley/Interscience, 1970.

Puchstein, A. F. *The Design of Small Direct Current Motors,* Nueva York: Wiley/Interscience, 1961.

Robertson, B. L. y Black, L. J. *Electric Circuits and Machines,* 2.ª ed., Princeton, N. J.: C. Van Nostrand Co., Inc., 1957.

Seely, S. *Electromechanical Energy Conversion,* Nueva York: McGraw-Hill, 1962.

Selmon. *Magnetoelectric Devices: Transducers, Transformers and Machines,* Nueva York: Wiley/Interscience, 1966.

Siskind, C. S. *Direct-Current Machinery,* Nueva York: McGraw-Hill, 1952.

Skilling, H. H. *Electromechanics: A First Course in Electromechanical Energy Conversion,* Nueva York: Wiley/Interscience, 1962.

Smeaton, Motor *Applications and Maintenance Handbook,* Nueva York: McGraw-Hill, 1969.

Thaler, G. J. y Wilcox; M.L. *Electric Machines: Dynamics and Steady State,* Nueva York: Wiley/Interscience, 1966.

Veniott. *Fractional and Subfractional Horsepower Electric Motors,* 3.ª ed., Nueva York: McGraw-Hill, 1970.

White, D. C. y Woodson, H. H. *Electromechanical Energy Conversion,* Nueva York: Wiley/Interscience, 1959.

CUESTIONES

4-1. Utilizando la ecuación, $I_a=(V_a-E_c)/R_a$, explicar:
   a. Por qué es imposible que E_c sea igual a V_a.
   b. Qué proporción de V_a está normalmente representada por E_c e I_aR_a, respectivamente, a plena carga.

4-2. a. ¿Cuál es la relación entre fuerza electromagnética y par electromagnético?
   b. ¿Cuál es la relación entre el par y el trabajo?

4-3. Utilizando la figura 4-3, un conductor situado exactamente en la mitad de la región interpolar, indicar dos razones por las que no desarrollará par útil.

4-4. a. Distinguir entre par y velocidad de un motor.
b. ¿Qué dos factores determinan el par motor?
c. Distinguir entre par desarrollado y par disponible en la polea. ¿Cuál es mayor y por qué?

4-5. a. Explicar por qué una pequeña variación en la velocidad y fuerza contraelectromotriz del motor producirá cambios correspondientemente mayores en la corriente de inducido.
b. Si la velocidad aumenta, qué efecto tiene sobre
1. la fuerza contraelectromotriz (¿por qué?)
2. la corriente de inducido
c. ¿Por qué se emplea a menudo la corriente de inducido como indicación de la carga y velocidad del motor?

4-6. Utilizando (4-6), explicar el efecto sobre la velocidad de un motor derivación cuando
a. Aumenta la corriente de inducido.
b. Disminuye la fuerza contraelectromotriz.
c. Aumenta el flujo de excitación (la corriente de excitación).

4.7. Para una determinada tensión aplicada al inducido, V_a, explicar:
a. El significado de un valor elevado para la relación entre E_c y V_a sobre el rendimiento.
b. Por qué la potencia desarrollada (E_cI_a) no es simplemente función de la carga (I_a).

4-8. Utilizando las mismas etapas descritas en el apartado 4-7, explicar cualitativamente el efecto de un *aumento* de la corriente de excitación sobre la velocidad del motor.

4.9 Puesto que la corriente de inducido, I_a, de un motor derivación es afectada por la variación de la corriente y flujo de excitación, ¿es posible controlar el par del motor de forma que sea independiente de la corriente de inducido? Explicarlo.

4-10. Suponiendo que un motor derivación está conectado (sin fusibles) a líneas de resistencia nula capaces de suministrar una corriente infinita, ¿qué sucedería si el circuito de excitación se abriese?

4-11. Utilizando la ecuación $I_{st}=(V_a-E_c)/R_a$ para la corriente de arranque de un motor derivación, explicar:
a. Por qué es necesaria una resistencia de arranque.
b. La deducción de (4-8).

c. Por qué la corriente de arranque está limitada, utilizando (4-8).
d. Por qué se precisan valores progresivamente decrecientes de la resistencia de arranque.

4-12. Utilizando la figura 4-7, explicar por qué todos los motores de c.c. se arrancan
a. Con una resistencia máxima en serie con el inducido.
b. Con excitación máxima.

4-13. Explicar por qué el motor serie debe arrancarse con una carga mecánica acoplada a su inducido.

4-14. Para el motor serie, compound aditivo, derivación y compound diferencial:
a. Establecer la ecuación del par para cada motor en particular.
b. Indicar cómo esta ecuación del par determina la característica indicada en la figura 4-8.

4-15. Para el motor compound diferencial, derivación, compound aditivo y serie:
a. Establecer la ecuación de la velocidad para cada motor en particular.
b. Indicar cómo esta ecuación da lugar a la característica de velocidad obtenida en la figura 4-9.

4-16. Comparar la familia de curvas indicada en la figura 4-10a y b con las de las figuras 4-8 y 4-9 y
a. Explicar las ventajas de la primera sobre la segunda.
b. Indicar dónde deberían aparecer el par de arranque y la velocidad de arranque en estas curvas.

4-17. Definir:
a. Par de arranque.
b. Par a plena carga.
c. Par en vacío.
d. Regulación de velocidad.
e. Par interno.
f. Par externo.

4-18. ¿Por qué los motores se especifican según su velocidad nominal y la potencia nominal de salida en lugar de la velocidad en vacío y la potencia interna?

4-19. Señalar cuatro razones por las que se eligen las conexiones del inducido para la inversión del sentido de giro del motor en vez de las conexiones de excitación de los motores de c.c.

4-20. ¿Cuál es el efecto de la reacción de inducido sobre la regulación de velocidad de todos los motores de c.c.?

PROBLEMAS

4-1. Los conductores del inducido de una máquina tienen una longitud axial de 12 pulgadas. Cuando por ellas circula una corriente de 80 A, la densidad del flujo de excitación se ajusta a 61 000 líneas/pulg^2. Calcular:
a. La fuerza desarrollada por cada conductor por el que circula corriente.
b. La fuerza total desarrollada, existiendo un total de 60 conductores activos en el inducido.
c. El par total desarrollado si el diámetro del inducido es de 18 pulgadas.

4-2. El inducido de un motor de c.c. tiene 48 ranuras, un devanado imbricado simple de doble capa (1 bobina/ranura) en el que cada bobina tiene 42 espiras. Los 4 polos de excitación abarcan el 78 % de la periferia del inducido y producen una densidad de flujo uniforme de 56 000 líneas/pulg^2. El núcleo del inducido tiene un diámetro de 14 pulgadas y una longitud axial de 16 pulgadas. Pero las ranuras forman un ángulo de 20° con respecto al eje. La corriente por conductor es 20 A. Calcular:
a. El número de conductores activos.
b. La longitud activa de cada conductor.
c. La fuerza electromagnética total desarrollada por los conductores del inducido.
d. El par que tiende a producir rotación.

4-3. Calcular el par en el problema 4-2 suponiendo que la densidad de flujo se eleva en un 10 % y la corriente se reduce en un 20 %.

4-4. Deducir la ecuación (4-3) a partir del examen del ejemplo 4-3.

4.5. Resolver el problema 4-2 utilizando la ecuación (4-3) como comprobación de la validez del ejemplo 4-3.

4-6. Resolver el ejemplo 4-3 ilustrativo incluido en el texto utilizando la ecuación (4-3) para determinar el par total desarrollado.

4-7. Un motor derivación de seis polos tiene un inducido que contiene un devanado *ondulado* simple que absorbe una corriente de 80 A. Cada polo produce una densidad de flujo de 52 000 líneas/pulg^2 y una sección de 19,25 pulgadas^2. El inducido presenta un total de 300 conductores activos. Calcular:
a. El par electromagnético total medio.
b. El par si el devanado del inducido fuera imbricado simple.

4-8. Un motor derivación de c.c. de 220 V tiene una caída en las escobillas de 5 V, una resistencia de inducido de 0,2 Ω y una corriente nominal de inducido de 40 A. Calcular:
a. La tensión generada en el inducido en estas condiciones de carga aplicada al eje del inducido.

b. La potencia desarrollada por el inducido en watios.
c. La potencia mecánica desarrollada por el inducido en hp.

4-9. Un motor derivación de c.c. de 125 V tiene una caída en las escobillas de 2 V, una resistencia de inducido de 0,1 Ω y una fuerza contraelectromotriz de 118 V cuando al eje del inducido del motor se aplica la carga nominal. Calcular:
a. La corriente de carga nominal absorbida por el inducido.
b. La caída de tensión total en el circuito de inducido.

4-10. Un motor de 10 hp tiene una resistencia de inducido de 0,05 Ω, una caída de tensión en las escobillas de 4,1 V y desarrolla una potencia mecánica de 12 hp a la corriente nominal de inducido de 80 A a 120 V. Calcular:
a. La fuerza contraelectromotriz a partir de la potencia mecánica desarrollada por el inducido.
b. La fuerza contraelectromotriz a partir de las caídas de tensión en el circuito de inducido.
c. Justificar las discrepancias entre (a) y (b).

4-11. Un motor derivación de 220 V tiene una velocidad de 1200 rpm, una resistencia de inducido de 0,2 Ω y una caída de tensión en las escobillas de 4 V. El motor absorbe una corriente de inducido de 20 A cuando se conecta a una tensión nominal de alimentación para una determinada carga. Al aumentar la carga mecánica el flujo de la excitación aumenta en un 15 %, determinando que la corriente de inducido medida se eleve hasta 45 A. Calcular:
a. La fuerza contraelectromotriz a la carga de 20 A
b. La fuerza contraelectromotriz a la carga de 45 A.
c. La velocidad a la carga de 45 A.
d. La potencia interna desarrollada por el inducido a las cargas de 20 A y 45 A, respectivamente.

4-12. Un motor derivación de 50 hp y 230 V tiene una caída de tensión en las escobillas de 5 V y una resistencia de inducido de 0,05 Ω. La resistencia del circuito de excitación es 115 Ω. En vacío, el motor absorbe 12 A y tiene una velocidad de 1300 rpm. Calcular:
a. La velocidad del motor a la corriente nominal de (véase en el Apéndice la Tabla A-3 y corregir la corriente de línea de acuerdo con ella).
b. La velocidad del motor para una corriente de inducido mitad de la nominal.
c. La regulación de velocidad.
d. La potencia mecánica desarrollada por el inducido a la carga nominal y la potencia de salida.
e. Comparar la potencia calculada de plena carga con la potencia nominal (50 hp) y justificar las diferencias.

4-13. Utilizando la potencia desarrollada calculada a plena carga en el problema 4-12, calcular:

a. El par desarrollado en pies-libra.
b. El par a media carga y la potencia utilizando cualquier dato del problema 4-12.
c. La potencia y el par en vacío utilizando los datos del problema 4-12.
d. Tabular los siguientes parámetros en condiciones de plena, media carga y en vacío: velocidad, potencia y par desarrollado por el inducido. Explicar las diferencias en la variación entre estos parámetros.

4-14. Un motor derivación tiene una resistencia de excitación derivación de 600 Ω, una resistencia del circuito de inducido de 0,1 Ω y una caída de tensión en las escobillas de 5 V. Los valores de la placa de características del motor son 600 V, 1200 rpm, 100 hp; el rendimiento a plena carga es del 90 %. Calcular, para estos valores nominales:
a. La corriente de línea del motor.
b. La corriente de línea del motor a partir de los datos de la tabla A-3 del apéndice. Justificar las diferencias.
c. Las corrientes de excitación y de inducido utilizando la corriente de línea calculada en (a).
d. La fuerza contraelectromotriz a la velocidad nominal.
e. La potencia interna y el par interno desarrollado.
f. El par de salida.
g. La relación entre el par de salida y el par interno (compararla con el rendimiento y justificar las diferencias).

4-15. Calcular la velocidad del motor a una potencia de salida mitad de la nominal si el rendimiento en el problema 4-14 es del 85 % (a una potencia de salida mitad de la nominal).

4-16. Un motor *serie* de 10 hp y 240 V tiene una corriente de línea de 38 A y una velocidad nominal de 600 rpm. Las resistencias del circuito de inducido excitación serie son respectivamente de 0,4 y 0,2 Ω. La caída de tensión en las escobillas es 5 V. Suponiendo que el motor funcione sobre la parte lineal de su curva de saturación por debajo de la corriente nominal de inducido, calcular:
a. La velocidad cuando la corriente de carga disminuye a 20 A a la mitad de la carga nominal.
b. La velocidad en vacío cuando la corriente de línea es 1 A.
c. La velocidad al 150 % de la carga nominal cuando la corriente de línea es 60 A y el flujo de excitación serie es el 125 % del flujo a plena carga debido a la saturación.

4-17. Repetir el problema 4-16 utilizando una resistencia en derivación con la excitación serie de 0,2 Ω. Tabular los resultados de los problemas 4-16 y 4-17 para facilitar la referencia y comparación con y sin resistencia en derivación, en vacío, 50 %, 100 % y 150 % de la carga nominal. Extraer conclusiones en cuanto a los efectos de la resistencia en derivación. (Sugerencia: calcular la velocidad a plena carga utilizando resistencia en derivación.)

4-18. Un motor serie de 15 hp, 240 V y 500 rpm desarrolla un par interno de 1 pie-libra a la corriente de línea nominal de 55 A a la velocidad nominal. Suponiendo una curva de saturación lineal para corrientes inferiores a la de carga nominal, calcular los pares internos cuando la corriente de inducido disminuye hasta

a. 40 A.
b. 25 A.
c. 10 A.
d. Calcular el par interno al 125 % de la carga nominal si el aumento de la corriente de inducido determina un aumento del 60 % en el flujo de excitación serie.

4-19. Dadas las siguientes mediciones para el motor del problema 4-18: resistencia de inducido 0,25 Ω, resistencia de la excitación serie 0,1 Ω, caída de tensión en las escobillas 3 V, calcular para cada uno de los valores de la carga dados en el problema 4-18:

a. La velocidad del motor (a cada carga).
b. La potencia interna desarrollada a cada carga.
c. Para corrientes de carga de 10 A, 25 A, 40 A, 55 A y 68,75 A, *tabular* en forma resumida el par interno, la velocidad y la potencia interna calculadas en los problemas 4-18 y 4-19.
d. Ya que la potencia es el producto del par por la velocidad, explicar por qué la potencia de salida y la potencia interna desarrollada *aumentan* al aumentar la corriente de carga a pesar de las elevadas velocidades en vacío y con cargas reducidas.
e. Explicar la discrepancia entre la potencia interna desarrollada a la carga nominal y la potencia nominal de salida (15 hp).

4-20. Un motor derivación de c.c. de 10 hp, 1800 rpm y 120 V tiene una resistencia del circuito de inducido de 0,05 Ω y una resistencia del circuito de excitación derivación de 60 Ω. La caída de tensión en las escobillas es 2 V. Calcular:

a. La corriente de línea si el motor se conectase directamente a la red de 120 V sin una resistencia de arranque protectora del inducido.
b. El valor de la resistencia de arranque que limita la corriente a una sobrecarga del 50 % de la corriente de inducido (Apéndice, Tabla A-3) en el instante del arranque (fuerza contraelectromotriz nula).
c. La fuerza contraelectromotriz a plena carga.
d. Tres tomas de resistencia en la resistencia de arranque si cada escalón debe limitar a $\frac{1}{4}$, $\frac{1}{2}$ y $\frac{3}{4}$ de la fuerza contraelectromotriz y velocidad a la plena carga, respectivamente (suponer que en cada escalón la corriente de inducido aumenta hasta un máximo de 1,5 veces la corriente nominal y debe limitarse a este valor mediante la resistencia).
e. La velocidad a cada uno de los valores anteriores.
f. Tabular los escalones de resistencia en función de la velocidad de aceleración desde 0 a la plena carga calculadas anteriormente.

4-21. Un motor serie de c.c. de 25 hp, 600 rpm y 240 V tiene una corriente nominal de línea de 89 A, una resistencia de inducido de 0,08 Ω, una resistencia de la excitación serie de 0,02 Ω y una caída de tensión en las escobillas de 4 V. Se desea que el par de arranque del motor sea el 225 % del par a la carga nominal. Calcular:

a. La resistencia del primer escalón de la resistencia de aceleración (suponiendo una curva de saturación lineal en la que el flujo de excitación serie es proporcional a la corriente de excitación serie).
b. La velocidad del motor a la carga nominal si la resistencia de arranque (calculada anteriormente) se introduce en serie con el inducido cuando el motor está en marcha.

RESPUESTAS

4-1(a) 5,18 lb/conductor (b) 311 lb (c) 233 pies-lb 4-2(a) 3140 conductores (b) 15,05 pulg (c) 4680 lb (d) 2730 pies-lb 4-3. 2400 pies-lb 4-5. 2740 pies-lb 4-6. 1500 pies-lb 4-7(a) 84,5 pies-lb (b) 28,17 pies-lb 4-8(a) 207 V (b) 8280 W (c) 11,1 hp 4-9(a) 50 A (b) 5 V 4-10(a) 111,8 V (b) 111,9 V (c) el mismo 4-11(a) 212 V (b) 207 V (c) 1020 rpm (d) 5,675 hp 12,48 hp 4-12(a) 1250 rpm (b) 1275 rpm (c) 4 por 100 (d) 51,6 hp 4-13(a) 216,2 pies-lb (b) 26,4 hp; 109 pies-lb (c) 3,01 hp, 12,2 pies-lb 4-14(a) 138 A (b) 136,5 A (c) 137 A (d) 581,3 V (e) 466 pies-lb (f) 437,5 pies-lb (g) 0,9 4-15 1191 rpm 4-16(a) 1200 rpm (b) 25 185 rpm (c) 450 rpm 4-17(a) 2420 rpm (b) 50 400 rpm (c) 735 rpm 4-18(a) 90 pies-lb (b) 35,2 pies-lb (c) 5,62 pies-lb (d) 244 pies-lb 4-19(a) 705, 1152, 2720, y 432 rpm (b) 16,2, 12,1, 7,73, 2,91, 20,1 pies-lb 4-20(a) 2402 A (b) 1,012 Ω (c) 114,3 V (d) 0,756 Ω, 0,498 Ω, 0,141 Ω (e) 4,50, 900, y 1350 rpm (4-21(a) 1,665 Ω (b) 209 rpm

Capítulo 5

Reacción de inducido y conmutación en las máquinas eléctricas

5-1. Generalidades. En la presentación de este libro se ha destacado que todos los tipos de generadores y motores tienen muchos puntos en común, ya sean motor o generador, tanto de c.c. como de c.a.* Acaso la prueba más evidente de ello sea el hecho de que una máquina eléctrica puede construirse para que funcione como generador o como motor de c.c. o de c.a.

Este principio unificante se desarrolló en el capítulo 1, Fundamentos de Electromecánica, y en el capítulo 2, Construcción y Devanados de Máquinas Eléctricas, en los que se indicó que las únicas modificaciones precisas para cambiar el funcionamiento de una máquina eléctrica de c.c. a c.a. deben realizarse en las conexiones exteriores de los devanados y en el uso de un colector o de anillos rozantes. Inspirado en este principio, la reacción de inducido se describirá desde un punto de vista aplicable a todas las máquinas siguiendo el estudio de la conmutación en lo que se refiere a las máquinas de c.c. y a las de c.a. del colector.

* Descrito en primer lugar por Brown, Kusko y White en «A New Educational Program in Energy Conversion», *Electrical Engineering,* febrero 1956, págs. 180-185. Otros artículos que describen esta máquina y su empleo docente en el laboratorio son: (a) D. C. White y A. Kusko, «A Unified Approach to the Teaching of Electromechanical Energy Conversion», *Electrical Engineering,* noviembre 1956, págs. 1028-1033; y (b) D. C. White y H. H. Woodson, «A New Electromechanical Energy Conversion Laboratory», *Transactions AIEE,* 1957, páginas 57-603.

5-2. Campo magnético producido por la corriente del inducido. *Todos* los inducidos, tanto si son rotatorios como fijos, son recorridos por corriente alterna.* En las máquinas de gran capacidad, la corriente en los conductores del inducido es apreciable. En todas las máquinas los conductores del inducido están alojados en ranuras de un núcleo de inducido de hierro, en donde engendran un flujo o fmm proporcional a la cantidad de corriente que por ellos circula. Tanto en los generadores de c.c. como de c.a. se produce un movimiento relativo entre los conductores y el campo magnético, de manera que el sentido de la fem inducida y el de la corriente en los conductores situados bajo un polo determinado es *opuesto* al de los conductores situados bajo un polo *opuesto*. Esto también sucede en los motores de c.c. y c.a. a fin de producir una rotación continua en el mismo sentido. La corriente que circula por los conductores del inducido (a resultas de la tensión aplicada al motor) debe *invertirse* cuando el conductor pasa por delante de un polo de polaridad *opuesta*. En el caso del motor de c.c., esto se consigue mediante el colector, que convierte la c.c. aplicada a las escobillas en c.a. en los conductores del inducido. En el caso del motor de c.a., ello se consigue mediante la tensión senoidal aplicada.

En la figura 5-1a puede verse el inducido de una máquina bipolar *universal* en el que se indica la **fmm** producida por el sentido instantáneo de la corriente

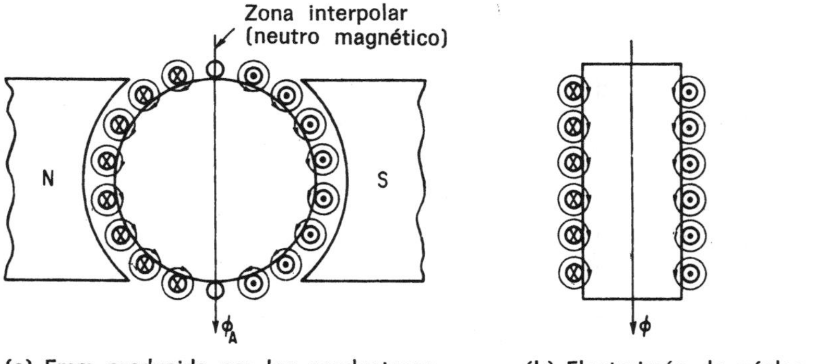

(a) Fmm producida por los conductores del inducido por los que circula corriente.

(b) Electroimán de núcleo de hierro equivalente

Figura 5-1. Flujo de inducido en la máquina universal.

que circula en los conductores del inducido. Cada conductor en serie por el que circula corriente produce la misma **fmm** bajo un polo determinado y una **fmm** opuesta bajo un polo opuesto. El efecto neto de las **fmm** individuales es la producción de un flujo de inducido resultante en el sentido indicado en la figura.

* La única excepción a esta afirmación, bastante curiosa, es el primer generador descubierto por Faraday, la máquina homopolar (véase la nota al pie, apartado 1-11) y los generadores MHD basados en este principio (apartado 11-4).

El flujo producido en el inducido es análogo al producido en el electroimán con núcleo de hierro equivalente que se indica en la figura 5-1b y el sentido del campo magnético está de acuerdo con la regla del sacacorchos.

El flujo de inducido resultante producido en la figura 5-1a está situado en la también denominada zona interpolar o *magnéticamente neutra* entre los polos, *perpendicular* al flujo del campo principal. Si los polos de la figura 5-1a girasen en el sentido de las agujas del reloj, el neutro magnético se desplazaría en el sentido de las agujas del reloj el mismo ángulo ya que, por definición, es *siempre perpendicular* al campo magnético.

5-3. Efecto del flujo de inducido. Existen, desde luego, dos **fmm** y flujos principales que actúan en la máquina indicada en la figura 5-1a.* Uno es el flujo de inducido, descrito anteriormente, y el otro es el flujo de excitación producido por los devanados de campo de los polos N y S de la máquina bipolar. La *interacción* entre los dos flujos se indica en la figura 5-2. El flujo de inducido se indica en la figura 5-2a junto con su vector de campo magnético resultante ϕ_a, producido por la **fmm** del inducido (I_aN_a). En la figura 5-2b puede verse el flujo de excitación principal junto con su vector giratorio, ϕ_f, producido por la **fmm** de excitación (I_fN_f). El vector suma de las dos **fmm** se muestra en la figura 5-2c como el flujo resultante, ϕ_r. Nótese que en esta figura el flujo de excitación que penetra en el inducido no sólo se *desfasa* sino que también se *distorsiona*. El desfasamiento ha provocado que el neutro magnético se desfase en el *sentido de las agujas del reloj* (pero manteniéndose todavía perpendicular al flujo del campo resultante). La distorsión indicada en la figura 5-2c ha producido un aumento

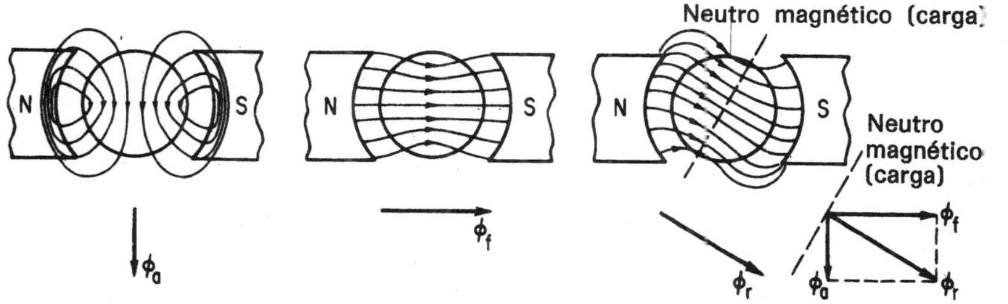

(a) Flujo de inducido (b) Flujo de excitación (c) Distorsión resultante del flujo de excitación producida por el flujo de inducido.

Figura 5-2. Interacción del flujo de inducido y del de excitación que determina el desplazamiento del neutro magnético.

* Esto deriva del concepto de que prácticamente todas las máquinas son máquinas eléctricas doblemente excitadas que se diferencian tan sólo en la naturaleza de su excitación.

del flujo (aumento de la densidad de flujo) en el extremo de un polo y una reducción de flujo (densidad de flujo decreciente) en el otro extremo del mismo polo.

El diagrama vectorial de la figura 5-2c podría dar la impresión de que el flujo resultante, ϕ_r, es ahora mayor que el flujo de excitación original, ϕ_f, al haber sido incrementado por el flujo perpendicular del inducido, ϕ_a. Esto no es cierto, no obstante, debido al efecto de saturación de uno de los extremos del polo de cada polo. Suponiendo que los polos estuvieran normalmente saturados, el efecto del desplazamiento del neutro magnético es el de crear un camino de *mayor* reluctancia para el flujo resultante, ϕ_r, y una mayor saturación de parte de cada polo. El efecto neto de la reacción de inducido es, por consiguiente, doble: (1) una *distorsión* del flujo de excitación principal que consiste en que el flujo mutuo en el entrehierro ya no está uniformemente distribuido bajo los polos y en que el plano neutro está desplazado y (2) una *reducción* del flujo de excitación principal.*

En la figura 5-3 puede verse una máquina multipolar universal y en ella se muestra a los conductores del inducido moviéndose con relación a un campo magnético, o viceversa. El sentido de la corriente en los conductores del inducido que se indica es el mismo que el de la figura 5-1. La figura 5-3a muestra la distribución de flujo producida por el flujo de excitación, ϕ_f, bajo los polos N y S respectivamente. El flujo del inducido, ϕ_a, producido por los conductores del inducido por los que circula corriente puede verse en la figura 5-3b. Nótese que el flujo de inducido es máximo en los planos del neutro magnético y que su máximo está desfasado en relación con el flujo de excitación en 90°. Por esta razón, el flujo del inducido se denomina a veces flujo en *cuadratura o magnetizante transversal.*** Esta denominación puede comprobarse también en la figu-

* La reducción del flujo de excitación es causante en parte de la caída de tensión de un generador (apartado 3-13) al aumentar la carga y del aumento de la velocidad de un motor (apartado 4-14) al aumentar la carga.

** A veces, los estudiantes plantean la siguiente cuestión, particularmente en lo referente a las máquinas de c.a. (aunque es aplicable igualmente a las máquinas de c.c.): Si en el inducido circula una corriente alterna ¿por qué no tiene lugar un efecto de transformador, en especial en vista de los circuitos cerrados en el hierro tanto del inducido como de la excitación?

La respuesta a esta cuestión es una comprobación de la relación en cuadratura entre los campos del estátor y del rotor. El simple hecho de que estos campos *están* en cuadratura espacial implica una superposición nula o escasa entre los circuitos de excitación y de inducido cuando por cualquiera de los dos o por ambos circula corriente continua. En efecto, hay un flujo mutuo nulo y esto se cumple continuamente en el funcionamiento real de las máquinas. Si de hecho existiese superposición entre los dos circuitos (véase Transformadores, capítulo 13), cada vez que se produjese una variación de la corriente de inducido de un generador o motor de c.c. debido a la carga, produciría una variación de la corriente en el circuito de excitación. Esto no se presenta ni en las máquinas de c.c. ni en las máquinas de c.a. síncronas. Se *presenta,* sin embargo, en las máquinas *asíncronas* monofásicas y polifásicas (tipos de inducción) por la sencilla razón de que los flujos del rotor y del estátor *no* están en cuadratura. Es precisamente por esta razón que la teoría del transformador se utiliza a veces para explicar el funcionamiento de los motores monofásicos y polifásicos (ver los capítulos 9 y 10).

ra 5-2, en la que se ve que el flujo de inducido forma un ángulo recto con el flujo de excitación y actúa transversalmente con relación al mismo. La suma gráfica de las dos ondas puede verse en la figura 5-3c en la que la distorsión de la onda de excitación resultante es evidente. El aspecto de (casi) onda rectangular de la distribución del flujo de excitación principal indicado en la figura 5-3a ha sido distorsionado por el aspecto (casi) de onda triangular del flujo del inducido que origina una distribución del flujo que ya no es uniforme bajo los polos. Por un lado, tiende a crecer hacia el lado derecho de cada polo. Puesto que este aumento de saturación o de densidad de flujo en el lado derecho de cada polo es originado sólo por el sentido de la corriente en el inducido, es independiente de (1) el sentido de rotación, (2) de si la máquina funciona como motor o como generador, y (3) de si la máquina es de c.a. o de c.c.

Un análisis armónico† de las ondas indicaría también una reducción o *efecto sustractivo* también producido por el flujo de inducido sobre el flujo principal de excitación, sin tener en cuenta los efectos de saturación. Esta misma forma de onda del flujo, ϕ_r, resultante puede demostrarse en el laboratorio, utilizando un generador especial que contiene una bobina de inducido de exploración cuyos extremos han sido sacados al exterior mediante anillos rozantes. La naturaleza de la tensión inducida en esta bobina bajo carga puede visualizarse en un osciloscopio. Las medidas de laboratorio indican que la reducción en el flujo total mutuo en el entrehierro de aire es aproximadamente del 1 al 5 %, desde vacío a plena carga como resultado de la reacción de inducido.

† Un análisis armónico complejo está más allá de los fines de este libro. Para nuestras necesidades presentes, puede suponerse que la curva de ϕ_f es una onda cuadrada y que la de ϕ_a es triangular, defasada 90° de la onda cuadrada. La ecuación correspondiente a ϕ_f es de la forma de onda cuadrada

$$\phi_f = \phi_m \operatorname{sen} \omega t + \frac{\phi_m}{3} \operatorname{sen} 3\omega t + \frac{\phi_m}{5} \operatorname{sen} 5\omega t, \text{ etc.}$$

La ecuación correspondiente a ϕ_a es de la forma de onda triangular

$$\phi_a = \phi_m \operatorname{sen}(\omega t + 90°) - \frac{\phi_m}{9} \operatorname{sen}(3\omega t + 90°) - \frac{\phi_m}{25} \operatorname{sen}(5\omega t + 90°), \text{ etc.}$$

Puesto que las dos ondas contienen tan sólo armónicos pares, la onda resultante debe contener armónicos pares. El hecho de que la onda resultante presente simetría objeto-imagen indica la ausencia de armónicos impares. El hecho de que la onda resultante no presente simetría según el eje Z es una indicación de la presencia de armónicos pares no más allá de 0 a 180° con respecto a la fundamental (debido evidentemente al hecho del desplazamiento de 90° del flujo de inducido con respecto al flujo de excitación). Debido a que los términos armónicos negativos en ϕ_a se restan de los términos armónicos positivos de ϕ_f, el flujo resultante, ϕ_r, disminuye.

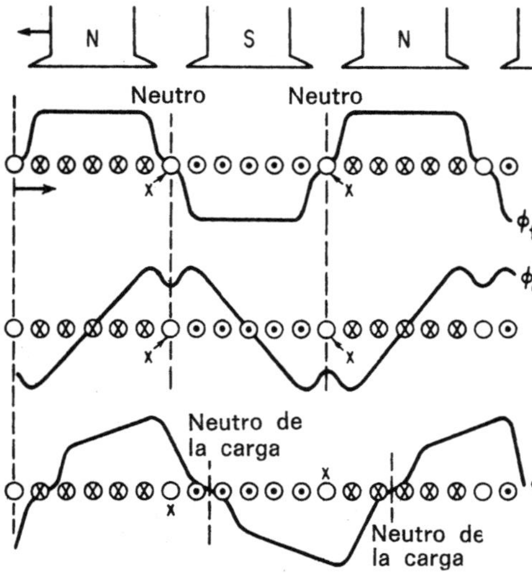

(a) Distribución del flujo mutuo en el entrehierro ϕ_f[Fig. 5-2(b)].

(b) Distribución del flujo del inducido producido por la carga [Fig. 5-2(a)].

(c) Distribución del flujo resultante en el entrehierro [Fig. 5-2(c)].

Figura 5-3. Distorsión del flujo del entrehierro en máquinas multipolares.

5-4. Desplazamiento del plano neutro en el generador respecto al motor. El desplazamiento del neutro de carga, como se indica en la figura 5-3c, desde el plano neutro original indicado en las figuras 5-1, 5-2 y 5-3a y b puede ejercer serias influencias en el funcionamiento tanto del generador de c.c. como del motor de c.c. En el caso de un generador de c.c., por ejemplo, la bobina cuyos conductores están marcados *x-x*, se encuentra originalmente en el plano neutro (figura 5-3), y por consiguiente *no* experimenta ninguna variación en la concatenación de flujo. Resultado de ello es que esta bobina normalmente está cortocircuitada por las escobillas. En la figura 5-3c, sin embargo, si las escobillas permanecen en el plano neutro original, la bobina que está siendo conmutada (cortocircuitada) experimenta la *mayor* variación en la concatenación de flujo comparada con cualquier otra bobina bajo el polo. Si los conductores cortan el flujo mientras son cortocircuitados por las escobillas, la tensión inducida en los conductores puede ser suficiente para producir una gran corriente de circulación y chisporroteo en las escobillas cada vez que una nueva bobina pasa a ocupar el lugar de la bobina *x-x*. Más aún, ya que las escobillas de un generador de c.c. estaban colocadas (Apartado 2-11, figura 2-9a) en un punto de flujo de bobina mínimo pero de tensión máxima, es evidente que deben desplazarse (hacia el nuevo neutro magnético para obtener una tensión máxima), pero ¿en qué dirección? Puesto que en la discusión anterior no se indicó el sentido de rotación, la cuestión estriba en cómo deben desplazarse las escobillas en un motor o generador según el sentido de rotación.

En la figura 5-4a se representa un generador de c.c. en el que los conductores del inducido se hacen girar en el sentido de las agujas del reloj mediante una máquina motriz. Utilizando la regla de la mano derecha, el sentido de la fem inducida en los conductores del inducido es la indicada. Bajo carga, la fmm del inducido originaría un flujo resultante, como se indica, y la zona neutra en carga también estaría desplazada en el sentido de las agujas del reloj, o sea, en el *sentido* de rotación indicado en la figura.

En la figura 5-4b puede verse un motor de c.c., y el sentido de la corriente producida por la tensión de inducido en los conductores del mismo está proyectado de modo que produzcan un sentido de rotación igual al de las agujas del reloj (regla de la mano izquierda). El flujo en el inducido producido por estos conductores de inducido (regla del sacacorchos) producirá sobre el flujo de excitación un efecto tal que el flujo resultante y su zona neutra en carga perpendicular están desplazados en sentido contrario al de las agujas del reloj, o sea, *opuestos al sentido de rotación* como se indica en la figura 5-4b. Nótese también que en el caso del *generador,* el flujo es siempre creciente en el *extremo del polo que se abandona* (o sea, el extremo del polo que un conductor de un inducido móvil encuentra en último lugar), mientras que en un *motor,* la densidad de flujo es mayor en el *extremo del polo por el que se entra.*

Nos encontramos en puertas de un dilema. Si una máquina de c.c. se hace funcionar como *generador,* es necesario *desplazar* las escobillas en el *mismo* sentido de rotación a medida que la carga aumenta; si se ha de accionar como *motor,* es necesario desplazar las escobillas en sentido *contrario* al de rotación al aumentar la carga.

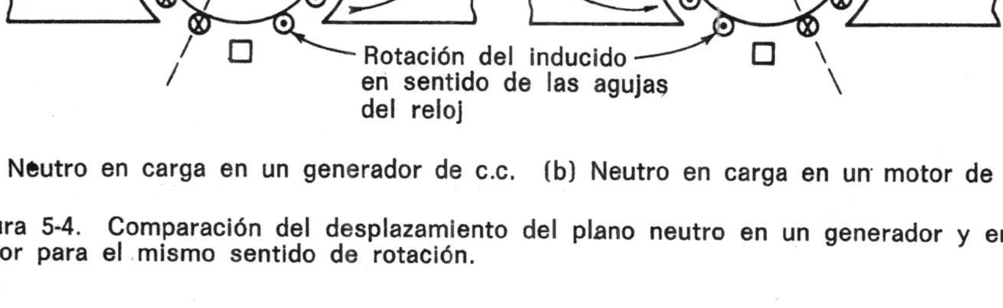

(a) Neutro en carga en un generador de c.c. (b) Neutro en carga en un motor de c.c.

Figura 5-4. Comparación del desplazamiento del plano neutro en un generador y en un motor para el mismo sentido de rotación.

5-5. Compensación de la reacción de inducido en las máquinas de c.c. Es evidente que no se puede estar continuamente parando la máquina y desplazando las escobillas de acuerdo con las variaciones de carga y las aplicaciones (como generador o como motor). Es preciso algún método *automático* para compensar los efectos de la reacción de inducido o neutralizar los factores que la provocan. A continuación se describen algunos de los diversos métodos de compensación de los efectos de la reacción de inducido.

5-5.1. *Extremos de polos de alta reluctancia.* Como puede verse en la figura 5-4, la densidad de flujo aumenta en el extremo del polo que se encuentra en segundo lugar según el sentido de rotación en un generador y en el extremo del polo que se encuentra en primer lugar en un motor, respectivamente. En cada caso, el aumento de flujo da lugar a un desplazamiento del neutro magnético así como del flujo que penetra en el inducido. Si pudiera impedirse el aumento de la densidad de flujo en cualquiera de los extremos del polo, podría resolverse la situación debido a que el flujo penetrará en el inducido sin desplazamiento del plano neutro. En la figura 5-5a se muestra esta técnica en la que el centro del polo está más cerca de la circunferencia periférica del inducido que los extremos de los polos. En este método, la superficie circunferencial redondeada de la zapata del polo no es concéntrica con la circunferencia de la superficie del inducido (mayor la primera que la última). La mayor reluctancia en los extremos, debido al mayor entrehierro, impulsa al flujo de excitación de modo que queda confinado al centro de cada uno de los núcleos de los polos de excitación.

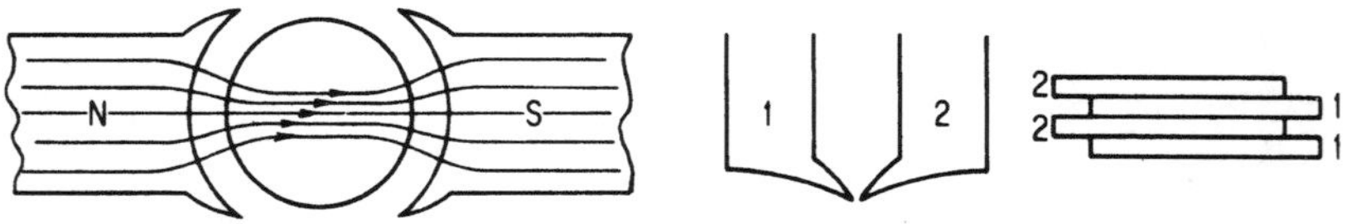

(a) Extremos polares de gran reluctancia (b) Chapas polares achaflanadas

Figura 5-5. Empleo de chapas achaflanadas para contrarrestar los efectos de la reacción de inducido.

También se consigue un resultado similar, como puede verse en la figura 5-5b, en la que, al ensamblar las chapas de lo polos de excitación, las mismas chapas perforadas se invierten alternativamente. El efecto es el de producir una sección transversal, como se indica, en la que el centro del núcleo del polo tiene más masa de hierro que los extremos delantero y trasero del polo y, por consiguiente, menor reluctancia en el centro. Esto produce un efecto similar al de la figura 5-5a, impidiendo el desplazamiento del flujo de excitación principal y del plano neutro.

5-5.2. *Reducción del flujo en el inducido.* Otra técnica de construcción consiste en tratar de reducir el flujo en el inducido sin reducir realmente el flujo de excitación principal. El método utilizado en este caso es el de crear una elevada reluctancia en el camino del flujo de inducido en cuadratura, de magnetización transversal, sin afectar materialmente el camino del flujo de excitación principal. El empleo de chapas ranuradas y taladradas en los polos de excitación, como se indica en la figura 5-6, introduce varios entrehierros en el camino del flujo magnético en el inducido sin afectar materialmente el camino del flujo de excitación. Por lo tanto, el flujo de inducido disminuye considerablemente, pero el flujo de excitación permanece sensiblemente igual. Achaflanando las chapas de excitación, como se indica en la figura 5-6a, puede utilizarse la combinación de los dos métodos descritos anteriormente de un modo más eficaz y barato, ya que sólo exige un troquel algo más complicado para taladrar las chapas de excitación.

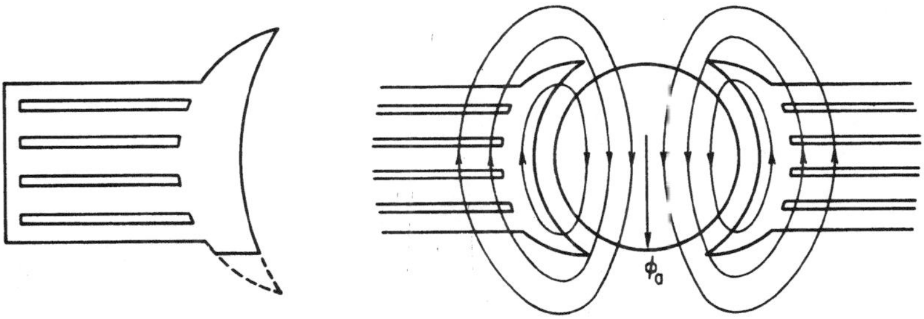

(a) Chapa de la excitación (b) Camino del flujo magnético de inducido

Figura 5-6. Empleo de chapas con ranuras para reducir el flujo de inducido y la reacción de inducido.

5-5.3. *Devanados de compensación.* Las dos técnicas mecánicas discutidas anteriormente presentan un grave inconveniente que estriba en que no contrarrestan los efectos de las elevadas corrientes de inducido y **fmm** debidas a grandes cargas. En las grandes máquinas de c.c., incluso aquellas cuyos extremos polares son achaflanados y cuyas chapas de excitación poseen ranuras, las elevadas corrientes de inducido producen el suficiente flujo magnético como para originar una distorsión del flujo en el entrehierro y el consiguiente desplazamiento del neutro magnético. En las grandes máquinas, por consiguiente, se utiliza un método *eléctrico* en el que el flujo del inducido es neutralizado o equilibrado mediante un devanado en el circuito de inducido cuya acción varía de acuerdo con la corriente de inducido. El devanado se denomina, respectivamente, *devanado de compensación,* devanado de cara polar o devanado Thompson-Ryan, debido a sus proyectistas. Como puede verse en la figura 5-7, el devanado está colocado en ranuras de la zapata del polo fijo. *No* es necesario que tenga el devanado de compensación el mismo número de ranuras o conductores como conductores haya en la superficie del inducido. El hecho importante es que el número de conductores en cada cara polar multiplicado por la corriente de inducido debe ser igual al número de conductores de inducido debajo de cada polo multiplicado por la corriente por rama por conductor en el inducido. Esta equivalencia en **fmm** se expresa mediante

$$Z_p I_l = Z_a I_a = \frac{Z_a I_l}{a} \tag{5-1}$$

en la que Z_p es el número de conductores de cada cara polar en cada polo, Z_a es el número de conductores de inducido activos en cada polo, a es el número de caminos en paralelo en el inducido, I_l es la carga o corriente total que circula por el inducido, I_a es la corriente que circula por cada conductor del inducido. Resolviendo la ecuación anterior para Z_p, el número de conductores por cara polar en cada polo, tenemos

$$Z_p = \frac{Z_a}{a} \tag{5-2}$$

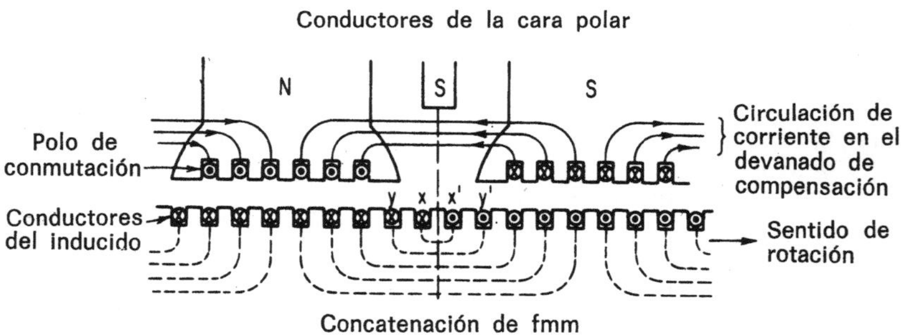

Figura 5-7. Empleo del devanado de compensación para neutralizar la fuerza magnetomotriz del inducido.

Puesto que dos conductores forman una espira, la ecuación (5-1) establece que la fmm de la *cara polar* ($I_l N_p$) está equilibrando la fmm del conductor del inducido ($I_a N_a$). A partir de las ecuaciones (5-1) o (5-2) se puede determinar el número de conductores de compensación de inducido por cara polar.

EJEMPLO 5-1: Una máquina de c.c. simple con devanado imbricado tiene 800 conductores en su inducido, una corriente nominal de inducido de 1000 A y 10 polos. Calcular el número de conductores por cara polar por polo para conseguir una completa compensación de la reacción de inducido. Si la cara polar cubre el 70 % del paso.

Solución: Utilizando la ecuación (5-1):

$Z = 800/10 = 80$ conductores/rama debajo de cada polo

Conductores activos/polo:

$Z_a = 80$ conductores/rama $\times 0{,}7 = 56$ conductores/polo

Despejando Z_p en la ecuación (5-1)

$Z_p \times 1000$ A $= 56$ conductores $\times 1000$ A/10 ramas $=$ **5,6 o 6 cond/polo**

Utilizando la ecuación (5-2)

$Z_p = Z_a/a = 56/10 \cong$ **6 cond/polo**

Como puede verse en la figura 5-7.

EJEMPLO 5-2: Para el inducido del ejemplo 5-1, calcular:

a. Los amperios-conductor/polo y amperios-vuelta/polo magnetizantes respectivamente, con las escobillas situadas en el neutro geométrico.
b. Los amperios-vuelta desmagnetizantes/polo si las escobillas se desplazan 5 grados eléctricos del neutro geométrico.
c. Los amperios-vuelta/polo magnetizantes con las escobillas desplazadas como en el caso anterior.

Solución: a. Con las escobillas en el neutro geométrico, toda la reacción del inducido es totalmente *magnetizante* (transversal). Los amperios-conductor magnetizante/polo son

$$\frac{ZI_l}{Pa} = \frac{8000}{10} \times \frac{1000}{10} = 80 \frac{\text{conductores}}{\text{polo}} \times \frac{100\text{ A}}{\text{rama}} = 800 \text{ amperios-conduct/polo}$$

y ya que hay 2 conductores/espira, los amperios-vuelta magnetizante/polo son

$$\frac{1\text{ espira}}{2\text{ conductores}} \times \frac{8000\text{ amperios-conductor}}{\text{polo}} = \mathbf{4000\ Av/polo}$$

b. Sea $\alpha =$ número de grados eléctricos que están desplazadas las escobillas. Entonces, el número total de grados eléctricos *desmagnetizantes* es 2α, en tanto que los grados eléctricos *magnetizantes* (los restantes) es $\beta = 180 - 2\alpha$.

La *relación* entre los amperios-vuelta desmagnetizantes y los magnetizantes es siempre $2\alpha/\beta$.

La *fracción* de amperios-vuelta desmagnetizantes es

$$\frac{2\alpha}{180^\circ} \times \frac{IN\,\text{total}}{\text{polo}} = \frac{2 \times 5^\circ}{180^\circ} \times 4000\,\text{Av/polo} = \mathbf{22{,}2\ Av/polo}$$

c. Ya que $\beta = 180 - 2\alpha = 180 - 10 = 170°$, los amperios-vuelta magnetizantes son

$$\frac{\beta}{180^\circ} \times \frac{IN\,\text{total}}{\text{pole}} = \frac{170^\circ}{180^\circ} \times 4000\ \text{Av/polo} = \mathbf{3778\ Av/polo}$$

La acción de los conductores de las caras polares, como se ha establecido antes y como se indica en la figura 5-7, es el de producir una fmm que es igual y opuesta a la fmm del inducido. En efecto, el devanado de compensación desmagnetiza o *neutraliza* el flujo del inducido producido por los conductores del inducido situados *bajo* los polos. Si la carga aumenta o disminuye, la corriente en el circuito del inducido y en el devanado de compensación variará en proporción exacta a la fmm del inducido, de modo que éste, teóricamente, está neutralizado eficazmente para todas las condiciones de carga.

Nótese en la figura 5-7 que el devanado de compensación produce una fmm igual y opuesta a la producida por los conductores del inducido *excepto en la zona interpolar.* Por lo tanto, la fmm producida por los conductores *y-y'* y *x-x'* no está compensada por los conductores de las caras polares. Más adelante se verá (apartado 5-7) que parte del flujo producido por los interpolos también es útil en la reducción de la reacción de inducido en la zona interpolar.

Finalmente, por razones que se exponen en el Apartado 5-8, la compensación de la reacción de inducido *tan sólo* se utiliza en las máquinas de c.c. La reacción de inducido *nunca* se compensa en las máquinas de c.a., debido a que podría empeorar las condiciones de funcionamiento con ciertos regímenes de carga y de factor de potencia. El lector debe percatarse que tanto los devanados de compensación como los interpolos (apartado 5-7) son dispositivos que se emplean para mejorar el comportamiento de únicamente las máquinas de c.c. (grandes).

5-6. El proceso de conmutación. Desgraciadamente, aun cuando el devanado de compensación neutraliza la fmm del inducido producida por los conductores situados directamente bajo los polos, no neutraliza la fmm producida por los conductores situados en la zona interpolar (*x-x'* e *y-y'* indicados en la figura 5-7). Estos conductores continúan produciendo un flujo de inducido magnetizante transversalmente que no está compensado. Los efectos de chispeo y de calentamiento de las escobillas aún serían notables en las grandes máquinas que sólo utilizaran devanados de compensación en las caras polares. Estos efectos son debidos a: (1) los conductores del inducido no compensados en la región interpolar, y (2) el propio proceso de conmutación, que no se considerará.

Como se indica en la figura 5-7 para todas las máquinas, los conductores del inducido bajo un polo dado estarán recorridos por una corriente de un determinado sentido y cuando los conductores se mueven hasta situarse debajo de un polo opuesto, el sentido se invierte. Todas las máquinas de c.c. y algunas de c.a. están equipadas con *colectores*. La finalidad del colector y sus escobillas asociadas es: (1) en el caso de un generador, transformar la corriente alterna generada en corriente continua en el exterior; en el caso de un motor, transformar la corriente continua exterior aplicada en corriente alterna ya que los conductores se mueven alternativamente bajo polos opuestos (a fin de producir rotación en el mismo sentido), y (2) conseguir una transferencia de corriente entre un inducido *móvil* y unas escobillas *fijas*.

En la figura 5-8 puede verse la transferencia de corriente entre las bobinas, las delgas del colector y una escobilla para un generador de c.c. Este generador

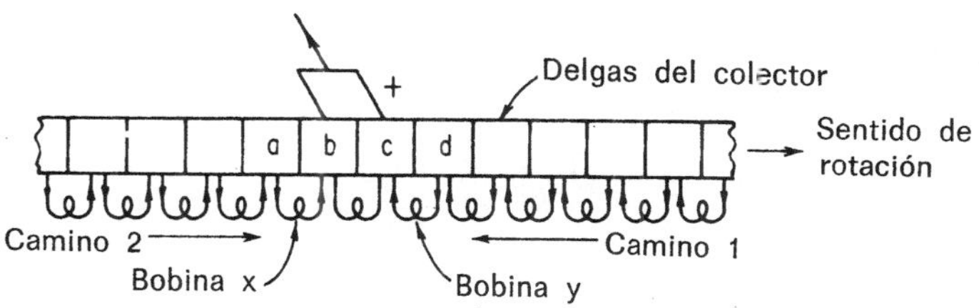

Figura 5-8. Caminos de la corriente en un generador de c.c.

de c.c. particular tiene un devanado en el inducido con dos ramas [por ejemplo, un devanado imbricado simple bipolar o un devanado ondulado simple con un número impar cualquiera de polos; véanse las ecuaciones (2-4) y (2-54)]. En las bobinas en serie de las ramas 1 y 2 existe la fem inducida y por ellas circula la corriente absorbida por la carga hacia la escobilla positiva. Por lo tanto, por las bobinas de la rama 2 circula corriente que entra en la escobilla positiva por la delga *b* del colector, y por las bobinas de la rama 1 circula corriente en sentido opuesto, que entra en la escobilla positiva por la delga *c* del colector. Ya que el esquema de la figura 5-8 representa un proceso dinámico, es evidente que durante un corto intervalo una bobina determinada de la rama 2 por la que circula corriente en un sentido (tras experimentar la conmutación y pasar la escobilla) se convierte en una determinada bobina de la rama 1, por la que circula corriente en sentido opuesto.

Vamos a considerar el proceso de conmutación en lo que afecta a una bobina determinada, bobina *x*, situada en la rama 2, como se indica en la figura 5-8, próxima a experimentar la conmutación. La bobina x de la figura 5-8 está conectada a las delgas a y b del colector y, por consiguiente, tiene aplicada toda la fem de la rama y por ella circula la corriente de a a b, I_{a-b}.

La figura 5-9 es una descripción gráfica incremental de la bobina x que va a conmutar y cuyas variaciones de fem en cada instante se describen a continuación:

Instante t_1 (figura 5-9a): En este momento, la bobina x es la última bobina de la cadena en serie a la que se aplica toda la fem de la rama y por la que circula la corriente desde la rama 2 a la escobilla positiva, y el sentido de la corriente es aún I_{a-b}, como se indicó antes y puede verse también en la figura 5-10 en el instante t_1.

Instante t_2 (figura 5-9b): La bobina x cuyos lados aún experimentan cierta variación en la concatenación de flujo en los extremos que se abandonan de un polo N

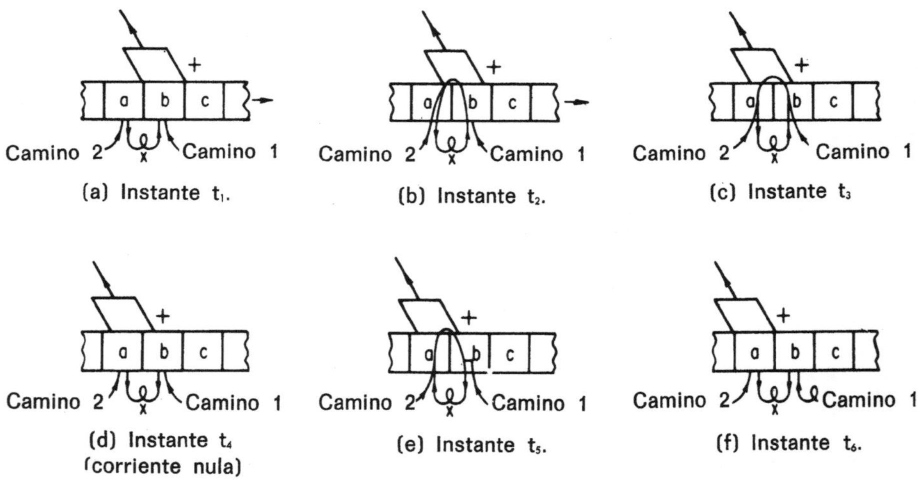

Figura 5-9. Variaciones de fem y de corriente en una bobina que experimenta conmutación.

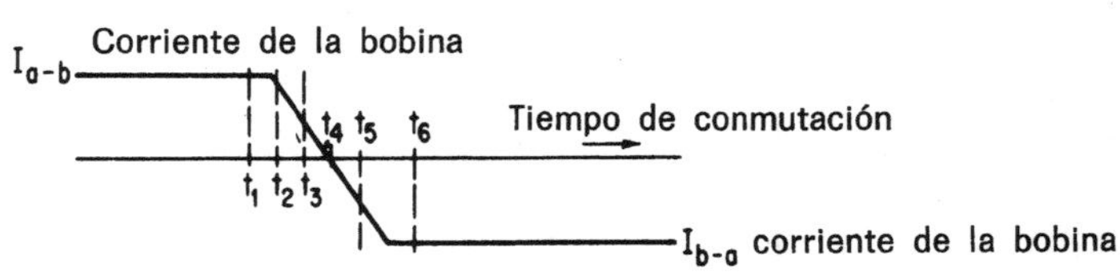

Figura 5-10. Inversión del sentido de la corriente en una bobina que experimenta conmutación.

y un polo S, respectivamente, está siendo parcialmente cortocircuitada por la escobilla positiva, lo que provoca la circulación de corriente a través de la escobilla, las delgas *a* y *b* y la bobina *x* en el sentido indicado. La corriente procedente de la rama 2 empieza a entrar en la escobilla a través de la delga *a*, reduciéndose la corriente de rama en la bobina *x* como se indica en la figura 5-10.

Instante t_3 (figura 5-9c): En este momento, la bobina *x* está siendo completamente cortocircuitada por la escobilla positiva. Debido al cortocircuito en el instante anterior, todavía circula por ella cierta corriente (ya que, por la ley de Lenz, se origina una fem de autoinducción que se opone a la disminución de corriente en la bobina) cuyo valor sigue la ley de disminución exponencial de corriente en un circuito que contenga resistencia e inductancia. La corriente que circula, por consiguiente, aún tiene el mismo sentido (mantenida por la fem de autoinducción).

Instante t_4 (figura 5-9d): La corriente está circulando desde la rama 2 hacia la escobilla positiva a través de la delga *a* y la corriente de la rama 1 está circulando hacia la escobilla positiva a través de la delga *b*. Las fem de rama son iguales y opuestas en la bobina *x* y, en consecuencia, no circula corriente por ella. Nótese, sin embargo, que hay menos resistencia entre el colector y la escobilla para la delga *a* que para la *b*, como se indica en la figura 5-9d.

Instante t_5 (figura 5-9e): La elevada resistencia entre la delga *b* y la escobilla provocará la circulación de corriente desde la rama 1 a través de la bobina *x* y la delga *a* a la escobilla positiva. Puesto que la escobilla aún cortocircuita las delgas *a* y *b*, se establecerá una pequeña corriente de circulación en la bobina *x* en sentido opuesto, como se indica en la figura 5-9e y puede verse en la figura 5-10 en t_5. Nótese que, anteriormente, la corriente en la bobina *x* tenía sentido opuesto al de las agujas del reloj y ahora la corriente de cortocircuito tiene el mismo sentido, o sea, I_{b-a}.

Instante t_6 (figura 5-9f): En este instante, por la bobina *x* circula toda la corriente de la rama 1, I_{b-a}, en sentido opuesto, como puede verse en las figuras 5-9f y 5-10, y continuará igual hasta que alcance una escobilla negativa. En la escobilla negativa, se repite el mismo proceso, salvo que la corriente entra en el colector en vez de salir de él.

5-7. Tensión de reactancia. En el proceso descrito anteriormente se presentan dos fenómenos que impiden una conmutación suave:

1. Ha sido creada una fem de autoinducción que se opone a la inversión brusca de la corriente en la bobina, indicada en la figura 5-10. Puesto que todas y cada una de las bobinas experimenta la conmutación consecutiva y continuamente, esta tensión constante se denomina tensión de reactancia debido a que «reacciona» contra la inversión de corriente en cada bobina que experimenta conmutación.

2. Se desarrolla una corriente de cortocircuito potencialmente elevada debida a la tensión existente en los lados de la bobina que experimenta conmutación durante los períodos t_2 a t_4, cuando las resistencias de las ramas en cortocircuito son las menores.

[redacted]

Empleando como referencia el generador de c.c., el desplazamiento de las escobillas en el sentido de rotación hará que se produzca la conmutación, como se indica en la figura 5-8, en una bobina *y*, o sea, en una bobina en la que se genera una tensión en el sentido en el que la corriente invertida está a punto de circular. Por lo tanto, las corrientes de circulación de sentido opuesto al de las agujas del reloj sostenidas por la tensión de reactancia y que pueden verse en la figura 5-9, se invertirán más rápidamente y adquirirán el sentido de las agujas del reloj.

Pero el desplazamiento de las escobillas, en efecto, equivale a *desplazar el plano neutro*. Como puede verse en la figura 5-7, el desplazamiento del plano neutro en el sentido de rotación llevaría a los conductores *x-x'* bajo un polo S. Sin embargo, hemos observado que ya que el desplazamiento es *opuesto* para un generador de c.c. que para un motor y que el grado o extensión del desplazamiento depende de la corriente de *carga*, se precisa una técnica eléctrica similar a la utilizada para la compensación de la reacción de inducido. En este caso, la solución consiste en interponer un polo entre los polos principales cuya fmm *también varíe con la carga*. Un polo tal, denominado *interpolo o polo de conmutación*, puede verse en la figura 5-7.

Tanto en la teoría como en la práctica, el devanado *de los polos de conmutación* se proyecta de forma que tenga *más* amperios-vuelta que los requeridos para generar suficiente tensión en los conductores situados en la región interpolar a fin de conseguir una suave inversión de corriente y eliminar los efectos de la tensión de reactancia. Existen dos razones para ello: (1) producir la neutralización de los conductores del inducido situado en la región interpolar que no están neutralizados por el devanado de compensación (apartados 5-5, 6); y (2) la naturaleza compleja de los fenómenos transitorios que tienen lugar en el proceso de conmutación exige simplificaciones en las ecuaciones y cálculos de proyecto que no proporcionan una determinación precisa del número de espiras interpolares requeridas. Haciendo el polo de conmutación más fuerte de lo necesario, experimentalmente pueden utilizarse láminas no magnéticas (y magnéticas) entre el yugo (al que está atornillado el polo de conmutación) para proporcionar la reluctancia exacta al camino magnético interpolar. Se realizan ajustes hasta conseguir una conmutación suave y eficaz, con lo que se logra la compensación interpolar de la reacción de inducido dentro de una gama de cargas.

Debe señalarse que, cuando se utilizan a la vez devanados de compensación y polos de conmutación, como se indica en las figuras 3-1, 3-2 y 3-3, (1) *no* es necesario desplazar las escobillas de la posición correspondiente al plano neutro en vacío, y (2) la máquina de c.c. funcionará como motor o como generador igualmente bien sin los efectos perniciosos de la reacción de inducido o de dificultades en la conmutación. Finalmente, debe notarse que el empleo de devanados de compensación y conmutación es característico de las máquinas de c.c. principalmente o de algunas máquinas de c.a. que utilizan colectores.

Las máquinas de c.a. síncronas y asíncronas no precisan colectores; por lo tanto, no requieren devanado de conmutación. Más aún, en tanto que la reacción de inducido tiene lugar en todas las máquinas (ya que la discusión anterior sobre la reacción de inducido estaba basada en la máquina universal), veremos cómo, debido a la posibilidad de que la corriente adelante o atrase con respecto a la tensión en una máquina de c.a., ello puede originar efectos beneficiosos o perjudiciales, como se verá más adelante. El resultado neto es que las máquinas síncronas y las de inducción asíncronas *no están nunca compensadas,* ni para la reacción de inducido ni para la conmutación.

5-8. Reacción de inducido en la máquina de c.a. La distribución del flujo del inducido debido a la corriente en los conductores del mismo y la consiguiente distorsión del flujo en el entrehierro indicado en la figura 5-3, es aplicable a la máquina universal pero con algunas salvedades. En el caso de la máquina de c.a., la corriente en los conductores individuales del inducido (1) no es uniforme sino que varía senoidalmente, y (2) puede adelantar o retrasar respecto al flujo de excitación con factores de potencia capacitivos o inductivos. Como resultado, la onda indicada en la figura 5-3b puede desplazarse a la derecha o a la izquierda con respecto al flujo mutuo en el entrehierro indicado en la figura 5-3a.

La manera como la máquina de c.a. es afectada por las diversas condiciones del factor de potencia de la carga, puede determinarse a partir de la relación de fase entre la fem inducida y la corriente que circula en los conductores del inducido, como se indica en la figura 5-11. Los cuatro grupos de conductores situados bajo los polos de excitación representan, efectivamente, las diversas condiciones que pueden presentarse en un solo grupo de conductores del inducido (indicado en la figura 5-3) debido a la reacción de inducido. El primer grupo de conductores del inducido indicado en la figura 5-11 representa la fem inducida en los conductores del inducido como resultado del movimiento relativo entre los polos y el inducido de una máquina de c.a. Esta fem puede ser o bien la fem inducida E_g de un alternador que da lugar a la tensión en bornes o la fuerza contraelectromotriz (E_c) de un motor síncrono que, en parte, sirve para limitar la corriente del inducido absorbida de la red para producir el efecto de motor. Esta fem inducida no es diferente de la indicada en la figura 5-3 para la máquina universal, y en la figura 5-7 para la máquina de c.c. El factor de potencia (a los efectos de esta discusión) se definirá como la relación de fase entre la fem inducida en los conductores del inducido, E_g por fase, y la corriente en el inducido que circula por ellos, I_a por fase, como resultado del efecto de generador o de motor. El efecto del factor de potencia sobre el flujo de excitación y la fem generada se discutirá a continuación para valores extremos del factor de potencia, a saber, factor de potencia unidad, factor de potencia nulo inductivo y factor de potencia nulo capacitivo.

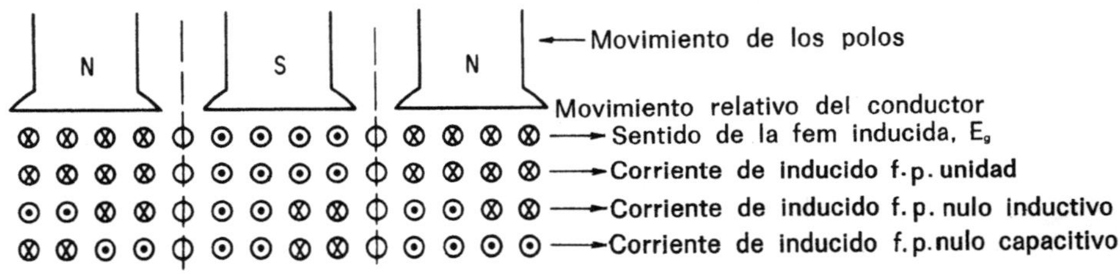

Figura 5 11. Desplazamiento de la corriente de inducido con respecto al flujo de excitación debido al factor de potencia en las máquinas de c.a.

5-8.1. *Factor de potencia unidad.* Con factor de potencia unidad, la corriente del inducido está en fase con la tensión inducida (como sucede en la máquina de c.c.). Ello puede verse en el segundo grupo de conductores del inducido en la figura 5-11, en el que las corrientes instantáneas en el conductor siguen a las tensiones instantáneas inducidas en el inducido. La fmm del inducido producida por estos conductores (por la regla del sacacorchos) originará un flujo magnetizante transversal. Este flujo es máximo en la región interpolar y retrasa con respecto al flujo principal en el entrehierro en 90°.

Esta relación no es distinta de la indicada en la figura 5-2 y es la misma que la reacción de inducido magnetizante transversal que tiene lugar en una máquina de c.c. (ya que, en un circuito de c.c., la corriente siempre está en fase con la tensión). En la figura 5-12a puede verse el diagrama vectorial que indica la relación entre el flujo de excitación, ϕ_f, tomado como referencia, y la corriente y flujo de magnetización transversal en cuadratura, I_a y ϕ_a, respectivamente.

Nótese que se precisan 90 grados eléctricos, en el flujo principal en el entrehierro, ϕ_f, para producir la tensión de c.a. generada en el inducido, E_g, y la consiguiente corriente de inducido (en fase) I_a. El campo que rodea a un conductor del inducido por el que circula corriente depende directamente de la corriente de este conductor, y el flujo de magnetización del inducido, ϕ_a, siempre está en fase con la corriente en el inducido, I_a. Por lo tanto, la corriente de c.a. del inducido establece en la región interpolar un flujo de c.a. de reacción de inducido (magnetizante transversalmente), ϕ_a, retrasado respecto al flujo de excitación, ϕ_f. Este flujo de c.a. del inducido concatena los conductores del mismo y crea en ellos una tensión inducida. Como se ha establecido en este apartado, se precisan 90 grados eléctricos para que un flujo produzca una tensión. Por consiguiente, con un factor de potencia unidad, en el inducido se origina una tensión de reac-

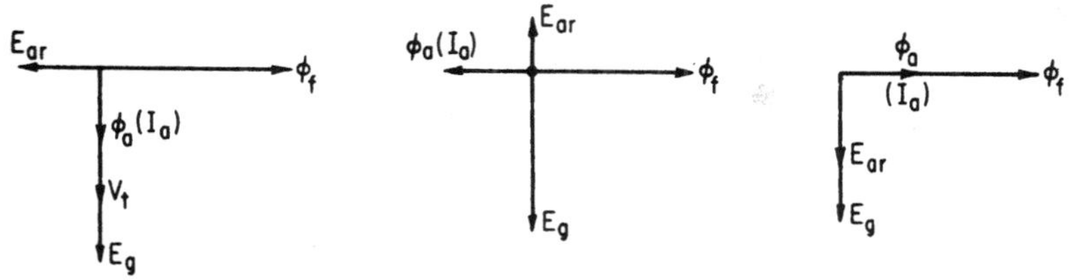

(a) Factor de potencia unidad

(b) Factor de potencia nulo inductivo

(c) Factor de potencia nulo capacitivo

Figura 5-12. Diagramas vectoriales que muestran el efecto de la reacción de inducido con diversos valores del factor de potencia de las máquinas de c.a.

ción en el inducido, E_{ar}, que está retrasada con respecto a E_g, la tensión generada, en 90°, como se indica en la figura 5-12a. Posteriormente se verá que esta caída de tensión desempeña un papel en la regulación de tensión del alternador síncrono (capítulo 6).

5-8.2. *Factor de potencia cero inductivo.* A un factor de potencia nulo inductivo, la corriente en el inducido I_a, retrasa 90° a la tensión E_g, como se ha definido anteriormente. Como se indica en la figura 5-11, las corrientes instantáneas del conductor, originadas por la corriente de c.a. del inducido, crean una fmm y un flujo de c.a. en el inducido, ϕ_a, que se opone al flujo primario en el entrehierro, ϕ_f (regla del sacacorchos). Este efecto se muestra en el diagrama vectorial de la figura 5-12b, en el que el flujo en el entrehierro induce la tensión E_g, a 90 grados eléctricos, la corriente del inducido retrasa 90 grados eléctricos de E_g y ϕ_a se opone a ϕ_f. El flujo del inducido con un factor de potencia nulo inductivo es ahora desmagnetizante en lugar de magnetizante como ocurría con factor de potencia unidad. El flujo del inducido, ϕ_a, concatena los conductores del inducido a fin de producir una tensión de c.a. de reacción de inducido, E_{ar}, a 90 grados eléctricos. Nótese que, puesto que el flujo del inducido está desplazado respecto al flujo de excitación en 180°, la tensión de reacción del inducido, E_{ar}, está desplazada respecto de la tensión inducida, E_g, en 180°. La tensión E_{ar} *reduce* la tensión generada, E_g, con un factor de potencia nulo inductivo, tendiendo a originar una deficiente regulación de potencia al aplicar la carga.

5-8.3. *Factor de potencia nulo capacitivo.* Con un factor de potencia nulo capacitivo, la corriente del inducido, I_a, adelanta a la tensión, E_g, en 90 grados eléctricos, de acuerdo con la definición anterior. Como se indica en la figura 5-11, las corrientes instantáneas en el conductor, producidas por la corriente de c.a. del inducido, crean una fmm y un flujo en el inducido, ϕ_a, que se adiciona al flujo primario en el entrehierro, ϕ_f (regla del sacacorchos). Este efecto se indica en el diagrama vectorial de la figura 5-12c, en la que el flujo en el entrehierro induce la tensión E_g, a 90 grados eléctricos. La corriente del inducido, I_a, adelanta a E_g en 90 grados eléctricos, con lo que ϕ_a se suma con ϕ_f. El flujo del inducido correspondiente a factor de potencia nulo capacitivo es *magnetizante* en lugar de ser magnetizante transversalmente como en el caso de factor de potencia unidad. El flujo del inducido, ϕ_a, concatena los conductores del inducido y produce una tensión de reacción de inducido, E_{ar}, a 90° eléctricos. Nótese que la tensión de reacción de inducido, E_{ar}, producida está en fase con la tensión generada, E_g, por lo que tiende a *aumentar* E_g, mejorando de este modo la regulación de tensión del alternador síncrono.

5-9. Resumen de la reacción de inducido en las máquinas. Los efectos de la reacción de inducido discutidos en este capítulo pueden resumirse del modo siguiente:

1. En las máquinas de c.c. y en las máquinas monofásicas y polifásicas de c.a. con factor de potencia unidad, en las que la corriente en el inducido está en fase con la tensión inducida, la reacción de inducido es *magnetizante transversalmente* y la tensión de reacción de inducido está retrasada respecto de la tensión generada en 90 grados eléctricos.
2. En las máquinas monofásicas y polifásicas con factor de potencia nulo inductivo, en las que la corriente en el inducido *está retrasada* con respecto a la tensión inducida en 90 grados eléctricos, la reacción de inducido es *desmagnetizante* y la tensión de reacción de inducido retrasa de la tensión generada en 180 grados eléctricos.
3. En las máquinas monofásicas y polifásicas, en las que la corriente del inducido está retrasada con respecto a la tensión inducida en un ángulo comprendido *entre* cero y 90 grados eléctricos, la reacción de inducido es *parcialmente desmagnetizante y parcialmente magnetizante transversalmente.* Si θ representa el ángulo de retraso de la corriente respecto a la tensión inducida, la componente desmagnetizante es seno θ y la componente magnetizante transversalmente es coseno θ veces el flujo de reacción de inducido. Nótese que θ es igual a 0° con factor de potencia unidad y es igual a 90° con factor de potencia nulo.
4. En las máquinas monofásicas y polifásicas con factor de potencia nulo capacitivo, en las que la corriente en el inducido *adelanta* a la tensión inducida en 90 grados eléctricos, la reacción de inducido es *magnetizante* y la tensión de reacción de inducido está en fase con la tensión generada en el inducido por el flujo en el entrehierro.
5. En las máquinas monofásicas y polifásicas en las que la corriente en el

inducido adelanta a la tensión inducida en un ángulo comprendido entre 0 y 90 grados eléctricos, la reacción de inducido es, parcialmente magnetizante y parcialmente magnetizante transversalmente. Si θ representa el ángulo de adelanto de la corriente respecto a la tensión inducida, la componente magnetizante es seno θ y la componente magnetizante transversalmente coseno θ veces el flujo de reacción de inducido. Nótese que θ es igual a cero con factor de potencia unidad y es igual a 90° con factor de potencia nulo.

6. Los puntos resumidos están sujetos a las siguientes matizaciones:*

a. La reacción de inducido en las máquinas monofásicas es pulsante, en tanto que en las máquinas polifásicas y de c.c., el flujo de reacción de inducido es constante.

b. El flujo de reacción de inducido constante resultante se produce como resultado de cargas trifásicas equilibradas cuyas corrientes de inducido son iguales y están defasadas en 120 grados eléctricos. Si las cargas están desequilibradas, el ángulo θ anterior no es significativo, como no lo es la distribución de las componentes magnetizante transversalmente, desmagnetizante y magnetizante del flujo de inducido.

7. La reacción de inducido se compensa y sus efectos se neutralizan, sólo en algunas máquinas de c.c. y pocas veces en las de c.a. Por supuesto, la reacción de inducido se utiliza ventajosamente en el generador con tercera escobilla, generador Rosenberg, amplidyne, y las excitatrices de campos múltiples (véase capítulo 11).

BIBLIOGRAFÍA

Alger, P. L. *The Nature of Polyphase Induction Machines,* Nueva York: John Wiley & Sons, Inc., 1951.

Bewley, L. V. *Tensor Analysis of Electrical Circuits and Machines,* Nueva York: Ronald Press, 1961.

Carr, C. C. *Electrical Machinery,* Nueva York: John Wiley & Sons, Inc., 1958.

Crosno, C. D. *Fundamentals of Electromechanical Conversion,* Nueva York Harcourt, Brace, Jovanovich, Inc, 1968.

Daniels. *The Performance of Electrical Machines,* Nueva York: McGraw-Hill, Inc., 1968.

* Para un estudio más detallado de las diferencias entre la reacción de inducido monofásica y polifásica, consultar Dawes, *Electrical Engineering,* Nueva York: McGraw-Hill, Inc., vol. II, capítulo 7, «Alternating Currents», 1948.

Fitzgerald, A. E. y Kingsley, C, *The Dynamics and Statics of Electromechanical Energy Conversion,* 2.ª ed., Nueva York: McGraw-Hill, 1961.

Fitgerald, A. E., Kingsley, Jr. C. y Kusko, A. *Electric Machinery, 3ª ed.* Nueva York: McGraw-Hill, Inc., 1971.

Gemlich, D. K. y Hammond, S. B. *Electromechanical Systems,* Nueva York: McGraw-Hill, 1967.

Hindmarsh, J. *Electrical Machines,* Elmsford, N.Y.: Pergamon Press, 1965.

Jones, C. V. *The Unified Theory of Electrical Machines,* Nueva York: Plenum Publishing Corp., 1968.

Kloeffler, S. M., Kerchner R. M. y Brenneman, J. L. *Direct Current Machinery,* Rev. ed. Nueva York: The Macmillan Company, 1948.

Koenig, H. E. y Blackwell, W. A. *Electromechanical System Theory,* Nueva York: McGraw-Hill, 1961.

Liwschitz, M. M., Garik M. y Whipple, C. C. *Direct Current Machines,* 2.ª ed., Princeton, N. J.: D. Van Nostrand Co., Inc., 1947.

Majmudar, H. *Introduction to Electrical Machines,* Boston: Allyn and Bacon, 1969.

Meisel, J. *Principles of Electromechanical Energy Conversion,* Nueva York: McGraw-Hill, 1966.

Nasar, S. A. *Electromagnetic Energy Conversion Devices and Systems,* Englewood Cliffs, N.J.: Prentice-Hall, Inc., 1970.

O'Kelly y Simmons. *An Introduction to Generalized Electrical Machine Theory,* Nueva York: McGraw-Hill, 1968.

Puchstein, A. F. *The Design of Small Direct Current Motors,* Nueva York: Wiley/Interscience, 1961.

Robertson, B. L. y Black, L. J. *Electric Circuits and Machines,* 2.ª ed., Princeton, N. J.: D. Van Nostrand Co., Inc., 1957.

Schmitz, N. L., y Novotny, D. W. *Introductory Electromechanics,* Nueva York: Ronald Press, 1965.

Seely, S. *Electromechanical Energy Conversion,* Nueva York: McGraw-Hill, 1962.

Selmon. *Magnetoelectric Devices: Transducers, Transformers and Machines,* Nueva York: Wiley/Interscience, 1966.

Siskind, C. S. *Direct-Current Machinery,* Nueva York: McGraw-Hill, 1952.

Skilling, H. H. *Electromechanics: A First Course in Electromechanical Energy Conversion,* Nueva York: Wiley/Interscience, 1962.

Thaler, G. J., y Wilcox, M. L. *Electric Machines: Dynamics and Steady State,* Nueva York: Wiley/Interscience, 1966.

White, D. C., y Woodson, H. H. *Electromechanical Energy Conversion,* Nueva York: Wiley/Interscience, 1959.

CUESTIONES

5-1. Dibujar una dínamo tetrapolar en sección e indicar la dirección de:
   a. la tensión inducida en los conductores de inducido debajo de cada polo.
   b. la corriente en los conductores de inducido bajo carga.
   c. el flujo producido por los conductores de inducido.

5-2. a. ¿Es aplicable el esquema anterior (cuestión 5-1) a un motor de c.c.? Explicarlo.
   b. ¿Qué relación existe entre el sentido de la corriente en los conductores del inducido y la polaridad relativa del campo?

5-3. Dibujar un esquema que indique que para cada par de polos se produce un flujo neto en el inducido originado por los conductores del mismo. Indicar las concatenaciones de flujo del inducido con respecto al flujo de excitación.
   a. ¿Qué relación espacial existe entre el flujo de excitación y el flujo del inducido?
   b. Mediante un esquema, indicar la interacción entre el flujo de excitación y el de inducido.
   c. Indicar dos efectos de esta interacción sobre el flujo que entra en el inducido.

5-4. Señalar dos razones por las que el flujo resultante que entra en el inducido, por cuyos conductores circula una corriente de plena carga, es menor que el flujo en vacío.

5-5. Comparar, para el mismo sentido de rotación, el desplazamiento del plano neutro de la carga (perpendicular al flujo resultante) desde el neutro en vacío en (a) un generador, (b) un motor.

5-6. a. Utilizando el esquema de la cuestión 5-5 anterior, explicar por qué es imposible que el fabricante ajuste la posición de las escobillas en una máquina de c.c.
b. ¿Es posible colocar las escobillas en una posición concreta del neutro en carga en un motor de c.c. funcionando con carga fija? Explicarlo.
c. Repetir el punto (b) para un generador.

5-7. a. Indicar tres técnicas de construcción no eléctricas que se utilicen para compensar la reacción de inducido automáticamente sin que sea preciso desplazar las escobillas.
b. ¿Cuáles son las ventajas de estas técnicas?
c. ¿Qué desventajas pueden señalarse, en particular para las grandes máquinas de c.c.?

5-8. a. Describir un método eléctrico para compensar la reacción de inducido.
b. ¿Cuál es la ventaja de este método sobre los discutidos en la cuestión 5-7?
c. Indicar una ecuación que exprese la relación entre el número de conductores en la cara polar requeridos para compensar un número determinado de conductores de inducido.
d. Un devanado de compensación, ¿compensa la reacción de inducido producida por la corriente en los conductores situados en el espacio interpolar? Explicarlo.

5-9. Señalar dos razones por las que se produce chispeo en las escobillas en las grandes dínamos utilizando tan sólo devanados de compensación en la cara polar.

5-10. Como resultado del proceso de conmutación (descrito en el apartado 5-6), describir dos condiciones que impidan la conmutación suave y determinen chispeo en las escobillas en contacto con el colector.

5-11. a. Indicar dos funciones de un interpolo (polo de conmutación).
b. ¿Dónde está situado en una máquina y cómo se conecta eléctricamente?
c. Señalar dos razones por las que un interpolo se proyecta para producir más fmm y tiene más amperios-vuelta que los que se requiere normalmente para eliminar los efectos de la tensión de reactancia.

5-12. Cuando los devanados de compensación y del polo de conmutación se conectan en serie con el inducido es necesario desplazar las escobillas del plano neutro en vacío en una máquina
a. que funciona como motor bajo carga. Explicarlo.
b. que funciona como generador bajo carga. Explicarlo.

5-13. ¿Se precisan devanados en los polos de conmutación en las máquinas de c.a. síncronas que no están equipadas con colectores? Explicarlo.

5-14. Con respecto al diagrama vectorial indicado en la figura 5-12 explicar:
a. Por qué I_a y ϕ_a siempre están en fase.
b. Por qué E_g siempre está retrasada con respecto a ϕ_f en 90°
c. Por qué E_{ar} siempre está retrasada con respecto a ϕ_a en 90°
d. Por qué I_a está en fase con E_a a un factor de potencia unidad pero está defasado con otros factores de potencia
e. Por qué E_{ar} es 100 % desmagnetizante con un factor de potencia nulo inductivo.
f. Por qué E_{ar} es 100 % magnetizante con un factor de potencia nulo capacitivo
g. Qué proporción de E_{ar} es magnetizante y magnetizante transversalmente con un factor de potencia de 0,707 capacitivo
h. Qué proporción de E_{ar} es desmagnetizante y magnetizante transversalmente con un factor de potencia de 0,5 inductivo.

5-15. a. ¿Por qué no es necesario y aun indeseable compensar la reacción de inducido en las máquinas de c.a., en general, e incluso en algunas de c.c., en particular?
b. Indicar dos tipos de máquinas en las que el flujo de reacción de inducido es constante.
c. Señalar un tipo de máquina en la que el flujo de reacción de inducido sea pulsante.

PROBLEMAS

5-1. Un generador, con excitación independiente de 50 kW y 250 V tiene una resistencia de inducido de 0,05 Ω, una caída de tensión en las escobillas de 6 V y una caída de tensión de reacción de inducido de 20 V a la carga nominal. Suponiendo un comportamiento lineal de la reacción de inducido en función de la carga, calcular
a. La caída de tensión en el circuito de inducido a la plena carga, 3/4, 1/2, 1/4 y en vacío.
b. La caída de tensión de reacción de inducido en los casos anteriores.
c. La tensión generada en el inducido a cada tipo de carga de (a).
d. Explicar por qué la tensión generada en vacío es distinta de la tensión generada a la plena carga.

5-2. Un generador bipolar de 125 V, c.c. y 5 kW tiene un total de 1800 conductores en el inducido. Los lados de bobina abarcan exactamente 180 grados eléctricos en cada bobina. Despreciando la corriente de excitación, calcular

a. Los amperios-vuelta por polo cuando el generador suministra la corriente nominal de inducido.
b. Los amperios-vuelta desmagnetizantes y magnetizantes transversalmente por polo cuando las escobillas se desplazan cinco grados eléctricos del plano neutro (en vacío).
c. Los amperios-vuelta desmagnetizantes y magnetizantes transversalmente (componente de distorsión) cuando las escobillas se desplazan 10 grados eléctricos.
d. Si el flujo de excitación es 10 000 amp-vuelta/polo y la tensión generada en vacío es 140 V, calcular la caída de tensión de reacción de inducido a la carga nominal, cuando sea necesario desplazar las escobillas 10 grados eléctricos.

5-3. Utilizando la relación entre los amperios-vuelta desmagnetizantes y los magnetizantes transversalmente del problema 5-2, deducir una ecuación universal para expresar los amperios-vuelta desmagnetizantes y magnetizantes transversalmente por polo para un inducido que tenga Z conductores activos, a ramas de inducido, P polos. (Suponer que las escobillas pueden ser desplazadas α grados eléctricos/polo y que los grados eléctricos restantes, β, son $180-2\alpha$.)

5-4. En un generador de 600 V y 120 kW cuya resistencia de excitación es 100 Ω se emplea un devanado de inducido imbricado triplex de doce polos que tiene un total de 720 conductores en el inducido. La excitación consta de 20 espiras/polo. A la carga nominal, es necesario desplazar las escobillas seis grados eléctricos. Calcular.

a. La corriente de inducido por rama, la corriente por conductor de inducido, los amperios totales en los conductores en el inducido y los amperios-vuelta totales por par de polos.
b. Los amperios-vuelta magnetizantes y magnetizantes transversales por polo (amperios-vuelta por 180°).
c. Comprobar (b) utilizando las ecuaciones deducidas en el problema 5.3.
d. La fmm neta por polo a la plena carga como resultado de los efectos de la reacción de inducido.

5-5. Se desea compensar la componente de distorsión de la reacción de inducido en el generador del problema 5-2 utilizando un devanado de compensación en los conductores de la cara polar. Calcular

a. El número de conductores de la cara polar requeridos para neutralizar la fmm magnetizante transversal.
b. ¿Neutralizarán los conductores de la cara polar los efectos degenerativos de la reacción de inducido por completo? ¿Por qué no?
c. ¿Será necesario desplazar las escobillas como resultado de esta compensación? ¿Por qué?

5-6. En el generador del problema 5-2, se desea compensar la reacción de inducido producida por los conductores de la zona interpolar añadiendo espiras a cada polo de conmutación. Calcular

a. El número de espiras de polo de conmutación que se han de añadir al devanado de conmutación para neutralizar la fmm producida por los conductores desmagnetizantes.
b. Si se emplean devanados de compensación y conmutación, será necesario desplazar las escobillas del generador del problema 5-27. ¿Por qué? Explicarlo
c. ¿Si el generador gira en el sentido de las agujas del reloj, en qué sentido deben desplazarse las escobillas?

5-7. Para el generador del problema 5-4, calcular

a. Los amperios-conductor de compensación requeridos para neutralizar los conductores directamente situados bajo los polos y el número de conductores de la cara polar por polo.
b. Los amperios-vuelta de compensación requeridos para neutralizar los conductores en la región interpolar y el número de espiras en el polo de conmutación.

5-8. Una dínamo bipolar tiene una velocidad de 1200 rpm, un diámetro de colector de 6,375 pulg y 50 delgas en el colector. Las escobillas abarcan una distancia lineal de 0,8 pulg y la corriente en el circuito de inducido a la plena carga es 50 A. Despreciando el espesor del aislamiento entre las delgas del colector, calcular

a. La anchura de cada delga del colector.
b. La corriente que circula por cada delga del colector a la carga nominal
c. El tiempo empleado por cada delga en pasar por la escobilla (tiempo de conmutación).
d. La velocidad media de variación de la corriente durante la conmutación a la carga nominal.
e. La tensión de reactancia por bobina si la inductancia de cada bobina en el inducido es 0,01 H.

5-9. Una dínamo hexapolar de 250 rpm tiene un inducido con devanado imbricado simples con un colector de 24 pulg de diámetro que consta de 240 delgas. Las escobillas tienen una anchura de 3/4 pulg. Cuando se hace funcionar como generador, el inducido suministra 300 A a la carga nominal. Despreciando el aislamiento entre las delgas del colector calcular, a la carga nominal

a. La velocidad media de variación de la corriente durante la conmutación.
b. La tensión de reactancia, si la autoinductancia de cada bobina de inducido es 0,2 mH.

5-10. La autoinductancia de cada bobina de un inducido es 1,0 mH y la velocidad de variación de la corriente en cada bobina (las bobinas tienen cinco espiras) es 20000 A/s siempre que una bobina experimenta la conmutación. Si la velocidad periférica del inducido es de 4000 pies/min y la dimensión del polo de conmutación *paralela* al eje de inducido es 8 pulg, calcular

a. La fem de autoinducción en cada bobina que experimenta la conmutación.
b. La tensión por conductor inducida en cada bobina bajo cada polo de conmutación (suponer que hay tantos polos de conmutación como polos principales).
c. La densidad de flujo bajo cada polo de conmutación.

5-11. Un generador con devanado imbricado duplex de 1200 rpm, 250 V y 50 kW tiene seis polos, una resistencia de inducido de 0,1 Ω, una resistencia de excitación de 250 Ω, una caída de tensión en las escobillas de 5,9 V y una caída de tensión de reacción de inducido de 12 V a la carga nominal. El diámetro del colector es de 12 pugadas y hay tantas delgas en el colector como bobinas en el inducido. Calcular

a. La fem generada entre escobillas a la plena carga.
b. El número de conductores de inducido si el flujo por polo es de $6 \cdot 10^5$ líneas.
c. El número de delgas en el colector si hay cinco espiras por bobina.
d. La tensión entre cada delga del colector y la corriente en cada delga del colector.
e. La anchura de cada delga del colector, aceptando un espesor de la mica de 1/32 de pulgada entre delgas.
f. El tiempo de conmutación, suponiendo una anchura de escobilla de 1/4 pulgada.
g. La tensión de reactancia por bobina si la inductancia de cada bobina es de 0,1 mH.
h. La densidad de flujo bajo un polo de conmutación suponiendo que la dimensión del polo de conmutación paralela al eje del inducido es de 4 pulgadas.

5-12. Sean las corrientes de fase de un alternador trifásico

$$I_A = I_m \operatorname{sen}(\omega t + \theta)$$
$$I_B = I_m \operatorname{sen}(\omega t + \theta - 120°)$$
$$I_C = I_m \operatorname{sen}(\omega t + \theta - 240°)$$

en las que I_m es la corriente máxima instantánea y θ es el ángulo correspondiente al factor de potencia. Comprobar que los flujos de reacción de inducido producen una resultante *constante* de magnitud $1{,}50\phi_m$ que tiene una relación geométrica *constante* con respecto al flujo de excitación para las siguientes condiciones de *tiempo* y de *factor de potencia*

a. Caso I: tiempo, $\omega t = 0$, factor de potencia nulo, capacitivo, o sea, $\theta = 90°$.
b. Caso II: tiempo $\omega t = 90°$, factor de potencia nula, inductivo, o sea, $\theta = -90°$.
c. Caso III: tiempo $\omega t = 120°$, factor de potencia unidad, o sea, $\theta = 0°$.

RESPUESTAS

5-1(a) 2,5 V, 5,0 V, 7,5 V, y 10 V a la plena carga (b) 5,0 V, 10,0 V, 15,0 V, y 20 V (c) 263,5 V, 271 V, 278,5 V, 286 V 5-2(a) 18 000 amp-vuelta/polo (b) 1000 y 17 000 amp-vuelta/polo (c) 2000 amp-vuelta/polo y 16 000 amp-vuelta/polo (d) 28 V 5-3 Amp-vuelta/polo desmagnetizantes $=(\alpha/90)\times(ZIa/Pa)$; amp-vuelta/polo magnetizantes $=(\beta/180)\times(ZIa/Pa)$ 5-4(a) 343 amp-vuelta/polo (b) 22,9 y 320,1 amp-vuelta/polo (c) Igual que (b) (d) 97,1 amp-vueltas/polo 5-5(a) 800 5-6(a) 500 espiras/polo 5-7(a) 3,1 conductores/polo (b) 0,1 espiras/polo 5-8(a) 0,4 pulg (b) 25 A/delga (c) 2 ms (d) 25 000 A/s (e) 250 V 5-9(a) 42×10^3 A/s (b) 8,4 V/bobina 5-10(a) 20 V/bobina (b) 2 V/conductor (c) $3,13\times10^4$ líneas/pulg^2 5-11(a) 288 V (b) 4800 (c) 480 (d) 7,2 V (e) 0,0464 pulg (f) 0,104 ms (g) 0,5975 V (h) $1,98\times10^4$ líneas/pulg^2 5-12 $\phi_R=1,5$ $1,5\phi_{max}$ en todo instante y factores de potencia.

Capítulo 6

Relaciones de tensión en las máquinas de c.a. alternadores

6-1. Generalidades. Al comparar el funcionamiento del generador con el del motor, el apartado 1-20 termina con un resumen de las diferencias fundamentales entre ellos. Este capítulo está dedicado al uso de la máquina de c.a. como generador de c.a. o *alternador,* llamado así porque produce una tensión alterna. Como el alternador es una fuente de tensión, principalmente trataremos de las relaciones de tensión en las máquinas de c.a. y de cómo resultan afectadas por las cargas resistivas y reactivas. El resumen del apartado 1-20 (modificado ligeramente para la mejor adaptación a las características de los alternadores) puede establecerse como sigue:

1. El par electromagnético (desarrollado en el conductor del inducido por el que circula corriente) *se opone* a la rotación (del campo magnético del rotor respecto al inducido), de acuerdo con la ley de Lenz.
2. La tensión generada (inducida) en el inducido produce una corriente en el inducido. La *fase* de la corriente del inducido respecto a la tensión generada por el alternador depende de la naturaleza de la carga eléctrica conectada entre los bornes del alternador.
3. La tensión generada por fase, E_{gp}, de un alternador polifásico o monofásico puede establecerse mediante la suma vectorial

$$\dot{E}_{gp} = \dot{V}_p + I_p\dot{Z}_p \tag{6-1}$$

en la que V_p es la tensión en bornes por fase del alternador, I_pZ_p es la caída de tensión debida a la impedancia síncrona interna del alternador.

6-2. Construcción. La construcción general de las máquinas síncronas de c.a. se trató en los apartados 2-3 y 2-4 y puede verse en las figs. 2-2b y 2-3. El apartado 2-3 y la fig. 2-2b trataban la máquina síncrona con un inducido giratorio y un campo de excitación fijo. El apartado 2-4 y la fig. 2-3 trataron la máquina síncrona con un campo de excitación giratorio y un inducido fijo. Aunque pueden usarse ambos tipos de construcción en un alternador, el último tipo, con un *inducido fijo* y un *campo giratorio,* se usa casi universalmente para la generación de potencia eléctrica alterna, por razones que se discutirán más adelante en el apartado 6-3. El primer tipo, con el inducido giratorio, encuentra su mayor aplicación como convertidor síncrono o rotatorio (apartados 11-6 y 11-7).

Los devanados del inducido usados en el inducido fijo generalmente son devanados *imbricados* (tanto los arrollamientos imbricados como los arrollamientos ondulados producirán la misma tensión para el mismo número de bobinas) debido a que las *conexiones de cabeza de bobina son más cortas.* Los apartados 2-13 a 2-17 inclusive tratan distintos tipos de devanado de inducido de alternador. Basado en esta presentación, la tensión generada por fase se desarrolló en el apartado 2-18 como

$$E_{gp} = 4{,}44\phi N_p f k_p k_d \times 10^{-8}\ \text{V} \tag{2-15}$$

La frecuencia de un alternador síncrono de c.a. también estaba relacionada con su construcción, puesto que la frecuencia varía con el número de polos salientes o no salientes. La frecuencia venía dada por la ecuación

$$f = \frac{PS}{120} \tag{2-16}$$

El lector debe revisar las ecuaciones y apartados citados anteriormente, puesto que son fundamentales para la comprensión del alternador síncrono de c.a., que se discute a continuación.

6-3. Ventajas constructivas del inducido fijo y campo móvil. El lector, al estudiar los capítulos 2 y 3, podría reaccionar adversamente a la idea de construir un inducido fijo. Parece fácil obtener la corriente alterna generada por un inducido móvil mediante unos anillos rozantes en un lado del eje y la corriente continua generada por el mismo inducido en movimiento mediante un colector en el otro extremo del eje. De esta manera, tendríamos máquinas universales que podrían suministrar corriente continua o corriente alterna, o ambas simultáneamente. Realmente, esto *se* hace en un convertidor síncrono, como se verá en el capítulo 11; pero hay distintas razones que llevan a abandonar la idea de una máquina universal que tenga un inducido de c.a. móvil. Cuando el indución, y sólo se generará c.a. Las ventajas más significativas de la construcción del inducido fijo y campo móvil son:

6-3.1. *Aumento de la resistencia de los dientes del inducido.* Las máquinas de mayor capacidad requieren más cobre en el inducido y ranuras más profundas en el hierro del inducido que las necesarias en una máquina construida para servicio menos duro. En un inducido fijo, a medida que las ranuras se hacen más *profundas,* de *a-a'* a *b-b'* en la fig. 6-1a, los dientes del inducido resultan más *anchos* y fuertes. En un inducido móvil, sin embargo, a medida que las ranuras se hacen más profundas, de *a-a'* a *b-b'* en la fig. 6-1b, los dientes del inducido resultan más *estrechos* y por tanto más *débiles.* Debe hacerse notar que en ambos casos, la parte superior de la ranura debe ser más estrecha que el fondo. Construyendo así las ranuras se evita que el devanado se «salga» de la ranura en caso de vibraciones. Tales desplazamientos del devanado dañarían la máquina.

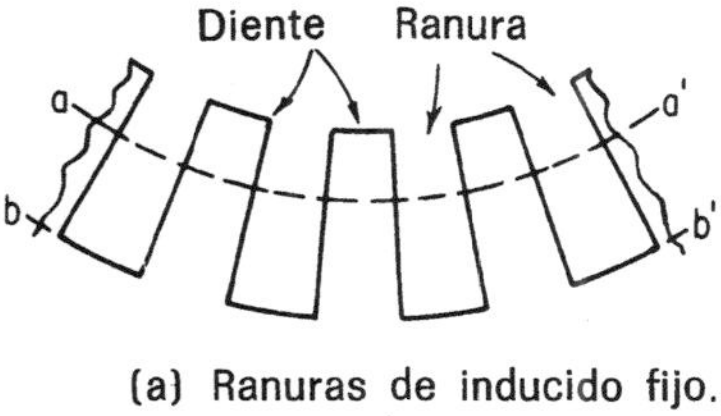

(a) Ranuras de inducido fijo.

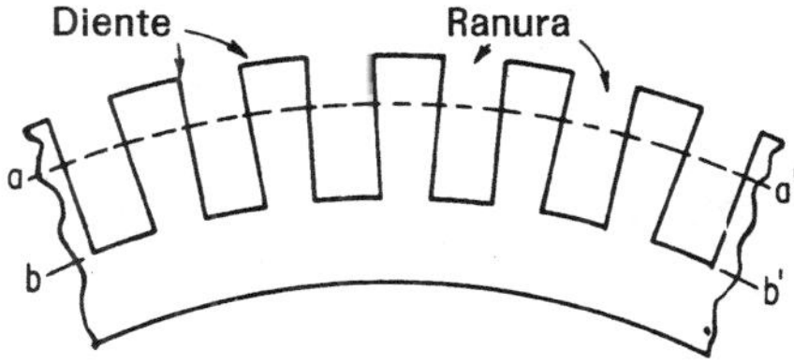

(b) Ranuras de inducido giratorio.

Figura 6-1. Dientes debilitados debido a la mayor profundidad de las ranuras en el inducido giratorio.

En un inducido móvil, los dientes pueden estar sometidos a elevadas fuerzas centrífugas; y en cualquier inducido, ya sea móvil o fijo, los dientes están sometidos a choques ya sea en la etapa de construcción o durante el funcionamiento. Debido a sus dientes más robustos, es menos probable que un inducido fijo resulte dañado.

6-3.2. *Reactancia del inducido reducida.* El flujo *mutuo* en el entrehierro creado por la fmm de excitación primaria debe pasar a través del hierro del inducido y de las ranuras. Para una misma anchura del entrehierro en el fondo de la ranura, de una determinada bobina de inducido, el inducido fijo proporciona una reluctancia *reducida* al flujo. Esto es debido a un *aumento* de la sección de hierro, como muestra la fig. 6-1. La reluctancia reducida reduce también la cantidad de flujo de *dispersión* del inducido producido (apartado 2-7), debido a que el camino del flujo del inducido ve aumentada la reluctancia, particularmente en el caso en que los conductores del inducido estén situados en el fondo de las ranuras.

6-3.3. *Mejor aislamiento.* En los alternadores reales de velocidad, tensión y potencia elevadas circulan corrientes apreciables a tensiones apreciables, lo cual requiere un aislamiento suficiente. Los ejes, a través de los cojinetes metálicos, están eléctricamente puestos a tierra con la carcasa fija de la máquina. Resulta más fácil aislar una parte fija que una parte móvil, puesto que el tamaño, el peso y la cantidad de aislamiento no son críticos para los primeros. Además, como el rotor está puesto a tierra, presenta menos problema aislar el campo de c.c. de baja tensión de un rotor que un inducido de c.a. de alta tensión.

6-3.4. *Ventajas constructivas.* En los grandes estátores polifásicos, el devanado del inducido es más complejo que el devanado de excitación. Las distintas bobinas e interconexiones de fase pueden realizarse más fácilmente en una estructura rígida fija que en un rotor, y el devanado del inducido queda sujeto más firmemente cuando se construye sobre una estructura rígida.

6-3.5. *Número de anillos rozantes aislados necesarios.* Si el inducido de un alternador polifásico pudiera girar, un alternador trifásico necesitaría un mínimo de tres anillos rozantes, un alternador hexafásico seis, etc. El problema de la transferencia de altas tensiones inducidas (en algunos casos de hasta 13 000 V/fase) a corrientes elevadas desde los anillos rozantes del inducido a las escobillas fijas del inducido en contacto con estos anillos, no se consiguen fácilmente. El aislamiento de los anillos rozantes respecto al eje es un problema. La suficiente separación de los anillos rozantes para evitar contorneo constituye otro. Al aumentar el número de fases, el problema de aislamiento se complica. Sin embargo un inducido fijo no presenta ninguno de estos problemas, y la tensión por fase se aísla y se saca fuera más fácilmente en una máquina fija. Solamente se necesitan dos anillos rozantes para alimentar el devanado de excitación a una tensión relativamente baja, del orden de 300 V de corriente continua *como máximo*.

6-3.6. *Menores peso e inercia del rotor.* De la discusión anterior se deduce fácilmente que un devanado de excitación de baja tensión, que usa muchas espiras de hilo fino para producir la **fmm** de excitación, difícilmente precisará el peso de cobre y el aislamiento equivalentes necesarios para los devanados de un inducido de alta tensión. Es fácil construir rotores para buen funcionamiento a altas velocidades, usando devanados de excitación de baja tensión como parte giratoria. La inercia del rotor juega un papel importante en el tiempo necesario para llevar el alternador a su velocidad; y en alternadores de potencia extremadamente elevada, incluso con la excitación de c.c. en el rotor, se tarda varias horas para llevar la máquina a su velocidad y tensión nominales, particularmente cuando se usan turbinas de vapor como motores de accionamiento.

6-3.7. *Ventajas de ventilación.* La mayor parte de calor se produce y está relacionado con el devanado del inducido y el hierro que lo rodea. Con un inducido fijo, el devanado puede ser refrigerado más eficazmente, debido a que el núcleo del estátor y su tamaño periférico tienen menores limitaciones. Así, el núcleo del estátor puede hacerse algo más largo para permitir conductos de aireación radiales y agujeros de ventilación para aire forzado, hidrógeno, u otras formas de refrigeración.

Además de lo anterior, existen ventajas en lo referente a tamaño y peso total, a igual potencia, en el caso de máquinas de campo móvil respecto a las máquinas de inducido móvil. Las razones citadas anteriormente han llevado a los proyectistas de máquinas de c.a. a abandonar el sueño de «la máquina universal» (que tenga una construcción y proyecto básicos), excepto para convertidores giratorios relativamente pequeños. Prácticamente, sin excepción, los alternadores síncronos de c.a. tienen excitación móvil del tipo constructivo a base de *polos salientes* o *de rotor liso,* como muestra la fig 2-3.

6-4. Motores de accionamiento. La construcción de rotores de polos salientes se presta a alternadores de media y baja velocidad con muchos polos. El tipo de rotor *cilíndrico o liso* se usa casi universalmente en alternadores de *alta velocidad,* bipolares (y algunas veces tetrapolares). Como el número de polos y la velocidad también están relacionados con la frecuencia [(2-16), en la que $f = PS/120$], sería interesante comparar las frecuencias comerciales usadas más comúnmente con los polos y velocidades necesarias. En la tabla 6-1 puede verse esta comparación.

La tabla 6-1 indica que cuando el motor de accionamiento es esencialmente del tipo *baja velocidad,* como en el caso de una turbina hidráulica (usada en centrales hidroeléctricas) se necesita un *gran* número de polos. Como la sujeción no es problema a velocidades bajas, puede emplearse un rotor de polos *salientes.* De manera similar, si el motor de accionamiento es un motor a gasolina, diesel, gas

TABLA 6-1.
RELACIONES VELOCIDAD-FRECUENCIA PARA DISTINTOS NÚMEROS DE POLOS EN UNA MÁQUINA SÍNCRONA
DINAMOS

	FRECUENCIA DESEADA		
NÚMERO DE POLOS	25 Hz*	50 Hz*	60 Hz*
2	1500 rpm†	3000 rpm†	3600 rpm†
4	750	1500	1800
6	500	1000	1200
8	375	750	900
10	300	600	720
12	250	500	600
14	$214\frac{2}{7}$	$428\frac{4}{7}$'	$514\frac{2}{7}$

* Frecuencia en Hz (ciclos por segundo.)
† Velocidad en revoluciones por minuto.

o de vapor, una máquina de velocidad esencialmente *moderada,* puede emplearse cualquiera desde cuatro a doce polos salientes. En el caso de un motor de accionamiento de *velocidad* esencialmente *elevada,* tal como una *turbina* a gas o a vapor (el vapor puede obtenerse mediante calderas a base de carbón o fuel, o de un reactor nuclear), generalmente se usan sólo dos polos lisos. En una gran parte, la determinación del tipo de la construcción de la excitación del alternador empleado depende de la clase de combustible o fuente de energía disponible en la ubicación geográfica donde deba generarse la electricidad. Los combustibles tales como carbón o fuel pueden ser suministrados por ferrocarril o barco; o bien, el fuel o gas puede ser conducido por tubería hasta el lugar de generación, si este lugar no es muy remoto ni inaccesible. El coste de transporte es un factor que afecta al coste de generación por kWh.

Los alternadores de *polos salientes* de *baja velocidad* requieren inducidos en el estátor con un *gran* perímetro en el cual puedan ser insertados muchos conductores. Tales estátores requieren polos de excitación o conductores de inducido

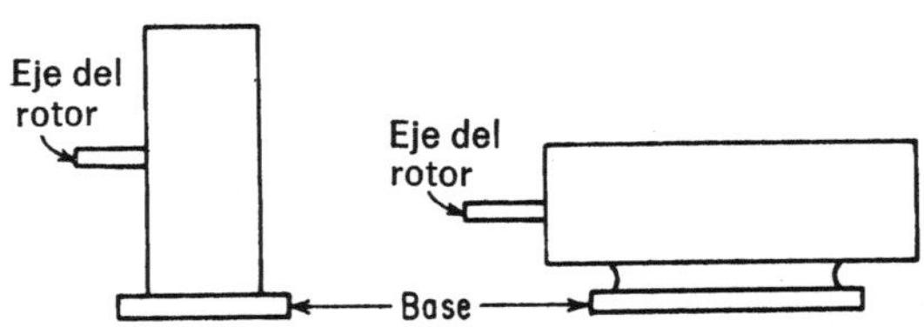

(a) Tipo de baja velocidad de polos salientes.

(b) Tipo de alta velocidad de rotor liso.

Figura 6-2. Aspecto general de una máquina síncrona.

de *corta* longitud *axial*. Por otra parte, los rotores lisos *de elevada velocidad* tienen *un pequeño* perímetro que necesita polos de excitación y conductores de inducido de *gran* longitud axial. Así, debido a la notable diferencia en el aspecto externo, resulta fácil distinguir las máquinas síncronas de polos salientes de las de rotor liso, incluso sin ver el rotor, como muestra la fig. 6-2.

6-5. Circuito equivalente de una máquina síncrona monofásica y de una polifásica. La relación entre la tensión en bornes y la tensión generada en una máquina síncrona se estableció en el apartado 6-1 mediante (6-1), y el circuito está representado en la fig. 6-3. Para un alternador síncrono o polifásico, (6-1) puede expresarse como sigue:

$$\dot{V}_p = \dot{E}_{gp} - \dot{I}_a R_a - \dot{I}_a(jX_a) \pm \dot{E}_{ar} \qquad (6\text{-}2)$$

en la que V_p es la tensión en bornes/fase

E_{gp} es la tensión generada en bornes/fase, de (2-15) y del apartado 6-2

I_aR_a es la caída de tensión en el devanado del inducido que tiene una resistencia efectiva (c.a.) de R_a por fase.

$I_a(jX_a)$ es la caída de tensión en bornes debida a la reactancia del devanado del inducido ocasionada por la reactancia de dispersión (apartados 2-7 y 6-3), y

E_{ar} es el efecto de la reacción de inducido (magnetizante, magnetizante transversalmente, o desmagnetizante, como se resume en el apartado 5-9) por fase.

Debe hacerse notar que esencialmente existe poca diferencia entre el circuito equivalente de un alternador síncrono de c.a. monofásico y el alternador síncrono de c.a. trifásico que muestran las figs. 3-6a y b, respectivamente. Cada devanado de fase de un alternador trifásico se supone que tiene una resistencia de inducido efectiva por fase de R_a, una reactancia de inducido por fase de X_a, y una tensión generada por fase de E_{gp}. Además, si la carga es equilibrada (como se ha visto en el apartado 5-9) puede suponerse que la caída de tensión debida al efecto de la reacción de inducido es la misma en cada fase: es decir, E_{ar}, caída de tensión por reacción de inducido por fase. Las componentes de (6-2) se aplican tanto a alternadores polifásicos como a monofásicos. Como los puntos sobre las distintas componentes de (6-2) implican suma vectorial (o sustracción), se considerarán los dia-

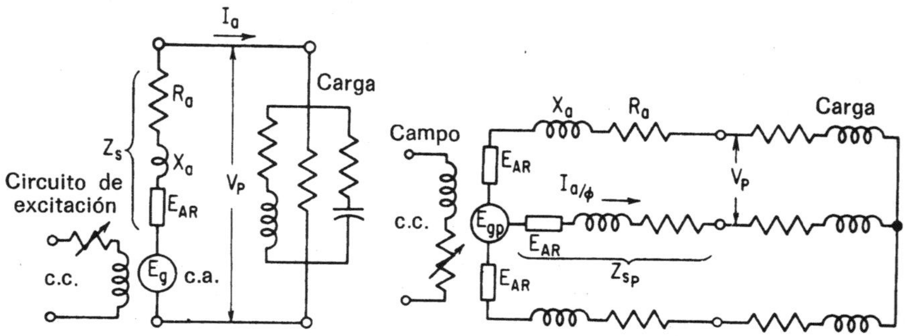

(a) Monofásico.

(b) Circuito trifásico equivalente de un alternador síncrono conectado en estrella.

Figura 6-3. Circuito equivalente de un alternador síncrono.

gramas para las distintas condiciones de factor de potencia, sucesivamente para predecir las relaciones de tensión y escribir las ecuaciones para la regulación de tensión de un alternador síncrono de c.a.

Sin embargo, antes de hacerlo así, será mejor considerar los factores que influyen en las diferencias entre la tensión generada en vacío por fase, E_{gp}, y la tensión en bornes por fase, V_p. El circuito equivalente mostrado en la fig. 6-3 emplea excitación independiente de c.c. para los devanados de excitación giratorios tanto de los alternadores síncronos monofásicos como polifásicos. Por tanto, cualquier variación en la tensión en bornes, como resultado de la carga, no influye sobre la fem de excitación. En este aspecto, el alternador es similar a un generador de c.c. de excitación independiente, y una comparación entre ambos revelará las similitudes así como las diferencias.

6-6. Comparación entre el generador de c.c. con excitación independiente y el alternador síncrono con excitación independiente. En los generadores de c.c. con excitación independiente existen dos causas que producen caída de tensión (véase apartado 3-13) desde vacío a plena carga: (1) la caída de tensión en el circuito del inducido, y (2) la reacción de inducido. La ecuación (6-2) indica que ahora hay *tres* causas para la «caída» de tensión en el alternador síncrono con excitación independiente: (1) la caída de tensión en el circuito del inducido; (2) la reactancia del inducido, y (3) la reacción de inducido. Además, para un alternador resultaría que, mientras los dos primeros factores siempre tienden a reducir la tensión generada, el tercer factor (la reacción de inducido) puede tender a disminuir o a aumentar la tensión generada, (6-2). Así, la regulación de tensión del alternador síncrono difiere de la del generador de c.c. con excitación independiente en dos aspectos importantes: (1) existe una caída de tensión debida a la reactancia del inducido, y (2) el efecto de la reacción de inducido (que depende del factor de potencia de la carga) puede producir una tensión que ayude a la tensión generada y tienda a incrementar la tensión en bornes, (6-2). Puesto que la naturaleza de la carga afecta a la regulación de tensión del alternador síncrono de c.a., consideraremos en éste, además de la intensidad de carga, I_a, la relación entre la tensión generada y la tensión en bornes.

6-7. Relación entre la tensión generada y la tensión en bornes de un alternador para distintos factores de potencia de la carga. Como en el caso de un generador de c.c., si el alternador síncrono de c.a. (de excitación independiente) está en *vacío,* la tensión en bornes y la tensión generada son *iguales,* como muestra (6-2). El valor de las tres causas de caída de tensión en el alternador síncrono citadas en el apartado 6-6 son únicamente función de la intensidad de carga, I_a. La relación entre estas magnitudes en lo que afecta a las características de tensión del alternador se verá a continuación.

6-7.1. *Cargas con factor de potencia unidad.* Las relaciones entre las distintas caídas de tensión que originan una diferencia entre la tensión generada y la tensión en bornes pueden verse en la fig. 6-4a. Con un factor de potencia unidad, la corriente de fase en el inducido I_a está en fase con la tensión de fase en bornes V_p, por definición. La caída de tensión por fase en la resistencia efectiva del inducido, I_aR_a, también está siempre en fase con la corriente del inducido, I_a. La caída de tensión inductiva debido a la reactancia del inducido, I_aX_a, siempre está adelantada 90° respecto a la corriente a través de dicha reactancia (ya que la corriente retrasa 90° respecto a la tensión en un circuito que sólo posea reactancia inductiva). Para un factor de potencia unidad, la caída de tensión por reacción de inducido, E_{ar} del apartado 5-9 y de la fig. 5-12a, avanza* respecto a la intensidad en el inducido, I_a, que la produce, y por tanto siempre está en fase con la caída de tensión por reactancia en el inducido, I_aX_a. La ecua-

* Este punto generalmente provoca confusión en la mente del estudiante. La tensión generada debido a la reacción de inducido, como puede verse en la fig. 5-12a, retrasa 90° respecto a la intensidad en el inducido para un factor de potencia unidad. La componente de la tensión total generada necesaria para vencer el efecto de la tensión generada debido a la reacción de inducido debe tener sentido opuesto. Esta distinción es entre una tensión *generada* y una *caída* de tensión necesaria para vencerla. Además, la tensión generada por reacción de inducido siempre retrasa 90° respecto a la intensidad en el inducido y al flujo que la produce. La componente de la caída de tensión necesaria para superar esta tensión generada, siempre debe estar 90° adelantada respecto a la intensidad en el inducido, así como la componente de la tensión aplicada necesaria para vencer la fem de autoinducción.

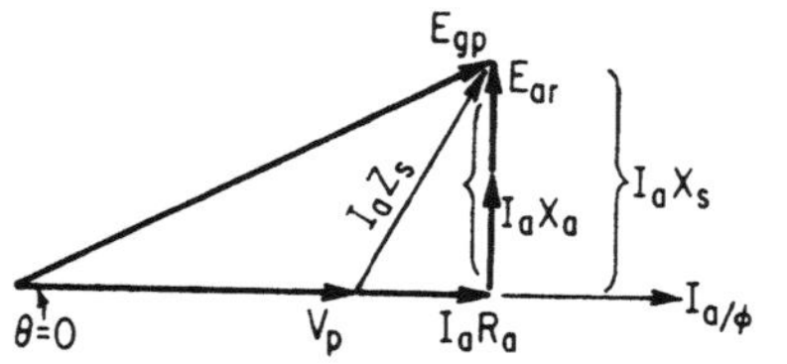

(a) Cargas con un f.p. unidad.

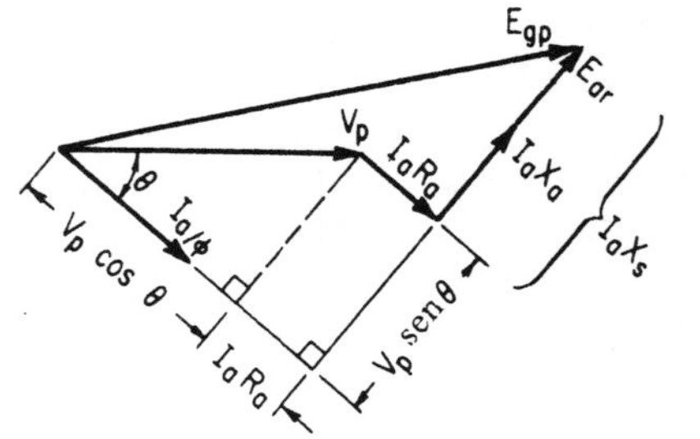

(b) Cargas con f.p. inductivo.

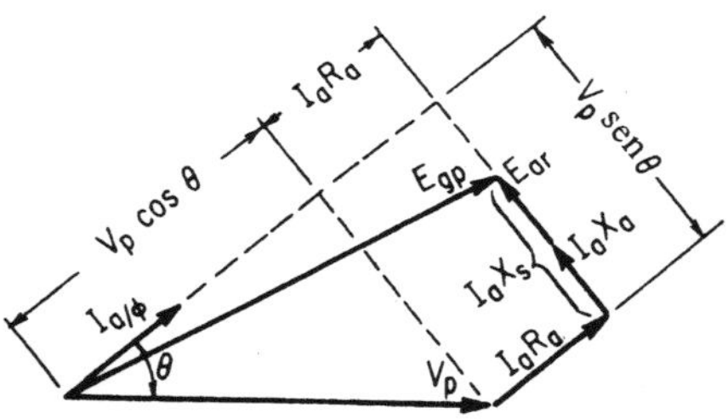

(c) Cargas con f.p. capacitivo.

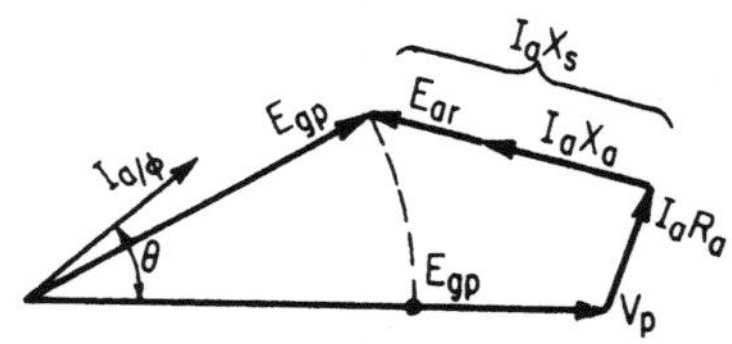

(d) Regulación negativa para cargas con f.p. capacitivo.

Figura 6-4. Relación entre tensión generada (en vacío) y en bornes (a plena carga) en un alternador síncrono para tres tipos de carga.

ción básica del generador (6-1), puede expresarse ahora, para cargas con factor de potencia unidad en forma compleja como

$$E_{gp} = (V_p + I_aR_a) + j(I_aX_a + E_{ar}) \tag{6-3}$$

en la que todos los términos se han definido en (6-2) anterior.

Tanto del diagrama de la fig. 6-4a como de (6-3), puede verse que, para un factor de potencia unidad, la tensión en bornes por fase, V_p, siempre es menor que la tensión generada por fase, en una caída total de impedancia $I_a(R_a+jX_s)$, en la que jI_aX_s es la caída de tensión en cuadratura de la *reactancia síncrona,* o caída de tensión combinada debido a la *reactancia* del inducido y a la *reacción* de inducido.

6-7.2. *Cargas con factor de potencia inductivo.* Si la intensidad de fase en el inducido, I_a (por definición), *retrasa* respecto a la tensión de fase en bornes, V_p, un cierto ángulo θ, como resultado de una carga externa (principalmente inductiva) en bornes del alternador síncrono de c.a., las tensiones pueden representarse según el diagrama que muestra la fig. 6-4b. La caída I_aR_a continúa en fase con la corriente de fase en el inducido, y las caídas de tensión en cuadratura por la reactancia y la reacción de inducido avanza 90° respecto a la intensidad en el inducido. Las relaciones de (6-1) se aplican todavía a esta condición, pero es más simple indicar el valor de E_{gp} en función de sus componentes *horizontal* y *vertical.*

$$E_{gp} = (V_p \cos\theta + I_aR_a) + j(V_p \operatorname{sen}\theta + I_aX_s) \qquad (6\text{-}4)$$

Tanto del diagrama de la fig. 6-4b como de (6-3) y (6-4), resulta evidente que para obtener la misma tensión nominal en bornes por fase, V_p, se necesita una tensión inducida por fase superior, E_{gp}, para factores de potencia inductivos que para factores de potencia unidad. Esto se indica mediante el siguiente ejemplo.

EJEMPLO 6-1: Un alternador trifásico, conectado en estrella, de 1000 kVA, y 4600 V, tiene una resistencia en el inducido de 2 Ω/fase y una reactancia síncrona en el inducido X_s, de 20 Ω/fase. Encontrar la tensión generada a plena carga por fase a:

a. Factor de potencia unidad.

b. Factor de potencia inductivo de 0,75.

*Solución:**

$$V_p = \frac{V_L}{\sqrt{3}} = \frac{4600\ \text{V}}{1{,}73} = 2660\ \text{V};$$

$$I_p = \frac{\text{kVA} \times 1000}{3V_p} = \frac{1000 \times 1000}{3 \times 2660} = 125\ \text{A}$$

$$\text{Caída } I_aR_a/\text{fase} = 125\ \text{A} \times 2\ \Omega = 250\ \text{V}$$

$$\text{Caída } I_aX_s/\text{fase} = 125\ \text{A} \times 20\ \Omega = 2500\ \text{V}$$

a. Para un factor de potencia unidad,

$$\begin{aligned} E_g &= (V_p + I_aR_a) + jI_aX_s = (2660 + 250) + j2500 \qquad (6\text{-}3)\\ &= 2910 + j2500 = \mathbf{3845\ V/fase} \end{aligned}$$

b. Para un factor de potencia inductivo de 0,75

$$\begin{aligned} E_g &= (V_p \cos\theta + I_aR_a) + j(V_p \operatorname{sen}\theta + I_aX_s) \qquad (6\text{-}3)\\ &= (2660 \times 0{,}75 + 250) + j(2660 \times 0{,}676 + 2500)\\ &= 2250 + j4270 = \mathbf{4820\ V/fase} \end{aligned}$$

* Obsérvese que la solución se ha desarrollado trabajando por fase, debido a que la definición básica de factor de potencia se hace en estos términos.

6-7.3. *Cargas con factor de potencia capacitivo.* Si la intensidad de fase en el inducido, I_a (por definición), está *adelantada* respecto a la tensión de fase en bornes V_p un cierto ángulo θ, como resultado de una carga externa (que contenga una componente capacitiva) en bornes del alternador síncrono de c.a., las tensiones pueden representarse como muestra la fig. 6-4c. La caída I_aR_a siempre está en fase con la intensidad de fase en el inducido, y la caída por reactancia síncrona en cuadratura, I_aX_s adelanta 90° respecto a la intensidad en el inducido. Expresando E_{gp} en función de las componentes horizontal y vertical encontramos

$$E_{gp} = (V_p \cos\theta + I_aR_a) + j(V_p \operatorname{sen}\theta - I_aX_s) \qquad (6\text{-}5)$$

Tanto del diagrama de la fig. 6-4c como de (6-5), resulta evidente que para la misma tensión nominal en bornes por fase, se necesita menos tensión generada para un factor de potencia capacitivo que para un factor de potencia inductivo. Esto viene indicado por el siguiente ejemplo:

EJEMPLO 6-2: Repetir el ejemplo 6-1 para determinar la tensión generada por fase a plena carga con:

a. Una carga capacitiva con un factor de potencia de 0,75.
b. Una carga capacitiva con un factor de potencia de 0,4.

Solución:

Del ejemplo 6-1,

$$I_aR_a/\text{fase} = 250 \text{ V}$$
$$I_aX_s/\text{fase} = 2500 \text{ V}$$

a. Para un factor de potencia capacitivo de 0,75

$$\begin{aligned} E_g &= (V_p \cos\theta + I_aR_a) + j(V_p \operatorname{sen}\theta - I_sX_a) \qquad (6\text{-}5)\\ &= [(2660 \times 0{,}75) + 250] + j[(2660 \times 0{,}676) - 2500]\\ &= 2250 - j730 = \mathbf{2360\ V/fase} \end{aligned}$$

b. Para un factor de potencia capacitivo de 0,40

$$\begin{aligned} E_g &= [(2660 \times 0{,}4) + 250] + j[(2660 \times 0{,}916) - 2500] \qquad (6\text{-}5)\\ &= 1314 - j40 = \mathbf{1315\ V/fase} \end{aligned}$$

Obsérvese que la tensión *generada* es *menor* que la tensión en bornes para *ambos* factores de potencia, y *disminuye a medida que el factor de potencia es menor.*

6.8. Regulación de tensión de un alternador síncrono de c.a. para distintos factores de potencia. Los ejemplos anteriores sirven para ilustrar dos aspectos del efecto de las cargas capacitivas o inductivas sobre la tensión generada por un alternador y, a su vez, la regulación de tensión, o sea: (1) cuanto menor sea el factor de potencia capacitivo, tanto mayor será el *aumento* de tensión desde vacío (E_{gp}) a plena carga (V_p); y (2) cuanto menor sea el factor de potencia inductivo, tanto mayor será la *disminución* de tensión desde vacío (E_{gp}) a plena carga (V_p). Esto también puede considerarse en la representación gráfica tomada de los datos de estos ejemplos que muestra la fig. 6-5.

La figura indica también que el aumento del factor de potencia de una carga inductiva a un factor de potencia unidad, resulta todavía insuficiente para producir una regulación de tensión del cero por ciento, y que la tensión en bornes todavía sufre una caída cuando se aplica al alternador una carga puramente resistiva. La figura también muestra los efectos de la reacción de inducido, estudiados en el apartado 5-9. Para cargas *capacitivas,* la reacción de inducido es *magnetizante* y tiende a producir una tensión generada *adicional* al aplicar una carga, produciendo una regulación *negativa,* como en la fig. 6-4d. Esta elevada tensión generada es más que suficiente para compensar la caída de tensión in-

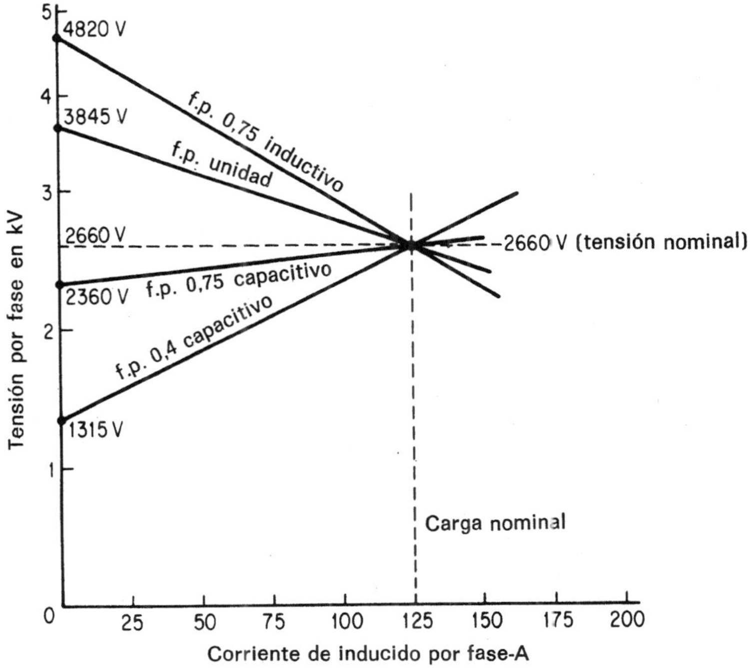

Figura 6-5. Regulación de tensión de un alternador para distintos factores de potencia.

terna resistiva en el inducido. Para un factor de potencia capacitivo determinado, como muestra la fig. 6-5, la magnetización adicional producida por la reacción de inducido está equilibrada exactamente por las caídas de tensión internas, y la regulación de tensión es cero.

Para cargas inductivas, la reacción de inducido es *desmagnetizante* (apartado 5-9), y sus efectos de reducción de la tensión generada, junto con las caídas de tensión internas resistiva y reactiva en el inducido, dan lugar a una rápida disminución de la tensión en bornes al aplicar una carga, tal como muestra la figura 6-5.

La regulación de tensión de un alternador es la misma que para un generador de c.c., o sea:

$$\text{VR (regulación de tensión porcentual)} = \frac{V_{nl} - V_{fl}}{V_{fl}} \times 100 \qquad (3\text{-}9)$$

y normalmente se calcula, por fase, aunque pueden usarse los valores de tensión de línea, obteniéndose los mismos resultados.

EJEMPLO 6-3: Calcular la regulación de tensión para los cuatro factores de potencia mostrados en la fig. 6-5 y calculados en los ejemplos 6-1 y 6-2.

Solución:

a. Para un factor de potencia inductivo de 0,75

$$\text{VR} = \frac{4820 - 2660}{2660} \times 100 = \mathbf{81{,}3\ \%}$$

b. Para un factor de potencia unidad

$$\text{VR} = \frac{3845 - 2660}{2660} \times 100 = \mathbf{44{,}4\ \%}$$

c. Para un factor de potencia capacitivo de 0,75

$$\text{VR} = \frac{2360 - 2660}{2660} \times 100 = -\ \mathbf{11{,}25\ \%}$$

d. Para un factor de potencia capacitivo de 0,4

$$\text{VR} = \frac{1315 - 2660}{2660} \times 100 = -\mathbf{50{,}6\ \%}$$

Debe hacerse notar que la regulación de un generador de c.c. de excitación independiente (cuya tensión disminuye al aplicar una carga debido a la resistencia del inducido y a la reacción de inducido) es inherentemente mejor que la regulación de un alternador síncrono de c.a. de excitación independiente. Como las cargas eléctricas *reales* generalmente son cargas de naturaleza *inductiva,* la tensión de un alternador de c.a. con excitación independiente disminuirá debido a la resistencia del inducido, a la reactancia del inducido y a la reacción de inducido. El efecto de la reacción de inducido en un generador de c.c. es, principalmente, magnetizante transversalmente y ligeramente desmagnetizante, mientras que en un alternador su componente desmagnetizante es el flujo del inducido, ϕ_a sen θ (apartado 5-9).

Además, los efectos de la reacción del inducido están *compensados* en una máquina de c.c.; pero, aunque se han realizado numerosos intentos para producir una acción compound con alternadores para compensar la reacción de inducido a distintos factores de potencia, ninguna ha tenido éxito. Por consiguiente, en la práctica, la regulación inherentemente pobre de los alternadores se ignora y su salida se mantiene a una tensión en bornes constante mediante *reguladores de tensión* externos que automáticamente aumentan o disminuyen la excitación de un generador de c.c. (excitatriz) cuando varía la carga eléctrica y el factor de potencia. La *excitatriz* generalmente está sobre el mismo eje que el motor de accionamiento y el alternador. Sus características generalmente están muy relacionadas con la regulación del alternador, o sea, si la excitatriz debe mantener una tensión constante para una amplia gama de cargas, los límites de la corriente de excitación y potencia nominales de la excitatriz dependen del valor de la intensidad de excitación necesaria para que el alternador mantenga una buena regulación.

6-9. Impedancia síncrona. La diferencia entre la tensión generada, E_{gp}, y la tensión en bornes, V_p, por fase de un alternador, como se estableció en (6-1) y se ve en la fig. 6-4a, es la caída de tensión por impedancia síncrona, I_aZ_s. Esta misma diferencia, desde luego, existe entre V_p y E_{gp} para cualquier factor de potencia y cualquier carga, como muestran los distintos diagramas de la fig. 6-4. La caída de tensión por impedancia síncrona es, en todos los casos, la suma vectorial de la caída de tensión de la resistencia efectiva del inducido por fase y las caídas de tensión en cuadratura equivalentes debidas a la reactancia del inducido y a la reacción de inducido por fase, para la misma carga. Todas las caídas de tensión comprendidas en la impedancia síncrona, por definición, se toman a plena carga, I_a. El diagrama vectorial puede verse en la fig. 6-6a, en la que se usa la intensidad en el inducido, I_a, como referencia. Si cada una de las caídas de tensión en el diagrama vectorial se divide por la intensidad del inducido, se obtiene un *triángulo de impedancias* en el cual la resistencia efectiva del inducido, la reactancia síncrona transversal, y la impedancia síncrona por fase están representadas como muestra la fig. 6-6b.

El concepto de impedancia síncrona interna equivalente de un alternador de c.a. es similar al concepto de resistencia interna equivalente en el circuito del

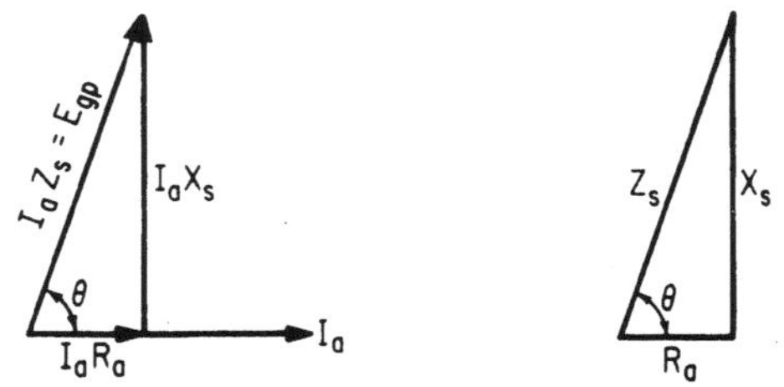

(a) Diagrama vectorial. (b) Triángulo de impedancia.

Figura 6-6. Diagrama vectorial y triángulo de impedancia para la impedancia síncrona de un alternador.

inducido de una máquina de c.c. (fig. 3-1). Conociendo la resistencia del circuito del inducido de una máquina de c.c., resulta posible calcular la tensión en bornes de un generador de c.c. o la fem de un motor de c.c. para cualquier valor de la carga. De manera similar, si se conocen la resistencia efectiva del inducido por fase y la reactancia síncrona por fase, es posible calcular también la fem generada por un alternador o un motor síncronos. La ventaja del concepto de impedancia síncrona es que es posible tratar la caída de tensión en cuadratura necesaria para vencer la tensión debida a la reacción de inducido, como una componente de la impedancia reactiva. Esto es admisible puesto que esta tensión siempre está en cuadratura con la intensidad del inducido, como se ha visto antes.

La impedancia síncrona y la resistencia efectiva por fase se determinan mediante ensayos específicos por el denominado *método de la impedancia síncrona.* El resultado proporciona un valor de la reactancia síncrona el cual, cuando se usa en las distintas ecuaciones de tensión, da lugar a una regulación de tensión para el alternador que es algo *superior* que la realmente obtenida por carga directa. Por esta razón, el método de la impedancia síncrona se ha denominado *«método pesimista»*. Pero su simplicidad, junto con la seguridad de que la máquina, en funcionamiento real, produce mejor regulación, la ha llevado a un uso casi universal.*

6-10. El método de la impedancia síncrona (o fem) para la predicción de la regulación de tensión. Un alternador real único puede llegar a tener una potencia de hasta 500 000 kVA, o sea 500 millones de watios para un factor de potencia unidad. Cargar eléctricamente un alternador de este tipo para determinar

* Otros métodos tales como el método de la fmm (método optimista), el método de Potier, el método de la reactancia síncrona ajustada, y el método ASA (empleado principalmente para los cálculos de la intensidad de excitación necesaria para condiciones específicas de carga y de factor de potencia) caen fuera del alcance de este volumen.

sus características de tensión (y rendimiento) resulta una cuestión difícil; y para obtener tal carga debería disponerse de una ciudad de buen tamaño. Además, si el alternador se construye en una fábrica eléctrica, y está preparado para usarse con turbinas específicas de vapor o hidráulicas, no hay seguridad de que existan motores de accionamiento suficientemente grandes en la vecindad de la fábrica para accionar al alternador a su carga nominal. Por consiguiente, las máquinas de gran potencia suelen ensayarse mediante un método «convencional» sin carga, que reproduzca o *simule* las condiciones de carga. Con tal método se usa sólo una *fracción* de la potencia que se necesitaría para que funcionara con la prueba directa. El método empleado para la determinación de la *resistencia efectiva del inducido* por fase puede verse en la fig. 6-7a. El método de la *impedancia síncrona,* consiste en los ensayos de *vacío* y de *cortocircuito,* como puede verse en las figs. 6-7b y c. Son necesarias las *tres* medidas para la determinación de la regulación.

La resistencia efectiva del inducido por fase puede calcularse a partir del ensayo de c.c. de la fig. 6-7a. Se *supone* que el inducido está conectado en estrella (incluso aunque esté conectado en triángulo, la suposición de que está conectado en estrella da los mismos resultados). Suele usarse una fuente de baja tensión de c.c. y el método del voltímetro-amperímetro en lugar de una fuente de c.a. y un vatímetro. Se usa corriente continua porque el método de c.a. incluiría pérdidas de acoplamiento en la estructura de los polos de excitación y en el hierro de alrededor, obteniéndose valores engañosos. La resistencia en c.c. por fase es

$$R_{cc} = \left(\frac{1}{2}\right)\frac{\text{lectura del voltímetro}}{\text{lectura del amperímetro}} = \frac{V}{A \times 2}$$

La resistencia de c.a. por fase se obtiene multiplicando la resistencia de c.c. por un factor que varía entre 1,2 y 1,8, según la frecuencia, la calidad del aislamiento, el tamaño y potencia, etc. Para nuestros propósitos, usaremos un factor de 1,5 para calcular la resistencia efectiva del inducido (en c.a.) por fase.

Como se ha dicho anteriormente, el ensayo de la impedancia síncrona consta de dos partes:

1. Ensayo de vacío. Se obtiene una curva de magnetización (en vacío) con excitación independiente del alternador, funcionando a la *velocidad síncrona.* Se conecta un amperímetro de c.c. en el circuito de excitación para registrar la intensidad de excitación y se conecta un voltímetro de c.a. en bornes de dos terminales cualesquiera del estátor para registrar la tensión de línea, V_l. Se toma un número suficiente de lecturas empezando con intensidad de excitación cero, tanto por debajo como por encima del codo de la curva. En cada caso, se registran la intensidad de excitación, I_f, y la tensión generada por fase, E_{gp} (o sea, $V_l/\sqrt{3}$), y se dibuja una *curva de saturación* como la de la fig. 6-8. Como en el caso de la curva de magnetización

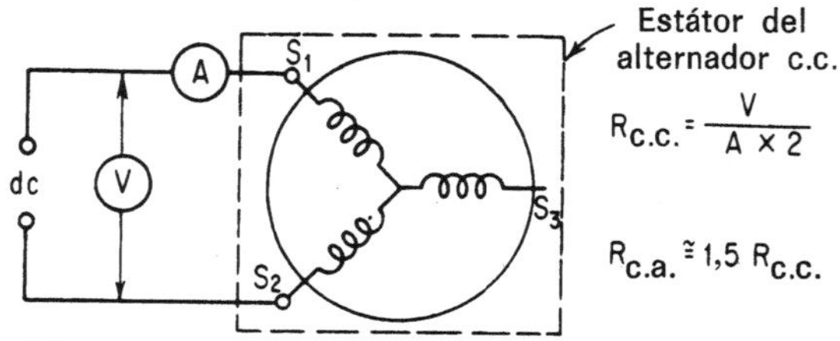

(a) Medida de la resistencia de un inducido para hallar la resistencia de c.c. y de c.a. (efectiva) por fase.

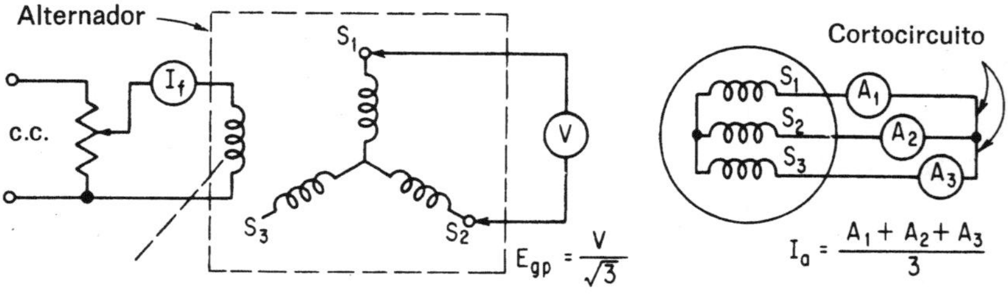

(b) Ensayo de vacío. (c) Ensayo de cortocircuito.

Figura 6-7. Conexiones del circuito de ensayo de la impedancia síncrona.

en c.c., los resultados deben ser tomados en un sentido para evitar bucles secundarios de histéresis.

2. Ensayo de cortocircuito. La característica de cortocircuito se toma conectando amperímetros en la línea para registrar la corriente de línea (incluso aunque el alternador esté conectado en triángulo). La intensidad de excitación se ajusta a cero, y el alternador se lleva a su velocidad. Se toman lecturas de la intensidad de excitación de c.c., respecto a la intensidad en el inducido de cortocircuitado, de c.a. Los resultados se dibujan como muestra la fig. 6-8. Debe hacerse notar que esta curva es totalmente lineal; esto es evidente tanto de (6-1) como de la fig. 6-6a. En cortocircuito, la tensión en bornes del alternador es cero. Toda la tensión generada por fase, E_{gp}, es necesaria para vencer la caída interna de impedancia, $I_a Z_s$, por fase. Como Z_s casi es constante para una máquina determinada, la intensidad de cortocircuito varía directamente con la tensión generada y la intensidad de excitación necesaria para producirla (por debajo de la saturación). Como la impedancia interna tiene una carga de bajo factor de potencia, extremadamente inductivo, el efecto desmagnetizante es tal que reduce el flujo de excitación (y la tensión generada) considerablemente. Así, pueden usarse corrientes de excitación bastante elevadas sin producir corrientes de cortocircuito anormalmente excesivas.

Cuando la intensidad de cortocircuito en el inducido por fase es igual a la corriente de plena carga o nominal, y cuando la velocidad y frecuencia del alternador corresponden a sus respectivos valores nominales, si se eliminara el cortocircuito y se mantuviera constante la intensidad de excitación, se mediría entre

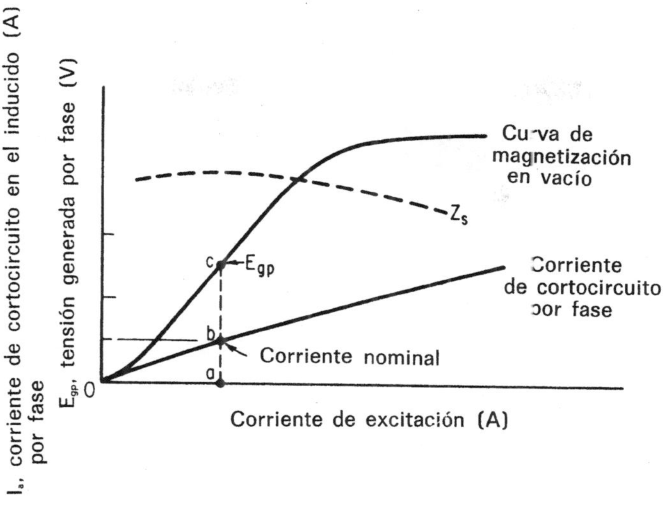

Figura 6-8. Características en vacío y en cortocircuito de un alternador síncrono.

terminales del inducido la tensión generada por fase en vacío. El uso de las curvas permite esta técnica con menos peligro para el personal y para la máquina, la cual puede tener tensiones nominales de 13 200 V/fase, o incluso superiores.

Como muestra la fig. 6-8, el punto *ob* representa la intensidad nominal en el inducido por fase y la intensidad de excitación; y *oa*, la excitación necesaria para producir la intensidad de cortocircuito. Pero esta *misma* excitación producirá una tensión generada en vacío de E_{gp}, correspondiente al punto *oc*. Como la tensión en bornes es cero en (6-1), podemos escribir

$$E_{gp} = I_a Z_p \qquad \text{o} \qquad Z_p = E_{gp}/I_a \tag{6-6}$$

en la que I_a es la intensidad de plena carga o nominal por fase, E_{gp} es la tensión en vacío abierto producida por la misma intensidad de excitación que originó la corriente nominal de cortocircuito por fase, Z_p es la impedancia síncrona por fase.

Las distintas ecuaciones para la regulación de la tensión se establecen en función de las caídas de tensión producidas por la resistencia efectiva del inducido por fase y por la reactancia síncrona por fase, y, por consiguiente,

$$\dot{X}_s = \dot{Z}_p - \dot{R}_a \tag{6-7}$$

en donde X_s es la reactancia síncrona por fase, Z_p es la impedancia síncrona por fase, determinada por el ensayo de cortocircuito y por (6-6) anterior, R_a es la resistencia efectiva del inducido por fase determinada por el anterior ensayo de resistencia en c.c.

También es posible combinar (6-1) a (6-5), inclusive, en una única ecuación general que se cumplirá para todos los factores de potencia y condiciones de carga, o sea,

[redacted]

en la que todos los términos son los mismos que en (6-5), y en la que se usa el signo + para cargas inductivas y — para cargas capacitivas.

EJEMPLO 6-4: Un alternador trifásico de 100 kVA y 1100 V, se ensaya de acuerdo con el procedimiento anterior para determinar su regulación bajo distintas condiciones de carga y de factor de potencia. Los datos obtenidos son los siguientes:

Ensayo de resistencia a c.c.	*Ensayo de vacío*	*Ensayo de cortocircuito*
E entre fases = 6 V de c.c.	Intensidad de excitación = 12,5 A c.c.	Intensidad de excitación = 12,5 A c.c.
I en fases = 10 A c.c.	E compuesta = 420 V c.a.	Intensidad de línea = valor nominal

A partir de los datos anteriores, y suponiendo que el alternador está conectado en estrella, calcular

a. La resistencia efectiva, la impedancia síncrona y la reactancia por fase.
b. La regulación de tensión del alternador para factores de potencia de 0,8 inductivo y 0,8 capacitivo.

Solución:

Suponiendo que el alternador está conectado en estrella:

a. $I_a \text{ nominal} = \dfrac{\text{kVA} \times 1000}{V_l\sqrt{3}} = \dfrac{100000}{1100 \times 1{,}73} = 52{,}5 \text{ A}$

$$R_{dc} = \frac{V_l}{2I_a} = \frac{6 \text{ V}}{2 \times 10} = \mathbf{0{,}3\,\Omega/\text{por arrollamiento}} \text{ y}$$

$$R_{ac} = 0{,}3 \times 1{,}5 = \mathbf{0{,}45\ \Omega/\text{fase}}$$

$$Z_p = \frac{E_{gp}}{I_a} = \frac{420}{\sqrt{3} \times 52{,}5} = \mathbf{4{,}62\ \Omega/\text{fase}} \qquad (6\text{-}6)$$

$$X_s = \dot{Z}_p - \dot{R}_a = \sqrt{(4{,}62)^2 - (0{,}45)^2} = \mathbf{4{,}61\ \Omega/\text{fase}} \text{ [de la ecuación (6-7)]}$$

b. $V_p = \frac{V_l}{\sqrt{3}} = \frac{1100}{\sqrt{3}} = 635$ V/fase

$I_aR_a = 52{,}5\text{ A} \times 0{,}45\ \Omega = 23{,}6$ V/fase

$I_aX_s = 52{,}5\text{ A} \times 4{,}61\ \Omega = 242$ V/fase

Para un factor de potencia inductivo de 0,8

$$E_{gp} = (V_p \cos\theta + I_aR_a) + j(V_p \operatorname{sen}\theta + I_aX_s) \quad \text{[de la ecuación (6-8)]}$$
$$= (635 \times 0{,}8 + 23{,}6) + j(635 \times 0{,}6 + 242)$$
$$= 530 + j623 = 820 \text{ V/fase}$$

$$\text{Regulación porcentual de tensión} = \frac{V_{nl} - V_{fl}}{V_{fl}} \times 100 \qquad (3\text{-}9)$$
$$= \frac{820 - 635}{635} \times 100 = \mathbf{29{,}1 \text{ por ciento}}$$

Para un factor de potencia capacitivo de 0,8

$$E_{gp} = (V_p\ cos\ \theta + I_aR_a) + j(V_p\ sen\ \theta - I_aX_s) \qquad \text{(Ec. 6-8)}$$
$$= (635 \times 0{,}8 + 23{,}6) + j(635 \times 0{,}6 - 242)$$
$$= 530 + j139 = 548 \text{ V/fase}$$

$$\text{Regulación de tensión porcentual} = \frac{548 - 635}{635} \times 100 \qquad (3\text{-}9)$$
$$= \mathbf{-13{,}65 \text{ por ciento}}$$

EJEMPLO 6-5: Repetir el ejemplo 6-4 suponiendo que el alternador está conectado en triángulo y que se han tomado las mismas medidas.

Solución:

Suponiendo que el alternador se ha conectado en triángulo:

$V_l = V_p =$ **420 V** (del ensayo de cortocircuito)

$$I_p = \frac{I_L}{\sqrt{3}} = \frac{52{,}5\text{ A}}{1{,}73} = \mathbf{30{,}31\text{ A}}$$

$$Z_s = \frac{420\text{ V}}{30{,}31\text{ A}} = \mathbf{13{,}86\ \Omega/\text{fase}}$$

R_{ef} en $\Delta = 3\times R_{ef}$ en estrella $= 3 \times 0{,}45\,\Omega$/fase $=$ **1,35 Ω/fase**

$$X_s = \sqrt{Z_s^2 - R_{ef}^2} = \sqrt{(13{,}86)^2 - (1{,}35)^2} = \mathbf{13{,}8\ \Omega/\text{fase}} \qquad (6\text{-}7)$$

Obsérvese que en cada ejemplo la resistencia, reactancia e impedancia equivalentes por fase conectadas en triángulo es *tres veces* el valor de las correspondientes magnitudes cuando la máquina está conectada en estrella (véase ejemplo 6-4).

Tensión nominal $V_l = V_p = 1100$ V y $I_p = 30{,}31$ A/fase

$$I_aR_a = 30{,}31 \times 1{,}35 = 40{,}8 \text{ V/fase}$$

$$I_aX_s = 30{,}31 \times 13{,}8 = 4{,}19 \text{ V/fase}$$

Para un factor de potencia inductivo de 0,8

$$\begin{aligned} E_{gp} &= (V_p \cos\theta + I_aR_a) + j(V_p \operatorname{sen}\theta + I_aX_s) \qquad (6\text{-}8)\\ &= (1100 \times 0{,}8 + 40{,}8) + j(1100 \times 0{,}6 + 419)\\ &= 920{,}8 + j241\\ &= 1421 \text{ V/fase} \end{aligned}$$

$$\text{Regulación de tensión porcentual} = \frac{V_{nl} - V_{fl}}{V_{fl}} \times 100 \qquad (3\text{-}9)$$

$$= \frac{1421 - 1100}{1100} \times 100$$

$= \mathbf{29{,}1}$ **por ciento** (como en el ejemplo 6-4)

Para un factor de potencia capacitivo de 0,8

$$\begin{aligned} E_{gp} &= (V_p \cos\theta + I_aR_a) + j(V_p \operatorname{sen}\theta - I_aX_s) \qquad (6\text{-}8)\\ &= (1100 \times 0{,}8 + 40{,}8) + j(1100 \times 0{,}6 - 419)\\ &= 920{,}8 + j\text{LGE}\\ &= 950 \text{ V/fase} \end{aligned}$$

$$\text{Regulación de tensión porcentual} = \frac{950 - 1100}{1100} \times 100 \qquad (3\text{-}9)$$

$= - \mathbf{13{,}65}$ **por ciento** (como en el ejemplo 6-3)

Los ejemplos 6-3 y 6-4 demuestran de manera concluyente, que, *independientemente* de la suposición que se haya tomado para el alternador (triángulo o estrella), se obtienen los *mismos resultados.* Se *recomienda* la suposición de estrella debido a la simplicidad relativa de la c.c. y de la resistencia efectiva entre líneas. Además, la mayoría de alternadores, de hecho, están conectados en estrella debido a que puede tomarse una conexión del neutro para proporcionar un circuito de protección a tierra. Además, la conexión en estrella produce automáticamente una tensión de línea superior para una tensión dada de fase y por tanto es preferible cuando la energía de c.a. debe transmitirse a largas distancias.

6-11. Suposiciones inherentes en el método de la impedancia síncrona. El examen de la fig. 6-8 y de (6-6) revela que la impedancia síncrona es, en cualquier instante, la relación entre la curva de vacío y la curva en cortocircuito. Cuando las dos curvas son *lineales,* la impedancia síncrona es *constante,* o sea, la relación de dos puntos situados sobre rectas. Por encima del codo de la curva de saturación, sin embargo, la impedancia síncrona disminuye al ir acercándose entre sí las curvas. Como se ve en la fig. 6-8, la impedancia síncrona se obtiene en condiciones de *no* saturación y por consiguiente es mayor que en condiciones de funcionamiento normal. Lo peor, sin embargo (como puede verse en los ejemplos 6-3 y 6-4), es que la resistencia del inducido es despreciable en comparación con la reactancia síncrona por fase. En condiciones de cortocircuito, por consiguiente, la intensidad en el inducido retrasa casi 90° respecto a la tensión generada, y la reacción de inducido es casi totalmente *desmagnetizante,* mucho más que en condiciones normales. Este efecto desmagnetizante reduce todavía más el grado de saturación. El efecto debido a la reacción de inducido, por consiguiente, también resulta *demasiado* pronunciado, y los correspondientes valores de la impedancia y reactancia síncronas, calculados por estos métodos, son *demasiado elevados.* A veces se intenta compensar esto mediante la reducción de la reactancia síncrona multiplicándola por un factor de 0,75.

Otra suposición se apoya en las figs. 6-3 y 6-4, en las que se supone que los efectos del flujo de la reacción de inducido inducen una tensión que podría sumarse a la caída de tensión por reactancia del inducido, y que esta tensión es función de la intensidad de carga. Ninguna de estas suposiciones es totalmente correcta, puesto que el desvío del flujo del inducido varía tanto con el factor de potencia como con la corriente de carga, y se produce una distorsión del flujo principal de excitación como muestra la fig. 5-3. Así, el *flujo del inducido* y su fem resultante (la razón por la cual el método se denomina a veces método de la fem) *no puede* suponerse siempre que estén *en fase* con la reactancia del inducido.

Otra suposición es que el camino del flujo del inducido, producido por la fmm del inducido, es constante en el hierro del inducido, el entrehierro y los polos de excitación. Al ir variando el flujo del inducido con el factor de potencia, sin embargo la reluctancia del circuito magnético varía, particularmente para máquinas con polos salientes que tienen grandes espacios interpolares. Esta variación de la reluctancia y del flujo del inducido con el factor de potencia más que con la corriente de carga provoca algunas diferencias entre los valores real (con una carga directa) y calculado de la regulación por el método de la impedancia síncrona.

A pesar de la poca fuerza teórica de los métodos de la impedancia síncrona o de la fem para determinar la regulación del alternador, éste es el más simple de realizar, calcular y comprender. El valor «pesimista» de la reactancia síncrona* no representa una desventaja cuando esto se conoce y puede tenerse en cuenta.

* Un método más preciso, usado algunas veces, para la determinación de la reactancia síncrona es el también llamado método de «deslizamiento» (que usa las componentes de la reactancia síncrona: X_d, la reactancia síncrona directa, y X_q, la reactancia síncrona en cuadratura. Se dibujan los diagramas vectoriales usando las variaciones en estas reactancias según la posición de los polos respecto al estátor, y la tensión E_{gp} se determina a partir de los diagramas. Los detalles de este método caen fuera del alcance de este libro; puede obtenerse mayor información de la referencia de B. L. Robertson y L. J. Black, *Electric Circuits and Machines,* Segunda Edición, Princeton, N. J.: D. Van Nostrand Company, Inc., 1957, páginas 221-227.

6-12. Corriente de cortocircuito y uso de reactancias limitadoras de corriente. Aunque los alternadores están protegidos mediante interruptores automáticos y otros dispositivos de protección contra sobrecargas, estos dispositivos pueden precisar algunos ciclos antes de responder a la sobrecarga. En el instante de cortocircuito, sólo la resistencia casi despreciabe del alternador limita la corriente, puesto que la reacción de inducido tarda unos cuantos ciclos para debilitar apreciablemente la excitación por la desmagnetización del campo. El valor de la corriente máxima instantánea de cortocircuito puede ser tan excesiva que incluso la aparamenta, las barras y los arrollamientos de las máquinas pueden resultar seriamente dañados. Por consiguiente, suelen colocarse *reactancias limitadoras de corriente* que constan de gruesas *espiras* de cable o de barras, en serie con cada fase del estátor del alternador, externas a la máquina. Sin las reactancias en serie, la corriente de cortocircuito puede llegar a ser de hasta diez veces la corriente de plena carga. Con las reactancias en serie, generalmente se limita a unas dos veces la corriente de plena carga, provocando las reactancias una caída de impedancia (reactancia casi pura) de hasta el veinte por ciento de la tensión nominal del alternador. Unos pocos ciclos después del valor máximo de la corriente, la reacción de inducido reduce la corriente de cortocircuito del valor máximo a su valor permanente, que simultáneamente puede ser interrumpido por el dispositivo de sobrecarga.

Es principalmente por razones de protección contra cortocircuitos que *no* se intenta compensar la reacción de inducido en los grandes alternadores (véase la última frase del apartado 5-7). En lugar de ello, es corriente proyectar los alternadores con una relación *elevada* entre reactancia síncrona y resistencia del inducido para reducir la corriente permanente de cortocircuito a aproximadamente la corriente nominal, como puede verse en el siguiente ejemplo:

EJEMPLO 6-6: Un alternador trifásico, conectado en estrella de 11000 V y 165000 kVA tiene una reactancia síncrona de 1,0 Ω y una resistencia del inducido de 0,1 Ω/fase. Calcular:

a. La máxima corriente de cortocircuito en el instante inicial.
b. La corriente permanente de cortocircuito.
c. La corriente máxima de cortocircuitos con reactancias de 0,8 Ω de reactancia/fase y resistencia despreciable.

Solución:

$$\text{Tensión nominal } E_p = \frac{E_L}{\sqrt{3}} = \frac{11000}{1{,}73} = 7040 \text{ V}$$

$$\text{Intensidad nominal } I_p = \frac{\text{kVA} \times 1000}{3E_p} = \frac{165000 \times 1000}{3 \times 7040} = 7810 \text{ A}$$

a.

$$\text{sobrecarga} = \frac{70\,400\text{ A}}{7810\text{ A}} = \mathbf{9 \times intensidad\ nominal}$$

b. $$I_{\text{permanente}} = \frac{E_p}{Z_p} = \frac{7040\text{ V}}{1\,\Omega} = \mathbf{7040\ A}$$

$$\text{sobrecarga} = \frac{7040\text{ A}}{7810\text{ A}} = \mathbf{0{,}9 \times intensidad\ nominal}$$

c. $$I_{\max} = \frac{E_p}{Z_t} = \frac{7040\text{ V}}{0{,}1 + j0{,}8} = \frac{7040\text{ V}}{0{,}814\,\Omega} = \mathbf{86{,}40\ A}$$

BIBLIOGRAFÍA

Alger, P. L. *The Nature of Polyphase Induction Machines,* Nueva York: Wiley Interscience 1951.

Bewley, L. V. *Alternating Current Machinery,* Nueva York: The Macmillan Company, 1949.

Bewley, L. V. *Tensor Analysis of Electrical Circuits and Machines,* Nueva York: Ronald Press, 1961.

Carr, C. C. *Electrical Machinery,* Nueva York: John Wiley & Sons, Inc., 1958.

Crosno, C. D. *Fundamentals of Electromechanical Conversion,* Nueva York: Harcourt, Brace, Jovanivich, Inc., 1968.

Daniels. *The Performance of Electrical Machines,* Nueva York: McGraw-Hill, Inc., 1968.

Fitzgerald, A. E. y Kingsley, C. *The Dynamics and Statics of Electromechanical Energy Conversion,* 2.ª ed., Nueva York: McGraw-Hill, 1961.

Fitgerald, A. E., Kingsley, Jr. y Kusko, A. *Electric Machinery,* 3.ª ed., Nueva York: McGraw-Hill, Inc., 1971.

Gemlich, D. K. y Hammond, S. B. *Electromechanical Systems,* Nueva York: McGraw-Hill, 1967.

Hindmarsh, J. *Electrical Machines,* Elmsford, N. Y.: Pergamon Press, 1965.

Jones, C. V. *The Unified Theory of Electrical Machines,* Nueva York: Plenum Publishing Corp., 1968.

Koenig, H. E. y Blackwell, W. A. *Electromechanical System Theory,* Nueva York: McGraw-Hill, 1961.

Liwschitz, M. M., Garik M., y Whipple, C. C. *Alternating Current Machines,* Princeton, N. J.: D. Van Nostrand Co., 1946.

Majmudar, H. *Introduction to Electrical Machines,* Boston; Allyn y Bacon, 1969.

McFarland, T. E. *Alternating Current Machines,* Princeton, N. J.: D. Van Nostrand Co., Inc., 1948.

Meisel, J. *Principles of Electromechanical Energy Conversion,* Nueva York: McGraw-Hill, 1966.

Nasar, S. A. *Electromagnetic Energy Conversion Devices and Systems,* Englewood Cliffs, N. J.: Prentice-Hall, Inc., 1970.

O'Kelly y Simmons. *An Introduction to Generalized Electrical Machine Theory,* Nueva York: McGraw-Hill, 1968.

Puchstein, A. F., Lloyd, R. y Conrad, A. G. *Alternating Current Machines,* 3.ª ed., Nueva York: Wiley/Interscience, 1954.

Robertson, B. L. y Black, L. J. *Electric Circuits and Machines,* 2.ª ed., Princeton, N. J.: D. Van Nostrand Co., Inc., 1957.

Schmitz, N. L., y Novotny, D. W. *Introductory Electromechanics,* Nueva York: Ronald Press, 1965.

Seely, S. *Electromechanical Energy Conversion,* Nueva York: McGraw-Hill, 1962.

Selmon. *Magnetoelectric Devices: Transducers, Transformers and Machines,* Nueva York: Wiley/Interscience, 1966.

Skilling, H. H. *Electromechanics: A First Course in Electromechanical Energy Conversion,* Nueva York: Wiley/Interscience, 1962.

Synchronous Generators and Motors. (ASA C50.1.) Nueva York: American Standard Association.

Thaler, G. J. y Wilcox, M. L. *Electric Machines: Dynamics and Steady State,* Nueva York: Wiley/Interscience, 1966.

White, D. C. y Woodson, H. H. *Electromechanical Energy Conversion,* Nueva York: Wiley/Interscience, 1959.

CUESTIONES

6-1. Para un alternador, establecer:
  a. La relación entre el par electromagnético desarrollado en los conductores del inducido y el par aplicado por el motor primario que acciona el alternador.
  b. La relación entre la tensión generada en el inducido por fase, la intensidad en el inducido y la tensión en bornes por fase.
  c. Las relaciones expresadas en (b) en forma de ecuación.
  d. La ecuación de la tensión generada por fase en función del número de espiras por fase.

6-2. Un estudio de las máquinas de c.c. muestra que se genera c.a. en los conductores de un inducido giratorio. Esto lleva a la posible ventaja de la construcción de una máquina universal capaz de suministrar o c.c. o c.a. (o ambas), que tenga inducido giratorio y excitación fijas. Explicar:
  a. Por qué la máquina universal apenas se usa.
  b. Citar 7 razones importantes del uso de inducido fijo y excitación móvil en las máquinas de c.a.

6-3. a. Describir dos tipos de construcción de excitación giratoria usada en los alternadores.
  b. ¿Qué factores determinan la elección del tipo de construcción?
  c. ¿Cómo es posible distinguir entre los dos tipos de construcción basándose en el aspecto general?

6-4. a. Dibujar el circuito equivalente de un alternador síncrono trifásico, conectado en estrella, conectado a una carga reactiva trifásica equilibrada.

b. Escribir la ecuación que expresa la relación entre la tensión generada por fase y la tensión en bornes por fase, incluyendo los factores que originan la diferencia entre ambas.

6-5. Dibujar el diagrama vectorial que muestre la relación entre V_p y E_{gp} para cargas con:
a. factor de potencia unidad
b. factores de potencia inductivos
c. factores de potencia capacitivos.

6-6. a. Representar por fase, la característica tensión-carga de un alternador para las tres condiciones de la pregunta 6-5 anterior.
b. ¿En qué condiciones de carga es posible para un alternador tener una regulación de tensión del cero por ciento?

6-7. a. Comparar la regulación de tensión inherente de un generador de c.c. de excitación independiente con la de un alternador con excitación independiente y explicar las ventajas del primero.
b. Explicar por qué la reacción del inducido está siempre compensada en el generador de c.c. pero nunca en el alternador de c.a.

6-8. a. Definir la impedancia síncrona.
b. ¿Cuáles son las ventajas de este concepto y cuándo se usan?

6-9. En la realización del ensayo de impedancia síncrona para la determinación de la regulación de tensión del alternador:
a. dibujar las conexiones del circuito de ensayo
b. describir las precauciones necesarias para la medida de la resistencia efectiva del inducido y explicar por qué se hace una medida en c.c. en lugar de en c.a.
c. explicar por qué se usa un método convencional para predecir la regulación de tensión y el rendimiento en lugar de una carga directa.
d. explicar qué precauciones son necesarias en la realización del ensayo de vacío.
e. describir el ensayo de cortocircuito.

6-10. Para el método de la impedancia síncrona, explicar:
a. Por qué se denomina «método pesimista».
b. Por qué la Z_s calculada a partir de las curvas de la fig. 6-8 no es constante sino que disminuye para valores elevados de la corriente de excitación.
c. Indicar por lo menos cuatro suposiciones del método que no son equivalentes a la carga directa y dan diferencias en la regulación calculada.
d. Por qué se usa a pesar de sus desventajas.

6-11. a. Explicar por qué los alternadores se proyectan intencionadamente de manera que tengan una elevada relación entre reactancia y resistencia en el inducido.

b. ¿En qué condiciones se usan reactancias limitadoras de corriente?

6-12. Suponiendo que un alternador conectado en triángulo se ha ensayado con los métodos mostrados en la fig. 6-7 y que *todas* las medidas se han hecho para tensión *entre* líneas y corriente *en* líneas, explicar por qué:
a. Se obtienen los mismos resultados usando la suposición de que el alternador está conectado en estrella.
b. Es preferible suponer que el alternador está conectado en estrella.
c. Es necesario continuar la suposición totalmente durante *todos* los cálculos.

PROBLEMAS

6-1. Calcular:
a. El número de polos necesarios para un alternador accionado por una máquina motriz que tenga una velocidad de 720 rpm si se desea generar c.a. de una frecuencia de 60 Hz.
b. Calcular, desde 2 hasta 10 polos, las velocidades de la máquina motriz de accionamiento necesarias para generar 25 Hz.
c. La frecuencia producida por una máquina motriz que haga girar un alternador de 10 polos a 800 rpm.

6-2. Dado un alternador síncrono de cuatro polos de 60 Hz accionado a una velocidad de 1000 rpm, calcular
a. El efecto sobre su tensión generada.
b. El efecto sobre la reactancia de dispersión del inducido.
c. El efecto de su reacción de inducido.

6-3. Un alternador conectado en triángulo de 600 kVA a 125 V se vuelve a conectar en estrella. Calcular sus nuevos valores nominales en:
a. voltios
b. amperios
c. kVA.

6-4. Un alternador conectado en estrella de 1000 kVA y 440 V se vuelve a conectar en triángulo. Calcular sus nuevos valores nominales en
a. voltios
b. amperios
c. kVA.

6-5. Un alternador conectado en triángulo alimenta una carga resistiva conectada en triángulo que absorbe 150 kW a 550 V. Calcular:
a. La corriente de línea.
b. La corriente de línea para la *misma* carga resistiva y la misma potencia total disipada, si el alternador vuelve a conectarse en estrella y se hace girar a la misma velocidad y excitación que en la parte (a) de este problema.

6-6. Una carga trifásica de 10 Ω/fase puede conectarse mediante interruptores en estrella o en triángulo. Si se conecta a un alternador trifásico de 220 V, calcular
a. La potencia disipada en estrella.
b. La potencia disipada en triángulo.
c. La relación entre (b) y (a).

6-7. Un alternador trifásico suministra 500 kW a un grupo de motores de inducción con un factor de potencia inductivo de 0,8. Si el alternador tiene una potencia nominal de 750 kVA, calcular
a. El número de lámparas de 100 W que pueden ser alimentadas además de los motores para que el alternador esté funcionando a la carga nominal.
b. Repetir (a) si el factor de potencia de los motores disminuye a 0,7.

6-8. Un alternador trifásico conectado en estrella de 1500 kVA y 13 kV tiene una resistencia de inducido de 0,9 Ω y una reactancia síncrona de 8,0 Ω. Cuando circula la carga nominal a la tensión nominal, calcular la tensión generada por fase para cargas de
a. factor de potencia unidad
b. factor de potencia inductivo de 0,8
c. factor de potencia capacitivo de 0,8
d. Calcular la regulación de tensión para cada una de estas cargas y determinar la mejor regulación.

6-9. Un alternador trifásico de 13 000 V y 2500 kVA tiene una resistencia de inducido de 0,3 Ω/fase y una reactancia síncrona de 4,0 Ω/fase. La excitación del alternador se ajusta en cada uno de los casos para proporcionar la tensión nominal a la carga nominal. Si, después de haber hecho el ajuste, se elimina bruscamente la carga del alternador, calcular la tensión en vacío por fase compuesta para cargas de
a. factor de potencia unidad
b. 0,8 inductivo
c. 0,8 capacitivo
d. Calcular la regulación de tensión para cada una de ellas y determinar la mejor regulación.

6-10. Un alternador trifásico conectado en triángulo de 2300 V, y 2500 kVA, tiene una resistencia de 0,1 Ω/fase y una reactancia síncrona de 1,5 Ω/fase. El alternador se regula para una tensión nominal *en vacío*. Calcular su tensión en bornes cuando circule la corriente nominal para un factor de potencia inductivo de 0,6.

6-11. Un alternador conectado en estrella de 220 V y 100 kVA tiene una resistencia de inducido por fase de 0,1 Ω y una reactancia por fase de 0,5 Ω. Suponiendo que cuando está conectado a una carga con un factor de potencia inductivo de 0,4 y suministra la corriente nominal, la reacción de inducido tiene dos veces el efecto de la reactancia de inducido, y despreciando el efecto de saturación, calcular

a. La tensión en vacío cuando se desconecta la carga y se mantienen iguales la velocidad y la corriente de excitación.
b. La tensión en vacío necesaria para producir la corriente nominal suponiendo que el alternador estuviera cortocircuitado.

6-12. Debe determinarse la regulación de tensión de un alternador monofásico de 550 V para 100 kVA a partir de los siguientes datos de ensayo, usando el método de la impedancia síncrona. Cuando el inducido del alternador se cortocircuita mediante un amperímetro, el alternador suministra 350 A para una corriente de excitación de c.c. de 12 A. Para la misma corriente de excitación, cuando se elimina el cortocircuito, se registra una tensión en vacío de 350 V en bornes del inducido. Una medida de la resistencia del inducido mediante un puente de Wheatstone indica que es de 0,1 Ω. Suponiendo que este alternador tiene una relación entre resistencia efectiva y óhmica de 1,25, calcular:

a. La impedancia y la reactancia síncronas.
b. La regulación de tensión para unos factores de potencia de 0,8, capacitivo e inductivo.

6-13. Un alternador trifásico de 2300 V y 60 Hz con una potencia nominal de 1200 kVa se cortocircuita, llevado a la velocidad nominal, y su excitación se aumenta hasta que circule una corriente en el inducido de 1,5 veces la nominal. Se elimina entonces el cortocircuito y con idéntica corriente de excitación y velocidad, la tensión entre bornes es 1000 V. El promedio de la resistencia en c.c. de los arrollamientos del inducido, tomados entre líneas es 0,225 Ω. Suponiendo que el alternador esté conectado en triángulo y que la relación entre la resistencia efectiva y la óhmica sea 1,4, calcular

a. La corriente nominal de línea y de fase y la resistencia de c.a. por fase.
b. Las caídas de tensión por resistencia y por reactancia síncrona en el inducido a plena carga.
c. La regulación de tensión para unos factores de potencia capacitivo e inductivo de 0,8

6-14. Repetir el problema 6-13 suponiendo que el alternador está conectado en estrella.

6-15. a. Tabular los resultados del problema 6-13, suponiendo conexión en triángulo, y del problema 6-14, suponiendo conexión en estrella, y calcular la relación entre las siguientes magnitudes para conexión triángulo y estrella: impedancia síncrona por fase, resistencia de c.a. en el inducido por fase, reactancia en el inducido por fase, corriente en el inducido por fase, caída de tensión por resistencia en el inducido a plena carga, caída de tensión por reactancia en el inducido a plena carga, regulación de tensión para un factor de potencia inductivo de 0,8 y regulación de tensión para un factor de potencia capacitivo de 0,8.

b. Usando las cantidades tabuladas, explicar por qué la regulación de tensión y los kVA nominales para cada suposición deben tener una relación unidad.

A partir de los datos dados para los problemas 6-16 a 6-19, suponiendo una relación entre resistencia efectiva y resistencia en c.c. de 1,3, calcular la regulación de tensión para (a) un factor de potencia unidad, y (b) factores de potencia de 0,8 capacitivo e inductivo.

ENSAYO	NOMINAL			ENSAYO DE RESISTENCIA DE C.C.		ENSAYO DE VACÍO		ENSAYO DE CORTOCIRCUITO
	Conexión	kVA	Tensión eficaz (V)	Tensión (c.c.)	Corriente (c.c.)	Tensión eficaz	Corriente de excitación ← (c.c.) →	Tensión eficaz (V)
6-16.	Y	2000	2300 rms	1,5 V	10 A	950 rms	10 A	nominal
6-17.	Δ	1000	600	10,0	nominal	275	25	nominal
6-18.	Y	25	220	25,0	75	200	5	nominal
6-19.	Y	500	2300	20,0	40	800	10	nominal

6-20. a. Tabular la regulación de tensión para factores de potencia unidad, de 0,8 inductivo, y de 0,8 capacitivo, calculados en los problemas 6-1 a 6-19.

b. A partir de esta tabla, señalar la influencia de los factores de potencia capacitivo e inductivo sobre el valor de la regulación de tensión correspondiente a un factor de potencia unidad.

RESPUESTAS

6-1(a) (b) 1500 rpm (c) $66\frac{2}{3}$ Hz 6-2(a) 0,555 E nominal (b) el mismo (c) sin efecto 6-3(a) 216 V (b) 1600 A (c) 600 kVA 6-4(a) 254 V (b) 2270 A (c) 1000 kVA 6-5(a) 157,5 A (b) 272 A, 450 kW 6-6(a) 4830 W (b) 14 490 W (c) 3:1 6-7(a) 1500 lámparas (b) 500 lámparas 6-8(a) 7580,3 V (b) 8575 V (c) 7275 V (d) 0,798, 14,03, 0,732 % 6-9(a) 7543 V (b) 7800 V (c) 7275 V (d) 0,439, 3,86, −3,13 % 6-10. 1450 V 6-11(a) 515 V (b) 393,2 V 6-12(a) 1 Ω, 0,992 Ω (b) −8,18, 18 % 6-13(a) $\sqrt{3}\times 174$ A, 174 A (b) 82,2 V, 661 V (c) −10,85, 22,2 % 6-14(a) 301 A, (b) 47,5 V, 384 V (c) −10,9, 22,2 % 6-16 11,42, −14,28, 31,4 % 6-17 13, −15,5, 34,8 % 6-18 43,6 −4,48, 82 % 6-19 8,82, −13, 26,2 %

Capítulo 7

Funcionamiento en paralelo

7-1. Ventajas del funcionamiento en paralelo. El viejo proverbio de «no poner todos los huevos en un mismo cesto» es el principio fundamental que gobierna el funcionamiento en paralelo. Un sistema eléctrico, generalmente, consta de varias centrales generadoras, funcionando todas ellas en paralelo. En cada una de las centrales puede haber varios alternadores de c.a. y/o generadores de c.c., funcionando en paralelo. Existen numerosas ventajas en la subdivisión de un sistema de generación en varias centrales más pequeñas, tanto desde el punto de vista económico como estratégico. Estas ventajas se aplican también al uso de varios generadores más pequeños en lugar de una única máquina grande, aunque esta última tiene mejor rendimiento cuando funciona a su carga nominal. Las principales ventajas del sistema en paralelo, tanto referido a un sistema como a una central, son:

1. Si hay un solo grupo y éste queda fuera del sistema, por cualquier razón, se pierde toda la potencia de la central; mientras que si se necesita reparar una de varias unidades más pequeñas, todavía quedan disponibles las demás unidades para prestar servicio según las necesidades.

2. Una sola unidad grande, para conseguir máximo rendimiento, debe funcionar a su carga nominal. No resulta económico hacer funcionar una unidad grande con cargas pequeñas. Varias unidades pequeñas que funcionen en paralelo pueden ponerse en servicio o quitarse según la fluctuación de la demanda; y cada unidad puede hacerse funcionar lo más cerca de su capacidad nominal, proporcionando así máximo rendimiento de la central y del sistema.

3. En caso de reparación o de paro para realizar el mantenimiento, las unidades más pequeñas facilitan el mantenimiento desde el punto de vista de la reserva, las pequeñas reparaciones, y el mantenimiento de las unidades.

4. Al aumentar la demanda media del sistema y de la central, pueden instalarse nuevos grupos que se añaden para atender esta demanda. La inversión es, inicialmente, menor y su crecimiento sigue el de la demanda.

5. Existe un límite físico y económico a la posible capacidad de un solo grupo. Por ejemplo en una determinada central, la carga puede ser de 10 millones de kVA. Aunque existen grupos en funcionamiento con potencias de varios centenares de MVA, no se ha construido ningún grupo de capacidad suficiente para atender la demanda de una central o sistema tales.

Por las razones citadas, es aconsejable el funcionamiento en paralelo. Lo normal en una central cualquiera es emplear una gran unidad para atender la demanda mínima, y añadir otras unidades más pequeñas a medida que aumenta la carga a lo largo del período de 24 horas. Cuando el crecimiento de la central requiere el empleo continuo de varias unidades más pequeñas para atender la carga mínima, se añade una segunda unidad mayor de capacidad equivalente; y así sucesivamente.

7-2. Relaciones de tensión y de corriente para fuentes de fem en paralelo. Un circuito en paralelo se define como aquel en el cual existe la *misma* tensión en bornes de todas sus unidades (en paralelo). Cuando varias fuentes de fem están conectadas en paralelo, como muestra la fig. 7-1, existe la misma tensión en barras, V_L, tanto en las distintas fuentes como en la carga, Z_L (despreciando la caída en los circuitos de interconexión entre los distintos generadores). Las siguientes relaciones son válidas, independientemente de si las fuentes de fem son baterías, generadores de c.c., alternadores, baterías solares, alimentaciones de potencia, etc.*

[redacted]

en la cual E_g es la tensión generada por las fuentes, V_L es la tensión en barras, I_L es la intensidad total suministrada por las distintas fuentes a la carga, Z_L es la impedancia equivalente (o resistencia) de la carga, Z_1, Z_2, Z_3 son las impedancias (o resistencias) internas equivalentes de la fuente de fem, I_1, I_2, I_3 son las respectivas intensidades suministradas por cada una de las fuentes de fem.

* La expresión (7-1) se deduce del teorema de Millman en el cual se obtiene la solución para V_L usando la ley de las corrientes de Kirchhoff

$$V_L = \frac{\dfrac{E_{g_1}}{Z_1} + \dfrac{E_{g_2}}{Z_2} + \dfrac{E_{g_3}}{Z_3}}{\dfrac{1}{Z_1} + \dfrac{1}{Z_2} + \dfrac{1}{Z_3}} = \frac{E_{g_1}Y_1 + E_{g_2}Y_2 + E_{g_3}Y_3}{Y_1 + Y_2 + Y_3}$$

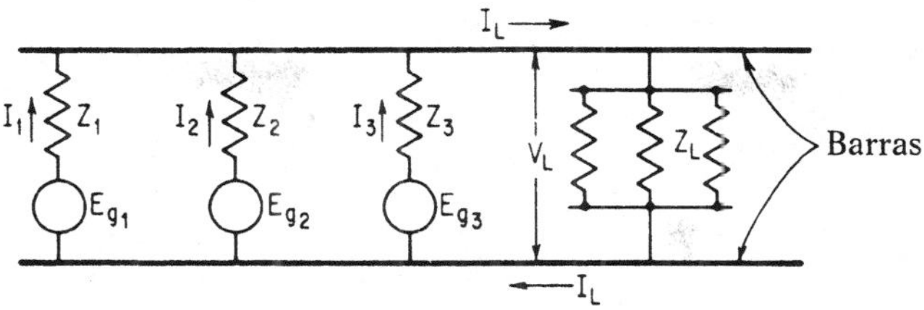

Fig. 7-1. Relaciones de tensión y de corriente para fuentes de fem en paralelo.

En la ecuación anterior no es necesario que cada una de las fuentes produzca la misma fem o suministre la misma corriente para alimentar la carga. Pero para que cada unidad sirva como *fuente* de fem, como indica (7-1), *es* necesario que la fem generada por esa unidad *sea superior* a la tensión en barras V_L, a fin de suministrar corriente *hacia* las barras.

Si una fuente de fem produce una tensión E_g que es exactamente igual a la tensión en barras V_L, se dice que esta fuente está *flotante* en la línea, o sea, ni suministra ni absorbe corriente de las barras. Por ejemplo, si $E_{g3} = V_L$ en la fig. 7-1, I_3 es igual a cero; y no existe caída de tensión interna creada en la fuente E_{g3} porque no se suministra ni se absorbe corriente de las barras.

Si una fuente de fem produce una tensión E_g que es *menor* que la tensión de barras, las barras, es decir, las demás fuentes en paralelo, suministrarán corriente *hacia la fuente*. Como la corriente circula *hacia* la fuente cuando la tensión de barras es superior a la tensión de la fuente, la relación entre ellas se expresa por la ecuación

$$\dot{V}_L = \dot{E}_g + I_g \dot{Z}_g \quad \text{o} \quad \dot{E}_g = \dot{V}_L - I_g \dot{Z}_g \tag{7-9}$$

en la que I_g es la intensidad en la fuente de generación y Z_g es la impedancia (o resistencia) interna de la fuente de generación.

Cuando la fuente de fem es una máquina giratoria cuya fem generada, E_g, *es superior a la tensión en las barras,* el funcionamiento de la máquina corresponde al efecto generador (1-10) y la máquina está funcionando como generador.

Cuando la fem generada por una máquina es menor que la tensión aplicada a su inducido, y la máquina recibe corriente de las barras (7-9), el funcionamiento de la máquina corresponde al efecto *motor* y la máquina está funcionando como *motor.* En consecuencia, cualquier generador (en paralelo con unas barras) cuya excitación esté reducida de manera que la tensión generada sea *menor* que la tensión de barras, está funcionando como *motor.*

[redacted]

[redacted]

Funcionando como *generador,* cuando una fuente está suministrando potencia a las barras, P_g supera a P_L en el valor de la potencia consumida dentro de la propia fuente.

Funcionando como *motor,* cuando una «fuente» está recibiendo potencia de las barras, P_L supera a P_g en el valor de la potencia consumida dentro de la propia fuente. P_g es la *potencia interna desarrollada* por el inducido de la máquina en el sentido de giro del mismo, como se indica en (4-7) para el motor de c.c.

El ejemplo 7-1 que sigue muestra las diferencias entre (7-2a) y (7-2b) para tres máquinas en paralelo en las cuales una funciona como generador, una está flotante, y una funciona como motor. El ejemplo 7-1 usa máquinas de c.c. para simplificar los cálculos.

EJEMPLO 7-1: Tres máquinas derivación de c.c. accionadas por un motor primario tienen una resistencia de excitación cada una de 120 Ω y una resistencia de inducido de 0,1 Ω y están conectadas a unas barras de 120 V. Las máquinas *A, B* y *C,* generan tensiones de 125 V, 120 V y 114 V, respectivamente. Calcular para cada una,

a) La corriente absorbida de las barras o suministrada a las mismas, y la corriente en el inducido.
b) La potencia absorbida de las barras o suministrada a las mismas, y la potencia generada.

Solución:

a. $$I_{gA} = \frac{E_g - V_L}{R_a} = \frac{125 - 120}{0{,}1} = 50 \text{ A} \qquad (7\text{-}1)$$

$$I_f = \frac{120 \text{ V}}{120\ \Omega} = 1 \text{ A}$$

La máquina *A* suministra 50 A a las barras, y la intensidad del inducido es de 50 A+1 A=51 A.

Para la máquina *B*, $I_{gB} = \dfrac{120 - 120}{0{,}1} = 0$

La máquina B está flotante y la intensidad de excitación es de *1 amperio*, igual a la del inducido.

Para la máquina C, $I_{gC} = \frac{V_L - E_g}{R_a} = \frac{120 - 114}{0{,}1} = \mathbf{60\ A}$

La máquina C recibe **61 A** de las barras, y la intensidad en el inducido es de **60 A**.

b. 1. La potencia suministrada a las barras por la máquina A es:

$$P_{LA} = V_L I_L = 120 \times 50 = \mathbf{6000\ W} \qquad (7\text{-}2b)$$

La potencia generada por la máquina A es

$$P_{gA} = E_g I_a = 125 \times 51 = \mathbf{6375\ W} \qquad (7\text{-}2a)$$

2. Como la máquina B, no suministra ni recibe potencia de las barras,

$$P_B = \mathbf{0}$$

La potencia generada por la máquina B, para su excitación, es:

$$P_{gB} = E_g I_a = 120 \times 1 = \mathbf{120\ W}$$

3. La potencia suministrada por las barras a la máquina C es:

$$P_{LC} = V_L I_L = 120 \times 61 = \mathbf{7320\ W}$$

en tanto que la potencia interna producida en el sentido de giro de su motor de accionamiento que contribuye al giro es:

$$P_{gC} = E_g I_a = 114 \times 60 = \mathbf{6840\ W}$$

7-3. Funcionamiento en paralelo de generadores derivación. Los generadores derivación se adaptan bien al funcionamiento en paralelo, debido particularmente a que su característica de tensión es inherentemente decreciente con la carga. Esto puede verse examinando la fig. 7-2, la cual muestra dos generadores derivación (de distinta capacidad o característica externa) en paralelo que suministran corriente a unas barras y a una carga externa. Como están en paralelo, existe la misma tensión V_L en las barras. El generador 2 suministra una intensidad I_2, y el generador 1 suministra una intensidad I_1 a las barras y carga.

Supongamos ahora que el motor de accionamiento del generador 1 aumenta momentáneamente su velocidad. Esto provocará un aumento de la tensión ge-

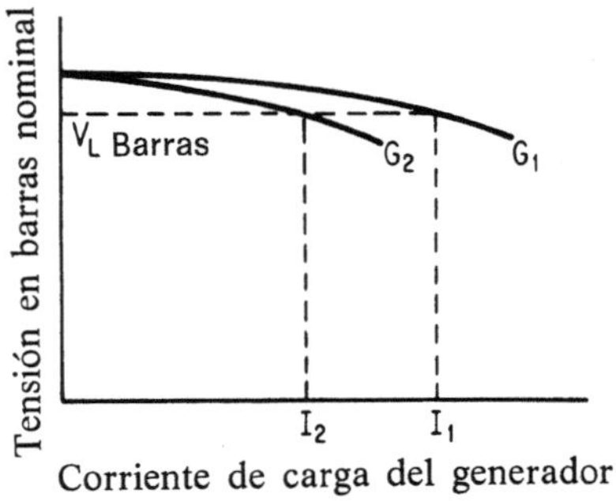

Fig. 7-2. Dos generadores derivación en paralelo.

nerada por el generador 1, y también un aumento de la tensión de barras, haciendo que suministre más corriente a la carga. Suponiendo que la resistencia de la carga se mantenga constante, aparecen dos condiciones: (1) los restantes generadores llevan ahora menos carga y su tensión en bornes aumenta, haciendo esto, a su vez, que se vuelva a recibir una cierta parte de la carga; y (2) el aumento súbito de la carga en el generador 1 hace que su tensión disminuya, como queda indicado en las características de la fig. 7-2.

Así, las dos condiciones descritas anteriormente tienden a *oponerse* y *reducir* la tendencia de cualquier generador derivación en paralelo que suministre corriente a las barras de tomar más proporción que su parte de carga. Por esta razón, *cualquier* fuente de tensión que posea una característica de tensión *decreciente*, con la carga podrá estar en equilibrio estable, en paralelo con otras fuentes de características *similares*.

Suponiendo que la carga en *ambos* generadores de la fig. 7-2 aumente o disminuya, la tensión V_L en la carga o en las barras disminuirá o aumentará, respectivamente, y cada generador llevará una parte proporcional de carga.

EJEMPLO 7-2. El generador 1 de la fig. 7-2 tiene una potencia nominal de 300 kW, y el generador 2 tiene 600 kW, y una tensión nominal (para ambos) de 220 V de c.c. Si la tensión en vacío para ambos generadores es 250 V, suponiendo características lineales, calcular:

La carga total y la potencia de salida en kW, de cada generador, cuando la tensión en bornes sea a. 230 V y b. 240 V. c. El porcentaje de potencia nominal en kW, suministrada por cada generador para cada una de las tensiones anteriores.

Solución:

a. Para 230 V:

El generador 1 lleva $\frac{250 - 230}{250 - 220} \times 300\text{ kW} = \frac{2}{3} \times 300\text{ kW} = \mathbf{200\ kW}$

El generador 2 lleva $\frac{2}{3} \times 600\ \text{kW} = 400\ \text{kW}$

b. Para 240 V:

$$\text{El generador 1 lleva } \frac{250 - 240}{250 - 220} \times 300\ \text{kW} = \frac{1}{3} \times 300\ \text{kW} = \mathbf{100\ kW}$$

$$\text{El generador 2 lleva } \tfrac{1}{3} \times 600\ \text{kW} = \mathbf{200\ kW}$$

c. Ambos generadores van en vacío a 250 V, llevan $\frac{1}{3}$ de la carga nominal a 240 V, $\frac{2}{3}$ de la carga nominal a 230 V, y la carga nominal a 220 V.

7-4. Condiciones necesarias para el funcionamiento en paralelo de los generadores derivación.* Del ejemplo 7-2 se deduce que, si dos generadores derivación tienen que compartir y dividir la carga total en *proporción* a sus *potencias nominales* de salida, kW, son necesarias las siguientes condiciones:

1. Cada generador debe tener la *misma tensión* nominal y la *misma regulación* de tensión (caída de tensión desde vacío a plena carga).
2. Las polaridades de todos los generadores colocados en paralelo deben *oponerse* entre sí en el circuito formado por ellos (polos positivos unidos entre sí, y lo mismo los negativos), y las tensiones generadas deben ser superiores a la tensión de barras.

Respecto al primer requisito, hay tres factores que afectan la regulación de tensión de un generador autoexcitado en derivación (apartado 3-13), a saber, la caída interna I_aR_a, la reacción del inducido y la disminución de la corriente de excitación producida por la disminución de la tensión en el inducido.

No resulta esencial que cada uno de estos efectos sea similar para las dos máquinas, pero la característica externa resultante de cada una debe ser de forma parecida.

En relación con el segundo requisito anterior, debe hacerse notar en la fig. 7-3 que, sin una carga conectada a barras, los dos generadores están conectados a las barras de manera que sus **fem** tienden a oponerse y a dirigir la corriente hacia las barras (y hacia el otro generador).

7-5. Funcionamiento en paralelo de generadores compuestos. Podría parecer, en principio, que la puesta en paralelo de generadores compound no de-

* En toda esta discusión se ha supuesto que las características de velocidad de los motores de accionamiento que gobiernan los generadores son o constantes o decrecientes. Como estamos tratando máquinas eléctricas, no se estudian las características de los motores de accionamiento ni los distintos tipos que pueden emplearse.

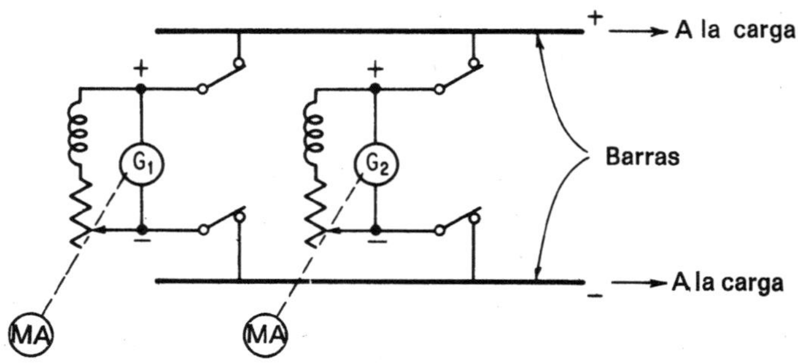

Fig. 7-3. Dos generadores derivación en paralelo.

bería ofrecer dificultad alguna, al igual que en los generadores en derivación. Esto es cierto, desde luego, con tal de que los generadores compound sean del tipo diferencial (anticompound) o poco compoundado. Pero los generadores sobrecompoundados (hipercompound) o los de característica plana *no* funcionarán bien en paralelo sin compensación adicional. La característica externa de tensión *creciente* de generadores sobrecompoundados o la de los generadores de característica plana, es la que causa *inestabilidad,* como se muestra en la fig. 7-4a. Como en el caso de los generadores en derivación discutidos anteriormente, si los motores de accionamiento del generador 1 aumentan de velocidad, momentáneamente, el efecto sobre el funcionamiento del generador es:

1. El generador 1 desarrolla una fem superior, lo cual hace que tome más carga. Pero una carga mayor en el generador 1 hace que su tensión aumente. El generador 1 toma pues más carga, aumenta su tensión, toma todavía más carga, etc., hasta que llega a llevar *toda* la carga.
2. El generador 2 al mismo tiempo pierde carga, lo que hace que su tensión disminuya, resultando con esto que toma menos carga con una nueva caída de tensión resultante, etc., hasta que llega a no tomar carga alguna e incluso llega a funcionar como motor debido a la diferencia entre las tensiones generadas por los generadores 2 y 1.

El equilibrio *estable* entre los generadores hipercompound se consigue mediante un conductor de equilibrio de baja resistencia, que enlaza los puntos del devanado de excitación serie de igual polaridad de *cada* máquina, correspondientes al lado del inducido. El conductor de equilibrio pone en paralelo *todos* los devanados serie, como indica la fig. 7-4b, de los generadores compound conectados en paralelo.

7-6. Condiciones necesarias para el funcionamiento en paralelo de generadores compound. Poniendo en paralelo los devanados serie de todos los gene-

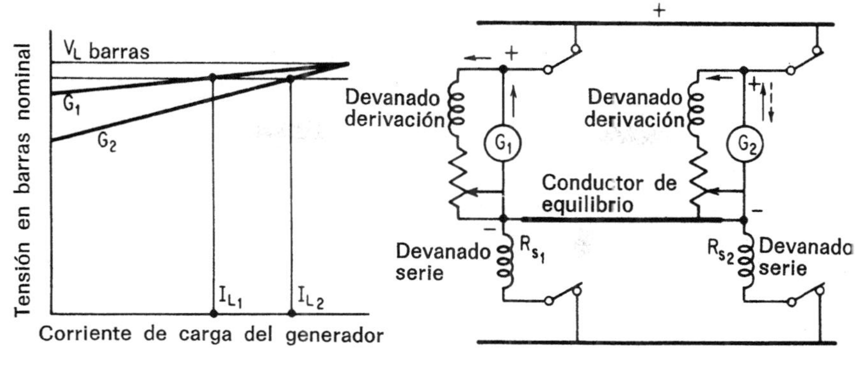

(a) Características externas. (b) Con conductor de equilibrio.

Fig. 7-4. Carga compartida entre dos generadores sobrecompoundados en paralelo.

radores compound que funcionan en paralelo, el conductor de equilibrio hace que *todos* los devanados serie tengan la *misma* tensión. Esta conexión contribuye a hacer estable el equilibrio y su efecto es el mismo que el producido por una característica de tensión decreciente en la igualación de la carga. La acción es la siguiente:

1. Supongamos que el generador 1 aumenta de tensión debido a un aumento de la velocidad de su motor de accionamiento, como antes. El aumento de tensión, debido a ser creciente la característica de tensión, produce un aumento de carga. La mayor corriente que circula por el *inducido* y por el devanado serie del generador 1 hace que se aplique una mayor tensión a los devanados serie (de todos los generadores) puestos en paralelo por el conductor de equilibrio.
2. El generador 2 (y todos los demás generadores conectados a las barras) generan una tensión superior, debido a la mayor corriente que circula por su devanado serie, lo que hace que tome una parte mayor de la carga, lo cual a su vez hace que la tensión aumente.

Así, el aumento de tensión de los demás generadores tiende a oponerse y reducir la tendencia del generador 1 de llevar toda la carga, de la misma manera que el aumento de tensión (debida a la disminución de carga) de los generadores en derivación se opone a la tendencia de un generador a llevar toda la carga.

Incluso si la excitación del generador 2 se redujera deliberadamente para hacer que actuase como motor y que se invirtiera la corriente de su inducido, la acción de los dos generadores continúa aún estabilizada por el conductor de equilibrio. Como muestra la fig. 7-4b, sólo se invierte la corriente del inducido; la corriente de los devanados serie y derivación permanece igual. Como el camino a través del devanado serie es de resistencia superior que el del conductor de equilibrio, la mayor parte de la corriente del inducido del generador 2 vuelve por este conductor de equilibrio, y el generador 2 funciona como un motor derivación.

Además de las condiciones 1 y 2 del apartado 7-4 para generadores en derivación, son necesarios los siguientes requisitos *adicionales* para los generadores *compound:*

3. Debe conectarse un conductor de equilibrio en la parte del *inducido,* en los devanados serie en el lado de *igual polaridad para cada* máquina.
4. La resistencia de todos los devanados serie debe ser aproximadamente *inversamente* proporcional a las *capacidades* (kW nominales) de los generadores puestos en paralelo.

En lo referente al tercer requisito anterior, la fig. 7-5 muestra el efecto de conectar un conductor de equilibrio en el lado del inducido de cada máquina, pero con polaridades opuestas. Esto ocurre bastante frecuentemente en los laboratorios cuando los estudiantes se equivocan al conectar el devanado serie de sus generadores compound a la parte de igual polaridad. Aunque cada generador, *independientemente,* funcione como un generador hipercompound, resulta imposible conectar un conductor de equilibrio entre ellos sin producir un cortocircuito entre los inducidos de ambas máquinas *cuando se ponen en paralelo.* Como muestra la fig. 7-5, la caída en los devanados serie son pequeñas y el conductor de equilibrio está cortocircuitando los conductores positivo y negativo de la línea.

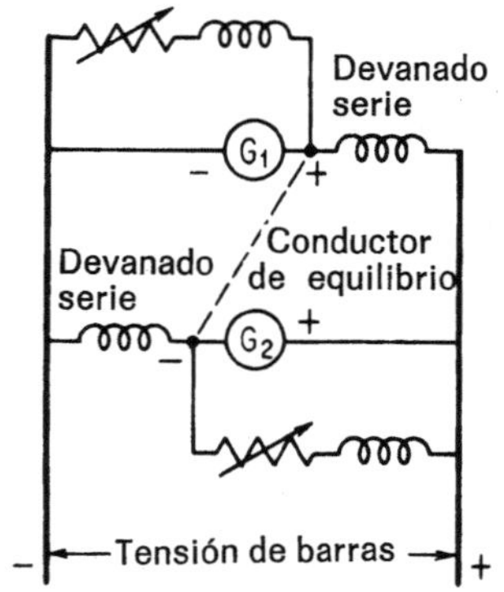

Figura 7-5. Posible conexión equivocada de los devanados serie y el conductor de equilibrio en laboratorio que da lugar a un cortocircuito.

En lo referente al cuarto requisito anterior, como sea que es la misma tensión aplicada a los devanados serie puestos en paralelo, la que produce la acción equilibradora, la caída I_sR_s a plena carga debe ser la misma para cada devanado serie de cada generador compound. Por tanto, para máquinas de diferentes valores de corriente en el inducido (y en los devanados serie correspondientes), cuanto mayor sea la potencia nominal, tanto menor deberá ser la resistencia del devanado serie.

Es precisamente por esta razón que, cuando se usa una resistencia variable de regulación en derivación para ajustar la característica hipercompound de un generador, no puede colocarse en paralelo con el devanado serie de una máquina dada, puesto que se aplica igualmente a *todos* los generadores debido a la acción de puesta en paralelo de la conexión de equilibrio. Los generadores compound en paralelo están dotados de reguladores *serie,* como muestra la fig. 7-6.

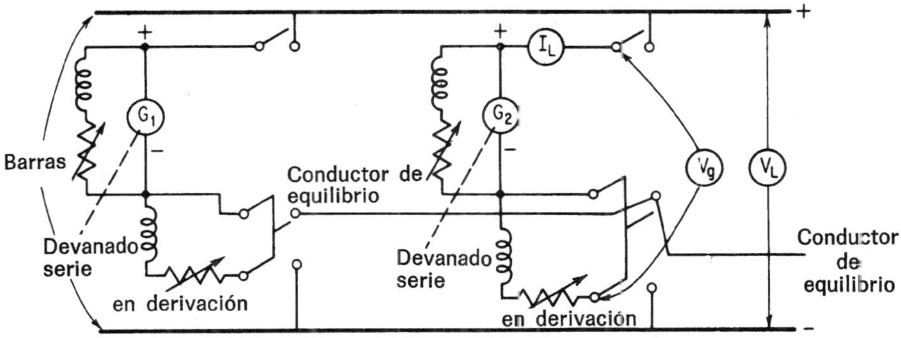

Figura 7-6. Uso de resistencias regulables en derivación y de interruptores para la puesta en paralelo de los devanados serie de los generadores compound.

7-7. Procedimiento para la puesta en paralelo de generadores. El procedimiento usado para poner en paralelo los generadores a unas barras (o poner en paralelo un generador con otro) es básicamente el mismo, ya se usen generadores derivación o compound. Consta de las siguientes etapas (con referencia a la figura 7-6):

1. Suponer que el generador 1 ya está sobre la línea y suministra corriente a la carga. Para fines de laboratorio, el generador 1 es las barras.
2. El generador 2 se lleva a la velocidad nominal y se regula a la tensión nominal (de barras). (El grado de compoundaje se supone que se ha comprobado anteriormente colocando una pequeña carga en bornes del generador y cortocircuitando la excitación serie. Si la tensión disminuye, es hipercompound; si la tensión aumenta, es anticompound.) Las polaridades de las conexiones del interruptor y de la excitación serie también se supone que se han comprobado con un voltímetro.
3. El interruptor bipolar del generador 2 se cierra para poner en paralelo los devanados serie. El reóstato de campo deberá ajustarse para que dé la tensión nominal

en barras, $V_g = V_L$. El interruptor unipolar puede cerrarse ahora y el generador 2 queda flotante sobre la línea.

4. Debe reducirse la resistencia del reóstato de campo para aumentar la corriente de excitación del generador 2 de manera que pueda tomar parte de la carga de las barras.

5. Para eliminar un generador de las barras, se disminuye su corriente de excitación hasta que el generador esté en funcionamiento flotante. Luego se abren los interruptores, desconectándolo de las barras. Luego se va reduciendo la velocidad del motor de accionamiento hasta alcanzar el paro.

7-8. Condiciones necesarias para el funcionamiento en paralelo de los alternadores. La condición establecida para el generador en derivación en el apartado 7-4 representa, en esencia, los requisitos básicos para el funcionamiento en paralelo de cualquier tipo de fuente de tensión, a saber: (1) las características de tensión-carga de las fuentes deben ser iguales o similares; y (2) las polaridades de las fuentes deben ser iguales y opuestas entre sí en cualquier instante. Estos requisitos básicos deben ampliarse ligeramente para aplicarlos a las máquinas de c.a.; a saber:

1. Los valores eficaces (c.a.) de la tensión son los mismos, o sea todas las máquinas deben tener la *misma* tensión nominal *eficaz*.
2. Las tensiones de todos los alternadores colocados en paralelo deben tener la *misma forma de onda.*
3. Las tensiones deben estar exactamente en oposición de fase (respecto a dos alternadores o a un alternador dado y barras).
4. Las frecuencias de todos los alternadores que se ponen en paralelo deben ser las mismas (o sea, el producto de su número de polos por su velocidad debe ser igual).
5. Las características de tensión del alternador y de velocidad del motor de accionamiento deben ser decrecientes con la carga.
6. Solo para máquinas polifásicas, el orden de sucesión de fases de las tensiones polifásicas del alternador que se quiere acoplar debe ser el mismo que el de las barras.

En efecto, *todos* los requisitos citados (con la excepción del quinto) cumplen la condición única de que las *polaridades de las fuentes deben ser iguales y opuestas en cualquier instante.* El quinto requisito se corresponde con lo indicado de que «las características carga-tensión de las fuentes deben ser iguales o similares». Las calificaciones adicionales se introducen debido a que estamos tratando con una tensión alterna que posee una onda de forma particular, generalmente supuesta sinusoidal, como resultado de usar arrollamientos de inducido distribuidos, como muestra la fig. 2-17c.

Trataremos primeros la sincronización o funcionamiento en paralelo de alternadores monofásicos antes de proceder a la sincronización de alternadores polifásicos debido a que la primera es menos compleja e implica sólo las primeras cinco condiciones establecidas anteriormente.

7-9. Sincronización de alternadores monofásicos. Las condiciones de polaridad establecidas en el apartado 7-8 pueden verse en la fig. 7-7a para dos alternadores monofásicos funcionando en paralelo, conectados como muestra la figura 7-7b. Las polaridades instantáneas generadas por cada alternador se oponen entre sí en cada instante, como muestran las ondas de la fig. 7-7a y los sentidos de las corrientes de la fig. 7-7b. Si se toma como referencia el alternador 1, la tensión E_1 se opone siempre en cada instante por la tensión E_2, como puede verse en las figuras.

Puede verse un diagrama vectorial de esta oposición «interna o local» creada entre los dos alternadores en la fig. 7-7c, en donde las tensiones son iguales y opuestas. Pero si fueran iguales y opuestas, la tensión de barras, E_{gp}, debería ser cero. Sin embargo, estamos completamente seguros de que *no* es cero. Entonces resulta evidente que, al considerar el diagrama vectorial para el funcionamiento en paralelo, tendremos que distinguir entre los diagramas vectoriales utilizados para representar tensiones en un circuito local, o sea, los generados entre dos máquinas o dentro de una misma máquina, y el circuito externo, o sea, la relación entre la tensión en barras y la corriente que se suministra a la carga.

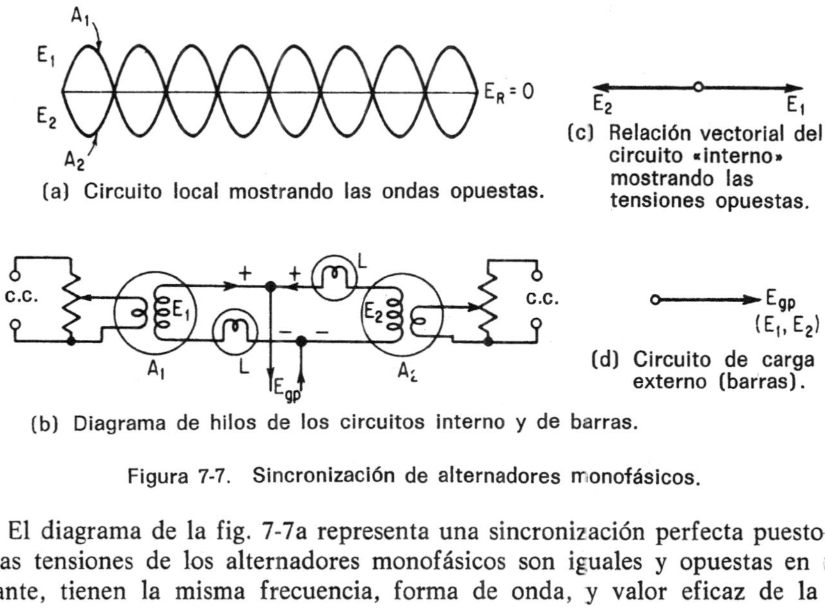

(a) Circuito local mostrando las ondas opuestas.

(c) Relación vectorial del circuito «interno» mostrando las tensiones opuestas.

(b) Diagrama de hilos de los circuitos interno y de barras.

(d) Circuito de carga externo (barras).

Figura 7-7. Sincronización de alternadores monofásicos.

El diagrama de la fig. 7-7a representa una sincronización perfecta puesto que ambas tensiones de los alternadores monofásicos son iguales y opuestas en cada instante, tienen la misma frecuencia, forma de onda, y valor eficaz de la tensión de c.a. Vamos a considerar qué podría ocurrir como resultado de una ligera variación de la frecuencia de E_2 respecto a la de E_1.

Vamos a suponer que el motor de accionamiento de E_2 sufre una reducción de velocidad, haciendo que su frecuencia disminuya. Anteriormente, la tensión resultante en la fig. 7-7a era cero, puesto que la suma vectorial de las tensiones iguales y opuestas era cero. En la fig. 7-8a, sin embargo, las tensiones tienen los mismos valores eficaces pero son distintas en frecuencia. La forma de la onda resultante puede verse en la fig. 7-8b. Obsérvese que, cuando E_1 y E_2 están en completa oposición de fase, la fem resultante es cero; pero cuando está en fase, la onda resultante es máxima.

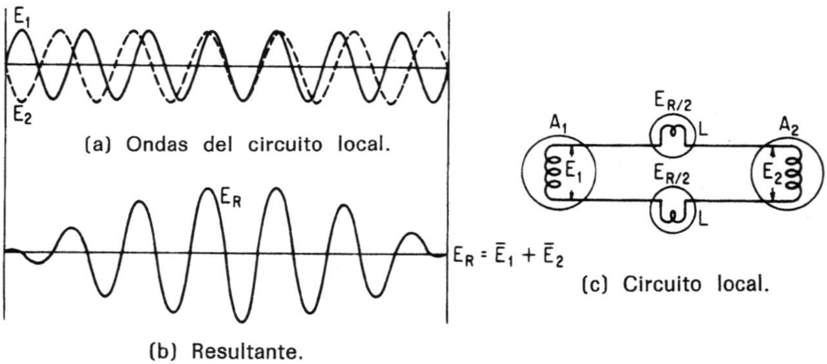

Figura 7-8. Efecto de la diferencia de frecuencia entre dos alternadores.

Las lámparas del circuito local de la fig. 7-7b estarán siempre apagadas si las dos ondas son de igual frecuencia, forma y valor eficaz de tensión, puesto que la tensión resultante producida en el circuito local, E_r, es cero. En el caso de la figura 7-8c, sin embargo, las lámparas del circuito local lucirán cuando el valor eficaz de $E_r/2$ sea suficiente para ello, o sea, cuando la tensión resultante sea máxima. El examen minucioso de las ondas revelará que la diferencia de frecuencia entre E_1 y E_2 es un ciclo. Las lámparas de la fig. 7-8c pasarán de apagadas a encendidas, y volverán de nuevo a estar apagadas, completando un ciclo de pulsación que representa la diferencia de frecuencia entre las dos ondas.

Como es posible utilizar lámparas como un medio para detectar la *diferencia de frecuencia* entre dos alternadores, vamos a considerar la sincronización mediante lámparas de dos alternadores monofásicos, como muestra la fig. 7-9a. En este método de sincronización, las lámparas están conectadas como lo estaban en fig. 7-8c, conocido como método de *lámpara apagada.*

La sincronización se consigue cuando las tensiones V_1 y V_2 son iguales y las lámparas están apagadas. En este instante puede cerrarse el interruptor poniendo en paralelo los alternadores. Existen dos desventajas en el método de sincroniza-

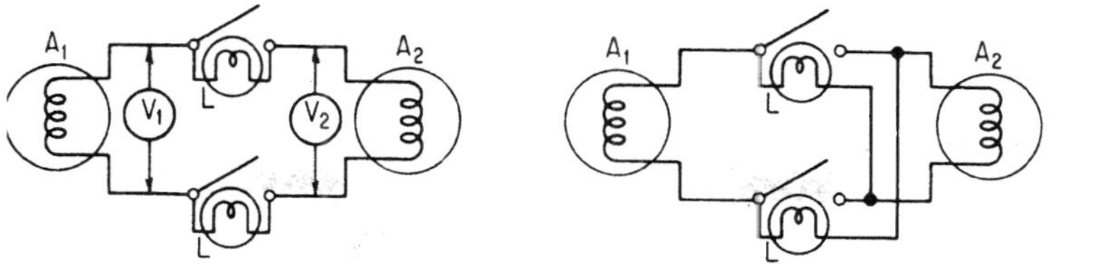

(a) Método de sincronización a lámpara apagada.

(b) Método de sincronización a lámpara encendida.

Figura 7-9. Sincronización de alternadores monofásicos por los métodos a lámpara apagada y a lámpara encendida.

ción a lámpara apagada, a saber: (1) puede existir una apreciable diferencia de tensión entre los dos alternadores pero que sea aún una diferencia insuficiente para hacer que las lámparas en serie, se enciendan; y (2) el operador que debe cerrar el interruptor no tiene manera de saber en qué instante exacto, durante las sucesivas pulsaciones de la lámpara, la diferencia de tensión es realmente cero.

Las desventajas establecidas anteriormente se superan por el método de *lámpara encendida* mostrado en la fig. 7-9b, en el que las conexiones de las lámparas están invertidas. Ahora tiene lugar el máximo brillo cuando las ondas son exactamente iguales y opuestas (resultando una tensión cero), y están apagadas cuando la tensión resultante es máxima. Esto está ilustrado en los siguientes ejemplos.

EJEMPLO 7-3: El alternador 1 de la fig. 7-9a tiene una tensión de **220 V** y una frecuencia de 60 Hz, mientras que el alternador 2 tiene una tensión de **222 V** y una frecuencia de $59\frac{1}{2}$ Hz. Con el interruptor abierto, calcular:

a. La tensión eficaz máxima y mínima en bornes de cada lámpara.
b. La frecuencia de la tensión aplicada a las lámparas.
c. El valor máximo de la tensión aplicada a cada lámpara.
d. El número de pulsaciones máximas de la luz por minuto.

Solución:

a. $E_{max}/\text{lamp} = E_1 + E_2 = \dfrac{220 + 222}{2} = \mathbf{221\ V}$ (eficaces)

$$E_{min}/\text{lamp} = \frac{E_2 - E_1}{2} = \frac{222 - 220}{2} = \mathbf{1\ V}$$

b. $f = 60 - 59\frac{1}{2} = \mathbf{\frac{1}{2}\ Hz}$

c. $E_{pico} = \dfrac{221\ V}{0{,}707} = \mathbf{313\ V}$

d. $u = \frac{1}{2}$ ciclo/seg $\times$ 60 seg/min = **30 pulsaciones/min.**

EJEMPLO 7-4: Cada alternador de la fig. 7-9b genera una tensión de 220 V de c.a. El alternador 1 tiene una frecuencia de 60 Hz, y el alternador 2 tiene una frecuencia de 58 Hz. Con el interruptor abierto, calcular

a. La tensión eficaz máxima aplicada a cada lámpara y su frecuencia.
b. La relación de fases en el instante en que ocurre la máxima tensión.
c. La tensión eficaz mínima en bornes de cada lámpara y su frecuencia.
d. La relación de fases en el instante en que ocurre la mínima tensión.

Solución:

a. $E_{max}/\text{lamp} = \dfrac{220 + 220}{2} = \mathbf{220\ V}$

$f = 60 - 58 = \mathbf{2\ Hz}$

b. Las tensiones son iguales y opuestas en el circuito local.

c. $E_{min}/\text{lamp} = \dfrac{220 - 220}{2} =$ **0 para frecuencia cero**

d. Las tensiones están en fase en el circuito local.

Los ejemplos 7-4 y 7-5 indican las ventajas evidentes del método de sincronización a lámpara encendida, puesto que la diferencia en la intensidad de la luz para un valor máximo es inmediatamente notada por el ojo humano, el cual es bastante sensible a las diferencias de intensidades. Como resultado, el interruptor de puesta en paralelo puede ser cerrado en el instante preciso en que las tensiones sean iguales y opuestas. Suponiendo que los alternadores monofásicos se hayan conectado en paralelo, vamos a considerar las condiciones bajo las cuales se reparten la carga.

7-10. Efectos de la corriente sincronizante (circulatoria) entre alternadores monofásicos. Supongamos que los alternadores de las figs. 7-7b o 7-9b están conectados a unas barras que alimentan una carga inductiva. Supongamos también que, en el instante de poner en paralelo estos alternadores, las frecuencias y excitaciones fueran idénticas que las que muestra la fig. 7-7a. Si los alternadores son de idéntico proyecto, o sea, si tienen la misma resistencia de inducido y reactancia síncrona, el diagrama vectorial de la fig. 7-10 mostrará la relación entre los dos alternadores en condiciones de carga. Usando el alternador 1 de la figura 7-7c como referencia, la relación de todas las caídas de tensión en ambos alternadores puede representarse en la forma indicada en la fig. 7-10. Obsérvese que todas las tensiones e intensidades de las máquinas están en oposición entre sí. Esto está completamente de acuerdo con las representaciones de las figs. 7-7a, b y c en las que las tensiones y corrientes están en oposición en el anillo cerrado creado por las dos máquinas. Obsérvese que en este diagrama vectorial «ideal», las tensiones en bornes son iguales y opuestas, y las fem generadas son iguales y opuestas, o sea, están formando 180°.

El diagrama vectorial también está representado en relación con el circuito de carga, usando el alternador 1 como referencia. En este circuito de carga común, la suma de I_{a1} e I_{a2} produce la corriente de carga I_L, mientras la tensión de carga, V_L, es la misma que la tensión en bornes o tensión de fase, V_p, del alternador. Como las dos máquinas son idénticas, todas las caídas de tensión internas pueden superponerse, y las tensiones generadas son iguales y guardan la misma relación de fase con la tensión en bornes y la corriente de carga.

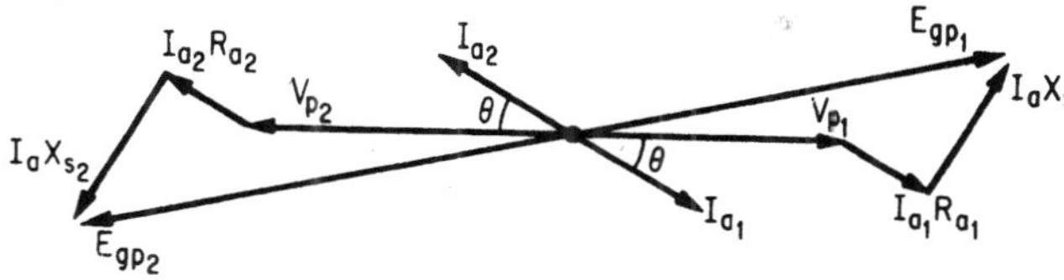

Figura 7-10. Diagrama vectorial interno «ideal» en el que se ven las tensiones opuestas en paralelo.

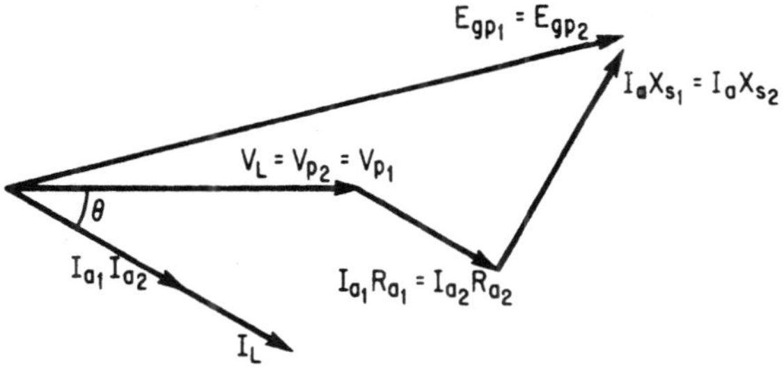

Figura 7-11. Diagrama vectorial externo respecto a la condición de circuito de carga (ideal).

Los alternadores de las figs. 7-10 y 7-11 están perfectamente sincronizados debido a que no existe diferencia de tensión entre ellos en el instante de sincronización o como resultado de una variación en la fem inducida a causa de caídas de tensión internas debidas a la carga. Por tanto, no existe corriente sincronizante y de circulación entre los alternadores, como muestra el ejemplo 7-5.

EJEMPLO 7-5. Si los alternadores de los ejemplos 7-3 y 7-4 tienen cada uno una resistencia eficaz de inducido de 0,1 Ω y una reactancia de 0,9 Ω, calcular la corriente sincronizante en los inducidos de ambos alternadores si el interruptor entre ellos se cierra en el instante adecuado para la puesta en paralelo.

Solución:

En el ejemplo 7-3,

$E_r = 222 - 220 = 2\text{ V}$

$$I_s = \frac{E_r}{Z_1 + Z_2} = \frac{2\text{ V}}{0,2 + j1,8} = \frac{2\angle 0^\circ\text{ V}}{1,81\angle 83,65^\circ\text{ ohms}} = \mathbf{1,105\angle -83,65^\circ\ A}$$

En el ejemplo 7-4, $E_r = 220 - 220 = 0$ V

$I_s = 0$

Debe hacerse notar que la diferencia de corriente sincronizante que circula no depende del método de sincronización empleado, sino de la diferencia de fem generada por fase en los dos alternadores.

El ejemplo 7-5 y el diagrama de la fig. 7-10 nos permiten escribir una ecuación para la corriente sincronizante, que circula entre los dos inducidos de los alternadores o entre un alternador dado y las barras:

$$I_s = \frac{\dot{E}_{gp_1} - \dot{E}_{gp_2}}{\dot{Z}_{p_1} + \dot{Z}_{p_2}} = \frac{E_r}{(R_{a_1} + R_{a_2}) + j(X_{s_1} + X_{s_2})} \qquad (7\text{-}3)$$

en donde I_s es la corriente sincronizante, que circula por el inducido del alternador del circuito local entre los dos alternadores (o el alternador y las barras), por fase

E_r es el vector diferencia entre las tensiones generadas de los dos alternadores (de un alternador dado y la tensión generada equivalente producida por los restantes alternadores que alimentan las barras), por fase, $E_{gp1} = E_{gp2}$

R_a y X_s son las resistencias del inducido y la reactancia síncrona, respectivamente, para cada alternador, por fase.

Debe hacerse notar, de (7-3) y del ejemplo 7-5, que, puesto que la reactancia síncrona de los alternadores es generalmente elevada respecto a la resistencia del inducido, la corriente sincronizante retrasará respecto a la tensión resultante, E_r, en casi 90°. Pero la corriente de sincronizante circula en los inducidos de *ambas* máquinas. ¿Qué efecto produce esto sobre las máquinas y cuál es su efecto sobre el reparto de la carga?

Supongamos que la excitación del alternador 2, representada en el diagrama vectorial de la fig. 7-10, se ha aumentado de manera que E_{gp2} es mayor que E_{gp1}. En el circuito local interno de los dos alternadores, se originará una fem resultante, E_r, como muestra la fig. 7-12, y circulará una corriente sincronizante, I_s. Como las tensiones inducidas están exactamente en oposición de fase, la tensión resultante, E_r, estará en fase con la tensión inducida mayor, E_{gp2}. La corriente sincronizante I_s retrasa respecto a E_{gp2} y a E_r casi 90° y adelanta respecto a E_{gp1} más de 90° $(180 - \theta)$, como muestra la fig. 7-12.

La corriente sincronizante, tal como se define en (7-3) anterior, circula sólo por el circuito local, y está limitada sólo por la impedancia síncrona de los dos nadores (despreciando conexiones, barras, etc.) en paralelo.

La potencia sincronizante generada por el alternador 2 como resultado de la mayor excitación y de la circulación de corriente en el inducido, I_s, es

$$P_2 = E_{gp_2} I_s \cos\theta \qquad (7\text{-}4)$$

en la que θ es el ángulo entre E_r (o E_{gp2}) e I_s.

La potencia sincronizante producida por la corriente sincronizante en el generador 1 es

$$P_1 = E_{gp_1} I_s \cos(180 - \theta) = -E_{gp_1} I_s \cos\theta \qquad (7\text{-}5)$$

en donde $(180° - \theta)$ es el ángulo entre E_{gp1} I_s e I_s.

Como la expresión cos $(180° - \theta)$ en (7-5) es mayor de 90°, la potencia sincronizante, P_1, en el alternador 1 es *negativa,* mientras que la potencia generada por el alternador 2 es *positiva.* Así, en el alternador 2 se produce el efecto *generador,* pero en el alternador 1 se produce el efecto *motor.* En el caso de este último, la potencia negativa (o potencia recibida por un generador) es lo que indica su efecto como motor.

El numerador de (7-3), sin embargo, fijaba que E_r es la diferencia entre las tensiones generadas y [(como $I_s \cos\theta$ es la misma en (7-4) y (7-5)] podemos, por tanto, escribir una ecuación para la verdadera pérdida de potencia (transformada en calor) que debe ser suministrada mecánicamente por el motor de accionamiento del alternador 2.

$$E_r I_s \cos\theta = P_2 - P_1 = I_s^2 (R_{a_1} + R_{a_2}) \qquad (7\text{-}6)$$

Las relaciones de potencia de las tres ecuaciones anteriores pueden resumirse en una única ecuación, cuantitativamente,

[redacted]

Prescindiendo de la carga externa en los dos alternadores, entonces, podemos considerar los efectos de la corriente sincronizante y la distribución de la potencia sincronizante en el siguiente ejemplo ilustrativo.

EJEMPLO 7-6: Dos alternadores monofásicos están sincronizados de manera que sus **fem** están exactamente opuestas (180°) como muestra la fig. 7-12. Pero la **fem** del alternador 1 se regula a 200 V y la **fem** del alternador 2 se regula a 220 V. En el instante de cerrar el interruptor de sincronización, poniendo en paralelo las dos máquinas, si cada alternador tiene una resistencia de inducido de 0,2 Ω y una reactancia síncrona de 2 Ω, calcular:

a. El efecto generador desarrollado por el alternador 2.
b. El efecto motor o potencia sincronizante suministrada al alternador 1.
c. Las pérdidas en ambos inducidos, y la tensión en bornes de ambos alternadores.
d. Dibujar un diagrama vectorial que muestre las relaciones de las tensiones y todas las caídas de tensión.

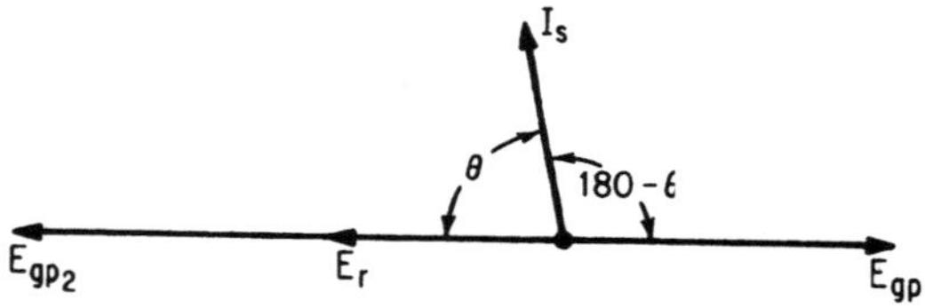

Figura 7-12. Corriente sincronizante interna producida como resultado de aumentar la excitación del alternador 2.

Solución:

a. $E_r = E_2 - E_1 = 220 - 200 = 20$ V

De (7-3),
$$I_s = \frac{E_s}{Z_{p_1} + Z_{p_2}} = \frac{20\ \text{V}}{0{,}2 + 0{,}2 + j(2{,}0 + 2{,}0)} \qquad (7\text{-}3)$$
$$= \frac{20\angle 0°\ \text{V}}{4{,}02\angle 84{,}3°\ \Omega} = 4{,}98\angle -84{,}3°\ \text{A}$$

De (7-4),
$$P_2 = E_{gp_2} I_s \cos\theta$$
$$= 220 \times 4{,}98 \cos 84{,}3° = \mathbf{108{,}9\ W}$$ (potencia total suministrada por el alternador 2)

b. De (7-5)

$$P_1 = E_{gp_1} I_s \cos(180° - \theta) = -200 \times 4{,}98 \cos 84.3°$$
$$= \mathbf{-99\ W}$$ (potencia sincronizante recibida por el alternador 1)

c. Pérdidas $= P_2 - P_1 = 108{,}9 - 99{,}0 = \mathbf{9{,}9\ W}$ (7-6)

Comprobación $E_r I_s \cos\theta = 20 \times 4{,}98 \cos 84{,}3° = 9{,}9$ W o $I_s^2(R_{a_1} + R_{a_2}) = (4{,}98)^2 \times 0{,}4 = 9{,}9$ W, como se obtuvo en (7-6)

De la fig. 7-13, V_{p2}, la tensión de fase en bornes del alternador 2, es [de (7-1)]

$$V_{p_2} = E_{gp_2} - I_s Z_{p1} = 220 - [4{,}98 \times 2{,}01 \angle 84{,}3°] \tag{1-10}$$
$$= 220 - 10 = \mathbf{210\ V} \quad \text{(efecto generador)}$$

De la ecuación (7-2)

$$V_{p_1} = E_{gp_1} + I_s Z_{p_1} = 200 + [4{,}98 \times 2{,}01 \angle 84{,}3°] \tag{1-9}$$
$$= 200 + 10 = \mathbf{210\ V} \quad \text{(efecto motor)}$$

d. El diagrama vectorial (véase fig. 7-13)

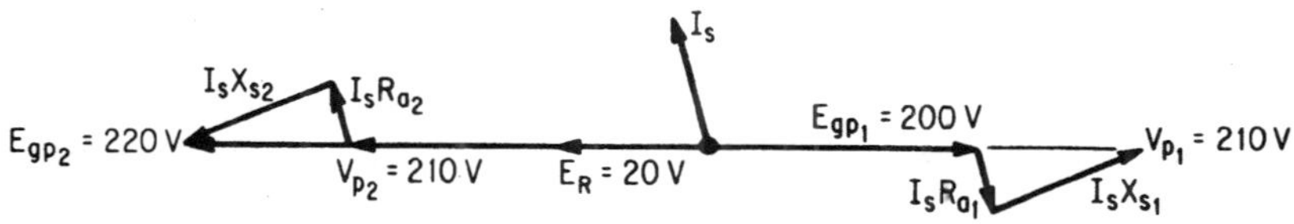

Figura 7-13. Diagrama vectorial para el ejemplo 7-6, parte d.

Obsérvese que la tensión en barras de las tensiones generadas en el ejemplo 7-6 es

$$\frac{E_{gp_1} + E_{gp_2}}{2} = \frac{220 + 200}{2} = 210 \text{ V}$$

Sin embargo, esto es cierto, solamente, cuando los dos generadores tienen la *misma* resistencia interna de inducido y reactancia síncrona.

El ejemplo 7-6 señala de nuevo las importantes relaciones que tratan las diferencias entre el efecto como generador y el efecto como motor, presentadas primeramente en el apartado 1-20, así como algunos conceptos nuevos, o sea:

1. Funcionando como *motor*, a la máquina se le suministra energía eléctrica desde alguna fuente exterior. La fcem desarrollada por el motor es menor que la tensión aplicada en sus bornes debido a su caída de impedancia interna.

2. Funcionando como *generador*, la fem generada, producida como resultado de la potencia mecánica suministrada por el motor de accionamiento, es superior a la tensión en bornes debido a su caída de impedancia interna.

3. Las únicas *pérdidas* de potencia [en (7-6) se desprecian los rozamientos, etc.] son las pérdidas en el cobre en ambos inducidos. La potencia sincronizante es la potencia que ha sido transferida (99 W en el ejemplo 7-5) del alternador 2 al alterna-

dor 1, haciendo que éste último tienda a funcionar como motor en el mismo sentido en que está siendo accionado por su motor primario. Como la potencia *sólo* puede ser disipada por la resistencia, esta potencia está disponible en las barras para ser disipada por la carga además de la generada por ambos alternadores, accionados por sus propios motores primarios.

4. En cualquier momento que se conecte un motor en bornes de una fuente de alimentación, está en paralelo con esta fuente. La corriente suministrada a (y absorbida por) el motor desde la fuente es indicación del efecto motor. Si el motor, de alguna manera, es accionado en el mismo sentido por su carga acoplada de forma tal que envíe corriente hacia la alimentación, está funcionando como generador cuando su tensión generada sea mayor que la tensión de barras.

Además de la producción de unas pequeñas pérdidas, el *principal efecto de la corriente sincronizante* es la producción de potencia de sincronización. Los diagramas vectoriales representados en las figs. 7-12 y 7-13 son sólo diagramas *instantáneos* de un cambio instantáneo producido en la fem generada de uno o más alternadores en paralelo con unas barras. Tan pronto como se produce una diferencia de este tipo, se origina potencia sincronizante con lo cual (1) el alternador que genera la potencia sincronizante se *retrasa* como resultado de la mayor carga y del mayor par electromagnéticos resistentes; y (2) el alternador que recibe la potencia de sincronización *avanza* debido al efecto motor producido en el mismo sentido que su motor de accionamiento.

El efecto de la corriente sincronizante cuando la fem de un alternador aumenta (aumentando su corriente de excitación) puede verse en la fig. 7-14, basada en los dos cambios instantáneos anteriores producidos por la potencia sincronizante. Recordemos que todos los vectores giran en sentido contrario al de las agujas del reloj. Obsérvese que el alternador 2 ha *retrasado* respecto a su posición original mientras que el alternador 1 ha *avanzado* respecto a su posición original, haciendo que las fem inducidas estén más cercanas entre sí. Como la fem resultante, E_r, es la suma vectorial de las dos **fem** inducidas, ya no está en fase con E_{gp2}, sino que retrasa respecto a ella un ángulo pequeño. La corriente sincronizante, de acuerdo con (7-3), está retrasada respecto a esta resultante un ángulo θ. El valor del ángulo que retrasará el alternador 2 y que avanzará el alternador 1, depende de (1) los valores relativos de E_{gp1} y E_{gp2} (los cuales determinan el valor de E_r), y (2) el valor de la corriente sincronizante resultante que circula en ambos inducidos.

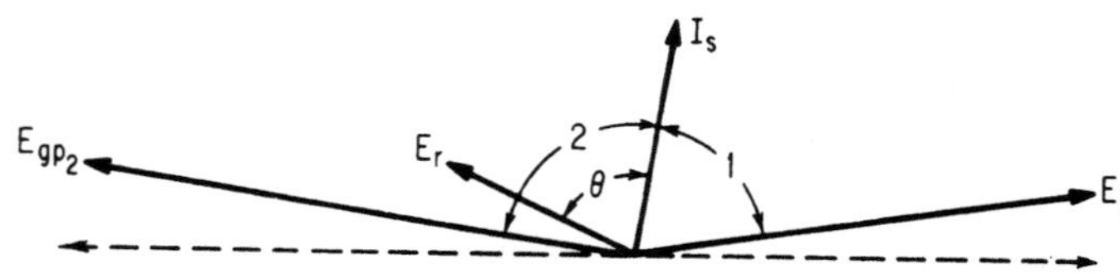

Figura 7-14. Posiciones de fase ajustadas como resultado de la transferencia de potencia sincronizante entre dos alternadores.

Se establece un equilibrio en el que ninguno de los alternadores produce potencias sincronizantes ni efecto motor, puesto que el ángulo 1 es menor de 90° (para el alternador 1) y el ángulo 2 es menor de 90° (para el alternador 2) de acuerdo con la relación $E_{gp}I_s$ cos (del ángulo entre ambos). La única potencia producida entonces, es $E_rI_s \cos\theta$, y estas pérdidas en el cobre del inducido están definidas por la relación

$$E_{gp2}I_s \cos(\text{ángulo } 2) + E_{gp2}I_s \cos(\text{ángulo } 1) = E_rI_s \cos\theta \qquad (7\text{-}8)$$

Debe hacerse notar que como los valores de la tensión generada por cada alternador son los mismos en la fig. 7-14 y en la fig. 7-12, pero ahora están más cercanos entre sí, la tensión resultante E_r y la corriente sincronizante I_s han aumentado *ambas,* y no son las mismas en (7-8) que en (7-7). Este pequeño aumento adicional de pérdidas $I_s^2(R_{a_1} + R_{a_2})$, producidas por el aumento de la corriente sincronizante, se alimenta de ambos alternadores de acuerdo con (7-8).

De la misma forma, si la corriente de excitación del alternador 1 se aumenta bruscamente de manera que su tensión generada sea superior a la del alternador 2, éste suministra potencia sincronizante. En ambos ejemplos, la tensión en bornes de ambas máquinas es la *misma* por la simple razón de que están en paralelo. Como la corriente sincronizante es totalmente *interna,* y como ocurra lo que ocurra, internamente se produce la misma tensión respecto al circuito externo, los cambios de resistencia del reóstato de excitación y de la corriente de excitación de *cualquier* alternador en paralelo con otros alternadores *no afectan al reparto de carga entre los mismos.* (A diferencia de los generadores de c.c. estudiados anteriormente, *no puede* conseguirse una transferencia de carga cambiando la tensión generada del alternador.) La corriente circulatoria en el inducido del alternador, superpuesta a la corriente de carga suministrada a la carga externa, puede variar el factor de potencia del alternador en particular y reducir posiblemente su capacidad. Esto puede verse en la fig. 7-15, la cual representa el efecto combinado de la carga mostrada en la fig. 7-11 y de la excitación aumentada del alternador 2 indicada en la fig. 7-12.

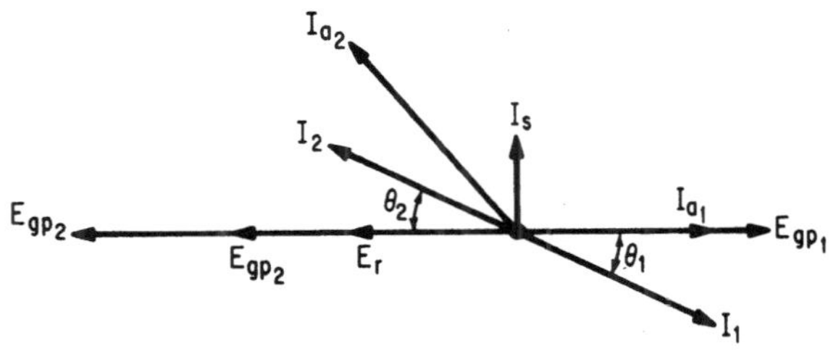

Figura 7-15. Cambio del factor de potencia en carga en ambos alternadores como resultado de la corriente sincronizante.

Puede observarse que el efecto de la posición de fase que muestra la fig. 7-14 no está reflejada en la fig. 7-15. La razón es que los ángulos son muy pequeños, como indica (7-8) y el ejemplo 7-6, en los que las pérdidas totales son comparativamente pequeñas. Originalmente, I_1 e I_2 son las corrientes de carga iguales mostradas en la fig. 7-11, retrasadas cada una respecto a la tensión generada, el mismo ángulo θ_1 y θ_2 respectivamente. Cuando se sobreexcita el alternador 2 para obtener valores superiores de E_{gp2} y E_r, respectivamente, la corriente sincronizante circulatoria, I_s, producida circula por los inducidos de ambos alternadores, además de la corriente de carga. La corriente de carga resultante del generador 1 se reduce, y el factor de potencia del generador 1 mejora. Al mismo tiempo, la corriente del inducido resultante del generador 2 aumenta, y su factor de potencia está más en retraso (es peor). El peor factor de potencia del alternador 2 reduce su capacidad de suministrar corriente (activa) a la carga.

La fig. 7-15 también hace posible percibir el efecto *estabilizador* de la corriente sincronizante. Como la corriente sincronizante, I_s, retrasa respecto a la tensión generada en el alternador 2 pero avanza respecto a la tensión generada en el alternador 1, produce una acción *desmagnetizante* en el *primero* y una acción *magnetizante* en el *segundo* (Apartados 5-9 y 6-7).

Así, la corriente sincronizante producida como resultado de la sobreexcitación de un alternador dado tiende a: (1) hacer que el alternador suministre más potencia sincronizante al resto de alternadores en paralelo; (2) hacer que el alternador funcione con un factor de potencia peor con la consiguiente desmagnetización de su flujo en el entrehierro, y (3) hace que los alternadores restantes mejoren sus factores de potencia con la magnetización resultante de su flujo en el entrehierro.

Así, cualquier tendencia de un alternador dado para tomar una carga adicional como resultado de un aumento de tensión del generador, queda automáticamente estabilizada sin transferencia apreciable de carga.

Esto hace surgir dos cuestiones: (1) ¿Cómo puede aumentarse o disminuirse la tensión de barras? (2) ¿Cómo se consigue la transferencia de carga entre alternadores?

La única manera de aumentar o disminuir la tensión de barras sin afectar la potencia y factores de potencia de cada alternador que alimenta la carga en paralelo, consiste en aumentar o disminuir *simultáneamente* la tensión de todos los alternadores en paralelo. Esto responde la primera de las dos cuestiones anteriores; la segunda se trata a continuación.

7-11. Reparto de carga entre alternadores. Vamos a suponer que los dos alternadores, que muestran las figs. 7-10 y 7-11, están funcionando en condiciones ideales en paralelo, o sea, que sus **fem** generadas son iguales, que están llevando cargas iguales, y que tienen iguales caídas de impedancia síncrona interna. Supongamos que el motor de accionamiento del alternador 1 tiende a aumentar la velocidad, haciendo que su fem generada E_{gp1} avance de fase, como muestra la figura 7-16. Funcionando originalmente como generadores ideales en paralelo, sus **fem** inducidas eran en cualquier instante iguales y opuestas, y no se producía ninguna fem resultante. Pero ahora, el motor de accionamiento 1 aumenta su velocidad, y se produce una fem resultante E_r debida a la diferencia de frecuencia entre las dos máquinas e indicada por el avance de la tensión E_{gp1} en la fig. 7-16. Como en el caso del apartado anterior, la tensión resultante E_r, hace que se produzca una corriente circulatoria I_s en el inducido de ambos generadores de acuerdo con 7-3. Esta corriente sincronizante da lugar a que el generador 1 genere una potencia sincronizante, $P_1 = E_{gp1}I_s$ cos (ángulo 1). Esta potencia sincronizante contiene una componente de pérdidas en el inducido (E_rI_s cos θ) y una componente de transferencia sincronizante, que es la potencia transferida al alternador 2 para producir el efecto motor.

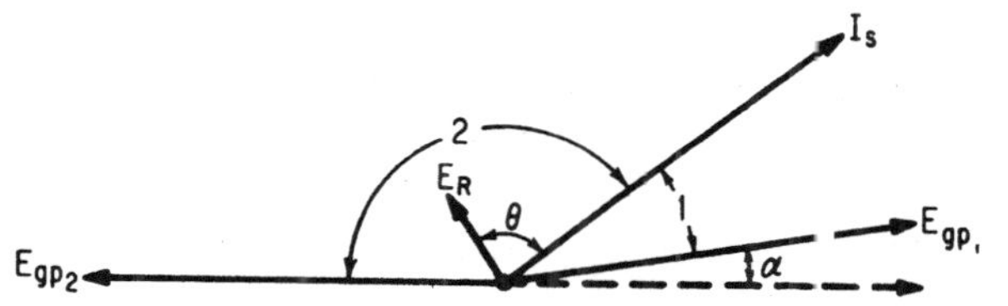

Figura 7-16. Cambio de posición de fase como resultado de un aumento de velocidad del alternador 1.

El alternador 1 está suministrando potencia por efecto generador, y el alternador 2 está recibiendo potencia por efecto motor. La potencia recibida por el alternador 2 es $E_{gp2}I_s$ cos (ángulo 2), una potencia negativa que es la diferencia entre la potencia generada por el alternador 1 y las pérdidas en el cobre del inducido de los dos alternadores (7-8). Como el motor de accionamiento del alternador 1 tiene carga mayor como resultado de la potencia adicional generada, tenderá a retrasar su fase y su velocidad. El alternador 2, por otra parte, como resultado de recibir la potencia sincronizante y el efecto motor, tenderá a un avance de fase. Así, una vez más, la corriente sincronizante actúa de manera tal que hace que los alternadores estén continuamente en sincronismo.*

Debe hacerse observar en la fig. 7-16 que la potencia sincronizante recibida por el alternador 2, realmente depende del ángulo θ. Para un ángulo dado de avance α del alternador 1 respecto a su posición primera, el ángulo 1 entre la fem inducida E_{gp1} del alternador 1 y la corriente sincronizante I_s, depende de θ.

* Los motores de accionamiento, por esta razón, deben tener características de velocidad planas o decrecientes, de manera que al aumentar la carga tienda a reducirse la velocidad y al disminuir la carga tiende a aumentarse la velocidad, ayudando así al efecto anterior de la corriente sincronizante.

Pero θ depende de la impedancia síncrona interna de los alternadores. Si θ es pequeño, el ángulo 1 es grande, y el coseno de un ángulo grande es un valor pequeño. Para desarrollar la misma potencia sincronizante en el alternador 1, se necesitaría más corriente sincronizante para un valor pequeño de θ. Un valor extremadamente elevado de la impedancia síncrona del alternador, puede, sin embargo, reducir también la corriente sincronizante de manera más rápida que la disminución del ángulo 1 entre la corriente sincronizante y la tensión generada. Evidentemente, entonces, *una relación* razonablemente *elevada* entre la reactancia síncrona y la resistencia del inducido dará lugar a la producción *rápida y suficiente* de una potencia sincronizante para asegurar el éxito del funcionamiento en paralelo, aunque puede dar lugar a una regulación pobre (apartados 6-7, 6-8 y 6-9). Por consiguiente, en general, puede establecerse que los alternadores que funcionan mejor en paralelo son los que tienden a tener una regulación más pobre.

Considerando los cambios en la velocidad del motor de accionamiento o la aplicación o eliminación brusca de carga, en relación con la estabilidad en paralelo, los alternadcres deben tener (1) una elevada relación entre reactancia síncrona y resistencia del inducido, y (2) una impedancia total suficientemente baja para que los pequeños cambios de su ángulo de avance de fase (α) produzcan valores elevados de corriente y de potencia sincronizante. Esto se explica en los ejemplos 7-7 y 7-8.

EJEMPLO 7-7: Los alternadores del ejemplo 7-6 tienen cada uno una tensión generada de 230 V y una impedancia de 2,01 $\angle 84{,}3°\ \Omega$. El motor de accionamiento del alternador 1 lo lleva 20° adelantado respecto a su posición correcta. Calcular:

a. La corriente sincronizante.
b. La potencia sincronizante desarrollada por el alternador 1.
c. La potencia sincronizante recibida por el alternador 2.
d. Las pérdidas en el inducido.

Solución:

$$E_2 = 230\angle +180° = -230 + j0$$

$$E_1 = 230\angle 20° = 216 + j78{,}6$$

$$E_r = E_2 + E_1 = -14 + j78{,}6 = 79{,}8\angle 100{,}1°\text{ V}$$

a. $$I_s = \frac{E_r}{Z_1 + Z_2} = \frac{79{,}8\angle 100{,}1°\text{ V}}{2(2{,}01\angle 84{,}3°\ \Omega)} = \frac{79{,}8\angle 100{,}1°\text{ V}}{4{,}02\angle 84{,}3\ \Omega} \tag{7-3}$$

$$= \mathbf{19{,}85\angle 15{,}8°\ A}$$

b. $$P_1 = E_{gp_1} I_s \cos(E_{gp_1}, I_s) = 230 \times 19{,}85 \cos 4{,}2° \tag{7-4}$$

$= 4560 \times 0{,}9973 =$ **4558 W** = potencia suministrada a las barras

c. $$P_2 = E_{gp_2} I_s \cos(E_{gp_2}, I_s) = 230 \times 19{,}85 \cos 164{,}2° \tag{7-5}$$

$=$ **−4400 W** (potencia recibida de las barras)

d. Pérdidas: $P_1 - P_2 = 4558 - 4400 =$ **158 W** (7-6)

Comprobación: $E_r I_s \cos\theta = 79{,}8 \times 19{,}85 \cos 84{,}3° = 158$ W (7-6)

Doble comprobación: $I_s^2 R_{aT} = (19{,}85)^2 \times 0{,}4 = 153$ W (7-6)

EJEMPLO 7-8: Repetir el ejemplo 7-7 si cada alternador tiene una impedancia de 6 ∠ 50° Ω.

Solución:

a. $I_s = \dfrac{E_r}{Z_1 + Z_2} = \dfrac{79{,}8 \angle 100{,}1° \text{ V}}{12 \angle 50° \Omega} =$ **6,65 ∠ 50,1° A** (7-3)

b. $P_1 = E_{gp_1} I_s \cos(E_{gp_1}, I_s) = 230 \times 6{,}65 \cos 30{,}1° =$ **1322 W** (7-4)

c. $P_2 = E_{gp_2} I_s \cos(E_{gp_2}, I_s) = 230 \times 6.65 \cos 129{,}9° =$ **−982 W** (7-5)

d. Pérdidas: $P_1 - P_2 = 1322 - 982 =$ **340 W** (7-6)

Comprobación: $E_r I_s \cos\theta = 79{,}8 \times 6{,}65 \cos 50° =$ **340 W** (7-6)

Doble comprobación: $I_s^2 R_{aT} = (6{,}65)^2 (12 \cos 50°) =$ **340 W** (7-6)

Obsérvese que el uso de una mayor impedancia con una Q menor, o sea una X_s/R_a menor, da por resultado (1) una *reducción* de la potencia sincronizante y (2) un *aumento* de las *pérdidas* a pesar de la reducción de la corriente sincronizante. Por esta razón (entre otras) se prefiere una elevada relación entre reactancia del inducido y resistencia, a *pesar* de su efecto sobre la regulación. Además, como se ha dicho en el apartado 6-8, la regulación de tensión puede solventarse usando reguladores de tensión que varíen la excitación de campo para mantener una tensión constante en la salida, independientemente de las variaciones de carga

7-12. Oscilación de los alternadores. En los apartados anteriores (apartados 7-10 y 7-11) se indicó que se produce una corriente sincronizante instantánea cuando la corriente de excitación del alternador aumenta la velocidad de su motor de accionamiento. El efecto de la corriente sincronizante consiste en producir una potencia sincronizante instantánea que hace que el alternador que *genera* potencia se retrase y los alternadores que *reciben* potencia *avancen*. Parecería evidente que estas tendencias, junto con las características de velocidad decrecientes de los motores de accionamiento que mueven el alternador, dieran por resultado una situación de extrema estabilidad y equilibrio. Esto sería cierto si la velocidad del motor de accionamiento fuera constante durante una revolución completa.

Desgraciadamente, un motor de accionamiento de naturaleza alternativa (tales como los de máquinas de vapor, o motores diesel o de gasolina) puede tener una velocidad en rpm constante, pero no tiene una velocidad constante durante una revolución completa. Durante los *períodos activos* de una máquina de vapor, por ejemplo, el alternador es llevado *más allá* de la posición de sincronismo; mientras que en los períodos inactivos de *retorno* del motor, el alternador *se retrasa,* respecto a la posición de sincronismo. Un alternador de 30 polos funcionando a 60 Hz tendrá una velocidad media del motor de accionamiento de 240 rpm, o sea, 4 rps. En una revolución, o sea en un cuarto de segundo ¡el alternador ha sufrido 15 alternancias! La respuesta eléctrica del alternador a variaciones incluso ligeras producidas en la velocidad del motor de accionamiento, es casi instantánea. Sin embargo, desgraciadamente, los rotores de los alternadores son bastante pesados y tienen una gran inercia.

Si, durante el período activo, un alternador es llevado ligeramente más allá de la posición de sincronismo, suministrará intantáneamente potencia sincronizante a los demás alternadores. Los demás alternadores recibirán esta potencia instantánea pero, debido a su inercia, su respuesta es lenta. El alternador en avance produce ahora más y más corriente sincronizante intentando llevar a los demás alternadores al sincronismo, al mismo tiempo que él mismo va retrasándose. La potencia transferida puede ser tan grande y el par resistente sobre el alternador adelantado tan grande, que, en lugar de llegar a la posición de sincronismo, realmente llegue a una posición más *retrasada* que los demás alternadores. En estas condiciones, su motor de accionamiento está ya en el período de *retorno* (lo que no le ayuda en absoluto); y al estar retrasado, recibe instantáneamente potencia *de* las barras y actúa como *motor.*

La potencia sincronizante recibida más la ayuda extra del motor de accionamiento durante su período activo hace, una vez más, que el alternador original avance rápidamente llegando incluso a estar más adelantado que la primera vez. La inercia de los demás alternadores, al no responder de manera inmediata a la potencia instantánea recibida, hace que el alternador en avance desarrolle una corriente sincronizante incluso mayor que antes. En efecto, el alternador entra en movimiento oscilatorio respecto a la velocidad síncrona estable sin llegar a alcanzarla.

Esta oscilación periódica repetida *(hunting)* por encima y por debajo de la velocidad síncrona del alternador accionado por un motor de tipo alternativo, continúa amplificándose, aumentando cada sucesiva oscilación respecto a la anterior. Si están conectados instrumentos tales como amperímetros y watímetros, la oscilación puede observarse viendo cómo la corriente del amperímetro aumenta y disminuye y la potencia del watímetro se invierte periódicamente, en respuesta a la recepción y generación de potencia sincronizante. Como esta condición no cesa por su propia esencia y no es de naturaleza autolimitante (por las razones descritas anteriormente), es necesario tomar las medidas pertinentes en el proyecto combinado del motor de accionamiento y del alternador para eliminarla.

Algunas de las técnicas empleadas para reducir el movimiento oscilatorio son las siguientes:

1. *Amortiguador* o devanados de amortiguamiento. Consisten en barras en forma de jaula de ardilla, que se colocan en las caras del polo del rotor para eliminar el efecto de oscilación. Cuando los polos de excitación están girando y pasan delante del inducido a velocidad síncrona, no se induce ninguna tensión en el devanado de amortiguamiento cortocircuitado. Si la velocidad del rotor aumenta o disminuye por debajo de la velocidad síncrona, en el arrollamiento de amortiguamiento se produce una tensión y una corriente establece circuito. Por la ley de Lenz, esta corriente genera un flujo que se opone a la causa que lo produce, o sea, a la variación de velocidad.

2. El eje del motor de accionamiento puede estar equipado con un volante de inercia grande y pesado. Esto aumenta la inercia del motor de accionamiento y le ayuda a producir una velocidad más constante.

3. Se usan amortiguadores a base de fluidos viscosos (dashpots) en los alimentadores de fuel o en los reguladores de velocidad de los motores de accionamiento para evitar su respuesta inmediata a las variaciones bruscas y pequeñas de demanda de más o menos potencia del alternador.

4. Se emplean motores de accionamiento que tienen un período activo uniforme durante una revolución completa; por ejemplo, las turbinas de vapor, de gas o hidráulicas, tienen esta característica.

7-13. Sincronización de alternadores polifásicos. Todo lo dicho anteriormente, que se ha desarrollado en relación con los alternadores monofásicos, es aplicable igualmente a los alternadores polifásicos, ya que todas las consideraciones y cálculos se aplican a una fase en el caso de alternadores trifásicos o polifásicos. Las únicas diferencias aparecen en el método de sincronización y en el criterio de orden de sucesión de fases (el sexto requisito del apartado 7-8). Este requisito establece que la orden de sucesión de fases del alternador que se quiere poner en paralelo debe ser la misma que la de las barras, o sea, que la de los alternadores que funcionan ya en paralelo.

Como se ha dicho en el apartado 2-13, existen sólo *dos* órdenes de sucesión de fase posibles para un alternador trifásico, por la simple razón de que existen sólo dos posibles sentidos de rotación según los cuales los polos puedan pasar por delante de los arrollamientos del inducido. La fig. 7-17 muestra el alternador de la izquierda que se quiere poner en paralelo con el alternador (o barras) de la derecha. El rotor del alternador de la parte izquierda gira en sentido contrario al de las agujas del reloj, mientras que el de la derecha gira en el mismo sentido. El orden de sucesión de fases para ambas máquinas es el mismo *(ABC-ABCA)*, como indican las fases que encuentra un determinado polo norte al girar alrededor del inducido, y las tensiones inducidas. El orden de sucesión de fases puede comprobarse de manera bastante simple conectando un pequeño motor de inducción en las barras y observando su sentido de giro. Luego el motor de inducción se conecta en bornes del alternador que quiere sincronizarse, y, si el sentido de giro es el mismo, el orden de sucesión de fases de la máquina a conectar, es el mismo que el de las barras. Si el motor de inducción gira en sentido opuesto pueden invertirse dos cualesquiera de las tres conexiones del alternador a conectar (conexiones de los interruptores en la fig. 7-17), y de esta manera se asegura el correcto orden de sucesión de fases. El orden de sucesión de fases puede comprobarse también mediante un *indicador de orden de sucesión de fases* (apartado 7-15).

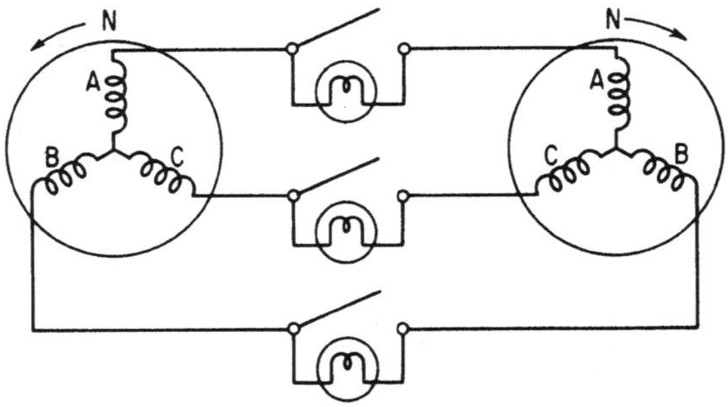

Figura 7-17. Orden de sucesión de fases en alternadores y método de sincronización a lámpara apagada.

La sincronización puede conseguirse usando métodos de lámparas similares en principio a los usados para los alternadores monofásicos que se vieron en la fig. 7-9. El método empleado en la fig. 7-17 es el método a *lámpara apagada.* Incluso si las tensiones eficaces de fase y de línea de las máquinas a conectar son idénticas e incluso si las frecuencias de los alternadores son idénticas, las lámparas de la fig. 7-17 pueden no estar apagadas. Existe una remota posibilidad de que las tensiones tiendan a «quedarse» en completa oposición fase a fase. Así, si las lámparas quedan permanentemente con un determinado brillo indican que la máquina que se quiere conectar y las que funcionan tienen la misma *frecuencia,* pero que se produce una diferencia de tensión ya sea por (1) un desplazamiento fijo de fase entre las **fem** inducidas, o (2) una diferencia en sus tensiones eficaces de fase.

Después de excluir la segunda posibilidad mediante un voltímetro, será necesario o aumentar o disminuir ligeramente la velocidad del alternador que va a conectarse para encontrar el instante preciso para cerrar el interruptor de sincronización (o sea, cuando las lámparas están apagadas) cuando las lámparas oscilan al unísono. Si las lámparas *no* oscilan al unísono, las fases no están conectadas adecuadamente a los interruptores o bien la secuencia de fase es incorrecta. Invirtiendo dos conductores cualesquiera se remediará la dificultad.

La desventaja de usar el método a lámpara apagada en alternadores polifásicos es la misma que con alternadores monofásicos como se vio en el apartado

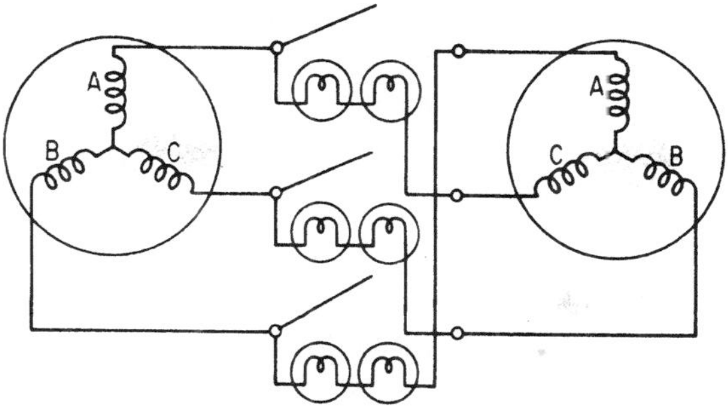

(a) Método a lámpara encendida.

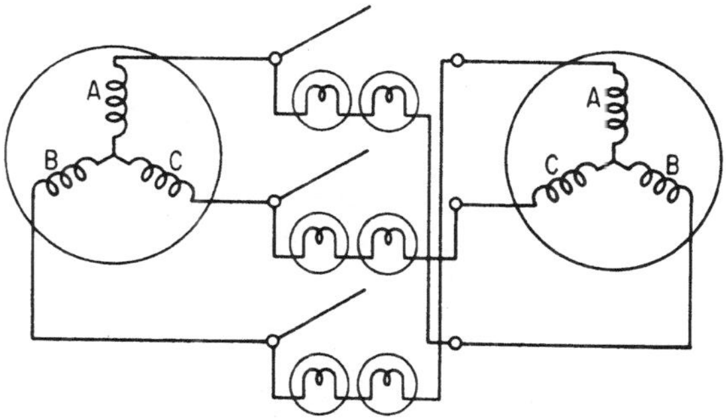

(b) Método a lámpara giratoria (dos encendidas, una apagada).

Figura 7-18. Métodos de lámparas para sincronización.

7-9 en que se encontró difícil determinar incluso para una velocidad baja de oscilación el punto medio del período oscuro (instante en el cual los alternadores están exactamente en sincronismo y las **fem** están exactamente a 180° entre sí).

Como en el caso de los alternadores monofásicos (fig. 7-9b), puede usarse el método a *lámpara encendida* para indicar el instante de sincronización por el brillo máximo de las lámparas. La fig. 7-18a muestra las conexiones para el método de las lámparas encendidas para la puesta en paralelo de alternadores trifásicos, en el cual las conexiones de las tres lámparas se han invertido respecto a las indicadas en la fig. 7-17.

La fig. 7-18b muestra un tercer método, denominado *método a lámpara giratoria,* en el cual las lámparas oscilarán, dos encendidas y una apagada y dos apagadas y una encendida, sucesivamente. El interruptor de sincronización se cierra cuando las dos lámparas extremas en la fig. 7-18b están encendidas y la lámpara central está apagada. La ventaja de este método es que permite la sincronización en función tanto del máximo como del mínimo brillo. La figura muestra también el uso de lámparas en serie para evitar que se fundan las lámparas al pasar por las tensiones máximas. Con alternadores de alta tensión, se usan transformadores de tensión, ya sea con lámparas o con el sincronoscopio descrito a continuación.

7-14. Sincronoscopios. En condiciones reales de funcionamiento puede resultar difícil a veces, utilizando lámparas, averiguar si el alternador que va a conectarse va lento o rápido. En el laboratorio, es una cosa fácil aumentar la velocidad de un motor de accionamiento (generalmente se usa un motor de velocidad variable) y observar el centelleo de la lámpara. Si el centelleo *disminuye* al *aumentar* la velocidad, la frecuencia del alternadór a conectar es menor que la del alternador en funcionamiento o que la de las barras.

Se ha desarrollado un instrumento llamado *sincronoscopio,* con una aguja giratoria (que indica si la máquina que va a conectarse va lenta o rápida) y un índice fijo que señala el instante preciso de sincronización en que debe cerrarse el interruptor de puesta en paralelo. Los sincronoscopios se fabrican en gran variedad de diseños, a saber, el tipo de *aguja polarizada,* el tipo de *hierro móvil* y el tipo de *doble bobina.* Los sincronoscopios están proyectados para funcionar sobre circuitos monofásicos y por tanto pueden usarse tanto para la sincronización de alternadores monofásicos como polifásicos. Debido a que básicamente es un dispositivo monofásico, no puede detectar el orden de sucesión de fase; esto debe comprobarse ya sea mediante un motor de inducción o mediante un indicador de orden de sucesión de fases. No puede tampoco detectar diferencias de tensión. Esto debe hacerse con un voltímetro.

El circuito y el dial del sincronoscopio de *tipo de aguja polarizada* pueden verse en la fig. 7-19. La aguja está polarizada a la frecuencia de la máquina en funcionamiento mediante una bobina giratoria. El arrollamiento del estátor consta de dos bobinas (fases) distribuidas sobre la circunferencia del instrumento, de la misma manera que en un motor de inducción monofásico de fase partida, y está conectado a la máquina que va a sincronizarse. La excitación giratoria del estátor gira a la frecuencia de la máquina a conectar, mientras que la aguja de hierro está polarizada (magnetizada) a la frecuencia de las barras o de la máquina en funcionamiento. Cuando las frecuencias están exactamente en sincronismo, la aguja estará alineada por sí misma en una posición vertical fijada, como muestran las figs. 7-19b y c. En la última figura, obsérvese que, cuando el campo giratorio está formando un ángulo recto con la aguja, ésta está desmagnetizada Si la aguja estuviera ligeramente magnetizada debido a una diferencia de frecuencia, se movería lentamente a la izquierda o a la derecha. Si la excitación gira a 61 Hz y la aguja está magnetizada a 60 Hz, la aguja girará en el sentido de las agujas del reloj a una velocidad de 1 rps. Por el contrario, si la excitación gira a 58 Hz, la aguja giraría en sentido contrario a las agujas del reloj, a una velocidad de 2 rps.

Cuando las frecuencias son idénticas, la aguja queda parada en una posición fija que indica la *diferencia de fase* entre las dos tensiones de los alternadores.

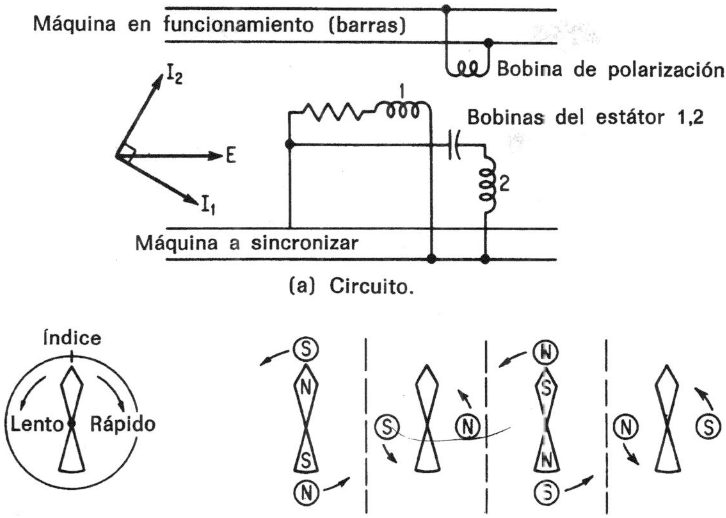

(a) Circuito.

(b) Dial.

(c) Flujo de campo giratorio y magnetización de la aguja en el sincronismo.

Figura 7-19. Dial del circuito y principio de funcionamiento del sincronoscopio (tipo de aguja polarizada).

7-15. Indicador de orden de sucesión de fases. Aunque el sincronoscopio puede proporcionar con bastante precisión mejor indicación que el método de las lámparas, del instante en que ocurra la sincronización, o de si el alternador a conectar va lento o rápido, en cambio no puede dar la secuencia de las fases (cosa que las lámparas indican bastante bien). Anteriormente se indicó que pueden usarse motores de inducción polifásicos, pero éstos pueden no estar disponibles o no ser portátiles o adecuados como *indicadores de orden de sucesión* de fases. El circuito básico de un indicador de orden de sucesión de fases puede verse en la fig. 7-20a, y una versión simplificada en la fig. 7-20b. Consta de dos lámparas idénticas de neón y de un condensador conectados en estrella, como carga trifásica desequilibrada. Las resistencias del circuito están proyectadas de manera que crean un potencial superior e inferior al potencial de ignición de las lámparas de neón tal que para una rotación de fase (1-3-2), la carga desequilibrada produce una mayor caída de tensión entre el neutro N y la lámpara 1, E_{N1}. Obsérvese que, debido al desequilibrio, las tensiones de fase al neutro son de igual valor que las tensiones de línea $E_{1\text{-}2}$, $E_{2\text{-}3}$, etc. Una secuencia de fase inversa (1-2-3) iluminará la lámpara N_3, de manera parecida, y apagará la lámpara N_1.

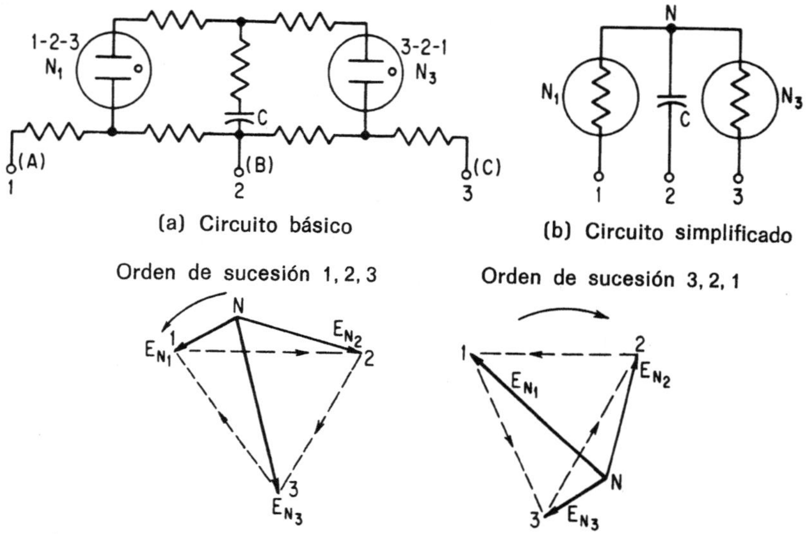

(c) Efecto de sucesión de fases en el encendido de lámparas, línea y tensiones de fase.

Figura 7-20. Indicador de orden de sucesión de fases.

7-16. Resumen de reglas para puesta en paralelo de alternadores polifásicos. Lo que sigue puede servir como resumen de las etapas necesarias para poner en paralelo un alternador polifásico con otros alternadores ya conectados a unas barras.

1. El alternador debe hacerse girar a la velocidad nominal, y sus tensiones eficaces de línea deben estar ajustadas a la tensión de barras con ayuda de un voltímetro.
2. La secuencia de fases debe comprobarse mediante un indicador de orden de sucesión de fases o unas lámparas de sincronización.
3. La frecuencia del alternador a conectar se compara con la frecuencia de las barras mediante un sincronoscopio o algunos de los métodos de lámparas. Si la frecuencia de la máquina a conectar es demasiado baja, debe aumentarse la velocidad del motor de accionamiento; si es demasiado elevada, debe disminuirse dicha velocidad.
4. El interruptor de sincronización se cierra en el instante en que las lámparas o el sincronoscopio indican que las tensiones fase a fase son exactamente iguales y opuestas. El alternador ya sincronizado queda ahora acoplado a la red y en vacío.
5. Se hace que el alternador tome carga aumentando la velocidad de su motor de accionamiento.
6. El factor de potencia al cual trabaja el alternador se regula mediante su reóstato de excitación.
7. La tensión de barras se regula actuando simultáneamente sobre todos los reóstatos de excitación.

BIBLIOGRAFÍA

Bewley, L. V. *Alternating Current Machinery,* Nueva York: The Macmillan Company, 1949.

Bewley, L. V. *Tensor Analysis of Electrical Circuits and Machines,* Nueva York: Ronald Press, 1961.

Carr, C. C. *Electrical Machinery,* Nueva York: John Wiley & Sons, Inc., 1958.

Crosno, C. D. *Fundamentals of Electromechanical Conversion,* Nueva York: Harcourt, Brace, Jovanovich, Inc, 1968.

Daniels. *The Performance of Electrical Machines,* Nueva York: McGraw-Hill, Inc., 1968.

Fitzgerald, A. E. y Kingsley, C. *The Dynamics and Statics of Electromechanical Energy Conversion,* 2.ª ed., Nueva York: McGraw-Hill, 1961.

Fitzgerald, A. E., Kingsley, Jr. C. y Kusko, A. *Electric Machinery,* 3.ª ed., Nueva York: McGraw-Hill Inc. 1971.

Gemlich, D. K y Hammond, S. B. *Electromechanical Systems,* Nueva York: McGraw-Hill, 1967.

Hindmarsh, J. *Electrical Machines,* Elmsford, N.Y.: Pergamon Press, 1965.

Jones, C. V. *The Unified Theory of Electrical Machines,* Nueva York: Plenum Publishing Corp., 1968.

Majmudar, H. *Introduction to Electrical Machines,* Boston: Allyn and Bacon, 1969.

McFarland, T. E. *Alternating Current Machines,* Princeton, N. J.: D. Van Nostrand Co., Inc., 1948.

Puchstein, A. F., Lloyd, R. y Consad, A. G. *Alternating Current Machines,* 3.ª ed., Nueva York: Wiley/Interscience, 1954.

Robertson, B. L. y Black, L. J. *Electric Circuits and Machines,* 2.ª ed., Princeton, N. J.: D. Van Nostrand Co., Inc., 1957.

Selmon. *Magnetoelectric Devices: Transducers, Transformers and Machines,* Nueva York: Wiley/Interscience, 1966.

Siskind, C. S. *Direct-Current Machinery,* Nueva York: McGraw-Hill, 1952.

Skilling, H. H. *Electromechanics: A First Course in Electromechanical Energy Conversion,* Nueva York: Wiley/Interscience, 1962.

Thaler, G. J. y Wilcox, M. L. *Electric Machines: Dynamics and Steady State,* Nueva York: Wiley/Interscience, 1966.

White, D. C. y Woodson, H. H. *Electromechanical Energy Conversion,* Nueva York: Wiley/Interscience, 1959.

CUESTIONES

7-1. Citar 5 ventajas de utilizar generadores de c.c. o alternadores en paralelo, en lugar de una sola unidad para alimentar la carga de un sistema eléctrico.

7-2. Cuatro alternadores monofásicos se conectan en paralelo a unas barras. Los alternadores 1 y 2 suministran energía a las barras. El alternador 3 recibe energía de las barras y el alternador 4 está «flotante» girando en vacío en la línea. Dar la ecuación que exprese la relación entre la tensión generada y la tensión en bornes para:
a. Alternador 1 y alternador 2.
b. Alternador 3.
c. Alternador 4.

7-3. Repetir la cuestión 7-2 para cuatro generadores de c.c. acoplados de manera similar a unas barras, esta vez dando las ecuaciones para:
a. Potencia generada por las máquinas 1 y 2 y potencia suministrada a las barras.
b. Potencia generada por la máquina 3 y potencia suministrada a la máquina 3 por las barras.
c. Repetir (b) para la máquina 4.

7-4. Para los generadores derivación de c.c. funcionando en paralelo, explicar:
a. Por qué existe una condición de equilibrio estable entre estos generadores para aumentos o disminuciones bruscas de la carga.
b. Dos condiciones que proporcionen reparto proporcional de la carga entre ellas.
c. Por qué los motores primarios que accionan los generadores deben tener también características de velocidad constantes o decrecientes.

7-5. Para generadores compound de c.c. funcionando en paralelo, explicar:
a. Dos condiciones adicionales para mantener el reparto de carga proporcional a las variaciones de la carga.
b. Por qué no puede conectarse una resistencia variable de regulación en derivación a un determinado generador compound en paralelo con el devanado serie de dicha máquina.
c. La manera cómo se ajustan las características de los generadores compounds mediante estas resistencias de regulación en derivación.
d. Por qué debe conectarse la conexión de equilibrio en el lado del inducido, del devanado serie, y además sobre el lado de la misma polaridad para cada máquina.

7-6. Indicar las etapas para poner un generador de c.c. en paralelo con un grupo de otros generadores de c.c. conectados a unas barras.

7-7. Suponiendo un generador dado G_1 que esté funcionando en paralelo con otros generadores, cuál es el efecto de:
a. Reducir la tensión generada de G_1 a la tensión de barras.
b. Reducir la tensión generada de G_1 por debajo de la tensión de barras.
c. Desacoplar el generador G_1 de su motor de accionamiento.

7-8. Establecer:
a. Las condiciones necesarias para el buen funcionamiento en paralelo de los alternadores.
b. Resumir estas condiciones en una sola.

7-9. Dibujar los diagramas vectoriales que representen:
a. Las relaciones de tensión entre dos alternadores monofásicos en paralelo respecto al circuito local de los dos alternadores.
b. Relaciones de tensión entre la tensión de barras y la corriente de carga suministrada por estos alternadores.

7-10. Repetir la cuestión 7-9 representando gráficamente las formas de las ondas.

7-11. Dibujar un diagrama que muestre el método de sincronización a lámpara apagada de dos alternadores monofásicos y explicar las condiciones bajo las cuales:
a. Las lámparas siempre permanecen apagadas.
b. Las lámparas siempre permanecen encendidas.
c. Las lámparas oscilan al unísono.

7-12. a. Dados dos alternadores que tengan tensiones nominales de 120 V cada uno, ¿cuál debe ser la tensión nominal de la lámpara usada en la fig. 7-9a (véase ejemplo 7-3)?
b. Establecer dos desventajas del método de sincronización de alternadores a lámpara apagada.

c. Explicar por qué el método a lámpara encendida (fig. 7-9b) supera las desventajas anteriores.

7-13. Con referencia a la corriente sincronizante:
a. Definirla comparándola con la corriente de carga, I_L, y la corriente en el inducido, I_a.
b. Escribir una ecuación para determinar su valor por fase para dos alternadores en paralelo.
c. ¿Cuál es su efecto sobre el reparto de carga?
d. ¿Cuál es su efecto sobre el alternador que tiene un ángulo de fase de menos de 90° entre su tensión generada y la corriente sincronizante?
e. Repetir (d) para ángulos mayores de 90°.
f. Explicar el efecto principal de la corriente sincronizante.

7-14. ¿Cuál es el significado de:
a. Una potencia sincronizante positiva y cómo afecta a un alternador en paralelo.
b. Repetir (a) para una potencia sincronizante negativa.
c. El hecho de que la potencia sincronizante positiva no sea igual a la potencia sincronizante negativa.

7-15. Si el efecto principal de la corriente sincronizante es la producción de potencia sincronizante, dibujar:
a. El diagrama vectorial para dos alternadores que tengan tensiones generadas distintas, desfasadas 180°, y mostrar la tensión resultante generada y la corriente sincronizante producida. Indicar las potencias positivas y negativas.
b. El diagrama vectorial una vez la potencia sincronizante ha conseguido hacer avanzar al alternador que recibe la potencia y retrasar al alternador que la genera.

7-16. a. Indicar tres efectos de la sobreexcitación de un alternador determinado f cionando en paralelo cuyos resultados sean una estabilización de todos alternadores en sincronismo.
b. ¿Cuál es el efecto de la sobreexcitación de un alternador particular sobre reparto de cargas de los alternadores en paralelo?

7-17. En relación con los alternadores en paralelo, explicar cómo:
a. Se aumenta o disminuye la tensión de barras.
b. Puede eliminarse carga de un determinado alternador.
c. Se añade carga a un alternador determinado.

7-18. Los alternadores están proyectados para tener una impedancia total baja pero una relación elevada entre reactancia síncrona y resistencia de inducido.
a. ¿Cuál es la ventaja de una impedancia pequeña respecto a la sincronización?
b. ¿Cuál es la ventaja de una elevada relación X_s/R_a?

7-19. a. ¿Cuál es la causa de oscilación de un alternador en paralelo por encima y por debajo de la velocidad síncrona?
b. Indicar cuatro procedimientos que tiendan a eliminar la oscilación.

7-20. a. ¿Qué diferencias existen en el criterio para la puesta en paralelo de alternadores polifásicos en comparación con la de los alternadores monofásicos?
b. Indicar dos métodos para comprobar el orden de sucesión de fases de alternadores polifásicos.
c. ¿Da el sincronoscopio indicación del orden de sucesión de fases? Explicarlo.

7-21. Resumir las 7 etapas necesarias para conectar un alternador en paralelo con otros alternadores para compartir la carga.

7-22. Suponiendo que un alternador dado está funcionando en paralelo con otros alternadores y compartiendo una parte proporcional de la carga, explicar el efecto de:
a. Reducir su excitación de manera que su fem sea inferior a la tensión de barras.
b. Reducir la velocidad de su motor de accionamiento de manera que su fem sea inferior a la tensión de barras.
c. Desacoplar el alternador de su motor de accionamiento.

7-23. a. ¿Qué nombre se da a las máquinas síncronas cuando funcionan en las condiciones descritas en (c) o (a) de la cuestión 7-22?
b. ¿A qué velocidad funcionará la máquina en las condiciones descritas en (a), (b), y (c), de la pregunta 7-22?

PROBLEMAS

7-1. Dos generadores están conectados en paralelo con una carga de $\frac{6}{7}$ Ω. El generador *A* se regula para generar una tensión de 124 V y tiene una resistencia de inducido de 0,1 Ω. El generador *B* se regula para generar una tensión de 125 V y tiene una resistencia de inducido de 0,05 Ω. Despreciando la corriente de excitación absorbida por cada generador, la caída de tensión en escobillas y la caída de tensión debida a la reacción de inducido, calcular:
a. La corriente suministrada por cada generador a las barras.
b. La corriente suministrada por las barras a la carga.
c. La tensión en barras.

7-2. Repetir el problema 7-1, reduciendo la excitación del generador A de manera que la tensión generada sea 120 V y aumentando la del generador B de manera que su tensión generada sea 127 V.

7-3. Repetir el problema 7-1 disminuyendo la excitación del generador A de manera que su tensión generada sea 118 V y aumentando la del generador B de manera que su tensión generada sea 128 V.

7-4. a. Con referencia al problema 7-2, ¿cuál es el efecto sobre el generador B si el generador A se desconecta de las barras? ¿Por qué?
b. Con referencia al problema 7-2, ¿cuál es el efecto sobre el generador B si la resistencia interna del inducido del generador A aumenta? ¿Por qué?

7.5. a. Con referencia al problema 7-3, ¿cuál es la naturaleza del funcionamiento del generador A? ¿Por qué?
b. ¿Cuál es la denominación generalmente dada a la tensión generada de la máquina A?
c. ¿Cuál es el efecto de disminuir la excitación de la máquina A respecto a
1. La corriente tomada por la máquina A desde las barras.
2. El par producido por la máquina A.
3. El sentido del par producido por la máquina A en comparación con el par de su motor de accionamiento.
d. ¿Cuál es la tensión en bornes de la máquina A? Dar la ecuación que define el funcionamiento de la máquina A.
e. Dar la ecuación que define el funcionamiento de la máquina B.

7-6. Dos generadores en derivación idénticos, de 50 kW, 250 V, 1200 rpm tienen una regulación de tensión del 10 %. Un generador está suministrando la mitad de su carga nominal a una tensión en bornes de 262,5 V cuando el segundo generador está en vacío en paralelo con él. Suponiendo velocidad y excitación constantes en ambos generadores, calcular:
a. Potencia total suministrada a la tensión de barras de 262,5 V.
b. Potencia máxima suministrada sin exceder la nominal del generador original.
c. Potencia suministrada por cada generador en (b).

7.7. Un generador derivación de 10 kW, 125 V, 1800 rpm, está funcionando en paralelo con un generador derivación de 5 kW, 125 V, 1200 rpm. La máquina de 10 kW tiene un 8 % de regulación de tensión, mientras que la máquina de 5 kW tiene un 10 %. Suponiendo que ambas máquinas están en paralelo a una tensión de 135 V en vacío y la velocidad permanece constante al aplicar la carga, para una corriente total de carga de 100 A suministrada a la misma, calcular:
a. La corriente de carga suministrada por cada generador.
b. Los kilovatios suministrados a la carga.
c. Los kilovatios suministrados por cada generador.

7-8. Repetir el problema 7-7 cuando la corriente total de carga es 60 A.

7-9. Repetir el problema 7-7 cuando la corriente total de carga es 120 A.

7-10. a. Suponiendo que cada uno de los generadores del problema 7-7 debe ser cargado a la carga nominal cuando la corriente de carga sea de 120 A, calcular la tensión de excitación en vacío para cada máquina antes de la puesta en paralelo.
b. Si los dos generadores permanecen en paralelo habiendo eliminado la carga externa, ¿cuál funcionará como motor y cuál como generador?

7-11. Dos generadores compound de c.c. de 250 V de distintas potencias nominales se conectan en paralelo. El generador *A* tiene una potencia nominal de 50 kW y el *B* de 100 kW. Para permitir que los generadores tengan el mismo grado de compoundaje, la excitación serie del generador *B* se shunta con una resistencia de 0,05 Ω. Los generadores *B* y *A* tienen cada uno una resistencia de excitación en serie de 0,05 Ω. Si ambos generadores están conectados en derivación corta, determinar:
a. Si los generadores funcionarán satisfactoriamente en paralelo. En caso contrario, ¿por qué?
b. La resistencia necesaria que proporcionará un funcionamiento satisfactorio en paralelo, e indicar el circuito con el cual se conseguirá esto.
c. La caída de tensión de cada devanado serie en paralelo cuando ambos generadores trabajan a plena carga y a media carga, respectivamente.

7-12. Dos alternadores monofásicos tienen que ponerse en sincronismo usando el método de sincronización a lámpara apagada mostrado en la fig. 7-9a. El alternador *A* tiene una tensión en bornes de 220 V y una frecuencia de 60 Hz. El alternador *B* tiene una tensión en bornes de 222 V y una frecuencia de 61 Hz. Calcular:
a. La tensión eficaz máxima aplicada a *cada* lámpara.
b. La frecuencia de oscilación de la lámpara.
c. La tensión eficaz mínima aplicada a *cada* lámpara.

7-13. Cada uno de los alternadores del problema 7-12 tiene una frecuencia de 60 Hz. Calcular la tensión eficaz aplicada a cada lámpara cuando:
a. La diferencia de fases entre los alternadores es 0°.
b. La diferencia de fases entre los alternadores es 180°.
c. Calcular la frecuencia de oscilación de las lámparas en (a) y (b).

7-14. En los problemas anteriores los dos alternadores monofásicos, *A* y *B*, tienen cada uno una resistencia eficaz de 0,1 Ω y una reactancia síncrona de 1,0 Ω, respectivamente. Están sincronizados adecuadamente (o sea, sus fem forman 180° entre sí en el circuito interno o local), pero en el instante de sincronización, la fem del alternador *A* es 220 V y la del alternador *B* es 210 V (eficaces). En el instante en que se cierra el interruptor de sincronización y antes de que los alternadores ajusten sus posiciones de fase, calcular:

a. La tensión resultante entre los alternadores.
b. La corriente sincronizante.
c. El ángulo entre (a) y (b).
d. La potencia desarrollada por el alternador *A* y el modo de funcionamiento.
e. Potencia desarrollada por el alternador *B* y modo de funcionamiento.
f. Pérdidas en ambos inducidos y potencia sincronizante.
g. Tensión en bornes de cada alternador (tensión de barras).

7-15. Dos alternadores trifásicos conectados en estrella de 150 kVA, y 3980 V, están sincronizados sin carga de manera que el alternador *A* está 20° eléctricos avanzado respecto a su posición correcta, de 180°, correspondiente al circuito local respecto al alternador *B*. Cada alternador tiene una resistencia de 0,12 Ω/fase y una reactancia de 1,275 Ω/fase, respectivamente. En el instante en que se cierra el interruptor de sincronización y antes de que los alternadores ajusten su posición de fase, calcular:

a. La diferencia de fases entre los alternadores en grados eléctricos y en voltios eficaces.
b. La corriente sincronizante de fase y el ángulo de factor de potencia.
c. La potencia desarrollada por fase por el alternador *A* y el modo de funcionamiento.
d. Potencia desarrollada por fase por el alternador *B* y el modo de funcionamiento.
e. Pérdidas en ambos inducidos y potencia sincronizante transferida a través de las barras, suponiendo iguales pérdidas en cada alternador.
f. Tensión en bornes de cada alternador, de fase y compuesta.

7-16. Dos alternadores trifásicos conectados en estrella, *A* y *B*, deben ponerse en paralelo a un juego de barras comunes. Las resistencias del inducido y las reactancias síncronas de fase son 0,1 Ω y 1,0 Ω para los alternadores *A* y *B*, respectivamente. La tensión compuesta de *A* se ajusta a 2500 V y la de *B* se ajusta a 2300 V y están exactamente en oposición de fase en el instante de ponerse en paralelo. Calcular:

a. Tensión resultante entre los alternadores por fase.
b. Corriente sincronizante por fase.
c. Ángulo entre (a) y (b) anteriores.
d. Potencia desarrollada por el alternador *A* y modo de funcionamiento.
e. Potencia desarrollada por el alternador *B* y modo de funcionamiento.
f. Pérdidas por fase.
g. Tensión en barras, de fase y compuesta.

RESPUESTAS

7-1(a) 40 A, 100 A (b) 140 A (c) 120 V 7-2(a) 140 A, 0 (b) 140 A (c) 120 V 7-3(a) −20 A, 160 A (b) 140 A (c) 120 V 7-6(a) 26,25 kW (b) 75 kW (c) 50 kW, 75 kW 7-7(a) 28,6 A, 71,4 A (b) 12,62 kW (c) 3,61 kW, 9,01 kW 7-8(a) 17,15 A, 42,85 A (b) 7,78 kW (c) 5,56 kW, 2,22 kW 7-9(a) 34,3 A, 85,7 A (b) 149,2 kW (c) 42,7, 106,5 kW 7-10 (a) 137,5 V, 135 V (b) Conductor A, Motor B 7-12(a) 221 V (b) 1 Hz (c) 1 V 7-13(a) 221 V (b) 1 V (c) cero 7-14(a) 10 V (b) 4,98 A (c) 0,09932 (d) 108,8 W (e) −103,8 W (f) 103,8 W (g) 215 V 7-15(a) 160° (b) 312,5 A (c) 7,15 kW (d) 693 kW motor (e) 69 kW, 704,5 kW/fase (f) 2300 V 7-16(a) 118 V (b) 58,75 A (c) 0,09932 (d) 8440 W (e) 7750 W (f) 690 W (g) 2400 V

Capítulo 8

Relación de par en las máquinas de c.a. motores síncronos

8-1. Generalidades. Se ha dicho repetidamente que todos los motores eléctricos, de c.c. y de c.a., actúan como generadores mientras va teniendo lugar el efecto motor. En el capítulo anterior sobre el funcionamiento en paralelo, se indicó que, cuando una máquina (de c.a. o c.c.) se conecta en paralelo con unas barras o con otra fuente de fem, puede actuar como (1) generador, si su fem inducida es mayor que la tensión de barras (y genera potencia hacia las barras); o como (2) motor, si su fem inducida es menor que la tensión de barras (en cuyo caso recibe potencia de las barras). También se indicó que un inducido de motor conectado a unas barras puede ser considerado como puesto en paralelo con estas barras. Al considerar el funcionamiento en paralelo de los alternadores monofásicos y polifásicos, se vio que dos factores podían ser la causa del funcionamiento como motor de un alternador y que éste recibiese potencia sincronizante de las barras (o de otros alternadores en paralelo); o sea, (1) una disminución de la corriente de excitación y de la fem generada (inferior a la tensión de barras) y, (2) una disminución de la *velocidad instantánea* de la máquina de c.a. Cuando ocurre alguna de estas condiciones, la máquina de c.a. está funcionando como motor síncrono de c.a.

Debería observarse que se ha usado la expresión «velocidad instantánea». La velocidad de un motor síncrono de c.a. viene determinada (2-16), por el número de polos y la frecuencia, o sea, $S = 120f/P$. Como la frecuencia de las barras que alimentan el motor es constante, y como el número de polos también es constante, resulta evidente que el motor síncrono de c.c. es un motor de *velocidad constante.* La manera cómo varía *instantáneamente* su velocidad, como resultado de la carga y del valor de la corriente que su estátor recibe de las barras, se tratará en detalle en este capítulo.

El inducido de un motor síncrono no sólo necesita y recibe corriente de c.a. de las barras sino que, como cualquier máquina síncrona de c.a., requiere c.c. para su excitación. En motores síncronos grandes, la *excitatriz* (un generador derivación de c.c.) está colocada sobre el mismo eje del motor, y una pequeña parte del par motor se utiliza para generar la c.c. necesaria para la excitación. Debido a la posibilidad de variación de la excitación, el motor síncrono de c.a. posee una característica que no tiene ningún otro tipo de motor de c.a.: el factor de potencia al cual funciona puede hacerse *variar* a voluntad.

Una segunda característica, y a veces poco usual, de los motores síncronos polifásicos (y monofásicos) es que, como en el caso de algunos motores monofásicos *inherentemente no arranca por sí mismo.* Al igual que el alternador de c.a., debe llevarse a su funcionamiento a su velocidad mediante medios auxiliares y luego debe conectarse a la línea.

Otra peculiaridad de los motores síncronos es su susceptibilidad a las oscilaciones (apartado 7-12), particularmente cuando las cargas están sometidas a variaciones bruscas o no son uniformes durante un ciclo de revolución, como en el caso de estampadoras, cizallas, compresores o bombas. El uso de *devanados amortiguadores* en la estructura de los rotores ha terminado con ese problema y, al mismo tiempo, ha hecho posible que el motor síncrono pueda arrancar por sí mismo como motor de inducción.

Hoy día, los motores síncronos se usan ampliamente, y su popularidad nunca ha sido mayor. Para algunas potencias y velocidades se venden más que los motores de inducción polifásicos.*

Los motores síncronos presentan las siguientes ventajas específicas sobre los motores de inducción: (1) los motores síncronos pueden usarse para la corrección del factor de potencia, además de suministrar par para accionar cargas: (2) son de mayor rendimiento (cuando funcionan a un factor de potencia unidad) que los motores de inducción de las correspondientes potencia y tensión nominales; (3) los rotores de los polos de excitación de los motores síncronos permiten el uso de entrehierros más anchos que los correspondientes al tipo de jaula de ardilla usados en los motores de inducción, exigiendo menos tolerancia de cojinetes y permitiendo un mayor desgaste de cojinetes; y (4) pueden resultar menos caros a igualdad de potencia, velocidad y tensión nominales.

* Las diferencias de coste entre los motores de inducción y los motores síncronos de la misma potencia, velocidad y tensión nominal, varían debido a las técnicas de fabricación relativas del estátor y del rotor para ambos tipos de motores. Para tamaños medios entre 50 y 500 hp, y bajas velocidades, el motor síncrono resulta menos caro. Para grandes potencias y altas velocidades, el motor síncrono es de nuevo menos caro. Al desarrollarse nuevas técnicas, estas diferencias de coste inicial pueden eliminarse o por el contrario acentuarse.

8-2. Construcción. Básicamente, la construcción de un motor síncrono de c.a. es la misma que la de un alternador (apartado 6-2). El estátor tiene un devanado monofásico o polifásico idéntico al del alternador. El rotor es generalmente de polos salientes, excepto en los tipos de velocidad muy elevada. Para eliminar oscilaciones y desarrollar el par de arranque necesario cuando se aplica una tensión de c.a. al estátor, los polos del rotor contienen conductores en la cara del polo, que están cortocircuitados en sus extremos, como muestra la figura 8-1. Este *devanado amortiguador* consta de barras de cobre homogéneo alojadas en la superficie de la cara del polo y cortocircuitadas en cada extremo mediante conexiones puenteadoras, como muestra la fig. 8-1b.

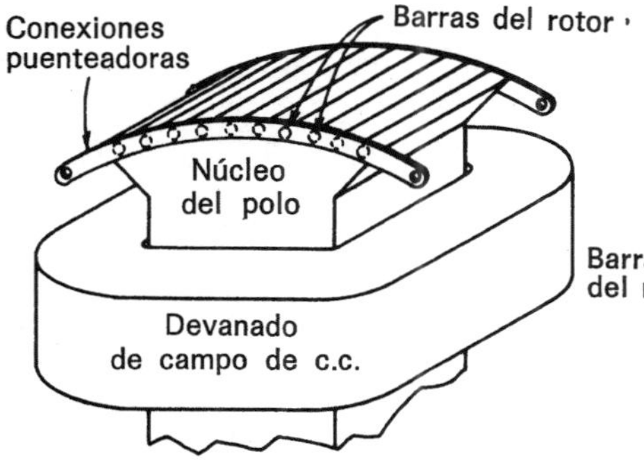

(a) Polo de una máquina síncrona de c.a.

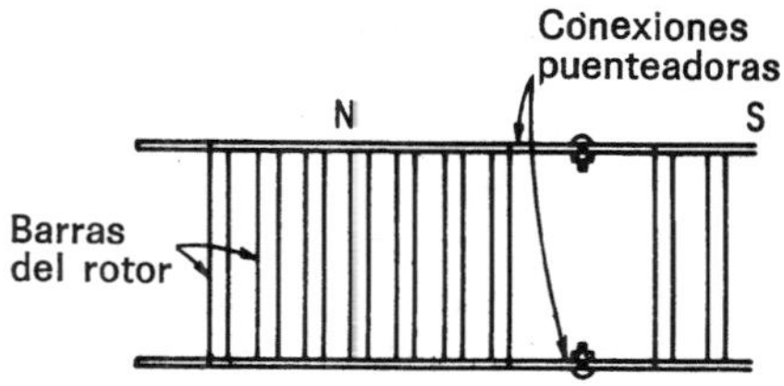

(b) Devanado amortiguador, jaula de ardilla, o de arranque.

Figura 8-1. Polo de una máquina síncrona de c.a. en la que se ve el devanado de amortiguamiento.

8-3. Funcionamiento de los motores síncronos. Como se estableció en el apartado 8-1, el motor síncrono inherentemente *no* arranca por sí mismo, es decir, no puede arrancar por sí mismo sin un devanado amortiguador. Esto puede verse en la fig. 8-2, en la que se aplica una corriente alterna al arrollamiento del estátor, y en la que se ve el sentido instantáneo de la corriente en los lados de una bobina dada del inducido, *A* y *B*. Tanto los polos norte como sur estarán sometidos a un par electromagnético (regla de la mano izquierda de los motores) que mueve los polos hacia la izquierda (conductores a la derecha). En el siguiente instante, $\frac{1}{120}$ de segundo después, la frecuencia cambia el sentido de la corriente en la bobina, y los polos reciben un par en sentido opuesto, como se ve en la figura. Debido a la elevada inercia del rotor, el par resultante producido en un segundo es cero, puesto que el rotor ha sido, realmente, *empujado alternativamente* en el sentido de las agujas del reloj y en sentido opuesto, 60 veces en ese segundo, suponiendo una frecuencia de 60 Hz.

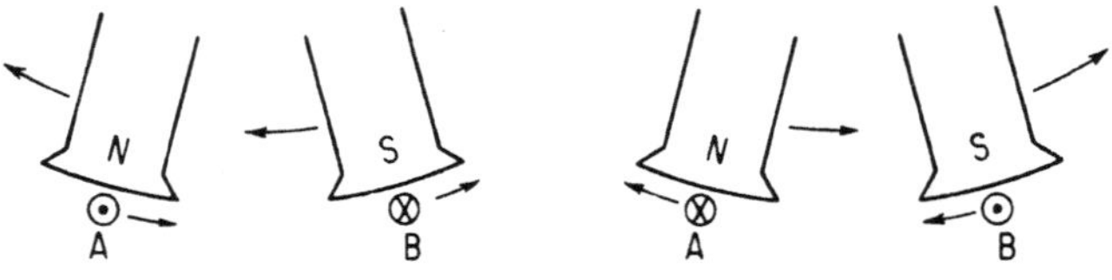

Figura 8-2. Par resultante cero desarrollado por los conductores del estátor de un motor síncrono cuando el rotor está en reposo.

Sin embargo, si por algún medio hacemos mover el motor en el sentido de las agujas del reloj a la velocidad síncrona o a una velocidad cercana, como muestra la fig. 8-3, se *desarrollará* un par en los lados de bobina *A* y *B*, lo que hará que el motor continúe moviéndose en el sentido del reloj. El *desplazamiento en el espacio* del polo en grados eléctricos para la velocidad síncrona se *corresponde* con la inversión de 180° del sentido de la corriente en la bobina del inducido, y el par resultante producido tiene el mismo sentido.

El arrollamiento del inducido consta de muchas bobinas en serie en cada fase de una máquina polifásica síncrona de c.a. La corriente trifásica en los conductores de inducido del estátor produce un campo giratorio uniforme (apartado 9-3, fig. 9-1), que gira a una velocidad, $S = 120f/P$. La relación entre el campo giratorio del estátor y los polos del rotor puede verse en la fig. 8-4a. Los polos norte y sur, respectivamente, del rotor, que giran a una velocidad

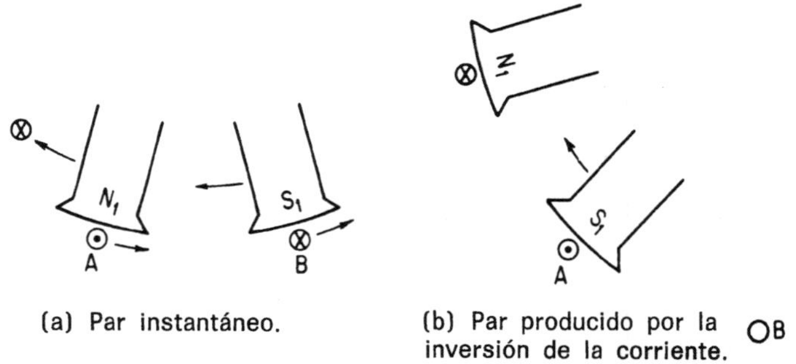

(a) Par instantáneo.

(b) Par producido por la inversión de la corriente.

Figura 8-3. Par en igual sentido cuando el rotor gira a velocidad síncrona.

síncrona, *quedan enclavados en sincronismo* con el campo giratorio síncrono del inducido resultante del estátor. Así, un polo N del rotor queda enclavado en sincronismo con un polo S del estátor y viceversa, girando ambos en el mismo sentido que las agujas del reloj, en sincronismo a la velocidad síncrona. Si se coloca una carga en el eje del motor síncrono, el par resistente de la carga hará que el motor disminuya de velocidad *momentáneamente*, pero continuará girando

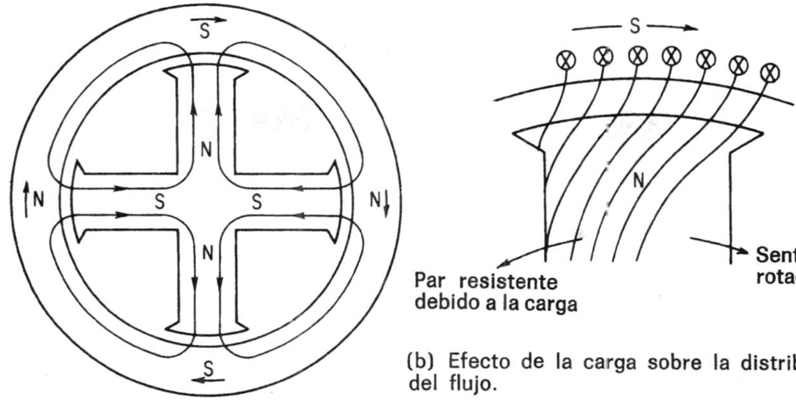

(a) Campo giratorio del estátor respecto al rotor.

(b) Efecto de la carga sobre la distribución del flujo.

Figura 8-4. Campo magnético giratorio de flujo constante producido por las armaduras de un estátor polifase.

a la misma velocidad respecto al campo giratorio del estátor.* La velocidad del rotor continúa siendo la síncrona respecto al campo giratorio, pero el flujo del rotor o el flujo mutuo en el entrehierro se reduce ligeramente, como muestra la fig. 8-4b, debido a la mayor reluctancia del entrehierro.

Si el par resistente es tan grande que supera el par máximo desarrollado y si el rotor «cae» fuera de sincronismo, el motor síncrono se parará. Así, *un motor síncrono o gira a la velocidad síncrona o no gira.* Por supuesto, cuando el rotor disminuye su velocidad, el campo giratorio del estátor desliza, en relación con los polos del rotor, tan rápidamente que ésos son incapaces de enclavarse sincrónicamente o «engancharse» con el campo giratorio del estátor. Esta es la razón de que un rotor en reposo también sea incapaz de arrancar. En un instante dado, un polo N de un rotor está atraído por el polo S del estátor que se está aproximando, produciendo un par en sentido opuesto al de las agujas del reloj de la fig. 8-4b, y, en el siguiente instante, el mismo polo N es atraído en sentido opuesto por un polo S del rotor, que pasa produciendo un par en el sentido de las agujas del reloj, o sea un par resultante cero.

8-4. Arranque de los motores síncronos. Es evidente, entonces, que el motor síncrono debe llevarse a una velocidad suficientemente cercana a la velo-

* Esto no es lo mismo que el deslizamiento de un motor de inducción, en el que el estátor gira a la velocidad síncrona pero la velocidad del rotor siempre es menor que la velocidad síncrona.

cidad síncrona, a fin de quedar en sicronismo con el campo giratorio. Los medios con los cuales se lleva hasta la velocidad correspondiente son: (1) un motor de c.c. acoplado al eje del motor síncrono; (2) el uso de la excitatriz como motor de c.c.; (3) un pequeño motor de inducción de, por lo menos, un par de polos menos que el motor síncrono; (4) el uso de los devanados amortiguadores como motor de inducción de jaula de ardilla.

El primer método se usa a veces en laboratorios con motores síncronos *no* equipados con devanados amortiguadores. Generalmente, el motor síncrono está pensado como motor de accionamiento de velocidad constante para el generador de c.c. Pero para llevar el motor a sincronismo, el generador de c.c. se hace funcionar como motor, y la máquina síncrona de c.a. se sincroniza a la fuente de c.a. (apartado 7-16) como alternador. Una vez en paralelo con la alimentación, la máquina síncrona funciona como motor. El «motor» de c.c. no actuará como generador si su corriente de excitación aumenta de manera que su fem generada sea mayor que la tensión en barras de c.c.

El segundo método realmente es igual que el primero, excepto que la excitatriz (un generador derivación de c.c.) se hace funcionar como motor, y la máquina síncrona de c.a. está sincronizada a la fuente de c.a. (apartado 7-16).

El tercer método, en el cual se usa un motor de inducción auxiliar con menos polos, implica el mismo procedimiento de sincronización para el motor síncrono de c.a. que un alternador. Se necesitan como mínimo un par de polos menos en el motor de inducción para compensar la pérdida de velocidad del motor de inducción debida al deslizamiento.

En los tres métodos mencionados anteriormente, es necesario, (1) que haya poca o ninguna carga sobre el motor síncrono, y (2) que la capacidad del motor de arranque (c.c. o c.a.) esté comprendida entre el 5 y el 10 % de la potencia nominal del motor síncrono acoplado a él.

[redacted]

8-5. Arranque de un motor síncrono como motor de inducción mediante sus devanados amortiguadores. El devanado *amortiguador* puede verse en las figs. 8-1a y b. Debe notarse que las conexiones puenteadoras que cortocircuitan las barras del rotor, tienen agujeros para permitir la unión con el siguiente juego de bobinas del polo siguiente. De esta manera, se forma un devanado completo en forma de jaula de ardilla, y aunque las barras no tienen capacidad para llevar la carga nominal del motor síncrono, son suficientes para el arranque del motor síncrono como motor de inducción. Para el arranque de motores síncronos extremadamente grandes como motores de inducción, se emplean distintos métodos para reducir la corriente de arranque absorbida de las barras. Como estos métodos son los mismos que los que se necesitan en el arranque de grandes motores de inducción, se tratarán en el capítulo 9 (véase apartado 9-14 y siguientes). Los métodos estudiados allí, incluyen, específicamente, el arranque estrella-triángulo, el arranque mediante resistencia de línea, el arranque mediante transformador a tensión reducida, etc.

Prácticamente resulta imposible el arranque de un motor síncrono con su excitación de c.c. en tensión. Incluso cuando se deja sin tensión, el campo magnético del estátor que gira rápidamente, inducirá tensiones extremadamente elevadas en las muchas espiras del devanado de excitación. Por tanto, suele cortocircuitarse el devanado de excitación de c.c. durante el período de arranque; cualquier tensión e intensidad que se induzcan en él, pueden entonces ayudar a los devanados amortiguadores a producir un efecto de motor de inducción. En motores síncronos muy grandes, se usan interruptores de seccionamiento o partición de la excitación que cortocircuitan todos los devanados de excitación a fin de evitar la suma acumulativa de tensiones inducidas entre polo y polo. (Tales altas tensiones inducidas podrían perforar el aislamiento de la excitación.)

Entre las ventajas de los motores síncronos sobre los motores de inducción, está el hecho de que el entrehierro de un motor síncrono es mayor (apartado 8-1). El devanado de inducción del rotor, por tanto, desarrolla en el arranque una relación bastante elevada entre reactancia y resistencia del rotor. Aunque esto puede dar lugar a mayores corrientes de arranque y a factores de potencia menores para desarrollar el mismo par o incluso un par menor, se obtiene una velocidad del motor síncrono en vacío más próxima a la de sincronismo. Así, cuando se elimina el cortocircuito de la excitación y se aplica c.c. al devanado de excitación del rotor, a una velocidad síncrona o a una velocidad cercana a ella, el rotor fácilmente se pone en sincronismo con la excitación giratoria del estátor. A veces, cuando se usa una lámpara estroboscópica para medir la velo-

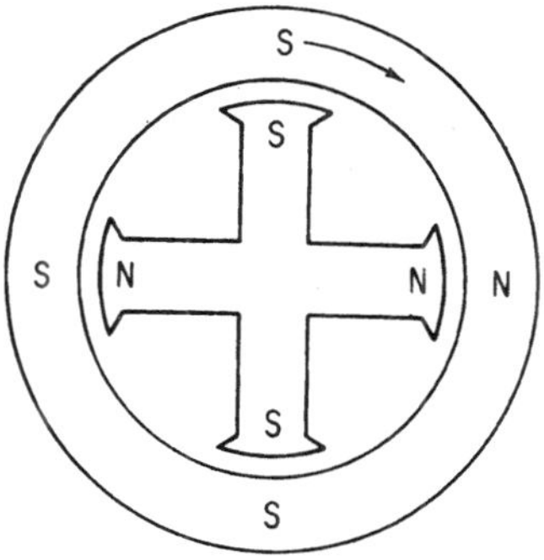

Figura 8-5. Magnetización del campo que origina «deslizamiento de un polo».

cidad del motar síncrono, los estudiantes en el laboratorio observan que no hay variación instantánea de velocidad cuando se aplica corriente continua, lo que indica que el rotor se ha puesto en sincronismo «por sí mismo». Éste es el principio según el cual funcionan el motor de histéresis y el motor de inducción-síncrono (apartado 8-29); o sea, el hierro del rotor llega a magnetizarse debido al flujo del estátor, y el rotor se pone en sincronismo sin necesitar excitación del devanado de c.c., usando el par de *reluctancia,* apartados 1-2 y 8-17.

Otro fenómeno que se encuentra ocasionalmente en el laboratorio, cuando se da tensión al circuito de excitación, es un golpe brusco de corriente alterna y una fuerte «oscilación». Esto ocurre cuando la **fmm** de excitación se produce en polos del rotor que están situados directamente debajo del campo giratorio de *igual* polaridad, como muestra la fig. 8-5. Esto provoca una reducción brusca del flujo del entrehierro, lo cual reduce la **fem** generada y aumenta *bruscamente* la corriente del inducido. La siguiente reducción de paro hace que el motor deslice retrasándose en un polo, 180° eléctricos, en cuya nueva posición vuelve a funcionar en sincronismo y la corriente de línea vuelve a ser la normal.

[redacted]

8-6. Arranque de un motor síncrono en carga. El motor síncrono arranca y funciona a la velocidad síncrona, o cerca de ella, como motor de inducción sobre sus devanados amortiguadores de tipo inducción. En el apartado 8-5, se hizo la suposición de que, (1) el motor estaba ligeramente cargado, y (2) para desarrollar una velocidad cercana a la velocidad síncrona, el devanado de jaula del motor de inducción requería una resistencia baja y una reactancia elevada. Pero estas últimas características en un motor de inducción producen un par de arranque bajo para la misma corriente de inducido (apartado 9-10). En general, estos pares son del 30 % al 50 % del par de plena carga. Para ciertos tipos de cargas, tales como ventiladores o compresores de aire, cuyas cargas son función de la velocidad, son admisibles tales pares bajos, y el motor síncrono ganará mayor velocidad hasta quedar en sincronismo con una tal carga en su eje. Pero la creciente popularidad de los motores síncronos creó una demanda de un motor síncrono que pudiera desarrollar elevados pares de arranque, comprendidos entre plena carga y un 300 % de plena carga, y capaces de arrancar con cargas fuertes.

El par de arranque de las barras del rotor síncrono en jaula de ardilla puede ser mejorado usando aleaciones de elevada resistividad en las barras. Esto, sin embargo, no lleva al rotor tan cerca de la velocidad síncrona como los rotores de baja resistencia, ya que el deslizamiento aumenta debido a la resistencia elevada. Abriendo la excitación durante un instante, y cortocircuitándola precisamente antes de aplicar la corriente continua, se proporcionará al rotor un empuje suficiente para enclavarlo en sincronismo.

Sin embargo, la mejor técnica consiste en usar un rotor bobinado, denominado devanado amortiguador de fase, en lugar del devanado de jaula de ardilla en la cara polar. Un motor de este tipo se reconoce inmediatamente porque emplea cinco anillos rozantes: dos para el devanado de excitación de c.c. y tres para el devanado de c.a. del rotor bobinado conectado en estrella. El comportamiento en el arranque del devanado *amortiguador bobinado* (o rotor simplex) es similar al del motor de inducción de rotor bobinado (apartado 9-10), puesto que se usa una resistencia de arranque externa para mejorar el par de arranque. El motor se hace arrancar con toda la resistencia externa por fase, como indica la fig. 8-6, y el circuito de excitación de c.c. se cortocircuita. El motor se va aproximando a la velocidad síncrona al ir reduciendo la resistencia de arranque y, cuando se aplica la tensión de excitación de c.c., el motor se pone en sincronismo. Combinando el elevado par de arranque del motor de inducción de rotor bobinado (hasta tres veces el par normal de plena carga) con las características de funcionamiento del motor síncrono, velocidad constante y corrección del factor de potencia, el motor síncrono de rotor tipo simplex (denominado también motor asíncrono-sincronizado) ha encontrado numerosas aplicaciones en los casos en que se requiere arranque en carga además de velocidad constante.

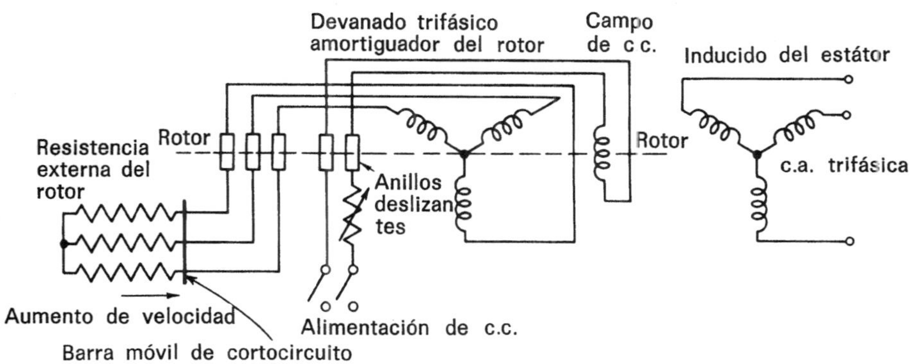

Figura 8-6. Diagrama esquemático del motor síncrono con amortiguador devanado (rotor simplex)

8-7. Funcionamiento del motor síncrono. Como se estableció en el apartado 8-1, todos los motores producen una tensión generada mientras tiene lugar el efecto motor. Durante el período transitorio durante el cual el motor síncrono va aumentando su velocidad, como motor de inducción, circula una corriente de inducido en su devanado del estátor. Esta corriente está siendo limitada esencialmente por la tensión inducida y la corriente que circula por las barras del rotor del devanado amortiguador por el efecto de transformador (que se tratará en detalle en el siguiente capítulo). Una vez aplicada tensión a su excitación de c.c. (y puesto el rotor en sincronismo), sin embargo, el flujo del rotor induce una tensión de c.a. en los conductores del estátor de acuerdo con (2-15). Como el motor síncrono está en paralelo con las barras, la corriente que absorbe el motor como resultado del efecto motor es una corriente sincronizante y se necesita una potencia sincronizante para mantener su rotor en sincronismo con la frecuencia de rotación del flujo del estátor. Verdaderamente, en el apartado 8-4 se demostró que, en algunos métodos de arranque sin devanados amortiguadores, el motor debía sincronizarse con las barras usando una técnica idéntica a la necesaria para funcionamiento en paralelo de alternadores.

La relación vectorial de un alternador síncrono de c.a. que suministra corriente y potencia sincronizantes a otra máquina síncrona de c.a., se trató en el apartado 7-11 y se vio en las figs. 7-14 y 7-16. En todos esos diagramas, se observaba que las posiciones de fase de las tensiones generadas eran menores de 180° como resultado de la potencia sincronizante. Estas figuras están resumidas en la fig. 8-7 con un pequeño cambio, simplemente que la tensión de barras que suministra la corriente sincronizante se toma como tensión de referencia y está representada como tensión en bornes por fase, V_p en lugar de E_{gp1}. Debe observarse en la figura, que la tensión generada E_{gp} (2-15), es igual a la tensión de barras (como lo sería en el instante de sincronización con las barras), pero desplazada de la posición a 180° un ángulo α como resultado de la potencia sincronizante *recibida*. A pesar del hecho de que la tensión generada E_{gp} es igual a la tensión de barras, debe notarse que la corriente del inducido del motor y la corriente sincronizante I_s o I_a son debidas a la tensión resultante, E_r. Suponiendo que la alimentación de barras de c.a., que consta de uno o más alternadores en paralelo, tiene una impedancia interna despreciable (suposición justificable en la mayoría de casos), (7-3), que expresa el valor de la corriente sincronizante en el inducido, puede simplificarse a:

$$I_a = \frac{\dot{V}_p - \dot{E}_{gp}}{R_a + jX_{sa}} = \frac{E_r}{Z_p} \tag{8-1}$$

en la que I_a es la corriente del inducido por fase absorbida por el motor síncrono de las barras de c.a., V_p es la tensión de fase aplicada al inducido del estátor del motor síncrono, E_{gp} es la tensión generada por fase, generada en los conductores del inducido de acuerdo con (2-15), E_r es el vector diferencia entre la tensión aplicada al inducido y la tensión generada [véase (8-3)] por fase, Z_p es la impedancia por fase del motor síncrono, que consta de R_a y de X_{sa}, R_a es la resistencia efectiva del inducido por fase, X_{sa} es la reactancia síncrona del inducido por fase.

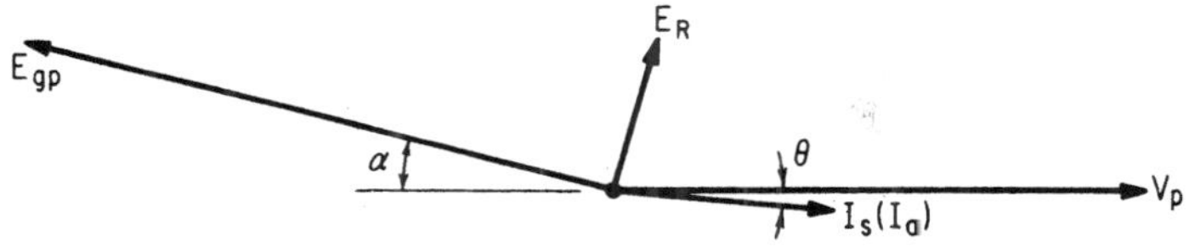

Figura 8-7. Relación entre la tensión generada del motor síncrono y tensión de barras después de la sincronización a las barras en vacío.

Debe hacerse notar la similitud entre (8-1) anterior y la ecuación genérica del motor (1-9). Puede decirse, por tanto, que la corriente de inducido absorbida por un motor síncrono de c.a. está limitada por su impedancia y su fem generada, de manera muy parecida a la corriente de inducido absorbida por un motor de c.c., que está limitada por su resistencia y su fcem.

Sin embargo, existe una diferencia importante entre un motor síncrono de c.a. y un motor derivación de c.c. En el caso del motor derivación de c.c., al aplicar carga, el par resistente produce una disminución de velocidad; la reducción de velocidad tiene el efecto de reducir a su vez la fcem generada, permitiendo así que circule más corriente por el inducido (1-9). La mayor corriente de inducido proporciona más par motor (4-4), y desarrolla más potencia en el inducido (4-7). Para producir el efecto motor y permitir que el motor reciba corriente de las barras, la fcem generada nunca puede ser igual a la tensión de barras en un motor de c.c.

Sin embargo, en un motor síncrono de c.a. la velocidad es *constante,* y la fem generada por fase, E_{gp}, es función sólo ($E_g = K\phi S$) de la excitación de c.c. Por tanto, el motor síncrono no es capaz de absorber más corriente de la alimentación como resultado de la menor fcem E_{gp}. Si se sobreexcita el motor mediante una corriente de excitación de c.c., la fem generada por fase puede ser mayor que la tensión en bornes. Como el flujo de excitación de un motor síncrono es *independiente* de la velocidad, ¿cómo regula entonces el motor síncrono su corriente de inducido en (8-1) para desarrollar un par mayor cuando se aplica carga a su eje?

Se estableció que, cuando el motor síncrono estaba sincronizado a las barras, su tensión de fase generada era igual y opuesta a la tensión por fase de barras. En este instante se cerraba el interruptor de puesta en paralelo. Si el motor síncrono continúa siendo accionado por su motor primario, su tensión de fase generada será igual a la tensión de barras, como muestra la fig. 8-8a; y, como máquina, está flotante sobre la línea, o sea, ni absorbe ni cede potencia (apartado 7-2). Supongamos que el motor de accionamiento se desacopla bruscamente del motor síncrono, lo que ocurre precisamente cuando un motor síncrono sin carga se pone en sincronismo con la excitación de c.c. Como ya no está siendo accionado, se retrasa un ángulo α, desarrollando una tensión resultante E_r, de acuerdo con la ecuación (8-1), y como muestra la fig. (8-8b). Pero el ángulo α puede ser insuficiente para mantener el giro del motor síncrono, porque se desarrolla una potencia sincronizante muy pequeña cuando la corriente en el inducido es muy pequeña. Por tanto, es necesario mantener el giro para que los polos magnéticos del rotor giratorio retrasen unos pocos grados eléctricos más (respecto al campo giratorio producido en el inducido del estátor).

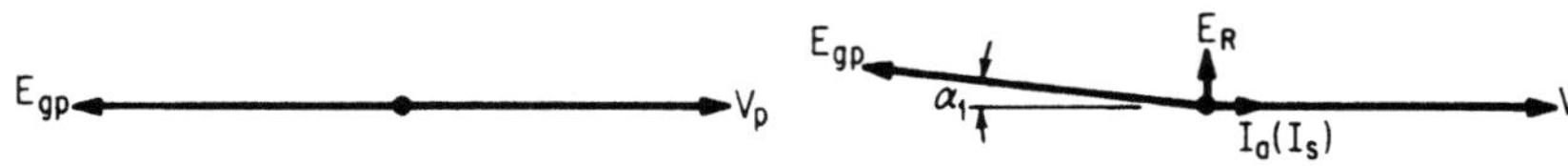

(a) Motor síncrono accionado por un motor primario $E_{gp}=V_p$, $E_R=0$, y $I_s=0$.

(b) Motor de accionamiento desconectado $E_{gp}=V_p$, pequeña potencia sincronizante.

Figura 8-8. Pasos en el desarrollo del par debido a la potencia sincronizante absorbida de las barras por un motor síncrono (sin carga).

Al retrasarse el polo del rotor: (1) la diferencia de tensión resultante, E_r, aumenta; y (2) la corriente de inducido, I_a, también aumenta [ya que Z_p de (8-1) puede suponerse constante]. La fig. 8-7 muestra esta situación, en la cual se suministra una potencia sincronizante positiva, de valor $V_p I_a \cos\theta$ por fase, al motor síncrono. Como el motor ya no está accionado por su motor primario, esta potencia sincronizante positiva (como en el caso de los alternadores en paralelo) *no* tiende a llevar al motor más hacia adelante, de manera que su fem generada esté desplazada 180° respecto a la de barras. En lugar de ello, la potencia positiva producida es suficiente para superar el par resistente del motor síncrono producido por rozamientos, y otras pérdidas giratorias del motor. Por tanto, el rotor gira a una velocidad síncrona constante con un retraso de fase fijo, α, entre el centro de un polo N del rotor y el centro de un polo S opuesto del campo giratorio del estátor.

Debe hacerse notar que el ángulo de retraso en vacío, α, entre el campo giratorio y los polos del rotor, representa sólo unos pocos grados eléctricos. El número de grados *geométricos*, β, es el mismo o incluso menor que α, y la relación entre ambos es:

$$\beta = \frac{2\alpha}{P} \tag{8-2}$$

en la que P es el número de polos, y α es el número de grados eléctricos.

Se ha observado que, en el motor síncrono multipolar, la diferencia entre la posición en sincronismo mostrada en la fig. 8-8a y la posición de la fig. 8-7 o de la fig. 8-8b, es apenas apreciable por medios estroboscópicos (obsérvese el desplazamiento en el ejemplo 8-1). También debe hacerse notar que, cuando E_{gp} es igual a V_p, la tensión y la corriente resultan afectadas como sigue:

1. La tensión resultante, E_r (por muy pequeño que sea el ángulo α) avanza respecto a V_p menos de 90°, puesto que es la diferencia vectorial de dos vectores giratorios iguales, como muestran las figs. 8-7 a 8-9.
2. La corriente de inducido, I_a, en vacío, puede estar ligeramente avanzada (véase ejemplo 8-1), en fase con V_p, o incluso ligeramente retrasada (como muestra la fig. 8-7), dependiendo de la excitación.

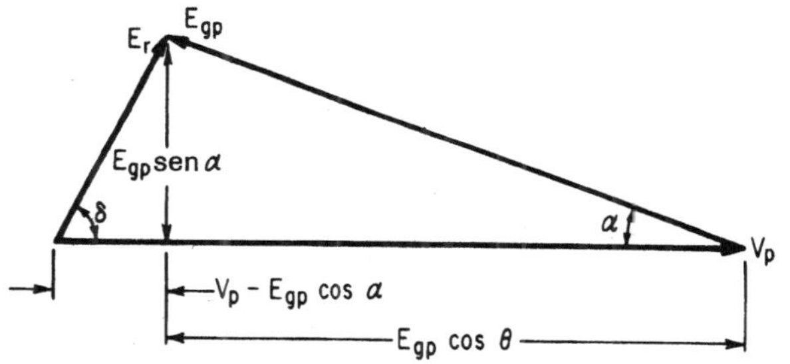

Figura 8-9. Determinación de la tensión de inducido resultante por fase.

El cálculo de E_r para cualquier valor del ángulo α, de la tensión de excitación, y de la tensión de fase aplicada en una máquina síncrona de c.a. dada, puede determinarse de la fig. 8-9 y de la siguiente ecuación:

$$E_r = (V_p - E_{gp} \cos \alpha) + j(E_{gp} \operatorname{sen} \alpha) \qquad (8\text{-}3)$$

en la que α es el ángulo de carga, y todos los demás términos ya se han definido en (8-1).

EJEMPLO 8-1: Un motor síncrono trifásico, conectado en estrella de 20 polos, 40 hp, 660 V y 60 Hz está funcionando en vacío con su tensión generada por fase exactamente igual a la tensión de fase aplicada a su inducido. En vacío, el rotor está retrasado 0,5 grados geométricos respecto a su posición síncrona. La reactancia síncrona es 10 Ω, y la resistencia efectiva del inducido es 1 Ω por fase. Calcular:

a. El desplazamiento del rotor respecto a su posición síncrona, en grados eléctricos.
b. La fem resultante en el inducido por fase.
c. La corriente del inducido por fase.
d. La potencia por fase, y la potencia total absorbida por el motor de las barras.
e. Las pérdidas en el inducido y la potencia mecánica desarrollada.

Solución:

a. $\alpha = P\left(\frac{\beta}{2}\right) = 20\left(\frac{0,5}{2}\right) = \mathbf{5°}$ [de (8-2)]

b. $V_p = \frac{V_L}{\sqrt{3}} = \frac{660}{1,73} = 381$ V; $E_{gp} = \mathbf{381}$ **V** también, como en

$$E_r = (V_p - E_{gp}\cos\alpha) + j(E_{gp}\operatorname{sen}\alpha)$$
$$= (381 - 381\cos 5°) + j(381\operatorname{sen} 5°)$$
$$= 1,54 + j33,2 = 33,2\angle 87,3° \text{ V/fase}$$

c. $Z_s = R_a + jX_s = 1,0 + j10 = \mathbf{10\angle 84,3°\ \Omega/\ fase}$

$$I_a = \frac{E_r}{Z_p} = \frac{33,2\angle 87,3°}{10\angle 84,3°} = \mathbf{3,32\angle 3,0°\ A/\ fase}$$

d. $P_p = V_p I_a \cos\theta = 381 \times 3,32 \cos 3° = 381 \times 3,32 \times 0,999$
$= \mathbf{1265\ W/fase}$

$$P_t = 3P_p = 3 \times 1265 \text{ W} = \mathbf{3795\ W}$$

e. $3 \times I_a^2 R_a = 3 \times (3,32)^2 \times 1,0 = \mathbf{33\ W}$

$$\text{Potencia mecánica} = \frac{3795 - 33 \text{ W}}{746 \text{ W/hp}} = \mathbf{5,3\ hp}$$

En el ejemplo 8-1, la tensión de excitación generada, E_{gp}, es *igual* a la tensión de barras por fase, y la corriente de inducido está prácticamente *en fase* con la tensión aplicada al inducido por fase, V_p. Estas dos condiciones constituyen, para un motor síncrono, un estado conocido como excitación *normal*. Este estado se usará como *referencia* a efectos de (1) aplicación de carga al eje del motor, y (2) variación de excitación para cualquier carga dada (véase fig. 8-11).

8-8. Efecto del aumento de carga a excitación normal del motor síncrono ($E_{gp} = V_p$). Suponiendo que la excitación de un motor síncrono ($E_{gp} = V_p$) no varía, ¿cuál es el efecto sobre la corriente del inducido y el factor de potencia de aplicar una carga (o un par resistente) al eje del motor? La velocidad de un motor síncrono de c.a. no puede disminuir como resultado de un incremento de carga; pero el ángulo de carga, α, de (8-2) puede aumentar, y lo hace como muestra la fig. 8-10, partes a y b. Debe hacerse notar que el ángulo mostrado en la figura es β, el desplazamiento mecánico del rotor respecto del estátor. Así, en vacío, existe un ligero ángulo de desplazamiento entre el centro de un conductor del estátor (donde el campo giratorio es máximo) y el centro del polo. A plena carga, el desplazamiento *geométrico* nunca es superior a 4 o 5° en los motores síncronos polifásicos multipolares. El efecto sobre el factor de potencia, la corriente de un inducido y la potencia absorbida de la alimentación puede verse en el ejemplo 8-2.

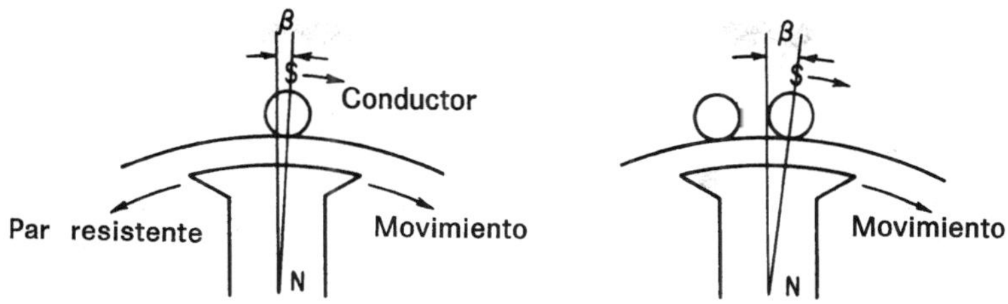

(a) En vacío. (b) Carga aumentada.

Figura 8-10. Efecto de carga sobre la posición del rotor.

EJEMPLO 8-2: Repetir el ejemplo 8-1 con un desplazamiento geométrico de 5° entre el rotor y la posición síncrona.

Solución:

a. $\alpha = \frac{P\beta}{2} = \frac{20 \times 5}{2} = \mathbf{50°}$ (grados eléctricos)

b. $E_r = (V_p - E_{gp} \cos \alpha) + j(E_{gp} \operatorname{sen} \alpha)$
$= 381 - 381 \cos 50° + j381 \operatorname{sen} 50°$
$= 141 + j292 = \mathbf{334 \angle 64{,}2°\ V/fase}$

c. $I_a = \frac{E_r}{Z_p} = \frac{324 \angle 64{,}2°\ \text{V}}{10 \angle 84{,}3°\ \Omega} = \mathbf{32{,}4 \angle -20{,}1°\ A}$

d. $P_p = V_p I_a \cos \theta = 381 \times 32{,}4 \cos 20{,}1° = \mathbf{11\,600\ W}$
$P_t = 3P_p = 3 \times 11\,600 = \mathbf{34\,800\ W}$

e. $3I_a^2 R_a = 3 \times (32{,}4)^2\ 1{,}0 = \mathbf{3150\ W}$

Potencia mecánica $= \frac{34800 - 3150\ \text{W}}{746\ \text{W/hp}} = \mathbf{42{,}5\ hp}$

El ejemplo 8-2 muestra cuantitativamente el incremento *tanto* de la tensión resultante, E_r, y la corriente del inducido I_a, como el aumento de la potencia producida como resultado del aumento de carga. Obsérvese que el aumento de la corriente del inducido también ha producido un *aumento* de las *pérdidas* en el cobre del inducido.

En la figura 8-11b puede verse un diagrama vectorial del aumento de carga para la excitación normal. Obsérvese que al aumentar la carga y α, la diferencia de tensión resultante, E_r, entre la tensión generada y la aplicada al inducido,

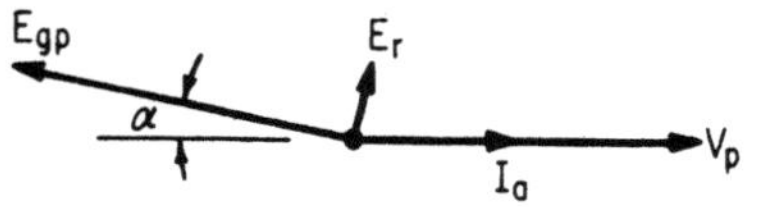

(a) En vacío, excitación normal $\theta = 0$.

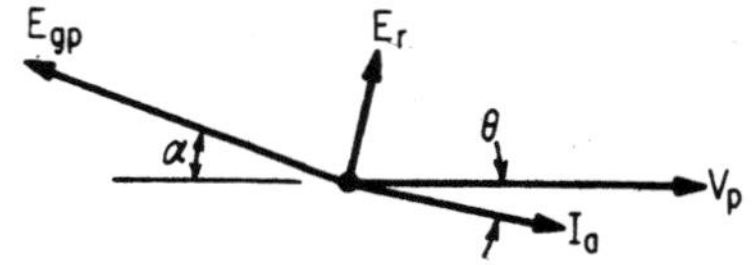

(b) (b) Carga aumentada, excitación normal, E_r aumenta; I_a aumenta, retrasa un pequeño ángulo θ

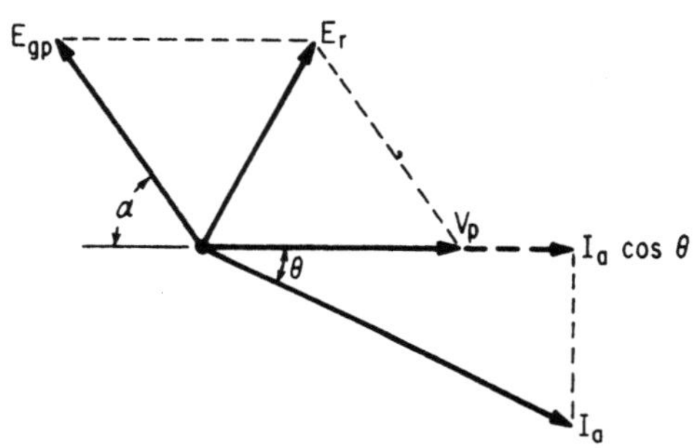

(c) Sobrecarga, excitación normal E_r, I_a aumenta; θ aumenta

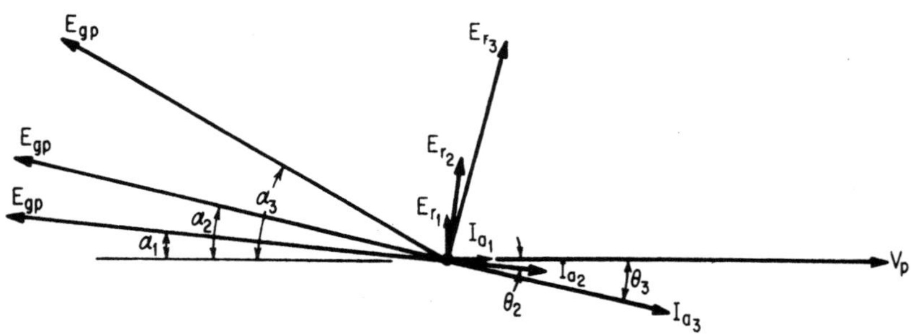

(d) Diagrama compuesto para ver el efecto de la carga a excitación normal, $E_{gp} = V_p$.

Figura 8-11. Efecto del aumento de carga a excitación normal ($E_{gp} = V_p$).

$(V_p - E_{gp})$, tiende a aumentar rápidamente y el ángulo de factor de potencia, θ, aumenta ligeramente. Incluso en condiciones de sobrecarga, como muestra la figura 8-11c, el ángulo de factor de potencia θ no se retrasa apreciablemente. Esto puede verse más claramente en el diagrama compuesto de la fig. 8-11d. La corriente de inducido aumenta, al aplicar carga, de manera *más* rápida que el ángulo de factor de potencia, ajustándose automáticamente así a los aumentos de carga esencialmente por *aumento de corriente.* En la fig. 8-11c, la diferencia entre I_a e I_a cos θ (en condiciones de sobrecarga) no es demasiado grande.

8-9. Efecto del aumento de carga en condiciones de subexcitación ($E_{gp} < V_p$). No puede generalizarse el efecto de la carga sobre un motor síncrono, a menos que se estudie la carga en condiciones de subexcitación, excitación normal y sobreexcitación. En la fig. 8-12 puede verse un diagrama vectorial para el motor síncrono bajo las tres condiciones de carga cuando se ha *subexcitado* deliberadamente, $E_{gp} < V_p$. Con una carga pequeña y un ángulo de par α_1, la corriente de inducido I_{a1} retrasa casi 90° respecto a la tensión del inducido aplicada por fase. Contrariamente al caso de excitación normal, debe circular una corriente de inducido bastante substancial para desarrollar la misma potencia activa $V_p I_{a1}$ mostrada en la fig. 8-11d, debido al bajo factor de potencia. Sin embargo, al aumentar la carga, el factor de potencia mejora. Debido a la mayor tensión resultante, circula más corriente y como el factor de potencia aumenta, la potencia total generada por el inducido aumenta para satisfacer la carga. Para cargas muy fuertes, el efecto de subexcitación produce un factor de potencia menor que la excitación normal y deberá circular una *corriente de inducido mucho mayor* para desarrollar la misma potencia con la misma carga, en comparación con la excitación normal.

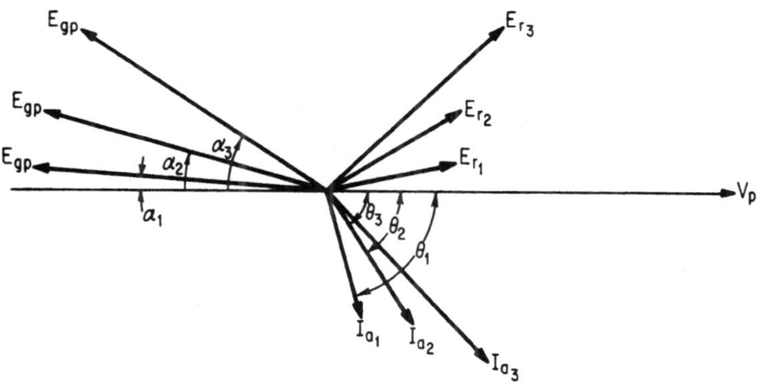

Figura 8-12. Efecto del aumento de carga en condiciones de subexcitación ($E_{gp} < V_p$)

8-10. Efecto del aumento de carga en condiciones de sobreexcitación ($E_{gp} > V_p$). Contrariamente al motor derivación, resulta posible para un motor síncrono generar una tensión mayor que su tensión de barras y continuar absorbiendo todavía corriente y potencia de las barras. Esto ocurre debido a que la fem generada y la tensión de barras no están a 180°, y E_r, la tensión resultante, representa todavía la diferencia vectorial entre las dos tensiones. Cuando la carga es pequeña, como muestra la fig. 8-13, la tensión resultante E_{r1} está casi en fase con E_{gp}, debido a que esta última es mayor que la tensión de barras por fase. La corriente de inducido en cuadratura que circula, I_{a1}, avanza casi 90° respecto a la tensión aplicada. Como en el motor síncrono subexcitado, cuando se aplica carga, el factor de potencia mejora (se acerca a un factor de potencia unidad). El ángulo de factor de potencia *disminuye a un ritmo más rápido* que el del aumento de la corriente, produciendo así el aumento necesario de potencia para satisfacer el aumento de carga aplicada que es la causante del aumento del ángulo de carga α.

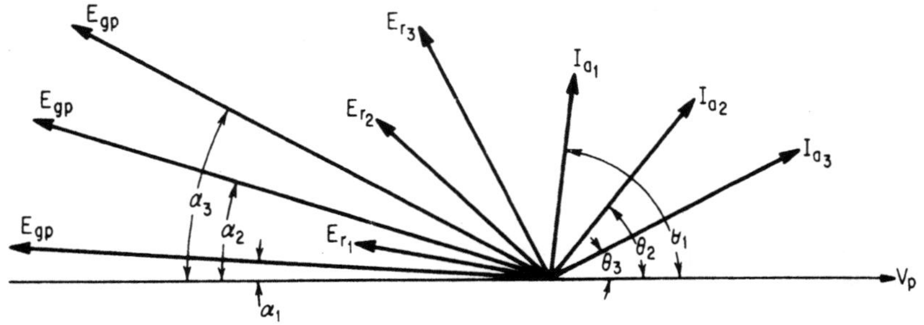

Figura 8-13. Efecto del aumento de carga en condiciones de sobreexcitación ($E_{gp} > V_p$)

8-11. Resumen del efecto del aumento de carga (despreciando los efectos de la reacción de inducido) bajo excitación constante. En general, pueden deducirse las siguientes conclusiones de los efectos de aumento de carga bajo excitación constante (despreciando los efectos de reacción del inducido, apartado 8-12):

1. Al *aumentar la carga* mecánica, la *corriente del inducido I_a aumenta, independientemente* de la excitación.
2. Si el motor síncrono está sobreexcitado o subexcitado, su factor de potencia tiende a aproximarse a la unidad *al aumentar la carga.*
3. Cuando el motor está sobreexcitado o subexcitado, la variación del factor de potencia es *mayor* que la variación de corriente al aplicar la carga.
4. Cuando el motor está excitado normalmente, la variación de corriente es mayor que la variación del factor de potencia *al aumentar la carga,* y el factor de potencia tiende a ser cada vez más inductivo.

8-12. Efecto de la reacción de inducido. En el apartado 7-10 y en la figura 7-14 se indicó que un factor que ayudaba a la estabilidad de los alternadores síncronos en paralelo era que un alternador síncrono sobreexcitado tendía a producir más corriente reactiva inductiva, la cual, por su acción desmagnetizante reducía la fem generada por el alternador. Hemos visto, sin embargo, en la discusión anterior que un motor síncrono sobreexcitado tendía a absorber una corriente adelantada, la cual produce una mayor acción desmagnetizante.

Tanto si actúa como alternador o como motor, la máquina síncrona está en paralelo con las barras y sincronizada con ellas; y por consiguiente puede decirse:

1. Un alternador síncrono *sobreexcitado* suministrará una corriente retrasada a las barras, produciendo un efecto *desmagnetizante* como resultado de la reacción de inducido.
2. De manera parecida, un motor síncrono *sobreexcitado* absorberá una corriente adelantada de las barras, produciendo un efecto *desmagnetizante* como resultado de la reacción de inducido (fig. 7-15).
3. Por el contrario, un motor síncrono *subexcitado* suministrará una corriente adelantada y *magnetizante* a las barras.
4. De manera parecida, un motor síncrono *subexcitado* absorberá una corriente *magnetizante en retraso* de las barras.

Así, una máquina síncrona de c.a. tanto si funciona como generador o como motor, tendrá un efecto de reacción de inducido *desmagnetizante* cuando está *sobreexcitada* y un efecto de reacción de inducido *magnetizante* cuando está *subexcitada.* Este efecto evidentemente hace tender a excitación normal y contribuye a una estabilidad extrema del motor (véase fig. 8-17), como en el alternador síncrono de c.a. Hemos visto (capítulo 5) que la reacción de inducido es un efecto producido por la corriente de inducido y directamente proporcional a ella. El efecto de estabilización es una razón adicional para *no* compensar la reacción de inducido en las máquinas síncronas de c.a. a diferencia de lo que se hace en las máquinas de c.c. (Véase fig. 8-17 y apartado 8-13).

El efecto de la reacción de inducido sobre el motor síncrono (cuya excitación se mantiene constante) al aumentar la carga está resumida a continuación para distintas condiciones de excitación.

8-12.1. *Excitación normal (Fig. 8-11d).* La mayor carga tenderá a aumentar E_{gp}, la tensión generada por fase, como resultado de la acción *ligeramente magnetizante* producida por cargas ligeramente *inductivas.* El efecto resultante es mantener la corriente de inducido en fase con la tensión de barras desde vacío, para la excitación normal.

8-12.2. *Subexcitación (Figs. 8-12 y 8-14).* La subexcitación produce un efecto de reacción de inducido *magnetizante.* El efecto de la mayor carga y el consiguiente aumento de magnetización mejora el factor de potencia al aumentar la carga. Como muestra la fig. 8-14, la componente de la corriente de inducido que produce potencia mecánica útil es siempre $I_a \cos \theta$. Para una carga pequeña, α_1, sólo una pequeña parte de la corriente total absorbida de las barras I_{a1}, está siendo usada realmente para accionar la carga mecánica. Para una carga elevada, α_3, una mayor parte de I_{a3} entra en fase con V_p, desarrollando la potencia necesaria por fase $V_p I_{a3} \cos \theta_3$ para accionar la carga mecánica aplicada a su eje.

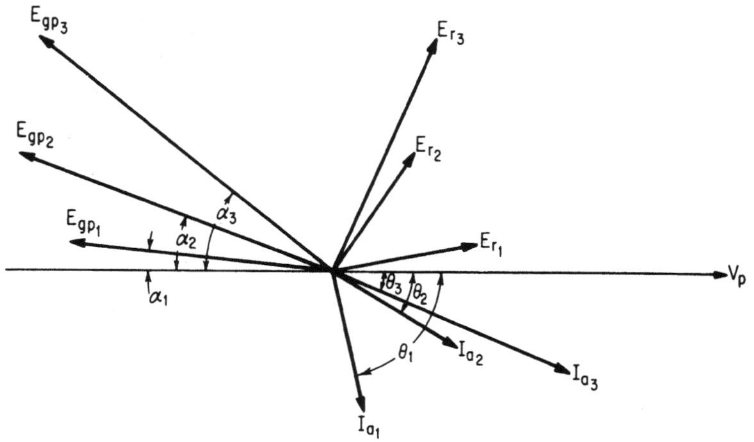

Figura 8-14. Efecto del aumento de carga y la reacción de inducido en condiciones de sobreexcitación.

8-12.3. *Sobreexcitación (Figs. 8-13 y 8-15).* La sobreexcitación produce un efecto *desmagnetizante* debido al aumento de la reacción de inducido al aumentar la carga. El efecto resultante de tal desmagnetización consiste también en *mejorar* el factor de potencia al aumentar la carga. Como muestra la fig. 8-15, sólo una pequeña parte de la corriente total I_{a1} está produciendo potencia mecánica

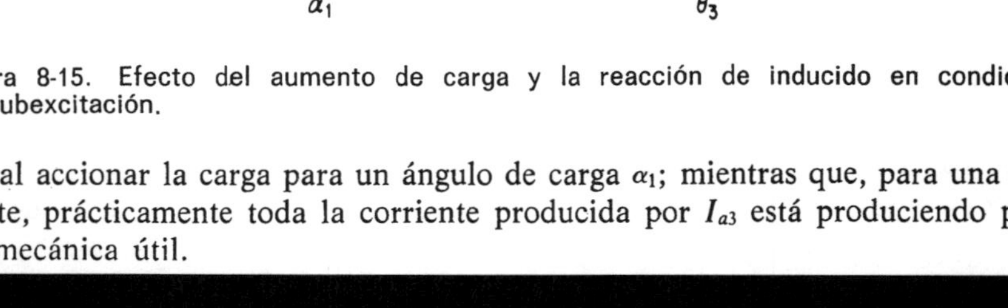

Figura 8-15. Efecto del aumento de carga y la reacción de inducido en condiciones de subexcitación.

útil al accionar la carga para un ángulo de carga α_1; mientras que, para una carga fuerte, prácticamente toda la corriente producida por I_{a3} está produciendo potencia mecánica útil.

[redacted]

8-13. Ajuste del factor de potencia del motor síncrono a carga constante. Supongamos que un motor síncrono está funcionando a excitación normal (factor de potencia unidad) con una carga mecánica *determinada*. En la fig. 8-16a puede verse una situación de este tipo, en la cual la excitación de c.c. se ha regulado para una corriente mínima (factor de potencia unidad) para la carga dada aplicada al eje del motor. La diferencia vectorial entre la tensión de fase aplicada V_p y la fem generada por fase E_{gp1} es la tensión resultante E_r, que produce la corriente de inducido I_a en fase de acuerdo con (8-1), $I_a = E_r/Z_p$. Se supone que la impedancia por fase es constante y que está retrasada 90° respecto a la tensión E_r. La corriente de inducido, I_a depende sólo del valor y del ángulo de fase de E_r al desarrollar la potencia mecánica necesaria V_pI_a requerida por la carga sobre su eje. ¿Cuál es el efecto de la *disminución* o *aumento* de excitación para una carga *determinada?*

8-13.1. *Efecto de la disminución de excitación o subexcitación.* La figura 8-16b muestra el efecto de *disminuir* la excitación de E_{gp1} a E'_{gp1} para el mismo ángulo de carga α_1. La tensión resultante E_{r1} hace que circule una corriente retrasada I_{a1}. Aunque I_{a1} en la fig. 8-16b es mayor que I_a en la fig. 8-16a, resulta todavía insuficiente para producir la potencia mecánica necesaria, V_pI_a, requerida por la carga sobre su eje. Obsérvese que en la fig. 8-16b, I_{a1} cos θ es igual a I_1, la cual es *menor* que I_a. Por consiguiente, es necesario que el rotor se retrase de α_1 a α_2 para desarrollar la potencia necesaria. (Realmente, como el efecto de reacción de inducido para cargas inductivas tiende a aumentar la tensión generada, el ángulo α_2 deberá ser menor que el mostrado, debido a un aumento de E'_{gp2} sobre E'_{gp1}.)

Para un ángulo α_2, la tensión generada E'_{gp2} produce una tensión resultante mayor, E_{r2}, la cual produce a su vez la corriente I_{a2}. La componente en fase de I_{a2} es exactamente suficiente para producir la potencia mecánica necesaria V_pI_a requerida por la carga sobre su eje, como muestra la fig. 8-16b.*

8-13.2. *Efecto del aumento de la excitación o sobreexcitación.* La figura 8-16c muestra el efecto de aumentar la excitación desde E_{gp1} en la fig. 8-16a hasta E''_{gp1}, usando el mismo ángulo de carga α. La tensión resultante E_{r1} hace que circule una corriente I_{a1} capacitiva. I_{a1} en la fig. 8-16c es *superior* a la nece-

* La construcción de la fig. 8-16 no tiene en cuenta (1) el efecto de la reacción de inducido en la variación de tensión generada, o (2) el efecto del aumento de las pérdidas en el cobre del inducido producidas por el aumento de la corriente de inducido, que requiere una entrada de potencia adicional de las barras al motor para suministrar las pérdidas adicionales, lo cual representa una componente adicional en fase. En el caso de un factor de potencia inductivo, la componente magnetizante adicional producida por la reacción de inducido sería compensada por las mayores pérdidas, y el ángulo de par incluso aumentaría. En el caso de un factor de potencia capacitivo, la variación del ángulo de par sería pequeña debido a que sería necesaria una corriente tal como I_{c1} para mantener las pérdidas adicionales (fig. 8-16c).

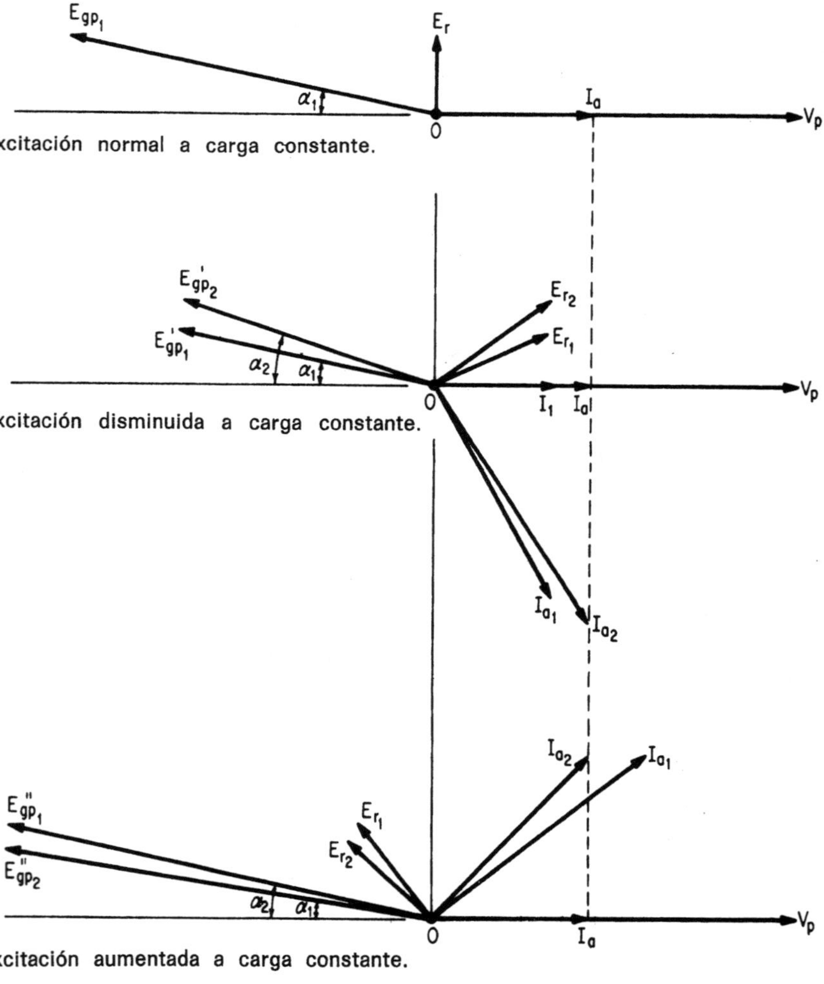

(a) Excitación normal a carga constante.

(b) Excitación disminuida a carga constante.

(c) Excitación aumentada a carga constante.

Figura 8-16. Efecto del cambio de factor de potencia (excitación) a carga constante.

saria para producir la corriente necesaria en fase, I_a. En ángulo de carga disminuye, por consiguiente, desde α_1 a α_2 como muestra la fig. 8-16c. Esta disminución del ángulo de carga disminuye E_{r2} e I_{a2} proporcionalmente, a un valor necesario para satisfacer la potencia mecánica necesaria $V_p I_a$ por fase.

Resumen. La potencia total suministrada por las barras al motor es tres veces la potencia por fase, o sea $3V_p I_{a2} \cos\theta$. Como se vio en la fig. 8-16 esta potencia es relativamente constante, independientemente de los efectos de la reacción de inducido y las pérdidas debido a la variación de la corriente del inducido. El único cambio apreciable producido por un cambio de la excitación respecto a la excitación normal ha sido (1) una variación en la *corriente del inducido* y (2) una variación correspondiente en el *factor de potencia* del motor. La fig. 8-16 indica también que para una carga determinada, la *excitación normal* (o sea, factor de potencia unidad para el que E_{gp} es prácticamente igual a V_p y en el que la corriente del inducido I_a está en fase con la tensión de barras por fase) puede obtenerse por simple ajuste del reóstato de excitación de c.c., de manera que la corriente absorbida de la red es *mínima*. Además, despreciando el pequeño incremento debido a las pérdidas de potencia en el cobre del inducido, para corrientes del inducido capacitivas, la componente en cuadratura de la corriente, la cual avanza 90° respecto a la tensión aplicada, puede usarse para *corrección del factor de potencia del sistema* y para mejorar el funcionamiento del sistema del alternador que alimenta a otras cargas (inductivas). Por tanto, el motor síncrono es un motor *extremadamente versátil,* principalmente debido a su posibilidad de mantener una excitación constante independientemente del factor de potencia cuando se alimenta de unas barras de tensión constante. Esto último requiere una cierta explicación que también ayudará a la comprensión de las características del factor de potencia anteriores.

El motor síncrono (como cualquier máquina doblemente excitada) tiene dos fuentes de excitación: (1) la excitación del estátor de c.a. desde las barras que alimentan su inducido; y (2) la excitación de c.c. que excita los devanados de los polos de su rotor. En la medida que las tensiones de c.c. y de c.a. que excitan un determinado motor síncrono (funcionando con una carga dada) son constantes, sus necesidades de excitación son constantes (por la ley de conservación de la energía). Vamos a suponer ahora, sin embargo, que la excitación de c.c. se reduce, tendiendo a desmagnetizar el flujo del entrehierro. El motor absorbe una componente inductiva de la corriente de inducido de las barras para magnetizar el entrehierro y restaurar el flujo mutuo. Incluso en vacío o con cargas pequeñas, si el circuito de excitación se abre bruscamente, el motor síncrono continuaría funcionando en sincronismo debido a que ahora la corriente de su inducido retrasa casi 90° respecto a la tensión de barras, produciendo una magnetización muy grande debido a la reacción de inducido, como muestra la fig. 8-17a. Suponiendo que el motor estuviera funcionando con un factor de potencia unidad en la fig. 8-17a, absorbería una corriente I_{a1}. Si la excitación se abre bruscamente, sin embargo, la corriente del inducido aumenta rápidamente produciendo un flujo de reacción de inducido muy grande, $\phi_{a\text{-}r}$, en fase con la corriente de inducido. Esto produce una tensión de reacción de inducido en cuadratura $E_{a\text{-}r}$, cuya componente magnetizante E_m está en fase con E_{gp} y una pequeña tensión magnetizante transversal, E_c, como muestra la fig. 8-17a.

Para un factor de potencia unidad, con la corriente del inducido en fase con la tensión de barras, la excitación de c.c. es normal y el motor síncrono no requiere excitación adicional ni de c.a. ni de c.c. La tensión E_c, que resulta de la

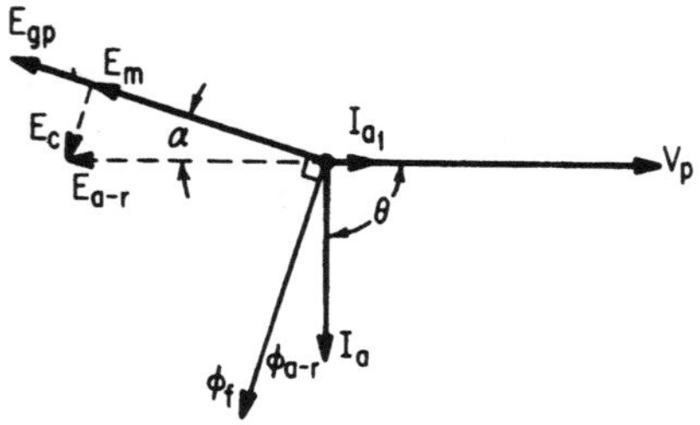

(a) Reacción de inducido magnetizante a cargas inductivas.

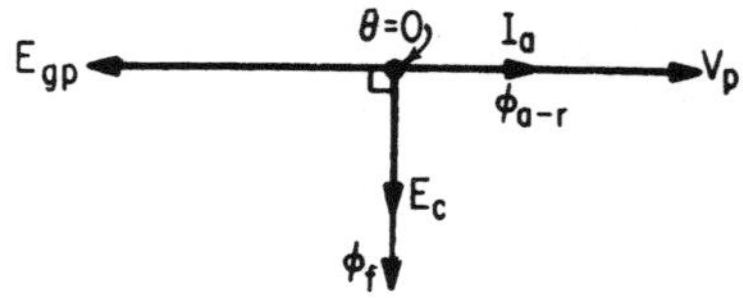

(b) Reacción de inducido magnetizante en cuadratura a factor de potencia unidad.

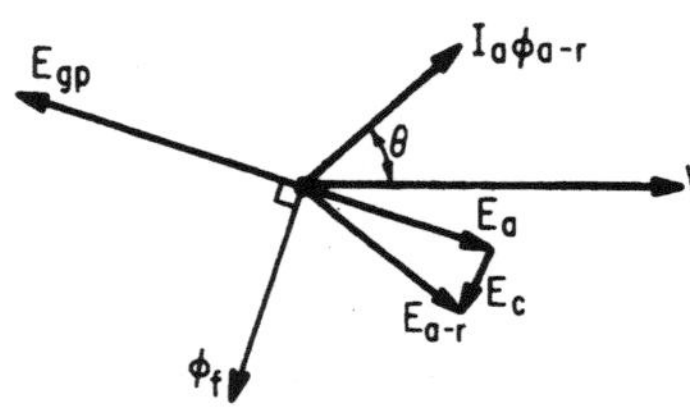

(c) Reacción de inducido desmagnetizante a cargas capacitivas.

Figura 8-17. Tendencia del motor síncrono a mantener constante la excitación independientemente del factor de potencia debido al efecto de la reacción de inducido.

reacción de inducido, es una tensión magnetizante transversal que no posee componente que pueda afectar a la tensión generada E_{gp}.

Si el motor síncrono se sobreexcita, ahora, aumentando la corriente o la tensión de excitación de c.c., el motor síncrono absorbe una corriente capacitiva, desmagnetizante, que intenta producir un flujo de reacción del inducido, $\phi_{a\text{-}r}$, casi completamente desfasado con el flujo del entrehierro, ϕ_f. El flujo de reacción de inducido $\phi_{a\text{-}r}$ produce en los conductores del inducido, una tensión de reacción de inducido $E_{a\text{-}r}$ que tiene una componente de tensión desmagnetizante E_d, como muestra la fig. 8-17c.

Resumiendo, suponiendo alimentación de tensión constante, la capacidad del motor síncrono de mantener tanto su flujo mutuo en el entrehierro (ϕ_f en la fig. 8-17) y su fem inducida constante en una amplia gama de cargas y factores de potencia, lo sitúa en la misma clase que el transformador (capítulo 13) y el motor de inducción (capítulo 9), que poseen características similares a este respecto.

8-14. Curva en V de un motor síncrono. Las relaciones vectoriales anteriores pueden resumirse *gráficamente* (como muestra la fig. 8-18) y determinarse

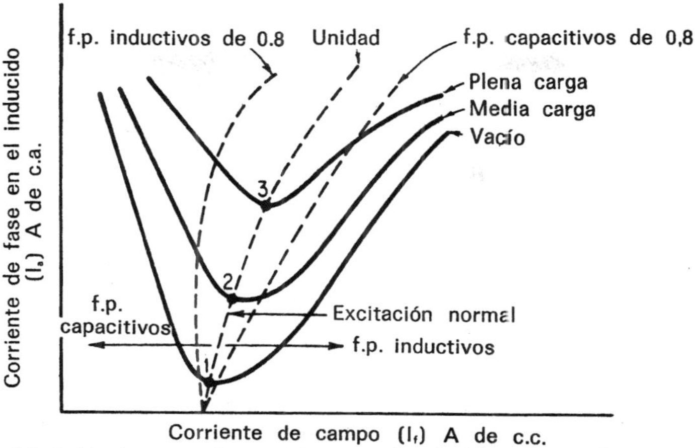

(a) Relación entre la corriente en el inducido y la corriente de excitación para varias cargas.

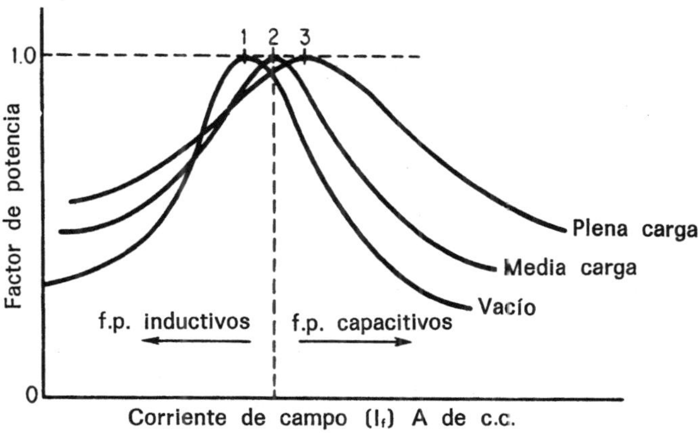

(b) Relación entre el factor de potencia y la corriente de excitación para varias cargas.

Figura 8-18. Familias de curvas en V para un motor síncrono.

experimentalmente en el laboratorio usando la disposición mostrada en la fig. 8-19. Se ha establecido anteriormente que, cuando la corriente de excitación de un motor síncrono se reduce, absorbe una corriente de inducido inductiva I_{a1} (figura 8-16) que es superior a la corriente mínima para factor de potencia unidad, o sea a excitación normal. De manera parecida, cuando el motor está sobreexcitado, la corriente del inducido también aumenta (fig. 8-16) y supera a la corriente necesaria, a excitación normal, para desarrollar el par necesario, correspondiente

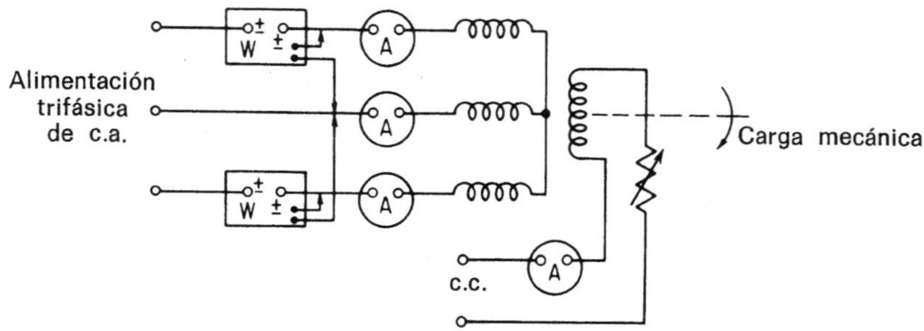

Figura 8-19. Conexiones de laboratorio para obtener las curvas en V.

a una carga determinada. Aplicando una cierta carga constante al eje de un motor síncrono y variando la corriente de excitación desde subexcitación a sobreexcitación, y registrando la corriente del inducido en cada momento, se obtienen las curvas de la fig. 8-18a. La corriente de inducido de c.a. está dibujada en función de la corriente de excitación de c.c. para valores de vacío, media carga y plena carga, respectivamente.

Las conexiones watimétricas mostradas en la fig. 8-19 también proporcionan el factor de potencia para cada valor de la corriente de inducido y de la excitación en cualquier condición dada de carga.* Así, como muestra la fig. 8-18b, el factor de potencia (determinado a partir de las lecturas del watímetro) está dibujado en función de las corrientes de excitación para las distintas cargas dadas. Obsérvese que ambas curvas muestran que es necesaria una corriente de excitación ligeramente aumentada, para producir la excitación normal al aumentar la carga (puntos 1, 2 y 3 respectivamente). Obsérvese también que en vacío, la corriente del inducido para un factor de potencia unidad (excitación normal) no es cero (fig. 8-11a), sino un cierto valor pequeño de la corriente de inducido de c.a. por fase, necesario para producir el par para equilibrar las pérdidas mecánicas. Al aplicar carga (despreciando la reacción de inducido) no sólo aumenta la corriente de inducido, sino que también es necesario aumentar la de excitación a fin de que la corriente del inducido esté nuevamente en fase con la tensión de barras V_p.

Cada una de las curvas de la familia, por tanto, tiene un desplazamiento hacia la *derecha* al *aumentar la carga,* como muestran las figs. 8-18a y b, para proporcionar la excitación necesaria para obtener el mismo factor de potencia (0,8 inductivo, unidad, o 0,8 capacitivo) para una carga mayor. Así, las curvas

* El método empleado en la fig. 8-19 es el método de los dos watímetros. Como el motor síncrono es una carga trifásica equilibrada, el método de un watímetro, el método de los tres watímetros, el analizador industrial o el watímetro polifásico también servirían para proporcionar el factor de potencia de la carga. Para una descripción de estos métodos, véase H. W. Jackson, *Introduction to Electric Circuits,* 3.ª edición, Englewood Cliffs, N. J.: Prentice-Hall, Inc., Apartados 23-8 y 9. 1970.

en V representan los diagramas vectoriales, y viceversa, para las distintas condiciones de carga y factor de potencia.

Las curvas en V también cumplen un punto básico mostrado en la fig. 8-16, en la cual se veía que si la excitación se variaba para un valor determinado de la carga mecánica aplicada, el ángulo de carga α_1 debía variarse para que la potencia desarrollada por fase $V_p I_a \cos\theta$ fuese la misma. Así, en el punto 2 de la fig. 8-18a, si se aumenta la excitación aumenta la carga y se desarrolla más potencia; la fig. 8-16c también comprueba esto. De manera parecida, si se disminuye la excitación del punto 2 de la fig. 8-18a, la carga disminuye y se desarrolla menos potencia; la fig. 8-16a también comprueba esto. Los siguientes ejemplos demuestran que si el ángulo de carga se supone constante, el aumento de excitación da lugar al aumento de la potencia mecánica desarrollada con un factor de potencia más capacitivo.

EJEMPLO 8-3: Un motor trifásico, conectado en estrella, de 6 polos, 50 hp, 440 V, 60 Hz, tiene una resistencia efectiva de inducido de 0,1 Ω y una reactancia síncrona de 2,4 Ω/fase. Cuando el motor está funcionando con un ángulo de carga α de 20° eléctricos, y está subexcitado, produciendo una tensión de fase de 240 V, calcular:

a. La corriente del inducido, el factor de potencia, y la potencia mecánica desarrollada por el inducido.
b. Lo mismo que en (a) cuando la tensión generada de fase es de 265 V.
c. Lo mismo que en (a) cuando la tensión generada de fase es de 290 V.

Solución:

$$\text{a. } V_p = \frac{V_l}{\sqrt{3}} = \frac{440\text{ V}}{1{,}73} = 254\angle 0° = 254 + j0\text{ V}$$

$$E_g = 240\angle 160° = 240(-\cos 20° + j\,\text{sen}\,20°) = -225{,}5 + j82{,}2\text{ V}$$

$$\dot{E}_r = \dot{E}_g + \dot{V}_p = 28{,}5 + j82{,}2 = 86{,}8\angle 70{,}85°\text{ V}$$

$$I_a = \frac{E_r}{Z_s} = \frac{86{,}8\angle 70{,}85°}{0{,}1 + j2{,}4} = \frac{86{,}8\angle 70{,}85°\text{ V}}{2{,}41\angle 87{,}6°\ \Omega} = \mathbf{36\angle -16{,}75°\text{ A}}$$

Factor de potencia $= \cos\theta = \cos 16{,}75° = $ **0,9575 inductiva**

$$P_d = 3E_g I_a \cos(E_g, I_a) = 3 \times 240 \times 36 \cos 176{,}75°$$
$$= 3 \times 240 \times 36(-\cos 3{,}25°)$$
$$= \mathbf{25\,800\text{ W}}\ \text{(absorbidos de las barras)}$$

$$\text{Potencia mecánica desarrollada} = \frac{P_d}{746} = \frac{25\,800\text{ W}}{746\text{ W/hp}} = \mathbf{34{,}6\text{ hp}}$$

$$\text{b. } V_p = 254 + j0; \qquad E_g = 265\angle 160° = 265(-\cos 20° + j\,\text{sen}\,20°)$$
$$= -249 + j90{,}8$$

$$\dot{E}_r = \dot{V}_p + \dot{E}_g = 5 + j90{,}8 = 90{,}8\angle 86{,}85°\text{ V}$$

$$I_a = \frac{E_r}{Z_s} = \frac{90{,}8\angle 86{,}85°\text{ V}}{2{,}41\angle 87{,}6°\ \Omega} = \mathbf{37.7\angle -0{,}75°}\text{ o }\mathbf{37{,}7\angle 0°\text{ A}}\ \text{(prácticamente)}$$

Factor de potencia = $\cos\theta = \cos\theta° = 1{,}0$ **o factor de potencia unidad.**

$$P_d = 3E_g I_a \cos(E_g, I_a) = 3 \times 265 \times 37{,}7 \cos 160°$$
$$= 3 \times 265 \times 37{,}7(-\cos 20°)$$
$$= \mathbf{28\,200\ W} \quad \text{(absorbidos de las barras)}$$

$$\text{Potencia mecánica desarrollada} = \frac{P_d}{746} = \frac{28\,200\ \text{W}}{746\ \text{W/hp}} = \mathbf{37{,}8\ hp}$$

c. $V_p = 254 + j0; \quad E_g = 290\angle 160° = 290(\cos -20° + j\,\text{sen}\,20°)$
$$= -272 + j99{,}2$$

$$\dot{E}_r = \dot{V}_p + \dot{E}_g = -18 + j99{,}2 = 100{,}5\angle 100{,}3°\ \text{V}$$

$$I_a = \frac{E_r}{Z_s} = \frac{100{,}5\angle 100{,}3°\ \text{V}}{2{,}41\angle 87{,}6°\ \Omega} = \mathbf{417{,}0\angle 12{,}7°\ A}$$

Factor de potencia = $\cos\theta = \cos 12{,}7° =$ **0,9757 capacitivo**

$$P_d = 3E_g I_a \cos(E_g, I_a) = 3 \times 290 \times 41{,}7 \cos 147{,}3°$$
$$= 3 \times 290 \times 41{,}7(-\cos 32{,}7°)$$
$$= 30\,600 \quad \text{(absorbidos de las barras)}$$

$$\text{Potencia mecánica desarrollada} = \frac{P_d}{746} = \frac{30\,600\ \text{W}}{746\ \text{W/hp}} = \mathbf{40{,}9\ hp}$$

Las soluciones del ejemplo 8-3 se han resumido en el siguiente párrafo:

PARTE	TENSIÓN GENERADA (voltios)	POTENCIA ABSORBIDA (watios)	POTENCIA MECÁNICA DESARROLLADA (hp)	FACTOR DE POTENCIA
(a)	240	25 800	34,6	0,9575 inductivo
(b)	265	28 200	37,8	unidad
(c)	290	30 600	40,9	0,9757 capacitivo

El ejemplo 8-3 demuestra que si la carga aplicada sobre el eje permanece constante y si la excitación se aumenta, el ángulo de par debe *disminuir* necesariamente para desarrollar la *misma* potencia en el eje. Así, si la excitación aumenta a un factor de potencia unidad, como se desarrollan 37,8 hp, el mayor par desarrollado reduciría el ángulo de carga a menos de 20°. De manera parecida, para un factor de potencia capacitivo el ángulo de carga debería reducirse todavía más.

8-15. Cálculo del ángulo de carga y de la tensión generada por fase para un motor síncrono polifásico. En el caso de un motor derivación de c.c., al aumentar la carga, el cálculo de la disminución de velocidad y del aumento de par viene determinado por la variación de la fcem. En el caso del motor síncrono, al aumentar la carga, la velocidad y la fem son relativamente constantes, y el aumento del ángulo de carga α produce la diferencia de tensión resultante E_r, cuyo valor y fase determinan la corriente del inducido absorbida por el motor de las barras. Hemos visto que la fem inducida varía con la excitación, y que su relación de fase varía con el ángulo de carga. Pero ninguno de éstos (ni E_g ni α) son cantidades conocidas para un valor determinado de la corriente de carga. ¿Es. posible determinar el ángulo de carga y la fcem de las medidas normales de potencia, tensión, y corriente absorbida de barras?

Como con cualquier máquina síncrona de c.a., la resistencia efectiva del inducido por fase, R_a, y la reactancia síncrona en cuadratura por fase, X_s, pueden determinarse a partir de la resistencia del estátor de c.c. y de las medidas de los ensayos de vacío y de cortocircuito (apartado 6-10). Para cualquier valor dado de la corriente de inducido, por tanto, la caída de impedancia síncrona I_aZ_p y su ángulo de fase son conocidos. Pero esta caída de tensión es la misma que la tensión resultante E_r, la cual es la diferencia entre la tensión de fase aplicada al inducido y la tensión del inducido generada por fase, como muestra la fig. 8-9 y está expresada en (8-1). Así, si la tensión en bornes por fase $V_p\angle 0°$ y $E_r\angle\delta$ (es decir I_aZ_p y el ángulo que forma con la tensión de referencia por fase) son conocidas, entonces E_{gp} puede obtenerse fácilmente para cualquier factor de potencia mediante el teorema del coseno, como se demuestra a continuación.

En el apartado 8-7 se vio que en la fig. 8-9

$$\dot{E}_{gp} = \dot{V}_p - \dot{E}_r = \dot{V}_p - I_a\dot{Z}_p \tag{8-1}$$

Esta ecuación puede volverse a escribir usando el teorema del coseno como

$$E_{gp}^2 = E_r^2 + V_p^2 - 2E_rV_p\cos\delta \tag{8-4}$$

en la que δ es la diferencia angular, para cualquier factor de potencia [véase las ecuaciones (8-5), (8-6) y (8-7) a continuación] entre V_p y E_r, V_p es la tensión de barras aplicada por fase, E_r es la caída de tensión debida a la impedancia síncrona para cualquier corriente dada del inducido I_aZ_p.

Como muestra la fig. 8-20, puede calcularse la diferencia angular, δ, para distintos valores del factor de potencia

Para un factor de potencia unidad $\quad \delta = \beta \quad$ (8-5)

Para un factor de potencia capacitivo $\quad \delta = \beta + \theta \quad$ (8-6)

Para un factor de potencia inductivo $\quad \delta = \beta - \theta \quad$ (8-7)

en las que β es arc tg (X_s/R_a), obtenida de la medida de la impedancia síncrona (apartado 6-10), y θ es el ángulo correspondiente al factor de potencia entre V_p e I_a, obtenido de las medidas de los watímetros.

Una vez se ha determinado la tensión generada por fase, E_{gp} [usando (8-4) anterior], es posible determinar el ángulo de carga α para cualquier factor de potencia, puesto que representa el ángulo que se opone a E_r, mostrado en las distintas construcciones de la fig. 8-20, usando el teorema del coseno*

$$\alpha = \text{arc cos} \frac{E_{gp}^2 + V_p^2 - E_r^2}{2E_{gp}V_p} \tag{8-8}$$

en la que todas las cantidades se han definido anteriormente.

También es posible representar la tensión inducida por fase, E_{gp}, en función de sus componentes horizontal y vertical, usando V_p como referencia, como se ve en la fig. 8-20. Usando las componentes horizontal y vertical mostradas en las distintas figuras, podemos expresar la tensión generada por fase para distintos factores de potencia como

Para un factor de potencia unidad

$$\dot{E}_{gp} = (\dot{V}_p - \dot{I}_a R_a) + j\dot{I}_a X_s \tag{8-9}$$

Para un factor de potencia capacitivo

$$\dot{E}_{gp} = [\dot{V}_p + I_a \dot{Z}_p \cos(180 - \delta)] + j[I_a \dot{Z}_p \,\text{sen}(180 - \delta)] \tag{8-10}$$

Para un factor de potencia inductivo

$$\dot{E}_{gp} = (\dot{V}_p - I_a \dot{Z}_p \cos\delta) + j(I_a \dot{Z}_p \,\text{sen}\,\delta) \tag{8-11}$$

en la que todos los términos se han definido anteriormente.

Los correspondientes ángulos de carga deducidos de las relaciones anteriores son

Para un factor de potencia unidad

$$\alpha = \text{arc tg}\left(\frac{I_a X_s}{V_p - I_a R_a}\right) \tag{8-12}$$

* Como se ha visto en la fig. 8-20, α puede determinarse como arc tg $I_a X_s/(V_p - I_a R_a)$. Quizá la determinación más simple de α es a partir de la ley de los senos, de donde α=arc sen E_r/E_{gp} sen δ, como se ve en la fig. 8-9.

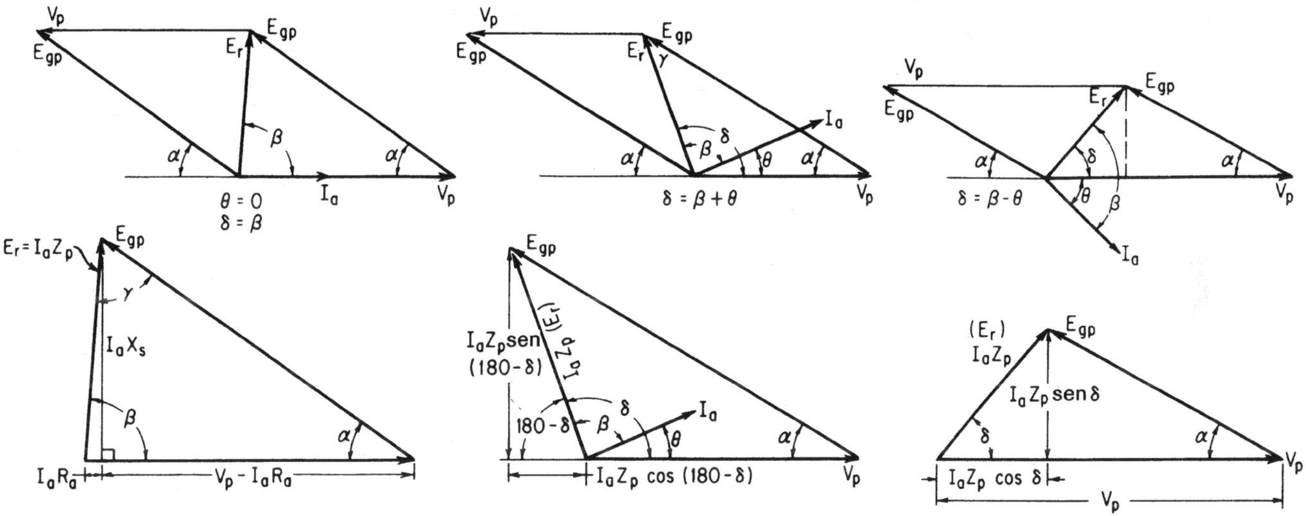

(a)	(b)	(c)
$\delta = \beta$	$\delta = \beta + \theta$	$\delta = \beta - \theta$
$E_{gp} = (V_p - I_a R_a) + jI_a X_s$	$E_{gp} = V_p + I_a Z_p \cos(180-\delta) + jI_a Z_p \,\text{sen}(180-\delta)$	$E_{gp} = (V_p - I_a Z_p \cos\delta) + jI_a Z_p \,\text{sen}\,\delta$
$\alpha = \text{arc tg}\,\dfrac{I_a X_s}{V_p - I_a R_a}$	$\alpha = \text{arc tg}\,\dfrac{I_a Z_p \,\text{sen}(180-\delta)}{V_p + I_a Z_p \cos(180-\delta)}$	$\alpha = \text{arc tg}\,\dfrac{I_a Z_p \,\text{sen}\,\delta}{V_p - I_a Z_p \cos\delta}$
$\cos\alpha = \dfrac{E_{gp}^2 + V_p^2 - E_r^2}{2 E_{gp} V_p}$	$\cos\alpha = \dfrac{E_{gp}^2 + V_p^2 - E_r^2}{2 E_{gp} V_p}$	$\cos\alpha = \dfrac{E_{gp}^2 + V_p^2 - E_r^2}{2 E_{gp} V_p}$
(a) Relaciones para un f.p. unidad	(b) Relaciones para un f.p. capacitivo	(c) Relaciones para un f.p. inductivo

Figura 8-20. Relaciones vectoriales entre la tensión aplicada y generada por fase para calcular α a cualquier factor de potencia.

Para un factor de potencia capacitivo

$$\alpha = \text{arc tg}\left[\frac{I_a Z_p \operatorname{sen}(180 - \delta)}{V_p + I_a Z_p \cos(180 - \delta)}\right] \tag{8-13}$$

Para un factor de potencia inductivo

$$\alpha = \text{arc tg}\left(\frac{I_a Z_p \operatorname{sen}\delta}{V_p - I_a Z_p \cos\delta}\right) \tag{8-14}$$

en la que todos los términos se han definido anteriormente.

Como en el caso del alternador síncrono de c.a., se tiene una simplificación de los diagramas anteriores si todos los vectores se proyectan sobre la corriente de inducido (I_a) como referencia (véase apartado 6-7, fig. 6-4). Las tres condiciones de factores de potencia, unidad, capacitivo e inductivo mostrados en la fig. 8-20, se reproducen una vez más en la fig. 8-21, usando como referencia la corriente.

Las relaciones resultantes no son solamente más simples de ver y comprender, sino que, además, las ecuaciones siguientes están algo más simplificadas y, como se verá, unificadas en comparación con (8-9) y (8-11). Además, son de la misma forma que las usadas para la regulación de un alternador síncrono de c.a. y permiten la comparación así como el conocimiento unificado desde el punto de vista de una máquina síncrona de c.a.

Los resultados de los diagramas vectoriales mostrados en la fig. 8-21 permiten expresar la tensión generada por fase para los distintos factores de potencia como

Para un factor de potencia unidad

$$E_{gp} = (V_p - I_a R_a) + jI_a X_s \tag{8-15}$$

Para un factor de potencia capacitivo

$$E_{gp} = V_p \cos\theta - I_a R_a + j(V_p \operatorname{sen}\theta + I_a X_s) \tag{8-16}$$

Para un factor de potencia inductivo

$$E_{gp} = V_p \cos\theta - I_a R_a + j(V_p \operatorname{sen}\theta - I_a X_s) \tag{8-17}$$

en los que todos los términos se han definido anteriormente.

Ahora es posible combinar las ecuaciones anteriores en una única ecuación

Ecuación general $E_{gp} = (V_p \cos\theta - I_a R_a) + j(V_p \operatorname{sen}\theta \pm I_a X_s)$ + = inductivo
− = inductivo

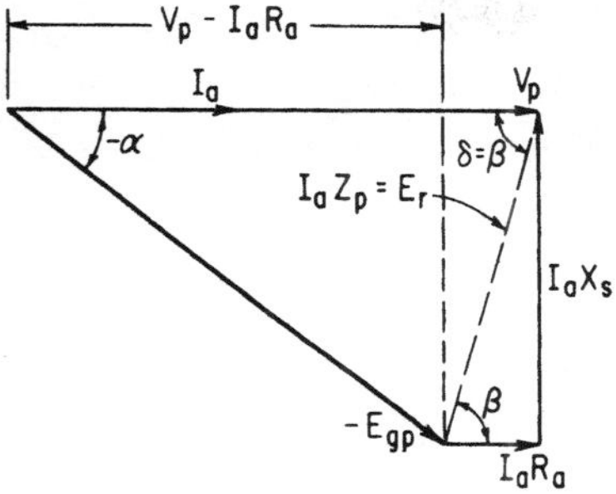

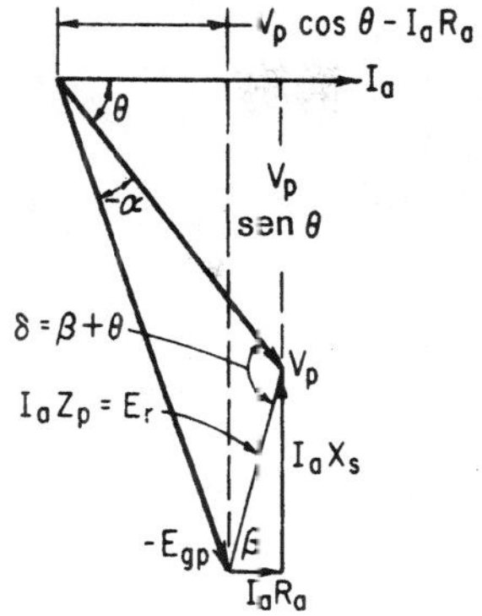

$E_{gp} = (V_p - I_a R_a) + j\, I_a X_s$

$\alpha = \text{arc tg}\, \dfrac{I_a X_s}{V_p - I_a R_a} = \text{arc sen}\, \dfrac{E_r}{E_{gp}} \operatorname{sen}\delta$

(a) Relaciones para un f.p. unidad.

$E_{gp} = (V_p \cos\theta - I_a R_a) + j(V_p \operatorname{sen}\theta - I_a X_s)$

$\alpha = \text{arc tg}\, \dfrac{V_p \operatorname{sen}\theta + I_a X_s}{V_p \cos\theta - I_a R_a} - \theta = \text{arc sen}\, \dfrac{E_r}{E_{gp}} \operatorname{sen}\delta$

(b) Relaciones para un f.p. capacitivo.

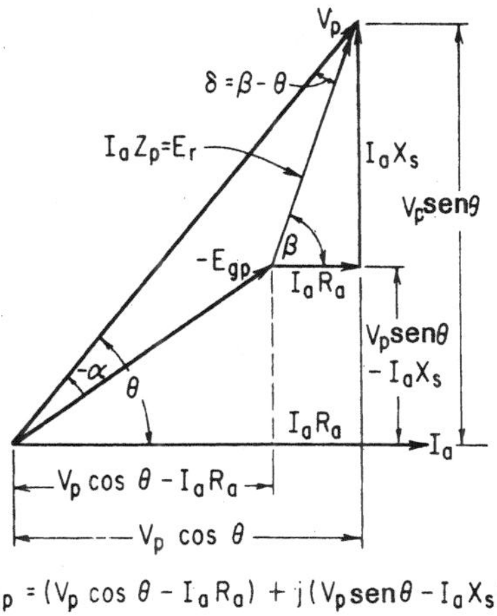

$E_{gp} = (V_p \cos\theta - I_a R_a) + j(V_p \operatorname{sen}\theta - I_a X_s)$

$\alpha = \theta - \dfrac{V_p \operatorname{sen}\theta - I_a X_s}{V_p \cos\theta - I_a R_a} = \text{arc sen}\, \dfrac{E_r}{E_{gp}} \operatorname{sen}\delta$

(c) Relaciones para un f.p. inductivo.

Figura 8-21. Relaciones vectoriales de la fig. 8-20 vueltas a dibujar referidas a la corriente.

general para el cálculo de la tensión generada por fase de un motor síncrono, para cualquier condición del factor de potencia, en la forma*

[redacted]

Obsérvese que para un factor de potencia unidad (8-18) es igual a (8-15), puesto que sen θ es cero y cos θ es la unidad.

La fig. 8-21 muestra la manera a partir de la cual el ángulo de carga puede determinarse a partir de las componentes real e imaginaria de la tensión generada por fase. Los ángulos de carga correspondientes para distintos factores de potencia son

Para un factor de potencia unidad

$$\alpha = \text{arc tg}\left(\frac{I_a X_s}{V_p - I_a R_a}\right) \quad (8\text{-}19)$$

Para un factor de potencia capacitivo

$$\alpha = \text{arc tg}\left(\frac{V_p \operatorname{sen}\theta + I_a X_s}{V_p \cos\theta - I_a R_a}\right) - \theta \quad (8\text{-}20)$$

Para un factor de potencia inductivo

$$\alpha = \theta - \text{arc tg}\left(\frac{V_p \operatorname{sen}\theta - I_a X_s}{V_p \cos\theta - I_a R_a}\right) \quad (8\text{-}21)$$

* Una comparación de (8-18) y (6-8) pone de manifiesto la similitud en la forma de determinar la fem generada en una máquina síncrona de c.a. y en un transformador

Como alternador, $E_{gp} = (V_p \cos\theta + I_a R_a) + j(V_p \operatorname{sen}\theta \pm I_a X_s)$

Como motor síncrono, $E_{gp} = (V_p \cos\theta - I_a R_a) + j(V_p \operatorname{sen}\theta \pm I_a X_s)$

En la parte real, la caída de tensión en la resistencia del inducido se añade a la componente real de la tensión en bornes para el efecto generador, y la caída de tensión se resta de la componente real de la tensión en bornes para el efecto como motor.

En la parte imaginaria, para el efecto generador, la caída de tensión en cuadratura en la reactancia se añade a la componente en cuadratura de la tensión aplicada para cargas inductivas y se resta para cargas capacitivas a fin de compensar el efecto de reacción de inducido desmagnetizante de las cargas inductivas y el efecto magnetizante de la reacción de inducido en las cargas capacitivas. En el efecto motor, por otra parte, es cierto lo inverso; en este caso las cargas inductivas son magnetizantes y las cargas capacitivas son desmagnetizantes.

Como en el caso de la tensión generada por fase, resulta posible unificar las tres ecuaciones para el ángulo de carga en una única ecuación general que tiene en cuenta todos los factores de potencia.

[redacted]

A la vista de la simplicidad relativa de las ecuaciones (8-18) y (8-21), y de las observaciones de pie de página de (8-18), el lector puede preguntarse por qué era necesario usar la presentación de la fig. 8-20 y todas las ecuaciones relacionadas con ella. Un examen de la fig. 8-20 mostrará que tanto E_{gp} como α estaban representadas en la fig. 8-21 en el sentido inverso (de aquí, el signo negativo). Es relativamente difícil, además, obtener un valor (para el ángulo entre la tensión resultante E_r y la tensión de fase aplicada) a partir de los diagramas de la fig. 8-21 en función de los ángulos β y θ. Finalmente, como la tensión de barras por fase, V_p, se toma como referencia tanto en el funcionamiento como alternador de c.a. como en el funcionamiento como motor síncrono, los diagramas de la fig. 8-20 son más significativos cuando se realizan cálculos empíricos.

Según se prefiera, puede usarse cualquiera de los tres métodos mostrados anteriormente. El siguiente ejemplo ilustra los tres métodos y es una comprobación de todas las ecuaciones presentadas anteriormente.

EJEMPLO 8-4: Un motor síncrono bipolar, 1000 hp, 6000 V, 60 Hz, trifásico, conectado en estrella tiene una resistencia efectiva del inducido de 0,52 Ω y una reactancia síncrona de 4,2 Ω/fase. El rendimiento del motor para la carga nominal con un factor de potencia capacitivo de 0,8 es del 92 % despreciando las pérdidas de excitación. Calcular:

a. La fem generada por fase, E_{gp}. Al resolver esta parte, usar los siguientes métodos: (1) la solución por el teorema del coseno (8-4); (2) la solución a base de la tensión de referencia (8-10); y (3) la solución de la ecuación general (8-18).
b. El ángulo de carga, α.
c. La potencia mecánica desarrollada por el inducido a la carga nominal en W y en hp.
d. El par interno desarrollado.

Solución:

$$\text{Watios de entrada} = \frac{1000\ \text{hp} \times 746\ \text{W/hp}}{0{,}92\ \text{de rendimiento}} = 811\,000\ \text{W}$$

Corriente de inducido de línea y de fase

$$I_a = \frac{\text{potencia de entrada}}{\sqrt{3}\,E_L \cos\theta} = \frac{811\,000 \text{ W}}{1{,}73 \times 6000 \text{ V} \times 0{,}8} = 97{,}6 \text{ A}$$

[Observación: para un factor de potencia unidad, I_a sería 97,6 A×0,8= 78,0 A]

$$V_p = \frac{V_L}{\sqrt{3}} = \frac{6000 \text{ V}}{1{,}73} = 3460 \text{ V}$$

$$Z_p = R_a + jX_s = 0{,}52 + j4{,}2 = 4{,}22\angle 82{,}93^\circ\ \Omega; \qquad \beta = 82{,}93^\circ$$

$E_r = I_a Z_p = 97{,}6 \times 4{,}22 = 412$ V Para un f.p. capacitivo de 0,8

$\cos\theta = 0{,}8$, y $\theta = 36{,}8^\circ$

Para un factor de potencia capacitivo de 0,8

$$\delta = \beta + \theta = 82{,}93^\circ + 36{,}8^\circ = 119{,}73^\circ$$

a. Por el método del teorema del coseno, usando (8-4)

$$\begin{aligned} E_{gp} &= \sqrt{E_r^2 + V_p^2 - 2E_r V_p \cos\delta} \\ &= \sqrt{412^2 + 3460^2 - 2(412)(3460)(-\cos 60{,}27^\circ)} \\ &= \sqrt{170\,000 + 12\,000\,000 + 2\,850\,000 \cos 60{,}27^\circ} \\ &= \sqrt{13\,580\,000} = \mathbf{3683\ V} \end{aligned}$$

Con el método de la tensión de referencia, usando (8-10)

$$\begin{aligned} E_{gp} &= [V_p + I_a Z_p \cos(180 - \delta)] + j[I_a Z_p \operatorname{sen}(180 - \delta)] \\ &= 3460 + 412 \cos 60{,}27^\circ + j412 \operatorname{sen} 60{,}27^\circ \\ &= 3664 + j358 = \mathbf{3683\ V} \text{ (comprobación)} \end{aligned}$$

Con el método de la ecuación general, usando (8-18)

$$\begin{aligned} E_{gp} &= (V_p \cos\theta - I_a R_a) + j(V_p \operatorname{sen}\theta - I_a X_s) \\ &= [(3460 \times 0{,}8) - (97{,}6 \times 0{,}52)] \\ &\quad + j[(3460 \times 0{,}6) - (97{,}6 \times 4{,}2)] \\ &= 2714{,}2 + j1665 = \mathbf{3683\ V} \text{ (comprobación)} \end{aligned}$$

b. Resolución para α, usando (8-13)

$$\begin{aligned} \alpha &= \operatorname{arc\,tg}\left[\frac{I_a Z_p \operatorname{sen}(180 - \delta)}{V_p + I_a Z_p \cos(180 - \delta)}\right] \\ &= \left[\frac{412 \operatorname{sen} 60{,}27^\circ}{3460 + 412(-\cos 60{,}27^\circ)}\right] = \frac{358}{3664} = \mathbf{5{,}5^\circ} \end{aligned}$$

Resolución de α, usando (8-22)

$$\alpha = \theta - \text{arc tg}\left(\frac{V_p \operatorname{sen}\theta + I_a X_s}{V_p \cos\theta - I_a R_a}\right)$$

$$= 36{,}8° - \text{arc tg}\left[\frac{(3460 \times 0.6) + (97{,}6 \times 4{,}2)}{(3460 \times 0{,}8) - (97{,}6 \times 0{,}52)}\right]$$

$$= 36{,}8° - \text{arc tg}\left(\frac{2485}{2714}\right) = 36{,}8° - 42{,}3° = \mathbf{5{,}5°} \quad \text{(comprobación)}$$

Resolución de α usando la ley de los senos

$$\delta = \beta + \theta = 82{,}93° + 36{,}8° = 119{,}73°$$

$$\alpha = \text{arc sen}\ \frac{E_r}{E_{gp}} \operatorname{sen}\delta = \text{arc sen}\ \frac{412}{3683} \operatorname{sen} 119{,}73° = \mathbf{5{,}5°} \quad \text{(comprobación)}$$

c. La potencia mecánica desarrollada por fase es el producto de la fem inducida por fase, la corriente del inducido y el coseno del ángulo entre ambas [véanse figs. 8-20(b) y 8-21(b)].

Potencia mecánica total

$$P_d = 3E_{gp}I_a \cos(\alpha + \theta) = 3 \times 3683 \times 97{,}6 \cos(5{,}5 + 36{,}8°)$$
$$= \mathbf{796\,000\ W}$$

$$\text{Potencia mecánica interna desarrollada} = \frac{P_d}{746} = \frac{796\,000\ \text{W}}{746\ \text{W/hp}} = \mathbf{1065\ hp}$$

d. Par $T = \dfrac{\text{hp} \times 5252}{S} = \dfrac{1065 \times 5252}{S} = \mathbf{1552\ libras\text{-}pie}$ [de (4-15]

8-16. Utilización del motor síncrono como corrector del factor de potencia. El ejemplo 8-4 ha demostrado que un motor síncrono es capaz de suministrar su potencia mecánica nominal y simultáneamente absorber una corriente capacitiva de las barras. Esta corriente capacitiva puede usarse para aumentar el factor de potencia global de la energía suministrada por las barras o la red a otras cargas, en paralelo con el motor síncrono. Es conveniente aumentar el factor de potencia total del sistema por distintas razones. Los alternadores y/o los transformadores que alimentan la red están limitados por su potencia aparente nominal. Así, la potencia activa que pueden suministrar a las distintas cargas conectadas a la red depende directamente de la naturaleza y el factor de potencia de las cargas a las cuales alimentan. En una red en la que se usen casi exclusivamente lámparas fluorescentes en alumbrado, y motores de inducción como fuerza motriz, el factor de potencia global del sistema puede llegar a ser sólo de 0,6. La generación del sistema y los aparatos de alimentación sólo suministrarán el

60 % de la potencia total que podría suministrarse con factor de potencia unidad. Además, cuanto menor sea el factor de potencia del sistema, tanto *mayor* es la corriente necesaria para alimentar la *misma* potencia activa. La mayor corriente que se necesita de la fuente para alimentar cargas de bajo factor de potencia da, en consecuencia, *mayores* caídas de tensión y mayores *pérdidas* en la línea de transmisión, así como mayores pérdidas y un menor rendimiento resultante en el equipo de generación y en la red que alimenta la carga.

Una mejora en el factor de potencia global del sistema para una determinada carga dada, da por resultado, por tanto, (1) liberar una capacidad de alimentación que permite cargas adicionales; (2) reducir la caída de tensión de línea y mejorar la regulación de tensión global del conjunto; (3) aumentar el rendimiento total del sistema (líneas y equipo); y (4) costes de funcionamiento menores, en consecuencia. Es precisamente por esta última razón que en algunas zonas de suministros industriales se *penalizan los factores de potencia bajos* y la energía se factura a tarifas mayores que las correspondientes a factores de potencia mayores. En estas zonas, en el caso de un consumidor que requiera motores adicionales en una fábrica, ya sea para ampliación o para sustitución, será interesante considerar la posibilidad de adquisición de motores síncronos, los cuales pueden sobreexcitarse para funcionar a factores de potencia capacitivos de 0,8 y, a la vez, suministrar la potencia mecánica nominal para accionar la carga (véase apartado 8-18).

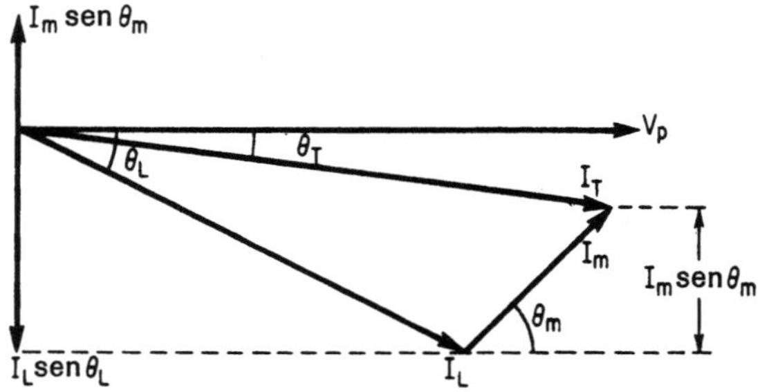

Figura 8-22. Mejora del factor de potencia usando un motor síncrono sobreexcitado.

La fig. 8-22 muestra el alcance de la mejora (en el factor de potencia de una carga inductiva) producido por un motor síncrono. Supongamos una carga inductiva I_L que retrasa respecto a la tensión de barras V_p un cierto ángulo θ_L. Si se añade un motor síncrono en paralelo con la carga en las mismas barras y si se sobreexcita, la corriente I_m absorbida por el motor síncrono al mantener constante la excitación (apartado 8-13), da una corriente capacitiva que adelanta un ángulo θ_m respecto a la tensión de barras. La corriente resultante absorbida de barras I_T, es la suma vectorial de I_L e I_m, tal como se ve en la fig. 8-22.

La componente original en cuadratura (en *retraso*) de la corriente de carga I_L sen θ_L está, en efecto, neutralizada en parte por la componente en cuadratura en *avance* de la corriente del motor I_m sen θ_m. En ángulo final θ_T, de I_T con V_p, es mucho menor con las consiguientes ventajas de mejor factor de potencia La potencia consumida por el motor, por fase, está representada por $V_p I_m \cos \theta_m$, que incluye las potencias mecánicas útiles para accionar una carga (además de una pequeña parte de pérdidas del motor).

El beneficio obtenido con la corrección del factor de potencia en los motores síncronos al reducir la corriente de carga inductiva puede verse en el ejemplo 8-5.

EJEMPLO 8-5: Una fábrica consume una potencia total de 2000 kW, con un factor de potencia inductivo de 0,6, de un transformador cuya tensión primaria es 6000 V. Al añadir un nuevo edificio dedicado exclusivamente a galvanoplastia, debe adquirirse un grupo motor generador de c.c. para suministrar aproximadamente 750 kW. La elección del motor se centra entre un motor síncrono de 1000 hp, y 6000 V con un factor de potencia capacitivo de 0,8 (ejemplo 8-4) y un motor de inducción de 1000 hp, 6000 V, cuyo factor de potencia a plena carga es 0,8 inductivo. Suponiendo un rendimiento del 92 % para cada motor, calcular:

a. La corriente total de carga y el factor de potencia cuando se usa el motor de inducción.
b. La corriente total de carga y el factor de potencia usando el motor síncrono.
c. El porcentaje de reducción de corriente de carga producida en (b) expresado como porcentaje de (a).
d. La mejora del factor de potencia global.

Solución:

a. La carga del motor de inducción $= \dfrac{\text{hp} \times 746 \text{ W/hp}}{\text{rendimiento}}$

$$= \frac{1000 \times 746}{0{,}92} = 810\,000 \text{ W}$$

La corriente inductiva absorbida por el motor de inducción

$$I_l = \frac{\text{watios}}{\sqrt{3}E_L \cos \theta} = \frac{810\,000 \text{ W}}{1{,}73 \times 6000 \times 0{,}8} = 97{,}6 \angle -36{,}9° \text{A}$$

La corriente de carga inductiva de la fábrica

$$I_l' = \frac{\text{watios}}{\sqrt{3}E_L \cos \theta} = \frac{2\,000\,000}{1{,}73 \times 6000 \times 0{,}6} = 321 \angle -53{,}1° \text{ A}$$

Corriente de carga del motor $= 97{,}6 \angle -36{,}9° \text{ A} = 78{,}0 - j58{,}5$
Corriente de carga de la fábrica $= 321 \angle -53{,}1° \text{ A} = \underline{192{,}5 - j256{,}5}$
Corriente de carga total $I_l + I_l'$ $= 270{,}5 - j315{,}0$

$= \mathbf{416 \angle -49{,}3° \text{ A}}$ (para un factor de potencia inductivo de **0,651**)

b. La carga de un motor síncrono $= 97{,}6\angle +36{,}9°$ A

(para un factor de potencia capacitivo de **0,8**)

Corriente de carga de un motor, $I_l = 97{,}6\angle 36{,}9°\text{ A} = 78{,}0 + j52{,}5$
Corriente de carga de la fábrica, $I'_l = 321\angle -53{,}1°\text{ A} = 192{,}5 - j256{,}5$
Corriente total de carga, $I_l + I'_l = 270{,}5 - j204{,}0$

$= \mathbf{340\angle -36{,}9°\ A}$ (para un factor de potencia inductivo de **0,8**).

c. Porcentaje de reducción de la carga

$$\frac{\text{Carga original — carga final}}{\text{Carga original}} = \frac{416 - 340}{416} \times 100 = \mathbf{18{,}25\ \%}$$

d. Mejora del factor de potencia:
Usando el motor síncrono en lugar del motor de inducción, aumentará el factor de potencia global del sistema de **0,651** inductivo a **0,8** inductivo.

8-17. Par electromagnético desarrollado por fase en un motor síncrono. La relación entre potencia mecánica externa o interna, par y velocidad para cualquier motor viene dada por:

$$\text{hp} = \frac{TS}{5252} \quad \text{o} \quad T = \frac{5252\ \text{hp}}{S} \tag{4-15}$$

La potencia absorbida de las barras por el inducido del motor síncrono, por fase, es

$$P_p = V_p I_a \cos\theta \tag{8-23}$$

y la potencia desarrollada por el inducido del motor síncrono, por fase, se ha dado como producto de su fem generada por fase, E_{gp}, la corriente del inducido, I_a, y el coseno del ángulo entre ambas [basado en (4-7) para la máquina de c.c.], o sea

$$\text{Potencia desarrollada por fase:} \quad P_d = E_{gp} I_a \cos(E_{gp}, I_a) \tag{8-24}$$

Si la potencia mecánica desarrollada en (4-15) se expresa como potencia desarrollada en watios, el par desarrollado, por fase, es

$$T = \frac{5252 P_d}{S \times 746} = \frac{7{,}04 P_d}{S} = \left(\frac{7{,}04}{S}\right) E_{gp} I_a \cos(E_{gp}, I_a) \tag{8-25}$$

De (2-16), en la cual $S=120f/P$, el par electromagnético desarrollado por fase en cualquier máquina síncrona de c.a., en pies-libra, puede deducirse de

[redacted]

en la que P es el número de polos, E_{gp} es la fem generada por fase de la máquina síncrona de c.a. a partir de (6-8) o de (8-18), I_a es la corriente del inducido por fase, $\cos(E_{gp}, I_a)$ es el coseno del ángulo entre las dos cantidades determinadas por el diagrama vectorial, f es la frecuencia en Hz.

Así, independientemente del modo de funcionamiento, (8-26) expresará el par electromagnético desarrollado por los conductores del inducido de una máquina síncrona de c.a. bien sea (1) como motor para producir el giro del rotor, o (2) como generador, para producir un par resistente consecuencia de la circulación de la corriente generada en los conductores del inducido.

Se ha establecido que, al aumentar la carga mecánica aplicada al eje de un motor síncrono, aumenta el ángulo de carga α, aumentando a su vez la diferencia de tensión resultante E_r (o $E_{gp}-V_p$), lo cual a su vez hace que las barras suministren más corriente de inducido al motor. En (8-24) y (8-26), el ángulo entre E_{gp} e I_a depende no sólo del valor del ángulo de carga α, como muestran las figs. 8-20 y 8-21, sino también del ángulo del factor de potencia θ. ¿Existe una potencia *máxima* que un motor síncrono pueda desarrollar y existe un ángulo de carga máximo más allá del cual el motor saldrá de sincronismo?

Evidentemente existe, pero ¿cuál es? Si desarrollásemos una expresión similar a (8-24), que da la potencia absorbida (de las barras por un motor síncrono) en función sólo del ángulo de carga α, esa expresión podría sustituirse en (8-26) obteniéndose el par máximo o límite para un motor síncrono. La deducción algebraica de esta ecuación es relativamente compleja.

Sin embargo, es posible «deducirla» de una construcción vectorial, como la de la fig. 8-23, que muestra la potencia suministrada por fase a una carga por un motor síncrono de c.a. o por unas barras. Sea θ el ángulo que I_a retrasa respecto a la tensión de barras V_p, siendo α el ángulo definido por E_{gp} y V_p. La diferencia $E_{gp}-V_p$ es E_r, la cual es igual que I_aZ_p. Despreciando la resistencia del inducido, I_a retrasa 90° respecto a E_r y E_r viene dado por I_ajX_s. La corriente del inducido puede representarse entonces por

$$I_a=\frac{E_r}{jX_s}=\frac{E_{gp}-V_p}{jX_s}=\frac{E_{gp}}{jX_s}-\frac{V_p}{jX_s}$$

El lugar geométrico de la corriente del inducido, I_a, es por tanto un círculo, cuyo centro, como muestra la figura, es jV_p/X_s y cuyo radio es jE_{gp}/X_s. Esta información permite la construcción de jE_{gp}/X_s para un ángulo α con el eje vertical, del cual se conoce la corriente jV_p/X_s. La potencia suministrada por las

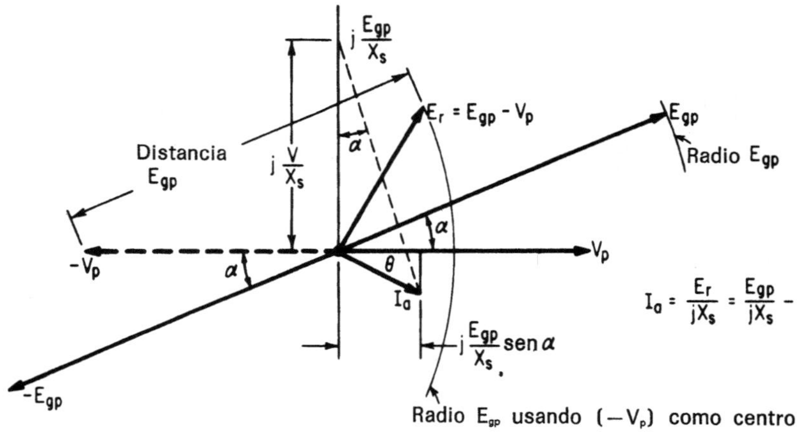

Figura 8-23. Construcción para deducir la potencia y el par máximos de una máquina síncrona de c.a.

barras, por fase, es $V_p I_a \cos\theta$, o V_p veces la proyección de I_a sobre V_p. Pero esta proyección también es igual a $j(E_{gp}/X_s)$ sen α. Por tanto, la potencia eléctrica desarrollada por fase, P_p, por una máquina síncrona de c.a. girando es

$$P_p = \left(\frac{V_p E_{gp}}{X_s}\right) \operatorname{sen} \alpha \tag{8-27}$$

la cual, cuando se sustituye en (8-26), da el par por fase, o sea

$$T = \left(\frac{7{,}04P}{120f}\right)\left(\frac{V_p E_{gp}}{X_s}\right) \operatorname{sen} \alpha \tag{8-28}$$

en la que todos los términos se han definido anteriormente.

Un examen de (8-28) indica que, para un número dado de polos, frecuencia, tensión de barras, reactancia síncrona y excitación (que produce E_{gp}), el par máximo sólo puede ocurrir cuando α es igual a 90° eléctricos. Por otra parte, como todos los demás términos de (8-28) son relativamente constantes para un motor dado, la forma de la curva de par debería ser *sinusoidal.* El par y la potencia desarrollada por los rotores tanto salientes como lisos (cilíndricos) pueden verse en la fig. 8-24. El par máximo del rotor *se obtiene* a los 90° eléctricos en el caso de un motor *cilíndrico* (arrollamiento distribuido), el cual *no* produce reacción de inducido en cuadratura.* El par máximo del rotor es mayor en la máquina de polos *salientes,* pero ocurre más pronto, sin embargo, debido al deno-

* Para un tratamiento más profundo de las ecuaciones de la potencia y del par para las máquinas síncronas de polos salientes y de rotor liso ver L. V. Bewley, *Alternating Current Machinery,* New York: The Macmillan Company, 1949, capítulo 7, págs. 288-304.

minado *par de reluctancia* (apartado 1-2) debido a la variación de la reluctancia en el entrehierro producida por la reacción del inducido (apartado 6-11); el par de reluctancia varía con sen 2α.

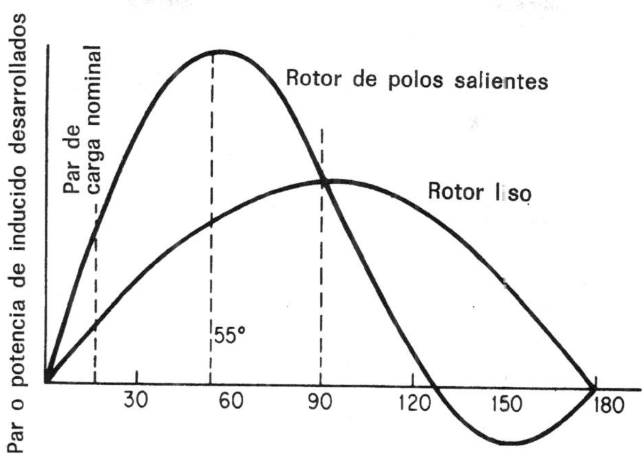

Figura 8-24. Curvas de ángulo de potencia para dos motores síncronos similares (mismo estátor) en las que se ven los ángulos de par máximo para los polos de rotor salientes y no salientes.

El par de reluctancia es máximo para pequeños ángulos de carga y, por tanto, ayuda a la puesta en sincronismo del motor síncrono de polos salientes (apartado 8-5). El par de reluctancia es un fenómeno que también puede ocurrir en el motor de inducción debido a la variación de permeabilidad entre los dientes del estátor y del rotor; el par de reluctancia, puede, en tales casos, originar una fuerza sincronizante denominada «cosido subsíncrono».

Para la máquina de polos *salientes* de la fig. 8-24, el par máximo se presenta a unos 55° eléctricos y el par de plena carga a unos 22° eléctricos. El par máximo tanto para máquinas de polos salientes como de rotor liso varía entre 250 a 300 % del par de plena carga. Las ecuaciones (8-27) y (8-28) sirven también para comprobar las diferencias entre los motores síncronos en función de la excitación o la impedancia. Como E_{gp} varía en (8-27) con la excitación de c.c., y como V_p es la tensión de barras (normalmente constante), si la excitación se reduce, como muestra la fig. 8-16b, el ángulo de carga α debe aumentar para desarrollar la misma potencia mecánica. Por el contrario, independientemente de los efectos de la reacción de inducido, si la excitación E_{gp} se aumenta, como muestra la fig. 8-16c, (8-27) y el ejemplo 8-3, el ángulo de carga se *reduce*.

Por otra parte, aumentando la excitación, se aumenta la potencia límite y la «estabilidad» del motor síncrono, no sólo porque la tensión generada por fase E_{gp} ha aumentado en (8-28), sino también porque la reactancia síncrona X_s disminuye al aumentar la saturación. En general, además, un motor síncrono de baja impedancia (y baja X_s) no requerirá un ángulo de carga tan grande para accionar una carga dada [como muestra (8-28)] como una máquina de elevada impedancia, es decir, una máquina de baja impedancia es más estable en el sentido de que se opone más a las variaciones del ángulo de carga debidas a la carga.

EJEMPLO 8-6: Calcular el par interno por fase y la potencia mecánica total desarrollada para la excitación original dada en el ejemplo 8-3, usando (8-28).

Solución:

$$T/\text{fase} = \left(\frac{7{,}04P}{120f}\right)\left(\frac{V_p E_{gp}}{X_s}\right)\text{sen}\,\alpha \qquad (8\text{-}28)$$

$$= \left(\frac{7{,}04 \times 6}{120 \times 60}\right) \times \left(\frac{254 \times 240}{2{,}4}\right)\text{sen}\,20^\circ = \mathbf{50{,}8\ pies\text{-}libra/fase}$$

$$\text{Potencia mecánica} = \frac{TS}{5252} = \left(\frac{3 \times 50{,}8}{5252}\right) \times \left(\frac{120 \times 60}{6}\right) = \mathbf{34{,}6\ hp}$$

Obsérvese que se obtiene el *mismo* resultado que en el ejemplo 8-3a. Esto es una comprobación de (8-28).

8-18. Características nominales de un motor síncrono. Pueden adquirirse motores síncronos de tres características nominales normalizados, a saber: factor de potencia unidad, factor de potencia capacitivo del 90 % y un factor de potencia capacitivo del 80 %. Pueden obtenerse otros valores nominales mediante pedido especial.

Un motor síncrono con factor de potencia unidad, de 100 hp, tiene un 80 % de la corriente nominal de inducido de un motor de 100 hp con un factor de potencia capacitivo de 0,8 (el último tiene un *mayor tamaño físico*). Ambos motores suministrarán 100 hp a sus poleas de transmisión; pero el último puede usarse también para la corrección del factor de potencia a un factor de potencia capacitivo de 0,8, mientras que el primero debe estar ajustado para corriente mínima (factor de potencia unidad) a plena carga. Desde luego, resulta posible hacer funcionar cualquier motor de factor de potencia unidad (o cualquier otro valor nominal del factor de potencia) como motor síncrono sobreexcitado, pero debe tenerse en cuenta que la potencia mecánica nominal del motor no puede ser la misma si la corriente del inducido debe mantenerse inferior a la corriente nominal. (Véase curvas en «*V*», fig. 8-18a.)

8-19. Condensadores síncronos. Algunos motores síncronos se fabrican sin extensión del eje, proyectados sólo de manera inequívoca para la corrección del factor de potencia y para hacerle que funcionen *sin* ninguna carga mecánica. Cualquier motor síncrono sobreexcitado funcionando sin carga, sin embargo, puede clasificarse como *condensador síncrono*. Aunque no existe carga mecánica que contribuya a la corriente del inducido, las curvas en *V* de la fig. 8-18 mostrarán que, incluso sin carga, la corriente del inducido es elevada.

Como muestra la fig. 8-25, cuando un motor se sobreexcita sin carga, la tensión de impedancia por fase resultante E_r es bastante elevada, a pesar de un ángulo de carga muy pequeño, α, que produce una corriente de inducido en avance relativamente grande, I_a, que prácticamente está a 90° respecto a la tensión de fase de las barras. Pueden construirse máquinas síncronas de corriente alterna menos caras que los condensadores fijos comerciales para potencias y tensiones nominales extremadamente elevadas, con el resultado de que a los condensadores síncronos, que no accionan carga mecánica, se les hace estar «flotantes» sobre la línea a fin de mejorar el factor de potencia. Aunque normalmente resulta poco práctico comercialmente corregir el factor de potencia dado de un sistema de cualquier estación de generación hasta un factor de potencia unidad (véase apartado 8-20), el siguiente ejemplo simple mostrará la forma de realizar los cálculos de corrección del factor de potencia. En el apartado 8-21 se verá un método más directo.

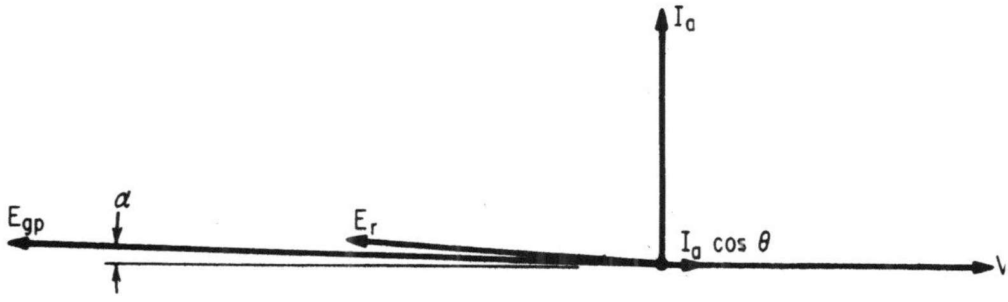

Figura 8-25. Relaciones vectoriales para un condensador síncrono. Par de carga nominal

EJEMPLO 8-7: Una fábrica absorbe una carga inductiva de 2000 kW con un factor de potencia de 0,6 de una fuente de alimentación de 6000 V. Se adquiere un condensador síncrono para elevar el factor de potencia global a la unidad. Suponiendo que las pérdidas del condensador síncrono son 275 kW, calcular:

a. La potencia reactiva original de la carga inductiva.
b. La potencia reactiva de corrección necesaria para elevar el factor de potencia a la unidad.
c. La potencia nominal en kVA del condensador síncrono y el factor de potencia del mismo.

Solución:

a. $\text{kVA} = \dfrac{\text{kW}}{\cos\theta} = \dfrac{2000}{0{,}6} = \mathbf{3333\ kVA}$

kVAr inductivos $=$ kVA $\times$ sen $\theta = 3333 \times 0{,}8 =$ **2667 kVAr**

b. Se necesitan **2667 kVAr de corrección** para llevar el factor de potencia a la unidad.

c. $\text{tg}\,\theta = \dfrac{2667\ \text{kVAr}}{275\ \text{kW}} = 9{,}68;\quad \theta = \text{arc tg}\ 9{,}68 = 84{,}09°$ en avance

$\cos\theta =$ **0,103** capacitivo; $\text{kVA} = \dfrac{\text{kW}}{\cos\theta} = \dfrac{275}{0{,}103} =$ **2755 kVA**

Se necesita un condensador síncrono con un factor de potencia capacitivo de 0,103 y una potencia nominal de 2755 kVA.

8-20. Límite económico de la mejora del factor de potencia. No suele intentarse la corrección del factor de potencia de un sistema hasta factor de potencia unidad. Existe una razón económica para esto, a pesar del hecho de que existen condensadores síncronos de elevada capacidad disponibles y (para la misma potencia nominal en kVA) generalmente resultan menos caros que los motores síncronos debido a que (1) arrancan y funcionan sin carga, sin requerir devanados especiales de barras, y (2) requieren menores diámetros de ejes y cojinetes más ligeros aunque sus devanados de excitación son algo mayores.

La razón económica que pone un límite a la corrección máxima del factor de potencia puede deducirse de los datos de la tabla 8-1 que se muestra a continuación para un sistema de 10 000 kVA.

TABLA 8-1.
kVAr TOTALES DE CORRECCIÓN NECESARIOS PARA DISTINTOS FACTORES DE POTENCIA

FACTOR DE POTENCIA DEL SISTEMA	POTENCIA EN kW	kVAr DISPONIBLES	kVAr PARA CORREGIR DEL SIGUIENTE FACTOR DE POTENCIA MENOR	kVAr TOTALES ACUMULADOS NECESARIOS PARA LA CORRECCIÓN
0,60	6000	8000	—	—
0,65	6500	7600	400	400
0,70	7000	7140	460	860
0,75	7500	6610	530	1390
0,80	8000	6000	610	2000
0,85	8500	5270	730	2730
0,90	9000	4360	910	3640
0,95	9500	3120	1240	4880
1,00	10 000	0	3120	8000

La tabla 8-1 muestra que un sistema de 10 000 kVA funcionando a un factor de potencia de 0,6 es capaz de suministrar sólo 6000 kW; mientras que, a un factor de potencia unidad, podría suministrar 10 000 kW con la misma corriente y la misma caída de tensión de línea. Sin embargo, cualquier aumento en la potencia de salida, es a expensas de la potencia reactiva. Para mejorar el factor de potencia de 0,65 a 0,70, por ejemplo, existe un aumento de potencia de salida de 500 kW con un coste de corrección de 460 kVAr. Para mejorar el factor de potencia de 0,80 a 0,85, el aumento de 500 kW se hace para un coste de corrección superior de 730 kVAr.

Para cada nivel de factor de potencia sucesivamente superior, el coste de los kVAr es mayor para una mejora ulterior de 0,05 en el factor de potencia. De hecho, para mejorar el factor de potencia de 0,95 a la unidad, el aumento de 500 kW en la potencia de salida implica un coste de corrección de 3210 kVAr. El coste monetario de los condensadores síncronos necesarios para las capacidades aumentadas, los hace en general económicamente prohibitivos para elevar el factor de potencia más allá del nivel de 0,85. El ejemplo 8-8 ilustra este punto.

EJEMPLO 8-8: Un sistema de 10 000 kVA está funcionando a un factor de potencia de 0,65, y el coste de un condensador síncrono para mejorar el factor de potencia es de 60 $ por kVA. Despreciando las pérdidas del condensador síncrono, calcular el coste de elevar el factor de potencia a:

a. Factor de potencia unidad.
b. Factor de potencia inductivo de 0,85.

Solución:

a. Para la carga original

$$\text{kW} = \text{kVA} \cos\theta = 10\,000\ \text{kVA} \times 0{,}65 = 6500\ \text{kW} \quad \text{para} \quad \theta = 49{,}5^\circ$$
$$\text{kVAr} = \text{kVA}\ \text{sen}\ \theta = 10\,000\ \text{kVA}\ \text{sen}\ 49{,}5^\circ = 7600\ \text{kVAr}$$

Para un factor de potencia unidad

kVA de condensadores síncronos = **7600 kVA** (despreciando pérdidas)
Coste de un condensador síncrono = 7600 kVA × 60 $/kVA = **456 000 $**

b. Para un factor de potencia de 0,85, $\theta = 31{,}8^\circ$
La potencia total, 6500 kW, permanece igual y, por tanto,

$$\text{Los kVA finales del sistema se reducen a } \frac{6500}{0{,}85}\ \text{kW} = 7650\ \text{kVA}$$

Los kVAR finales del sistema se han reducido a
$$7650\ \text{kVA} \times \text{sen}\ 31{,}8^\circ = 4030\ \text{kVAr}$$

Por tanto, los kVAr de corrección añadida $= 7600 - 4030 = 3570$ kVAr

Para un factor de potencia de 0,85, los kVAr de condensadores síncronos= **3570 kVA** (despreciando pérdidas).

Coste del condensador síncrono=3570 kVA×60 $/kVA=**214 200 $**, o sea menos de la mitad del coste de (a) anterior.

8-21. Cálculo de la mejora del factor de potencia de un motor síncrono usando el método kW-kVAr. El cálculo y predicción de la mejora del factor de potencia producida añadiendo un motor síncrono, generalmente se simplifica por el método de kW-kVAr de representar las cargas individuales y combinadas en función de sus componentes en fase y en cuadratura. Este método no sólo resulta significativo para la determinación del factor de potencia final de un sistema cuando se añade un motor síncrono. Permite también la determinación del valor nominal de la potencia aparente, kVA, y el factor de potencia de un motor síncrono necesarios para accionar una carga dada y producir la corrección necesaria para elevar el factor de potencia global del sistema a un valor predeterminado. Los dos ejemplos siguientes ilustran dos aplicaciones del método.

EJEMPLO 8-9: La carga de un sistema trifásico consta de 40 000 kW con un factor de potencia inductivo de 0,8. Debe reemplazarse un motor de inducción de 7500 hp averiado, que funcionaba con un factor de potencia inductivo de 0,75 y un rendimiento del 91 %, por un motor síncrono de la misma potencia mecánica nominal, funcionando a un factor de potencia unidad o capacitivo con el mismo rendimiento. Calcular:

a. El factor de potencia global del sistema usando un motor síncrono de factor de potencia unidad.
b. El factor de potencia global del sistema usando un motor síncrono con un factor de potencia capacitivo de 0,8.
c. La diferencia de potencias nominales en kVA de los dos motores síncronos.

Solución:

El motor síncrono funciona con el mismo rendimiento que el motor de inducción que se ha reemplazado y por lo tanto la potencia activa total del sistema no varía. La solución implica la construcción de una tabla que muestre las condiciones originales del sistema, la variación, y las condiciones finales. En la tabla, pueden considerarse los kVAr inductivos como cantidades negativas, y los kVAr capacitivos como cantidades positivas. Todos los valores calculados en las tablas están subrayados. La tabla para cada parte de la solución puede verse inmediatamente después de los cálculos para esta parte.

a. kVA originales $= \dfrac{40\,000 \text{ kW}}{0{,}8 \text{ PF}} = 50\,000 \text{ kVA}$

kVAr originales$=50\,000 \text{ kVA} \times 0{,}6 = 30\,000 \text{ kVAr}$

$$\text{kW del motor de inducción} = \frac{7500 \text{ hp} \times 746 \text{ W/hp}}{1000 \text{ W/kW} \times 0{,}91} = 6150 \text{ kW}$$

$$\text{tg } \theta \text{ final} = \frac{23\,380 \text{ kVAr}}{40\,000 \text{ kW}} = 0{,}584; \quad \theta = \text{arc tg } 0{,}584 = 30{,}3°$$

$\cos\theta = \cos 30{,}3° =$ **0,8625 inductivo**

$$\text{kVA finales} = \frac{\text{kW}}{\cos\theta} = \frac{40\,000}{0{,}8625} = \mathbf{46\,300 \text{ kVA}}$$

ESTADO DEL SISTEMA	kW	kVAr	kVA	cos θ F.P.
Original	40 000	−30 000	50 000	0,8 inductivo
Quitando el motor de inducción	−6150	−6620	8200	0,75 inductivo
Añadiendo el motor síncrono	+6150	0	6150	1,0
Final	40 000	−23 380	46 300	0,8625

b. $$\text{kVA del motor síncrono} = \frac{6150 \text{ kW}}{0{,}8 \text{ PF}} = 7680 \text{ kVA}$$

kVAr capacitivos del motor síncrono = 7680 kVA × 0,6 = 4620 kVAr

kVAr final del sistema = −30 000 − (−6620) + 4620 = −18 760 kVAr

$$\text{tg } \theta \text{ final} = \frac{18\,760}{40\,000} = 0{,}468; \quad \theta = \text{arc tg } 0{,}468 = 25{,}1°$$

$\cos\theta = \cos 25{,}1° =$ **0,905 inductivo**

$$\text{kVA finales} = \frac{\text{kW}}{\cos\theta} = \frac{40\,000}{0{,}905} = \mathbf{44\,200 \text{ kVA}}$$

ESTADO DEL SISTEMA	kW	kVAr	kVA	cos θ F.P.
Original	40 000	−30 000	50 000	0,8 inductivo
Quitando el motor de inducción	−6150	−6620	8200	0,75 inductivo
Añadiendo el motor síncrono	+6150	+4620	7680	0,8 inductivo
Final	40 000	−18 760	44 200	0,905 inductivo

c. El motor síncrono tiene una potencia nominal de 6150 kVA cuando funciona a un factor de potencia unidad.
El motor síncrono tiene una potencia nominal de 7680 kVA cuando funciona a un factor de potencia capacitivo de 0,8.
El uso de un motor síncrono de un factor de potencia capacitivo de 0,8 requiere (7680 − 6150) = **1530 kVA** adicionales.

EJEMPLO 8-10: Una carga de 500 kVA funciona a un factor de potencia inductivo de 0,65. Se desea añadir al sistema un motor síncrono de 200 hp con un rendimiento del 88 % y hacer que la carga total final del sistema (incluyendo el motor añadido) tenga un factor de potencia inductivo de 0,85. Calcular:

a. La potencia aparente, kVA y el factor de potencia del sistema con el motor añadido.
b. La potencia aparente, kVA, del motor síncrono, y el factor de potencia al cual funciona.

Solución:

$$\text{kW originales} = 500\ \text{kVA} \times 0{,}65 = 325\ \text{kW}$$

$$\text{kVAr originales} = 500\ \text{kVA} \times 0{,}76 = 380\ \text{kVAr}$$

$$\text{kW del motor síncrono} = \frac{200\ \text{hp} \times 746\ \text{W/hp}}{1000 \times 0{,}88} = 169{,}5\ \text{kW}$$

Los resultados de la solución se presentan a continuación en una tabla en la cual los valores calculados están subrayados; los kVAr inductivos se indican en la tabla como cantidades *negativas,* y los capacitivos como cantidades *positivas.*

a. $\text{kW finales} = 325 + 169{,}5 = 494{,}5\ \text{kW}$

$$\text{kVA finales del sistema} = \frac{494{,}5\ \text{kW}}{0{,}85} = \mathbf{582\ kVA}$$

$$\text{F.p. del sistema} = \text{kW/kVA} = 494{,}5/582 = \mathbf{0{,}85\ inductivo}$$

$$\text{kVAr finales del sistema} = 582\ \text{kCA} \times 0{,}525 = -306\ \text{kVAr}\quad \text{(inductivo)}$$

b. $\text{kVAr del motor síncrono} = \text{kVAr final} - \text{kVAr original}$
$= -306 - (-380) = +74\ \text{kVAr}\quad \text{(capacitivo)}$

$$\text{Motor síncrono, tg}\ \theta = \frac{\text{kVAr}}{\text{kW}} = \frac{74}{169{,}5} = 0{,}436$$

$$\theta = \text{arc tg}\ 0{,}436 = 23{,}6°$$

$$\text{Factor de potencia del motor, } \cos\theta_m = \cos 23{,}6° = \mathbf{0{,}916\ capacitivo}$$

$$\text{Potencia nominal en kVA del motor síncrono} = \frac{\text{kW}}{\cos\theta} = \frac{169{,}5}{0{,}916} = \mathbf{185\ kVA}$$

8-22. Uso del condensador síncrono como reactancia síncrona. Generalmente, los condensadores síncronos se hacen funcionar a excitación constante y máxima en la línea, en el extremo *receptor* de una fábrica o factoría.

ESTADO DEL SISTEMA	kW	kVAr	kVA	cos θ F.P.
Original	325	−380	500	0,65 inductivo
Añadiendo el motor síncrono	169,5	+74	185	0,916 capacitivo
Final	494,5	−306	582	0,85 inductivo

La tensión en el extremo receptor de una línea de transporte, V_r, está representada en la fig. 8-26 en donde se absorbe una carga, I_L, con un factor de potencia inductivo de ángulo θ. La caída de tensión por impedancia en las líneas de transporte, IZ, es principalmente inductiva cuando las líneas están transportando corriente de carga, haciendo que la tensión V_r en el extremo receptor sea considerablemente menor que la tensión E_s en el extremo de origen. Por otra parte, si la carga disminuye hasta cero, debido a la capacidad distribuida de la línea, se consume una corriente reactiva I_c en la línea, la cual, para la misma tensión de origen, E_s, producirá en el extremo receptor una tensión V_r mucho mayor que la tensión de origen E_s.

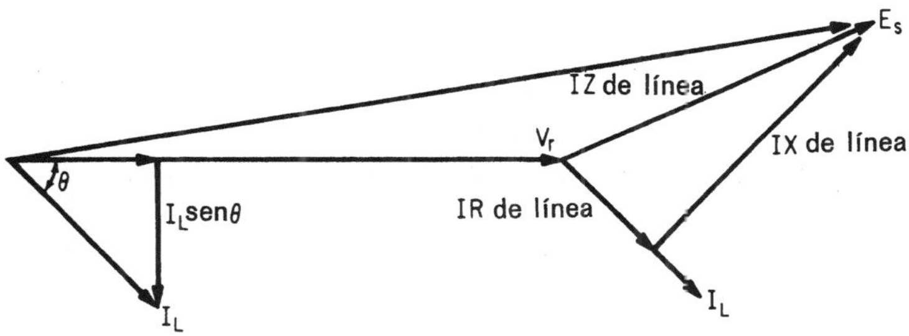

Figura 8-26. Condición original que representa las tensiones en los extremos de origen y de recepción a plena carga.

Por tanto, en lugar de mantener constante la excitación del condensador síncrono, se controla la excitación de c.c. del condensador síncrono mediante un regulador de tensión en un sistema realimentada en el cual la excitación de c.c. se reduce cuando la carga disminuye y la tensión de recepción de c.a. aumenta. Como una disminución en la carga proporciona un aumento de tensión en el extremo receptor, resulta fácil obtener un control bastante lineal y preciso en una gama de cargas y de excitaciones del condensador síncrono. Cuando la carga disminuye a cero, como muestra la fig. 8-27, y la caída de tensión de línea es capacitiva, es necesario equilibrarla mediante la *subexcitación* de la máquina síncrona que actúa como reactancia, produciendo una caída *inductiva* en virtud de la corriente inductiva, I_r, absorbida por el consumo del sistema de alimentación. La fig. 8-28 muestra la relación entre E_s y V_r a plena carga y en vacío. Obsérvese que la rela-

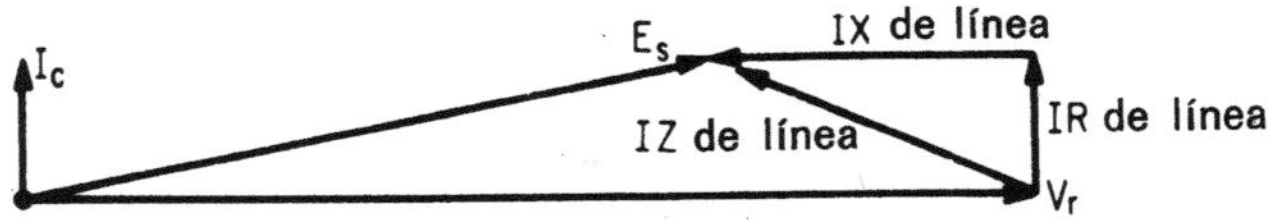

Figura 8-27. Condición original que representa las tensiones en los extremos de origen y de recepción en vacío.

ción entre las dos tensiones de recepción es casi la *misma.* Un condensador síncrono usado de esta manera mantiene una tensión constante en la carga independientemente de las variaciones de la corriente de carga y del factor de potencia.

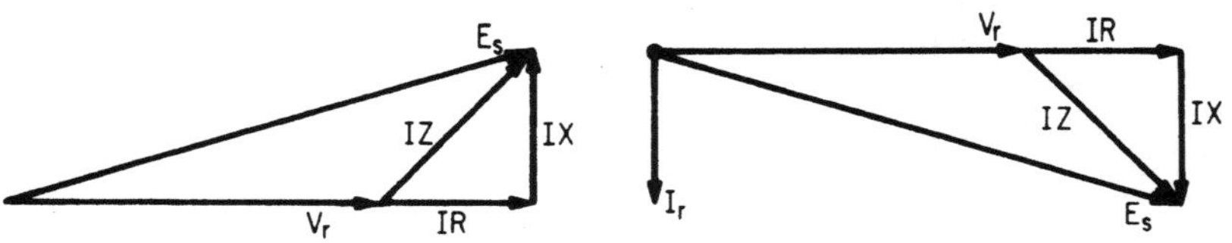

(a) Corrección a plena carga. (b) Corrección en vacío.

Figura 8-28. Efecto de la reactancia síncrona sobre una línea de transporte.

8-23. Uso del motor síncrono como cambiador de frecuencia. Anteriormente se estableció que, debido a su característica de *velocidad constante,* el motor síncrono puede usarse para accionar un generador derivación de c.c. para mantener una tensión de c.c. relativamente constante desde vacío a plena carga. Debido a su característica de velocidad constante, también puede usarse para accionar un alternador de c.a., ya sea monofásico o polifásico, de distintas frecuencias manteniendo una tensión de c.a. y una frecuencia constantes en el alternador.

Existen ventajas específicas inherentes al uso del equipo de alta frecuencia, aunque las pérdidas tiendan a aumentar con la frecuencia. Para la misma potencia nominal en kVA, una máquina o un transformador de mayor frecuencia pueden ser de menor tamaño, requiriendo menos hierro para obtener el mismo grado de saturación magnética. Además, a 60 Hz, la velocidad máxima obtenible con un motor síncrono bipolar es 3600 rpm ($S=120f/P$). Para obtener velocidades de máquina superiores es necesario emplear un *cambiador de frecuencia.*

Un conjunto motor generador de c.a. a c.a. en el cual tiene lugar un cambio de frecuencia, se denomina un *cambiador de frecuencia.* Como el motor síncrono está acoplado con el alternador, ambos funcionan a la misma velocidad y por tanto

$$S=\frac{120f_a}{P_a}=\frac{120f_m}{P_m}$$

o

$$\frac{f_a}{P_a}=\frac{f_m}{P_m} \tag{8-29}$$

en donde f_a y f_m son las frecuencias en Hz del alternador y del motor, respectivamente, y P_a y P_m son el número de polos del alternador y del motor, respectivamente.

EJEMPLO 8-11: Determinar las velocidades y el número de polos para el alternador y el motor, respectivamente, de tres cambiadores de frecuencia distintos que permitan una conversión de frecuencia de 60 a 400 Hz.

Solución:

Como $P_a/P_m = f_a/f_m = 400/60$ o $20/3$, la relación f_a/f_m determina la combinación de polos y velocidad. La primera combinación la deberemos tener 40 polos en un alternador y 6 polos en el motor síncrono a una velocidad

$$S = \frac{120f}{P} = \frac{120 \times 60}{6} = 1200 \text{ rpm}$$

La segunda combinación es un número impar de múltiplos de $20/3 = 80/12$, o sea 80 polos en un alternador y 12 polos en un motor síncrono a una velocidad de 600 rpm.

La tercera combinación es 20/3 veces 6/6 o 120 polos en el alternador y 18 polos en el motor síncrono a la velocidad de 400 rpm.

8-24. El motor supersíncrono. El término *síncrono* generalmente se refiere a la velocidad. El motor supersíncrono *no* funciona a una velocidad supersíncrona, y su nombre es inadecuado. Habría sido mejor denominarlo motor de *superpar.* El motor fue desarrollado por General Electric para conseguir un motor síncrono que fuera capaz de arrancar por sí mismo con fuertes cargas. En el apartado 8-6 se describía el rotor de tipo simple como una construcción especial con cinco anillos rozantes y que empleaba un motor bobinado en combinación con el arrollamiento de excitación de c.c. El motor síncrono de rotor simple puede desarrollar pares entre el 250 y 300 % del par nominal de plena carga.

El motor «supersíncrono» es capaz de desarrollar el par *máximo* [fig. 8-24 (8-28)] *en el arranque.* Sin embargo, necesita también una construcción especial, y es probablemente el motor más costoso de su clase para una potencia nominal determinada. El rotor es de tipo jaula normal con un devanado de excitación de c.c. que se saca al exterior a anillos rozantes al eje del rotor. Está acoplado directamente a la carga mecánica que debe accionar. Sin embargo, todo el estátor tiene libertad para girar sobre gorrones de igual manera que un dinamómetro de c.a. Pero, en tanto que este último está limitado en su desplazamiento angular, el estátor del motor supersíncrono tiene libertad para girar sobre cojinetes a su velocidad síncrona. Por tanto, el arrollamiento de inducido del estátor también está excitado mediante anillos rozantes y generalmente se hace arrancar a una tensión reducida mediante un variac o un regulador de inducción trifásicos. Se suministra un gran freno alrededor de la estructura del estátor para aplicar una acción de freno y asegurar el estátor en su posición de marcha.

Debido a que el rotor está acoplado a la carga, cuando se aplica una tensión de c.a. polifásica reducida al estátor con el freno liberado, el par del motor de inducción producido por los polos del rotor reacciona contra «los conductores del estátor»; esta reacción proporciona al estátor un par que es de sentido opuesto al sentido de rotación de la carga (fig. 8-3a). El estátor alcanza velocidad a medida que aumenta la tensión de c.a. del estátor, y, al alcanzar el estátor la velocidad síncrona, se aplica la plena tensión de c.a. del estátor además de la excitación de c.c. El estátor entra en sincronismo con el rotor en reposo, ayudado por la inercia de la fuerte carga fija acoplada a su eje. En este instante, el motor está funcionando como motor síncrono sin carga generando una fcem que limita la corriente de su estátor.

El freno se aplica ahora suavemente al estátor en rotación. Como el motor síncrono *debe* girar a la velocidad síncrona, la reducción de la velocidad del estátor debe conseguirse mediante la rotación del rotor en sentido opuesto, o sea, para una velocidad síncrona de 1800 rpm, una velocidad del estátor de 1790 rpm en sentido opuesto al de las agujas del reloj requiere una velocidad del rotor de 10 rpm en el sentido de las agujas del reloj. Por tanto, el ángulo de carga α aumenta entonces a fin de proporcionar el par máximo durante el arranque de la fuerte carga aplicada. La corriente del inducido, aunque elevada, está limitada por la fem generada en el estátor. Reduciendo la velocidad del estátor aumentando el frenado, aumenta la velocidad del rotor, hasta que el estátor esté en reposo y el rotor gira a velocidad síncrona con toda la carga aplicada. Por tanto, los motores supersíncronos son motores síncronos de par máximo capaces de *arrancar* y funcionar a pares comprendidos entre el 300 y el 350 % del par de plena carga.

8-25. Tipos especiales de motores síncronos que no emplean excitación de c.c. La discusión de los apartados anteriores ha tratado de motores síncronos polifásicos en los cuales la excitación de los polos del rotor se consigue y puede ser variada mediante corriente continua. Sin embargo, existen tipos de motores síncronos que no emplean excitación de c.c., y pueden clasificarse en dos categorías: (1) motores síncronos no excitados, que no emplean excitación alguna, y (2) motores de excitación de c.a. o «sincromotores». Los motores «síncronos» que pertenecen a la última categoría (o sea, que emplean una excitación de c.a.) se estudiarán en el capítulo 11, junto con otras máquinas especiales. Los distintos motores no excitados que quedan en la primera categoría, tanto polifásicos como monofásicos, se tratarán en este capítulo.

8-26. El motor de inducción síncrono. Este motor se desarrolló debido a la demanda de un motor síncrono polifásico capaz de arrancar por sí mismo, de pequeño tamaño (inferior a 50 hp) que no necesitara excitación de c.c. y que poseyera características de velocidad constante de un motor síncrono. El rotor consta de un arrollamiento en jaula de ardilla (devanado o fundido) distribuido uniformemente alrededor del rotor en las ranuras que muestra la fig. 8-29a. Cuando se

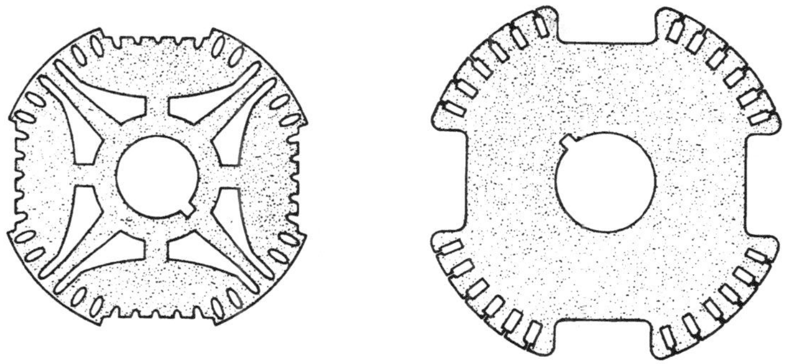

(a) Motor síncrono de inducción. (b) Motor de reluctancia.

Figura 8-29. Diferencias entre laminaciones y devanados de inducción de arranque y de funcionamiento de motores síncronos excitados (tipo histéresis).

aplica una corriente alterna polifásica al inducido del estator polifásico normal, el motor arranca como un motor de inducción. Debido al rotor de polo saliente mostrado en la fig. 8-29a, el motor se pone en sincronismo bastante fácilmente y desarrolla el par rápido y máximo de la máquina de polos *salientes* mostrada en la fig. 8-24 y tratada en los últimos párrafos del apartado 8-17. Así, el motor de inducción síncrono desarrolla un par de reluctancia (proporcional a sen 2α) y a veces se denomina motor *polifásico de reluctancia.* Pero incluso éste es un nombre inadecuado debido a que el motor de inducción síncrono funciona con las características de par *combinado* de motor síncrono y de motor de inducción mostradas en la fig. 8-30. Cuando se diseña con devanados del rotor de elevada resistencia, podrá desarrollar fácilmente elevados pares de arranque de hasta el 400 % del par de plena carga. Por otra parte, el uso de arrollamiento de rotor de alta resistencia da por resultado un mayor deslizamiento (apartado 8-5), un rendimiento menor y menos posibilidad de ponerse en sincronismo con carga mediante el par de reluctancia. Como muestra la fig. 8-30, el par de puesta en sincronismo se desarrolla a un valor algo superior al nominal de plena carga.

Al igual que el motor síncrono, el motor de inducción síncrono funcionará a una velocidad constante a un poco menos del 200 % del par de plena carga. Si la carga aplicada excede del 200 % del par de plena carga, disminuye a su característica de inducción en la cual continuará funcionando como motor de inducción

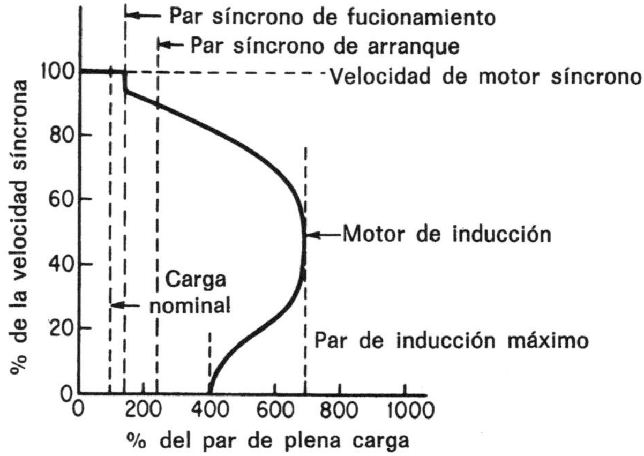

Figura 8-30. Características velocidad-par de un motor síncrono de inducción.

hasta casi el 700 % del par de plena carga. Como que el par límite de motor síncrono es del orden de una tercera parte del par límite de motor de inducción, la estructura del estátor de un motor de inducción síncrono es de tamaño *tres veces* mayor que el de un motor de inducción ordinario de la misma potencia. Además, como funciona desde vacío a plena carga como motor síncrono no excitado (8-27), suple la falta de excitación de c.c. con un ángulo de carga mayor y el motor absorbe una elevada corriente inductiva con un bajo factor de potencia. Esto también hace que disminuya el rendimiento y que se necesite una estructura de mayor tamaño para disipar el calor.

En motores de potencia relativamente pequeña, tales como el motor de inducción síncrono, los problemas creados por mayor tamaño y peso, bajo rendimiento y corriente inductiva carecen de importancia en comparación con las ventajas de velocidad constante, robustez, carencia de excitación de c.c., pares de arranque y de funcionamiento elevados, y mantenimiento mínimo que son típicos del motor de inducción síncrono. Los motores polifásicos síncronos con excitación de c.c. se fabrican raramente por debajo de 10 hp excepto por pedido especial, debido a que existen disponibles motores de inducción síncronos polifásicos hasta 50 hp (y por pedido especial hasta 100 hp).

8-27. Motor de reluctancia. Los motores de inducción síncronos monofásicos de polos *salientes,* se denominan generalmente *motores de reluctancia.* Si el rotor de cualquier motor de inducción monofásico distribuido uniformemente se altera de manera que las chapas tiendan a producir polos de rotor *salientes,* como muestra la fig. 8-29b, la reluctancia del camino del flujo del entrehierro será mayor cuando no existan conductores alojados en las ranuras. Tal tipo de motor, que llega a las velocidades de un motor de inducción, pueden ponerse en sincronismo con la excitación monofásica de c.a. pulsatoria debido al par de reluctancia (apartados 1-2 y 8-17) desarrollados en los salientes de hierro que tienen entrehierros de menor reluctancia.

Las características par velocidad de un motor de reluctancia síncrono monofásico pueden verse en la fig. 8-31. El motor arranca en cualquier condición entre 300 y 400 % de su par de plena carga (según la posición del rotor asimétrico respecto a los devanados de excitación) como motor bifásico (apartado 9-3), como resultado del campo magnético giratorio creado por un devanado de arranque y de marcha (desplazado 90° tanto en el espacio como en el tiempo). A cerca de los tres cuartos de la velocidad síncrona, un interruptor centrífugo abre el devanado de arranque, y el motor continua desarrollando un par monofásico debido solamente a su devanado de marcha. Al acercarse a la velocidad síncrona, el par de reluctancia (desarrollado como motor síncrono) es suficiente para poner el rotor en sincronismo con el campo monofásico pulsatorio. El motor funciona como motor síncrono monofásico no excitado de velocidad constante hasta un poco por encima del 200 % de su par de plena carga. Si se carga por encima del valor de su par límite, continuará funcionando como motor de inducción monofásico hasta aproximadamente el 500 % de su par nominal.

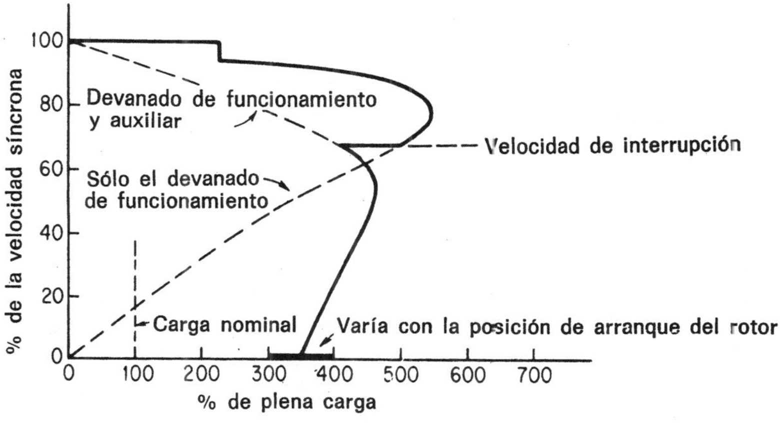

Figura 8-31. Característica velocidad-par de un motor de reluctancia.

8-28. Motor de histéresis. Los motores de inducción-síncronos, cilíndricos, monofásicos (de polos *lisos*) o motores con bobina de sombreo están clasificados como *motores de histéresis*. La diferencia entre este motor y el del apartado anterior, estaba en (1) la *forma* del rotor, y (2) la *naturaleza* del par producido. Mientras el motor de *reluctancia* es llevado al sincronismo y funciona debido al par de *reluctancia,* el motor de *histéresis* es llevado al sincronismo y funciona debido al par de *histéresis.* Las chapas del tipo histéresis, mostradas en la fig. 8-32, se fabrican generalmente con acero endurecido de elevada retentividad, en lugar de con acero de máquina comercial de baja retentividad.

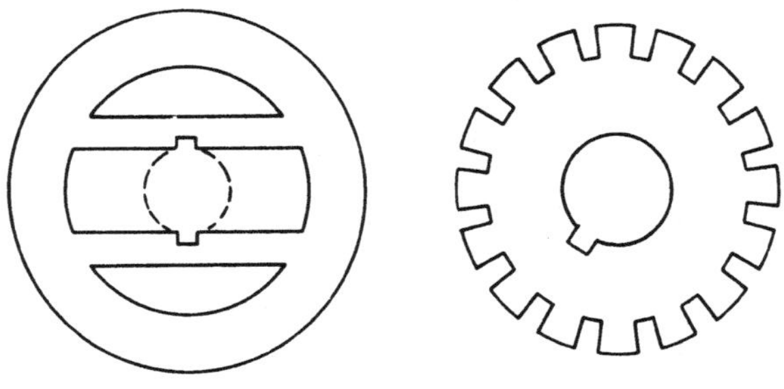

(a) Rotor de histéresis. (b) Rotor subsíncrono.

Figura 8-32. Dos tipos de laminaciones de alta retentividad de motores síncronos no excitados (tipo de histéresis).

Como resultado del campo magnético giratorio producido por la fase auxiliar o por un estátor con bobinas de sombreo (capítulo 10), se inducen corrientes parásitas en el acero del rotor que circulan por los dos caminos de las barras del rotor mostrados en la fig. 8-32a. Un acero de alta retentividad produce unas elevadas pérdidas de histéresis, y se consume una cantidad apreciable de energía del campo giratorio invirtiendo el sentido de la corriente del rotor. Al mismo tiempo, el campo magnético del rotor creado por las corrientes circulatorias, hace que el rotor gire. Se produce un par de arranque elevado como resultado de la elevada resistencia del rotor (proporcional a las pérdidas de histéresis). Al aproximarse el rotor a la velocidad síncrona, la frecuencia de inversión de la corriente en las barras transversales disminuye, y el motor resulta magnetizado permanentemente en un sentido, como resultado de la elevada retentividad del rotor de acero. Con dos polos de excitación, el rotor mostrado en la fig. 8-32a desarrollará una velocidad de 3600 rpm a 60 Hz. El motor funciona como motor de histéresis con un par de histéresis debido a que el rotor está permanentemente magnetizado.

El valor de par producido como resultado de esta magnetización *no* es tan elevado como el par de reluctancia. Pero el par de histéresis es *extremadamente* constante tanto en amplitud como en fase, a pesar de las fluctuaciones de la tensión de alimentación, con lo que es extremadamente utilizado para accionar los tocadiscos y magnetófonos de alta calidad. Como el par de reluctancia puede producirse de manera más barata que el par de histéresis para las mismas potencias fraccionales, los motores síncronos de histéresis de par elevado de buena calidad son más caros que los motores síncronos de par de reluctancia de la misma potencia nominal.

8-29. Motores subsíncronos. Otro tipo de motor de histéresis es el motor subsíncrono cuya chapa de polo saliente (todavía cilíndrico) puede verse en la fig. 8-32b. Este motor arranca de la misma manera que el motor de histéresis descrito anteriormente. A la velocidad síncrona, los polos del rotor inducidos en un rotor de histéresis permanecen en puntos fijos sobre la superficie del rotor al girar éste en sincronismo con el campo magnético giratorio del estátor. Debe también hacerse notar que el par de histéresis es eficaz cuando ambos rotores (fig. 8-32) giran a una velocidad menor que la síncrona. Por ejemplo, la chapa del rotor subsíncrono que muestra la fig. 8-32b tiene 16 polos y girará a 450 rpm. Pero el par de histéresis, contrariamente al par de reluctancia, es independiente de la velocidad del rotor. Si el rotor está girando a una velocidad menor que la síncrona, los polos inducidos (que deben ir a la velocidad síncrona puesto que están inducidos por el campo giratorio del estátor) se mueven sobre la superficie del rotor a una velocidad de «deslizamiento» o sea, a una velocidad igual a la diferencia entre la velocidad síncrona y la velocidad del rotor.

En el caso del motor subsíncrono, si el par aplicado es *demasiado grande* para su velocidad síncrona normal basada en el número de polos del rotor saliente, el motor girará a una velocidad subsíncrona determinada por un múltiplo del número de polos (32 polos a 225 rpm en este caso). Como el par varía inversamente con la velocidad, al disminuir la velocidad, el motor subsíncrono desarrolla más par. Actuando como reductor eléctrico, el motor subsíncrono puede proporcionar todavía pares bastante elevados a una velocidad constante baja.

Una distinción final entre el par de reluctancia y el par de histéresis es que todos los motores de par de reluctancia requieren un par de arranque de motor de inducción para llegar cerca de la velocidad síncrona a la que la puesta en sincronismo pueda tener lugar como resultado del par de reluctancia (apartados 1-2 y 8-17), y el motor funciona como motor de reluctancia a una velocidad síncrona constante. Por tanto, ningún motor de reluctancia es capaz de arrancar por sí mismo.

Los motores de histéresis y los motores subsíncronos, *son* capaces de arrancar por sí mismos (como resultado de la utilización de fases partidas o auxiliares o de bobinas de sombreo) y llegan a plena velocidad síncrona, desarrollando una elevada resistencia del rotor debido a las pérdidas de histéresis y, en consecuencia, un par de arranque bastante elevado, pero un par de histéresis en marcha menor que los motores de par de reluctancia.

8-30. Alimentación de la excitación de c.c. a base de semiconductores — Alimentación estática. Como en la mayoría de aplicaciones industriales no se tiene c.c. fácilmente disponible, generalmente los grandes motores síncronos polifásicos están equipados con una excitatriz (un generador derivación de c.c. autoexcitado) montado en el mismo eje del motor, como se explicó en el apartado 8-4.

El reciente desarrollo de los rectificadores de silicio de alta intensidad ha llevado a la fabricación de motores síncronos sin excitatriz y también al motor síncrono sin escobillas.

En lugar de la excitatriz, se obtiene fácilmente una fuente de potencia estática de c.c. de una alimentación trifásica que también alimenta al estátor del motor síncrono. En la fig. 8-33 puede verse una de tales alimentaciones, en la cual una transformación Δ-Y (apartado 13-14) proporciona la tensión de c.a. deseada reducida para ser rectificada, la cual, a su vez, proporciona la tensión deseada de c.c. Se usan seis rectificadores de silicio para proporcionar rectificación de onda completa y se utilizan 4 supresores de sobretensiones para eliminar los daños que las tensiones transitorias pueden ocasionar a los rectificadores de silicio.

El condensador, *C*, en la salida, actúa como filtro de alisado que proporciona una c.c. casi pura a la excitación del motor síncrono, a través de las escobillas que están conectadas a los anillos rozantes del rotor del motor síncrono.

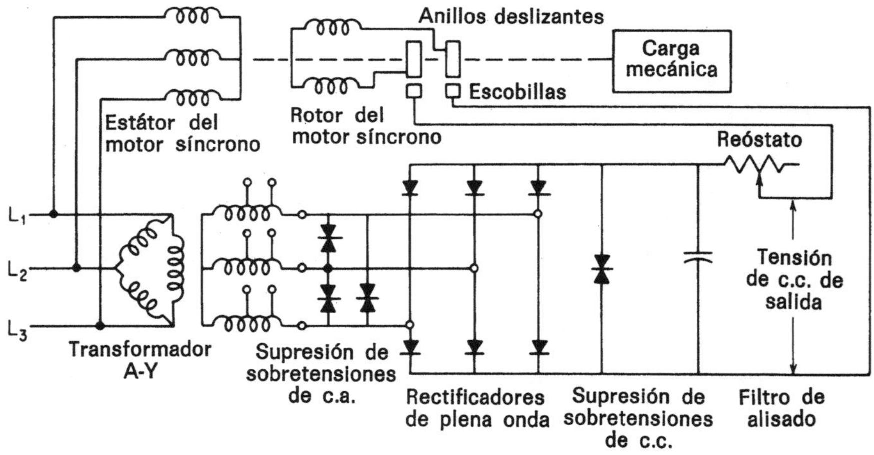

Figura 8-33. Alimentación estática de c.c. a semiconductores para motor síncrono.

8-31. Motores síncronos sin escobillas. La eliminación de la excitatriz en el eje del motor síncrono eliminó los problemas asociados con la conmutación de un generador de c.c. y la formación de chispas en las escobillas conectadas al colector. Pero como muestra la fig. 8-33, todavía es necesario suministrar c.c. a la excitación a través de escobillas y anillos rozantes. Para eliminar totalmente los anillos rozantes y el mantenimiento de las escobillas, se ha desarrollado el *motor síncrono sin escobillas.*

En la fig. 8-34 puede verse un diagrama de bloques de un tipo de motor síncrono sin escobillas. En efecto, el sistema incorpora la rectificación de la fig. 8-33 con las siguientes modificaciones:

1. Los rectificadores de silicio de la fig. 8-33 están reemplazados por tiristores o rectificadores controlados de silicio (SCR).

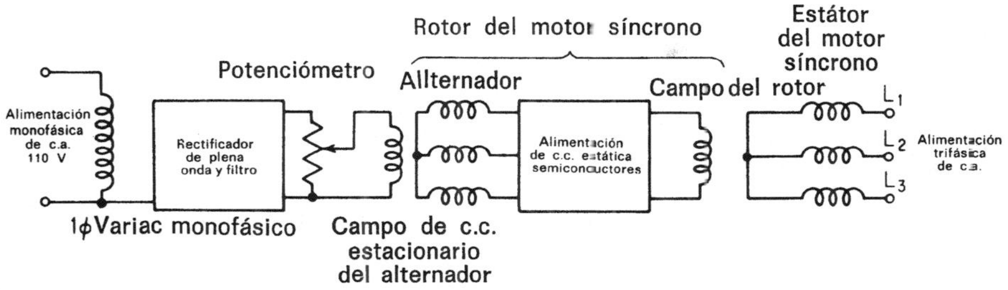

Figura 8-34. Forma del diagrama de bloque en el motor síncrono sin escobillas.

2. Los rectificadores controlados de silicio están gobernador por transistores que controlan la salida de c.c. del tiristor.
3. El transformador de la fig. 8-33 está sustituido por un alternador de c.a. que tiene una excitación fija de c.c. y un inducido polifásico giratorio en el cual se generan las tensiones de c.a. La excitación de c.c. del motor síncrono está controlada por el variac monofásico que alimenta la excitación fija de c.c. del alternador polifásico que está en el mismo eje del rotor que la excitación del rotor del motor síncrono, como muestra la fig. 8-34.
4. El rotor del motor síncrono, como puede verse en la fig. 8-34, lleva el inducido del alternador, el sistema estático de control y de rectificación de c.c., que consta de los transistores y tiristores descritos anteriormente y la excitación del rotor del motor síncrono.

Las modificaciones descritas anteriormente, que pueden verse en la fig. 8-34, proporcionan un medio de controlar la excitación de c.c. de un motor síncrono sin necesidad de ningún tipo de excitatriz ni anillos rozantes ni escobillas.*

* Rosenberry, G. M. «The Brushless Synchronous Motor», *Electrical Manufacturing*, junio 1960.

BIBLIOGRAFÍA

Alger, P. L. *The Nature of Polyphase Induction Machines,* Nueva York: John Wiley & Sons, Inc., 1951.

Alger, P. L. y Erdelyi, E. «Electromechanical Energy Conversion», *Electro-Technology,* septiembre 191.

Anderson, W. A. y Haegh, J. E. «Two-Speed Non-Exited Synchronous Motors», *Electro-Technology,* enero 1959.

Bekey, A. «New High-Performance Designs for Small Synchronous Motors», *Electro-Technology,* noviembre 1961.

Bewley, L. V. *Alternating Current Machinery,* Nueva York: The Macmillan Company, 1949.

Bewley, L. V. *Tensor Analysis of Electrical Circuits and Machines,* Nueva York: Ronald Press, 1961.

Carr, C. C. *Electrical Machinery,* Nueva York: John Wiley & Sons, Inc., 1958.

Crosno, C. D. *Fundamentals of Electromechanical Conversion,* Nueva York: Harcourt, Brace, Jovanovich, Inc., 1968.

Daniels. *The Performance of Electrical Machines,* Nueva York: McGraw-Hill, Inc., 1968.

Dineen, R. J. «The Synduction Motor», *Allis-Chalmers Electrical Review,* Fourth Quarter, 1956.

Fitzgerald, A. E. y Kingsley, C. *The Dynamics and Statics of Electromechanical Energy Conversion,* 2.ª ed., Nueva York: McGraw-Hill, 1961.

Fitzgerald, A. E., Kingsley, Jr. C. y Kusko, A. *Electric Machinery,* 3.ª ed. Nueva York: McGraw-Hill Book Company, 1971.

Gemlich, D. K. y Hammond, S. B. *Elecetromechanical Systems,* Nueva York: McGraw-Hill, 1967.

Hindmarsh, J. *Electrical Machines,* Elmsford, N. Y.: Pergamon Press, 1965.

«"Hybrid" Synchronous-Induction Motor.» (Staff Report.) *Electrical Manufacturing,* mayo 1956.

Jones, C. V. *The Unified Theory of Electrical Machines,* Nueva York: Plenum Publishing Corp., 1968.

Koenig, H. E. y Blackwell, W. A. *Electromechanical System Theory,* Nueva York: McGraw-Hill, 1961.

Liwschitz, M. M., Garik, M. y Whipple, C. C. *Alternating Current Machines,* Princeton, N. J.: D. Van Nostrand Co., Inc., 1946.

Majmudar, H. *Introduction to Electrical Machines,* Boston: Allyn y Bacon, 1969.

McFarland, T. E. *Alternating Current Machines,* Princeton, N. J.: D. Van Nostrand Co., Inc., 1948.

Meisel, J. *Principles of Electromechanical Energy Conversion,* Nueva York: Mc-Graw-Hill, 1966.

Millermaster, R. A. *Harwood's Control of Electric Motors,* 4.ª ed., Nueva York: Wiley/Interscience, 1970.

Merrill, F. W. «Characteristics of Permanent-Magnet Synchronous Motors», *Electrical Manufacturing,* enero 1956.

Merrill, F. W. «The Permanent Field Synchronous Motor», *Electro-Technology,* diciembre 1961.

Moore, R. C. «Synchronous Motor Torques», *Allis-Chalmers Electrical Review,* Third Quarter, 1959.

Nasar, S. A. *Electromagnetic Energy Conversion Devices and Systems,* Englewood Cliffs, N. J.: Prentice-Hall, Inc., 1970.

O'Kelly y Simmons. *An Introduction to Generalized Electrical Machine Theory,* Nueva York.: McGraw-Hill, 1968.

Puchstein, A. F., Lloyd, R. y Conrad, A. G. *Alternating Current Machines,* 3.ª ed., Nueva York: Wiley/Interscience, 1954.

Robertson, B. L. y Black. L. J. *Electric Circuits and Machines,* 2.ª ed., Princeton, N. J.: D. Van Nostrand Co., Inc., 1957.

Schmitz, N. L., y Novotny, D. W. *Introductory Electromechamics,* Nueva York: Ronald Press, 1965.

Seely, S. *Electromechanical Energy Conversion,* Nueva York: McGraw-Hill, 1962.

Selmon. *Magnetoelectric Devices: Transducers, Transformers and Machines,* Nueva York: Wiley/Interscience, 1966.

Skilling, H. H. *Electromechanics: A First Course in Electromechanical Energy Conversion,* Nueva York: Wiley/Interscience, 1962.

Synchronous Generators and Motors. (ASA C50.1.) Nueva York: American Standards Association.

Thaler, G. J. y Wilcox, M. L. *Electric Machines: Dynamics and Steady State,* Nueva York: Wiley/Interscience, 1966.

White, D. C. y Woodson, H. H. *Electromechanical Energy Conversion,* Nueva York: Wiley/Interscience, 1959.

CUESTIONES

8-1. Citar dos factores que hacen que un alternador actúe como motor «motorize».

8-2. Dar la ecuación que determina la velocidad media de un motor síncrono.

8-3. ¿Por qué es el motor síncrono un caso especial de máquina doblemente excitada?

8-4. Debido a la posibilidad de variación de la excitación campo, ¿qué tres características poco comunes posee el motor síncrono, que no tienen otros motores de c.a. (o de c.c.)?

8-5. Citar cuatro ventajas que posee el motor síncrono sobre los motores de inducción.

8-6. a. Explicar por qué un motor síncrono no es capaz de arrancar por sí mismo.
b. Explicar por qué un motor síncrono girará a velocidad síncrona o no girará.

8-7. a. Dar cuatro métodos usados para el arranque de los motores síncronos.
b. Explicar cuáles de las métodos anteriores se usan más comúnmente y por qué.

8-8. a. ¿Por qué es imposible arrancar un motor síncrono con su excitación de c.c. en tensión?
b. ¿Cuál es el significado de «deslizamiento de un polo» y en qué condiciones ocurre?

8-9. a. Describir la construcción motor síncrono de un rotor simplex.
b. ¿Qué ventajas posee respecto a la máquina síncrona de c.a. normal?
c. Comparar el par de arranque de una máquina síncrona de c.a. normal que se arranca sobre sus devanados amortiguadores con el par de arranque de un motor síncrono de rotor simplex.

8-10. a. ¿De qué forma reacciona un motor derivación al aumentar la carga, permitiéndole absorber más corriente de la red?
b. Explicar, usando (8-1), por qué un polo de un rotor de un motor síncrono debe retrasarse de fase en relación con el flujo del estátor para desarrollar potencia sincronizante. Comparar esto con lo que ocurre en el motor derivación del apartado (a) anterior.
c. Explicar, usando (8-2), por qué incluso una lámpara estroboscópica no servirá para detectar el desplazamiento del polo del rotor al aplicar carga sobre el eje del rotor.

8-11. a. A partir de las condiciones dadas en el ejemplo 8-1, definir «excitación normal».
b. Explicar la excitación normal mediante un diagrama vectorial en el que intervengan V_p, I_a, E_r y E_{gp}.
c. ¿Cuál es el factor de potencia y el ángulo de fase θ, en condiciones de excitación *normal*?

8-12. En condiciones de excitación *normal*, describir el efecto de aumento de carga en los siguientes valores de un motor síncrono.
a. ángulo de carga, β o α.
b. ángulo de θ.
c. corriente de inducido, I_a.

8-13. Repetir la cuestión 8-12, a, b, c, para el efecto de un aumento de carga sobre un motor síncrono que está
a. subexcitado
b. sobreexcitado.

8-14. a. Independientemente del estado de excitación de un motor síncrono, explicar por qué la reacción de inducido tenderá a mejorar el factor de potencia del motor.
b. En relación con su respuesta a (a), explicar por qué no se compensa la reacción de inducido en las máquinas de c.a.

8-15. Dado un motor síncrono que funcione con una carga constante y una excitación normal, explicar el efecto sobre el ángulo de carga, α, la corriente de inducido, I_a, y el ángulo de fase, θ, de un motor síncrono con:
a. excitación disminuida
b. excitación aumentada.

8-16. a. Resumir gráficamente los resultados de su respuesta a la cuestión 8-15 mostrando la corriente de inducido en función de la corriente de excitación y el factor de potencia en función de la corriente de excitación para una carga dada sobre la misma curva. Usar la corriente de excitación como abscisa.
b. Usando sólo un amperímetro de c.a., explicar cómo se obtiene fácilmente la condición de factor de potencia unidad de cualquier motor síncrono en carga.

8-17. Dibujar las familias de curvas en V de un motor síncrono en vacío, a media carga y a plena carga, mostrando:
a. la relación entre la corriente del inducido y la corriente de excitación
b. la relación entre el factor de potencia y la corriente de excitación.

8-18. Usando las curvas dibujadas anteriormente, explicar:
a. ¿por qué es necesario aumentar la excitación para obtener una corriente mínima al aplicar carga?
b. ¿por qué para cualquier carga el factor de potencia disminuye y la corriente de inducido aumenta si la corriente de excitación varía por encima y por debajo de la excitación normal?
c. ¿cómo puede estar «sobrecargado» un motor síncrono sin carga conectada a su eje?

8-19. Usando los datos y las tablas desarrolladas en el ejemplo 8-3, explicar por qué un aumento de la excitación produce:
a. una mejora del factor de potencia inductivo.
b. una reducción del ángulo de carga para la misma potencia desarrollada en el eje.

8-20. Establecer cuatro razones que llevan a las compañías eléctricas a pensar en la mejora del factor de potencia global de un sistema para una determinada carga en kVA.

8-21. a. Citar una ventaja inherente de un motor síncrono respecto a un motor de inducción como fuente de potencia mecánica.
b. ¿Qué es un condensador síncrono y cómo puede distinguirse de un motor síncrono?
c. ¿Qué tres valores nominales normalizados de factor de potencia se usan en los motores síncronos y por qué difieren en tamaño para la misma potencia nominal?

8-22. a. ¿Existe un límite económico para mejorar el factor de potencia? ¿Cuál es?
b. Además de la corrección del factor de potencia, citar una aplicación más del uso de un condensador síncrono en los sistemas de transmisión.
c. Además de la corrección del factor de potencia y de su uso como fuente de potencia mecánica, citar una aplicación adicional del motor síncrono.

8-23. Comparar los motores síncronos de rotor liso y de polos salientes que tengan el mismo estátor, en lo relacionado con:
a. el valor del par máximo.
b. el ángulo de carga, α, en grados eléctricos, para el cual tiene lugar el par máximo.
c. el ángulo de carga, α, en grados eléctricos, para el cual tiene lugar el par nominal.

8-24. a. Describir la construcción de un motor supersíncrono.
b. Comparar el par de arranque de un motor supersíncrono con el de un motor síncrono de rotor simplex y el de un motor síncrono normal.

8-25. Construir una tabla en la que aparezcan en la primera columna los siguientes motores síncronos no excitados: motor de inducción-síncrono, motor de reluctancia, motor de histéresis y motor subsíncrono. Cada una de las siguientes columnas debe encabezarse con: polifásico o monofásico, rotor saliente o liso, par de arranque máximo, ventajas, desventajas, características especiales. Completar cada fila para cada motor llenando los espacios en blanco.

8-26. Explicar las ventajas del motor síncrono sin escobillas respecto a los motores síncronos polifásicos clásicos.

PROBLEMAS

8-1. Calcular:
a. La frecuencia de la tensión que debe aplicarse al estátor de un motor síncrono trifásico de 10 polos, de 220 V, que debe funcionar a 1200 rpm.
b. El número de polos necesarios para un motor síncrono trifásico de 220 V que deba funcionar a una velocidad de 500 rpm cuando se aplican 50 Hz al estátor.
c. La velocidad a plena carga de un motor síncrono de 36 polos, 60 Hz, 220 V.

8-2. Un motor síncrono de 50 hp, factor de potencia unidad, 60 Hz, conectado en estrella, tiene una corriente nominal del inducido de 108 A y gira a una velocidad de 450 rpm. La excitación del motor se ajusta de manera que produzca una tensión generada igual a la tensión de línea aplicada en vacío, produciendo un ángulo de carga de 1 grado geométrico. Calcular:
a. El número de polos.

b. El número de grados eléctricos que el rotor está retrasado respecto a la excitación del estátor, α.
c. La tensión de fase resultante, E_r, entre las tensiones de fase aplicadas y las tensiones de fase generadas.
d. El ángulo δ, entre la tensión resultante, E_r y la tensión de fase aplicada, V_p.
e. La corriente de fase absorbida por el motor si la impedancia de fase es $1{,}0 < 84{,}3°\ \Omega$.
f. El factor de potencia del motor y θ.
g. La potencia total absorbida por el motor de las barras y la potencia desarrollada por el inducido.

8-3. Repetir el problema 8-2 para una carga que produzca un ángulo de carga de 2,5 grados geométricos.

8-4. Repetir el problema 8-2 para una carga que produzca un ángulo de carga de 3 grados geométricos y una tensión generada por fase de 150 V.

8-5. Repetir el problema 8-2 para una carga que produzca un ángulo de carga de 3 grados geométricos y una tensión generada por fase de 100 V.

8-6. De los cálculos de los problemas 8-2 a 8-5, inclusive, calcular para cada condición de carga,
a. La potencia mecánica desarrollada.
b. El par desarrollado en libras-pie.
c. Deducir los efectos de aumentar la carga y mantener constante la excitación (Problemas 8-2 a 8-3).
d. Deducir el efecto de mantener «constante» el ángulo de carga y disminuir la excitación (Problemas 8-4 y 8-5).

8-7. Calcular la potencia mecánica y el par de salida si los rendimientos del motor síncrono a distintas cargas y condiciones de excitación son:
a. 70 % en el problema 8-2
b. 75 % en el problema 8-3
c. 85 % en el problema 8-4
d. 80 % en el problema 8-5.
e. Explicar las diferencias entre la potencia mecánica y par desarrollados en comparación con la potencia mecánica y el par de *salida.*

8-8. La carga del motor del problema 8-2 se aumenta hasta que el ángulo de carga sea exactamente igual al ángulo de impedancia síncrona de 84,3°; la excitación es normal. Calcular, para este punto de límite:
a. La tensión de fase resultante, E_r, entre las tensiones de fase aplicada y las tensiones de fase generadas.
b. El ángulo, δ, entre la tensión de fase resultante, E_r, y la tensión aplicada, V_p.
c. La corriente del inducido y la relación entre la corriente del inducido y corriente nominal (108 A).
d. La potencia mecánica y el par desarrollados.

e. Relación de potencia mecánica y par desarrollados respecto a potencia mecánica y par nominales de salida.

8-9. Un motor síncrono trifásico de polos salientes, de 12 polos, 220 V, conectado en estrella, de 100 hp, tiene una resistencia de inducido de 0,03 Ω y una reactancia síncrona de 0,27 Ω/fase. Suponer una tensión generada por fase en cada instante igual a la tensión aplicada por fase. Para las cargas mecánicas indicadas más abajo, completar todas las casillas de la tabla siguiente haciendo los cálculos necesarios.

β GRAD. GEOM.	α GRAD. ELEC.	E_r (V)	I_p (A)	θ	cos θ	W_t (W total)	P_d (W)
5°							
10°							
	83,5°						
	83,65°						
	84,0°						
15°							
20°							

8-10. De la tabla del problema 8-9, determinar el punto para el cual ocurre el par límite o máximo. Explicar,

a. por qué el par máximo *no* ocurre cuando α es igual a 90°.
b. ¿qué determina el punto para el cual se presenta el par máximo, independientemente de los efectos de la saturación y de la reacción del inducido?
c. ¿por qué el par desarrollado no continúa aumentando cuando aumenta el ángulo de carga, E_r, e I_a?
d. el efecto de una relación reducida X_s/R_a sobre el punto en el cual ocurre el par máximo.
e. la variación del factor de potencia al aumentar la carga.

8-11. En el problema 8-9, la tensión generada por fase se suponía igual a la tensión aplicada por fase; aunque esto ocurre raramente, incluso con factor de potencia unidad. Suponiendo un rendimiento del 88 %, para el motor del problema 8-9, calcular:

a. la corriente de inducido a plena carga, las caídas de tensión a plena carga I_aR_a e I_aX_s, y la tensión generada por fase a plena carga para un factor de potencia unidad. Usar cualquier método o ecuación que se prefiera.
b. El número de grados eléctricos, α, entre estátor y rotor.
c. El número de grados geométricos, δ, entre estátor y rotor.
d. La tensión resultante, E_r, entre la tensión aplicada y la tensión generada por fase, y el ángulo que forma.

e. La potencia absorbida por el inducido de las barras y las pérdidas eléctricas en el cobre (solamente inducido).
f. La potencia mecánica interna y el par interno desarrollados a plena carga, para un factor de potencia unidad.
g. La potencia mecánica interna y el par interno máximos desarrollados (de la tabla, problema 8-9).
h. La relación entre el par y la potencia mecánica interna máximos y el par y la potencia mecánica interna nominales.

8-12. Suponiendo que no hay cambio en ninguno de los factores de (8-28), excepto en α, calcular:
a. La relación entre el par máximo y el nominal usando los valores de α obtenidos en los problemas 8-9 y 8-11, respectivamente.
b. Explicar las diferencias entre esta relación y la relación obtenida en el problema 8-11 (h).

8-13. Un motor síncrono de 100 hp, 550 V, ocho polos, conectado en estrella, acciona una carga que mantiene constantemente un ángulo de carga geométrico de 2,5 grados. La resistencia del inducido y la reactancia síncrona por fase son, respectivamente, 0,2 Ω y 1,8 Ω. Suponiendo constante la carga, independientemente de las variaciones de excitación, cuando la excitación se aumenta progresivamente de 225 V, 323 V y 450 V de tensión generada por fase, calcular y tabular para referencia y comparación rápidas lo siguiente,
a. La tensión resultante por fase, E_r.
b. La corriente del inducido por fase, I_p.
c. El factor de potencia.
d. La potencia absorbida.
e. El par desarrollado en el rotor.

8-14. Para las tres excitaciones dadas en el problema 8-13, calcular el par máximo desarrollado en el rotor y tabular de igual manera que en el problema anterior.

8-15. De las tablas de los problemas 8-13 y 8-14, explicar
a. El efecto de aumentar la excitación sobre el par desarrollado.
b. Por qué el factor de potencia siempre es inductivo en la tabla del problema 8-14.

8-16. Un motor síncrono de 100 hp, 2300 V, ocho polos, 60 Hz, conectado en estrella, está proyectado para funcionar con un factor de potencia capacitivo de 0,9. El rendimiento a plena carga es del 88 % y la resistencia del inducido y la reactancia por fase son, respectivamente, 1 Ω y 20 Ω. Cuando se suministra la carga nominal al factor de potencia nominal, calcular
a. La corriente del inducido por fase.
b. El ángulo de carga en grados eléctricos y en grados geométricos.
c. La tensión generada por fase.
d. El ángulo de carga necesario para producir una corriente de inducido a un

factor de potencia unidad, suponiendo que la excitación se mantiene igual que en (c).

e. La corriente del inducido para un factor de potencia unidad y la sobrecarga en tanto por ciento.
f. La potencia mecánica de salida para una carga con un factor de potencia unidad, suponiendo que el rendimiento es del 85 %.

8-17. Suponer que se reduce la excitación del problema 8-16 de manera que el motor síncrono funciona a un factor de potencia unidad circulando la corriente nominal por su inducido. Para hacer posible esto, calcular:
a. La tensión generada en el inducido por fase.
b. La tensión resultante por fase.
c. El ángulo de carga en grados eléctricos y en grados geométricos.
d. La potencia mecánica de salida, hp, para una carga de factor de potencia unidad, suponiendo que el rendimiento es del 90 %.

8-18. Comparar los datos calculados y dados para los problemas 8-16 y 8-17 con la tabla A-5 del apéndice y explicar las diferencias en
a. La corriente del inducido.
b. La potencia mecánica, hp.

8-19. Calcular los valores nominales de un condensador síncrono trifásico para elevar el factor de potencia de una carga de 20 000 kW que funciona a un factor de potencia inductivo de 0,6 hasta
a. un factor de potencia de 0,8 capacitivo (despreciando las pérdidas del condensador).
b. un factor de potencia unidad (suponiendo un 10 % de factor de potencia capacitivo en el condensador síncrono).
c. En (b), ¿cuántos kW más pueden añadirse al sistema para producir la carga total de kVA?

8-20. Un alternador trifásico de 50 000 kVA, está cargado a su capacidad nominal con un factor de potencia inductivo de 0,7. Un condensador síncrono con un factor de potencia capacitivo de 0,1 corrige el factor de potencia del sistema a la unidad. Calcular:
a. Los kW, adicionales que pueden ser suministrados ahora por el alternador a la carga con un factor de potencia unidad.
b. El valor nominal de los kVA del condensador síncrono necesario para realizar esta corrección.

8-21. Un motor síncrono trifásico de 1300 hp y un factor de potencia de 0,8, suministra 1300 hp con un factor de potencia capacitivo de 0,8 accionando una carga mecánica. El motor se conecta a una línea que también está suministrando 1200 kVA con un factor de potencia de 0,6, a una carga constituida por varios motores de inducción. Suponiendo un rendimiento del motor síncrono del 90 %, calcular
a. Si es posible que el motor síncrono lleve el factor de potencia de la línea

a la unidad sin exceder la capacidad del motor síncrono.
b. El factor de potencia final del sistema cuando el motor síncrono funcione a la capacidad nominal suministrando 1300 hp y estando sobreexcitado.

8-22. Un motor síncrono trifásico eleva el factor de potencia de un sistema de 0,7 a 0,9 cuando se conecta a la línea. Si la entrada del motor síncrono es 500 kVA con un factor de potencia capacitivo de 0,8, ¿cuál era la carga original del sistema en kVA antes de añadir el motor?

8-23. Un alternador polifásico de 20 000 kVA está cargado a su capacidad con una carga de factor de potencia 0,6 que consta, sólo, de motores de inducción. Si uno de los motores de inducción de 5000 hp que funciona con un factor de potencia de 0,65 se sustituye por un motor síncrono de 5000 hp de potencia nominal con un factor de potencia de 0,8 que tenga el mismo rendimiento y la misma corriente de plena carga (o sea, 93 %), calcular
a. El aumento en el factor de potencia del sistema.
b. El número de kW adicionales que pueden usarse para cargas de alumbrado por incandescencia.

8-24. Un sector industrial tiene una carga de 4000 kVA con un factor de potencia inductivo de 0,6. Se añade un motor síncrono de 800 hp que tiene un rendimiento del 88 % para trabajar como motor a su carga nominal pero principalmente para mejorar el factor de potencia global a 0,9 inductivo. Calcular:
a. El factor de potencia al cual funciona el motor síncrono.
b. Los kVA nominales del motor síncrono.
c. La potencia mecánica de salida útil, en hp, si el motor síncrono en (b) se hiciera funcionar para controlar una carga con un factor de potencia unidad (suponer el mismo rendimiento).

8-25. Un cambiador de frecuencia que tiene dos máquinas síncronas acopladas entre sí, consta de un alternador de 10 polos, 50 Hz, accionado por un motor de 60 Hz. Calcular el número de polos que necesita el motor.

8-26. Al usar un motor síncrono de 60 Hz para producir c.a. de 400 Hz, especificar el número mínimo de polos necesario en cada máquina síncrona para conseguir la conversión de frecuencia.

8-27. Repetir el problema 8-26 para la conversión de 60 Hz a 25 Hz.

8-28. Una centrifugadora de alta velocidad se proyecta para funcionar a una velocidad constante de 10 000 rpm para que pueda proporcionar la fuerza centrífuga necesaria. Se selecciona un motor síncrono para su accionamiento, pero sólo se tiene disponible una frecuencia de 60 Hz. Especificar el variador de frecuencia mediante el cual se conseguirá la conversión para hacer funcionar el motor.

RESPUESTAS

8-1(a) 100 Hz (b) 12 (c) 200 rpm 8-2(a) 16 polos (b) 8° (c) 17,7 V (d) 86,8° (e) 17,7 A (f) 0,999 PF adelantado (g) 6750 W, 6650 W 8-3(a) 16 polos (b) 20° (c) 46,25 V (d) 79,85° (e) 46,25 A (f) 0,998 PF inductivo (g) 17,550, 16,910 W 8-4(a) 16 polos (b) 24° (c) 61,8 V (d) 99,3° (e) 61,8 A (f) 0,996 PF adelantado (g) 22 700 W, 21 558 W 8-5(a) 16 polos (b) 24° (c) 54 V (d) 48,7° (e) 54 A (f) 0,813 PF (g) 16 750 W, 15 876 W 8-6(a) 8,85 hp, 22,65 hp, 29,0 hp, 21,3 hp (b) 103,3; 257; 338; 248 lb-pie (8-7(a) 6,33 hp, 73,8 lb-pie (b) 17,8 hp, 207,5 lb-pie (c) 25,85 hp, 302 lb-pie (d) 17,95 hp, 209,5 lb-pie 8-8(a) 170,3 V (b) 47,8° (c) 170 A 1,575 (d) 58,2 hp, 678 lb-pie (e) 1,162: 1 8-9. P_d únicamente: 64 150; 109 400; 123 600, 124 000, 123 800, 123 500, 102 200 8-11 (a) $E_g = 134{,}5$ V (b) 26,55° (c) 4,425° (d) 60,25 V, 83,65° (e) 84 800 W, 4500 W (f) 107,5 hp, 940 lb-pie (g) 166,3 hp, 1455 lb-pie 8-13. 179,5, 226,5, 232,5 lb-pie 8-14. 888 lb-pie, 1072 lb-pie, 1940 lb-pie 8-16(a) 23,65 A (b) 16°, 4° (c) 1580 V (d) 35,85° (e) 46,35 A, 196 por ciento (f) 210 hp 8-17(a) 1387 V (b) 473 V (c) 19,95°, 4,99° (d) 113,5 hp 8-19(a) 16,667 kVA (b) 26 800 (c) 10 653 kW 8-20(a) 11 415 kW (b) 35 850 kVA 8-21(a) No (b) 0,9967 8-22 1320 kVA 8-23(a) 0,822 PF (b) 6200 kW 8-24(a) 0,37 PF (b) 1832 kVA (c) 2160 hp 8-25. 12 polos 8-26. Alternador: 40 polos, motor: seis polos 8-27. 10 polos, 24 polos 8-28. Motor: 72 polos, alternador: 10 polos.

Capítulo 9

Máquinas de inducción polifásica (asíncronas)

9-1. Generalidades. En los capítulos anteriores, se ha considerado la máquina de c.c. que funciona con una tensión de c.c. aplicada a su devanado de excitación y (como resultado de la rotación o conmutación) una tensión de c.a. aplicada a su devanado de inducido. También se ha considerado la máquina síncrona de c.a. que, como la máquina de c.c., tiene una tensión de c.c. aplicada a su devanado de excitación y una tensión de c.a. aplicada directamente a su devanado de inducido. Ambas máquinas se consideraron como máquinas de excitación debido a que se requerían dos fuentes de excitación para su funcionamiento normal. En los apartados 8-25 hasta 8-29, se describieron tipos especiales de motores síncronos: aquellos en los que los polos de excitación estaban magnetizados permanentemente, requerían tan sólo una fuente de excitación para su funcionamiento normal (desde vacío hasta plena carga); pero estas máquinas realmente deben considerarse también como máquinas de excitación doble.

A primera vista, la máquina de inducción también podría considerarse como una máquina de excitación única, debido a que a su estátor se le aplica tan sólo corriente alterna polifásica. Sin embargo, se observará que en su rotor se induce una tensión de c.a. de frecuencia variable, de la misma forma que por el efecto de transformación se induce una tensión de c.a. en el secundario de un transformador (capítulo 13). La máquina de inducción es, en consecuencia, una máquina con excitación doble que tiene una tensión de c.a. aplicada *tanto* a su devanado de estátor (inducido) *como* a su devanado rotórico. La tensión aplicada al inducido estatórico es una tensión de excitación de (ordinariamente) frecuencia constante y (ordinariamente) tensión constante suministrada a partir de unas barras polifásicas o monofásicas idénticas a las de la máquina síncrona*. La tensión aplicada al rotor es una tensión *inducida* de frecuencia variable y tensión originada como resultado de la velocidad del rotor respecto a la velocidad de sincronismo.

De todos los tipos de motores estudiados hasta ahora (de c.c. síncronos, polifásicos de c.a.), el motor de inducción de jaula de ardilla (SCIM)** es el de construcción más sencilla. No tiene colector, ni anillos rozantes, ni contactos móviles entre el rotor y el estátor. Esta construcción determina muchas ventajas entre las que pueden citarse el funcionamiento sin necesidad de mantenimiento, aplicación en lugares inaccesibles y funcionamiento en ambientes adversos en los que el polvo y otros materiales abrasivos constituyen un factor a considerar. Por esta razón, de ordinario es el motor polifásico de c.a. más ampliamente utilizado.

En tanto que el motor de inducción es, acaso, el más sencillo de todos los motores en su funcionamiento y accionamiento, su teoría es bastante complicada.

9-2. Construcción. La construcción general de la máquina de inducción se discutió en el apartado 2-5 y se indicó en la figura 2-4. El inducido del estátor es idéntico al de la máquina síncrona de c.a. y no precisa modificación. El núcleo del rotor de un motor de inducción es un cilindro de acero laminado en el que los conductores de cobre o aluminio fundido se *funden* o *devanan* paralelamente (o casi paralelamente) al eje axial en ranuras o agujeros practicados en el núcleo. Los conductores no necesitan estar aislados del núcleo debido a que las corrientes inducidas en el rotor siguen el camino de menor resistencia, o sea, los conductores de cobre o aluminio fundido o aleación de cobre del devanado rotórico.

En el rotor de *jaula de ardilla,* los conductores rotóricos están cortocircuitados en cada extremo mediante anillos terminales continuos; de ahí el nombre «jaula de ardilla». En los rotores grandes, los anillos de los extremos están soldados en lugar de fundidos con los conductores. Las barras del rotor de jaula de ardilla no *siempre* se mantienen paralelas a la longitud axial del rotor sino que pueden disponerse formando un cierto ángulo con el eje del rotor a fin de impedir el cosido electromagnético, para producir un par más uniforme y para reducir el zumbido magnético durante el funcionamiento del motor.

Los rotores *bobinados* se devanan con conductores de cobre, en general ais-

* Por esta razón, al proyectar una máquina «universal», el rotor cilíndrico ordinariamente tiene una tensión nominal de c.c. pequeña y una correspondiente tensión nominal de c.a. mayor debido a su mayor impedancia a la corriente alterna. Cuando al rotor bobinado se aplica corriente continua, funciona como una máquina síncrona de c.a. Como generador o motor de inducción, sin embargo, la tensión de c.a. inducida es considerablemente mayor. Más aún, en varios tipos de sistemas de control de la velocidad de motor de inducción de c.a., esta tensión secundaria se aplica (al rotor del motor de inducción alimentado por la red) desde otra máquina denominada control de tensión «exterior» secundario. Véase Kosow, *Control of Electric Machines,* Prentice Hall, 1973, apartados 7-5 hasta 7-9.

** Iniciales correspondientes a la terminología inglesa.

lados del núcleo de hierro y se conectan en estrella en las máquinas trifásicas o en las de inducción polifásica. Cada extremo del devanado de una fase se saca al exterior hacia *anillos rozantes* que están aislados del eje del rotor. Normalmente, el devanado rotórico no está conectado a una alimentación de c.a. o de c.c. pero puede utilizarse cualquiera de las dos (la primera en cascada y la segunda en la máquina universal).* Ordinariamente a las escobillas de los anillos rozantes se conecta una resistencia variable equilibrada trifásica o polifásica o fin de variar la resistencia total del rotor por fase. Debido a su mayor coste inicial y a sus mayores costes de mantenimiento, los rotores bobinados se utilizan únicamente (1) cuando se precisan pares de arranque mayores, (2) cuando se desea el control de la velocidad, y (3) cuando en el rotor se introducen tensiones exteriores.

9-3. Producción de un campo magnético giratorio por aplicación de corriente alterna polifásica al inducido estatórico. Mediante un grupo polifásico de devanados desplazados en el espacio sobre un inducido, puede producirse un campo magnético giratorio resultante y constante que gira a la velocidad de sincronismo ($S = 120f/P$) si las corrientes que circulan por los devanados también están defasadas temporalmente. Por ejemplo, si un devanado bifásico también está defasado físicamente en un estátor en 90°, se producirá una excitación giratoria constante (apartado 10-5) ya que las corrientes de fase también están defasadas en el tiempo. Todas las máquinas de inducción trifásica, por consiguiente, a fin de producir un campo magnético constante, requieren tres devanados idénticos defasados en el estátor en 120° y por los que circulan corrientes defasadas también 120° en el tiempo. La figura 9-1a muestra el diagrama vectorial de las corrientes que circulan en un inducido estatórico trifásico de secuencia de fase *ABCABCA*. En la figura 9-1b puede verse la relación gráfica y la variación senoidal de cada corriente para un ciclo. La figura 9-1c indica el desplazamiento en el espacio de un devanado trifásico concentrado típico, conectado en estrella.

De acuerdo con lo estudiado respecto a los devanados de la máquina síncrona de c.a. (apartados 2-14 hasta 2-17) se ha establecido que los conductores de cada fase están distribuidos uniformemente sobre el inducido estatórico. El diagrama de la figura 9-1c, que utiliza bobinas concentradas (en vez de distribuidas) permite predecir el flujo resultante producido por todas las bobinas de una fase. Cada grupo de fase de la figura 9-1c consta de 12 conductores (o seis bobinas) por fase en los que los terminales «finales» correspondientes de cada fase, F_A, F_B y F_C, se conectan a un punto común. El «principio» correspondiente de cada fase, S_A, S_B o S_C, se conecta a la alimentación de tensión trifásica. En el instante t_1, indicado en la figura 9-1b, se muestra la corriente en cada bobina en cada devanado. En el instante t_1, la corriente en la fase A es máxima en un sentido mientras que la corriente en las bobinas de las fases B y C es exactamente 0,707 de su valor máximo en sentido opuesto. Nótese que en las figuras 9-1c y d, en el instante t_1, los sentidos de la corriente en B y C son opuestos al de A.

* Ver la nota al pie de la página 346.

Los flujos producidos por estas fases pueden verse en la figura 9-1d utilizando la regla de la mano derecha. Nótese que ϕ_B y ϕ_C sobre ϕ_A producen un flujo resultante, ϕ_R. Las componentes en cuadratura de estas proyecciones se anulan entre sí ya que se encuentran en fases iguales y opuestas. El mismo procedimiento se sigue en el instante t_2, en el que la corriente de la fase *B* se ha invertido y ahora es igual y del mismo sentido que la de *A* (que ahora ha disminuido hasta 0,707 veces su valor máximo). Ahora *C* es máximo en el instante t_2. El flujo resultante se traza de nuevo para cada fase y en este instante ϕ_A y ϕ_B originan componentes en cuadratura (que se anulan entre sí) y componentes en fase con ϕ_C que producen un ϕ_R resultante de *igual* magnitud que en el instante t_1. Por lo tanto, en el instante t_2, 60° eléctricos después del instante t_1, el flujo resultante ha girado 60°, pero es de magnitud *constante.*

Examinando el eje de ϕ_R en los instantes t_1 y t_2 puede observarse que el estátor puede tratarse como un solenoide en el que por todos los conductores de un lado de ϕ_R circulan corrientes hacia el *interior* del estátor, y por todos los conductores del otro lado de ϕ_R circulan corrientes hacia el *exterior* del estátor. Por lo tanto, en el instante t_3, el flujo resultante tendrá un sentido horizontal de derecha a izquierda, entrando en el estátor por un polo S en el lado izquierdo y abandonando el estátor por un polo N a la derecha. El lector debe comprobar los sentidos de la corriente y los intervalos de tiempo indicados en la figura 9-1b con los intervalos de tiempo específicos indicados en los instantes t_3, t_4, t_5 y t_6 en las figuras restantes. Se observará lo siguiente:

1. Mediante un devanado estatórico trifásico se produce un campo magnético *resultante único que es giratorio y constante.*
2. El desplazamiento espacial del campo magnético giratorio resultante corresponde *exactamente* al desplazamiento de tiempo de la *frecuencia* de la alimentación.

El devanado concentrado de la figura 9-1c produjo dos polos utilizando seis ranuras para un devanado trifásico $\dfrac{3 \text{ fases} \times 2 \text{ polos}}{6 \text{ ranuras}}$ o *una* ranura/polo-fase. Si se utiliza un estátor que tenga *dos* ranuras por polo por fase y si las bobinas de la misma fase están desplazadas 90° como se indica en la figura 9-2a, las corrientes de bobina resultantes producirán un campo magnético giratorio que tiene *cuatro* polos. Análogamente, un estátor que tenga *tres* ranuras por polo por fase (figura 9-2b en forma esquemática) producirá un campo magnético giratorio de *seis* polos y así sucesivamente.*

Puesto que el período o intervalo de tiempo de la variación senoidal de la corriente, indicado en la figura 9-1b, es el mismo en los conductores, la velocidad del campo magnético giratorio varía en proporción directa con la frecuencia pero

* Puede demostrarse que el número de polos *P*, producido en el campo magnético giratorio es $P=2n$, donde *n* es el número de ranuras/polo-fase (apartado 2-16).

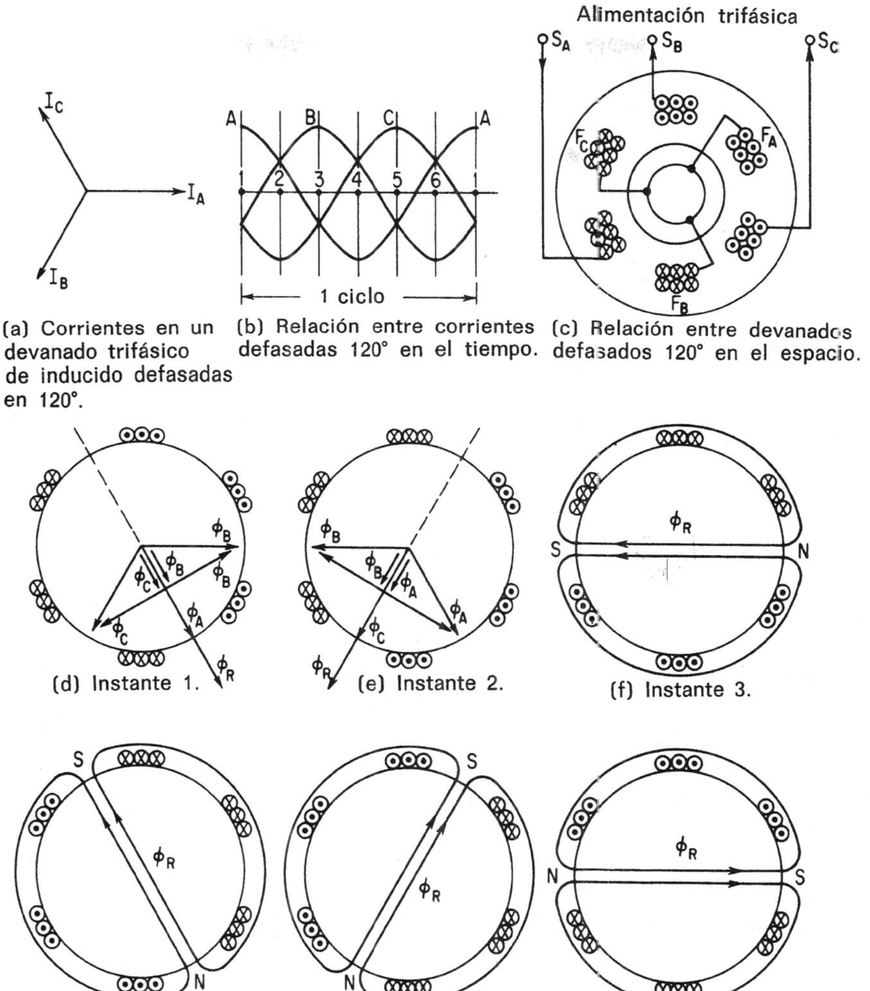

(a) Corrientes en un devanado trifásico de inducido defasadas en 120°.

(b) Relación entre corrientes defasadas 120° en el tiempo.

(c) Relación entre devanados defasados 120° en el espacio.

(d) Instante 1.

(e) Instante 2.

(f) Instante 3.

(g) Instante 4.

(h) Instante 5.

(i) Instante 6.

Figura 9-1. Producción de un campo magnético giratorio constante a una velocidad de sincronismo.

en proporción inversa con el número de polos, lo que verifica (2-16) una vez más ($S = 120f/P$). Por lo tanto, la velocidad del campo giratorio en la figura 9-1 a la frecuencia de 60 Hz es de 3600 rpm. Análogamente, la velocidad del campo giratorio (con referencia a un polo N) en la figura 9-2a es 1800 rpm y en la figura 9-2b es 1200 rpm y así sucesivamente.

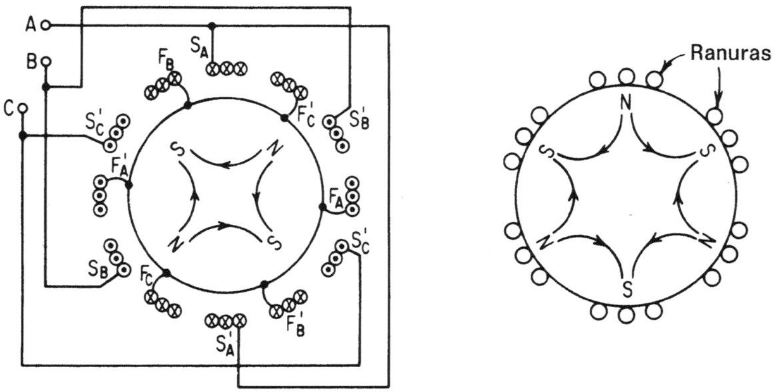

(a) Producción de cuatro polos, 2 ranuras/polo-fase.

(b) Producción de seis polos, 3 ranuras/polo-fase.

Figura 9-2. Campos giratorios tetra y hexapolares.

Podemos considerar, pues, que la naturaleza del devanado del estátor, en relación a la frecuencia y el número de polos, producirá un campo magnético giratorio de magnitud constante cuya velocidad de giro o de sincronismo se expresa mediante (2-16), $S = 120f/P = 120f/2n$. Como quiera que el número de polos depende *tan sólo* de *n* (el devanado utilizado) la velocidad de sincronismo del campo magnético giratorio de una máquina asíncrona *determinada* es realmente función de la *frecuencia* (véase el ejemplo 9-1).

El campo magnético giratorio producido que se indica en la figura 9-1 proporciona una rotación en el sentido de las agujas del reloj para la secuencia de fase *ABCABC*, dada en la figura 9-1b.

Si dos conexiones *cualesquiera* de las bobinas estatóricas de la figura 9-1c se intercambiasen, la secuencia de fase invertida determinaría la inversión del sentido de rotación del campo magnético. Al igual que en el caso del motor síncrono de c.a., veremos que el rotor gira en el *mismo* sentido que el campo magnético giratorio, pero ello está basado ahora en el *principio del motor de inducción*. En consecuencia, el sentido de rotación de cualquier motor de inducción puede invertirse (invirtiendo simplemente la secuencia de fase) intercambiando dos cualesquiera de las tres conexiones a las barras de alimentación trifásica.

9-4. Principio del motor de inducción. El principio del motor de inducción puede ilustrarse simplemente utilizando el aparato indicado en la figura 9-3a. Un imán permanente está suspendido encima de una lámina de cobre o aluminio que pivota sobre una serie de cojinetes en una plancha de hierro fija. El campo

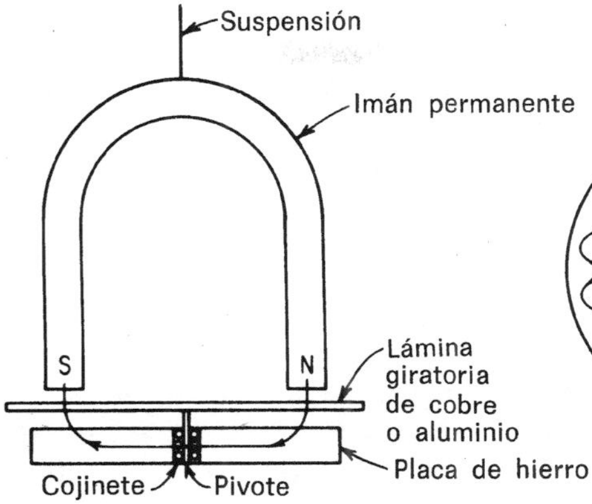

(a) Vista frontal.

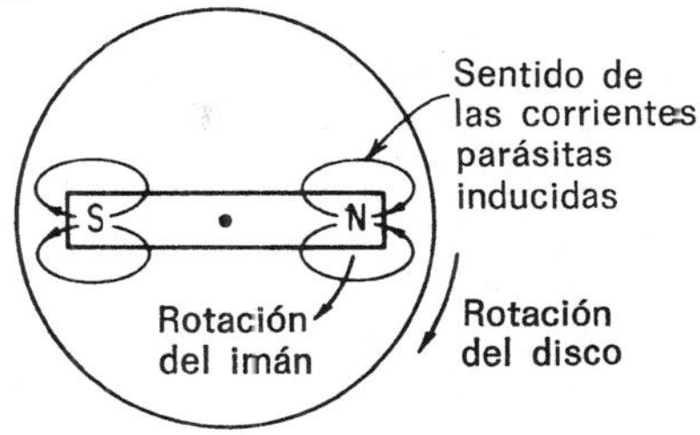

(b) Vista superior.

Figura 9-3. Principio del motor de inducción.

del imán permanente se completa por tanto a través de la plancha de hierro. El pivote debe presentar un mínimo rozamiento y el imán permanente debe ser de densidad de flujo suficiente. Cuando el imán gira, el disco situado debajo de él gira *con él*. El disco sigue el movimiento del imán, como se indica en la figura 9-3b, debido a las corrientes parásitas inducidas producidas por el movimiento relativo entre un conductor (el disco) y un campo magnético. Por la ley de Lenz (apartado 1-6), el sentido de la tensión inducida (y las consiguientes corrientes parásitas) origina un campo que tiende a oponerse a la fuerza o movimiento que produjo la tensión inducida.

En efecto, como se indica en la figura 9-3b, las corrientes parásitas inducidas tienden a producir un polo sur en el disco en aquel punto situado bajo el polo norte giratorio del imán y un polo norte en el punto del disco situado debajo del polo sur giratorio del imán. Mientras el imán continúe moviéndose, por consiguiente, se continuarán produciendo corrientes parásitas y polos de polaridad *opuesta* en el disco situado debajo de él. Por consiguiente, el disco gira en el *mismo sentido* que el imán, pero debe girar a una velocidad *menor que* la del imán. Si el disco girase a la misma velocidad que el imán, entonces *no habría movimiento relativo* entre el conductor y el campo magnético y no se producirían corrientes parásitas en el disco.

Es debido al efecto de generador que tiene lugar, que produce corrientes y un campo magnético opuesto resultante, que el motor de inducción puede clasificarse como máquina doblemente excitada. Más aún, al igual que en todas las máquinas, como que el par electromagnético es el resultado de la interacción entre los campos magnéticos producidos por las dos corrientes de excitación, simultáneamente se presenta el *efecto de generador*. En el motor de c.a. *síncrono,* el efecto de motor y el efecto de generador tenían lugar a la velocidad de *sincronismo* del campo magnético giratorio. En el motor de inducción de c.a., *ni* el efecto de motor ni el efecto de generador pueden tener lugar a la velocidad de sincronismo. Por esta razón, las máquinas basadas en el *principio de inducción* se clasifican como máquinas de inducción *asíncronas* o no *síncronas.*

Como se estableció anteriormente, la velocidad del disco nunca puede ser igual a la velocidad del imán. Si así sucediese, la corriente inducida sería 0 y no se produciría flujo magnético o par. Por lo tanto, debe reducirse la velocidad a fin de producir par. Esto determina una diferencia de velocidades producida entre (1) la velocidad de sincronismo del campo magnético giratorio, esencialmente función de la frecuencia para una máquina de inducción determinada, y (2) la velocidad de «deslizamiento» a la que el disco gira como resultado del par producido por la interacción entre su campo y el campo magnético giratorio. Esta diferencia de velocidad entre (1) y (2) se denomina *velocidad de deslizamiento* y ordinariamente se expresa como porcentaje de la velocidad de sincronismo (como deslizamiento porcentual o simplemente deslizamiento).

s = deslizamiento en rpm/velocidad de sincronismo = velocidad de sincronismo—velocidad del rotor/velocidad de sincronismo $= \dfrac{S(-S_r)\cdot 100}{S}$ (9-1)

o

[redacted]

en la que s es el deslizamiento porcentual (para finalidades de cálculo en lugar del tanto por ciento siempre se emplea el tanto por uno), S es la velocidad de sincronismo ($120\,f/P$) en rpm del campo magnético giratorio producido por el estátor. S_r es la velocidad del rotor en rpm.

EJEMPLO 9-1: Un estátor de un motor de inducción trifásico tiene tres ranuras por polo por fase. Si la frecuencia de la red es 60 Hz, calcular

a. El número de polos producido y el número total de ranuras en el estátor.
b. La velocidad en rpm de los campos o polos magnéticos giratorios.
c. Si la frecuencia varía a 50 Hz, la velocidad del campo magnético giratorio.

Solución:

a. $P=2n=2\cdot 3=$ **6 polos**
ranuras totales = 3 ranuras/polo-fase · 6 polos · 3 fases = **54 ranuras.**

b. $S=120f/P=120\cdot 60/6=$ **1200 rpm** (2-16)

c. $S=120f/P=120\cdot 50/6=$ **1000 rpm**

9-5. Conductores rotóricos, fem inducida y par; rotor bloqueado. Como se estableció en el apartado 9-2, un rotor comercial de motor de inducción de jaula de ardilla (SCIM) se compone de conductores o barras de cobre o aluminio embebidas en un núcleo de hierro laminado. La figura 9-4a muestra 3 de estos conductores rotóricos (*A*, *B* y *C*) y su relación con un campo magnético multipolar producido por un devanado polifásico.

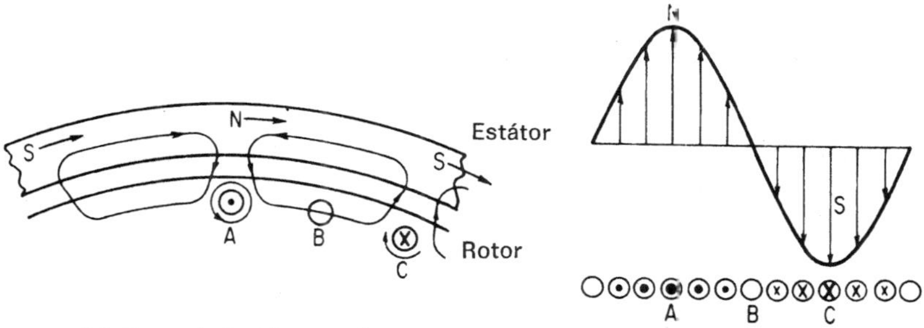

(a) Fems inducidas producidas en los conductores del rotor.

(b) Relación entre el campo y las fems del rotor.

Figura 9-4. Producción de par en los conductores del rotor.

Supóngase que el rotor está bloqueado (en reposo) y que el flujo del estátor está girando a velocidad de sincronismo en el sentido de las agujas del reloj con respecto al conductor del rotor *A* (fijo) situado directamente debajo de un polo N. El sentido del movimiento relativo del conductor *A* es hacia la izquierda (para finalidades de determinación de la fem inducida, regla de la mano derecha, apartado 1-5). Este movimiento relativo produce una fem hacia el observador, y la corriente correspondiente produce un flujo en sentido contrario al de las agujas del reloj alrededor de *A*, como se indica. Con respecto al campo que entra en el núcleo de hierro en las proximidades del conductor *A*, la fuerza que actúa sobre el conductor *A* como resultado de la interacción entre los campos magnéticos produce repulsión sobre el lado izquierdo y atracción sobre el lado derecho del conductor, o sea movimiento en el *mismo* sentido que el campo magnético. Por la regla de la mano (el efecto del motor requiere la regla de la mano izquierda respecto al movimiento del conductor) se observará que el conductor desarrolla un par electromagnético que tiende a mover el rotor también en el *mismo* sentido en que gira el campo magnético.

Análogamente, el conductor *C*, situado directamente debajo de un polo *S* en el rotor en la figura 9-4a, producirá una fem que se aleja del observador y un campo magnético en el sentido de las agujas del reloj, que resulta de una corriente inducida que produce movimiento en el *mismo* sentido (el de las agujas del reloj) que el campo magnético giratorio.

Sin embargo, el conductor B, en el instante indicado en la figura 9-4a no experimenta variación en la concatenación de flujo, con lo que en él no se induce fem. Todos los conductores situados entre A y B en el rotor, por consiguiente, experimentarán cantidades variables de fem inducida y corriente del rotor (ya que están cortocircuitados en cada extremo) según estén directamente situados debajo de un polo o en la región interpolar, como se indica en la figura 9-4b. Por lo tanto la *distribución de fem* en los conductores del rotor establecido por el campo magnético giratorio *es similar*, en cada instante, a *la distribución de flujo,* como se indica en la figura 9-4b. Además, ya que el campo está girando a la velocidad de sincronismo, el sentido de la fem inducida en un conductor determinado variará senoidalmente de acuerdo con la magnitud del flujo que concatena, como se indica en la figura. En efecto, en el rotor se produce el *mismo* número de polos de polaridad instantánea *opuesta* que los existentes en el estátor (véase el ejemplo 9-1).

En reposo, la frecuencia de la fem inducida en el rotor es igual a la frecuencia del campo magnético giratorio. Por otro lado, si el rotor fuese capaz de girar a la misma velocidad que el campo magnético giratorio, o sea, si el conductor A se moviese exactamente a la misma velocidad que el polo norte situado encima, no habría tensión inducida en los conductores del rotor y la frecuencia o alternancia del rotor sería 0. La frecuencia de las tensiones inducidas en el rotor, por consiguiente, varía en proporción inversa con la velocidad del rotor desde un máximo (frecuencia de la red) en reposo a frecuencia 0 a la velocidad de sincronismo. Pero (9-1) indica que el deslizamiento *también* varía desde un máximo en reposo a 0 a la velocidad de sincronismo. La frecuencia del rotor puede expresarse como función de la frecuencia del estátor y del deslizamiento:

[redacted]

en la que f_r es la frecuencia de la tensión y corriente sinusoidales inducidas en las delgas del rotor para un valor determinado del deslizamiento, s, en hertz; s es el deslizamiento definido en (9-1), como la relación entre la velocidad de deslizamiento y la velocidad de sincronismo $(S-S_r)/S$; f es la frecuencia del estátor (o frecuencia de la red) y del campo magnético giratorio, en hertz.

EJEMPLO 9-2: Un motor de inducción tetrapolar que funciona a una frecuencia de 60 Hz tiene un deslizamiento del rotor a plena carga del 5 %. Calcular la frecuencia del rotor.

a. En el momento del arranque.
b. A plena carga.

Solución:

a. En el momento del arranque, $s=(S-S_r)/S$, en la que S_r es la velocidad del rotor. Ya que la velocidad del rotor en ese instante es cero, $s=[(S-0)/S]=1$ o sea deslizamiento unidad. La frecuencia del rotor es

$$f_r = s \times f = 1{,}0 \times 60 \text{ Hz} = \mathbf{60\ Hz} \tag{9-2}$$

b. A plena carga, el deslizamiento es el 5 % dado, y por consiguiente $s=0{,}05$

$$s = 0{,}05$$
$$f_r = s \times f = 0{,}05 \times 60 \text{ Hz} = \mathbf{3\ Hz} \tag{9-2}$$

Debe notarse que es precisamente por el motivo descrito en el ejemplo 9-2 que el motor de inducción de rotor bobinado puede utilizarse como cambiador de frecuencia variable si su rotor es accionado a una determinada velocidad y si la fem inducida en el rotor se toma de sus anillos rozantes (véase el apartado 9-23). Cuando un motor de inducción es accionado por una máquina motriz (y funciona de esta forma) se denomina *generador de inducción*. En consecuencia, si está en reposo (deslizamiento unidad) un generador de inducción generará una frecuencia (en el rotor) como se indica en el ejemplo 9-2 de (1 · 60) o 60 Hz. Si se hace girar a exactamente la velocidad de sincronismo en el mismo sentido que el campo magnético giratorio (deslizamiento 0), su frecuencia generada (en el rotor) es (0 · 60) o sea 0. Si se hace girar a la misma velocidad (de sincronismo) en sentido *opuesto* (deslizamiento = 2), la frecuencia generada es (2 · 60) o sea 120 Hz. Si se hace girar al doble de la velocidad de sincronismo en sentido opuesto (deslizamiento = 3) la frecuencia generada es 180 Hz. Son posibles, por consiguiente, deslizamientos mayores que la unidad, así como deslizamientos *negativos* (rotación que *excede* a la velocidad de *sincronismo* en el *mismo* sentido), en un generador de inducción.* Prácticamente siempre, al estudiar las características de un *motor* de inducción trataremos con deslizamientos positivos comprendidos entre la unidad en reposo y 0 (velocidad de sincronismo).

Ya que los conductores del rotor poseen una resistencia relativamente baja (gruesas barras de corta longitud, cortocircuitadas en cada extremo) pero están introducidos en hierro, poseen la propiedad de la inductancia, y, en consecuencia, reactancia inductiva (apartado 2-7). Para un rotor de una máquina de inducción determinada, la inductancia (L_r) de las barras del rotor es una cantidad fija (que varía con el número de espiras, la permeabilidad y la longitud

* El punto importante respecto a la definición de deslizamiento es en relación al sentido del campo magnético tomado como referencia. Si el campo giratorio tiene una velocidad de sincronismo de 1800 rpm en el sentido de las agujas del reloj, entonces una velocidad del rotor de 1800 rpm en sentido contrario al de las agujas del reloj produce una velocidad de deslizamiento de 1800 $-(-1800)=3600$ rpm y un deslizamiento de $\frac{3600}{1800}=2$. También son posibles deslizamientos negativos si el rotor se acciona a una velocidad que supere a la de sincronismo en el mismo sentido, por ejemplo 2000 rpm en el sentido de las agujas del reloj, produciendo una velocidad de deslizamiento de $1800-2000$, o sea -200 rpm, y un deslizamiento de $-\frac{200}{1800}=-0{,}111$.

y sección del circuito magnético), pero la reactancia inductiva del rotor (X_r) variará según la frecuencia del rotor. La determinación de la inductancia del rotor directa e independientemente de la frecuencia es un asunto complicado particularmente para las grandes máquinas. Por consiguiente, se acostumbra determinar la reactancia del rotor en reposo mediante un ensayo a rotor bloqueado (utilizado también en la determinación del rendimiento; véase el apartado 12-13), y entonces utilizar esta reactancia como valor de referencia. Ya que la frecuencia del rotor aumenta con el deslizamiento (9-2) y la reactancia varía con la frecuencia ($X_r = 2\pi f L_r$), la reactancia del rotor a cualquier frecuencia es

[redacted]

en la que s es el deslizamiento unitario y X_{lr} es la reactancia a rotor bloqueado *en reposo.*

Debe notarse que la reactancia a rotor bloqueado nunca debe suponerse como la máxima reactancia posible debido a que, como se ha indicado anteriormente, el generador de inducción puede presentar reactancias rotóricas superiores a la reactancia a rotor bloqueado con deslizamientos mayores que la unidad. La reactancia a rotor bloqueado es simplemente un valor conveniente o de referencia que simplifica los cálculos.

Si la frecuencia de la tensión de c.a. inducida en las barras del rotor de un motor de inducción varía entre 0 a la velocidad de sincronismo y la frecuencia del estátor en reposo, entonces, por (2-14) ($E = k\phi f$), la tensión inducida en el rotor a cualquier deslizamiento es también función de la tensión inducida en reposo al rotor bloqueado, o

$$E_r = sE_{lr} \tag{9-4}$$

en la que s es el deslizamiento unitario, E_{lr} es la tensión inducida en el rotor en reposo a rotor bloqueado, E_r es la fem inducida en el rotor a cualquier valor de deslizamiento (positivo, negativo, mayor o menor que la unidad y/o frecuencia del rotor.

Por lo tanto, la tensión inducida en el rotor, la reactancia del rotor y la frecuencia del mismo varían en función del *deslizamiento* desde un máximo normal en reposo hasta 0 cuando la velocidad del rotor es igual a la velocidad de sincronismo (deslizamiento 0).

El par desarrollado en reposo por cada conductor individual en el rotor*

* A modo de principio unificante, el par desarrollado en cada conductor de una máquina excitada doblemente es proporcional a $\phi_1\phi_2 \cos\alpha$, en la que ϕ_1 y ϕ_2 representan los flujos resultantes producidos por las dos tensiones de excitación y α es el ángulo entre los flujos. Por lo tanto, el par es producido por la repulsión o atracción mutuas de dos campos magnéticos. Por consiguiente, este principio es igualmente cierto para instrumentos electrodinamométricos y para micrófonos dinámicos. Así pues, las ecuaciones (4-4), (8-26) y (9-5) son formas de la (1-8) basadas en la fuerza electromagnética desarrollada por un conductor por el que circula corriente situado en un campo magnético.

puede expresarse en función del flujo o de la corriente (que produce el flujo) en el estátor y el rotor, respectivamente [mediante (4)] como

$$T = K_t \phi I_r \cos \theta_r \tag{9-5}$$

en la que K_t es una constante de par según el número de polos, el devanado, las unidades utilizadas, etc.; ϕ es el flujo producido por cada polo del campo magnético giratorio que concatena el conductor del rotor. $I_r \cos \theta_r$ es la componente de la corriente del rotor en fase con ϕ.

La necesidad del término $I_r \cos \theta_r$ en (9-5), deriva naturalmente del hecho de que en tanto que las tensiones inducidas en los conductores del rotor indicados en la figura 9-4b están en fase con el campo magnético giratorio del estátor, las corrientes I_r en los conductores del rotor no están en fase, como se indica en la figura 9-5a. Los conductores del rotor presentan una reactancia rotórica inductiva apreciable debido al deslizamiento (9-3), por lo que determinan que la corriente del rotor I_r esté retrasada respecto a la tensión del rotor E_r en θ_r, como se indica en la figura 9-5a. Por consiguiente, únicamente aquella componente de la corriente en fase con el flujo del rotor producirá un par medio útil. Esto se indica en la figura 9-5b, en la que el producto de ϕ y I_r se representa gráficamente.

Ahora es posible deducir una ecuación del par desarrollado en reposo o bajo condiciones a rotor bloqueado (lo cual es el par de arranque) para el motor de inducción. Sea R_r la resistencia rotórica efectiva (en reposo) de todos los

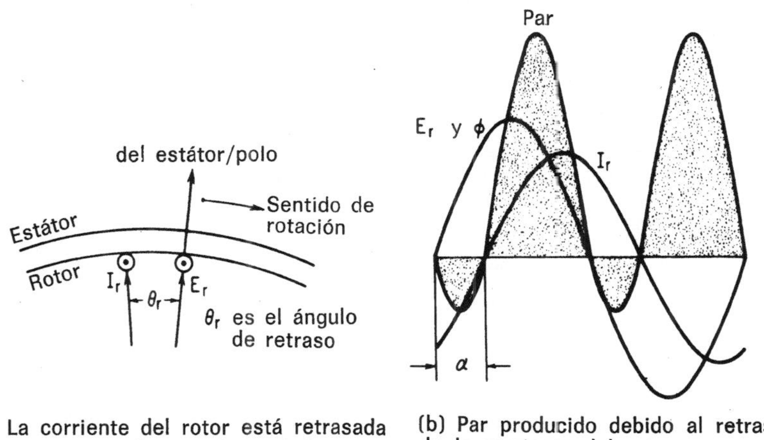

(a) La corriente del rotor está retrasada con respecto a la tensión y el flujo

(b) Par producido debido al retraso de la corriente del rotor.

Figura 9-5. Desplazamiento de la corriente del rotor con respecto a la tensión del rotor y consiguiente producción de par en el rotor.

conductores del rotor combinados y sea X_{lr} la reactancia a rotor bloqueado (en reposo) de todos los conductores del rotor combinados; entonces, la impedancia del rotor en reposo, Z_{lr}, es

$$Z_{lr} = R_r + jX_{lr} = \sqrt{R_r^2 + X_{lr}^2}$$

y

$$\cos\theta_r = \frac{R_r}{Z_{lr}}$$

La corriente en el rotor en reposo es

$$I_{lr} = \frac{E_{lr}}{Z_{lr}} = \frac{E_{lr}}{R_r + jX_{lr}} = \frac{E_{lr}}{\sqrt{R_r^2 + X_{lr}^2}} \tag{9-6}$$

en la que E_{lr} es el valor eficaz de la tensión inducida en el rotor en reposo y todos los demás términos se han definido anteriormente.

Sustituyendo en (9-5) I_{lr} de la (9-6) y también el valor de $\cos\theta_r = R_r/Z_{lr}$, el par total de arranque desarrollado por el rotor del motor de inducción **en reposo** es

$$T_s = K_t\phi I_r \cos\theta_r = \frac{K_t\phi E_{lr}}{\sqrt{R_r^2 + X_{lr}^2}} \times \frac{R_r}{\sqrt{R_r^2 + X_{lr}^2}} = \frac{K_t\phi E_{lr} R_r}{R_r^2 + X_{lr}^2} \tag{9-7}$$

en la que todos los términos se han definido anteriormente.

Nótese que los términos imaginarios, así como la raíz cuadrada, han sido eliminados del denominador de la (9-7). Nótese también que debido a que el rotor está bloqueado y las tensiones se inducen en él por el efecto de transformador, E_{lr} es proporcional a ϕ, que a su vez es proporcional a la tensión de fase o de línea aplicada a las barras en el devanado estatórico V_p. Ya que ϕ es proporcional a V_p y puesto que E_{lr} (por el efecto de transformador) es proporcional a V_p, (9-7) puede expresarse en forma más simplificada como

$$T_s = \frac{K_t V_p^2 R_r}{R_r^2 + X_{lr}^2} \tag{9-7a}$$

Pero para un motor de inducción de jaula de ardilla determinado (SCIM), ya que la resistencia efectiva del rotor R_r y la reactancia del rotor en reposo X_{lr} son constantes (para una tensión aplicada en barras determinada a una frecuencia constante), puede combinarse en una nueva constante de par, K'_t, y finalmente la (9-7a) se simplifica para el par de arranque (**en reposo**) a

$$T_s = K'_t V_p^2 \tag{9-8}$$

La ecuación (9-8) establece que, para un determinado motor de inducción de c.a. (en particular del tipo de jaula de ardilla que no permite variación de la resistencia del rotor mediante medios exteriores), el *par de arranque* es tan sólo función de la *tensión aplicada al devanado estatórico.** Reduciendo la tensión de fase nominal aplicada a una mitad de la correspondiente al arranque, por consiguiente, producirá un par de arranque que será la cuarta parte del producido con la plena tensión. Reduciendo la tensión primaria también se reduce la *corriente* secundaria y primaria ya que la corriente primaria refleja la corriente absorbida por la resistencia secundaria del rotor y la reactancia. La teoría básica respecto al arranque a tensión reducida de los motores de inducción polifásicos de c.a. (apartado 9-15) es reducir la corriente primaria (o estatórica).

EJEMPLO 9-3: Un motor de inducción trifásico tetrapolar, de 50 hp y 208 V presenta un par de arranque de 225 libras-pie y una corriente de línea de arranque instantánea de 700 A (a rotor bloqueado) a la tensión nominal. A los terminales se aplica una tensión trifásica reducida de 120 V de c.a. Calcular:

a. El par de arranque.
b. La corriente de arranque.

Solución:

a. $T_s = T_{\text{orig}}\left(\frac{V_s}{V_o}\right)^2 = 225 \text{ libras-pie } \left(\frac{120}{208}\right)^2 = \mathbf{75\ libras\text{-}pie}$ (9-8)

b. $I_s = I_{\text{orig}}\left(\frac{V_s}{V_o}\right) = 700 \text{ A } \left(\frac{120}{208}\right) = \mathbf{403\ A}$ (9-6)

9-6. Par máximo. Se ha comentado que el par de arranque en reposo T_s de un SCIM puede ser tan elevado o incluso mayor que su valor a plena carga. También se debe determinar el par máximo (o límite), en función del par de marcha a plena carga.

Una vez el SCIM desarrolla par de arranque y gira, su frecuencia, la reactancia del rotor y la tensión inducida en el rotor se representan por sf, sX_{lr} y sE_{lr}, respectivamente. Al disminuir la frecuencia y la reactancia del rotor, la tensión inducida en el rotor también disminuye cuando se eleva la velocidad del motor. Una disminución en la reactancia del rotor aumenta el valor de cos θ_r en (9-5), pero al mismo tiempo la disminución en la tensión del rotor tiende a reducir la corriente del rotor. Por consiguiente, para una excitación constante determi-

* Esta ecuación deriva más naturalmente del concepto de motor de inducción como máquina excitada doblemente en la que ambos devanados se excitan con corriente alterna. La excitación del rotor depende de la magnitud de excitación del estátor por el efecto de transformador. La excitación del campo giratorio del estátor también depende de la tensión aplicada; por tanto, los flujos del rotor y del estátor son función de la tensión aplicada, así como el par desarrollado o interno.

nada, debe existir un valor particular de deslizamiento en el que el aumento de $\cos \theta_r$ y la disminución en la corriente del rotor, I_r, producen un valor máximo del par en (9-5) ($T = K\phi I_r \cos \theta_r$). Para un deslizamiento dado, la corriente del rotor es

$$I_r = \frac{sE_{lr}}{\sqrt{R_r^2 + (sX_{lr})^2}} \tag{9-9}$$

y ya que

$$\cos \theta_r = \frac{R_r}{\sqrt{R_r^2 + (sX_{lr})^2}} \tag{9-10}$$

a cualquier valor de deslizamiento,* el par de marcha $T = K\phi I_r \cos \theta_r$ puede convertirse, utilizando las mismas técnicas de sustitución que en (9-7), en

$$T \text{ (para cualquier deslizamiento)} = \frac{K_t \phi s E_{lr} R_r}{R_r^2 + (sX_{lr})^2}$$

pero ya que la tensión en reposo a rotor bloqueado, E_{lr} es directamente proporcional a ϕ, el par puede expresarse mediante

$$T \text{ (para cualquier deslizamiento)} = \frac{K_t \phi^2 s R_r}{R_r^2 + (sX_{lr})^2} \tag{9-11}$$

El par *máximo* se obtiene cuando se deriva (9-11) con respecto a la resistencia del rotor y se iguala a 0 (esto es, cuando $dT/dR_r = 0$) lo que proporciona**

[redacted]

En otras palabras, el par *máximo* se obtiene cuando el deslizamiento límite, s_b, es igual a R_r/X_{lr}. Pero como se ha notado anteriormente, ϕ^2 es proporcional a V_p y por tanto la expresión del par máximo que puede ser desarrollado por un motor de inducción, sustituyendo (9-12) en (9-11) es

$$T_{\max} = \frac{KV_p^2}{2(s_b X_{lr})^2} \tag{9-13}$$

* El significado de θ_r no debe descuidarse, incluso si desaparece de la ecuación (9-11). No es tan sólo el ángulo de retraso de la corriente del rotor respecto de la tensión inducida en el motor, sino que también es el ángulo entre el centro del polo del estátor y el conductor del rotor por el que circula una corriente instantánea máxima, como se indica en la figura 9-5.

** El deslizamiento límite como relación R_r/X_{lr} es una aproximación que es exacta para todas las aplicaciones prácticas. Un valor más preciso para s_b es $R_r/\sqrt{(R_p^2 + X_{lr}^2)}$, en la que R_p es la resistencia primaria del estátor por fase (que ordinariamente se desprecia) y $T_{\max}$ es igual a $KV_p^2/[2(R_p + \sqrt{R_p^2 + X_{lr}^2})]$. Véase también la ecuación (9-21) para otro medio de determinar el par máximo o límite, como se indica en el ejemplo 9-10.

EJEMPLO 9-4: Un SCIM de 8 polos y 60 Hz es cargado deliberadamente hasta un punto en que se presenta la pérdida de estabilidad (par aplicado superior al par máximo). La resistencia rotórica por fase es 0,3 ohm y el motor se hace inestable a 650 rpm. Calcular:

a. El deslizamiento límite, s_b.
b. La reactancia a rotor bloqueado (la reactancia en reposo).
c. La frecuencia del rotor en el punto de par máximo.

Solución:

a. $$S = \frac{120f}{P} = \frac{120 \times 60}{8} = 900 \text{ rpm} \qquad (2\text{-}16)$$

$$s_b = \frac{S - S_r}{S} = \frac{900 - 650}{900} = \mathbf{0{,}278} \qquad (9\text{-}1)$$

b. $$X_{lr} = \frac{R_r}{s_b} = \frac{0{,}3}{0{,}278} = \mathbf{1{,}08\ \Omega} \qquad (9\text{-}12)$$

c. $$f_r = sf = 0{,}278 \times 60 = \mathbf{16{,}7\ Hz} \qquad (9\text{-}2)$$

9-7. Características de funcionamiento de un motor de inducción. Suponiendo que un SCIM es arrancado con la tensión nominal aplicada a los terminales del estátor (arranque a plena tensión), desarrollará un par de arranque de acuerdo con (9-7) que determinará un aumento de velocidad. Cuando la velocidad aumenta desde el reposo (deslizamiento del 100 %), su deslizamiento disminuirá y su par aumentará hasta aquel valor de deslizamiento en que se desarrolla el par máximo ($R_r = sX_{lr}$) de acuerdo con (9-12). Esto determina que la velocidad aumente aún más reduciendo el deslizamiento y el par desarrollado por el motor de inducción simultáneamente. Tanto el par desarrollado en el arranque como el correspondiente al valor de deslizamiento que produce el par máximo, son superiores (ordinariamente) al par aplicado de la carga. La velocidad del motor aumentará, por consiguiente, hasta que el valor de deslizamiento sea tan pequeño que el par desarrollado se reduzca a un valor *igual* al par aplicado. El motor continuará funcionando a esta velocidad y valor de *equilibrio* del deslizamiento hasta que el par aplicado disminuya o aumente de acuerdo con (9-11).

En la figura 9-6 puede verse la relación entre los pares de arranque, máximo y nominal a la plena carga desarrollados por el motor de inducción en función de la velocidad y deslizamiento del motor. Esta figura es una representación gráfica de la corriente y el par del rotor del motor en función del deslizamiento desde el instante del arranque (punto *a*) hasta el estado de funcionamiento en régimen permanente (ordinariamente entre vacío y plena carga — puntos *c* y *d*) en los que los pares desarrollados y aplicados son iguales. Nótese que a deslizamiento 0, el par desarrollado y la corriente del rotor (indicado mediante una línea discontinua) son 0 debido a que a la velocidad síncrona no tiene lugar la acción del motor de inducción. Incluso en vacío, es necesario que el motor de

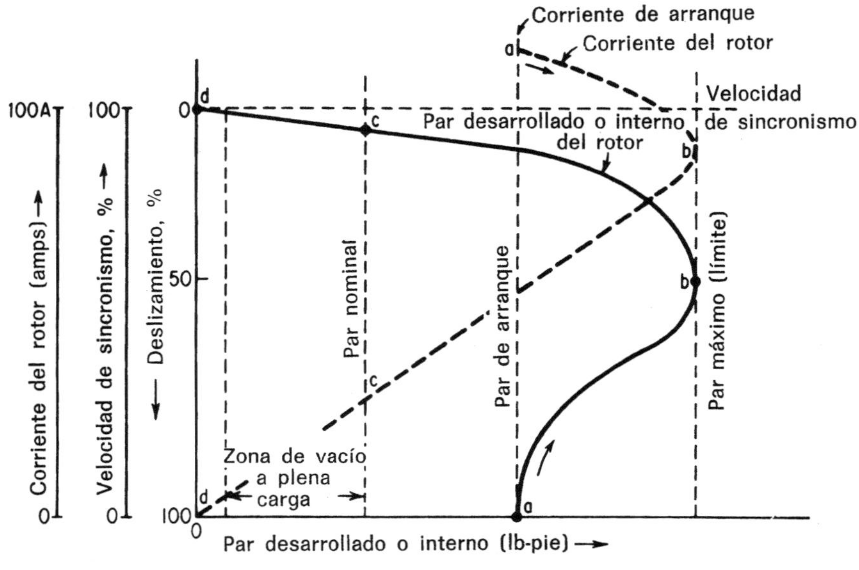

Figura 9-6. Efecto de la carga sobre la velocidad, el par desarrollado o interno y la corriente del rotor.

inducción tenga un pequeño deslizamiento (ordinariamente inferior al 1 %) a fin de desarrollar un pequeño par para vencer la fricción, el rozamiento con el aire y otras pérdidas internas. La ventaja del diagrama indicado en la figura 9-6 es que es posible visualizar la aceleración de una carga determinada desde el arranque (punto *a*) y los efectos de una variación de carga sobre la regulación de la velocidad, el par y la corriente del rotor.

El motor de inducción, como se indica en la figura 9-6, es esencialmente un motor de velocidad casi constante desde vacío hasta plena carga (puntos *d* a *c* en la figura), que tiene una característica de velocidad parecida a la del motor derivación (figura 4-9).* Vamos a considerar la forma en que se desarrolla par desde vacío hasta plena carga, o sea, las características de funcionamiento normales del motor de inducción.

* Puede establecerse un paralelismo interesante entre los motores derivación y de inducción en el hecho de que la disminución de velocidad en ambos motores con la carga es justamente suficiente para proporcionar un aumento de corriente a fin de producir el par desarrollado o interno necesario para equilibrar el par aplicado o resistente. En el motor derivación, esto se consigue mediante una disminución de la fuerza contraelectromotriz. En el motor de inducción, el aumento en el deslizamiento (y también en la frecuencia del rotor, fem inducida en el rotor) produce el aumento en la corriente del rotor y en el factor de potencia necesarios para equilibrar el par aplicado.

9.8. Características de funcionamiento normales de un motor de inducción. Las características de *funcionamiento normales* de un motor de inducción de jaula de ardilla SCIM tienen lugar en el intervalo desde *vacío* hasta *plena* carga (puntos *d* a *c* de la figura 9-6). Vamos a considerar el comportamiento del rotor de un motor de inducción a una velocidad en vacío ligeramente por debajo de la velocidad síncrona al aumentar la carga.

En vacío: en vacío, el deslizamiento es muy pequeño (inferior al 1 %) y la frecuencia del rotor, la reactancia del rotor y la fem inducida en el rotor (9-2), (9-3) y (9-4) son muy pequeñas. Por consiguiente, la corriente en el rotor es pequeña y suficiente únicamente para producir el par en vacío necesario. Ya que la corriente del rotor es pequeña, la corriente del estátor (primaria) es el vector suma de su corriente de excitación, I_e, y una componente primaria de carga, I_o, inducida en el rotor por el efecto de transformador. La figura 9-7a muestra el vector suma de estas corrientes en vacío, en la que la corriente de excitación primaria en el estátor en circuito abierto es I_e, o sea el vector suma de una componente combinada de histéresis, I_h, y una componente magnetizante, I_m, requerida para producir el flujo giratorio del estátor. Las componentes I_h e I_o están en fase con E_{gp}. El factor de potencia en vacío está representado por θ, el ángulo formado por I_{nl} y E_{gp}. Por lo tanto, $I_{nl} \cos \theta$ es la suma de I_o e I_h, o sea la pequeña corriente estatórica I_o producida por la corriente del rotor y una componente primaria de pérdidas I_h debida a la histéresis y a las corrientes parásitas en el hierro del estátor y del rotor. Nótese que a causa de que θ es grande, el factor de potencia es extremadamente pequeño e inductivo.

A media carga: Cuando al rotor se aplica una carga mecánica, la velocidad disminuye ligeramente. La pequeña disminución de velocidad determina un aumento de deslizamiento y de frecuencia del rotor, reactancia del rotor y fem inducida en el rotor [(9-2), (9-3) y (9-4)]. El aumento de corriente inducida en

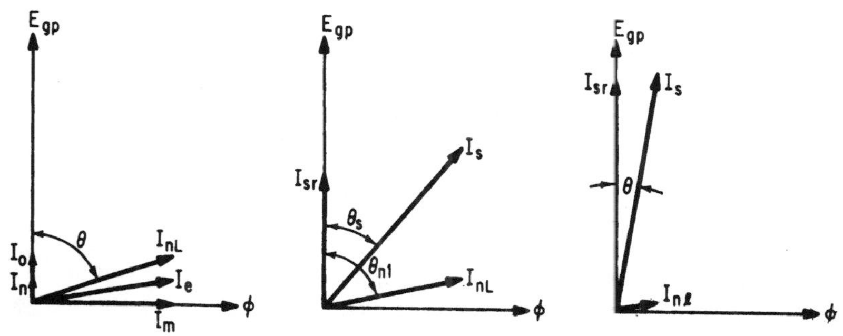

(a) En vacío. (b) Media carga. (c) Plena carga (a menor escala).

Figura 9-7. Componentes de excitación primaria del estátor y de la corriente de carga, indicando el efecto del aumento de la carga sobre el factor de potencia y la corriente del estátor.

el rotor (secundario) se traduce en un aumento de la corriente primaria del estátor, I_{sr}, indicado en la figura 9-7b. Esta componente de la corriente primaria del estátor, I_{sr}, es una componente de potencia activa, como I_o, y está en fase con la tensión inducida del primario E_{gp} (8-24). El vector suma de la corriente en vacío I_{nl} y la componente de carga I_{sr} producen una corriente de estátor I_s y un mejor ángulo del factor de potencia θ_s. Por lo tanto, la corriente del estátor ha *aumentado* desde I_{nl} a I_s, y el ángulo de factor de potencia ha disminuido de θ_{nl} a θ_s, tendiendo ambos factores a producir más potencia mecánica en el inducido y a absorber más potencia activa de las barras ($E_{gp}I_s \cos \theta_s$).

A plena carga: El SCIM girará a un valor de deslizamiento que proporciona un *equilibrio* entre el par desarrollado y el par aplicado. Al aplicar más carga, por consiguiente, el deslizamiento aumenta debido a que el par aplicado supera al par desarrollado. Cuando al eje del motor de inducción se aplica el par nominal, la componente de la corriente primaria del estátor en fase absorbida por el motor de inducción es grande en comparación con la corriente en vacío casi en cuadratura, como se indica en la figura 9-7c y el ángulo del factor de potencia θ es muy pequeño. El factor de potencia a la plena carga varía entre 0,8 (en motores de inducción pequeños de aproximadamente 1 hp) hasta aproximadamente 0,9 y 0,95 (en los motores de inducción grandes, de 150 hp y superiores).

Más allá de la plena carga: De la figura 9-7 podría parecer que incrementos adicionales de carga producirían una mejora del factor de potencia, hasta la unidad, y aumentos en las corrientes del estátor en fase; pero esto *no* es cierto. Al aumentar la carga y el deslizamiento, la frecuencia del rotor continúa aumentando y el aumento de la reactancia del rotor produce una *disminución* del factor de potencia del rotor. Tratando el motor de inducción como transformador (capítulo 13) se podría decir que el secundario del transformador tiene una carga inductiva que determina que también se retrase el factor de potencia del primario. Con cargas superiores a la plena, por consiguiente, el factor de potencia se acerca a un *máximo* y a continuación disminuye rápidamente. A fin de producir el necesario aumento del par para equilibrar al par aplicado, las corrientes del rotor y el estátor deben aumentar para suplir la disminución del de sobrecarga, I_{ol}, a un factor de potencia peor, θ_{ol}, que con la corriente del estátor a plena carga, I_s, indicada en la figura 9-7c.

Las características desde vacío hasta más allá de plena carga están resumidas en la figura 9-8b, en la que el rendimiento y el factor de potencia son un máximo a aproximadamente la potencia de salida nominal, y la corriente de línea y el par continúan aumentando hasta que se pierde la estabilidad (par máximo). Nótese que, más allá del límite de estabilidad, la corriente de línea aumenta pero el par disminuye debido a que la *velocidad* de disminución del factor de potencia es mayor que la velocidad de *aumento* de la corriente en (9-5).

El aspecto del rendimiento de la máquina en general y del rendimiento del motor de inducción, específicamente, se estudia detalladamente en el capítulo 12.

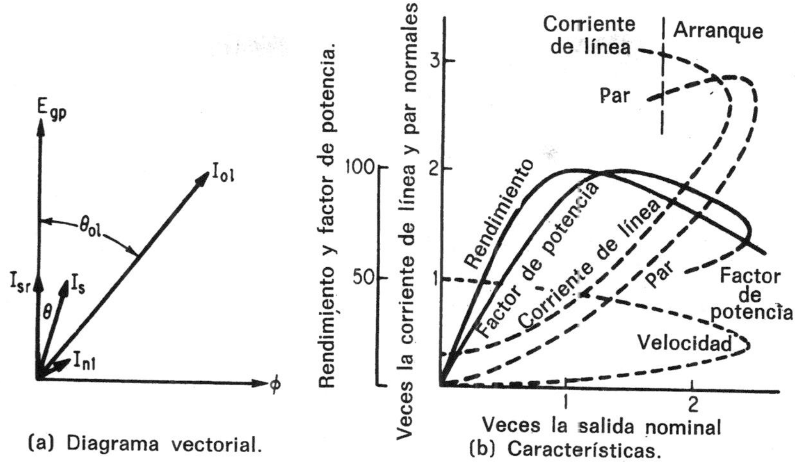

Figura 9-8. Efectos de cargas fuertes sobre la corriente del primario del estátor y el factor de potencia.

La forma de la curva de rendimiento indicada en la figura 9-8b puede explicarse brevemente aquí del modo siguiente. Para cargas *reducidas,* las pérdidas *fijas* relativamente grandes en proporción a la pequeña salida producen un *bajo* rendimiento. A cargas *grandes,* las pérdidas variables relativamente grandes más las pérdidas fijas, producen nuevamente un rendimiento *reducido* a pesar de la elevada potencia de salida. El rendimiento máximo tiene lugar a cargas moderadas en las que las pérdidas fijas y variables son iguales (apartado 12-6) y la potencia de salida se aproxima a los valores nominales.

Nótese que el par máximo en la figura 9-8b se produce para valores superiores al doble de la potencia de salida nominal, en la que el deslizamiento límite se presenta para el valor de la frecuencia del rotor al que la reactancia variable del rotor es igual a su resistencia. Ya que la resistencia efectiva del rotor de un motor de inducción de jaula de ardilla (SCIM) es prácticamente constante, el par máximo o límite de estabilidad depende de la resistencia del rotor (9-12).

9-9. Efecto de la variación de resistencia del rotor. La conclusión del apartado anterior podría sugerir la posibilidad de aumentar el par máximo o límite de estabilidad aumentando la resistencia del rotor. Pero las (9-11) y (9-13) indican muy claramente que, si la resistencia del rotor y sus reactancias aumentan, el par límite disminuye, ya que el par máximo varía en proporción inversa con estos factores. ¿Cuál es el efecto sobre las características par-deslizamiento de una variación en la resistencia del rotor?

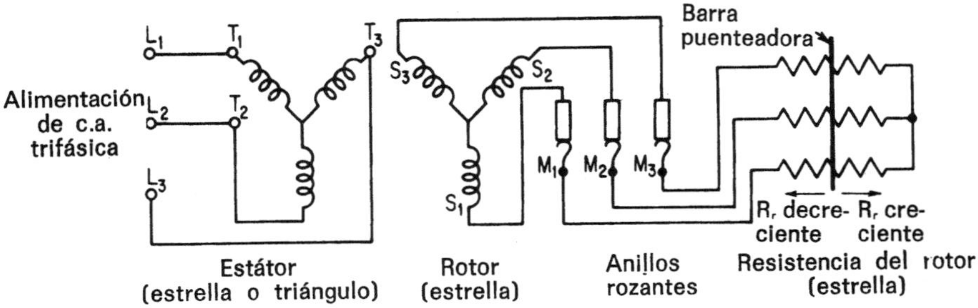

Figura 9-9. Motor de inducción de rotor bobinado (WRIM) y controller de resistencia exterior del rotor.

En un motor de inducción de jaula de ardilla (SCIM) no hay forma de introducir una variación en la resistencia del rotor una vez que el rotor ha sido fundido o fabricado. En un motor de inducción de rotor bobinado (WRIM),* sin embargo, es asunto sencillo introducir una resistencia exterior en el circuito del rotor a través de los anillos rozantes, como se indica en la figura 9-9. Si la barra cortocircuitadora indicada en la figura se mueve hacia el extremo derecho, en cada fase del rotor conectado en estrella se inserta una resistencia de rotor máxima. Cuando se mueve hacia el extremo izquierdo, se introduce una resistencia *externa* al rotor mínima o nula, que representa la resistencia equivalente de un rotor de jaula de ardilla. El efecto de una variación en la resistencia del rotor tanto en las características de arranque como de marcha, puede determinarse utilizando un motor de inducción de rotor bobinado (WRIM). Vamos a considerar cada una de ellas sucesivamente.

9-10. Características de arranque al añadir resistencia al rotor. En el momento del arranque, el deslizamiento es la *unidad* o el 100 %, ya que el rotor está en *reposo*. El par desarrollado por el rotor se determina únicamente mediante los factores establecidos en (9-7) y, en el momento del arranque, el par no es afectado por la naturaleza de la carga aplicada. Suponiendo que la tensión aplicada al estátor es constante, los factores que determinan el valor del par de arranque desarrollado son la resistencia del rotor y la reactancia del rotor en reposo, o sea

$$T_{\text{arranque}} = K_t''\left(\frac{R_r}{R_r^2 + X_{lr}^2}\right) \tag{9-7a}$$

Si en serie con la resistencia del rotor R_x se inserta una resistencia variable R_r, en un WRIM, (9-7a) puede escribirse de la siguiente forma

$$T_s = K_t''\left[\frac{R_r + R_x}{(R_r + R_x)^2 + X_{lr}^2}\right] \tag{9-14}$$

* Iniciales correspondientes a la terminología inglesa.

Ahora se puede expresar el factor de potencia del rotor,

$$\cos \theta_r = \frac{R_r + R_x}{\sqrt{(R_r + R_x)^2 + (X_{lr})^2}} \tag{9-15}$$

Para un WRIM es evidente que al variar la resistencia *total* del rotor en (9-15) anterior *variará* el factor de potencia en el momento del arranque. Ya que el par, como se expresa en la ecuación fundamental del par (9-5) depende del factor de potencia del rotor ($T = K_t \phi I_r \cos \theta_r$), para una tensión de estátor determinada, la excitación es constante, o sea $\phi = k$. Aumentando la resistencia y el factor de potencia del rotor en el arranque, por consiguiente, aumentará la impedancia total, se *reducirá* la *corriente de arranque* y, al mismo tiempo, *aumentará* el *par de arranque.* El aumento del factor de potencia tiene lugar a una *velocidad mayor* que la disminución en la corriente del rotor, como se indica en la figura 9-10a. Esta figura representa la *familia de curvas* para diversos valores de la resistencia del rotor similar a la curva única indicada en la figura 9-6. En la figura 9-6, se observa que, a deslizamiento unidad o en el arranque (punto *a*), la corriente del rotor se obtiene tomando la intersección del par de arranque con la intersección inferior de la corriente del rotor.

La familia de curvas indicada en la figura 9-10a, en trazo continuo, representa las curvas deslizamiento-par para diversos valores de resistencia del rotor añadida a la resistencia básica del rotor, R_r, para el motor de rotor bobinado. El par de arranque, T_r, que se presenta con la resistencia básica del rotor R_r originará una corriente de arranque I_r en la intersección superior de la curva de la corriente del estátor indicada en la figura 9-10a. Cuando a cada fase de rotor bobinado conectado en estrella se añade la resistencia R_1, indicada en la figura 9-9, desplazando la barra puenteadora hacia la derecha, se crea una *nueva* curva par-deslizamiento, como se indica en las figuras 9-10 a y b. Debe notarse que, en la figura 9-10 b, al aumentar la resistencia del rotor, el deslizamiento aumenta a fin de desarrollar el mismo par. Por lo tanto, para un resistencia del rotor R_r, el par máximo se presenta con deslizamiento s. Para una resistencia del rotor $R_r + R_1$, el par máximo tiene lugar con deslizamiento $2s$ (el doble del deslizamiento original, s) y así sucesivamente. Nótese que la resistencia total del rotor puede ser tan elevada que el par máximo tenga lugar justamente a un deslizamiento de alrededor del 100 %, o sea, cuando $R_r + R_3$ es igual a sX_{lr} si $s = 1$. Nótese que, si la resistencia total del rotor es mayor, como en el caso $R_r + R_4$, el par máximo no puede alcanzarse con un deslizamiento unidad y el par producido en reposo, T_4 es, por tanto, inferior al máximo.

Ahora es posible comparar el par de arranque con la corriente de arranque como se indica en la figura 9-10a. Sin añadir resistencia al rotor, el par de arranque T_r se obtiene mediante la intersección del par de arranque con la intersección superior de la curva de corriente del estátor. Al aumentar la resistencia

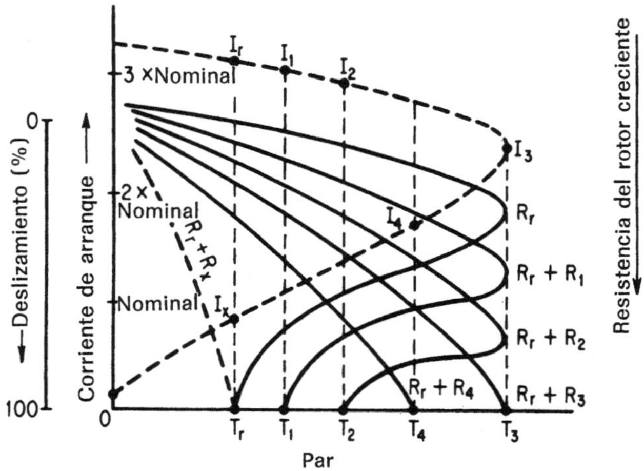

(a) Corriente de arranque en función del par.

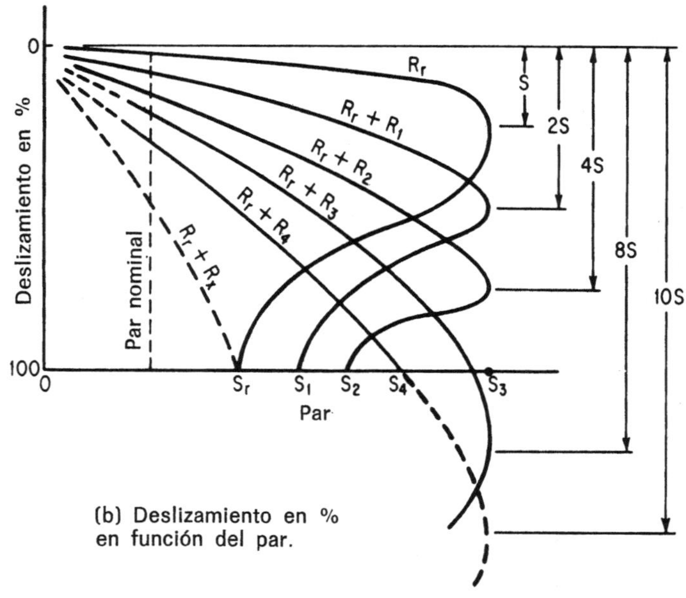

(b) Deslizamiento en % en función del par.

Figura 9-10. Efecto de la variación de la resistencia del rotor sobre las características de arranque y de funcionamiento de un WRIM.

del rotor, siempre disminuirá la respectiva corriente de arranque (I_r, I_1, I_2 e I_3, I_4, etc.), incluso en el caso de una resistencia de rotor extremadamente elevada cuando el par de marcha T_4 corte la intersección inferior de la corriente I_4.

Como se indica en la figura 9-10a, el aumento de resistencia del rotor aumentará el par de arranque hasta el punto en el que se alcance el par máximo en reposo. Aumentando la resistencia del rotor progresivamente más allá de este valor (R_r+R_3) se producirán disminuciones progresivas en el par de arranque, como en el caso de T_4 (producido por R_r+R_4).

EJEMPLO 9-5: El motor del ejemplo 9-4 desarrolla un par doble del de plena carga cuando se arranca con su rotor cortocircuitado y funciona a una velocidad de plena carga de 875 rpm. Si en serie con el rotor se conecta una resistencia de 0,7 ohm por fase, calcular

a. La nueva velocidad a plena carga con la adición de resistencia.
b. El par de arranque con esta nueva resistencia.

Solución:

a. El deslizamiento a plena carga cortocircuitado, es

$$s = \frac{S - S_r}{S} = \frac{900 - 875}{900} = 0{,}0278 \qquad (9\text{-}1)$$

Ya que el deslizamiento es proporcional a la resistencia del rotor y ya que la resistencia del rotor aumentada es $R_r = 0{,}7 + 0{,}3 = 1{,}0\ \Omega$, el nuevo deslizamiento a plena carga con la resistencia añadida es

$$s_r = \frac{1{,}0\ \Omega}{0{,}3\ \Omega} \times 0{,}0278 = 0{,}0926$$

La nueva velocidad a plena carga es

$$S(1 - s) = 900(1 - 0{,}0926) = 900(0{,}9074) = \mathbf{817\ rpm} \qquad (9\text{-}1a)$$

b. El par de arranque original, T_o, era el doble del par a plena carga con una resistencia de rotor de 0,3 Ω y una reactancia del rotor de 1,08 Ω (ejemplo 9-4). Las nuevas condiciones del par de arranque pueden resumirse en la siguiente tabla y calcularse mediante la (9-14), en la que T_o es el par original y T_f el nuevo par.

ESTADO	R_r	X_{lr}	T_{arranque}
Original	0,3 Ω	1,08 Ω	$2 \times T_{fl}$
Actual	1.0 Ω	1,08 Ω	?

$$T_o = K_t''\left(\frac{R_r}{R_r^2 + X_{lr}^2}\right) = K_t''\left[\frac{0,3}{(0,3)^2 + (1,08)^2}\right] = K_t''\left(\frac{0,3}{1,25}\right)$$
$$= K_t'' \times 0.24 \qquad (7\text{-}9$$

$$T_f = K_t''\left[\frac{R_r + R_x}{(R_r + R_x)^2 + X_{lr}^2}\right] = K_t''\left[\frac{1,0}{(1,0)^2 + (1,08)^2}\right] = K_t''\left(\frac{1,0}{2,162}\right)$$
$$= K_t'' \times 0,463 \qquad (9\text{-}1$$

Entonces $\frac{T_f}{T_o} = \frac{K_t'' \times 0,463}{K_t'' \times 0,24} = 1,925$ y $T_f = \mathbf{1,925}\,T_o$

Por consiguiente, $T_f = 1,925(T_{fl} \times 2) = \mathbf{3,95}\,T_{fl}$

El nuevo par de arranque con la adición de resistencia en el rotor casi se ha doblado.

Los datos del ejemplo 9-5 en el que la resistencia del rotor combinada es 1 ohm y la reactancia en reposo es 1,08 ohm, proporcionará un par de arranque que es casi cuatro veces el par a plena carga , comparado con el par de arranque, que es el doble del par a plena carga sin la adición de resistencia al rotor. El efecto de adición de resistencia al rotor en lo que se refiere a la reducción de la corriente de arranque se ilustra en el ejemplo 9-6.

EJEMPLO 9-6: La tensión inducida por fase en el rotor del motor de inducción en los ejemplos 9-4 y 9-5 es 112 V. En el momento del arranque del motor calcular

a. La corriente del rotor por fase y el factor de potencia del rotor con el rotor cortocircuitado.
b. Repetir el punto (a) con la adición de una resistencia al rotor de 0,7 Ω/fase.

Solución:

a. La impedancia a rotor bloqueado, por fase, es

$$Z_{lr} = R_r + jX_{lr} = 0,3 + j1,08 = 1,12\angle 74,5° \ \mathbf{\Omega}$$
$$I_r = \frac{E_{lr}}{Z_{lr}} = \frac{112}{1,12} = \mathbf{100\ A} \qquad (9\text{-}6)$$
$$\cos\theta_r = \cos 74,5° = 0,267; \quad \text{o} \quad \cos\theta = \frac{R_r}{Z_{lr}} = \frac{0,3}{1,12} = \mathbf{0,267}$$

b. La impedancia a rotor bloqueado con la adición de resistencia al rotor es

$$Z_{lr} = 1,0 + j1,08 = 1,47\angle 47,2° \ \mathbf{\Omega}$$
$$I_r = \frac{E_{lr}}{Z_{lr}} = \frac{112}{1,47} = \mathbf{76,3\ A} \qquad (9\text{-}6)$$
$$\cos\theta_r = \cos 47,2° = \frac{R_r}{Z_{lr}} = \frac{1,0}{1,47} = \mathbf{0,68}$$

Como se observa a partir del ejemplo 9-6, la corriente del rotor en el arranque ha disminuido en casi un 25 % al añadir resistencia al rotor, así como ha producido un par de arranque casi doble sin la adición de resistencia al rotor. Asimismo, el factor de potencia del rotor aumenta de 0,267 a 0,68 como resultado de la adición de resistencia al rotor. El brusco aumento del factor de potencia del rotor fue más que suficiente, por consiguiente, para compensar la disminución de la corriente del rotor en (9-5) y producir un par de arranque casi el doble del original. También debe notarse que este valor del par de arranque tiene lugar muy cerca del factor de potencia del rotor que *siempre* suministrará un par de arranque *máximo* en reposo, cuando R_r sea igual a X_{lr} a un deslizamiento unidad, a cos 45°, que representa un factor de potencia de 0,707.

Por consiguiente, para un motor de inducción de rotor bobinado determinado, es posible *aumentar el par de arranque* hasta el par de arranque *máximo,* y, simultáneamente, *disminuir la corriente de arranque* aumentando la resistencia exterior del rotor por fase y el factor de potencia del rotor. Aumentando el factor de potencia del rotor por encima de 0,707, *continuará* disminuyendo la corriente de arranque, como se indica en la figura 9-10a, pero el par de arranque y el par máximo desarrollado tenderán a *disminuir* asimismo como se indica en la figura 9-10b.

Cuando grandes motores de inducción se arrancan a plena tensión, la corriente de arranque puede ser muy elevada, determinando una caída de tensión excesiva en las líneas que suministran corriente a un lugar determinado. En talleres industriales, esta reducción en la tensión de línea puede producir una reducción inconveniente del brillo de las lámparas, así como una perturbación en el funcionamiento de otros motores y equipo electrónico sensible a las variaciones de tensión. La característica reducción en el tamaño de la imagen en la pantalla de un aparato de televisión es una consecuencia ordinaria de este efecto. Más aún, no *siempre* es necesario que un motor de inducción desarrolle pares de arranque en o cerca del par límite o máximo. Para la mayoría de aplicaciones, es suficiente un par de arranque de aproximadamente 1,5 a 2,0 el par nominal.

Como se indica en las figuras 9-10 a y b, *es* posible desarrollar el mismo par de arranque que el que se produciría sin resistencia de rotor con un valor *muy inferior* de la corriente de arranque, utilizando una resistencia combinada en el rotor de R_r+R_x. Sin resistencia del rotor, el par T_r en la figura 9-10a producirá una elevada corriente I_r. Con la resistencia R_x en el rotor, se produce el mismo par, T_r, y se obtiene una corriente de arranque, I_x, *muy reducida.* Esta corriente de arranque fuertemente reducida es el resultado del funcionamiento a un factor de potencia superior que se pone de manifiesto en el ejemplo 9-7 que sigue.

EJEMPLO 9-7: Utilizando los datos del motor de inducción anterior, determinar
a. La resistencia añadida al rotor.
b. El factor de potencia del rotor que producirá el mismo par de arranque (el doble del par nominal) que el que se produce con el rotor cortocircuitado.
c. La corriente de arranque.

Solución:

Las condiciones nuevas y las originales pueden resumirse en la siguiente tabla.

ESTADO	R_r	X_{lr}	PAR DE ARRANQUE
Original	0,3 Ω	1,08 Ω	$T_o = 2 \times T_{fl}$
Actual	$(0,3+R_x)$ Ω	1,08 Ω	$T_n = 2 \times T_{fl}$

a. $$T_o = K_t''\left[\frac{0,3}{(0,3)^2 + (1,08)^2}\right] = K_t''\left(\frac{0,3}{1,25}\right) = K_t'' \times 0,24 \quad (9\text{-}7a)$$

$$T_n = T_o = K_t''\left[\frac{0,3 + R_x}{(0,3 + R_x)^2 + (1,08)^2}\right] = K_t'' \times 0,24 \quad (9\text{-}14)$$

Simplificando, $0,3 + R_x = 0,24[(0,3 + R_x)^2 + (1,08)^2]$

Desarrollando y combinando los términos se tiene $0,24R_x^2 - 0,856R_x = 0$

Ésta es una ecuación de segundo grado que tiene dos raíces, que puede expresarse en la siguiente forma $R_x(0,24R_x - 0,856) = 0$, resultando

$$R_x = 0 \quad \text{y} \quad R_x = \frac{0,856}{0,24} = 3,57\ \Omega$$

Nótese que esta solución indica que el par original se produce con una resistencia exterior o bien 0 o bien 12 veces la resistencia original del rotor. Por consiguiente, $R_T = R_r + R_x = 0,3 + 3,57 =$ **3,87 Ω**

b. $Z_T = R_T + jX_{lr} = 3,87 + j1,08 = 4,02\angle 15,6°\ \Omega$

$$\cos\theta = \frac{R_T}{Z_T} = \frac{3,87}{4,02} = \cos 15,6° = \mathbf{0,963} \quad (9\text{-}15)$$

c. $$I_r = \frac{E_{lr}}{Z_r} = \frac{112\ \text{V}}{4,02\ \Omega} = \mathbf{28\ A} \quad (9\text{-}6)$$

Nótese que la corriente del rotor en el arranque es el 28 % de la corriente de arranque original en el punto (a) del ejemplo 9-6.

El ejemplo 9-7 pone de relieve cómo es posible aprovechar el hecho de que exista el mismo par tanto para una elevada corriente de arranque como para una corriente de rotor reducida, lo que se indica en las figuras 9-6 y 9-10. La segunda se utiliza para reducir la corriente absorbida de la red y reducir una inaceptable caída de tensión (véanse los apartados 9-14 y 9-21). Sin embargo, debe notarse que en el caso de la adición de resistencia al rotor, como se indica en la figura 9-10b mediante la curva de R_r+R_x, el par de arranque también es el par máximo.

9-11. Características de funcionamiento con la adición de resistencia al rotor. En la figura 9-10b también pueden verse las características del funcionamiento del WRIM o de cualquier motor de inducción en el que se ha añadido resistencia al rotor. La zona de funcionamiento entre vacío y plena carga está comprendida entre par cero y el par nominal. Las curvas indican que el deslizamiento es proporcional a la magnitud de la resistencia añadida al rotor. Cuanto *mayor* sea la resistencia añadida al rotor, *peor* será la regulación de velocidad del motor. Por consiguiente, es posible variar la velocidad de un motor de rotor bobinado con carga hasta cualquier valor *por debajo* de la de sincronismo añadiendo o quitando resistencia al rotor. Como resultado, la resistencia de arranque que proporciona (1) pares de arranque elevados, y (2) corrientes de arranque reducidas, también puede servir (3) como medio para controlar la velocidad para velocidades por debajo de la de sincronismo. En el ejemplo 9-8 se ilustra el efecto de la resistencia añadida al rotor sobre la característica de funcionamiento.

EJEMPLO 9-8: El motor de los problemas anteriores (ejemplos 9-4 hasta 9-7) tiene una velocidad a plena carga de 875 rpm con el rotor cortocircuitado. La resistencia del rotor es de 0,3 ohm. Según el ejemplo 9-5, una resistencia de 0,7 ohm añadida al rotor proporciona una velocidad a plena carga de 817 rpm. Determinar las velocidades a plena carga para resistencias añadidas al rotor de:

a. 1,7 ohm.
b. 2,7 ohm.
c. 3,7 ohm.
d. 4,7 ohm.

Solución:

RESISTENCIA TOTAL DEL ROTOR $R_r + R_x$ (ohm)	DESLIZAMIENTO	VELOCIDAD A PLENA CARGA (rpm)
Dada	Dado	Dada
0,3	0,0278	875
0,3+0,7=1,0	0,0926	817
Dada	Calculado	Calculada
(a) 0,3+1,7=2,0	0,1855	737,5
(b) 0,3+2,7=3,0	0,278	648
(c) 0,3+3,7=4,0	0,371	566
(d) 0,3+4,7=5,0	0,463	482

Deslizamiento: $s_r = s_o\left(\frac{R_r + R_x}{R_r}\right)$ velocidad del rotor : $S_r = S_o(1 - s_r)$

a. $s_r = 0{,}0278\left(\frac{2}{0{,}3}\right) = 0{,}1855$ $S_r = 900(1 - 0{,}1855) = \mathbf{737{,}5\ rpm}$

b. $s_r = 0{,}0278\left(\frac{3}{0{,}3}\right) = 0{,}278$ $S_r = 900(1 - 0{,}278) = \mathbf{648\ rpm}$

c. $s_r = 0{,}0278\left(\frac{4}{0{,}3}\right) = 0{,}371$ $S_r = 900(1 - 0{,}371) = \mathbf{566\ rpm}$

d. $s_r = 0{,}0278\left(\frac{5}{0{,}3}\right) = 0{,}463$ $S_r = 900(1 - 0{,}463) = \mathbf{482\ rpm}$

El ejemplo 9-8 confirma, una vez más, que el deslizamiento es proporcional a la resistencia del rotor.

9-12. Par del motor de inducción y potencia desarrollada en el rotor. La relación básica entre la potencia externa e interna, el par y la velocidad del motor fue establecida,

$$\text{hp} = \frac{TS}{5252} \tag{4-15}$$

Como en el caso del motor síncrono (apartado 8-17), es necesario calcular el par y/o la potencia desarrollada por el motor de inducción en función de la tensión, corriente y factor de potencia del estátor del motor de inducción. Por lo tanto, para una velocidad del rotor o deslizamiento determinados, el par de funcionamiento puede determinarse mediante (4-15) si la potencia desarrollada por el rotor es conocida. Para un deslizamiento determinado, en condiciones de funcionamiento, la corriente del rotor se expresa mediante

$$I_r = \frac{sE_{lr}}{\sqrt{R_r^2 + (sX_{lr})^2}} \tag{9-9}$$

Dividiendo numerador y denominador por el deslizamiento, s, se tiene

$$I_r = \frac{E_{lr}}{\sqrt{(R_r/s)^2 + X_{lr}^2}} \tag{9-9a}$$

La ecuación (9-9a) implica que la corriente del rotor en condiciones de funcionamiento puede calcularse en función de la tensión en reposo o rotor bloqueado y la reactancia a rotor bloqueado por fase, junto con un término resistivo R_r/s. Por lo tanto, la corriente del rotor y la potencia desarrollada pueden calcularse considerando el circuito equivalente del rotor indicado en la figura 9-11a. En reposo, el deslizamiento es la *unidad* y el circuito indicado en la figura satisface las condiciones de reposo dadas en (9-6). Al girar el rotor, el deslizamiento disminuye, aumentando a su vez la resistencia «aparente» del rotor. La resistencia variable del rotor indicada en la figura 9-11a puede considerarse como

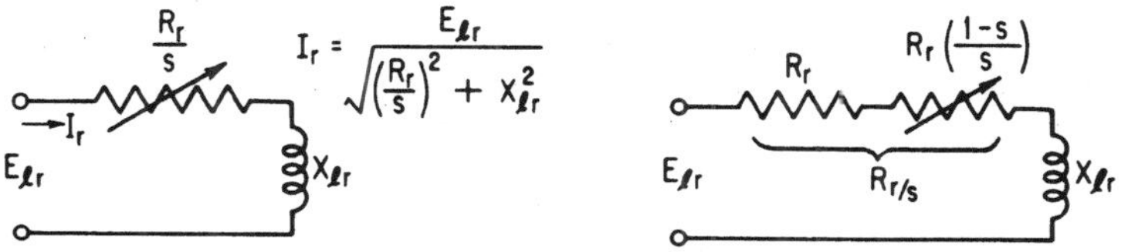

(a) Basado en la ecuación 9-9(a). (b) Basado en la ecuación 9-16.

Figura 9-11. Circuitos equivalentes del rotor en condiciones de funcionamiento.

consistente en dos términos, indicados en la figura 9-11b, a saber

$$\frac{R_r}{s} = R_r + R_r\left(\frac{1-s}{s}\right) \tag{9-16}$$

El primer término de (9-16) representa la resistencia por fase real efectiva del rotor, R_r, y el segundo representa una resistencia equivalente y ficticia de carga, $R_r[(1-s)/s]$, que varía en proporción directa con la carga y con el deslizamiento bajo condiciones de funcionamiento. Por lo tanto, el circuito de la figura 9-11b representa verdaderamente al rotor en condiciones de *funcionamiento* en función de la tensión inducida a rotor bloqueado, la reactancia en reposo a rotor bloqueado y las componentes de resistencia fija y variable del rotor indicadas. El término de resistencia fija del rotor R_r puede considerarse como la *componente de pérdidas* del rotor para una corriente de rotor determinada, y el término variable, $R_r[(1-s)/s]$, puede considerarse el *término potencia desarrollada en el rotor* (para potencia desarrollada por los conductores del rotor) a fin de producir par. Multiplicando cada uno de los términos anteriores de (9-16) por el cuadrado de la corriente del rotor, por consiguiente, para obtener expresiones de potencia, se tiene la expresión básica

[redacted]

o entrada de potencia al rotor por fase = pérdidas en el cobre del rotor por fase + potencia desarrollada en el rotor por fase.*

* Debe notarse la analogía entre las ecuaciones (9-17) y (4-7). En el segundo caso, la potencia interna desarrollada por un inducido de c.c. es la potencia suministrada al inducido menos las pérdidas en el cobre del inducido. La ecuación (9-17) establece que la potencia desarrollada por el rotor de un motor de inducción es la potencia suministrada al rotor menos las pérdidas en el cobre del rotor.

La ecuación (9-17) es muy significativa no sólo para el cálculo de la potencia desarrollada en el rotor y el par de marcha de un motor de inducción, sino también como base para la determinación del rendimiento mediante ensayos a rotor bloqueado (capítulo 12, apartado 12-13). Es interesante notar que, según (9-17), la potencia de entrada al rotor a *cualquier* carga o deslizamiento determinados es las pérdidas en el cobre del rotor a esta carga divididas por el deslizamiento. Más aún, la potencia desarrollada en el rotor siempre es la diferencia entre la entrada al rotor y las pérdidas en el cobre del rotor.

Ahora es posible expresar el par desarrollado por el rotor en función de (4-15),

$$T = \frac{5252 \text{ hp}}{S_r} = \frac{5252 P_d}{746 S_r} = \frac{7{,}04 P_d}{S_r} \quad \text{o} \quad 7{,}04\left(\frac{P_d}{S_r}\right) \tag{4-15a}$$

en la que S_r es la velocidad del rotor a cualquier valor de deslizamiento.

Pero la potencia desarrollada en el rotor por un motor de inducción, P_d, es según (9-17)

$$P_d = I^2 R_r \frac{(1-s)}{s} = P_{ent}(1-s) \tag{9-18}$$

en la que P_{ent} es la potencia de entrada al rotor a todas las fases.

El par desarrollado por el rotor, por consiguiente, es

$$T = \frac{7{,}04 P_d}{S_r} = \frac{7{,}04 P_{ent}(1-s)}{S_r} = \frac{7{,}04 P_{ent}}{S_r/(1-s)}$$

Además, se indicó en (9-1a) que la velocidad síncrona, S, es igual a $S_r/(1-s)$. A partir de esta relación, se sigue que el par puede expresarse como

[redacted]

en la que P_{ent} es la potencia de entrada total en el rotor (a todas las fases) y S es la velocidad síncrona, $120f/P$, en rpm.

EJEMPLO 9-9: Un WRIM tetrapolar, trifásico, 60 Hz, 220 V, 1 hp, conectado en triángulo tiene un rotor conectado en estrella que tiene la cuarta parte de espiras de las del estátor. La velocidad a plena carga es 1740 rpm. La resistencia del rotor es 0,3 ohm y la reactancia a rotor bloqueado es 1 ohm. Calcular:

a. La tensión a rotor bloqueado por fase.
b. La corriente del rotor por fase en condiciones de funcionamiento.
c. La potencia de entrada al rotor a plena carga (la potencia de entrada total trifásica).

d. Las pérdidas en el cobre del rotor a plena carga.
e. La potencia desarrollada en el rotor en watios y en hp.
f. El par desarrollado en el rotor según (e) utilizando (9-19).

Solución:

a. $E_{lr} = \frac{220 \text{ V}}{4} = $ **55 V/fase con el rotor bloqueado**

b. $s = \frac{S - S_r}{S} = \frac{1800 - 1740}{1800} = \mathbf{0{,}0333}$ (9-1)

$$I_r = \frac{E_{lr}}{\sqrt{(R_r/s)^2 + X_{lr}^2}} = \frac{55 \text{ V}}{\sqrt{(0{,}3/0{,}0333)^2 + (1{,}0)^2}} = \frac{55}{\sqrt{82}} \quad (9\text{-}6)$$

$= \mathbf{6{,}075\ A/fase}$

c. $P_{\text{ent}} = 3\left(\frac{I_r^2 R_r}{s}\right) = 3\left[\frac{(6{,}075)^2 \times 0{,}3}{0{,}0333}\right] = \mathbf{993\ W}$ (9-17)

d. Las pérdidas en el cobre del rotor $= I_r^2 R_r = P_{\text{ent}} \times s$ (9-17)

$= 993 \text{ W} \times 0{,}0333 = \mathbf{33{,}1\ W}$

e. La potencia desarrollada en el rotor $= P_{\text{ent}} - P_{\text{pérd}}$ (9-17)

$= 993 - 33{,}1 = \mathbf{959{,}9\ W}$

Comprobación mediante (9-18): $P_d = P_{\text{ent}}(1 - s)$ (9-18)

$= 993(1 - 0{,}0333) = \mathbf{959{,}9\ W}$

Potencia desarrollada $= \frac{P_d}{746} = \frac{959{,}9 \text{ W}}{746 \text{ W/hp}} = \mathbf{1{,}286\ hp}$

f. $T = \frac{\text{hp} \times 5252}{S_r} = \frac{1{,}286 \times 5252}{1740} = $ **3,88 pies-lb** (4-15a)

Comprobación mediante (9-19)

$$T = \frac{7{,}04 P_{\text{ent}}}{S} = \frac{7{,}04 \times 993}{1800} = \mathbf{3{,}88\ pies\text{-}lb} \quad (9\text{-}19)$$

También es posible calcular el par máximo o par límite mediante (9-19) si la potencia de entrada al rotor es conocida al valor de deslizamiento al que se produce el par máximo o límite, o

$$s_b = \frac{R_r}{X_{lr}} \quad (9\text{-}12)$$

La corriente en el rotor en el punto de par máximo es

$$I_r = \frac{E_{lr}}{\sqrt{(R_r/s_b)^2 + (X_{lr})^2}} \qquad (9\text{-}9a)$$

Sustituyendo (9-12) en (9-9a) se tiene

$$I_r = \frac{E_{lr}}{\sqrt{2X_{lr}^2}} = \frac{E_{lr}}{\sqrt{2} \times (X_{lr})} = 0{,}707\left(\frac{E_{lr}}{X_{lr}}\right) \qquad (9\text{-}20)$$

Pero la potencia de entrada al rotor, P_{ent}, al valor de deslizamiento correspondiente al límite de estabilidad y para cualquier valor del deslizamiento, es

$$P_{ent} = \frac{I_r^2 R_r}{s_b} \quad \text{por fase} \qquad (9\text{-}17)$$

Sustituyendo (9-20) y (9-12) en (9-17) se tiene, en el máximo o límite de estabilidad

[redacted]

El valor de P_{ent} así obtenido puede sustituirse en (9-19) para proporcionar el par máximo o límite como se demuestra mediante el ejemplo 9-10.

EJEMPLO 9-10: Calcular el par máximo que puede ser desarrollado mediante el motor de 1 hp dado en el ejemplo 9-9 y el porcentaje de deslizamiento y velocidad a la que se desarrolla el par máximo.

Solución:

$$P_{ent} = \frac{E_{lr}^2}{2X_{lr}} = \frac{(55)^2}{2 \times 1} = 1513 \text{ W/fase} \times 3 \text{ fases} = 4539 \text{ W} \qquad (9\text{-}21)$$

Sustituyendo en 9-19,

$$T_{max} = \frac{7{,}04 P_{ent}}{S} = \frac{7{,}04 \times 4539 \text{ W}}{1800} = \mathbf{17{,}72 \text{ pies-lb}} \qquad (9\text{-}19)$$

Entonces

$$s_b = \frac{R_r}{X_{lr}} = \frac{0{,}3}{1{,}0} = \mathbf{0{,}3} \qquad (9\text{-}12)$$

y

$$S_r = S(1 - s) = 1800(1 - 0{,}3) = \mathbf{1260 \text{ rpm}} \qquad (9\text{-}1a)$$

Si pueden calcularse los pares de funcionamiento y máximo mediante la potencia de entrada al rotor, debe ser posible calcular el par de arranque asimismo de esta forma. Ya que el deslizamiento es *unidad* en el momento del arranque, (9-9a) se simplifica a

$$I_r = \frac{E_{lr}}{\sqrt{R_r^2 + X_{lr}^2}} \quad \text{en el momento del arranque} \tag{9-9b}$$

y la potencia de entrada al rotor por fase a deslizamiento unidad es

$$P_{\text{ent}} = I_r^2 R_r \tag{9-17a}$$

Sustituyendo (9-9b) en (9-17a) se tiene

$$P_{\text{ent}}, \text{ por fase} = \frac{E_{lr}^2}{R_r^2 + X_{lr}^2} \times R_r \quad \text{en el momento del arranque} \tag{9-22}$$

que puede sustituirse en (9-19) para proporcionar el par de arranque.

EJEMPLO 9-11: Calcular el par de arranque desarrollado por el motor de 1 hp dado en el ejemplo 9-9.

Solución:

$$P_{\text{ent}} = 3\left(\frac{E_{lr}^2}{R_r^2 + X_{lr}^2}\right) \times R_r = \left[\frac{3 \times (55)^2}{(0,3)^2 + (1,0)^2}\right] 0,3 = 2495 \text{ W} \tag{9-22}$$

Mediante (9-19), el par de arranque es

$$T_s = 7,04\left(\frac{P_{\text{ent}}}{S}\right) = 7,04\left(\frac{2495}{1800}\right) = \mathbf{9,76 \text{ pies-lb}} \tag{9-19}$$

Se verá posteriormente (apartado 12-13) que, al llevar a cabo el ensayo a rotor bloqueado (que se utiliza para determinar la resistencia efectiva del rotor y la reactancia a rotor bloqueado de un motor de inducción como parte del método convencional de determinación del rendimiento del motor de inducción), la potencia de entrada al rotor calculada en el ejemplo 9-11 se obtiene muy fácilmente y mediante ella se calcula el par de arranque cómo en el ejemplo 9-11 anterior.

Una simplificación conveniente que se emplea a veces en la solución de problemas sobre el par de motores de inducción en la ecuación para el par del rotor correspondiente a un valor de deslizamiento s en función del par máximo que ha sido calculada para el deslizamiento correspondiente al límite de estabilidad, s_b. La ecuación correspondiente es:

[redacted]

en la que T es el par a un deslizamiento, s, y T_b es el par máximo límite que se produce a un deslizamiento s_b.

EJEMPLO 9-12: El par máximo en el ejemplo 9-10 era 17,72 pies-libra a un deslizamiento de 0,3. Calcular:

a. El par a plena carga a un deslizamiento de 0,0333 (del ejemplo 9-9).
b. El par de arranque a un deslizamiento de 1,0 (del ejemplo 9-11).

Solución:

A partir de (9-23),

a. $T = 17{,}72 \text{ pies-libra} \left[\frac{2}{(0{,}3/0{,}0333)+(0{,}0333/0{,}3)}\right] = 17{,}72(2/9{,}111)$

$= \mathbf{3{,}88}$ **pies-lb.**

b. $T = 17{,}72 \text{ pies-libra} \left[\frac{2}{(0{,}3/1{,}0)+(1{,}0/0{,}3)}\right] = 17{,}72\ (2/3{,}63) = \mathbf{9{,}76}$ **pies-lb.**

Nótese que este método proporciona los mismos resultados que los obtenidos en los ejemplos 9-9 y 9-11.

9-13. Medida del deslizamiento mediante diversos métodos. Al ensayar los motores de inducción y determinar el deslizamiento bajo distintas condiciones de carga, es esencial que el valor del deslizamiento obtenido sea exacto ya que aparece en todos los cálculos utilizados en todas las ecuaciones anteriores. Por esta razón, el deslizamiento casi nunca se determina midiendo directamente la velocidad del rotor, porque un pequeño error de medición de la velocidad del rotor determinará un gran error en el valor del deslizamiento. Por ejemplo, la velocidad a plena carga en el ejemplo 9-9 es 1740 rpm. Si la velocidad del rotor se mide con un tacómetro (tanto mecánico como eléctrico) que tenga un dos por ciento de error (lo que no es anormal para tal dispositivo), la lectura puede ser 1740 ± 35 rpm, o sea que puede oscilar entre 1775 y 1705 rpm. El valor real del deslizamiento, determinado como en el ejemplo 9-8, es 0,0333; en tanto que midiéndolo con tacómetro con un error de un dos por ciento resulta ser (utilizando el valor menor) $s = (1800 - 1705)/1800 = 0{,}05275$. Por consiguiente, el error en el deslizamiento que podría ser utilizado es $(0{,}05275 - 0{,}0333)/0{,}0333 = 58{,}26$ por ciento.

Un *pequeño* error de un dos por ciento al medir la *velocidad del rotor* ha determinado un *gran* error del 58,26 % en el cálculo del *deslizamiento.* Este error en el deslizamiento podría introducirse en todas las ecuaciones empleadas anteriormente, lo que proporcionaría resultados falsos. Por esta razón, raras veces se mide la velocidad del rotor *y se* intenta *medir el deslizamiento directamente.*

El más simple y directo método para medir el deslizamiento, o sea la diferencia entre la velocidad de sincronismo y la velocidad del rotor, acaso sea el de comparar la velocidad del motor de inducción con la velocidad de un pequeño motor síncrono como se indica en la figura 9-12a. El motor síncrono utilizado debe tener el mismo número de polos que el motor de inducción. El final de cada eje está constituido por un cilindro de sustancia fenólica u otro material aislante apropiado al cual se ha fijado un anillo rozante circular al que se conecta un pequeño contactor, como se indica en la figura. Los anillos rozantes se conectan a una fuente de tensión en serie con un contador de impulsos eléctricos (ya sea del tipo de relé electromecánico o bien un contador electrónico digital de impulsos). El motor síncrono siempre gira a la velocidad de sincronismo que es la velocidad del campo giratorio del motor de inducción. Cada vez que el motor de inducción desliza una vuelta, los contactores del motor síncrono y del motor de inducción cierran circuito y registran un impulso. El número de impulsos registrados por

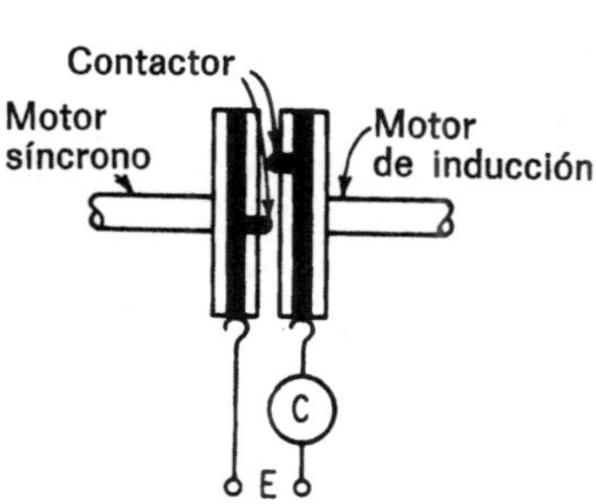

(a) Contador electromecánico.

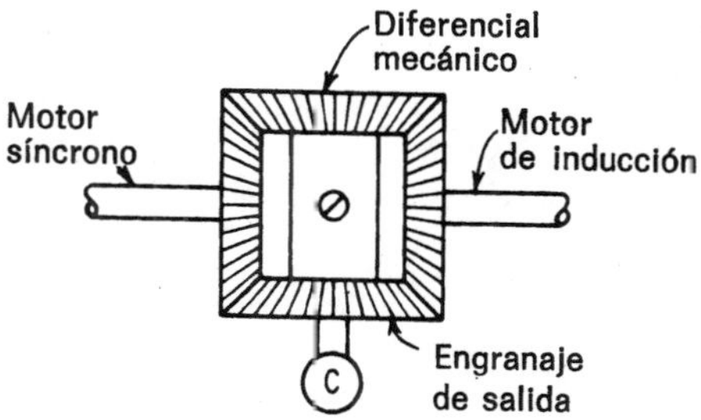

(b) Contador diferencial mecánico.

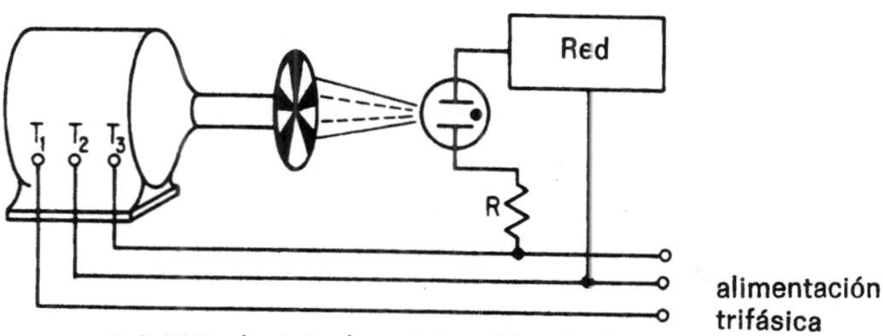

(c) Método estroboscópico (6 polos).

Figura 9-12. Diversos métodos para medir directamente el deslizamiento.

minuto (ppm) es la *velocidad de deslizamiento* en rpm, a partir de la cual el deslizamiento se calcula fácilmente mediante (9-1).

En la figura 9-12b se indica un método similar que utiliza un mecanismo diferencial cuyo engranaje de salida gira a una velocidad igual a la diferencia de los dos engranajes de entrada a los que están conectados los ejes del motor síncrono y del motor de inducción. Para registrar la velocidad de deslizamiento directamente se utiliza un contador mecánico o un tacómetro eléctrico o mecánico de baja velocidad. Este método presenta la desventaja de cargar ligeramente el motor de inducción debido a la fricción y al arrastre del engranaje del diferencial y no debe utilizarse para medir el deslizamiento de los motores de inducción más pequeños.*

Una medición *óptica* que no origina en ningún caso un efecto de carga y que puede utilizarse en los motores más pequeños es el método *estroboscópico* indicado en la figura 9-12c. Este método utiliza un tubo de gas de tamaño y brillo suficientes que contiene un gas inerte: neón, argón o xenón son los que se utilizan ordinariamente. Un dispositivo formador de impulsos y desionizante proporciona impulsos que se sincronizan a la frecuencia de la red que alimenta el estátor del motor de inducción. La luz emitida por el tubo tiene lugar a intervalos sincronizados a la frecuencia de la alimentación. Si el motor de inducción está girando a la velocidad de sincronismo, se produce un destello de luz cada vez que los sectores sobre el disco del motor avanzan un polo (60° en este caso). Así pues, el disco estroboscópico parece estar en reposo a causa de que aparece un nuevo sector en lugar del antiguo (cada sexto de revolución) recibiendo iluminación. Cada vez que, debido al deslizamiento, el motor de inducción no gire a la velocidad de sincronismo, los sectores reciben un destello completo de iluminación antes de que haya completado 60 grados de rotación. El efecto es que el disco da la ilusión de girar hacia atrás en sentido opuesto al de rotación del motor. Contando el número de revoluciones aparentes en un minuto, se tiene la velocidad de deslizamiento en rpm. Este método es muy exacto con cargas muy ligeras. A cargas muy fuertes superiores a la de plena carga, la velocidad de deslizamiento aumenta, por lo que se precisa cierta práctica para contar las revoluciones de deslizamiento exactamente.

El disco indicado en la figura 9-12c se utiliza para un motor de inducción hexapolar cuya velocidad de sincronismo es de 1200 rpm. Se precisan discos de varios tipos, según las velocidades de sincronismo que se deban medir: dos sectores negros para motores bipolares; cuatro sectores negros para motores tetrapolares y así sucesivamente.

En factorías que utilizan alumbrado fluorescente, el efecto estroboscópico descrito anteriormente puede producir a veces la ilusión paradójica de que una máquina eléctrica que gira rápidamente parece que lo haga lentamente o incluso

* Para motores de inducción pequeños, puede emplearse un diferencial eléctrico con menor arrastre efectivo, figura 11-14.

de que está parada. Este peligro se elimina conectando varias luminarias adyacentes a distintas fases de una alimentación trifásica o mediante circuitos defasadores en los estabilizadores de ciertas luminarias. De esta forma, los destellos de iluminación se distribuyen al azar de modo que no se producen destellos periódicos de iluminación máxima a cero, y también a o cerca de la frecuencia de rotación de la máquina.

9-14. Arranque del motor de inducción. En la mayoría de zonas, tanto residenciales como industriales, los pequeños SCIM de hasta pocos caballos pueden arrancarse conectándolos directamente a la red con caídas de poca importancia en la tensión de alimentación y con escaso o nulo retraso en su aceleración hasta alcanzar su velocidad nominal. Análogamente, los grandes SCIM (incluso de hasta varios miles de caballos) pueden arrancarse directamente sin ningún daño o variación perjudicial en la tensión de alimentación suponiendo que las líneas de alimentación son de capacidad suficientemente grande. Por ejemplo, se acostumbra abrir y cerrar las compuertas de presas mediante motores de inducción de varios millares de caballos conectados directamente a los terminales de la línea, en las proximidades de una estación generadora o central hidroeléctrica sin necesidad de acudir al empleo de equipo de arranque especial. En consecuencia, el arranque por conexión «directa» a la red *no* debe evitarse si las líneas son de capacidad *suficiente* para proporcionar la tensión y corriente nominales requeridas por el rotor de inducción, puesto que este arranque *no* debe dañar de ninguna manera al motor de inducción.

Cuando las líneas de alimentación son de capacidad *limitada* en comparación con la corriente de arranque absorbida por un motor de inducción, existe, no obstante, la posibilidad de que, debido a la gran corriente, la caída de tensión y la correspondiente tensión reducida de la línea, el motor que está arrancando (así como otros motores) puede no desarrollar el par suficiente para acelerar la carga y, como resultado, pueden absorber corriente excesiva en el rotor y en el estátor. El equipo de protecciones del motor y de la línea pueden, tras un corto intervalo, desconectar el motor, requiriendo que el motor se arranque una vez más y de nuevo con la correspondiente perturbación en la tensión de línea. Las fluctuaciones de tensión frecuentes también pueden afectar al equipo electrónico y de alumbrado en tal grado que se precisa algún método alternativo de arranque del motor de inducción a fin de limitar la corriente de arranque.

Aunque existen varias excepciones entre las diversas clasificaciones de SCIM (apartado 9-21), ordinariamente un motor de inducción absorbe aproximadamente seis veces su corriente nominal cuando a su estátor se aplica la tensión nominal. En el momento del arranque, la corriente del rotor (y, en consecuencia, la corriente del estátor) está determinada por su impedancia a rotor bloqueado, $R_r + jX_{lr}$. Por lo tanto, si la tensión del estátor se redujese a la mitad, la corriente de arranque también se reduciría en la misma proporción, o sea, a aproximadamente tres veces la corriente nominal. Pero (9-8) indica que si la tensión de línea del estátor se reduce a la mitad, el par se reduce a la cuarta parte de su valor original. Por consiguiente, la deseable *reducción* de la *corriente* de línea del motor se ha conseguido a expensas de una indeseable y *aún mayor reducción* en el *par de arranque.* Si el motor se arranca con fuerte carga mecánica, esto ejerce alguna influencia y lo más probable es que el motor arrancará con dificultad o que no podrá. Por otro lado, si el motor se arranca sin carga mecánica, como en el caso de un ventilador o algunas máquinas herramienta, la reducción del par puede no ser grave y es ventajosa la reducción de la corriente.

En este capítulo, se describirá la teoría de diversos métodos de arranque.*

9-15. Arranque por autotransformador a tensión reducida. Los SCIM trifásicos pueden ser arrancados a tensión reducida utilizando un autotransformador trifásico** (o *compensador*) o tres autotransformadores monofásicos, como se indica en la figura 9-13a. Las tomas en el transformador oscilan del 50 al 80 % de la tensión nominal. Si el motor no consigue acelerar la carga a la tensión más baja, pueden escogerse tomas de tensión superior hasta que se obtenga el par de arranque apropiado y deseado. La figura 9-13a es una representación esquemática de un tipo comercial; el esquema no incluye los relés, la protección de mínima tensión o los contactos ordinariamente asociados con los arrancadores de compensador manuales o automáticos. El interruptor de tres polos y dos posiciones (tpdt) se

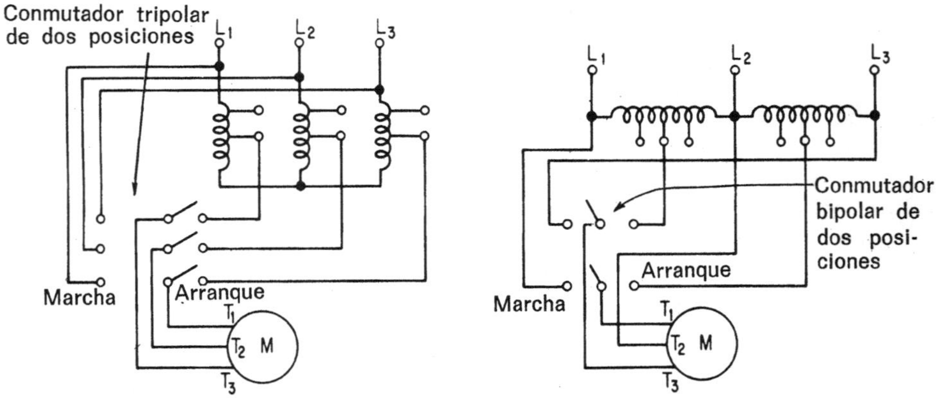

(a) Tres compensadores conectados en estrella.

(b) Dos compensadores conectados en triángulo abierto.

Figura 9-13. Arranque con autotransformador a tensión reducida.

* Para una discusión de arrancadores manuales y automáticos prácticos, véase Kosow, *Control of Electric Machines,* Prentice-Hall, 1973, capítulos 5 y 7.

** La teoría de los autotransformadores se describe en el apartado 13-12.

desplaza hasta la posición «arranque» y se deja en ella hasta que el motor ha acelerado la carga a casi la plena velocidad. Entonces es desplazado rápidamente a la posición «marcha», en la que el motor se conecta directamente a la red.

El arrancador de compensador se utiliza *únicamente* durante el período de arranque, y su corriente nominal, basada en este servicio *intermitente,* es algo menor que la de un transformador comparable que podría utilizarse para alimentar un motor de inducción continuamente a partir de alguna fuente de tensión superior. El autotransformador actúa de *dos* formas para reducir la corriente absorbida de la red: (1) reduce la corriente de arranque del motor reduciendo la tensión, y (2) mediante la relación de transformación del transformador por la que la corriente de línea del *primario* es menor que la corriente del motor del *secundario.* Ya que la relación de espiras representa asimismo la relación de tensiones, en consecuencia se reduce la corriente de arranque de la línea según el cuadrado de la relación de espiras, como se ilustra en el ejemplo 9-13 que sigue.

Como el compensador tan sólo se utiliza intermitentemente, se pueden utilizar dos transformadores (ahorrando uno) conectados en triángulo abierto (o V-V) como se indica en la figura 9-13b. Esta disposición origina un ligero desequilibrio de corriente en el brazo central, L_2, de alrededor del 10 al 15 % de la corriente de arranque, pero este desequilibrio no es excesivo y no afecta excesivamente al comportamiento del motor en el arranque.

EJEMPLO 9-13: Un SCIM trifásico de 208 V y 15 hp tiene una corriente nominal de 42 A y una corriente de arranque de 252 A a la tensión nominal. El par de arranque a plena tensión es 120 lb-pie. Un compensador utilizado en conexión con el motor para el arranque utiliza tomas del 60 %. Calcular:

a. La corriente de arranque del motor a tensión reducida.
b. La corriente de línea del motor, despreciando la corriente de excitación y las pérdidas del transformador.
c. El par de arranque del motor a tensión reducida.
d. La corriente de línea a tensión reducida en el arranque como porcentaje de la corriente a plena tensión.
e. El par del motor a tensión reducida en el arranque como porcentaje del par a plena tensión.

Solución:

a. $I_{sm} = 0{,}6 \cdot 252$ A $=$ **151,2 A al motor**
b. $I_L = 0{,}6 \cdot 151{,}2$ A $=$ **90,72 A absorbidos de la línea**
c. $T_s = (0{,}6)^2 \cdot 120$ lb-pie $=$ **43,25 lb-pie**
d. Corriente de línea en el arranque en tanto por ciento $= 90{,}72$ A/252 A $\cdot$ 100 $=$ **36 % de la corriente de línea a plena tensión**
e. Par de arranque del motor en tanto por ciento $= 43{,}25$ lb-pie/120 lb-pie $\cdot$ 100 $=$ **36 por ciento del par de arranque a plena tensión.**

Como se indica en el ejemplo 9-13, una reducción al 60 % de la tensión nominal determina una reducción tanto en la corriente de línea como del par al 36 % del valor nominal. Análogamente, una reducción de tensión a aproximadamente el 70 % produciría aproximadamente la mitad (49 %) del par de arranque y alrededor de la mitad de la corriente de arranque de línea. La toma del 70 % es un valor de compromiso que se suele utilizar en la práctica.

9-16. Arranque a tensión reducida por resistencia o reactancia en el primario. Si *en serie* con cada una de las conexiones del *estátor* o del primario se intercala una resistencia o una reactancia, la elevada corriente de arranque produce una inmediata reducción de la tensión en los terminales del estátor. El par motor disminuye proporcionalmente al cuadrado de la tensión aplicada a los terminales del estátor, pero la corriente de línea disminuye *solamente en proporción a la disminución de tensión.* En la figura 9-14a puede verse un circuito de este tipo, en el que, para producir una reducción suficiente de la tensión del estátor en el momento del arranque, pueden utilizarse o bien resistencias o bien bobinas de reactancia.

Este método de arranque se denomina a veces «aceleración de la impedancia del primario» y su efecto se indica en la figura 9-14b. Se indica la curva par-deslizamiento del motor a plena tensión. Utilizando ya sea resistencia primaria o reactancia primaria, una reducción de la tensión del estátor en el momento del arranque produce la reducción del par indicada. Si esta tensión (y la corriente del primario) fuesen constantes, la curva del par motor seguiría la línea discontinua indicada en la figura. Sin embargo, al acelerar el motor, la tensión entre los terminales del estátor aumenta debido a la reducción de la corriente de línea (menor caída de tensión en la impedancia en serie) y el par aumenta según el cuadrado de la elevación de tensión.

El arranque a tensión reducida mediante una resistencia en serie en el estator *mejorará el factor de potencia en el arranque,* pero se producen *pérdidas algo mayores* y el par máximo no será tan grande para la misma impedancia en serie que el obtenido utilizando una reactancia equivalente. Pero, como se indica en la figura 9-14b, para la misma impedancia, la corriente y el par de arranque en el momento del arranque son iguales en el arranque por resistencia y por reactancia. Las ventajas del arranque por reactancia en la reducción de las pérdidas así como en el aumento del par máximo están algo contrarrestadas por el coste superior de las reactancias. Por esta razón el arranque por reactancia se reserva a los motores de inducción de gran potencia, generalmente.

9-17. Arranque estrella-triángulo. La mayoría de SCIM polifásicos se arrollan con sus devanados estatóricos conectados en triángulo. Varios fabricantes su-

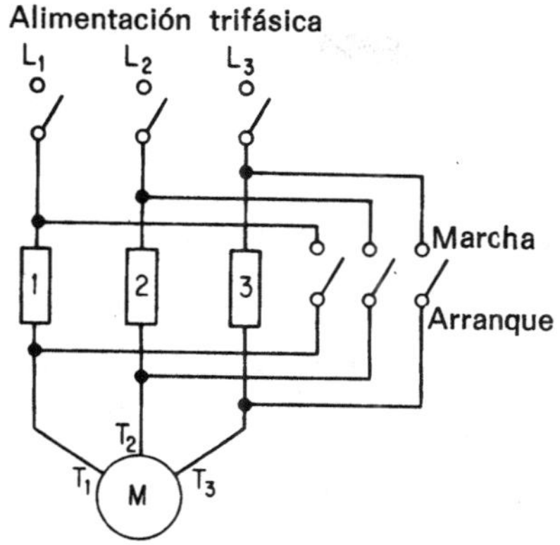

(a) Arranque por resistencia o reactancia primarias.

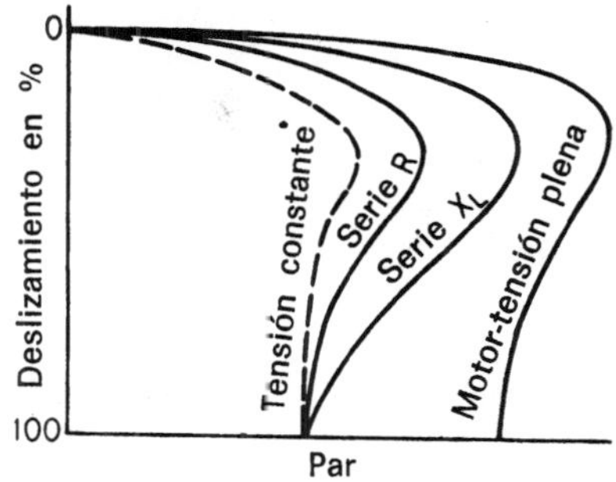

(b) Efecto de la impedancia del estátor.

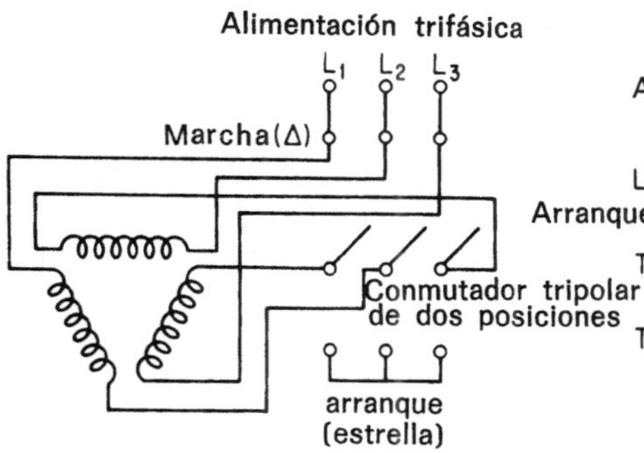

(c) Arranque estrella-triángulo.

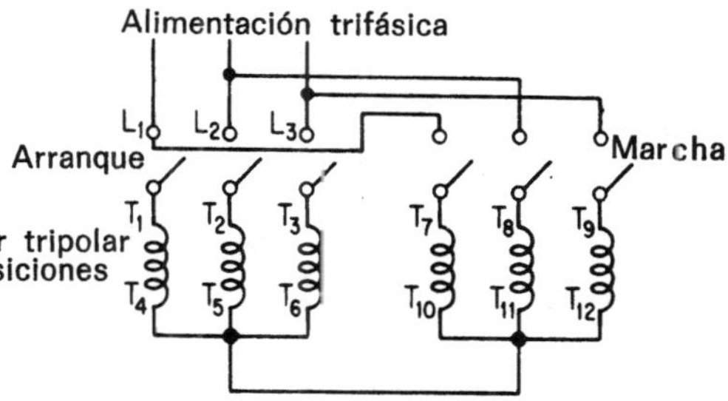

(d) Arranque por devanado dividido.

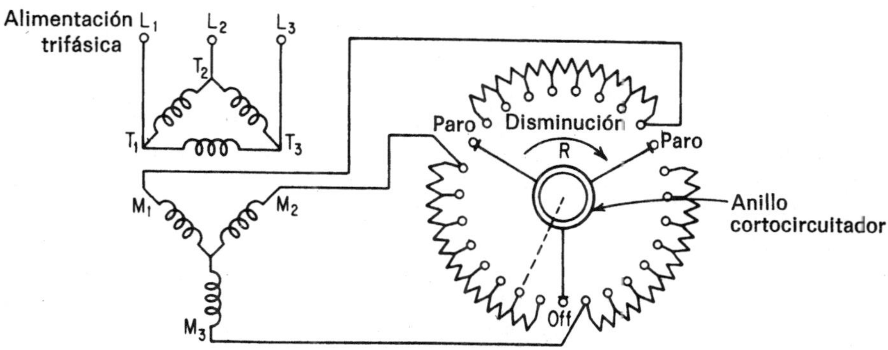

(e) Arrancador y controlador de resistencia secundaria.

Figura 9-14. Métodos de arranque de motores de inducción.

ministran motores de inducción con el *principio* y el *final* de cada *fase* sacados al exterior con la finalidad de conectarlas externamente. En el caso de motores trifásicos, éstas pueden conectarse a la red bien en estrella, bien en triángulo. Cuando se conectan en estrella, la tensión de fase aplicada al devanado es $1/\sqrt{3}$, o sea 57,8 % de la tensión de línea. Por consiguiente, mediante conmutación adecuada, como se indica en la figura 9-14c, es posible arrancar un motor de inducción en estrella a una tensión algo superior a la mitad de la nominal y a continuación hacerlo funcionar en triángulo aplicando a cada fase la plena tensión de línea. Puesto que el par varía según el cuadrado de la tensión aplicada al estátor, la reducción de tensión cuando se conecta en estrella producirá aproximadamente un tercio del par de arranque normal a la plena tensión.

Cuando sean admisibles estos bajos pares de arranque, con una corriente de arranque de alrededor del 58 % de la corriente normal de arranque, se emplea con frecuencia este método relativamente barato de arranque. Se sobreentiende que este motor (con seis terminales estatóricos en el caso de un motor de inducción trifásico) es algo más caro que el motor de inducción clásico, pero su coste es inferior al de los compensadores o el de las impedancias en el primario del estátor y los arrancadores asociados.

La conmutación de estrella a triángulo debe realizarse tan rápidamente como sea posible a fin de eliminar las elevadas corrientes transitorias debidas a la momentánea falta de potencia.* Por esta razón, se utilizan interruptores tripolares de doble posición (tpdt) con muelles auxiliares en vez de simples interruptores de cuchilla.

9-18. Arranque con devanados divididos. Frecuentemente, se proyectan SCIM polifásicos con devanados divididos, o sea, dos devanados de fase idénticos, cada uno de los cuales producirá el mismo número de polos y el mismo campo magnético giratorio. La ventaja de estos devanados es que pueden conectarse en serie para redes de mayor tensión o en paralelo para redes de menor tensión y un motor como éste, desde el punto de vista del fabricante, tiene más mercado. La figura 9-14d muestra un motor de inducción de jaula de ardilla con devanado dividido de 220/440 V que se ha de utilizar en una red de 220 V. En el arranque, sólo se utiliza una parte en estrella. En la figura 9-14d pueden verse dos interruptores que simulan el tipo de arrancador empleado en los motores de inducción con devanado dividido. La ventaja del arranque con devanado dividido estriba en que la resistencia y reactancia estatóricas son el *doble* de la que tendría si los dos devanados estuvieran en paralelo durante el arranque. La corriente de arranque resultante es alrededor del 65 % de la corriente de arranque normal (con los devanados en paralelo) y el par de arranque es alrededor del 45 % del par de

* S. B. Toniolo, «Behavior of Induction Motors After Short Interruptions of Supply», *Elettrotecnica,* vol. 30, 1943, págs. 181-184.

arranque normal. Así pues, el motor es arrancado con la mitad de su devanado conectado en estrella y, cuando el motor alcanza la velocidad de régimen, el segundo devanado se conecta en paralelo. A causa de un pronunciado descenso en la curva par-deslizamiento durante el arranque, ordinariamente el fabricante recomienda que el arranque con devanado dividido debe realizarse cuando el motor arranca con cargas ligeras o en vacío, como en el caso de ventiladores, sopladores o taladradoras.

9-19. Arranque con rotor bobinado. Ninguna descripción del arranque de motores es completa si no se hace referencia al motor de inducción de rotor bobinado. Como se ha indicado anteriormente, el par de arranque de un WRIM puede regularse por medio de una resistencia exterior conectada al rotor a fin de conseguir pares de arranque de hasta el par máximo del motor. Limitando la corriente en el circuito del rotor (9-6) y proporcionando un factor de potencia y un par más elevados en el momento del arranque, la corriente de línea del estátor se reduce considerablemente. El esquema indicado en la figura 9-9 se representa nuevamente en la figura 9-14e sin representar los anillos rozantes y sin detalles de construcción del reóstato. La barra punteadora tiene ahora forma de anillo accionado mediante una palanca de mando.

En la posición «off», incluso con el estátor excitado, el motor no girará debido a que el rotor está en circuito abierto. El motor arranca al primer contacto con la resistencia máxima en el rotor (y el par máximo), y es acelerado desplazando el mando en el sentido de las agujas del reloj, disminuyendo la resistencia del rotor. En la posición final, el rotor está completamente cortocircuitado. Si las resistencias utilizadas en un arrancador secundario por resistencia están clasificadas para *servicio continuo,* el arrancador puede, asimismo, servir como regulador de velocidad (figura 9-10b). La capacidad de desarrollar un elevado par de arranque en el caso de arranque bajo carga combinada con las ventajas de regulación de velocidad, han determinado la creciente popularidad del WRIM en numerosas aplicaciones.

9-20. Motor de inducción de arranque directo con rotor de doble jaula. Debe notarse que, exceptuando los métodos del transformador y de la impedancia en el estátor para el arranque a tensión reducida, se precisan construcciones especiales para los motores de inducción en estrella-triángulo, de devanado dividido y de rotor bobinado (WRIM). El rotor de doble jaula se desarrolló respondiendo a una fuerte demanda de un motor de inducción de construcción simple y de *arranque directo* que *no* produjese fluctuaciones inadmisibles de la tensión de línea. Las curvas par-deslizamiento del motor de inducción normal (clase A, figura 9-16) indican que las características de *funcionamiento* (velocidad casi constante con la carga) son *excelentes,* pero que las características de *arranque* son *deficientes* (corriente elevada con bajo factor de potencia). Contrariamente, prescindiendo de la ventaja del control de la velocidad, el WRIM (descrito en el apartado anterior) posee *excelentes* características de *arranque* pero *deficientes* características de funcionamiento (deslizamiento proporcional a la resistencia) del rotor; además, la adquisición de un WRIM entraña un coste superior debido al reóstato y sus resistencias asociadas. El WRIM tiene una elevada resistencia en el rotor durante el arranque, mientras que el motor de inducción clásico la tiene reducida durante todo su período de funcionamiento.

El rotor doble de *jaula de ardilla* indicado en la figura 9-15 se proyectó para conseguir un motor de inducción de arranque directo mejorado. Según la potencia nominal, se utilizan diversas variaciones en la construcción del rotor. En la figura 9-15b puede verse un rotor fundido de gran capacidad, en el que se emplean dos grupos de barras rotóricas de distintas *aleaciones,* que poseen igual o distinta sección. La barra *superior* se construye de una aleación de cobre de *alta resistencia* y la *barra inferior* puede ser de cobre de *baja resistencia* o de aluminio fundido. Las barras *superiores* están *cerca* del campo magnético giratorio y están embebidas en hierro de modo que, cuando por las barras circula corriente, su autoinducción y reactancia de dispersión son *pequeñas.* Las barras *inferiores* están embebidas *profundamente* en las ranuras y están separadas del hierro del estátor por un gran entrehierro magnético produciendo una *gran* autoinducción y una gran reactancia de dispersión.

Por consiguiente, en el arranque, cuando la *frecuencia del rotor* es *elevada* e igual a la de la línea, la *impedancia* del devanado *inferior* es mucho *mayor* que la del devanado superior. La mayor parte de la corriente del rotor, por consiguiente, se induce en el devanado *superior,* el cual está proyectado de modo que su elevada resistencia *sea igual* a su reactancia *en el arranque,* desarrollando un par máximo en el arranque.

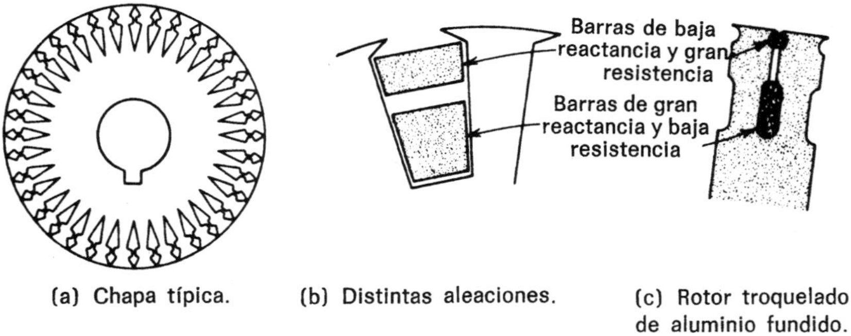

(a) Chapa típica. (b) Distintas aleaciones. (c) Rotor troquelado de aluminio fundido.

Figura 9-15. Construcción del rotor de doble jaula.

Sin embargo, cuando el motor acelera, la frecuencia del rotor disminuye y la impedancia del devanado inferior o interior también disminuye determinando asimismo que en el devanado interior circule más y más corriente. Por consiguiente, a pequeños valores de deslizamiento, cuando el motor se encuentra en su margen normal de plena carga, la mayor parte de la corriente circula por el devanado interior de *baja resistencia,* proporcionando un rendimiento elevado (pérdidas en el cobre del rotor reducidas) y buena regulación de velocidad (deslizamiento proporcional a la resistencia).

En los motores más pequeños, como se indica en las figuras 9-15(a) y (c), las chapas se proyectan de tal manera que, debido a la forma y la sección transversal, puede utilizarse una aleación de fundición común. Las barras inferiores tienen una sección mayor y una resistencia pequeña junto con una reactancia elevada y las barras inferiores de menor sección tienen una resistencia elevada y una reactancia reducida.

9-21. Clasificación de los motores de inducción. El desarrollo del rotor de doble jaula determinó una versatilidad en el proyecto del rotor del motor de inducción que ha permitido obtener una gran variedad de características par-deslizamiento. *Dimensionando apropiadamente* el devanado de doble jaula, los fabricantes han desarrollado *numerosas variantes* del proyecto del rotor de fundición simple o *normal.* Estas variantes dan lugar a pares de arranque mayores o menores que el de proyecto normal y también a corrientes de arranque reducidas. A fin de distinguir entre los diversos tipos disponibles, el National Electrical Manufacturer's Association (NEMA) ha establecido un sistema codificado a base de letras según el que cada tipo de SCIM se fabrica de acuerdo con una norma de proyecto particular y se clasifica en una clase determinada, designada mediante una letra. Puesto que cada letra especifica una diferencia en la construcción del rotor, la descripción que sigue servirá para aclarar la elección del SCIM para los diversos tipos de servicio.

9-21.1. *SCIM* de la clase A.* Como se indica en la figura 9-16, el motor de la clase A es un SCIM *normal* o standard fabricado para utilizar a velocidad constante. Tiene secciones de grandes ranuras (para facilitar la disipación del ca-

* Las letras de clase de la NEMA discutidas en este apartado no deben confundirse con las letras de Código del National Electric Code (NEC). La parte particular del NEC que se refiere a esto se incluye en el Apéndice como Tabla A-6. Cada letra representa una relación específica de potencia nominal de entrada de arranque en kVA por unidad. La Tabla A-6 se utiliza para determinar el calibre del fusible requerido para un motor determinado. Las letras de Código en la Tabla A-6 se aplican a todos los motores de c.a. monofásicos o polifásicos, mientras que las letras de clase de la NEMA se refieren sólo a los motores de inducción. Los dos grupos de letras no están relacionados: las letras de clase de la NEMA no tienen nada que ver con las letras del Código NEC.

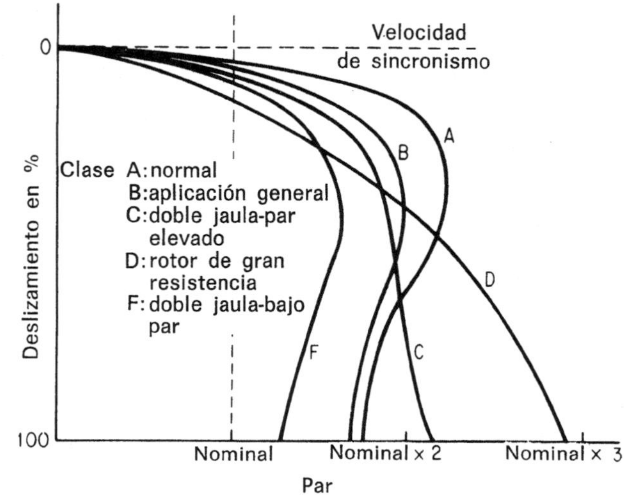

Figura 9-16. Características par-deslizamiento de motores de inducción de jaula de ardilla prácticos (normas NEMA).

lor) y barras en el rotor con ranuras muy profundas. Durante el período de arranque, la densidad de corriente es elevada cerca de la superficie del rotor; durante el período de marcha, la densidad de corriente se distribuye bastante uniformemente. Esta diferencia determina una resistencia elevada y una reactancia reducida en el arranque, dando lugar a un par de arranque de 1,5 a 1,75 veces el par nominal (a plena carga). El par de arranque bastante elevado y la pequeña resistencia del rotor originan una aceleración bastante rápida hasta la velocidad nominal. Como se indica en la figura 9-16, el SCIM de la clase A posee la *mejor* regulación de velocidad (alrededor del 3 al 5 %). Desgraciadamente, su corriente de arranque varía de cinco a siete veces la corriente nominal normal haciéndolo menos apropiado para el arranque directo, en particular en los motores de gran potencia. Sin embargo, en tamaños inferiores a 5 hp, el SCIM de la clase A se arranca frecuentemente conectándolo directamente a la red y, debido a su rápida aceleración, no produce los efectos de las corrientes extremadamente elevadas, que son indeseables.

9-21.2. *SCIM de la clase B.* Esta letra designa un SCIM que se denomina en ocasiones motor de *aplicación general.* Como se indica en la figura 9-16, su curva par-deslizamiento es muy parecida a la del motor normal (clase A). Su rotor está embebido algo más profundamente en ranuras que en el SCIM normal de la clase A y la mayor profundidad tiende a aumentar la reactancia de arranque y de marcha del rotor. El aumento de reactancia en el arranque reduce el par de arranque un poco, pero asimismo, *reduce* la *corriente de arranque*. En este motor también se utiliza un valor ligeramente inferior de la excitación del campo a fin de producir la corriente de arranque reducida y la característica indicadas en la figura. Las corrientes de arranque oscilan de 4,5 a 5 veces la corriente nominal y en los tamaños superiores, por encima de 5 hp, aún se utiliza el arranque a tensión reducida en esta clase de motor. Debido a la corriente de arranque algo inferior y sus características casi equivalentes, en los tamaños superiores se prefieren los SCIM de la clase B a los motores de la clase A.

9-21.3. *SCIM de la clase C.* El SCIM identificado mediante la letra de la clase C es un motor con un rotor de doble jaula descrito en el apartado anterior e indicado en la figura 9-15. Desarrolla un mayor par de arranque, de 2 a 2,5 veces el par nominal, que el de las Clases A y B, y una corriente de arranque (inferior) de 3,5 a 5 veces la corriente nominal. Debido al elevado par de arranque acelera rápidamente. Sin embargo, cuando se utiliza con cargas fuertes de gran inercia, la disipación térmica del motor es limitada ya que la mayor parte de la corriente se concentra en el devanado superior. En condiciones de arranque frecuente, el rotor puede presentar la tendencia a sobrecalentarse. Es más apropiado para grandes cargas súbitas pero de un tipo que tenga poca inercia. La figura 9-16 indica que este motor continúa desarrollando un par creciente con el deslizamiento hasta alcanzar el par máximo en reposo. Sin embargo, el SCIM de la clase C, presenta una regulación de velocidad peor que los de las clases B y A, como se indica en la figura 9-16.

9-21.4. *SCIM de la clase D.* La letra D designa un SCIM conocido como motor de *par elevado* y *gran resistencia*. Las barras del rotor se construyen con una aleación de alta resistencia y se colocan en ranuras cerca de la superficie o están embebidas en ranuras de pequeño diámetro. La relación entre la resistencia y la reactancia del rotor en el arranque es mayor que en los motores de las clases anteriores. Como se indica en la figura 9-16, el par de arranque de estos motores está próximo a tres veces el par nominal, con una corriente de arranque de 3 a 8 veces la nominal según el proyecto. Este motor está proyectado para servicios de arranque pesado, pero, de nuevo, como el SCIM de la clase C, no está recomendado para arranques frecuentes debido a la reducida sección transversal y a la deficiente capacidad de disipación del calor. Encuentra su mejor aplicación en cargas tales como sierras y prensas de punzonado que requieren un par superior al aplicar una carga súbita. La regulación de velocidad de este SCIM es la peor de todas las clases, como se indica en la figura 9-16.

9-21.5. *SCIM de la clase F.* El SCIM identificado mediante la letra F se conoce como motor de *par reducido* de rotor de *doble jaula*. Se proyecta principalmente como motor de *corriente de arranque reducida* ya que requiere la *menor corriente de arranque* de todas las clases de la A a la D. El SCIM de la clase F presenta una resistencia rotórica muy elevada tanto en el devanado de arranque como en el de marcha que tienden a aumentar la impedancia de arranque y de marcha y a reducir las corrientes de arranque y de marcha. El motor de la clase F se proyectó para sustituir al motor de la clase B. El SCIM de la clase F produce pares de arranque de alrededor de 1,25 veces el par nominal y corrientes de arranque reducidas de dos a cuatro veces la corriente nominal. En general, los motores de la clase F se fabrican en tamaños superiores a 25 hp aproximadamente para conexión directa a la red. Debido a la relativamente elevada resistencia del rotor en el arranque y en la marcha, estos motores tienen una peor regulación de velocidad que los motores de la clase B, pequeña capacidad de sobrecarga y, ordinariamente, bajo rendimiento de funcionamiento. Cuando se arrancan con cargas ligeras, no obstante, las pequeñas corrientes de arranque eliminan la necesidad de equipo de tensión reducida, incluso en los tamaños superiores.

La tabla A-9 del Apéndice incluye las corrientes de arranque y los pares para motores de inducción trifásicos de 220 V, de potencias desde 1/2 hasta 200 hp para las cinco clases descritas anteriormente.

9-21.6. *Regulación de velocidad de los motores de rotor fundido.* A diferencia del WRIM, el SCIM de por sí no permite fácilmente la regulación de la velocidad. Además, la mala regulación de velocidad de algunas clases, como la clase D, indicada en la figura 9-16, puede crear la necesidad de algún medio de variación de velocidad a fin de obtener la velocidad deseada a una carga dada.

Hay tres posibles formas de variar la velocidad de los SCIM, a saber:

1. *variando la frecuencia aplicada al estátor,*
2. *variando el número de polos del estátor (y, en consecuencia, del rotor),*
3. *reduciendo la tensión aplicada al estátor.*

El segundo método, variación de los polos, requiere motores especiales proyectados para cambiar los polos por medio de conexiones en las que los devanados se conectan en combinaciones de serie y paralelo. Estos motores se denominan SCIM de *velocidades múltiples.* Se dispone de SCIM de velocidades múltiples en combinaciones conmutables de 2 y 4 velocidades, pero estas técnicas están limitadas a los SCIM polifásicos más pequeños.

El tercer método posible, reducción de la tensión aplicada al estátor mientras funciona a una carga dada, como se indica en la (9-13), reduce el par máximo y el nominal proporcionalmente al cuadrado de la tensión aplicada al estátor. Aunque este método se utiliza extensamente en SCIM monofásico, *no* es aplicable a los motores polifásicos por dos razones: (1) la tensión aplicada debe reducirse considerablemente a fin de producir la necesaria reducción de par y velocidad. Esto determina que la regulación de velocidad del motor sea muy deficiente e incluso algo inestable con las variaciones de carga, (2) las corrientes del rotor y el estátor aumentan al disminuir la tensión, manteniendo el par casi constante.

Esto es debido a que la tensión del estátor debe reducirse considerablemente a fin de efectuar una variación de velocidad, produciendo nuevamente una regulación de velocidad muy deficiente.

Por consiguiente, el método más útil es el primero que implica una variación de la frecuencia y la tensión aplicada al estátor, ya que no requiere motores especiales y es aplicable por un igual a todas las clases de SCIM. Los SCIM polifásicos son a menudo de frecuencias nominales de 50/60 Hz, pero esto no significa que no exista diferencia en el funcionamiento. A 5/6 de la frecuencia aplicada al estátor, el motor gira a 5/6 de la velocidad de acuerdo con la ecuación (9-1a) sobre toda su característica carga-velocidad. Además, a fin de mantener el mismo flujo estatórico (y densidad de flujo), la tensión del estátor debe reducirse en la *misma proporción.* Desafortunadamente, a la velocidad inferior, la capacidad de autoventilación del motor se reduce. Al mismo tiempo, debido a la menor tensión estatórica, la potencia y corriente de entrada al estátor ha aumentado (en la proporción de 6/5) produciendo más calor interior. También se reduce el rendimiento. Por lo tanto, es evidente que el intento de conseguir velocidades inferiores reduciendo la frecuencia y la tensión estatórica está limitado.

Sucede al revés en el caso de velocidades superiores y, en vista de la regulación de velocidad peor de algunas clases de SCIM, pueden desearse velocidades superiores. A frecuencias mayores y a tensiones estatóricas correspondientemente superiores, la potencia y corriente de entrada se reducen, el rendimiento y la velocidad aumentan y debido al incremento en la capacidad de autoventilación, aumenta la potencia nominal. Es precisamente por esta razón que los motores de 400 Hz de igual potencia son de tamaño menor que los motores de 60 Hz.

En general, puede decirse que los SCIM proyectados para el funcionamiento a 50/60 Hz pueden funcionar entre 25 a 180 Hz teniendo en cuenta

1) que la tensión del estátor debe aumentar o disminuir en la misma proporción que la frecuencia;* y

2) que a las frecuencias y velocidades inferiores, la potencia nominal se reduce al igual que el rendimiento.

En general se acepta que para conseguir el control de la velocidad de un SCIM polifásico mediante la variación de frecuencia, la fuente de potencia debe ser un cicloconvertidor electrónico polifásico o un alternador accionado mediante una máquina motriz de velocidad variable. Cuando la velocidad del alternador aumenta, aumentan *tanto* la tensión *como* la frecuencia del alternador, lo cual simplifica mucho la cuestión del control de la velocidad por variación de frecuencia. No son necesarios ajustes especiales de tensión, *pero* debe notarse que un método tal para el control de la velocidad, en particular en las potencias grandes, es muy costoso. Por esta razón, a menudo se utilizan diversas disposiciones de engranajes mecánicos y poleas cónicas en vez de los métodos eléctricos anteriores.

* Véanse los problemas 12-2 y 12-3, así como los ejemplos 13-4 y 13-5, apartado 13-2.

9-22. Generador de inducción. Las curvas par-deslizamiento de la figura 9-16 indican (hasta el punto de par máximo) que el par es proporcional al deslizamiento, con lo que al disminuir el deslizamiento disminuye el par. Cuando el deslizamiento es cero a la velocidad de sincronismo, el par es cero. Esto podría significar que, si la máquina de inducción de c.a. se accionase a una velocidad superior a la de sincronismo, o sea, a un deslizamiento *negativo,* el par sería negativo (el motor recibe en vez de suministrar potencia mecánica) y se produce el funcionamiento como generador. La transición entre el funcionamiento como motor y funcionamiento como generador es función del deslizamiento.

A diferencia del alternador síncrono de c.a., que es accionado a una velocidad síncrona con relación a la de otros alternadores que alimentan las barras, el generador de inducción *debe* accionarse a una velocidad *mayor que* la de *sincronismo* a fin de suministrar potencia a las barras. La potencia de salida del generador de inducción depende por consiguiente, de la *magnitud* del deslizamiento *negativo* o en qué valor supera la velocidad del rotor a la de *sincronismo* girando en el *mismo sentido* que el que tenía cuando funcionaba como motor de inducción. Cualquier motor de inducción, independientemente del tipo, funcionará como generador de inducción si bien los tipos de rotores de resistencia reducida producen corrientes más elevadas para la misma tensión inducida.*

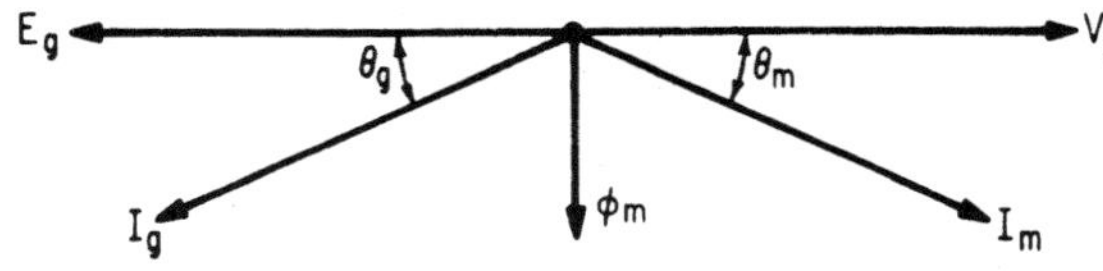

Figura 9-17. Relaciones vectoriales aproximadas del motor de inducción y del generador de inducción.

El *generador de inducción no* es un generador autoexcitado. Por tanto, es necesario excitar el estátor con una fuente exterior polifásica a su tensión y frecuencia nominales. Sólo actuará como generador cuando esté conectado a una fuente de tensión y frecuencia fijas y si se acciona a una velocidad superior a la de sincronismo establecida por la frecuencia de la alimentación. La figura 9-17 muestra las condiciones vectoriales de un motor de inducción que funciona con una corriente inductiva y con un factor de potencia correspondiente al ángulo θ_m; la componente de la corriente magnetizante I_m del estátor está retrasada con respecto a la tensión de alimentación en 90°. Cuando el motor es accionado me-

* Por encima de la velocidad de sincronismo, el efecto de generador de inducción sirve automáticamente como medio de frenado dinámico. Por debajo de la velocidad de sincronismo, un SCIM polifásico es frenado dinámicamente por (1) eliminando la potencia de c.a. del estátor, y (2) sustituyéndola con c.c. El motor se convierte en un generador de c.c. con un inducido cortocircuitado que produce grandes corrientes en el rotor y para el motor rápidamente. Véase Kosow, *Control of Electric Machines,* Prentice-Hall, 1973, capítulo 7.

diante una máquina motriz exterior a una velocidad superior a la de sincronismo, una tensión de generación E_g produce una corriente de generación I_g.

La corriente de generación tiene como componente a la corriente de excitación del estátor, I_m, y la corriente de generación I_g siempre estará *adelantada* con respecto a su tensión generada, E_g. Al aumentar el deslizamiento negativo, la tensión generada, E_g, aumenta, aumentando la corriente en adelanto generada, I_g, a las barras. A un deslizamiento de aproximadamente $-0,05$, o del -5 %, el generador de inducción está a plena carga (por las barras del rotor y los devanados del estátor circula la corriente nominal). Debido a que el generador de inducción *siempre* suministra una *corriente adelantada* a la red, una aplicación posible es en la corrección del factor de potencia. Sin embargo, no se utilizan para ello ya que precisan una máquina motriz, mientras que un condensador síncrono sobreexcitado, no.

El principio del generador de inducción es importante, no obstante, en el *frenado dinámico* de los motores de inducción; la máquina funciona como un dispositivo de sobrevelocidad y produce un efecto de frenado cuando la velocidad del motor supera a la de sincronismo ya que un motor de inducción se convertirá automáticamente en un generador de inducción en este caso. (Esto es también importante al proyectar las protecciones de cortocircuito de una red en la que se utilizan motores de inducción.)

9-23. Convertidores de frecuencia de inducción. La tensión inducida en el rotor de un motor de inducción de rotor bobinado (WRIM) puede obtenerse del rotor mediante anillos rozantes. Si un WRIM es *accionado* a una determinada velocidad de deslizamiento, el *generador de inducción* funcionará como *convertidor de frecuencia* simplemente variando la velocidad y el sentido del rotor. Por ejemplo, si el estátor de una máquina de inducción se excita mediante una corriente de frecuencia 60 Hz, impulsando a la máquina en el mismo sentido (que el de rotación del motor) producirá frecuencias inferiores a la de 60 Hz de la alimentación, y a la velocidad de sincronismo la frecuencia es cero. En reposo, la frecuencia generada es 60 Hz y, cuando gira en sentido opuesto a la velocidad de sincronismo, la máquina generará 120 Hz. La ecuación general de la frecuencia de un convertidor de inducción es

$$f_{\text{con}} = f_{\text{sin}}\left(1 \pm \frac{S_{\text{con}}}{S_{\text{sin}}}\right) \tag{9-24}$$

en la que f_{sin} es la frecuencia síncrona del estátor en hertz, S_{sin} es la velocidad de sincronismo ($120f/P$) en rpm, S_{con} es la velocidad del convertidor en rpm.

El signo *más* de (9-24) se utiliza cuando el sentido de rotación es *opuesto* al del campo giratorio del estátor y el signo *menos* se utiliza para el *mismo* sentido que el del campo giratorio.

EJEMPLO 9-14: Un WRIM de ocho polos que funciona con una alimentación de 60 Hz es accionado por una máquina motriz de velocidad variable como cambiador de frecuencia.

a. Si primero se hace funcionar a 1800 rpm en sentido opuesto y, a continuación, a 450 rpm en el mismo sentido, ¿qué frecuencias resultarán?
b. Calcular las velocidades y sentidos requeridos para obtener frecuencias de: 1. 25 Hz. 2. 400 Hz. 3. 120 Hz.

Solución:

Utilizando la ecuación (9-24),

a. $f_{con} = f\left(1 + \frac{1800}{900}\right) = 60 \times 3 =$ **180 Hz** para 1800 rpm en sentido opuesto al del campo magnético giratorio

$f_{con} = 60\left(1 - \frac{450}{900}\right) =$ **30 Hz** para 450 rpm en el mismo sentido

b. 1. $25 = 60\left(1 + \frac{S_{con}}{900}\right)$

$S_{con} = \left(-1 + \frac{25}{60}\right)900 = \left(-\frac{35}{60}\right)900 = -$**525 rpm,** o 525 rpm en el mismo sentido que el campo magnético giratorio

2. $400 = 60\left(1 + \frac{S_{con}}{900}\right)$

$S_{con} = \left(-1 + \frac{400}{60}\right)900 = \left(\frac{340}{60}\right)900 =$ **5100 rpm** en sentido opuesto

3. $120 = 60\left(1 + \frac{S_{con}}{900}\right)$

$S_{con} = \left(-1 + \frac{120}{60}\right)900 = (1)900 =$ **900 rpm** en sentido opuesto comparado al del campo magnético giratorio.

La magnitud de la tensión inducida en el rotor del cambiador de frecuencia es puramente función de la velocidad relativa del rotor con respecto al flujo estatórico (como lo es la frecuencia producida). En el ejemplo 9-14(a), la tensión a 180 Hz es seis veces la tensión a 30 Hz ya que una velocidad de 1800 rpm en sentido opuesto al de la velocidad de sincronismo (que produce el triple de la tensión en reposo) guarda una relación de seis a uno a una velocidad de 450 rpm en el mismo sentido que el de la velocidad de sincronismo (produciendo la mitad de la tensión en reposo).

El empleo de los WRIM como convertidores de frecuencia también encuentra aplicación en el control de la velocidad de los motores de inducción por concatenación y en diversas técnicas de «tensión exterior».*

* Para una discusión de los métodos prácticos de control de la velocidad de los motores de inducción véase Kosow, *Control of Electric Machines*, Prentice-Hall, 1973, capítulo 7.

BIBLIOGRAFÍA

A-C Induction Motors. (ASA C50.2.) Nueva York: American Standards Association.

Alger, P. L. *The Nature of Polyphase Induction Machines,* Nueva York: John Wiley & Sons, Inc., 1951.

Alger, P. L. y Erdelyi, E. «Electromechanical Energy Conversion», *Electro-Technology,* septiembre 1961.

Alger, P. L., Erdelyi, E. y Ku, Y. H. «Speed Control of Induction Motors Using Saturable Reactors», *Electrical Engineering,* febrero 1957.

Best, I. W., Jr. «Applying Squirrel-Cage Induction Motors», *Electrical Manufacturing,* noviembre 1956.

Bewley, L. V. *Alternating Current Machinery,* Nueva York: The Macmillan Company, 1949.

Bewley, L. V. *Tensor Analysis of Electrical Circuits and Machines,* Nueva York: Ronald Press, 1961.

Buchanan, C. H. «Duty-Cycle Calculations for Wound-Rotor Motors», *Electrical Manufacturing,* noviembre 1959.

Carr, C. C. *Electrical Machinery,* Nueva York: John Wiley & Sons, Inc., 1958.

Cook, J. W. «Squirrel-Cage Induction Motors Under Duty-Cycle Conditions», *Electrical Manufacturing,* febrero 1956.

Cooney, J. D. «Applying ac Motors to Specific Types of Load», *Electrical Manufacturing,* julio 1956.

Crosno, C. D. *Fundamentals of Electromechanical Conversion,* Nueva York: Harcourt, Brace, Jovanovich, Inc., 1968.

Daniels, *The Performance of Electrical Machines,* Nueva York: McGraw-Hill, Inc., 1968.

Fitzgerald, A. E. y Kingsley, C. *The Dynamics and Statics of Electromechanical Energy Conversion,* 2.ª ed., Nueva York: McGraw-Hill, 1961.

Fitzgerald, A. E., Kingsley, Jr. C. y Kusko, A. *Electric Machinery,* 3.ª ed., Nueva York: McGraw-Hill Book Company, 1971.

Fitzpatrick, D. «Reduced-Voltage Starting for Squirrel-Cage Motors», *Electrical Manufacturing,* marzo 1960.

Gemlich, D. K. y Hammond, S. B. *Electromechanical Systems,* Nueva York: McGraw-Hill, 1967.

Hindmarsh, J. *Electrical Machines,* Elmsford, N. Y.: Pergamon Press, 1965.

Jones, C. V. *The Unified Theory of Electrical Machines,* Nueva York: Plenum Publishing Corp., 1968.

Karr, F. R. «Squirrel-Cage Motor Characteristics Useful in Setting Protective Devices», AIEE Paper, 59-13.

Liwschitz, M. M., Garik, M. y Whipple, C. C. *Alternating Current Machines,* Princeton, N. J.: D. Van Nostrand Co., Inc., 1946.

McFarland, T. E. *Alternating Current Machines,* Princeton, N. J.: D. Van Nostrand Co., Inc., 1948.

Majmudar, H. *Introduction to Electrical Machines,* Boston: Allyn and Bacon, 1969.

Meisel, J. *Principles of Electromechanical Energy Conversion,* Nueva York: McGraw-Hill, 1966.

Nasar, S. A. *Electromagnetic Energy Conversion Devices and Systems,* Englewood Cliffs, N. J.: Prentice-Hall, 1970.

O'Kelly y Simmons. *An Introduction to Generalized Electrical Machine Theory,* Nueva York: McGraw-Hill, 1968.

Puchstein, A. F., Lloyd, R. y Conrad, A. G. *Alternating Current Machines,* 3.ª ed., Nueva York: Wiley/Interscience, 1954.

Robertson, B. L. y Black, L. J. *Electric Circuits and Machines,* 2.ª ed., Princeton, N. J.: D. Van Nostrand Co., Inc., 1957.

Schmitz, N. L., y Novotny, D. W. *Introductory Electromechanics,* Nueva York: Ronald Press, 1965.

Schohan, G. «Static Frequency Multipliers for Induction Motors», *Electrical Manufacturing,* abril 1956.

Seely, S. *Electromechanical Energy Conversion,* Nueva York: McGraw-Hill, 1962.

Selmon. *Magnetoelectric Devices: Transducers, Transformers and Machines,* Nueva York: Wiley/Interscience, 1966.

Skilling, H. H. *Electromechanics: A First Course in Electromechanical Energy Conversion,* Nueva York: Wiley/Interscience, 1962.

Thaler, G. J., y Wilcox, M. L. *Electric Machines: Dynamics and Steady State,* Nueva York: Wiley/Interscience, 1966.

White, D. C. y Woodson, H. H. *Electromechanical Energy Conversion,* Nueva York: Wiley/Interscience, 1959.

Woll, R. F. «Applying the Wound-Rotor Motor», *Westinghouse Engineer,* marzo 1953.

CUESTIONES

9-1. Describir las diferencias de construcción entre un motor síncrono y un motor de inducción de jaula de ardilla (SCIM) con respecto
  a. la construcción del estátor
  b. la construcción del rotor.

9-2. Indicar dos tipos de construcción del rotor del motor de inducción y describirlos.

9-3. Con respecto a la cuestión 9-2,
  a. ¿qué tipo de rotor permite la introducción de una tensión «exterior»?
  b. ¿cómo puede este rotor hacerse equivalente a un SCIM?

9-4. Reproducir la figura 9-1 completamente para un inducido de 12 ranuras que tenga 2 ranuras/polo-fase que produce un campo magnético tetrapolar (sugerencia: véase la figura 9-2). Indicar:
  a. los campos magnéticos resultantes producidos por cada uno de los grupos de bobinas
  b. la rotación de los campos resultantes en cada instante
  c. que el desfase de los campos resultantes corresponde exactamente al desfase temporal de la frecuencia de la alimentación.

9-5. Si n es el número de ranuras/polo-fase, indicar que el número de polos, P, correspondiente al producido tanto en el estátor como en el rotor de un SCIM trifásico es $P=2n$.

9-6. Explicar cómo el inducido estatórico liso de un motor síncrono o de un motor de inducción puede producir
a. el mismo número de polos en un rotor SCIM
b. un campo giratorio cuya velocidad de sincronismo está representada por $120f/P$ o $120f/2n$
c. un campo magnético fijo (sugerencia: la c.c. es una onda de frecuencia nula).

9-7. a. Explicar por qué el rotor de un SCIM siempre es forzado a girar en el mismo sentido que el del campo magnético giratorio.
b. Explicar por qué, al invertir cualquier par de conexiones, se invierte el sentido de rotación del rotor.
c. Explicar por qué la velocidad del rotor es esencialmente función de la velocidad de sincronismo del estátor (que, a su vez, es función de la frecuencia del estátor) y del deslizamiento.

9-8. El motor de inducción se denomina a veces transformador de frecuencia variable. Basándose en esta afirmación, explicar:
a. las condiciones bajo las que las frecuencias del rotor y el estátor son *iguales*.
b. las condiciones bajo las que la frecuencia del rotor es *menor* que la frecuencia del estátor
c. las condiciones bajo las que la frecuencia del rotor es *mayor* que la frecuencia del estátor
d. las condiciones bajo las que la tensión inducida en el rotor (secundario) y la corriente son máximas
e. las condiciones bajo las cuales la tensión y la corriente inducidas en el rotor (secundario) son mínimas.

9-9. a. Proponer tres ecuaciones que representen el par en el arranque a rotor bloqueado de un SCIM.
b. Explicar por qué el par de arranque de un SCIM *determinado* es esencialmente función de la tensión aplicada al estátor.
c. Si la tensión estatórica aplicada a un SCIM es la mitad de la nominal, ¿qué par de arranque se produce?
d. Repetir el punto (c) anterior para la corriente de arranque producida.
e. ¿Hay alguna ventaja en reducir la corriente de arranque de un SCIM?

9-10. a. Establecer la ecuación que representa el par a cualquier valor de deslizamiento, definiendo todos los términos.
b. Establecer la ecuación que representa el par máximo desarrollado en un SCIM definiendo todos los términos. ¿De qué tres factores depende el par máximo?
c. Establecer, en forma de ecuación, bajo qué condiciones de deslizamiento tiene lugar el par máximo.
d. En el punto (c), ¿cuál es el término variable y cuál es el término fijo para un SCIM determinado?

e. Explicar la expresión «el par máximo tiene lugar a aquel valor del deslizamiento en que la reactancia del rotor es igual a la resistencia efectiva del rotor» (véanse las ecuaciones 9-3, 9-12)
f. ¿Por qué debe aumentar el deslizamiento al aumentar la carga?

9-11. Si el deslizamiento límite de la figura 9-10b debido a R_r es 0,2 hallar:
a. la relación entre la reactancia a rotor bloqueado y la resistencia a un deslizamiento s y a un deslizamiento $4 \cdot s$
b. la relación entre la resistencia y la reactancia a rotor bloqueado a un deslizamiento s y a un deslizamiento $4 \cdot s$
c. ¿cuál de las anteriores es la relación s_b?
d. ¿qué curvas de la figura 9-10b producen una relación s_b menor que la unidad?
e. ¿qué curvas producen una relación s_b mayor que la unidad?
f. ¿a qué deslizamiento la resistencia del rotor es igual siempre a la reactancia a rotor bloqueado?
g. ¿qué curvas de la figura 9-10b tienen una reactancia a rotor bloqueado mayor que la resistencia en el momento del arranque (reposo)?
h. ¿qué curvas corresponden a una resistencia del rotor mayor que la reactancia a rotor bloqueado en reposo?

9-12. A partir de las curvas de la figura 9-6, hallar:
a. el deslizamiento aproximado al que tiene lugar el par máximo
b. el deslizamiento al que se produce el par de arranque
c. el deslizamiento aproximado al que un valor del par de funcionamiento es igual al par de arranque
d. la corriente aproximada del rotor correspondiente al par de funcionamiento en el punto (c) anterior
e. el deslizamiento aproximado al par correspondiente a la carga nominal
f. la corriente aproximada del rotor correspondiente al par de funcionamiento en el punto (e) anterior.

9-13. Explicar por qué el factor de potencia de un SCIM (motor de inducción de jaula de ardilla) es
a. pequeño a cargas ligeras
b. pequeño a cargas fuertes (no la misma razón que antes)
c. bastante elevado a aproximadamente la carga nominal
d. importante para determinar la intensidad de corriente rotórica y estatórica que debe circular para desarrollar el par necesario para equilibrar el par aplicado.

9-14. Explicar por qué el rendimiento de un SCIM es
a. pequeño a cargas ligeras
b. pequeño a cargas fuertes (no la misma razón que antes)
c. bastante elevado a aproximadamente la carga nominal
d. máximo, y las condiciones a las que tiene lugar este máximo.

9-15. Explicar por qué el par de un SCIM es
a. máximo a cargas francamente superiores a la potencia nominal
b. mayor en el arranque que con carga nominal
c. esencialmente función de la resistencia efectiva del rotor.

9-16. Para un WRIM, explicar por qué
a. Es posible variar la resistencia efectiva del rotor
b. una variación en la resistencia del rotor produce una variación del par de arranque
c. el aumento del par de arranque disminuye la corriente de arranque
d. el par máximo es el mismo para cualquier valor de la resistencia del rotor hasta el valor de la reactancia del rotor en reposo
e. el par de arranque es menor que el par máximo para valores de la resistencia del rotor mayores que la reactancia en reposo (a rotor bloqueado)
f. la corriente se reduce y el factor de potencia aumenta bajo las condiciones del punto (e) anterior.

9-17. Para un WRIM que tenga una resistencia rotórica determinada, ¿es posible tener *dos* valores de:
a. deslizamiento que produzca el mismo par? Explicarlo.
b. un par que produzca la misma corriente de rotor y de estátor? Explicarlo.
c. resistencia total del rotor que produzcan aún el mismo par de arranque? Explicarlo.
d. par máximo? Explicarlo.

9-18. Utilizando las curvas de las figuras 9-6 y 9-10 y las ecuaciones relacionadas, explicar por qué
a. la corriente del rotor siempre debe ser máxima a un par máximo en lugar de al par producido en el momento del arranque
b. la corriente de rotor necesaria para conseguir que el par interno varía en proporción inversa con el factor de potencia del rotor
c. la corriente de arranque mínima se obtiene a un factor de potencia del rotor en 0,707 en el arranque
d. el aumento del factor de potencia del rotor por encima de 0,707 disminuye la corriente de arranque, pero también disminuye el par de arranque y el par máximo desarrollado o interno del rotor.

9-19. a. Explicar por qué la resistencia del rotor en reposo es menor que la resistencia efectiva del rotor cargado en condiciones de funcionamiento
b. Expresar la relación entre la resistencia efectiva del rotor cargado en condiciones de funcionamiento y la resistencia del rotor en reposo en forma de ecuación
c. Utilizando los términos del punto (b) anterior, definir:
1. potencia desarrollada o interna en el rotor por fase
2. pérdidas en el cobre del rotor, por fase
3. potencia de entrada en el rotor por fase
d. Expresar los términos del punto (c) anterior en una sola ecuación

9-20. El ensayo a rotor bloqueado de un motor de inducción es, a la vez, simple y significativo debido a que proporciona medidas de la tensión a rotor bloqueado E_{lr} y la reactancia a rotor bloqueado, X_{lr}, además de la resistencia del rotor, R_r. Dados los valores de estos 3 términos y el valor de la corriente nominal del rotor, I_r, indicar, estableciendo ecuaciones, cómo es posible calcular:

a. la potencia máxima de entrada en el límite de estabilidad
b. el par máximo (límite)
c. el deslizamiento límite (par máximo)
d. la velocidad a la que desarrolla el par máximo
e. la potencia de entrada en el rotor a cualquier valor de deslizamiento
f. el par a cualquier valor de deslizamiento
g. la potencia de entrada en el rotor en el momento del arranque
h. el par de arranque

9-21. En la medición del deslizamiento, explicar por qué

a. nunca se utiliza la medida directa de la velocidad del rotor para calcular el deslizamiento
b. un método óptico es preferible a otros métodos de medida del deslizamiento
c. el método estroboscópico a veces hace difícil conseguir mediciones exactas del deslizamiento a cargas fuertes, superiores a la nominal. ¿Qué método alternativo puede utilizarse?
d. por que el número de polos producido por el estátor es significativo en la elección apropiada de un disco óptico utilizado en el método estroboscópico.

9-22. En el arranque directo de los motores de inducción, explicar las condiciones bajo las cuales

a. no es objetable una elevada corriente de arranque
b. puede ser objetable una elevada corriente de arranque
c. un WRIM puede reducir su corriente de arranque
d. un SCIM puede reducir su corriente de arranque.

9-23. Comparar los métodos de arranque por autotransformador, por resistencia en el primario, por reactancia en el primario y en estrella-triángulo, utilizando una reducción del 57,8 % en la tensión de línea, en lo referente:

a. a la corriente de arranque
b. al par de arranque.
c. ¿Cuál de los métodos anteriores produce la corriente de arranque primaria (estatórica) menor y por qué?

9-24. Comparar el arranque por devanado dividido con los métodos descritos en la cuestión 9-23 en lo referente a la corriente de arranque y al par de arranque.

9-25. a. Explicar, en términos de par de arranque y corriente de arranque, por qué un motor de arranque por conexión directa a la red de rotor de doble jaula es preferible a un SCIM normal.

b. Para el rotor de doble jaula, explicar la distribución de corriente y el factor de potencia de la corriente tanto para los conductores superiores como para los inferiores en
   1. condiciones de arranque
   2. condiciones de funcionamiento.

9-26. Para las cinco clases de SCIM, confeccionar una tabla con las siguientes *columnas:* clase de SCIM, par de arranque, corriente de arranque, par máximo, regulación de velocidad y aplicación.
Comparar cada una de las cinco clases (A, B, C, D y F) rellenando todas las *filas* de la tabla.

9-27. a. Señalar tres posibles formas de que los SCIM que posean rotores fundidos puedan tener control de velocidad.
b. ¿Cuál de estos tres métodos es el más usado en todos los SCIM?
c. Si la frecuencia aplicada al estator de un SCIM varía, ¿por qué debe variarse la tensión en igual proporción? (Sugerencia: Véase el ejemplo 13-4.)
d. ¿Qué desventajas se presentan cuando se reduce la velocidad mediante una reducción de frecuencia y tensión?
e. ¿Qué ventajas pueden señalarse cuando se eleva la velocidad mediante un aumento de frecuencia y tensión?
f. ¿Por qué el alternador polifásico accionado por una máquina motriz de velocidad variable es idealmente apropiado como fuente de tensión para el control de la velocidad de un SCIM polifásico?

9-28. a. ¿Por qué son necesarios los WRIM?
b. Comparar las características de arranque de los WRIM con los SCIM.
c. Comparar las características de funcionamiento de los WRIM con los SCIM.
d. Señalar como mínimo dos aplicaciones de los WRIM que no sean posibles para los SCIM.

9-29. a. ¿Bajo qué condiciones de deslizamiento funciona la máquina asíncrona como generador?
b. ¿Por qué un generador de inducción siempre suministra una corriente capacitiva a las barras? Explicar, utilizando un diagrama vectorial, cómo se controla la carga de un generador de inducción.
c. Comparar el empleo de un generador de inducción con el del motor síncrono sobreexcitado como dispositivo corrector del factor de potencia teniendo en cuenta el punto (b) anterior.
d. Señalar una posible aplicación para hacer funcionar un SCIM como generador. ¿Cuáles son las limitaciones de este tipo de funcionamiento?

9-30. a. ¿Bajo qué condiciones es útil un WRIM como convertidor de frecuencia?
b. ¿Cómo es posible obtener frecuencias inferiores a la frecuencia síncrona del estátor?

c. Repetir el punto (b) para frecuencias superiores a la frecuencia síncrona del estátor.
d. ¿Cuál es la ventaja de utilizar un WRIM como generador de frecuencia respecto de un grupo síncrono motor-generador? (Véase el apartado 8-23.)

PROBLEMAS

9-1. El deslizamiento a plena carga de un SCIM de 12 polos, 60 Hz es del 5,0 por ciento. Calcular:
a. La velocidad a la plena carga.
b. La velocidad de sincronismo.
c. La regulación de velocidad.

9-2. Un SCIM de seis polos, 60 Hz, tiene una velocidad a plena carga de 1140 rpm. Calcular:
a. La velocidad de sincronismo.
b. El deslizamiento a plena carga.
c. La regulación de velocidad.

9-3. El rotor de un WRIM trifásico, de ocho polos, 60 Hz, 208 V tiene el 60 % del número de espiras por fase del estátor. El estátor está conectado en triángulo y el rotor está conectado en estrella y se saca al exterior mediante anillos rozantes. Calcular la frecuencia y tensión del rotor entre los anillos rozantes bajo las condiciones siguientes:
a. Rotor en reposo.
b. Rotor al deslizamiento de plena carga del 9 %.
c. El rotor es accionado por otro motor en sentido opuesto al campo magnético giratorio del estátor a una velocidad de 600 rpm.
d. Repetir el punto (c) cuando la velocidad es de 900 rpm.

9-4. La resistencia y reactancia del rotor de un SCIM en reposo son 0,1 Ω/fase y 0,8 Ω/fase, respectivamente. Suponiendo una relación de transformación unidad, entre el estátor de ocho polos que tiene una tensión de fase de 120 V a 60 Hz y el secundario del rotor, calcular:
a. La corriente de arranque del rotor por fase.
b. La corriente del rotor a un deslizamiento de plena carga del 6 %.
c. La corriente del rotor al valor de deslizamiento que produce par máximo.

9-5. Un SCIM hexapolar, 25 hp, 60 Hz, 440 V tiene un par de arranque de 152 lb-pie y un par a plena carga de 113 lb-pie. Calcular:
a. El par de arranque cuando la tensión de línea del estátor se reduce a 300 V.
b. La tensión que debe aplicarse al estátor a fin de desarrollar un par de arranque igual al par a plena carga.
c. La tensión que debe aplicarse a fin de accionar el motor a la carga nominal mediante una fuente de 50 Hz.

9-6. La corriente de arranque del motor del problema 9-5 es 128 A cuando al estátor se aplica la tensión nominal. Calcular:
a. La corriente de arranque cuando la tensión se reduce a 300 V.
b. La tensión que debe aplicarse al estátor, a fin de no exceder la corriente nominal de línea de 32 A.

9-7. La reactancia a rotor bloqueado de un SCIM hexapolar de 60 Hz es tres veces la resistencia del rotor por fase. Calcular:
a. El deslizamiento.
b. La velocidad.
c. La frecuencia del rotor a la que se desarrolla el par máximo.

9-8. A partir de los datos dados para el SCIM del problema 9-4, calcular:
a. La potencia de entrada al rotor en watios correspondiente al par máximo (utilizar la ecuación 9-17). Comprobar la respuesta utilizando la ecuación (9-21).
b. El par máximo desarrollado en el rotor en lb-pie.
c. El par a un deslizamiento del 5 %.

9-9. La velocidad nominal de un WRIM de inducción trifásico, hexapolar, de 60 Hz es 1120 rpm con los anillos rozantes del rotor bobinado cortocircuitados. Calcular la velocidad nominal cuando
a. Se añade una resistencia exterior por fase que es igual a la resistencia del rotor.
b. Repetir el punto (a) para una resistencia exterior doble de la resistencia del rotor.
c. Repetir el punto (a) para una resistencia exterior triple de la resistencia del rotor.

9-10. La velocidad a plena carga de un WRIM de 12 polos, 60 Hz es 550 rpm. La reactancia del rotor en reposo es 2 Ω y la resistencia del rotor por fase es 0,6 Ω, respectivamente. Calcular:
a. El deslizamiento y la velocidad a los que se desarrolla el par máximo.
b. La resistencia añadida al rotor para desarrollar el par máximo en el arranque.
c. El nuevo deslizamiento a plena carga con la adición de resistencia al rotor.

9-11. En un SCIM polifásico hexapolar, 60 Hz, la velocidad y el par a plena carga son 1160 rpm y 7,2 lb-pie, respectivamente. La fem inducida en el rotor es 50 V por fase. La reactancia en reposo es 0,8 Ω y la resistencia del rotor 0,2 Ω por fase, respectivamente. Para deslizamientos de 1,0, 0,75, 0,5, 0,25, 0,1, 0,05, 0,0333, 0,02 y 0,01, respectivamente, calcular y tabular las siguientes cantidades: fem del rotor, reactancia, impedancia, corriente y factor de potencia, por fase.

9-12. A partir de los datos tabulados en el problema 9-11, calcular

a. La potencia de entrada trifásica en el rotor utilizando (9-3), $E_rI_r \cos\theta$ en el momento del arranque.
b. La potencia de entrada trifásica en el rotor utilizando (9-17 en el momento de arranque.
c. El par de arranque utilizando (9-19).
d. El par máximo o límite utilizando (9-23).
e. El par a plena carga, a partir del par de arranque utilizando (9-23). Comparar con los valores dados en el problema 9-11.

9-13. Utilizando el valor del par a plena carga dado en el problema 9-11.

a. Calcular el par a cada valor del deslizamiento tabulado en el problema 9-11.
b. Trazar la curva par-deslizamiento situando el deslizamiento en ordenadas y el par en abscisas.

9-14. Utilizando los valores de la corriente del rotor calculados en el problema 9-11 para cada valor del deslizamiento, calcular

a. La potencia de entrada al rotor utilizando (9-17).
b. El par (utilizando 9-19). Comparar con los valores obtenidos en el problema 9-13.

9-15. El estátor conectado en triángulo de un WRIM trifásico, 60 Hz, hexapolar, de 220 V tiene el doble de espiras por fase que el rotor. La resistencia del rotor es 0,1 Ω/fase y la reactancia en reposo 0,5 Ω por fase. La velocidad a plena carga es 1140 rpm. Calcular:

a. La fem a rotor bloqueado por fase, la frecuencia, la corriente del rotor y la tensión entre anillos rozantes.
b. El deslizamiento al que se producirá el par máximo y las correspondientes corriente por fase del rotor y la potencia total de entrada en el rotor a partir del deslizamiento y de los valores a rotor bloqueado.
c. El par máximo o límite.
d. El par de arranque y a plena carga.

9-16. La potencia total suministrada a un SCIM trifásico es 4000 W y las correspondientes pérdidas en el estátor son 150 W. Calcular:

a. Las pérdidas en el rotor cuando el deslizamiento es del 4 %.
b. La potencia mecánica desarrollada o interna total.

c. La potencia de salida del motor si las pérdidas por fricción y rozamiento con el aire son de 80 W.
d. El rendimiento global del motor.

RESPUESTAS

9-1(a) 570 rpm (b) 600 rpm (c) 5,27 por ciento 9-2(a) 1200 rpm (b) 5 por ciento (c) 5,26 por ciento 9-3(a) 215,5 V 60 Hz (b) 19,4 V, 5,4 Hz (c) 360 V, 100 Hz (d) 431 V, 120 Hz 9-4(a) 148,8 A (b) 64,8 A (c) 106 A 9.5(a) 70,7 lb-pie (b) 379 V (c) 367 V 9-6(a) 87,3 A (b) 110 V 9-7(a) $\frac{1}{3}$ (b) 800 rpm (c) 20 Hz 9-8(a) 9000 W (b) 70,4 lb-pie (c) 36,1 lb-pie 9-9(a) 1040 rpm (b) 960 rpm (c) 880 rpm 9-10(a) 0,3, 420 rpm (b) 1,4 Ω (c) 0,278 (d) 38,5 por ciento (e) 0,807:1 9-11 Para un deslizamiento de 0,25, sólo: 12,5 V, 0,2 Ω, 0,283 Ω, 44,2 A, 0,707 PF 9-12(a) 2210 W (b) 2210 W (c) 12,95 lb-pie (d) 27,5 lb-pie (e) 7,22 lb-pie 9-13(a) Pares, arranque con deslizamiento unidad: 12,95 lb-pie, 16,5 lb-pie, 22,0 lb-pie, 27,5 lb-pie, 18,95 lb-pie, 10,56 lb-pie, 7,20 lb-pie, 4,375 lb-pie 2,20 lb-pie 9-14(a) Sólo potencia entrada al rotor: 2210 W, 2800 W, 3780 W, 4680 W, 3240 W, 1800 W, 1230 W. 745 W, 375 W 9-15(a) 110 V, 60 Hz, 215 A, 190,5 V (b) 0,2, 155,5 A, 36 300 W (c) 213 lb-pie (d) 81,9 lb-pie 9-16(a) 154 W (b) 4,95 hp (c) 4,85 hp (d) 0,904

Capítulo 10

Motores monofásicos

10-1. Generalidades. Los dos capítulos anteriores se han referido principalmente a los motores síncronos y asíncronos polifásicos. Existen numerosas dependencias, tanto industriales como residenciales, en las que la compañía de distribución de energía eléctrica ha instalado sólo una acometida de c.a. *monofásica.* Pero aunque no fuera así, en general, en todas las dependencias se necesitan pequeños motores que funcionan mediante alimentación monofásica para accionar diversos aparatos eléctricos tales como sierras, molinos, aspiradoras de vacío, acondicionadores de aire, etc. En general, la denominación «motor pequeño» se aplica a motores de potencia inferior a un caballo, o sea, un motor de *potencia fraccional** y la mayoría de motores monofásicos son motores de potencia fraccional. Sin embargo, también se fabrican motores monofásicos de potencias enteras normalizados: 1,5, 2, 3, 5, 7,5 y 10 hp tanto para acometidas

* Un motor pequeño se define por la American Standards Association (ASA) y el National Electrical Manufacturers Association (NEMA) como «un motor alojado en una carcasa menor que la que tiene una potencia nominal continua de 1 hp, de tipo abierto, a 1700 hasta 1800 rpm». Los motores pequeños se consideran en general, motores de potencia fraccional, pero, puesto que la clasificación se basa en el tamaño de la carcasa, son de interés las siguientes comparaciones:

1. Un motor de $\frac{3}{4}$ hp y 900 rpm no se considera un motor de potencia fraccional debido a que el tamaño de su carcasa, si se utiliza para un motor de 1800 rpm, suministraría una potencia nominal de más de 1 hp. Por consiguiente, se considera un motor de potencia *entera* de 0,75 hp$\times \frac{1800}{900} = 1{,}5$ hp.

2. Un motor de 1,5 hp y 3600 rpm *es* un motor de potencia fraccional debido a que el tamaño de su carcasa, si se utiliza para un motor de 1800 rpm, proporcionaría una potencia nominal inferior a 1 hp, de 1,5 hp$\times \frac{1800}{3600} = 0{,}75$ hp.

monofásicas de 115 V como de 230 V e incluso para acometidas de 440 V en potencias comprendidas entre 7,5 y 10 hp (véase la Tabla 4-4, Apéndice). En el servicio en locomotoras que utilizan motores serie de c.a. monofásicos se emplean tamaños especiales que oscilan desde varios centenares hasta algunos millares de hp.

Los principios básicos de los motores de c.a. monofásicos son, inherentemente, los estudiados anteriormente. Se emplea extensamente el principio de inducción debido a la simplicidad del rotor y debido a que subsana los inconvenientes de la conmutación. Se utilizan diversas técnicas para producir el campo magnético giratorio que se requiere para el arranque en el funcionamiento por inducción a base de utilizar polos con espiras de sombra y fases partidas o auxiliares. Sin embargo, debe indicarse que un rotor de inducción, una vez arrancado mediante un campo magnético giratorio, continuará funcionando mediante alimentación monofásica. Además, se utilizan otras técnicas de arranque, tales como motores de inducción de arranque por reluctancia y de arranque por repulsión.

Los motores síncronos monofásicos, los de reluctancia y los de histéresis se describieron en los apartados 8-27 y 8-28 y los motores subsíncronos en el apartado 8-29, principalmente debido a que sus características de par son bastante distintas de las de otras clases de motores monofásicos. También se utiliza el principio del motor de colector de c.c., principalmente para las potencias mayores como el motor serie de c.a. y en potencias nominales fraccionales como en el motor *universal*. Los pequeños motores universales funcionan con tensiones de hasta 6 V o incluso menores (en el caso de los motores de baterías solares) a frecuencias desde corriente continua hasta varios centenares de hertz con velocidades de hasta 20 000 rpm.

La carga y las exigencias de servicio de los motores monofásicos son, fácilmente, tan severas como las de la maquinaria polifásica y quizás más incluso, debido a la falta de mantenimiento preventivo en las viviendas. Los motores serie monofásicos de c.a. se proyectan para emplearlos en servicios sumamente duros como en grúas, ascensores y en tracción (locomotoras eléctricas), pudiendo oscilar sus potencias desde unos pocos caballos hasta varios miles. Los alternadores y motores síncronos monofásicos se utilizan bastante comúnmente en el servicio de ferrocarriles. En general, las máquinas de mayor capacidad son realmente máquinas síncronas, trifásicas, conectadas en estrella, desequilibradas con una fase abierta y, como tales, se utilizan en potencias de hasta varios miles de caballos en grupos motor-generador en locomotoras.

Debido a que un motor de *inducción* monofásico *es esencialmente no autoarrancador*, o sea, *no* posee el verdadero campo magnético *giratorio* que es fundamental en el motor de inducción polifásico, se emplean diversos métodos para *iniciar* la rotación del rotor en jaula de ardilla. En consecuencia, se ha establecido una clasificación de los motores de inducción monofásicos basada en el tipo de arranque (véase apartado 10-18), sometiéndose a consideración primero a estos motores siguiendo una descripción de los motores monofásicos tipo colector.

10-2. Construcción del motor de inducción monofásico. El *rotor* de cualquier motor de inducción monofásico es intercambiable con el de un SCIM polifásico (clase A o B), véase el apartado 9-21. No existe conexión *física* entre el rotor y el estátor y entre ellos hay un entrehierro uniforme. Las ranuras del estátor están distribuidas uniformemente, y, en general, se utiliza un «devanado dividido» imbricado de doble capa monofásico. Un devanado monofásico «simple» no originaría campo magnético giratorio ni par de arranque por razones que se describen en el próximo apartado. Por consiguiente, es necesario modificar o dividir el devanado del estátor en dos partes desplazadas en el *espacio* y en el *tiempo* sobre el estátor.* Por lo tanto, existen *dos* devanados en *paralelo,* conectados ambos a la alimentación monofásica de c.a.

Uno de estos devanados estatóricos, generalmente de impedancia apreciable para mantener *baja* la corriente de *marcha,* se denomina devanado principal o de marcha y está distribuido en ranuras, espaciadas de modo uniforme alrededor del estátor. El otro devanado, en paralelo con el devanado principal, es el *devanado auxiliar* o de *arranque,* que también está distribuido uniformemente alrededor del estátor pero que se inicia en ranuras desplazadas 90° *eléctricos en el espacio* respecto del devanado principal. La impedancia y la corriente del devanado auxiliar, con respecto a la tensión de línea como referencia, se proyectan, en general, de modo que la corriente en este devanado (de arranque) *adelante* a la corriente del devanado principal no necesariamente en 90°, sino lo suficiente para producir un desplazamiento en el tiempo así como en el espacio.

En algunos proyectos que se discuten posteriormente, el devanado auxiliar se abre tras el período de arranque, o sea, una vez se inicia la rotación del rotor. En otros proyectos, el devanado auxiliar se mantiene en paralelo con el devanado principal tanto durante el arranque como en marcha. Pero la finalidad esencial del devanado auxiliar es la de *producir la rotación del rotor.* Esto plantea la pregunta de por qué un devanado monofásico *no* producirá rotación en un SCIM por sí mismo.

10-3. Par equilibrado de un motor de inducción monofásico en reposo. El devanado monofásico distribuido (y, por tanto, el devanado de cualquier fase) tenderá a originar un campo magnético neto como se indica en la figura 9-1. El campo magnético neto del devanado principal distribuido alrededor del estátor de un motor de c.a. monofásico como el indicado en la figura 10-1a, tiene un sentido instantáneo de izquierda a derecha. Ya que la corriente en este campo varía senoidalmente con la tensión monofásica aplicada, producirá un campo concentrado de derecha a izquierda 180° más tarde. Los sentidos de la corriente

* La ASA (American Standards Association) define el motor de fase partida como «un motor de inducción monofásico equipado con un devanado auxiliar, desplazado en cuanto a posición magnética del devanado principal y conectado en paralelo con él».

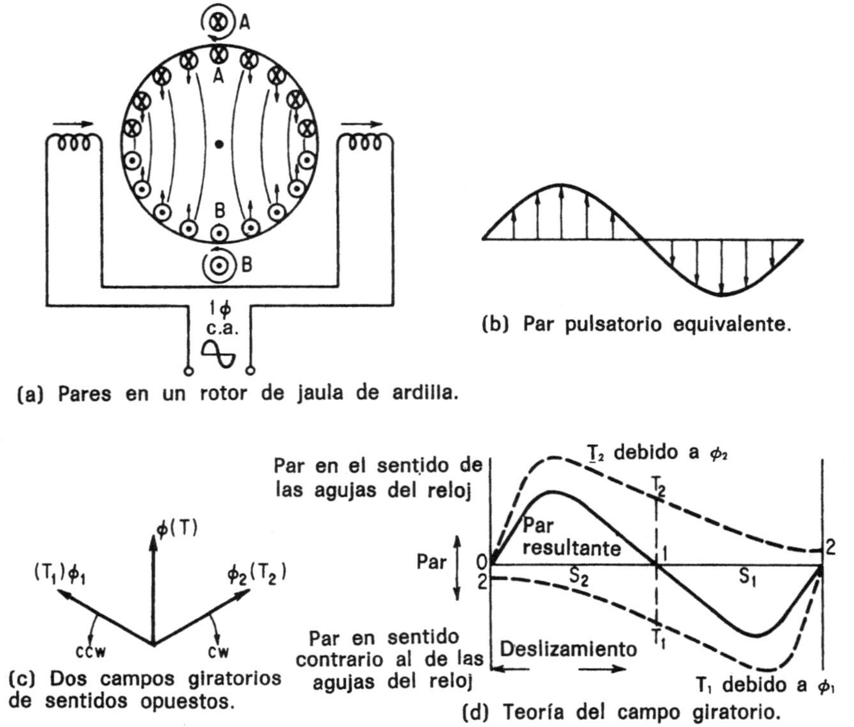

(a) Pares en un rotor de jaula de ardilla.

(b) Par pulsatorio equivalente.

(c) Dos campos giratorios de sentidos opuestos.

(d) Teoría del campo giratorio.

Figura 10-1. Par equilibrado en reposo en un rotor de SCIM excitado mediante un devanado monofásico

inducida en el rotor por el efecto de transformador pueden verse en la figura 10-1a. De acuerdo con la ley de Lenz, las corrientes circulan en estos conductores del rotor (conductores A y B, por ejemplo) en un sentido tal que se opone al campo (regla del sacacorchos de la mano derecha) que las produce.

En la figura 10-1a puede verse el sentido del par producido por estos conductores por los que circula corriente (regla de la mano izquierda), indicado por las flechas asociadas a cada conductor. El par en el sentido de las agujas del reloj producido por los conductores en el lado derecho del rotor está equilibrado por el par en sentido opuesto al de las agujas del reloj de los conductores en la misma mitad derecha. Lo mismo sucede en la mitad izquierda. Nótese que los conductores A y B son incapaces de producir una componente de par útil incluso si por ellos circula corriente, debido a que el par que producen forma ángulos rectos con cualquier movimiento del rotor. Por consiguiente, el par neto es cero. Cuando se invierte la tensión de c.a., en los conductores del rotor se invierten el sentido de la corriente y del par, pero el par neto es también nulo.

Ya que el valor del par desarrollado por cada conductor depende de la magnitud del campo de c.a. resultante que, a su vez, varía senoidalmente con la alimentación de c.a., el par pulsante equilibrado que resulta puede representarse mediante el diagrama indicado en la figura 10-1b. El valor medio del par pulsante en un ciclo completo es cero, como se indica en la figura 10-1b.

Cualquier par pulsante o de oscilación periódica, como los presentados en la figura 10-1b, también puede ser representado como formado por *dos pares* que giran en sentidos opuestos producidos por dos *campos* giratorios de sentido contrario de iguales magnitud y velocidad angular, indicados en la figura 10-1c.

Puesto que un campo magnético *giratorio* sólo dará lugar a un par electromagnético resultante en un rotor SCIM, el par producido por *cada* uno de los campos giratorios opuestos se indica mediante líneas a trazos en la figura 10-1d.

Se indican las curvas a trazos del par en el sentido de las agujas del reloj y del par en sentido opuesto en la zona de deslizamiento cero (velocidad síncrona) hasta deslizamiento 2,0, o sea velocidad síncrona en sentido opuesto.* A un deslizamiento unidad (reposo), los pares de arranque, tanto en el sentido de las agujas del reloj como en sentido opuesto, T_2 y T_1 respectivamente, son iguales y opuestos. Por lo tanto, un campo pulsante monofásico no produce ningún par. El par resultante de los dos campos que giran en sentidos opuestos se indica mediante una línea continua en la figura 10-1d, indicando que, si el deslizamiento del rotor pudiese variar desde la unidad en reposo hasta algún otro valor, podría producirse un par neto bien en el **sentido de las agujas del reloj,** bien **en sentido opuesto.**

[redacted]

10-4. Par resultante de un motor de inducción monofásico como consecuencia de la rotación del rotor. A veces, en el laboratorio (o incluso en la industria), una de las conexiones a la red que alimenta un motor de inducción trifásico se desconecta accidentalmente debido a una conexión mecánica deficiente o a la fusión de un fusible en esta línea. El motor continuará girando en el mismo sentido como un motor de inducción, incluso bajo carga, desarrollando

* Apartado 9-5.

** A este respecto, un motor monofásico sin devanado auxiliar de arranque o dispositivo de arranque se asemeja a un motor fuera borda de combustión interna o una máquina cortadora de césped que deben arrancarse tirando de un muelle. Por supuesto, en el laboratorio, el autor ha utilizado un muelle para ilustrar la figura 10-1d sobre los motores monofásicos en los que se ha desconectado el devanado auxiliar.

un par de acuerdo con la figura 10-1d. En estas condiciones, el motor polifásico se dice que trabaja «en monofásico». Sin embargo, puede observarse que, una vez iniciada la rotación, el motor monofásico es, realmente, un motor bifásico. La figura 10-2a muestra el mismo rotor del SCIM de la figura 10-1a que ha girado mediante la acción de algún medio exterior en el sentido de las agujas del reloj. Si el flujo del estátor tiene un sentido instantáneo, como el indicado en la figura 10-2a, se induce una fem como resultado del movimiento relativo entre los conductores del rotor y el campo magnético (regla de la mano derecha). Esta fem inducida se denomina a veces «fem de rotación», figura 10-2a, para distinguirla de la «fem de transformación», figura 10-1a, producida por el efecto de transformador. Las dos fem son debidas a una variación en la concatenación de flujo: la *fem de rotación* como resultado del movimiento relativo entre un conductor y su campo y la *fem de transformación* como resultado del campo pulsatorio.

El campo pulsatorio es un campo relativamente fijo. En consecuencia, a diferencia del motor de inducción polifásico, la frecuencia del rotor de la *fem de rotación* inducida en los conductores de un motor en marcha es elevada (ya que es proporcional a la velocidad), por lo que la reactancia del rotor ($X_r \propto f$) es también elevada. El resultado es que, en tanto que la *fem de rotación* se origina en los conductores del rotor en el instante indicado en la figura 10-2a, no circulará corriente en el rotor hasta, prácticamente, 90 grados eléctricos más tarde. Cuando en los conductores del rotor circula una corriente, como se indica en la figura 10-2a, producirá un flujo en el rotor, ϕ_r, en el sentido que se indica, hacia abajo.

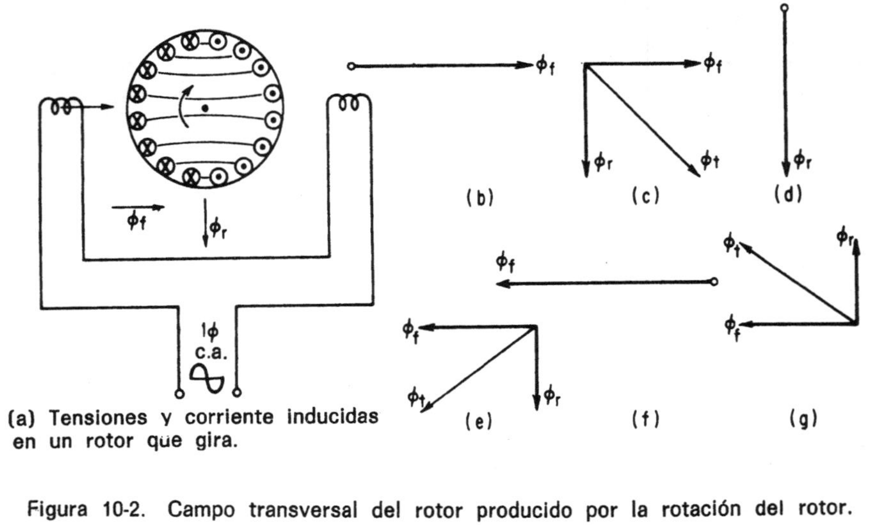

Figura 10-2. Campo transversal del rotor producido por la rotación del rotor.

En la figura 10-2b puede verse el flujo del campo pulsatorio, ϕ_f, en un máximo, produciendo una fem de rotación máxima (pero no corriente en el rotor o flujo) en las barras del rotor en el sentido indicado en la figura 10-2a. Sin embargo, un breve instante después, circulará una corriente en el rotor que origina un flujo en el rotor en cuadratura, ϕ_r, indicado en la figura 10-2c. Nótese que el flujo del campo pulsatorio ha disminuido ligeramente y que el flujo del rotor está retrasado respecto al flujo de excitación en 90 grados eléctricos. Un instante después, en la figura 10-2d, el flujo del campo pulsatorio es cero, pero la corriente del rotor es máxima produciendo un flujo máximo en el rotor, ϕ_r. Un instante después, figura 10-2e, el flujo del campo, ϕ_f, tiene el sentido opuesto y, al mismo tiempo, el flujo disminuye. Un instante después, figura 10-2f, el flujo del estátor es máximo en sentido opuesto (se utiliza una máquina bipolar para mayor simplicidad) y el flujo del rotor es cero. En la figura 10-2g, sin embargo, al disminuir el flujo del campo, el flujo del rotor aumenta en sentido opuesto. En la figura 10-2c, e y g, por consiguiente, el flujo del campo y el flujo del rotor se superponen originando un flujo total resultante, ϕ_t, que actúa en la región interpolar por la que pasan los conductores del rotor. Puede señalarse lo que sigue, una vez iniciada la rotación del rotor:

[redacted]

Si el rotor girase en sentido contrario al de las agujas del reloj, el sentido de la fem de rotación inducida se invertiría y los campos del rotor se invertirían. El campo resultante giraría ahora en sentido *opuesto.*

Debe notarse que la magnitud de la fem de rotación (y, en consecuencia, el flujo del rotor) es función de la velocidad. A o casi a la velocidad de sincronismo, por consiguiente, el flujo del rotor es prácticamente igual al flujo de excitación y el campo giratorio producido es también denominado «campo circular». Sin embargo, cuando el motor es cargado y el deslizamiento aumenta, la fem de rotación disminuye como lo hacen la corriente y el flujo del rotor. El campo resultante, por consiguiente, tiende a convertirse en «elíptico» debido a las mayores pulsaciones en el sentido del campo principal que en el sentido del campo del rotor en cuadratura. Las pulsaciones del par correspondiente pueden detectarse por el oído cuando un motor de inducción *polifásico* fuertemente cargado actúa en monofásico o cuando un motor monofásico con un devanado de arranque abierto, se carga fuertemente. Si el par aplicado o resistente es mayor que el par límite o máximo y el motor se para, el flujo del rotor, ϕ_r, es cero y el flujo neto es pulsatorio.

Se han dado *dos* explicaciones de por qué un motor monofásico desarrollará un par en el *mismo* sentido una *vez iniciada la rotación.* La explicación relacionada con la figura 10-1d se denomina *teoría del campo giratorio.* La explicación relacionada con la figura 10-2 se denomina *teoría del campo transversal. Ambos* conceptos se utilizan en capítulos sucesivos para explicar determinados puntos ya que, desde luego, se complementan en vez de contradecirse. Por ejemplo, la figura 10-1d muestra el par neto desarrollado en un motor de inducción por el rotor, en tanto que, la figura 10-2 indica el par desarrollado debido a la fem de rotación. Debe notarse que a casi la velocidad de sincronismo, la fem de rotación es elevada, produciendo un campo magnético giratorio casi constante (concepto del campo transversal). Simultáneamente, cerca de la velocidad de sincronismo, el par en el sentido de las agujas del reloj y el par resultante (concepto del campo giratorio) son prácticamente iguales y el par del motor monofásico es el mismo, para todas las finalidades prácticas, que el par del motor polifásico. Análogamente, en reposo, no se desarrolla campo transversal debido a la fem de rotación nula y al flujo nulo del rotor, por lo que el motor no puede arrancar (teoría del campo transversal). El par resultante del rotor es cero a deslizamiento unidad (teoría del campo giratorio), ya que los pares **en el mismo** y en **sentido opuesto al de las agujas del reloj** son iguales y de sentidos contrarios.

10-5. Motor de inducción (de arranque por resistencia) de fase partida. Como se indica en el apartado 10-2, la construcción del estátor del SCIM de fase partida proporciona dos devanados en paralelo, desplazados espacialmente en 90 grados eléctricos y algo menos de 90° en el tiempo. La figura 10-3a muestra el esquema de conexiones de los dos devanados de un motor de inducción de fase partida.

El devanado de *arranque* tiene menos espiras y el hilo es de menor sección que el devanado de marcha. El devanado de arranque, por consiguiente, presenta una *resistencia elevada* y una *reactancia reducida.* Inversamente, el devanado de *marcha* (hilo de mayor sección y más espiras) presenta una *resistencia reducida* y una *reactancia elevada.* A causa de su menor impedancia, la corriente en el devanado de marcha, I_r, es mayor que la corriente en el devanado de arranque, I_s.

En la figura 10-3b se indican las relaciones de fase de las corrientes a rotor bloqueado en el momento del arranque. La corriente en el devanado de arranque, I_s, está retrasada respecto de la tensión de alimentación en unos 15°, en tanto que la corriente en el devanado de marcha, que es mayor, está retrasada respecto de la tensión monofásica en unos 40°. A pesar del hecho de que la corriente en los dos devanados en cuadratura en el espacio *no* es igual, las componentes en *cuadratura son* prácticamente iguales, como se indica en el ejemplo 10-1.

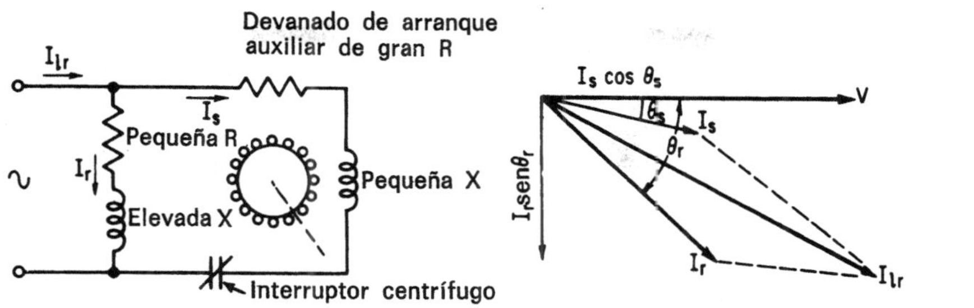

(a) Esquema de conexión. (b) Relaciones de fase.

Figura 10-3. Esquema de conexión y relaciones de fase de un motor de inducción de fase partida de arranque por resistencia.

EJEMPLO 10-1: Un motor de fase partida de ¼ hp y 110 V absorbe, en su devanado de arranque, una corriente de 4 A retrasada respecto de la tensión de alimentación en 15° y, en su devanado de marcha, una corriente de 6 A retrasada en 40°. Calcular, en el momento del arranque:

a. La corriente total a rotor bloqueado y el factor de potencia.
b. La componente de la corriente en el devanado de arranque en fase con la tensión de alimentación.
c. La componente de la corriente en el devanado de marcha que está retrasada respecto de la tensión de alimentación en 90°.
d. El seno del ángulo formado por las corrientes de arranque y de marcha.

Solución:

a. $I_s = 4\angle -15° \text{ A} = 3{,}86 - j1{,}035 \text{ A}$
$I_r = 6\angle -40° \text{ A} = 4{,}60 - j3{,}86 \text{ A}$
$I_{lr} = I_s + I_r = 8{,}46 - j4{,}895 = \mathbf{9{,}88\angle -30° \text{ A}}$

Factor de potencia = cos 30° = 0,866 inductivo

b. $I_s \cos \theta = \mathbf{3{,}86 \text{ A}}$ (a partir de lo anterior)
c. $I_r \text{sen}\, \theta = \mathbf{-j3{,}86 \text{ A}}$ (a partir de lo anterior)
d. $\text{sen}\,(40° - 75°) = \text{sen}\, 25° = \mathbf{0{,}423}$

Si los devanados están desplazados 90° en el espacio y si las componentes en cuadratura de la corriente, que están defasadas en 90° (ejemplo 10-1), *son prácticamente iguales,* se produce un campo giratorio bifásico equivalente en el arranque que desarrolla el par de arranque suficiente para acelerar el rotor en el sentido del campo giratorio producido por las corrientes. (Véase el apartado 9-4.)

Cuando el rotor acelera, genera su propia fem de rotación (teoría del campo transversal) y tiende a producir un par resultante en virtud de su propia rotación en un sentido particular (teoría del campo giratorio). El par desarrollado por el campo principal pulsatorio (producido por el devanado de marcha) supera al desarrollado por ambos devanados a un valor del deslizamiento de alrededor del 15 %. Asimismo, es evidente, a partir del ejemplo 10-1, que la corriente de marcha sola produciría menos pérdida ya que se eliminarían las pérdidas del devanado de arranque. Por estas *dos* razones, como se indica en la figura 10-3a, se utiliza un *interruptor centrífugo* (normalmente cerrado en reposo) que abra a un deslizamiento de alrededor de un 25 % (par máximo como motor monofásico), con lo que el motor alcanza su deslizamiento nominal (aproximadamente el 5 % o menos según la carga aplicada) como motor monofásico en virtud de su propio campo transversal.

A fin de invertir el sentido de rotación de cualquier motor de fase partida, es necesario invertir las conexiones de los terminales del devanado auxiliar de arranque con respecto al devanado principal de marcha. Esto producirá un campo giratorio «bifásico» en sentido opuesto. La inversión «reconectando» (cambiando las conexiones entre terminales), evidentemente, nunca puede realizarse en *marcha,* como a veces se hace con los motores de inducción polifásicos. En el caso de un motor de arranque por resistencia monofásico, no sucede nada incluso si los contactos del interruptor centrífugo se puentean y se alimenta el devanado de arranque. Puesto que el par monofásico es mayor que el par de «campo auxiliar», el motor continuará funcionando como un motor monofásico en el sentido en que giraba originalmente. El motor de arranque por resistencia de fase partida se clasifica, por tanto, como un motor *no reversible.**

Las características nominales del devanado de arranque se basan en razón de su servicio *intermitente.* Si el interruptor centrífugo se avería y no se abre (por lo general debido a contactos soldados), el excesivo calor producido por el devanado de arranque de alta resistencia aumentará tanto la temperatura del estátor, que los dos devanados (el de arranque y el de marcha) pueden averiarse por sobrecalentamiento. Los motores de fase partida más usuales que emplean aislamientos mejorados, presentan una muy larga vida en funcionamiento normal, pero muchos motores excelentes se han averiado a causa de un interruptor centrífugo defectuoso. (Si un motor tiende a sobrecalentarse, el ruido característico de un interruptor centrífugo o de relé de tipo magnético indicará si el interruptor está funcionando.) También puede utilizarse un amperímetro de pinza para medir la disminución de corriente cuando el devanado auxiliar está abierto (véase el ejemplo 10-1), lo que indica el funcionamiento normal del interruptor centrífugo. Entonces, el calentamiento puede ser debido a otras causas: falta de lubricación, cojinetes defectuosos, carga excesiva, devanado parcialmente cortocircuitado, etc., que deberán descubrirse y corregirse.

Como se estableció anteriormente, el deslizamiento a plena carga de un motor de arranque por resistencia de fase partida es de un 5 % aproximadamen-

* El motor de fase partida de arranque por condensador, no obstante, es un motor reversible (Véanse las notas al pie de los apartados 10-5 y 10-7 para las definiciones y distinciones adicionales.)

te. La corriente de arranque a rotor bloqueado varía entre 5 y 7 veces la corriente nominal y el par de arranque de 1,5 a 2,0 veces el par nominal.* El motor de arranque por resistencia de fase partida es ordinariamente un motor de potencia *fraccional* y, puesto que su rotor es pequeño, presenta *poca inercia,* incluso cuando está unido a una carga mecánica. El resultado es que la corriente de arranque relativamente elevada disminuye *casi instantáneamente* en el arranque, de forma que una corriente de arranque elevada, *per se,* no es un inconveniente principal de este motor. Los inconvenientes principales de este motor son (1) su bajo par de arranque, y (2) que, sometido a una fuerte carga, el deslizamiento supera el 5 %, reduciendo la fem de rotación y produciendo un par elíptico o pulsante que hace al motor algo ruidoso. Por esta razón, el motor de fase partida se utiliza en aplicaciones para accionar cargas que son, de por sí, ruidosas: quemadores de aceite, máquinas herramientas, pulidoras, máquinas lavadoras, lavavajillas, ventiladores, sopladores de aire, compresores de aire y pequeñas bombas de agua.

El control de la velocidad de los devanados de fase partida es un asunto relativamente difícil, ya que la velocidad síncrona del flujo rotatorio del estátor está determinada por la frecuencia y el número de polos desarrollados en el devanado estatórico de marcha ($S=120f/P$). Las técnicas implican el empleo de *devanados divididos* o polos *consecuentes* como medio de variar el número de polos, así como una impedancia en serie adicional en el estátor o una variación en la tensión aplicada para conseguir una modificación de las características del par, como se establece en la ecuación (9-8) y en la figura 10-5. Debe señalarse, no obstante, que todas las variaciones de velocidad deben conseguirse dentro de la zona por encima de aquella en la que funciona el interruptor centrífugo ($s=0,25$) y por debajo de la velocidad de sincronismo. Esto determina una zona de control de la velocidad bastante limitada. Finalmente, puesto que el control de la velocidad se consigue mediante una reducción de par, no puede utilizarse con cargas fuertes porque se presentaría inestabilidad, como se indica en la figura 10-5.

10-6. Motor de arranque por condensador de fase partida. El motor de fase partida mencionado anteriormente se ha denominado motor de arranque por resistencia debido a que la diferencia de impedancia en el devanado de arranque o auxiliar se debía a la elevada resistencia de su devanado de arranque. A fin de mejorar el par de arranque relativamente pequeño del motor de fase partida se

* Puede demostrarse que el par de *arranque* de *cualquier* motor de fase partida, de acuerdo con la ecuación (9-5) es $T_s = K_t \phi I_s \operatorname{sen}(\theta_s - \theta_r)$, en la que todos los términos se definen en las figuras 10-3b y 10-4b. Por lo tanto, para la misma corriente de arranque, el par de arranque es proporcional al ángulo entre las corrientes en los dos devanados. Cuando el ángulo es de 90°, el par de arranque es máximo. (Véanse ejemplos 10-1d y 10-2c.)

intercala un condensador en el devanado auxiliar para originar casi un desfase de 90° entre las corrientes de los devanados de arranque y de marcha, en lugar de aproximadamente 25°, como se indica en los ejemplos 10-1 y 10-2. Los ensayos de funcionamiento de motores de arranque por condensador de potencia fraccional indican que la relación de corriente entre las corrientes del devanado de arranque y el de marcha en el momento del arranque están defasadas en 82° aproximadamente, en tanto que en el motor de arranque por resistencia, el desfase es de alrededor de 25°.

Experimentalmente, puede establecerse que el par de arranque es proporcional al seno del ángulo formado por las corrientes en el arranque en los devanados de marcha y de arranque auxiliar. La relación del par de arranque en los motores de fase partida de arranque por condensador y en los de arranque por resistencia, como se indica en el ejemplo 10-2, es del orden del sen 82°/sen 25°, alrededor de 2,35 a 1, lo que eleva el par de arranque del motor de arranque por condensador hasta valores que oscilan entre 3,5 y 4,75 del par nominal. El empleo del condensador también tiende a reducir (en cierta medida) la corriente inicial total a rotor bloqueado, ya que mejora el factor de potencia proporcionando una componente de corriente que adelanta a la tensión aplicada. En la figura 10-4a puede verse un motor de arranque por condensador. Nótese que la *única* diferencia ha sido la incorporación de un condensador en el devanado auxiliar. En la tabla 10-1 aparecen los valores aproximados de la capacidad para los motores de arranque por condensador de $\frac{1}{8}$ a $\frac{3}{4}$ hp.

TABLA 10-1.
VALORES DE CONDENSADORES USUALES PARA 60 HERTZ,
1725 RPM, MONOFÁSICO
POTENCIA FRACCIONAL POR CONDENSADOR DE FASE DE PARTIDA
DE MOTORES MONOFÁSICOS

Potencia mecánica (hp)	$\frac{1}{8}$	$\frac{1}{6}$	$\frac{1}{4}$	$\frac{1}{3}$	$\frac{1}{2}$	$\frac{3}{4}$
Condensador en microfaradios (μF)	80	100	135	175	250	350

Los valores de los condensadores de la tabla 10-1 son muy grandes en comparación con los valores de los condensadores que se utilizan ordinariamente en los amplificadores electrónicos o incluso en las alimentaciones de potencia electrónicas. El desarrollo de condensadores electrolíticos bastante pequeños, cilíndricos, tipo seco, clasificados para tensiones nominales de c.a. de 110 a 220 V, y de dimensiones medias de $1\frac{1}{2}$ pulg de diámetro por $3\frac{1}{2}$ pulg de longitud aproximadamente, está favorecido por la posibilidad de establecer las características nominales del condensador para un servicio intermitente correspondiente a un minuto por hora, basado en el número de arranques.

* Basado en C. S. Siskind, *Electrical Machines, Direct and Alternating,* Nueva York: McGraw-Hill Inc., 1959, capítulo 10, Tabla 9, pág. 426.

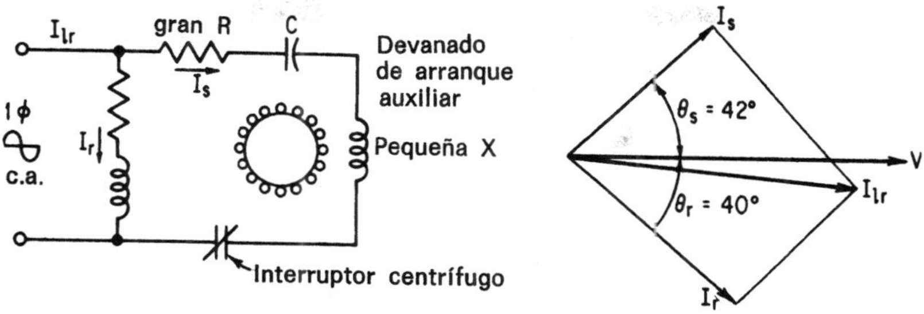

(a) Esquema de conexión. (b) Relaciones de fase.

Figura 10-4. Esquema de conexión y relaciones de fase de un motor de inducción de fase partida de arranque por condensador.

Sobre esta base, los condensadores se ensayan para veinte períodos de 3 segundos (o cuarenta períodos de $1\frac{1}{2}$ segundos, etc.) distribuidos uniformemente a lo largo de una hora. A causa de que el condensador tiene unas características de servicio intermitente (además de las características nominales de servicio intermitente del devanado de arranque), un interruptor de arranque defectuoso en un motor de arranque por condensador puede dañar no tan sólo los devanados sino el condensador mismo. Por consiguiente, los mismos comentarios respecto al mantenimiento y sustitución del interruptor en los motores de arranque por resistencia son aplicables incluso con mayor énfasis a los motores de arranque por condensador.

El motor de arranque por condensador, a diferencia del motor de fase partida de arranque por resistencia es un motor *reversible*. Si se desconecta temporalmente de la alimentación, la velocidad del motor disminuye hasta un deslizamiento del 20 % (alrededor de cuatro veces el deslizamiento nominal del 5 %), con lo que el interruptor centrífugo se cierra. Si, al mismo tiempo, las conexiones del devanado auxiliar de arranque se invierten respecto del devanado de marcha y se conectan de nuevo a la alimentación, se establecerá un campo bifásico giratorio opuesto al sentido de rotación del rotor. A diferencia del motor de arranque por resistencia, cuyas corrientes principal y auxiliar sólo están desfasadas en 25°, el motor de arranque por condensador presenta un desfase a 82° aproximadamente (véase el ejemplo 10-2). El par proporcional a este desfase (sen 82°) es 0,9903 veces el par a 90°.

En el motor de arranque por condensador, por consiguiente, el par de «campo auxiliar» o «par bifásico» *supera* al par monofásico de la fem de rotación producido por el campo transversal del rotor. El campo giratorio invertido, moviéndose en sentido opuesto al de rotación del rotor, frena al motor (reduciendo la fem de rotación y el par del campo transversal aún más), lo para e invierte su sentido de rotación. El motor acelera hasta un deslizamiento del 20 % en sentido opuesto y, cuando el interruptor centrífugo se abre, el motor alcanza la velocidad nominal como un motor de inducción monofásico en sentido *opuesto*.

Debido a su mayor par de arranque, de 3,5 a 4,5 veces el par nominal y su corriente de arranque reducida para la misma potencia en el momento del arranque (como se indica en el ejemplo 10-2 que sigue), el motor de arranque por condensador se fabrica ordinariamente en tamaños de hasta 7,5 hp. (El par del motor de arranque por resistencia varía desde 1,5 a 2,0 veces el par nominal y nunca excede al del tamaño de $\frac{3}{4}$ hp.) Los motores de arranque por condensador de potencias enteras son, por lo común, del tipo bitensión que pueden utilizarse tanto con 115 V (devanados en paralelo) como con 230 V (devanados en serie). Este último da lugar a corrientes de arranque y marcha inferiores (aproximadamente la mitad) para la misma potencia nominal. En virtud de su mayor par de arranque, los motores de fase partida de arranque por condensador se utilizan en bombas, compresores, unidades de refrigeración, acondicionadores de aire y máquinas lavadoras grandes en las que se precisa un motor monofásico para desarrollar un elevado par de arranque bajo carga y que sea reversible.

EJEMPLO 10-2: Al devanado de arranque auxiliar del motor del ejemplo 10-1 se añade un condensador que determina que la corriente del devanado de arranque adelante a la tensión de alimentación en 42°. Los valores de las corrientes tanto en el devanado de arranque como en el de marcha permanecen iguales, estando retrasada la última el mismo ángulo que en el ejemplo 10-1. En el momento del arranque, calcular:

a. La corriente total a rotor bloqueado y el factor de potencia.
b. El seno del ángulo formado por las corrientes de arranque y de marcha.
c. Comparar los resultados con los del ejemplo 10-1.

Solución:

a. $I_s = 4\angle +42°\text{ A} = 2{,}98 + j3{,}15\text{ A}$
$I_r = 6\angle -40°\text{ A} = 4{,}60 - j3{,}86\text{ A}$
$I_{lr} = I_s + I_r = 7{,}58 - j0{,}71 = \mathbf{7{,}585\angle -0{,}7°\text{ A}}$
$\cos(0{,}7°) = \mathbf{0{,}9999}$

b. $\text{sen}\,[40° - (-42°)] = \text{sen}\,82° = \mathbf{0{,}9903}$

c. La corriente (de arranque) a rotor bloqueado se ha reducido de $9{,}88\angle -30°$ A, a $7{,}585\angle -0{,}7°$ A y el factor de potencia ha aumentado desde 0,866 inductivo hasta la unidad (0,9999). El motor desarrolla un par de arranque máximo ($T = KI_{lr}\phi\cos\theta$) con una corriente de arranque mínima. La relación entre los pares de arranque (de arranque por condensador y de arranque por resistencia) es

$$\frac{T_{cs}}{T_{rs}} = \frac{\text{sen}\,82°}{\text{sen}\,25°} = \frac{0{,}9903}{0{,}423} = 2{,}35$$

10-7. Motor con condensador de fase partida permanente (de un solo valor). Debido a la reversibilidad del motor de fase partida de arranque por condensador, se ha desarrollado un motor monofásico que tiene *dos* devanados permanentes (fabricados ordinariamente con hilo de igual sección y el mismo número de espiras en ambos, o sea, los devanados son *idénticos*). Debido a que funciona continuamente como un motor de fase partida permanente, *no* se precisa *interruptor centrífugo.* El motor arranca y funciona gracias a la partición de fase en cuadratura producida por dos devanados idénticos desfasados temporal y espacialmente. Como resultado, este motor no posee el elevado par de marcha producido tanto en el motor de arranque por resistencia como de arranque por condensador. Además, el condensador utilizado en el motor de fase partida permanente con condensador de un solo valor se proyecta para servicio continuo y es del tipo de aceite. El valor del condensador se determina en función de una *marcha* óptima en lugar de por su característica de arranque. En el momento del arranque, la corriente en la rama capacitiva es muy pequeña. El resultado es que el motor de fase partida permanente con condensador de un solo valor (a diferencia del motor de arranque por condensador) tiene un par de arranque muy pobre, de alrededor del 50 % al 100 % del par nominal.

Como se indica en la figura 10-5a, un conmutador permite que el condensador de aceite se conecte fácilmente a uno u otro de los devanados. Podría parecer que, con un par de arranque y un par de marcha pobre, las perspectivas de este tipo de motor no deberían ser demasiado halagüeñas. No obstante, su propia debilidad lleva implicada *directamente* sus ventajas, por lo que el motor es muy popular. No precisa interruptor centrífugo y se invierte fácilmente debido a su reducido par de marcha. Esto lo hace muy sensible, además, a las variaciones de tensión. El motor de fase partida permanente con condensador de un solo valor es uno de los pocos motores de inducción monofásicos cuya velocidad puede controlarse fácilmente mediante las variaciones en la tensión de la red, como se indica en las figuras 10-5a y c.

Las relaciones de fase del motor en marcha se indican en las figuras 10-5b para una determinada posición del conmutador indicada en la figura 10-5a. Debido al campo magnético giratorio casi uniforme creado por devanados iguales cuyas corrientes idénticas están defasadas en casi 90°, el par es casi uniforme y el motor *no* presenta el característico zumbido pulsatorio que presentan la mayoría de motores monofásicos cuando están cargados. El valor del condensador para servicio continuo se elige de forma que las corrientes de marcha sean iguales y desplazadas, como se indica en la figura 10-5b, entre tres cuartas partes de la carga y la plena carga. Sin embargo, como se ha establecido anteriormente, este valor es excesivamente pequeño para el arranque y da lugar a pares de arranque entre la mitad del par y el par nominal a plena carga, como puede verse en la figura 10-5c.

Además de su ventaja como motor de fácil inversión,* el motor de fase partida permanente con condensador es fácilmente adaptable al control de la velocidad mediante variaciones en la tensión de alimentación. Puesto que el par de cualquier motor de inducción varía según el cuadrado de la tensión apli-

* La ASA distingue entre un motor de *inversión* y un motor *reversible.* El motor con condensador de fase partida permanente es un motor de inversión debido a que puede invertirse cuando funciona con carga nominal a la velocidad nominal. El motor de fase partida de arranque por condensador es un motor reversible debido a que es capaz de ser

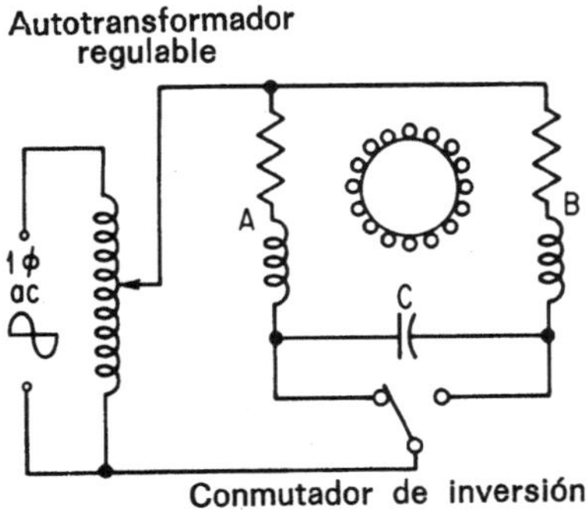

(a) Esquema de conexión.

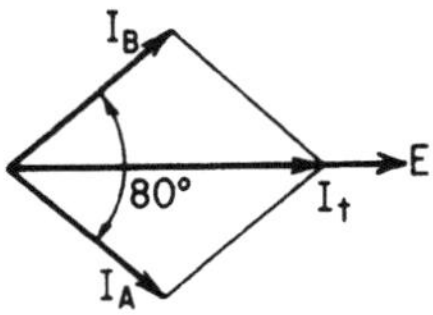

(b) Relaciones de fase.

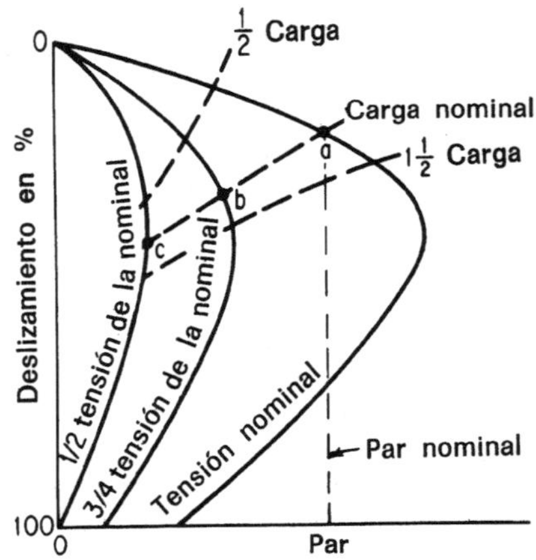

(c) Característica de velocidad regulable.

Figura 10-5. Esquema de conexión, relaciones de fase y características de tensión de un motor de fase partida permanente.

cada a su estátor, la curva par-deslizamiento a una tensión de tres cuartas de la nominal es 9/16, o aproximadamente la mitad de la correspondiente a plena tensión, como se indica en la figura 10-5c. Análogamente, a una tensión mitad de la nominal, el par es aproximadamente la cuarta parte del par nominal. Esto es cierto tanto en el arranque como en marcha. Si el motor se arranca a su tensión nominal y se acciona a su carga nominal (punto *a*), una reducción de la tensión hasta tres cuartas partes de la tensión nominal determina que la velocidad disminuya hasta el punto *b*. Una reducción adicional a la mitad de la tensión nominal determina que la velocidad disminuya hasta el punto *c*. En general, una carga fuerte tiende a producir una caída de velocidad mayor con la variación de tensión que una carga ligera:

Para ajustar la tensión aplicada al estátor de c.a. a fin de producir el control de velocidad deseado, se utilizan diversos métodos que incluyen transformadores con tomas, variacs, potenciómetros y resistencias o reactancias con tomas. Estos métodos están limitados a velocidades por debajo de la de sincronismo.

Debido a (1) su respuesta instantánea como motor de inversión, (2) su funcionamiento suave, y (3) la posibilidad de controlar la velocidad, el motor de fase partida permanente con condensador se utiliza en ventiladores y sopladores de extracción y llenado, máquinas de oficina y unidades de calefacción.

invertido muy por debajo de la velocidad nominal, sin necesitar que el motor pare. El motor de fase partida de arranque por resistencia es un motor no reversible por razones descritas anteriormente.

10-8. Motor con condensador de dos valores. El motor de fase partida permanente con condensador de un solo valor presenta un inconveniente particularmente serio, a saber, su pequeño par de arranque.* Cuando las condiciones de arranque no son severas, esta desventaja no tiene consecuencias, pero cuando se precisan pares de arranque elevados, esta desventaja debe superarse. El *motor con condensador de dos valores* combina el funcionamiento silencioso y el limitado control de la velocidad de un motor de fase partida permanente con condensador, con el elevado par de arranque del motor de arranque por condensador. Se utilizan dos condensadores (como indica su nombre) durante el período de arranque. Uno de ellos, un condensador electrolítico de *arranque* similar al utilizado para el servicio *intermitente* del motor de fase partida de arranque por condensador es de *capacidad elevada* (alrededor de 10 a 15 veces el valor del condensador de *marcha*), y es desconectado del circuito por un interruptor centrífugo cuando el deslizamiento alcanza el 25 % aproximadamente.

En general, se utilizan dos métodos para obtener la necesaria capacitancia elevada en el arranque y la menor capacitancia durante la marcha que emplean ambos interruptores centrífugos para conseguir la conmutación. El primer método, similar al descrito anteriormente, utiliza un condensador electrolítico, como se indica en la figura 10-6a, en paralelo con un condensador de aceite a través de un interruptor centrífugo normalmente cerrado en el arranque. El con-

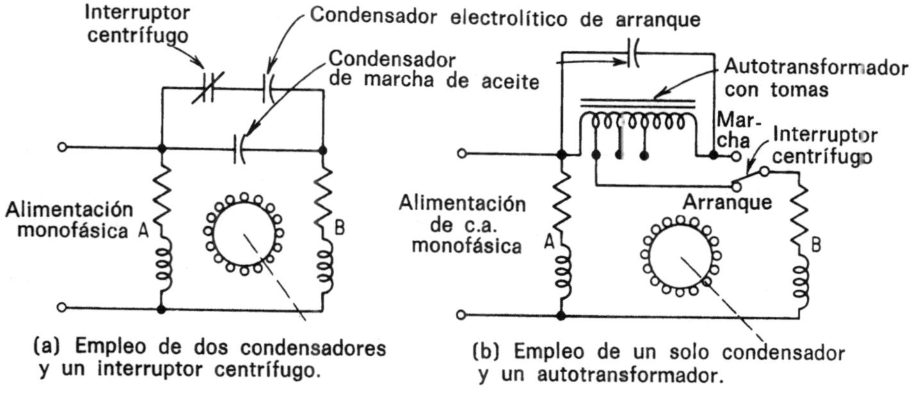

Figura 10-6. Esquemas de conexión de dos tipos de motores con condensador de dos valores.

* Ya que el par de arranque, $T_s = K_t \phi I_s \operatorname{sen}(\theta_r - \theta_s)$, la corriente de arranque I_s en la rama capacitiva es pequeña. Una disminución de la reactancia capacitiva aumentará I_s. De ahí la necesidad de un gran condensador de arranque.

densador electrolítico de gran capacidad y servicio intermitente se desconecta a alrededor del 75 % de la velocidad síncrona, produciendo por tanto el necesario par de arranque elevado. Entonces, el motor continúa acelerando como un motor con condensador, con el valor óptimo de la capacitancia del condensador de marcha de aceite para el funcionamiento a o cerca de la carga nominal.

El segundo método (aunque también utiliza un interruptor centrífugo) emplea solamente *un* condensador de alta tensión de aceite combinado con un autotransformador, indicado en la figura 10-6b. Esta técnica utiliza el principio de transformador de la reactancia capacitiva reflejada desde el secundario del autotransformador hasta el primario, proporcionalmente al cuadrado de la relación entre las espiras del secundario y las del primario, o sea, $n^2=(N_s/N_p)^2$. Por lo tanto, un autotransformador con 140 espiras, con una toma en la vigésima espira, indicado en la figura 10-6b, reflejaría un condensador de marcha de 6 μF al primario en la proporción $(140/20)^2 \times 6$ μF (o $7^2 \times 6$ μF) o 294 μF (casi 50 veces). Por lo tanto, un condensador de marcha de aceite también puede utilizarse para el arranque, supuesto que la tensión nominal del condensador puede resistir la tensión mayor producida por la transformación (en este caso, $n=7/1$, con lo que la tensión del condensador en el arranque sería 110×7 o 770 V, para una fuente de 110 V).

Como en el caso de los motores monofásicos de arranque por resistencia y de arranque por condensador, un interruptor centrífugo defectuoso también puede causar graves daños. En el caso del tipo cuyo circuito puede verse en la figura 10-6a, si el interruptor no se abre y no elimina el condensador electrolítico de gran capacidad, puede averiarse con el tiempo ya que sólo está dimensionado para servicio intermitente. En el caso del segundo tipo, indicado en la figura 10-6b, cuando la velocidad del motor se aproxima a la de sincronismo, la tensión de excitación secundaria es muy elevada, con lo que el condensador de aceite, relativamente caro (ordinariamente de tensión nominal en c.a. de unos 1000 V) puede ser destruido.

La principal ventaja del motor con condensador de dos valores es su elevado par de arranque, junto con un funcionamiento silencioso y un buen par de marcha. Se le califica también como motor de *inversión;* cuando las conexiones de un devanado se invierten, el motor se invierte de la forma usual. Cuando la velocidad disminuye por debajo de un deslizamiento del 25 % durante la inversión, el interruptor centrífugo cierra su contacto de arranque, proporcionando un par máximo cuando el motor se para y se invierte. Los contactos se abren de nuevo cuando el motor alcanza el 75 % de la velocidad síncrona en sentido opuesto. Por consiguiente, las inversiones frecuentes reducirán la vida del interruptor centrífugo. Por esta razón, cuando se realizan inversiones frecuentes, es preferible un motor de fase partida permanente con condensador de un solo valor que no emplee para nada interruptor centrífugo.

El motor con condensador de dos valores ha encontrado aplicación reciente en pequeñas unidades domésticas de acondicionamiento de aire que utilizan este motor en su compresor y funciona en tomas de 15 A.* La menor corriente de arranque y la menor corriente de marcha (7,5 A como máximo) con un mejor factor de potencia respecto al motor de arranque por condensador, se obtienen mediante la elección precisa de los condensadores de arranque y de marcha para la carga fija del compresor.

10-9. Motor de inducción de espiras de sombra. Los motores monofásicos considerados en los apartados anteriores emplean todos estátores que poseen entrehierros uniformes con respecto a sus devanados rotóricos y estatóricos, que están uniformemente distribuidos alrededor de la periferia del estátor. Los métodos de arranque utilizados, por tanto, se basaban mayormente en el principio de fase partida de producción de un campo magnético giratorio para iniciar la rotación del rotor. Los motores de inducción de fase partida se fabrican tanto con potencias fraccionales como enteras.

El motor de espiras de sombra es en general un motor pequeño de potencia fraccional no superior a $\frac{1}{10}$ hp, pero se han fabricado motores de hasta $\frac{1}{4}$ hp. La mayor cualidad de este motor estriba en su extrema simplicidad: un devanado rotórico monofásico, un rotor de fundición en jaula de ardilla y unas piezas polares especiales. No se utilizan interruptores centrífugos, condensadores, devanados especiales de arranque ni colectores. No obstante, a pesar de tener un devanado monofásico es, inherentemente, autoarrancador. Tanto la teoría del campo giratorio como la del campo transversal indican que esto es imposible. Debe haber algún medio *auxiliar* para producir el efecto de un campo magnético giratorio con una alimentación monofásica y sólo un devanado estatórico.

La figura 10-7a muestra la constitución general de un motor de dos polos salientes con espiras de sombra. Las piezas polares especiales se hacen de chapa, y alrededor de la porción menor de la pieza polar se arrolla una bobina de *sombra* cortocircuitada (o un anillo de cobre de una sola espira). La bobina de sombra, separada del devanado de excitación de c.a. principal, sirve para proporcionar la fase auxiliar del flujo de excitación principal retrasando la variación de flujo en el segmento menor.

Como se indica en la figura 10-7b, cuando en los polos de excitación el flujo tiende a aumentar, se induce una corriente de cortocircuito en la bobina de sombra que por la ley de Lenz se opone a la fuerza y al flujo que la producen. Por lo tanto, cuando el flujo aumenta en cada polo de excitación, hay una concentración de flujo en la porción principal de cada polo, en tanto que la porción sombreada se opone al flujo del campo principal. En el punto *c* indicado en la figura 10-7e, la velocidad de variación de flujo y de corriente es nula y no existe

* La NEC permite un aparato fijo que absorbe una carga no superior al 50 % de la potencia nominal de la toma. En una toma de 15 amperios, la corriente máxima para un acondicionador de aire es 7,5 amperios.

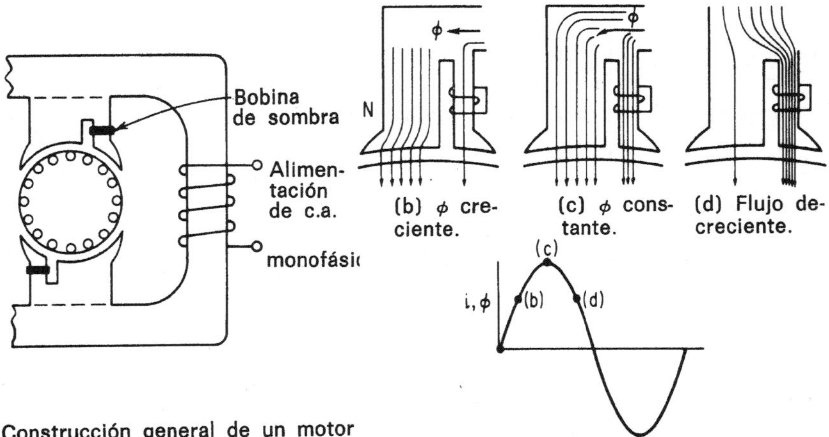

(a) Construcción general de un motor bipolar con espiras de sombra.

(b) ϕ creciente.

(c) ϕ constante.

(d) Flujo decreciente.

(e) Velocidad de variación de la corriènte y el flujo en los polos.

Figura 10-7. Construcción general y principio del motor con espiras de sombra.

fem inducida en la bobina de sombra. En consecuencia, el flujo está distribuido uniformemente entre los polos. Cuando el flujo disminuye, la corriente en la bobina de sombra se invierte a fin de mantener el flujo en el mismo sentido. El resultado es que el flujo crece en la porción sombreada del polo.

Un examen de las figuras 10-7b, c y d pone de relieve que en los intervalos *b*, *c* y *d*, el efecto neto de la distribución de flujo en el polo ha sido producir un movimiento de barrido del flujo a lo largo de la cara polar que representa una rotación en el sentido de las agujas del reloj. El flujo en la porción del polo sombreado, siempre está retrasado en el tiempo respecto del flujo en el segmento principal, así como espacialmente (aunque no existe una auténtica relación de 90° entre ellos). El resultado es que se produce un campo magnético giratorio suficiente para originar un pequeño desequilibrio en los pares del rotor (teoría del campo giratorio) tal que el par en el sentido de las agujas del reloj exceda al par en el sentido contrario (o viceversa) y el rotor gira siempre en el sentido del campo giratorio.

Para el tipo de motor con espiras de sombra indicado en la figura 10-7, la rotación tiene lugar en el sentido de las agujas del reloj ya que el flujo en la porción sombreada está retrasado respecto del flujo principal. A fin de invertir el sentido de rotación, sería necesario desmontar la estructura de los polos e invertirla físicamente. Para eliminar un proceso tan lento y complicado, se han proyectado técnicas más nuevas para producir motores reversibles con espiras de sombra.

El primero de estos métodos consiste en conectar las bobinas de sombra en serie en las correspondientes porciones sombreadas y cortocircuitarlas mediante un interruptor. Esto se indica en la figura 10-8a, en la que las bobinas de sombra en los extremos de los polos salientes que se alcanzan en primer lugar en un lado están cortocircuitados en caso de giro en el sentido de las agujas del reloj, y los extremos del polo que se alcanzan en primer lugar en el lado opuesto del polo están cortocircuitados en caso de giro en sentido contrario al de las agujas del reloj. Sin embargo, en ningún instante, ambos grupos de extremos polares que se alcanzan en primer lugar están cortocircuitados.

El segundo método se utiliza generalmente con estátores de polos *no salientes*. En la figura 10-8b pueden verse dos devanados distribuidos distintos, *A* y *B*, a 90° con respecto a los polos sombreados cortocircuitados. Cuando *A* (no dibujado) es alimentado, el sentido del flujo es el mismo que el de las agujas del reloj: devanado *A*, polo sombreado *A′*; devanado *A* (en el lugar de *B*) y polo sombreado *B′*. Cuando *B* es alimentado, el sentido del flujo es contrario al de las agujas del reloj; devanado *B*, bobina sombreada *A′*, devanado *B* distribuido en *A* y bobina sombreada *B′*.

El tercer método indicado en la figura 10-8c, también utiliza un solo devanado distribuido continuo con tomas apropiadas en los puntos a 90°. Cuando las tomas de un grupo son alimentadas a través de un interruptor bipolar de doble posición, el rotor gira en el sentido de las agujas del reloj. Cuando las tomas de un segundo grupo, desfasadas en 90° con respecto a las bobinas de sombra son alimentadas, el motor gira en sentido opuesto.

La ventaja de los estatores distribuidos de polos no salientes sobre los de polos salientes indicados en las figuras 10-7 y 10-8 es que, una vez iniciada la rotación, el rotor con el entrehierro de flujo uniforme tiende a producir un campo magnético giratorio más uniforme en vez de elíptico en virtud de su fem de rotación (teoría del campo transversal).

El motor con espiras de sombra es robusto, barato, de pequeño tamaño y precisa poco mantenimiento. La corriente en reposo a rotor bloqueado es sólo ligeramente superior a su corriente nominal normal, de modo que puede permanecer parado durante cortos períodos sin daño. Desafortunadamente, tiene un par de arranque muy reducido, bajo rendimiento y un factor de potencia bajo. Los dos últimos factores no son serios en un motor pequeño, pero su reducido par de arranque limita su aplicación a los motores de tocadiscos, proyectores cinematográficos, asadores eléctricos, ventiladores y sopladores pequeños, plataformas giratorias en escaparates de tiendas, y otras cargas relativamente ligeras.

En general, los métodos básicos de control de velocidad utilizan un medio para reducir la tensión de alimentación de c.a. para producir un aumento de deslizamiento, similar a los motores de condensador, como en la figura 10-5c.

10-10. Motor de inducción de arranque por reluctancia. Otro motor de inducción que emplea un estátor con entrehierro no uniforme es el motor de

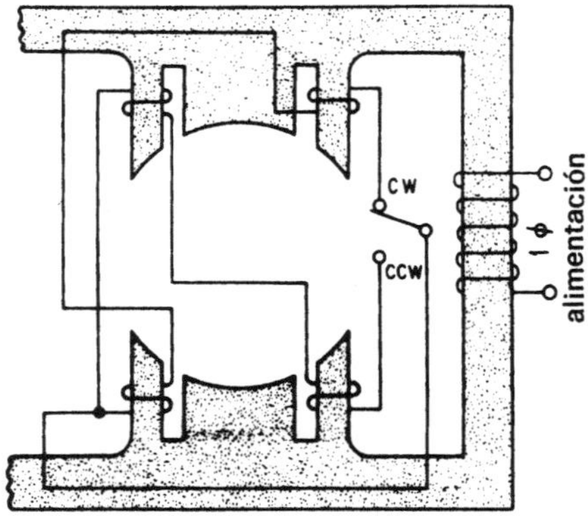

(a) Dos pares de bobinas de sombra cortocircuitados por un interruptor (no se indica el devanado principal).

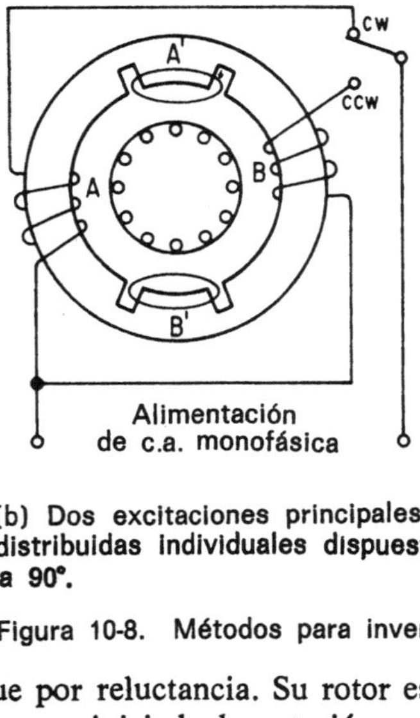

(b) Dos excitaciones principales distribuidas individuales dispuestas a 90°.

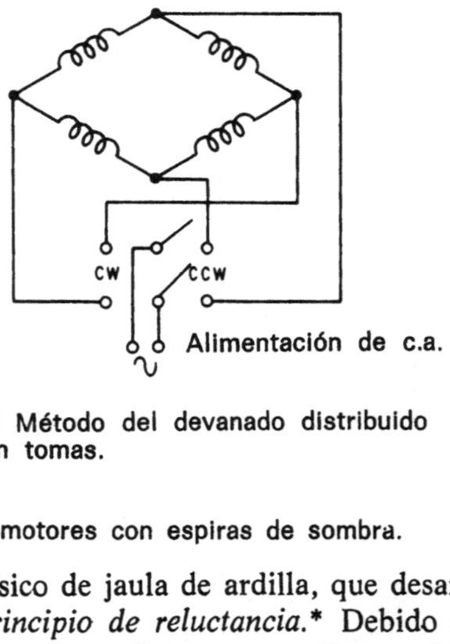

(c) Método del devanado distribuido con tomas.

Figura 10-8. Métodos para invertir los motores con espiras de sombra.

arranque por reluctancia. Su rotor es el clásico de jaula de ardilla, que desarrolla par una vez iniciada la rotación por el *principio de reluctancia.** Debido a los entrehierros desiguales entre el rotor y los polos salientes no uniformes indica-

* El motor de arranque por reluctancia es un motor de inducción cuyo *arranque* es iniciado por el principio de reluctancia (apartado 1-2). No es igual que el motor de reluctancia (motor síncrono no excitado) descrito en el apartado 8-27. El motor de reluctancia monofásico, el motor de histéresis y el motor subsíncrono son, desde luego, motores monofásicos, pero la analogía de su funcionamiento con el del motor síncrono indujo al autor a describirlos en el capítulo 8 (véanse apartados 8-27, 8-28 y 8-29). Esta separación es intencionada y ahorra la clásica confusión entre los principios de funcionamiento de estos motores monofásicos.

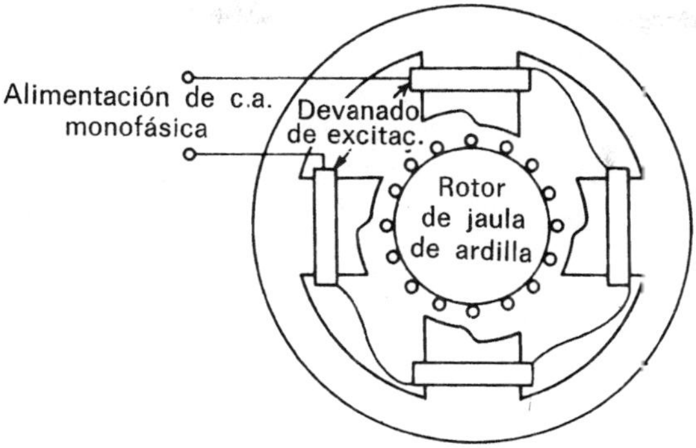

(a) Sección transversal.

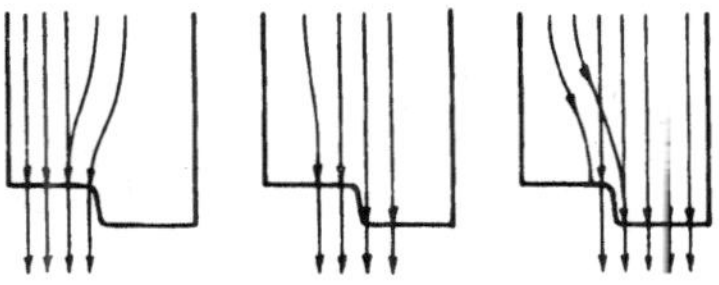

(b) Instante t_1 (c) Instante t_2 (d) Instante t_3

Figura 10-9. Motor de inducción de arranque por reluctancia y establecimiento del campo giratorio.

dos en la figura 10-9, sobre el flujo de excitación principal se produce un efecto de barrido. El principio de reluctancia según el que el motor funciona es, en pocas palabras, que, cuando el entrehierro es pequeño, la autoinducción en el devanado de excitación es grande, lo que determina que en el devanado de excitación, la corriente esté retrasada respecto del flujo que la induce (en un circuito fuertemente inductivo, la intensidad está retrasada respecto de la tensión y el flujo en casi 90°). Inversamente, cuando el entrehierro es muy grande, disminuye la autoinducción, con lo que la corriente está más en fase con el flujo. Por consiguiente, el flujo mutuo del entrehierro se retrasa en las proximidades del entrehierro menor, produciendo un efecto de barrido similar al originado en el motor con espiras de sombra. Puesto que los flujos están desfasados ligeramente en el tiempo y en el espacio, en todos los polos de excitación se produce un campo magnético giratorio, en los instantes t_1, t_2 y t_3, sucesivamente, como se indica en la figura 10-9.

Las características del par de marcha del motor de inducción de polos salientes de arranque por reluctancia no son tan buenas como las del motor con espiras de sombra y polos no salientes. Esto es obvio ya que, a fin de que la fem de rotación desarrolle un campo magnético giratorio una vez iniciada la rotación, el entrehierro debe ser casi uniforme. Además, el par de arranque del motor de arranque por reluctancia también es menor que el del motor con espiras de sombra (menos del 50 % del par nominal). Aparte de invertir los polos del estátor, no hay forma de variar el sentido de rotación del motor de inducción de arranque por reluctancia. El funcionamiento *siempre* tiene lugar en el sentido del entrehierro grande al entrehierro pequeño.

Ordinariamente se prefiere el motor con espiras de sombra al motor de inducción de arranque por reluctancia, ya que no es más costoso de fabricar, tiene mejores pares de arranque y marcha y es fácilmente reversible. El control de la velocidad del motor de inducción de arranque por reluctancia es igual que el de los motores con espiras de sombra.

10-11. Motores monofásicos de colector. Los motores descritos hasta ahora en este capítulo han sido todos SCIM monofásicos con *rotores fundidos* en jaula de ardilla, cuyas variantes se diferenciaban principalmente en el principio de arranque. Existe otro grupo de motores denominados motores monofásicos de colector debido a que el rotor bobinado de este tipo de motor está equipado con un colector y escobillas. Este grupo consta de dos clases: (1) aquellos que funcionan según el principio de repulsión (motores de repulsión) en los que la energía se transfiere *inductivamente* desde el devanado de excitación estatórico monofásico hasta el rotor, y (2) aquellos que funcionan según el principio del motor serie, en los que la energía es transportada *por conducción*, tanto al inducido rotórico como a la excitación estatórica monofásica conectada en serie. (Véase el apartado 10-18.)

Ya que el principio de repulsión se utiliza como método de arranque para un tipo de motor de inducción conocido como motor de inducción de arranque por repulsión, describiremos en primer lugar el tipo de motores de repulsión.

10-12. El principio de repulsión. El estátor de un motor de repulsión es igual que el de un motor de inducción en que las ranuras están distribuidas uniformemente en la periferia del estátor. El devanado también es un devanado bi, tetra o hexapolar «standard» distribuido alrededor del estátor para originar los polos necesarios. No se utilizan devanados auxiliares o partidos. La estructura del estátor de un motor de repulsión es, por consiguiente, idéntica y, por tanto, intercambiable con el estátor de cualquier motor de inducción monofásico.

Las chapas del estátor son intercambiables con las de casi cualquier motor de inducción (excepto el motor con espiras de sombra). En las figuras que se indican a continuación se representa un estátor bipolar para mayor sencillez.

El rotor de un motor de repulsión es muy similar al inducido de c.c. «standard», ordinariamente con devanado imbricado (apartado 2-11) con uno o más pares de escobillas según los pares de polos para los que se devana el

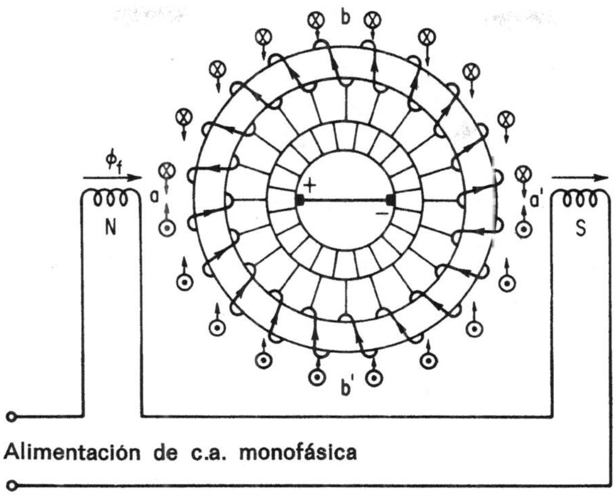

(a) Eje de escobillas paralelo al eje polar (neutro rígido).

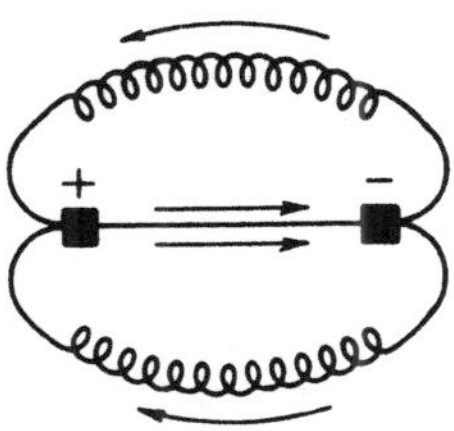

(b) Corrientes en las escobillas y devanados (instantáneas).

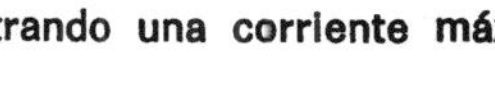

(c) Diagrama vectorial que indica la excitación, el par y el flujo de transformación.

Figura 10-10. Posición del neutro rígido mostrando una corriente **máxima, sin par.**

estátor. Sin embargo, estas escobillas están *cortocircuitadas* y el portaescobillas puede girar para variar la posición de las escobillas con respecto al eje polar. Para mayor simplicidad, el inducido del rotor de repulsión se representa como un devanado de anillo de gramme (apartado 1-12), forma primitiva de devanado imbricado.

La figura 10-10a muestra el sentido instantáneo del flujo de excitación, ϕ_f, producido por un estátor bipolar. De acuerdo con la ley de Lenz, en el devanado del inducido de anillo de gramme del rotor se establece una fem inducida que se opone al flujo de excitación. Las **fem** inducidas individualmente se combinan vectorialmente en cada una de las dos ramas produciendo una polaridad instantánea positiva en la escobilla de la izquierda y una polaridad negativa en la escobilla de la derecha. Por el conductor de cortocircuito que conecta las dos escobillas circula la corriente máxima. Cuando el flujo se invierte, 180 grados eléctricos más tarde, la polaridad de la escobilla también se invierte debido a que las fem inducidas también lo hacen, y en sentido opuesto circula la corriente máxima. La figura 10-10b muestra las corrientes instantáneas en las escobillas y en los devanados correspondientes al sentido del flujo de excitación señalado en la figura 10-10a. No se produce par útil como resultado de esta circulación de corriente, sin embargo; como puede observarse según las fuerzas perpendiculares por cada conductor normal al sentido de la corriente y al campo magnético (regla de la mano izquierda del motor). Para cada conductor debajo de un polo N que tiende a producir un par en el sentido de las agujas del reloj (*b'* a *a*), existe un conductor que tiende a producir un par en el sentido contrario (*b* a *a*). El rotor del motor está, en consecuencia, fijo con el rotor bloqueado en una posición *neutra rígida* (corriente máxima). La figura 10-10c también muestra que todo el flujo de excitación, ϕ_f, está produciendo flujo de transformación ϕ_x (despreciando la dispersión), con el resultado de que el rotor no produce flujo ortogonal que reaccione contra este campo. No puede haber rotación sin esta interacción de campos (véanse los apartados 1-17 y 1-18).

Si el eje de la escobilla se desplaza 90° del eje polar, como se indica en la figura 10-11, en el inducido se originan las mismas **fem** instantáneas como resultado del mismo flujo instantáneo; pero, debido a la posición de la escobilla, no circula corriente en el circuito exterior. La suma de las **fem** entre escobillas en cada rama es cero, como se indica en las figuras 10-11a y b. Puesto que no circula corriente, los conductores no producen flujo perpendicular al par, como se indica en la figura 10-11c y el rotor está en reposo en una posición *neutra flexible* (corriente nula). Nótese que en los conductores de la figura 10-11a no se indica circulación de corriente.

Si el eje de la escobilla se desplaza cierto ángulo α desde el eje polar, siendo α menor de 90°, se produce rotación. Aunque las **fem** son aún las mismas que en las figuras 10-10a y 10-11a, se produce un desequilibrio de **fem** en cada rama a causa de la posición de la escobilla con el resultado de que la corriente circula en proporción a la diferencia de tensión existente en los conductores del rotor, como se indica en las figuras 10-12a y b. El eje de la escobilla es *x-x'* y el eje polar continúa siendo *a-a'*. Nótese que por los conductores desde *a* a *x* y desde *a'* a *x'* circula corriente en sentido opuesto al de su tensión inducida, debido a que la tensión *a-x'* y la tensión *x-a'* exceden a la tensión *a'-x'*. Ahora existe un desequilibrio de conductores debajo de polos N y S, respectivamente, por los que circula corriente en un sentido determinado y el rotor gira en el sentido de las agujas del reloj como resultado de estas fuerzas, como se indica en la figura 10-12a. Otra manera de indicar esto, acaso algo más complicada, puede verse en la figura 10-12c. El flujo neto del inducido, ϕ_a, según la ley de Lenz, debe haber sido producido por un flujo de transformación, ϕ_x, que es una componente del flujo de excitación, ϕ_f. Por consiguiente, hay una componente

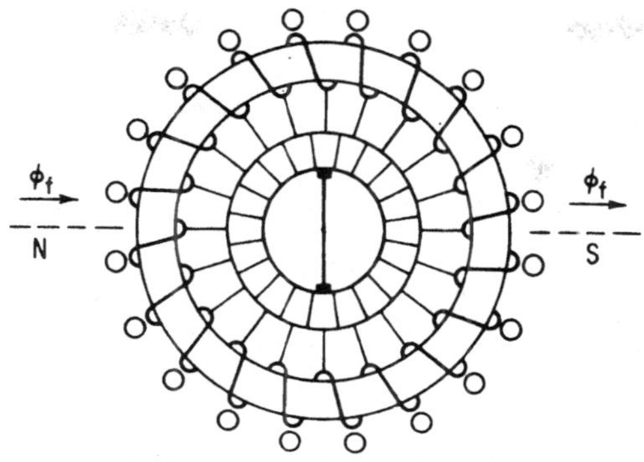

(a) Eje de escobillas en el neutro mecánico (neutro flexible), corriente nula.

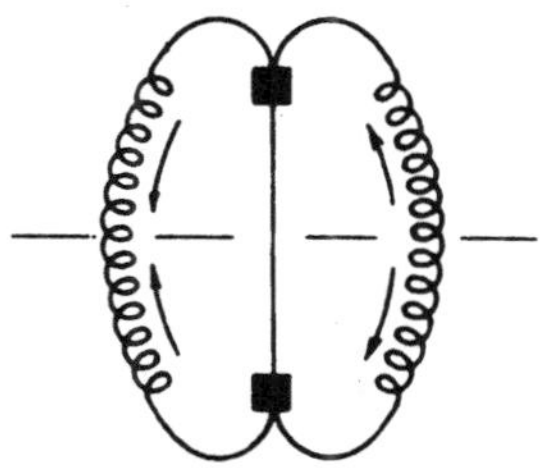

(b) Fems equilibradas, sin corriente en las escobillas y el devanado.

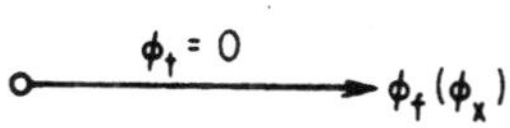

(c) Diagrama vectorial que indica la excitación, el flujo y el flujo de transformación.

Figura 10-11. Posición del neutro flexible indicando corriente nula, sin par.

en cuadratura del flujo de excitación, ϕ_t, denominada flujo de par. El flujo de par, ϕ_t, es una componente del flujo de excitación, ϕ_f, que forma ángulo recto con el flujo del inducido, ϕ_a, que tiende a producir rotación a través de la interacción (o repulsión) de los campos perpendiculares entre sí. Por lo tanto, la *repulsión* entre los *campos del rotor y el estátor* determina la rotación del rotor; de ahí el nombre de *motor de repulsión*.*

Debe notarse que el par es nulo a cero grados (corriente máxima) o posición neutra rígida, y que el par también es cero en la posición neutra flexible a 90° (corriente nula). Puesto que el par es el producto del flujo de inducido (producido por la corriente de inducido) por el flujo del par (producido por la excitación como resultado de la separación de la posición neutra rígida), es evidente que el par máximo se presentará *más cerca de la posición neutra rígida* si la

* La mayoría de efectos de motor son el resultado de repulsión similar y casi cualquier motor podría, por consiguiente, denominarse motor de repulsión.

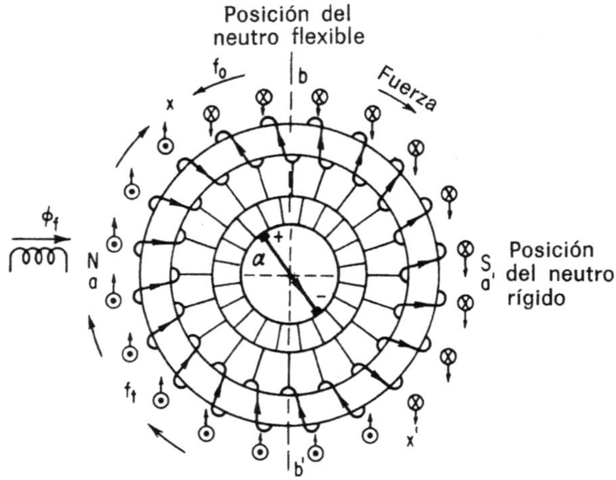

(a) Eje de escobillas entre el neutro rígido y el neutro flexible.

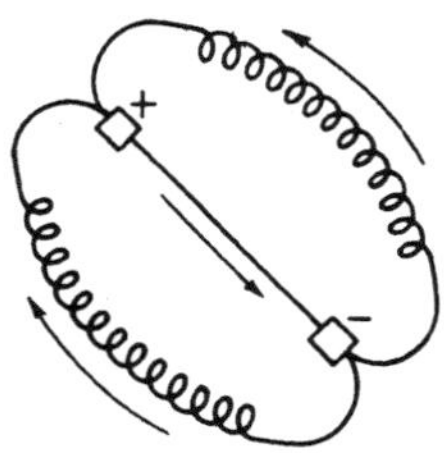

(b) Corrientes instantáneas en las escobillas y devanados.

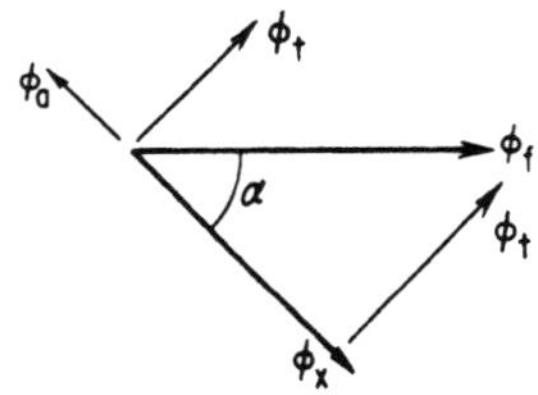

(c) Diagrama vectorial que indica el flujo principal, el de transformación y el de par.

Figura 10-12. Eje de escobillas entre el neutro rígido y el neutro flexible originando flujo de transformación y de par con el correspondiente par motor.

corriente de inducido es elevada. En los motores comerciales, el par máximo de un motor de repulsión del tipo de escobillas desplazables se presenta ordinariamente cuando α es de 25° contados desde la posición neutra rígida.

Debe notarse que se produjo una rotación *en el sentido de las agujas del reloj* cuando el eje de las escobillas se desplazó de la posición neutra rígida en el *sentido* de las agujas del reloj o sea en el *mismo* sentido. El desplazamiento del eje de las escobillas en sentido contrario al de las agujas del reloj desde la posición neutra flexible provoca el giro en este sentido.

10-13. Motor de repulsión comercial. Puesto que los rotores del motor de repulsión tienen ordinariamente inducidos con devanado imbricado, un devanado estatórico de c.a. tetrapolar requeriría dos pares de escobillas; un estátor hexapolar, tres pares de escobillas, etc. Cada par de escobillas estaría cortocircuitado y desplazado 90 grados mecánicos (para el tetrapolar) o 60 grados mecánicos (para el hexapolar). La mayoría de motores de repulsión comerciales son tetra o hexapolares, correspondiendo a los polos producidos por el tipo de devanados estatóricos de c.a. utilizados. Además, los devanados estatóricos son devanados de excitación partida que constan de dos excitaciones conectadas en serie desplazadas 90° eléctricos en el estátor. Las escobillas se disponen a lo largo del eje de uno de estos devanados, denominado de excitación de transformación, ϕ_x, y un ángulo de 90 grados eléctricos con el otro devanado, denominado de par, ϕ_f. La relación del inducido con estos devanados puede verse en la figura 10-13a. Nótese que el flujo resultante, ϕ_r, producido por los dos devanados indicados en la figura 10-13b, tiene el mismo efecto que el señalado en el esquema de la figura 10-12c *sin necesidad de desplazar las escobillas.* El empleo de dos devanados separados da lugar a una mayor componente del flujo del par, reduciendo la corriente de inducido requerida para producir un par determinado ($T = k\phi_t I_a \cos\theta$), así como mejorando el factor de potencia. En un motor comercial, el factor de potencia es aproximadamente la unidad a la velocidad síncrona ($S = 120f/P$) y es menor que la unidad por encima y por debajo de las velocidades síncronas.

El motor de repulsión, a diferencia de los diversos motores de inducción monofásicos, es capaz de funcionar a velocidades *bastante superiores* a la velo-

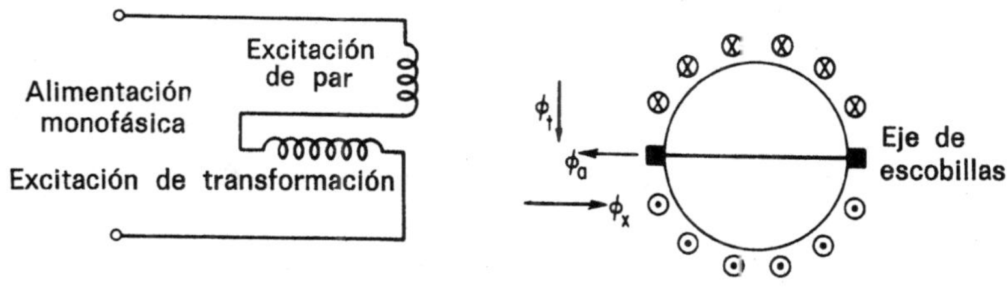

(a) Flujos de estátor y de inducido.

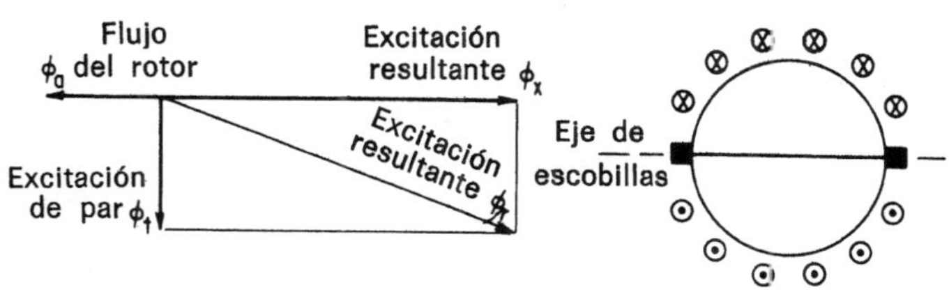

(b) Relación de fase.

Figura 10-13. Motor de repulsión práctico.

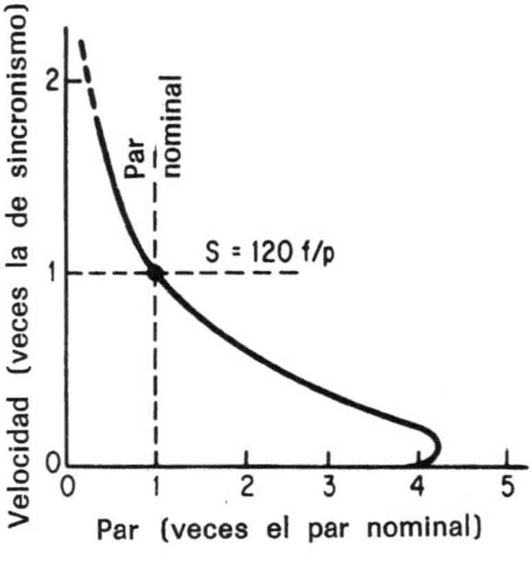

Figura 10-14. Característica velocidad-par de un motor de repulsión.

cidad *síncrona* con cargas ligeras y bastante inferiores a la velocidad síncrona con cargas fuertes. Su característica par-velocidad, indicada en la figura 10-14, es muy parecida a la de un motor serie. Y esto se debe a que es, efectivamente, un motor «serie» acoplado inductivamente, en el que la corriente de inducido es suministrada por acoplamiento magnético en lugar de por acoplamiento directo conductivo. Como en el motor serie, un aumento de carga en el motor de repulsión produce un aumento proporcional de la corriente de inducido (secundario) y de la corriente de excitación del transformador acoplado (primario). Por lo tanto, con cargas fuertes y en el arranque, el motor de repulsión desarrolla una corriente de arranque de 1,5 a 2 veces aproximadamente la corriente nominal de carga.

El motor de repulsión práctico indicado de forma esquemática en la figura 10-13a no requiere desplazamiento de escobillas debido a que el efecto ha sido producido por el flujo resultante de los devanados estatóricos. Si se desea invertir el sentido de rotación, ello se conseguirá fácilmente invirtiendo las conexiones de cualquiera de las dos excitaciones con respecto a la otra. Algunos motores de repulsión comerciales, denominados motores de «escobillas desplazables», se fabrican con una palanca conectada al portaescobillas; estos motores presentan amplios márgenes de variación de la velocidad y un control suave, sin brusquedades de la misma, alcanzando hasta seis veces la velocidad nominal con las escobillas en el ángulo del par máximo hasta velocidad cero en el neutro flexible (para evitar el sobrecalentamiento y el chisporroteo del colector) para una determinada carga.

Podría pensarse que un motor monofásico de (1) tal versatilidad respecto a la velocidad, (2) excelente par de arranque, y (3) reducida corriente de arranque, sería muy popular. Más aún, (4) el rotor, al ser independiente del estátor, puede proyectarse para baja tensión, en tanto que el estátor puede proyectarse para varios miles de voltios. Pero, a pesar de las ventajas citadas, el motor de repulsión (1) es muy ruidoso, (2) tiene una regulación de velocidad pobre, y (3) exige un mantenimiento periódico del colector. Por estas razones, actualmente se fabrican muy pocos motores de repulsión. El principio de repulsión, sin embargo, se aplica más extensamente a otros dos motores (1) el motor de inducción de arranque por repulsión, y (2) el motor de inducción-repulsión.

10-14. Motor de inducción de arranque por repulsión. Si el colector de un motor de repulsión estuviese completamente cortocircuitado, daría lugar a un rotor del tipo jaula de ardilla. Ya se ha indicado que el estátor de un motor de repulsión es un estátor monofásico distribuido. Además, el motor de repulsión presenta un par de arranque muy elevado, mientras que varios otros motores monofásicos de principio de inducción, no. Estos hechos condujeron al pronto desarrollo del motor de inducción de arranque por repulsión, uno de los primeros tipos de motor monofásico explotados comercialmente y vendidos en grandes cantidades.

El motor de inducción de arranque por repulsión arranca (como lo indica su nombre) como un motor de repulsión con sus escobillas colocadas en la posición del par máximo. Cuando la carga ha sido acelerada hasta aproximadamente el 75 % de la velocidad síncrona, un dispositivo centrífugo incorporado (similar a un regulador) pone a un anillo puenteador en contacto con las delgas del colector, convirtiendo al inducido en un rotor de jaula de ardilla. Entonces, el motor funciona como un motor de inducción en su característica de inducción (figura 10-15).

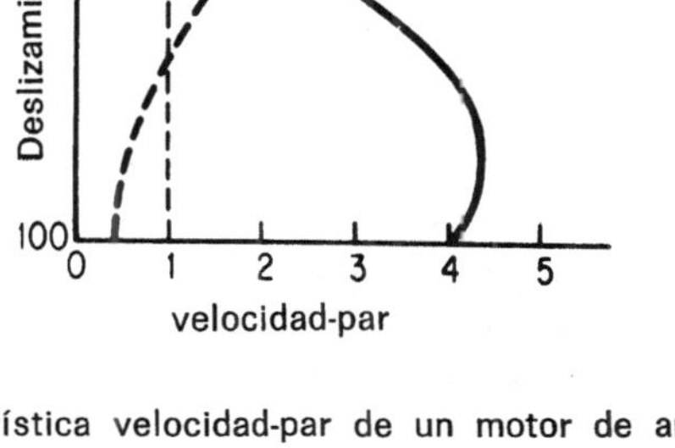

Figura 10-15. Característica velocidad-par de un motor de arranque por repulsión.

Se utilizan muchos tipos de *dispositivos centrífugos,* y algunos de ellos separan las escobillas del colector, simultáneamente con el efecto de puenteo a fin de reducir el desgaste de las escobillas y el ruido.

En motores de potencia fraccional, el motor de inducción de arranque por repulsión ha sido sustituido casi por completo por los motores de inducción de arranque por condensador y de condensador doble. Las razones para ello son (1) los motores de inducción de arranque por repulsión exigen mayor mantenimiento del colector y de los dispositivos mecánicos; (2) no se invierten fácilmente (se ha de desplazar la posición de la escobilla o utilizar devanados de excitación aparte para conseguirlo); (3) son más caros para la misma potencia nominal; (4) producen mucho ruido durante el arranque, y (5) el chisporroteo del colector origina interferencias de radio y televisión.

Sin embargo, en los tamaños de potencias enteras, el motor de inducción de arranque por repulsión monofásico se continúa fabricando debido a su (1) elevado par de arranque, (2) reducida corriente de arranque, y (3) capacidad de acelerar una carga fuerte más rápidamente que los motores con condensador doble de gran capacitancia.

10-15. Motor de inducción-repulsión. Como su nombre sugiere, el motor de inducción-repulsión es un motor que combina las características del motor de repulsión con las del motor de inducción. Ya que el estátor es el mismo tanto para uno como para el otro, la única modificación que se requiere en el rotor tipo colector es la adición de un devanado de jaula de ardilla. El motor de inducción-repulsión, tiene un rotor de *doble jaula* en el que el devanado superior se conecta a las delgas del colector y el devanado inferior (reactancia elevada) es un devanado de jaula de tipo de inducción. Los dos devanados rotóricos están aislados entre sí y el motor no emplea dispositivos centrífugos ni mecanismos de elevación de las escobillas. Con el devanado de jaula de ardilla introducido profundamente en las ranuras del rotor, este devanado de jaula, en el arranque tiene una reactancia y una impedancia muy grandes. Por el devanado de jaula circula poca corriente y el par de arranque producido por este devanado es despreciable en comparación con el del devanado de repulsión, como se indica en la figura 10-16.

Básicamente, el motor arranca como un motor de repulsión sobre su característica de repulsión produciendo un par de alrededor de tres a cuatro veces el par nominal. Al acelerar el rotor, la frecuencia del rotor y la reactancia del devanado de jaula de baja resistencia disminuye y por él circula más corriente. Para una determinada carga en el rotor, el motor funcionará como un motor combinado de repulsión e inducción. Si la carga disminuye, se precisa un menor deslizamiento y la velocidad del motor aumenta, acelerada por su característica de repulsión.

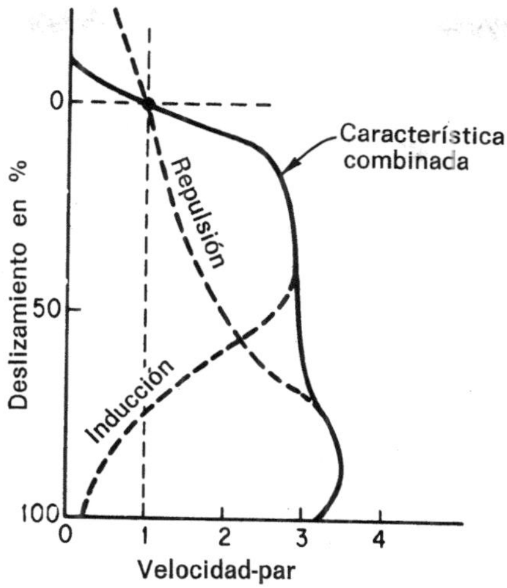

Figura 10-16. Característica par-velocidad de un motor de inducción-repulsión.

A la carga nominal, el motor funciona aproximadamente a la velocidad de sincronismo (deslizamiento nulo) y, puesto que el devanado tipo jaula del rotor no corta flujo, en él no se induce corriente. A cargas inferiores a la nominal el motor de repulsión tiende a acelerarse a lo largo de las líneas de su característica de repulsión indicada en las figuras 10-14 y 10-16. Pero ahora, a velocidades superiores a la de sincronismo, el devanado de jaula tipo de inducción está siendo accionado como un generador de inducción (véase el apartado 9-22) cuya máquina motriz es el motor de repulsión. Éste tiende a producir un par contrario que se opone al par del motor de repulsión con el resultado de que la velocidad en vacío es solamente un poco mayor que la velocidad síncrona, como se indica en la figura 10-16 mejorándose la regulación de velocidad. La línea continua de la figura representa la característica global del motor, una combinación de las características del motor de inducción y del de repulsión. En efecto, ésta es la característica par-deslizamiento que originaría un estátor de un motor de inducción ordinario que tuviera dos rotores acoplados al mismo eje, uno del tipo de repulsión y el otro del tipo de inducción.

Como se indica en la figura 10-16, el motor de inducción repulsión monofásico presenta las ventajas de (1) elevado par de arranque, (2) regulación de velocidad bastante buena. Su mejor cualidad es (3) la capacidad de continuar desarrollando par bajo la aplicación de bruscas y fuertes cargas sin inestabilidad. Se fabrica con potencias superiores a un hp y se utiliza para accionar bombas alternativas y compresores bastante grandes cuando sólo se dispone de potencia monofásica. Debido a su velocidad casi constante con la aplicación de carga, el motor de inducción-repulsión también se utiliza en máquinas herramientas tales como tornos revólver y grandes máquinas para taladrar en las que puede producirse un bloqueo súbito, a consecuencia de agarrotamiento de la herramienta. Los motores de inducción-repulsión también se utilizan en hornos, transportadores, compresores y bombas de profundidad.

Los motores de inducción-repulsión también se invierten de la misma forma que los motores de inducción de arranque por repulsión (desplazando las escobillas respecto del neutro rígido o invirtiendo el devanado de transformación con respecto al de par). Los tamaños comerciales están comprendidos entre $\frac{1}{2}$ hp hasta aproximadamente 15 hp.

10-16. Motor universal. Siempre ha existido demanda de un motor que pudiera utilizarse en pequeños aparatos portátiles y que funcionase a cualquier frecuencia a partir de cualquiera de las fuentes de potencia disponibles en las diversas regiones que pudieran ser visitadas por un turista o viajero. Un aparato que contenga un motor como éste, podría comercializarse internacionalmente. Las diferencias de tensión en las diversas regiones podrían subsanarse utilizando un transformador con tomas o una resistencia con tomas junto con un motor de tensión nominal superior.

A primera vista parecería que el motor derivación de c.c. es muy apropiado como motor universal. Si se invierten los terminales de línea de una fuente de c.c., que alimenta un motor derivación de c.c., el motor continúa funcionando en el mismo sentido. La aplicación de corriente alterna como fuente de tensión de un motor derivación, sin embargo, determina un par de arranque o de marcha muy pequeños. Ya que el par es el producto de la interacción entre el flujo de inducido y el flujo de excitación ($T = K\phi_f I_a \cos\theta$), el motivo de que el motor derivación no llegue a desarrollar el mismo par que un motor de c.a. es casi evidente. La excitación derivación es altamente inductiva en tanto que el inducido es esencialmente muy resistivo. Por lo tanto, el inducido y la excitación no están en fase y sus flujos máximos respectivos están defasados en un ángulo θ bastante grande, como se indica en la figura 10-17a, y prácticamente no producen par.

En el motor serie, por otro lado, ya que el inducido y la excitación conectada en serie siempre tienen la *misma* corriente, sus campos están siempre en fase y el par producido será elevado ($\theta = 0$). En el caso de los grandes motores serie son precisas ciertas modificaciones de proyecto para garantizar un buen funcionamiento en c.a. (apartado 10-17). Un motor serie de c.c. pequeño, de potencia fraccional, trabaja igualmente bien con c.a. por las razones indicadas en las figuras 10-17b, c y d. Cuando se invierte la polaridad de la alimentación, también se invierten la polaridad de la excitación y el sentido de las corrientes de inducido, por lo que continúa desarrollando un par en el mismo sentido indicado.

El motor universal se proyecta para frecuencias comerciales desde 60 Hz

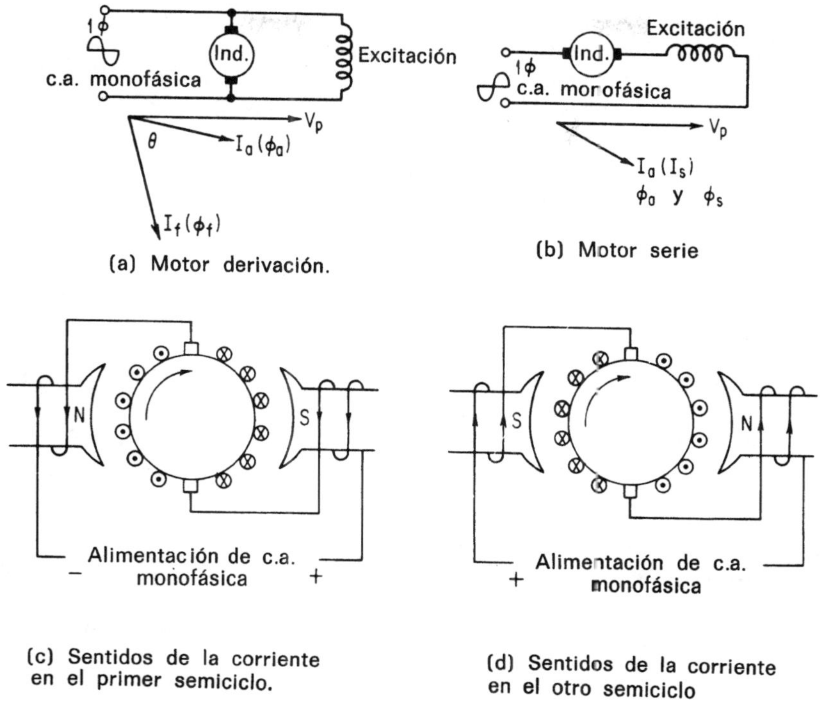

Figura 10-17. Funcionamiento del motor serie o universal.

hasta c.c. (frecuencia nula) y para tensiones desde 250 V hasta 1,5 V. Un motor universal comercial puede tener una excitación en serie algo más débil y más conductores en el inducido que un motor serie de c.c. de potencia equivalente, por razones que se discutirán en el próximo apartado. Se fabrica en potencias de hasta $\frac{3}{4}$ hp, particularmente en aspiradoras y máquinas de coser industriales. Los tamaños de $\frac{1}{4}$ hp o menores se utilizan en taladradoras eléctricas portátiles.

Como todos los motores serie, la *velocidad en vacío* del motor universal es anormalmente *elevada*. Con frecuencia, se incorporan en el mismo alojamiento del motor universal reductores de engranajes a fin de proporcionar un fuerte par a velocidades reducidas ($T = k$ hp$/S$) y también para limitar la elevada velocidad en vacío proporcionando cierta carga debida al rozamiento de los engranajes. En motores muy pequeños, de $\frac{1}{20}$ hp o menos, la velocidad a plena carga puede llegar a ser de 10 000 rpm y la velocidad en vacío considerablemente mayor. Cuando estos motores se utilizan en aparatos tales como rasuradoras eléctricas, máquinas de coser, máquinas de oficina y pequeños secadores de pelo portátiles, están siempre directamente cargados con poco peligro de embalamiento del motor.

10-17. Motor serie de c.a. Los motores serie de c.c. de potencia entera, en particular en tamaños superiores a pocos caballos, funcionan mal con corriente alterna. Se produce mucho chispeo en las escobillas y el rendimiento y el factor de potencia son pequeños. Se precisan varias modificaciones de proyecto en el motor serie para mejorar su funcionamiento en corriente alterna. A continuación se describirán las modificaciones necesarias y las razones para ellas. Los motores serie de c.a. comerciales se proyectan:

1. Con una estructura de la excitación mucho más laminada, a fin de reducir las mayores pérdidas por corrientes parásitas con corriente alterna.
2. Con un menor número de espiras de excitación serie, a fin de reducir la caída de tensión reactiva en la excitación serie y las pérdidas debidas a corrientes parásitas y a la histéresis.
3. Con más polos que los correspondientes a las máquinas de c.c. a fin de restablecer el par total (4-3).
4. Con más conductores en el inducido y más delgas en el colector, para compensar la disminución del flujo de excitación (4-3).
5. Con una resistencia en serie con las conexiones del inducido al colector, a fin de reducir las corrientes circulantes, el chispeo en las escobillas y las mayores dificultades en la conmutación provocadas por el funcionamiento en c.c.
6. Con tipos especiales de devanados de compensación, para reducir la mayor reacción de inducido originada por el mayor número de conductores en el inducido.
7. Con tipos especiales de devanados de los polos auxiliares, por la misma razón que en el punto 6.
8. Para reducir la caída de tensión serie en los devanados de los polos auxiliares y de compensación; estos devanados a menudo están conectados inductivamente en vez de conductivamente, como se indica en la figura 10-18c. Cuando la corriente de inducido aumenta debido al aumento de carga, el flujo de inducido induce una corriente mayor en estos devanados, por lo que el efecto de la **fmm** auxiliar y de compensación es proporcional a la carga o a la corriente del inducido. Ya que en los conductores del inducido se produce corriente alterna, incluso cuando están conectados a una alimentación de c.c., puede utilizarse para estos devanados un acoplamiento inductivo incluso en el motor serie de c.c. La caída de tensión en estos devanados en corriente continua es ordinariamente pequeña. Sin embargo, hay menos problemas de proyecto con el acoplamiento conductivo, lo que se indica en la figura 10-18a.

Con las modificaciones anteriores, los motores serie que funcionan con corriente alterna se comportarán de la misma forma que los de c.c., originando la característica indicada en la figura 10-18d.

En la figura 10-18b puede verse el diagrama vectorial de un motor de c.a. acoplado conductivamente. La potencia desarrollada por el inducido del motor serie de c.a. es $E_g I_a$, (4-7), y, por tanto, la corriente de inducido queda limitada por la fuerza contraelectromotriz generada en el inducido, E_g, *más* todas las caídas de impedancia en serie, como se indica mediante la ecuación en la figura 10-18b.

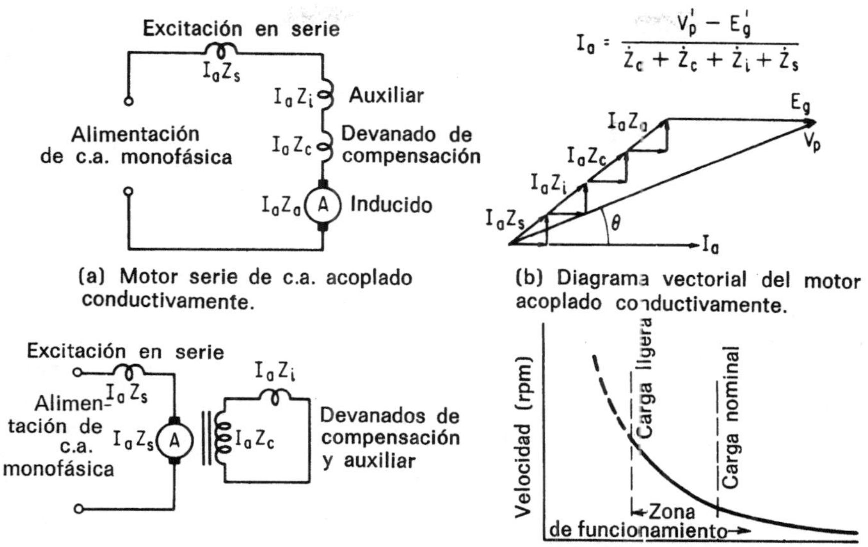

(a) Motor serie de c.a. acoplado conductivamente.

(b) Diagrama vectorial del motor acoplado conductivamente.

(c) Motor serie de c.a. acoplado inductivamente.

(d) Característica del motor serie de c.a.

Figura 10-18. Motor serie de c.a.

La ventaja del acoplamiento inductivo es un aumento en la fem generada y la potencia de inducido, indicadas en la figura 10-18c. Con un débil acoplamiento magnético, los devanados auxiliares y de compensación se reflejan capacitivamente en el inducido tendiendo a reducir la caída de impedancia de inducido y a mejorar el ángulo θ del factor de potencia entre V_p e I_a.

Los grandes motores serie de c.a. monofásicos han sido sustituidos por los motores de inducción polifásicos y síncronos más sencillos, en la mayoría de aplicaciones. Aún se utilizan extensamente, no obstante, en líneas principales y en sistemas de ferrocarriles interurbanos (servicio de tracción) para locomotoras eléctricas. Estos motores se proyectan para tensiones inferiores a 300 V, tomando su potencia secundaria de fuentes primarias de 11 000 V y 25 Hz, que es la normalizada para el servicio de ferrocarriles en EE.UU. Las potencias nominales para los motores de ferrocarril oscilan entre varios cientos hasta algo más de mil hp, con factores de potencia de 0,95 y rendimientos de alrededor de 0,88 como resultado de las modificaciones descritas anteriormente. El servicio de tracción europeo utiliza una frecuencia normalizada de 16 $\frac{2}{3}$ Hz. Las frecuencias inferiores (por debajo de 60 Hz) son preferibles debido a las menores caídas de tensión en la impedancia en serie a la menor frecuencia y la consiguiente superior potencia desarrollada. Ello determina un mejor rendimiento asimismo, debido a la reducción de corrientes parásitas y de las pérdidas por histéresis.

La regulación de velocidad se consigue fácilmente mediante la variación de la tensión de alimentación del motor serie de c.a. a través de un transformador con tomas o un regulador de inducción. Ya que los rendimientos de los transformadores son muy elevados, prácticamente existen pocas pérdidas en este método de control de tensión del inducido o de la línea comparado con el método resistivo de control de la velocidad utilizado con los motores series de c.c. La inversión también se consigue fácilmente invirtiendo la excitación en serie con respecto al inducido mediante conmutaciones apropiadas.

10-18. Resumen de los tipos de motores monofásicos. Debido a las muchas variaciones en el principio de funcionamiento y al hecho de que ciertos tipos síncronos monofásicos se describieron en el capítulo 8, lo que sigue constituye un resumen del principio de funcionamiento de todos los tipos de motores monofásicos, con referencias de los apartados aplicables, como se han descrito en este libro.

[redacted]

BIBLIOGRAFÍA

Alger, P. L. y Erdelyi, E. «Electromechanical Energy Conversion», *Electro-Technology,* septiembre 1961.

Bewley, L. V. *Alternating Current Machinery,* Nueva York: The Macmillan Company, 1949.

Bewley, L. V. *Tensor Analysis of Electrical Circuits and Machines,* Nueva York: Ronald Press, 1961.

Carr, C. C. *Electrical Machinery,* Nueva York: John Wiley & Sons, Inc., 1958.

Crosno, C. D. *Fundamentals of Electromechanical Conversion,* Nueva York: Harcourt, Brace, Jovanovich, Inc., 1968.

Crouse, C. H. «Capacitor Start/Run of 15 HP Single-Phase Motors», *Electrical Manufacturing,* marzo 1957.

Daniels. *The Performance of Electrical Machines,* Nueva York: McGraw-Hill, Inc., 1968.

Douglas, J. F. H. «Reluctance Motors for High Torque Specifications», AIEE Paper CP 61-222.

Ellenberger, J. «Start-Run Protection of Split-Phase Motors», *Electrical Manufacturing* diciembre, 1959.

Fitzgerald, A. E. y Kingsley, C. *The Dynamics and Statics of Electromechanical Energy Conversion,* 2.ª ed., Nueva York: McGraw-Hill, 1961.

Fitzgerald, A. E., Kingsley, Jr. y Kusko, A. C. *Electric Machinery,* 3.ª ed., Nueva York: McGraw-Hill Inc., 1971.

Gemlich, D. K. y Hammond, S. B. *Electromechanical Systems,* Nueva York: McGraw-Hill, 1967.

Hindmarsh, J. *Electrical Machines,* Elmsford, N.Y.: Pergamon Press, 1965.

Jones, C. V. *The Unified Theory of Electrical Machines,* Nueva York: Plenum Publishing Corp., 1968.

Kasparian, C. «Shading Coils Energized for Motor Control», *Electro-Technology,* octubre 1961.

Liwschitz, M. M., Garik, M. y Whipple, C. C. *Alternating Current Machines,* Princeton, N.J.: D. Van Nostrand Co., Inc., 1946.

McFarland, T. E. *Alternating Current Machines,* Princeton, N.J.: D. Van Nostrand Co., Inc., 1948.

Majmudar, H. *Introduction to Electrical Machines,* Boston: Allyn and Bacon, 1969.

Millermaster, R. H. *Harwood's Control of Electric Motors,* 4.ª ed., Nueva York: Wiley/Interscience, 1970.

Puchstein, A. F., Lloyd, R. y Conrad, A. G. *Alternating Current Machines,* 3.ª ed., Nueva York: Wiley/Interscience, 1954.

Robertson, B. L. y Black, L. J., *Electric Circuits and Machines,* 2.ª ed., Princeton, N. J.: D. Van Nostrand Co., Inc., 1957.

Selmon. *Magnetoelectric Devices: Transducers, Transformers and Machines,* Nueva York: Wiley/Interscience, 1966.

Siskind, C. S. *Electrical Machines—Direct and Alternating Current,* 2.ª ed., Nueva York: McGraw-Hill Inc., 1959.

Skilling, H. H. *Electromechanics: A First Course in Electromechanical Energy Conversion,* Nueva York: Wiley/Interscience, 1962.

Smeaton, Motor *Applications and Maintenance Handbook,* Nueva York: McGraw-Hill, 1969.

Thaler, G. J. y Wilcox, M. L. *Electric Machines: Dynamics and Steady State,* Nueva York: Wiley/Interscience, 1966.

Veniott. *Fractional and Subfractional Horsepower Electric Motors,* 3.ª ed., Nueva York: McGraw-Hill, 1970.

White, D. C., y Woodson, H. H. *Electromechanical Energy Conversion,* Nueva York: Wiley/Interscience, 1959.

CUESTIONES

10-1. Definir:
   a. Motor de potencia entera
   b. Motor de potencia fraccional.

10-2. Basándose en las definiciones anteriores, explicar por qué:
   a. Los motores de gran velocidad (10 000 rpm y superiores) son ordinariamente de potencia fraccional.
   b. Los motores de velocidad reducida (inferior a 50 rpm) son ordinariamente motores de potencia entera.

10-3. Explicar:
   a. Por qué ningún motor SCIM monofásico es inherentemente autoarrancador.
   b. Por qué los diversos tipos de SCIM monofásicos se clasifican sobre la base del método de arranque (véase el apartado 10-18).
   c. Si existe alguna diferencia en la construcción del rotor de un motor polifásico o monofásico.
   d. Por qué un devanado estatórico *único* monofásico no produce la rotación de un rotor SCIM.

10-4. a. Explicar por qué un devanado estatórico único, como el de la cuestión 10-3, acelera un rotor SCIM, si el rotor se hace girar primero en un sentido determinado. Utilizar la teoría del campo giratorio para ilustrar la respuesta.
   b. Repetir el punto (a) anterior, utilizando la teoría del campo transversal.

10-5. a. ¿Cuál es el significado del término par elíptico?
   b. ¿Qué condiciones de carga lo producen?
   c. ¿Cómo es posible identificar la producción de un par elíptico?
   d. Explicar el mecanismo por el que el campo magnético giratorio y el par se convierten en elípticos y las razones para ello.

10-6. En el proyecto del motor de inducción monofásico de arranque por resistencia, explicar las razones para
   a. Un devanado de arranque que consta de pocas espiras de hilo de cobre de pequeño diámetro en vez de muchas espiras de hilo de gran sección.
   b. La desconexión del devanado de arranque una vez el deslizamiento alcanza el valor de 0,25 o inferior.
   c. Que no sea necesario que las corrientes de arranque y de marcha sean iguales.
   d. El desfase espacial de 90° entre los devanados de arranque y de marcha.

10-7. a. Dado un estátor monofásico que tenga dos devanados idénticos desfasados en el espacio 90°, trazar un esquema de conexiones utilizando un inte-

rruptor y una resistencia que determine que el motor gire en cualquier sentido.
b. Ilustrar el esquema anterior utilizando un diagrama vectorial para cada posición del interruptor.
c. ¿Se precisa una resistencia grande o pequeña? Explicarlo.

10-8. a. Explicar por qué el par de arranque de un motor de fase partida es relativamente pequeño.
b. ¿Cuál es el significado de «reconectar»?
c. Basándose en los puntos (a) y (b) anteriores, explicar por qué al «reconectar» un motor de arranque por resistencia durante la marcha no se invierte el sentido de rotación.
d. ¿Cómo se invierte un motor de arranque por resistencia en reposo?
e. Basándose en lo anterior, definir un motor *no reversible* y explicar por qué el motor de arranque por resistencia se clasifica como motor no reversible.

10-9. a. Explicar por qué la elevada corriente de arranque de un motor de arranque por resistencia no es una característica objetable.
b. Señalar los defectos principales y tres desventajas de este motor.
c. Basándose en el punto (b), señalar las principales aplicaciones de este motor.

10-10. a. ¿Es posible controlar la velocidad de un motor de fase partida en marcha con el devanado de arranque desconectado? Explicar cómo, suponiendo que no hay variación de frecuencia.
b. ¿Dentro de qué margen de deslizamiento es posible el control de velocidad por el método descrito en (a)?
c. ¿Es posible conseguir el control de la velocidad con cargas fuertes? Explicarlo.

10-11. Definir
a. motor reversible
b. motor de inversión
c. motor no reversible
d. motor de no inversión.

10-12. Basándose en las anteriores definiciones, explicar:
a. Por qué un motor de fase partida de arranque por condensador se clasifica como reversible pero no como de inversión.
b. Por qué es necesario desconectar temporalmente el motor de la alimentación a fin de conseguir la inversión.
c. Modificar la figura 10-4 utilizando un interruptor bipolar de doble posición para indicar cómo se consigue la inversión. (Incluir un interruptor bipolar para conexión a la alimentación.)

10-13. a. Explicar por qué el par de arranque de un motor de arranque por condensador es más del doble que el de un motor de arranque por resistencia.

b. Al reducir la resistencia del devanado de arranque (utilizando uno de mayor sección) para conseguir una elevada corriente de arranque se eleva el par de arranque. Explicar por qué.
c. Discutir los pros y contras del empleo de un devanado de resistencia pequeña y elevada corriente de arranque en relación con la corriente de arranque, economía y tamaño del estátor.

10-14. a. Explicar por qué los motores de arranque por condensador se fabrican con potencias enteras y los de arranque por resistencia, no.
b. Explicar por qué los motores de arranque por condensador se utilizan en aplicaciones que exijan pares de arranque elevados y los de arranque por resistencia, no.
c. Señalar varias aplicaciones de los motores de arranque por condensador.

10-15. a. Al motor con condensador de un solo valor se le denomina a veces motor bifásico. Explicar por qué.
b. ¿Por qué el motor anterior tiene un par de arranque pequeño?
c. ¿Por qué el motor anterior tiene un par de marcha pequeño?
d. Señalar tres ventajas de este motor en comparación con el motor de fase partida de arranque por condensador.
e. ¿Por qué en este motor se utilizan condensadores de aceite en vez de electrolíticos?

10-16. a. Distinguir entre motor reversible y motor de inversión. Véase la cuestión 10-11 anterior.
b. Explicar, basándose en las definiciones anteriores, por qué el motor con condensador de fase partida permanente es un motor de inversión.
c. ¿Por qué el motor anterior se adapta más fácilmente al control de la velocidad mediante la variación de tensión que otros tipos de motores de fase partida?
d. ¿Qué aplicaciones son las indicadas para el motor anterior?

10-17. a. ¿Por qué el motor con condensador de dos valores de la fase partida permanente produce un par de arranque elevado? ¿Qué ventajas presenta este motor sobre otros motores monofásicos?
b. ¿Por qué en el motor con condensador de dos valores se utiliza un condensador electrolítico?
c. Comparar los pros y contras del empleo de un autotransformador y un solo condensador de aceite con el mismo condensador de aceite y un condensador electrolítico de arranque, como se indica en la figura 10-6.

10-18. Explicar por qué un interruptor centrífugo defectuoso (puenteado) constituye una seria desventaja para
a. El motor de arranque por resistencia.
b. El motor de arranque por condensador.
c. El motor con condensador de dos valores.

10-19. Para el SCIM con espiras de sombra indicar
a. Que el flujo en la parte «sombreada» del polo siempre está retrasado respecto del flujo en la parte del polo no «sombreada», tanto en el espacio como en el tiempo, produciendo la rotación de un rotor en cortocircuito.
b. Por qué los motores reversibles con espiras de sombra utilizan devanados distribuidos sobre estatores lisos o bobinas de sombra arrolladas en estatores salientes.
c. Ventajas de los estatores lisos sobre los estatores salientes.
d. Ventajas y desventajas de los tipos comerciales.
e. Métodos de control de la velocidad.

10-20. Para el SCIM de arranque por reluctancia demostrar
a. Que el flujo en la parte del polo de baja reluctancia siempre está retrasado respecto del flujo en la parte de reluctancia elevada tanto en el tiempo como en el espacio, produciendo la rotación de un rotor en cortocircuito.
b. Por qué el sentido de rotación de un motor determinado es irreversible.
c. Por qué es inferior al motor con espiras de sombra.

10-21. Para el motor de repulsión mostrar
a. Que el par es nulo en la posición neutra rígida de cero grados.
b. Que el par es nulo en la posición neutra flexible de 90°.
c. La posición en la que se desarrolla par máximo y por qué.
d. Cómo se invierte el sentido de giro.

10-22. Para el motor de repulsión comercial indicar:
a. Por qué se precisan dos devanados de excitación independientes conectados en serie.
b. Por qué se le podría considerar un motor serie acoplado inductivamente.
c. Las condiciones bajo las que pueden tener lugar velocidades por encima de la de sincronismo.
d. El par de arranque es muy elevado y la corriente de arranque muy pequeña.
e. Por qué, ordinariamente, se fabrican pocos motores de repulsión.

10-23. Para el SCIM comercial de arranque por repulsión indicar:
a. El principio de funcionamiento.
b. Los dispositivos mecánicos especiales y de conmutación utilizados.
c. Cómo se invierte el motor (indicar dos métodos).
d. Ventajas y desventajas.
e. Por qué ya no se fabrica el motor con potencias fraccionales.

10-24. Para el motor comercial de inducción-repulsión indicar:
a. El principio de funcionamiento y construcción.
b. Los dispositivos mecánicos especiales y de conmutación utilizados.
c. Cómo invertir el motor.

d. Ventajas y desventajas.
e. Aplicaciones y tamaños comerciales de fabricación.

10-25. a. Explicar por qué un motor derivación (c.c.) no funcionará en c.a. satisfactoriamente a pesar del hecho de que la inversión de la polaridad de la línea no determina variación del sentido de giro.
b. Repetirlo para un motor serie indicando por qué debe funcionar intermitentemente en c.a. (Véase la cuestión 10-26a.)
c. ¿Por qué la velocidad de un motor universal es independiente de la frecuencia?
d. ¿Qué precauciones se requieren en el empleo de motores universales y cómo se superan?

10-26. a. ¿Qué modificaciones se realizan en los motores serie (c.c.) para que sean aptos para el funcionamiento comercial en c.a.?
b. ¿Por qué son preferibles los motores serie monofásicos para el servicio de tracción en vez de los motores de inducción o síncronos?
c. ¿Cuál es el margen de potencia de los motores serie de c.a. comerciales?
d. ¿Cómo se controla la velocidad y se invierten los motores serie de c.a.?

10-27. Lo que sigue se sugiere como un trabajo especial o resumen del tema. Para cada motor citado en el apartado 10-18, confeccionar una tabla de comparación respecto de las siguientes características:

A. Construcción:
   1. Estátor.
   2. Rotor.
B. Principio de funcionamiento, descrito o citado brevemente.
C. Condiciones de arranque:
   1. Par comparado con el nominal.
   2. Corriente comparada con la nominal.
D. Condiciones de marcha:
   1. Par máximo comparado con el nominal.
   2. Regulación de velocidad.
E. Métodos de control de la velocidad.
F. Posibilidades de inversión y cómo llevarlas a cabo.
G. Ventajas.
H. Desventajas.
I. Potencias comerciales.
J. Cargas aplicables.

PROBLEMAS

10-1. De acuerdo con la definición dada en el apartado 10-1, determinar si los siguientes motores son de potencia entera o fraccional
a. $\frac{3}{4}$ hp, 1200 rpm
b. $\frac{3}{4}$ hp, 1800 rpm
c. $1\frac{1}{2}$ hp, 6000 rpm
d. $1\frac{1}{4}$ hp, 3600 rpm.

10-2. Un motor monofásico de c.a., de fase partida y $\frac{1}{2}$ hp absorbe una corriente inductiva de $3 \angle -15°$ A en su devanado de arranque y una corriente de $4{,}9 \angle -40°$ A en su devanado de marcha con respecto a la tensión de alimentación de $230 \angle 0°$ V. En el instante del arranque, calcular:
a. La corriente total a rotor bloqueado.
b. El factor de potencia y la potencia consumida en el arranque.
c. El factor de potencia y la potencia consumida bajo condiciones de marcha, suponiendo que la corriente en el devanado de marcha a plena carga es la misma que bajo condiciones de arranque con el mismo factor de potencia.
d. Rendimiento a plena carga:

10-3. a. Repetir el problema 10-2(a) y (b) si al devanado de arranque se le añade un condensador que determina una corriente capacitiva en este devanado de $2{,}38 \angle 40°$ A en el arranque.
b. Comparar el factor de potencia en el arranque y la corriente del motor de arranque por condensador con los del motor de fase partida clásico del problema 10-2.
c. Calcular el valor del condensador necesario para producir la corriente adelantada en el devanado de arranque.
d. Comparar el valor del condensador calculado en (c) con el indicado en la Tabla 10-1 y explicar la diferencia.

10-4. Un motor tetrapolar, monofásico, de fase partida, de c.a. y $\frac{1}{3}$ hp absorbe 7,2 A de una alimentación de 115 V y 60 Hz con un factor de potencia del 75 % y gira a una velocidad de 1720 rpm cuando a su eje se le aplica la carga nominal. Calcular:
a. Rendimiento a plena carga.
b. Deslizamiento a plena carga.
c. Par de salida nominal.
d. El par máximo si la inestabilidad tiene lugar a un deslizamiento del 30 %
e. El par de arranque.
f. La relación entre el par máximo y el de arranque, respectivamente y el par nominal.

10-5. Un motor de inducción monofásico bipolar, 115 V, 60 Hz de arranque por reluctancia se especifica como de $\frac{1}{25}$ hp, 3300 rpm y tiene un rendimiento

a plena carga del 60 %. Calcular:
a. La entrada de potencia a plena carga.
b. La corriente a plena carga si el factor de potencia a plena carga es 0,65.
c. El deslizamiento a plena carga y el par a plena carga.
d. El par máximo, si el límite de estabilidad tiene lugar a un deslizamiento del 20 % (en onzas-pulgadas)
e. El par de arranque.
f. La relación del par máximo y el de arranque con el par a plena carga.

10-6. Un ensayo con freno y dinamómetro de un motor monofásico tetrapolar de 115 V girando a la velocidad nominal a plena carga proporcionó los siguientes datos: potencia absorbida por el motor, 150 W; corriente de entrada, 2,0 A; velocidad, 1750 rpm; longitud de la palanca del freno, 12 pulg; lectura en la escala del dinamómetro, 6 onzas a la carga nominal. Cuando se hace funcionar con sobrecarga a fin de determinar el par máximo, se obtuvieron los siguientes datos: potencia absorbida por el motor, 550 W; corriente de entrada, 10,0 A; velocidad, 1400 rpm; lectura de la escala del dinamómetro, 26,5 onzas a la carga máxima. Calcular:
a. El rendimiento a la carga nominal.
b. El factor de potencia a la carga nominal.
c. La potencia del motor y el par nominal.
d. El par máximo y el de arranque.
e. El rendimiento y el factor de potencia al par máximo.
f. El par nominal a partir del par máximo.

10-7. Un motor con condensador de dos valores de 110 V se arranca y hace funcionar mediante una autotransformador con tomas en combinación con un condensador único de 5 μF, como se indica en la figura 10-6b. Calcular:
a. Los valores efectivos de la capacidad en serie con el devanado B tanto en la posición de arranque como de marcha, respectivamente, y la tensión nominal de c.a. del condensador que emplea tomas de transformador que guardan una relación de 5:1 en el arranque y de 1,2:1,0 en la posición de marcha.
b. Repetir (a) utilizando tomas que proporcionen relaciones de arranque y marcha de 8:1 y 2:1, respectivamente.

10-8. El motor con condensador de dos valores de 60 Hz del problema 10-7 tiene un devanado principal con una resistencia de 30Ω y una inductancia de 0,1 H. El segundo devanado (de condensador) tiene una resistencia de 25 Ω y una inductancia de 0,5 H. Calcular:
a. Los valores relativos de la corriente de arranque en cada devanado, el ángulo entre estas corrientes y la de línea, el factor de potencia y la potencia absorbida en el momento del arranque utilizando la relación de autotransformador de 5:1.
b. Repetir el punto (a) utilizando la relación 8:1.
c. ¿Cuál de las dos relaciones de arranque del autotransformador con tomas debe producir el par de arranque más elevado y por qué?

10-9. Un motor serie de c.a. cargado absorbe una corriente de 6,5 A de una fuente de 115 V y 60 Hz con un factor de potencia de 0,85 inductivo cuando suministra un par de salida de 0,5 lb-pie a una velocidad de 5000 rpm. Una resistencia en serie utilizada para el control de la velocidad produce una tensión de c.a. de 100 V en bornes del motor, una corriente de 9 A a un factor de potencia de 0,8 inductivo a fin de producir el mismo par a velocidad reducida. La caída en el inducido y en la impedancia de la excitación serie combinadas del motor es 0,5 Ω. Suponiendo que la caída de tensión en la impedancia siempre está en fase con la tensión de alimentación y despreciando la saturación, calcular:
a. La velocidad reducida.
b. El rendimiento a la velocidad superior.
c. El rendimiento a la velocidad inferior.

10-10. Los datos de proyecto de un motor universal bipolar de $\frac{1}{8}$ hp y 115 V señalan las resistencias efectivas del inducido y de la excitación serie de 4 Ω y 6 Ω, respectivamente. El par de salida es de 24 onzas-pulg cuando suministra una corriente nominal de 1,5 A (c.a.) a un factor de potencia de 0,88 a la velocidad nominal. Calcular:
a. El rendimiento a plena carga.
b. La velocidad nominal.
c. Las pérdidas en el cobre a plena carga.
d. Las pérdidas en el hierro, por rozamiento con el aire y por fricción combinadas.
e. La velocidad del motor cuando la corriente es de 0,5 A despreciando las diferencias de fase y la saturación.

10-11. Un motor de inducción trifásico conectado en triángulo, de $7\frac{1}{2}$ hp y 220 V absorbe una corriente de línea de 8 A y una potencia total de 546 W cuando funciona en vacío. Si estando en marcha se funde un fusible haciendo que una de las conexiones de línea se corte, calcular:
a. El valor aproximado de la corriente de línea.
b. Las pérdidas totales.
c. Describir un ensayo sencillo para distinguir el funcionamiento monofásico existente de un posible aumento de la corriente debido a carga mecánica.

10-12. El motor del problema 10-11 está suministrando una carga de 5 hp a un rendimiento y un factor de potencia de 0,8 y 0,85, respectivamente, y las pérdidas en el cobre del estátor a esta carga equivalen al 4 % de la entrada total. Si una de las conexiones se abre súbitamente, calcular:
a. Las nuevas pérdidas en el cobre del estátor.
b. La potencia nominal aproximada de este motor para el funcionamiento monofásico, suponiendo que las pérdidas totales en el cobre del estátor no deben exceder a las pérdidas nominales en el cobre del estátor trifásico.

RESPUESTAS

10-1(a) entera (b) fraccional (c) fraccional (d) fraccional 10-2(a) 7,73 A (b) 1530 W, 0,86 FP inductivo (c) 862 W, 0,766 FP inductivo (d) 0,433 10-3(a) 1278 W a 0,96 FP inductivo (c) 32,4 μF 10-4(a) 0,4 (b) 0,0444 (c) 1,015 lb-pie (d) 3,44 lb-pie (e) 1,9 lb-pie (f) 3,39:1, 1,87:1 10-5(a) 49,7 W (b) 0,665 A (c) 0,0833 lb-pie, 0,0636 lb-pie (d) 14,9 onzas-pulgada (e) 5,73 onzas-pulgada (f) 1,22:1, 0,47:1 10-6(a) 0,622 (b) 0,653 FP (c) 72 onzas-pulgada (d) 318 onzas-pulgada, 135 onzas pulgada (e) 0,598, 0,478 FP (f) 72,2 onzas-pulgada 10-7(a) 125 μF, 7,2 μF, 550 V (b) 320 μF, 20 μF, 880 V 10-8(a) 2,31 A, 3,2 A, 94,2°, 3,8 A, 0,995 FP, 416 W (b) 1,012 A, 2,31 A, 25,7°, 3,25 A, 0,517 FP, 185 W (c) relación 5:1 10-9(a) 3090 rpm (b) 55,9 por ciento (c) 26,5 por ciento 10-10(a) 61,5 por ciento (b) 5252 rpm (c) 22,5 W (d) 36,2 W (e) 17 350 rpm 10-11(a) 13,85 A (b) 1640 W 10-12(a) 558 W (b) 2,5 hp

Capítulo 11

Máquinas especiales

11-1. Generalidades. Los principios básicos de las máquinas de corriente continua y corriente alterna que fueron tratados en los capítulos anteriores han sido utilizados en el desarrollo de varios tipos de máquinas y combinaciones de las mismas. Tales máquinas se usan, en general, para la conversión de energía mecánica en energía eléctrica o viceversa. Este capítulo trata de otros tipos de máquinas y combinaciones de las mismas que, aun cuando verifican también similares conversiones de energía, son de naturaleza y aplicaciones *especiales*. El estudio de estas máquinas especiales ha sido aplazado hasta este momento debido a que, para comprender su funcionamiento y apreciar su utilidad, es necesario poseer un conocimiento básico de las máquinas que han sido estudiadas previamente.

Este capítulo estará dedicado a los siguientes tipos especiales de máquinas eléctricas: generadores con polos de derivación magnética, generadores con tercera escobilla, generadores homopolares, convertidores c.c./c.a. (dinamotores), convertidores síncronos, selsyns de potencia y sistemas de enlace sincrónico, generadores trifilares, convertidor de fase de inducción, generadores y motores autosincronizantes (selsyns), servomotores de corriente continua y de corriente alterna, el generador Rosenberg, la Amplidina y las excitatrices de campos múltiples tales como el Rototrol y el Regulex.

11-2. Generador con polos de derivación magnética. Cuando los generadores shunt de corriente continua se utilizan para la carga de baterías, la característica carga-tensión ligeramente decreciente al aumentar la carga da lugar a un período de carga más larga. A medida que aumenta la tensión de la batería, disminuye la carga en el generador shunt, con lo que la corriente en el generador es menor, lo que obliga a aumentar la tensión en el generador shunt para mantener al mismo nivel el valor de la corriente de carga de batería. La carga en amperios-hora es menor debido al valor más reducido de la corriente y por ello el tiempo de carga resulta mayor. Es posible, sin embargo, utilizar un generador de corriente continua de característica compound plana, pero en realidad un generador de este tipo presenta una característica creciente y decreciente (véase figura 3-13). Es también posible usar un generador shunt con regulación de tensión para intentar así mantener constante la misma, pero tales dipositivos varían la resistencia de excitación del generador shunt en forma discontinua (por escalones) y es difícil de obtener una característica que se mantenga absolutamente plana al ir aumentando la corriente.

El generador *con polos de derivación magnética* es una interesante modificación del generador shunt; su finalidad es la de producir una característica de tensión absolutamente plana desde vacío a plena carga. Como se indica en la figura 11-1 consiste en un generador shunt con interpolos en el que se interpone físicamente *un shunt magnético* entre el interpolo y el polo principal adyacente de la misma polaridad. En serie con la carga, como se indica en la figura 11-1b, se conecta un devanado en los polos de derivación similar al de un generador compound.

En vacío no circula corriente por el devanado de los polos de derivación. Una parte del *flujo* principal se *deriva* a través del shunt magnético y del polo de derivación como puede verse en la figura 11-1a. Esta parte de flujo derivado no forma ya parte del flujo común en el entrehierro del inducido. Cuando aumenta la carga en el generador shunt autoexcitado, la tensión en bornes disminuye (debido a las tres razones dadas en 3-13) lo que da lugar a una disminución en el flujo común en el entrehierro. Las espiras del devanado de los polos de derivación están arrolladas de manera que tiendan a oponerse al flujo mutuo creado por su polo adyacente de igual polaridad magnética. Cuando la corriente absorbida por la carga es pequeña, el polo de derivación soporta todavía una parte de su *flujo* en vacío. A medida que la carga aumenta, el devanado de los polos de derivación continúa creando una **fmm** creciente que se opone al flujo principal, como se ve en la figura 11-1c. El resultado de todo ello es que al aumentar la carga entra en el inducido, como si fuera flujo común en el entrehierro, más flujo derivado. Este efecto contrarresta exactamente la disminución de flujo debida a (1) reacción de inducido, (2) mayor caída I_aR_a, y (3) menor corriente de excitación.

La característica, continua y plana, tensión en bornes-carga se muestra en la figura 11-1d. Cuando la carga es mayor que la nominal, la fmm en los polos de derivación es excesiva y tiende a reducir el flujo de excitación principal, con lo

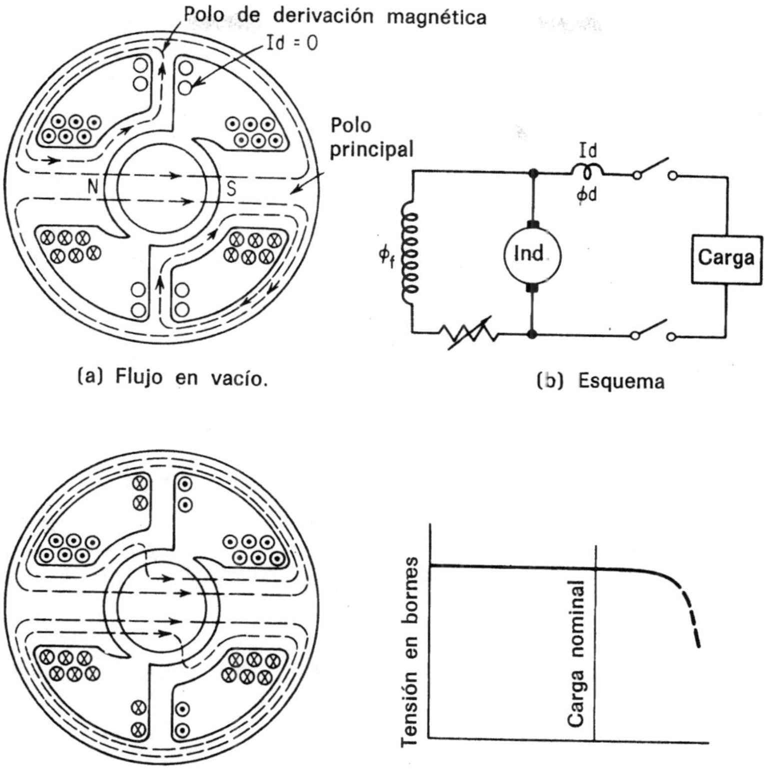

(a) Flujo en vacío. (b) Esquema

(c) Flujo en vacío bajo carga. (d) Característica de carga.

Figura 11.1. Funcionamiento y características del generador con polos de derivación magnética.

que la tensión cae rápidamente. Esto es una ventaja suplementaria ya que así el generador está autoprotegido contra cortocircuitos. El flujo del polo de derivación, ϕ_d, contrarresta casi totalmente el flujo de excitación, ϕ_f, cuando el generador está sometido a un cortocircuito, con lo que la tensión generada se reduce bruscamente.

El generador con polos de derivación encuentra su mejor aplicación en la carga de baterías, en la que el régimen de intensidad es elevado al principio y se reduce a un valor bajo al final del período de carga, no requiriendo personal para regular. Se utiliza también en laboratorios, en sustitución de equipo electrónico de suministro de potencia, cuando se precisan, para fines experimentales, una alta intensidad y un valor elevado de tensión de c.c. absolutamente constante. En estos casos, el generador con polos de derivación está accionado por un motor síncrono.

11-3. Generador con tercera escobilla. Durante muchos años el generador con tercera escobilla ha sido utilizado para la carga de baterías en automóviles. Fue desarrollado en respuesta a la demanda de un generador capaz de producir la característica adecuada para carga de baterías dentro de un *amplio* campo de *velocidades* del sistema principal de accionamiento. Como se indica en la figura 11-2a, el generador con tercera escobilla es esencialmente un generador shunt en el que un devanado de excitación shunt de baja tensión (baja **fmm**) se conecta a parte de la salida del generador (entre escobillas 2 y 3). Moviendo la escobilla 3 hacia la 1 se aumentará la excitación del devanado shunt y la tensión de salida.

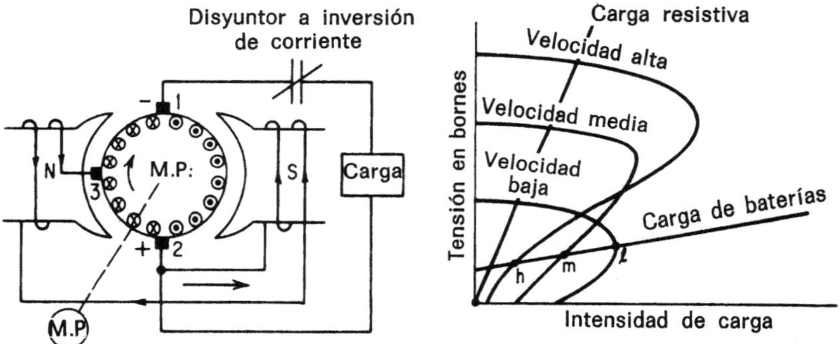

(a) Esquema del generador.

(b) Característica tensión-carga en función de la velocidad.

Figura 11-2. Generador con tercera escobilla

El generador se dimensiona intencionadamente de forma que tenga un campo débil, de baja fmm, estando constituido el devanado shunt de excitación por pocas espiras de elevada resistencia y sin disponer de compensación de la reacción de inducido. Con ello, a una determinada velocidad, la aplicación de carga producirá un rápido derrumbamiento de la tensión (véase 3-12) a causa de la acción desmagnetizante de los conductores de inducido al estar recorridos por la corriente de carga. La figura 11-2b muestra tres características tensión-carga para velocidades altas, medias y bajas.

En el caso de que la carga del generador sea resistiva normal, la corriente suministrada por el generador con tercera escobilla será mayor si la velocidad es elevada. Sin embargo, una batería de acumuladores tiene una resistencia interna extremadamente baja (además de una fem que se opone a la producida por el generador) y su característica corta a las características tensión-carga en los tramos inferiores en los puntos *h*, *m* y *l*. Así pues, a *bajas* velocidades el generador carga la batería a un *régimen superior* que a altas velocidades. Esto es una característica deseable ya que la conducción en ciudades a baja velocidad (y con frecuentes paradas y arranques) requiere una carga de baterías más frecuente que la necesaria con conducciones a gran velocidad, durante largos períodos de tiempo y con pocas paradas. Para aumentar el régimen de carga, sólo hace falta desplazar la escobilla 3 en el mismo sentido que el de rotación, es decir, hacia la escobilla 1.

La utilización de reguladores automáticos de tensión con disyuntores para impedir el funcionamiento del generador como motor, para ajustar la tensión y la corriente de un generador shunt normal de baja tensión y alta capacidad, ha eliminado la necesidad del generador con tercera escobilla tanto para la carga de baterías de baja capacidad en los automóviles como en las de gran capacidad utilizadas en aplicaciones marinas. Además de ello, en los últimos años, la utilización de un alternador polifásico con rectificadores diodo adecuados ha permitido:

(1) Eliminación total de la posibilidad de funcionamiento como motor.
(2) Capacidad de tener tensiones de salida de c.c. con velocidades muy pequeñas del accionamiento principal.

11-4. Máquinas homopolares o acíclicas. El *generador homopolar,* inventado por Faraday (véase Ap. 1-11 y la figura correspondiente), es la respuesta a la pregunta usual del estudiante relativa a la posibilidad de construcción de un generador o motor de c.c. en el que sus conductores cortaran siempre flujo del mismo sentido. Un generador tal no estaría sujeto a las usuales pérdidas por histéresis o corrientes parásitas que se presentan en todas las máquinas rotativas ya que se trataría de un generador esencialmente acíclico y no precisaría colector. El generador homopolar acíclico en su forma práctica se muestra en la figura 11-3a. El inducido es un cilindro hueco de bronce o cobre soportado por unos brazos soldados al eje. Las escobillas son grandes anillos de cobre que están en contacto con el cilindro en cada extremo. La excitación la proporcionan un par de bobinas cada una de ellas concéntrica con el eje. El yugo se monta en dos mitades para hacer posible la construcción. La polaridad de la fem de las escobillas está determinada (regla de la mano derecha) por el sentido de giro indicado en la figura. Debido a su *único* conductor, el generador homopolar produce una tensión muy baja (del orden de 3 V a 1500 rpm), pero la intensidad es función de las dimensiones físicas y de la densidad de flujo. Se han conseguido intensidades intermitentes de hasta 10 000 A y permanentes de aproximadamente 6000 A en un generador de Westinghouse Electric Company construido en 1896. Si se alimentaran con corriente continua los devanados y escobillas, la máquina funcionaría como *motor homopolar.*

Los generadores homopolares se utilizan en ferrocarriles para suministrar grandes intensidades y fuertes campos magnéticos a vagones de ferrocarril especiales que van equipados con aparatos para la detección de defectos ocultos y grietas en las vías. Durante la segunda Guerra Mundial se utilizaron también en

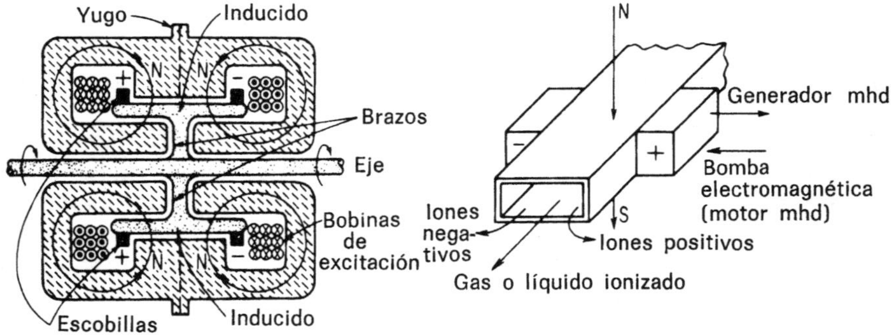

(a) Generador homopolar práctico. (b) Generador magnetohidrodinámico y bomba electromagnética.

Figura 11-3. Máquinas homopolares (acíclicas).

la marina para alimentar grandes cables «desmagnetizantes», instalados a bordo de barcos, útiles para la lucha contra las minas magnéticas submarinas.

El principio del generador homopolar está siendo intensamente experimentado para su aplicación a la generación MHD (magnetohidrodinámica).* Un líquido o gas (vapor de sodio o potasio) eléctricamente conductor ionizado que sale de un reactor nuclear de fusión a gran velocidad, se mueve a través de un campo magnético extremadamente intenso, tal como se indica en la figura 11-3b. Los iones positivos del gas se mueven hacia un electrodo (regla de la mano derecha para la dirección del «conductor» gaseoso), en tanto que los iones negativos (electrones) lo hacen hacia el otro electrodo. La fuente de energía mecánica es la correspondiente a la elevada velocidad de escape del gas del reactor. Con ello, la densidad de corriente junto a los electrodos es estrictamente una función de la cantidad de materia que pasa junto a ellos por unidad de tiempo, en tanto que el potencial es una función de la intensidad del campo magnético y de la velocidad del gas ionizado. Si en lugar de un campo magnético constante se utiliza un campo magnético alterno es posible generar corriente alterna en los electrodos.

El gas también puede ser acelerado mediante el principio del motor homopolar denominado *bomba electromagnética.* Esta bomba (un motor MHD) no tiene partes móviles y por tanto no presenta fugas de gas radiactivo o de líquidos de refrigeración conductores como en el reactor. Una tensión aplicada a los electrodos, indicados en la figura 11-3b, produce una fuerza sobre el gas conductor que tiende a acelerarlo. La fuerza es proporcional a la densidad de flujo, la intensidad en los electrodos y el camino medio entre ellos [ecuación (1-8)]. La presión del gas, sin embargo, está limitada principalmente por la densidad de flujo y por la corriente que pueda suministrarse a la bomba electromagnética.

* R. W. Porter, «Adventures in Energy Conversion», *Electrical Engineering,* octubre 1960, pág. 801.

¿De dónde pueden obtenerse corrientes tan elevadas? Por supuesto, de un generador homopolar tal como el indicado en la figura 11-3a. Además, la salida de la bomba puede ser aumentada utilizando varias veces en serie tanto el flujo magnético como la corriente mediante ingeniosos sistemas de flujo de líquidos.*

11-5. Dinamotores. Es posible «transformar» tensiones alternas de elevado valor en bajas tensiones y viceversa mediante el uso de transformadores (capítulo 13). El transformador, sin embargo, funciona sólo con corriente alterna y no puede ser utilizado para cambiar corriente continua de un determinado nivel de tensión a otro. El procedimiento normal para conseguirlo podría consistir en la utilización de un grupo motor-generador a base de un motor alimentado por la corriente continua disponible que accionase un generador que produjera corriente continua a la tensión deseada. Las desventajas del grupo motor-generador de *dos* unidades son (1) elevado coste inicial, y (2) bajo rendimiento de la conversión, ya que el rendimiento global es el *producto* de los rendimientos individuales de las dos máquinas.

La conversión de tensiones continuas se realiza con mayor rendimiento y menos coste unitario mediante el uso de dinamotores. El dinamotor consta de una estructura con una sola carcasa, un campo de excitación común y un único núcleo de inducido con dos devanados independientes. Cada devanado de inducido está aislado del otro, se aloja en ranuras de inducido comunes y tiene su propio colector, uno en cada extremo del eje, como se indica en la figura 11-4a. Debido a que para cada devanado son iguales la velocidad y el flujo, la fem por conductor y por bobina deben ser iguales en cada devanado (1-5). La fem total entre escobillas es, por tanto, función del número de conductores en cada rama de inducido [$V_1/V_2=Z_1/Z_2$ para un devanado imbricado u ondulado] de acuerdo con (1-6). Despreciando la corriente absorbida por el devanado de excitación en la figura 11-4a y suponiendo un rendimiento del 100 por cien, la potencia generada será igual a la absorbida, es decir:

$$V_1I_1 = V_2I_2 \quad \text{o} \quad \frac{V_1}{V_2} = \frac{Z_1}{Z_2} = \frac{N_1}{N_2} = \frac{I_2}{I_1} \tag{11-1}$$

en donde N es el número de espiras, o sea $Z/2$ conductores por rama.

La similitud entre (11-1) y la ecuación básica del transformador 13-2b es digna de ser tenida en cuenta. Las ventajas del dinamotor, como antes se ha indicado, son: (1) menores costes iniciales en comparación con grupos motor-generador de capacidad equivalente, y (2) elevado rendimiento debido a que las

* Véase M. L. Vautrey, «L'emploi des pompes électromagnétiques», *Bulletin de la Société Française des Electriciens,* junio 1960, pág. 399; y M. B. Schwab, «Différents types de pompes électromagnétiques, *Ibid.*, pág. 404.

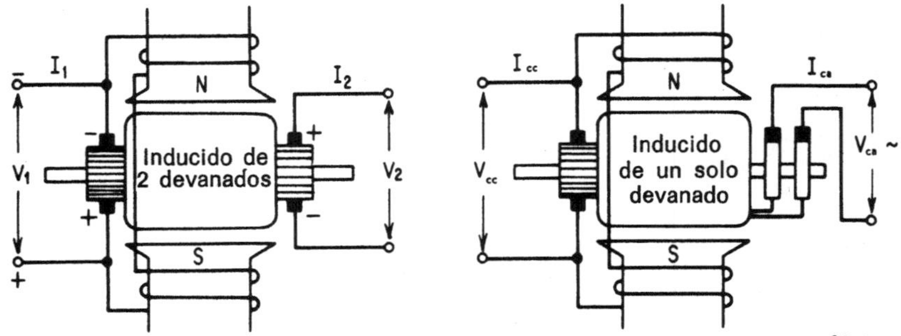

(a) Dinamotor. (b) Convertidor síncrono rotativo monofásico.

Figura 11-4. Dinamotor y convertidor síncrono rotativo monofásico.

pérdidas de excitación en el hierro y las mecánicas son las correspondientes a una sola máquina (aunque las pérdidas en el cobre del inducido sean las de dos máquinas). La principal desventaja del dinamotor en comparación con el grupo motor-generador es que la tensión de salida está fijada por el valor de la tensión de entrada según indica (11-1). Cualquier intento de aumentar la tensión de salida aumentando el flujo de excitación lleva aparejada la disminución de la velocidad del dinamotor. En consecuencia, los dinamotores no van nunca equipados con reóstatos de campo y el circuito de excitación está siempre conectado internamente.

Los dinamotores se usan en aviación, ya que en estas aplicaciones el factor peso es de gran importancia. También se utilizan en ferrocarriles electrificados con corriente continua para obtener 110 V para alumbrado a partir de los 550 V que se utilizan para la alimentación de los motores de tracción. La conmutación en los dinamotores es excelente y no es necesario efectuar compensación de la reacción de inducido ya que el flujo neto en el inducido (casi nulo) es el resultado de corrientes de carga en los dos devanados que circulan por ellos con sentidos opuestos.* Los amperios-vuelta netos de inducido, por lo tanto, son sólo los precisos para proporcionar un par suficiente para vencer los rozamientos iniciales y las pérdidas antes indicadas, con lo que el flujo de inducido resultante será pequeño (y en consecuencia despreciable la reacción de inducido).

Ejemplo 11-1:** Un dinamotor de aviación accionado a 28 V se utiliza como fuente de alimentación del equipo de comunicación de a bordo de 350 V y 500 mA. El devanado de alta tensión tiene 400 espiras. Calcular:

* Como el flujo y el sentido de giro son los mismos, para un determinado sentido de la corriente del motor (regla de la mano izquierda) existirá un sentido opuesto de la corriente del generador (regla de la mano derecha). Asimismo, según Ec. (11-1), despreciando pérdidas, $I_1N_1=I_2N_2$ y $I_1N_1-I_2N_2=0$.

** Estos ejemplos son teóricos, ya que en la práctica sólo se utilizan convertidores polifásicos. (Véase Ap. 11-7.)

a. Número de espiras del devanado de baja tensión
b. Corriente absorbida si el rendimiento es del 90 por ciento.
c. Potencia nominal del dinamotor.

Solución:

a. $N_l = N_h \left(\frac{V_l}{V_h}\right) = 400 \text{ espiras } \left(\frac{28 \text{ V}}{350 \text{ V}}\right) = \mathbf{32 \text{ espiras}}$

b. $I_l = \left(\frac{I_h}{\text{rend.}}\right)\left(\frac{N_h}{N_l}\right) = \left(\frac{0{,}5 \text{ A}}{0{,}9}\right)\left(\frac{400}{32}\right) = \mathbf{6{,}944 \text{ A}}$

c. Potencia nominal de salida $= 0{,}5 \times 350 = \mathbf{175 \text{ W}}$

11-6. Convertidores síncronos monofásicos. Técnicamente hablando, un dinamotor es un convertidor rotatorio de c.c. en c.c., ya que es una máquina eléctrica rotatoria que convierte energía de corriente continua a una tensión de entrada determinada, en energía de corriente continua a una tensión de salida fijada. Sin embargo, el término «convertidor rotatorio» y el concepto de «conversión síncrona» se utilizan sólo en sentido restringido para indicar cambio de c.c. en c.a. o viceversa. Así pues, si se realiza algún tipo de conversión (de frecuencia, fase, o c.c./c.a.) mediante una máquina rotatoria, tal máquina se denomina convertidor rotatorio. En la fig. 11-4b se muestra un convertidor rotatorio monofásico (síncrono) y puede verse la semejanza que presenta con un dinamotor. La máquina puede considerarse como una combinación de un motor de c.c. y un alternador monofásico síncrono o como un motor síncrono en combinación con un generador de c.c.

Cuando se suministra c.a. a los anillos rozantes y se genera c.c. en las escobillas, la máquina se denomina convertidor *directo*.

Cuando se alimenta a través de las escobillas con c.c. y se genera c.a. en los anillos rozantes, la máquina se llama convertidor *inverso*.

Una diferencia *esencial* entre el convertidor síncrono rotatorio monofásico y el dinamotor de la fig. 11-4 es la de que el primero tiene un *solo devanado* que se saca por un extremo en los anillos rozantes y por el otro en las escobillas. Como que en los conductores de *cualquier* máquina (con excepción de los homopolares) se produce corriente alterna, sólo es necesario un devanado si la máquina debe actuar como convertidor de c.c. en c.a. (o viceversa). Como convertidor c.a./c.c. se introduce a través de los anillos rozantes corriente alterna a los conductores del inducido en el rotor y la máquina funciona (suponiendo que se haya efectuado su arranque por algún medio) como motor síncrono. El colector convierte la tensión alterna generada en tensión de corriente continua. Similarmente, como convertidor c.c./c.a., la corriente continua del circuito externo se convierte en alterna en el devanado del inducido para producir rotación y la tensión alterna generada se toma entre los anillos rozantes.

El convertidor síncrono *monofásico* no se utiliza nunca en la práctica debido a: (1) No arranca por sí mismo. (2) Tiene tendencia a «oscilar». (3) Se calienta excesivamente. (4) Es de poco rendimiento en comparación con los convertidores síncronos polifásicos. (5) Para igual potencia de salida (en kW o kVA) sería físicamente mayor que los convertidores polifásicos equivalentes. Sin embargo, se estudia porque su análisis simplifica el de los convertidores rotatorios síncronos polifásicos. La figura 11-5a presenta el único devanado de inducido bipolar del convertidor de la fig. 11-4b con 12 bobinas y 12 delgas en el colector. Supongamos que la máquina está funcionando como motor de c.c. a velocidad síncrona (3600 rpm a 60 Hz) girando en el sentido de las agujas del reloj.

Considerado como motor de c.c., la tensión aplicada y la fem de c.c. inducida que se le opone son constantes en tanto lo sean la tensión de alimentación y la velocidad. Así pues, en cada una de las figuras 11-5 (de a a d), la fem inducida es la misma ya que dinámicamente nuevos conductores reemplazan a los anteriores, con lo que, al girar, se sigue induciendo fem de acuerdo con (1-6). El devanado está unido a las delgas 1 y 7 y éstas están conectadas a los anillos rozantes en la forma indicada en la figura 11-5. La tensión monofásica inducida de c.a. se extrae mediante escobillas colocadas en los anillos rozantes.

Considerado como alternador monofásico, la tensión monofásica inducida *no* es constante. En la figura 11-5a, con las tomas alineadas con el eje polar, la tensión alterna recogida es la suma de todas las tensiones entre los polos N y S, es decir, igual que el valor de la tensión de c.c. en cualquier instante. En la figura 11-5d, sin embargo, con las tomas perpendiculares al eje polar, la tensión se recoge entre puntos que se encuentran al mismo potencial y por tanto es nula. Por tanto, el valor de la tensión instantánea no es constante, sino que varía senoidalmente como podía esperarse. La figura 11-5e da la variación del valor instantáneo de la tensión de c.a. en los anillos rozantes con respecto al valor medio de la tensión de c.c. entre escobillas para valores comprendidos entre 0 y 90° de giro respecto al eje polar.

Al calcular la tensión y la corriente de c.a. en función de valores determinados de la tensión y corriente de c.c. de entrada, debe recordarse [(1-5) y (1-6)] que el valor de la tensión aplicada e inducida de c.c. es un valor medio. Suponiendo que no existe rizado en la onda de c.c. (máquina con conductores múltiples), el valor medio en c.c. es igual que el valor máximo. Por tanto, el valor eficaz de la tensión monofásica de salida es

$$E_{ca} = \frac{E_{ca(max)}}{\sqrt{2}} = 0{,}707\,E_{ca(max)} = 0{,}707\,E_{cc(av)}$$

o sea

$$E_{ca} = 0{,}707\,E_{cc} \tag{11-2}$$

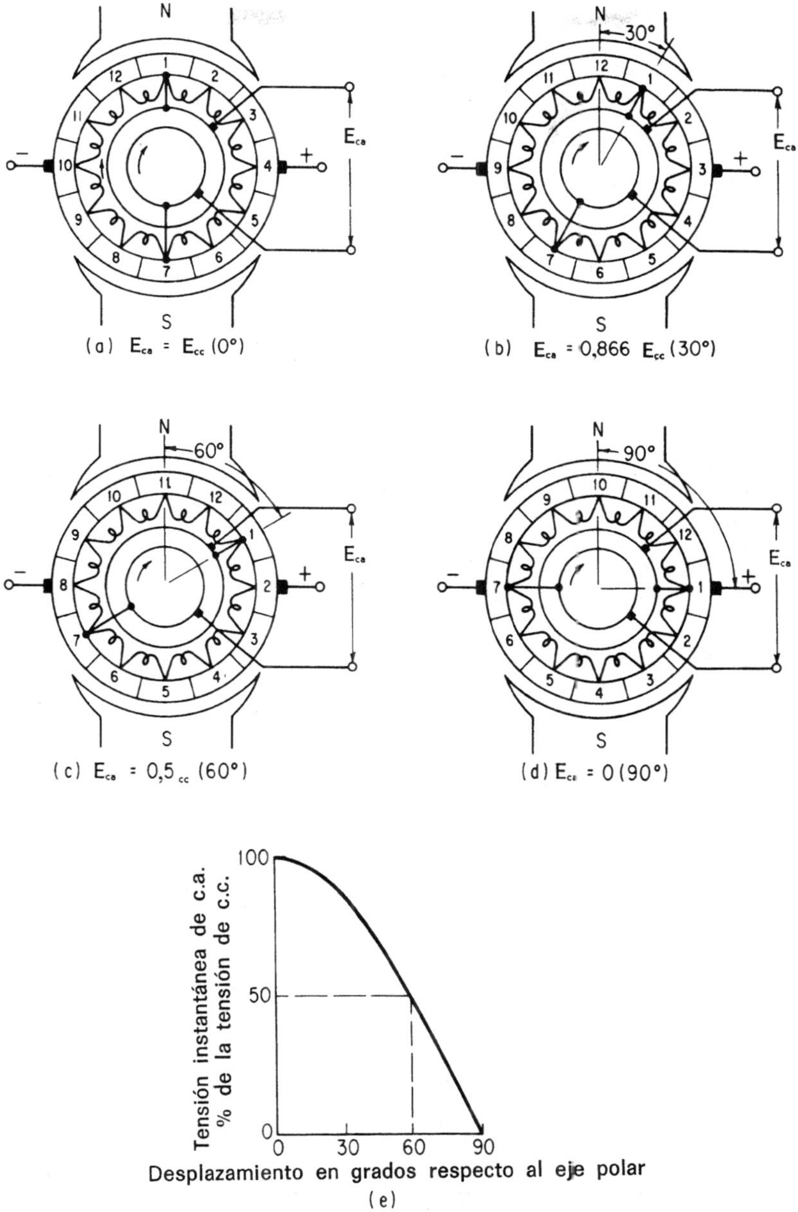

Figura 11-5. Variación de la tensión instantánea de c.a. con relación a la tensión de c.c. en un convertidor síncrono monofásico.

Si, como en el caso del dinamotor, se supone un rendimiento del 100 por cien, entonces

$$E_{ca}I_{ca} = E_{cc}I_{cc} = \frac{E_{ca}}{0,707} \times I_{cc}$$

y dividiendo ambos miembros por E_{ca} queda

$$I_{ca} = \frac{I_{cc}}{0,707} = 1,414 I_{cc} \tag{11-3}$$

EJEMPLO 11-2:* Un convertidor síncrono monofásico de 3 kW funciona como convertidor inversor suministrando corriente alterna desde una fuente de corriente continua de 220 V. Suponiendo que el rendimiento de la conversión es del 90 %, calcúlese:

a. Tensión e intensidad de corriente alterna.
b. Intensidad de corriente continua absorbida por el convertidor inversor.

Solución:

a. $E_{ca} = 0,707 E_{cc}$ [Eq. (11-2)]

$$= 0,707 \times 220 \text{ V} = \mathbf{155,5 \text{ V}}$$

$$I_{ca} = \frac{\text{kW} \times 1000}{E_{ca}} = \frac{3 \times 1000 \text{ W}}{155,5 \text{ V}} = \mathbf{19,28 \text{ A}}$$

b. $I_{cc} = \dfrac{I_{ca}}{1,414 \times \text{ef}} = \dfrac{19,28 \text{ A}}{1,414 \times 0,9} = \mathbf{15,15 \text{ A}}$

EJEMPLO 11-3:* Un convertidor síncrono monofásico de 5 kW que gira a la velocidad síncrona absorbe la corriente de plena carga de su fuente alimentadora de 220 V con un factor de potencia de 0,85. Si el rendimiento de la máquina es del 90 %, calcúlese:

a. Tensión e intensidad de la corriente continua de salida.
b. Intensidad de la corriente alterna absorbida por el convertidor síncrono rotatorio.

Solución:

a. $E_{cc} = \dfrac{E_{ca}}{0,707} = \dfrac{220 \text{ V}}{0,707} = \mathbf{315 \text{ V}}$

$$I_{cc} = \frac{\text{kW} \times 1000}{E_{cc}} = \frac{5 \times 1000 \text{ W}}{315 \text{ V}} = \mathbf{15,88 \text{ A}}$$

b. $I_{ca} = \dfrac{\text{kW} \times 1000}{E_{ca} \times \text{PF} \times \text{ef}} = \dfrac{5000}{220 \times 0,85 \times 0,9} = \mathbf{29,7 \text{ A}}$

* Estos ejemplos son teóricos, ya que en la práctica sólo se utilizan convertidores polifásicos. (Véase Ap. 11-7.)

11-7. Convertidor rotatorio polifásico. En el convertidor monofásico previamente considerado, el devanado de inducido de la máquina bipolar tenía tomas en dos puntos separados entre sí de 180 grados eléctricos. Si se hubieran utilizado cuatro polos hubieran sido necesarias cuatro tomas estando cada una de ellas desplazada de la otra en 180 grados eléctricos.

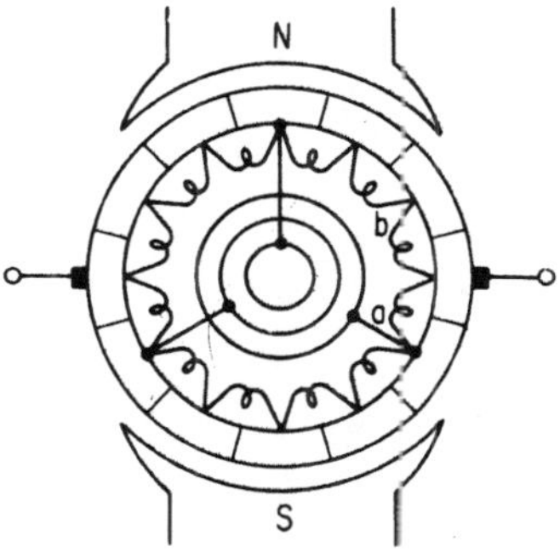

Figura 11-6. Convertidor síncrono trifásico bipolar mostrando las tomas y los anillos rozantes.

Similarmente, como se indica en la figura 11-6, un convertidor trifásico bipolar requeriría tres tomas desplazadas cada una de 120 grados eléctricos. Si se emplease una máquina tetrapolar se precisarían seis tomas (tres por cada par de polos) estando cada una de ellas desplazada de la otra en 120 grados eléctricos. Un convertidor trifásico requiere tres anillos, uno hexafásico seis y uno dodecafásico doce, etc. El número de tomas T necesarias para un inducido polifásico es

$$T = nP' \qquad (11\text{-}4)$$

en donde n es el número de anillos y P' el número de pares de polos.

Análogamente, el número de grados eléctricos entre tomas es

$$\delta = \frac{2\pi}{n} \text{ radios eléctricos}$$

$$= \frac{360}{n} \text{ grados eléctricos} \qquad (11\text{-}5)$$

en donde n, al igual que en (11-4), es el número de anillos.

La tensión inducida en un inducido de c.c. de un cierto número de conductores, ramas, polos, flujo y velocidad puede calcularse según (1-6). La tensión eficaz de c.a. por fase disminuye obviamente al aumentar el número de fases, anillos rozantes y tomas, ya que es el mismo inducido de c.c. el que debe proporcionar la tensión de c.a. [Véase (11-2)]. Puede comprobarse que existe una relación fija, en un convertidor síncrono polifásico, entre la tensión de c.a. y la de c.c. (en valor medio y máximo). La relación es:

$$E_{ca} = \frac{E_{cc}}{\sqrt{2}} \operatorname{sen} \frac{\pi}{n} \tag{11-6}$$

y análogamente entre las intensidades

$$I_{ca} = \frac{2\sqrt{2}}{n} I_{cc} \tag{11-7}$$

En ambas fórmulas, los símbolos han sido definidos anteriormente.

La validez de las fórmulas (11-6) y (11-7) puede ser comprobada para el convertidor monofásico que tenga $n=2$ anillos rozantes, con lo que se revierte a (11-2) y (11-3).

La tabla 11-1 proporciona los valores de (11-4) a (11-7) para convertidores monofásicos, trifásicos, hexafásicos y dodecafásicos.

[redacted]

* Con factor de potencia unidad y rendimiento de! 100 %.

Ejemplo 11-4: Un convertidor síncrono de 12 fases de 500 kW y 600 V c.c., funciona como convertidor directo con un rendimiento total de 92 % y un factor de potencia de 0,93. Calcular:

a. La tensión de c.a. entre anillos rozantes.
b. La corriente continua de salida.
c. La corriente alterna absorbida de un transformador alimentador de 12 fases.

Solución:

a. $E_{ca} = 0{,}182 E_{cc} = 0{,}182 \times 600\ \text{V} =$ **109 V entre anillos rozantes**

b. $I_{cc} = \dfrac{\text{kW} \times 1000}{E_{cc}} = \dfrac{500 \times 1000\text{ W}}{600\text{ V}} = \mathbf{833{,}3\ A}$

c. $I_{cc} = \dfrac{0{,}236 I_{dc}}{\text{FP} \times \text{rend}} = \dfrac{0{,}236 \times 833{,}3}{0{,}93 \times 0{,}92} = \mathbf{229{,}5\ A}$

Como en el caso del dinamotor y del convertidor síncrono monofásico, el convertidor polifásico es una máquina en la que la **fmm** neta de inducido y el flujo neto son extremadamente pequeños debido a que la corriente continua circula en sentido opuesto al de la corriente alterna. La naturaleza de las ondas de corriente en las distintas bobinas no es la misma porque el valor de c.c. es constante en tanto que el valor de c.a. depende de la diferencia de fase entre bobinas y del factor de potencia del convertidor.

Por ejemplo, en una bobina situada en el punto medio entre tomas (punto *b* de la fig. 11-6) y suponiendo que el factor de potencia es la unidad, las componentes de c.c. y c.a. de la corriente están desfasadas exactamente 180° tal como se indica en la fig. 11-7a. Pero en una bobina *junto* a las tomas las componentes

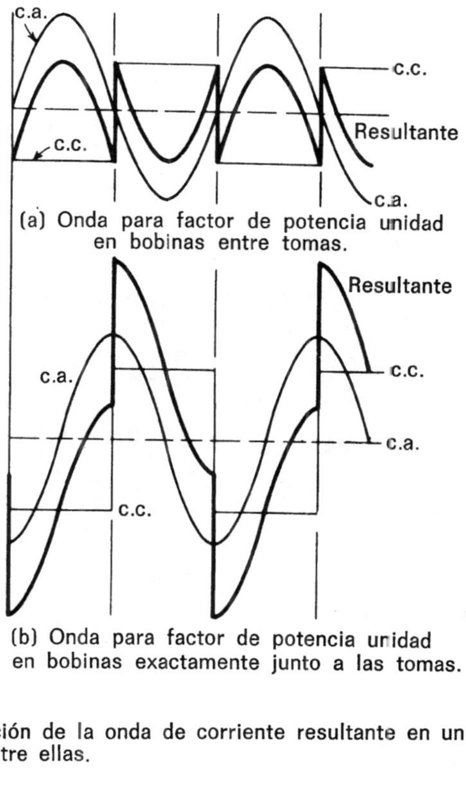

Figura 11-7. Comparación de la onda de corriente resultante en un convertidor síncrono junto a las tomas y entre ellas.

de c.c. y c.a. pueden estar desplazadas solamente 90 grados eléctricos entre sí como se indica en la fig. 11-5b y en la fig. 11-7b; la componente de c.a. es nula en el instante en que la componente de c.c. tiene su máximo valor (igual al medio), con lo que las ondas están separadas 90 grados eléctricos. Con ello, las bobinas colocadas exactamente junto a las tomas tienen una onda de corriente resultante, para un factor de potencia unidad, similar al indicado en la fig. 11-7b en tanto que las bobinas situadas en puntos medios entre tomas tienen una onda de corriente resultante similar al indicado en la fig. 11-7a. El calentamiento producido por el valor eficaz de la corriente resultante es mayor por tanto en las bobinas situadas más cerca de las tomas que en las bobinas colocadas en la zona central entre tomas. Existe por tanto un gradiente de temperatura entre las bobinas más calientes junto a las tomas y las centrales.

Se ha visto, sin embargo, en la tabla 11-1 que al aumentar el número de fases y el número de polos se aumenta el número total de tomas de un convertidor síncrono. El aumento del número de tomas reduce el gradiente de temperatura y a su vez aumenta la capacidad del convertidor síncrono ya que, obviamente, la capacidad depende de la intensidad máxima admisible en la bobina más caliente. Con ello y como puede verse en la tabla 11-2, un convertidor trifásico de tres anillos tiene menor capacidad que un convertidor polifásico de seis o doce fases. La tabla 11-2 supone que el rendimiento de la conversión es del 100 por cien para las entradas y salidas de c.a. y c.c. y admite que las máquinas tienen el mismo número de polos.

[redacted]

* De C. C. Siskind, *Electrical Machines, Direct and Alternating* 2.ª ed., Nueva York: McGraw-Hill. Inc., 1959.

La tabla 11-2 confirma las siguientes conclusiones que han sido indicadas anteriormente:

1. A medida que aumenta el número de fases y anillos, lo hace la salida relativa del convertidor síncrono debido a que disminuye el calentamiento relativo.
2. Al aumentar el número de polos aumenta también la salida relativa (esto no se aprecia en la tabla 11-2 pero puede deducirse de lo dicho antes) ya que disminuye el calentamiento relativo.
3. Al disminuir el factor de potencia también disminuye la salida relativa ya que aumenta el calentamiento relativo.
4. La salida relativa de un convertidor polifásico es generalmente mayor que la de la misma máquina funcionando como generador de c.c. debido a que el calentamiento es menor en el primer caso. (Esto no es cierto para un convertidor trifásico que funcione con factores de potencia inferiores a 0,85.)

Por las razones citadas antes, los grandes convertidores síncronos se proyectan con entradas de c.a. de seis o doce fases y con muchos polos en el estátor. La conversión previa entre la alimentación normalmente trifásica y la entrada multifásica requerida por el convertidor se consigue mediante transformadores de «interfase» de bobinas múltiples,* como los de la fig. 11-8, conectados de tal forma que proporcionen la transformación necesaria a la tensión de entrada requerida. Comparando el mayor coste del transformador con el mejor rendimiento de los convertidores de 12 o 24 fases en lugar de los de 6 fases, se suele concluir que el último es el más conveniente. El transformador trifásico *estrella* hexafásica es el método más usado (véase Ap. 13-20) para proporcionar entrada de c.a. a un convertidor de seis fases.

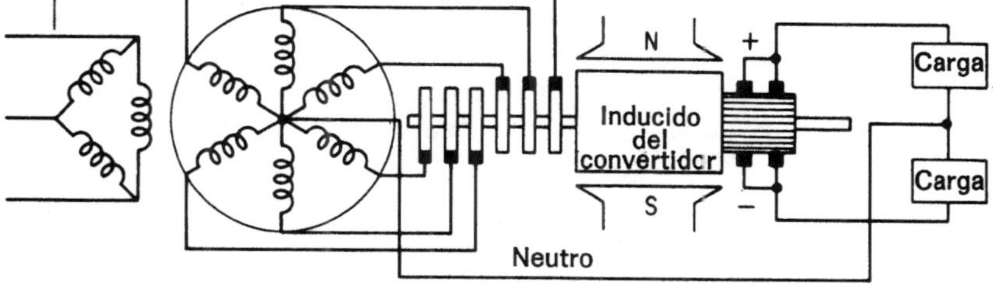

Figura 11-8. Convertidor tri a hexafásico indicando la transformación y la producción de una salida trifilar de c.c.

La caída de tensión que se presenta en el convertidor y en la red debida al aumento de carga hace necesario utilizar algún medio de control de la tensión

* Véase Apartado 13-20.

en el convertidor directo (de corriente alterna a corriente continua). Un método consiste en la utilización de reguladores de inducción o de transformadores con tomas variables en el primario del transformador de interfase. Otro método es la utilización de un alternador polifásico en serie y en el mismo eje del convertidor (booster) capaz de permitir una regulación de $\pm$ 15 %.

El arranque de los convertidores síncronos (como motores de inducción) debe efectuarse mediante el devanado amortiguador y su sincronización se debe realizar por alguno de los métodos utilizados para la puesta en servicio de motores síncronos. Pueden también arrancarse como motores de c.c., en los casos en que se encuentra disponible c.c., y ser luego sincronizados a las barras, pero este método es muy poco usado.

El convertidor síncrono es particularmente sensible a las variaciones bruscas y grandes de la carga y a las oscilaciones, lo que puede ser causa de descargas entre portaescobillas de c.c. Por esta razón, los grandes convertidores se equipan con barreras de descargas (aisladores) para cortar los arcos que pueden iniciarse en el colector. Los devanados amortiguadores son un elemento esencial en el aspecto constructivo del estátor.

Los convertidores síncronos *directos* suministran generalmente de 250 a 750 V de c.c. con alimentaciones de 60 Hz y hasta 1500 V c.c. con alimentaciones de c.a. de 25 Hz. La tensión de salida de c.c. está limitada por la máxima tensión admisible entre delgas del colector (del orden de 15 V). Cuando se precisan mayores valores de la tensión de c.c., se conectan en serie las salidas.

Los convertidores síncronos se fabrican con potencias de hasta 4000 kW y existen también unidades pequeñas de sólo 100 kW. Los grandes rectificadores de mercurio con tanques de acero han sustituido en la mayoría de aplicaciones a los convertidores síncronos en su papel de fuentes de corriente continua debido a su mejor rendimiento y mayores tensiones. En forma análoga los progresos actuales en lo relativo a rectificadores de selenio y silicio están empezando a sustituir a los rectificadores de tanque, tiratrones de gases e ignitrones, especialmente en los tipos de menor potencia (véase Ap. 13-21).

Es también posible accionar un convertidor síncrono mediante un motor primario y obtener potencia de c.c. en el extremc del colector y potencia de c.a. en el extremo de los anillos rozantes. En estas condiciones, la potencia total es la suma de la parte de c.c. y la de c.a.· las corrientes son aditivas debido a que en ambos devanados tiene lugar el efecto de generador. Tal máquina se conoce con el nombre de «generador de doble corriente». No se utiliza nunca en la práctica (ya que siempre se dispone de corriente continua o de corriente alterna) y se menciona aquí debido a su similitud con el generador Dobrowolsky (véase Ap. 11-8.4).

El convertidor síncrono puede utilizarse para alimentar una red de c.c. trifilar. En esta aplicación el neutro se une con el punto neutro del transformador de interfase que alimenta la entrada de c.a. en la forma indicada en la fig. 11-8. En consecuencia la corriente de desequilibrio que circula por el neutro de la red de c.c. vuelve al inducido del convertidor a través del transformador y de los anillos rozantes. Ésta es precisamente la disposición empleada en el generador de Dobrowolsky (fig. 11-9d) para obtener un sistema trifilar.

11-8. Generadores en sistemas trifilares. Una red de distribución trifilar (tanto si es de corriente alterna monofásica como de corriente continua) proporciona un sistema con dos tensiones para un edificio. Presenta la ventaja adicional de utilizar una mayor tensión para los aparatos de gran potencia (hornos y calentadores por ejemplo) y una tensión más reducida para el alumbrado y otras cargas pequeñas. La gran ventaja de la red trifilar desde el punto de vista de la empresa suministradora es la de que, a pesar de utilizarse un conductor adicional, se consigue un ahorro de cobre a igualdad de potencia transmitida.* Además se promociona el uso de la energía eléctrica y de nuevos aparatos al proporcionar tensiones más adecuadas.

La red de c.a. trifilar se alimenta a través del secundario con toma central de una fase de un transformador polifásico. La red trifilar de c.c. se alimenta generalmente a través de un solo generador equipado con dispositivos auxiliares o mediante una combinación de generadores. Los siguientes métodos se emplean para alimentar redes trifilares de c.c.: (1) el método de dos generadores; (2) el grupo equilibrador; (3) el generador único con resistencia auxiliar provista de toma; (4) el generador Dobrowolsky, y (5) el convertidor síncrono. Los cuatro primeros métodos se presentan seguidamente; el método del convertidor síncrono ha sido tratado en el Apartado 11-7.

11-8.1. *El método de dos generadores.* Dos generadores de corriente continua en derivación o compound pueden montarse en cascada para alimentar una red de distribución trifilar en la forma indicada en la fig. 11-9a, siendo accionados por máquinas motrices distintas o por la misma máquina motriz primaria.

11-8.2. *El grupo equilibrador.* El método de los dos generadores no es adecuado cuando existe una gran diferencia entre las corrientes de línea provocada por cargas muy desequilibradas. El generador más cargado tiene una gran caída de tensión interna en el inducido, lo que es causa de que la tensión en el lado más cargado disminuya fuertemente. Esta desventaja se supera con el grupo equilibrador mostrado en la fig. 11-9b. Este sistema utiliza un generador principal (230 V) para alimentar la parte correspondiente a la carga equilibrada.

* Puede demostrarse que al doblar la tensión de transporte de un sistema bifilar se obtiene un ahorro de cobre del 75 %. La adición de un tercer hilo (neutro) para proporcionar la tensión original además de la doble da lugar a un ahorro de cobre del 62 % en comparación con el sistema bifilar original de baja tensión.

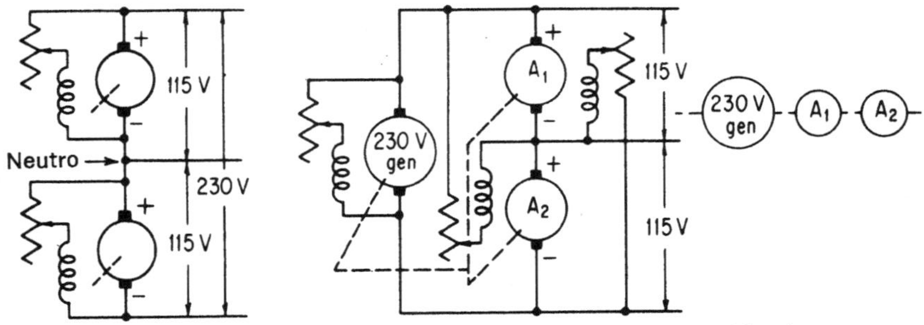

(a) Método de los dos generadores.

(b) Método del grupo equilibrador.

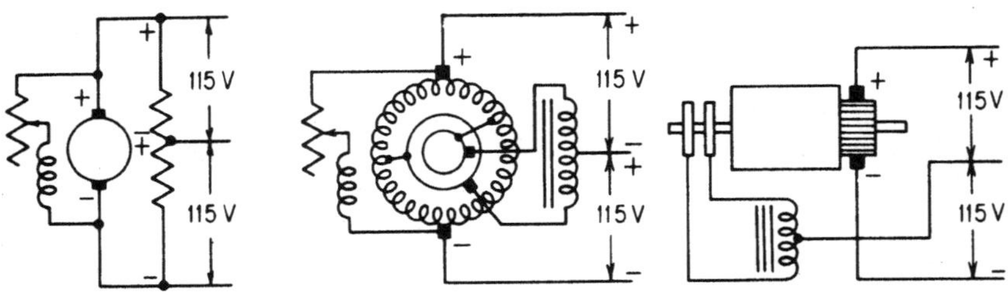

(c) Método del generador único con resistencia con tomas.

(d) Método del generador de Dobrowolsky.

Figura 11-9. Métodos de generación de un sistema trifilar de c.c.

Cuando toda la carga es equilibrada, las dos máquinas auxiliares quedan «flotando» en las líneas actuando como motores sin carga. Si se presenta un desequilibrio, el lado más cargado sufre una disminución en la tensión y la máquina de dicho lado funciona como generador ($E_g > V_t$). Al mismo tiempo, y debido a la correspondiente elevación de tensión, la otra máquina (acoplada al mismo eje) actúa como motor con carga y tiende a reducir la elevación de tensión accionando mecánicamente a la otra máquina gemela en el mismo sentido, suministrando por lo tanto la potencia requerida por la que actúa como generador cargado. Como se indica en la fig. 11-9b se consigue una respuesta mejor y más rápida invirtiendo las conexiones de la excitación derivación de las dos máquinas. Suponiendo que A_1 es la más cargada y que su tensión disminuye a menos de 115 V, su excitación está alimentada a una tensión superior a 115 V, lo que ayuda a desarrollar una mayor tensión como generador. Al mismo tiempo el motor A_2 se alimenta con mayor tensión. A_2 tiende pues a aumentar su velocidad como consecuencia también de la disminución de la tensión de A_1 que es la que se aplica a la excitación de A_2. Este efecto tiende a mantener una buena regulación del sistema cuando se presenta algún desequilibrio. En las aplicaciones prácticas la regulación se mejora todavía más equipando las máquinas A_1 y A_2 con excitaciones serie.

11-8.3. *Método de generador único equipado con resistencia con toma.* El generador único de 230 V que alimenta la carga equilibrada en el grupo equilibrador puede también usarse con una resistencia de alta potencia con toma central tal como puede verse en la fig. 11-9c. Este sistema es muy poco favorable si se le compara con el del grupo equilibrador debido a que no proporciona una acción automática que tienda a oponerse al desequilibrio de tensión. En consecuencia y de manera similar a lo que ocurría en el sistema de dos generadores, el lado más cargado provoca una caída de tensión acumulativa en la resistencia además de una mayor caída de tensión en las líneas, con lo que ambos efectos dan lugar a una disminución de la tensión en bornes del lado más cargado. Además, las pérdidas en la resistencia provocan una considerable reducción en el rendimiento. Este sistema se estudia porque facilita el estudio del generador trifilar de Dobrowolsky, ya que el generador de la fig. 11-9c, al igual que todos, produce internamente corriente alterna. Si pudiera conectarse, interiormente en el generador, una inductancia con toma central, se podría disponer de un neutro.

11-8.4. *Generador de Dobrowolsky.* Como puede verse en la fig. 11-9d, el generador de Dobrowolsky es fundamentalmente un convertidor síncrono monofásico (fig. 11-4b) funcionando como generador de dos corrientes. La carga (única) de c.a. es la bobina de reactancia con toma central, incorporada como parte del devanado de inducido o situada en el exterior y alimentada a través de anillos rozantes en la forma indicada en la fig. 11-9d. El primer tipo requiere un solo anillo rozante, pero el peso de la bobina de inductancia se añade al del inducido. La ventaja de la bobina de reactancia (tanto si está incorporada como si es externa) estriba en que presenta una elevada impedancia a la corriente alterna, pero muy pequeña a la corriente continua. Con ello, la corriente continua de desequilibrio ocasiona sólo una pequeña caída de tensión en la reactancia. Esta caída de tensión en c.c. es pequeña en comparación con la caída por impedancia entre los anillos rozantes y la tensión del neutro se mantiene relativamente estable en condiciones de desequilibrio.

Como que pasa más intensidad de c.c. en una parte de la bobina que en la otra, es necesario que la reactancia se dimensione en función del porcentaje que pueda soportar sin calentamiento excesivo. Normalmente las reactancias externas se fabrican para soportar un desequilibrio del 10 por ciento, pero pueden obtenerse reactancias especiales si se precisan en caso de mayores desequilibrios. Por este motivo no debe abrirse nunca una de las líneas de un generador trifilar, ya que el gran desequilibrio podría ocasionar la destrucción de la bobina de reactancia. Otra ventaja de la reactancia *externa* es que puede ser reemplazada sin desmontar la máquina, facilitándose así el mantenimiento.

11-9. Efecto de la resistencia de la línea y de las cargas desequilibradas en las redes trifilares. Si las cargas conectadas entre línea y neutro de una red trifilar de corriente continua o corriente alterna son distintas, circularán por las líneas corrientes de distinto valor y su diferencia será el valor de la intensidad que circula por el neutro. Una red de distribución en la que ocurre esto, se dice que está desequilibrada y las corrientes distintas producirán caídas de tensión de línea distintas. La solución de los problemas relativos a este tipo de redes exige la aplicación de las leyes de Kirchhoff. A continuación se incluyen tres ejemplos. Dos de dichos ejemplos permitirán comparar el efecto de las cargas equilibradas en relación a las desequilibradas. El tercero, presentará un método alternativo para la solución de los ejemplos anteriores.

EJEMPLO 11-5: Una red trifilar de corriente continua a 115/230 V se utiliza para alimentar dos cargas concentradas de alumbrado L_1 y L_2 situadas a una distancia de 2000 pies de la fuente generadora y una carga de fuerza L_3 situada 200 pies más alejada. La carga de fuerza es de 100 A y cada una de las de alumbrado es de 200 A. La sección de los conductores de línea es de 500 000 circular mils y la del neutro de 250 000 circular mils. Puede tomarse, en este ejemplo, 11 Ω-circular mil/pie como valor de la resistividad del cobre. Calcular:

a. Tensión en bornes de las cargas L_1, L_2 y L_3.
b. Tensión V_{1-2}.

Solución:

[Véase fig. 11-10(a)]

a. $$\text{Resistencia} = \frac{\text{resistividad} \times \text{longitud}}{\text{sección}} = \frac{\rho l}{A}$$

$$r_{1,2} = \frac{11\ \Omega}{500\,000/1} \times 2000 \text{ pies} = 0{,}044\ \Omega$$

$$r_3 = \left(\frac{200}{2000}\right) 0{,}044 = 0{,}0044\ \Omega$$

$$r_N = \frac{11\ \Omega}{250\,000/1} \times 2000 \text{ pies} = 0{,}088\ \Omega$$

$$I_1 = I_{L_1} + I_{L_3} = 200 + 100 = 300 \text{ A};$$

$$I_2 = I_{L_2} + I_{L_3} = 200 + 100 = 300 \text{ A}$$

$$I_N = I_{L_1} - I_{L_2} = 200 - 200 = 0$$

Aplicando las leyes de Kirchhoff:

(1) La suma algebraica de las tensiones en una malla cerrada es nula.
(2) Se produce una caída de tensión en el sentido de la corriente cuando ésta pasa por una resistencia y una elevación de tensión en sentido contrario.

Resolviendo para E_{L_2}:

$$-I_1 r_1 - E_{L_1} \pm I_N r_N + E_1 = 0$$
$$-(300 \times 0{,}044) - E_{L_2} + 0 + 115 = 0$$
$$E_{L_1} = \mathbf{101{,}8\ V}$$

Resolviendo para E_{L_2}:

$$\pm I_N r_N - E_{L_2} - I_2 r_2 + E_2 = 0$$
$$0 - E_{L_2} - (300 \times 0{,}044) + 115 = 0$$
$$E_{L_2} = \mathbf{101{,}8\ V}$$

Resolviendo para E_{L_3}:

$$-I_1 r_1 - I_3 r_3 - E_{L_3} - I_3 r_3 - I_2 r_2 + 230 = 0$$
$$-13{,}2 - (100 \times 0{,}0044) - E_{L_3} - (100 \times 0{,}0044) - (300 \times 0{,}044)$$
$$+ 230 = 0$$
$$E_{L_3} = 230 - 27{,}28 = \mathbf{202{,}72\ V}$$

b. Tensión $V_{1-2} = E_{L_1} + E_{L_2} = 101{,}8 + 101{,}8 = \mathbf{203{,}6\ V}$

Ejemplo 11-6: Repetir el ejemplo 11-5 para una carga L_1 de 100 A, L_2 de 150 A y L_3 de 200 A.

Solución:

Véase figura 11-10a

a. $I_1 = I_{L_1} + I_{L_3} = 100 + 200 = 300$ A,

$I_2 = I_{L_2} + I_3 = 150 + 200 = 350$ A

$I_N = I_{L_2} - I_{L_1} = 300 - 250 = 50$ A

Resolviendo para E_{L_1}:

$$-I_1 r_1 - E_{L_1} + I_N r_N + E_1 = 0$$
$$-(300 \times 0{,}044) - E_{L_1} + (50 \times 0{,}088) + 115 = 0$$
$$E_{L_1} = \mathbf{106{,}2\ V}$$

Resolviendo para E_{L_2}:

$$-I_N r_N - E_{L_2} - I_2 r_2 + E_2 = 0$$
$$-(50 \times 0{,}088) - E_{L_2} - (350 \times 0{,}044) + 115 = 0$$
$$E_{L_2} = \mathbf{95{,}2\ V}$$

Resolviendo para E_{L_3}:

$$-I_1 r_1 - I_3 R_3 - E_{L_3} - I_3 r_3 - I_2 r_2 + 230 = 0$$
$$-(300 \times 0{,}044) - (200 \times 0{,}0044) - E_{L_3} - (200 \times 0{,}0044$$
$$- (350 \times 0{,}044) + 230 = 0$$
$$E_{L_3} = \mathbf{199{,}64\ V}$$

b. Tensión $V_{1-2} = E_{L_1} + E_{L_2} = 106{,}2 + 95{,}2 = \mathbf{201{,}4\ V}$

EJEMPLO 11-7: Resolver: (a) El ejemplo 11-5 y (b) el ejemplo 11-6 utilizando el *método de la caída de tensión* indicado en la fig. 11-10b.

Solución:

Esta solución y la fig. 11-10b están basadas en el convenio de (1) una corriente que circula de la izquierda a la derecha (desde la alimentación) da lugar a

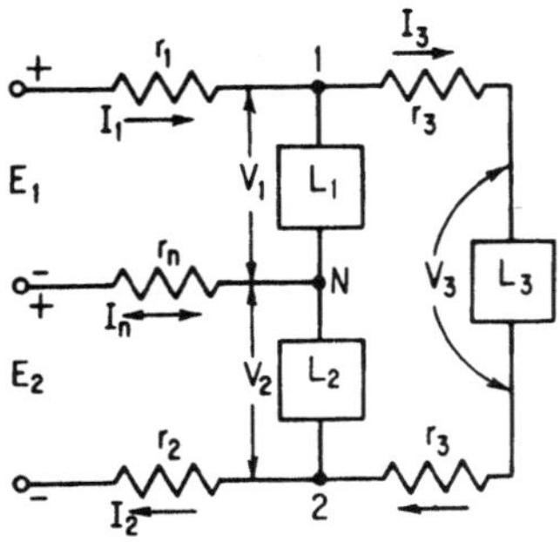

(a) Solución por la ley de Kirchhoff.

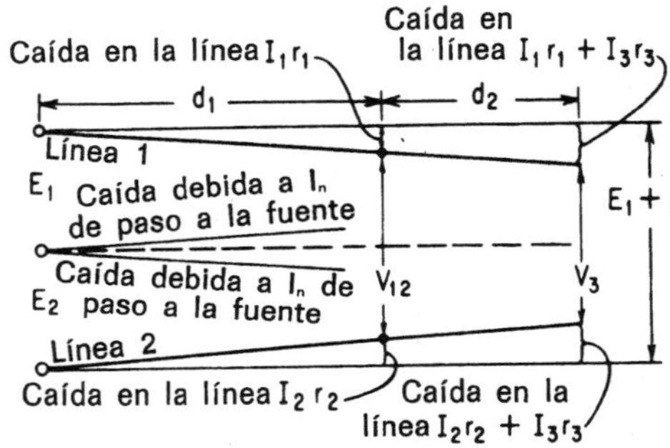

(b) Solución por el método de caída de tensión en el alimentador.

Figura 11-10. Sistemas trifilares con cargas desequilibradas correspondientes a los ejemplos 11-5, 11-6 y 11-7.

una caída de tensión *hacia abajo* y (2) una corriente que circula de la izquierda a la derecha origina una elevación de tensión *hacia arriba*. Se recomienda al lector que dibuje un diagrama similar al de la fig. 11-10b.

a. En el ejemplo 11-5, la caída en la línea $I_1r_1 = 300 \times 0{,}044 = 13{,}2$ V es igual en magnitud *pero no* en sentido a la caída en la línea I_2r_2.

   Caída en la línea $I_3r_3 = 100 \times 0{,}0044 = 0{,}44$ V

   Tensión $V_{1-2} = (E_1 + E_2)$ − caída en la línea I_1r_1 − caída en la línea I_2r_2
   $= 230\ \text{V} - 13{,}2 - 13{,}2 = \mathbf{203{,}6\ V}$

   y, donde $I_N = 0$,

$$E_{L_1} = E_{L_2} = \frac{203{,}6}{2} = \mathbf{101{,}8\ V}$$

   Tensión $V_3 = E_{L_3} = (E_1 + E_2) - 2(I_1r_1) - 2(I_3r_3)$
   $= 230 - (2 \times 13{,}2) - (2 \times 0{,}44) = \mathbf{202{,}72\ V}$

b. En el ejemplo 11-6, la caída en la línea $I_1r_1 = 300 \times 0{,}044 = 13{,}2$ V
   Caída en la línea $I_2r_2 = 350 \times 0{,}044 = 15{,}4$ V
   Caída en la línea $I_3r_3 = 200 \times 0{,}0044 = 0{,}88$ V

Caída en la línea $I_N r_N = 50 \times 0{,}088 = 4{,}4$ V (paso a la fuente)

Según Fig. 11-10b

$E_{L_1} = E_1 - I_1 r_1 + I_N r_N = 115 - 13{,}2 + 4{,}4 = \mathbf{106{,}2\ V}$

$E_{L_2} = E_2 - I_2 r_2 - I_N r_N = 115 - 15{,}4 - 4{,}4 = \mathbf{95{,}2\ V}$

$V_{1-2} = E_1 + E_2 - I_1 r_1 - I_2 r_2 = 230 - 13{,}2 - 15{,}4 = \mathbf{201{,}4\ V}$

Como comprobación:

$V_{1-2} = E_{L_1} + E_{L_2} = 106{,}2 + 95{,}2 = \mathbf{201{,}4\ V}$

$E_{L_3} = E_1 + E_2 - (I_1 r_1 + I_2 r_2 + 2 I_3 r_3)$

$= 230 - (13{,}2 + 15{,}4 + 2 \times 0{,}88) = 230 - 30{,}36 = \mathbf{199{,}64\ V}$

Una ventaja de la forma de solucionar el ejemplo 11-7 con la utilización del método de la caída de tensión es la de que proporciona una primera aproximación del valor de la tensión en *cualquier* punto de la red. En los ejemplos 11-5 y 11-6 se supuso que las cargas están concentradas y a una cierta distancia de la fuente alimentadora. Desde luego, en un caso real, la carga está *distribuida* en *toda* la longitud de la línea en lugar de estar «concentrada» en un punto particular. La ventaja de la solución utilizada en el ejemplo 11-7 y del uso de la fig. 11-10b es la de que este método proporciona una mejor representación de la naturaleza de las cargas en las líneas de transporte, además del efecto del sentido de la corriente y de la caída de tensión en el neutro sobre las tensiones entre hilo activo y neutro.

EJEMPLO 11-8: Usando un dibujo a escala similar al de la fig. 11-10 b determinar las tensiones para las cargas del ejemplo 11-6 situadas a las distancias indicadas en la tabla siguiente con respecto a la fuente alimentadora. *Nota:* Junto a la tabla se relacionan las respuestas pero se deja al lector el trabajo de comprobación.

Distancia con respecto a la fuente pies	Tensión De	A	Volts (V)
(a) 400	Línea 1	Neutro	**113,24**
(b) 800	Línea 1	Línea 2	**218,56**
(c) 1200	Línea 2	Neutro	**104,32**
(d) 1600	Línea 1	Línea 2	**207,12**
(e) 2100	Línea 1	Línea 2	**202,72**

11-10. Convertidores de fase de inducción. Cuando es necesario efectuar la conversión de un sistema polifásico en otro, los devanados primario y secundario de transformadores monofásicos (o de transformadores polifásicos) pueden conectarse de manera que hagan posible la conversión.* En *ninguna* circunstancia

* Véanse Apartados 13-19 y 13-20.

es sin embargo posible que un sistema monofásico pueda convertirse en polifásico mediante *transformadores* (lo contrario es evidentemente cosa fácil). Este tipo de conversión se efectúa generalmente por medio de un motor polifásico de c.a. denominado *convertidor de fase de inducción.**

El convertidor de fase de inducción se alimenta generalmente desde una fuente monofásica de alta tensión a través de un transformador reductor cuyo secundario está dividido en tres devanados en serie (de distintas tensiones) como se indica en la fig. 11-1a. El devanado estatórico del convertidor es bifásico estando los devanados desplazados 90 grados eléctricos en el estátor. Una fase, constituida por las bobinas en serie 1 y 2 de la figura, se conecta al arrollamiento central del secundario del transformador reductor. La otra fase, desplazada 90 grados eléctricos en el estátor, se conecta en T respecto a la primera y está constituida por las bobinas 3 y 4 de las figs. 11-11a y b. El rotor es de jaula de ardilla normal. El motor arranca en vacío como motor bifásico de fase partida permanente y va aumentando la fcem hasta alcanzar la velocidad de vacío de motor bifásico. El diagrama vectorial de las **fem** del transformador y del motor se muestra en la fig. 11-11c. La fem inducida en las bobinas 1 y 2 está en fase con la del transformador E_{ca}. La fem de las bobinas 3 y 4 se encuentran 90 grados desfasadas respecto a E_{ca} dando lugar a la tensión OB. Las tensiones AC, CB y BA son, por consiguiente, las que corresponden a un sistema trifásico.

Los convertidores de fase de inducción se utilizan para alimentar tranvías y trolebuses a partir de líneas aéreas de contacto o de líneas dobles. Tanto el transformador como el convertidor están situados en el vehículo. La tensión monofásica se convierte en trifásica que se utiliza para alimentar el motor de inducción trifásico. Se elimina así la necesidad de un hilo de contacto suplementario o de un tercer carril. Por otra parte presenta un rendimiento superior en la conversión que el que podría tener un grupo motor-generador de dos unidades.

Al igual que todos los convertidores, la tensión de salida se regula ajustando la tensión de la fuente mediante reguladores de inducción monofásicos, variacs o transformadores con tomas.

11-11. Dispositivos sincronizantes (selsyn). Los términos «selsyn» o «sincro», ampliamente utilizados en la literatura técnica y en la industria, son abreviaciones de la palabra «autosincronizante». Existen cinco tipos básicos de dispositivos autosincronizantes: el *transmisor* selsyn, el *receptor* selsyn, el *transmisor diferencial* selsyn, el *receptor diferencial* selsyn y el *transformador de control*

* El convertidor de fase de inducción se trata en este capítulo en lugar del 9 o 10 debido a su similitud con el convertidor rotativo y a causa de su finalidad especial. A diferencia del convertidor rotativo monofásico, cuya teoría se estudió en Ap. 11-6, el convertidor de fase de inducción arranca por sí mismo como motor bifásico.

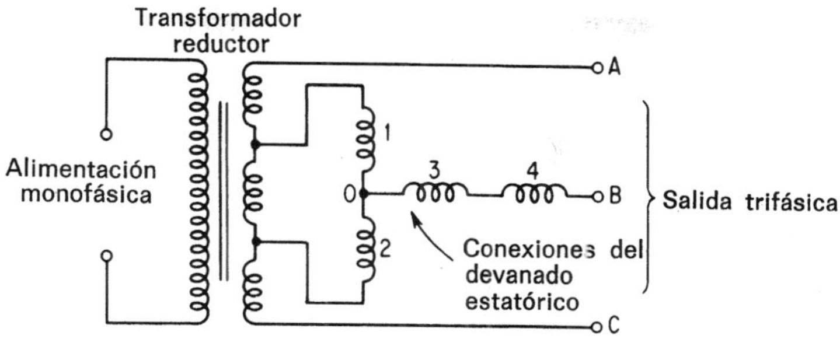

(a) Esquema de conexiones.

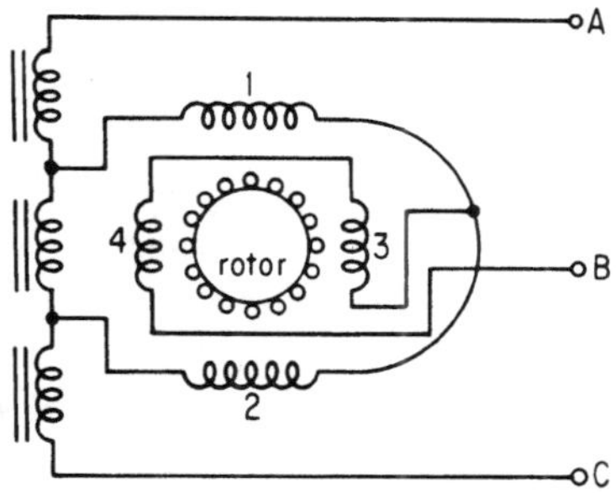

(b) Situación de los devanados estatóricos.

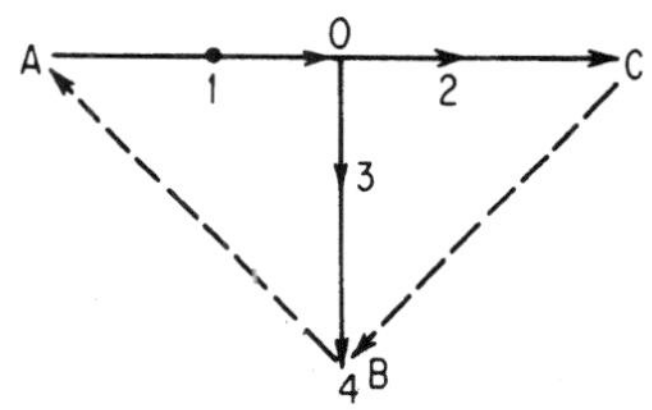

(c) Diagrama vectorial.

Figura 11-11. Convertidor de fase de inducción.

selsyn. Estos dispositivos se usan tanto en los sistemas de control de anillo abierto como en los de anillo cerrado y en una gran variedad de formas, para proporcionar indicaciones, desplazamientos, respuestas, generar o recibir una señal que indique posiciones angulares o desplazamientos.

Existen muchos tipos de dispositivos selsyn; algunos funcionan con corriente continua y otros son dispositivos mecánicos de naturaleza hidráulica. Lo que trataremos en este apartado se refiere principalmente a los cinco tipos de c.a. de inducción citados anteriormente. Estos dispositivos selsyn son de naturaleza esencialmente monofásica y la energía eléctrica para su funcionamiento se suministra de fuentes monofásicas de 60 o 400 Hz. Los *estátores* de estos dispositivos son *idénticos* desde el punto de vista constructivo (véase tabla 11-3 más adelante) y constan de un devanado «trifásico» distribuido idéntico al empleado en una máquina trifásica síncrona o asíncrona, por ejemplo el del estátor de un motor trifásico síncrono o de inducción. Los *rotores* de estos dispositivos se alimentan a través de anillos rozantes y recuerdan a los utilizados en el motor de inducción trifásico con rotor bobinado, o al de los rotores de polos salientes o lisos utilizados en los alternadores. La tabla 11-3 relaciona las diferencias constructivas entre los cinco tipos de dispositivos selsyn de c.a.

Como se hace notar en la tabla 11-3, la única diferencia constructiva entre un transmisor y un receptor es el *amortiguador*. Los amortiguadores que se utilizan en los *receptores* selsyn son principalmente, de muelle, de fricción, de viscosidad o dispositivos de amortiguamiento magnético proyectados para impedir la oscilación de un receptor cuando está sujeto a un cambio en la señal eléctrica de un transmisor (véase fig. 11-23b).

TABLA 11-3.
DIFERENCIAS CONSTRUCTIVAS Y APLICACIONES DE LOS SELSYNS

FUNCIÓN	DEVANADO ESTATÓRICO	DEVANADO ROTÓRICO	AMORTIGUADOR	ROTOR LIBRE EN LA APLICACIÓN	APLICACIÓN
Transmisor*	3 fases	Monofásico de polos salientes	No	No	Para convertir una entrada mecánica en salida eléctrica
Receptor*	3 fases	Monofásico de polos salientes	Sí	Sí	Para convertir una información eléctrica de posición del eje en salida mecánica de posición del eje
Transmisor diferencial*	3 fases	Trifásico distribuido	No	No	Para compensar errores en combinaciones transmisor-receptor comparando las posiciones de los ejes
Receptor diferencial*	3 fases	Trifásico distribuido	Sí	Sí	Para indicar sumas o diferencias de dos transmisores
Transformador de control	3 fases	Monofásico distribuido	No	No	Como detector de error para generar una señal eléctrica de rotor proporcional a la diferencia entre el estátor eléctrico y la salida de un servosistema

* Cualquier receptor puede utilizarse como transmisor, pero no lo contrario, ya que el transmisor no tiene amortiguador.

A diferencia de la mayoría de máquinas rotativas, los dispositivos selsyn *no* giran en forma continua cuando están energizados. Sólo se produce movimiento del eje en los momentos en que aparece un desequilibrio de las tensiones del estátor debido al cambio de posición del eje del transmisor. Incluso entonces el giro raramente es de una vuelta completa del eje del transmisor o receptor en las aplicaciones de control de posición.

La más simple forma de una combinación de selsyn como dispositivo indicador de posición remota es el de la fig. 11-12 en la que los estatores «trifásicos» de un transmisor y un receptor están unidos eléctricamente y sus rotores monofásicos conectados a una fuente de alimentación monofásica de 60 a 400 Hz. El rotor del transmisor está unido mecánicamente a través de engranajes con el dispositivo (en este caso la antena de una emisora de radio) cuya posición direccional debe transmitirse y por tanto el rotor del transmisor no puede girar libremente. Se requiere un total de cinco hilos para transmitir información de la posición desde el transmisor de antena (situado posiblemente en un alto mástil o en la cumbre de una montaña) hasta el indicador remoto que puede estar situado en el estudio o en una estación. La función del sistema selsyn es por tanto la de acoplar (eléctricamente) dos ejes, de forma que cuando uno (el eje del transmisor) gire (mecánicamente accionado), el otro (el eje del receptor) gire también (mecánicamente) el mismo valor. Los hilos eléctricos, incluso aunque haya cinco, son más flexibles y más prácticos para un acoplamiento a distancia, incluso en el caso de poca separación, que las transmisiones mecánicas que son relativamente rígidas y no posibles en el caso de transmisión a distancia. Por esta razón, los selsyn se han utilizado mucho en barcos y aviación en aplicaciones que proporcionan indicaciones de posición.

El principio en que se basa la sincronización es que desde los rotores (tanto del transmisor como del receptor) se inducen **fem** en los arrollamientos del estátor. Como que estas **fem** del estátor están originadas por una alimentación monofásica, se encuentran en fase pero difieren en magnitud de acuerdo con la

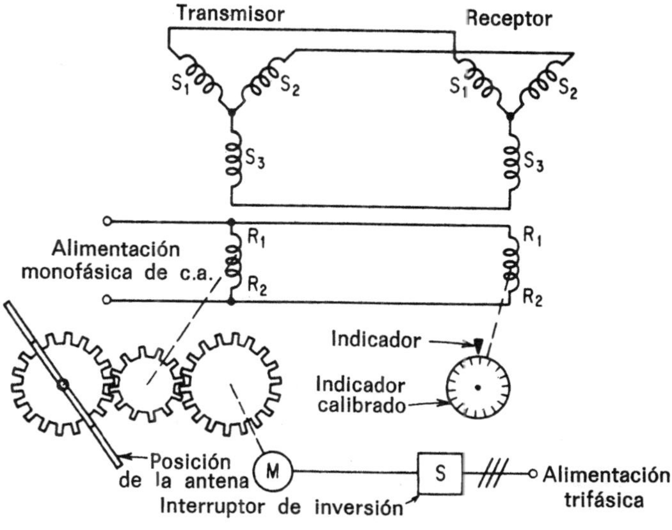

Figura 11-12. Sistema selsyn simple de transmisor-receptor.

posición de sus respectivos rotores. Cuando el rotor del receptor está exactamente en la misma posición que la del rotor del transmisor, las **fem** inducidas en cada uno de los devanados de «tres fases» son *iguales* y *opuestas* y por tanto *no* circulan corrientes en el estátor.

Por otra parte, si el rotor del transmisor se gira mecánicamente a una nueva posición del eje de forma que resulte desplazado con relación a su propio devanado estatórico, se producen nuevas **fem** en el estátor del transmisor distintas a las del estátor del receptor. Circulan pues corrientes en el estátor que dan lugar, en el receptor, a un *campo estatórico resultante* que tiende a hacer girar el rotor del receptor (que es libre de hacerlo) hacia una posición paralela a la del campo estatórico, es decir, tal que no ocasione circulación de corrientes. Como los rotores están siempre en fase (en paralelo), en la nueva posición, por el efecto de transformador las fem inducidas en el estátor del receptor son iguales y opuestas a las del transmisor y el sistema se encuentra de nuevo en equilibrio. Cualquier cambio en la posición del rotor del transmisor, tanto en el sentido de las agujas del reloj como en el contrario, producirá corrientes en el estátor y éstas el correspondiente cambio de posición en el rotor del receptor hasta conseguir la anulación de las corrientes.

Aun cuando en algunas publicaciones al selsyn transmisor se le llama «generador» y al receptor «motor», no pueden considerarse técnicamente correctas estas denominaciones, ya que ni el transmisor genera energía eléctrica ni el receptor la convierte en movimiento mecánico. Si se desprecia el rozamiento la energía mecánica aplicada al transmisor iguala exactamente el valor de la energía mecánica que suministra el receptor.

En ocasiones se utiliza un gran transmisor único junto con dos o más receptores remotos conectados en paralelo. La única limitación a tal forma de funcionamiento es la de que el transmisor debe ser de tamaño suficiente y tener una impedancia interna suficientemente baja para poder proporcionar la corriente necesaria y el par requerido por cada uno de los receptores cuando la posición del rotor del transmisor se varía mecánicamente.

11-11.1. *Transmisor diferencial.* En ocasiones se precisa información de la posición del eje de dos fuentes. Si ambas fuentes están en correspondencia, es decir, tienen la misma posición angular, la diferencia en las posiciones de ejes es nula. Para este fin se utiliza el *transmisor diferencial,* uno de los cuales se muestra en la fig. 11-13. Si la entrada mecánica 1 en el transmisor selsyn y la entrada 2 en el transmisor diferencial están en correspondencia, el rotor indicador no se moverá. No circulan corrientes por los devanados estatóricos del transmisor ni del receptor. Si, en cambio, el rotor de la entrada 1 se gira por ejemplo 10° en el sentido de las agujas del reloj, la nueva fem inducida en el estátor del transmisor 1 originará el paso de corrientes por el estátor del transmisor 2. El rotor del transmisor 2 no puede moverse porque, a su vez, está conectado a una carga. y por lo tanto actúa como transformador transfiriendo energía al

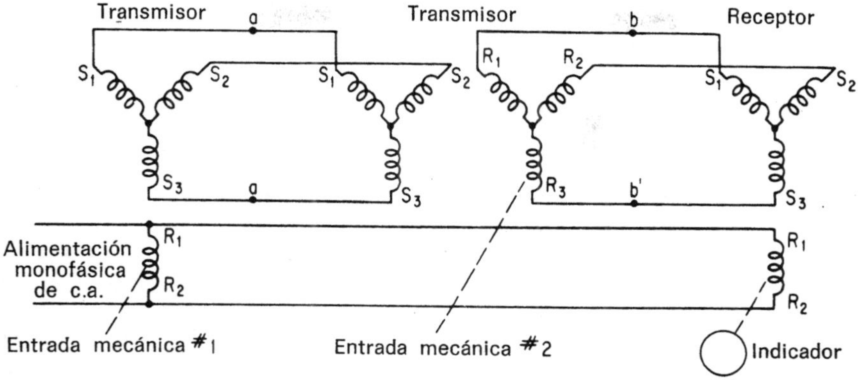

Figura 11-13. Uso de un transmisor diferencial en un sistema selsyn.

estátor del receptor, lo que es causa de que circulen corrientes estatóricas y se establezca un flujo neto en el estátor. Este flujo estatórico actúa sobre el rotor del receptor haciendo que éste indique la *diferencia* entre las posiciones del rotor de la entrada 1 y 2.

Si se desea que el receptor indique la *suma* en lugar de la diferencia de entradas, basta con invertir las conexiones en *a* y *a'* y en *b* y *b'*, es decir, se invierten S_1 y S_3 en ambos circuitos estatóricos. El indicador marcará entonces la suma de las entradas 1 y 2.

11-11.2. *Receptor diferencial.* El uso de un *receptor diferencial* se pone de manifiesto en la figura 11-14. Dos transmisores acoplados mecánicamente a las entradas suministran información de la posición al estátor de tres fases y al

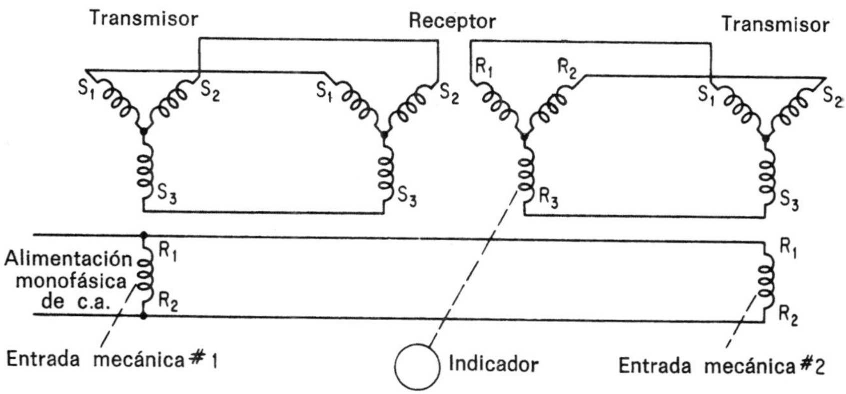

Figura 11-14. Uso de un receptor diferencial en un sistema selsyn.

rotor respectivamente de un receptor diferencial. El rotor del receptor girará hasta la posición en que no circulen corrientes por sus devanados del estátor o rotor. Esta posición corresponde a la diferencia entre las posiciones del rotor de las entradas 1 y 2. Los circuitos indicados en las figs. 11-13 y 11-14 pueden utilizarse para la medida del deslizamiento (cap. 9-13) en lugar del sistema diferencial mecánico utilizado en la fig. 9-12b. El indicador de las figuras 11-13 y 11-14 girará a una velocidad proporcional a la diferencia entre las velocidades de entrada de los dos transmisores.

11-11.3. *Transformador de control.* La figura 11-15 muestra la utilización de un *transformador de control* como detector de errores en un sistema (servo) en anillo cerrado. La posición mecánica deseada se convierte en una señal eléctrica que se lleva al estátor del transformador de control por medio de un transmisor selsyn. La posición mecánica real de la carga se acopla mecánicamente al rotor del transformador de control. Con ello, el transformador de control recibe la información de la posición deseada en forma de señal eléctrica a su estátor y recibe la posición real en función del desplazamiento de su rotor. Si ambos están en correspondencia, es decir, si el rotor del transformador de control se encuentra a 90° con respecto al rotor del transmisor, el rotor del transformador de control no dará salida monofásica. Sin embargo, si existe un error entre ellos, la fem producida en el rotor por el campo resultante del estátor se amplifica y se utiliza para accionar un motor bifásico en el sentido adecuado para reducir el error. La señal de error amplificada acciona la carga (y el rotor del transformador de control) hasta que se alcanza el equilibrio, es decir, hasta que la posición de la carga es la correspondiente a la posición de entrada mecánica deseada. Nótese que en el sistema de la fig. 11-15 el transmisor puede estar situado en algún punto remoto y que sólo se requieren tres hilos para transmitir la información de la señal deseada hasta el sistema de anillo cerrado situado junto a la carga.

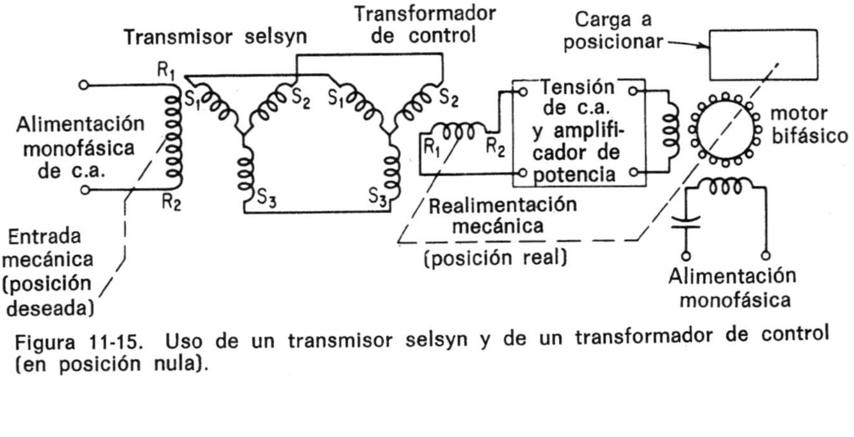

Figura 11-15. Uso de un transmisor selsyn y de un transformador de control (en posición nula).

La comparación de las figuras 11-12 a 11-15 con la tabla 11-3 sirve para señalar por qué se necesitan amortiguadores en sólo dos de los dispositivos selsyn: el receptor diferencial y el receptor selsyn simple. Sus rotores no están *nunca* conectados a una carga en tanto que los rotores del transformador de control, del transmisor y del transmisor diferencial están siempre acoplados mecánicamente a una carga.

Es evidente que un sistema selsyn *no* funcionará adecuadamente si se cortan o cortocircuitan alguna de las conexiones del estátor o del rotor. Las sobrecargas son particularmente perjudiciales a los dispositivos selsyn, que al no girar continuamente como los motores no disponen de ventiladores en el eje para la refrigeración. Si se cortan algunos de los hilos del estátor se producirán corrientes de *sobrecarga* en el estátor que circularán continuamente y que serán absorbidas de los rotores primarios.

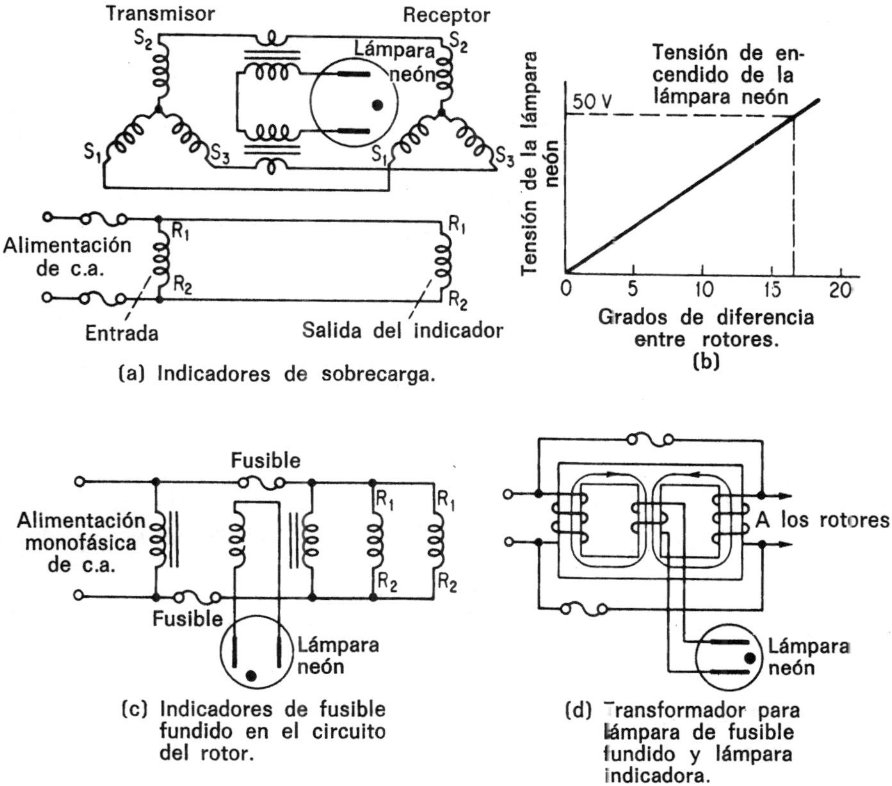

Figura 11-16. Indicadores de sobrecarga y de fusión de fusibles utilizados en los sistemas selsyn.

11-11.4. *Indicadores de sobrecarga.* Como se indica en la figura 11-6a, los *indicadores de sobrecarga de neón* se conectan a través de transformadores en dos de los hilos de línea del estátor, S_2 y S_3. Si algún hilo del estátor se corta, la mayor corriente del estátor produce tensión suficiente para el encendido de la lámpara de sobrecarga. Si se cortan dos hilos estatóricos no hay posibilidad de sobrecarga, por lo que sólo se protegen dos hilos de línea.

Los indicadores de sobrecarga sirven también como indicadores de *rotor de receptor bloqueado.* Con ello, si el rotor del transmisor se gira mecánicamente y el rotor del receptor no puede hacerlo en correspondencia, las corrientes del estátor aumentarán en proporción al grado de diferencia entre las posiciones de los dos rotores. Como se indica en la fig. 11-16, la lámpara de neón se encenderá si existe una diferencia de 17° en las posiciones de los rotores. Las tensiones que aparecen en bornes de las lámparas de neón en caso de sobrecarga se utilizan también para hacer funcionar señales de alarma acústicas.

Cualquier sobrecarga de los circuitos estatóricos se alimenta por transformación desde los rotores. Los circuitos rotóricos primarios se protegen mediante fusibles en ambos lados de la línea de c.a. en la forma indicada en las figuras 11-16a y c, para proteger contra las severas corrientes de sobrecarga absorbidas por el estátor. El mismo principio de la lámpara de neón se utiliza en el circuito del rotor, para proporcionar indicación de la fusión de un fusible de la línea de c.a. que alimenta los motores, pero con una pequeña diferencia. La lámpara de neón se conecta al secundario de un transformador cuyos primarios en paralelo se conectan de manera que produzcan fmm que se opongan en el hierro del transformador en la forma indicada en la fig. 11-16d. Si se funde uno de los fusibles, el primario de la izquierda de las figuras 11-16c y d queda con tensión, pero el de la derecha no. La tensión del secundario aplicada a la lámpara indicadora de neón es elevada (al no existir ya la oposición de las fmm de los primarios) y la lámpara se enciende actuando simultáneamente una señal acústica de alarma.

11-11.5. *Puesta a cero de selsyns.* Con el fin de calibrar las escalas de los dispositivos selsyn es necesario conocer la posición del cero. Si estos dispositivos no están conectados en un sistema y si los ejes de sus rotores pueden girar libremente, el transmisor simple, el receptor y el transformador de control pueden ser puestos a cero en la forma indicada en la fig. 11-17a. El transmisor diferencial y el receptor diferencial pueden ser puestos a cero como se indica en la fig. 11-17b. *Todos* los ajustes a cero se realizan generalmente a tensión *reducida* para evitar averías en los dispositivos selsyn. Cuando se aplica corriente alterna, el rotor queda bloqueado en la posición cero.

Una vez conectado en un sistema, los ejes del transmisor, del transformador de control y del transmisor diferencial quedan engranados a un accionamiento mecánico. Es posible a veces girar algo el estátor con respecto al rotor para ajustar el cero de éste. Sin embargo, la manera normal de proceder es la de

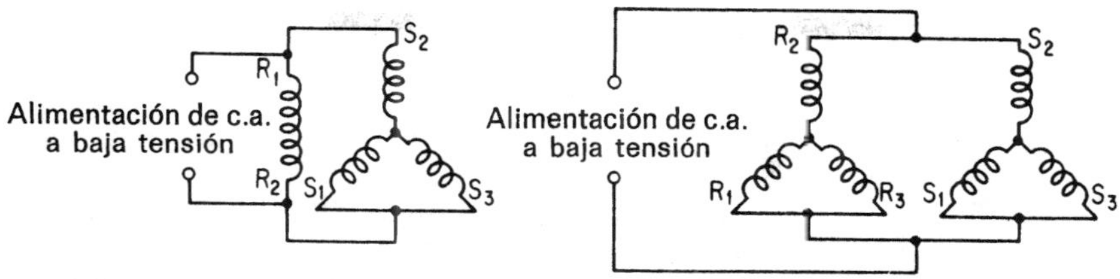

(a) Puesta a cero de un transmisor o receptor selsyn o de un transformador de control.

(b) Puesta a cero de un transmisor o receptor diferencial.

Figurar 11-17. Métodos de puesta a cero de dispositi\ pueden girar libremente.

hacer girar el mecanismo de accionamiento lentamente hasta que se encuentra la posición cero que corresponde a la indicación nula en el voltímetro de las distintas figuras 11-18. El transformador de control y el transmisor diferencial se suelen ajustar a cero en dos etapas mediante los procedimientos de ajuste grueso y fino de las figuras 11-8b y c. La etapa de ajuste grueso es necesaria para evitar daños a los devanados del rotor en caso de que exista un gran desplazamiento

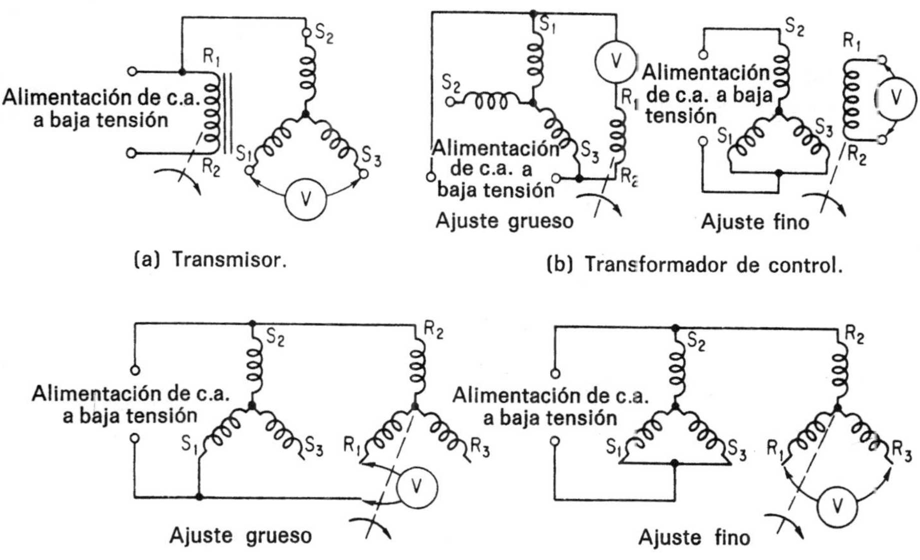

(a) Transmisor.

(b) Transformador de control.

(c) Transmisor diferencial.

Figura 11-18. Métodos de puesta a cero de dispositivos selsyn cuando los rotores están acoplados mecánicamente a un sistema.

respecto a la posición cero y por este motivo se utiliza un voltímetro en serie con los rotores.*

11-12. Selsyns de potencia y sistemas de enlace sincrónico. Se ha dicho en el apartado anterior que los apelativos de «generador» y «motor» eran inadecuados cuando se aplican a dispositivos selsyn, ya que ellos ni generan energía eléctrica ni la convierten en movimiento mecánico. Los grandes dispositivos del tipo selsyn, llamados «selsyns de potencia», se usan como método de control de la velocidad o de la sincronización, con motores de c.c. o c.a. suministrando una parte de la potencia requerida por la rotación. El nombre «selsyn de potencia» es poco adecuado, pero se usa bastante frecuentemente en la literatura técnica. Estos dispositivos *son* realmente *motores de inducción de rotor bobinado,* fraccionales o de pequeña potencia, que giran *continuamente* a velocidades inferiores a la síncrona. Los «selsyns» de potencia *se comportan* como motores o generadores sincronizantes.

Una breve descripción de la sincronización de potencia por dos dispositivos tales del tipo de inducción de rotor bobinado se muestra en la fig. 11-19. El sistema se conoce a veces con el nombre de sistema «de enlace sincrónico». Cada rotor bobinado está acoplado mecánicamente con su carga respectiva. Tanto los estatores como los rotores de los dos motores de rotor bobinado están *eléctricamente* en paralelo, como se indica en las figs. 11-9a y b. Cuando los dos motores primarios arrastran a sus respectivas cargas mecánicas a la misma velocidad, el deslizamiento de cada motor de rotor bobinado es el mismo y las tensiones indu-

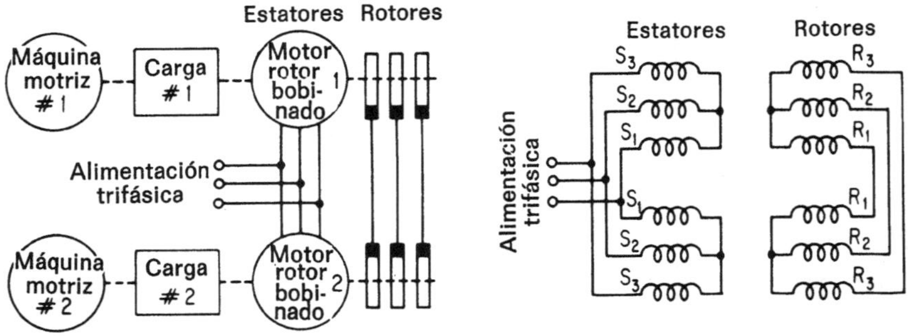

(a) Sistema de enlace sincrónico. (b) Esquema del enlace sincrónico eléctrico.

Figura 11-19. Uso de motores de inducción de rotor bobinado en un sistema de enlace sincrónico.

* Las limitaciones de espacio no permiten un tratado completo de los dispositivos selsyn. Para mayor información teórica y de aplicaciones puede acudirse a E. Johnson, *Servomechanisms,* Englewood Cliffs, N.J.: Prentice-Hall, Inc., 1963, capítulo 6.

cidas en los rotores son iguales en magnitud y se encuentran en oposición de fase. En estas condiciones no se produce circulación de corrientes en los devanados rotóricos y ninguno de los rotores desarrolla par (exactamente igual que si sus devanados estuvieran abiertos).

Sin embargo, cuando las cargas están desequilibradas, el motor primario que tiene menor carga tiende a embalarse, haciendo que su motor de rotor bobinado acoplado actúe como alternador síncrono, generando y suministrando corriente al rotor de la máquina más cargada. La corriente rotórica recibida por el motor más cargado tiende a desarrollar un par (efecto motor) en el sentido de rotación, ayudando así a su motor primario a aumentar su velocidad. Por el contrario, la máquina de rotor bobinado que actúa como generador requiere para ello la aplicación de un par que se oponga a su rotación (efecto generador), lo que tiende a reducir la velocidad del motor o accionamiento primario menos cargado.

El sistema de enlace síncrono sirve pues para mantener *constante* la carga en los motores primarios a base de *añadir* carga al motor primario que acciona el eje *menos cargado* y de *quitar* carga del motor primario que acciona el eje *más cargado*. El valor de la carga que cada una de las máquinas de rotor bobinado puede añadir o quitar depende de la relación de potencias entre las máquinas de rotor bobinado y los motores primarios utilizados. Generalmente, la relación utilizada es de aproximadamente un 10 por ciento de la potencia nominal del motor primario. Los «sincros» de potencia se usan ampliamente para la sincronización de motores en puentes de elevación y transporte, en máquinas de impresión, en la industria papelera y en laminadores de acero.

11-13. Servomotores de c.c. Los servomotores de c.c. son motores de c.c. alimentados por corriente suministrada por amplificadores electrónicos de c.c. o por amplificadores de c.a. con demoduladores colocados interna o externamente, o por tiratrones o por rectificadores controlados de silicio o por alguno de los tipos de amplificadores rotativos tales como la amplidina, el Rototrol o el Regulex, que se estudiarán en este capítulo. Los servomotores de c.c. tienen potencias comprendidas entre 0,05 y 1000 hp.

Las características fundamentales a cumplir por cualquier servomotor (de c.c. o c.a.) son: (1) el par de salida del motor es proporcional a la tensión de control que se le aplica, y (2) el sentido del par viene determinado por la polaridad (instantánea) de la tensión de control. Se utilizan cuatro tipos de servomotor de c.c. que serán tratados a continuación: el motor derivación (con excitación o inducido controlado), el motor serie y motor derivación de imán permanente (excitación de campo fija).

11-13-1. *Servomotor de excitación controlada.* Este motor y su tipo de control es, de hecho, igual que los que se trataron con detalle en el apartado 4-7 y la fig. 4-6 y en la fig. 11-20a. Nótese que el par desarrollado por este motor es nulo cuando no existe excitación en el devanado de campo alimentado por el amplificador de error de c.c. Como que la corriente de inducido es *siempre constante,* el par varía directamente con el flujo de excitación y también con la corriente de excitación hasta que se alcanza la saturación ($T=k\phi I_a$). Si la polaridad de la excitación se invierte, el motor cambia el sentido de giro. El control de la corriente de excitación por este método se usa sólo en pequeños servomotores debido a: (1) no es deseable tener que alimentar una corriente grande y de valor fijo como la requerida por los grandes servomotores de c.c. y (2) la respuesta dinámica es más lenta que la de los motores de inducido controlado debido a la gran constante de tiempo del altamente inductivo circuito de excitación.

11-13.2. *Servomotor de inducido controlado.* Este servomotor trabaja con excitación fija alimentada por una fuente de corriente constante como la indicada en la fig. 11-20b. Como se ha dicho antes, este tipo de control presenta ciertas ventajas sobre el de excitación controlada en lo que se refiere a la respuesta dinámica. Una variación brusca, grande o pequeña, de la tensión de inducido producido por una señal de error dará lugar a una respuesta casi inmediata del par, ya que el circuito de inducido es esencialmente resistivo si se le compara con el de excitación que es altamente inductivo.

La excitación de este motor tiene un valor bastante inferior al correspondiente del codo de la curva de saturación con el fin de hacer que el par sea menos sensible a los pequeños cambios de tensión de la fuente de corriente constante. Además, un flujo de excitación de valor elevado aumenta la sensibilidad del par del motor ($T=k\phi I_a$) para el mismo valor de un pequeño cambio en la

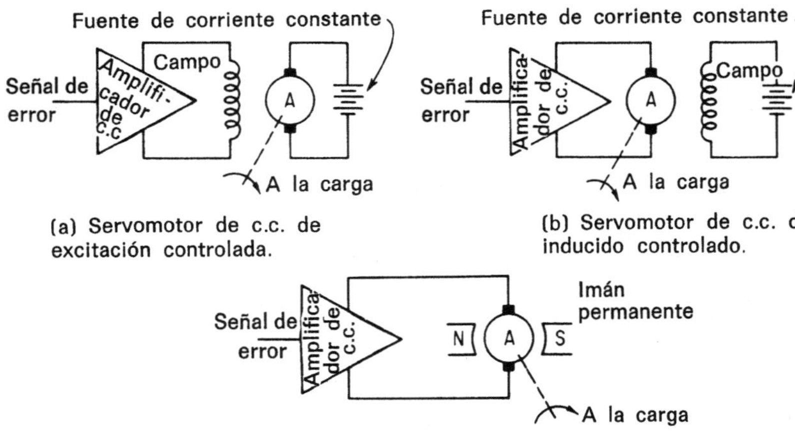

(a) Servomotor de c.c. de excitación controlada.

(b) Servomotor de c.c. de inducido controlado.

(c) Servomotor de c.c. de imán permanente controlado por el inducido.

Figura 11-20. Servomotores de c.c. de excitación independiente.

corriente de inducido. Funcionan de esta forma, controlados por la tensión de inducido, motores de c.c. de hasta 1000 hp. Si se invierten la señal de error y la polaridad de la tensión de inducido, el motor cambia su sentido de giro.

Los grandes motores-derivación de c.c. controlados por el inducido se controlan generalmente mediante amplidinas o excitatrices de campos múltiples (véanse apartados 11-16 y 11-17) denominados amplificadores rotativos cuando los requerimientos del servomecanismo imponen la necesidad de dispositivos de control de alta potencia.

11-13.3. Se utilizan para «instrumentos» pequeños motores de c.c. de potencia fraccionaria, que utilizan imanes permanentes como excitación constante, en lugar de una fuente constante de corriente de excitación, como se indica en la fig. 11-20c. Estos dispositivos se fabrican generalmente para tensiones nominales de 6 y 28 V. La estructura de la excitación de estos motores consiste en una aleación Alnico VI moldeada en forma de anillo circular de aproximadamente 1″ de diámetro que rodea totalmente al inducido y que proporciona un flujo intenso. Los motores de imán permanente se compensan por medio de devanados de conmutación para evitar la desmagnetización de los imanes de excitación cuando la tensión del inducido se invierte bruscamente. Las corrientes parásitas y los efectos de histéresis son generalmente despreciables en este tipo de motores y las piezas polares son generalmente laminadas para reducir las chispas en las escobillas cuando tiene lugar un rápido cambio en la tensión de señal. Estos dispositivos se controlan también por control de la tensión del inducido, de la misma manera que los motores-derivación de inducido controlado.

11-13.4. *Motores de c.c. con excitación serie partida.* Los motores de c.c. de excitación serie partida de potencia fraccional pueden hacerse funcionar con excitación independiente controlada en la forma indicada en la fig. 11-21a. Uno de los devanados se denomina principal y el otro auxiliar, si bien suelen producir iguales **fmm** y estar colocados en los polos de manera que tiendan a producir

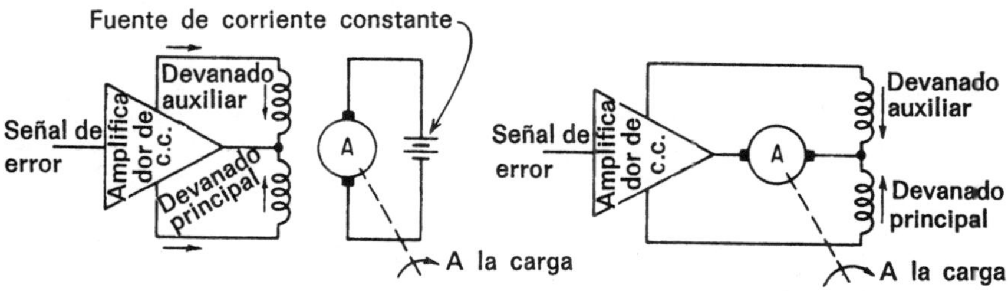

(a) Excitación independiente. (b) Excitación directa.

Figura 11-21. Servomotores de c.c. del tipo de excitación serie partida.

sentidos contrarios de rotación. Como indica la fig. 11-12a, los motores pueden tener excitación independiente, estando alimentado el inducido por una fuente de corriente constante. Las ventajas del control de la excitación por el método de la excitación partida son: (1) la respuesta dinámica del inducido mejora al existir siempre excitación (no hay retraso debido a la constante de tiempo inductiva), y (2) se obtiene un control más fino al ser el sentido de rotación más sensible a las extremadas pequeñas diferencias de corriente entre los devanados principal y auxiliar.

Los motores serie mayores funcionan según la configuración de la fig. 11-21b debido a que es de difícil consecución la excitación independiente del inducido utilizando corrientes constantes. En esta disposición la corriente del inducido del motor de excitación partida es la suma de las corrientes en los devanados principal y auxiliar. Cuando las corrientes de estos devanados serie son iguales y opuestas no se produce par. Una pequeña disminución o aumento de la corriente del devanado auxiliar producirá un par instantáneo y un giro en el sentido *correspondiente.* El servomotor serie proporciona un gran par de arranque y una rápida respuesta a pequeñas señales de error. La regulación de velocidad en este tipo de motores es deficiente, pero esto no suele constituir un inconveniente grave en un servosistema ya que generalmente la carga es constante. La utilización de dos devanados en oposición reduce el rendimiento del motor, lo que no presenta problemas en el caso de los motores más pequeños.

En general, los motores de c.c. con excitación «shunt» y serie tienen rotores de mayor inercia que los de c.a. de igual potencia debido al mayor peso de los devanados de inducido de c.c. Si a ello añadimos la mayor resistencia mecánica derivada del rozamiento de las escobillas, se comprende la no utilización de motores de c.c. en servosistemas de instrumentos sensibles extremadamente pequeños. En los inducidos pequeños debe prestarse atención a eliminar el problema conocido como «cosido electromagnético en las ranuras» que se presenta a bajas velocidades. La conmutación es también otro problema de los servomotores de c.c., aunque los polos auxiliares y los devanados de compensación lo reducen notablemente. Sin embargo, a grandes altitudes, debido a la falta de oxígeno, el esmerilado del colector puede eliminar la capa de óxido provocando dificultades en la conmutación.* Se han desarrollado pequeños servomotores de c.c. con cierre hermético para superar este problema. Peores son los problemas del colector derivados del funcionamiento del motor, durante la mayor parte del tiempo, parado o a velocidades pequeñas, que ocasionan la circulación de grandes corrientes en las barras que se mueven lentamente, lo que produce chisporroteo y picado del colector. Además, el chisporroteo de un motor con colector produce radiaciones y radiointerferencias. Finalmente las escobillas requieren un mantenimiento periódico.

* La teoría de los films moleculares y su efecto sobre la conmutación se trata en Kloeffler, Kerchner y Brenneman, *Direct Current Machinery,* Nueva York: The Macmillan Company, 1948, pág. 322.

Por todas las razones anteriores, la mayoría de los servomotores pequeños utilizados en servomecanismos son de c.a. del tipo de inducción con espiras de sombra o bifásicos (véase Ap. 10-9, figs. 10-7 y 10-8).

11-14. Servomotores de c.a. La potencia mecánica de los servomotores de c.a. de espiras de sombra está comprendida entre $\frac{1}{1500}$ y $\frac{1}{8}$ hp. Para mayores potencias se utilizan siempre motores de c.c., a pesar de los inconvenientes antes señalados, debido al poco rendimiento de los motores de c.a. de mayores potencias; si se construyesen con las características de par-velocidad que requieren los servomecanismos, se producirían dificultades de refrigeración en los motores de c.a.

En la fig. 11-22a se muestra un dibujo esquemático del *servomotor bifásico* y en la fig. 11-22b el correspondiente al del tipo de espiras de sombra. El más empleado es el servomotor bifásico de cuatro terminales de la fig. 11-22a. Se trata de un verdadero motor bifásico que tiene dos devanados estatóricos desplazados en el estátor 90°. El devanado de referencia se alimenta de la fuente constante de c.a. a través de un condensador. En ausencia de señal de error el rotor de jaula de ardilla está en reposo. Una pequeña señal de error de polaridad definida en relación al devanado de referencia se amplifica en el amplificador de c.a. y se introduce en el devanado de control. El giro del motor se efectúa en el sentido adecuado para reducir la señal de error y el motor se para cuando se alcanza el equilibrio (señal de error nula).

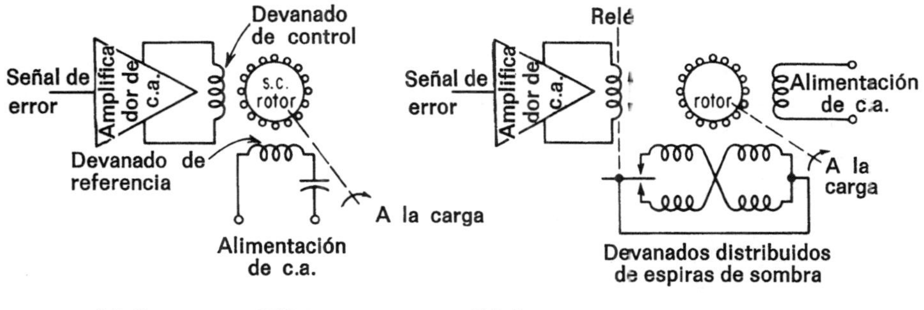

(a) Servomotor bifásico. (b) Servomotor con espiras de sombra.

Figura 11-22. Servomotores de c.a.

El *servomotor con espiras de sombra* de la fig. 11-22b utiliza un relé direccional para que sus contactos cierren en cortocircuito las espiras de sombra correspondientes al giro en el sentido deseado. A la fuente de alimentación de c.a. se conecta un devanado de excitación monofásico. En presencia de una señal de error suficiente para accionar el relé se cortocircuita un par de devanados de espiras de sombra; el servomotor gira hasta que se alcanza el equilibrio (el

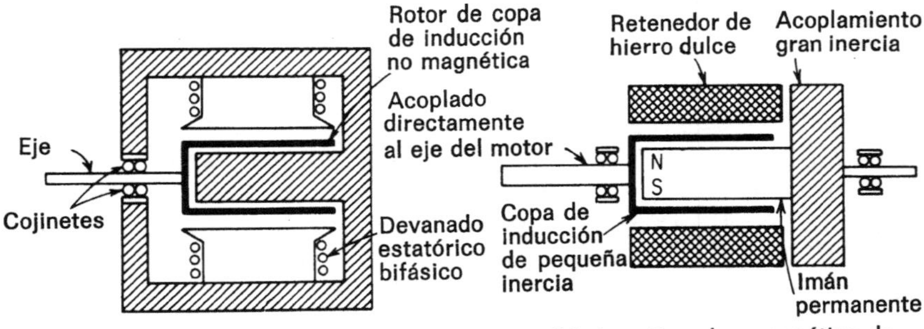

(a) Servomotor de copa de inducción.

(b) Amortiguador magnético de copa de inducción.

Figura 11-23. Servomotor de copa de inducción y amortiguador magnético.

relé queda entonces desexcitado y abre contactos) y el motor se para. Una señal de error de polaridad opuesta haría que el relé direccional actuara, cerrando en cortocircuito un par distinto de devanados que provocarían el giro del servomotor en sentido contrario (véase Ap. 10-9).

Es evidente que el motor bifásico de la fig. 11-22a es el mejor de los dos tipos, ya que es capaz de responder a señales de error pequeñas. Un servomotor con espiras de sombra sólo responderá cuando la señal de error amplificada sea de valor suficiente para causar el funcionamiento del relé. La respuesta del servomotor bifásico a señales de control muy pequeñas puede todavía mejorarse reduciendo el peso y la inercia del motor como en el tipo denominado «servomotor de copa de inducción». Estos servomotores de c.a. de bajo par, mostrados en la fig. 11-23a, se adaptan extremadamente bien a servosistemas de instrumentos de c.a. Como todo el hierro del circuito magnético es fijo, el rotor consta únicamente de una fina vaina cilíndrica de cobre o latón y su eje se apoya en un solo cojinete. Debido a su pequeña inercia el motor de copa de inducción es capaz de arrancar incluso cuando se aplican a su devanado de control señales extremadamente pequeñas.

El principio de la copa de inducción se utiliza también para *amortiguar* servomotores de c.c. y c.a. que disminuyen lentamente su velocidad con el fin de que queden parados instantáneamente cuando la señal de error sea nula. Con ello se reduce la oscilación o el sobrealcance si se presenta una señal de error. Como se indica en la fig. 11-23b, se acopla al motor una copa de inducción de pequeño peso e inercia. La copa de inducción rodea un imán permanente y a su vez está rodeada por retenedores de hierro dulce que conservan la retentividad del imán permanente. Cualquier cambio de velocidad por arranque, paro o inversión del sentido de giro producirá un efecto de amortiguamiento. Las ventajas de este método de amortiguamiento son su larga duración y su resistencia al desgaste.

11-15. El generador Rosenberg. Al igual que el generador con tercera escobilla (Ap. 11-2), el generador Rosenberg fue inventado para suministrar una corriente constante independientemente de la velocidad del motor primario. Pero además permite también la generación con la misma polaridad independientemente del sentido de giro del motor primario. Ningún otro generador posee esta única propiedad.

El generador con tercera escobilla (Ap. 11-2) es un generador sin compensación de la reacción de inducido y con una excitación esencialmente débil para producir un rápido derrumbamiento con la carga. El generador Rosenberg es un segundo tipo de generador (y existen otros) que aprovecha la reacción de inducido para la obtención de características de funcionamiento deseables. En la fig. 11-24a se representa el circuito simplificado de un generador de Rosenberg bipolar conectado a una batería de acumuladores que representa la carga del generador. Los polos del generador tienen sus *núcleos* particularmente *pequeños* pero las *piezas polares* son *grandes*. Los núcleos son suficientes para el débil flujo de excitación derivación producido durante el funcionamiento, en tanto que las piezas polares son necesarias para completar el circuito magnético del flujo de inducido (de reacción) magnetizante transversal. No se efectúa compensación de la reacción de inducido y como se verá el generador no puede funcionar sin reacción de inducido.

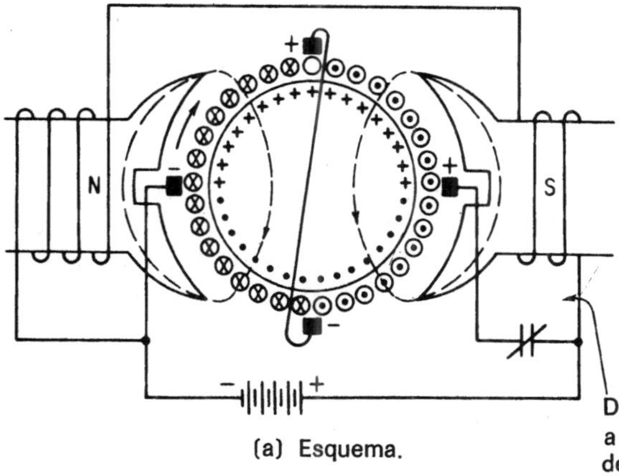

(a) Esquema.

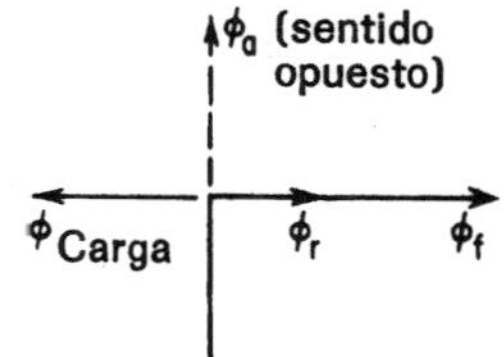

(b) Relaciones vectoriales.

Figura 11-24. Generador Rosenberg.

Cuando el motor primario (generalmente el eje de un vagón de ferrocarril) hace girar al generador Rosenberg, la tensión de c.c. generada por sus conductores se capta por medio de sus escobillas interpolares y queda inmediatamente cortocircuitada. Las grandes corrientes de cortocircuito, con la ayuda de las grandes piezas polares, crean un elevado flujo de inducido magnetizante transversal en la dirección en las figuras 11-24a y b. Los conductores que giran arrastrados por el motor primario están concatenados con este flujo magnetizante transversal y se induce nueva fem en todos los conductores de inducido. Estas tensiones se indican en el círculo interior de puntos y cruces de la fig. 11-24a. Un segundo juego de escobillas en cuadratura situadas sobre el colector (no mostrado) extraen esta tensión generada y la suministran a la carga, en este caso a la batería a cargar, a través de un disyuntor normalmente cerrado.

Como puede verse en el diagrama vectorial de la fig. 11-24b, el flujo original, ϕ_f, produce una tensión en el inducido que se cortocircuita a través de las escobillas externas y con ello se produce un gran flujo de inducido, ϕ_a. La tensión resultante de ϕ_a se suministra a una carga externa y la corriente en los conductores de inducido produce un flujo de carga de inducido, ϕ_{carga}, que se opone directamente al flujo de excitación. El flujo resultante, ϕ_r, es la diferencia entre ϕ_f y ϕ_{carga}, necesario para establecer y sostener el flujo de inducido ϕ_a.

El generador Rosenberg, al igual que el generador con tercera escobilla, fue proyectado para: (1) suministrar una corriente constante independientemente de la velocidad, y (2) generar fem de igual polaridad independientemente del sentido de giro como antes hemos hecho notar.

La característica de *corriente constante independientemente de la velocidad* se deduce directamente del diagrama *vectorial* de la fig. 11-24b. Un aumento de la velocidad tiende a aumentar la tensión cortocircuitada, el flujo de inducido magnetizante transversal y el flujo de carga. Un aumento del flujo de carga disminuirá el flujo resultante, ϕ_r, manteniendo así constante la corriente suministrada a la carga o batería. Un aumento o disminución de la carga externa tendrá también el mismo efecto.

La característica de *polaridad constante independientemente del sentido de giro* puede explicarse como sigue: Supongamos que el generador se acciona en sentido opuesto. La corriente en la parte cortocircuitada circulará en sentido opuesto y el sentido de la corriente en los inductores es contrario al de los círculos de la fig. 11-24a. El flujo de inducido tiene ahora el sentido indicado por la línea a trazos de la fig. 11-24b. La tensión inducida en los conductores de inducido tiene, sin embargo, la *misma* dirección, ya que tanto el sentido de giro como el flujo de inducido se han invertido. El resultado es que independientemente del sentido de giro y del valor de la velocidad (superior a un cierto mínimo) el generador Rosenberg produce siempre una corriente constante en la carga de baterías. Su motor primario, en el caso de ferrocarriles, gira frecuentemente en uno u otro sentido.

La finalidad del disyuntor es la de impedir que el generador funcione como motor cuando la velocidad del tren cae por debajo de un cierto valor mínimo o se para. En estas situaciones la batería suministraría corriente al generador.

El generador Rosenberg se ha tratado porque su teoría de funcionamiento es similar al de la amplidina, un amplificador de potencia rotativo de alta ganancia que se estudia seguidamente.

11-16. La amplidina. Considerada por algunos como el más importante descubrimiento de la primera mitad del siglo veinte en el campo de las máquinas rotativas, la amplidina, junto con los rectificadores controlados de silicio, ha permitido que se siguieran utilizando y se hayan desarrollado los motores de c.c. Básicamente un generador de c.c. es un *amplificador de potencia rotativo* capaz de una enorme ganancia de potencia y de una respuesta relativamente rápida. Al igual que el simple motor de inducción monofásico (véase Ap. 10-4; teoría del campo transversal), el generador Rosenberg, el Rototrol y el Regulex (que se estudiarán posteriormente), quedan incluidos en el tipo de *máquinas rotativas de campo transversal.**

La teoría de la amplidina puede entenderse más fácilmente siguiendo el proceso paso a paso de la figura 11-25. Consideremos el generador de excitación independiente de la fig. 11-25. Un generador tal de excitación independiente requiere una potencia de excitación que es del orden (como mínimo) de un

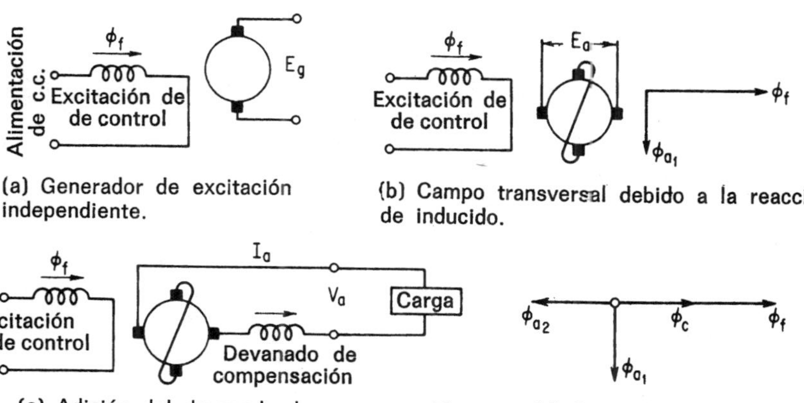

(a) Generador de excitación independiente.

(b) Campo transversal debido a la reacción de inducido.

(c) Adición del devanado de compensación.

(d) Diagrama vectorial.

Figura 11-25. Desarrollo paso a paso de la amplidina.

* El autor llegó a pensar una distribución del libro en máquinas síncronas, asíncronas y de campo transversal. Todas las máquinas de campo transversal tienen en común: (1) los flujos del estátor y del rotor están en cuadratura; (2) en el rotor se generan corrientes que contribuyen a la formación de flujos en cuadratura, y (3) se utiliza con provecho la reacción de inducido.

1 por ciento de su potencia nominal de salida. Desde este punto de vista podemos considerar el generador de c.c. de excitación independiente como un ***amplificador de potencia rotativo*** en el que cada amperio a 100 V (100 W) produce una salida de 100 A (carga nominal) a 100 V. En este sentido, ***cualquier*** generador puede ser considerado como amplificador rotativo de potencia.

La figura 11-25b muestra el mismo generador con su inducido cortocircuitado. Para poder proporcionar la carga nominal sin peligro para el generador es necesario reducir la excitación a un valor aproximadamente cien veces menor que el original. La corriente nominal de cortocircuito en los conductores del inducido produce un flujo de reacción de inducido ϕ_{a1}. Suponiendo que el flujo de inducido es de igual valor que el flujo de excitación, a igual velocidad se induce en el inducido una tensión de igual valor E_a. Con ello, una corriente de excitación cien veces menor que la original, es decir de $\frac{1}{100}$ A es ahora capaz de generar la misma tensión en una máquina por cuyos conductores puede circular la misma corriente de carga: 100 A a 100 V.

Existen pues *dos* etapas de amplificación en una *sola* máquina. La primera etapa de amplificación tiene lugar cuando, a tensión reducida, el flujo de excitación es suficiente para ocasionar el paso de la corriente nominal por la parte en cortocircuito. La segunda etapa de amplificación ocurre cuando el flujo de reacción de inducido en cuadratura induce una tensión en sus conductores de inducido. Como que cada generación proporciona una ganancia de potencia de 100 y en la amplidina se han producido dos generaciones, la ganancia global de potencia es de $100 \times 100 = 10\,000$.

El diagrama vectorial de la fig. 11-25d muestra las consecuencias de la circulación de la corriente de carga en los conductores de inducido cuando se conecta una carga a la tensión E_a de la fig. 11-25b. Los conductores de inducido producen un flujo ϕ_{a2} que se opone directamente al flujo de excitación de control ϕ_f. Es totalmente indeseable que la segunda etapa de amplificación tenga como consecuencia una reacción de inducido en cuadratura, ya que ésta se opondría a la excitación principal y actuaría como una fuerte realimentación negativa que limitaría la salida de la amplidina.* Para evitarlo se dispone, en la forma indicada en la fig. 11-25c, un devanado compensador cuyo flujo tiene la misma dirección que el de la excitación de control y cuya **fmm** varía con la corriente de carga. Con ello, para todas las cargas, el flujo de la corriente de carga ϕ_{a2} está siempre neutralizado por el flujo compensador ϕ_c. La amplidina consta pues de *dos* generadores en uno y al utilizar la excitación de su propio inducido utiliza la misma estructura del inducido dos veces. Con ello, la respuesta es mucho más rápida que la que se tendría con dos máquinas y el tamaño la mitad del necesario con dos máquinas.

* En realidad se trataría de un generador Rosenberg cuya corriente de salida es independiente de la velocidad como resultado del fuerte flujo de realimentación interna. Véase Ap. 11-14.

La amplidina comercial se proyecta de manera que el flujo de inducido en cuadratura ϕ_{a1} sea lo mayor posible. Esto ocasiona a su vez una mayor variación de la tensión de salida V_a y de la corriente de salida I_a, incluso con pequeñas variaciones en el flujo de excitación de control φ_f. Además, la máquina real va equipada con varios *pares* de devanados de control, con el fin de aumentar la versatilidad de la misma, estando cada par proyectado para producir saturación normal a su tensión nominal. Así, por ejemplo, una amplidina puede estar equipada con un par de devanados de control de 6 V c.c., un par de 12 V, un par de 24 V, etc. No es necesario, sin embargo, hacer funcionar los devanados de control en pares de tensión. Los devanados de control se suelen utilizar de manera que se opongan entre sí en forma de obtener un flujo diferencial (un devanado de referencia y el otro de señal de error), aunque también pueden utilizarse en forma aditiva. Así, un devanado de *referencia* de 24 V puede estar en contraposición con un devanado de *realimentación* de 110 V.

Los valores típicos de ganancia de potencia varían con la potencia de la amplidina. Una unidad de 400 W tiene una ganancia de potencia del orden de 5000, en tanto que una de 10 kW la tiene de hasta 20 000. Existe, sin embargo, un límite para la ganancia y por otra parte con mayores ganancias se presenta una respuesta más lenta (de la amplidina). La amplificación depende de la magnitud del flujo de reacción de inducido resultante del flujo de excitación. Al aumentar el flujo de inducido es necesario un flujo de excitación mayor para controlarlo. Pero si la densidad del flujo de inducido en cuadratura es muy grande, la adición o substracción de la fmm de la excitación de control requiere que transcurra un cierto tiempo antes de que las variaciones en la excitación de control obtengan una respuesta en el flujo de inducido.

La aplicación de la amplidina en anillo cerrado como amplificador de potencia de c.c. se muestra en la fig. 11-26. (Otras aplicaciones de la amplidina y de varios amplificadores rotativos en el control de velocidad de motores se muestran en la fig. 11-28.) Como puede verse en la fig. 11-26 se utiliza una amplidina de 2 kW para controlar la tensión de excitación de un alternador trifásico de 200 kVA. La tensión de salida del alternador se convierte en corriente continua mediante un transformador reductor y un rectificador y se utiliza para alimentar uno de los devanados de control. El otro devanado de control se alimenta de una fuente de c.c. distinta (o con corriente rectificada) y sirve como medio de ajustar la magnitud de la tensión de salida a un valor específico de referencia. Supongamos que aumenta la tensión del alternador, con ello el devanado de control de c.c. se contrapone a la excitación de referencia y se reduce la excitación de la amplidina. Disminuye pues la salida de la amplidina que alimenta la excitación del alternador y por tanto disminuye la tensión de salida del alternador. Inversamente, si baja la tensión del alternador, el efecto de oposición del devanado de realimentación es menor y se aumenta la excitación de la amplidina. Con ello aumenta la salida de la amplidina que alimenta la excitación del alternador y ello hace aumentar la tensión del alternador.

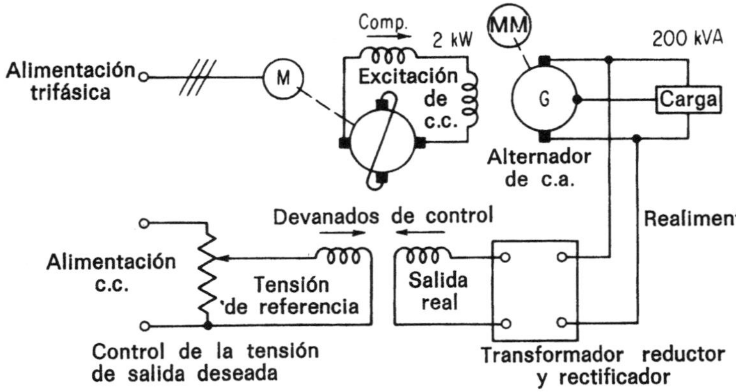

Figura 11-26. Control de la tensión de un alternador utilizando una amplidina como amplificador de c.c. en un sistema en anillo cerrado.

11-17. Excitatrices de campos múltiples — Rototrol y Regulex. Después de la amplidina se han desarrollado varios amplificadores rotativos de c.c. de excitación múltiple debido al hecho de que *cualquier generador,* cuya excitación y salida puedan ser controlados, es un amplificador electromecánico rotativo de potencia. Tres son los requisitos básicos de un amplificador de potencia rotativo: (1) un elevado grado de amplificación o relación entre la potencia de salida del inducido y la potencia de entrada en la excitación de control; (2) una respuesta relativamente rápida y lineal a las variaciones de tensión aplicadas a los devanados de control, y (3) un mínimo de dos devanados de excitación para cubrir las necesidades de detección de discrepancia entre la salida deseada (excitación de referencia) y la salida real (excitación de control realimentada).

Tanto el «Rototrol» (desarrollado por Westinghouse), como el «Regulex» (desarrollado por Allis Chalmers), emplean generadores *autoexcitados.* El Rototrol es un generador autoexcitado en *serie* de c.c. y el Regulex es un generador autoexcitado de c.c. con excitación *derivación.* En ambas excitatrices de campos múltiples, la excitación del campo autoenergizante se ajusta o «sintoniza» mediante una resistencia variable o reóstato de campo, con lo que el generador funciona sobre la línea de la resistencia de campo que coincida exactamente con la parte *lineal* de la curva de saturación. La figura 11-27a muestra el circuito del Rototrol y su característica de saturación de generador serie. La figura 11-27b muestra el circuito del Regulex y su característica de saturación de generador shunt.

Ambos generadores están «sintonizados» mediante la resistencia variable de ajuste de sus circuitos de excitación, con lo que la línea de resistencia de campo representada por R_f de las figuras 11-27a y b coincide con el valor crítico

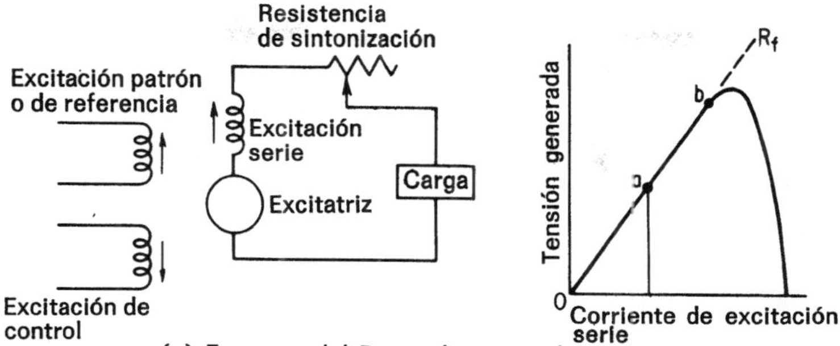

(a) Esquema del Rototrol y curva de saturación.

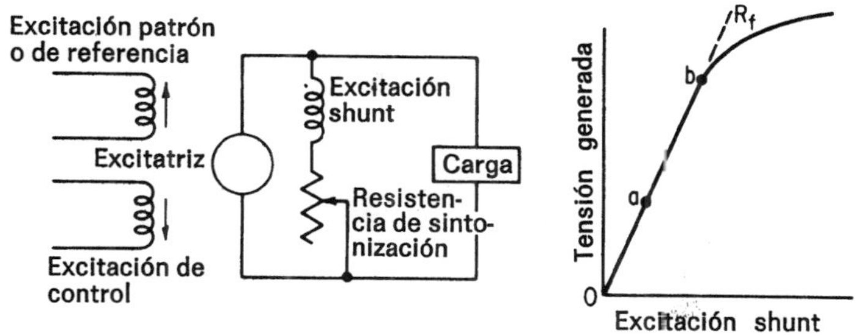

(b) Esquema del Regulex y curva de saturación.

Figura 11-27. Excitatrices de campos múltiples.

de la resistencia de campo (véase Apartado 3-10). La tensión de salida se ajusta en la excitación de *referencia* (a veces llamada excitación normal, de comparación o *patrón*) y en la excitación de *control* (a veces llamada excitación piloto, de señal o de *realimentación*). Estos devanados se arrollan sobre la misma estructura que la del devanado de excitación principal. Generalmente, la excitación se ajusta a un valor comprendido entre *a* y *b* en la parte central de la porción lineal de la recta de resistencia de excitación crítica. El punto *a* en ambas curvas representa el valor de la excitación correspondiente a la excitación principal sola, en tanto que todos los valores entre *a* y *b* representan la excitación adicional debida a la combinación de flujos de referencia y de control. Como se indica en las figs. 11-27a y b, los devanados de control de referencia y de realimentación producen flujos que se oponen entre sí (método del flujo diferencial); la excitación de referencia es aditiva con la principal y la de realimentación se opone a las anteriores.

Las aplicaciones de las excitatrices de campos múltiples son las mismas que las de la amplidina. La fig. 11-28 muestra tres circuitos básicos que utilizan el Rototrol para el control de la tensión, corriente y velocidad. Nótese que en dos de ellos es necesario un «transductor» para convertir en tensión de c.c. la mag-

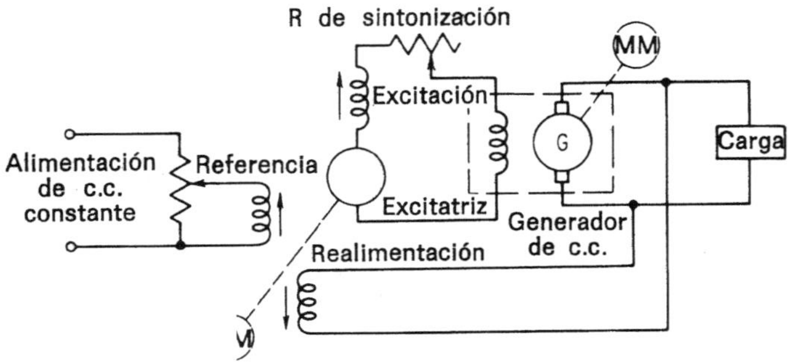

(a) Control de la tensión.

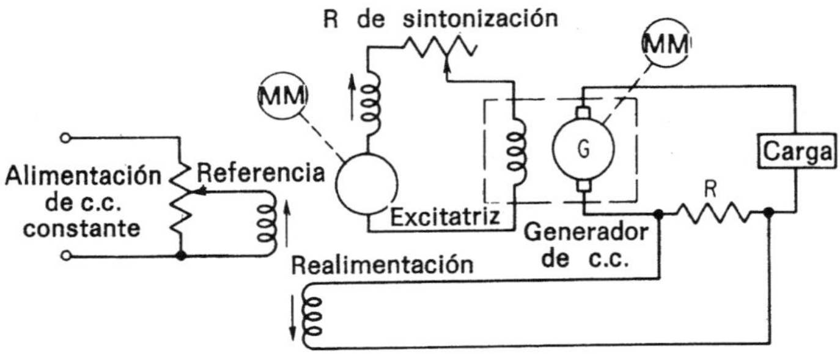

(b) Control de corriente constante.

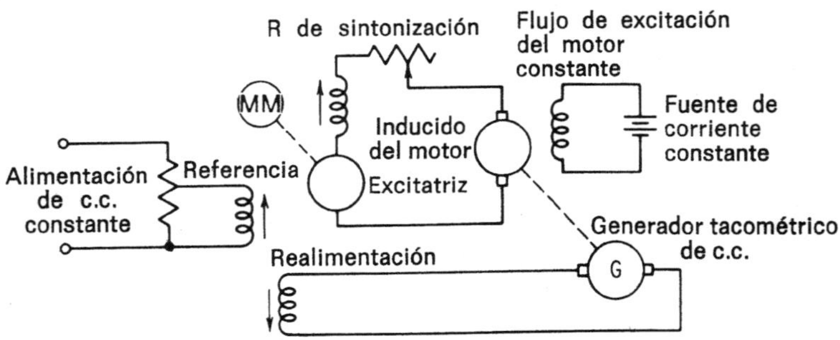

(c) Regulación de la velocidad de un motor.

Figura 11-28. Control de la tensión, intensidad o velocidad por medio de una excitatriz múltiple (Rototrol).

nitud a controlar, en este caso, la corriente y velocidad en las figuras 11-28b y c respectivamente.

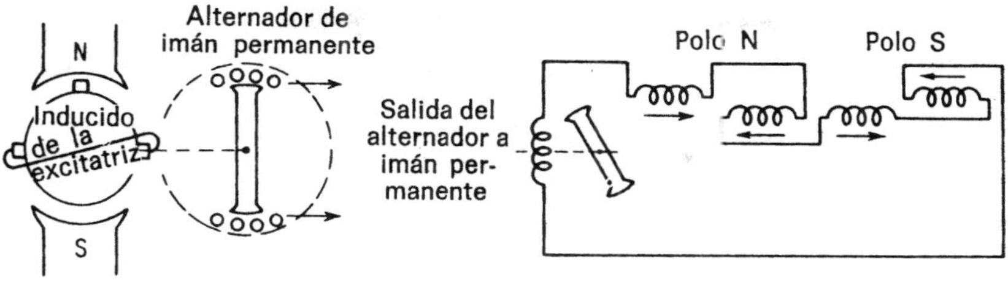

Figura 11-29. Devanados desmagnetizantes de excitatrices múltiples.

Una fuente de c.c. normal o de referencia establece el valor deseado o flujo de referencia. La tensión de salida transducida en oposición permite que la excitatriz de campos múltiples aumente o disminuya su salida con el fin de mantener el control de la tensión, corriente o velocidad. Para convertir cada una de las aplicaciones mostradas a su equivalente con Regulex, basta suprimir la excitación serie y añadir una excitación shunt con su resistencia de campo. Análogamente para utilizar la amplidina en las aplicaciones de la fig. 11-28, basta quitar la resistencia de campo y efectuar una conexión en cortocircuito entre el inducido (comparar fig. 11-28d con fig. 11-26).

Todos los generadores de c.c. presentan *magnetismo residual* en su circuito magnético. El magnetismo residual en combinación con las curvas de magnetización de las figuras 11-27a y b destruiría la linealidad entre excitación y salida. Todas las excitatrices de campos múltiples, incluida la amplidina, utilizan *dispositivos desmagnetizantes* para neutralizar el magnetismo residual. El método más común de desmagnetización consiste en un generador de c.a. monofásico que tiene un rotor de imán permanente (Alnico) como el indicado en la fig. 11-29. La salida del generador de c.a. se lleva a devanados de c.a. en oposición situados en los polos de excitación. Cuando la excitación de control total se reduce a cero, los devanados de c.a. neutralizan completamente el magnetismo residual y la tensión de salida del inducido es nula.

Conviene observar que ni el Rototrol ni el Regulex (amplificadores de una etapa) son capaces de obtener los valores de amplificación posibles con la amplidina (amplificador de dos etapas). Sus posibilidades quedan limitadas a aplicaciones de pequeña potencia y se fabrican con potencias comprendidas entre 500 y 2000 W. A igualdad de potencia son menos caros que la amplidina y de conexión más simple; además, son menos sensibles a las oscilaciones debido a su respuesta más lenta y a su menor amplificación de potencia.

11-18. Motores de c.c. sin escobillas. La expresión «motor de c.c. sin escobillas» no puede ser usada para definir un tipo determinado de motor de c.c.

Durante la pasada década han aprecido distintos tipos a los que puede aplicarse esta expresión. En la actualidad, los distintos tipos pueden agruparse en tres clases:

a. Motores de c.c. de conmutación electrónica (sin escobillas).
b. Motores de c.a. alimentados con c.c. a través de un inversor c.c./c.a. (sin escobillas).
c. Motores de c.c. de rotación limitada (sin escobillas).

Cada una de estas clases comprende motores de proyecto y concepción distintas. En el momento presente, en ninguna de las distintas clases se ha impuesto claramente un proyecto determinado. En este apartado nos limitaremos a proporcionar al lector una breve referencia de los tipos más comúnmente utilizados en las aplicaciones espaciales y en los sistemas de control más complejos.

Los motores de c.c. sin escobillas, aun cuando son más caros, a igualdad de potencia, poseen algunas ventajas respecto a los motores de c.c. con colector y escobillas:

1. Requieren muy poco o ningún mantenimiento.
2. Tienen una vida más larga.
3. No presentan chispas, eliminándose el peligro de explosiones y las radiaciones de RF.
4. Como consecuencia de su funcionamiento no se forman gases ni partículas de colector o escobillas.
5. Pueden funcionar sumergidos en líquidos, con gases combustibles e incluso pueden estar herméticamente sellados.
6. Son generalmente de mayor rendimiento que los servomotores de c.c. con escobillas o que los motores convencionales de c.c.
7. Proporcionan una respuesta más rápida (constante de tiempo menor del servosistema) y una característica bastante constante par de salida-corriente de entrada lo que les hace particularmente adecuados en aplicaciones de servomotores.

Las desventajas de los distintos tipos son:

1. Tamaño total mayor debido al volumen adicional requerido por el equipo electrónico asociado (aun cuando los propios motores sin escobillas son generalmente más pequeños que los motores convencionales de c.c. de igual potencia).
2. Mayor coste inicial (pero menores gastos de mantenimiento).
3. Poca variedad de tamaños (por el momento) y necesidad de «pedidos especiales» para aplicaciones determinadas.

11-18.1. *Motor de c.c. de conmutación electrónica (sin escobillas).* Todos los motores de c.c. sin escobillas del tipo indicado tienen un estátor bobinado y un rotor de imán permanente (PM), como se indica en la fig. 11-30a. Unido al eje del rotor existe algún tipo de *sensor-transductor de la posición del rotor* que actúa como entrada del sistema de conmutación a semiconductores que evita la necesidad del colector y de las escobillas.

El motor, conmutado eléctricamente, indicado en la fig. 11-30a, lleva incorporados 3 interruptores a semiconductores (transistores) en serie con sus tres devanados estatóricos, equivalente a un motor con escobillas que tuviera 3 delgas. (Algunos tipos utilizan de 6 a 12 y hasta 100 o más devanados estatóricos e interruptores a transistores o del tipo SCR.)

Unido al eje del motor existe una *pantalla* que «detecta» la posición del rotor y activa el interruptor-conmutador a transistor de su condición de corte a la de saturación, con lo que se pone en tensión el devanado estatórico productor de par requerido. El procedimiento indicado en la fig. 11-30a es un procedimiento de detección fotoeléctrico utilizado frecuentemente. Los motores prácticos de conmutación electrónica utilizan otros procedimientos de detección tales como transductores magnéticos, transductores de efecto Hall, sensores electrostáticos, bobinas de inducción electromagnética, etc. La función del transductor o sensor es la de proporcionar la señal para activar un determinado interruptor a transistor desde su condición de corte a la de saturación. El transistor cierra así el circuito de su respectiva bobina estatórica de par. El motor de la fig. 11-30a funciona como se indica:

1. El foto transistor 1 activa el transistor-interruptor 1 en la posición A indicada. Los fototransistores 2 y 3 no están activados porque la fuente de luz (no indicada) está bloqueada por la pantalla.
2. El transistor-interruptor 1 activa la bobina 1 que está devanada en sentido tal que produzca un polo de polaridad opuesta a la del imán permanente (PM) del rotor. El rotor se atrae de la posición A a la B.
3. En la posición B el fototransistor 1 y la bobina 1 correspondiente se desactivan y se activa el fototransistor 2. Éste a su vez activa el transistor 2 y energiza la bobina 2 lo que a su vez atrae al rotor de la posición B a la C.
4. El efecto del sensor y del interruptor es el de energizar secuencialmente cada uno de los devanados estatóricos productores de par sucesivamente a fin de conseguir una rotación continua del eje del rotor con un mismo sentido de giro (el contrario a las agujas del reloj en este caso, como se indica en la figura 11-30a).

En las aplicaciones prácticas los dispositivos de detección fotoeléctrica y de conmutación a transistores utilizan etapas de amplificación de corriente (Q_1 y Q_2) con un transistor de potencia (Q_3) como interruptor de salida en serie con cada bobina estatórica productora de par, en la forma indicada en la fig. 11-30b. Las resistencias de polarización de colector y emisor se eligen de forma que pola-

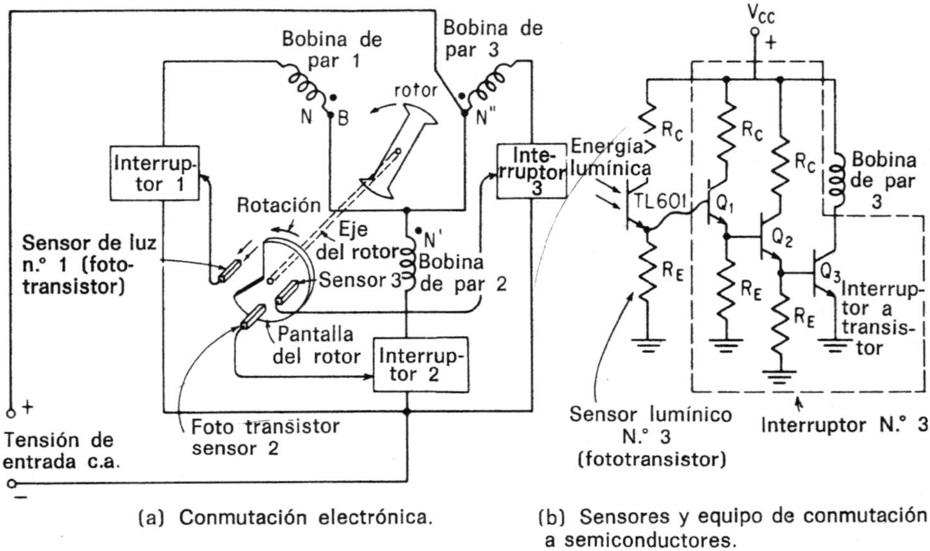

Figura 11-30. Conmutación electrónica en motores de c.c. sin escobillas.

ricen el fototransistor (TL601) y los transistores a saturación plena durante la conducción y a corte en ausencia de señal positiva en la base de cada transistor *npn*. Como los transistores conducen únicamente durante una pequeña fracción de una vuelta completa, las pérdidas en este amplificador son mucho menores que cuando funciona continuamente en la región activa. En muchos proyectos reales el equipo de conmutación y amplificación está separado y es totalmente exterior al motor sin escobilla.

11-18.2. *El motor de c.c. (sin escobillas) del tipo inversor c.c./c.a.* Un cierto número de motores de c.c. sin escobillas utilizan un servomotor de c.a. (véase Ap. 11-14) conjuntamente con un *inversor* electrónico para funcionamiento con alimentación de c.c. El conjunto del inversor electrónico puede estar separado o incorporado en el motor de c.a. Los inversores tienen generalmente entradas de c.c. a tensiones normalizadas de 12, 24 o 28 V y salidas de c.a. con frecuencias de 50, 60 o 400 Hz que alimentan motores normalizados del tipo de espiras de sombra o motores del tipo de copa de inducción (Ap. 11-14), de histéresis o motores síncronos monofásicos (Ap. 8-28). Los inversores disponen generalmente de medios para variar la frecuencia de salida y/o la tensión de c.a. con el fin de proporcionar una cierta variedad de velocidades de salida. Algunos equipos electrónicos permiten *entradas* tanto de c.c. como de c.a., con lo que se dispone de un conjunto universal de velocidades controladas adecuado para frecuencias de entrada comprendidas entre c.c. y 400 Hz y para varias tensiones de entrada.

Aun cuando los equipos con inversor son de menor rendimiento que los de conmutación electrónica, presentan la ventaja de constancia de velocidad y en los tamaños pequeños pequeña inercia, característica de los motores de copa de inducción (Ap. 11-14).

11-18.3. *Motores de c.c. (sin escobillas) de giro limitado.* Las dos clases anteriores de motores de c.c. sin escobillas están previstos para funcionar girando continuamente. Sin embargo, los motores de giro limitado sólo producen par como máximo en una zona de 180° (±90° en el sentido de las agujas del reloj o en el contrario). En tales motores no se precisa conmutación, ya que no hace falta efectuar la inversión de corriente necesaria para conseguir giro o rotación continua.

Los motores de giro limitado tienen un rotor de imán permanente y un estátor bobinado. Cuando el estátor se conecta a una fuente de c.c., sobre el rotor de imán permanente se desarrolla una fuerza cuyo sentido depende de la polaridad de la fuente de c.c. que alimenta el devanado estatórico obteniéndose un par bastante constante en los 90° de cada sentido.

Los motores de giro limitado encuentran aplicación como motores auxiliares de giróscopos utilizados en los dispositivos de estabilización de plataformas espaciales, en los elementos de salida de aparatos registradores, en servomecanismos como amplificadores de par en la regulación fina del control de posición y como servomotores de instrumentos de c.c. tales como indicadores de tacómetros de c.c.

Algunos motores sin escobillas, de giro limitado tienen el aspecto de motores homopolares ya que tienen discos achatados sin carcasa y no llevan colector. Debe notarse que el motor homopolar (Aps. 1-11 y 11-4) no precisa colector, pero *no puede ser* clasificado como motor «sin escobillas», ya que éstas son precisas en cada extremo del disco del rotor.

BIBLIOGRAFÍA

Alexanderson, E. F. W., Edwards, M. A. y Bowman, K. K. «The Amplidyne Generator—A Dynamoelectric Amplifier for Power Control», *General Electric Review*, marzo 1940.

Alger, P. L. y Erdelyi, E. «Electromechanical Energy Conversion», *Electro-Technology*, septiembre 1961.

Arrott, W. «The '*S*-Generator' Metadyne for High-Performance dc Drives», *Electrical Manufacturing,* mayo 1959.

Bacheler, A. T. «A Comparison of Adjustable Frequency ac and Synchronic Systems for Synchronized Drives», AIEE Paper CP 58-808.

Bewley, L. V. *Tensor Analysis of Electrical Circuits and Machines,* Nueva York: Ronald Press, 1961.

Campbell, S. J. «Integral Horsepower Synchro Systems», *Electrical Manufacturing,* noviembre 1953.

Carr, C. C. *Electrical Machinery,* Nueva York:, John Wiley & Sons, Inc., 1958.

Crosno, C. D. *Fundamentals of Electromechanical Conversion,* Nueva York: Harcourt, Brace, Jovanovich, Inc., 1968.

Daniels. *The Performance of Electrical Machines,* Nueva York: McGraw-Hill, Inc., 1968.

Fitzgerald, A. E. y Kingsley, C. *The Dynamics and Statics of Electromechanical Energy Conversion,* 2.ª ed., Nueva York: McGraw-Hill, 1961.

Fitzgerald, A. E., Kingsley, Jr. C. y Kusko, A. *Electric Machinery,* 3.ª ed., Nueva York: McGraw-Hill Book Company, 1971.

Fink, R. A. «The Brushless DC Motor», *Control Engineering,* junio 1970, págs. 75-80.

Fink, R. A. «The Brushless Motor: Types and Sources», *Control Engineering,* agosto 1970, págs. 42-45.

Gemlich, D. K. y Hammond, S. B. *Electromechanical Systems,* Nueva York: McGraw-Hill, 1967.

Heumann, G. W. «Power Selsyn Operation», en *Magnetic Control of Industrial Motors,* Nueva York: John Wiley & Sons, Inc., 1961, vol. 2, pág. 167.

Hindmarsh, J. *Electrical Machines,* Elmsford, N.Y.: Pergamon Press, 1965.

Howard, W. «Combining Hydraulic Torque Converters with ac Motors», *Electrical Manufacturing,* febrero 1957.

Jones, C. V. *The Unified Theory of Electrical Machines,* Nueva York: Plenum Publishing Corp., 1968.

Levi, E. y Panzer, M. *Electromechanical Power Conversion,* Nueva York: McGraw-Hill, 1966.

Littman, B. «An Analysis of Rotating Amplifiers», *Proc. AIEE,* Section P796, 1947.

Liwschitz, M. M. «The Multistage Rototrol», *Proc. AIEE,* Section P796, 1947.

Majmudar, H. *Introduction to Electrical Machines,* Boston: Allyn and Bacon, 1969.

Meisel, J. *Principles of Electromechanical Energy Conversion,* Nueva York: McGraw-Hill, 1966.

Montgomery T. B. «Regulex—Instability in Harness», *Allis-Chalmers Electrical Review,* Second and Third Quarters, 1946.

Myles, A. H. «Fundamentals of Tie-Motor Control», *Control Engineering,* enero 1959.

Nasar, S. A. *Electromagnetic Energy Conversion Devices and Systems,* Englewood Cliffs, N.J.: Prentice-Hall, Inc., 1970.

Newton, G. C., «Comparison of Hydraulic and Electric Servo Motors», *Proc. 5th Meeting, National Conference on Industrial Hydraulics,* Chicago: Armour Research Foundation, 1949.

O'Brien, D. G. «DC Torque Motors for Servo Applications», *Electrical Manufacturing,* julio 1959.

O'Kelly y Simmons. *An Introduction to Generalized Electrical Machine Theory,* Nueva York: McGraw-Hill, 1968.

Pestarini, J. M. *Metadyne Statics,* Nueva York: John Wiley & Sons, Inc., 1952.

Puchstein, A. F. *The Design of Small Direct Current Motors,* Nueva York: Wiley/Interscience, 1961.

Rosa. *Magnetohydrodynamic Energy Conversion,* Nueva York: McGraw-Hill, 1968.

Saunders, R. M. «Dynamoelectric Amplifiers», *Electrical Engineering,* agosto 1950.

Schmitz, N. L. y Novotny, D. W. *Introductory Electromechanics,* Nueva York: Ronald Press, 1965.

Seely, S. *Electromechanical Energy Conversion,* Nueva York: McGraw-Hill, 1962.

Selmon. *Magnetoelectric Devices: Transducers, Transformers and Machines,* Nueva York: Wiley/Interscience, 1966.

Siskind, C. S. *Electrical Machines—Direct and Alternating Current,* 2.ª ed., Nueva York: McGraw-Hill Book Company, 1959.

Siskind, C. S. *Direct-Current Machinery,* Nueva York: McGraw-Hill, 1952.

Skilling, H. H. *Electromechanics: A First Course in Electromechanical Energy Conversion,* Nueva York: Wiley/Interscience, 1962.

Thaler, G. J. y Wilcox, M. L. *Electric Machines: Dynamics and Steady State,* Nueva York: Wiley/Interscience, 1966.

Walsh, E. M. *Energy Conversion—Electromechanical, Direct, Nuclear,* Nueva York: Ronald Press, 1967.

White, D. C., y Woodson, H. H. *Electromechanical Energy Conversion,* Nueva York: Wiley/Interscience, 1959.

Williams, J. R. «The 'Amplidyne», *Electrical Engineering,* mayo 1946.

CUESTIONES

11-1. a. ¿Qué desventajas se tienen al utilizar un generador derivación ordinario en la carga de baterías de c.c.?
b. Explicar, utilizando la característica de tensión del generador derivación, la causa de las anteriores desventajas.
c. Explicar, utilizando la característica del generador con polos de derivación magnética, la razón por la que este tipo de generador está idealmente indicado para la carga de baterías.

11-2. Usando la fig. 11-1, explicar cómo se consigue mantener igual flujo mutuo en el entrehierro
a. En vacío.
b. A plena carga.
c. Si la **fmm** producida por el polo de derivación da lugar a un aumento excesivo de la tensión de salida, ¿qué modificaciones serían necesarias? (Orientación: Véase Ap. 3-19.)

11-3. ¿Cuál es la tensión de salida relativa a velocidades altas, medias y bajas de un generador con tercera escobilla que tenga:
a. Una elevada resistencia de carga.
b. Una baja resistencia de carga?

11-4. En el generador con tercera escobilla
a. ¿Qué modificaciones específicas de proyecto se precisan en comparación con un generador shunt?
b. ¿Cómo se consigue aumentar el régimen de carga independientemente de la velocidad del motor primario?
c. ¿Cuál es la función del disyuntor de inversión de corriente?
d. Explicar las razones de su sustitución, en la carga de baterías de automóviles, por
   1. generador shunt,
   2. alternador.

11-5. a. Utilizando la regla de la mano derecha, determinar la polaridad del eje del generador homopolar mostrado en la figura del pie de página del Ap. 11-1, si la parte superior del disco de Faraday se hace girar hacia el observador.
b. ¿Por qué el generador homopolar se llama también el único generador verdadero de c.c.?
c. ¿Cómo puede invertirse la polaridad de las escobillas del generador homopolar práctico mostrado en la fig. 11-3a? Indicar dos métodos.
d. ¿Cómo puede invertirse la polaridad del generador magnetohidrodinámico (MHD)? Indicar dos métodos.
e. ¿Qué modificación se precisa para conseguir un generador MHD de c.a.?
f. ¿Cuáles son las posibles ventajas de la generación MHD usando el principio de Faraday en comparación con la generación térmica convencional con alternador?
g. ¿Cuál es el significado de la afirmación que «con la fusión nuclear a altas temperaturas hemos vuelto una vez más al primer descubrimiento de Faraday»? Explicar.

11-6. a. Los dinamotores han sido denominados «transformadores de c.c.». Explicar.
b. ¿Por qué los dinamotores tienen rendimientos mayores que los grupos convencionales motor-generador en la conversión de c.c. de baja a alta tensión y viceversa?
c. Comparar las ventajas y desventajas de los dinamotores en relación con los grupos convencionales motor-generador.
d. ¿Por qué los dinamotores no van nunca equipados con reóstato de excitación?
e. ¿Por qué los dinamotores no tienen nunca compensación de la reacción de inducido?
f. ¿Cuál es la función del colector en la salida de un dinamotor?

11-7. a. ¿Por qué sólo es necesario un devanado en un convertidor síncrono pero se precisan dos en un dinamotor?
b. ¿Qué es un convertidor directo?
c. ¿Qué es un convertidor inverso?
d. ¿Por qué se utilizan ampliamente convertidores polifásicos pero nunca monofásicos?

11-8. Explicar el efecto que, sobre la potencia de salida en kVA de un generador de c.c. de una determinada potencia nominal en kW, tiene:
a. El aumento del número de fases y del número de anillos rozantes.
b. El aumento del número de polos.
c. El aumento del factor de potencia de la carga aplicada al convertidor.
d. La utilización de un devanado que aumente el número de tomas del rotor.

11-9. a. Teniendo en cuenta sus respuestas a 11-8a explicar las razones por las que los convertidores son generalmente máquinas hexafásicas en lugar de tener 12 o 24 fases.
b. ¿Qué métodos se utilizan para controlar la tensión de salida de c.c. del convertidor de la fig. 11.8?
c. ¿Por qué se usa la conexión en estrella hexafásica en la fig. 11-8?
d. ¿Cómo se arranca el convertidor directo de la fig. 11-8?

11-10. ¿En qué condiciones es posible obtener simultáneamente c.c. y c.a. en un convertidor rotatorio polifásico?

11-11. a. Indicar 4 métodos de realización de un sistema trifilar de c.c.
b. ¿Cuál de los métodos anteriores es preferible en lo que respecta a rendimiento global y facilidad de mantenimiento?

11-12. Tomando como referencia los sentidos de las corrientes indicados en la fig. 11-10a y los sentidos verticales indicados en la fig. 11-10b para las caídas de tensión y las elevaciones de tensión, desarrollar una regla para las caídas de tensión:
a. Cuando la corriente circula de la fuente a la izquierda hacia la carga a la derecha.
b. Cuando la corriente circula de la carga a la derecha hacia la fuente a la izquierda. (Orientación: Véanse Ejs. 11-6 y 11-7.)
c. ¿Por qué la regla anterior es de uso más sencillo que la de las leyes de Kirchhoff?

11-13. ¿Por qué el método de la caída de tensión basado en la regla anterior es preferible al método de la carga concentrada basado en las leyes de Kirchhoff? Indicar 3 razones.

11-14. Verificar gráficamente con un diagrama similar al de la fig. 11-10b bien dimensionado, los resultados de la tabla del Ej. 11-8.

11-15 ¿Qué tipos de dispositivos o máquinas eléctricas son más adecuados para la conversión de grandes potencias?

a. De c.c. a c.a. polifásica.
b. De c.a. polifásica a c.c.
c. De c.a. trifásica a c.a. de 12 fases.
d. De c.a. monofásica a c.a. trifásica.
e. Explicar el sentido de la frase: «Ningún sistema monofásico puede ser transformado en un sistema polifásico».

11-16. En el convertidor de fase de inducción de la fig. 11-11

a. Comparar su rendimiento de conversión con el del grupo motor-generador de dos unidades y explicar las razones por las que el último sistema se utiliza raramente.
b. Comparar su método de arranque y marcha con el del convertidor rotatorio monofásico/trifásico, y explicar los motivos por los que nunca se usa este último.
c. Explicar cómo se efectúa la regulación de la tensión de salida.
d. Explicar por qué sólo se necesita un hilo de contacto y un carril de retorno o una línea doble en comparación con lo necesario en un sistema trifásico.

11-17. Un agricultor dispone de una bomba para riego alimentada con un motor trifásico de 1/2 hp y 110 V. La empresa eléctrica no efectúa el suministro trifásico debido al alejamiento de la finca y a la poca carga solicitada. El hijo del agricultor, cuyo «hobby» es el rebobinado de motores eléctricos de fase partida y de transformadores, acaba de leer el Ap. 11-10 y sabe que es posible obtener tres fases a partir de un suministro monofásico a 110 V pero no sabe cuáles deben ser las tensiones nominales de los distintos componentes de la fig. 11-1c.
¿Puede usted ayudarle?
Orientación: Véanse Aps. 13-18 y fig. 13-25c.

11-18. Indicar la finalidad de los siguientes dispositivos selsyn:

a. Transmisor.
b. Receptor.
c. Transformador de control.
d. Transmisor diferencial.
e. Receptor diferencial.

11-19. a. ¿Cuál de los cinco dispositivos selsyn anteriores tiene amortiguadores y por qué? ¿Puede esto servir para distinguir los transmisores de los receptores?

b. De acuerdo con la respuesta dada al punto (a) anterior, explicar los motivos por los que aquellos que no tienen amortiguadores están siempre acoplados mecánicamente mediante engranajes.
c. ¿Por qué es posible usar un receptor como transmisor y no lo contrario?

d. ¿Cuáles de los cinco tipos de dispositivos selsyn tienen rotores de polos salientes y cuáles no?
e. Explicar por qué los dispositivos selsyn no están considerados como máquinas «rotativas».

11-20. Dibujar un diagrama similar al de la fig. 11-12 para las siguientes aplicaciones marinas:
a. Como indicador en el puente de mando para indicar la posición del timón.
b. Como indicador en la sala de máquinas señalando las órdenes del piloto relativas a velocidad y dirección.

11-21. Del estudio de la figura 11-12 explicar:
a. Cómo puede ajustar el operador su antena a una determinada posición en grados.
b. Cómo puede determinar el operador si existe bloqueo mecánico de la transmisión mecánica o de la antena.
c. Cómo puede el operador determinar su posición en navegación a base de dos radiofaros terrestres de frecuencia y situación distintas y conocidas. (Sugerencia: La recepción de señal de radio máxima significa que la antena está situada perpendicularmente a la emisora.)

11-22. a. Dibujar una aplicación en aviación (la correspondencia entre los «flaps» de las alas derecha e izquierda) utilizando la fig. 11-13.
b. Repetir (a) utilizando la fig. 11-14.

11-23. Utilizando el principio de la fig. 11-15, proyectar y dibujar un sistema para:
a. Elevación y descenso de grandes cargas desde el barco a la costa.
b. Mover el timón del barco. (Incluir el sistema de la Cuestión 11-20a.)

11-24. a. Explicar por qué las sobrecargas son tan perjudiciales para los dispositivos selsyn (no rotatorios).
b. Indicar tres posibles condiciones en las que se pueden presentar sobrecargas en los circuitos del rotor primario y del estátor secundario de los dispositivos selsyn.
c. Explicar por qué es necesario disponer tanto de indicadores de sobrecarga como de fusión de fusibles en los circuitos del rotor y del estátor de los sistemas selsyn.

11-25. Explicar el método de puesta a cero de los dispositivos selsyn:
a. Cuando los rotores pueden girar libremente.
b. Cuando los rotores están mecánicamente acoplados a una carga.

11-26. a. ¿Por qué es necesario poner a cero los transmisores y receptores de todos los selsyn de un sistema?

b. ¿En qué afecta a la exactitud el no conseguir ajustar las escalas con una posición cero bien definida?

11-27. a. ¿Qué son los selsyn de potencia y por qué esta denominación es poco adecuada?
b. ¿Por qué la denominación de generador o motor sincronizante es más adecuada para designar los motores de inducción de rotor bobinado utilizado en un sistema de enlace síncrono?
c. Suponiendo que la máquina motriz 2 de la fig. 11-19a aumenta su velocidad, explicar la acción del sistema de enlace síncrono indicado.
d. Si las máquinas motrices 1 y 2 son motores de c.c. de 20 hp, ¿cuál debería ser la potencia nominal de los sincros de potencia para mantener el enlace síncrono.

11-28. Indicar cómo un sistema de enlace síncrono puede utilizarse para mantener en posición horizontal un andamio de gran peso cuando está siendo elevado por medio de dos cabrestantes a motor aplicados uno a cada extremo. Los motores de elevación son de inducción de 50 hp. Dibujar un esquema en el que se muestren todas las conexiones eléctricas y mecánicas. Especificar la potencia nominal de los sincros de potencia.

11-29. a. ¿Qué fuentes de alimentación electrónica se utilizan en el control de servomotores de c.c.?
b. Indicar 4 tipos de servomotores de c.c.
c. En cada uno de los tipos señalar la gama de potencias en hp.

11-30. a. ¿Cuál es la ventaja del método de control de la fig. 11-20a y por qué queda limitado a los motores pequeños? ¿Por qué el motor deja de girar en ausencia de corriente de excitación?
b. ¿Cuál es la ventaja del servomotor de la fig. 11-20b y por qué este método es particularmente apto para motores extremadamente grandes?
c. ¿Cuál es la ventaja del servomotor indicado en la fig. 11-20c y por qué su utilización está limitada principalmente a los servomecanismos de instrumentos de c.c.?

11-31. a. Indicar dos razones justificativas de que los servomotores serie de c.c. son generalmente del tipo de excitación partida.
b. ¿Cuál es la ventaja del servomotor de excitación partida de la fig. 11-21a y por qué está limitado a potencias fraccionales?
c. ¿Cuál es la ventaja del servomotor serie de c.c. de excitación partida excitado directamente indicado en la fig. 11-21b y por qué se utiliza en potencias medias?

11-32. a. Indicar 4 razones por las que los servomotores de c.a. son preferibles a los de c.c. en los servomotores pequeños y sensibles.

b. ¿Por qué se prefieren los motores de c.a. de fase partida, de bobinas de sombra o de copa de inducción?
c. ¿Qué tipo de servomotores se adapta mejor a las grandes potencias?
d. ¿Qué tipo de servomotores está mejor adaptado para pequeñas potencias?

11-33. a. Indicar una ventaja del servomotor bifásico sobre el de bobina de sombra de la fig. 11-22.
b. ¿Por qué el principio de la copa de inducción se usa extensamente en el proyecto de rotores de servomotores bifásicos?
c. ¿En qué forma se utiliza el principio de la copa de inducción en el amortiguamiento magnético de servomotores de c.c. y c.a.?
d. ¿Cuáles son las ventajas de esta forma de amortiguamiento en comparación con el de rozamiento?
e. ¿Por qué es necesario el amortiguamiento en un servomotor en particular y en un servosistema en general?

11-34. a. ¿En qué sentido el generador Rosenberg es diferente de los demás?
b. Describir la forma constructiva de un generador Rosenberg.
c. Describir el principio de funcionamiento de un generador Rosenberg.
d. ¿Cómo se consigue que la intensidad sea constante independientemente de la velocidad?
e. ¿Cómo se mantiene constante la polaridad de las escobillas independientemente del sentido de giro?

11-35. a. ¿En qué aspectos es la forma constructiva y la teoría de la amplidina similar a las del generador Rosenberg?
b. ¿Qué tres características presentan todas las máquinas de campo transversal?
c. Explicar la siguiente frase: «Cualquier generador de excitación independiente es un amplificador rotatorio de potencia».
d. Utilizar la respuesta a (c) para mostrar cómo un alternador puede ser considerado como amplificador de c.c.-c.a. de una sola etapa.

11-36. a. Explicar cómo funciona la amplidina como amplificador c.c.-c.c. de dos etapas.
b. ¿Cuál es el valor típico de la ganancia de potencia de una amplidina?
c. Explicar por qué las grandes ganancias de potencia implican respuestas más lentas.

11-37. a. Indicar tres condiciones de proyecto comunes a todos los amplificadores rotativos de potencia.
b. Teniendo en cuenta la respuesta dada a la cuestión 11-35c, explicar cómo un generador serie de excitación independiente puede servir como amplificador rotativo de una sola etapa.
c. Repetir (b) para un generador derivación de excitación independiente.

d. ¿En qué parte de la curva de magnetización se hacen funcionar normalmente estos amplificadores?
e. ¿Cómo se elimina la tensión debida al magnetismo residual?

11-38. Dibujar un diagrama esquemático que muestre cómo un amplificador realimentado rotativo de una sola etapa Regulex se utiliza para mantener constante:
a. La tensión de salida de un generador de c.c.
b. La intensidad de salida de un generador de c.c.
c. La velocidad de un motor de c.c.

11-39. Describir tres tipos generales de motores de c.c. sin escobillas.

11-40. Indicar 7 ventajas y 3 inconvenientes de los motores de c.c. sin escobillas en comparación con los motores convencionales de c.c.

PROBLEMAS

11-1. El generador con tercera escobilla de la fig. 11-2a acostumbra tener su escobilla negativa conectada al bastidor del automóvil. Explicar lo que puede ocurrir si estando el generador accionado a la velocidad normal se presentan las siguiente condiciones.
a. Contacto accidental a masa de la tercera escobilla.
b. Contacto accidental a masa de la escobilla positiva.
c. Conexión accidental de los terminales de excitación entre la tercera escobilla y la principal no correspondiente.
d. Conexión accidental de los terminales de excitación entre las escobillas positiva y negativa.
e. Inversión del sentido de giro de la máquina motriz (durante la prueba en laboratorio antes de la instalación).

11-2. Un generador homopolar consta de un disco de 36 pulgadas de diámetro que gira en un campo magnético de 80 000 líneas/pulg^2 a una velocidad de 5000 rpm. El eje del generador tiene un diámetro de 2 pulgadas. Calcular:
a. La tensión inducida entre el borde exterior del disco de cobre y la superficie exterior del eje.
b. Si el disco se mantuviera fijo y el campo magnético girase a 5000 rpm en el *mismo* sentido, explicar la naturaleza de la fem inducida en las escobillas.

c. Si se conectase a las escobillas del generador homopolar práctico de la fig. 11-3a una fuente de c.c. de 67,7 V conservando la misma polaridad de escobillas, ¿cuál sería el sentido de giro del motor homopolar? Explicar.

11-3. Un grupo motor-generador de c.c., cuyo generador tiene una salida de 250 V y 320 mA y cuyo motor de accionamiento de $\frac{1}{8}$ hp absorbe a plena carga 16 A a 12 V, se sustituye por un dinamotor con idéntica salida y que absorbe 7,5 A de una fuente de c.c. de 12 V. Calcular:
a. Rendimiento global del grupo motor-generador.
b. Rendimiento del motor y del generador de c.c.
c. Rendimiento del dinamotor.
d. Ahorro anual si el grupo funciona 18 horas/día con un coste de 0,08 $/kWh.

11-4. Un convertidor rotativo de 25 kW se alimenta en c.c. monofásica a 550 V y funciona con un factor de potencia inductivo de 0,9 y un rendimiento del 92 por cien. Despreciando las caídas de tensión en los devanados, calcular:
a. Intensidad y tensión de c.c. de salida.
b. Intensidad absorbida de la alimentación de c.a.

11-5. El convertidor del problema 11-4 se hace funcionar como convertidor *inverso* alimentándolo de una fuente de c.c. a 800 V con igual rendimiento a plena carga. Despreciando las caídas de tensión en los devanados, calcular:
a. Intensidad y tensión de c.c. de salida.
b. Intensidad de c.c. a plena carga.

11-6. Un convertidor síncrono hexafásico de 1000 kW y 250 V c.c. funciona como convertidor directo con un rendimiento a plena carga del 94 por cien y con un factor de potencia inductivo de 0,9. Despreciando las caídas de tensión, calcular:
a. Tensión de c.a. entre anillos rozantes.
b. Intensidad de salida de c.c. a plena carga.
c. Intensidad de c.a. absorbida del secundario del transformador tri/hexafá sico de alimentación.
d. Potencia nominal en kVA del transformador tri/hexafásico.

11-7. En la placa de característica de un convertidor rotativo figura la siguiente información: 900 rpm, 550 V c.c., 500 kW, 60 Hz, 12 fases, factor de potencia 0,85, rendimiento 0,92. Calcular:
a. Número de polos de excitación fijos.
b. Intensidad de salida de c.c. a plena carga.
c. Tensión de c.a. entre anillos rozantes.
d. Intensidad de c.a.
e. Potencia nominal en kVA de cada uno de los tres transformadores requeridos para realizar la necesaria transformación de fases.

11-8. Si se hace suministrar 1 kA de c.c. a un convertidor síncrono con un rendimiento del 90 por cien, calcúlese la intensidad de entrada de c.a. con factor de potencia unidad si el convertidor está equipado con:
a. 12 anillos rozantes.
b. 6 anillos rozantes.
c. 3 anillos rozantes.
d. 2 anillos rozantes (monofásico).

11-9. Interpolando los valores de la tabla 11-2, calcular los siguientes valores relativos:
a. El factor de potencia a que puede funcionar un convertidor de 12 fases teniendo todavía la misma salida relativa que un convertidor trifásico que funciona con factor de potencia unidad.
b. Repetir (a) para un convertidor hexafásico.
c. Incremento porcentual en la salida relativa de un convertidor hexafásico respecto a uno trifásico funcionando ambos con un factor de potencia de 0,8.
d. Incremento porcentual en la salida relativa de un convertidor de 12 fases con respecto a uno trifásico funcionando con un factor de potencia de 0,9.

11-10. Una acometida trifilar monofásica de c.a. 250/125 V suministra a un edificio cuya carga es esencialmente resistiva. La carga 1 (la mitad izquierda del edificio) está conectada entre el conductor 1 y el neutro, y la carga 2 entre el conductor 2 y el neutro. Los conductores de alimentación y el neutro tienen una resistencia de 0,05 Ω. Calcular las tensiones en las cargas 1 y 2 en las siguientes condiciones de carga completando así la tabla siguiente:

	Carga 1	*Carga 2*	V_1	V_2
a.	300	300	—	—
b.	300	200	—	—
c.	100	300	—	—
d.	300	0 (fusible fundido)		

11-11. Una cocina eléctrica proyectada para funcionar conectada a una red de c.a. monofásica trifilar de 230/115 V consta de cuatro platos calefactores de 500 W conectados entre uno de los conductores y el neutro y un horno de 3000 W conectado entre el otro conductor activo y el neutro. Cada instalación de cocina se alimenta mediante tres conductores tipo RH N.º 6 que tienen una resistencia de 0,4 Ω/1000 pies. La instalación requiere una longitud media de 600 pies hasta el punto de consumo. Algunos compradores de la cocina se quejan al fabricante indicando que los platos calefactores están más calientes cuando el horno está encendido que cuando está apagado. El fabricante atribuye la responsabilidad a la empresa suministradora explicando que la situación se debe a falta de capacidad de regulación de tensión. La empresa eléctrica arguye que el proyecto es deficiente y que la culpa es del fabricante.

a. Demostrar, por cálculo, qué postura es la correcta, obteniendo el valor de la tensión aplicada a los platos calefactores con y sin el horno en funcionamiento.
b. Calcular el aumento porcentual de la potencia de cada elemento.
c. Sugerir una modificación de proyecto que podría resolver el problema.

11-12. Una cocina eléctrica tiene un horno de 3000 W a 230 V y 4 platos calefactores de 500 W. Los platos se conectan entre los conductores activos y el neutro formando una carga trifilar equilibrada. Calcular la tensión aplicada a los platos en servicio cuando

a. El horno está desconectado.
b. Uno de los platos de cada par está conectado y el horno no.
c. Un plato está conectado y también el horno.

Todos los conductores activos y el neutro son iguales a los del problema 11-11.

11-13. Una red de distribución trifilar a 250/125 V tiene las cargas indicadas en la figura. Los conductores 1 y 2 son AWG N.º 3 (0,2 Ω/1000 pies) y el neutro es AWG N.º 6 (0,4 Ω/1000 pies).

a. Dibujar un esquema que muestre todas las intensidades y sus sentidos incluyendo las corrientes de neutro.

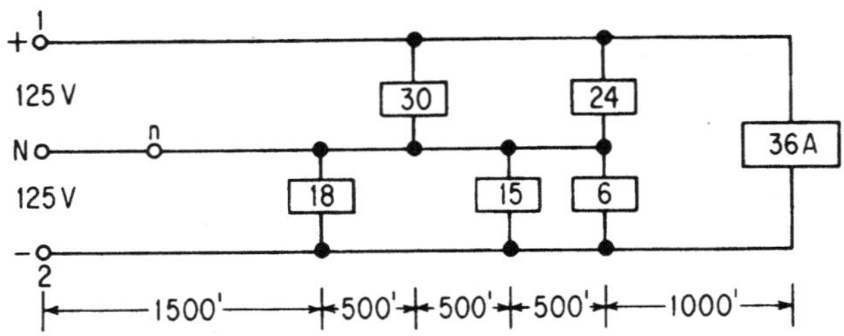

b. Calcular las tensiones en bornes de todas las cargas.
c. Calcular la tensión entre el conductor 1 y el neutro a una distancia de 2500 pies de la alimentación.
d. Calcular la tensión entre el conductor 2 y el neutro a una distancia de 2000 pies de la alimentación.
e. ¿Cuál es el lado más cargado y por qué?
f. ¿Qué conclusión puede obtenerse en lo que se refiere al tamaño de los alimentadores?
g. ¿Por qué la tensión entre el conductor 2 y el neutro es mayor a 2000 pies de la alimentación que a 1500 pies?

11-14. La resistencia de la excitación de control de una excitatriz de campos múltiples Regulex es de 250 Ω. Una corriente de excitación de control de 80 mA

produce una tensión de salida de 250 V aplicada al devanado de excitación de 250 Ω de un alternador cuya tensión está regulada por la excitatriz. Calcular:
a. La amplificación de potencia.
b. El factor de amplificación de tensión del Regulex.

11-15. Una amplidina que se usa para la misma aplicación y con la misma carga que el problema 11-14 requiere una intensidad de 15 mA en la excitación de control de 125 Ω de resistencia para producir igual tensión de salida. Calcular:
a. Amplificación de potencia.
b. Factor de amplificación de tensión de la amplidina.

RESPUESTAS

11-2(a) 67,7 V 11-3(a) 41,67 por ciento (b) 64,8 por ciento, 64,3 por ciento (c) 88,8 por ciento (d) 53,60 $. 11-4(a) 777 V, 34,4 A (b) 54,9 A. 11-5(a) 565,5 V, 44,2 A (b) 34 A 11-6(a) 88,5 V (b) 4000 A (c) 2230 A (d) 1184 kVA. 11-7(a) 8 polos (b) 909 A (c) 100 V (d) 275 A (e) 213,3 kVA 11-8(a) 262 A (b) 524 A (c) 1048 A (d) 1573 A 11-9(a) 0,8344 FP (b) 0,865 FP (c) 29,5 por ciento (d) 44 por ciento 11-10(a) 110 V, 110 V (b) 105 V, 120 V (c) 130 V, 100 V (d) 95 V, 0 V 11-11(b) 12 por ciento. 11-12(a) 110,33 V (b) 112,67 V (c) 109,66 V. 11-13(b) 147 V, 36 A carga (c) 66,8 V (d) 109,9 V 11-14(a) 156,5 (b) 12,5 11-15(a) 8889 (b) 133

Capítulo 12

Relaciones de potencia y energía; rendimiento, selección de características nominales y mantenimiento de máquinas eléctricas rotativas

12.1. Generalidades. Los capítulos 1 al 11 tratan principalmente de *máquinas* eléctricas rotativas de distintos tipos tanto generales como especiales. Como tales actúan a modo de dispositivos de *conversión de energía,* convirtiendo energía mecánica en eléctrica o viceversa. En algunos casos, como en el convertidor síncrono o dinamotor, la energía eléctrica se convierte en mecánica que a su vez vuelve a convertirse en energía eléctrica. Cuando esta conversión de energía tiene lugar a un ritmo *uniforme,* es decir, cuando la energía aportada a una determinada máquina por unidad de tiempo y la suministrada por la misma por unidad de tiempo son uniformes y constantes podemos considerar que la máquina actúa como dispositivo de *conversión de potencia.*

Una máquina es un dispositivo dinámico. No realiza conversión de potencia (o de energía) si está parada. Para convertir energía es preciso que se mueva. Por esta razón, es incapaz de almacenar energía. Asimismo, por esta razón, de acuerdo con el principio de conservación de la energía, la potencia total recibida por una máquina en un instante dado debe ser igual a la potencia total suministrada por esta máquina en este instante. La potencia total recibida por una máquina debe ser igual a su potencia de salida (útil) más las pérdidas totales de potencia, de acuerdo con el principio de conservación de la potencia, o

[redacted]

Según la ecuación (12-1), es evidente que la potencia suministrada a una máquina *siempre* debe ser mayor que la potencia de salida o potencia suministrada *por* la máquina para realizar trabajo útil. Esto significa que un motor o generador nunca puede convertir toda la potencia recibida en potencia de salida eléctrica o mecánica útil. Como también se establece en la ecuación (12-1), la diferencia entre la potencia de entrada y la de salida de la máquina son las pérdidas que no se aprovechan para realizar trabajo útil. Puesto que estas pérdidas no producen ni energía mecánica ni eléctrica (ambas son útiles para la máquina), sólo pueden convertirse en calor, luz o energía química. Casi todas las pérdidas se transforman en calor.*

Cuanto mayores son las pérdidas en la ecuación (12-1) como porcentaje de la potencia total de entrada, mayor será el calentamiento de la máquina, es decir, la elevación de temperatura de la máquina giratoria.

El rendimiento de una máquina puede definirse, en relación con la ecuación (12-1), por tanto, como la relación η, en la que

[redacted]

Como se verá posteriormente, la ecuación (12-2b) sirve para calcular el rendimiento de un motor, en tanto que la (12-2c) sirve para calcular el rendimiento de un generador.

La relación de la ecuación (12-2a), expresada en tanto por ciento, constituye también una medida de la cantidad de potencia calorífica producida en

* En las máquinas tipo colector, una pequeña parte de las pérdidas produce luz visible y otras pérdidas por radiación (energía luminosa), pero son despreciables en comparación con las pérdidas de calor.

proporción a la potencia total de entrada. Una máquina que funcione con un rendimiento elevado, es decir, con una elevada relación entre la potencia de salida y la de entrada, produce comparativamente poco calor en proporción a su potencia de entrada o salida. Inversamente, una máquina que funcione con un bajo rendimiento produce una gran cantidad de calor en proporción a la potencia de salida.

Según la capacidad termodinámica de la máquina para disipar el calor generado internamente, la *temperatura* de la máquina tenderá a *aumentar* hasta que alcance la temperatura para la que su potencia calorífica disipada *sea igual* a las pérdidas caloríficas generadas interiormente. Si esta temperatura final de equilibrio es excesiva, es decir, si excede el límite que los materiales aislantes utilizados en los devanados de la máquina pueden resistir, en este caso se presentan dos alternativas: (1) deben emplearse dispositivos externos de refrigeración a fin de que la potencia nominal de la máquina (potencia de salida) permanezca igual, o (2) debe *reducirse* la potencia de salida (reduciendo la de entrada y las pérdidas) a un valor nominal en el que las pérdidas y la elevación de temperatura *no* sean excesivas. (Véanse los apartados 12-16 y 12-19.)

En el caso de un motor, es más fácil medir la potencia eléctrica de entrada que la potencia mecánica de salida, de ahí la forma de la ecuación (12-2b). En el caso de un generador, es más fácil medir la potencia eléctrica de salida que la potencia mecánica de entrada, y de ahí la forma de la ecuación (12-2c). En ambos casos, por consiguiente, deben calcularse las *pérdidas.*

Es precisamente por razones de la *potencia nominal de salida* (expresada bien en hp para un motor o en kilovatios o kilovoltamperios para un generador) por lo que se realizan intentos para estudiar estos factores que afectan al rendimiento de una máquina para garantizar que las *pérdidas* y la potencia calorífica se reducen y que el rendimiento es elevado. Consideraremos primero los factores que afectan a los diversos tipos de *pérdidas* caloríficas y a continuación aquellos que afectan los valores nominales de la máquina y la elección de máquinas a la vista de estas *pérdidas.*

12.2. Pérdidas en las máquinas. Las pérdidas en las máquinas pueden dividirse en dos grandes tipos: (1) las que se producen por la circulación de corriente por las diversas partes de los devanados de la máquina denominadas pérdidas *eléctricas,* y (2) las que dependen directamente de la rotación dinámica de la máquina denominadas pérdidas por *rotación.* Las pérdidas por rotación se dividen ordinariamente en dos clases: (a) pérdidas mecánicas que resultan de la rotación, y (b) las pérdidas en el hierro resultantes de la rotación.

El análisis de las pérdidas revela que ciertas pérdidas son resultado directo de la *carga* (y varían con ella), en tanto que otras son *independientes* de la misma. Por consiguiente, la tabla 12-1 es una partición de las pérdidas eléctricas y rota-

cionales que incluye las pérdidas *en vacío* así como las pérdidas *en carga* y proporciona las fórmulas y ecuaciones que contienen los factores que contribuyen a las pérdidas. A partir de esta tabla es posible generalizar aquellas pérdidas que dependen de la carga y las que son independientes de ella.

Las *pérdidas eléctricas,* como se indica mediante la tabla 12-1, son las que derivan principalmente de la circulación de corriente eléctrica. Si, por ejemplo, la excitación serie de un generador compound de c.c. está cortocircuitada (permaneciendo igual las restantes condiciones), las pérdidas se reducen en el valor de las pérdidas en el cobre de la excitación serie, con lo que aumenta el rendimiento (si bien la regulación de tensión podría ser afectada). Las pérdidas eléctricas se describen a veces como «pérdidas en el cobre», pero ni las escobillas ni las resistencias de contacto de las escobillas se fabrican de cobre. Más aún, los devanados del inducido y del rotor se construyen ocasionalmente de aluminio fundido, y el término «devanado» es más descriptivo y técnicamente más exacto que «cobre». Todas estas pérdidas eléctricas tienden a variar con el *cuadrado* de la corriente de carga excepto aquellos, tales como las pérdidas en la excitación, que son independientes de la carga, y las pérdidas en las escobillas, que varían en proporción directa con la carga.

Las *pérdidas por rotación* se subdividen en aquellas que son tan sólo función de la velocidad (las también denominadas pérdidas mecánicas, que esencialmente son pérdidas por rozamiento), y aquellas que son función *tanto* del flujo *como* de la velocidad (las también denominadas pérdidas en el *hierro*). Estas pérdidas tienen lugar cuando un inducido de hierro o un rotor gira en un campo magnético o cuando en una estructura de hierro se produce una variación en la concatenación de flujo. Las pérdidas por histéresis, P_h, son una medida de la energía eléctrica requerida para vencer la retentividad del hierro en el camino del flujo magnético utilizando vatios como unidad,

[redacted]

en la que V es el volumen de hierro de la máquina que está sujeto a una variación de flujo, K_h es una constante que depende del tipo de hierro utilizado, B^x es la densidad de flujo elevada al exponente Steinmetz. Con los modernos valores de hierro para máquinas, x ya no es 1,6 sino próximo a 2,0. (Esto no implica que, para un volumen determinado, V, de hierro, las pérdidas hayan aumentado, debido a que K_h se ha reducido considerablemente.), y f es la frecuencia, en Hz, de la inversión de flujo.

Las *pérdidas por corrientes parásitas* se producen no tan sólo en el hierro de la máquina sino en *todos* los materiales conductores situados dentro del camino del flujo del campo magnético giratorio o variable de la máquina. Las pérdidas por corrientes parásitas, P_e, en watios, son

[redacted]

en la que K_1 es una constante de corrientes parásitas para el material conductor, t es el espesor del *material conductor*, B es la densidad de flujo, f es la frecuencia, en Hz, de la inversión de flujo, V es el volumen de material sujeto a variación de flujo.

Para una máquina de c.c., la frecuencia f, de la inversión de flujo varía con la velocidad. Por lo tanto, las pérdidas por histéresis varían en proporción directa con la velocidad, en tanto que las pérdidas por corrientes parásitas varían con el cuadrado de la velocidad. Tanto las pérdidas por histéresis como las pérdidas por corrientes parásitas varían aproximadamente con el cuadrado de la densidad de flujo. Por esta razón, las pérdidas en el hierro se consideran función *tanto* del flujo *como* de la velocidad. Las pérdidas en el hierro son esencialmente las que tienen lugar en el hierro de la máquina, de ahí la denominación pérdidas en el hierro.

Las *pérdidas adicionales en carga* se describen en la tabla 12-1c. Estas pérdidas son mayores en los motores de inducción y en otras máquinas de pequeño entrehierro. Representan: (1) pérdidas en el hierro debidas a la distorsión de flujo (reacción de inducido) en las máquinas de c.c. y armónicas de flujo en las máquinas de c.a., (2) pérdidas por efecto skin en los conductores del inducido o del estátor, y (3) pérdidas en el hierro de las partes estructurales de las máquinas.

12-3. Diagramas de flujo de potencia. Los diagramas de flujo de potencia de la figura 12-1 proporcionan una imagen más clara de la máquina, funcionando bien como motor, bien como generador. En el lado izquierdo del diagrama se indica la potencia mecánica y en el derecho la potencia eléctrica. Vamos a utili-

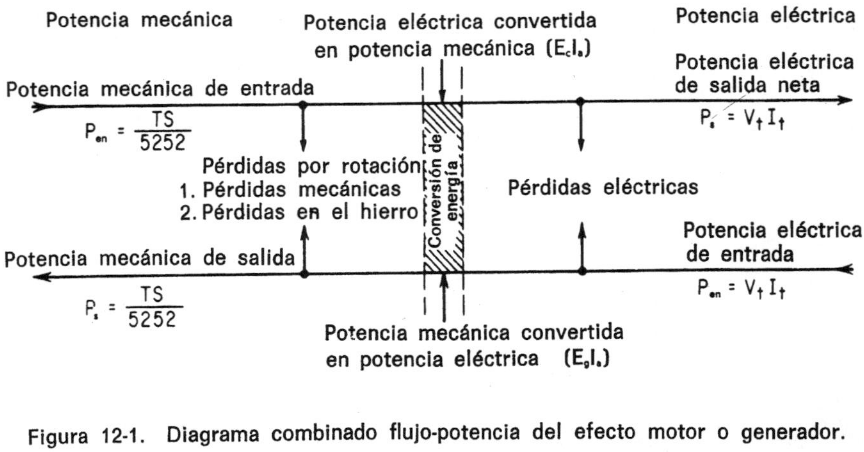

Figura 12-1. Diagrama combinado flujo-potencia del efecto motor o generador.

zar este diagrama como medio de análisis del rendimiento del generador y del motor.

12-3.1. *Flujo de potencia en el generador.* Si como entrada al eje de una máquina se aplica potencia mecánica, la potencia en el eje es $TS/5252$ hp. Una máquina accionada mecánicamente como generador está sujeta a ciertas pérdidas de rotación. La diferencia entre la potencia mecánica de entrada y las pérdidas por rotación representa la potencia mecánica neta que se convierte en potencia eléctrica mediante conversión electromecánica (E_gI_a). Pero el generador también presenta ciertas pérdidas eléctricas internas que, asimismo, deben restarse de la potencia eléctrica desarrollada. Por consiguiente, la potencia eléctrica de salida neta es E_gI_a menos las pérdidas eléctricas, o sea, la tensión en bornes multiplicada por la corriente total suministrada a la carga, V_tI_t, que se indica a la derecha de la figura 12-1.

[redacted]

12-3.2. *Flujo de potencia en un motor.* La potencia eléctrica aplicada a los bornes (lado derecho de la figura 12-1) de un motor, V_tI_t, se reduce inmediatamente debido a ciertas pérdidas eléctricas en el interior del motor. La diferencia aparece en forma de potencia eléctrica, E_cI_a, que se convierte en potencia mecánica por conversión electromecánica. La potencia mecánica disponible, que ha sido producida por el par interno del motor ($E_cI_a/746$) está sujeta a ciertas pérdidas mecánicas internas. La diferencia entre la potencia mecánica producida como resultado de la conversión electromecánica y estas pérdidas mecánicas es la potencia mecánica de salida.

[redacted]

Expresado de esta manera, la figura 12-1 resulta muy simple y de comprensión directa. La zona de la potencia mecánica está situada a la izquierda de la línea vertical discontinua y la zona de la potencia eléctrica se encuentra a la derecha de la misma. La zona central representa el cambio de estado de la energía, o *conversión electromecánica* (ya que la energía no puede crearse ni destruirse) en la que *no* se presentan pérdidas. La aplicación de potencia mecánica a una maquina implica pérdidas mecánicas, cambio de estado, pérdidas eléctricas y salida eléctrica. La aplicación de potencia eléctrica a una máquina implica pérdidas eléctricas, cambio de estado de la energía, pérdidas mecánicas y salida mecánica. El lector debe estudiar la figura 12-1 muy cuidadosamente debido a que es fundamental para la comprensión del tema.

12-4. Determinación de las pérdidas. Sería (y es) relativamente sencillo (1) medir la potencia mecánica suministrada a una máquina, y (2) utilizar instrumentos eléctricos para medir su potencia eléctrica de salida y esto nos daría el rendimiento de la máquina como generador. En el caso de máquinas pequeñas (inferiores a 1000 W), a menudo se determina el rendimiento *directamente,* es decir, por medición directa de la entrada y de la salida, utilizando dinamómetros o frenos de prony y en ocasiones, incluso máquinas calibradas cuyos rendimientos sean ya conocidos.

En el caso de máquinas mayores, sin embargo, ni es económico, ni posible, ni incluso conveniente determinar el rendimiento por carga directa. Sin embargo, *es* posible determinar las pérdidas (ahora que ya sabemos cuáles son) o reproducir las condiciones de pérdidas mediante ciertos métodos *convencionales* (con carga ligera) o mediante ensayos a *rotor bloqueado* y utilizar esta información en la ecuación 12-2 para calcular el rendimiento. El valor del rendimiento de todas las máquinas eléctricas rotatorias grandes es invariablemente un *valor calculado* basado en mediciones específicas en vacío (*convencionales*). Consideraremos primero la determinación del rendimiento de la máquina de c.c., seguida de consideraciones acerca de la máquina síncrona de c.a. y a continuación la máquina de inducción, utilizando métodos *convencionales* en todos los casos.

12-5. Rendimiento de la máquina de c.c. Independientemente de si la máquina de c.c. funciona como motor o como generador, sus pérdidas *por rotación* pueden determinarse haciéndola funcionar como motor sin carga mecánica (en vacío) a su velocidad nominal con una tensión aplicada al inducido (que corresponde a su fem generada o fuerza contraelectromotriz a plena carga). En la figura 12-2a pueden verse las conexiones de los instrumentos eléctricos para un ensayo tal en vacío. La tensión de c.c. en bornes, V_t, en este caso es (1) la fuerza contraelectromotriz calculada a plena carga [E_c en la ecuación (1-9)] si se ha de determinar el rendimiento como *motor,* o (2) la fem generada a plena carga [E_g en la ecuación (1-10)] si se ha de determinar el rendimiento como *generador.*

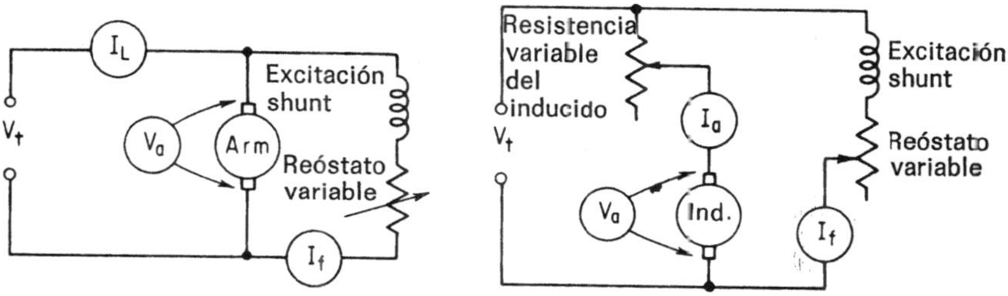

(a) Ensayo de funcionamiento en vacío

(b) Efecto combinado de la carga flujo-velocidad

Figura 12-2. Métodos para determinar las pérdidas por rotación de las máquinas de c.c.

Hacer funcionar una máquina como motor en vacío significa que *no* hay potencia mecánica de salida. Si, por consiguiente, se mide la entrada eléctrica y se calculan las pérdidas eléctricas, la diferencia entre la potencia eléctrica de entrada total y las pérdidas eléctricas calculadas *deben* ser las pérdidas por rotación del motor a la velocidad nominal, como se indica en la figura 12-1. Estableciendo esto (para la máquina de c.c. como motor de c.c.) en forma de ecuación:

Pérdidas por rotación = Potencia eléctrica de entrada − Pérdidas eléctricas
= Potencia eléctrica de entrada − (Pérdidas en el circuito de excitación + Pérdidas combinadas en el circuito del inducido)

$$\text{Pérdidas por rotación} = V_a I_L - (V_a I_f + I_a^2 R_a)$$
$$= V_a I_L - V_a I_f - I_a^2 R_a$$
$$= V_a (I_L - I_f) - I_a^2 R_a$$

[redacted]

La ecuación (12-5) es una comprobación de la figura 12-1, ya que establece que las pérdidas por rotación de un motor funcionando en vacío (sin salida mecánica) son iguales a la potencia eléctrica de entrada al inducido menos las pérdidas eléctricas en el *inducido* ($I_a R_a$). Como se verá en el ejemplo 12-1a, las pérdidas eléctricas del inducido en vacío son tan pequeñas que pueden despreciarse, con lo que las pérdidas por rotación pueden suponerse iguales a $V_a I_a$, como se estableció en la ecuación 12-5.

EJEMPLO 12-1: Un generador derivación de 10 kW, 230 V y 1750 rpm se hace funcionar en vacío como motor para determinar sus pérdidas por rotación a su carga nominal. La tensión aplicada al inducido, V_a, calculada para el ensayo, era de 245 V y la corriente absorbida por el inducido fue de 2 A. La resistencia del devanado de excitación del generador fue de 230 ohm y la resistencia del circuito de inducido medida 0,2 ohm. Calcular:

a. Las pérdidas por rotación a plena carga.
b. Las pérdidas en el circuito de inducido a plena carga y las pérdidas en la excitación.
c. El rendimiento del generador a $\frac{1}{4}$, $\frac{1}{2}$ y $\frac{3}{4}$ de la carga nominal; a la carga nominal y a $1\frac{1}{4}$ veces la carga nominal.

Solución:

a. Pérdidas por rotación $= V_a I_a - I_a^2 R_a$ [de la ecuación 12-5]

$$= (245 \times 2) - (2^2 \times 0{,}2) = 490 - 0{,}8 = \mathbf{489{,}2\ W}$$

Nótese que pueden tomarse iguales a 490 W con un error despreciable debido a las despreciables pérdidas eléctricas en el inducido.

b. A la carga nominal

$$I_L = \frac{W}{V_t} = \frac{10\,000\ \text{W}}{230\ \text{V}} = \mathbf{43{,}5\ A}$$

$$I_a = I_f + I_L = \frac{230\ \text{V}}{230\ \Omega} + 43{,}5 = \mathbf{44{,}5\ A}$$

Las pérdidas en el inducido a plena carga

$$I_a^2 R_a = (44{,}5)^2 \times 0{,}2 = \mathbf{376\ W}$$

Las pérdidas en la excitación

$$V_f I_f = 230\ \text{V} \times 1\ \text{A} = \mathbf{230\ W}$$

c. El rendimiento a cualquier carga, para un generador, utilizando la ecuación (12-2c) es

$$\frac{\text{Salida a esta carga}}{\text{Salida a la carga} + \text{pérdidas por rotación} + \text{pérdidas eléctricas a esta carga}}$$

$$\text{Rendimiento a } \frac{1}{4} \text{ de la carga} = \frac{10\,000/4}{(10\,000/4) + 489{,}2 + [(376/16) + 230]} \times 100$$

$$= \mathbf{77\ \%}$$

$$\text{Rendimiento a } \frac{1}{2} \text{ de la carga} = \frac{10\,000/2}{(10\,000/2) + 489{,}2 + [(376/4) + 230]} \times 100$$

$$= \mathbf{86{,}2\ \%}$$

$$\text{Rendimiento a } \frac{3}{4} \text{ de la carga} = \frac{10\,000 \times (3/4)}{[10\,000(3/4)] + 489{,}2 + ([376(9/16)] + 230)} \times 100$$

$$= \mathbf{89\ \%}$$

$$\text{Rendimiento a plena carga} = \frac{10\,000}{10\,000 + 489{,}2 + [376 + 230]} \times 100$$

$$= \mathbf{90{,}1\ \%}$$

Rendimiento a $1\ \frac{1}{4}$ de la carga nominal (o $\frac{5}{4}$ de la carga nominal)

$$= \frac{10\,000 \times (5/4)}{[10\,000(5/4)] + 489{,}2 + ([376(25/16)] + 230)} \times 100$$

$$= \mathbf{90{,}6\ \%}$$

Debe notarse que los rendimientos aumentan con la carga en el ejemplo anterior. También debe notarse que hay unas pérdidas fijas (invariables) que constan de (1) las pérdidas en la excitación de 230 W, y (2) las pérdidas por rotación de 489,2 W, constituyendo un total de 719,2 W. Estas pérdidas fijas existen incluso cuando el generador tiene un rendimiento nulo, es decir, cuando no suministra corriente a una carga y su potencia de salida es nula. Existen también unas pérdidas variables, las del cobre del inducido $I_a^2R_a$, que varía con el cuadrado de la corriente de inducido. Incluso al 125 % de la carga nominal, esta componente variable de pérdidas en el cobre en el ejemplo 12-1 es 588 W y aún no es tan grande como las pérdidas totales fijas de 719,2 W. ¿En qué punto se presentará el rendimiento máximo?

12-6. Rendimiento máximo. El análisis de la tabla 12-1 revela que para la máquina de c.c., la suma de las pérdidas de excitación (V_fI_f) y las pérdidas por rotación (determinadas a partir del ensayo en vacío como V_aI_a) puede considerarse como pérdidas *fijas* combinadas que no varían con la corriente de carga, I_a. (En el ejemplo 12-1 se ignoraron las pérdidas en las escobillas y en el contacto de las escobillas V_bI_a para mayor simplicidad del problema que ilustra la determinación del rendimiento.) Las pérdidas *variables* están constituidas por las pérdidas combinadas en el devanado de inducido y por las debidas a la corriente de inducido I_aR_a y V_bI_a, variando las primeras con el cuadrado de la corriente de inducido y las segundas directamente con la misma.

El rendimiento del generador puede expresarse a cualquier carga como*

$$\text{Rendimiento, } \eta = \frac{\text{salida}}{\text{salida} + \text{pérdidas}} = \frac{VI_a}{VI_a + K + V_b I_a + R_a I_a^2}$$

en la que K representa las pérdidas en la excitación más las pérdidas por rotación o pérdidas *fijas*.

A fin de determinar el rendimiento máximo, es necesario derivar esta expresión con respecto a I_a e igualarla a cero:

$$\frac{\delta\eta}{\delta I_a} = \frac{(VI_a + K + V_b I_a + R_a I_a^2)V - VI_a(V + V_b + 2I_a R_a)}{(VI_a + K + V_b I_a + R_a I_a^2)^2} = 0$$

que proporciona

$$VI_a + K + V_b I_a + R_a I_a^2 - VI_a - V_b I_a - 2R_a I_a^2 = 0$$

restando

$$K - I_a^2 R_a = 0$$

o

[redacted]

Así pues, la ecuación (12-6) establece que el rendimiento máximo se obtiene cuando las pérdidas *fijas*, K, son *iguales* a las pérdidas que varían con el cuadrado de la corriente de carga. Puesto que en la mayoría de máquinas (tanto si son de corriente alterna como de corriente continua) las pérdidas que varían directamente con la corriente de carga son pequeñas (tanto si se trata de pérdidas en las escobillas o en los anillos rozantes), podemos concluir que el rendimiento máximo tiene lugar *cuando las pérdidas fijas son iguales a todas las pérdidas variables*. Esta relación es igualmente aplicable a *todas* las máquinas rotativas, *independientemente* del tipo; es aplicable a los motores y turbinas mecánicos así como a todas las máquinas eléctricas descritas en este libro y también a dispositivos no rotativos tales como transformadores, amplificadores de potencia, alimentaciones de potencia, etc.**

En el ejemplo 12-1 se indicó que, a media carga, el rendimiento era del 86,2 % y que, a una carga del 125 %, el rendimiento era del 90,6 % y conti-

* En esta ecuación, la expresión VI_a se utiliza en lugar de VI_L en el numerador para introducir un igual valor de corriente en el numerador y en el denominador. La diferencia es despreciable, como veremos.

** El rendimiento máximo *no* debe confundirse con la máxima transferencia de potencia eléctrica, que tiene lugar cuando la impedancia externa y la interna son iguales (a un rendimiento del 50 %).

nuaba creciendo. Aparentemente, las pérdidas variables crecientes, no obstante, no son iguales a las pérdidas fijas incluso a esta carga del 125 %. Dentro del campo de cargas cercanas a la del rendimiento máximo, el rendimiento no parece variar mucho, de forma que no es importante tratar de conseguir el rendimiento máximo a la carga nominal. La mayoría de máquinas prácticas, de hecho, presentan el rendimiento máximo algo por debajo de la carga nominal. El método utilizado para hallar el valor de la carga nominal al que se presenta el rendimiento máximo en la máquina del ejemplo 12-1 se ilustra en el ejemplo 12-2.

EJEMPLO 12-2: Utilizando los datos dados para el ejemplo 12-1, calcular:
a. El porcentaje de la carga nominal al que se producirá el rendimiento máximo.
b. El rendimiento máximo en tanto por ciento.
c. El rendimiento a 1,5 veces la carga nominal.

Solución:

a. $I_a^2 R_a = K = VI_f + V_a I_a$ (según la ecuación 12-6; K=pérdidas en la excitación+pérdidas por rotación)

$$I_a^2 R_a = 230 + (245 \times 2) = 720 \text{ W}$$

$$I_a = \sqrt{\frac{720}{0{,}2}} = 60 \text{ A} ; \quad I_L = I_a - I_f = 60 - 1 = 59 \text{ A}$$

$$\text{Porcentaje de la carga nominal} = \frac{I_L}{I_L\text{nominal}} = \frac{59 \text{ A}}{43{,}5 \text{ A}} = \mathbf{135{,}5\ \%}$$

b. Rendimiento máximo

$$= \frac{230 \times 59}{(230 \times 59) + 720 + 720} \times 100 = \mathbf{90{,}75\ \%}$$

c. Rendimiento a 1,5 veces la carga nominal

$$= \frac{10\,000 \times (3/2)}{[10\,000(3/2)] + 489{,}2 + [376(9/4)] + 230} \times 100 = \mathbf{90{,}55\ \%}$$

Debe notarse que la relación anterior respecto al rendimiento máximo es cierta debido a que las pérdidas por rotación se mantenían constantes, es decir, se supone que el generador o máquina se acciona a velocidad *constante*. En el caso de un motor de velocidad constante, tal como un motor síncrono o un motor que tenga una buena regulación de velocidad, tal como un motor de inducción o un motor derivación, la relación es todavía válida. En el caso de motores de *velocidad variable*, sin embargo, es necesario representar cada uno de los rendimientos calculados en función de la corriente de carga para determinar *gráficamente* el valor de la carga a la que se producirá el rendimiento máximo. El cálculo de la variación de las pérdidas por rotación se basa en el supuesto de que las pérdidas son función directa de la variación de velocidad. Esto se ilustra en el ejemplo 12-3.

EJEMPLO 12-3: Un motor compound de 600 V y 150 hp tiene una corriente nominal a plena carga de 205 A y una velocidad a plena carga de 1500 rpm. La resistencia del circuito de excitación derivación es de 300 ohm; la resistencia total del circuito de inducido es de 0,05 ohm y la resistencia de la excitación serie es 0,1 ohm. Cuando se ensaya en vacío como motor a la velocidad nominal con una tensión aplicada, V_a, de 570 V, el inducido absorbe 6 A. La velocidad del motor en vacío es de 1800 rpm. Calcular:

a. Las pérdidas por rotación a plena carga y a $\frac{1}{4}$, $\frac{1}{2}$, $\frac{3}{4}$ y $1\frac{1}{4}$ veces la carga nominal.
b. Las pérdidas eléctricas variables a plena carga y también las pérdidas eléctricas variables para las cargas indicadas en el punto (a).
c. El rendimiento del motor a las cargas indicadas en el punto (a).

Solución:

a. Pérdidas por rotación $= V_a I_a = 570\text{ V} \times 6\text{ A}$
$= \mathbf{3420\ W\ a\ 1500\ rpm\ (carga\ nominal)}$ (12-5)

Velocidad a $\frac{1}{4}$ de la carga $= 1800 - \frac{300}{4} = 1800 - 75 = 1725$ rpm

Pérdidas por rotación a 1725 rpm $= \frac{1725}{1500} \times 3420\text{ W} = \mathbf{3930\ W}$

Velocidad a $\frac{1}{2}$ de la carga $= 1800 - \frac{300}{2} = 1650$ rpm

Pérdidas por rotación a 1650 rpm $= \frac{1650}{1500} \times 3420\text{ W} = \mathbf{3760\ W}$

Velocidad a $\frac{3}{4}$ de la carga $= 1800 - (\frac{3}{4} \times 300) = 1575$ rpm

Pérdidas por rotación a 1575 rpm $= \frac{1575}{1500} \times 3420\text{ W} = \mathbf{3590\ W}$

Velocidad a $\frac{5}{4}$ de la carga nominal $= 1800 - (\frac{5}{4} \times 300) = 1425$ rpm

Pérdidas por rotación a 1425 rpm $= \frac{1425}{1500} \times 3420\text{ W} = \mathbf{3250\ W}$

b. $I_a^2(R_a + R_s) = (203)^2(0{,}05 + 0{,}1) =$ **6150 W a plena carga**
= pérdidas variables a plena carga

Pérdidas variables a $\frac{1}{4}$ de la carga $= 6150\text{ W} \times (\frac{1}{4})^2 = \mathbf{384\ W}$

Pérdidas variables a $\frac{1}{2}$ de la carga $= 6150\text{ W} \times (\frac{1}{2})^2 = \mathbf{1535\ W}$

Pérdidas variables a $\frac{3}{4}$ de la carga $= 6150\ W \times (\frac{3}{4})^2 =$ **3450 W**

Pérdidas variables a $\frac{5}{4}$ de la carga $= 6150\ W \times (\frac{5}{4})^2 =$ **9600 W**

c. Rendimiento del motor $= \dfrac{\text{Entrada — Pérdidas}}{\text{Entrada}}$ (12-2b)

en la que entrada = voltios × amperios × fracción de la carga
Pérdidas = pérdidas en la excitación + pérdidas por rotación + pérdidas eléctricas variables

Entrada a $\frac{1}{4}$ de la carga $= 600 \times 205 \times \frac{1}{4} =$ **30 750 W** (aproximado)

a $\frac{1}{2}$ de la carga $= 600 \times 205 \times \frac{1}{2} =$ **61 500 W**

a $\frac{3}{4}$ de la carga $= 600 \times 205 \times \frac{3}{4} =$ **92 250 W**

a $\frac{4}{4}$ de la carga $= 600 \times 205 \times \frac{4}{4} =$ **123 000 W**

a $\frac{5}{4}$ de la carga $= 600 \times 205 \times \frac{5}{4} =$ **153 750 W**

Pérdidas en la excitación para cada una de las condiciones de carga
$= 600\ V \times 2\ A = 120\ W$

Las pérdidas por rotación para cada una de las condiciones de carga se calcularon en el punto (a)
Las pérdidas eléctricas variables para cada una de las condiciones de carga se calcularon en el punto (b)

Entrada a $\frac{1}{4}$ de la carga $= \dfrac{30\,750 - (1200 + 3930 + 384)}{30\,750}$

$=$ **0,826 o 82,6** %

a $\frac{1}{2}$ de la carga $= \dfrac{61\,500 - (1200 + 3760 + 1535)}{61\,500}$

$=$ **0,894 o 89,4** %

a $\frac{3}{4}$ de la carga $= \dfrac{92\,250 - (1200 + 3590 + 3450)}{92\,250}$

$=$ **0,912 o 91,2** %

a $\frac{4}{4}$ de la carga $= \dfrac{123\,000 - (1200 + 3420 + 6150)}{123\,000}$

$=$ **0,9125 o 91,25** %

a $\frac{5}{4}$ de la carga $= \dfrac{153\,750 - (1200 + 3250 + 9600)}{153\,750}$

$=$ **0,909 o 90,9** %

Estos resultados están tabulados en la página *546* .

El ejemplo 12-3 indica que, aunque las pérdidas de excitación son sustancialmente constantes, las pérdidas por rotación disminuyen en la misma proporción que la velocidad. Al mismo tiempo, las pérdidas variables aumentan con el cuadrado de la corriente de inducido. A fin de determinar (con cierta exactitud) el punto en el que tiene lugar el rendimiento máximo, sería necesario elegir *varios* valores de I_a inmediatamente por encima y por debajo del punto de plena carga y representar gráficamente los datos del rendimiento resultantes en función de la corriente de inducido al que tiene lugar el rendimiento máximo. El valor de I_a al que tiene lugar el rendimiento máximo puede, entonces, obtenerse gráficamente.

PÉRDIDAS EXPRESADAS EN WATIOS	A $\frac{1}{4}$ DE LA CARGA	A $\frac{1}{2}$ DE LA CARGA	A $\frac{3}{4}$ DE LA CARGA	A PLENA CARGA	A $\frac{5}{4}$ DE LA CARGA
Entrada	**30 750**	**61 500**	**92 250**	**123 000**	**153 750**
Pérdidas en la excitación	1200	1200	1200	1200	1200
Pérdidas por rotación, de la parte (a)	3930	3760	3590	3420	3250
Pérdidas eléctricas variables, de la parte (b)	384	1535	3450	6150	9600
Total de todas las pérdidas	**5514**	**6495**	**8240**	**10 770**	**14 050**
η, rendimiento en %	**82,6** por ciento	**89,4** por ciento	**91,2** por ciento	**91,25** por ciento	**90,9** por ciento

Un método alternativo es una representación gráfica de las pérdidas por rotación y las pérdidas eléctricas variables como ordenadas en función de I_a como abscisas. El punto de intersección de las curvas de las pérdidas, indica exactamente el valor de I_a de forma gráfica.

Los ejemplos 12-1 y 12-3 indican que los datos obtenidos mediante el ensayo en vacío (en el que la máquina de c.c. se hace funcionar en vacío como motor) pueden utilizarse para determinar el rendimiento *tanto* de un generador *como* de un motor. Los cálculos para el rendimiento del motor son un poco más complicados debido a la variación de velocidad.

12-7. Efecto combinado del flujo y de la velocidad. Un análisis de las pérdidas indicadas en la tabla 12-1 nos dirá que en los ejemplos 12-1 y 12-3 se hizo una suposición que no es completamente correcta respecto a las pérdidas por rotación, a saber, que las pérdidas por rotación varían sólo con la velocidad si la excitación de la máquina (corriente de excitación) se mantiene constante. Al aumentar la carga de la máquina, se produce un aumento de la reacción de inducido originando una variación de la densidad de flujo que afecta a las pérdidas en el hierro. Al mismo tiempo, cuando aumenta la carga, también hay una variación de la fem generada o fuerza contraelectromotriz (de la que depende la potencia mecánica desarrollada por el inducido).

La fem generada o fuerza contraelectromotriz varía en proporción *directa* con el *flujo* y la *velocidad* y las pérdidas por rotación *también* varían en proporción directa con el *flujo* y la *velocidad*. Por consiguiente, para una máquina cuya velocidad varíe (ejemplo 12-3) o cuya fem generada pueda variar (ejemplo 12-1), sería mejor repetir el ensayo en vacío bajo diversas condiciones de funcionamiento que reprodujeran las condiciones del flujo de la máquina y de la velocidad. Como se indica en la figura 12-2b, en el circuito de inducido se conecta una resistencia en serie con el fin de reducir la tensión de inducido de la máquina al valor calculado de la fem generada o de la fuerza contraelectromotriz a la velocidad requerida (o reducida).

A causa de que el ensayo se realiza en vacío, la caída de tensión de inducido es muy pequeña y la tensión aplicada al inducido, V_a, puede tomarse como igual a la fem generada o fuerza contraelectromotriz para una condición determinada. Por consiguiente, a cualquier valor preestablecido de la velocidad, las pérdidas por *rotación* son iguales a la lectura V_aI_a menos las pequeñas pérdidas en el cobre en vacío que también pueden despreciarse. Por lo tanto, al reproducir la fuerza contraelectromotriz, las condiciones de velocidad y flujo también quedan reproducidas.

El ejemplo 12-4 ilustra el método para el rendimiento de un motor pero también puede utilizarse para el rendimiento de un generador.

EJEMPLO 12-4: Un motor compound de 600 V y 150 hp tiene una velocidad a plena carga de 1500 rpm y una corriente a plena carga de 205 A. La resistencia de la excitación derivación es 300 ohm, la resistencia del circuito de inducido es 0,05 ohm y la resistencia de la excitación serie es 0,1 ohm. A la carga nominal, calcular:

a. La fuerza contraelectromotriz que se debe aplicar al inducido cuando se ensaya en vacío bajo las mismas condiciones de flujo y velocidad.
b. Las pérdidas por rotación si la corriente del inducido es 6 A cuando se aplica la tensión de inducido apropiada a 1500 rpm.

Solución:

A plena carga $I_a = I_L - I_f = 205\ \text{A} - \dfrac{600\ \text{V}}{300\ \Omega} = \mathbf{203\ A}$

a. A plena carga, $E_c = V_t - I_a(R_a + R_s) = 600 - 203(0{,}15)$
$= 600 - 30{,}5 = \mathbf{569{,}5\ V}$

b. $P_{\text{pérd.}} = V_aI_a = 569{,}5 \times 6 = \mathbf{3410\ W} =$ pérdidas por rotación

Nótese que el valor de las pérdidas por rotación obtenidas en el punto (b) del ejemplo 12-4 es comparable de modo muy favorable con el valor obtenido a la carga nominal en (a) del ejemplo 12-3.

12-8. Rendimiento de la máquina síncrona de c.a. Esencialmente, la única diferencia real entre un alternador síncrono y un generador de c.c. es el hecho de que, en el primero, el inducido es fijo y el inducido gira a una velocidad constante. La resistencia efectiva (c.a.) del inducido del alternador por fase de obtiene normalmente de la misma forma que la que se utilizó en el método de la impedancia síncrona para determinar la regulación del alternador (apartado 6-10, fig. 6-7a) a partir de medidas de resistencia en c.c. Las pérdidas en el cobre del circuito de excitación de c.c., $V_f I_f$ también se determina de la misma forma.

Como en el caso de una máquina de c.c., independientemente de si se ha de determinar el rendimiento como motor síncrono o alternador, la máquina síncrona de c.a. se hace funcionar como motor síncrono sin carga a la velocidad de sincronismo (el método convencional de ensayo en vacío). Ordinariamente, la corriente de excitación se ajusta al valor de la placa de características que corresponde al factor de potencia al que tiene lugar el funcionamiento normal o, en el caso de un motor síncrono, para proporcionar una corriente mínima (factor de potencia unidad). Se registran las corrientes de inducido trifásicas equilibradas a la tensión nominal de línea y la potencia de entrada (utilizando el método de uno, dos o tres watímetros), como se indica en la fig. 12-3a. Las pérdidas por rotación, como en el caso de la máquina de c.c., son iguales a la potencia de entrada en el inducido menos las pérdidas en el cobre en vacío, o
Pérdidas por rotación en la máquina síncrona de c.a. *(P_r)*
= Potencia de entrada en el inducido en vacío — Pérdidas en el cobre del inducido

$$P_r = \sqrt{3} \times V_a I_a \cos\theta - 3I_a^2 R_a \qquad (12\text{-}7)$$

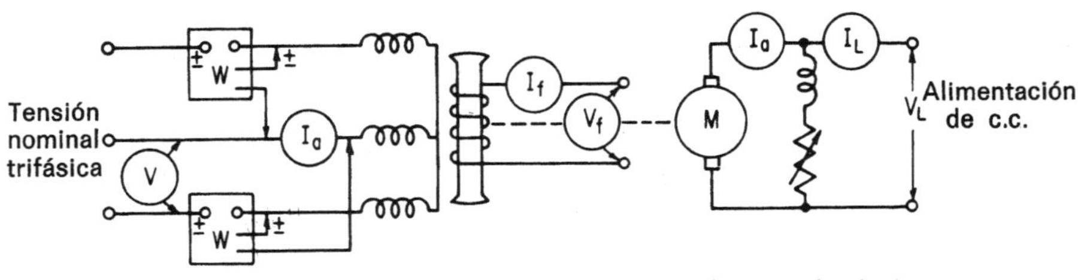

(a) Ensayo de funcionamiento en vacío de una máquina síncrona

(b) Método de la máquina de c.c. calibrada

Figura 12-3. Métodos para determinar rendimientos de las máquinas síncronas de c.a.

en la que I_a es la corriente del inducido y R_a es la resistencia efectiva del inducido por fase.

Puesto que tanto un motor síncrono como un alternador síncrono se hacen funcionar a velocidad constante para una frecuencia fija, las pérdidas por rotación pueden considerarse constantes. El rendimiento a plena carga a un factor de potencia unidad o a cualquier otro, puede, entonces, calcularse como en el ejemplo 12-5.

EJEMPLO 12-5: El alternador trifásico, conectado en estrella ensayado por el método de la impedancia síncrona del ejemplo 6-4 se ensaya en vacío como motor síncrono a su tensión nominal de línea a fin de determinar sus pérdidas por rotación. La corriente de inducido en vacío es 8 A y la potencia de entrada al inducido es 6 kW. Del alternador se obtiene una tensión de línea de 1350 V en vacío con una excitación de c.c. de 18 A a 125 V de c.c. Suponiendo que las pérdidas en el hierro y la excitación de c.c. no varían desde vacío hasta la carga nominal, calcular:

a. Pérdidas por rotación de la máquina síncrona.
b. Las pérdidas en el cobre de la excitación.
c. Las pérdidas eléctricas del inducido a $\frac{1}{4}$, $\frac{1}{2}$, $\frac{3}{4}$ y a plena carga.
d. El rendimiento a estas cargas con un factor de potencia de 0,9 inductivo.

Solución:

A partir del ejemplo 6-4,

$$R_a = 0{,}45\ \Omega/\text{ fase}\ ;\quad I_{a(\text{f.l.})} = 52{,}5\ \text{A}$$

a. A partir de (12-7), $P_r = 6000 - (3 \times 8^2 \times 0{,}45)$

$$= 6000 - 86{,}4 = \mathbf{5914\ W}\ \textbf{(pérdidas por rotación)}$$

b. Pérdidas en la excitación $= 125\ \text{V} \times 18\ \text{A} = \mathbf{2250\ W}$

c. Pérdidas eléctricas en el inducido (cobre) a plena carga

$$= 3I^2_{a(\text{f.l.})}R_a = 3 \times (52{,}5)^2 \times 0{,}45 = \mathbf{3725\ W}$$

Pérdidas en el cobre del inducido a $\frac{1}{4}$ de la carga $= \frac{3725}{16} = \mathbf{233\ W}$

a $\frac{1}{2}$ de la carga $= \frac{3725}{4} = \mathbf{932\ W}$

a $\frac{3}{4}$ de la carga $= 3725 \times \frac{9}{16} = \mathbf{2100}$

d. Rendimiento, en tanto por ciento

$$= \frac{\text{Potencia de salida nominal por la carga}}{\text{Potencia de salida nominal por la carga más las pérdidas}} \times 100$$

Nota: La potencia de salida es de 100 kVA, que es igual a 100 000 VA y, con un factor de potencia de 0,9 inductivo, la potencia de salida se convierte en 90 000 watios. Esta cantidad se utiliza en los cálculos que siguen. Las pérdidas por rotación se determinaron en el punto (a) en 5914 W y las pérdidas en la excitación se determinaron en el punto (b) en 2250 W. Las pérdidas eléctricas variables en el inducido (cobre) se determinaron en el punto (c). Al calcular el rendimiento a diversas cargas, la suma de estas pérdidas aparece en el denominador en cada caso, a continuación. Rendimiento en tanto por ciento, η

$$\text{a } \frac{1}{4} \text{ de la carga} = \frac{(100\,000 \times 0{,}9) \times (1/4)}{[(100\,000 \times 0{,}9) \times (1/4)] + (5914 + 2250) + 233} \times 100$$

$$= \frac{90\,000 \times (1/4)}{[90\,000 \times (1/4)] + 8164 + 233} \times 100 = \frac{22\,500}{30\,897} \times 100$$

$$= \mathbf{72{,}7\ \%}$$

$$\text{a } \frac{1}{2} \text{ de la carga} = \frac{90\,000 \times (1/2)}{[90\,000 \times (1/2)] + 8164 + 932} \times 100 = \mathbf{83{,}2\ \%}$$

$$\text{a } \frac{3}{4} \text{ de la carga} = \frac{90\,000 \times (3/4)}{[90\,000 \times (3/4)] + 8164 + 2100} \times 100 = \mathbf{86{,}8\ \%}$$

a plena carga o $\frac{4}{4}$

$$\eta = \frac{90\,000 \times (4/4)}{[90\,000 \times (4/4)] + 8164 + 3725} \times 100 = \mathbf{88{,}25\ \%}$$

12-9. Ventilación de los alternadores. Una parte de las pérdidas por rotación en el ejemplo 12-5 se debe al rozamiento con el aire creado por el campo inductor giratorio y el ventilador situado en el eje del alternador. La refrigeración por aire mediante ventiladores interiores no es, en general, adecuada para los alternadores de gran tamaño porque se precisa algún método de ventilación forzada para: (1) evacuar el calor generado con un aumento razonable de temperatura tanto del alternador como del refrigerante gaseoso empleado; (2) proporcionar un refrigerante gaseoso con menores pérdidas por rozamiento y un calor específico posiblemente mayor que el del aire; (3) sellar el sistema de refrigeración del alternador a fin de eliminar la suciedad y la humedad (estos elementos acortan la vida del alternador); (4) aumentar el rendimiento y (5) aumentar la capacidad del alternador.

En los modernos turboalternadores, que se hacen funcionar a elevadas velocidades y que utilizan refrigeración forzada por aire, la mitad o más de las pérdidas por rotación totales a plena carga (ver el ejemplo 12-5) son a menudo el resultado de impulsar el aire a través de conductos axiales dispuestos en el rotor y el estátor del inducido. El hidrógeno tiene una menor viscosidad que el aire y aproximadamente ocho veces su conductividad calorífica y aproximadamente la misma capacidad calorífica por unidad de volumen que el aire, de modo que la refrigeración con un flujo determinado de hidrógeno comparado con el aire (1) presenta un mayor rendimiento en la disminución de temperatura del alternador, y (2) las pérdidas de rozamiento al circular el refrigerante son menores. Dos ventajas adicionales del empleo del hidrógeno son, (3) con hidrógeno no tiene lugar la oxidación del aislamiento a causa del efecto corona, y (4) se precisa un potencial mayor para producir el efecto corona en una atmósfera de hidrógeno-aire que en una atmósfera ordinaria de aire.

Algunas mezclas hidrógeno-aire son, no obstante, muy explosivas y algunos experimentos indican que las explosiones pueden producirse para composiciones comprendidas entre 6 % de hidrógeno y 94 % de aire y 71 % de hidrógeno y 29 % de aire. Cuando hay más del 71 % de hidrógeno, la cantidad de oxígeno en el gas es insuficiente para mantener la combustión. En consecuencia, empleando mezclas con un 90 % de hidrógeno no hay peligro de explosión incluso a temperaturas de ignición elevadas.

Cuando se emplea refrigeración por hidrógeno es necesario un sistema completamente sellado. El hidrógeno se hace circular mediante sopladores y ventiladores a través del rotor y el estátor y a continuación se hace pasar por bobinas de refrigeración situadas dentro de la envoltura sellada; las bobinas contienen un refrigerante —ordinariamente aceite o agua— para extraer el calor del hidrógeno circulante. El gas se mantiene a una presión superior a la atmosférica para impedir la entrada de aire contaminante, y la presión se mide cuidadosamente para evitar y descubrir las fugas.

La refrigeración por hidrógeno eleva el rendimiento global a plena carga en un 1 % aproximadamente pero aumenta la *capacidad* del alternador en alrededor de un 25 %. Esta última razón es el principal factor que justifica su empleo.

12-10. Rendimiento de la máquina síncrona de c.a. mediante el método del motor de c.c. calibrado. Un procedimiento recomendado por la AIEE (actualmente IEEE) para determinar el rendimiento del alternador síncrono de c.a. (o motor) y simultáneamente la regulación de tensión del alternador puede verse en la fig. 12-3b, en la que un motor de c.c. está acoplado al alternador, se describe en las siguientes etapas. El motor es un motor *calibrado* cuyo rendimiento es conocido para todos los valores comprendidos entre vacío y plena carga.

Etapas del procedimiento	*Finalidad*
1. Hacer funcionar el alternador a la velocidad de sincronis-	1. La potencia de entrada del motor de c.c. por su rendi-

mo sin excitación mediante el motor de c.c. calibrado.

miento (conocido) es la potencia de entrada al alternador correspondiente a las pérdidas por fricción y rozamiento con el aire del alternador.

2. *Repetir 1, pero excitando el alternador a su valor normal, es decir, excitación en vacío que producirá la tensión nominal a la carga nominal.

2. La potencia adicional de entrada del motor para su rendimiento representa la potencia adicional de entrada del alternador o pérdidas en el hierro (corrientes parásitas e histéresis). También se obtienen las pérdidas en el cobre de excitación de c.c. del alternador (es decir, $V_f I_f$). También se incluyen las pérdidas en las escobillas. Todas estas pérdidas son pérdidas fijas.

3. Reducir la excitación a cero, cortocircuitar el inducido del alternador y realizar el ensayo de cortocircuito para la impedancia síncrona (apartado 6-10), es decir, elevar la corriente de excitación hasta que la corriente nominal de inducido se produzca a la velocidad nominal.

3. Las pérdidas en el hierro se consideran despreciables debido a que la excitación es muy baja. La potencia de entrada al motor por su rendimiento representa ahora las pérdidas a plena carga en el cobre del inducido más las pérdidas por fricción y rozamiento con el aire (etapa 1 anterior). La etapa 3 menos la etapa 1 representan las pérdidas en el cobre del inducido a plena carga.

4. Deshacer el cortocircuito y medir la tensión del inducido en vacío a esta excitación (ensayo en vacío).

4. Esto proporciona la impedancia del inducido y la reactancia síncrona por fase (la última por cálculo en la forma ordinaria).

La ventaja evidente del método de la AIEE, utilizando el motor de c.c. calibrado, es que se determinan simultáneamente el rendimiento y la regulación de tensión (por el método de la impedancia síncrona) del alternador (o motor)

* Si se desea medir las pérdidas por fricción en las escobillas en los anillos rozantes del alternador y en las escobillas de la excitatriz, éstas se descienden, sin tensión de excitación, y de nuevo se mide la entrada del motor calibrado. El incremento sobre la entrada de la etapa 1 representa las pérdidas por fricción en las escobillas a la velocidad de sincronismo.

síncrono de c.a. Dadas las pérdidas de la excitación de c.c., las pérdidas en el cobre del inducido a plena carga y las pérdidas por rotación (fricción, rozamiento con el aire y pérdidas en el hierro) a la velocidad nominal, la determinación del rendimiento se calcula de la misma forma que la indicada en el ejemplo 12-5.

12-11. Rendimiento de la máquina de inducción asíncrona. La máquina de inducción, tanto si se hace funcionar como motor de inducción o como generador de inducción, experimenta una variación de la velocidad del rotor con la carga así como una variación de la frecuencia del rotor que resulta de la variación de velocidad, como se discute en el capítulo 9.

A diferencia de las máquinas síncronas de c.a., ni las pérdidas por rotación (que dependen de la velocidad y de la frecuencia) ni las pérdidas eléctricas en el rotor y en el estátor (que dependen de la carga) son constantes. Por consiguiente, deben utilizarse otros métodos para determinar el rendimiento de las máquinas de inducción asíncronas de c.a. Puesto que raramente interesa el rendimiento de los generadores de inducción, la discusión siguiente debe reducirse principalmente al motor de inducción asíncrono de c.a. tanto polifásico como monofásico.

En general se utilizan dos métodos. El primero es un método convencional en el sentido de que no implica la carga del motor de inducción denominado método de *vacío* y de *cortocircuito* (rotor bloqueado). Este método se emplea generalmente en motores de inducción *muy grandes* en los que la carga del mismo no resulta práctica o económica.

El segundo método es el método del circuito equivalente carga-deslizamiento de la AIEE. Este método es, en general, más exacto que el método convencional a rotor bloqueado pero requiere la medida del deslizamiento a cargas diversas desde vacío hasta plena carga (nominal) del motor de inducción. Ordinariamente, se realiza en los motores de inducción más pequeños que pueden ser cargados mediante frenos de prony o generadores eléctricos. Esta última afirmación sugiere, desde luego, que, si es posible la carga, puede utilizarse un generador calibrado para determinar el rendimiento. Evidentemente, esto es un tercer procedimiento y el rendimiento puede ser registrado eléctricamente como relación entre la potencia de entrada del generador calibrado (salida del motor) y la potencia eléctrica de entrada al motor a una carga determinada. Como se ha establecido previamente, el rendimiento de los motores de inducción polifásicos pequeños también puede determinarse (cuarto método) mediante medidas con un dinamómetro o un freno de prony para registrar su potencia de salida a una carga mecánica determinada, y la potencia de entrada se registra eléctricamente. Los tres últimos métodos sólo son practicables con los motores de inducción pequeños. El primer método es aplicable a todos los motores de inducción, grandes o pequeños.

Consideraremos sólo el método convencional (apartado 12-13) y el método de la AIEE (apartado 12-14) con detalle.

12-12. Resistencia equivalente del motor de inducción. Los dos ensayos anteriores para determinar el rendimiento del motor de inducción exigen una expresión de la resistencia equivalente tanto del rotor como del estátor del motor de inducción, referidas al estátor, en condiciones del rotor bloqueado. Por consiguiente, es necesario, deducir esta expresión. La fig. 12-4a muestra el estátor y el rotor en reposo de un motor de inducción conectado en triángulo. En el momento del arranque, o con el rotor bloqueado, el estátor conectado en triángulo puede considerarse como el primario de un transformador y el rotor cortocircuitado como el secundario. La resistencia equivalente total, R_{el}, referida a dos bornes cualesquiera del estátor en la fig. 12-4a, es, teniendo en cuenta las ramas en paralelo:

$$R_{el} = \frac{R_a \times 2R_a}{R_a + 2R_a} = \frac{2}{3} R_a \qquad (12\text{-}8)$$

y también

$$R_a = \frac{3}{2} R_{el} \qquad (12\text{-}8)$$

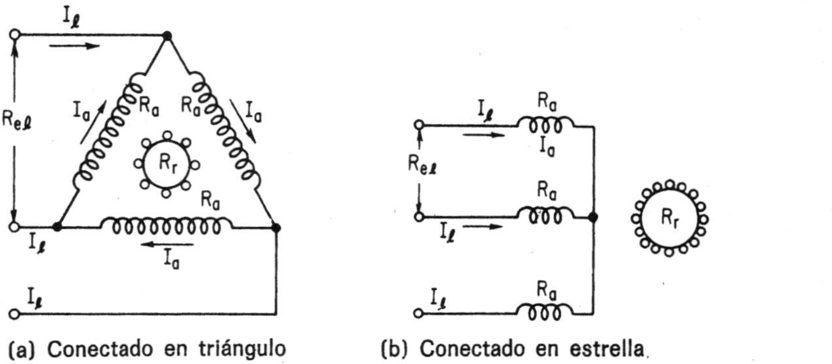

Figura 4. Determinación de la resistencia equivalente del estátor (y el rotor) entre líneas del estátor.

Si el rotor está bloqueado, al estátor se le puede aplicar una tensión de excitación de menos del 10 % de la tensión nominal a fin de desarrollar la corriente nominal de inducido, I_a, en el estátor como resultado de la corriente de carga nominal en la resistencia del rotor, R_r. A esta excitación reducida, las pérdidas en el hierro son despreciables, $W_c \times B^2 \times (1/10)^2$, ya que son inferiores a la centésima parte del valor correspondiente a la tensión nominal.*

La potencia de entrada en el estátor representa, en reposo, sólo las pérdidas en el cobre equivalentes combinadas del rotor y el estátor, P_c, en la fig. 12-4a, o

$$P_c = 3I_a^2R_a = 3\left(\frac{I_l}{\sqrt{3}}\right)^2 R_a = I_l^2 R_a$$

Sustituyendo R_a de la ecuación (12-8) en esta ecuación se tiene

$$P_c = \tfrac{3}{2}\, I_l^2 R_{el} \qquad (12\text{-}9)$$

en la que I_l es la corriente en la línea de un motor de inducción trifásico y R_{el} es la resistencia equivalente total de un motor de inducción trifásico (que representa la resistencia combinada del rotor y el estátor), referida al estátor.

Análogamente, suponiendo que el estátor del motor de inducción está conectado en estrella, como se indica en la fig. 12-4b:

$R_{el} = 2R_a$ y $R_a = R_{el}/2$ (para un estátor conectado en estrella)

La potencia de entrada o pérdidas equivalentes en el cobre, para un estátor conectado en estrella, a tensión reducida, es

[redacted]

Nótese que esta expresión es la *misma* que la (12-9) para un estátor conectado en triángulo. Por consiguiente, es *completamente innecesario* saber si el estátor está conectado en estrella o en triángulo. Las pérdidas equivalentes en el cobre pueden medirse entre líneas y la resistencia total equivalente entre líneas puede determinarse mediante (12-9) para la resistencia total combinada del rotor y el estátor, referida al estátor. Esto se ilustrará en el ejemplo 12-6.

12-13. Rendimiento del motor de inducción mediante los ensayos en vacío y en cortocircuito (rotor bloqueado). Como se estableció en el capítulo 9, el circuito de un motor de inducción funcionando con carga (así como en el momento del arranque) puede representarse como un transformador (véase la fig. 9-11

* En algunos casos puede ser necesario utilizar tensiones de excitación mayores (por encima del 10 %) para obtener la corriente nominal del inducido del estátor. En tales circunstancias, las pérdidas en el hierro *no* pueden despreciarse. En estas condiciones, se suelen utilizar tensiones de excitación que produzcan la corriente y las pérdidas en el cobre mitad de las nominales y modificar las (12-9) y (12-9a) de acuerdo con ello, al determinar R_{el} y P_c.

y las ecuaciones (9-9a) y (9-16)]. Los métodos convencionales de determinar el rendimiento de un transformador* utilizando los ensayos para transformador en circuito abierto (en vacío) y en cortocircuito (rotor bloqueado), son aplicables también al motor de inducción. Como en el transformador, la determinación del rendimiento se realiza en dos etapas:

12-13.1. *Ensayo sin carga* (vacío). El motor de inducción se conecta a una alimentación a su tensión nominal y se hace funcionar sin (ninguna) carga acoplada a su eje. En estas condiciones, como en el caso de los anteriores ensayos «en vacío», la potencia de entrada al inducido estatórico del motor de inducción representa (1) las pérdidas por rotación (pérdidas en el hierro y mecánicas), y (2) unas pequeñas pérdidas en vacío equivalentes a las pérdidas en el cobre del estátor y el rotor. (Las últimas no son despreciables como se indica en el ejemplo 12-6b.)

12-13.2. *Ensayo con rotor bloqueado* (cortocircuito). El motor se desconecta y su rotor se bloquea para impedir su rotación. Al estátor se aplica una pequeña y gradualmente creciente tensión trifásica (procedente o bien de un variac trifásico o de un regulador de inducción polifásico) hasta que circula la corriente nominal de línea indicada en la placa de características. Como en el ensayo de cortocircuito del transformador, y por las razones justificadas en el apartado 12-11, las pérdidas en el hierro son despreciables y no hay pérdidas mecánicas ya que el motor no gira. La potencia total absorbida por el motor representa, por tanto, las pérdidas eléctricas en el cobre a plena carga del estátor y del rotor. La resistencia total equivalente (entre líneas) del motor se calcula mediante la ecuación (12-9). A continuación, este valor se utiliza en el cálculo de las pérdidas por rotación a partir del anterior ensayo en vacío, como en la determinación del rendimiento.

El ejemplo 12-6 ilustra el tratamiento de los datos y la determinación del rendimiento por este método.

EJEMPLO 12-6: Un motor de inducción trifásico, 60 Hz, 220 V, 5 hp, factor de potencia de 0,9 tiene una corriente nominal de línea indicada en la placa de características de 16 A y una velocidad de 1750 rpm. Los datos obtenidos mediante los ensayos de vacío y de cortocircuito son:

	Ensayo de vacío	*Ensayo de cortocircuito*
Corriente de línea	6,5 A	16 A
Tensión de línea	220 V	50 V
Watímetro polifásico	300 W	800 W (pérdidas equivalentes en el cobre a plena carga)

* Véase el apartado 13-8.

Calcular:

a. La resistencia total equivalente del motor de inducción entre líneas.
b. Las pérdidas por rotación.
c. Las pérdidas equivalentes en el cobre a $\frac{1}{4}$, $\frac{1}{2}$, $\frac{3}{4}$ y $1\frac{1}{4}$ de la carga nominal.
d. El rendimiento a estas cargas.
e. Los hp de salida a estas cargas.
f. El par de salida a plena carga.

Solución:

a. $R_{el} = \dfrac{P_c}{(3/2)I_l^2} = \dfrac{800}{16^2} \times \dfrac{2}{3} = \mathbf{2{,}08\ \Omega}$

b. Pérdidas por rotación $= P_r - I_l^2 R_{el} = 300 - 6{,}5^2 \times 2{,}08 = 300 - 132$
$= \mathbf{168\ W}$

c. Pérdidas equivalentes en el cobre a diversas fracciones de carga

A $\frac{1}{4}$ de la carga $= 800\ \text{W} \times (\frac{1}{4})^2 = \mathbf{50\ W}$

A $\frac{1}{2}$ de la carga $= 800 \times (\frac{1}{2})^2 = \mathbf{200\ W}$

A $\frac{3}{4}$ de la carga $= 800 \times (\frac{3}{4})^2 = \mathbf{450\ W}$

A plena carga=**800 W** determinado en los datos del ensayo en cortocircuito.

A $1\frac{1}{4}$ de la carga $= 800 \times (\frac{5}{4})^2 = \mathbf{1250\ W}$

d. El rendimiento, en tanto por ciento, para un motor es, por la (12-2b)

$$\eta = \frac{\text{Potencia de entrada a plena carga por la fracción de carga} - \text{pérdidas}}{\text{Potencia de entrada a plena carga por la fracción de carga}} \times 100$$

Potencia de entrada a plena carga $= \sqrt{3} \times 220 \times 16 \times 0{,}9 = \mathbf{5480\ W}$.

Las pérdidas por rotación, por el punto (b) = 168 W

Las pérdidas equivalentes en el cobre se calcularon en el punto (c).

Rendimiento en tanto por ciento

A $\dfrac{1}{4}$ de la carga $= \dfrac{(5480/4) - (168 + 50)}{(5480/4)} \times 100 = \dfrac{1370 - 218}{1730} \times 100$
$= \mathbf{84{,}2\ \%}$

A $\dfrac{1}{2}$ de la carga $= \dfrac{(5480/2) - (168 + 200)}{(5480/2)} \times 100 = \mathbf{86{,}5\ \%}$

A $\dfrac{3}{4}$ de la carga $= \dfrac{[5480(3/4)] - (168 + 450)}{5480(3/4)} \times 100 = \mathbf{84{,}9\ \%}$

$$A\ \frac{4}{4}\ \text{o plena carga} = \frac{[5480(4/4)] - (168 + 800)}{5480(4/4)} \times 100$$

$$= \mathbf{82{,}1\ \%}$$

$$A\ \frac{5}{4}\ \text{de la carga} = \frac{[5480(5/4)] - (168 + 1250)}{5480(5/4)} \times 100 = \mathbf{79{,}3\ \%}$$

e. $\text{hp de salida} = \dfrac{\text{entrada — pérdidas}}{746\ \text{W/hp}}$

Hp de salida

$$A\ \frac{1}{4}\ \text{de la carga} = \frac{(5480/4) - 218}{746} = \mathbf{1{,}545\ hp}$$

$$A\ \frac{1}{2}\ \text{de la carga} = \frac{(5480/2) - 368}{746} = \mathbf{3{,}18\ hp}$$

$$A\ \frac{3}{4}\ \text{de la carga} = \frac{[5480 \times (3/4)] - 618}{764} = \mathbf{4{,}68\ hp}$$

$$A\ \frac{4}{4}\ \text{de la carga} = \frac{[5480 \times (4/4)] - 968}{746} = \mathbf{6{,}04\ hp}$$

$$A\ \frac{5}{4}\ \text{de la carga} = \frac{[5480 \times (5/4)] - 1418}{746} = \mathbf{7{,}28\ hp}$$

f. $\text{Par de salida} = \dfrac{\text{hp} \times 5252}{\text{velocidad}}$

A plena carga, el par de salida $T = \dfrac{6{,}04 \times 5252}{1750} = \mathbf{18{,}1\ pies\text{-}lb}$

Se han realizado varias suposiciones en la determinación del rendimiento del motor de inducción mediante el método de vacío y de cortocircuito con rotor bloqueado indicado en el ejemplo 12-6. Como se indica en la solución, para todas las cargas se supusieron unas pérdidas por rotación *constantes*. La tabla 12-1 indica que pérdidas mecánicas tales como rozamiento con los cojinetes y con el aire dependen de la velocidad. Además, las pérdidas en el núcleo de hierro dependen tanto de la velocidad como (en parte) de la frecuencia del rotor que aumenta con el deslizamiento. El ligero aumento de la frecuencia tiende a contrarrestar la disminución de velocidad, de modo que esta suposición está justificada. Más aún, ya que el deslizamiento a plena carga raramente es superior al 5 %, y ya que las pérdidas por rotación constituyen una pequeña parte de las pérdidas totales al aumentar la carga, este error introducido en el rendimiento no es muy significativo.

El ensayo a rotor bloqueado, además, supuso despreciables las pérdidas en el hierro. Las pérdidas en el hierro varían con la tensión de excitación aplicada al estátor en condiciones de rotor bloqueado. Si la tensión de excitación es un tanto por ciento reducido de la tensión nominal, es decir, menos del 10 %, la suposición está justificada. Pero algunos motores de inducción, debido a la dispersión y a la elevada reactancia en reposo, requieren hasta un 33 % de la tensión nominal a fin de producir la corriente nominal de línea al estátor. Bajo estas circunstancias, las pérdidas en el hierro a rotor bloqueado no son la centésima parte de las pérdidas nominales de excitación sino 1/9 de las mismas. El valor ya no es despreciable y los datos del ensayo de cortocircuito a rotor bloqueado deben compensarse de acuerdo con lo expuesto en la nota de pie de página a la ecuación (12-8).

Finalmente, el ensayo a rotor bloqueado se llevó a cabo en reposo a la frecuencia de la red para determinar la resistencia efectiva total equivalente en c.a. del rotor y el estátor combinados. Ésta no es la frecuencia a la que el rotor estará sometido a la carga y deslizamiento nominales, y la componente de resistencia del rotor de la resistencia total equivalente, R_{el}, puede ser ligeramente elevada y las pérdidas en el cobre calculadas correspondientemente altas. Esto también proporciona un valor ligeramente falso de las pérdidas por rotación a partir de los datos en vacío. Para motores de inducción muy grandes, ensayados ordinariamente mediante este método convencional en vacío, el rendimiento así calculado es un valor *pesimista* ya que *cada* suposición anterior proporciona un valor *inferior* del rendimiento (de un 2 a un 3 % menos) que el que realmente se presenta en condiciones de carga real. El valor pesimista es preferido debido a que el fabricante puede establecer que en uso real, el motor presentará un rendimiento superior.

12-14. Rendimiento del motor de inducción según el método del circuito equivalente carga-deslizamiento de la AIEE. Este método, recomendado por la AIEE como el normal a utilizar al ensayar motores de inducción, proporciona un valor calculado del rendimiento que está algo más próximo al correspondiente al de condiciones reales de carga. El concepto fundamental en el que se apoya este método deriva de la ecuación (9-9a) y la fig. 9-11 para el circuito equivalente del rotor en condiciones de movimiento y la discusión del apartado 9-12. Se dedujo una relación fundamental, a saber, que la potencia desarrollada en el rotor, por fase, es igual a la potencia de entrada en el rotor por fase menos las pérdidas en el cobre del rotor por fase, o

[redacted]

de donde

pérdidas en el cobre del rotor = deslizamiento × potencia de entrada al rotor (por fase y total) (9-17a)

El significado de la relación expresada en la (9-17a) es que ahora es posible distinguir y separar las pérdidas en el cobre del rotor de las pérdidas en el cobre del estátor. Se considera que las pérdidas en el cobre del rotor varían con el deslizamiento, en tanto que las pérdidas en el cobre del estátor varían con la corriente del estátor. La medida de la resistencia del inducido estatórico, *per se,* es la misma que la utilizada en las medidas del estátor del alternador síncrono de c.a. (apartado 6-10). Se realiza una medición de la resistencia en c.c. entre dos líneas cualesquiera, de modo que se evita el falseamiento de resultados debido a la resistencia efectiva inducida en el rotor y se emplea un coeficiente para obtener la resistencia del estátor en c.a. entre líneas.

Como en el caso del método anterior (apartado 12-12), se realiza un ensayo en vacío, sin carga, con la excitación nominal; a partir de los resultados de este ensayo, se calculan las pérdidas por rotación restando las pérdidas en el cobre del estátor de la potencia de entrada. A continuación se acopla una carga al eje del motor de inducción y se realiza un ciclo completo de ensayos de carga en condiciones de carga real en las que se determinan la potencia de entrada, la corriente del estátor y el deslizamiento para cada valor de la carga. A continuación se calcula el rendimiento como se indica más adelante, etapas 1 a 5.

Así, pues, el método de la AIEE consta de tres *ensayos*: (**1**) una medida de la resistencia total de estátor; (**2**) una medida de las pérdidas por rotación en vacío; y (**3**) cargas directas para determinar el deslizamiento y la potencia de entrada y la corriente del estátor a cada valor del deslizamiento.

Los datos del ensayo de carga se tratan de la siguiente forma a fin de determinar el rendimiento:

1. Se calculan las pérdidas en el cobre del estátor a cada valor particular de la corriente del estátor y del deslizamiento, utilizando la (12-9) (en la que R_{el} es ahora el valor de la resistencia del estátor entre líneas determinada por la medida de la resistencia del estátor). Nótese que $R_{E2} \simeq 1{,}25\ R_{dc}$ (entre líneas).
2. Las pérdidas en el cobre del estátor se restan a continuación de la potencia de entrada medida a este valor concreto de deslizamiento para proporcionar la potencia de entrada al rotor.
3. Se multiplica la potencia de entrada al rotor por el valor del deslizamiento de acuerdo con la ecuación (9-17a) para calcular las pérdidas en el cobre del rotor a este valor concreto de la carga; **RCL** $= s \times$ **RPI.**
4. Entonces se calculan las pérdidas totales en el rotor al determinado valor de la carga sumando las pérdidas por rotación (ensayo 2) y las pérdidas en el cobre del rotor. (Etapa 3 anterior.)

5. A continuación se calcula la potencia mecánica de salida del rotor restando las pérdidas totales (etapa 4) de la potencia de entrada al rotor (etapa 2) de acuerdo con la figura 12-1, para cualquier máquina.

El método de la AIEE para determinar el rendimiento puede ilustrarse para el motor del ejemplo 12-6, utilizando los datos adicionales dados en el ejemplo 12-7.

EJEMPLO 12-7: Un ensayo de resistencia en c.c. del motor del ejemplo 12-6 proporcionó una resistencia entre líneas de 1 ohm. Cuando se hizo funcionar a la corriente de línea nominal de la placa de características a la carga y velocidad nominales, la potencia absorbida de la alimentación de 220 V fue 5,5 kW, registrada por el watímetro polifásico de un analizador industrial. Calcular:
a. El rendimiento a plena carga.
b. La potencia de salida en hp y el par a plena carga.
c. Comparar los resultados obtenidos con los del ejemplo 12-6.

Solución:

Cálculos preliminares

$$R_{el} = 1{,}25R_{cc} = 1{,}25 \times 1{,}0 \text{ ohm} = 1{,}25 \text{ ohms}$$

Las pérdidas por rotación son iguales a la potencia de entrada en vacío menos las pérdidas del estátor en vacío (véase el ensayo en circuito abierto, ejemplo 12-6), y por lo tanto, las pérdidas por rotación son iguales a

$$300 \text{ W} - [\tfrac{3}{2} \times (6{,}5)^2 \times 1{,}25] = 300 - 79{,}1 = 220{,}9 \text{ W}$$

(Comparar estas pérdidas por rotación con la del ejemplo 12-6.)
Las pérdidas en el cobre del estátor a plena carga son $\frac{3}{2} \times 16^2 \times 1{,}25 = 480$ W
La potencia de entrada en el rotor es igual a la potencia total de entrada en el estátor a plena carga menos las pérdidas en el cobre del estátor a plena carga, o $5500 - 480 = 5020$ W. (9-17)
El deslizamiento a plena carga es $(1800 - 1750)/1800 = 0{,}0278$.
Las pérdidas en el cobre del rotor [véase la (9-17a)] son iguales al deslizamiento por la potencia de entrada al rotor, a saber, $0{,}0278 \times 5020 = 138{,}5$ W.
Las pérdidas totales en el rotor son, pues, las pérdidas por rotación más las pérdidas en el cobre del rotor, $220{,}9 + 138{,}5 = 359{,}4$ W.
La potencia de salida del rotor a plena carga es la potencia de entrada al rotor menos las pérdidas totales en el rotor, $5020 - 359{,}4 = 4660{,}6$ W.

a. Rendimiento en tanto por ciento $= \dfrac{\text{Salida}}{\text{Entrada}} \times 100 = \dfrac{4661}{5500} \times 100$

$$= \mathbf{84{,}6\ \%} \text{ a plena carga}$$

b. Potencia a plena carga = 4661/746 = **6,25 hp**

$$\text{Par } T = \frac{\text{hp} \times 5252}{S} = \frac{6{,}25 \times 5252}{1750} = \mathbf{18{,}7 \text{ pies-lb}}$$

c. El método utilizado en el ejemplo 12-6 dio un resultado de 6,04 hp a plena carga, comparado con 6,25 hp del ejemplo 12-7 y un par de 18,1 pies-lb comparado con 18,7 pies-lb obtenido en el ejemplo 12-7.

Nótese que las condiciones más realistas del método de la AIEE proporcionan un valor del rendimiento más elevado (es decir, menos pesimista) y por esta razón, un par más elevado y asimismo una superior potencia de salida a la carga nominal. Queda implícito que *si* el motor de inducción *puede* cargarse físicamente, su rendimiento debe determinarse utilizando el método de la AIEE, más exacto y realista. Por otro lado, los rendimientos ligeramente pesimistas que se obtienen utilizando el ensayo a rotor bloqueado, como la pesimista regulación de un alternador mediante el método de la impedancia síncrona, pueden preferirse en vista de la facilidad de realización, la sencillez de cálculo y el conocimiento íntimo de que, en condiciones de carga reales, el comportamiento de la máquina sobrepasará el comportamiento calculado. Finalmente, el método de la AIEE exige carga directa y no es aplicable al ensayo de los motores de inducción grandes.

12-15. Rendimiento de los motores monofásicos. El rendimiento de los motores monofásicos de potencia *fraccional* se determina ordinariamente por cualquiera de los siguientes métodos.

1. Ensayos dinamométricos en los que el motor se acopla a un generador dinamométrico de c.c. cargado con una resistencia y cuyo estátor se asienta mediante gorrones. Al estátor dinamométrico se suelda una palanca de par, que se opone a su rotación mediante un muelle calibrado o instrumento del tipo Chatillon para medir la fuerza o par desarrollados por el dinamómetro. Este método emplea la carga *directa.*
2. También pueden utilizarse generadores calibrados (de rendimiento conocido) para medir los rendimientos relativos de los motores monofásicos de potencia fraccional de la misma forma descrita en el apartado 12-10. Este método también emplea carga directa.
3. Los motores monofásicos no fraccionales de pequeña potencia pueden ensayarse mediante el método clásico a rotor bloqueado. La técnica es algo más fácil debido a la relativa sencillez de los cálculos monofásicos y no se precisa equipo especial.
4. El método de la AIEE de carga directa descrito, también puede utilizarse si está garantizada una determinación del rendimiento más precisa (apartado 12-14).
5. A veces se utiliza un freno de prony en el punto (1) anterior en lugar del generador dinamométrico con una palanca de par y escala para leer los hp de salida por carga directa.

12-16. Factores que afectan las características de las máquinas. Como se ha establecido anteriormente, las máquinas eléctricas se clasifican de acuerdo con sus capacidades de *salida.* Los generadores y los alternadores se clasifican según su capacidad en kilovatios de salida (kW) o kilovoltamperios (kVA) para una velocidad nominal de la máquina motriz determinada y para una tensión en bornes nominal determinada. Los motores (de c.c. y c.a.) se clasifican según la capacidad de salida o **potencia en el eje** a la velocidad nominal, corriente a plena carga y tensión aplicada. Cuando las máquinas eléctricas se hacen funcionar bajo las condiciones indicadas en la placa de características, queda implícito que el aumento de temperatura no será excesivo y que las máquinas no se sobrecalentarán. Aunque el fabricante es sabedor de que pueden soportarse sobrecargas temporales, no es de esperar que las máquinas rotatorias soporten sobrecargas sostenidas durante períodos de tiempo prolongados. El usuario que, por razones de economía, adquiere un motor de 10 hp para accionar continuamente una carga de 12 o 15 hp, corre el riesgo de adquirir un producto que (1) proporcionará la velocidad nominal a la carga nominal pero no con sobrecarga, (2) se sobrecalentará inadecuadamente y, en consecuencia, presentará una vida más corta, y (3) funcionará con un rendimiento inferior debido a la sobrecarga durante toda su vida. Por lo tanto, el coste inicial más bajo es compensado por un comportamiento en marcha más pobre y más caro, junto con la necesidad de sustitución anticipada. Por esta razón, por consiguiente, en las placas de características de todas las máquinas eléctricas rotatorias figura la indicación sobre la elevación de temperatura y el ciclo de servicio admisibles, así como tensión, corriente, frecuencia y velocidad nominales.

12-17. Calentamiento. El calentamiento normal admisible de las máquinas eléctricas que se fabrican ordinariamente es de 40°C por encima de la temperatura ambiente. Así pues, si la temperatura es de 70°F o sea 21°C, una elevación de temperatura de 40°C representa que la temperatura del motor puede alcanzar los 61°C o sea 142°F. Sin embargo, queda implícito que este aspecto de calentamiento «admisible» no puede llevarse a extremos absurdos. Un motor situado en una zona cerrada cerca de un dispositivo a alta temperatura, tal como una caldera o calefactor, puede tener una temperatura ambiente* de 140°F, o

* La temperatura ambiente, tal como la define la AIEE Standard n.° 1, junio de 1947, es «la temperatura del medio utilizado para la refrigeración, ya sea directa o indirectamente, y se ha de restar de la temperatura medida de la máquina para determinar el calentamiento en condiciones de ensayo especificadas». Para casos particulares se define como sigue:

1. Para aparatos con ventilación propia, la temperatura ambiente es la temperatura media del aire en las proximidades inmediatas del aparato.
2. Para máquinas refrigeradas por aire o por gas con ventilación forzada o refrigeración secundaria por agua, como temperatura ambiente se toma la del aire o refrigerante entrante.

sea 60°C. Un calentamiento de 40°C sobre esta temperatura ambiente lleva la temperatura del motor a 100°C, es decir, el punto de ebullición del agua. Más aún, incluso si el motor no está funcionando, la temperatura ambiente de 140°F (60°C) de este motor puede ser mayor que su temperatura máxima de limitación basada en el tipo de aislamiento empleado. Aunque cualquier máquina eléctrica rotatoria funcionará satisfactoriamente durante algún tiempo a temperaturas excesivas, su vida se acortaría precisamente por la *misma* razón que si se sobrecargase eléctricamente.

Estudios experimentales indican que por cada 10°C de aumento de la temperatura de funcionamiento del motor sobre el límite de temperatura recomendada del punto más caliente (véase la Tabla 12-2), la vida de los devanados se reduce a la mitad. Recíprocamente, por cada 10°C de reducción de la temperatura de funcionamiento del motor por debajo del límite nominal, la vida del devanado se dobla.

En la Tabla 12-2 se emplea el calentamiento normal máximo de 40°C sobre el ambiente para asignar una temperatura final máxima admisible basada en las temperaturas limitadoras del punto más caliente permitidas para diversas clases de material.

La temperatura del punto más caliente permitida en una máquina determinada, utilizando un tipo específico de aislamiento, puede ser difícil de determinar ya que dicho punto puede estar situado en los devanados del estátor o del inducido o puede no ser accesible por alguna otra razón. En las partes más accesibles o exteriores de la máquina tienen que colocarse termómetros de tipo par termoeléctrico o de bulbo líquido (mercurio o alcohol), y un valor tal de temperatura depende del gradiente termodinámico de temperatura creado por la disposición física de la máquina. Se suele añadir una corrección de 15°C a la temperatura superficial de la máquina para determinar la temperatura del punto más caliente. Ordinariamente se obtiene un valor más elevado y auténtico de la temperatura interna máxima por medidas de resistencia en frío y en caliente de los devanados de cobre del estátor o del rotor antes e inmediatamente después del funcionamiento utilizando el coeficiente de temperatura del cobre.* Generalmente se añade una corrección del punto más caliente de 10°C a las temperaturas calculadas por medidas de resistencia.

---

3. Para aparatos con inmersión en aceite u otro líquido de las partes calientes en los que se utiliza refrigeración por agua, como temperatura ambiente se toma la del agua de refrigeración entrante.

Con el fin de asignar un valor nominal, como temperatura ambiente límite del aire u otro gas de refrigeración se toma 40°C.

* La ecuación

$$\frac{R_2}{R_1} = \frac{(1/\alpha)+t_2}{(1/\alpha)+t_1}$$

también puede utilizarse para materiales distintos del cobre. Para el cobre, $1/\alpha$ es igual a 234,5, y la ecuación se resuelve para t_2 siendo t_1 la temperatura ambiente.

TABLA 12-2.
TEMPERATURAS LÍMITES DE LOS MATERIALES AISLANTES

DESCRIPCIÓN DEL MATERIAL	Clase de aislamiento	Temperatura admisible para una temperatura ambiente de 40°C	Temperatura límite máxima del punto más caliente
Algodón, seda, papel u otros materiales orgánicos ni impregnados ni sumergidos en materias líquidas aislantes.	O	50°C	90°C
1. Cualquiera de los materiales anteriores sumergidos o impregnados en dieléctricos líquidos. 2. Esmaltes y barnices aplicados a los conductores. 3. Películas y láminas de acetato de celulosa u otros productos celulósicos. 4. Materiales moldeados y laminados que tengan relleno celulósico o resinas fenólicas u otras resinas de propiedades similares.	A	65°C	105°C
Mica, asbesto, fibra de vidrio u otros materiales inorgánicos con un pequeño porcentaje de materiales de la clase A como rellenos y aglomerantes.	B	90°C	130°C
1. Mica, asbesto, fibra de vidrio y materiales inorgánicos similares con sustancias aglomerantes a base de compuestos de silicona. 2. Compuestos de silicona en forma de goma o resina o materiales con propiedades dieléctricas y de temperatura equivalentes.	H	140°C	180°C
Mica pura, porcelana, vidrio, cuarzo y materiales inorgánicos similares en forma pura (lana de vidrio, cintas aislantes, etc.).	C	Sin límite concreto	

Acaso el método mejor para obtener la temperatura del punto más caliente sea mediante varios detectores de temperatura incorporados. Éstos son o bien termopares o material resistivo sensible a la temperatura que están permanentemente introducidos en la máquina y cuyos terminales se sacan al exterior con el fin de controlar la temperatura. Detectores bien situados proporcionan ordinariamente valores de la temperatura más elevados que las técnicas de resistencia del devanado o los termómetros de contacto.

Basándose en la Tabla 12-2, el lector podría estar inclinado a concluir que, si incluso el aislamiento más pobre, Clase O, puede resistir una temperatura máxima de 90°C, no hay nada de que preocuparse. Desafortunadamente lo hay, ya que la mayoría de medidas de temperatura se realizan en la superficie o mediante técnicas de resistencia del devanado. Es precisamente por esta razón que la

American Standards Association (ASA) establece designaciones de temperatura «observable» límites.* Esto es en reconocimiento del hecho de que, en la mayoría de condiciones, se registra la temperatura superficial en vez de la temperatura interna.

Además de la temperatura nominal, las máquinas están caracterizadas por otros factores nominales tales como tensión, ciclo de servicio y velocidad.

12-18. Tensión nominal. En la Tabla 12-3 aparecen los valores nominales de las tensiones normalizadas que han sido adoptados por la NEMA.

TABLA 12-3.
TENSIONES NOMINALES NORMALIZADAS PARA MÁQUINAS ELÉCTRICAS ROTATORIAS

MÁQUINA	TENSIONES NOMINALES NORMALIZADAS
Generadores de c.c.	125, 250, 275, 600 V
Motores de c.c.	120, 240, 550 V
Motores monofásicos de c.a.	115, 230, 440 V
Motores polifásicos de c.a.	110, 208, 220, 440, 550, 2300, 4000, 4600, 6600 V
Alternadores de c.a.	120, 240, 480, 600, 2400, 2500, 4160, 4330, 6990,11 500,13 800, 23 000 V

Nótese que, en la Tabla 12-3, la diferencia de tensión entre generadores y motores de c.c. permite una caída de la tensión en los conductores que alimentan el motor. Esto también es cierto en el caso de los alternadores de c.a. y los motores de c.a. monofásicos o polifásicos. Estos valores nominales de la tensión también corresponden a las Tablas A-3, A-4 y A-5 en el Apéndice para motores de c.c. y c.a., si bien las tablas no incluyen la corriente de línea nominal para los motores polifásicos o síncronos de tensión mayor indicados anteriormente. Como se indica en las tablas del apéndice, los valores nominales no están disponibles dentro de toda la gama de tensiones. Las tensiones de máquinas mayores ordinariamente corresponden a las máquinas de mayor potencia.

12-19. Efecto del ciclo de servicio y de la temperatura ambiente sobre la potencia nominal. Además de los valores nominales de la temperatura y la tensión, otro factor nominal es el *ciclo de servicio*. El ciclo de servicio de las má-

* El valor nominal admisible de 40°C para las máquinas de aplicación general (en vez de los valores dados en la primera columna de temperaturas de la tabla 12-2) es un factor de seguridad basado en los calentamientos «observables» para distintos tipos de máquinas. Véase *Rotating Electrical Machines,* ASA Standard C-50, 1943.

quinas eléctricas que se fabrican ordinariamente se clasifica en servicio *continuo, intermitente, periódico* o *variable.**

Para la misma capacidad en hp o kVA nominales, la máquina de servicio continuo es físicamente de mayor tamaño que la de servicio intermitente. El mayor tamaño procede de los conductores de mayor diámetro y con mayor aislamiento. Más aún, un tamaño de carcasa mayor presenta una mayor superficie para disipar calor y esto, asimismo, determina una temperatura de funcionamiento inferior para la misma duración del funcionamiento. En general, un motor de servicio *continuo* de 10 hp puede ser considerado como motor de servicio *intermitente* de 12 o 13 hp (aunque la velocidad nominal puede ser algo menor), ya que la elevación de temperatura no es excesiva si se hace funcionar intermitentemente; véase el ejemplo 12-8, apartado 12-22.

El ciclo de servicio está estrechamente relacionado con la temperatura, por consiguiente, y, en general, se toma incluyendo también factores ambientales. Un alternador de 100 kVA (potencia nominal intermitente) podría convertirse en un alternador de 200 kVA si se hiciese funcionar continuamente en el Polo Norte a una temperatura ambiente de —80°C, ya que todo el calor generado aún no sería suficiente para sobrecalentar al alternador en estas condiciones ambientes.

De la misma forma que el valor nominal de la capacidad y el ciclo de servicio se *reducen* al *aumentar* la *temperatura ambiente,* ambos *aumentan* al *disminuir* mucho la temperatura ambiente.

Análogamente, las máquinas *totalmente cerradas* (sin ventilación auxiliar forzada, que no permite la ventilación y renovación del aire interior) no tienen un valor nominal de la capacidad tan elevado como las máquinas similares que *no* son totalmente cerradas y que están ventiladas de tal manera que a lo largo de los devanados del rotor y del estátor se hace circular aire fresco. (Véase el apartado 12-20.)

12-20. Tipos de envolturas. La National Electric Manufacturers Association (NEMA) reconoce y define los tipos de envolturas de motor citadas a continuación. Tanto el coste como las dimensiones físicas de los motores totalmente cerrados son mayores que los de los motores abiertos de las mismas potencia nominal, ciclo de servicio y calentamiento.

Envoltura a prueba de humedad. — Envoltura totalmente cerrada construida de modo que impida la entrada del agua arrojada en forma de chorro mediante una manguera, excepto que alrededor del eje puede producirse una pequeña entrada suponiendo que no pueda tener acceso al depósito de aceite y se toman precauciones para el secado automático de esta agua. El medio para conseguirlo puede ser una válvula de compro-

* Véase el apartado 12-22 para definiciones y cálculos de valores nominales basados en el ciclo de servicio.

bación o un orificio de purga en la parte inferior de la carcasa para una tubería de drenaje.

Envoltura a prueba de polvo y de incendio. — Envoltura totalmente cerrada proyectada y construida para excluir cantidades combustibles de polvo o cantidades tales que podrían afectar las características nominales de comportamiento.

Envoltura a prueba de explosión. — Envoltura totalmente cerrada proyectada y construida de modo que resista la explosión de un gas o vapor especificado que pueda producirse en su interior y también para impedir la ignición de un gas o vapor especificado debida al desarrollo de chispas, contorneos o explosiones que puedan producirse dentro de la envoltura.

Envoltura totalmente cerrada. — Envoltura que impide el libre transvase del aire entre el interior y el exterior de la envoltura pero no lo bastante cerrada como para considerarla hermética al aire.

Envoltura protegida de la intemperie. — Envoltura abierta cuyos conductos de ventilación están proyectados de forma que se minimice la entrada de lluvia, nieve y partículas a las partes eléctricas.

Envoltura guardada. — Envoltura abierta en la que todas las aberturas que proporcionan acceso directo a las partes activas o rotatorias (excepto los ejes lisos de motor) son de tamaño limitado por el proyecto de las partes estructurales o por pantallas, rejas, metal expandido, etc., para impedir el contacto accidental con estas partes. Estas aberturas no permiten el paso de una varilla cilíndrica de media pulgada de diámetro.

Envoltura a prueba de salpicaduras. — Envoltura abierta en la que las aberturas de ventilación construidas de forma que gotas de líquido o partículas sólidas que caigan sobre ella con un ángulo no superior a 100° con la vertical, no pueden entrar ni directamente ni por rebote, a lo largo de una superficie horizontal o inclinada hacia el interior.

Envoltura a prueba de goteo. — Envoltura abierta en la que las aberturas de ventilación están construidas de forma que gotas de líquido o partículas sólidas que caigan sobre ella con un ángulo no superior a 15° con la vertical, no puedan entrar ni directamente ni por rebote, a lo largo de una superficie horizontal o inclinada hacia el interior.

Envoltura abierta. — Envoltura que tiene aberturas de ventilación que permiten el paso de aire de refrigeración exterior sobre y alrededor de los devanados de la máquina. Cuando se instala un ventilador interno, estas máquinas se denominan de ventilación propia.

12-21. Velocidad nominal; clasificaciones de velocidades y reversibilidad. Todos los generadores, convertidores y alternadores están proyectados para una velocidad constante determinada cuyo valor se expresa en la placa de características. Cuando se accionan mediante una máquina motriz a su velocidad nominal, el generador, el convertidor y el alternador deben proporcionar una tensión constante (nominal) a la carga nominal.

Sin embargo, los motores están sujetos a variaciones de velocidad. Una velocidad reducida determinará una pobre ventilación y sobrecalentamiento. Por consiguiente, los motores se especifican para la velocidad a la que suministran su potencia nominal de salida a la tensión nominal. Cuando en un motor se utiliza control de la velocidad, por tanto, no puede esperarse que, para la misma corriente de carga nominal, una velocidad menor produzca la potencia nominal de salida. En general, al *disminuir* la velocidad, la potencia nominal debe *disminuir* proporcionalmente.

La NEMA ha desarrollado un sistema de clasificación basado en las características carga-velocidad de los motores a fin de definir los motores en relación a estas características, como sigue:

Motor de velocidad constante. — Es aquel cuya velocidad varía relativamente poco desde vacío hasta plena carga. Mientras no se haya establecido un límite definido, ordinariamente se considera que una regulación de velocidad de alrededor del 20 % (o menos) es aceptable. Esta clase incluye motores derivación, motores de inducción de jaula de ardilla, motores síncronos y diversos motores monofásicos del tipo de inducción y síncrono.

Motor de velocidad variable. — Es aquel cuya velocidad varía considerablemente desde vacío hasta plena carga, es decir, aquel cuya regulación de velocidad es mayor y más deficiente del 20 %. Dentro de esta categoría pueden citarse los motores serie, algunos motores compound, motores de repulsión y motores de inducción-repulsión.

Motor de velocidad regulable. — Es aquel cuya velocidad puede ajustarse gradualmente dentro de un margen considerable, es decir, por encima o por debajo de la velocidad nominal, pero cuya velocidad para un determinado ajuste (regulación de velocidad) varía sólo relativamente poco desde vacío hasta plena carga. El motor derivación de c.c. es un ejemplo excelente de este tipo de motor.

Motor de velocidad variable regulable. — Es aquel cuya velocidad puede ajustarse gradualmente dentro de un margen considerable pero cuya velocidad para un ajuste determinado varía considerablemente desde vacío hasta plena carga, es decir, con regulación de velocidad más pobre del 20 %. Dentro de esta categoría pueden citarse los motores serie, algunos motores compound, motores de inducción-repulsión y motores de inducción de rotor bobinado.

Motor de varias velocidades. — Es aquel cuya velocidad puede ajustarse para dos o más valores definidos pero cuya velocidad no puede ajustarse gradualmente y que la velocidad para un ajuste determinado varía sólo relativamente poco desde vacío hasta plena carga. El motor de inducción, tanto polifásico como monofásico, que tiene un número de polos variable, es un ejemplo excelente de este tipo.

Motor no reversible. — Es un motor cuyo sentido de rotación no puede invertirse, tanto en marcha como en reposo. Un motor de inducción de arranque por reluctancia es un motor no reversible.

Motor reversible. — Es un motor que puede invertirse cambiando ciertas conexiones *externas* del mismo incluso cuando el motor está en marcha en un sentido sin que sea preciso que el motor pare. Ejemplo del mismo es el motor de arranque por condensador.

Motor de inversión. — Es un motor que puede invertirse en cualquier momento bajo cualquier condición de carga, incluso cuando está en marcha a la carga nominal y a la velocidad nominal, cambiando ciertas conexiones externas del motor.

Todos los motores de c.c. son motores de inversión, utilizando conexiones de inversión en el inducido. De los tipos de inducción monofásicos de c.a., sólo el motor de condensador es un motor de inversión. Todos los motores de inducción polifásicos son motores de inversión, mediante conexiones.

La tabla 12-4 de la pág. 571 incluye varios grupos de motores de c.c. y de c.a., primero, según sus características de regulación de velocidad y después por sus características de variación de velocidad.

TABLA 12-4.
CLASIFICACIÓN DE MOTORES BASADA EN LA REGULACIÓN DE VELOCIDAD Y LA VARIACIÓN DE VELOCIDAD

GRUPO	TIPO DE MOTOR	CARACTERÍSTICAS DE REGULACIÓN DE VELOCIDAD
1	Motor síncrono a. Polifásico b. monofásico 1. Motor de reluctancia 2. Motor de histéresis	Absolutamente constante a la velocidad de sincronismo, S = 120f/P
2	SCIM (motor de inducción de jaula de ardilla) asíncrono a. Polifásico b. Monofásico Motor derivación de c.c.	Velocidad relativamente constante desde vacío a plena carga con una velocidad en vacío algo más elevada.
3	SCIM polifásico, clase D Motor compound, c.c.	Disminución de velocidad moderada desde vacío hasta plena carga.
4	Motor de repulsión, motor de repulsión-inducción, motor serie, motor universal de c.c. y c.a.	Disminución de velocidad muy grande desde vacío hasta plena carga. Velocidad elevada a cargas reducidas o en vacío. Par de arranque muy grande y velocidad reducida a un par elevado.
	CARACTERÍSTICAS DE VARIACIÓN DE VELOCIDAD REGULABLE*	
1	SCIM polifásico o motor síncrono utilizando un alternador de frecuencia regulable	Margen variación de velocidad hasta 6:1
2	Motor de c.c. utilizando control de la tensión de inducido y del reóstato de excitación	Margen variación de velocidad hasta 200:1
3	Motores monofásicos y polifásicos utilizando sistemas mecánicos de ajuste de la velocidad o embragues de corrientes parásitas	Hasta 25 hp, variación velocidad hasta 16:1 Hasta 100 hp, variación velocidad hasta 100:1
4	Motor de c.c. utilizando un control por semiconductores de la onda de entrada	Variación de velocidad hasta 200:1
5	WRIM (motor de inducción de rotor bobinado) polifásico utilizando: a. control de la resistencia del secundario b. concatenación (control de la tensión auxiliar) c. Sistema Leblanc d. Sistema de control Kramer e. Sistema Scherbius f. control de tensión auxiliar a semiconductores	Variación velocidad desde 10:1 hasta 200:1
6	Motor Schrage de desplazamiento de escobillas (BTA)	Variación velocidad desde 4:1
7	Motor de repulsión de escobillas desplazables	Variación velocidad desde 6:1
8	SCIM de varias velocidades, polifásicos y monofásicos	Relaciones de velocidad de 2:1 ó 4-1, pero no regulable en estos márgenes. La velocidad es definida con pequeñas variaciones debidas a la carga.

* Para una descripción más detallada de los controles de velocidad y las técnicas de control de la velocidad, véase Kosow, *Control of Electric Machines,* Englewood Cliffs, N. J.: Prentice-Hall, 1973.

12-22. Factores que afectan a la selección de generadores y motores. Además de algunos de los factores mencionados anteriormente, son de importancia otros factores en la elección de generadores o motores para uso específico.

En el caso de un generador, convertidor síncrono o alternador, entre estos factores pueden citarse: el tipo de máquina motriz, el método de montaje a emplear, el sentido de giro, si está situado en un edificio abierto o en uno totalmente cerrado, el tipo de control que se utilizará, las condiciones de mantenimiento en cuanto a accesibilidad, si está directamente acoplado, acoplado mediante engranajes, o correas a la máquina motriz y las condiciones de humedad general, atmosféricas o ambientales a las que estará sujeto.

En el caso de un motor, el *ciclo de servicio* es acaso (véase apartado 12-8) el factor más importante a considerar. La naturaleza de la carga y la frecuencia de las sobrecargas es una consideración de peso; asimismo, el tipo de montaje, si es horizontal o vertical y si está montado en el suelo, en el techo o en la pared, el tipo de control de la velocidad a emplear, el método de acoplamiento a la carga y la frecuencia con que se para, se arranca y se invierte, son factores que determinan el tipo de motor a elegir y la potencia nominal Siempre que sea posible, deben utilizarse los datos basados en ensayos con un motor provisional o en cálculos. Deben considerarse las condiciones de *carga* media y máxima tanto en los ensayos como en los cálculos. En algunos casos, la carga máxima puede presentarse sólo en el arranque, mientras que en otros casos, sobrecargas periódicas de corta duración pueden exceder las del arranque. Entre otros factores pueden citarse la fuente de potencia disponible, la frecuencia, fluctuaciones de tensión, características de inversión, margen de velocidad, método de montaje, espacio disponible, previsiones de lubricación, accesibilidad de las escobillas (si hay), mantenimiento, forma de acoplamiento, técnicas de reducción de la velocidad, tipo de envoltura (apartado 12-20), coste por hp, par de marcha y arranque, tiempo de aceleración y par límite.

No obstante, como se ha establecido al principio, el ciclo de servicio es acaso el factor más importante. La NEMA ha establecido cuatro distintos tipos de ciclo de servicio:

1. Servicio *continuo.* — Requiere el empleo de la máquina funcionando a carga muy constante durante períodos de tiempo razonablemente largos.
2. Servicio *periódico.* — La carga se presenta regularmente a intervalos periódicos dentro de un período de tiempo razonablemente largo.
3. Servicio *intermitente.* — La carga se presenta irregularmente incluyendo períodos muy largos de paro en el que no hay carga.
4. Servicio *variable.* — Tanto las cargas como los períodos de tiempo en que existe carga pueden estar sujetos a amplias variaciones, sin paro, dentro de un período de tiempo razonablemente largo sin ninguna regularidad.

El ejemplo 12-8, que se verá más adelante, indica el método de cálculo de la potencia nominal, como **hp eficaces,** para motores de servicio intermitente, variable y periódico.

Como regla general, para todas las máquinas, la capacidad elegida debe ser tal que la máquina funcione entre tres cuartos de la carga hasta plena carga la mayor parte del tiempo. Una máquina que sea mayor de lo necesario tendrá un rendimiento en marcha pequeño y un coste de funcionamiento superior además de un coste inicial más elevado. En el caso de un generador, con un posible aumento de carga anticipado, esto puede no ser un problema. En el caso de un motor que acciona una carga específica, tal como un motor de inducción, no tan sólo es más pobre el rendimiento (de un motor mayor de lo necesario) sino que también es pobre el factor de potencia. Análogamente, una máquina que sea demasiado pequeña tiene un rendimiento en funcionamiento inferior y está sujeto a sobrecalentamiento, vida más corta y mayores costes de mantenimiento y reparación.

En varias aplicaciones, puede ser necesario elegir un motor que accione una carga que varíe ampliamente según ciclos repetidos. Un taladro, por ejemplo, puede utilizarse con diversas velocidades de taladrado y puede accionarse para diversos espesores de varios metales. El calentamiento del motor está determinado no por el valor de cresta sino por el valor eficaz de la corriente bajo diversas condiciones de carga. Más aún, el período de enfriamiento durante el reposo o tiempo inactivo es menos eficaz que con el motor en marcha y, por consiguiente, se suelen dividir los períodos inactivos por un factor empírico de aproximadamente 3. La capacidad de potencia nominal requerida, por lo tanto, es el promedio eficaz de las diversas potencias nominales instantáneas a lo largo de un ciclo de ensayo determinado, como se indica en el ejemplo 2-8.

EJEMPLO 12-8: Un motor de prueba de 200 hp se utiliza para determinar la mejor capacidad nominal para un ciclo de servicio de carga variable dentro de un período de 30 minutos. El motor de ensayos funciona a 200 hp durante 5 min, a 20 hp durante 5 min y un período de paro de 10 min seguido de funcionamiento a 100 hp durante 10 min. Calcular la potencia requerida por esta carga intermitente variable.

Solución:

$$\textbf{hp eficaces} = \sqrt{\frac{[(200)^2 \times 5] + [(20)^2 \times 5] + [(100)^2 \times 10]}{5 + 5 + 10 + 10/3}} = 114\,\text{hp}$$

Se elegiría un motor de 125 hp debido a que ésta es la potencia nominal normalizada superior más próxima. Esto significa que el motor funcionaría con un 160 % de sobrecarga (a 200 hp) durante 5 min, o la sexta parte de su ciclo total de servicio.

En general, la mayoría de fabricantes de máquinas eléctricas emplean ingenieros de aplicación en sus organizaciones de servicios para auxiliar al usuario

TABLA 12-5.
GUÍA-REFERENCIA DE PROBABLES CAUSAS DE PERTURBACIONES DE LOS MOTORES

TIPO DE MOTOR	MONOFÁSICO DE C.A.				POLIFÁSICO DE C.A. (BI O TRIFÁSICO)	TIPO CON ESCOBILLAS (UNIVERSAL, SERIE, DERIVACIÓN O COMPOUND)
	FASE PARTIDA	ARRANQUE POR CONDENSADOR	ARRANQUE Y MARCHA POR CONDENSADOR	BOBINA DE SOMBRA		
SÍNTOMA O PERTURBACIÓN	*CAUSAS PROBABLES					
No arranca.	1, 2, 3, 5	1, 2, 3, 4, 5	1, 2, 4, 7, 17	1, 2, 7, 16, 17	1, 2, 9	1, 2, 12, 13
No siempre arranca, incluso en vacío, pero funciona en cualquier sentido cuando se arranca manualmente.	3, 5	3, 4, 5	4, 9		9	
Arranca, pero se calienta rápidamente.	6, 8	6, 8	4, 8	8	8	8
Arranca, pero funciona excesivamente caliente.	8	8	4, 8	8	8	8
No arranca, pero gira en cualquier sentido cuando se arranca manualmente —se sobrecalienta.	3, 5, 8	3, 4, 5, 8	4, 8, 9		8, 9	
Chispeo severo en las escobillas.						10, 11, 12, 13, 14
Velocidad anormalmente elevada —chispeo severo en las escobillas.						15
Reducción de potencia —el motor funciona excesivamente caliente.	8, 16, 17	8, 16, 17	8, 16, 17	8, 16, 17	8, 16, 17	13, 16, 17
El motor funde los fusibles o no para cuando el interruptor se sitúa en posición de paro.	8, 18	8, 18	8, 18	8, 18	8, 18	18, 19
Vibración severa.						10, 11, 12, 13, 19

*CAUSAS PROBABLES
1. Conductor roto en la conexión a la red.
2. Conductor roto en el devanado del motor.
3. Contactos del interruptor centrífugo no cerrados.
4. Condensador defectuoso.
5. Devanado de arranque abierto.
6. Interruptor centrífugo del arranque no abierto.
7. Motor sobrecargado.
8. Devanado cortocircuitado o puesto a tierra.
9. Uno o más devanados abiertos.
10. Mica demasiado alta entre las delgas del colector.
11. Colector sucio o poco redondo.
12. Escobillas defectuosas y/o muelles de escobillas recocidos.
13. Conductor roto o cortocircuito en el devanado de inducido.
14. Escobillas sucias de aceite.
15. Conductor roto en el devanado en derivación.
16. Cojinetes agarrotados.
17. Interferencia entre los miembros fijos y móviles.
18. Puesta a tierra cerca del terminal del interruptor del devanado.
19. Devanado de inducido cortocircuitado o puesto a tierra.

en la elección de la máquina eléctrica del tipo y tamaño apropiados para un determinado tipo de carga. Es aconsejable consultar con uno o más de estos grupos antes de adquirir una gran parte del equipo que, elegida inadecuadamente, daría lugar a costes de energía elevados, escaso rendimiento, servicio deficiente, sobrecalentamiento, averías y costes de mantenimiento superiores.

12-23. Mantenimiento. Las técnicas de mantenimiento preventivo y de inspección de rutina conservan y prolongan la vida de las máquinas eléctricas. Las máquinas de inducción tan sólo precisan lubricación periódica e incluso algunas, equipadas con cojinetes autolubricantes, no precisan lubricación. Las máquinas provistas de escobillas requieren un mantenimiento periódico de las escobillas, colector o anillos rozantes además de la lubricación. Los motores de alta velocidad bobinados en serie (de c.c., c.a. o universales) no deben elegirse para ciclos de servicio largos y continuos debido a que el severo chispeo en las escobillas puede exigir frecuentes limpiezas del colector y sustituciones de escobillas.

Al lubricar las máquinas eléctricas, un lubricado excesivo es tan nocivo como uno insuficiente. Los colectores impregnados de aceite y las escobillas empapadas del mismo pueden determinar serio chispeo en las máquinas de colector. Las fugas de aceite hacia el estátor pueden provocar la perforación del aislamiento de los devanados estatóricos de c.a. y c.c.

La mayoría de tipos de máquinas eléctricas requieren un mínimo de mantenimiento reducido solamente a lubricación menor. Pero muchos tipos de motores de potencia fraccional monofásicos de los tipos de fase partida y de repulsión están equipados con interruptores centrífugos que pueden originar perturbaciones que pueden dañar severamente al motor. Si un mecanismo de interruptor centrífugo se «agarrota en su posición de marcha», el motor falla al arrancar. Si está «agarrotado en su posición de arranque», el devanado de arranque se sobrecalienta y el motor no alcanza la velocidad nominal. Los contactos de los interruptores pueden estar engrasados, oxidados o también desgastados. Estos mecanismos deben ser sustituidos en vez de reparados.

Puesto que el mantenimiento se reduce ordinariamente a una lubricación de rutina, la inspección llega a ser un factor importante en la prolongación de la vida de las máquinas y no debe ignorarse. Son de extrema importancia cuatro de los cinco sentidos: vista, oído, olfato y tacto. La inspección visual pondrá de relieve varias de las perturbaciones citadas en la tabla 12-5. Un motor ruidoso indica cojinetes defectuosos, sobrecarga o funcionamiento monofásico. Un olor a quemado, característico de un aislamiento quemado, indica sobrecarga o perforación. Un cojinete o devanado sobrecalentados se detectan mediante el tacto (la superficie no debe estar tan caliente que no se pueda mantener la mano en contacto con él).

Además, en la detección de averías, si se identifican ciertos síntomas (véase la tabla 12-5) automáticamente se eliminan otros. Si se produce calentamiento y la temperatura se eleva significativamente, ello elimina automáticamente otras probabilidades tales como fusibles fundidos o fallos en el arranque.

La lista anterior de 19 perturbaciones ordinarias en un motor y sus causas no es completa pero debe ser útil para diagnosticar la mayoría de dificultades.* (Véase la tabla 12-5, página 573.)

BIBLIOGRAFÍA

Ahlquist, R. W. «Equations Depicting the Operation of the dc Motor», *Electrical Engineering,* abril 1955.

Alger, P. L. *The Nature of Polyphase Induction Machines,* Nueva York: John Wiley & Sons, Inc., 1951.

Alger, P. L. y Erdelyi, E. «Electromechanical Energy Conversion», *Electro-Technology,* septiembre 1961.

Bewley, L. V. *Alternating Current Machinery,* Nueva York: The Macmillan Company, 1949.

Bewley, L. V. *Tensor Analysis of Electrical Circuits and Machines,* Nueva York: Ronald Press, 1961.

Buchanan, C. H. «Duty-Cycle Calculations for Wound-Rotor Motors», *Electrical Manufacturing,* noviembre 1959.

Carr, C. C. *Electrical Machinery,* Nueva York: John Wiley & Sons, Inc., 1958.

Cook, J. W. «Squirrel-Cage Induction Motors Under Duty-Cycle Conditions», *Electrical Manufacturing,* febrero 1956.

Crosno, C. D. *Fundamentals of Electromechanical Conversion,* Nueva York: Harcourt, Brace, Jovanovich, Inc., 1968.

* Bodine Company, *Fractional hp Motor and Control Handbook,* 3.ª edición 1968, página 99.

Daniels. *The Performance of Electrical Machines,* Nueva York: McGraw-Hill, Inc., 1968.

Fitzgerald, A. E. y Kingsley, C. *The Dynamics and Statics of Electromechanical Energy Conversion,* 2ª ed., Nueva York: McGraw-Hill, 1961.

General Principles upon Which Temperature Limits Are Based in the Rating of Electrical Equipment, Nueva York: American Institute of Electrical Engineers. Publicación núm. 1.

Graphical Symbols for Electrical Diagrams. (ICI.) Nueva York: National Electrical Manufacturers Association.

Heumann, G. W. «Motor Protection», en *Magnetic Control of Industrial Motors,* parte 2, capítulo 6., Nueva York: John Wiley & Sons, Inc., 1961.

Hindmarsh, J. *Electrical Machines,* Elmsford, N. Y.: Pergamon Press, 1965.

Industrial Control Equipment. (Graup 25.) (ASA C42.25.) Nueva York: American Standards Association.

Industrial Control Equipment. (UL508.) Chicago: Underwriters Laboratories, Inc. «Inherent Motor Overheat Protection Moves Inside the Field Coils», *Electrical Manufacturing,* noviembre 1959.

Jones, C. V. *The Unified Theory of Electrical Machines,* Nueva York: Plenum Publishing Corp., 1968.

Karr, F. R. «Squirrel-Cage Motor Characteristics Useful in Setting Protective Devices», AIEE Paper 59-13.

Lebens, J. C. «Positive Over-Temperature Protection—With Heat Limiters», *Electrical Manufacturing,* enero 1958.

Levi, E. y Panzer, M. *Electromechanical Power Conversion,* Nueva York: McGraw-Hill, 1966.

Libby, C. C. *Motor Selection and Application,* Nueva York: McGraw-Hill Book Company, 1960.

Machine Tool Electrical Standards. Cleveland, Ohio: National Machine Toot Builders Association.

Majmudar, H. *Introduction to Electrical Machines,* Boston: Allyn and Bacon, 1969.

Morris G. C. «Duty-Cycle Motor Selection», *Electrical Manufacturing,* noviembre 1958.

Motor and General Standards. (MG1.) Nueva York: National Electrical Manufacturers Association.

Nasar, S. A. *Electromagnetic Energy Conversion Devices and Systems,* Englewood Cliffs, N. J.: Prentice-Hall, Inc., 1970.

O'Kelly y Simmons. *An Introduction to Generalized Electrical Machine Theory,* Nueva York: McGraw-Hill, 1968.

Puchstein, A. F. *The Desing of Small Direct Current Motors,* Nueva York: Wiley/Interscience, 1961.

Schmitz, N. L. y Novotny, D. W. *Introductory Electromechanics,* Nueva York: Ronald Press, 1965.

Selmon. *Magnetoelectric Devices: Transducers, Transformers and Machines,* Nueva York: Wiley/Interscience, 1966.

Shoults, D. R., Rife, C. J. y Johnson, T. C. *Electric Motors in Industry,* Nueva York: John Wiley & Sons, Inc., 1942.

Siskind, C. S. *Direct-Current Machinery,* Nueva York: McGraw-Hill, 1952.

Skilling, H. H. *Electromechanics: A First Course in Electromechanical Energy Conversion,* Nueva York: Wiley/Interscience, 1962.

Slaymaker, R. R. *Bearing Lubrication Analysis,* Nueva York: John Wiley & Sons, Inc., 1955.

Smeaton, Motor *Applications and Maintenance Handbook,* Nueva York: McGraw-Hill, 1969.

Thaler, G. J. y Wilcox, M. L. *Electric Machines: Dynamics and Steady State,* Nueva York: Wiley/Interscience, 1966.

Vaughan, V. G. y Glidden, R. M. «Built-In Overheat Protection for Three-Phase Motors», *Electrical Manufacturing,* agosto 1958.

Vaughan, V. G. y White, A. P. «New Hotter Motors Demand Thermal Protection», *Electrical Manufacturing,* febrero 1959.

Walsh, E. M. *Energy Conversion—Electromechanical, Direct, Nuclear,* Nueva York: Ronald Press, 1967.

Veniott. *Fractional and Subfractional Horsepower Electric Motors,* 3.ª ed., Nueva York: McGraw-Hill, 1970.

White, D. C. y Woodson, H. H. *Electromechanical Energy Conversion,* Nueva York: Wiley/Interscience, 1959.

Wilcock, D. F. y Booser, E. R. *Bearing Design and Application,* Nueva York: McGraw-Hill Book Company, 1957.

Wilt, H. J. «Circuit Factors in Motor Protection», *Electrical Manufacturing,* junio 1959.

CUESTIONES

12-1. a. Indicar la relación entre potencia y energía.
b. ¿Bajo qué condiciones un dispositivo de conversión de energía puede considerarse dispositivo de conversión de potencia?
c. ¿Es capaz la máquina de almacenar energía? Explicarlo.

12-2. a. ¿Cuál es la relación entre potencia de entrada y de salida de una máquina de acuerdo con el principio de conservación de energía?
b. ¿Por qué la potencia de salida de una máquina siempre es menor que la potencia de entrada?
c. ¿Por qué las pérdidas siempre son la diferencia entre la potencia de entrada y la de salida?

12-3. a. Establecer la ecuación del rendimiento de una máquina en tres formas.
b. Señalar la aplicación de cada forma.
c. ¿Por qué la ecuación (12-2b) es más adecuada para la determinación del rendimiento de un motor?
d. ¿Por qué la ecuación (12-2c) es más adecuada para la determinación del rendimiento de un generador?
e. Basándose en las respuestas a los puntos (c) y (d) anteriores, ¿por qué es importante disponer de algún medio para calcular las pérdidas?

12-4. a. Puesto que las pérdidas de una máquina pueden presentarse en forma de energía calorífica, luminosa y química, ¿por qué generalmente se supone que las pérdidas principales y únicas son en forma de potencia calorífica?

b. ¿En qué tres clases principales se dividen las pérdidas de potencia calorífica?
c. Definir cada una de las clases principales de pérdidas citadas en (b).
d. ¿Existe alguna justificación para despreciar las pérdidas adicionales de carga por debajo de 150 kW y 200 hp?
e. ¿Cómo se calculan las pérdidas adicionales de carga por encima de 150 kW y 200 hp?

12-5. a. Señalar las pérdidas eléctricas que son prácticamente constantes con las variaciones de carga.
b. Señalar las pérdidas eléctricas que varían en función de la carga en todas las máquinas.

12-6. a. Suponiendo que un generador es accionado a velocidad constante con excitación constante, ¿qué pérdidas (tanto eléctricas como por rotación) son constantes en función de la carga?
b. Suponiendo que un motor síncrono con excitación constante es cargado desde vacío hasta plena carga, señalar las pérdidas (tanto por rotación como eléctricas) que son constantes en función de la carga.
c. ¿Cuál de las pérdidas de los puntos (a) y (b) anteriores existen en vacío?

12-7. A partir de las respuestas a las cuestiones 12-5 y 12-6, resumir para máquinas de velocidad prácticamente constante
a. Las pérdidas que son razonablemente constantes, independientemente de la carga.
b. Las pérdidas que varían en función de la carga.

12-8. a. Explicar por qué las pérdidas por histéresis se reducen tan sólo a los materiales magnéticos en tanto que las pérdidas por corrientes parásitas se extienden a los materiales conductores tanto magnéticos como no magnéticos.
b. Las pérdidas en el núcleo se denominan a veces pérdidas en el hierro. ¿Por qué no es una denominación correcta?

12-9. Dibujar el diagrama del flujo de potencia para un generador derivación de c.c. únicamente, indicando
a. La ecuación para la potencia mecánica de entrada.
b. La ecuación de la potencia generada en el inducido (potencia eléctrica desarrollada).
c. Pérdidas en el hierro y mecánicas, según los puntos (a) y (b) anteriores.
d. Las ecuaciones para las pérdidas en el cobre del inducido y de la excitación (pérdidas eléctricas).
e. La ecuación de la potencia de salida.
f. La ecuación del rendimiento según la ecuación (12-2c).

12-10. Dibujar el diagrama de flujo de potencia para un motor derivación de c.c., solo, indicando

a. Ecuación de la potencia de entrada eléctrica.
b. Ecuación de las pérdidas en el cobre del inducido y de la excitación.
c. Ecuación de la potencia eléctrica convertida en potencia mecánica.
d. Pérdidas por rotación y en el hierro.
e. Ecuación de la potencia mecánica de salida.
f. Rendimiento en relación a la ecuación (12-2b).

12-11. a. Demostrar que la variación entre $E_g I_a/746$ y $E_c I_a/746$ no implica pérdidas en la conversión de watios en hp o viceversa, en la fig. 12-1.
b. Convertir 1 kW en unidades de potencia calorífica (Btu/min) y de potencia mecánica (hp y pies-lb/min), respectivamente.

12-12. a. ¿Cuál es la ventaja de los métodos convencionales de determinación del rendimiento sobre el de carga directa?
b. ¿Por qué el método de la carga directa es imposible relativamente para las máquinas grandes?
c. Señalar un tipo de método convencional que se adapte bien a las máquinas de c.c.
d. Señalar otros tipos de métodos convencionales que se utilicen para las máquinas síncronas y asíncronas.

12-13. a. Explicar por qué la potencia mecánica de salida de una máquina de c.c. es nula cuando funciona como motor girando en vacío a cierta velocidad predeterminada.
b. ¿Cómo se determina el valor de las pérdidas por rotación en (a) exacta y aproximadamente?
c. ¿Qué pérdidas específicas están incluidas en las pérdidas por rotación?

12-14. En la determinación del rendimiento de un generador de c.c. por métodos convencionales, explicar
a. Por qué se hace funcionar en vacío como motor.
b. Cómo se calculan las pérdidas eléctricas a varios valores de carga.
c. Cómo se calcula la potencia de salida a diversos valores de carga.
d. Cómo se determina el rendimiento a una carga dada.

12-15. a. A partir de la respuesta a la cuestión 12-7, explicar, para máquinas de velocidad constante, las pérdidas de la máquina que son constantes independientemente de la carga y las que varían en función de la carga.
b. En función del punto (a) anterior, explicar bajo qué condiciones puede tener lugar el rendimiento máximo.
c. Dadas las pérdidas fijas para un motor síncrono trifásico, W, y la resistencia del inducido estatórico, R_a, indicar cómo es posible determinar el valor de la corriente del inducido, I_a, al que tiene lugar el rendimiento máximo.

12-16. a. ¿Se mantiene la relación para el rendimiento máximo en las máquinas de velocidad variable?

b. ¿Cómo se determina el valor de la carga (correspondiente al rendimiento máximo) para las máquinas de velocidad variable?
c. Indicar dos métodos gráficos que puedan utilizarse para determinar el punto de la carga correspondiente al rendimiento máximo en el punto (b) anterior.

12-17. a. ¿Qué hipótesis se hacen al realizar sólo una medida en el método de funcionamiento en vacío para determinar las pérdidas por rotación?
b. ¿Por qué es más exacto efectuar una serie de medidas combinando el flujo y la velocidad con las que funciona la máquina?
c. ¿Qué único factor al ser reproducido ejerce el mismo efecto combinado del flujo y velocidad?
d. ¿Por qué el método de la fuerza contraelectromotriz-velocidad es más exacto para la determinación del rendimiento de una máquina de velocidad variable que la medida de un solo ensayo de funcionamiento en vacío?

12-18. a. ¿Qué pérdidas específicas se evalúan cuando se utiliza en una máquina síncrona el método de funcionamiento en vacío para la determinación del rendimiento?
b. ¿Qué pérdidas específicas se calculan cuando, en la determinación del rendimiento, se utilizan los datos del ensayo de cortocircuito para una máquina síncrona?
c. ¿Qué pérdidas se consideran fijas en un alternador?
d. ¿Qué pérdidas se consideran variables en un alternador?
e. ¿Qué factor de la ecuación del rendimiento varía como resultado de una variación en el FP de un alternador?

12-19. a. Indicar cuatro ventajas que presente el empleo del hidrógeno respecto del aire en la refrigeración de los alternadores.
b. Indicar cinco razones por las que se emplea la refrigeración.
c. Comparar el aumento de capacidad utilizando refrigeración por hidrógeno respecto a la refrigeración por aire.
d. Comparar el aumento de rendimiento utilizando refrigeración por hidrógeno respecto a la refrigeración por aire.

12-20. a. El método del motor calibrado del apartado 12-10, ¿es un método convencional o un método de carga directa para determinar el rendimiento?
b. ¿Qué pérdidas específicas se calculan en las etapas (1) y (2) anteriores?
c. ¿Qué pérdidas específicas se calculan en la etapa (3)?
d. ¿Qué valores se obtienen en la etapa (4)? ¿Son necesarios para determinar el rendimiento? Si no lo son, ¿para qué se utilizan?

12-21. a. Indicar un método convencional utilizado para determinar el rendimiento de las máquinas síncronas.
b. Indicar tres métodos que impliquen carga directa y establecer y explicar por qué sólo son aplicables a las máquinas asíncronas más pequeñas.

12-22. a. Al realizar el ensayo en circuito abierto, ¿por qué no es posible ignorar las pérdidas en el cobre del rotor y el estátor de un motor de inducción?
b. ¿Bajo qué circunstancias pueden despreciarse las pérdidas en el hierro al realizar el ensayo a rotor bloqueado de una máquina de inducción?
c. ¿Bajo qué circunstancias deben tomarse en cuenta y cómo se realiza esto en ensayos reales?
d. Al realizar los ensayos en vacío y en cortocircuito, ¿cuál es la ventaja de R_{el} que expresa la resistencia equivalente del estátor y del rotor entre líneas en comparación con la medida de la resistencia por fase?

12-23. a. ¿Por qué se considera pesimista el método de ensayo a rotor bloqueado?
b. ¿Existe alguna ventaja en la determinación pesimista del rendimiento?
c. ¿Por qué el método de la AIEE proporciona un valor más realista del rendimiento asíncrono?
d. Comparar las ventajas y las desventajas de los métodos a rotor bloqueado y de la AIEE.

12-24. a. Indicar cinco métodos utilizados para determinar el rendimiento de los motores monofásicos.
b. ¿Cuál de estos métodos requiere equipo especial?
c. Para cada uno de los tres métodos indicados en el punto (a) utilizando carga directa, explicar cómo se mide la entrada y la salida.

12-25. a. ¿Qué desventajas se presentan al comprar una máquina que tiene un valor nominal de salida inferior a la carga media para la que se pretende emplear?
b. ¿Qué datos figuran en las placas de características de la mayoría de máquinas?

12-26. a. ¿Cuál es el significado de «calentamiento de 40°C» nominal por encima de la temperatura ambiente?
b. ¿Cómo es afectado el valor nominal de la temperatura por la clase de aislamiento empleado en los devanados de la máquina?
c. ¿Cuál es la desventaja de las temperaturas ambientes elevadas con respecto al aislamiento y la vida de la máquina?
d. ¿Qué se quiere significar por temperatura del punto más caliente?
e. Indicar tres métodos para medirla prácticamente.

12-27. a. ¿Por qué la tensión nominal de un motor de c.c. es inferior a la de un generador de c.c.?
b. Repetir el punto (a) para la máquina de c.a.
c. ¿Por qué el margen de tensión standard de los alternadores de c.a. disponibles es más elevado que para los motores de c.a.?
d. ¿Por qué el margen de tensión de los motores polifásicos de c.a. disponibles es más elevado que el de los motores monofásicos?

12-28. a. ¿Por qué la máquina de servicio continuo es más grande que una máquina de servicio intermitente?
b. ¿Cómo es afectada la capacidad de una máquina determinada por (1) el ciclo de servicio, (2) la temperatura ambiente, (3) la envoltura, y (4) la ventilación forzada?

12-29. a. ¿Qué tipos de envolturas son apropiadas para las máquinas para exteriores expuestas a la intemperie?
b. ¿En qué lugares están permitidas las envolturas abiertas?
c. ¿Bajo qué circunstancias físicas reales (indicar ejemplos) podría alguien desear una envoltura de motor a prueba de agua?

12-30. a. ¿Cómo es afectado el valor nominal de una máquina por la disminución de velocidad?
b. ¿Por qué los motores están más sujetos a una variación de la potencia nominal debida a la velocidad que los generadores?
c. Distinguir entre un motor de velocidad variable y un motor de velocidad regulable.
d. Distinguir entre un motor de velocidad variable regulable y los tipos definidos en el punto (c) anterior.

12-31. a. Explicar por qué la Tabla 12-4 distingue entre las características de regulación de velocidad y las características de variación de velocidad regulable.
b. ¿Qué clase de motores proporciona la mejor regulación de velocidad con más amplia variación de velocidad?
c. ¿Puede variarse la velocidad de un motor de histéresis? ¿Cómo?
d. ¿Qué clase de motores proporcionan la menor variación de velocidad? ¿Por qué?
e. ¿Por qué el alternador polifásico accionado por una máquina motriz de velocidad variable es idealmente apropiada para la variación de velocidad de los motores síncronos y asíncronos? (véase apartado 9-21).
f. ¿Qué efecto tiene el aumento de frecuencia y velocidad sobre el valor nominal en el punto (e) anterior?

12-32. Además de los factores de tensión nominal, corriente nominal, frecuencia, velocidad, ciclo de servicio y calentamiento, señalar algunas otras consideraciones que afecten la elección de
a. Generadores y alternadores.
b. Motores.

12-33. a. Definir cuatro tipos de ciclo de servicio.
b. ¿Qué significa hp eficaces?
c. En la ecuación para el cálculo de los hp eficaces, ¿por qué se divide por 3 el período de reposo?
d. Suponiendo iguales todos los demás factores, basándose en los hp efica-

ces, ordenar los siguientes motores de 1/4 hp según dimensiones físicas decrecientes: servicio intermitente, servicio variable, servicio continuo y servicio periódico.

12-34. a. ¿Por qué la inspección periódica del funcionamiento de una máquina es un factor importante del mantenimiento preventivo y de la vida de la máquina?
b. Un SCIM autolubricante a prueba de explosión, ¿requiere alguna inspección periódica? Explicarlo.
c. ¿Por qué la lubricación excesiva es tan perjudicial como la lubricación insuficiente o la falta de la misma?
d. Al realizar inspecciones de rutina, ¿qué sentidos humanos están involucrados?
e. ¿Cuáles son las limitaciones de los sentidos humanos y qué causas posibles de perturbación sólo podrían ser revelados mediante instrumentos? (Véase la Tabla 12-5).

12-35. Con referencia a la Tabla 12-5, para cada tipo de motor incluido en las columnas
a. Señalar el número de *diferentes* causas probables de fallo.
b. Señalar el número de diferentes síntomas de perturbación.
c. Basándose en los puntos (a) y (b) anteriores, ¿qué motores monofásicos están más libres de perturbaciones?
d. Comparar la respuesta al punto (c) con los motores polifásicos y los motores de los tipos con escobillas. Sacar conclusiones.

PROBLEMAS

12-1. Una bobina de choque de núcleo de hierro sometida a una frecuencia de 60 Hz tiene una densidad de flujo en el núcleo de 60 000 líneas/pulg^2 y produce unas pérdidas por histéresis de 2,5 W. Calcular las pérdidas por histéresis si
a. La frecuencia se eleva a 100 Hz.
b. La densidad de flujo se reduce a 40 000 líneas/pulg. (utilizar $B^{1,6}$ para este tipo de hierro).

12-2. Las pérdidas por corrientes parásitas de un transformador de 3 kVA, 208 V, 400 Hz son de 40 W y las pérdidas por histéresis son de 25 W a la tensión y frecuencia nominales, con una densidad de flujo admisible de 52 000 líneas/pulg^2. A plena carga, las pérdidas en el cobre son de 65 W. Calcular el rendimiento a
a. Carga nominal, factor de potencia unidad.
b. $1\frac{1}{4}$, $\frac{3}{4}$, $\frac{1}{2}$ y $\frac{1}{4}$ de la carga nominal, factor de potencia unidad.

12-3. Se desea utilizar el transformador del problema 12-2 a 60 Hz. Calcular:
a. La tensión aplicada que mantenga la misma densidad de flujo admisible.
b. La potencia nominal del transformador en voltamperios.
c. Las pérdidas por histéresis.
d. Las pérdidas por corrientes parásitas.
e. Rendimiento a plena carga.
f. Las conclusiones respecto a las pérdidas en el hierro, potencia nominal y rendimiento si tanto la frecuencia como la tensión de una máquina eléctrica se reducen proporcionalmente.

12-4. Se ensaya el rendimiento de un motor de 5 hp, 125 V utilizando un generador calibrado de 250 V. El rendimiento a plena carga del generador calibrado es 0,86 cuando suministra 13 A a 247 V a una carga resistiva. El motor, funcionando a la velocidad nominal de 1750 rpm absorbe 36 A de la alimentación de c.c. de 125 V. Calcular:
a. Potencia de salida del motor en w y hp.
b. Rendimiento del motor.

12-5. A partir de los datos y resultados del problema 12-4 calcular las pérdidas a plena carga del
a. Generador.
b. Motor.

12-6. Las pérdidas por rotación de una máquina se dividen en pérdidas por fricción de 250 W y pérdidas en el hierro de 180 W, cuando funciona a la velocidad nominal de 1800 rpm y una densidad de flujo de 60 000 líneas/pulg ^{2} Calcular las pérdidas de potencia totales por rotación cuando
a. La velocidad aumenta hasta 2000 rpm.
b. La densidad de flujo aumenta hasta 70 000 líneas/pulg^2 (utilizar un factor de $B^{1,8}$) y la velocidad es 1800 rpm.
c. El flujo y la velocidad se ajustan para elevar la fem generada de 120 V a 125 V.

12-7. Los cálculos preliminares para determinar las pérdidas de potencia por rotación a plena carga de un motor derivación de 10 hp, 115 V, 1750 rpm que tiene unas resistencias de inducido y del circuito de excitación, respectivamente, de 0,12 Ω y 52,5 Ω requieren
a. La tensión que debe aplicarse al inducido y
b. La velocidad a la que el motor debe funcionar en vacío. Indicar qué cálculos son necesarios para obtener (a) y (b) (véase Apéndice, Tabla A-3).

12-8. Cuando funciona bajo condiciones de tensión y velocidad determinadas en el problema 12-7, el motor de 10 hp funcionando en vacío absorbe una corriente de inducido de 10 A. Calcular:
a. Las pérdidas adicionales de potencia a plena carga.

b. Rendimiento a plena carga.
c. Las pérdidas por rotación y en el cobre a media carga ($I_L = 38$ A).
d. El rendimiento a media carga.
e. La potencia de salida cuando el motor absorbe la corriente de línea nominal y mitad de la nominal, respectivamente.

12-9. Un generador compound en derivación larga de 870 rpm, 120 V y 100 kW tiene una resistencia de inducido de 0,008 Ω, una resistencia de la excitación serie de 0,01 Ω, una caída de tensión en las escobillas de 1,2 V y una resistencia de la excitación derivación de 30 Ω. Los cálculos preliminares para determinar las pérdidas por rotación a plena carga por métodos convencionales exigen
a. La tensión que debe aplicarse al inducido si el generador se ha de hacer funcionar en vacío como motor.
b. La velocidad a la que el generador ha de funcionar como motor en vacío. Realizar los cálculos necesarios.

12-10. Cuando funciona bajo las condiciones de tensión y velocidad determinadas en el problema 12-9, la corriente absorbida de la red por el inducido es 42 A. Calcular:
a. Las pérdidas adicionales a plena carga.
b. Rendimiento a plena carga.
c. Las pérdidas por rotación y en el cobre a media carga.
d. Rendimiento a media carga.

12-11. Para los cálculos del problema 12-10.
a. Tabular las pérdidas fijas y variables a media y a plena carga.
b. Explicar por qué el rendimiento es mayor a media carga que a plena carga.
c. Calcular el valor de la carga a la que tendrá lugar el rendimiento máximo.
d. Calcular el rendimiento máximo.

12-12. Un generador derivación de 125 V tiene una corriente nominal de inducido de 80 A y las siguientes pérdidas a plena carga: pérdidas por fricción y rozamiento con el aire, de 250 W, pérdidas en el hierro 300 W, pérdidas en la excitación derivación de 125 W, pérdidas en el cobre del inducido 500 W, pérdidas por contacto en las escobillas 100 W. Suponiendo un rendimiento máximo, que tiene lugar de acuerdo con la ecuación (12-6), cuando las pérdidas aproximadamente constantes son iguales a las pérdidas que varían con el cuadrado de la carga, calcular:
a. La corriente de inducido correspondiente al rendimiento máximo.
b. El rendimiento a plena carga.
c. Si la velocidad de la máquina motriz se reduce en un 10 % y el flujo (suponer que las pérdidas varían según $f^2 \times B^2$) aumenta en un 20 % para obtener la misma tensión nominal, calcular el rendimiento a plena carga, suponiendo que no hay variación en la potencia nominal debido a refrigeración inadecuada.

12-13. Un motor compound de 40 hp tiene un rendimiento del 82 % cuando funciona a la carga nominal. Las pérdidas por rotación representan el 25 % de las pérdidas a plena carga y pueden suponerse constantes, en tanto que todas las demás pérdidas varían según el cuadrado de la corriente de carga. Calcular el rendimiento cuando la carga es
a. 20 hp.
b. 50 hp.

12-14. Un motor serie de 25 hp tiene un rendimiento máximo teórico del 85 % cuando suministra tres cuartas partes de su potencia nominal de salida. Suponiendo despreciables las pérdidas por contacto en las escobillas, calcular
a. Las pérdidas totales a esta carga.
b. Las pérdidas por rotación y las pérdidas variables en el cobre al rendimiento máximo.
c. Suponiendo una disminución del 20 % en la fuerza contraelectromotriz a plena carga, calcular las pérdidas por rotación a plena carga, las pérdidas en el cobre y el rendimiento.
d. Explicar por qué el rendimiento a plena carga es mayor que el máximo teórico.

12-15. Un alternador hexapolar, de 1000 kVA, 2300 V, 60 Hz conectado en estrella funciona con un factor de potencia de 0,8 inductivo cuando suministra la carga nominal. La resistencia en c.c. del inducido entre bornes es 0,1 Ω y la excitación de c.c. requiere una entrada de 30 A a 125 V de c.c. entre los anillos rozantes de una excitatriz situada en el mismo eje que el alternador. Cuando se acciona a la velocidad nominal de 1200 rpm, utilizando un motor calibrado y un dinamómetro, se determinan las siguientes pérdidas; pérdidas en el hierro de 7,5 kW, pérdidas por fricción y rozamiento con el aire de 5,75 kW. Suponiendo un factor de resistencia eficaz de 1,25 veces la resistencia en c.c., calcular.
a. El rendimiento del alternador a plena carga con un FP de 0,8.
b. El porcentaje de carga a la que tendrá lugar el rendimiento máximo.
c. El rendimiento máximo suponiendo que no hay variaciones del factor de potencia o en la excitación.

12-16. Para accionar un alternador trifásico de 1000 kVA, 6990 V a la velocidad nominal se utiliza un motor shunt calibrado. Se obtienen los siguientes datos:

Entrada al motor (kW)	*Rendimiento del motor*	*Condiciones*
1,0	0,56	1
15,2	0,85	2
30,0	0,88	3
60,5	0,90	4

Condiciones: (1) Motor desacoplado del alternador. (2) Motor acoplado al alternador, sin excitación del alternador. (3) La excitación del alternador absorbe 60 A de la fuente de c.c. de 125 V para producir la tensión nominal en vacío. (4) El inducido del alternador trifásico está cortocircuitado y por el inducido circula la corriente nominal. A partir de estos datos experimentales, calcular

a. Las pérdidas por fricción y por rozamiento con el aire del alternador cuando es accionado a la velocidad nominal.
b. Las pérdidas en el hierro a la velocidad nominal.
c. Las pérdidas en la excitación para producir la tensión nominal.
d. Las pérdidas fijas totales a plena carga.
e. El rendimiento a plena carga, a media carga y máximo del alternador a un factor de potencia unidad.
f. Si la corriente de excitación aumenta hasta 75 A c.c. a un factor de potencia de 0,8 inductivo, calcular el rendimiento a plena carga y a media carga.

12-17. Un alternador de 10 kVA, 250 V, conectado en estrella, ensayado mediante los procedimientos de ensayo en vacío y en cortocircuito a fin de determinar la regulación y la resistencia efectiva del inducido por fase, proporciona un valor de 0,3 Ω/fase. Cuando se hace funcionar en vacío como motor síncrono a la velocidad y tensión nominales, absorbe una potencia total de 532 W y una corriente en vacío de 7,75 A. Los datos del ensayo en vacío indican que la excitación de c.c. requiere una corriente de 2,0 A a 120 V c.c. para producir la tensión nominal en vacío para una carga con factor de potencia unidad. Calcular:

a. Las pérdidas por rotación.
b. Las pérdidas en el cobre de la excitación.
c. Las pérdidas en el cobre del inducido a $\frac{1}{4}$, $\frac{1}{2}$, $\frac{3}{4}$ y $1\frac{1}{4}$ de la carga nominal.
d. El rendimiento a las cargas citadas en el punto (c) a un factor de potencia unidad.

12-18. Un motor de inducción de jaula de ardilla de 7,5 hp, 220 V, trifásico, tetrapolar, 1750 rpm, factor de potencia 0,8, 22 A tiene el mismo número de espiras en el estátor que en el rotor. Cuando funciona en vacío o a la tensión nominal, el motor absorbe 9,5 A y una potencia total de 600 W. Con el rotor bloqueado, el motor absorbe 22,0 A y 1100 W a una tensión de líneas de 40 V. Calcular:

a. La resistencia equivalente entre líneas del motor de inducción, referida al estátor.
b. Las pérdidas por rotación.
c. Las pérdidas equivalentes en el cobre a $\frac{1}{4}$, $\frac{1}{2}$, $\frac{3}{4}$ y $1\frac{1}{4}$ de la carga nominal.
d. El rendimiento a cada una de estas cargas.
e. La carga a la que tiene lugar el rendimiento máximo y el rendimiento máximo.
f. La relación entre las pérdidas en el hierro a tensión reducida y las correspondientes a la tensión nominal durante el ensayo a rotor bloqueado.

12-19. a. Calcular de nuevo el rendimiento a plena carga en el problema 12-18 utilizando el método de la AIEE del circuito equivalente carga-deslizamiento y los datos dados en el problema anterior.

b. Comparar el rendimiento obtenido en el problema 12-19 con el del problema 12-18 y explicar por qué el último es pesimista (es decir, el rendimiento es inferior).
c. Tabular para plena carga, $\frac{1}{4}$, $\frac{1}{2}$, $\frac{3}{4}$ y $1\frac{1}{4}$ de la carga nominal, los siguientes valores calculados mediante el método de la AIEE carga-deslizamiento: pérdidas en el cobre del estátor, potencia de entrada al estátor, potencia de entrada al rotor, deslizamiento, pérdidas en el cobre del rotor, pérdidas por rotación, pérdidas totales en el rotor, potencia de salida del rotor y rendimiento.
d. Calcular la carga a la que tiene lugar el rendimiento máximo y el rendimiento máximo.
e. Comparar las respuestas al problema 12-18e y 12-19d y explicar las diferencias tanto en valor como del punto al que tiene lugar el rendimiento máximo.

12-20. Los ensayos realizados con un motor de inducción trifásico de 10 hp, 220 V, tetrapolar, proporcionan la siguiente información:

	Tensión de línea (V)	*Corriente de línea* (A)	*Potencia total* (W)	*Resistencia efectiva del estátor, por fase*
En vacío	220	8,1	400	
Carga nominal	220	27,0	8200 @ 1750 rpm	0,13 Ω

Calcular:

a. Las pérdidas por fricción, en el hierro y por rozamiento con el aire.
b. Las pérdidas en el cobre del estátor a plena carga.
c. La potencia de entrada al rotor a plena carga.
d. Las pérdidas en el cobre del rotor a plena carga.
e. La potencia de salida del rotor a plena carga.
f. Los hp de salida a plena carga.
g. El par a plena carga.
h. El rendimiento a plena carga.
i. El factor de potencia a plena carga.

12-21. Un ensayo con un freno dinamométrico de un motor de inducción tetrapolar, monofásico de arranque por condensador, de 115 V, proporcionó los siguientes datos:

	Tensión (V)	*Corriente* (A)	*Potencia* (W)	*Velocidad* (rpm)	*Dinamómetro (longitud del brazo)* (pulg)	*Lectura de la escala* (onzas)
En vacío	115	4,8	203	1795	12	0
Carga nominal	115	5,8	493	1720	12	9,16

Carga máx. límite	115	11,2	600	1440	12	20,65
Rotor bloqueado	60	5,8	150	0	12	7,93

Calcular:

a. El rendimiento a la carga nominal, el factor de potencia, la potencia del motor y el par nominal.
b. El par máximo y el par de arranque, utilizando el par máximo calculable.
c. El rendimiento y el factor de potencia al par máximo.
d. El par nominal a partir del par máximo.
e. El par de arranque y el factor de potencia a partir de los datos a rotor bloqueado.

12-22. Utilizando el método de la AIEE carga-deslizamiento y los datos oportunos del problema 12-21, calcular

a. Las pérdidas en la resistencia equivalente del rotor y el estátor en vacío y la resistencia efectiva entre líneas referida al estátor.
b. Las pérdidas por rotación.
c. Las pérdidas equivalentes en el cobre a la carga nominal.
d. El rendimiento a la carga nominal.
e. Explicación de las discrepancias en el rendimiento calculado por este método.

12-23. Un motor de c.c. de $7\frac{1}{2}$ hp, 115 V, tiene una corriente a plena carga de 58 A, una resistencia del circuito de inducido de 0,1 Ω y una velocidad a plena carga de 1750 rpm. Cuando el motor derivación se conecta a una fuente de 230 V con una resistencia apropiada añadida a la excitación para restablecer el flujo de excitación a su valor normal a 115 V, la corriente de inducido permanece igual al aumentar la velocidad. Suponiendo que el aumento de velocidad y la ventilación compensan el aumento en las pérdidas por rotación y que el proyecto eléctrico y mecánico del motor son apropiados para las nuevas condiciones, calcular

a. La fuerza contraelectromotriz y la velocidad a la tensión mayor.
b. La potencia nominal a la tensión mayor.

12-24. Un motor de inducción de 30 hp y 440 V utilizado en una lavandería comercial, acciona una carga de 15 hp durante 5 min seguido de una carga de 60 hp durante 5 min, seguida por un período en vacío (de secado) durante 15 min. Si este ciclo se repite continuamente durante un período de 24 horas, calcular

a. El factor por el que se excede la potencia nominal del motor.
b. Determinar si la potencia nominal se excede cuando el período de paro aumenta hasta 30 min.

RESPUESTAS

12-1(a) 4,167 W (b) 1,28 W 12-2(a) 0,958 (b) 0,956; 0,957; 0,948; 0,915 12-3(a) 31,2 V (b) 450 VA (c) 3,75 W (d) 0,9 W (e) 0,866 12-4(a) 5,01 hp (b) 0,831 12-5(a) 525 W (b) 760 W 12-6(a) 478 W (b) 487,5 W (c) 447 W 12-7(a) 106,1 V (b) 1750 rpm 12-8(a) 1048 W (b) 0,778 (c) 1090 W, 164,5 W (d) 0,659 (e) 9,11 hp, 3,86 hp 12-9(a) 136,3 V (b) 870 rpm 12-10(a) 4310 W (b) 0,844 (c) 4070 W, 3150 W (d) 0,859 12-11(c) 473,5 A (d) 0,86 12-12(a) 93 A, 0,891 (b) 0,8875 (c) 0,885 12-13(a) 0,842 (b) 0,8. 12-14(a) 2470 W (b) 1235 W (c) 988 W, 2195 W, 0,853. 12-15(a) 0,965 (b) 120 por ciento (c) 0,966 12-16(a) 12,92 kW (b) 13,48 kW (c) 7,5 kW (d) 33,9 kW (e) 0,94, 0,924, 0,9475 (f) 0,9275, 0,90. 12-17(a) 478 W (b) 240 W (c) 30 W, 120 W, 270 W, 480 W, 750 W (d) 0,77; 0,856; 0,883; 0,895; 0,896 12-18(a) 1,515 Ω (b) 395 W (c) 68,75 W, 275 W, 618 W, 1100 W, 1720 W (d) 0,723, 0,8 0,798, 0,749, 0,743 (e) 0,802 @ 0,6 carga nominal (f) 0,033. 12-19(c) 0,677 W, 0,797 W, 0,819 W, 0,818 W, 0,808 W (d) $0{,}82I_L$, 0,822 12-20(a) 374,4 W (b) 284 W (c) 7541,6 W (d) 215,5 W (e) 7326,1 W (f) 9,825 hp (g) 29,5 pies-lb (h) 0,8925 (i) 0,796. 12-21(a) 0,452; 0,738; 0,572 pies-lb (b) 1,29 pies-lb; 0,496 pies-lb (c) 0,44; 0,465 (d) 0,572 pies-lb (e) 0,496 pies-lb, 0,431 12-22(a) 150 W, 4,46 Ω (b) 100 W (c) 150 W (d) 0,4925 12-23(a) 3590 rpm (b) 15,4 hp 12-24(a) 118,7 por ciento (b) 103 por ciento.

Capítulo **13**

Transformadores

13-1. Definiciones fundamentales. El transformador funciona según el principio de la *inducción mutua* entre dos (o más) bobinas o circuitos acoplados inductivamente. La fig. 13-1 muestra un transformador teórico con núcleo de aire en el cual están acoplados dos circuitos por inducción magnética. Obsérvese que los circuitos *no* están físicamente conectados (o sea no existe unión conductora entre ellos).

El circuito conectado a la fuente de tensión alterna, V_1, se denomina *primario* (circuito 1). El primario *recibe* su *energía* de la fuente de corriente alterna. Según el grado de *acoplamiento magnético* entre los dos circuitos (13-1), la energía se *transfiere* del circuito 1 al circuito 2. Si los dos circuitos están *débilmente acoplados,* como en el caso del transformador con núcleo de aire que se ve en la fig. 13-1, sólo una *pequeña* parte de la energía se transfiere del primario (cir-

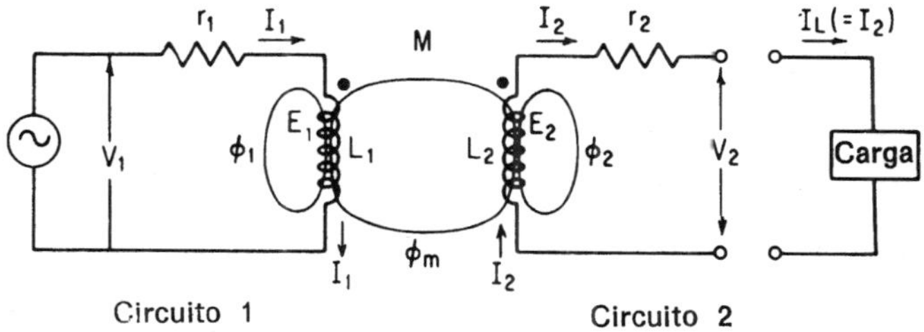

Figura 13-1. Transformador con núcleo de aire, acoplado inductivamente, con símbolos de definición.

cuito 1) al secundario (circuito 2). Si las dos bobinas o circuitos están devanados sobre un núcleo de hierro común, están *fuertemente acoplados*. En tal caso, casi *toda* la energía recibida de la alimentación por el primario se *transfiere* al secundario debido a la *acción transformadora.*

Las siguientes definiciones se aplican al transformador que muestra la fig. 13-1, y van a usarse en todo este capítulo:

[redacted]

Obsérvese el significado de la *convención de punto* usada en la fig. 13-1, para mostrar la polaridad positiva instantánea de la tensión alterna *inducida* en ambos arrollamientos primario y secundario como resultado de la acción transformadora. Así, cuando V_1 es positiva en un instante dado, en el arrollamiento primario se induce una tensión E_1 de una polaridad tal que se opone a V_1, de acuerdo con la ley de Lenz, como muestra la fig. 13-1. Obsérvese también (de la fig. 13-1) que la corriente I_2 está en oposición a I_1. Esto también está de acuerdo con la ley de Lenz ya que como I_1 da lugar a ϕ_m, I_2 debe circular en un sentido tal que se oponga a I_1, y (al mismo tiempo) que esté de acuerdo con la polaridad instantánea de E_2, tal como muestra la fig. 13-1. Las polaridades instantáneas de E_2 e I_2 establecen la polaridad instantánea de V_2 (terminal superior positivo) y el sentido de la corriente en la carga.

El coeficiente de acoplamiento, k, entre las dos bobinas es una relación entre el flujo mutuo y el flujo total definido como*

[redacted]

en la que todos los términos ya han sido definidos anteriormente.

Si las dos bobinas están *débilmente* acopladas, como en el transformador con núcleo de aire de la fig. 13-1, los términos ϕ_m y ϕ_2 son pequeños en comparación con ϕ_1. En consecuencia, los términos L_2 y M son pequeños en comparación con L_1. Sustituyendo en (13-1) se obtiene un valor pequeño del coeficiente de acoplamiento, k. Éste, a su vez, da lugar a un valor bajo de E_2 y V_2 (en comparación con E_1 y V_1). Para cualquier carga dada, por consiguiente, un valor pequeño de V_2 da lugar a una pequeña corriente de carga, I_2. Así, para establecerlo simplemente, para un acoplamiento *débil*, la potencia transferida al circuito secundario, E_2I_2, es relativamente *pequeña*.

Los transformadores que tienen un acoplamiento débil, se usan principalmente en la comunicación por alta frecuencia (RF) y en los circuitos electrónicos. Prácticamente todos los transformadores usados en aplicaciones de sistemas y máquinas eléctricas, sin embargo, son transformadores con núcleo de hierro fuertemente acoplados.

Si las bobinas o circuitos están *fuertemente* acoplados, y los flujos de dispersión ϕ_1 y ϕ_2 son relativamente pequeños en comparación con ϕ_m, la inductancia mutua entre las dos bobinas tiene un valor elevado así como los términos E_2, I_2 y V_2. En este caso, la energía transformada E_2I_2t es prácticamente igual a E_1I_1t. En lo posible, al proyectar transformadores eléctricos de potencia con núcleo de hierro, se intenta conseguir un coeficiente de acoplamiento unidad, ($k=1$) tal que en (13-1), $M=\sqrt{L_1L_2}$, como en el caso de un transformador *ideal*.

El acoplamiento entre los dos circuitos aumenta si partes de ambas bobinas se devanan sobre un mismo núcleo de bobina y la bobina está colocada sobre un núcleo magnético de reluctancia relativamente baja. Tales disposiciones tienden a reducir los flujos de dispersión ϕ_1 y ϕ_2. Pero incluso en proyectos óptimos, es imposible conseguir el transformador ideal, sin flujos de dispersión en el primario ni en el secundario y con acoplamiento unidad. Sin embargo, en el estudio que sigue se empieza con un transformador ideal, para simplificar

* La expresión 13-1 puede deducirse como sigue. La inductancia mutua, como cualquier inductancia, es proporcional a la tensión inducida ($e_M=M\,di/dt$). e_M es la tensión desarrollada en la bobina 2 por esta parte del flujo, ϕ_m, común a ambas bobinas 1 y 2. De acuerdo con la ley de Faraday de la inducción electromagnética (1-5),

$$E_m \propto kN_1N_2 \quad \text{pero} \quad N_1 \propto \sqrt{L_1} \quad \text{y} \quad N_2 \propto \sqrt{L_2},$$

y por tanto $E_m \propto M \propto kN_1N_2 = k'\sqrt{L_1L_2}$, donde k' (o k) es el coeficiente de acoplamiento, por definición, y $\sqrt{L_1L_2}$ es la media geométrica de las autoinducciones de las dos bobinas.

el conocimiento de los fenómenos de los transformadores. Luego, se seguirá con los transformadores de potencia reales.

13-2. Relaciones en un transformador ideal. Consideremos un transformador ideal con núcleo de hierro como el de la fig. 13-2 en el que los flujos de dispersión ϕ_1 y $\phi_2=0$ y $k=1$. Un transformador de este tipo posee sólo flujo mutuo ϕ_m, común a ambas bobinas primaria y secundaria. Cuando V_1 es positiva en un instante dado, como muestra la fig. 13-2, la corriente primaria I_1 da lugar a un flujo mutuo del sentido indicado. La tensión primaria inducida, E_1, de acuerdo con la convención de puntos y la ley de Lenz, da lugar a una polaridad positiva en la parte superior de la bobina primaria, que en cada instante se opone a la tensión aplicada V_1. De manera parecida, en el secundario, para el sentido indicado de ϕ_m que se muestra, la polaridad positiva de E_2 debe ser tal que cree un flujo desmagnetizante que se oponga a ϕ_m (ley de Lenz). Una carga conectada en los bornes del secundario da lugar a una intensidad secundaria I_2 que circula en respuesta a la polaridad de E_2 y origina un flujo desmagnetizante.

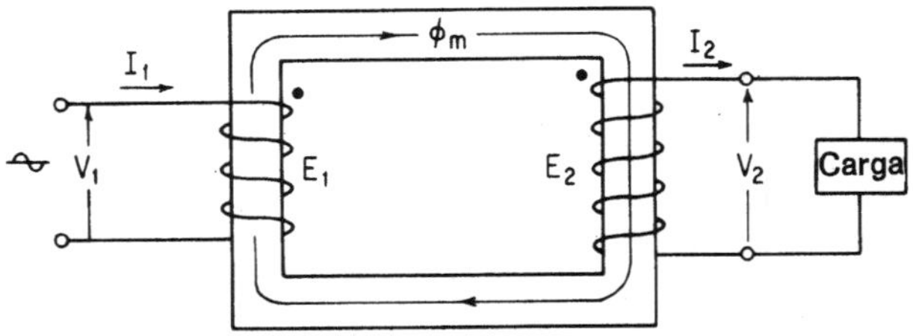

Figura 13-2. Transformador con núcleo de hierro, caso ideal

Estamos ahora en condiciones de comprender cualitativamente cómo un transformador desarrolla potencia en el secundario y transfiere potencia del primario al secundario, de la siguiente manera:

1. Supóngase un circuito abierto, impedancia infinita o carga nula en el secundario, y por tanto, $I_2=0$.
2. Como resultado del flujo alterno mutuo ϕ_m (creado por la tensión aplicada) se producen fem E_1 y E_2 que tienen la polaridad instantánea que se indica respecto a ϕ_m (fig. 13-2).
3. Incluso cuando el transformador está sin carga, debe circular una pequeña corriente por el primario, I_m, conocida como corriente magnetizante. La corriente es pequeña porque la tensión inducida en el primario, E_1, se opone a la tensión aplicada V_1, en cada instante. El valor de I_m es función principalmente de la reluctancia del

circuito magnético, $\mathcal{R}_m$, y del valor máximo del flujo mutuo de magnetización, ϕ_{pm}, para un número dado de espiras en el arrollamiento primario.*

4. Como muestra la fig. 13-3a, el pequeño valor de I_m retrasa 90° respecto a la tensión del primario y produce ϕ_m.

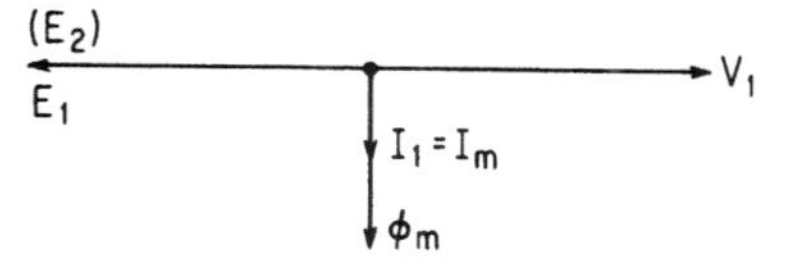

(a) Relaciones en el primario, en vacío

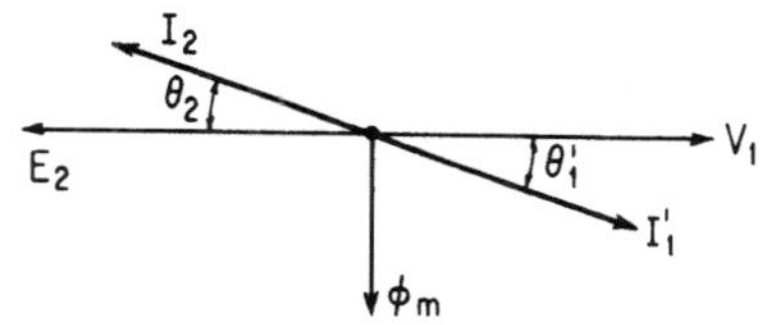

(b) Relaciones en el secundario, transformador en carga

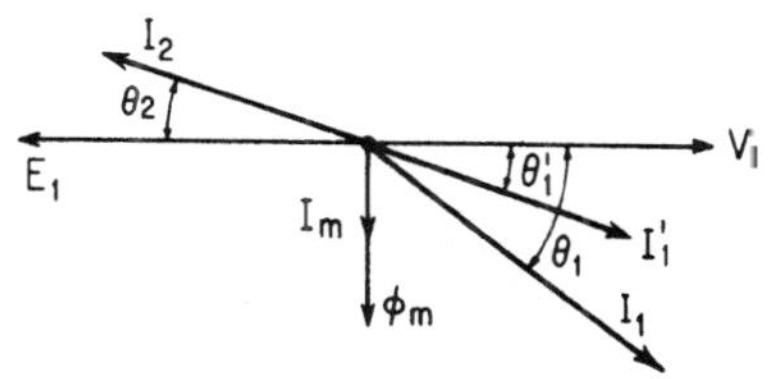

(c) Relaciones en el primario, transformador en carga

Figura 13-3. Relaciones vectoriales en un transformador ideal.

5. ϕ_m, a su vez, induce las fem primaria y secundaria, E_1 y E_2, retrasadas 90°. Estas fem inducidas están en fase debido a que ambas son producidas por ϕ_m. Obsérvese que E_1 en la fig. 13-3a se opone a V_1 (ley de Lenz). En ausencia de carga, la fig. 13-3a representa todas las relaciones intensidad-tensión en el transformador ideal.

6. Supóngase una carga en retraso (inductiva) conectada en bornes del secundario del transformador ideal de la fig. 13-2. Una carga de este tipo produce una intensidad I_2 que retrasa un ángulo θ_2 respecto a E_2 como muestra la fig. 13-3b.

7. Los amperivueltas secundarios I_2N_2, como muestra la fig. 13-2, tienden a producir un flujo desmagnetizante que reduce instantáneamente el flujo mutuo, ϕ_m, y las fem inducidas E_2 y E_1.

8. La reducción de E_1 hace que circule una componente primaria de la componente de carga, I'_1, por el circuito primario, de manera que $I'_1N_1 = I_2N_2$, llevando ϕ_m a su valor original. Obsérvese en la fig. 13-3b que I'_1 retrasa θ_1 respecto a V_1 mientras que I_2 retrasa θ_2 respecto a E_2 de manera que $\theta_1 = \theta_2$. La última igualdad es necesaria para que los amperivueltas magnetizantes del primario, I'_1N_1, compensen a I_2N_2, amperivueltas desmagnetizantes de la carga.

* Puede demostrarse que el valor máximo de la corriente de magnetización es $I_{pm} = \phi_{pm}(\mathcal{R}_m/N_1)$ donde $\mathcal{R}_m$ es la reluctancia del circuito magnético, ϕ_{pm} es el valor máximo del flujo mutuo de magnetización, y N_1 es el número de espiras del arrollamiento primario. Véase Jackson, *Introduction to Electric Circuits,* (3.ª ed.), Englewood Cliffs., N.J.: Prentice-Hall, Inc. 1970, pág. 585.

9. El efecto de la componente primaria de la corriente de carga, I_1', sobre el primario puede verse en la fig. 13-3c, en la que la intensidad en el primario I_1 es el vector suma de I_m e I_1'. En relación con el factor de potencia del circuito primario, en esta figura se destacan dos puntos dignos de atención:
   a. el ángulo del factor de potencia del primario ha disminuido en relación a su valor original sin carga, 90°, a su ángulo en carga θ_1, y
   b. el ángulo de fase del circuito primario no es exactamente el mismo que el del circuito secundario. (Para una carga en retraso, $\theta_1 > \theta_2$).

Las etapas anteriores revelan de qué manera responde el circuito primario a una carga sobre el circuito secundario. En un cierto sentido, el funcionamiento del transformador en carga puede considerarse similar a la carga de un motor derivación de c.c.* (Véase apartado 4-4.)

La igualdad entre la fmm de desmagnetización I_2N_2 y la componente de carga de la fmm primaria que debe circular para contrarrestar la acción desmagnetizante $I_1'N_1$, tal como se ha descrito en el punto 8 anterior, puede resumirse y disponerse como sigue

[redacted]

La componente de carga de la corriente primaria puede calcularse para cualquier valor de la corriente de carga secundaria como se muestra en el ejemplo 13-1, en función de la relación de transformación, α.

Ejemplo 13-1. El lado de alta tensión de un transformador tiene 500 espiras, mientras que el de baja tensión tiene 100. Cuando se conecta como transformador reductor, la corriente de carga es 12 A. Calcular:
   a. la relación de transformación, α
   b. la componente de carga de la corriente primaria.

* A medida que aumenta la carga en un motor derivación de c.c., aparece una disminución instantánea de velocidad y fuerza contraelectromotriz, que va seguida de un aumento de la corriente del inducido de valor adecuado para producir el par electromagnético necesario para la carga aplicada. La reducción de fuerza contraelectromotriz en el motor de c.c. en respuesta al aumento de carga es parecida a la reducción de la fem inducida en el primario de un transformador, E_1, en respuesta al aumento de carga.

Solución:

a. Por tratarse de un transformador reductor, el lado de alta tensión es el primario y el de baja tensión el secundario. La relación de transformación, α, es

$$\alpha = \frac{N_1}{N_2}$$

$$= \frac{500 \text{ espiras}}{100 \text{ espiras}} \tag{13-2b}$$

b. De (13-2b), se deduce que $I'_1 = I_2/\alpha = 12 \text{ A}/5 =$ **2,4 A.**

La explicación del ejemplo 13-1 implica que tanto el lado de baja tensión como el de alta tensión del transformador pueden usarse como primario (el lado que se conecta a la fuente de energía). Así, la relación de transformación para un transformador dado (construido) depende de su *aplicación* como muestra el ejemplo 13-2.

EJEMPLO 13-2. Calcular la relación de transformación del transformador del ej. 13-1, cuando se usa como transformador elevador.

Solución:

Como transformador elevador, el lado de baja tensión es el primario. La relación de transformación,

$$\alpha = \frac{N_1}{N_2} = \frac{100 \text{ espiras}}{500 \text{ espiras}} = \mathbf{0{,}2} \tag{13-2b}$$

Los ejemplos 13-1 y 13-2 muestran que la relación de transformación, α, es fija para una aplicación dada pero *no es constante*. Cuando se usa como transformador reductor, $\alpha=5$, pero cuando se usa como transformador elevador, $\alpha=0{,}2$ (que es el inverso de 5). Puesto que los términos elevador y reductor se refieren a tensiones, al igual que los lados de alta tensión y baja tensión, la relación de transformación puede establecerse en términos de tensiones usando la cuantificación de Neumann de la ley de Faraday (1-1):

$$E_1 = N_1 \frac{d\phi_m}{dt} \tag{13-3}$$

$$E_2 = N_2 \frac{d\phi_m}{dt} \tag{13-4}$$

Como la velocidad de variación del flujo mutuo ($d\phi_m/dt$) que concatena las espiras del primario y del secundario es la misma, dividiendo (13.3) por (13.4) se obtiene α en función de las tensiones, o sea,

$$\alpha = \frac{N_1}{N_2} = \frac{E_1}{E_2} = \frac{V_1}{V_2} \tag{13-5}$$

La ecuación (13-5) establece que la relación entre tensión primaria y secundaria es igual que la relación entre el número de espiras en el primario y en el scundario. También se verifica que la relación de transformación, α, es mayor que la unidad para un transformador reductor pero menor que la unidad para un transformador elevador (ver ejs. 13-1 y 13-2).

Igualando (13-2b) y (13-5) se obtiene

[redacted]

La ecuación (13-9) corrobora la definición fundamental de transformador, o sea, dispositivo que transfiere energía de un circuito a otro. Para un transformador ideal, la potencia aparente absorbida de la fuente de corriente alterna, V_1I_1, es igual a la potencia aparente transferida al secundario y suministrada a la carga, V_2I_2, en la que todos los términos se han definido en el apartado 13.1.* La ecuación (13-9) también permite establecer una forma de definir la *potencia nominal* de un transformador en voltamperios (VA) o en kilovoltamperios (kVA), donde V_1 e I_1 son la tensión e intensidad nominales del primario, respectivamente y V_2 e I_2 son la tensión e intensidad nominales del secundario, respectivamente.

* Obsérvese la significación entre las letras V y E, que denotan tensión en bornes y fem inducida respectivamente. Obsérvese también que, al igual que en los alternadores, las potencias nominales de los transformadores están expresadas en kVA en lugar de en kW. A factores de potencia extremadamente bajos, un transformador puede quedar cargado con la corriente nominal transfiriendo solamente una pequeña cantidad de potencia activa. Las potencias nominales expresadas en kVA aseguran el límite por debajo del cual un transformador nunca estará sobrecargado, independientemente del valor del factor de potencia de la carga que se le aplique (de 1 a 0).

EJEMPLO 13-3: Un transformador 2300/115 V, 60 Hz, 4,6 kVA está proyectado de manera que tenga una fem inducida de 2,5 voltios por espira. Suponiendo que se trata de un transformador ideal, calcular

a. el número de espiras en el lado de alta, N_h
b. el número de espiras en el lado de baja, N_l
c. la intensidad nominal en el lado de alta tensión, I_h
d. la intensidad nominal en el lado de baja tensión, I_l
e. la relación de transformación cuando se usa como transformador elevador
f. la relación de transformación cuando se usa como transformador reductor.

Solución:

a. $N_h = \frac{E_h}{2{,}5\ \mathrm{V/e}} = \frac{2300\ \mathrm{V}}{2{,}5\ \mathrm{V/e}} = \mathbf{920\ espiras}$

b. $N_l = E_l \times \frac{1}{2{,}5}\frac{\mathrm{e}}{\mathrm{V}} = 115\ \mathrm{V} \times \frac{1}{2{,}5}\frac{\mathrm{e}}{\mathrm{V}} = \mathbf{46\ espiras}$

c. $I_h = \frac{\mathrm{kVA} \times 1000}{V_h} = \frac{4{,}6 \times 1000\ \mathrm{VA}}{2{,}3 \times 10^3\ \mathrm{V}} = \mathbf{2\ A}$ (13-9)

d. $I_l = \frac{\mathrm{kVA} \times 10^3}{V_l} = \frac{4{,}6 \times 10^3\ \mathrm{VA}}{1{,}15 \times 10^2\ \mathrm{V}} = \mathbf{40\ A}$ (13-9)

e. $\alpha = \frac{N_1}{N_2} = \frac{N_l}{N_h} = \frac{46}{920} = \frac{1}{20} = \mathbf{0{,}05}$ como transformador elevador

f. $\alpha = \frac{N_1}{N_2} = \frac{N_h}{N_l} = \frac{920}{46} = \mathbf{20}$ como transformador reductor (13-2b)

En el ej. 13-3, la relación voltios por espiras se ha establecido en 2,5 V/e para ambos devanados. Puede demostrarse que este valor es directamente proporcional al valor máximo del flujo mutuo, ϕ_{pm}, y a la frecuencia*

[redacted]

donde B_m es la densidad de flujo máxima admisible y A es la sección del núcleo del transformador ($\phi_{pm} = B_m A$).

* La cuantificación de Neumann de la ley de Faraday establece que la fem media inducida en una bobina de N espiras es

$$E_{\mathrm{med}} = \frac{N}{t}\phi_{pm} \times 10^{-8}\ \mathrm{V} \qquad (1\text{-}1)$$

en la que t es el tiempo empleado por el flujo mutuo para aumentar desde cero hasta su valor máximo, en maxwells. Suponiendo una entrada sinusoidal, de frecuencia f ciclos por segundo, el valor del flujo se eleva al máximo en un cuarto de ciclo [$t = 1/(4f)$] y

$$E_{\mathrm{med}} = \frac{N\phi_{pm}}{\frac{1}{4}f} \times 10^{-8} = 4fN\phi_{pm} \times 10^{-8}\ \mathrm{V}$$

El significado de (13-10) no puede dejar de tenerse en cuenta debido a que establece el flujo mutuo máximo admisible o densidad máxima admisible de flujo para una frecuencia y una tensión nominal dadas. Así, los transformadores proyectados para funcionar a una frecuencia dada *no* pueden funcionar a otra frecuencia *sin* las correspondientes variaciones de tensión aplicada, como muestra el ej. 13-4.

Ejemplo 13-4. Se desea un transformador de 1 kVA, 220 V/110 V, 400 Hz para una frecuencia de 60 Hz. Calcular:

a. El mayor valor de la tensión eficaz que puede aplicarse al lado de alta tensión y la mayor tensión de salida del lado de baja tensión.
b. la potencia nominal en kVA del transformador en condiciones de frecuencia reducida.

Solución:

a. para mantener la misma densidad de flujo admisible, de (13-10), las tensiones de los lados de alta y baja deben cambiar en la misma proporción que la frecuencia

$$E_h = 220\ \text{V}\ \frac{60\ \text{Hz}}{400\ \text{Hz}} = \mathbf{33\ V}$$

y

$$E_l = \frac{E_1}{\alpha} = \frac{E_h}{2} = \frac{33{,}0\ \text{V}}{2} = \mathbf{16{,}5\ V} \qquad (13\text{-}6)$$

b. la intensidad nominal original del transformador no ha variado puesto que los conductores continúan siendo los mismos. Así

$$I_h = \frac{\text{kVA}}{V_h} = \frac{1 \times 10^3\ \text{VA}}{220\ \text{V}} = \mathbf{4{,}545\ A} \qquad (13\text{-}9)$$

y el nuevo valor nominal en kVA es

$$V_h I_h = V_1 I_1 = 33\ \text{V} \times 4{,}545\ \text{A} = \mathbf{150\ VA} \qquad (13\text{-}9)$$

Del ej. 13-4 se deduce que es posible variar la frecuencia de funcionamiento del transformador pero sólo si se varía la tensión, de forma correspondiente.

Pero como el factor de forma de una onda sinusoidal es la relación entre su valor eficaz y su valor medio (0,707/0,636=1,11), el valor eficaz de la fem inducida=1,11 E_m, o

$$E = 1{,}11 E_m = 4{,}44 f N \phi_{pm} \times 10^{-8}\ \text{V}$$

De la cual, la relación voltios/espira es $E/N = 4{,}44 f \phi_{pm} \times 10^{-8}$ V. (13-10)
Obsérvese que (13-10) para el transformador es igual que (2-14) para el alternador.

Si se reducen *ambas,* frecuencia y tensión, la capacidad en kVA también se reduce. Si se aumentan ambas, frecuencia y tensión, la capacidad en kVA aumenta de manera correspondiente (con tal de que no se excedan las tensiones de perforación de los devanados del transformador). Obsérvese que en cualquier caso, la densidad de flujo máxima admisible *debe permanecer igual.* Esto es necesario para que el transformador no se caliente, como muestra el ej. 13.5.

EJEMPLO 13.5. Suponiendo que las pérdidas por corrientes parásitas y por histéresis varíen con el cuadrado de la densidad de flujo [véanse (12-3) y (12-4)], calcular las pérdidas en el hierro si el transformador del ej. 13-4 funciona a tensión nominal pero a una frecuencia reducida de 60 Hz. Supóngase que las pérdidas originales en el hierro del transformador a 400 Hz sean 10 W.

Solución:

Como $E = kfB_m$, y se aplica la misma tensión primaria al transformador a frecuencia reducida, la densidad de flujo **final,** B_{mf} aumenta de manera significativa por encima de su valor máximo admisible **original** B_{mo} a

$$B_{mf} = B_{mo}\frac{f_l}{f_f} = B_{mo}(400/60) = 6{,}67B_{mo} \qquad (13\text{-}10)$$

Como las pérdidas en el hierro varían aproximadamente con el cuadrado de la densidad de flujo [véanse (12-3), (12-4)].

$$P_{\text{hierro}} = (P_{\text{orig}})B^2 = 10\ \text{W}\ (6{,}67)^2 = \mathbf{444\ W}$$

Obsérvese en el ej. 13-5, que incluso en ausencia de corriente de carga, las pérdidas en el hierro aumentan de 10 W a 440 W para un transformador de 1 kVA que funcione a frecuencia reducida pero a la misma tensión nominal. Si la tensión en el primario se hubiera reducido en la misma proporción que la frecuencia, las pérdidas en el hierro no habrían aumentado tan fuertemente (de hecho, habrían disminuido por debajo de 10 W debido a la reducción de la frecuencia).*

13-3. Impedancia reducida, transformación de impedancia y transformadores reales. En la fig. 13-4a puede verse de nuevo el transformador con nú-

* Debería hacerse notar que lo mismo se aplica a las máquinas eléctricas. Es posible hacer funcionar un alternador o motor a frecuencia reducida pero la tensión nominal también debe reducirse en la misma proporción. La potencia nominal en kVA también se reduce de manera correspondiente, por las razones explicadas anteriormente. Pero el rendimiento de la máquina *aumenta* debido a las menores pérdidas en el núcleo a frecuencia más baja, como muestran (12-3) y (12-4).

cleo de hierro de la fig. 13.2, con una carga Z_L en bornes de sus terminales de salida secundarios. Obsérvese que si la carga secundaria se elimina y el transformador se deja en circuito abierto, $I_2=0$; y la impedancia Z_L es infinita (puesto que $Z_L=V_2/I_2$). Para cualquier valor de la impedancia de carga, Z_L, la impedancia secundaria vista desde la carga, como muestra la fig. 13-4b, es

$$Z_2 = \frac{V_2}{I_2} \tag{13-11}$$

De manera similar, la impedancia de entrada equivalente, vista desde la alimentación, es como muestra la fig. 13-4b.

$$Z_1 = \frac{V_1}{I'_1} \tag{13-12}$$

Como cualquier variación en la impedancia y corriente de carga en el secundario se refleja como una variación en la corriente en el primario, a veces resulta conveniente simplificar el transformador mediante un circuito equivalente único. Esto implica reducir la impedancia secundaria al primario como

$$Z_1 = \frac{V_1}{I'_1}$$

pero $V_1=\alpha V_2$ según (13-5) e $I'_1=I_2/\alpha$ según (13-2b), y por tanto

$$Z_1 = \frac{\alpha V_2}{I_2/\alpha} = \alpha^2 \frac{V_2}{I_2}$$

pero V_2/I_2 es la impedancia secundaria Z_2 según (13-11), por tanto

[redacted]

La figura 13-4c muestra la impedancia vista desde la alimentación cuando la impedancia del secundario se ha reducido al primario. Ahora se supone que el secundario está en circuito abierto, como muestra la fig. 13-4c y que la impedancia del arrollamiento secundario del transformador es despreciable en comparación con la impedancia de la carga Z_L, que es igual a Z_2. La expresión (13-13) establece que la relación entre la impedancia de entrada y de salida es igual al cuadrado de la relación de transformación. Como $Z_1=\alpha^2 Z_2$, esta relación implica que los transformadores pueden servir como dispositivos de adaptación de impedancia, de manera que proporcionen una transferencia máxima

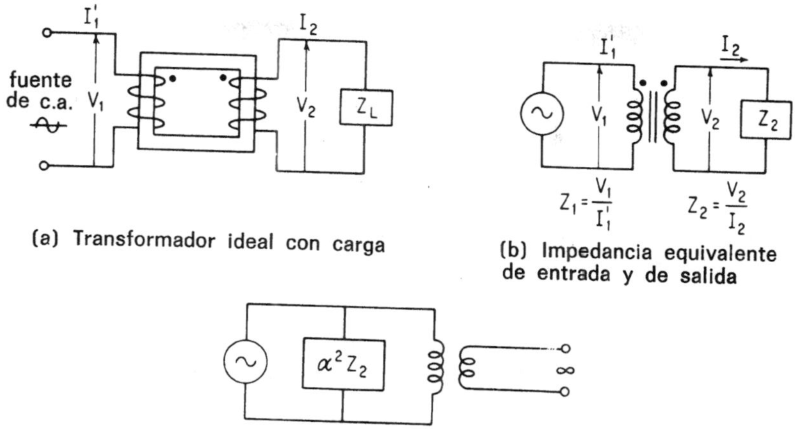

(a) Transformador ideal con carga

(b) Impedancia equivalente de entrada y de salida

(c) Impedancia equivalente reducida

Figura 13-4. Impedancia reducida del secundario al primario.

de potencia de un circuito a otro.* Un ejemplo común es el caso de un transformador de salida usado para adaptar la impedancia de carga de un altavoz a la impedancia de salida de un amplificador de audio. El ej. 13-6 ilustra la simplicidad y elegancia de (13-13) en la solución de los cálculos de impedancia de entrada. El ejemplo 13-7 ilustra la adaptación de impedancia entre un servoamplificador y un servomotor.

EJEMPLO 13-6. El lado de alta tensión de un transformador reductor tiene 800 espiras y el de baja tensión 100 espiras. Se aplica una tensión de 240 V al lado de alta tensión y se conecta una impedancia de carga de 3 Ω al lado de baja tensión. Calcular:

a. tensión y corriente secundarias
b. corriente primaria
c. impedancia de entrada primaria a partir de la relación de tensión e intensidad primaria
d. impedancia de entrada primaria a partir de (13-13).

Solución:

a. $$V_2 = \frac{V_1}{\alpha} = 240\ \text{V}\left(\frac{1}{800\ \text{espiras}/100\ \text{espiras}}\right) = \frac{240\ \text{V}}{8} = \mathbf{30\ V} \qquad (13\text{-}6)$$

$$I_2 = \frac{V_2}{Z_2} = \frac{30\ \text{V}}{3\ \Omega} = \mathbf{10\ A} \qquad (13\text{-}11)$$

* De acuerdo con el teorema de máxima transferencia de potencia, una fuente de alimentación suministra la máxima potencia a una carga cuando la impedancia de la carga es igual a la impedancia interna de la fuente. Como no siempre resulta posible adaptar la carga a la impedancia de la fuente, para esto se usan los transformadores entre la fuente y la carga.

b. $I_1 = \frac{I_2}{\alpha} = \frac{10\text{ A}}{8} = \mathbf{1{,}25\text{ A}}$ (13-2b)

c. $Z_1 = \frac{V_1}{I_1} = \frac{240\text{ V}}{1{,}25\text{ A}} = \mathbf{192\ \Omega}$ (13-12)

d. $Z_1 = \alpha^2 Z_2 = 8^2 \times 3\ \Omega = \mathbf{192\ \Omega}$ (13-13)

EJEMPLO 13-7. Un servoamplificador de c.a. tiene una impedancia de salida de 250 Ω y el servomotor de c.a. que debe accionar presenta una impedancia de 2,5 Ω. Calcular:

a. la relación de transformación del transformador para la adaptación de la impedancia del servoamplificador a la impedancia del servomtor
b. el número de espiras en el primario si el secundario tiene 10 espiras.

Solución:

a. $\alpha^2 = \frac{Z_1}{Z_2}$ y $\alpha = \left(\frac{Z_1}{Z_2}\right)^{1/2} = \left(\frac{250}{2{,}5}\right)^{1/2} = (100)^{1/2} = \mathbf{10}$ (13-13)

b. $N_1 = \alpha N_2 = 10(10\text{ espiras}) = \mathbf{100\ espiras}$ (13-2b)

13-3-1. *Transformador real.* En la fig. 13-5a está representado un transformador real en carga, con núcleo de hierro. Aunque hay un buen acoplamiento debido al núcleo de hierro, además del flujo mutuo, ϕ_m, mostrado en la fig. 13-5a, se producen unos pequeños flujos de dispersión en los arrollamientos del primario y del secundario, ϕ_1 y ϕ_2.

El flujo de dispersión primario, ϕ_1, produce una reactancia inductiva primaria, X_{L1}. El flujo de dispersión secundario, ϕ_2, produce una reactancia inductiva secundaria, X_{L2}. Además, los arrollamientos del primario y del secundario están devanados con cobre que tiene una cierta resistencia. La resistencia interna del arrollamiento primario es r_1 y la del secundario es r_2.

Las resistencias y reactancias de los arrollamientos del primario y del secundario, respectivamente, producen caídas de tensión dentro del transformador como resultado de las corrientes del primario y del secundario. Aunque estas caídas de tensión son internas, es conveniente representarlas externamente en serie con un transformador ideal como muestra la fig. 13-5b. El transformador ideal que muestra la fig. 13-5b se supone que no tiene caídas de tensión resistivas ni reactivas en sus arrollamientos. Se ha tenido en cuenta la dispersión mediante la caída de tensión del primario I_1Z_1 y la caída de tensión en el secundario, I_2Z_2. Como se trata de caídas de tensión inductivas, podemos decir que la impedancia interna primaria del transformador es

$Z_1 = r_1 + jX_{L1}$ en la que todos los términos se han definido en el apartado 13-1 (13-14)

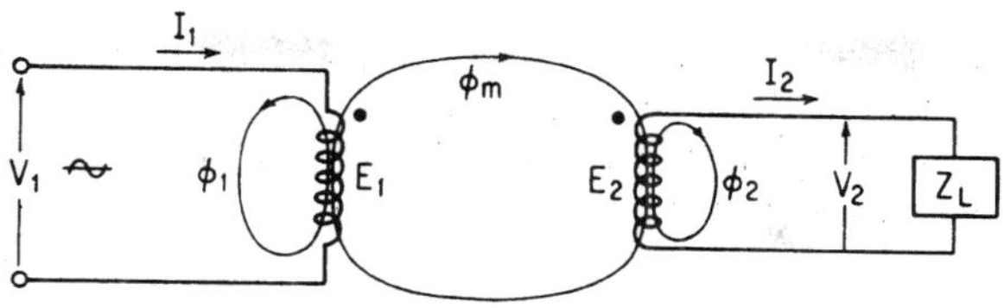

(a) Flujos de dispersión en un transformador real en carga

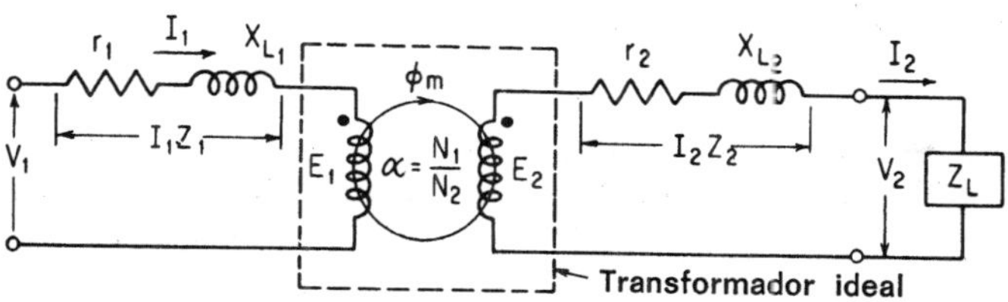

(b) Resistencias y reactancias primarias y secundarias que causan caídas de tensión en un transformador real

Figura 13-5. Transformador real.

y la impedancia interna del secundario del transformador es

$Z_2 = r_2 + jX_{L_2}$ en la que todos los términos se han definido en el apartado 13-1 (13-15)

Ahora resulta posible ver la relación entre las tensiones en bornes y las fem inducidas en el primario y en el secundario, respectivamente. De acuerdo con (13-10), las fem inducidas en el primario y en el secundario pueden calcularse a partir de la relación fundamental

$$E_1 = 4{,}44 f N_1 B_m A \times 10^{-8}\ \mathrm{V} \tag{13-16}$$

y

$$E_2 = 4{,}44 f N_2 B_m A \times 10^{-8}\ \mathrm{V} \tag{13-17}$$

en las que todos los términos ya se han definido anteriormente.

Pero como resulta relativamente difícil calcular B_m, la densidad de flujo máxima admisible del transformador a partir de las medidas de tensión e intensidad, también se deducen las siguientes relaciones de la fig. 13-5b, que permiten el cálculo de las fem inducidas en el primaria y en el secundario:

$$\dot{E}_1 = \dot{V}_1 - (I_1\dot{Z}_1) = \dot{V}_1 - I_1(r_1 \dot{+} jX_{L_1}) \tag{13-18}$$

$$\dot{E}_2 = \dot{V}_2 + (I_2\dot{Z}_2) = \dot{V}_2 + I_2(r_2 \dot{+} jX_{L_2}) \tag{13-19}$$

Obsérvese de la fig. 13-5b y de (13-18), que la tensión aplicada al primario, V_1, es mayor que la fem inducida en el arrollamiento primario E_1. Obsérvese también de la fig. 13-5b y de (13-19) que la fem inducida en el arrollamiento secundario, E_2, es mayor que la tensión terminal en el secundario, V_2. Así, podemos escribir

$$V_1 > E_1 \quad \text{y} \quad V_2 < E_2 \tag{13-20}$$

para un transformador real en carga.

EJEMPLO 13-8. Un transformador reductor de 2300/230 V, 500 kVA, 60 Hz tiene los siguientes valores: $r_1 = 0{,}1\ \Omega$, $X_{L1} = 0{,}3\ \Omega$, $r_2 = 0{,}001\ \Omega$, $X_{L2} = 0{,}003\ \Omega$. Cuando el transformador se usa como transformador reductor y está cargado a su capacidad nominal, calcular:

a. corrientes en el secundario y en el primario
b. impedancias internas en el secundario y en el primario
c. caídas de tensión internas en el secundario y en el primario
d. fem inducidas en el secundario y en el primario, suponiendo que las tensiones en bornes y las fem inducidas están en fase
e. relación de fem inducidas entre el primario y el secundario, y de tensiones en bornes entre primario y secundario.

Solución:

a. $$I_2 = \frac{\text{kVA} \times 10^3}{V_2} = \frac{500 \times 10^3\ \text{VA}}{230\ \text{V}}$$

$$= 2{,}175 \times 10^3\ \text{A} = \mathbf{2175\ A} \tag{13-9}$$

$$I_1 = \frac{I_2}{\alpha} = \frac{2175\ \text{A}}{10} = \mathbf{217{,}5\ A} \tag{13-2b}$$

b. $$Z_2 = r_2 + jX_{L_2} = 0{,}001 + j0{,}003 = \mathbf{0{,}00316\ \Omega} \tag{13-15}$$

$$Z_1 = r_1 + jX_{L_1} = 0{,}1 + j0{,}3 = \mathbf{0{,}316\ \Omega} \tag{13-14}$$

c. $$I_2 Z_2 = 2175\ \text{A} \times 0{,}00316\ \Omega = \mathbf{6{,}88\ V}$$

$$I_1 Z_1 = 217{,}5 \times 0{,}316\ \Omega = \mathbf{68{,}8\ V}$$

d. suponiendo que las tensiones en bornes y las fem inducidas están en fase:

$$E_2 = V_2 + I_2 Z_2 = 230 + 6{,}88 = \mathbf{236{,}88\ V} \tag{13-19}$$

$$E_1 = V_1 - I_1 Z_1 = 2300 - 68{,}8 = \mathbf{2231{,}2\ V} \tag{13-18}$$

e. relación de $$\frac{E_1}{E_2} = \frac{2231{,}2}{236{,}88} = 9{,}43 = \alpha = \frac{N_1}{N_2} \tag{13-5}$$

pero $$\frac{V_1}{V_2} = \frac{2300}{230} = \mathbf{10}$$

El ejemplo 13-8 para un transformador real muestra que para obtener una relación dada entre tensiones *en bornes* de primario y secundario, la relación de transformación ($N_1/N_2=E_1/E_2$) debería ser ligeramente *menor* teniendo en cuenta las caídas de impedancia internas en el primario y secundario. También sirve para comprobar las relaciones resumidas en (13-18) a (13-20).

EJEMPLO 13-9. Partiendo de las tensiones en bornes y de las corrientes en el primario y en el secundario, respectivamente, del ejemplo 13-8, calcular

a. impedancia de carga, Z_L
b. impedancia de entrada en el primario, Z_P
c. comparar Z_L con Z_2 y Z_P con Z_1
d. explicar las diferencias entre las impedancias de (c).

Solución:

a. $Z_L = \dfrac{V_2}{I_2} = \dfrac{230\text{ V}}{2175\text{ A}} = \mathbf{0{,}1055\ \Omega}$

b. $Z_P = \dfrac{V_1}{I_1} = \dfrac{2300\text{ V}}{217{,}5\text{ A}} = \mathbf{10{,}55\ \Omega}$

c. la impedancia de carga, $Z_L=0{,}1055\ \Omega$, que es *mucho mayor que la impedancia interna del secundario,* $Z_2=0{,}00316\ \Omega$.
La impedancia de entrada del primario, $Z_P=10{,}55\ \Omega$, que es *mucho mayor que la impedancia interna del primario,* $Z_1=0{,}316\ \Omega$.

d. Es esencial que Z_L sea mucho mayor que Z_2 para que la mayor parte de la tensión E_2 se aplique a los bornes de la impedancia de carga, Z_L. Cuando Z_L disminuye en relación con Z_2, la corriente de carga aumenta y se produce más caída de tensión interna en Z_2.

La impedancia de entrada en el primario, Z_P, representa la impedancia de carga reducida, $Z_P=\alpha^2 Z_L=(10)^2 0{,}1055=10{,}55\ \Omega$. Análogamente, para un valor dado de la corriente de carga absorbida en el primario de la alimentación, la impedancia interna en el primario, Z_1, debe ser pequeña en comparación con la impedancia de carga reducida al primario de manera que E_1 sea grande en comparación con V_1.

13-4. Circuitos equivalentes para un transformador de potencia real. La resolución y las comparaciones del ejemplo 13-9 evidencian la posibilidad de utilizar transformaciones de impedancia para obtener un circuito equivalente del transformador real. Tal circuito equivalente es útil para la resolución de problemas relacionados con el rendimiento y la regulación de tensión de un transformador.

El circuito de la fig. 13-5b puede verse en la fig. 13-6a con la impedancia de carga y la resistencia y reactancia interna del secundario referidas al prima-

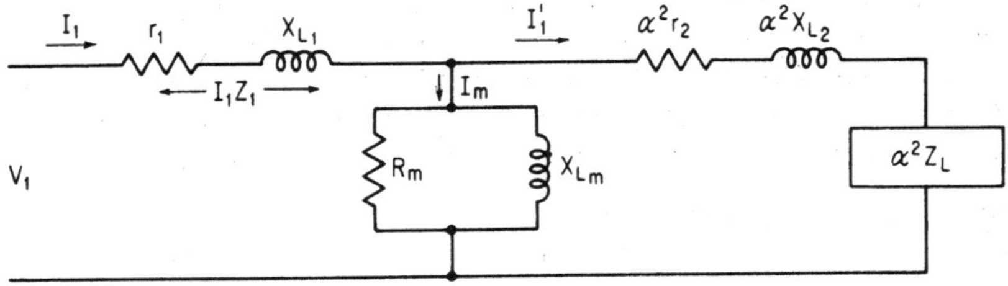

(a) Circuito equivalente de un transformador de potencia

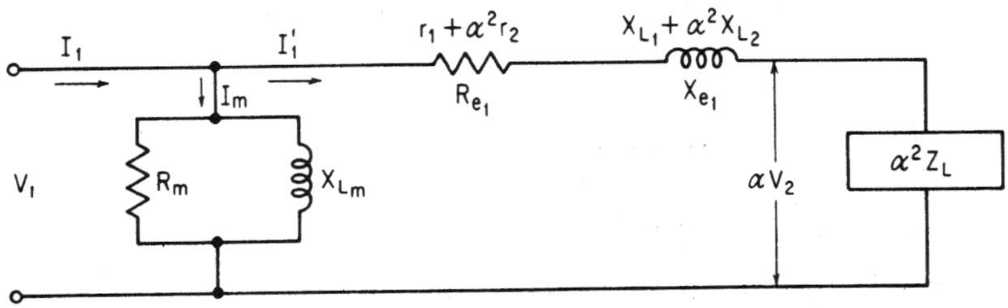

(b) Circuito equivalente aproximado con resistencias y reactancias agrupadas

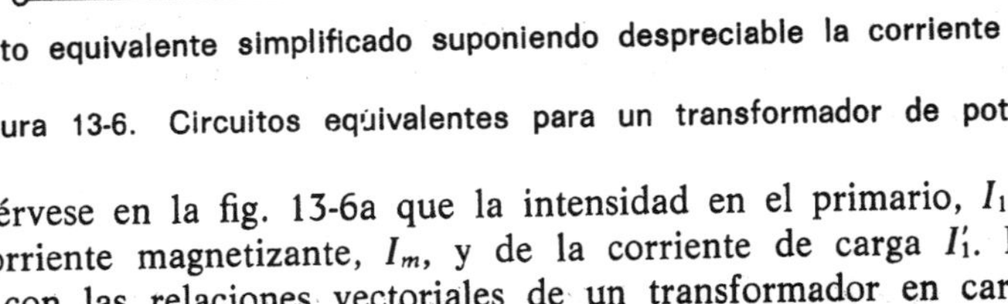

(c) Circuito equivalente simplificado suponiendo despreciable la corriente magnetizante

Figura 13-6. Circuitos equivalentes para un transformador de potencia.

rio. Obsérvese en la fig. 13-6a que la intensidad en el primario, I_1, es la suma de la corriente magnetizante, I_m, y de la corriente de carga I'_1. Esto está de acuerdo con las relaciones vectoriales de un transformador en carga indicadas en la fig. 13-3c. Además, R_m representa las pérdidas en el hierro del transformador equivalente (por histéresis y corrientes parásitas), como consecuencia de la corriente magnetizante, I_m. Obsérvese que R_m está en paralelo con X_{Lm} que representa la reactancia del transformador (en vacío).

La fig. 13-6a es una representación del transformador que satisface tanto la condición de carga como la de vacío. Si el secundario del transformador está en vacío, $I'_1=0$, y sólo circula I_m $(I_1=I_m)$ que produce una pequeña caída de tensión interna debido a la impedancia del primario Z_1 (igual a r_1+jX_{L1}). Como la impedancia del primario Z_1 y la caída de tensión del primario I_1Z_1 son relativamente pequeñas, es posible obtener un circuito equivalente aproximado *colocando* directamente la rama en paralelo *L-R* a los bornes de la alimentación, V_1. Esto nos permite *agrupar* las resistencias y reactancias internas de los circuitos primario y secundario, respectivamente, como muestra la fig. 13-6b, para producir los siguientes equivalentes:

$R_{e_1} = r_1 + \alpha^2 r_2 =$ resistencia equivalente referida al *primario* (13-21)

$X_{e_1} = X_{L_1} + \alpha^2 X_{L_2} =$ reactancia equivalente referida al *primario* (13-22)

$Z_{e_1} = R_{e_1} + jX_{e_1} =$ impedancia equivalente referida al *primario* (13-23)

Si el transformador está en carga, la corriente, I'_1, es mayor que la corriente magnetizante I_m, y ésta puede considerarse despreciable, como puede verse en el equivalente simplificado de la fig. 13-6c. Esta figura permite establecer algunas consideraciones en las que interviene el rendimiento del transformador y la regulación de tensión (apartados 13-5 a 8), así como el cálculo de la corriente del primario (y del secundario). Para un transformador en carga, la corriente del primario, que depende de la naturaleza de la carga, es

$$I_1 = \frac{V_1}{\dot{Z}_{e_1} + \alpha^2 \dot{Z}_L} = \frac{V_1}{(R_{e_1} + jX_{e_1}) + \alpha^2(R_L \pm jX_L)}$$

$$= \frac{V_1}{[R_{e_1} + \alpha^2 R_L] + j[X_{e_1} \pm \alpha^2 jX_L]} \qquad (13\text{-}24)$$

en la que $+jX_L$ representa la reactancia de una carga inductiva y $-jX_L$ representa la reactancia de una carga capacitiva.

EJEMPLO 13-10. Para el transformador dado en el ejemplo 13-7, calcular
a. La resistencia interna equivalente referida al primario.
b. La reactancia interna equivalente referida al primario.
c. La impedancia interna equivalente referida al primario.
d. La impedancia de carga equivalente del secundario, de 0,1 Ω (resistivos), referida al primario.
e. La corriente de carga del primario si la tensión de alimentación del primario es 2300 V.

Solución:

a. $R_{e_1} = r_1 + \alpha^2 r_2 = 0{,}1 + 10^2(0{,}001)$ (13-21)
$= 0{,}1 + 0{,}1 = \mathbf{0{,}2\ \Omega}$

b. $X_{e_1} = X_{L_1} + \alpha^2(X_{L_2}) = 0{,}3 + 10^2(0{,}003)$ (13-22)
$= 0{,}3 + 0{,}3 = \mathbf{0{,}6\ \Omega}$

c. $Z_{e_1} = R_{e_1} + jX_{e_1} = 0{,}2 + j0{,}6 = \mathbf{0{,}632\ \Omega}$ (13-23)

d. $\alpha^2 Z_L = (10)^2 0{,}1\ \Omega = 10\ \Omega\ \text{(resistivo)} = \boldsymbol{\alpha^2 R_L}$ (13-13)

e. $$I_1 = \frac{V_1}{(R_{e_1} + \alpha^2 R_L) + j(X_{e_1} \pm \alpha^2 jX_L)} \qquad (13\text{-}24)$$

$$= \frac{2300\ \text{V}}{(0{,}2 + 10{,}0) + j(0{,}6 + 0)\ \Omega}$$

$$= \frac{2300\ \text{V}}{10{,}2 + j0{,}6} \cong \frac{2300\ \text{V}}{10{,}21\ \Omega} = \mathbf{225\ A}$$

Obsérvese que el valor de la corriente primaria obtenida en el ejemplo 13-10 de 225 A se aproxima bastante al de 217,5 A obtenida en el ejemplo 13-8a.

En la aproximación de la fig. 13-6c no se tiene en cuenta la componente magnetizante, I_m, de la corriente del primario, I_1. En efecto, esto significa que el ángulo de fase de la carga secundaria está directamente reflejado en el primario sin variación. (Obsérvese que en la fig. 13-3c aparece una diferencia entre el ángulo de factor de potencia en el primario θ_1 y el ángulo reflejado θ'_1, debido a la corriente magnetizante.) Si se desprecia la corriente magnetizante del primario, se obtiene el simple diagrama vectorial equivalente de la fig. 13-7 correspondiente a un transformador en carga, con cualquier tipo de carga (en adelanto, en retraso o con factor de potencia unidad). A continuación se dará la explicación de cada uno de estos diagramas vectoriales.

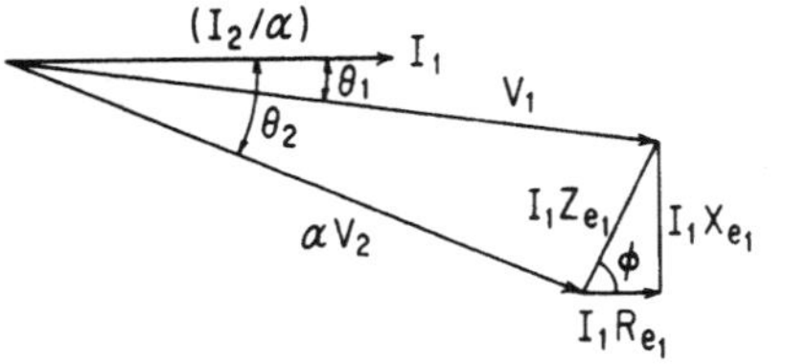

(a) Cargas con factor de potencia capacitivo

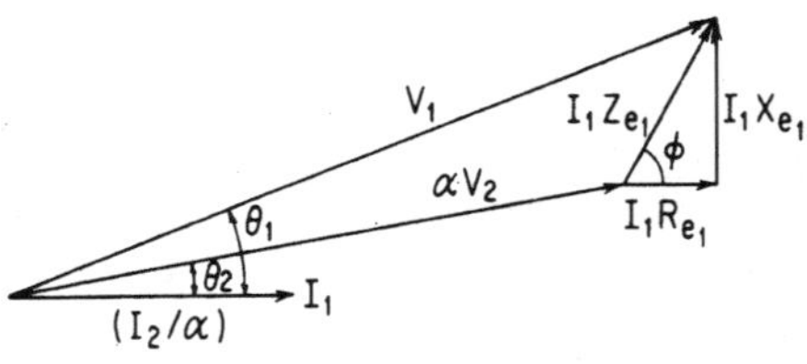

(b) Cargas con factor de potencia inductivo

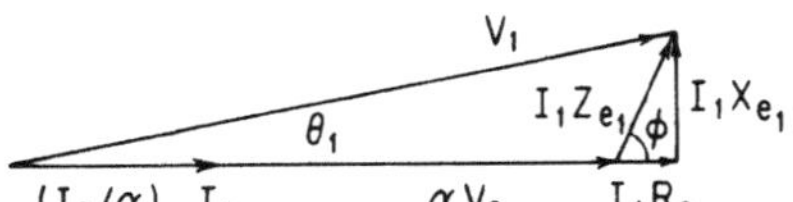

(c) Cargas con factor de potencia unidad

Figura 13-7. Transformador de potencia en condiciones variables de carga secundaria y su efecto sobre el factor de potencia primario.

a. Carga con un factor de potencia en adelanto (fig. 13-7a). La corriente secundaria de carga reducida al primario, I_2/α, está adelantada respecto a la tensión en bornes de la carga secundaria reducida al primario, αV_2, de un ángulo, θ_2. Como muestra la fig. 13-6c, la diferencia vectorial entre αV_2 y V_1 es la caída de tensión por impedancia $I_1 Z_{e1}$. La caída de tensión resistiva $I_1 R_{e1}$ está en fase con I_1. La caída de tensión reactiva $I_1 X_{e1}$ avanza 90° respecto a la corriente I_1. Debido a estas caídas de tensión, I_1 continúa adelantado todavía a V_1 un ángulo θ_1. θ_1 es, necesariamente, menor que θ_2 debido a que el transformador es internamente inductivo.

b. Carga con un factor de potencia en retraso (fig. 13-7b). La corriente secundaria de carga reducida al primario, I_2/α, retrasa respecto a la tensión en bornes de la carga secundaria reducida al primario, αV_2, de un ángulo θ_2. La diferencia vectorial entre la tensión secundaria reflejada, αV_2, y la tensión aplicada al primario, V_1, es la caída de tensión por impedancia, $I_1 Z_{e1}$. En este caso, el ángulo θ_1 es mayor que el ángulo θ_2 debido a que el transformador es internamente inductivo y tiende a que el circuito completo retrase más.

c. Carga con un factor de potencia unidad (fig. 13-7c). La intensidad secundaria de carga reducida al primario, I_2/α, está en fase con la tensión en bornes de la carga secundaria reducida al primario, αV_2, para un factor de potencia unitaria, con una carga resistiva sobre el secundario del transformador. La diferencia vectorial entre la tensión en bornes de la carga secundaria reducida al primario αV_2 y la tensión aplicada al primario V_1 es la caída de tensión por impedancia, $I_1 Z_{e1}$. La corriente primaria I_1 retrasa un pequeño ángulo θ_1 respecto a V_1. Con factor de potencia unidad en el secundario, la corriente del primario retrasa respecto a la tensión del primario debido a la inductancia interna del transformador.

13-5. Regulación de tensión de un transformador de potencia. Un examen de los tres casos mostrados en la fig. 13-7 muestra también que la tensión en bornes de la carga secundaria reducida al primario, αV_2, difiere de la tensión aplicada en el primario, V_1, en la caída de tensión por impedancia referida al primario, $I_1 Z_{e1}$. (Los diagramas vectoriales de la fig. 13-7 son similares a los de la fig. 6-4 que se usaron para estudiar la regulación de tensión de un alternador.) Esto implicaría que la relación entre la tensión en bornes de la carga secundaria reducida al primario, αV_2, y la tensión del primario V_1, guarden la misma relación que la que existe entre la tensión en bornes del secundario y la tensión del secundario en vacío.

La figura 13-8 muestra las tres condiciones de la fig. 13-7 con dos modificaciones:

1. Todos los valores se han referido al lado *secundario* del transformador, y
2. se usa la *tensión* del secundario como vector de referencia en lugar de la intensidad.

[redacted]

[redacted]

Para cualquier valor dado de la corriente de carga, I_2, por tanto, resulta posible calcular la fem inducida, E_2, y la regulación de tensión del transformador, respectivamente, a partir de las siguientes relaciones deducidas de la fig. 13-8.

[redacted]

en las que el signo + en el término imaginario corresponde a las cargas en retraso y el factor de potencia unidad, y el signo − en el término imaginario corresponde a las cargas en adelanto.

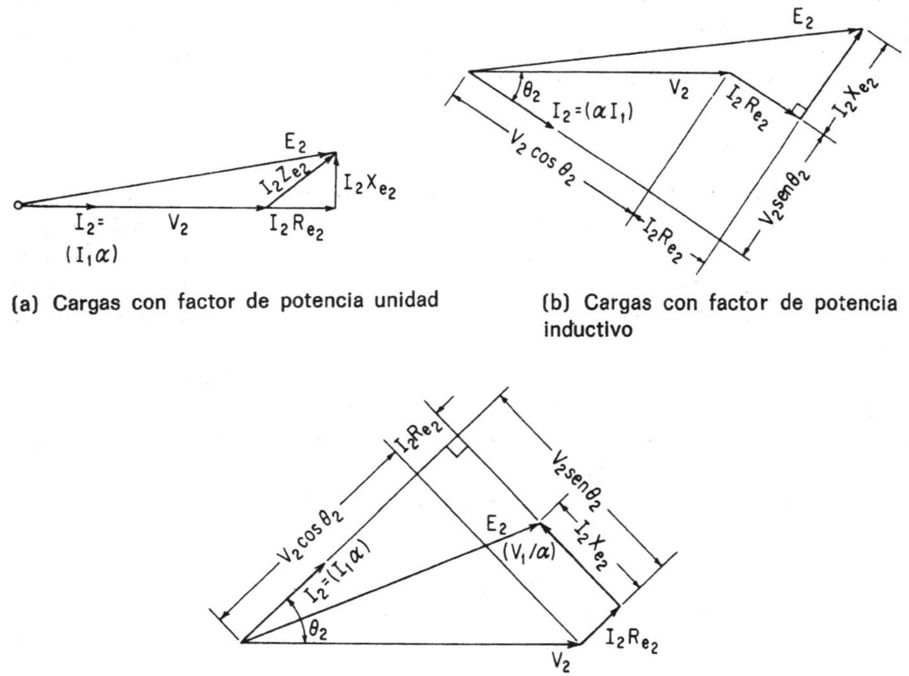

Figura 13-8. Regulación de tensión secundaria en un transformador de potencia (con todas las tensiones y corrientes referidas al secundario) usando la tensión secundaria como vector de referencia.

Obsérvese la similitud entre (13-28) para los transformadores y (6-8) para los alternadores. Como en el caso de los generadores y alternadores de c.c., (3-9) puede volver a escribirse para la regulación de tensión, medida en los bornes del secundario de un transformador:

$$VR \text{ (\% de regulación de tensión)} = \frac{E_2 - V_2}{V_2} \times 100 \qquad \text{(3-9a)}$$

en la que E_2 es la fem inducida en el secundario en vacío, calculada según (13-28),

y V_2 es la tensión en el secundario a plena carga (nominal) del transformador.

EJEMPLO 13-11. Las medidas tomadas en un transformador 2300/230 V, 500 kVA proporcionan los siguientes valores de la reactancia y resistencia equivalente referidas al secundario (lado de baja tensión): $X_{e2} = 0{,}006\ \Omega$ y $R_{e2} = 0{,}002\ \Omega$. Calcular:

a. la fem inducida, E_2, cuando el secundario del transformador suministra la corriente nominal a una carga de factor de potencia unidad
b. repetir (a) para un carga con un factor de potencia inductivo de 0,8
c. repetir (a) para una carga con un factor de potencia capacitivo de 0,6
d. calcular la regulación de tensión en los casos (a), (b) y (c), respectivamente
e. explicar las diferencias en la regulación de tensión haciendo referencia a la fig. 13-8.

Solución:

Cálculos preliminares:

Intensidad nominal del secundario

$$I_2 = \frac{\text{kVA} \times 10^3}{V_2} = \frac{500 \times 10^3 \text{ VA}}{230 \text{ V}} = 2{,}175 \times 10^3 \text{ A} \qquad \text{(13-9)}$$

Caída de tensión por resistencia a plena carga

$$I_2 R_{e_2} = (2{,}175 \times 10^3 \text{ A})(2 \times 10^{-3}\ \Omega) = \mathbf{4{,}35\ V}$$

Caída de tensión por reactancia a plena carga

$$I_2 X_{e_2} = (2{,}175 \times 10^3 \text{ A})(6 \times 10^{-3}\ \Omega) = \mathbf{13{,}05\ V}$$

a. para un factor de potencia unidad, de (13-28)

$$\begin{aligned} E_2 &= (V_2 \cos\theta_2 + I_2 R_{e_2}) + j(V_2 \operatorname{sen}\theta_2 + I_2 X_{e_2}) \\ &= (230 \times 1 + 4{,}35) + j(0 + 13{,}05) = 234{,}35 + j13{,}05 = \mathbf{234{,}5\ V} \end{aligned}$$

b. para un factor de potencia inductivo de 0,8

$$E_2 = (V_2 \cos\theta_2 + I_2R_{e_2}) + j(V_2 \operatorname{sen}\theta_2 + I_2X_{e_2}) \qquad (13\text{-}28)$$
$$= (230 \times 0{,}8 + 4{,}35) + j(230 \times 0{,}6 + 13{,}05)$$
$$= (184 + 4{,}35) + j(138 + 13{,}05) = 188{,}35 + j151{,}05 = \mathbf{241{,}8\ V}$$

c. para un factor de potencia capacitivo de 0,6

$$E_2 = (V_2 \cos\theta_2 + I_2R_{e_2}) + j(V_2 \operatorname{sen}\theta_2 - I_2X_{e_2}) \qquad (13\text{-}28)$$

Observación: signo — para cargas capacitivas

$$= (230 \times 0{,}6 + 4{,}35) + j(230 \times 0{,}8 - 13{,}05)$$
$$= (138 + 4{,}35) + j(184 - 13{,}05) = 142{,}35 + j170{,}85 = \mathbf{222{,}2\ V}$$

d. 1. *VR* para un factor de potencia unidad

$$VR = \frac{E_2 - V_2}{V_2} \times 100 = \frac{234{,}5 - 230}{230} \times 100 = \mathbf{1{,}956\%} \qquad (3\text{-}9a)$$

2. *VR* para un factor de potencia inductivo de 0,8

$$VR = \frac{E_2 - V_2}{V_2} \times 100 = \frac{241{,}8 - 230}{230} \times 100 = \mathbf{5{,}13\%} \qquad (3\text{-}9a)$$

3. *VR* para un factor de potencia capacitivo de 0,6

$$VR = \frac{E_2 - V_2}{V_2} \times 100 = \frac{222{,}2 - 230}{230} \times 100 = \mathbf{-3{,}39\%} \qquad (3\text{-}9a)$$

e. Un transformador cargado a la corriente nominal con una carga con factor de potencia unitario tiene un pequeño (bajo) porcentaje de regulación. E_2 es ligeramente mayor que V_2 y adelanta a V_2 en un pequeño ángulo positivo como muestra el ejemplo 13-11a y la fig. 13-8a.
Un transformador cargado a la corriente nominal con una carga en retraso tiene un porcentaje de regulación más elevado que cuando la carga tiene un factor de potencia unidad. E_2 supera a V_2 más que en el caso de un factor de potencia unidad, y adelanta a V_2 en un ángulo positivo relativamente pequeño, como muestra la fig. 13-8b.
Un transformador cargado a la corriente nominal con una carga en adelanto puede tener una regulación menor, cercana al cero por ciento o incluso negativa como en el caso del ejemplo 13-11d3 anterior. La regulación menor o negativa es debida a que E_2 puede ser menor que V_2, como muestra la fig. 13-8c.

El ejemplo 13-11 muestra que la regulación de un transformador puede mejorarse mediante una corriente de carga, I_2, en adelanto, en relación con la tensión en bornes del secundario, V_2. Una corriente en adelanto (capacitiva), de este tipo tiende a compensar las caídas de tensión inductivas internas del transformador debidas a las reactancias inductivas primaria y secundaria.

13-6. Regulación de tensión a partir del ensayo de cortocircuito. El circuito equivalente simplificado referido al primario, obtenido en la fig. 13-6c, puede verse de nuevo en la fig. 13-9a. Si el secundario de baja tensión de un transformador se pone en cortocircuito,* *tanto* V_2, la tensión en bornes del secundario, *como* Z_L, la carga secundaria son cero. El circuito equivalente para este transformador, con el secundario cortocircuitado, puede verse en la figura 13-9b. Las consecuencias de la fig. 13-9b son claras. Si el secundario de un transformador está cortocircuitado, sólo queda cargado con las resistencias y reactancias internas del primario y del secundario. En consecuencia, la corriente I_1 absorbida de V_1 está determinada únicamente por la impedancia interna, Z_{e1}, por lo que $I_1 = V_1/Z_{e_1}$.

La figura 13-9 también hace posible otra comparación útil. Un transformador cargado normalmente, como el que muestra la fig. 13-9a, tiene una caída de tensión interna pequeña, I_1Z_{e1}, en comparación con αV_2, la tensión en bornes de la carga. La mayor parte de la tensión de V_1 en la fig. 13-9a se apli-

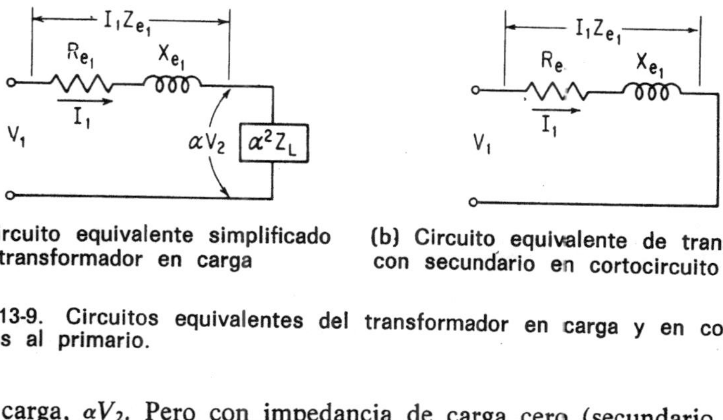

(a) Circuito equivalente simplificado para transformador en carga

(b) Circuito equivalente de transformador con secundario en cortocircuito

Figura 13-9. Circuitos equivalentes del transformador en carga y en cortocircuito, referidos al primario.

ca a la carga, αV_2. Pero con impedancia de carga cero (secundario cortocircuitado) toda la tensión V_1 se aplica a la impedancia interna, I_1Z_{e1}, como muestra la fig. 13-9b. Así pues, cuando un transformador está cortocircuitado

$$V_1 = I_1 Z_{e_1} \tag{13-29}$$

* El lado de baja tensión se pone en cortocircuito porque el arrollamiento tiene 1) un valor nominal de la tensión en bornes menor, y 2) un valor nominal de la intensidad mayor. Aunque puede cortocircuitarse cualquiera de los dos lados, suele hacerse en el lado de baja tensión por estas razones.

de la cual

$$Z_{e_1} = \frac{V_1}{I_1} \tag{13-30}$$

y por tanto

$$R_{e_1} = \frac{V_1 \cos\theta}{I_1} = \frac{V_1 I_1 \cos\theta}{I_1^2} \tag{13-31}$$

y

$$X_{e_1} = \frac{V_1 \operatorname{sen}\theta}{I_1} = \frac{V_1 I_1 \operatorname{sen}\theta}{I_1^2} \tag{13-32}$$

Las expresiones (13-30) a (13-32) indican claramente que las medidas de la tensión, la intensidad y la potencia de un primario, cuando el transformador está cortocircuitado, pueden proporcionarnos los valores de los parámetros R_{e1}, Z_{e1} y X_{e1}.

La figura 13-10 muestra una disposición típica de instrumentos y dispositivos para obtener los datos del *ensayo de cortocircuito* de un transformador dado. El procedimiento es el siguiente:

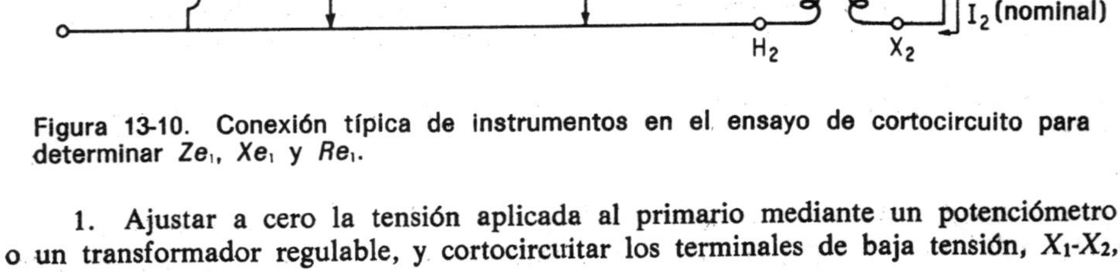

Figura 13-10. Conexión típica de instrumentos en el ensayo de cortocircuito para determinar Ze_1, Xe_1 y Re_1.

1. Ajustar a cero la tensión aplicada al primario mediante un potenciómetro o un transformador regulable, y cortocircuitar los terminales de baja tensión, X_1-X_2, del transformador.

2. Aumentar lenta y cuidadosamente la tensión mediante el potenciómetro transformador regulable hasta que el amperímetro señale la *intensidad nominal del primario*. (La intensidad nominal del primario se determina a partir de la potencia nominal del transformador en voltamperios dividida por la tensión nominal del lado de alta tensión, VA/V_a).

3. Anotar los valores de la potencia, P_{sc}; tensión de cortocircuito, V_{sc}, y la intensidad en el primario, $I_{sc} = I_1$ (nominal).

4. Calcular Z_{e1} como relación de lecturas de voltímetro y amperímetro:

$$Z_{e_1} = \frac{V_{sc}}{I_{sc}} = \frac{\text{lectura del voltímetro}}{\text{lectura del amperímetro}}$$

5. Calcular R_{e1} como cociente entre la lectura del watímetro y el cuadrado de la lectura del amperímetro:

$$R_{e_1} = \frac{P_{sc}}{I_{sc}^2} = \frac{\text{lectura del watímetro}}{(\text{lectura del amperímetro})^2}$$

6. Calcular X_{e1} a partir de Z_{e1} y de R_{e1} obtenidas en las etapas 4 y 5 anteriores, usando:

a. $X_{e_1} = \sqrt{Z_{e_1}^2 - R_{e_1}^2}$ o
b. $\theta = \text{arc cos}\,(R_{e_1}/Z_{e_1})$
$X_{e_1} = Z_{e_1} \operatorname{sen} \theta$

Los datos y cálculos del ensayo de cortocircuito, así como su aplicación para la regulación del transformador, están ilustrados en el ejemplo 13-12.

EJEMPLO 13-12. Un transformador reductor de 2300/230 V, 20 kVa está conectado como muestra la fig. 13-10, con el lado de baja tensión cortocircuitado. Los datos de cortocircuito obtenidos para el lado de alta tensión son:

lectura del watímetro = 250 W
lectura del voltímetro = 50 V
lectura del amperímetro = 8,7 A

Calcular:
a. la impedancia, reactancia y resistencia equivalentes referidas al lado de alta tensión
b. la impedancia, reactancia y resistencia equivalentes referidas al lado de baja tensión
c. la regulación de tensión para un factor de potencia unidad
d. la regulación de tensión para un factor de potencia inductivo de 0,7.

Solución:

a. $$Z_{e_1} = \frac{V_{sc}}{I_{sc}} = \frac{50\ \text{V}}{8{,}7\ \text{A}} = \mathbf{5{,}75\ \Omega} \qquad (13\text{-}30)$$

$$R_{e_1} = \frac{P_{sc}}{(I_{sc})^2} = \frac{250}{(8{,}7)^2} = \mathbf{3{,}3\ \Omega} \qquad (13\text{-}31)$$

para X_{e_1}, $\theta = \text{arc cos}\,\frac{R_{e_1}}{Z_{e_1}} = \text{arc cos}\,\frac{3{,}3}{5{,}75} = \mathbf{55°}$

$$X_{e_1} = Z_{e_1} \operatorname{sen} \theta = 5{,}75 \operatorname{sen} 55° = \mathbf{4{,}71\ \Omega} \qquad (13\text{-}32)$$

b. $$Z_{e_2} = \frac{Z_{e_1}}{\alpha^2} = \frac{5{,}75\ \Omega}{10^2} = \mathbf{0{,}0575\ \Omega} \qquad (13\text{-}13)$$

$$R_{e_2} = \frac{R_{e_1}}{\alpha^2} = \frac{3{,}3\ \Omega}{10^2} = \mathbf{0{,}033\ \Omega}$$

$$X_{e_2} = \frac{X_{e_1}}{\alpha^2} = \frac{4{,}71\ \Omega}{10^2} = \mathbf{0{,}0471\ \Omega}$$

c. corriente de carga nominal en el secundario,

$$I_2 = \frac{\text{kVA} \times 1000}{V_2} = \frac{20 \times 10^3}{230\ \text{V}} = \mathbf{87\ A} \tag{13-9}$$

$$I_2 R_{e_2} = 87\ \text{A} \times 0{,}033\ \Omega = \mathbf{2{,}87\ V}$$

$$I_2 X_{e_2} = 87\ \text{A} \times 0{,}0471\ \Omega = \mathbf{4{,}1\ V}$$

La fem inducida en el secundario a plena carga para un factor de potencia unidad es

$$\begin{aligned} E_2 &= (V_2 \cos\theta_2 + I_2 R_{e_2}) + j(V_2 \operatorname{sen}\theta_2 + I_2 X_{e_2}) \quad (13\text{-}28)\\ &= (230 \times 1 + 2{,}87) + j(0 + 4{,}1)\\ &= 232{,}87 + j4{,}1 = \mathbf{232{,}9\ V} \end{aligned}$$

La VR (regulación de tensión) para un factor de potencia unidad es

$$\begin{aligned} &\frac{E_2 - V_2}{V_2} \times 100\\ &= \frac{232{,}9 - 230}{230} \times 100 = \frac{2{,}9}{230} \times 100 = \mathbf{1{,}26\%} \end{aligned}$$

d. Fem inducida en el secundario a plena carga para un factor de potencia inductivo en retraso de 0,7

$$\begin{aligned} E_2 &= (V_2 \cos\theta_2 + I_2 R_{e_2}) + j(V_2 \operatorname{sen}\theta_2 + I_2 X_{e_2}) \quad (13\text{-}28)\\ &= (230 \times 0{,}7 + 2{,}87) + j(230 \times 0{,}713 + 4{,}1)\\ &= (161 + 2{,}87) + j(164 + 4{,}1) = 163{,}9 + j168{,}1 = \mathbf{235\ V} \end{aligned}$$

VR para un factor de potencia inductivo de 0,7 es

$$\frac{E_2 - V_2}{V_2} = \frac{235 - 230}{230} = \mathbf{2{,}175\%} \tag{3-9a}$$

13.7. Hipótesis inherentes en el ensayo de cortocircuito. El watímetro de la fig. 13-10 registra esencialmente las pérdidas en el cobre (resistencia) del primario y del secundario, referidas al lado de alta tensión (primario), como expresa (13-31). Podría parecer que el watímetro de la fig. 13-10 proporciona una lectura de la potencia algo superior, ya que la fuente de alimentación de c.a. debe también alimentar las pérdidas en el núcleo o hierro del transformador. Por tanto una lectura superior daría lugar a un valor más elevado de R_{e1} de (13-31).

Sin embargo, realmente, como muestra el ejemplo 13-12, la tensión aplicada al lado de alta del transformador durante el ensayo de cortocircuito sólo es una pequeña fracción de la tensión nominal del lado de alta. La densidad de flujo, como muestra (13-10) varía directamente con la tensión (50/2300). Las pérdidas en el hierro, como muestra el ejemplo 13-5, varían aproximadamente con el cuadrado de la densidad de flujo o con el cuadrado de la tensión aplicada al primario. A tensión y frecuencia nominales, las pérdidas en el hierro de un transformador no son despreciables. Pero en el caso del ensayo de cortocircuito, la tensión aplicada al primario es sólo una pequeña fracción de la tensión nominal en el lado de alta. En estas condiciones, las pérdidas en el hierro, que varían con el cuadrado de la tensión, pueden considerarse despreciables como muestra el ejemplo 13-13.

EJEMPLO 13-13. Calcular la fracción de las pérdidas en el hierro a tensión nominal que se medirían con el watímetro en el ejemplo 13-12.

Solución:

Sea P_h las pérdidas nominales en el hierro debidas a la histéresis y a las corrientes parásitas, a la tensión nominal. Como P_h es proporcional a V_1^2, las pérdidas en el hierro en las condiciones de ensayo de cortocircuito son

$$P_{h(sc)} = \left(\frac{V_{1sc}}{V_{1\text{nominal}}}\right)^2 \times P_h = \left(\frac{50}{2300}\right)^2 \times P_h = (0{,}02175)^2 \times P_h$$

$$= \mathbf{0{,}000474}\,P_h$$

Obsérvese en el ejemplo 13-13 que las pérdidas en el hierro para un transformador de potencia son verdaderamente despreciables, para las tensiones extremadamente reducidas en el lado de alta durante el ensayo de cortocircuito. Esto es cierto para la mayoría de transformadores de potencia con la posible excepción de los transformadores extremadamente pequeños o de los de alta frecuencia de núcleo de hierro. Las pérdidas en el hierro, por tanto, pueden despreciarse en la mayoría de condiciones de ensayo de cortocircuito. (Obsérvese que las pérdidas en el hierro *no pueden* despreciarse en el ensayo de cortocircuito a rotor bloqueado del motor de inducción descrito en el apartado 12-13, último párrafo, precisamente porque la relación entre las tensiones de entrada y nominal es relativamente alta.)

13-8. Rendimiento del transformador a partir de los ensayos de vacío y de cortocircuito. Las pérdidas en el hierro a la tensión nominal o de funcionamiento, como consecuencia de lo anterior, sólo pueden obtenerse excitando uno cualquiera de los devanados del transformador a su tensión nominal. Como la mayoría de transformadores de potencia de transporte y de distribución tienen uno o más arrollamientos de muy alta tensión, lo más corriente y seguro para realizar el ensayo de vacío para determinar las pérdidas en el hierro consiste en trabajar sobre el arrollamiento correspondiente a la *tensión más baja.* Las conexiones típicas pueden verse en la fig. 13-11 para un transformador de dos

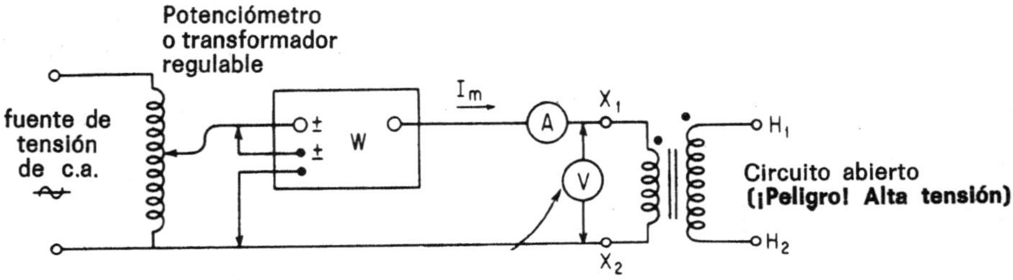

Figura 13-11. Conexión típica de instrumentos en el ensayo de vacío para la determinación de las pérdidas en el hierro.

devanados, con la tensión nominal aplicada a los terminales de baja tensión, $X_1 = X_2$, y los terminales de alta tensión $H_1 = H_2$, abiertos. Como se aplica la tensión nominal al lado de baja tensión, la tensión nominal aparecerá también en los terminales del lado de alta tensión. Deben tomarse precauciones para ver que estos terminales a alta tensión estén adecuadamente aislados entre sí y del personal (véase fig. 13-11).

La finalidad principal cuando se realiza el ensayo en circuito abierto es medir las pérdidas en el hierro a tensión nominal. El procedimiento para la realización del ensayo en vacío es como sigue:

1. Variar el potenciómetro o el transformador regulable desde cero hasta la tensión nominal correspondiente al arrollamiento particular.
2. Anotar la potencia en vacío, P_{oc}, a tensión nominal, V_n, y la corriente magnetizante, I_m, que se hayan medido en el watímetro, voltímetro y amperímetro, respectivamente.
3. Calcular las pérdidas en el hierro a partir de $P_h = P_{oc} - I_m^2 R_x$, donde R_x es la resistencia del arrollamiento de baja tensión seleccionado.

Debido a que el transformador está en vacío, la corriente de vacío es relativamente pequeña, así como la resistencia del arrollamiento particular de baja tensión sobre el cual se ha realizado el ensayo. En la mayoría de casos, por tanto, se acostumbra a tomar la lectura del watímetro como valor de pérdidas en el hierro sin restarle las pequeñas pérdidas en el cobre en el arrollamiento debidas a la corriente magnetizante (véase ejemplo 13-14).

Además de la regulación de tensión, es posible usar los datos de los ensayos en circuito abierto y en cortocircuito para calcular el rendimiento de un transformador. Debe hacerse notar que ambos ensayos emplean técnicas *convencionales* en lugar de la carga directa. (Las ventajas, tal como se ha indicado anteriormente en el apartado 12-4, de las técnicas de ensayo convencionales son que se necesitan pequeñas cantidades de potencia para realizar los ensayos, y a menudo no se tienen grandes cargas disponibles para el ensayo de los grandes transformadores.) Un transformador, cuyo secundario esté en vacío, consume sólo la potencia para sus pérdidas en el hierro, menos del uno por ciento de su potencia nominal. La potencia consumida durante el ensayo de cortocircuito, de manera parecida, es muy pequeña, ya que la potencia de entrada es esencialmente la correspondiente a las pérdidas nominales en el cobre del transformador, las cuales, asimismo, son menores del uno por ciento de su potencia nominal.

Las expresiones (12-1) y (12-2) desarrolladas en el capítulo anterior para las máquinas eléctricas se aplican igualmente al transformador cuyo rendimiento para cualquier valor de la carga es

[redacted]

Obsérvese que el numerador anterior representa la potencia útil transferida del primario al secundario y a la carga. El término entre paréntesis en el denominador representa las pérdidas que tienen lugar durante esta transferencia. Las pérdidas son de dos tipos 1) unas pérdidas *fijas,* las pérdidas en el hierro, y 2) las pérdidas *variables,* las pérdidas en el cobre, referidas al secundario. Debe hacerse notar que el único término fijo de (13-33) es el de las pérdidas en el hierro. El término de la potencia útil y el de las pérdidas equivalentes en el cobre son *ambos* funciones de I_2, la corriente de carga del secundario.

Cómo se ha establecido para el rendimiento de las dínamos en (12-6), el rendimiento máximo tiene lugar cuando las pérdidas fijas y las variables son iguales, o sea

$$I_2^2 R_{e_2} = P_h \quad \text{para rendimiento máximo} \tag{13-34}$$

donde P_h son las pérdidas en el hierro; pérdidas fijas determinadas a partir del ensayo de vacío.

El valor de la intensidad de carga del secundario para el que se consigue el rendimiento máximo es

$$I_2 = \sqrt{P_h/R_{e_2}} \quad \text{para rendimiento máximo} \tag{13-35}$$

Además debe hacerse notar que el factor de potencia de la carga, cos θ_2, determina la magnitud del término de potencia útil en (13-33). Para el mismo valor de la intensidad nominal de carga, I_2, una reducción del factor de potencia va acompañado de una reducción correspondiente de rendimiento (véase figura 13-12). Finalmente, como en el caso de cualquier máquina eléctrica y de otro tipo, la curva de rendimiento de un transformador sigue la misma forma general fijada por (13-33). Para cargas relativamente pequeñas, las pérdidas fijas son elevadas en relación con la potencia de salida, y el rendimiento es bajo. Con cargas fuertes (salida mayor que la nominal), las pérdidas variables (en el cobre) son elevadas en proporción a la salida y el rendimiento es de nuevo bajo. Desde luego, el rendimiento máximo tiene lugar a un valor de la carga tal que en él las pérdidas fijas (en el hierro) son iguales a las pérdidas variables (en el cobre), tal como se ha resumido en (13-34) y (13-35). La curva de rendimiento, por consiguiente, crece desde cero (salida cero, en vacío) hasta un máximo, a un valor comprendido entre la mitad y la plena carga nominal, y disminuye luego de nuevo para cargas superiores (superiores a la nominal).

Los siguientes ejemplos resumen el uso de los datos de los ensayos de cortocircuito y de vacío para calcular el rendimiento a distintos valores de carga, y la carga a la cual tiene lugar el rendimiento máximo para el transformador particular que se ensaye. Obsérvese en el ejemplo 13-14 que el método convencional empleado requiere sólo una pequeña fracción de los kVA nominales del transformador (aproximadamente 1,6 % para el ensayo de cortocircuito e incluso menos para el ensayo de vacío) para el cálculo de rendimientos.

EJEMPLO 13-14. Un transformador de distribución de 2300/208 V, 500 kVA, 60 Hz se ha terminado de construir. Antes de ponerlo en servicio como transformador reductor, se comprueba mediante los ensayos de circuito abierto y de cortocircuito, para calcular su rendimiento y regulación. Los datos de los ensayos obtenidos son

Ensayo de vacío	$V_l = 208$ V,	$I_l = 85$ A,	$P_{oc} = 1800$ W
Ensayo de cortocircuito	$V_h = 95$ V,	$I_h = 217{,}5$ A,	$P_{sc} = 8{,}2$ kW

A partir de los datos anteriores, calcular

a. la resistencia equivalente referida al lado de baja
b. la resistencia de, únicamente, el devanado de baja
c. pérdidas en el cobre del transformador en el devanado de la parte de baja durante el ensayo en cortocircuito
d. pérdidas en el hierro del transformador cuando se aplica la tensión nominal
e. ¿puede tomarse la P_{oc} obtenida en el ensayo de vacío como pérdidas en el hierro? Explicarlo.

Solución:

a. Del ensayo de cortocircuito.

$$R_{eh} = \frac{P_{sc}}{(I_h)^2} = \frac{8{,}2 \times 10^3}{(2{,}175 \times 10^2)^2} = 0{,}173\ \Omega \qquad (13\text{-}31)$$

$$R_{el} = \frac{R_{eh}}{\alpha^2} = \frac{0{,}173\ \Omega}{(2300/208)^2} = \frac{0{,}173\ \Omega}{(11{,}05)^2} = \mathbf{0{,}001417\ \Omega}$$

b. Resistencia en el devanado de baja tensión, únicamente (véase ejemplo 13-10)

$$= \frac{R_{el}}{2} = \frac{0{,}001417\ \Omega}{2} = \mathbf{7{,}1 \times 10^{-4}\ \Omega}$$

c. $I_m^2 R_l = 85^2 \times 7{,}1 \times 10^{-4} = \mathbf{5{,}125\ W}$

d. $P_{\text{hierro}} = P_{oc} - I_m^2 R_l = 1800 - 5{,}125 = \mathbf{1794{,}9\ W}$

e. **Sí,** la potencia obtenida en el ensayo de vacío puede tomarse como valor de las pérdidas en el hierro. El error es aproximadamente 5/1800=0,00278 o 0,278 %. Esto cae dentro de los límites de error de los instrumentos usados en el ensayo. Por tanto, podemos suponer que las pérdidas en el hierro son **1800 W.**

EJEMPLO 13-15. Usando los datos del ejemplo 13-14, calcular

a. el rendimiento del transformador cuando el secundario está cargado con una resistencia pura (factor de potencia unidad) a $\frac{1}{4}$, $\frac{1}{2}$, $\frac{3}{4}$, carga nominal y $\frac{5}{4}$ de la carga nominal. Tabular todas las pérdidas, la salida y la entrada en función de la carga.
b. repetir (a) para las mismas condiciones de carga pero para un factor de potencia inductivo de 0,8
c. la intensidad de carga para la cual tiene lugar el rendimiento máximo, independientemente del factor de potencia
d. la fracción de la carga para la cual tiene lugar el rendimiento máximo
e. el rendimiento máximo para un factor de potencia unidad.

Solución:

Datos preliminares

Pérdidas en el hierro=pérdidas fijas=1800 W, a partir de los datos del ensayo de vacío dado en el ejemplo 13-14.

Pérdidas en el cobre a carga nominal=pérdidas variables=8200 W de los datos del ensayo de cortocircuito.

Salida a plena carga=kVA cos θ_2=**500 kVA×1**=500 kW, de la potencia nominal del transformador.

a. Tabulación para un factor de potencia **unidad**

FRACCIÓN DE LA CARGA (DE LA CARGA (NOMINAL)	PÉRDIDAS EN EL HIERRO	PÉRDIDAS EN EL COBRE	PÉRDIDAS TOTALES	SALIDA TOTAL	ENTRADA TOTAL	RENDIMIENTO
					(SALIDA PÉRDIDAS)	SALIDA ENTRADA
	vatios	vatios	vatios	vatios	vatios	por ciento %
1/4	1800	512	2312	125 000	127 312	98,25
1/2	1800	2050	3850	250 000	253 850	98,47
3/4	1800	4610	6410	375 000	381 410	98,25
1	1800	8200	10 000	500 000	510 000	98,1
5/4	1800	12 800	14 600	625 000	639 600	97,8

b. Tabulación para un **factor de potencia inductivo de 0,8**

1/4	1800	512	2312	100 000	102 312	97,7
1/2	1800	2050	3850	200 000	203 850	98,25
3/4	1800	4610	6410	300 000	306 410	97,9
1	1800	8200	10 000	400 000	410 000	97,6
5/4	1800	12 800	14 600	500 000	514 600	97,25

c. Del ejemplo 13-14a, $R_{el}=0{,}001417\ \Omega$

$$I_2 = \sqrt{\frac{P_h}{R_{e_2}}} = \sqrt{\frac{1800}{1{,}417 \times 10^{-3}}} = (1{,}27 \times 10^6)^{1/2} = \mathbf{1125\ A}$$

d. corriente nominal en el secundario, $I_2 = \dfrac{500\ \text{kVA} \times 1000}{280\ \text{V}} = 2400\ \text{A}$

fracción de carga $= \dfrac{1125\ \text{A}}{2400\ \text{A}} = \mathbf{0{,}47}$

e. Rendimiento $= \dfrac{V_2 I_2 \cos\theta_2}{V_2 I_2 \cos\theta_2 + (P_c) + (I_2^2 R_{e_2})}$

$$\eta = \frac{208 \times 1125 \times 1}{208 \times 1125 \times 1 + 2(1800)}$$

$$\eta = \frac{234\,000}{234\,000 + 3600} = \frac{234\,000}{237\,600} = \mathbf{98{,}48\,\%}$$

Pueden deducirse algunas conclusiones importantes de los ejemplos 13-14 y 13-15, en lo referente al rendimiento del transformador. Son

1. *En vacío,* aplicando la tensión nominal a uno de los arrollamientos de baja tensión, la potencia absorbida P_{oc} es esencialmente debida a las pérdidas en el hierro. Pueden despreciarse las pequeñas pérdidas en el cobre en vacío.

2. Aunque el rendimiento es cero en vacío ($I_2=0$, y la salida $V_2 I_2 \cos\theta_2=0$), aumenta rápidamente con la aplicación de pequeñas cargas en el secundario. Como muestra la fig. 13-12 y los ejemplos 13-15a y b, el rendimiento es superior al 97 % a 1/4 de la carga nominal.

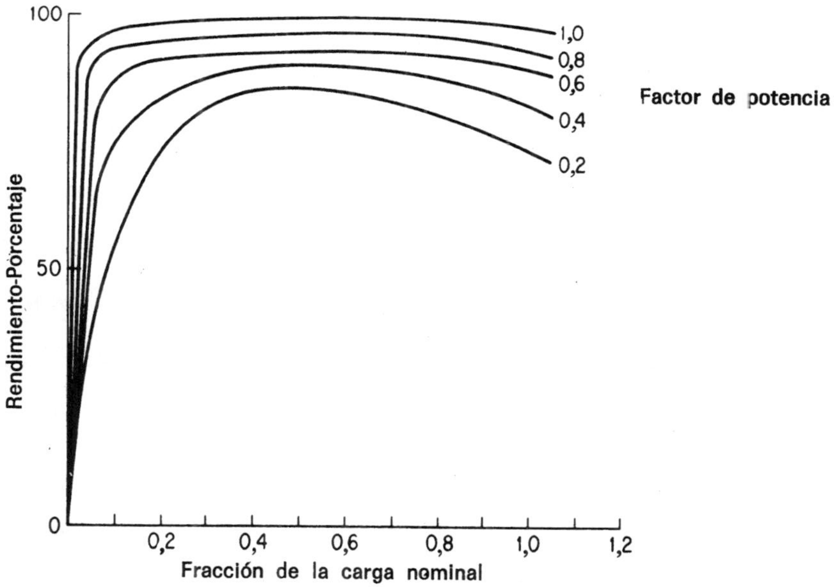

Figura 13-12. Rendimiento del transformador en función del factor de potencia de la carga.

3. El rendimiento máximo ocurre aproximadamente a la mitad de carga, como muestra el ejemplo 13-15d. Ajustando el rendimiento máximo a este valor de carga se consigue que el transformador mantenga un rendimiento suficientemente elevado para cargas pequeñas inferiores a este valor y para cargas mayores superiores a este valor. El transformador, así, mantiene su elevado rendimiento sobre un ancho espectro de valores de carga, como muestra la fig. 13-12.

4. Para el mismo valor de corriente de carga, el efecto de los valores decrecientes del factor de potencia es una pequeña reducción en el rendimiento, como muestra la familia de curvas de la fig. 13-12. Obsérvese de las curvas y de las tablas (última columna) del ejemplo 13-15a y b, que para cada valor de carga el rendimiento es mayor para los factores de potencia mayores.

5. La carga a la cual tiene lugar el rendimiento máximo, sin embargo, para cada curva de las familias que muestra la fig. 13-12, permanece *igual* debido a que las pérdidas en el hierro y las pérdidas variables en el cobre ($I_2^2 R_{e2}$) son *independientes* del factor de potencia. Como en el caso (4) anterior, el rendimiento máximo es más bajo para este punto de carga para factores de potencia inferiores.

6. Los rendimientos de los transformadores son algo mayores que los de las máquinas eléctricas *rotativas,* para la misma capacidad en kVA, debido a que estas últimas poseen pérdidas adicionales tales como pérdidas mecánicas y pérdidas por corrientes parásitas. Así, un transformador bien proyectado siempre tiene mayor rendimiento que la máquina rotativa conectada como carga secundaria.

13-9. Rendimiento diario total. Además de calcular la regulación y el rendimiento, los ensayos de vacío y de cortocircuito proporcionan los datos útiles para calcular el *rendimiento diario total* de los transformadores de transporte y distribución en los que por definición, **rendimiento diario total**=(*energía total suministrada* por un transformador a una carga)/(*energía total de entrada* recibida por el transformador), para un período de 24 horas.

Estableciéndolo en forma de ecuación, el rendimiento diario se expresa como

[redacted]

donde W_{01}, W_{02}, W_{03}, etc., son las *energías* individuales absorbidas del transformador por la carga conectada durante el período de 24 horas al transformador. $W_{\text{perd (total)}}$ es la suma de las pérdidas de *energía* en el hierro (fijas) y de la carga en el cobre (variables) durante el período de 24 horas.

Obsérvese que las pérdidas de energía durante un período de 24 horas, $W_{\text{perd (total)}}$, constan de unas pérdidas en el hierro fijas para las 24 horas (ya que el transformador está siempre con tensión) más unas pérdidas de energía variables en el cobre que varían directamente con la fluctuación de carga durante las 24 horas del período, como muestra el ejemplo 13-16 siguiente. Obsérvese también que (13-36) es un cociente de energías en lugar de potencias, tal como muestra el ejemplo 13-16.

EJEMPLO 13-16. Se espera que el transformador de distribución del ej. 13-14 de 500 kVA tenga las siguientes demandas de cargas durante un período de 24 horas:

sin carga, 2 horas
20 % de la carga nominal, con un factor de potencia de 0,7, durante 4 horas
40 % de la carga nominal, con un factor de potencia de 0,8, durante 4 horas
80 % de la carga nominal, con un factor de potencia de 0,9, durante 6 horas
carga nominal, con un factor de potencia unidad, durante 6 horas
125 % de la carga nominal, con un factor de potencia de 0,85, durante 2 horas

Suponiendo constante la tensión de entrada (y constantes las pérdidas en el hierro), calcular:

a. las pérdidas en el hierro durante el período de 24 horas
b. las pérdidas totales de energía durante las 24 horas
c. la salida total de energía durante las 24 horas
d. el rendimiento diario total.

Solución:

a. $W_c = P_c t = \dfrac{1800 \text{ W} \times 24 \text{ horas}}{10^3 \text{ W/kW}} = \mathbf{43{,}2\ kWh}$ = pérdidas de energía totales en el hierro durante 24 horas, incluyendo las 2 horas sin carga.

b. Del ensayo de cortocircuito, las pérdidas en el cobre a carga nominal = 8,2 kW, y las distintas pérdidas de energía durante el período de 24 horas están tabuladas como,

% CARGA NOMINAL	POTENCIA PERDIDA kW	PERÍODO DE TIEMPO h	ENERGÍA PERDIDA kWh
20	$(0{,}2)^2 \times 8{,}2$	4	1,31
40	$(0{,}4)^2 \times 8{,}2$	4	5,25
80	$(0{,}8)^2 \times 8{,}2$	6	31,50
100	8,2	6	49,20
125	$(1.25)^2 \times 8{,}2$	2	25,62

Energía total suministrada por carga para 24 h = **112,88**
(excluyendo 2 h sin carga)

c. La energía total suministrada durante las 24 horas del período está tabulada como

% CARGA NOMINAL	PF	kVA cos θ	kW	PERÍODO DE TIEMPO h	W_{sal}, ENERGÍA SUMINISTRADA kWh
20	0,7	$0{,}2 \times 500 \times 0{,}7$	140	4	560
40	0,8	$0{,}4 \times 500 \times 0{,}8$	160	4	640
80	0,9	$0{,}8 \times 500 \times 0{,}9$	360	6	2160
100	1,0	500×1	500	6	3000
125	0,85	$1{,}25 \times 500 \times 0{,}85$	531	2	1062

Energía total perdida durante el período de 24 horas = **7422**
(excluyendo 2 h sin carga)

d. El rendimiento diario $= \dfrac{W_{sal\ (total)}}{W_{sal\ (total)} + W_{perd\,(total)}}$

$$= \frac{7422 \text{ kWh}}{7422 + 43{,}2 + 112{,}88 \text{ kWh}}$$

$$= \frac{7422 \text{ kWh}}{7578{,}1 \text{ kWh}} = \mathbf{98}\% \qquad (13\text{-}36)$$

Obsérvese que a pesar de la variación de la carga y las condiciones del factor de potencia, el rendimiento energético global del transformador de distribución durante el período de 24 horas es relativamente elevado. Esto podía preverse a la vista de las curvas de la fig. 13-12 las cuales muestran un rendimiento relativamente elevado para una amplia variación de carga para factores de potencia relativamente elevados. Sólo la falta total de uso o el funcionamiento a factores de potencia extremadamente bajos harán que el rendimiento diario total sea bajo para los transformadores de distribución, en la práctica.

13-10. Identificación de fases y polaridad de los arrollamientos de un transformador. Además de los ensayos de vacío y de cortocircuito usados para determinar la regulación, el rendimiento y el rendimiento diario de los transformadores comerciales, se suelen realizar otros ensayos antes de poner un transformador en servicio. Dos de tales ensayos tratan de la *identificación de fases* y la *polaridad,* respectivamente, del transformador construido. La *identificación de fases* es el proceso mediante el cual se identifican los terminales individuales que constituyen los devanados de cada una de las bobinas del transformador. El ensayo de polaridad se realiza de manera que los terminales individuales de los devanados de bobinas independientes de un transformador puedan ser marcados o codificados de manera que se identifiquen los terminales que tengan igual polaridad relativa instantánea. Consideraremos, primero, la polaridad, y luego las técnicas de *identificación de fases.*

La figura 13-13 muestra un transformador de varias bobinas con dos arrollamientos de alta tensión y dos arrollamientos de baja tensión. Las bobinas de alta tensión (que tienen muchas espiras) están codificadas con la letra «H» para designar sus terminales. Los terminales de baja tensión, como se ve en la figura 13-13 están designados por la letra «X».

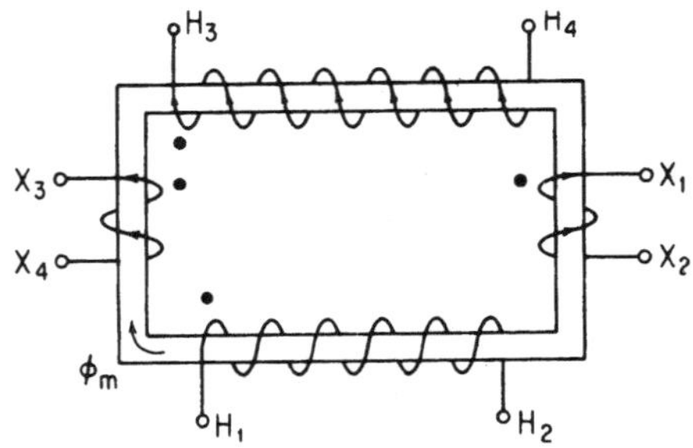

Figura 13-13. Determinación de la polaridad de los transformadores usando la convención de puntos.

Como muestra la fig. 13-13, la polaridad instantánea se codifica mediante un subíndice. En el código particular que muestra la figura se usa un subíndice número *impar* para designar la polaridad instantánea *positiva* de cada arrollamiento. Obsérvese que el subíndice de número impar se corresponde también con el punto que representa la *fem inducida positiva* en cada arrollamiento, como muestra la fig. 13-13. Así, en el caso de que las bobinas deban conectarse ya sea en paralelo o en serie para obtener distintas relaciones de tensión, puede hacerse adecuadamente la conexión teniendo en cuenta las polaridades instantáneas. El lector comprobará por sí mismo la manera cómo se asigna un punto (o un número impar) a los arrollamientos de la fig. 13-13. Supóngase que el primario H_1-H_2 esté en tensión y que H_1 esté conectado en un instante dado al terminal positivo de la alimentación. El flujo mutuo, ϕ_m, en el núcleo, tiene en este instante el sentido de las agujas del reloj, indicado. De acuerdo con la ley de Lenz, las fem inducidas en los restantes devanados tienen el sentido que se ve. Otro método para comprobar la convención de puntos de la fig. 13-13 consiste en comparar la manera cómo están devanadas las bobinas sobre el núcleo. Las bobinas H_1-H_2 y X_3-X_4 están devanadas en el mismo sentido, por tanto el punto está en el terminal izquierdo. Las bobinas X_1-X_2 y H_3-H_4 están devanadas en igual sentido, que es opuesto al de H_1-H_2. Estas bobinas deben tener el punto en el terminal derecho para significar polaridad positiva y polaridad opuesta a H_1-H_2.

Desgraciadamente, es imposible examinar un transformador real y deducir el sentido en que están devanadas sus espiras, ya sea para identificar las fases o determinar la polaridad relativa de los terminales de las bobinas. Un transformador con varios devanados puede tener como mínimo 5 o como máximo 50 conexiones, que llegan a la caja de terminales. Si fuera posible examinar los conductores desnudos de las bobinas, el diámetro de los hilos podría indicar qué conexiones o terminales están asociados con las bobinas de alta o con las de baja tensión. Las bobinas de baja tensión tendrán conductores de sección mayor que la de las bobinas de alta tensión. Las bobinas de alta tensión también pueden tener un aislamiento superior que las de baja tensión. Sin embargo, este examen físico no proporciona *ninguna indicación relativa* a la polaridad o desfase de las tomas de la bobina o de los terminales de la bobina asociados con las bobinas individuales que están aisladas entre sí.

13-10.1. *Identificación de fases del transformador.* La figura 13-14 muestra un transformador cuyos extremos de bobina han sido llevados hasta un bloque de terminales en el que (todavía) no se han identificado éstos en relación a su fase o polaridad. Un método simple para la identificación de fases de los arrollamientos del transformador puede verse en la fig. 13-14. Una lámpara de 115 V y una alimentación de 115 V de c.a. proporciona un medio para la identificación de la bobina. Si la parte de la carga de la lámpara está conectada al terminal H_1 como se muestra y la conexión de exploración se conecta al terminal X_4, la lámpara no se enciende. Moviendo la conexión de exploración de derecha a iz-

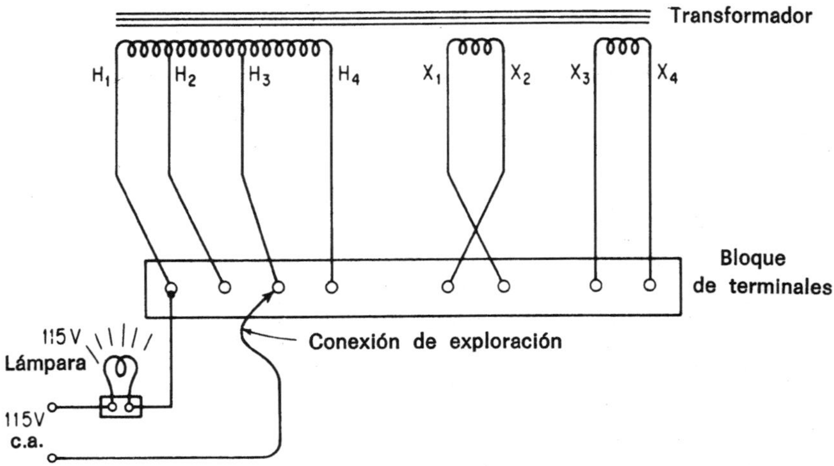

Figura 13-14. Ensayo de identificación de extremos y tomas de bobinas de transformador usando una lámpara como comprobador de continuidad. (También puede usarse un voltímetro de c.a. en lugar de la lámpara.)

quierda a lo largo del bloque de terminales no se produce indicación en la lámpara hasta que se alcanza el terminal H_4. La lámpara se enciende en los terminales H_4, H_3 y H_2, indicando que solamente los cuatro terminales de la parte izquierda forman parte de una única bobina. El brillo relativo de la lámpara también puede dar indicación de las tomas. (La lámpara brilla más cuando se cierra el circuito entre H_1-H_2 y menos cuando se cierra entre H_1-H_4.) Puede obtenerse una comprobación más sensible de la identificación de fases de las bobinas y tomas con un voltímetro de c.a. (1000 Ω/V) en lugar de la lámpara, utilizando la escala de 150 V del voltímetro. El voltímetro indicará la tensión de alimentación para cada toma de una bobina común puesto que su resistencia interna (150 kΩ) es mucho mayor que la resistencia del arrollamiento del transformador. Puede utilizarse un óhmetro electrónico o accionado por baterías para identificar las tomas mediante medidas de resistencia y también comprobar los devanados de las bobinas mediante la prueba de continuidad.

13-10.2. *Polaridad del transformador.* Después de haber identificado los extremos de las bobinas mediante los ensayos de identificación de fases anteriores, se determina la polaridad relativa instantánea según el método que muestra la fig. 13-15, usando un voltímetro de c.a. y una fuente de tensión de c.a. adecuada (de tensión nominal o inferior). El ensayo de polaridad consta de las siguientes etapas:

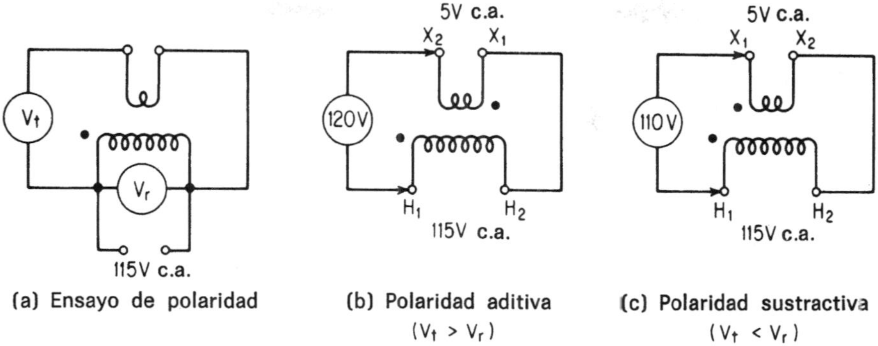

Figura 13-15. Ensayo de polaridad de devanados de un transformador, mostrando polaridad aditiva y sustractiva y designación de terminales.

13-11. Conexión de los arrollamientos del transformador en serie y en paralelo. Los ensayos de identificación de fases y de polaridad descritos en el apartado 13-10 son fundamentales al considerar las maneras en que los devanados de un único transformador con varios devanados o los de varios transformadores individuales pueden conectarse en serie o en paralelo, para obtener distintas tensiones. Consideremos primero el transformador de varios arrollamientos que muestra la fig. 13-13 que tiene una tensión nominal de 115 V para cada arrollamiento de alta tensión y 10 V para cada arrollamiento de baja tensión. Es posible obtener cuatro relaciones de tensión usando este transformador, como muestra la fig. 13-16. Estas combinaciones son:

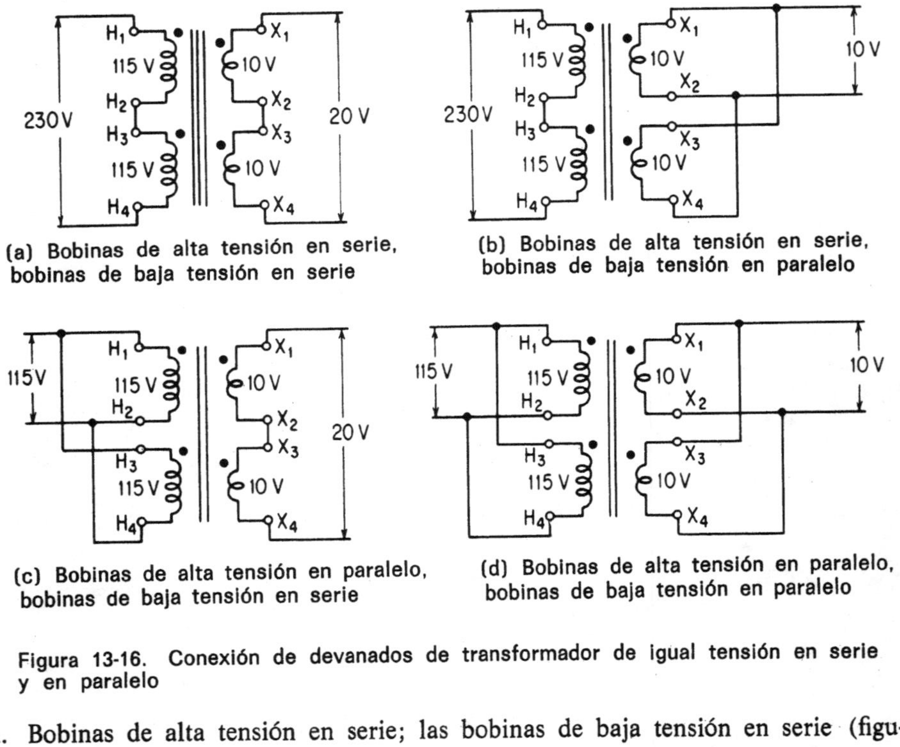

(a) Bobinas de alta tensión en serie, bobinas de baja tensión en serie

(b) Bobinas de alta tensión en serie, bobinas de baja tensión en paralelo

(c) Bobinas de alta tensión en paralelo, bobinas de baja tensión en serie

(d) Bobinas de alta tensión en paralelo, bobinas de baja tensión en paralelo

Figura 13-16. Conexión de devanados de transformador de igual tensión en serie y en paralelo

a. Bobinas de alta tensión en serie; las bobinas de baja tensión en serie (figura 13-16a).
b. Bobinas de alta tensión en serie; bobinas de baja tensión en paralelo (fig. 13-16b).
c. Bobinas de alta tensión en paralelo; bobinas de baja tensión en serie (figura 13-16c).
d. Bobinas de alta tensión en paralelo; bobinas de baja tensión en paralelo (fig. 13-16d).

Obsérvese que cuando las bobinas están conectadas en *paralelo,* las bobinas que tienen la MISMA *tensión* y polaridad instantánea están en paralelo (los terminales que tienen números impares están conectados a un lado de la línea y los de números pares al otro).

Cuando las bobinas se conectan en **serie,** se une un terminal de una bobina con el terminal de polaridad **opuesta** de la otra (un terminal numerado impar está conectado a un terminal numerado par) de manera que las tensiones sean

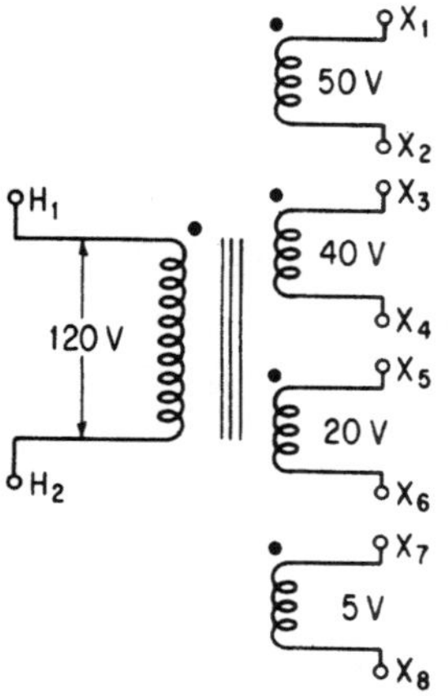

(a) Transformador original

120 V/115, 110, 95, 90, 75, 65, 60, 55, 50, 45, 40, 25, 20, 5 voltios

(b) Diferentes tensiones obtenidas por transformación directa o combinaciones usando polaridad aditiva

120 V/150, 85, 70, 35, 30, 15, 10 voltios

(c) Otras tensiones distintas obtenidas por conexiones usando polaridad sustractiva

Figura 13-17. Conexión de devanados de transformador de distinta tensión en combinaciones de serie aditiva y serie sustractiva.

aditivas. Si se conectasen al revés, las tensiones inducidas se opondrían entre sí (obteniéndose una tensión de salida cero). Obsérvese que las combinaciones de tensión producidas por las cuatro conexiones de la fig. 13-16a a d son, respectivamente: 230/20 V; 230/10 V; 115/20 V. y 115/10 V. (Aunque con estas conexiones se obtienen cuatro combinaciones de tensión e intensidad, sólo se obtienen tres relaciones, a saber: 23/1, 11,5/1 y 5,75/1.)

Sólo pueden conectarse en paralelo bobinas de idénticos valores nominales de tensión. La razón de ello, como se ve en la fig. 13-16d, estriba en que cuando las bobinas están en paralelo, las tensiones inducidas se oponen en cada instante entre sí. Así, si dos bobinas de distintas tensiones nominales están en paralelo, se desarrollan grandes corrientes circulatorias en ambos devanados debido a que la impedancia equivalente interna de los arrollamientos es relativamente pequeña, mientras que la diferencia neta entre las tensiones inducidas (desiguales) es relativamente grande, como se muestra en el ejemplo 13-17.

EJEMPLO 13-17. Un transformador de 10 VA, 115 V en el filamento primario tiene dos arrollamientos secundarios, de 6,3 V y 5 V, respectivamente, con impedancias de 0,2 Ω y 0,15 Ω, respectivamente. Calcular:

a. la intensidad nominal secundaria cuando los secundarios de baja tensión están conectados en serie aditiva
b. la corriente de circulación cuando los devanados están en paralelo y el porcentaje de sobrecarga producido.

Solución:

a. el valor de la tensión en el secundario, debido a la conexión en serie de las bobinas es $V_2 = 6{,}3 + 5 = 11{,}3$ V,

$$I_2 = \frac{\text{VA}}{V_2} = \frac{10 \text{ VA}}{6{,}3 + 5 \text{ V}} = \frac{10 \text{ VA}}{11{,}3 \text{ V}} = \mathbf{0{,}885\ A}$$

será la intensidad nominal en los arrollamientos de 5 y 6,3 V.

b. cuando están en paralelo, la corriente circulatoria neta es la tensión neta aplicada en la impedancia interna total de los arrollamientos, o sea

$$I_c = \frac{6{,}3 \text{ V} - 5 \text{ V}}{0{,}2 + 0{,}15\ \Omega} = \frac{1{,}3 \text{ V}}{0{,}35\ \Omega} = \mathbf{3{,}71\ A}$$

El tanto por ciento de sobrecarga es $(3{,}71 \text{ A}/0{,}885 \text{ A}) \times 100 = \mathbf{419}$ %.

Obsérvese que el ejemplo 13-17 muestra que incluso cuando las tensiones nominales parecen ser casi iguales no pueden ponerse en paralelo. *Sólo* los arrollamientos que tengan *idénticas* (las mismas) tensiones nominales pueden conectarse en paralelo teniendo en cuenta su polaridad instantánea. Si no se considera la polaridad instantánea, puede producirse un cortocircuito, como muestra el ejemplo 13-18.

EJEMPLO 13-18. Los datos del ensayo de cortocircuito en la parte de alta del transformador de 20 kVA de la fig. 13-16a son 4,5 V, 87 A, 250 W. Calcular:

a. la impedancia equivalente referida al lado de alta; las bobinas conectadas en serie
b. la impedancia equivalente referida a la parte de baja; las bobinas conectadas en serie
c. la intensidad nominal en el secundario; bobinas conectadas en serie
d. la intensidad en el secundario si cuando las bobinas de la fig. 13-16a están cortocircuitadas con la tensión nominal aplicada a la parte de alta tensión, y el porcentaje de sobrecarga producido.

Solución:

a. $Z_{e_h} = \dfrac{V_h}{I_h} = \dfrac{4{,}5 \text{ V}}{87 \text{ A}} = \mathbf{0{,}05175\ \Omega}$

b. $Z_{e_l} = Z_{e_h} \times \left(\dfrac{N_2}{N_1}\right)^2 = 0{,}05175\ \Omega \left(\dfrac{20}{230}\right)^2 = \mathbf{3{,}91 \times 10^{-4}\ \Omega}$

c. I_2 nominal $= \dfrac{20 \text{ kVA} \times 1000}{20 \text{ V}} = 1000 \text{ A} = \mathbf{1 \times 10^3\ A}$

d. I_2 en cortocircuito $= \dfrac{20 \text{ V}}{3{,}91 \times 10^{-4} \text{ A}} = 5{,}1 \times 10^4 \text{ A} = \mathbf{51 \times 10^3\ A}$

El porcentaje de sobrecarga es $\dfrac{51 \times 10^3 \text{ A}}{1 \times 10^3 \text{ A}} \times 100 = \mathbf{5100\%}$

Las bobinas de distintas tensiones nominales, sin embargo, pueden conectarse en *serie, aditiva* o *sustractiva.* Esto hace aumentar el número de relaciones de transformación posibles en los transformadores con varios devanados, como muestra la fig. 13-17. Con el transformador que muestra la fig. 13-17a pueden conseguirse 21 combinaciones diferentes de tensión, capaces de suministrar la corriente nominal del secundario (sin tener en cuenta las conexiones como autotransformador), usando un primario de 115 V. Aparece la posibilidad de un total de 14 tensiones con las combinaciones en serie aditiva o transformación directa, que muestra la fig. 13-17b. Además, pueden conseguirse 7 tensiones más con las conexiones que usan combinaciones sustractivas, que muestra la figura 13-17c. (Las distintas maneras de conexión del transformador para producir las combinaciones anteriores se dejan como ejercicio para el lector.)

Resulta evidente que si no se usa el arrollamiento H_1-H_2 de 120 V de la fig. 13-17 como primario, son posibles otras combinaciones tales como la que resulta de usar el arrollamiento de 50 V (o el de 40 V, etc.) como primario. En estas aplicaciones el transformador puede usarse como transformador elevador o reductor con arrollamientos conectados tanto en serie aditiva como en serie sustractiva. Así, pueden conseguirse muchas más combinaciones de tensiones que las consideradas en la fig. 13-17b y c. Son posibles, todavía, otras combinaciones si el devanado H_1-H_2 se conecta en serie aditiva con los devanados X_7-X_8 (H_2 conectado a X_7) y se obtiene un primario de 125 V. De manera similar, conectando el arrollamiento de alta tensión a otro arrollamiento de baja tensión se obtendrían tensiones en el primario de hasta 230 V/5 V, etc. Así, las posibilidades de transformación de la fig. 13-17a son numerosas. Y todavía hay más si el transformador se conecta como autotransformador como se ve en el apartado siguiente.

Sin embargo, debe hacerse notar que sólo cuando se usan *todos* los arrollamientos en combinaciones aditivas es cuando el transformador alcanza generalmente su plena capacidad de potencia, como se ha indicado en la solución del ejemplo 13-17a. Sin embargo, existen transformadores especiales construidos para proporcionar la plena capacidad, kVA, para cualquier combinación de arrollamiento y/o relación de transformación, pero tales transformadores generalmente son de mayor tamaño debido a que en su construcción se necesita más hierro y conductores mayores. Al usar transformadores con distintas combinaciones serie, tanto aditivas como sustractivas, debe considerarse, por tanto, la posible reducción de la potencia cuando se usen arrollamientos *aislados,* o sea, sin acoplamiento conductivo entre ellos.

13-12. El autotransformador. Todas las combinaciones discutidas para el transformador de la fig. 13-17a en el apartado 13-11 suponen *aislamiento* entre el primario y el secundario. Existen posibles transformaciones con mayor ren-

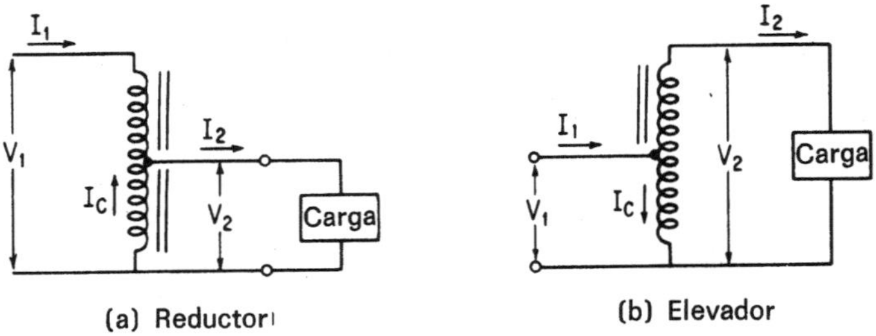

Figura 13-18. Conexiones de autotransformador como reductor y elevados.

dimiento y sin reducción importante (por el contrario, incluso con aumento) de potencia en un autotransformador con tal de que estemos dispuestos a sacrificar el aislamiento del secundario respecto del circuito primario.

Teóricamente, un *autotransformador* se define como un transformador que tiene sólo *un* arrollamiento. Así, un transformador con varios arrollamientos que tenga arrollamientos aislados puede considerarse un autotransformador si todos sus arrollamientos están conectados en serie aditiva (o sustractiva) para formar un arrollamiento *único*. En las figs. 13-18a y b se muestran tales conexiones de autotransformador. A primera vista, puede parecer que el transformador reductor de la fig. 13-18a no es más que un divisor de tensión. Pero fijándonos en el sentido de la corriente de la parte del autotransformador *común* a ambos circuitos, primario y secundario, I_c, puede verse que dicho sentido es inverso comparado a un divisor de tensión ordinario. Además, en un divisor de tensión ordinario, I_1 es mayor que I_2. Pero el autotransformador debe obedecer a (13-9) en la que $V_1I_1 = V_2I_2$. Como V_2 es más pequeño que V_1, I_2 debe ser mayor que I_1. Así, para el circuito que muestra la fig. 13-18a, como autotransformador reductor

$$I_2 = I_l + I_c \tag{13-37}$$

La figura 13-18b también prueba sin ningún género de dudas que el autotransformador cuando se usa como elevador no tiene la posibilidad de ser un divisor de tensión. Nuevamente, como $V_1I_1 = V_2I_2$ y $V_2 > V_1$, entonces $I_1 > I_2$. Así, para el circuito que muestra la fig. 13-18b, como autotransformador elevador

$$I_1 = I_2 + I_c \tag{13-38}$$

Obsérvese el sentido de I_c en las figs. 13-18a y b.

El autotransformador también puede hacerse regulable, de manera muy parecida a como un potenciómetro se convierte en un divisor de tensión regulable. Los *autotransformadores regulables* constan de un único arrollamiento devanado sobre un núcleo de hierro toroidal, como muestra la fig. 13-19a. Tales autotransformadores regulables, denominados «powerstats» o «variacs», tienen un

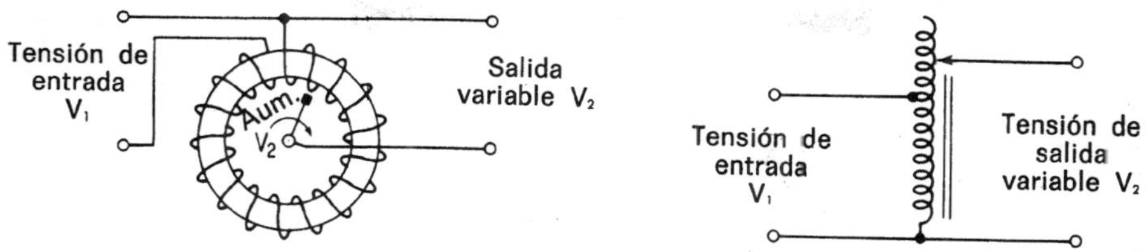

(a) Autotransformador regulable

(b) Autotransformador variable previsto como elevador y como reductor

Figura 13-19. Autotransformador regulable

contacto deslizante de carbón sobre un eje giratorio que hace contacto con espiras expuestas del arrollamiento del transformador. Aunque la construcción de la fig. 13-19a permite su uso sólo como transformador reductor, el circuito de la figura 13-19b permite ambos usos, reductor y elevador (lo que es imposible en un potenciómetro). Obsérvese que en ambos casos, sin embargo, sólo se emplea un *único* arrollamiento. Los autotransformadores regulables son extremadamente útiles en el laboratorio o en situaciones experimentales en las que se requiere una amplia gama de ajuste de tensiones con poca pérdida de potencia. En el apartado 10-7 se describe la aplicación del autotransformador variable como un dispositivo de control de velocidad de un motor monofásico. La aplicación de un autotransformador con *tomas* como un dispositivo de transferencia de impedancia se estudia en el apartado 10-8.

Debe observarse que la corriente instantánea en la parte común del autotransformador, I_c, indicada en las figs. 13-18a y b, puede tener cualquier sentido, hacia arriba (alejándose) o hacia abajo (acercándose) respecto a la conexión común, dependiendo de si se usa el transformador como dispositivo reductor o como elevador. Veremos, también, que el sentido de la corriente instantánea es también función de si el arrollamiento común usa polaridad aditiva o substractiva respecto a la parte del arrollamiento no común a ambos circuitos (primario y secundario). Así, la única manera de determinar el sentido de la corriente en el arrollamiento común consiste en dibujar los sentidos instantáneos de la intensidad en el primario, I_1, y la intensidad en el secundario, I_2. La diferencia entre estas corrientes es I_c.

Cualquier transformador ordinario con aislamiento entre los dos devanados puede convertirse en autotransformador, como se ve en la fig. 13-20. En esta figura puede verse el transformador con su aislamiento original, con su polaridad marcada. El transformador seleccionado es un transformador con aislamiento, de 10 kVA y 1200/120 V. Se desea convertir este transformador en un autotransformador, conservando la polaridad aditiva entre los lados de alta tensión y de baja tensión. La conexión para la polaridad aditiva puede verse en la figura 13-20b. Este circuito vuelve a estar dibujado en la fig. 13-20c con el terminal común del autotransformador en la parte superior y está dibujado de nuevo en la fig. 13-20b con el terminal común en la parte inferior. Como la polaridad es aditiva (como muestra la fig. 13-20d) la tensión en el secundario $V_2 = 1320$ V, mientras que la tensión en el primario, V_1 es 1200 V. Aunque la potencia original del transformador con aislamiento es 10 kVA, la disposición que muestra la fig. 13-20d resulta tener un *aumento notable* de potencia como se deduce del ejemplo 13-18. También se observa en la fig. 13-20d que la parte de baja tensión tiene una corriente superior ($I_1 > I_2$) y que I_c debe circular *hacia* el terminal común, de acuerdo con (13-38).

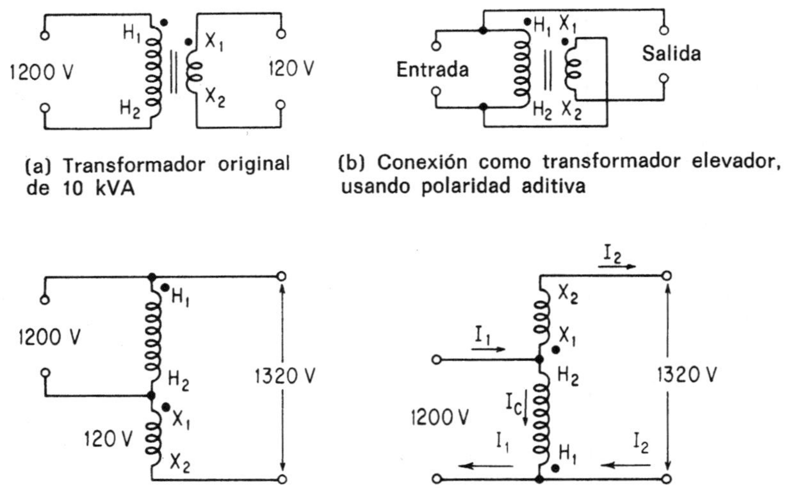

(a) Transformador original de 10 kVA

(b) Conexión como transformador elevador, usando polaridad aditiva

(c) Tensiones obtenidas por polaridad aditiva

(d) Figura vuelta a dibujar con el devanado común en la parte inferior en la que se indican las relaciones de corrientes

Figura 13-20. Transformador conectado como transformador elevador usando polaridad aditiva

EJEMPLO 13-19. Para el transformador con aislamiento, de 10 kVA, y 1200/120 V de la fig. 13-20a, conectado como autotransformador con polaridad aditiva como se ve en la fig. 13-20d, calcular

a. la capacidad original del arrollamiento de 120 V en amperios
b. la capacidad original del arrollamiento de 1200 V en amperios
c. la potencia nominal en kVA del autotransformador de la fig. 13-20d tomando como capacidad del arrollamiento de 120 V, la calculada en el apartado (a)
d. incremento porcentual de la capacidad en kVA del autotransformador respecto a la del transformador primitivo
e. I_1 e I_c en la fig. 13-20d a partir del valor de I_2 usado en el apartado (c) anterior

f. porcentaje de sobrecarga del arrollamiento de 1200 V cuando se usa como autotransformador
g. interpretar y dibujar las conclusiones de los cálculos anteriores.

Solución:

a. $I_{\text{lado de baja}} = \dfrac{10\ \text{kVA} \times 1000}{120\ \text{V}} = \mathbf{83{,}3\ A}$ (13-9)

b. $I_{\text{lado de alta}} = \dfrac{10\ \text{kVA} \times 1000}{1200\ \text{V}} = \mathbf{8{,}33\ A}$ (13-9)

c. Como por el arrollamiento de 120 V pueden pasar 83,3 A, la nueva potencia nominal en kVA, del autotransformador es

$$V_2 I_2 = \frac{1320\ \text{V} \times 83{,}3\ \text{A}}{1000} = \mathbf{110\ kVA} \qquad (13\text{-}9)$$

d. el incremento porcentual en kVA al usar el transformador como autotransformador es

$$\frac{\text{kVA autotransformador}}{\text{kVA transformador}} = \frac{110\ \text{kVA}}{10\ \text{kVA}} \times 100 = \mathbf{1100\%}$$

e. $I_1 = \dfrac{\text{kVA} \times 1000}{V_1} = \dfrac{110\ \text{kVA} \times 1000}{1200\ \text{V}} = \mathbf{91{,}75\ A}$

$I_c = I_1 - I_2$ (de la fig. 13-20d) (13-38)
$= 91{,}75 - 83{,}3 = \mathbf{8{,}42\ A}$

f. porcentaje de sobrecarga del arrollamiento de 1200 V

$$= \frac{I_c}{I_{\text{alta}}} = \frac{8{,}42\ \text{A}}{8{,}33\ \text{A}} \times 100 = \mathbf{101\%}$$

g. como autotransformador, la potencia ha aumentado al 1100% de su valor original con la bobina de baja tensión a su capacidad nominal y la bobina de alta tensión con una sobrecarga despreciable (1,01 × nominal).

El enorme incremento de potencia en kVA, producido al conectar un transformador como autotransformador es lo que permite que los autotransformadores sean de tamaño mucho menor que los transformadores. Sin embargo, debe hacerse notar que sólo cuando la relación entre las tensiones del primario y del secundario se acerca a la unidad, existe un aumento notable de capacidad. Si la relación entre las tensiones de primario y secundario es elevada, el incremento de potencia no es tan notable. (Para $\alpha > 10$, el incremento de potencia es menor del 10 %.)

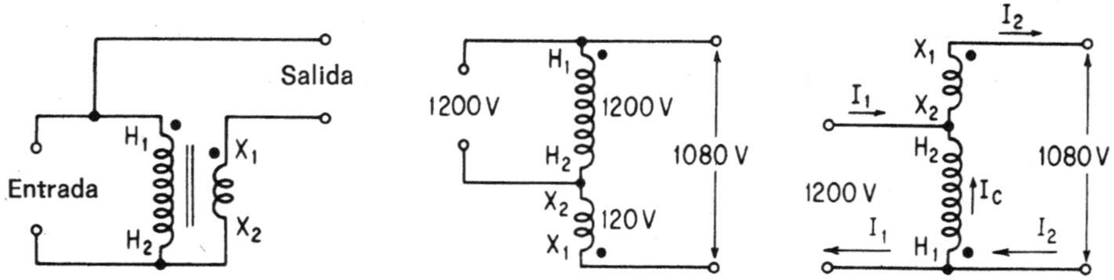

(a) Conexión como transformador elevador usando polaridad sustractiva

(b) Tensiones producidas por polaridad sustractiva

(c) Nueva figura con el devanado común en la parte inferior indicando las relaciones de las corrientes

Figura 13-21. Transformador conectado como reductor usando polaridad sustractiva.

En la fig. 13-21 puede verse el mismo transformador en el que se usa polaridad sustractiva conectado como transformador reductor. Para conseguir un *único* arrollamiento usando polaridad substractiva, es necesario conectar X_2 a H_2, como muestra la fig. 13-21a. Las tensiones producidas por esta combinación pueden verse en la fig. 13-21b, en la que puede verse también que el transformador (a pesar de su apariencia) actúa como transformador *reductor*. Este circuito está dibujado de nuevo en la fig. 13-21c, en la que se han añadido las corrientes instantáneas. Obsérvese que la intensidad I_c está alejándose de la unión en este caso, debido principalmente a que el autotransformador es un transformador reductor, y por tanto $I_2 > I_1$. La corriente I_c debe aumentarse en I_1 para ser igual a I_2, como se indica en (13-37).

Como en el caso anterior de polaridad aditiva, la conexión del transformador de 10 kVA como autotransformador reductor con polaridad sustractiva produce un aumento de la potencia nominal en kVA, como muestra el ejemplo 13-19.

EJEMPLO 13-20. Repetir el ej. 13-19 para el transformador con aislamiento de 10 kVA y 1200/120 V conectado como autotransformador reductor con polaridad sustractiva como se muestra en la fig. 13-21d.

Solución:

a. Del ejemplo 13-19a, $I_{\text{en el lado de baja}}$ **=83,3 A**

b. Del ejemplo 13-19b, $I_{\text{en el lado de alta}}$ **=8,33 A**

c. El nuevo valor nominal de la potencia del autotransformador es

$$\frac{V_2 I_2}{1000} = \frac{1080\ \text{V} \times 83{,}3\ \text{A}}{1000} = \mathbf{90\ kVA} \tag{13-9}$$

d. El aumento porcentual de la potencia nominal en kVA usando el transformador como autotransformador es

$$\frac{\text{kVA (autotransformador)}}{\text{kVA (transformador)}} = \frac{90\ \text{kVA}}{10\ \text{kVA}} = \mathbf{900\,\%}$$

e. $$I_1 = \frac{\text{kVA} \times 1000}{V_1} = \frac{90\ \text{kVA} \times 1000}{1200\ \text{V}} = \mathbf{75\ A} \tag{13-9}$$

$$I_c = I_2 - I_1 = 83{,}33 - 75 = \mathbf{8{,}33\ A} \tag{13-38}$$

f. Porcentaje de sobrecarga del arrollamiento de 1200 V $= \dfrac{I_c}{I_{alta}} = \dfrac{8{,}33}{8{,}33} = \mathbf{100\,\%}$

g. Como autotransformador con polaridad sustractiva, la potencia se ha aumentado al 900 % de su valor original como transformador, con ambas bobinas de baja y de alta tensión conectadas a la capacidad nominal.

Los ejemplos 13-19 y 13-20 demuestran que al conectar un transformador como autotransformador se obtiene un aumento de la capacidad en kVA. El aumento de capacidad varía con la conexión (según sea sustractiva o aditiva) y la relación de transformación producida.

La cuestión que ahora puede considerarse es «¿Por qué la potencia nominal en kVA de un transformador aumenta cuando se conecta como autotransformador?» Los transformadores, como se ha visto, son dispositivos de alto rendimiento. Prácticamente, toda la energía recibida por el primario se transforma al secundario en un transformador. Además, la energía no puede ser creada ni destruida. Entonces, ¿por qué es capaz el autotransformador de una mayor transferencia de energía (en comparación con un transformador) del primario al secundario?

La clave a la respuesta se encuentra en el hecho de que *no* hay conexión conductiva entre los circuitos primario y secundario en un *transformador*. En un

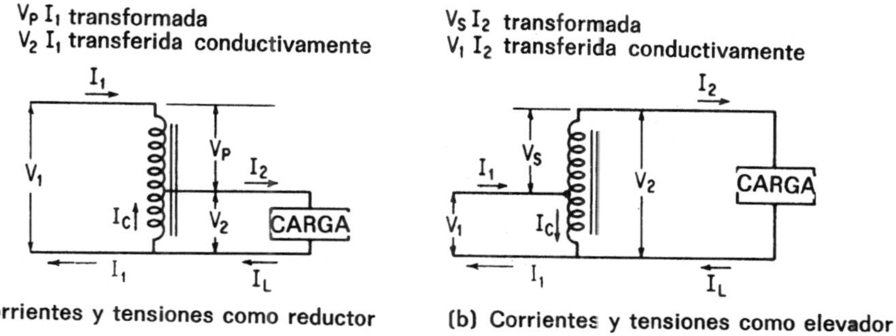

Figura 13-22. Notación para autotransformador en configuraciones reductor y elevador indicando la transferencia de potencia por conducción y por transformación.

transformador, *toda* la energía recibida por el primario debe ser *transformada* para alcanzar al secundario. En un autotransforamdor, *parte* de la energía puede ser transferida *conductivamente* desde el primario al secundario y parte de la energía puede ser transferida por transformación. Esta diferencia explica el aumento de potencia nominal en kVA del autotransformador. El autotransformador presenta la ventaja de transferir energía conductivamente, además de transformación, del primario al secundario, como veremos a continuación.

Los circuitos de la fig 13-18 pueden verse en la fig. 13-22 con alguna notación añadida. El circuito de la fig. 13-22a muestra un autotransformador reductor. Como $I_2 = I_1 + I_c$ en este circuto, *toda* la corriente I_1 está conducida a I_2. La potencia transferida *conductivamente,* del primario al secundario, para un *transformador reductor,* es

$$\begin{array}{c}\text{potencia conductiva}\\ \text{(transferida al secundario desde el primario)}\end{array} = V_2 I_1 \tag{13-39}$$

Como $V_2 + V_p = V_1$, la diferencia entre V_1 y V_2 (o V_p) es una medida de la energía transformada. Así, la potencia transferida del primario al secundario por transformación, para un *transformador reductor,* es

$$\begin{array}{c}\text{potencia transformada}\\ \text{(transferida al secundario desde el primario)}\end{array} = V_p I_1 \tag{13-40}$$

Para un transformador elevador, es aplicable el mismo razonamiento. Como muestra la fig. 13-22b, I_2 es la parte de I_1 que se transfiere conductivamente. Por tanto, la potencia transferida conductivamente del primario al secundario, para un transformador *elevador,* es

$$\begin{array}{c}\text{potencia } \textit{conductiva}\\ \text{(transferida al secundario desde el primario)}\end{array} = V_1 I_2 \tag{13-41}$$

Como $V_2 = V_s + V_1$, la diferencia entre V_2 y V_1 (o V_s) es una medida de la energía transformada. Así la potencia transferida del primario al secundario por transformación, para un transformador *elevador,* es

$$\begin{array}{c}\text{potencia } \textit{transformada}\\ \text{(transferida al secundario desde el primario)}\end{array} = V_s I_2 \tag{13-42}$$

Tanto para el transformador elevador como para el reductor, la cantidad total de energía transferida desde el primario al secundario, medida en kVA es

$$\text{kVA (total)} = \text{kVA transferidos conductivamente} + \text{kVA transformados} \tag{13-43}$$

Así, para un autotransformador *reductor*

$$\mathrm{kVA_{total}} = \frac{V_2 I_1}{1000} + \frac{V_p I_1}{1000} \tag{13-44}$$

Mientras que para un autotransformador *elevador*

$$\mathrm{kVA_{total}} = \frac{V_1 I_2}{1000} + \frac{V_s I_2}{1000} \tag{13-45}$$

EJEMPLO 13-21. Para el autotransformador elevador del ejemplo 13-19 y de la figura 13-20d, calcular

a. kVA transferidos conductivamente desde el primario al secundario
b. kVA transformados
c. kVA totales
d. Comparar la respuesta en (c) anterior con la del apartado (c) del ejemplo 13-19.

Solución:

a. kVA transferidos conductivamente $= \frac{V_1 I_2}{1000} = \frac{1200\ \mathrm{V} \times 83{,}3\ \mathrm{A}}{1000}$ (13-41)

$= \mathbf{100\ kVA}$

b. kVA transformados $= \frac{V_s I_2}{1000} = \frac{120 \times 83{,}3}{1000} = \mathbf{10\ kVA}$ (13-42)

c. kVA total = 100 kVA × 10 kVA = **110 kVA** (13-43)
d. La respuesta a (c) anterior es idéntica a la obtenida en el apartado (c) del ejemplo 13-19.

Obsérvese que el transformador original del ejemplo 13-19 tenía un valor nominal de 10 kVA como transformador. En el ejemplo 13-21, conectado como autotransformador elevador, se transfieren conductivamente 100 kVA además de continuar transformándose todavía los 10 kVA. El incremento en el valor nominal de la potencia del autotransformador es debido a la energía transferida *conductivamente* (y no a la transformada).

EJEMPLO 13-22. Para el autotransformador reductor del ejemplo 13-20 y de la figura 13-21d, (que utiliza polaridad sustractiva), calcular

a. kVA transferidos conductivamente del primario al secundario
b. kVA transformados
c. kVA totales
d. Comparar la respuesta en (c) con la del apartado (c) del ejemplo 13-20

Solución:

a. kVA transferidos conductivamente $= \frac{V_2 I_1}{1000} = \frac{1080 \text{ V} \times 75 \text{ A}}{1000} = \mathbf{81\ kVA}$

b. kVA transformados $= \frac{V_p I_1}{1000} = \frac{120 \text{ V} \times 75 \text{ A}}{1000} = \mathbf{9\ kVA}$

c. kVA totales = 81 kVA + 9 kVA = **90 kVA**

d. La respuesta a (c) anterior es idéntica a la obtenida en el apartado (c) del ejemplo 13-20.

Obsérvese de nuevo en el ejemplo 13-22 que el transformador de 10 kVA conectado como transformador reductor con polaridad sustractiva tiene una potencia nominal mucho más elevada debido a la potencia transferida conductivamente. La potencia transformada está todavía dentro del valor nominal del transformador original. De nuevo, el incremento de valor nominal de la potencia del autotransformador es debido a la energía transferida conductivamente (y no a la transformada).

13-13. Rendimiento del autotransformador. El rendimiento de un transformador, como el de la fig. 13-12, es bastante alto tanto para cargas relativamente pequeñas como para plena carga. Como se ha descrito en el apartado 13-8, sólo pueden encontrarse dos clases de pérdidas en un transformador: unas pérdidas fijas en el hierro y unas pérdidas variables en el cobre de los arrollamientos primario y secundario. Estas últimas pérdidas aumentan con el cuadrado de la intensidad de carga. Así, las pérdidas variables en el cobre a una carga 5/4 de la nominal son 25/16 (aproximadamente 156 %) de las pérdidas a carga nominal.

Se ha visto también (apartado 13-12) que el autotransformador transfiere parte de su potencia por conducción. En consecuencia, para una misma potencia de salida, un autotransformador es algo más pequeño (se usa menos hierro) que un transformador. Así, en un autotransformador, las pérdidas en el hierro son significativamente menores para la misma potencia de salida.

El autotransformador posee sólo un arrollamiento, por definición, en comparación con los dos del transformador. Además, como muestra la fig. 13-23, la corriente que circula por una parte de este devanado es la diferencia entre las corrientes del secundario y del primario. Estos dos factores (un único arrollamiento y una corriente menor) tienden, asimismo, a reducir las pérdidas variables con la carga.

El efecto neto es que los autotransformadores poseen rendimientos extraordinariamente elevados (99 % y superiores) muy cercanos al 100 %. Este ren-

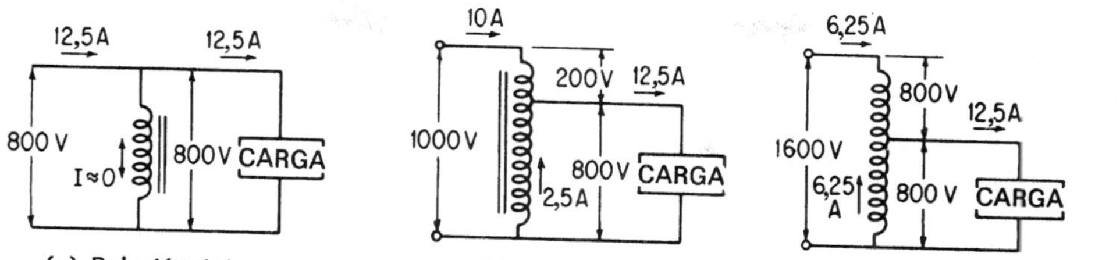

(a) Relación 1:1 (b) Relación 5:4 (c) Relación 2:1

Figura 13-23. Efecto de la relación de transformación sobre el rendimiento del autotransformador.

dimiento, sin embargo, varía con la relación de transformación, como muestra la fig. 13-23. Es mayor cuando la relación de transformación se acerca a la unidad, por las razones que pueden verse en la fig. 13-23a. Aquí, toda la energía es transferida conductivamente y la intensidad en el transformador es extremadamente pequeña (corriente de excitación). Las pérdidas variables en el cobre en el arrollamiento del transformador de la fig. 13-23a son prácticamente cero debido a la resistencia relativamente baja del arrollamiento del transformador y a la corriente de excitación despreciable.

Cuando la relación de transformación $\alpha=5/4$, como muestra la fig. 13-23b, sólo 1/5 parte del arrollamiento total del transformador conduce una corriente primaria (no secundaria) de 10 A, mientras 4/5 del arrollamiento conducen una corriente de 2,5 A. Nuevamente, esto hace reducir las pérdidas variables en el cobre y mantener un rendimiento elevado, al mismo tiempo que se suministra la misma potencia a la carga.

Incluso para una relación de $\alpha=2/1$, como muestra la fig. 13-23c, sólo la mitad de la corriente de carga secundaria aparece en el arrollamiento único del transformador, reduciendo considerablemente las pérdidas variables en el cobre en comparación con un transformador que suministrase la misma potencia a la carga. Con ello, puede afirmarse que, (1) los autotransformadores son generalmente de menor tamaño y de mayor rendimiento que los transformadores de la misma potencia nominal (kVA), y (2) el rendimiento de los autotransformadores aumenta cuando la relación de transformación se aproxima a la unidad.

El lector puede preguntar: «Si los autotransformadores son tan superiores a los transformadores, ¿por qué no se usan exclusivamente autotransformadores?» Ya se ha visto que los transformadores con varios arrollamientos independientes pueden usarse para proporcionar una gran variedad de transformaciones de tensión, incluyendo la posible conexión como autotransformador. Esto no es posible con un autotransformador fijo con tomas. Pero el lector puede argumentar: «En el transporte y distribución de energía las tensiones son fijas. ¿Por qué no usar allí autotransformadores?»

En la fig. 13-24a puede verse un transformador típico de distribución de 23 kVA, y en la fig. 13-24b un autotransformador proyectado para conseguir la

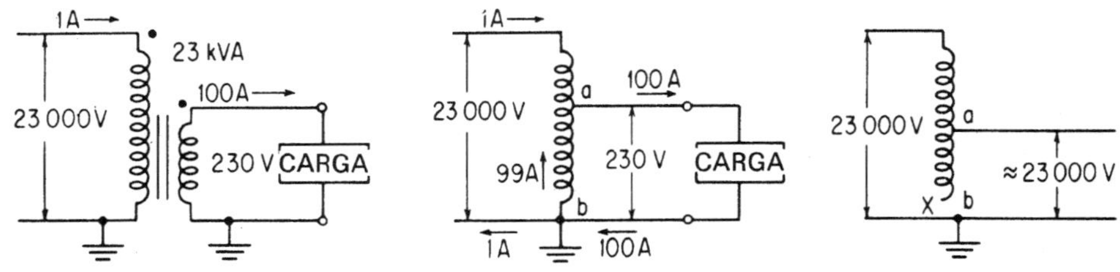

(a) Transformador (b) Autotransformador equivalente (c) Defecto del transformador que origina peligro de electrocución

Figura 13-24. Posibilidad de accidentes si se utilizan autotransformadores para la distribución.

misma finalidad. La función de un transformador de distribución consiste en reducir la tensión de transporte a un valor de utilización no peligroso (230 V en este caso). Supóngase que se presenta un defecto (en este caso, un conductor cortado) en el primario o en el secundario del transformador de la fig. 13-24a. En ninguno de ambos casos aparece tensión alguna en la carga y el transformador de 23 kVA se reemplaza lo más pronto posible, una vez detectada la falta de tensión.

En la fig. 13-24b puede verse el autotransformador equivalente. Obsérvese que por las uniones *a* y *b* circulan las corrientes más elevadas (100 A en este caso). Estas uniones, por tanto, experimentan calentamientos locales que pueden provocar un corte del circuito. Un corte en el arrollamiento del transformador en uno de los puntos *a* o *b*, como muestra la fig. 13-24c, ¡somete inmediatamente la carga a 23 000 V! Desde luego, si los dispositivos de protección de sobreintensidad funcionan correctamente (los situados junto al transformador de distribución o junto a la carga que alimenta), la carga se desconecta inmediatamente. A pesar de ello, durante el corto período que el dispositivo de protección de sobreintensidad tarda en desconectar el circuito, pueden producirse daños. Pero incluso suponiendo que la carga se elimine, el autotransformador se ve ahora en la fig. 13-24c con un defecto en el punto *b*. Inmediatamente se pone en evidencia el peligro para el personal, puesto que todo el arrollamiento del transformador está a 23 000 V respecto a tierra. Es precisamente ésta la razón de que los autotransformadores se utilicen sólo con tensiones relativamente bajas y su aplicación está restringida a las máquinas tratadas en los apartados 1-15, 10-7 y 10-8. En estos casos, sus ventajas de menor tamaño y peso, menor corte y mayor rendimiento, aconsejan su uso con desventajas mínimas.

13-14. Transformación trifásica. Para transformar una fuente de tensión trifásica, se necesita o un banco de tres transformadores idénticos monofásicos, como muestra la fig. 13-25, o bien, si no, un único transformador polifásico que tenga los seis devanados (como muestra la fig. 13-25) en un núcleo *común* de hierro.* (En toda esta discusión usaremos transformadores monofásicos individuales, pero se deducen las mismas conexiones y resultados usando arrollamientos individuales idénticos en un transformador polifásico.) Obsérvese que los transformadores individuales de la fig. 13-25 tienen los mismos valores nominales de potencia y de tensión de alta y baja. Obsérvese también que los transformadores tienen cada una de sus fases identificadas y marcadas adecuadamente de manera que el subíndice de número impar representa la polaridad instantánea positiva (apartado 13-10) en ambos lados de alta y de baja tensión.

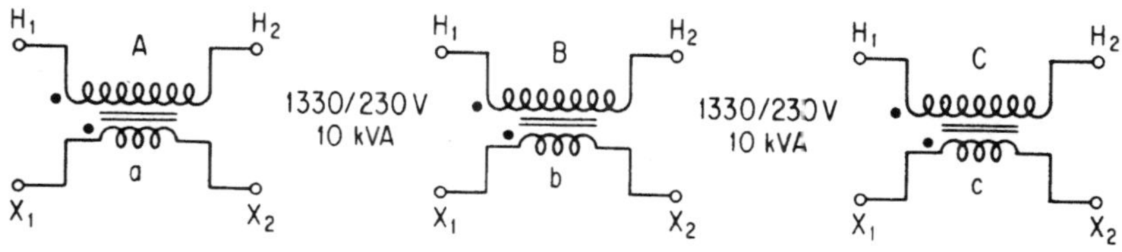

Figura 13-25. Tres transformadores monofásicos idénticos (a, b y c) con sus marcas de polaridad. Cada transformador tiene unos valores nominales de 1330/230 V, 10 kVA.

Supongamos que la tensión trifásica disponible para la excitación de los transformadores es 2300 V, 3 fases, alimentación de 60 Hz, como muestra la fig. 13-26a. Las tres tensiones de *línea* están desplazadas 120°, como puede verse en la fig. 13-26a, y esta relación representa las tensiones entre los tres conductores de la fuente de alimentación: V_{AB}, V_{BC} y V_{CA}, respectivamente, en las que cada una tiene un valor de 2300 V, algo superior a la tensión nominal del lado de alta de cada transformador. Esto, desde luego, obliga a que los transformadores individuales deban estar conectados en Y, como muestra la fig. 13-26b. Obsérvese que haciéndolo así, debe tenerse cuidado para asegurar que la polaridad instantánea positiva (terminal H_1) está conectada a la fuente mientras que el terminal H_2 de cada transformador está conectado a la unión común (N). Obsérvese que las bobinas de alta tensión se designan por A, B y C, en la figura 13-26b, mientras que las bobinas de baja tensión (todavía sin conectar) se designan por a, b y c, respectivamente.

La relación entre las tensiones de línea aplicadas por la fuente de alimentación y las tensiones de fase aparecen en bornes de las bobinas de alta tensión del transformador individual, se indican en la fig. 13-26c. (Esta figura es muy importante y debe ser estudiada cuidadosamente.) La tensión (fase) aplicada sobre el primario del transformador A es $1330\angle 30°$ V. La tensión de fase desde el

* Se demostrará en el apartado 13-17 que es preferible usar transformadores individuales que un transformador único polifásico cuando se requiere continuidad de servicio. Un banco Δ-Δ puede funcionar en V-V al eliminar un transformador de servicio.

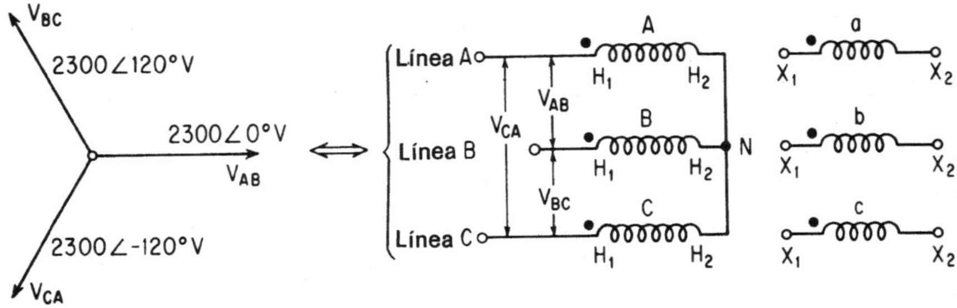

(a) Tensiones de línea trifásicas disponibles para excitación de los transformadores

(b) Tensiones de línea aplicadas en los lados de alta tensión de los transformadores A, B, y C conectados en Y

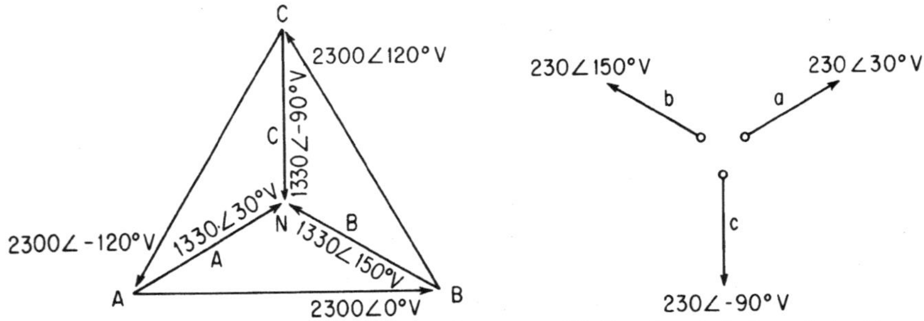

(c) Tensiones de línea y de fase aplicadas a los primarios de los transformadores A, B y C conectados en Y.

(d) Tensiones de fase inducidas en los secundarios de baja tensión a, b y c en (b) anterior.

Figura 13-26. Tensiones de línea y de fase trifásicas aplicadas a los lados de alta tensión de transformadores conectados en Y, y tensiones de fase inducidas en los lados de baja tensión.

borne *B* a *N*, aplicada sobre el transformador *B*, es $1330\angle 150°$ V. La tensión de fase desde el borne *C* y *N*, aplicada sobre el transformador *C*, es $1330\angle -90°$ V.

De acuerdo con la teoría clásica de los circuitos trifásicos*, la tensión de fase, V_p, es

$$V_p = \frac{V_L}{\sqrt{3}} = 0{,}577 V_L \tag{13-46}$$

en donde V_L es la tensión de línea.

* Para una discusión completa de los sistemas trifásicos, H. W. Jackson, *Introduction to Electric Circuits*, (3.ª ed.), Ch. 23; Englewood Cliffs, Prentice-Hall, Inc. 1970.

Así, las tensiones de fase que muestra la fig. 13-26c no sólo son menores sino que están desplazadas 30° respecto a las tensiones de línea. Obsérvese sin embargo que las tensiones de fase aplicadas sobre los 3 transformadores, a pesar del desfase de 30°, continúan desplazadas 120° entre sí de acuerdo con la teoría trifásica clásica.* En consecuencia, la *suma vectorial de las tensiones de dos fases, es la tensión de línea,* como se ve en la fig. 13-26c. Así, la tensión de línea V_{AB}, es la suma vectorial de las tensiones entre H_1 y H_2 de la bobina *A* y H_2-H_1 de la bobina *B* (inverso del vector *B*), como muestran las figs. 13-26b y c.

Como resultado de la transformación, las tensiones inducidas en las bobinas de baja tensión, *a*, *b* y *c*, respectivamente, guardan la *misma* relación entre sí que las tensiones de fase aplicadas en el primario, como muestra la fig. 13-26d. Es evidente que el primario de 1330 V debe estar conectado en Y a la alimentación de 2300 V de manera que no se exceda la tensión nominal de los arrollamientos de alta tensión del transformador. Esto, a su vez, impone la relación de las tensiones de fase del primario que muestra la fig. 13-26c y también las relaciones de fase de los secundarios no conectados, que pueden verse en la fig. 13-26d. La relación desarrollada en la fig. 13-26d, por tanto, se usará como referencia para las distintas maneras en que pueden conectarse los secundarios.

La figura 13-27a muestra los secundarios conectados en Y de tal manera que los terminales X_2 están conectados a una unión común, *n*, y los terminales

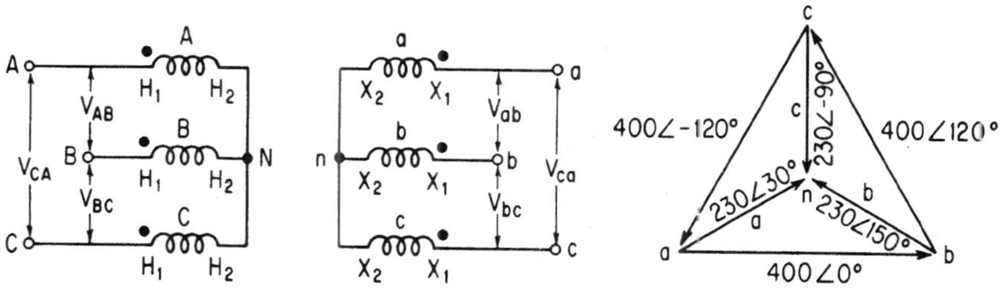

(a) Conexiones con X_2 común

(b) Diagrama vectorial

Figura 13-27. Secundarios (terminales X_2) conectados en Y y diagrama vectorial mostrando las tensiones de fase y de línea.

X_1 (con el punto) positivos están conectados a las líneas *a*, *b* y *c*, respectivamente. Usando las relaciones vectoriales de la fig. 13-26d, las tensiones de fase y de línea de los secundarios conectados en *Y* pueden verse en el diagrama vectorial de la fig. 13-27b. Obsérvese en la fig. 13-27b que, de acuerdo con la teoría de los circuitos trifásicos clásica,* la suma vectorial de dos tensiones de fase cualesquiera da la tensión de línea. Así, la tensión entre las líneas *a* y *b*, V_{ab}, es la suma vectorial de las tensiones entre X_1-X_2 de la bobina *a* y X_2-X_1 de la bobina

* Para una discusión completa de los sistemas trifásicos, H. W. Jackson, *Introduction to Electric Circuits,* (3.ª ed.), Ch. 23; Englewood Cliffs, Prentice-Hall, Inc. 1970.

b. Por tanto, V_{ab} como se ve en la fig. 13-27b es igual a $\sqrt{3}$ veces las tensiones de fase, y está desplazada 30° respecto a ellas.

Resulta muy importante comparar la fig. 13-27b con la fig. 13-26c y observar que para las conexiones particulares hechas en la fig. 13-27a, no hay desplazamiento entre las tensiones de línea de los secundarios y las tensiones de línea de los primarios. De manera similar, no existe desplazamiento (desfase) entre las tensiones de fase de los primarios y las tensiones de fase de los secundarios. Las diferencias entre los dos diagramas vectoriales son sólo diferencias de valor de las tensiones debidas a la relación de transformación. Así, la tensión de línea del primario es $V_{AB}=2300\angle 0°$ V, mientras la tensión de línea del secundario es $V_{ab}=400\angle 0°$ V. Análogamente, la tensión de fase del primario es $V_{AN}=1330\angle 30°$ V, mientras que la tensión de fase en el secundario es $V_{an}=230\angle 30°$ V.

La importancia de realizar conexiones *con la debida consideración de la polaridad instantánea* no puede dejarse de lado tanto en lo que afecta a la puesta en paralelo de los secundarios como en lo referente a la obtención de las tensiones de línea secundarias de valor y fase adecuadas.

Consideremos el caso simple de conectar los terminales X_1 (en lugar de los X_2) a una unión común, *n*, como muestra la fig. 13-28a. Como las polaridades

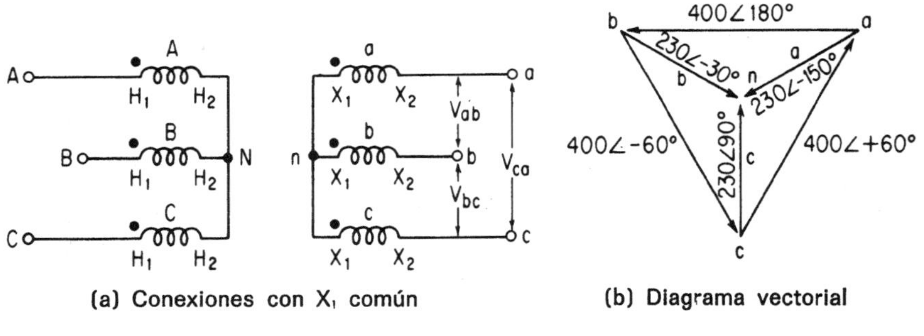

(a) Conexiones con X_1 común (b) Diagrama vectorial

Figura 13-28. Secundarios (terminales X_1) conectados en Y y diagrama vectorial indicando tensiones de fase y de línea. (Obsérvese que los vectores de fase y de línea son inversos de los de la fig. 13-27b.)

instantáneas de los 3 secundarios son iguales, el lector puede llegar a pensar (como hace el alumno en el laboratorio) que los tres secundarios de la fig. 13-28 pueden ponerse en paralelo con los secundarios de la fig. 13-27. Sin embargo, si hiciera esto daría lugar a un cortocircuito por la misma razón que obliga a conservar la polaridad en los transformadores monofásicos. Obsérvese que la conexión de los terminales positivos (con punto) a *n*, en lugar de a la línea, produce una inversión de 180° tanto de las tensiones de fase como de las de línea, según se ve en el diagrama vectorial de la fig. 13-28b. Por tanto, aunque los valores de todas las tensiones de fase y de línea sean las mismas en las figs. 13-28b y 13-27b, existe una diferencia de fase de 180° entre sí y nunca pueden conectarse en paralelo. Cualquier intento de hacerlo así da lugar a un cortocircuito inmediato. Así, los secundarios de las figs. 13-28a y 13-27a *no* pueden ponerse en paralelo.

También se produciría un cortocircuito inmediato si uno de los arrollamientos de una fase del secundario se invirtiera accidentalmente cuando se efectúan las conexiones en Y. Esto puede verse en la fig. 13-29a en la que la bobina *b* tiene su terminal X_1 con punto, conectado a la unión común *n* en lugar del terminal X_2. Aunque las tensiones de fase continúan estando 120° desfasadas entre sí, como se ve en la fig. 13-29b, la inversión de la bobina *b* produce unas

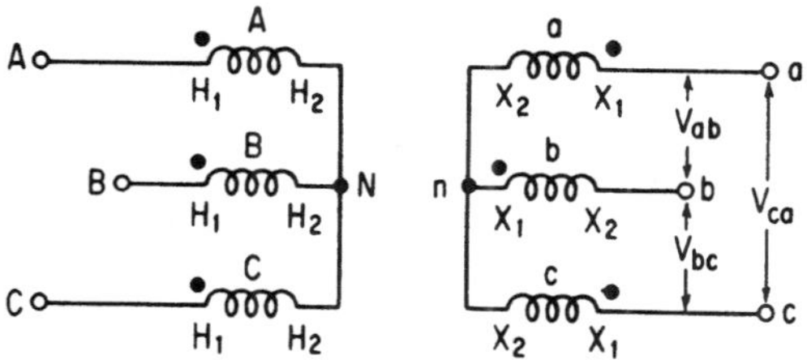

(a) Un devanado invertido accidentalmente

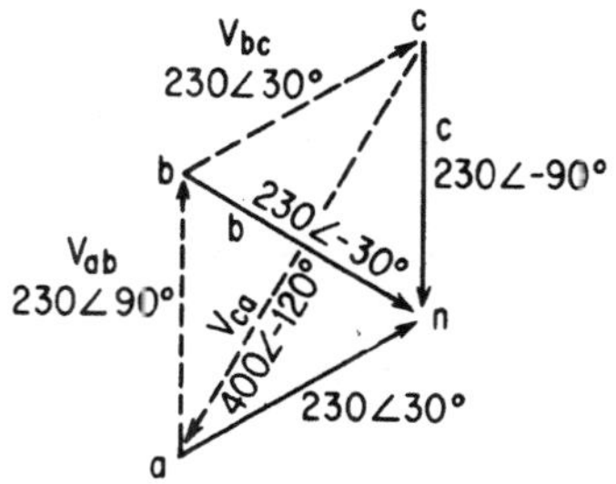

(b) Diagrama vectorial

Figura 13-29. Efecto de la inversión accidental del devanado de una fase (bobina b del secundario conectado en Y) y tensiones desequilibradas de fase y de línea obtenidas.

tensiones de línea reducidas y desplazadas en fase ($V_{ab}=230\angle 90°$ y $V_{bc}=230\angle 30°$) y también una tensión de línea ($V_{ca}=400\angle -120°$ V) mayor que las otras dos. Obsérvese que las tres tensiones de línea ya no son iguales en valor ni están desplazadas 120° entre sí y, además, ya no están en fase con las tensiones de línea de la fig. 13-27b. Así, la inversión accidental de un arrollamiento no permitirá que los secundarios conectados en Y de la fig. 13-29a pueden ponerse en paralelo con los secundarios conectados en Y de la fig. 13-27a.

De manera similar, si todos los primarios están conectados en Y, nunca será posible poner en paralelo los secundarios conectados en Y y conectados en Δ. Las bobinas de baja tensión de los transformadores de la fig. 13-25 pueden verse conectadas en triángulo en la fig. 13-30a. Obsérvese que la conexión en serie o en *malla* del triángulo requiere que los terminales de la bobina de polaridad instantánea *opuesta* estén *conectados en malla* para formar un anillo cerrado. Suele ser costumbre, como muestra la fig. 13-30a, usar un voltímetro para medir la tensión resultante, V_R, antes de *cerrar el triángulo* entre el terminal X_2 de la bobina *c* y el terminal X_1 de la bobina *a*. Sólo cuando el voltímetro indica lectura cero, se elimina el voltímetro y se cierra el triángulo. Usando las mismas tensiones aplicadas al primario conectado en Y, las tensiones de fase de las bo-

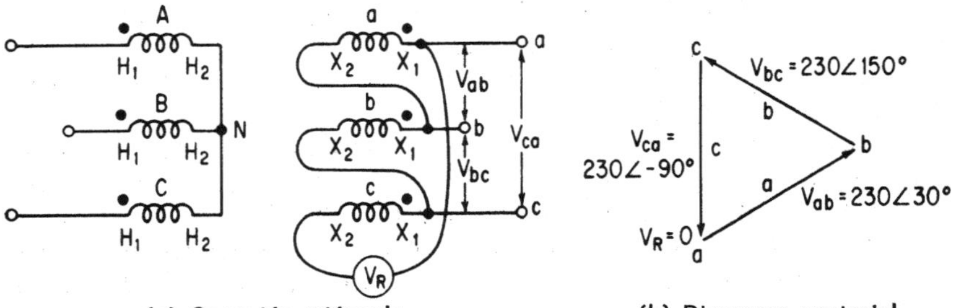

(a) Conexión triángulo (b) Diagrama vectorial

Figura 13-30. Secundarios conectados en Δ y diagrama vectorial.

binas secundarias, *a*, *b* y *c*, respectivamente, son las mismas en la fig. 13-30b que en la fig. 13-26d. Cuando se hace la conexión en malla, por tanto, la suma vectorial de las tensiones de fase secundarias debe ser cero. Obsérvese que la tensión de fase y de línea de los secundarios conectados en triángulo son las mismas, de acuerdo con la teoría de los circuitos trifásicos, puesto que los terminales de línea están conectados entre cada fase del arrollamiento conectado en malla.

La importancia de la lectura del voltímetro antes de cerrar cualquier circuito de malla, en general, y el triángulo de los secundarios de un transformador, en particular, puede verse en la fig. 13-31. Un arrollamiento del transformador (bo-

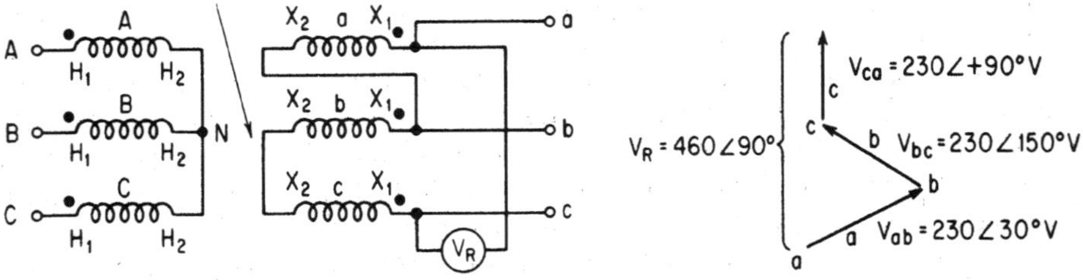

(a) Conexión en Δ con un devanado invertido accidentalmente (b) Diagrama vectorial

Figura 13-31. Efecto de la inversión accidental de un devanado de fase (bobina C) en un secundario conectado en Δ.

bina *c*) está accidentalmente invertido en la malla. La polaridad instantánea de la bobina *c* es $230\angle +90°$ V en lugar de $230\angle -90°$ V, como se indica en la fig. 13-26d. El diagrama vectorial de la fig. 13-31b muestra que la tensión medida con el voltímetro V_R ya no es cero sino realmente $460\angle 90°$ V (dos veces la tensión de fase). Si se cierra el triángulo sin usar voltímetro, se producirá un serio cortocircuito provocando fuertes corrientes circulatorias (de malla) en los transformadores.

Ya se ha dicho anteriormente, pero vale la pena repetirlo, que los secundarios conectados en Δ no pueden ponerse en paralelo con los secundarios conectados en Y. Como muestra la fig. 13-27b, no hay desfase entre las tensiones de líneas secundarias y las tensiones de línea primarias de la fig. 13-26a, en una transformación Y-Y. Pero en una transformación Y-Δ, como la de la fig. 13-30b se produce un desfase de 30° (tensiones de línea menores). Incluso si se determina previamente la relación de transformación de los transformadores Y-Δ para obtener las mismas tensiones de línea, el desfase angular que aparece en una transformación Y-Δ no permite el funcionamiento en paralelo.

Podemos resumir por tanto que teniendo en cuenta las tensiones de línea de primario y secundario, las relaciones de transformación, la polaridad instantánea y la conexión adecuada de bobinas, son posibles las siguientes combinaciones en paralelo: *

a. Y-Y a Y-Y: no hay desfase entre las tensiones compuestas del primario y del secundario.
b. Y-Δ a Y-Δ: igual desfase de 30° entre el primario y el secundario de todos los transformadores.
c. Δ-Y a Δ-Y: igual desfase de 30° entre el primario y el secundario de todos los transformadores.
d. Δ-Δ a Δ-Δ: no hay desfase entre primario y secundario.
e. Δ-Δ a Y-Y: no hay desfase entre primario y secundario, pero sí diferentes tensiones nominales.
f. Y-Y a Δ-Δ: no hay desfase entre primario y secundario pero se necesitan diferentes tensiones nominales.
g. Y-Δ a Δ-Y: igual desfase de 30° entre las tensiones de línea de primario y secundario. Sin embargo, los valores nominales de las tensiones compuestas deben ser los mismos.

Las combinaciones en paralelo que *no* son posibles, a pesar de las idénticas tensiones de línea de primario y de secundario, incluyen aquellas en las que se produce un desfase en uno de los grupos y no en el otro. Así, un Y-Δ no puede ponerse en paralelo con un Δ-Δ. (La lista de combinaciones *no* posibles se deja como ejercicio para el lector en la Cuestión 13-37.)

EJEMPLO 13-23. Una planta industrial absorbe 100 A, con un factor de potencia de 0,7 inductivo, del secundario de un banco de transformadores de distribución de 2300/230 V, 60 kVA, Y-Δ. Calcular:

a. potencia activa consumida por la planta, en kW, y potencia aparente, en kVA
b. corrientes *nominales* secundarias de fase y de línea del banco de transformadores

* Esta lista es incompleta debido a que no contiene los transformadores *T-T* y *V-V*. (Véase Tabla 13-1, apartado 13-18.)

c. porcentaje de la carga en cada transformador
d. intensidades primarias de fase y de línea absorbidas por cada transformador
e. potencia nominal, en kVA, de cada transformador.

Solución:

a. $P_T = \dfrac{\sqrt{3}\, V_L I_L \cos\theta}{1000} = \dfrac{1{,}73 \times 230 \times 100 \times 0{,}7}{1000} = \mathbf{28\ kW}$

$\mathrm{kVA}_T = \dfrac{P_T}{\cos\theta} = \dfrac{28\ \mathrm{kW}}{0{,}7} = \mathbf{40\ kVA}$

b. I_{P2} nominal $= \dfrac{\mathrm{kVA} \times 1000}{3 V_P} = \dfrac{60\ \mathrm{kVA} \times 1000}{3 \times 230\ \mathrm{V}} = \mathbf{87\ A}$

I_{L2} nominal $= \sqrt{3}\, I_{P_2} = 1{,}732 \times 87\ \mathrm{A} = \mathbf{150\ A}$

c. $\dfrac{\text{intensidad de carga por línea}}{\text{intensidad nominal por línea}} = \dfrac{100\ \mathrm{A}}{150\ \mathrm{A}} = 0{,}67 \times 100 = \mathbf{67\%}$

d. $I_{P1} = I_{L1} = \dfrac{\mathrm{kVA} \times 1000}{\sqrt{3}\, V_L} = \dfrac{40\ \mathrm{kVA} \times 1000}{\sqrt{3} \times 2300\ \mathrm{V}} = \mathbf{10\ A}$

e. kVA/transformador $= \dfrac{\mathrm{kVA}_T}{3} = \dfrac{60\ \mathrm{kVA}}{3} = \mathbf{20\ kVA}$

Ejemplo 13-24. Repetir el ejemplo 13-23 usando una transformación Δ-Δ, y comparar las intensidades de línea del primario con la transformación Y-Δ.

Solución:

a. $P_{ca} =$ **28 kW** y $\mathrm{kVA}_T =$ **40 kVA** del ejemplo 13-23a.
b. I_{P2} nominal = **87 A**; I_{L2} nominal = **150 A** del ejemplo 13-23b.
c. porcentaje de carga sobre cada transformador = **67 %** del ejemplo 13-23-c.
d. $I_{P1} = 10$ A del ejemplo 13-23d.
pero $I_{L1} = \sqrt{3}\, I_{P_1} = 1{,}73 \times 10\ \mathrm{A} = \mathbf{17{,}3\ A}$
La intensidad de línea en el primario absorbida por un banco Δ-Δ es $\sqrt{3}$ veces la corriente de línea en el primario absorbida por un banco Y-Δ.
e. kVA/transformador = 60 kVA/3 = **20 kVA**, como en el ejemplo 13-23e.

Debe observarse de los ejemplos 13-23 y 13-24, que la única diferencia entre las distribuciones Y-Δ y Δ-Δ es que la corriente absorbida de la red por el primario es 1,73 veces mayor para el último. Esto demuestra claramente la ventaja de usar la transformación Y-Δ, cuando se necesita una reducción de la tensión de distribución.

13-15. Armónicos en los transformadores. Con bastante frecuencia, en los ensayos de laboratorio o de instalación, al usar un voltímetro como medida de precaución antes de cerrar el triángulo, como se ve en la fig. 13-30, en el voltímetro no se lee cero ni se lee una tensión de dos veces la tensión compuesta, como muestra la fig. 13-31b. Sin embargo, hay cierta aprensión a cerrar el triángulo en presencia de tensión, la cual puede ser, a veces, de hasta 50 V, particularmente cuando el voltímetro de c.a. es del tipo de alta impedancia (5 kΩ/V o más). La tensión medida en este caso es debida al tercer armónico relativamente elevado, presente en los 3 transformadores.*

Todos los transformadores monofásicos cuando se excitan a tensión nominal producen un tercer armónico. Esto ocurre debido a que la curva de saturación de los núcleos de los transformadores reales aumenta de manera pronunciada y se satura rápidamente, haciendo que la corriente magnetizante se distorsione. Así, una tensión puramente sinusoidal (a una frecuencia fundamental) produce una corriente magnetizante que contiene la frecuencia fundamental más una fuerte componente de tercer armónico. En los transformadores monofásicos, la corriente magnetizante es pequeña comparada con la corriente de carga y la onda de corriente resultante está sólo ligeramente distorsionada.

En los transformadores trifásicos, sin embargo, las tres corrientes magnetizantes fundamentales están desplazadas 120° entre sí, pero las corrientes del tercer armónico están *en fase* (así como las de los armónicos 6.°, 9.°, 12.°, etc.). El resultado neto es que en *ausencia de un circuito cerrado* (tal como un sistema en Y o una malla abierta), esta triple componente del tercer armónico produce una onda de tensión secundaria en cada arrollamiento que contiene una elevada tensión de tercer armónico. Si se proporciona un circuito cerrado, tal como en una conexión en malla o en triángulo, por la que puedan circular los terceros armónicos, éstos se suprimen y no se produce distorsión de la tensión en el secundario.

Sin embargo, en una transformación Y-Y, no existe camino cerrado para la corriente del tercer armónico ni en el primario ni en el secundario, y las ondas de la tensión de salida están distorsionadas. Esta situación se corrige proporcionando una línea neutra a tierra ya sea en el primario o en el secundario

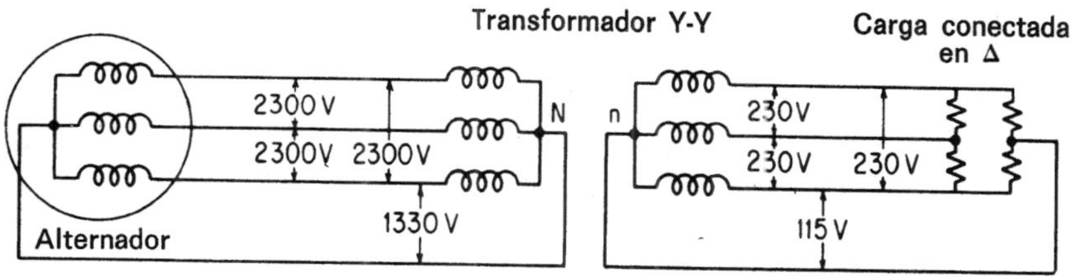

Figura 13-32. Alternador alimentando un transformador Y-Y con una carga conectada en Δ.

* El autor ha demostrado en el laboratorio que si se elimina el voltímetro y se conecta un amperímetro de c.a. en su lugar, la tensión desaparece y la intensidad neta es cero. El tercer armónico se suprime inmediatamente en cuanto se crea un círculo *cerrado* en el triángulo o la malla.

(o en ambos), para que permita un camino cerrado para las tensiones y corrientes armónicas, como muestra la fig. 13-32. Podemos considerar la fig. 13-32 como un diagrama genérico que abarca casi todos los casos de puesta a tierra. Por ejemplo, en una transformación Y-Δ, el neutro del primario del transformador está conectado al *neutro de la fuente,* suprimiendo por tanto los armónicos. En una transformación Δ-Y, el neutro del secundario (como se ve en la mitad derecha de la fig. 13-32) está conectado a un punto de la carga en triángulo o al neutro de la carga en Y (fig. 13-33a). Cuando se usa una transformación Δ-Δ, no es necesario neutro debido a que la conexión en malla proporciona un camino cerrado para los armónicos del transformador.

13-16. Importancia del neutro y medios para crearlo. El neutro es fundamental para la supresión de los armónicos en los sistemas Y-Y. Pero además de esta función, en los sistemas Y-Y, Y-Δ, Δ-Y, o Δ-Δ, el neutro proporciona también las siguientes ventajas:

1. un camino para las corrientes desequilibradas debidas a las cargas desequilibradas,
2. un medio por el cual puede proporcionarse un servicio eléctrico *doble* (tanto la tensión trifásica superior para las potencias y cargas de motores mayores como una tensión monofásica inferior para las cargas de iluminación y aparatos domésticos),
3. un medio por el cual las tensiones de fase (entre las cargas conectadas en Y o los transformadores conectados en Y) se equilibran en relación con las tensiones de línea.

En la fig. 13-33a, puede verse una transformación Y-Y. El neutro de la fuente de alimentación (un alternador o un transformador de tensión superior) está conectado al neutro de los primarios y secundarios del transformador y también a las cargas. Se conecta una carga trifásica en Y al neutro de manera que cualquier desequilibrio en las corrientes de fase no desequilibrará las tensiones de fase. Se conectan tres cargas en triángulo entre las líneas *a-b*, *b-c* y *c-a*, respectivamente, como muestra la fig. 13-33a. Las cargas monofásicas se conectan entre una línea y neutro, como se ve. Obsérvese que para un secundario conectado en Y, la tensión monofásica es $V_L/\sqrt{3}$ ó $0{,}577V_L$ de acuerdo con la teoría de los circuitos trifásicos. Así, si las tensiones de línea secundarias, V_L, son 208 V, las tensiones de fase secundarias V_p (entre cualquier fase y neutro) son 120 V. Cualquier fase de un secundario conectado en Y puede proporcionar tensiones monofásicas respecto al neutro.

En la fig. 13-33b, puede verse una transformación Δ-Δ. Solamente *un* secundario tiene una toma central que está conectada a tierra. (Nunca existe una toma central en más de un secundario debido a que esto produciría un corto-

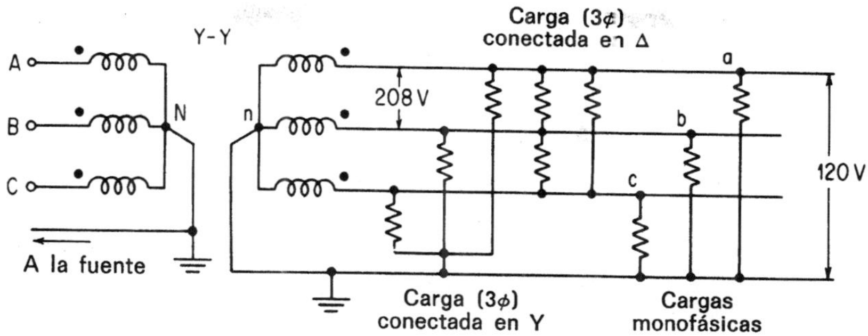

(a) Transformación Y-Y con cargas conectadas en Y y en Δ, y cargas monofásicas

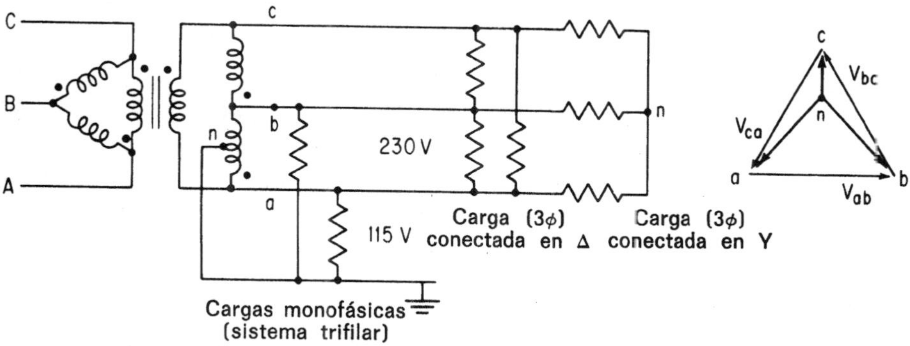

(b) Transformación Δ-Δ con cargas conectadas en Y y en Δ

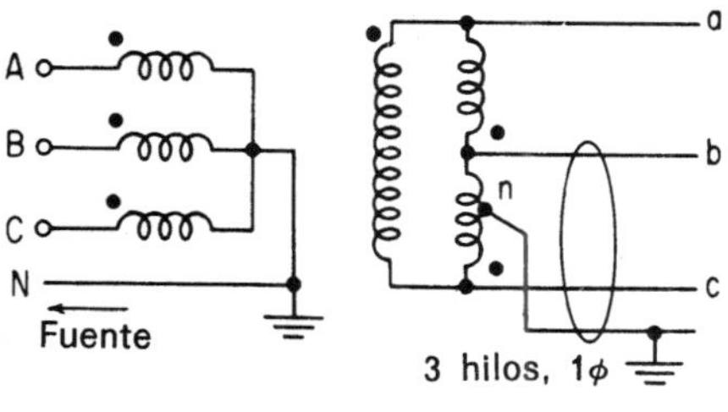

(c) Transformación Y-Δ

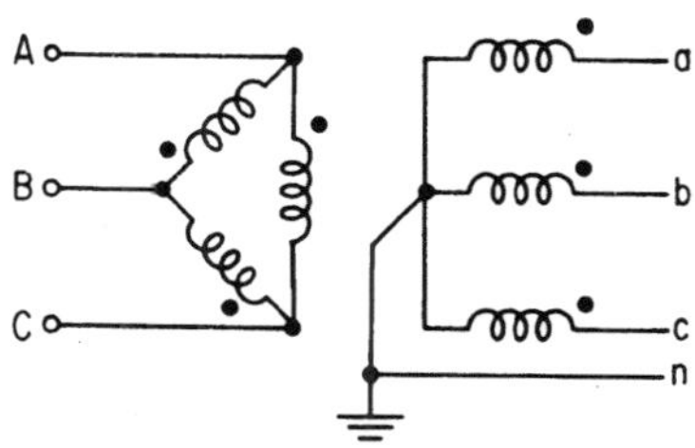

(d) Transformación Δ-Y

Figura 13-33. Cargas monofásicas y trifásicas, con neutro, en varios transformadores.

circuito entre los devanados. El primario *nunca* está puesto a tierra debido a que produciría un cortocircuito en el transformador en la alimentación.) La toma central del secundario proporciona tensiones monofásicas de valor *mitad* del de las tensiones compuestas ($V_L/2$). Obsérvese que tanto las cargas trifásicas conectadas en triángulo como en Y pueden estar conectadas al secundario de un transformador en triángulo. Sin embargo, si la carga trifásica conectada en Y es desequilibrada, las corrientes desequilibradas producen tensiones simples desequilibradas como indica el diagrama vectorial de la fig. 13-33b. Además, si las cargas monofásicas están desequilibradas, se produce un desequilibrio de las tensiones de fase debido a la caída de tensión en la línea trifilar por las razones indicadas en el apartado 11-9. Así, el neutro en una transformación Δ-Δ no evitará el desequilibrio de tensiones de fase, trifásicas o monofásicas, aunque proporcione un camino para las corrientes monofásicas desequilibradas, que tiende a reducir el desequilibrio de tensiones.

En la fig. 13-33c puede verse una transformación Y-Δ. Obsérvese que el neutro del primario está puesto a tierra en la alimentación para suprimir los armónicos en el primario. Se dispone de un sistema monofásico trifilar utilizando un neutro sacado de la toma central entre las fases *b* y *c*. Los conductores *a*, *b* y *c* permiten la conexión de cargas en Y y en Δ. Los sistemas Y-Δ se usan a menudo en los sistemas de distribución reductores debido a que el primario de los transformadores sólo necesita ser aislado para la tensión simple en lugar de para la tensión compuesta. Así, la tensión nominal en el primario de los transformadores necesaria para una transformación 23 000/230 V, usando la configuración Y-Δ (que se ve en la fig. 13-33c) es sólo 13 300 V. Esta reducción de tensión hace que haya un ahorro considerable en los costes de construcción de los transformadores de alta tensión.

De manera parecida, la transformación Δ-Y mostrada en la fig. 13-33d se presta a *transporte a alta tensión* debido a que proporciona una tensión compuesta en el secundario más elevada que el valor nominal del secundario del transformador. Así, puede conseguirse un transporte 230/23 000 V mediante transformadores cuyos arrollamientos secundarios tengan una tensión nominal de 13 300 V. Véase, en la fig. 13-33d que se necesita un neutro en el secundario para suprimir los armónicos y proporcionar el neutro necesario para los sistemas Y-Y.

13-17. Relaciones de transformación *V-V*. Sistemas en triángulo abierto. Si el primario de un transformador de un sistema Δ-Δ se abre accidentalmente, el sistema continuará suministrando energía a una carga trifásica. Si este transformador defectuoso se desconecta y se elimina, como muestra la fig. 13-34a, el banco de transformadores resultantes se denomina un sistema en *triángulo abierto* o *V-V*. El sistema continúa suministrando potencia trifásica a las cargas conectadas en Δ y en Y sin ningún cambio en la tensión por las razones indicadas en las figs. 13-34b y c.

La figura 13-34b muestra las relaciones vectoriales entre las tensiones compuestas trifásicas aplicadas a los primarios *V-V*. Las relaciones vectoriales para las tensiones simple y compuesta inducidas en los dos secundarios pueden verse

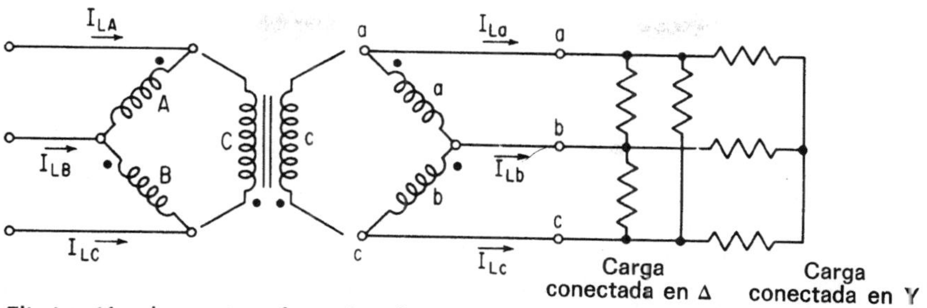

(a) Eliminación de un transformador de un sistema Δ-Δ, obteniéndose un banco de transformadores en V-V

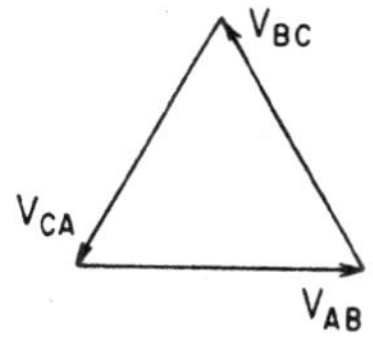

(b) Tensiones de línea aplicadas al primario en V-V

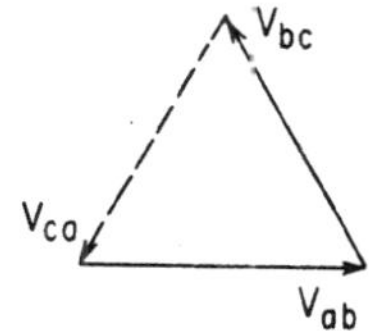

(c) Tensiones de línea secundarias obtenidas por el banco de transformadores, en V-V

Figura 13-34. Banco de transformadores en triángulo abierto o V-V y relaciones vectoriales

en la fig. 13-34c. Obsérvese que las tensiones de fase y de línea son las mismas. V_{ab} es la tensión inducida en la bobina secundaria *a* del transformador. V_{bc} es la tensión inducida en la bobina *b* del transformador. La suma vectorial de $V_{ab}+V_{bc}$ da V_{ca} como se ve en la fig. 13-34a y c. En consecuencia, mediante un sistema *V-V* se producen todavía 3 tensiones simples, desfasadas 120° entre sí.

La potencia suministrada por cada transformador en un sistema *V-V* *no* es la mitad (50 %) de la potencia total sino *aproximadamente* del 57,7 %. Esto puede demostrarse como sigue:

Como cada transformador en *V-V* suministra ahora corriente compuesta (no simple), la potencia suministrada por cada transformador en triángulo abierto comparada con la potencia trifásica total es

$$\frac{\text{Potencia del transformador}}{\text{potencia trifásica total}} = \frac{V_p I_p \cos\theta}{\sqrt{3}\, V_L I_L \cos\theta} = \frac{V_L I_L \cos\theta}{\sqrt{3}\, V_L I_L \cos\theta}$$

$$= \frac{1}{\sqrt{3}} = 0{,}577 \tag{13-47}$$

Según (13-47) se ve también que si 3 transformadores en Δ-Δ están alimentando una carga nominal y se elimina un transformador, la sobrecarga en cada uno de los transformadores restantes es del 173 % puesto que la inversa de

(13-47) es la relación de la carga total a la carga por transformador. Finalmente, la relación anterior también implica que si dos transformadores están funcionando en *V-V* y están cargados a la capacidad nominal, la adición de un tercer transformador aumenta la capacidad total en 173,2 % (o en $\sqrt{3}$). Así, con un incremento en el coste del 50 % para un tercer transformador, la capacidad del sistema se eleva en un 73,2 %, al convertir un sistema *V-V* en un sistema Δ-Δ.

EJEMPLO 13-25. Cada uno de los transformadores Δ-Δ, del ejemplo 13-24, tiene una potencia nominal de 20 kVA, 2300/230 V y el banco alimenta a una carga de 40 kVA, con un factor de potencia de 0,7 inductivo. Si se elimina un transformador defectuoso para su reparación, calcular, para la conexión *V-V*

a. la carga en kVA que lleva por cada transformador
b. el porcentaje de la carga nominal que lleva por cada transformador.
c. la potencia nominal total, en kVA, del banco de transformadores en *V-V*
d. la relación entre las potencias nominales entre el banco *V-V* y el banco Δ-Δ
e. el porcentaje de incremento de carga en cada transformador cuando se elimina un transformador.

Solución:

a. $$\frac{\text{carga en kVA}}{\text{transformador}}, \text{en } V\text{-}V = \frac{40\text{ kVA}}{1{,}73} = \mathbf{23{,}1\ kVA/transformador} \qquad (13\text{-}47)$$

b. $$\text{porcentaje de carga en transformador} = \frac{\text{carga en kVA/transformador}}{\text{potencia nominal en kVA/transformado}}$$
$$= \frac{23{,}1\text{ kVA}}{20\text{ kVA}} \times 100 = \mathbf{115{,}5\ \%}$$

c. $$\text{potencia nominal en kVA del banco } V\text{-}V \doteq \frac{\sqrt{3} \times \text{potencia nominal en kVA}}{\text{transformador}}$$
$$= 1{,}732 \times 20\text{ kVA} = \mathbf{34{,}64\ kVA}$$

d. $$\text{relación de potencias nominales} = \frac{\text{banco } V\text{-}V}{\text{banco } \Delta\text{-}\Delta} = \frac{34{,}64\text{ kVA}}{60\text{ kVA}} = \mathbf{57{,}7\ \%} \qquad (13\text{-}47)$$

e. $$\frac{\text{carga original en } \Delta\text{-}\Delta}{\text{transformador}} = \frac{40\text{ kVA}}{3} = \mathbf{13{,}33\ kVA/transformador}$$

$$\text{porcentaje de incremento de carga} = \frac{\text{kVA/transformador en } V\text{-}V}{\text{kVA/transformador en } \Delta\text{-}\Delta}$$
$$= \frac{23{,}1\text{ kVA}}{13{,}33\text{ kVA}} \times 100 = \mathbf{173{,}2\ \%}$$

Debe observarse en el ejemplo 13-25 que mientras la carga de cada transformador ha aumentado un 173 % como resultado de eliminar un transformador de un banco Δ-Δ, los transformadores no están seriamente sobrecargados, como se ve en el ejemplo 13-25b. Originalmente, la carga sobre cada transformador de 20 kVA, en el Δ-Δ, que alimentaba la carga de 40 kVA, era 13,33 kVA. Así, los transformadores en Δ-Δ, en los ejemplos 13-24 y 13-25 no están trabajando a su plena capacidad nominal.

Sin embargo, como resultado de la conexión *V-V*, la carga sobre cada transformador aumenta fuertemente, como muestra el ejemplo 13-25e, en 173,2 %. Los dos transformadores en *V-V* están llevando así, cada uno, un 15,5 % de sobrecarga. Esta sobrecarga puede sostenerse hasta que se vuelva a instalar el tercer transformador.

El ejemplo 13-25 comprueba las relaciones de (13-47) y el hecho de que cada transformador lleva el 57,5 % de la carga total y no la mitad, como ya se había señalado anteriormente.

Las compañías eléctricas a menudo se aprovechan de las relaciones anteriores, comienzan la alimentación de un sistema trifásico usando conexiones de transformación *V-V* y añaden un tercer transformador cuando el crecimiento de la carga lo requiere. Esto queda fácilmente justificado ya que la capacidad añadida conseguida (73 %) supera el coste añadido (50 % de 2 transformadores).

Al igual que el Δ-Δ (e Y-Y), el triángulo abierto o *V-V* no produce desfase entre las tensiones de línea del primario y secundario como muestran las figuras 13-34b y c. Pueden ponerse pues en paralelo con aquellos transformadores (de las mismas tensiones primarias y secundarias) que no tengan desfase (véase tabla 13-1).

13-18. Relaciones de transformación *T-T*. Al igual que la transformación *V-V*, es posible usar sólo 2 transformadores para proporcionar una transformación trifásica, si están conectados en *T-T*. Sin embargo, a diferencia de la conexión *V-V*, la conexión *T-T* requiere 2 transformadores especiales distintos entre sí. Como en la conexión *V-V*, la *T-T* se denomina así debido a la disposición de sus conexiones, que se ven en la fig. 13-35a.

Los transformadores necesarios especiales para la conexión *T-T* son un transformador *corto* (*B*, *b* en la fig. 13-35a) cuyas tensiones nominales en el primario y en el secundario son 0,866 (u 86,6 %) de las tensiones nominales en el primario y en el secundario del transformador *largo* (A, a). El transformador largo es o un transformador con una toma central o un transformador de varios devanados que tiene dos devanados iguales en el primario y en el secundario cuya tensión nominal *total* (conectada en serie) es 1,15 (o 115 %) de las tensiones primaria y secundaria del transformador corto, respectivamente.

Las tensiones trifásicas aplicadas al primario de la *T*, V_{AC}, V_{CB} y V_{BA} se convierten en V_{Bt}, V_{tA} y V_{tC} (para las polaridades instantáneas dadas), como se ve en la fig. 13-35b, en la que *t* es la unión entre el transformador corto y la toma central del transformador de la fig. 13-35a. Las tensiones secundarias in-

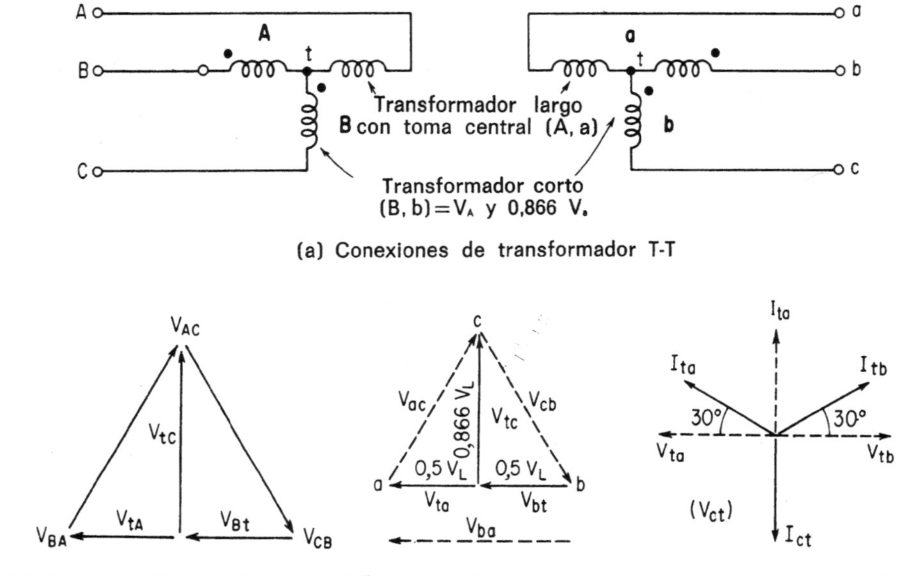

(a) Conexiones de transformador T-T

(b) Tensión trifásica aplicada (c) Tensión inducida secundaria (d) Corriente secundaria

Figura 13-35. Conexiones de transformador T-T y relaciones vectoriales.

ducidas están en fase con los componentes indicados de la tensión aplicada, y están representados como vectores de trazo continuo en la fig. 13-35c. Como puede verse en la fig. 13-35c, la tensión de línea V_{bc} es la suma vectorial de $V_{bt}+V_{tc}$. Como V_{bt} es 0,5 V_L, en la que V_L es la tensión de línea secundaria y V_{tc} es 0,866 V_L, la cual es la tensión nominal secundaria del transformador corto, entonces

$$V_{bc} = V_{bt} + V_{tc} \tag{13-48}$$

$$= 0{,}5V_L + j0{,}866V_L = V_L, \text{ tensión compuesta secundaria} \tag{13-49}$$

De manera parecida, como muestra la fig. 13-35c, la tensión compuesta V_{ac} es

$$V_{ac} = V_{at} + V_{tc}$$

$$= 0{,}5V_L + j0{,}866V_L = V_L, \text{ tensión compuesta secundaria} \tag{13-50}$$

En tanto que la tensión compuesta V_{ba} es

$$V_{ba} = V_{bt} + V_{ta}$$

$$= 0{,}5V_L + 0{,}5V_L = V_L \tag{13-51}$$

Puesto que las tres tensiones de línea en el secundario que se ven en la fig. 13-35c son iguales (a V_L), forman un triángulo equilátero con ángulos de 60° entre sí y sus desfases relativos son, realmente, de 120°, dando lugar así a una verdadera transformación trifásica de las tensiones de línea originales aplicadas al primario.

Las relaciones vectoriales entre corrientes y tensiones para el transformador largo (el de toma de central) y el de corto, respectivamente, pueden verse en la fig. 13-35d. La suma vectorial de las corrientes es cero, como ocurre en cualquier verdadero sistema trifásico. Obsérvese, sin embargo, que la corriente en el transformador corto, I_{tc} está en fase (para un factor de potencia unidad) con su tensión V_{tc}. Pero obsérvese también que las intensidades en el transformador largo avanzan o retrasan 30° respecto a sus componentes de tensión de fase. Estas relaciones de intensidades actúan *disminuyendo* el valor de potencia nominal en ambos transformadores de la siguiente manera:

La carga total alimentada por el transformador largo es

$$VA_{\text{largo}} = V_{ta}I_{ta}\cos 30^\circ + V_{tb}I_{tb}\cos 30^\circ$$

$$= 0{,}5V_LI_L\cos 30^\circ + 0{,}5V_LI_L\cos 30^\circ = V_LI_L\cos 30^\circ$$

$VA_{\text{largo}} = 0{,}866V_LI_L$ en donde V_L e I_L son las tensiones e intensidades de línea secundarias, respectivamente (13-52)

Aunque la intensidad de fase (y de línea) del transformador corto está en fase con su respectiva tensión compuesta, el transformador corto tiene, también, menor potencia nominal debido a que sus devanados tienen una tensión nominal de $0{,}866V_L$ y por tanto

$$VA_{\text{corto}} = V_{ct}I_{ct} = (0{,}866V_L)I_L = 0{,}866V_LI_L \qquad (13\text{-}53)$$

Como en el caso de 2 transformadores en *V-V*, los transformadores corto y largo llevan cada uno la mitad de la carga total trifásica puesto que

$$VA_{\text{total}} = VA_{\text{largo}} + VA_{\text{corto}} \qquad (13\text{-}54)$$

$$\sqrt{3}V_LI_L = \frac{\sqrt{3}}{2}V_LI_L + \frac{\sqrt{3}}{2}V_LI_L = 0{,}866V_LI_L + 0{,}866V_LI_L$$

Para transformaciones trifásicas, las relaciones anteriores demuestran que no existe ventaja alguna al usar el banco *T-T* en comparación con el banco de transformadores en *V-V*, por varias razones. Un banco *T-T* requiere transformadores especiales (más costosos) y una disposición especial de conexiones. (El banco *V-V* permite fácilmente la adición del tercer transformador y cada transformador es un transformador monofásico normal.) Así, si se usan transformadores en *T-T*, la adición de un tercer transformador para producir un banco Δ-Δ es difícil debido a que el transformador corto está preparado sólo para la tensión nominal de 0,866 V_L.

Puede demostrarse que el factor de disminución de la potencia para ambos transformadores en *T-T* y en *V-V* es realmente la misma y no se obtiene ninguna ventaja, por consiguiente, usando la transformación *T-T*. La relación entre la carga nominal en un banco *V-V* por transformador y la carga total que cada transformador puede suministrar (si ambos se usaran como transformadores conectados en monofásico) es

$$\frac{\text{kVA en } V\text{-}V}{2\times\text{kVA monofásicos}} \quad \text{o} \quad \frac{\sqrt{3}\ \text{kVA}}{2\ \text{kVA}} = 0{,}866$$

o sea, exactamente el mismo factor que resulta para cada transformador en *T-T* como demuestran (13-53) y (13-54).

Por las razones anteriores, por tanto, el banco de transformadores tiene poca aplicación excepto para servir como introducción a la conexión Scott, que se verá en el apartado 13-19.

Al igual que la transformación en *V-V* (así como en *Y-Y* y en Δ-Δ), la transformación *T-T* de las figs. 13-35b y c no produce desfase entre primario y secundario. Por consiguiente pueden ponerse en paralelo con cualquier disposición de transformadores que no presente desfase entre primario y secundario, con tal de que las tensiones primaria y secundaria sean las mismas, y se conserve la misma polaridad instantánea, como puede verse en la tabla 13-1, que sigue.

TABLA 13-1.
TIPOS DE TRANSFORMADORES QUE PUEDEN PONERSE EN PARALELO*

COLUMNA A (DESFASE 0°)	COLUMNA B (DESFASE 30°)
Y-Y	Δ-*Y*
Δ-Δ	*Y*-Δ
T-T	
V-V	

De la tabla 13-1 se deduce que un transformador *T-T* puede ponerse en paralelo con un transformador *V-V*, *T-T*, *Y-Y* o Δ-Δ, pero no con transformadores *Y*-Δ ni Δ-*Y*. Así, cualquier transformador de la columna A puede ponerse en paralelo consigo mismo o con cualquier otro transformador de la misma columna A. De manera parecida, cualquier transformador de la columna B puede ponerse en paralelo con una combinación idéntica o con cualquier otra de la propia columna B. Así, un transformador Δ-*Y* puede ponerse en paralelo con

* Suponiendo iguales tensiones entre primario y secundario, y teniendo en cuenta, además, la identificación de fases, la polaridad instantánea y el desfase para conseguir igual desplazamiento de fase (véase apartado 13-14).

cualquier otra combinación Δ-Y o Y-Δ, puesto que en ambos casos se produce un desfase de 30°.

Ninguna combinación de transformadores de la columna A puede ponerse en paralelo con combinaciones de la columna B debido a que la última produce un desfase de 30° entre las tensiones del primario y del secundario.

13-19. Transformaciones trifásicas a bifásicas. Conexión Scott. Cualquier sistema *polifásico* puede transformarse (usando combinaciones adecuadas de transformadores) en otro sistema *polifásico*. Dada una alimentación trifásica, es posible obtener cualquier sistema polifásico desde 2 hasta 24 fases (y superior).* Es conveniente usar transformadores debido a su rendimiento de conversión extremadamente elevado.

El diagrama vectorial de la fig. 13-35c que muestra las tensiones de fase inducidas en los secundarios de los transformadores T-T sugiere una relación en cuadratura entre los dos vectores. Ésta es la misma relación que existe en los sistemas bifásicos y tetrafásicos. Estas dos últimas transformaciones se realizan uando la conexión denominada Scott.

Al igual que en la conexión T-T, se necesitan dos transformadores con tomas especiales. El transformador largo, que muestra la fig. 13-36a, tiene una toma central en el primario (o dos arrollamientos iguales conectados en serie). El transformador corto tiene una tensión nominal que es $\sqrt{3}/2$ o 0,866 de la tensión nominal del transformador largo. Los secundarios de *ambos* transformadores tienen iguales tensiones nominales y pueden tener una toma central (sólo para los tetrafásicos, como se ve en la fig. 13-36b).

Se consigue un sistema bifásico trifilar conectando los terminales de los transformadores y sacando un hilo neutro de esta unión, como muestra la fig. 13-36a. Si los 4 extremos de los dos transformadores se sacan (*sin* unión alguna) se consigue un sistema bifásico a 4 hilos. El diagrama vectorial de la fig. 13-36a muestra la relación entre las tensiones de fase y de línea de un sistema bifásico, usando la polaridad instantánea de los transformadores como se ve. La tensión compuesta, V_L, es

$$V_L = \sqrt{2}\,V_P = \sqrt{2}\,V_a = \sqrt{2}\,V_b \qquad (13\text{-}55)$$

* Resulta imposible usar transformadores para convertir un sistema monofásico c trifásico para potencias elevadas.. Desde luego un motor monofásico que accione un alternador polifásico producirá un sistema polifásico, pero el rendimiento de tal conversión es el producto de los rendimientos de cada máquina. Se consigue una conversión con rendimiento algo superior usando una máquina única denominada convertidor de fase de inducción (véase apartado 11-10). Pueden obtenerse potencias muy pequeñas a partir de un sistema monofásico usando combinaciones defasadoras R-C para producir un sistema bifásico que a su vez pueda ser transformado en un sistema trifásico o en otro superior.

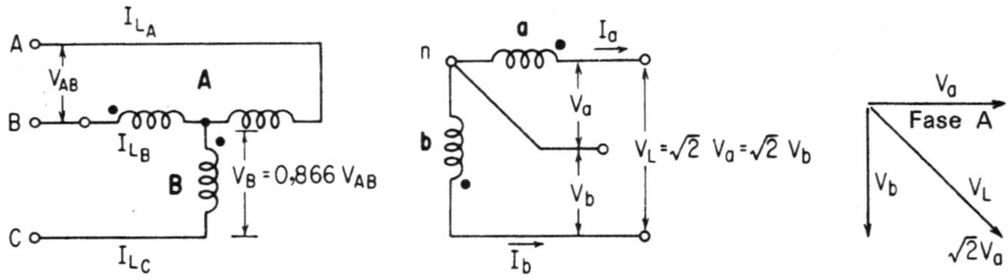

(a) Transformación trifásica a bifásica (trifilar)

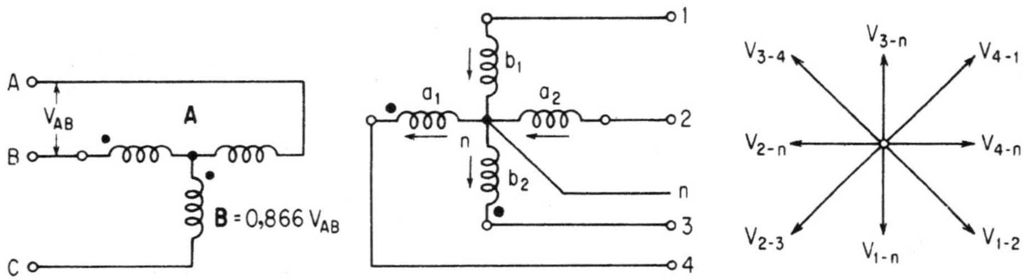

(b) Transformación de cuatro fases o tetrafásica (a 5 hilos)

Figura 13-36. Conexiones Scott para transformaciones bifásica y tetrafásica.

en la que V_P es la tensión de fase o una de las tensiones inducidas en el transformador, V_a o V_b.

Se consigue un sistema bifásico a 5 hilos conectando las tomas centrales de los secundarios del transformador y sacando un hilo neutro de esta unión, como muestra en la fig. 13-36b. Tal tipo de sistema se denomina a veces transformación tetrafásica (o de cuatro fases), a 5 hilos. Como muestra el diagrama vectorial, produce 4 tensiones de línea y 4 tensiones de fase (entre cualquier línea y neutro). Las 4 tensiones de línea están desfasadas 90° entre sí y lo mismo ocurre con las 4 tensiones de fase. Las tensiones de línea son la suma vectorial de cualquier tensión entre dos fases y cumplen la misma relación que la dada en (13-55) o sea, $V_L = \sqrt{2}\, V_P$.

La conexión Scott se usa para producir potencia trifásica a partir de alimentadores bifásicos (o viceversa) en cantidades importantes para accionar motores y otros equipos polifásicos a su tensión nominal. Así, una dependencia que deba alimentarse de un sistema a 155/110 V, 2 fases y 3 hilos puede usar fácilmente una alimentación trifásica a 440 V, con relativamente poca pérdida de potencia, usando una transformación Scott bifásica o trifásica, tal como se indica a continuación en el ejemplo 13-26. A la hora de elegir la compra de un motor especial o nuevo frente a la posibilidad de uno fácilmente disponible más el coste de los transformadores necesarios, generalmente resulta menos caro esto último (los transformadores cuestan menos para la misma potencia nominal, en kVA, que las máquinas rotativas).

Las relaciones entre tensión e intensidad para la conexión Scott se deducen primeramente suponiendo tanto rendimiento unidad como relación de transformación unidad. Así, en la fig. 13-36a

la salida bifásica en kVA = la entrada trifásica en kVA o

$2V_aI_a = \sqrt{3}\,V_LI_L$ pero para la transformación unidad $V_L/V_a = 1$, y
$2I_a = \sqrt{3}\,I_L$, obteniéndose cada una de las 2 intensidades bifásicas (I_a, I_b) en la salida como
$I_a = I_b = \sqrt{3}/2\,I_L$ para una relación de transformación unidad

De (13-16), como que los amperios-vuelta de la carga del secundario de cualquier transformador deben ser iguales a los amperios-vuelta del primario (despreciando la corriente magnetizante), podemos escribir

$$I_aN_2 = \frac{\sqrt{3}}{2}I_L'N_1,$$

y como la relación de transformación, α es N_1/N_2 y el rendimiento es η, podemos escribir

$$I_a = \frac{\sqrt{3}}{2}I_L\alpha\eta = I_b, \quad \text{para transformación trifásica a bifásica} \qquad (13\text{-}56a)$$

y

$$I_a = \frac{\sqrt{3}}{2}\frac{I_L}{\alpha\eta} = I_b, \quad \text{para transformación bifásica a trifásica} \qquad (13\text{-}56b)$$

en donde I_a e I_b son las intensidades de línea bifásicas, I_L es la intensidad de línea trifásica (equilibrada), α es la relación de transformación entre primario y secundario, y η es el rendimiento de los transformadores.

EJEMPLO 13-26. Un motor de inducción trifásico del tipo jaula de ardilla de 440 V, 100 hp, tiene un factor de potencia de 0,8, y debe hacerse funcionar a partir de una alimentación bifásica 155/110 V. Suponiendo que los transformadores seleccionados tengan un rendimiento del 98 % a plena carga, calcular

a. la intensidad de línea en el motor (véase apéndice A-5)
b. la relación de transformación
c. la corriente en el primario de los transformadores Scott
d. la potencia nominal, en kVA, de los transformadores largo y corto

Solución:

a. $I_L = 123\text{ A} \times 1{,}25 = \mathbf{154\ A}$

b. $\dfrac{N_1}{N_2} = \alpha\dfrac{V_a}{V_L} = \dfrac{110\text{ V}}{440\text{ V}} = \mathbf{\dfrac{1}{4}}$

$$\text{c. } I_a = \frac{\sqrt{3}}{2}\frac{I_L}{\alpha\eta} = \frac{\sqrt{3}}{2} \times \frac{154\text{ A}}{0{,}25 \times 0{,}98} = \mathbf{544\ A} \qquad (13\text{-}56b)$$

$$\text{d. kVA} = \frac{V_a I_a}{0{,}866 \times 1000} = \frac{110\text{ V} \times 544\text{ A}}{0{,}866 \times 1000} = \mathbf{69.1\ kVA} \qquad (13\text{-}53)$$

13-20. Transformaciones trifásica a hexafásica. Debido a su rendimiento relativamente elevado, los transformadores sirven como excelentes dispositivos de transformación polifásicos proporcionando sistema polifásicos más elevados (generalmente) a partir de fuentes de alimentación trifásicas. Tales sistemas más elevados son particularmente útiles en la rectificación de media onda y de onda completa debido a sus componentes de rizado relativamente bajas (apartado 13-21). Así, cuando se precisan grandes potencias de c.c., suelen convertirse los sistemas trifásicos a sistemas de 6, 12 o incluso 24 fases usando transformadores y rectificadores a semiconductores adecuados de media onda u onda completa. Aunque la teoría de las transformaciones de orden superior cae fuera del alcance de este libro, este apartado proporcionará una introducción a la teoría de la transformación polifásica cubriendo las 5 transformaciones básicas de un sistema trifásico a uno hexafásico.

El tipo de transformador necesario para producir una verdadera* transformación trifásica o hexafásica es el de 2 secundarios de tensiones iguales. Como muestra la fig. 13-37a, se necesitan tres de tales transformadores monofásicos individuales (aunque puede usarse un único transformador polifásico con 6 secundarios independientes). (Para una verdadera conversión dodecafásica, se necesitan transformadores que tengan 4 secundarios independientes; para 24 fases, 8 secundarios independientes, etc.)

Los tres transformadores están conectados en *Y* (aunque podría usarse el triángulo) a una alimentación trifásica, habiendo tenido en cuenta su polaridad instantánea, como se ve en la fig. 13-37b. Para la aplicación mostrada, se desea un sistema hexafásico de alta tensión, y por tanto la baja tensión corresponde al primario y la alta tensión al secundario. (Se usará la *misma* conexión en el primario para *todas* las 5 transformaciones hexafásicas consideradas, y en las figuras 13-38 a 13-42 sólo se mostrarán las conexiones del secundario, puesto que cada una de ellas es diferente.) Obsérvese que la polaridad instantánea en el secundario y el sentido del vector de la tensión inducida en cada uno de los secundarios puede verse en las figs. 13-37c y d respectivamente. Estas tensiones, como era de esperar, están a 120° ya que están producidas por una alimentación trifásica. Así, los terminales (con punto) mostrados en la fig. 13-37c tienen el sentido del vector instantáneo indicado en el diagrama vectorial de la fig. 13-37d.

* Una verdadera transformación es la que produce un sistema polifásico (deseado) en los secundarios sin necesidad de interconexión de los terminales del secundario con la carga. Sólo las conexiones en estrella y malla producen *verdaderos* sistemas polifásicos.

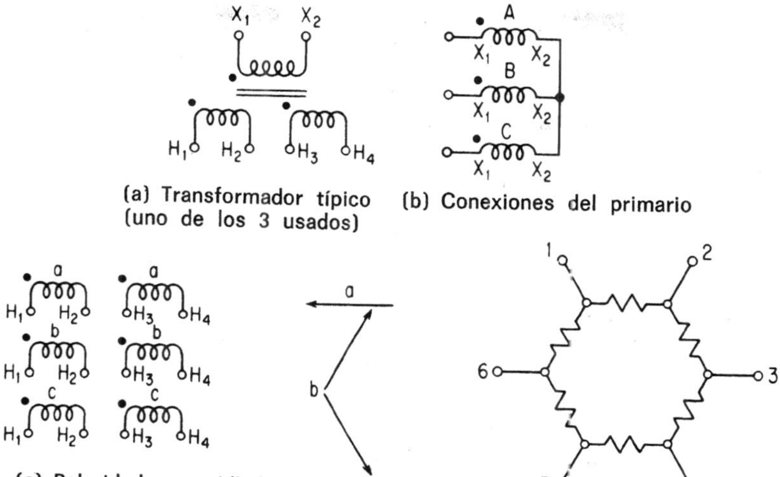

(a) Transformador típico (uno de los 3 usados)

(b) Conexiones del primario

(c) Polaridades del secundario

(d) Sentidos vectoriales de la tensión inducida

(e) Carga 6ϕ (conectada en malla)

Figura 13-37. Típico transformador necesario para la transformación 3 a 6ϕ con conexión del primario, sentidos vectoriales de las tensiones secundarias y carga 6ϕ.

En la fig. 13-37e puede verse una carga hexafásica típica, conectada en malla. Esta carga con sus terminales (1 a 6) se usará como carga para todos los tipos de transformación hexafásica que se verán a continuación.

13-20.1. *Estrella hexafásica.* La primera transformación considerada es la estrella hexafásica. En la conexión genérica en estrella, un extremo de todas las bobinas está conectado a un arrollamiento común (así la *Y* es un caso *especial de la estrella*). Los terminales H_2 de todas las bobinas secundarias se conectan entre sí y lo mismo se hace con los terminales H_3 de todas las bobinas secundarias; entonces se conectan *ambos* a una unión *común, n,* como muestra la fig. 13-38a. Los 6 terminales libres se llevan a los terminales 1 a 6, que a su vez se conectan a los terminales 1 a 6 de la carga hexafásica, como muestra la fig. 13-38a.

Incluso si los terminales libres no están conectados a la carga hexafásica, la estrella hexafásica produce un verdadero sistema hexafásico por las siguientes razones:

1. la tensión E_{n1} entre el neutro y el terminal de la línea 1 tiene el sentido correspondiente al de la polaridad de H_2-H_1 de la bobina *a,* indicada en las figuras 13-38a y b.

2. La tensión E_{n2} entre el neutro y el terminal de la línea 2 tiene sentido opuesto que el correspondiente al de la polaridad de H_4-H_3 de la bobina *b*, indicada en las figs. 13-38a y b.
3. Por tanto, las tensiones E_{n1} a E_{n6} pueden dibujarse sobre el diagrama vectorial, como muestra la fig. 13-38b.
4. Las tensiones de línea E_{61}, E_{12}, E_{23}, etc. se encuentran usando la notación de doble subíndice. Así, $E_{61} = E_{6n} + E_{n1}$. Esto es lo mismo que dibujar una línea desde E_{n6} a E_{n1} en el diagrama vectorial de la fig. 13-38b.
5. Obsérvese que para la conexión hexafásica en estrella, el valor de las tensiones de línea (E_{12}, E_{23}, etc.) es el mismo que el de las tensiones de fase (medidas desde el neutro a una cualquiera de las líneas y que es igual a la tensión en bornes de cualquier bobina).
6. Así, incluso en ausencia de carga, existe la relación mostrada en el diagrama vectorial de la fig. 13-38b, y por tanto la estrella hexafásica constituye un verdadero sistema hexafásico.

Cuando los terminales 1 a 6 de la alimentación hexafásica se conectan a los terminales 1 a 6 de la carga hexafásica, se aplica la misma tensión de línea en cada una de las cargas hexafásicas individuales conectadas en malla, como muestra la fig. 13-38a, suponiendo que no existen caídas internas de impedancia debidas a la carga en los devanados del secundario del transformador.

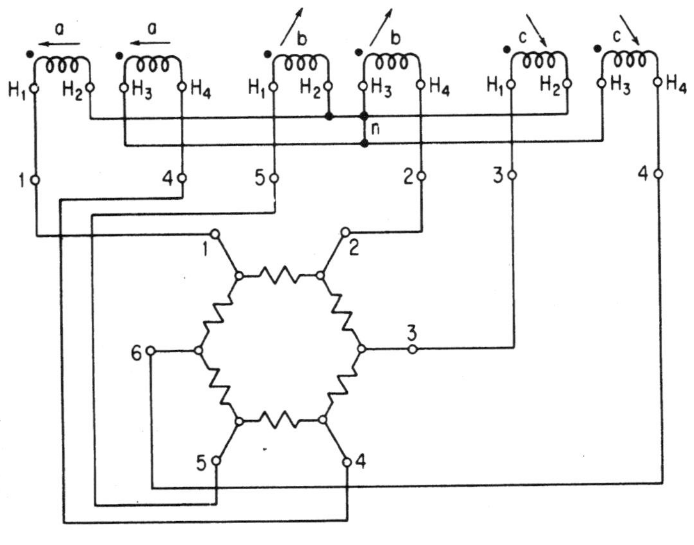

(a) Conexión del secundario para estrella 6ϕ y conexiones a una carga 6ϕ

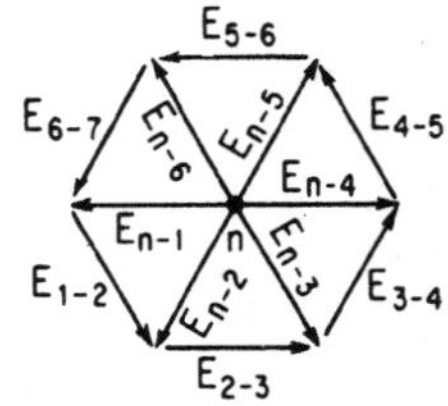

(b) Diagrama vectorial de la estrella 6ϕ

Figura 13-38. Conexión del secundario en estrella 6ϕ y diagrama vectorial.

13-20.2. *Malla hexafásica.* Las conexiones secundarias para la malla hexafásica pueden verse en la fig. 13-39a. Obsérvese que antes de cerrar la malla, como en el caso de un secundario en triángulo (apartado 13-14), es necesario un voltímetro para asegurarse de que la suma vectorial de todas las tensiones de malla conectadas en serie es cero. En la fig. 13-39b se da una tabla de conexiones para simplificar éstas y también para comprobar el diagrama vectorial de la fig. 13-39c. A los extremos de las bobinas se les han asignado letras para simplificar la referencia de las conexiones de los extremos.

El diagrama vectorial de la fig. 13-39c se obtiene como sigue:

1. Empezar con la bobina *a-b* que sirve de referencia. Con *b* conectado a *n* (véase tabla) la tensión *n-m* debe tener el sentido opuesto mostrado (puesto que la punta de la flecha corresponde al punto).
2. Con el terminal *m* conectado a *c*, la tensión en la bobina *c-d* tiene el sentido indicado (la punta de la flecha corresponde al punto).
3. La tensión en la bobina *h-j* es la indicada, pero se desea la tensión *j-h*, ya que *d* está conectada a *j*. Por tanto el vector se invierte como puede verse en la fig. 13-39c.

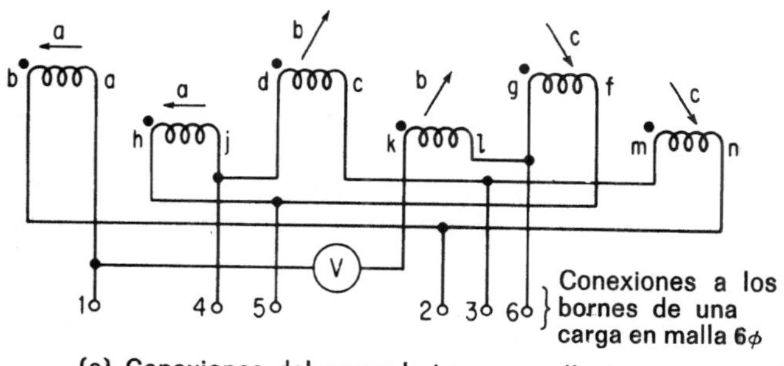

(a) Conexiones del secundario para malla 6φ

Tabla de conexión

b	a	n
m	a	c
d	a	j
h	a	f
g	a	l
k	a	(V)
(V)	a	a

(b) Tabla de conexión

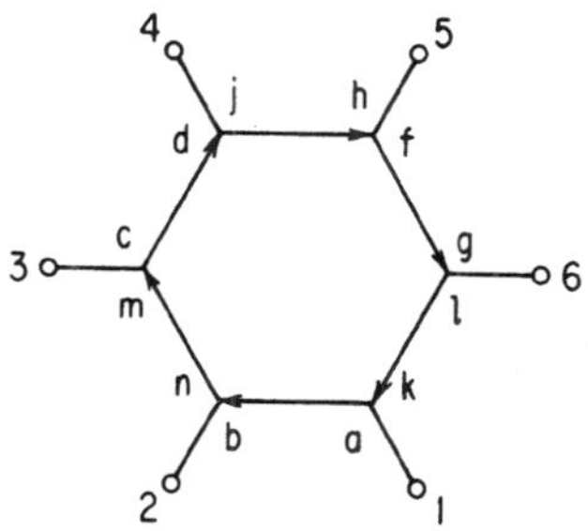

(c) Diagrama vectorial y conexiones a los bornes de la carga (carga como la de la fig. 13-38a)

Figura 13-39. Conexiones del secundario en malla 6φ (Carga como la de la figura 13-38a).

4. Con *h* conectado a *f*, el vector *f-g* tiene el sentido indicado.
5. Con *g* conectado a *l*, el vector *k-l* tiene el sentido indicado. Pero queremos el vector *l-k*, lo cual significa una inversión de fase. Esto nos vuelve a llevar a *a-b*, que es la bobina de referencia.

Obsérvese que el diagrama vectorial de malla mostrado en la fig. 13-39c produce un verdadero sistema hexafásico de tensiones entre los terminales de línea 1 a 6, respectivamente, independientemente de su conexión a una carga hexafásica, y que las tensiones de fase y de línea de las mallas son iguales.*

Ocasionalmente, cuando se conecta la malla hexafásica (fig. 13-39a) aparece una tensión armónica en el voltímetro si el neutro del primario *Y* no está puesto a tierra. La puesta a tierra del primario (o la conexión del primario en triángulo) eliminará esta tensión armónica (apartado 13-15).

13-20.3. *Diametral hexafásica.* El lector observador puede descubrir, examinando las figs. 13-38a y 13-39a que las conexiones de la estrella y de la malla hexafásicas, respectivamente, se han llevado a la carga según un modelo particular (1-4-5-2-3-6). Los extremos opuestos del primer transformador conectado en estrella se han llevado a los terminales 1 y 4 de la carga. Los extremos opuestos del segundo transformador conectado en estrella se han llevado a los terminales 5 y 2 de la carga. Los extremos opuestos del tercer transformador conectado en estrella se han llevado a los terminales 3 y 6 de la carga. Esto sugiere la posibilidad de una transformación trifásica o hexafásica sin utilizar transformadores especiales ni transformadores con tomas centrales.

Esta posibilidad se realiza usando la conexión *diametral* mostrada en la fig. 13-40a. Si los terminales de polaridad opuesta (diametralmente) del secun-

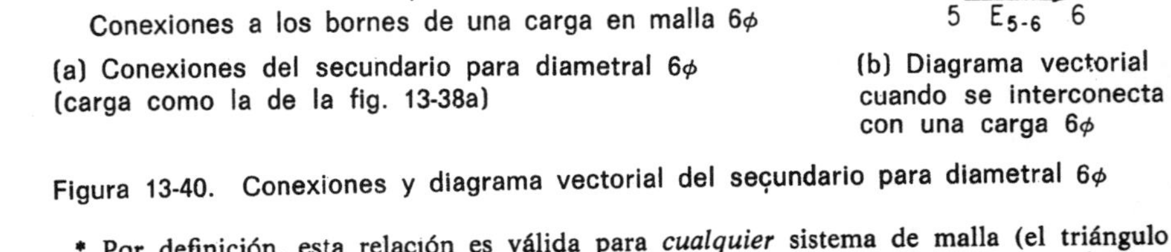

(a) Conexiones del secundario para diametral 6φ (carga como la de la fig. 13-38a)

(b) Diagrama vectorial cuando se interconecta con una carga 6φ

Figura 13-40. Conexiones y diagrama vectorial del secundario para diametral 6φ

* Por definición, esta relación es válida para *cualquier* sistema de malla (el triángulo trifásico, la malla hexafásica o dodecafásica, etc.) puesto que la tensión de fase de una malla es la misma que su tensión de línea.

dario de cada transformador se conectan a los terminales de la carga en la secuencia 1-4-5-2-3-6, aparece una tensión de línea hexafásica en los terminales de la carga, como se ve en la fig. 13-40b. Obsérvese que en ausencia de carga conectada, las tensiones inducidas en los secundarios de los transformadores *a*, *b* y *c* están desplazadas 120°, como muestran las figs. 13-40a y b. La conexión de los terminales diametralmente opuestos a los terminales de la carga en secuencia adecuada, como puede verse en el diagrama vectorial de la fig. 13-40b, crea automáticamente 6 tensiones de línea que están desplazadas adecuadamente para formar un sistema hexafásico: E_{12}, E_{23}, etc.

Como puede verse en la fig. 13-40b, la relación entre la tensión inducida en cada arrollamiento secundario (completo), E_{14}, y una tensión de línea hexafásica cualquiera, $E_{12}=E_{6\phi}$, es

$$E_{12} = \frac{E_{14}}{2}$$

y por tanto

$$E_{6\phi} = \frac{E_{3\phi}}{2} = E_p \qquad (13\text{-}57)$$

donde $E_{3\phi}$ es la tensión inducida secundaria total en cada transformador, y E_p es la tensión de «fase» inducida en cada bobina (H_1-H_2 o H_3-H_4) de un transformador de 2 devanados (si se usara).

La conexión diametral es quizás la más simple de todas las conexiones trifásicas o hexafásicas debido a que no se requiere interconexión entre los secundarios ni transformadores especiales (pueden usarse tres transformadores idénticos). Sin embargo, *no* se produce un verdadero sistema hexafásico, y si uno de los conductores que alimentan la carga hexafásica se corta, o si se corta la malla de la carga hexafásica, la fig. 13-40b vuelve a convertirse en un simple sistema trifásico.

13-20.4. *Doble Y hexafásica.* Otros dos sistemas, que tampoco son «verdaderos» sistemas hexafásicos, pueden verse en las figs. 13-41 y 13-42. Ambos sistemas (la doble *Y* y la doble Δ) requieren la interconexión a la carga para producir la tensión de línea hexafásica. Debido a que son algo más complicados en las conexiones necesarias de transformador, se usan raramente en comparación con el diametral, a no ser que se quiera una variación de la tensión de línea del secundario (como en el caso del doble triángulo).

La *conexión doble Y* puede verse en la fig. 13-41a. Un examen atento revela que es casi igual que la estrella hexafásica (fig. 13-38a) con una pequeña diferencia, los dos terminales de la estrella del *Y* (n_2 y n_3) no están unidos a una unión común. Por tanto, como muestra el diagrama vectorial de la fig. 13-41b, se pro-

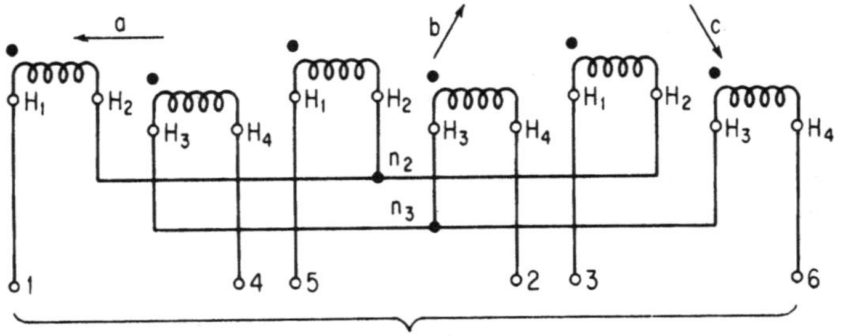

A los bornes de una carga en malla 6ϕ
(carga como la de la fig. 13-38a)

(a) Conexiones del secundario para doble Y 6ϕ (neutros sin conectar)

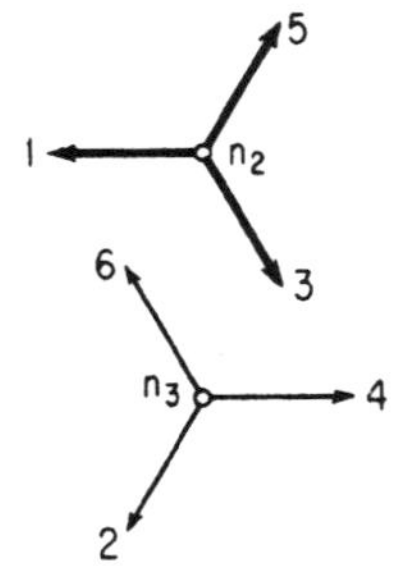

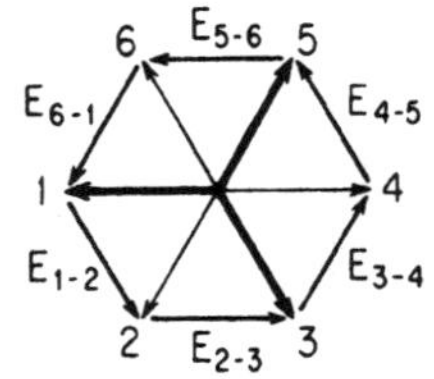

(b) Diagrama vectorial para doble Y

(c) Diagrama vectorial cuando se interconecta con una carga en malla 6ϕ

Figura 13-41. Conexiones y diagramas vectoriales del secundario para doble Y 6ϕ

ducen dos sistemas independientes trifásicos en *Y* en los terminales 1, 3 y 5, y en los 2, 4 y 6.

Al conectar la carga en la malla hexafásica se superponen los vectores (trifásicos) de la fig. 13-41b, produciendo tensiones de línea desfasadas 60°, como en cualquier sistema hexafásico, tal como se indica en la fig. 13-41c. Como en el caso de la estrella hexafásica, el valor de las tensiones de línea hexafásicas es igual que el de la tensión de fase (medido desde el neutro a cualquier línea), que es la misma que la tensión en bornes de cualquier bobina secundaria (H_1-H_2 o H_3-H_4).

13-20-5. *Doble triángulo hexafásico.* El *doble triángulo* es la malla análoga al doble *Y*. Se tienen dos conexiones independientes en triángulo trifásico

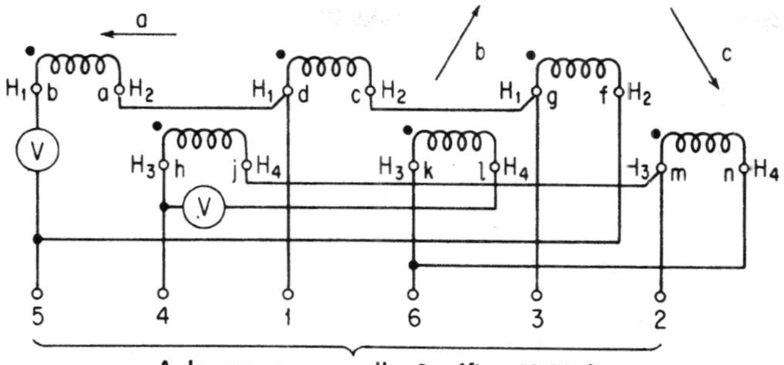

(a) Conexiones del secundario para doble Δ 6ϕ

Tabla de conexión

a	a	d
c	a	g
f	a	(V)
(V)	a	b
j	a	m
n	a	k
l	a	(V)
(V)	a	h

(b) Tabla de conexión

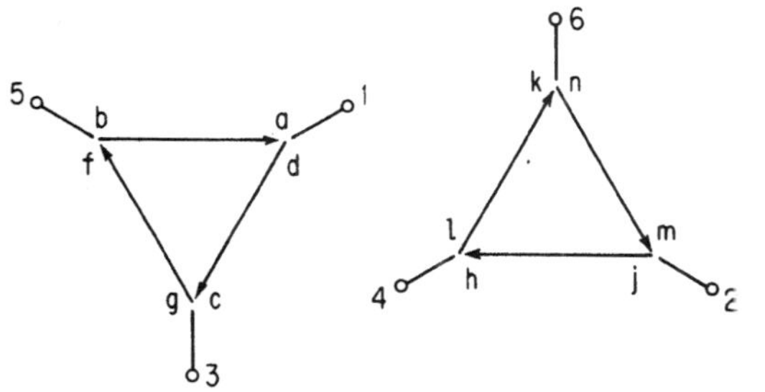

(c) Diagramas vectoriales para doble Δ

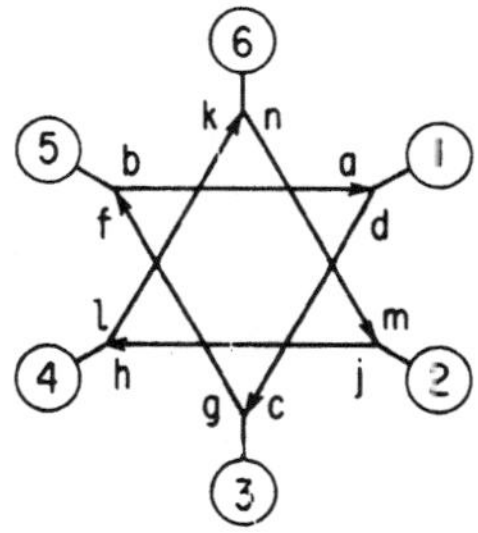

(d) Diagrama vectorial para doble Δ, interconectado con una carga de malla 6ϕ

Figura 13-42. Tabla de conexión y diagrama vectorial del secundario para doble Δ 6ϕ

con polaridad instantánea opuesta, como muestra la fig. 13-42a. El primer grupo usa las bobinas H_1-H_2, mientras que el segundo usa las bobinas H_3-H_4. Como en el caso de cualquier sistema de malla, se precisan voltímetros antes de cerrar el triángulo, como muestra la fig. 13-42a y la tabla de conexiones de la fig. 13-42b. En la fig. 13-42c pueden verse las relaciones de los vectores individuales en el triángulo trifásico para cada triángulo separado así producido por las conexiones del secundario, así como sus conexiones a los terminales de línea de la carga hexafásica.

Al conectar la carga en la malla hexafásica se superponen los vectores (trifásicos) de la fig. 13-42c sobre la carga hexafásica y sobre cada una de las otras, como muestra la fig. 13-42d, produciendo tensiones de línea desplazadas 60°, como en cualquier sistema hexafásico. El doble triángulo difiere de todos los demás sistemas vistos anteriormente en un aspecto importante: produce una tensión de línea (E_L) que es menor que la tensión de fase (E_p). Como muestra la fig. 13-42d, la tensión de línea hexafásica, E_{12}, es menor que la tensión en la bobina trifásica $E_{cd}=E_{13}=E_p$, que es la tensión de fase. La relación entre ellas es

$$E_L = \frac{E_p}{\sqrt{3}} = 0{,}577E_p \qquad (13\text{-}58)$$

en donde todos los términos se han definido anteriormente.

13-21. Uso de las transformaciones polifásicas en la conversión de potencia. Además de usarse en la transformación trifásica de la c.a. a altas tensiones para el transporte a larga distancia y en la subsiguiente transformación a tensiones más bajas para la distribución de energía eléctrica, los transformadores también se usan para la *conversión* de c.a. en c.c. Las transformaciones polifásicas de tres a seis, e incluso mayor número de fases, constituyen una etapa en el proceso de rectificación. Pueden citarse varias ventajas de la rectificación polifásica respecto a la monofásica, a saber:

1. menor contenido de rizado en la componente fundamental y en los armónicos de orden superior en la onda de salida, lo que requiere filtros de alisado menos complejos,
2. los transformadores se usan con más rendimiento ya que la relación entre potencia en c.c. y kVA de transformador es más elevada para la conversión polifásica,
3. al aumentar el número de fases aparece una relación entre tensiones de c.c. y de c.a., superior (media a eficaz),
4. el rendimiento total del proceso de conversión aumenta. Esto es importante cuando deben convertirse grandes cantidades de potencia de c.a. en c.c.

Por consiguiente, es mucho mejor, para una compañía eléctrica, suministrar c.a. a un abonado industrial que requiera grandes cantidades de c.c., enviando energía por líneas de transporte trifásicas a alta tensión. Se usan entonces los transformadores para (1) proporcionar una tensión secundaria adecuada para la rectificación, y (2) transformar la alimentación trifásica a hexafásica o con mayor número de fases para obtener las ventajas citadas anteriormente.

La tabla 13-2 de la página 679 muestra una comparación de los distintos factores que intervienen en la elección del número de fase que deben usarse para una rectificación óptima. La primera fila muestra la relación entre tensiones de salida en c.c. y tensiones de fase en c.a., V_{dc}/V_{p2}. Esta relación aumenta al aumentar el número de fases hasta un máximo teórico de 1,414. Representa, en efecto, una medida de la c.c. útil respecto a la componente de rizado de c.a. presente. Así resulta que si se usara una rectificación dodecafásica (o incluso de 24 fases), prácticamente se alcanza el valor máximo teórico correspondiente a una diferencia menor del uno por ciento (como puede verse en la fig. 13-44b). Obsérvese que para cualquier onda senoidal, $E_m = 1{,}414E_{p2}$, en la que E_{p2} es la tensión de fase eficaz del secundario del transformador, y este valor es el valor límite de c.c.

TABLA 13-2.
COMPARACIONES ENTRE SISTEMAS POLIFÁSICOS DE RECTIFICACIÓN

NÚMERO DE FASES, *n*	1 (ONDA COMPLETA)	3	6	12	∞
$\frac{V_{cc}}{V_{p_2}}$	0,9	1,17	1,35	1,4	1,414
$\frac{E_h}{V_{cc}}$	0,667	0,25	0,057	0,014	0
$\frac{P_{cc}}{VA_2}$	0,54	0,675	0,551	0,400	0

La segunda fila de la tabla 13-2 muestra la relación E_h/V_{cc} (la amplitud del armónico principal a la tensión de salida de c.c. sin filtrar) al aumentar el número de fases. Nuevamente al aumentar el número de fases, se reduce el contenido armónico, reduciéndose pues considerablemente el rizado de c.a. Este factor, también, tiende a aconsejar el uso de conversiones y rectificaciones utilizando transformadores polifásicos de gran número de fases.

La última fila de la tabla 13-2 es una relación entre la potencia rectificada y la potencia aparente nominal, VA, del arrollamiento del secundario del transformador. Esta relación se denomina a veces factor de *utilización*. Un factor de utilización bajo significa un coste más elevado del transformador para la cantidad de potencia de c.c. producida. El factor de utilización puede considerarse como máximo teóricamente para 2,7 fases. Así, resulta que la rectificación trifásica proporciona una conversión con mayor rendimiento en función del coste del transformador, a pesar de su elevado contenido de rizado y su baja relación entre tensión de c.c. y tensión eficaz de c.a.

La figura 13-43 muestra el uso de una conversión Δ-Y con primario de alta tensión y secundario de baja tensión, usando rectificación de media onda a semiconductores. El primario es un triángulo para suprimir los armónicos. El neutro del secundario está puesto a tierra por la misma razón. Para la mayoría de aplicaciones comerciales en las que se manejan grandes potencias de c.c., el circuito de la fig. 13-43 es muy poco satisfactorio, a pesar de su elevado factor de utilización del transformador. La corriente de c.c. tiene siempre el mismo sentido en cada devanado del secundario, lo que provoca una corriente de excitación excesivamente elevada debido a la magnetización que produce la c.c. en el núcleo de hierro. El efecto resultante es un sobrecalentamiento de los transformadores. Esto, junto con las desventajas de un contenido mayor de rizado y una relación menor entre la tensión de c.c. y la tensión eficaz de c.a., aconseja el uso de la

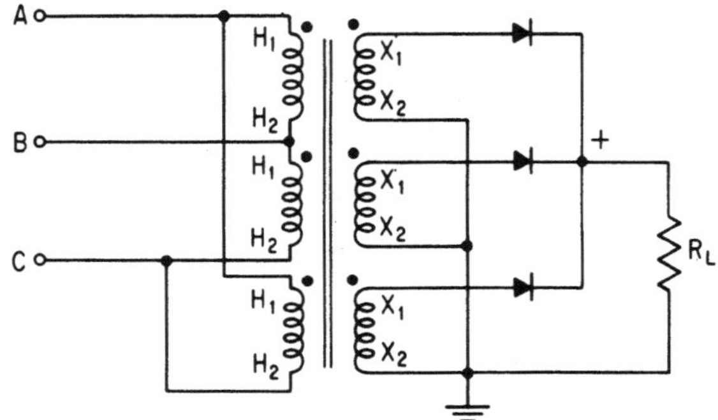

Figura 13-43. Rectificación trifásica de media onda

rectificación hexafásica, a pesar de que el factor de utilización del transformador sea algo inferior.

13-21.1. *Rectificación hexafásica de media onda usando diodos.* En la mayoría de transformaciones trifásica o hexafásica se prefiere la conexión hexafásica en estrella debido a que proporciona un neutro (que puede ser puesto a tierra), así como un *verdadero* sistema hexafásico. Se usan un total de 6 rectificadores a semiconductores con una tensión inversa de cresta (PRV) y una corriente nominal* adecuados para proporcionar una salida rectificada de media onda de la tensión hexafásica secundaria.** Si se desea regular la tensión de salida de c.c. se utilizan comúnmente dos métodos en función del coste relativo y de la potencia. Puede usarse un variac trifásico en la entrada para variar la tensión de alimentación de los tres transformadores conectados en triángulo, cambiando así la tensión de fase de salida en el secundario E_{p2} y la tensión de salida de c.c., V_{dc} en la fig. 13-44a. Otra solución, consiste en usar en lugar de los diodos D_1 a D_6, rectificadores controlados de silicio (SCR) junto con un circuito desfasador para controlar la tensión de salida de c.c. (fig. 13-45).

La onda producida por los seis diodos puede verse en la fig. 13-44b, en *ausencia* del condensador *C* de filtro (mostrado en la fig. 13-44a). El efecto sobre

* Cuando este libro fue escrito, existían en el mercado diodos rectificadores de silicio de elevada intensidad con valores nominales de hasta 500 A, con una PRV de hasta 1200 V (G.E. tipo A295PN).

Análogamente existen también rectificadores controlados de silicio de elevada intensidad, de 470 A eficaces con una PRV de hasta 1200 V)G.E. tipo C290PB).

** La rectificación de onda completa requiere 12 diodos, uno en cada lado de los 6 devanados del transformador que muestra la fig. 13-44a. Esto implica la posible pérdida del neutro en el caso de que se averíe un diodo del lado del neutro. Por tanto, las transformaciones de media onda dodecafásicas pueden resultar mejor que las transformaciones de onda completa hexafásicas que usan el mismo número de diodos (12) a pesar de ser algo menor el factor de utilización del transformador.

la onda de salida al añadir un condensador de filtro puede verse en la fig. 13-44c.

Obsérvese que la onda de salida de la fig. 13-44b contiene una componente de rizado relativamente pequeña, variando pues de E_m a E_x, siendo $E_m = 1{,}414E_{p2}$. El valor medio de la c.c. rectificada para la onda de salida de la fig. 13-44b es*

$$V_{dc} = 1{,}35E_{p2} \tag{13-59}$$

Como muestra la tabla 13-2, este valor de c.c. es algo superior al valor comparable obtenido con la rectificación trifásica ($1{,}17E_{p2}$), pero con un contenido de rizado armónico *considerablemente menor.*

Se obtiene un rizado considerablemente menor y una relación de salida de tensión de c.c. superior shuntando R_L con un condensador de tamaño y tensión nominal adecuados, como muestra la fig. 13-44c. En tales circunstancias, el condensador resulta más que justificado debido a que produce la misma relación entre V_{dc} y E_{p2} que la que se obtendría con la rectificación dodecafásica (véase tabla 13-2) sin presentar la reducción del factor de utilización del transformador que aparece si se usa la conversión dodecafásica y sin necesidad de utilizar 6 rectificadores adicionales.

13-21.2. *Rectificación hexafásica en doble Y usando SCR.* En la figura 13-45a puede verse una técnica comercial típica usada para proporcionar una salida de c.c. *regulable* que implica el uso de rectificadores controlados de silicio. En este caso, la conversión trifásica a hexafásica se realiza con su conexión. Obsérvese que se usa una reactancia adicional con toma central denominada transformador de *interfase,* T_2, colocada entre los neutros de las dos Y. (Si se omite T_2, se tiene una estrella.) El transformador de interfase sirve para

1. proporcionar una toma central para la conexión a tierra de la doble-Y,
2. actúa como un medio de igualar cualquier diferencia de tensión de c.c. entre las dos mitades proporcionando una reactancia elevada a la c.a. pero una resistencia baja a la c.c.,
3. mejora la regulación de tensión del circuito (o sea, su capacidad para mantener su tensión de salida desde vacío hasta plena carga).

* Puede demostrarse que para n fases (2 o más) la relación de

$$\frac{V_{dc}}{E_{p_2}} = \frac{\sqrt{2}\,n}{\pi}\left(\operatorname{sen}\frac{180^\circ}{n}\right)$$

Sustituyendo $n=6$ en esta expresión se obtiene 1,35, como se ve en la tabla 13-2 y en (13-59), anteriores.

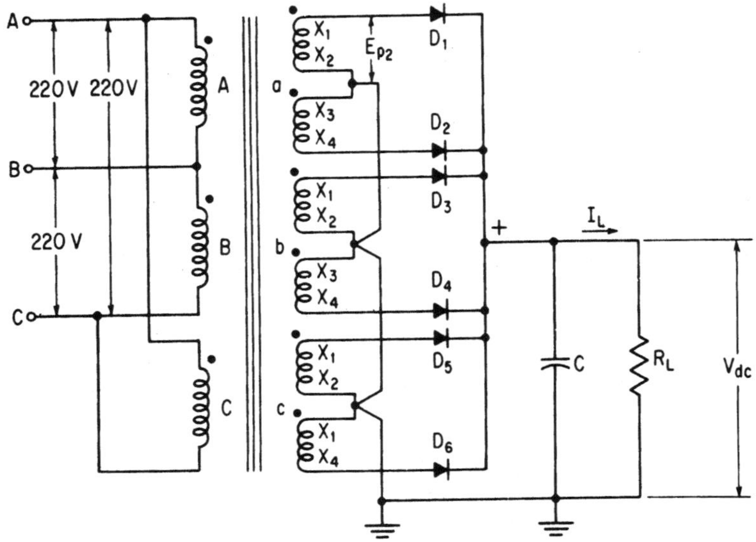

(a) Conexiones para rectificación 3 a 6ϕ de media onda usando una estrella 6ϕ.

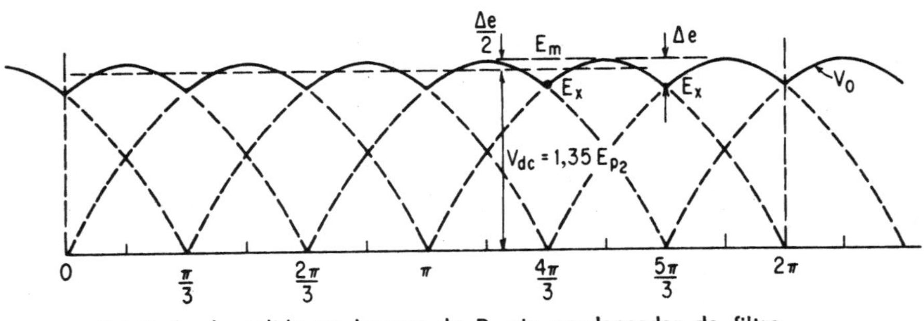

(b) Onda de salida en bornes de R_L sin condensador de filtro

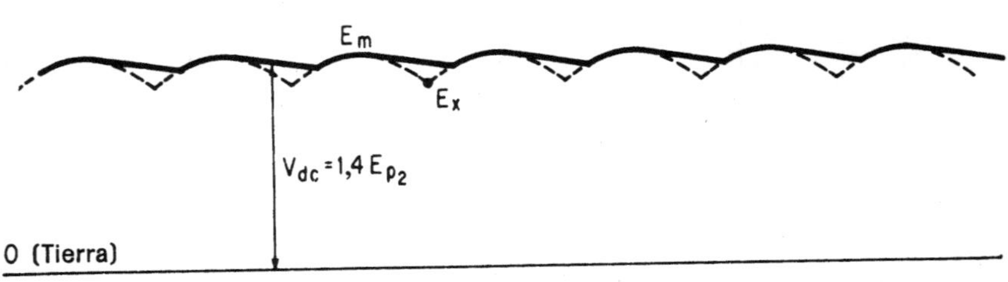

(c) Onda de salida en bornes de R_L con condensador de filtro

Figura 13-44. Rectificación 3 a 6ϕ triángulo-estrella.

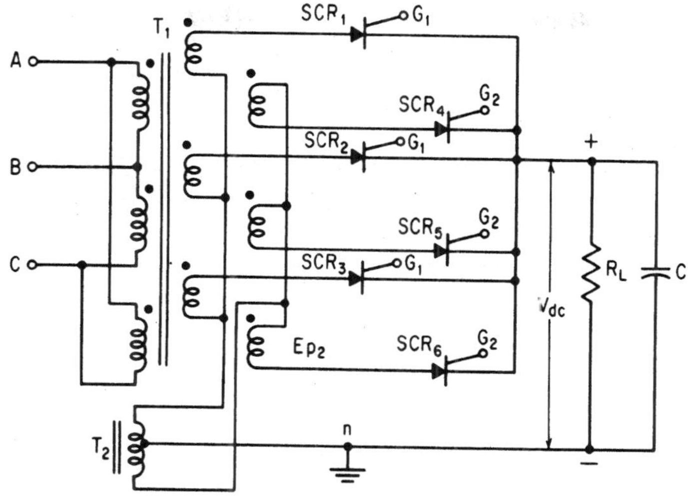

(a) 3ϕ en Δ a 6ϕ en doble Y con SCR de fase controlada con transformador de interfase, T_2

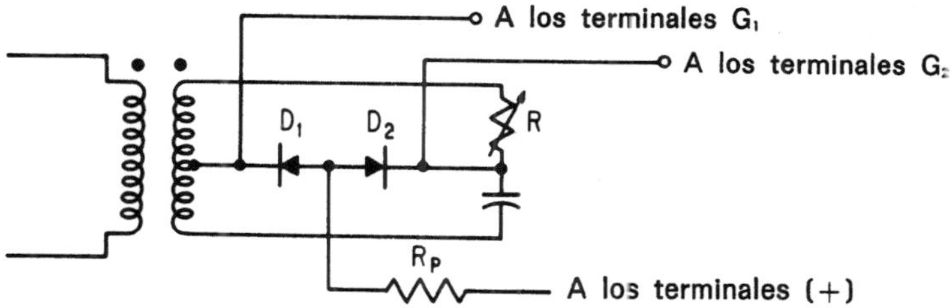

(b) Típico circuito de control de fase para ajustar el disparo de los SCR

Figura 13-45. Transformación 6ϕ en doble Y con SCR para control de la tensión de salida de c.c. mediante redes defasadoras.

El uso de la conexión en doble-*Y* proporciona todas las ventajas de la conversión hexafásica sin añadir la desventaja de un menor factor de utilización del transformador. Como consta *inherentemente* de dos transformaciones trifásicas, como muestra la tabla 13-2, tiene un factor de utilización de 0,675 en lugar de 0,551, que se aplicaba al caso de la fig. 13-44a. Al mismo tiempo, cuando se conecta a la carga, R_L, se produce un sistema hexafásico y el rizado es el de cualquier sistema hexafásico en lugar del de un sistema trifásico.

El control del valor de la tensión de salida, V_{dc}, se consigue mediante una red de desfase como muestra la fig. 13-45b. Una resistencia variable *R* controla el ángulo de fase entre la tensión de señal de puerta en los terminales G_1 y G_2 y la tensión de entrada de c.a. Variando R desde 0 hasta un valor elevado, el ángulo de fase puede variarse desde casi 0 a 180°. La conducción del rectificador controlado de silicio se hace variar así desde su máximo (para $\theta=0$) hasta un mínimo (cuando $\theta=180°$).

El circuito de la fig. 13-45 resulta útil siempre que se necesite una tensión variable de c.c., como en el caso de la regulación de velocidad de un motor de c.c. controlando la tensión del inducido.

BIBLIOGRAFÍA

Crosno, C. D. *Fundamentals of Electromechanical Conversión,* Nueva York: Harcourt, Brace, Jovanovich, Inc., 1968.

Daniels. *The Performance of Electrical Machines,* Nueva York: McGraw-Hill, Inc., 1968.

Hindmarsh, J. *Electrical Machines,* Elmsford, N. Y.: Pergamon Press, 1965.

Majmudar, H. *Introduction to Electrical Machines,* Boston: Allyn y Bacon, 1969.

Selmon. *Magnetoelectric Devices: Transducers, Transformers and Machines,* Nueva York: Wiley/Interscience, 1966.

Skilling, H. H. *Electromechanics: A First Course in Electromechanical Energy Conversion.* Nueva York: Wiley/Interscience, 1962.

Thaler, G. J., y Wilcox, M. L. *Electric Machines: Dynamics and Steady State,* Nueva York: Wiley/Interscience, 1966.

CUESTIONES

13-1. Para un transformador
   a. definir los arrollamientos primario y secundario
   b. arrollamientos del lado de alta tensión y del lado de baja tensión

c. ¿es posible que un arrollamiento de cualquier tensión sirva como primario? Explíquese.

13-2. ¿Cuál es el significado de la convención de puntos para
a. el primario?
b. los arrollamientos independientes del secundario?
c. ¿por qué están las f.e.m. inducidas en todos los arrollamientos, incluyendo el primario, en fase?

13-3. a. ¿Qué se entiende por pérdida de acoplamiento y cómo resultan afectados por ella los valores de M, k, V_2 e I_2?
b. ¿Qué condiciones producen un acoplamiento débil?
c. ¿Es posible que la media geométrica de las inductancias del primario y del secundario sea menor que la inductancia mutua? Explíquese.

13-4. a. ¿Por qué es conveniente un fuerte acoplamiento en los transformadores de potencia?
b. ¿Puede ser posible el acoplamiento unidad en la práctica en los transformadores de potencia reales? ¿Por qué no?
c. Definir un transformador ideal.

13-5. Explicar, en detalle, cómo transfiere potencia un transformador desde el primario al secundario con una carga capacitiva en los terminales del secundario. Usar los diagramas vectoriales para ayudar a la explicación.

13-6. a. Definir la relación de transformación, α.
b. ¿Es constante la relación de transformación para un transformador dado? Explíquese.
c. Definir la relación de transformación en función de 1) relación de espiras, 2) relación de intensidades, y 3) relación de tensiones.
d. ¿Por qué la relación de tensiones varía directamente con la relación de espiras?
e. ¿Por qué la relación de intensidades varía inversamente con la relación de espiras?

13-7. ¿Por qué la potencia nominal de los transformadores se da en kVA en lugar de en W, o en kW?

13-8. Demostrar que la tensión por espira de un transformador
a. es proporcional a la frecuencia y al valor máximo del flujo mutuo.
b. sigue las mismas (idénticas) relaciones que en un alternador.

13-9. a. ¿Es posible que un transformador de 60 Hz funcione a 400 Hz? ¿En qué condiciones?
b. ¿Por qué es necesario mantener el valor máximo del flujo mutuo y la den-

sidad de flujo a un valor constante, independientemente de las variaciones de frecuencia?

13-10. Al hacer funcionar un transformador de 400 Hz a 60 Hz, explicar
a. por qué la tensión debe reducirse en la misma proporción que la frecuencia.
b. por qué la potencia aparente nominal se reduce en la misma proporción que la frecuencia.
c. por qué las pérdidas en el hierro se reducen considerablemente.
d. por qué el rendimiento del transformador aumenta.

13-11. Basándose en la cuestión 13-10 anterior, explicar por qué un transformador de 1 kVA, 400 Hz es más pequeño que un transformador de 1 kVA y 60 Hz.

13-12. ¿Es posible «aumentar» la potencia nominal aparente en los transformadores de 60 Hz por cambios apropiados en los valores nominales de frecuencia y tensión de la placa de características? (Véase problema 13-9.) Explíquese en detalle cómo se efectúa.

13-13. a. Establecer la relación entre la impedancia del primario y del secundario de un transformador.
b. Explicar, basándose en (a) anterior, cómo sirve el transformador como dispositivo de adaptación de impedancias.
c. ¿Cuál es la finalidad de la adaptación de impedancias?
d. Indicar dos aplicaciones en las que sea necesaria la adaptación de impedancias.

13-14. Para un transformador real en carga explicar
a. por qué la tensión aplicada al primario V_1 es mayor que la f.e.m. inducida en el primario E_1
b. por qué la tensión en bornes del secundario V_2 es menor que la f.e.m. inducida en el secundario, E_2
c. por qué la relación de transformación es ligeramente menor que la relación entre las tensiones en bornes del primario y secundario.

13-15. Para un transformador de potencia real en carga, que tiene una carga Z_L conectada entre sus bornes secundarios, explicar por qué
a. la impedancia de la carga generalmente es mayor que la impedancia interna del arrollamiento secundario
b. la impedancia de entrada del primario es mucho mayor que la impedancia del arrollamiento primario.
c. los proyectistas intentan conseguir que las impedancias internas sean lo más parecidas posible a las resistencias internas, tanto en el arrollamiento primario como en el secundario
d. los transformadores deben tener resistencia interna en el primario y en el secundario.

13-16. Al desarrollar el circuito equivalente para un transformador de potencia a plena carga
a. ¿cuál es la ventaja de tal circuito equivalente?
b. ¿por qué el circuito equivalente está referido generalmente al primario?
c. ¿qué suposiciones se hacen al agrupar la resistencia y reactancia de primario y secundario, respectivamente?
d. ¿por qué es posible despreciar la corriente magnetizante?

13-17. Si un transformador real se carga a su capacidad nominal mediante una carga con un factor de potencia capacitivo, explicar por qué el factor de potencia del primario es superior que el factor de potencia del secundario, usando
a. diagramas vectoriales
b. (13-24).

13-18. Si un factor real se carga a su capacidad nominal mediante una carga con un factor de potencia inductivo, explicar por qué el factor de potencia del primario es inferior al factor de potencia del secundario, usando
a. diagramas vectoriales
b. (13-24).

13-19. Tomando la tensión en bornes del secundario como vector de referencia, explicar usando tanto (13-28) como los diagramas vectoriales
a. por qué las cargas inductivas producen una regulación de tensión peor que las cargas con un factor de potencia unidad
b. por qué algunas cargas capacitivas producen mejor regulación de tensión que las cargas con factor de potencia unidad
c. ¿Es posible que un transformador tenga una regulación de tensión negativa? Explíquese.

13-20. Comparar (13-28) y (6-8) y comentar
a. las similitudes
b. las diferencias
c. explicar por qué los transformadores tienen mejor regulación de tensión que los alternadores, para la misma potencia nominal.

13-21. En la realización del ensayo de cortocircuito de un transformador
a. ¿por qué se cortocircuita generalmente el lado de baja tensión? Indicar 2 razones
b. usando la fig. 13-9, explicar por qué con sólo cortocircuitar el secundario de un transformador se obtiene la impedancia, resistencia y reactancia equivalentes a partir de las medidas de la tensión, intensidad y potencia del primario
c. ¿por qué se consideran despreciables las pérdidas en el hierro del transformador?
d. ¿en qué circunstancias deben tenerse en cuenta las pérdidas del hierro del transformador? ¿Por qué?

13-22. a. ¿Es necesario el ensayo de vacío para determinar la regulación de tensión del transformador?
b. ¿Qué información específica se obtiene del ensayo de vacío y dónde se usa (solamente)?
c. ¿Por qué suele realizarse el ensayo de vacío en el arrollamiento accesible de menor tensión del transformador?
d. ¿Qué precauciones son necesarias, sin embargo, en relación con (c) anterior?
e. ¿Serían iguales las pérdidas en el hierro si se usara el arrollamiento de alta tensión? Explicar.

13-23. En la determinación de *exclusivamente el rendimiento,* usando los datos de los ensayos de vacío y de cortocircuito
a. ¿por qué es innecesario calcular la impedancia y la reactancia equivalentes de los datos del ensayo de cortocircuito?
b. ¿cuál es el único instrumento específico que proporciona información útil para el cálculo del rendimiento?
c. ¿es necesario calcular la resistencia equivalente? ¿Por qué no? Explíquese. (Consejo: Véanse las tablas de las pérdidas en el cobre de los ejemplos 13-15a y b.)
d. ¿son las pérdidas equivalentes en el cobre referidas al lado de alta tensión iguales que las pérdidas equivalentes en el cobre referidas al lado de baja tensión? Explicar.

13-24. Considerando la curva de rendimiento de un transformador indicada en la figura 13-12, explicar
a. por qué el rendimiento es cero en vacío (circuito abierto)
b. por qué el rendimiento aumenta tan rápidamente
c. a qué valor de la carga el rendimiento es máximo [véase (13-34) y (13-35)]
d. por qué el rendimiento es algo menor con grandes cargas
e. por qué el rendimiento es menor con cargas de menor factor de potencia
f. por qué un transformador bien proyectado generalmente tiene mayor rendimiento que las máquinas rotativas a las que alimenta.

13-25. Respecto al rendimiento diario total
a. ¿qué datos de ensayo e información son necesarios para su cálculo?
b. ¿por qué se calcula a base de energías en lugar de potencias?
c. ¿por qué generalmente resulta bastante elevado a pesar de los factores de potencia ocasionales bajos y de los períodos de utilización a relativamente poca carga?

13-26. a. Además de los ensayos de vacío y de cortocircuito, ¿por qué son necesarios los ensayos de identificación de fases y de polaridad antes de poner en servicio un transformador?
b. Definir qué se entiende por identificación de fases.

c. ¿Cómo puede hablarse de polaridad en un transformador si es un aparato de c.a.? Explíquese.
d. ¿Qué letra de código determina los lados de alta y de baja, respectivamente?
e. ¿Cuál es el significado del número subíndice?
f. ¿Es posible determinar cómo están devanadas las bobinas o su polaridad a partir del examen físico? ¿Por qué no? Explíquese.

13-27. Dado un transformador con varios devanados independientes y un devanado con varias tomas, explicar
a. cómo se identifica cada bobina independiente
b. cómo se identifica el devanado con varias tomas
c. cómo se identifica adecuadamente cada toma en el devanado con varias tomas
d. cómo se determina la polaridad de cada devanado independiente.

13-28. Para un transformador que tenga 2 arrollamientos idénticos en alta tensión y 2 arrollamientos idénticos en baja tensión
a. ¿cuántas posibles relaciones de tensión pueden obtenerse usando todos los arrollamientos, cuando se conectan como transformador?
b. repetir (a) anterior cuando se conectan como autotransformador, con las 4 bobinas conectadas en serie
c. repetir usando las bobinas de alta tensión y de baja tensión en paralelo, pero conectadas en serie como autotransformador.

13-29. a. ¿Es posible conectar las bobinas de tensiones nominales desiguales en serie? Explíquese.
b. ¿Es posible conectar las bobinas de distintas tensiones nominales en paralelo? Explíquese.
c. ¿Qué precauciones se necesitan en relación con la polaridad en (a) anterior? Explíquese.
d. Al conectar bobinas de iguales tensiones nominales en paralelo, ¿qué precauciones son necesarias en relación con la polaridad? Explíquese

13-30. a. Definir un autotransformador.
b. Explicar por qué los autotransformadores tienen rendimientos más elevados que los transformadores de igual relación de tensión e igual corriente de carga primaria y secundaria.
c. ¿Puede convertirse cualquier transformador que tenga dos o más arrollamientos independientes, en autotransformador? Explicar cómo.
d. ¿Por qué es superior la potencia nominal de un autotransformador que la de un transformador del mismo tamaño físico y capacidad de arrollamiento?

13-31. a. Definir la potencia *transformada* del primario al secundario. Dar las ecuaciones.

b. Definir la potencia *transferida conductivamente* del primario al secundario. Dar las ecuaciones.
c. ¿Cuál de las dos potencias es la causante del aumento de potencia, kVA, de un autotransformador respecto a un transformador?

13-32. Para la misma potencia nominal, kVA, explicar por qué un autotransformador
a. tiene menos pérdidas en el cobre que un transformador normal
b. tiene menos pérdidas en el hierro
c. es de menor tamaño
d. tiene un rendimiento superior.

13-33. A la vista de sus respuestas a la cuestión anterior explicar
a. por qué no se usan exclusivamente autotransformadores en lugar de transformadores
b. por qué los autotransformadores se limitan a la distribución de potencia en baja tensión y su utilización está generalmente restringida al arranque de motores a tensión reducida.

13-34. a. ¿Cuál es la ventaja, a la vista del posible fallo y de la continuidad de servicio, de 3 transformadores monofásicos conectados formando un banco, respecto a un transformador polifásico?
b. Al conectar 3 transformadores ya sea en triángulo o en estrella, ¿qué precauciones se necesitan teniendo en cuenta la polaridad, la potencia nominal y la tensión e intensidad nominales?

13-35. Para un banco de transformadores *Y-Y*
a. ¿Cuál es la relación entre las tensiones de línea y de fase, tanto en los lados del primario como del secundario?
b. ¿cuál es la relación entre las corrientes de línea y de fase, tanto en los lados del primario como del secundario?
c. ¿cuál es la relación entre las tensiones de fase del primario y del secundario y las tensiones de línea en el primario y en el secundario?
d. ¿cuál es el desfase entre el primario y el secundario?

13-36. Para un banco de transformadores *Y*-Δ, repetir todas las partes desde (a) hasta (d) de la Cuestión 13-35.

13-37. a. ¿Es posible poner en paralelo un banco *Y*-Δ con un banco Δ-*Y* suponiendo que las tensiones compuestas sean las mismas? Justificar la respuesta mediante un diagrama vectorial.
b. Para los 7 bancos de transformadores de la lista del apartado 13-14 (inmediatamente anterior al ejemplo 13-23), indicar las combinaciones en paralelo que *no* sean posibles.
c. Explicar por qué la polaridad es tan importante al conectar los transformadores en triángulo. ¿Cuál es el efecto de invertir un arrollamiento en lo que respecta a las tensiones de línea?

d. Repetir (c) para una conexión Y, explicando el resultado con un diagrama vectorial.

13-38. a. Explicar por qué los secundarios de los transformadores conectados en malla o en triángulo presentan una pequeña tensión registrada con un voltímetro antes de cerrar el triángulo.
b. Explicar el origen de esta tensión.
c. ¿Por qué desaparece esta tensión al cerrar el triángulo?
d. Basándose en su respuesta a (c), aparecen tensiones armónicas en los sistemas Δ-Δ, Y-Δ o Δ-Y? Dar la explicación completa.
e. Basándose en su respuesta a (d), explicar por qué los neutros son absolutamente necesarios en los sistemas Y-Y.

13-39. a. Indicar 3 razones a favor de la conexión del neutro en cualquier caso en que exista un banco en Y.
b. ¿Es posible proporcionar un neutro en un sistema Δ-Δ?
c. ¿Cuál es el peligro de sacar una toma central de más de un devanado secundario en triángulo y ponerla a tierra?
d. ¿Por qué nunca está puesto a tierra el primario en triángulo de un banco alimentado por un sistema trifásico a 4 hilos?

13-40. Suelen usarse transformaciones Y-Δ para alimentar zonas industriales y residenciales de líneas de transporte de alta tensión. Explicar.
a. ventajas de usar bancos Y-Δ respecto a Y-Y o a Δ-Δ
b. cómo se conectan las cargas monofásicas
c. cómo se consigue el neutro para acometida monofásica trifilar
d. qué defecto produce un desequilibrio de las corrientes de carga sobre las tensiones del secundario en triángulo cuando la carga monofásica es superior a la carga trifásica alimentada por el secundario del banco de transformadores.

13-41. Suponiendo que la carga sea constante, ¿qué efecto produce en un banco Δ-Δ cuando se elimina un transformador y se pasa a funcionamiento V-V? Indicar
a. la potencia suministrada por cada transformador
b. el aumento de carga en cada transformador
c. la potencia nominal total, kVA, en la conexión V-V como fracción del total en Δ-Δ
d. el factor de disminución de cada transformador, respecto a su potencia nominal monofásica.

13-42. Supongamos 2 transformadores que están suministrando la potencia nominal a una carga en V-V. Si se añade un tercer transformador para pasar a un banco Δ-Δ, indicar
a. el aumento total de potencia respecto a la potencia nominal original
b. el coste del tercer transformador

c. el aumento de potencia nominal de cada transformador respecto al valor original disminuido (parte d, cuestión 41 anterior).

13-43. a. Usando la tabla 13-1, dar la lista de todas las posibles combinaciones de banco de transformadores tanto en la columna A como en la columna B, distintas de las 7 combinaciones expuestas en el apartado 13-14, usando solamente dos bancos en paralelo.
b. ¿Por qué es imposible poner en paralelo un banco de la columna B con uno de la columna A de la tabla 13-1?

13-44. Usando sólo transformadores, es posible transformar
a. ¿un sistema monofásico en un sistema polifásico? Explíquese.
b. ¿un sistema polifásico en un sistema monofásico? Explíquese.
c. ¿un sistema bifásico en un sistema hexafásico? Explíquese.
d. ¿Cuál es la ventaja de usar sólo transformadores, para tales conversiones? Explíquese.

13-45. a. ¿En qué difiere un sistema bifásico de un sistema trifásico?
b. ¿Cuál es la relación entre las tensiones de línea y de fase en un sistema bifásico?
c. ¿Qué se entiende por un sistema de cuatro fases a 5 hilos?
d. ¿Cuántas tensiones de fase y de línea hay disponibles en un sistema como el de (c)?
e. Dibujar una transformación Scott mostrando la transformación trifásica a bifásica a 5 hilos, en la cual las relaciones entre tensiones de fase son 120 V/120 V.
f. ¿Cuáles son las tensiones de línea en (e) anterior, tanto primarias como secundarias?

13-46. a. ¿Qué se entiende por un verdadero sistema hexafásico?
b. ¿Qué transformaciones producen un verdadero sistema hexafásico?
c. ¿Cuál es una de las ventajas de usar sistemas polifásicos de gran número de fases en la rectificación?
d. Nombrar 5 tipos diferentes de conexiones hexafásicas en los que se utilice transformación trifásica a hexafásica.
e. Qué tipo de conexión puede alimentar una carga hexafásica utilizando transformadores normales de un solo devanado sin tomas centrales.

13-47. a. ¿Por qué se prefiere la conexión en estrella para la rectificación trifásica a hexafásica en lugar de la en malla o doble triángulo?
b. Citar cuatro ventajas de la rectificación polifásica respecto a la monofásica.
c. Para obtener la relación mayor entre tensión de salida en c.c. y la tensión de fase en c.a., ¿cuántas fases deben usarse, teóricamente? ¿Con cuántas fases se alcanza prácticamente este valor, con diferencias menores del 1 por ciento?

d. ¿Cómo resulta afectada la amplitud del armónico principal por el número de fases rectificadas? ¿Con cuántas fases se reduce esta amplitud a menos del 2 %?
e. ¿Cuántas fases se necesitan para obtener la utilización máxima de potencia rectificada para la potencia nominal del secundario del transformador?
f. ¿Qué consideración debe tenerse en cuenta al determinar el número óptimo de fases en la rectificación polifásica?

13-48. a. ¿Qué dos métodos se emplean para regular la tensión de c.c. de salida de los rectificadores polifásicos?
b. ¿Cuál es la ventaja de usar rectificadores controlados de silicio en lugar de diodos?
c. ¿Por qué se usan transformadores de interfase con los rectificadores controlados de silicio?
d. ¿Cuál es la ventaja de la transformación en doble *Y* mostrada en la figura 13-45 respecto a la transformación normal hexafásica de media onda en lo relativo al factor de utilización?

PROBLEMAS

13-1. El primario de un transformador, con fuerte acoplamiento, tiene una inductancia de 20 H, un coeficiente de acoplamiento de 0,98 y una inducción mutua de 9,8 H. Calcular la inductancia del arrollamiento secundario.

13-2. Un transformador real de 400 Hz, 220 V/20 V tiene 50 espiras en su lado de baja tensión. Calcular:
a. número de espiras en su lado de alta
b. relación de transformación, α, cuando se usa como transformador reductor
c. repetir (b) cuando se usa como transformador elevador
d. relación voltios por espira del lado de alta
e. relación voltios por espira del lado de baja.

13-3. El lado de alta tensión de un transformador tiene 750 espiras y el lado de baja 50. Cuando la parte de alta se conecta a una tensión nominal de 120 V, y 60 Hz y en el lado de baja se conecta una carga nominal de 40 A, calcular
a. relación de transformación, α
b. tensión en el secundario, suponiendo que no hay caídas de tensión por impedancia interna del transformador

c. resistencia de la carga
d. relación voltios por espira del secundario y del primario, respectivamente
e. potencia nominal del transformador.

13-4. Un transformador real de 220 V/30 V, 3 kVA, 60 Hz tiene una relación de 3 voltios por espira. Calcular
a. espiras del lado de alta tensión
b. espiras del lado de baja tensión
c. relación de transformación si se usa como transformador reductor
d. relación de transformación si se usa como transformador elevador
e. intensidad nominal en el lado de alta
f. intensidad nominal en el lado de baja.

13-5. Una carga de 10 Ω consume 20 A del lado de alta tensión de un transformador en el cual $\alpha = 1/8$: Suponiendo que no hay caída de tensión interna en el transformador, calcular
a. tensión en el secundario
b. tensión en el primario
c. intensidad en el primario
d. potencia transferida del primario al secundario
e. relación de transformación cuando se usa como transformador reductor.

13-6. Usando las relaciones voltios por espira, calcular el valor máximo del flujo mutuo, ϕ_{pm}, para los transformadores de
a. problema 13-2
b. problema 13-3
c. problema 13-4.

13-7. Un transformador de 600 V/20 V, 1 kVA, 400 Hz, 3000 espiras/100 espiras debe usarse conectado a una alimentación a 60 Hz. Manteniendo la misma densidad de flujo admisible, calcular
a. tensión máxima que puede aplicarse al lado de alta a 60 Hz
b. tensión máxima que puede aplicarse al lado de baja a 60 Hz
c. relación original voltios por espira a 400 Hz
d. relación voltios por espira a 60 Hz
e. potencia nominal, kVA, del transformador a 60 Hz.

13-8. Un transformador para filamentos de 110 V/6 V, 60 Hz, 20 VA se ensaya para que resista tensiones eficaces de hasta 1000 V tanto en los arrollamientos del primario como del secundario. Si se usa a 400 Hz, y se mantiene la misma densidad de flujo máxima admisible, calcular
a. tensión nominal en el lado de alta
b. tensión nominal en el lado de baja
c. potencia nominal del transformador, en VA.

13-9. Después de haber resuelto los problemas anteriores, John Smith, un estudiante, tiene una idea brillante. El precio de los transformadores generalmente es proporcional a la potencia nominal en kVA. El desarrollo de dispositivos a semiconductores ha hecho que los transformadores para filamentos de válvulas de vacío sean obsoletos. Al mismo tiempo, la introducción de circuitos a semiconductores de 400 Hz ha creado una necesidad de transformadores de alimentación para fuentes de potencia de c.c. de alta tensión. ¿Por qué no comprar transformadores para filamentos de 60 Hz, cambiar los valores nominales de la placa de características y venderlos para potencias nominales superiores obteniendo, así, un beneficio? Se entera de que puede comprar, con descuento por cantidad, un cierto número de transformadores de 60 Hz, 200 VA, ensayados a una tensión de ruptura de 2000 V y con el lado de alta a 120 V y dos arrollamientos en el lado de baja de 6 V y 12 V, respectivamente, a un coste de 5 $, cada uno. John conecta en serie los lados de baja para usar toda la potencia nominal de los secundarios del transformador. Calcular

a. la tensión nominal en el lado de baja a 400 Hz
b. la tensión nominal en el lado de alta a 400 Hz
c. la potencia nominal, en kVA, a 400 Hz
d. el precio de venta por transformador para un coste de 50 $/kVA
e. el beneficio por transformador, si las nuevas placas de características cuestan a John 1 $ cada una.
f. ¿presenta algún fallo la idea de John Smith? Explicarlo en función del rendimiento del transformador.

13-10. El primario de un transformador, que consta de dos arrollamientos de 120 V en paralelo, alimenta una carga fija y absorbe 6 A de una alimentación a 120 V y 60 Hz. Calcular la corriente absorbida de la alimentación cuando

a. sólo está conectada una bobina a la línea
b. ambas bobinas de 120 V están conectadas en serie a una alimentación de 240 V y 60 Hz
c. se usa una alimentación de 120 V y 50 Hz
d. se usa una alimentación de 120 V y 25 Hz.

13-11. Si la densidad de flujo máxima admisible de un transformador de 220 V y 60 Hz no debe exceder las 60 kilolíneas por pulgada cuadrada, ¿cuántas espiras deberán usarse en el lado de 220 V? La sección del núcleo de los transformadores es 22,5 pulgadas cuadradas.

13-12. En el lado de alta tensión de un transformador de 10 kVA, 10/1, existen 1000 espiras.

a. Cuando se conectan 1000 V y 60 Hz en el lado de alta tensión, la densidad de flujo máxima es 5000 gauss (maxwells/centímetro cuadrado). ¿Cuál es la superficie del núcleo en cm^2 y en pulgadas cuadradas?
b. Si la tensión aplicada se eleva a 1500 V, encontrar la densidad de flujo máxima.
c. Repetir (b) a una frecuencia de 50 Hz a la misma tensión (1500 V).

13-13. Suponer que las pérdidas por corrientes parásitas son función de $(f \times B_m)^2$ pero las pérdidas por histéresis son función de $f^1 \times B_m^{1,75}$ para los ensayos hechos sobre dos transformadores que tengan el mismo peso y calidad de hierro. Calcular:
a. la relación de sus pérdidas por corrientes parásitas cuando funcionan a la misma frecuencia, si sus densidades de flujo son 6000 y 4000 gauss respectivamente
b. la relación de sus pérdidas de histéresis para las densidades de flujo dadas en (a).

13-14. Un transformador dado de 60 Hz tiene unas pérdidas de histéresis de 200 W y unas pérdidas por corrientes parásitas de 100 W para un valor máximo de la densidad de flujo de 200 Wb por metro cuadrado, cuando se aplica una tensión nominal de 120 V en bornes de su primario. Calcular:
a. las pérdidas por histéresis y por corrientes parásitas cuando la tensión se disminuye a 110 V para la misma frecuencia. Usar las suposiciones del problema 13-13.
b. las pérdidas por histéresis y por corrientes parásitas para una densidad de flujo máxima si se aplica la tensión nominal a una frecuencia de 50 Hz
c. la densidad de flujo máxima, las pérdidas por histéresis y las pérdidas por corrientes parásitas cuando se aplican 60 V a 30 Hz.

13-15. Un transformador de 20 kVA y 660 V/120 V tiene unas pérdidas en vacío de 250 W y la resistencia del lado de alta tensión es de 0,2 Ω. Suponiendo que las pérdidas en la carga de los arrollamientos son iguales, calcular
a. la resistencia del lado de baja tensión
b. las pérdidas equivalentes en el cobre a plena carga
c. los rendimientos del transformador para valores de carga del 25, 50, 75, 100 y 125 por ciento, con un factor de potencia unidad, suponiendo que la regulación del transformador es cero por ciento.

13-16. El rendimiento de un transformador de 20 kVA, 1200 V/120 V es máximo, 98,0 %, para el 50 % de la carga nominal. Calcular
a. las pérdidas en el hierro
b. el rendimiento para la carga nominal
c. el rendimiento para cargas del 75 % y del 125 %.

13-17. Un transformador de 20 kVA, 1200/120 V que está excitado continuamente se carga, con un factor de potencia unidad durante un período de 24 horas, como sigue: 5 horas a plena carga, 5 horas a media carga, 5 horas a un cuarto de carga. El rendimiento máximo se tiene a plena carga y es del 97 %. Calcular el rendimiento diario total del transformador.

13-18. Un transformador de 10 kVA, 60 Hz, 4800/240 V se ensaya en vacío y en cortocircuito respectivamente. Los datos de los ensayos son

	tensión	*intensidad*	*potencia*	*lado usado*
Ensayo de vacío	240 V	1,5 A	60 W	baja tensión
Ensayo de cortocircuito	180 V	nominal	180 W	alta tensión

Usando los datos anteriores, calcular
a. la resistencia y la reactancia equivalentes referidas al lado de alta tensión
b. la resistencia y reactancia equivalentes referidas al lado de baja tensión
c. la regulación de tensión del transformador reductor, para un factor de potencia unidad, a plena carga
d. repetir (c) para un factor de potencia de 0,8 inductivo, a plena carga

13-19. A partir de los datos del problema 13-18, calcular
a. las pérdidas en el hierro del transformador
b. las pérdidas en el cobre del transformador a plena carga
c. el rendimiento a plena carga para un factor de potencia de 0,9 inductivo
d. el rendimiento diario total cuando el transformador se carga como sigue: 6 horas a plena carga, factor de potencia unidad; 4 horas a media carga, con un factor de potencia de 0,8 inductivo; 6 horas a un cuarto de carga con un factor de potencia de 0,6 inductivo y 8 horas sin carga.

13-20. Un transformador de 100 kVA, 60 Hz, 12 000/240 V se ensaya respectivamente en vacío y en cortocircuito, y se obtienen los siguientes datos:

Ensayo	*tensión* (*V*)	*corriente* (*A*)	*potencia* (*W*)	*lado usado*
de vacío	240	8,75	480	baja tensión
de cortocircuito	600	nominal	1200	alta tensión

Calcular a partir de los datos anteriores, como transformador reductor
a. regulación para un factor de potencia de 0,8 inductivo
b. rendimientos para un factor de potencia de 0,8 inductivo para 1/8, 1/4, 1/2, 3/4, 4/4 y 5/4 de la carga nominal
c. porcentaje de la carga nominal a la cual se tiene rendimiento máximo
d. el rendimiento máximo para una carga con un factor de potencia de 0,8 inductivo.

13-21. Repetir el problema 13-20b, para rendimientos a un factor de potencia de 0,6 inductivo.

13-22. Repetir el problema 13-20a para regulación a un factor de potencia de 0,7 capacitivo.

13-23. Un transformador de 50 kVA, 600/240 V, 25 Hz tiene unas pérdidas en el hierro de 200 W (de los cuales el 30 % son pérdidas por corrientes parásitas) y unas pérdidas en el cobre a plena carga de 650 W. Si el transformador se hace funcionar a 600 V, 60 Hz, ¿cuál sería la nueva potencia nominal del transformador si las pérdidas totales tuvieran que ser las mismas?

13-24. Se usa un autotransformador elevador para suministrar 3 kV a partir de una línea de alimentación de 2,4 kV. Si la carga del secundario es de 50 A, calcular (despreciando las pérdidas y la corriente magnetizante)
a. la corriente en cada lado del transformador
b. la intensidad absorbida de la línea de alimentación de 2,4 kV
c. la potencia nominal del transformador en kVA
d. la potencia nominal en kVA del transformador de dos arrollamientos comparable, necesario para conseguir la misma transformación.

13-25. Un autotransformador reductor se usa para suministrar 100 A a 2 kV a partir de una línea de alimentación de 2,4 kV. Calcular lo indicado en (a) hasta (d) del problema 13-24.

13-26. Para el transformador del problema 13-24 calcular
a. la potencia transformada del primario al secundario a la carga nominal y factor de potencia unidad
b. la potencia transferida conductivamente del primario al secundario, a la carga nominal, para un factor de potencia unidad.

13-27. Para el transformador del problema 13-25 repetir las partes (a) y (b) del problema 13-26.

13-28. Dados 3 transformadores idénticos con 7500 espiras cada uno en el lado de alta tensión, calcular el número de espiras que deben usarse en los lados de baja tensión, cuando los primarios estén conectados en triángulo a una alimentación trifásica a 26 400 V y los secundarios estén conectados
a. en Y para proporcionar 4160 V (compuesta).
b. en Δ para proporcionar 4160 V (compuesta).

13-29. Se usa una transformación Y-Δ para convertir un suministro trifásico de 13 200 V a 60 Hz en un suministro trifásico a 208 V, usando 3 transformadores monofásicos idénticos. Si la densidad de flujo máxima admisible es de 40 000 líneas/pulgada cuadrada, y la sección del núcleo del transformador es de 40 pulgadas cuadradas, calcular
a. número de espiras en los lados de alta tensión
b. número de espiras en los lados de baja tensión.

13-30. Una carga trifásica de 50 kVA a 220 V debe ser alimentada desde una alimentación trifásica a 13 200 V. Especificar los valores nominales de la tensión, la intensidad y la potencia de los transformadores monofásicos necesarios para las siguientes conexiones:
a. Y-Y
b. Y-Δ
c. Δ-Y
d. Δ-Δ
e. V-V

13-31. Una carga trifásica equilibrada de 1,5 MVA se alimenta de dos transformadores idénticos conectados en *V-V*. Para una carga con un factor de potencia unidad, calcular
a. la capacidad mínima de cada transformador en kVA
b. la capacidad mínima de cada transformador si se usa una conexión Δ-Δ.

13-32. Repetir los cálculos del problema 13-31 para la misma carga en MVA con un factor de potencia de 0,8 inductivo.

13-33. Un banco de transformadores alimenta una fábrica, que absorbe 693,0 kW con un factor de potencia unidad, mediante 2 transformadores en *V-V*. La tensión en el primario es de 26 600 V y la tensión en el secundario es de 2300 V. Calcular, despreciando las pérdidas
a. la potencia nominal mínima, en kVA, de cada transformador
b. valor nominal de tensión y de intensidad de cada arrollamiento
c. factor de potencia al cual funciona cada arrollamiento, despreciando la corriente de excitación
d. aumento de la potencia nominal del banco cuando se añade un tercer transformador idéntico, en kW para un factor de potencia unidad
e. aumento porcentual de los kW y del coste de transformadores, en las condiciones de (d), anteriores.

13-34. Una subestación transformadora suministra una potencia bifásica, a 5 hilos de 12 000 kW con un factor de potencia unidad a 13,8 kV desde unas líneas trifásicas de transporte de alta tensión a 132 kV. Se desea usar 2 transformadores con la conexión Scott para conseguir la transformación. Especificar para los transformadores largo y corto, las tensiones e intensidades en el primario, las tensiones e intensidades en el secundario y la potencia nominal en MVA de cada transformador.

13-35. Una industria consume un total de 300 kW con un factor de potencia de 0,8 inductivo de una alimentación trifásica trifilar de 2400 V que es el secundario de un transformador Scott cuyo primario es un sistema equilibrado de 240 V, con cuatro fases y 5 hilos. Para los dos transformadores anteriores, calcular
a. las intensidades en el primario y en el secundario del transformador largo
b. las intensidades en el primario y en el secundario del transformador corto.

13-36. Una industria se alimenta de un suministro bifásico trifilar a 230 V. Se desea usar un motor síncrono trifásico trifilar que absorba 50 kW con un factor de potencia unidad a 230 V. (El motor síncrono es necesario para la corrección del factor de potencia pero no existen motores síncronos bifásicos de esta potencia.) Dibujar un diagrama que muestre la transformación Scott, bifásica a trifásica en el cual se indiquen todas las intensidades del primario y del secundario en los transformadores largo y corto, respectivamente.

RESPUESTAS

13-1 5H 13-2(a) 550 e (b) 11 (c) 1/11 (d) 0,4 V/e (e) 0,4 V/e 13-3(a) 15 (b) 8V (c) 0,2 Ω (d) 0,16 V/e (e) 320 VA 13-4(a) 73 e (b) 10 e (c) 7,33 (d) 0,136 (e) 13,62 A (f) 100 A 13-5(a) 200 V (b) 25 V (c) 160 A (d) 4 kVA (e) 8 13-6(a) $2{,}25\times10^4$ Mx (b) $6{,}0\times10^4$ Mx (c) $1{,}125\times10^6$ Mx 13-7(a) 90 V (b) 3 V (c) 0,2 V/e (d) 0,03 V/e (e) 150 VA 13-8(a) 733 V (b) 40 V (c) 133 VA 13-9(a) 120 V (b) 800 V (c) 1,333 kVA (d) 66,67 S (e) 60,67 S (f) Sí 13-10(a) 6 A (b) 3 A (c) 7,2 A (d) 14,4 A 13-11 61 e 13-12 (a) 75 cm^2, 11,62 $pulg^2$ (b) 7,5 kG (c) 9 kG 13-13(a) 2,25/1 (b) 2,06/1 13-14(a) 172 W, 84,15 W (b) 240 Wb/m^2, 229,5 W, 100 W (c) 200 Wb/m^2, 100 W, 25 W 13-15(a) 0,0066 Ω (b) 367 W (c) 94,75, 96,7, 97,1, 97,0 y 96,8 % 13-16(a) 100 W (b) 97,5 % (c) 97,8 %, 97,25 % 13-17 95,1 % 13-18(a) 41,6 Ω, 76 Ω; (b) 0,104 Ω, 0,19 Ω (c) 1,875 % (d) 3,33 % 13-19(a) 60 W (b) 180 W (c) 97,4 % (d) 98,3 % 13-20(a) 4,17% (b) 95,25; 97,3; 97,9; 98,1; 97,7; 97,6% (c) 0,633 (d) 98,2% 13-21 93,8; 96,5; 97,5; 97,5; 97,3; 97,0 % 13-22 −4,167 % 13-23 25,5 kVA 13-24(a) 50 A, 12,5 A (b) 62,5 A (c) 60 kVA (d) 150 kVA 13-25(a) 83,3 A, 16,7 A (b) 83,3 A (c) 66,7 kVA (d) 200 kVA 13-26(a) 30 kW (b) 120 kW 13-27(a) 33,3 kW (b) 166,7 kW 13-28 (a) 682 t (b) 1182 e 13-29(a) 1790 e (b) 49 e 13-30(a) *Y-Y:* 16,67 kVA; 7625/127,2 V; 2,19/131 A (b) *Y*-Δ: 16,67 kVA; 7625/220 V; 2,19/75,8 A (c) Δ-*Y*: 16,67 kVA; 13 200/127,2 V; 1,26/131 A (d) Δ-Δ: 16,67 kVA; 13 200/220 V; 1,26/75,8 A (e) *V-V*: 28,85 kVA; 13 200/220 V; 2,19/131 A 13-31(a) 866,7 kVA (b) 500 kVA 13-32(a) 866,7 kVA (b) 500 kVA 13-33(a) 400 kVA (b) 26,6 kV a 15,05 A, 2,3 kV a 174 A (c) 0,866 (d) 1,2 MK (e) 73,2 %, 50%. 13-34. Transformador largo: $V_1=$ 132 kV, $I_1=52{,}5$ A, $V_2=13{,}8$ kV, $I_2=435$ A, potencia normal = 6,93 MVA Transformador corto: $V_1=114{,}2$ kV, $I_1=52{,}5$ A, $V_2=13{,}8$ kV, $I_2=435$ A, potencia normal = 6,0 MVA 13-35 tanto (a) como (b), $I_2=90{,}2$ A e $I_1=781$ A 13-36 Transformador largo: $V_2=230$ V, $I_2=125{,}5$ A, $V_1=230$ V, $I_1=108{,}7$ A Transformador corto: $V_2=$ 199,2 V, $I_2=125{,}5$ A, $V_1=230$ V, $I_1=108{,}7$ A

Apéndice

TABLA A-1. VALORES NATURALES DE LAS FUNCIONES TRIGONOMÉTRICAS

Ángulo, °	sen	tan	cot	cos	Ángulo, °
0.0	.00000	.00000	∞	1.00000	**90.0**
.1	.00175	.00175	572.96	1.00000	.9
.2	.00349	.00349	286.48	0.99999	.8
.3	.00524	.00524	190.98	.99999	.7
.4	.00698	.00698	143.24	.99998	.6
.5	.00873	.00873	114.59	.99996	.5
.6	.01047	.01047	95.489	.99995	.4
.7	.01222	.01222	81.847	.99993	.3
.8	.01396	.01396	71.615	.99990	.2
.9	.01571	.01571	63.657	.99988	.1
1.0	.01745	.01746	57.290	.99985	**89.0**
.1	.01920	.01920	52.081	.99982	.9
.2	.02094	.02095	47.740	.99978	.8
.3	.02269	.02269	44.066	.99974	.7
.4	.02443	.02444	40.917	.99970	.6
.5	.02618	.02619	38.188	.99966	.5
.6	.02792	.02793	35.801	.99961	.4
.7	.02967	.02968	33.694	.99956	.3
.8	.03141	.03143	31.821	.99951	.2
.9	.03316	.03317	30.145	.99945	.1
2.0	.03490	.03492	28.636	.99939	**88.0**
.1	.03664	.03667	27.271	.99933	.9
.2	.03839	.03842	26.031	.99926	.8
.3	.04013	.04016	24.898	.99919	.7
.4	.04188	.04191	23.859	.99912	.6
.5	.04362	.04366	22.904	.99905	.5
.6	.04536	.04541	22.022	.99897	.4
.7	.04711	.04716	21.205	.99889	.3
.8	.04885	.04891	20.446	.99881	.2
.9	.05059	.05066	19.740	.99872	.1
3.0	.05234	.05241	19.081	.99863	**87.0**
.1	.05408	.05416	18.464	.99854	.9
.2	.05582	.05591	17.886	.99844	.8
.3	.05756	.05766	17.343	.99834	.7
.4	.05931	.05941	16.832	.99824	.6
.5	.06105	.06116	16.350	.99813	.5
.6	.06279	.06291	15.895	.99803	.4
.7	.06453	.06467	15.464	.99792	.3
.8	.06627	.06642	15.056	.99780	.2
.9	.06802	.06817	14.669	.99768	.1
4.0	.06976	.06993	14.301	.99756	**86.0**
.1	.07150	.07168	13.951	.99744	.9
.2	.07324	.07344	13.617	.99731	.8
.3	.07498	.07519	13.300	.99719	.7
.4	.07672	.07695	12.996	.99705	.6
.5	.07846	.07870	12.706	.99692	.5
.6	.08020	.08046	12.429	.99678	.4
.7	.08194	.08221	12.163	.99664	.3
.8	.08368	.08397	11.909	.99649	.2
.9	.08542	.08573	11.664	.99635	.1
5.0	.08716	.08749	11.430	.99619	**85.0**
.1	.08889	.08925	11.205	.99604	.9
.2	.09063	.09101	10.988	.99588	.8
.3	.09237	.09277	10.780	.99572	.7
.4	.09411	.09453	10.579	.99556	.6
.5	.09585	.09629	10.385	.99540	.5
.6	.09758	.09805	10.199	.99523	.4
.7	.09932	.09981	10.019	.99506	.3
.8	.10106	.10158	9.8448	.99488	.2
.9	.10279	.10334	9.6768	.99470	.1
6.0	.10453	.10510	9.5144	.99452	**84.0**
Ángulo, °	**cos**	**cot**	**tan**	**sen**	**Ángulo, °**

Ángulo, °	sen	tan	cot	cos	Ángulo, °
6.0	.10453	.10510	9.5144	.99452	**84.0**
.1	.10626	.10687	9.3572	.99434	.9
.2	.10800	.10863	9.2052	.99415	.8
.3	.10973	.11040	9.0579	.99396	.7
.4	.11147	.11217	8.9152	.99377	.6
.5	.11320	.11394	8.7769	.99357	.5
.6	.11494	.11570	8.6427	.99337	.4
.7	.11667	.11747	8.5126	.99317	.3
.8	.11840	.11924	8.3863	.99297	.2
.9	.12014	.12101	8.2636	.99276	.1
7.0	.12187	.12278	8.1443	.99255	**83.0**
.1	.12360	.12456	8.0285	.99233	.9
.2	.12533	.12633	7.9158	.99211	.8
.3	.12706	.12810	7.8062	.99189	.7
.4	.12880	.12988	7.6996	.99167	.6
.5	.13053	.13165	7.5958	.99144	.5
.6	.13226	.13343	7.4947	.99122	.4
.7	.13399	.13521	7.3962	.99098	.3
.8	.13572	.13698	7.3002	.99075	.2
.9	.13744	.13876	7.2066	.99051	.1
8.0	.13917	.14054	7.1154	.99027	**82.0**
.1	.14090	.14232	7.0264	.99002	.9
.2	.14263	.14410	6.9395	.98978	.8
.3	.14436	.14588	6.8548	.98953	.7
.4	.14608	.14767	6.7720	.98927	.6
.5	.14781	.14945	6.6912	.98902	.5
.6	.14954	.15124	6.6122	.98876	.4
.7	.15126	.15302	6.5350	.98849	.3
.8	.15299	.15481	6.4596	.98823	.2
.9	.15471	.15660	6.3859	.98796	.1
9.0	.15643	.15838	6.3138	.98769	**81.0**
.1	.15816	.16017	6.2432	.98741	.9
.2	.15988	.16196	6.1742	.98714	.8
.3	.16160	.16376	6.1066	.98686	.7
.4	.16333	.16555	6.0405	.98657	.6
.5	.16505	.16734	5.9758	.98629	.5
.6	.16677	.16914	5.9124	.98600	.4
.7	.16849	.17093	5.8502	.98570	.3
.8	.17021	.17273	5.7894	.98541	.2
.9	.17193	.17453	5.7297	.98511	.1
10.0	.17365	.17633	5.6713	.98481	**80.0**
.1	.17537	.17813	5.6140	.98450	.9
.2	.17708	.17993	5.5578	.98420	.8
.3	.17880	.18173	5.5026	.98389	.7
.4	.18052	.18353	5.4486	.98357	.6
.5	.18224	.18534	5.3955	.98325	.5
.6	.18395	.18714	5.3435	.98294	.4
.7	.18567	.18895	5.2924	.98261	.3
.8	.18738	.19076	5.2422	.98229	.2
.9	.18910	.19257	5.1929	.98196	.1
11.0	.19081	.19438	5.1446	.98163	**79.0**
.1	.19252	.19619	5.0970	.98129	.9
.2	.19423	.19801	5.0504	.98096	.8
.3	.19595	.19982	5.0045	.98061	.7
.4	.19766	.20164	4.9594	.98027	.6
.5	.19937	.20345	4.9152	.97992	.5
.6	.20108	.20527	4.8716	.97958	.4
.7	.20279	.20709	4.8288	.97922	.3
.8	.20450	.20891	4.7867	.97887	.2
.9	.20620	.21073	4.7453	.97851	.1
12.0	.20791	.21256	4.7046	.97815	**78.0**
Ángulo, °	**cos**	**cot**	**tan**	**sen**	**Ángulo, °**

TABLA A-1 (CONT.)

Ángulo, °	sen	tan	cot	cos	Ángulo, °	Ángulo, °	sen	tan	cot	cos	Ángulo, °
12.0	.20791	.21256	4.7046	.97815	**78.0**	**18.0**	.30902	.32492	3.0777	.95106	**72.0**
.1	.20962	.21438	4.6646	.97778	.9	.1	.31068	.32685	3.0595	.95052	.9
.2	.21132	.21621	4.6252	.97742	.8	.2	.31233	.32378	3.0415	.94997	.8
.3	.21303	.21804	4.5864	.97705	.7	.3	.31399	.33072	3.0237	.94943	.7
.4	.21474	.21986	4.5483	.97667	.6	.4	.31565	.33266	3.0061	.94888	.6
.5	.21644	.22169	4.5107	.97630	.5	.5	.31730	.33460	2.9887	.94832	.5
.6	.21814	.22353	4.4737	.97592	.4	.6	.31896	.33654	2.9714	.94777	.4
.7	.21985	.22536	4.4373	.97553	.3	.7	.32061	.33848	2.9544	.94721	.3
.8	.22155	.22719	4.4015	.97515	.2	.8	.32227	.34043	2.9375	.94665	.2
.9	.22325	.22903	4.3662	.97476	.1	.9	.32392	.34238	2.9208	.94609	.1
13.0	.22495	.23087	4.3315	.97437	**77.0**	**19.0**	.32557	.34433	2.9042	.94552	**71.0**
.1	.22665	.23271	4.2972	.97398	.9	.1	.32722	.34628	2.8878	.94495	.9
.2	.22835	.23455	4.2635	.97358	.8	.2	.32887	.34824	2.8716	.94438	.8
.3	.23005	.23639	4.2303	.97318	.7	.3	.33051	.35020	2.8556	.94380	.7
.4	.23175	.23823	4.1976	.97278	.6	.4	.33216	.35216	2.8397	.94322	.6
.5	.23345	.24008	4.1653	.97237	.5	.5	.33381	.35412	2.8239	.94264	.5
.6	.23514	.24193	4.1335	.97196	.4	.6	.33545	.35608	2.8083	.94206	.4
.7	.23684	.24377	4.1022	.97155	.3	.7	.33710	.35805	2.7929	.94147	.3
.8	.23853	.24562	4.0713	.97113	.2	.8	.33874	.36002	2.7776	.94088	.2
.9	.24023	.24747	4.0408	.97072	.1	.9	.34038	.36199	2.7625	.94029	.1
14.0	.24192	.24933	4.0108	.97030	**76.0**	**20.0**	.34202	.36397	2.7475	.93969	**70.0**
.1	.24362	.25118	3.9812	.96987	.9	.1	.34366	.36595	2.7326	.93909	.9
.2	.24531	.25304	3.9520	.96945	.8	.2	.34530	.36793	2.7179	.93849	.8
.3	.24700	.25490	3.9232	.96902	.7	.3	.34694	.36991	2.7034	.93789	.7
.4	.24869	.25676	3.8947	.96858	.6	.4	.34857	.37190	2.6889	.93728	.6
.5	.25038	.25862	3.8667	.96815	.5	.5	.35021	.37388	2.6746	.93667	.5
.6	.25207	.26048	3.8391	.96771	.4	.6	.35184	.37588	2.6605	.93606	.4
.7	.25376	.26235	3.8118	.96727	.3	.7	.35347	.37787	2.6464	.93544	.3
.8	.25545	.26421	3.7848	.96682	.2	.8	.35511	.37986	2.6325	.93483	.2
.9	.25713	.26608	3.7583	.96638	.1	.9	.35674	.38186	2.6187	.93420	.1
15.0	.25882	.26795	3.7321	.96593	**75.0**	**21.0**	.35837	.38386	2.6051	.93358	**69.0**
.1	.26050	.26982	3.7062	.96547	.9	.1	.36000	.38587	2.5916	.93295	.9
.2	.26219	.27169	3.6806	.96502	.8	.2	.36162	.38787	2.5782	.93232	.8
.3	.26387	.27357	3.6554	.96456	.7	.3	.36325	.38988	2.5649	.93169	.7
.4	.26556	.27545	3.6305	.96410	.6	.4	.36488	.39190	2.5517	.93106	.6
.5	.26724	.27732	3.6059	.96363	.5	.5	.36650	.39391	2.5386	.93042	.5
.6	.26892	.27921	3.5816	.96316	.4	.6	.36812	.39593	2.5257	.92978	.4
.7	.27060	.28109	3.5576	.96269	.3	.7	.36975	.39795	2.5129	.92913	.3
.8	.27228	.28297	3.5339	.96222	.2	.8	.37137	.39997	2.5002	.92849	.2
.9	.27396	.28486	3.5105	.96174	.1	.9	.37299	.40200	2.4876	.92784	.1
16.0	.27564	.28675	3.4874	.96126	**74.0**	**22.0**	.37461	.40403	2.4751	.92718	**68.0**
.1	.27731	.28864	3.4646	.96078	.9	.1	.37622	.40606	2.4627	.92653	.9
.2	.27899	.29053	3.4420	.96029	.8	.2	.37784	.40809	2.4504	.92587	.8
.3	.28067	.29242	3.4197	.95981	.7	.3	.37946	.41013	2.4383	.92521	.7
.4	.28234	.29432	3.3977	.95931	.6	.4	.38107	.41217	2.4262	.92455	.6
.5	.28402	.29621	3.3759	.95882	.5	.5	.38268	.41421	2.4142	.92388	.5
.6	.28569	.29811	3.3544	.95832	.4	.6	.38430	.41626	2.4023	.92321	.4
.7	.28736	.30001	3.3332	.95782	.8	.7	.38591	.41831	2.3906	.92254	.3
.8	.28903	.30192	3.3122	.95732	.2	.8	.38752	.42036	2.3789	.92186	.2
.9	.29070	.30382	3.2914	.95681	.1	.9	.38912	.42242	2.3673	.92119	.1
17.0	.29237	.30573	3.2709	.95630	**73.0**	**23.0**	.39073	.42447	2.3559	.92050	**67.0**
.1	.29404	.30764	3.2506	.95579	.9	.1	.39234	.42654	2.3445	.91982	.9
.2	.29571	.30955	3.2305	.95528	.8	.2	.39394	.42860	2.3332	.91914	.8
.3	.29737	.31147	3.2106	.95476	.7	.3	.39555	.43067	2.3220	.91845	.7
.4	.29904	.31338	3.1910	.95424	.6	.4	.39715	.43274	2.3109	.91775	.6
.5	.30071	.31530	3.1716	.95372	.5	.5	.39875	.43481	2.2998	.91706	.5
.6	.30237	.31722	3.1524	.95319	.4	.6	.40035	.43689	2.2889	.91636	.4
.7	.30403	.31914	3.1334	.95266	.3	.7	.40195	.43897	2.2781	.91566	.3
.8	.30570	.32106	3.1146	.95213	.2	.8	.40355	.44105	2.2673	.91496	.2
.9	.30736	.32299	3.0961	.95159	.1	.9	.40514	.44314	2.2566	.91425	.1
18.0	.30902	.32492	3.0777	.95106	**72.0**	**24.0**	.40674	.44523	2.2460	.91355	**66.0**
Ángulo, °	cos	cot	tan	sen	Ángulo, °	Ángulo, °	cos	cot	tan	sen	Ángulo, °

TABLA A-1 (CONT.)

Ángulo, °	sen	tan	cot	cos	Ángulo, °	Ángulo, °	sen	tan	cot	cos	Ángulo, °
24.0	.40674	.44523	2.2460	.91355	**66.0**	**30.0**	.50000	.57735	1.7321	.86603	**60.0**
.1	.40833	.44732	2.2355	.91283	.9	.1	.50151	.57968	1.7251	.86515	.9
.2	.40992	.44942	2.2251	.91212	.8	.2	.50302	.58201	1.7182	.86427	.8
.3	.41151	.45152	2.2148	.91140	.7	.3	.50453	.58435	1.7113	.86340	.7
.4	.41310	.45362	2.2045	.91068	.6	.4	.50603	.58670	1.7045	.86251	.6
.5	.41469	.45573	2.1943	.90996	.5	.5	.50754	.58905	1.6977	.86163	.5
.6	.41628	.45784	2.1842	.90924	.4	.6	.50904	.59140	1.6909	.86074	.4
.7	.41787	.45995	2.1742	.90851	.3	.7	.51054	.59376	1.6842	.85985	.3
.8	.41945	.46206	2.1642	.90778	.2	.8	.51204	.59612	1.6775	.85896	.2
.9	.42104	.46418	2.1543	.90704	.1	.9	.51354	.59849	1.6709	.85806	.1
25.0	.42262	.46631	2.1445	.90631	**65.0**	**31.0**	.51504	.60086	1.6643	.85717	**59.0**
.1	.42420	.46843	2.1348	.90557	.9	.1	.51653	.60324	1.6577	.85627	.9
.2	.42578	.47056	2.1251	.90483	.8	.2	.51803	.60562	1.6512	.85536	.8
.3	.42736	.47270	2.1155	.90408	.7	.3	.51952	.60801	1.6447	.85446	.7
.4	.42894	.47483	2.1060	.90334	.6	.4	.52101	.61040	1.6383	.85355	.6
.5	.43051	.47698	2.0965	.90259	.5	.5	.52250	.61280	1.6319	.85264	.5
.6	.43209	.47912	2.0872	.90183	.4	.6	.52399	.61520	1.6255	.85173	.4
.7	.43366	.48127	2.0778	.90108	.3	.7	.52547	.61761	1.6191	.85081	.3
.8	.43523	.48342	2.0686	.90032	.2	.8	.52696	.62003	1.6128	.84989	.2
.9	.43680	.48557	2.0594	.89956	.1	.9	.52844	.62245	1.6066	.84897	.1
26.0	.43837	.48773	2.0503	.89879	**64.0**	**32.0**	.52992	.62487	1.6003	.84805	**58.0**
.1	.43994	.48989	2.0413	.89803	.9	.1	.53140	.62730	1.5941	.84712	.9
.2	.44151	.49206	2.0323	.89726	.8	.2	.53288	.62973	1.5880	.84619	.8
.3	.44307	.49423	2.0233	.89649	.7	.3	.53435	.63217	1.5818	.84526	.7
.4	.44464	.49640	2.0145	.89571	.6	.4	.53583	.63462	1.5757	.84433	.6
.5	.44620	.49858	2.0057	.89493	.5	.5	.53730	.63707	1.5697	.84339	.5
.6	.44776	.50076	1.9970	.89415	.4	.6	.53877	.63953	1.5637	.84245	.4
.7	.44932	.50295	1.9883	.89337	.3	.7	.54024	.64199	1.5577	.84151	.3
.8	.45088	.50514	1.9797	.89259	.2	.8	.54171	.64446	1.5517	.84057	.2
.9	.45243	.50733	1.9711	.89180	.1	.9	.54317	.64693	1.5458	.83962	.1
27.0	.45399	.50953	1.9626	.89101	**63.0**	**33.0**	.54464	.64941	1.5399	.83867	**57.0**
.1	.45554	.51173	1.9542	.89021	.9	.1	.54610	.65189	1.5340	.83772	.9
.2	.45710	.51393	1.9458	.88942	.8	.2	.54756	.65438	1.5282	.83676	.8
.3	.45865	.51614	1.9375	.88862	.7	.3	.54902	.65688	1.5224	.83581	.7
.4	.46020	.51835	1.9292	.88782	.6	.4	.55048	.65938	1.5166	.83485	.6
.5	.46175	.52057	1.9210	.88701	.5	.5	.55194	.66189	1.5108	.83389	.5
.6	.46330	.52279	1.9128	.88620	.4	.6	.55339	.66440	1.5051	.83292	.4
.7	.46484	.52501	1.9047	.88539	.3	.7	.55484	.66692	1.4994	.83195	.3
.8	.46639	.52724	1.8967	.88458	.2	.8	.55630	.66944	1.4938	.83098	.2
.9	.46793	.52947	1.8887	.88377	.1	.9	.55775	.67197	1.4882	.83001	.1
28.0	.46947	.53171	1.8807	.88295	**62.0**	**34.0**	.55919	.67451	1.4826	.82904	**56.0**
.1	.47101	.53395	1.8728	.88213	.9	.1	.56064	.67705	1.4770	.82806	.9
.2	.47255	.53620	1.8650	.88130	.8	.2	.56208	.67960	1.4715	.82708	.8
.3	.47409	.53844	1.8572	.88048	.7	.3	.56353	.68215	1.4659	.82610	.7
.4	.47562	.54070	1.8495	.87965	.6	.4	.56497	.68471	1.4605	.82511	.6
.5	.47716	.54296	1.8418	.87882	.5	.5	.56641	.68728	1.4550	.82413	.5
.6	.47869	.54522	1.8341	.87798	.4	.6	.56784	.68985	1.4496	.82314	.4
.7	.48022	.54748	1.8265	.87715	.3	.7	.56928	.69243	1.4442	.82214	.3
.8	.48175	.54975	1.8190	.87631	.2	.8	.57071	.69502	1.4388	.82115	.2
.9	.48328	.55203	1.8115	.87546	.1	.9	.57215	.69761	1.4335	.82015	.1
29.0	.48481	.55431	1.8040	.87462	**61.0**	**35.0**	.57358	.70021	1.4281	.81915	**55.0**
.1	.48634	.55659	1.7966	.87377	.9	.1	.57501	.70281	1.4229	.81815	.9
.2	.48786	.55888	1.7893	.87292	.8	.2	.57643	.70542	1.4176	.81714	.8
.3	.48938	.56117	1.7820	.87207	.7	.3	.57786	.70804	1.4124	.81614	.7
.4	.49090	.56347	1.7747	.87121	.6	.4	.57928	.71066	1.4071	.81513	.6
.5	.49242	.56577	1.7675	.87036	.5	.5	.58070	.71329	1.4019	.81412	.5
.6	.49394	.56808	1.7603	.86949	.4	.6	.58212	.71593	1.3968	.81310	.4
.7	.49546	.57039	1.7532	.86863	.3	.7	.58354	.71857	1.3916	.81208	.3
.8	.49697	.57271	1.7461	.86777	.2	.8	.58496	.72122	1.3865	.81106	.2
.9	.49849	.57503	1.7391	.86690	.1	.9	.58637	.72388	1.3814	.81004	.1
30.0	.50000	.57735	1.7321	.86603	**60.0**	**36.0**	.58779	.72654	1.3764	.80902	**54.0**
Ángulo, °	**cos**	**cot**	**tan**	**sen**	**Ángulo, °**	**Ángulo, °**	**cos**	**cot**	**tan**	**sen**	**Ángulo, °**

TABLA A-1 (CONT.)

Ángulo, °	sen	tan	cot	cos	Ángulo, °	Ángulo, °	sen	tan	cot	cos	Ángulo, °
36.0	.58779	.72654	1.3764	.80902	**54.0**	**40.5**	.64945	.85408	1.1708	.76041	**49.5**
.1	.58920	.72921	1.3713	.80799	.9	.6	.65077	.85710	1.1667	.75927	.4
.2	.59061	.73189	1.3663	.80696	.8	.7	.65210	.86014	1.1626	.75813	.3
.3	.59201	.73457	1.3613	.80593	.7	.8	.65342	.86318	1.1585	.75700	.2
.4	.59342	.73726	1.3564	.80489	.6	.9	.65474	.86623	1.1544	.75585	.1
.5	.59482	.73996	1.3514	.80386	.5	**41.0**	.65606	.86929	1.1504	.75471	**49.0**
.6	.59622	.74267	1.3465	.80282	.4	.1	.65738	.87236	1.1463	.75356	.9
.7	.59763	.74538	1.3416	.80178	.3	.2	.65869	.87543	1.1423	.75241	.8
.8	.59902	.74810	1.3367	.80073	.2	.3	.66000	.87852	1.1383	.75126	.7
.9	.60042	.75082	1.3319	.79968	.1	.4	.66131	.88162	1.1343	.75011	.6
37.0	.60182	.75355	1.3270	.79864	**53.0**	.5	.66262	.88473	1.1303	.74896	.5
.1	.60321	.75629	1.3222	.79758	.9	.6	.66393	.88784	1.1263	.74780	.4
.2	.60460	.75904	1.3175	.79653	.8	.7	.66523	.89097	1.1224	.74664	.3
.3	.60599	.76180	1.3127	.79547	.7	.8	.66653	.89410	1.1184	.74548	.2
.4	.60738	.76456	1.3079	.79441	.6	.9	.66783	.89725	1.1145	.74431	.1
.5	.60876	.76733	1.3032	.79335	.5	**42.0**	.66913	.90040	1.1106	.74314	**48.0**
.6	.61015	.77010	1.2985	.79229	.4	.1	.67043	.90357	1.1067	.74198	.9
.7	.61153	.77289	1.2938	.79122	.3	.2	.67172	.90674	1.1028	.74080	.8
.8	.61291	.77568	1.2892	.79016	.2	.3	.67301	.90993	1.0990	.73963	.7
.9	.61429	.77848	1.2846	.78908	.1	.4	.67430	.91313	1.0951	.73846	.6
38.0	.61566	.78129	1.2799	.78801	**52.0**	.5	.67559	.91633	1.0913	.73728	.5
.1	.61704	.78410	1.2753	.78694	.9	.6	.67688	.91955	1.0875	.73610	.4
.2	.61841	.78692	1.2708	.78586	.8	.7	.67816	.92277	1.0837	.73491	.3
.3	.61978	.78975	1.2662	.78478	.7	.8	.67944	.92601	1.0799	.73373	.2
.4	.62115	.79259	1.2617	.78369	.6	.9	.68072	.92926	1.0761	.73254	.1
.5	.62251	.79544	1.2572	.78261	.5	**43.0**	.68200	.93252	1.0724	.73135	**47.0**
.6	.62388	.79829	1.2527	.78152	.4	.1	.68327	.93578	1.0686	.73016	.9
.7	.62524	.80115	1.2482	.78043	.3	.2	.68455	.93906	1.0649	.72897	.8
.8	.62660	.80402	1.2437	.77934	.2	.3	.68582	.94235	1.0612	.72777	.7
.9	.62796	.80690	1.2393	.77824	.1	.4	.68709	.94565	1.0575	.72657	.6
39.0	.62932	.80978	1.2349	.77715	**51.0**	.5	.68835	.94896	1.0538	.72537	.5
.1	.63068	.81268	1.2305	.77605	.9	.6	.68962	.95229	1.0501	.72417	.4
.2	.63203	.81558	1.2261	.77494	.8	.7	.69088	.95562	1.0464	.72297	.3
.3	.63338	.81849	1.2218	.77384	.7	.8	.69214	.95897	1.0428	.72176	.2
.4	.63473	.82141	1.2174	.77273	.6	.9	.69340	.96232	1.0392	.72055	.1
.5	.63608	.82434	1.2131	.77162	.5	**44.0**	.69466	.96569	1.0355	.71934	**46.0**
.6	.63742	.82727	1.2088	.77051	.4	.1	.69591	.96907	1.0319	.71813	.9
.7	.63877	.83022	1.2045	.76940	.3	.2	.69717	.97246	1.0283	.71691	.8
.8	.64011	.83317	1.2002	.76828	.2	.3	.69842	.97586	1.0247	.71569	.7
.9	.64145	.83613	1.1960	.76717	.1	.4	.69966	.97927	1.0212	.71447	.6
40.0	.64279	.83910	1.1918	.76604	**50.0**	.5	.70091	.98270	1.0176	.71325	.5
.1	.64412	.84208	1.1875	.76492	.9	.6	.70215	.98613	1.0141	.71203	.4
.2	.64546	.84507	1.1833	.76380	.8	.7	.70339	.98958	1.0105	.71080	.3
.3	.64679	.84806	1.1792	.76267	.7	.8	.70463	.99304	1.0070	.70957	.2
.4	.64812	.85107	1.1750	.76154	.6	.9	.70587	.99652	1.0035	.70834	.1
40.5	.64945	.85408	1.1708	.76041	**49.5**	**45.0**	.70711	1.00000	1.0000	.70711	**45.0**
Ángulo, °	cos	cot	tan	sen	Ángulo, °	Ángulo, °	cos	cot	tan	sen	Ángulo, °

APÉNDICE A-2. SÍMBOLOS GRÁFICOS

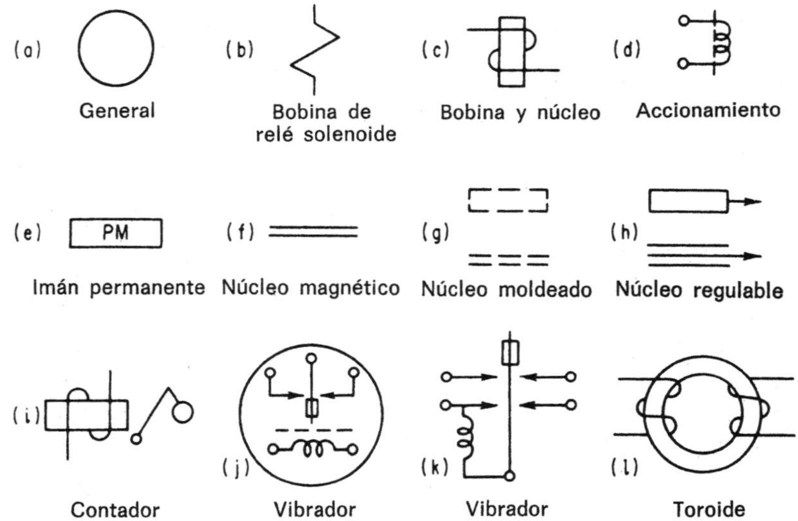

Figura A-1. Símbolos para devanados, núcleos y dispositivos magnéticos.

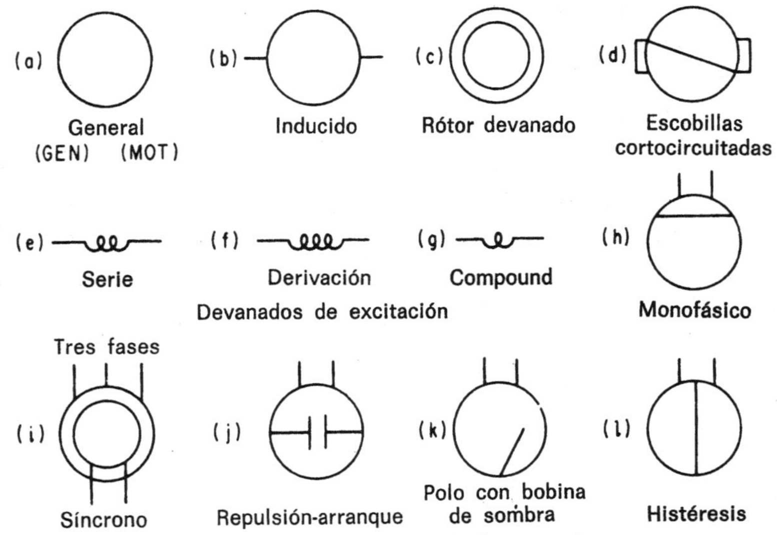

Figura A-2. Símbolos para máquinas rotativas.

* Seleccionado de G. Shiers, *Electronic Drafting,* Prentice-Hall, Inc., 1962.

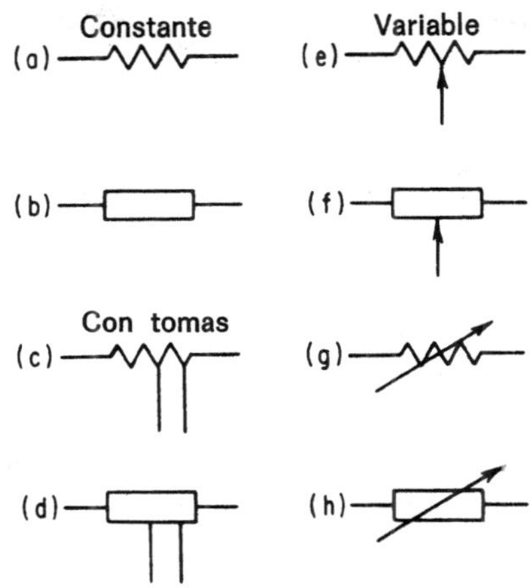

Figura A-3. Símbolos de resistencias.

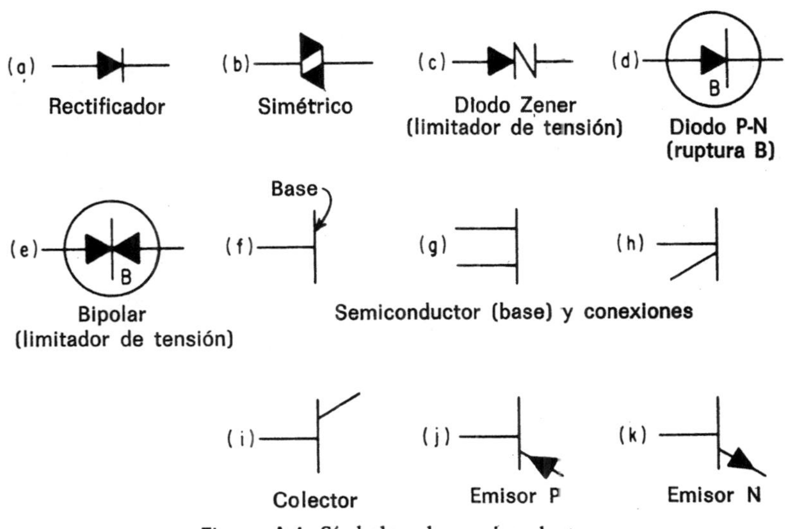

Figura A-4. Símbolos de semiconductores.

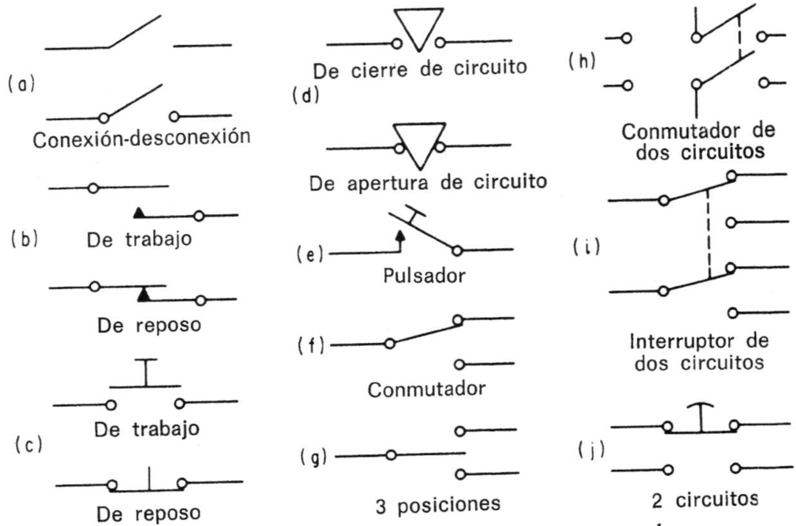

Figura A-5. Símbolos básicos de interruptores y conmutadores.

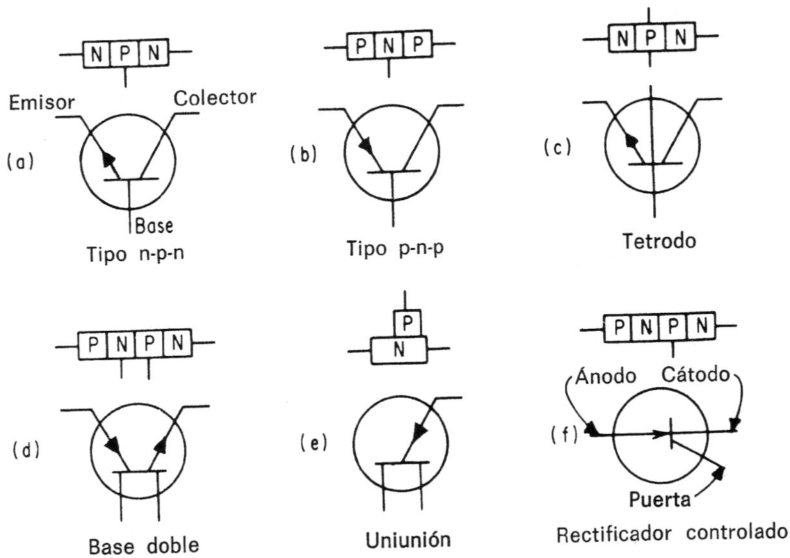

Figura A-6. Símbolos básicos de transistores.

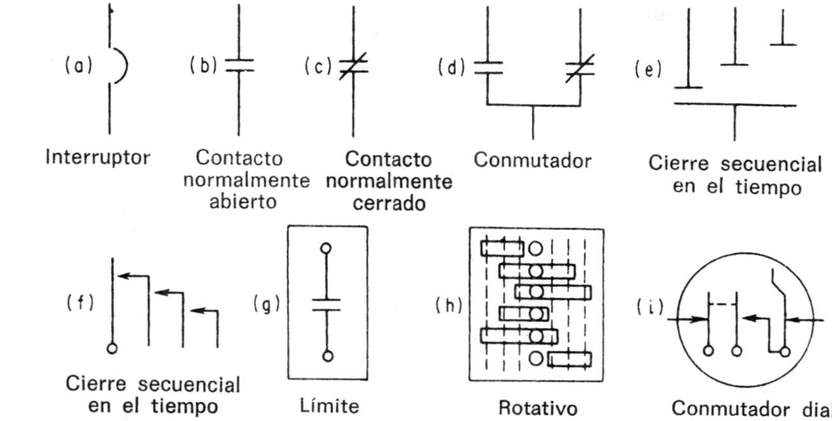

Figura A-7. Símbolos para conmutadores y contactores de aplicaciones especiales.

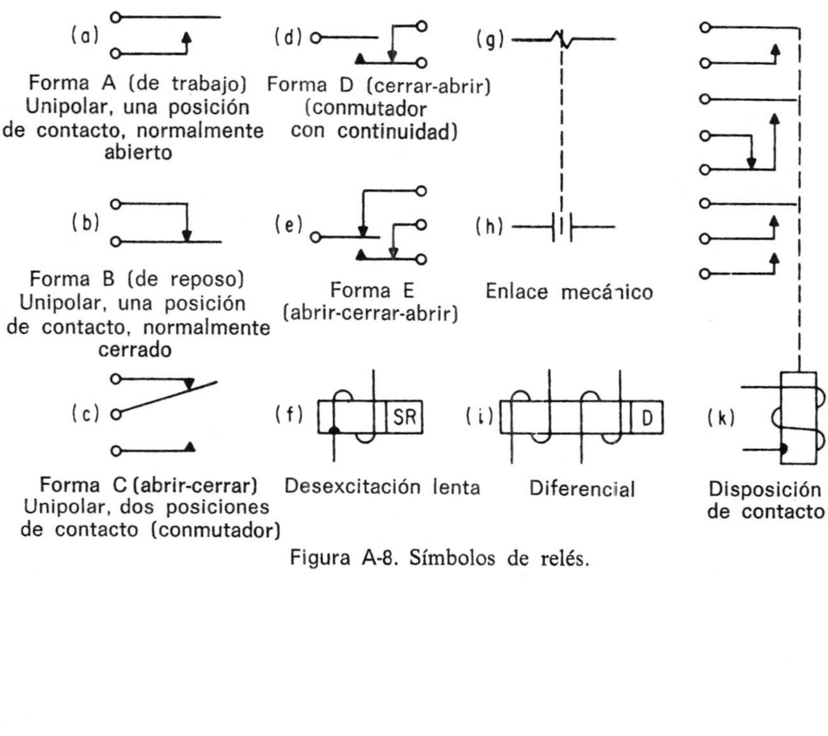

Figura A-8. Símbolos de relés.

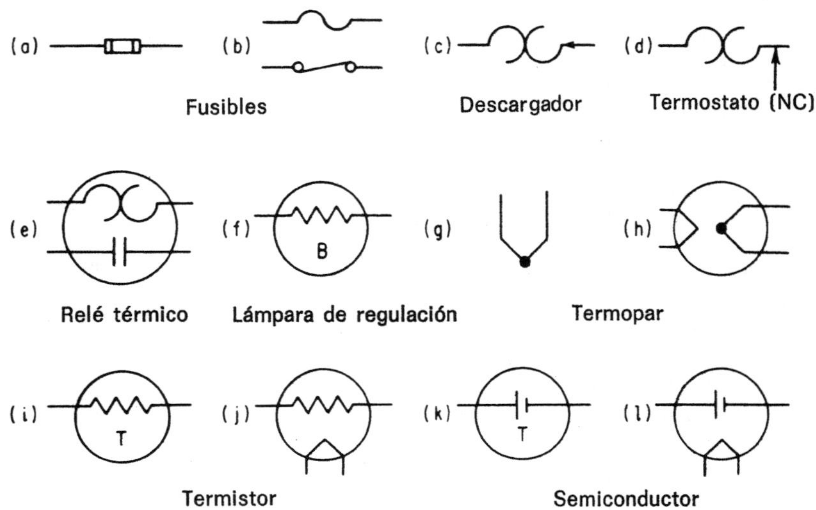

Figura A-9. Símbolos usados para dispositivos de funcionamiento térmico.

TABLA A-3. CORRIENTES DE PLENA CARGA EN AMPERIOS
MOTORES DE CORRIENTE CONTINUA (NEC 430-147)

Los siguientes valores de corrientes de plena carga son para motores funcionando a la velocidad base.

HP	120 V	240 V
$\frac{1}{4}$	2,9	1,5
$\frac{1}{3}$	3,6	1,8
$\frac{1}{2}$	5,2	2,6
$\frac{3}{4}$	7,4	3,7
1	9,4	4,7
$1\frac{1}{2}$	13,2	6,6
2	17	8,5
3	25	12,2
5	40	20
$7\frac{1}{2}$	58	29
10	76	38
15		55
20		72
25		89
30		106
40		140
50		173
60		206
75		255
100		341
125		425
150		506
200		675

TABLA A-4. CORRIENTES A PLENA CARGA EN AMPERIOS
MOTORES DE CORRIENTE ALTERNA MONOFÁSICOS (NEC 430-180)

Los siguientes valores de corrientes de plena carga se refieren a motores que funcionen a velocidades normales y a motores con características de par normales. Los motores construidos para velocidades especialmente bajas o pares especialmente elevados tienen corrientes de plena carga superiores, en cuyo caso deben usarse las corrientes nominales de la placa de características.

Para obtener las corrientes de plena carga de motores de 208 y de 200 V, hay que aumentar las correspondientes corrientes de plena carga del motor de 230 V en un 10 y un 15 %, respectivamente.

Las tensiones indicadas son los valores nominales de las tensiones del motor. Las correspondientes tensiones nominales del sitema on 110 a 120, 220 a 240, 440 a 480.

HP	115 V	230 V	440 V
$\frac{1}{6}$	4,4	2,2	
$\frac{1}{4}$	5,8	2,9	
$\frac{1}{3}$	7,2	3,6	
$\frac{1}{2}$	9,8	4,9	
$\frac{3}{4}$	13,8	6,9	
1	16	8	
$1\frac{1}{2}$	20	10	
2	24	12	
3	34	17	
5	56	28	
$7\frac{1}{2}$	80	40	21
10	100	50	26

TABLA A-5. INTENSIDAD DE PLENA CARGA*
MOTORES DE C.A. TRIFÁSICOS (NEC 430-150)

	Tipo inducción Amperios en el rotor en jaula de ardilla y bobinado					Tipo síncrono Amperios con un factor de potencia unidad†			
HP	110 V	220 V	440 V	550 V	2300 V	220 V	440 V	550 V	2300 V
½	4	2	1	,8					
¾	5,6	2,8	1,4	1,1					
1	7	3,5	1,8	1,4					
1½	10	5	2,5	2,0					
2	13	6,5	3,3	2,6					
3		9	4,5	4					
5		15	7,5	6					
7½		22	11	9					
10		27	14	11					
15		40	20	16					
20		52	26	21					
25		64	32	26	7	54	27	22	5,4
30		78	39	31	8,5	65	33	26	6,5
40		104	52	41	10,5	86	43	35	8
50		125	63	50	13	108	54	44	10
60		150	75	60	16	128	64	51	12
75		185	93	74	19	161	81	65	15
100		246	123	98	25	211	106	85	20
125		310	155	124	31	264	132	106	25
150		360	180	144	37		158	127	30
200		480	240	192	48		210	168	40

Para las intensidades de plena carga de motores de 208 y 200 V, hay que incrementar las intensidades de plena carga correspondientes a los motores de 220 V en un 6 y un 10 %, respectivamente.

* Estos valores de intensidad de plena carga son para motores funcionando a velocidades normales para motores con correas y motores con características normales de par. Los motores construidos para velocidades especialmente bajas o pares elevados pueden requerir más intensidad en funcionamiento, en cuyo caso debe usarse el valor nominal de la intensidad de la placa de características.

† Para F.P. de 90 y 80 %, las cifras anteriores deben multiplicarse por 1,1 y 1,25 respectivamente.

Las tensiones de la tabla son tensiones nominales de motores. Las correspondientes tensiones nominales del sistema son 110 a 120, 220 a 240, 440 a 480 y 550 a 600 V.

TABLA A-6. LETRAS DE CÓDIGO INDICATIVAS DE CARACTERÍSTICAS CON ROTOR BLOQUEADO (NEC 430-76)

Letra de código	kVA por hp con rotor bloqueado
A	0 — 3,14
B	3,15 — 3,54
C	3,55 — 3,99
D	4,0 — 4,49
E	4,5 — 4,99
F	5,0 — 5,59
G	5,6 — 6,29
H	6,3 — 7,09
J	7,1 — 7,99
K	8,0 — 8,99
L	9,0 — 9,99
M	10,0 — 11,19
N	11,2 — 12,49
P	12,5 — 13,99
R	14,0 — 15,99
S	16,0 — 17,99
T	18,0 — 19,99
U	20,0 — 22,39
V	22,4 — y mayores

La tabla anterior es una norma adoptada por el National Manufacturers Association. El código de letra que indica la entrada del motor con el rotor bloqueado debe estar en una casilla individual en la placa de características, adecuadamente diseñada. Esta letra de código debe usarse para la determinación de la protección contra sobreintensidades en circuito ramal en relación con la tabla A-7.

TABLA A-7. VALORES O AJUSTES MÁXIMOS DE LOS DISPOSITIVOS DE PROTECCIÓN DE CIRCUITOS RAMALES DE MOTORES PARA MOTORES SEÑALADOS CON LETRA DE CÓDIGO QUE INDICA LOS KVA CON EL ROTOR BLOQUEADO (NEC 430-152)

	% de la intensidad de plena carga		
		Ajuste del interruptor	
Tipo de motor	Calibre del fusible	Tipo instantáneo	Tipo temporizado
Todos los motores monofásicos y polifásicos de jaula de ardilla de c.a. y síncronos con arranque a plena tensión, con resistencia o con reactancia:			
Letra de código A	150		150
Letras de código B a E	250		200
Letras de código F a V	300		250
Todos los motores de jaula de ardilla de c.a. y síncronos con arranque por autotransformador:			
Letra de código A	150		150
Letras de código B a E	200		200
Letras de código F a V	250		200

Para ciertas excepciones a los valores especificados ver Secciones 430-52 y 430-54 (NEC). Los valores dados en la última columna abarcan también los valores nominales de los tipos de interruptores temporizados no ajustables que también pueden ser modificados como en la Sección 430-52 (NEC).

Los motores síncronos de tipo de bajo par y de baja velocidad (generalmente inferior o igual a 450 rpm), tales como los que se usan para accionar compresores alternativos, bombas, etc., que arrancan en vacío, no requieren fusibles ni interruptores ajustados por encima del 200 % de la intensidad de plena carga.

Para motores no señalados con letra de código, ver la tabla A-8.

TABLA A-8. VALORES O AJUSTES MÁXIMOS DE LOS DISPOSITIVOS DE PROTECCIÓN DE CIRCUITOS RAMALES DE MOTORES PARA MOTORES NO SEÑALADOS CON LETRA DE CÓDIGO QUE INDICA LOS KVA CON EL ROTOR BLOQUEADO (NEC 430-153)

	% de la intensidad de plena carga		
		Ajuste del interruptor	
Tipo de motor	Calibre del fusible	Tipo instantáneo	Tipo temporizado
Monofásico, todos los tipos	300		250
Jaula de ardilla y síncronos (arranque a plena tensión, con resistencia o reactancia)	300		250
Jaula de ardilla y síncronos (arranque por autotransformador)			
No más de 30 A	250		200
Mas de 30 A	200		200
Jaula de ardilla de reactancia elevada			
No más de 30 A	250		250
Más de 30 A	200		200
Rotor bobinado	150		150
Corriente continua			
No más de 50 HP	150	250	150
Más de 50 HP	150	175	150
Sellado (tipo hermético)			
Compresor de refrigeración*			
400 kVA o menos con rotor bloqueado	175†		†175

Para ciertas excepciones a los valores especificados ver Sección 430-52 y 430-59 (NEC). Los valores dados a la última columna abarcan también los valores nominales de los tipos de interruptores temporizados no ajustables que también pueden ser modificados como en la Sección 430-52 (NEC).

Los motores síncronos de tipo de bajo par y de baja velocidad (generalmente inferior o igual a 450 rpm) tales como los que se usan para accionar compresores alternativos, bombas, etc, que arrancan en vacío, no requieren fusibles ni interruptores ajustados por encima del 200 % de la intensidad de plena carga.

Para motores señalados con letra de código, véase tabla A-7.

* Los kVA con rotor bloqueado son el producto de la tensión del motor por la intensidad con el rotor bloqueado (LRA), dados en la placa de características del motor, dividido por 1000 para motores monofásicos o dividido por 580 para motores trifásicos.

† Este valor puede incrementarse al 225 % si es necesario para permitir el arranque.

TABLA A-9. INTENSIDADES NOMINAL Y DE ARRANQUE Y PARES DE DISTINTAS CLASES DE MOTORES DE INDUCCIÓN† DE 220 V*

Motor HP	Intensidad nominal amps	Intensidad de arranque, amps Clases B, C, D	Intensidad de arranque, amps Clase F	Par de arranque, % del par nominal a tensión nominal — Clases A y B 4 polos	Clases A y B 6 polos	Clases A y B 8 polos	Clase C 4 polos	Clase C 6 polos	Clase C 8 polos
0.5	2.0	12				150			
1.0	3.5	24		275	175	150			
1.5	5.0	35		265	175	150			
2	6.5	45		250	175	150			
3	9.0	60		250	175	150		250	225
5	15	90		185	160	130	250	250	225
7.5	22	120		175	150	125	250	225	200
10	27	150		175	150	125	250	225	200
15	40	220		165	140	125	225	200	200
20	52	290		150	135	125	200	200	200
25	64	365		150	135	125	200	200	200
30	78	435	270	150	135	125	200	200	200
40	104	580	360	150	135	125	200	200	200
50	125	725	450	150	135	125	200	200	200
60	150	870	540	150	135	125	200	200	200
75	185	1085	675	150	135	125	200	200	200
100	246	1450	900	125	125	125	200	200	200
125	310	1815	1125	125	125	125	200	200	200
150	360	2170	1350	125	125	125	200	200	200
200	480	2900	1800	125	125	125	200	200	200

* Para cambios en la tensión, usar las siguientes ecuaciones:

a. Corriente de arranque $= \frac{V_l}{220} \times I_s$,

donde V_l=nueva tensión aplicada al estátor y I_s=corriente de arranque en la tabla anterior.

b. Par de arranque $= \left(\frac{V_l}{220}\right)^2 \times T_s$,

donde T_s=par de arranque en la tabla de arriba.

† Las corrientes de arranque en los motores de clase A son generalmente *mayores* que las correspondientes a los motores de las clases B, C, D.

Los pares de arranque de los motores de la clase D son usualmente *mayores* que los correspondientes a los motores de las clases A, B y C.

Los pares de arranque de los motores de clase F son generalmente *menores* que los correspondientes a los motores de las clases A, B, C.

Índice alfabético

C

D

E

M

O

P

R

Made in the USA
Monee, IL
02 May 2026

49370824R00411